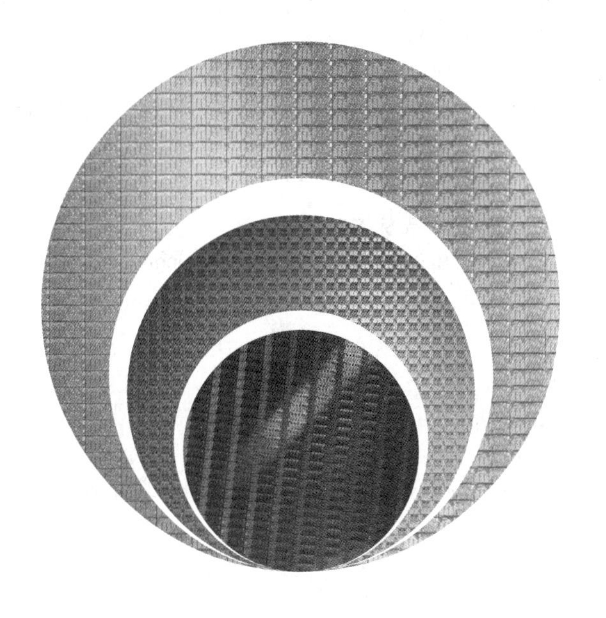

Nanoscale Integrated Circuits —— The Manufacturing Process
Second Edition

# 纳米集成电路制造工艺

（第2版）

张汝京 等 编著

清華大學出版社
北京

## 内容简介

本书共分19章，涵盖先进集成电路工艺的发展史，集成电路制造流程、介电薄膜、金属化、光刻、刻蚀、表面清洁与湿法刻蚀、掺杂、化学机械平坦化，器件参数与工艺相关性，DFM(Design for Manufacturing)，集成电路检测与分析、集成电路的可靠性，生产控制，良率提升，芯片测试与芯片封装等项目和课题。

国内从事半导体产业的科研工作者、技术工作者和研究生可使用本书作为教科书或参考资料。



**图书在版编目(CIP)数据**

纳米集成电路制造工艺/张汝京等编著. —2版. —北京：清华大学出版社，2017 (2024.11重印)
ISBN 978-7-302-45233-1

Ⅰ. ①纳… Ⅱ. ①张… Ⅲ. ①纳米材料—集成电路工艺 Ⅳ. ①TN405

中国版本图书馆CIP数据核字(2016)第264025号

**责任编辑**：文 怡 王 芳
**封面设计**：李召霞
**责任校对**：白 蕾
**责任印制**：杨 艳

**出版发行**：清华大学出版社
**网　　址**：https://www.tup.com.cn，https://www.wqxuetang.com
**地　　址**：北京清华大学学研大厦A座　　**邮　　编**：100084
**社 总 机**：010-83470000　　**邮　　购**：010-62786544
**投稿与读者服务**：010-62776969，c-service@tup.tsinghua.edu.cn
**质量反馈**：010-62772015，zhiliang@tup.tsinghua.edu.cn
**课件下载**：https://www.tup.com.cn，010-83470236
**印 装 者**：北京嘉实印刷有限公司
**经　　销**：全国新华书店
**开　　本**：185mm×260mm　**印　　张**：30.5　**字　　数**：744千字
**版　　次**：2014年7月第1版　2017年1月第2版　**印　　次**：2024年11月第17次印刷
**定　　价**：89.00元

产品编号：071290-01

# 序　言

张汝京先生，于美国南方卫理公会大学(Southern Methodist University)取得电子工程博士学位。他曾在德州仪器公司工作过20年，并管理过美国、日本、新加坡、意大利及中国台湾地区等多座半导体工厂的相关业务，在半导体技术以及信息产业的发展规划上，张汝京先生卓越的成就和独到的眼光得到业界公认。

更重要的，张汝京先生作为半导体技术方面的创始人，2000年4月，他创办了中国当时最先进的集成电路制造厂——中芯国际集成电路制造有限公司，将国内的半导体加工水平提升到了国际水平，对国内集成电路产业的跨越式发展起到了不可替代的作用。

2009年12月，一个冬日的下午，我专程去上海拜访张汝京先生。那时，恰逢我刚刚给清华大学信息学院的大一新生讲完“从晶体管的发明到信息时代”的课程。近几年，我深深感觉到信息产业的发展迅速，在消费市场巨大需求的牵引下，半导体技术从科学原理到加工工艺都有着日新月异的进步，十年甚至五年前的技术放到今天就已经极为过时了。怎么才能给学生们讲清基本原理的同时，舍弃过时的技术，代之以业界正在使用的成熟技术，甚至是业界尚在研究开发的次世代技术，是我们当时极为关心的话题。

我想到，张先生是随着半导体产业的发展成长起来的领军人物，见证了几个技术世代的兴起与淘汰。他本人不仅有着深厚的学术根基，有着丰富的产业经验，其带领的团队也掌握了业界当时最为尖端的90纳米半导体加工工艺，并且在研制下一代的65纳米和40纳米工艺节点的制造工艺。如果能邀请张先生和他的团队完成一本面向大学生、研究生的先进半导体工艺教科书，我相信是一个最恰当的选择。这个念头自此成为请张先生写作这本书的起始驱动。

所幸，尽管张先生和他的团队事务繁忙，但基于对行业的赤诚，以及对年轻后辈的关爱，他欣然答应。经过数年的笔耕，这本书终于出现在读者面前。值得一提的是，张先生的团队是多年来在顶级半导体代工厂一线工作的科研人员，他们处理实际问题的经验以及从产业出发的独特技术视角，相信会为本书带来传统半导体工艺教材所没有的特色。

感谢清华大学的杨轶博士、李铁夫博士，没有他们多次往返京沪奔波，随时协助张汝京先生整理文字、核对数据，就不可能完成这本书的创作。感谢牛崇实博士、张启华博士等为本书做出贡献的作者们。

王志华

2014年3月于北京

# 再版前言

在20世纪40年代，贝尔实验室的科学先贤们发明了晶体管；到了20世纪50年代，德州仪器公司和仙童公司的科技大师们分别发明并推展了集成电器的生产技术；至20世纪60-70年代，大规模生产半导体器件的技术在美国、欧洲及亚洲也蓬勃发展开来；20世纪80年代-迄今，超大型集成电路的设计和生产工艺继续不断以惊人的速度，几乎按着“摩尔定律”不断地加大半导体器件的集成度，而超大型芯片在“线宽”(CD)上也以倍数的形式进行着细微化。自2000年起集成电路的线宽也从“微米级”进入了“纳米级”。2010年起我国先进的半导体生产工艺也从45nm延伸至28nm以及更小的线宽。超大规模集成电路的生产工艺，从“微米级”到“纳米级”发生了许多根本的变化。甚至，从45nm缩小至28nm(以及更小的线宽)也必须使用许多新的生产观念和技术。

清华大学的王志华教授于2010年就提议由国内熟悉这类工艺的学者、专家、工程师们共同编撰一本较为先进的半导体工艺教科书，同时也可以供半导体厂的工作人员作为参考资料之用，内容要包含45nm、32nm至28nm(或更细微化)的工艺技术。本人非常荣幸有机会来邀请国内该领域的部分学者、专家和工程师们共同编写这本书。本书的初稿是用英文写作的，国内学校的许多老师和半导体业界的先贤、朋友们希望我们能用中文发行这本书，好让更多的研究所学生、工程师及科研同行更容易阅读并使用本书。我们接着邀请清华大学的教授、老师们将全书翻译成中文，同时也与各方联系取得引用外部资料的许可，清华大学出版社的编辑也帮我们进行编辑加工。几经审稿、改订，本书的第一版历时四年多终于完成编写工作！

本书共分19章，涵盖先进集成电路工艺的发展史，集成电路制造流程、介电薄膜、金属化、光刻、刻蚀、表面清洁与湿法刻蚀、掺杂、化学机械平坦化、器件参数与工艺相关性，DFM(Design for Manufacturing)、集成电路检测与分析、集成电路的可靠性、生产控制、良率提升、芯片测试与芯片封装等项目和课题。我们在此要特别感谢每一章的作者，他们将所知道的最新技术和他们实际工作的经验，尽力地在书中向我们科技界的朋友们一一阐述，也感谢他们为发展祖国的集成电路科技和协助提升同行朋友们的工艺水平做出的贡献！

我们在此特别提名感谢各位作者。第1章半导体器件由肖德元、张汝京与陈昱升撰写；第2章集成电路制造工艺发展趋势由卢炯平撰写；第3章CMOS逻辑电路及存储器制造流程由季明华、梅绍宁、陈俊、霍宗亮、肖德元与张汝京撰写；第4章电介质薄膜沉积工艺由向阳辉、何有丰、荆学珍与周鸣撰写；第5章应力工程由卢炯平撰写；第6章金属薄膜沉积工艺及金属化由杨瑞鹏、何伟业与聂佳相撰写；第7章光刻技术由伍强、时雪龙、顾一鸣与刘庆炜撰写；第8章干法刻蚀由张海洋与刘勇撰写；第9章集成电路制造中的污染和清洗技术由刘焕新撰写；第10章超浅结技术由卢炯平撰写；第11章化学机械平坦化由陈枫、刘东升与蒋莉撰写；第12章器件参数和工艺相关性由陈昱升撰写；第13章可制造性设计由张立夫撰写；第14章半导体器件失效分析由郭志蓉与牛崇实撰写；第15章集成电路可靠性介绍由吴启熙与郭强撰写；第16章集成电路测量由高强与陈寰撰写；第17章良率改善由范良孚撰写；第18章测试工程由林山本撰写；第19章芯片封装由严大生等撰写。若不是以上各位学者、专家和朋友们的撰写、审稿和改正，全心全力的投入带来宝贵的成果，这本书将无法完成！也感谢中芯国际集成电路有限公司提供的许多非常宝贵的协助！

半导体技术，特别是集成电路技术日新月异。本书自2014年6月出版发行，受到国内从事半导体产业的科技工作者、工程技术人员、高等院校研究生与教师的普遍欢迎，他们提出了许多有益意见与建议，希望本书能够再版。借此机会向他们一并表示感谢！再版时我们加强了半导体器件方面内容，增加了先进的FinFET、3D NAND存储器、CMOS图像传感器以及无结场效应晶体管器件与工艺等内容。

我们也要再次感谢清华大学的各位老师(王志华教授、李铁夫、杨轶博士)和清华大学出版社自始至终的鼓励、支持和鼎力相助，正是在他们的帮助下，这本书才能完成并展现在广大读者的面前！希望这本书能够以实际资料来支持国内半导体产业的学者、专家、技术工作者和研究生们独有的创新和发明，让我们的半导体产业与日俱进，从制造到创造，再创华夏辉煌盛世！

张汝京　敬上

2016年10月于上海

# 目　　录

# 第1章 半导体器件

本章主要介绍以硅材料为主的半导体器件，以及由这些半导体器件及其他电子元器件所构成的当代集成电路不断按比例缩小所面临的挑战及可能的解决方案。

半导体器件与集成电路经历了艰难曲折的发展历程。第二次世界大战结束后不久，美国贝尔实验室开始研制新一代的固体器件以取代可靠性差又非常笨重的真空电子器件，具体由肖克莱(William Shockley)负责。终于在1947年的圣诞节期间，肖克莱的两位同事——理论物理学家巴丁(John Bardeen)和出生于中国厦门的实验物理学家布拉坦(Walter Brattain)，在一个三角形石英晶体底座上将金箔片压到一块锗半导体材料表面并形成两个点接触，当一个接触点为正向偏置(即相对于第三点加正电压)，而另一个接触点为反向偏置时，可以观察到将输入信号放大的晶体管行为。他们把这一发明称为“点接触晶体管放大器”，它可以传导、放大和开关电流。

1949年肖克莱发表了关于PN结理论及一种性能更好的双极型晶体管(Bipolar Junction Transistor，BJT)的经典论文，通过控制中间一层很薄的基极上的电流，实现放大作用，并于次年制成具有PN结的锗晶体管。[1]由于双极型晶体管是通过控制固体中的电子运动实现电信号的放大和传输功能，比当时的主流产品真空电子管性能可靠、耗电节省，更为突出的是体积小得多，因此在应用上受到广泛重视，它很快取代真空管作为电子信号放大组件，成为电子工业的强大引擎，由此引发了一场电子革命，将人类文明带入现代电子时代，被媒体和科学界称为“20世纪最重要的发明”。他们三人(肖克莱、巴丁、布拉坦)因此分享了1956年度的诺贝尔物理奖。自第一个晶体管被发明以来，各式各样的新型半导体器件凭借更先进的技术、更新的材料和更深入的理论被发明。[2]

## 1.1 N型半导体和P型半导体

单晶硅具有准金属的物理性质，有较弱的导电性，其电导率随温度的升高而增加，有显著的半导电性。超纯的单晶硅是本征半导体，基本上不导电。

在硅晶体中掺入微量的ⅤA族杂质原子(如磷、砷、锑等)，可形成N型半导体，电子(带负电)是其导电的主要载流子。这是因为这些杂质原子和硅原子形成共价键结构时，其外围五个电子中的四个会留下一个电子不受共价键束缚而成为自由电子，于是N型半导体就成为了含电子浓度较高的半导体，其导电性主要是因为自由电子导电，如图1.1所示。

在硅晶体中掺入微量的ⅢA族杂质原子(如硼、铟等)，将形成P型半导体，空穴(带正电)是其导电的主要载流子。这些杂质原子和硅原子形成共价键结构时，其外围只有三个电子，比硅原子少了一个电子而留下了一个空缺，即空穴。当空穴被其他邻近的电子补上时，那补位的电子原先的位置便又留下了一个新的空穴，这个空穴的转移可视为正电荷的运动，成为能够导电的载流子(见图1.2)。

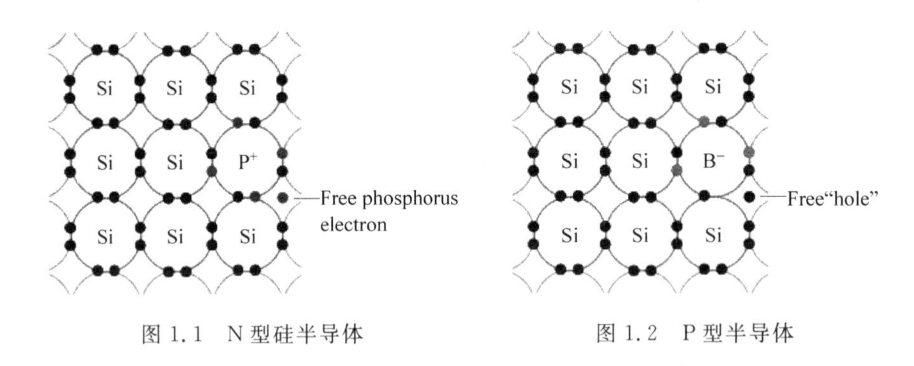


图1.1 N型硅半导体　　图1.2 P型半导体

N型半导体和P型半导体是所有半导体器件的基础。掺杂的杂质浓度越高,半导体导电性越好,电阻率越低。

## 1.2 PN结二极管

在一块完整的硅片上,用不同的掺杂工艺使其一边形成N型半导体,另一边形成P型半导体,两种半导体的交界面附近的区域称为PN结。

在P型半导体和N型半导体结合后,由于N区内自由电子为多数载流子(多子),空穴几乎为零,称之为少数载流子(少子),而P区内空穴为多子,自由电子为少子,在它们的交界处就出现了电子和空穴的浓度梯度。由于存在自由电子和空穴浓度梯度的原因,有一些电子从N区向P区扩散,也有一些空穴从P区向N区扩散。它们扩散的结果就使P区一边失去空穴,留下了带负电的杂质离子,N区一边失去电子,留下了带正电的杂质离子。开路中半导体中的离子不能任意移动,因此不参与导电。这些不能移动的带电离子在P区和N区交界面附近,形成了一个空间电荷区,见图1.3。空间电荷区的薄厚与掺杂浓度有关。

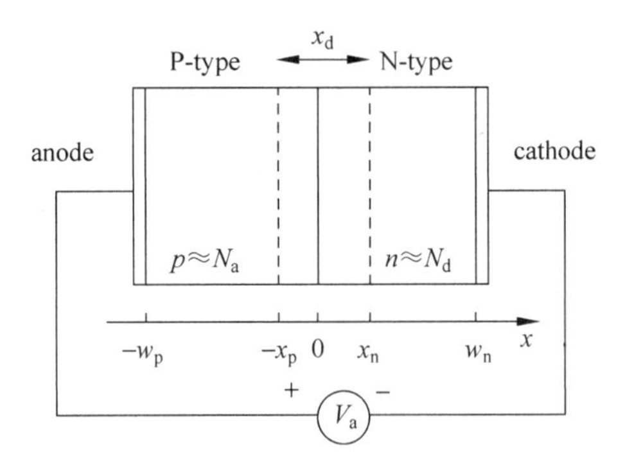


图1.3 PN结二极管剖面结构示意图

在空间电荷区形成后,由于正负电荷之间的相互作用,在空间电荷区形成了内建电场,其方向是从带正电的N区指向带负电的P区。显然,这个电场的方向与载流子扩散运动的方向相反,将阻止载流子的进一步扩散。另一方面,这个电场将使N区的少数载流子空穴向P区漂移,使P区的少数载流子电子向N区漂移,漂移运动的方向正好与扩散运动的方向相反。从N区漂移到P区的空穴补充了原来交界面上P区所失去的空穴,从P区漂移到N区的电子补充了原来交界面上N区所失去的电子,这就使空间电荷减少,内建电场减弱。

因此，漂移运动的结果是使空间电荷区变窄，扩散运动加强。最后，多子的扩散和少子的漂移达到动态平衡。在 P 型半导体和 N 型半导体的结合面两侧，留下离子薄层，这个离子薄层形成的空间电荷区称为 PN 结。PN 结的内建电场方向由 N 区指向 P 区。在空间电荷区，由于缺少可移动载流子，所以也称之为耗尽区。

### 1.2.1　PN 结自建电压

热平衡状态下，半导体内的自建电压等于跨过整个耗尽区的电势差。由于热平衡，意味着费米能级在整个 PN 结二极管内为常数，这个自建势将等于 N 型半导体费米能级 $E_{Fn}$ 和 P 型半导体费米能级 $E_{Fp}$ 之间的能级差除以电子电荷。它也等于 N 型半导体体电势 $\phi_n$ 和 P 型半导体体电势 $\phi_p$ 之和。基于体电势对应费米能级和本征能级之间的能级差，可以得到如下自建电压表达式：

$$\phi_{bi} = V_t \ln \frac{N_d N_a}{n_i^2} \tag{1-1}$$

### 1.2.2　理想 PN 结二极管方程[3]

对于理想二极管方程的推导，我们仍假定准费米能级在整个耗尽区恒定，在低注入条件型，在耗尽区边缘的少数载流子密度由下式给出：

$$n_p(x = x_p) = n_n \exp\left(-\frac{\phi_{bi} - V_a}{V_t}\right) = \frac{n_{i,p}^2}{N_a} \exp\frac{V_a}{V_t} \tag{1-2}$$

$$p_n(x = -x_n) = p_p \exp\left(-\frac{\phi_{bi} - V_a}{V_t}\right) = \frac{n_{i,n}^2}{N_d} \exp\frac{V_a}{V_t} \tag{1-3}$$

其中 $n_{i,n}$ 和 $n_{i,p}$ 分别为 N 区和 P 区半导体的本征载流子浓度，$V_a$ 为外加电压。利用这些边界少数载流子密度为边界条件求解扩散方程，并假设二极管为一个“长”二极管，得到少数载流子和电流分布表达式：

$$n_p(x) = n_{p0} + n_{p0}\left(\exp\frac{V_a}{V_t} - 1\right)\exp\left(\frac{x + x_p}{L_n}\right) \quad (x < -x_p) \tag{1-4}$$

$$p_n(x) = p_{n0} + p_{n0}\left(\exp\frac{V_a}{V_t} - 1\right)\exp\left(-\frac{x - x_n}{L_p}\right) \quad (x_n < x) \tag{1-5}$$

$$J_n(x) = qD_n \frac{dn}{dx} = q\frac{D_n n_{p0}}{L_n}\left(\exp\frac{V_a}{V_t} - 1\right)\exp\left(\frac{x + x_p}{L_n}\right) \quad (x < -x_p) \tag{1-6}$$

$$J_p(x) = qD_p \frac{dp}{dx} = q\frac{D_p p_{n0}}{L_p}\left(\exp\frac{V_a}{V_t} - 1\right)\exp\left(-\frac{x - x_n}{L_n}\right) \quad (x_n < x) \tag{1-7}$$

这里 $D_p$、$D_n$ 分别是空穴和电子在半导体中的扩散系数，$L_p$、$L_n$ 分别是空穴和电子在 N 型和 P 型半导体内的扩散长度，$p_{n0}$，$n_{p0}$ 分别为 N 型半导体内少数载流子空穴和 P 型半导体内少数载流子电子的热平衡载流子密度。忽略载流子在半导体内的复合，得到理想二极管的电流密度为

$$\begin{aligned} J_{ideal} &= J_n(x = -x_p) + J_p(x = x_n) \\ &= q\left(\frac{D_n n_{p0}}{L_n} + \frac{D_p p_{n0}}{L_p}\right)\left(\exp\frac{V_a}{V_t} - 1\right) \\ &= q\left(\frac{D_n n_{i,p}^2}{L_n N_a} + \frac{D_p n_{i,n}^2}{L_p N_d}\right)\left(\exp\frac{V_a}{V_t} - 1\right) \end{aligned} \tag{1-8}$$

以上表达式只适用于具有无限长的准电中性区域PN结二极管。对于长度小于少子扩散长度的准电中性区域,并假设二极管在接触点处具有无限大的复合速度,其电流密度表达式可以简单地通过将式中扩散长度替换成准电中性区域的宽度而得到。

当在PN结二极管的P极施加正电压,在N极施加负电压时,称之为正向偏置。这时N极内的电子会越过界面到达P极,而P极内的空穴也会越过界面到N极,耗尽区的宽度将越来越小,并有电流生成。随着正向偏压不断地增加,最终电流将成指数性增加,见图1.4。

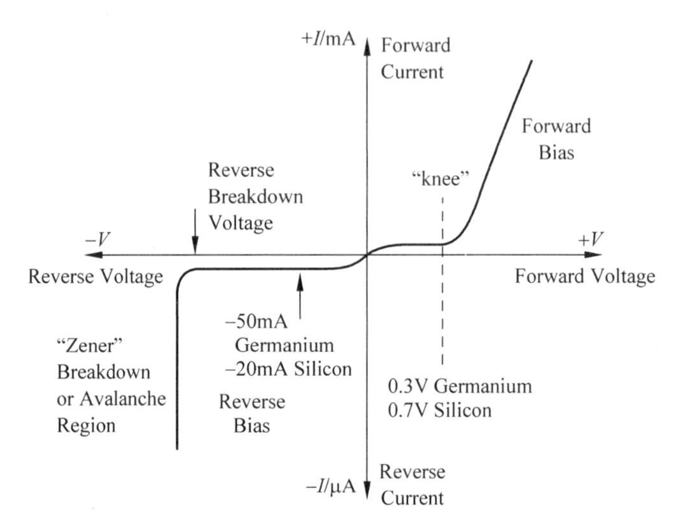


图1.4 正向偏压和负向偏压下的PN结二极管 *I-V* 曲线

当PN结二极管的N极施加正电压,P极施加负电压时,称之为反向偏压。施加反向偏压,电子与空穴将远离耗尽区而使耗尽区变宽,不过仍有少量载流子可以通过界面成为漏电流。当PN结的反向偏压较高时,会发生由于碰撞电离引发的电击穿,即雪崩击穿。存在于半导体晶体中的自由载流子在耗尽区电场的作用下被加速,其能量不断增加,直到与半导体晶格发生碰撞,碰撞过程释放的能量可能使价键断开产生新的电子-空穴对。新的电子-空穴对又分别被加速与晶格发生碰撞,如果平均每个电子(或空穴)在经过耗尽区的过程中可以产生大于1的电子-空穴对,那么该过程可以不断被加强,最终达到耗尽区载流子数目激增,PN结发生雪崩击穿。

## 1.3 双极型晶体管

双极型晶体管由两个PN结构成,其中一个PN结称为发射结,另一个称为集电结。两个结之间的一薄层半导体材料称为基区。接在发射结一端和集电结一端的两个电极分别称为发射极和集电极,接在基区上的电极称为基极,见图1.5。在应用时,发射结处于正向偏置,集电极处于反向偏置。通过发射结的电流使大量的少数载流子注入到基区,这些少数载流子靠扩散迁移到集电结而形成集电极电流,只有极少量的少数载流子在基区内复合而形成基极电流。集电极电流与基极电流之比称为共发射极电流放大系数。在共发射极电路中,微小的基极电流变化可以控制很大的集电极电流变化,这就是双极型晶体管的电流放大效应。双极型晶体管可分为 NPN 型和 PNP 型两类。这种晶体管的工作,同时涉及电子和空穴两种载流子的流动,因此它被称为双极性的,所以也称双极性载流子晶体管。因为其需要较大的面积和能耗,制造和设计的成本较高,其重要性已远不如 MOSFET,目前主要用在模拟电路中。

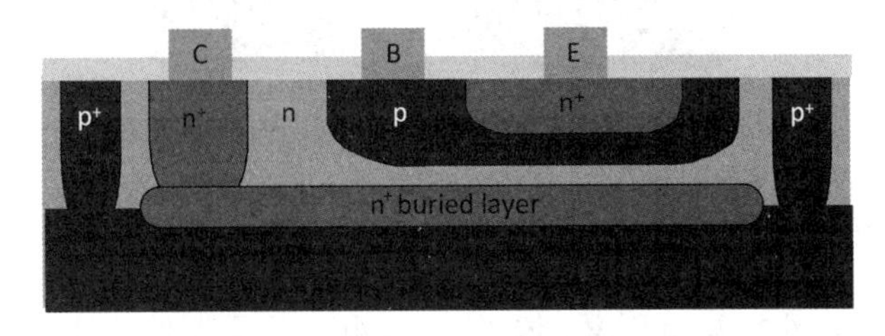


图 1.5　双极结型晶体管剖面结构示意图

## 1.4　金属-氧化物-半导体场效应晶体管

一块薄层半导体受横向电场影响而改变其电阻的现象称为场效应。利用场效应,使自身具有放大信号功能的器件称为场效应器件。在这种器件薄层半导体的两端接两个电极称为源和漏。控制横向电场的电极称为栅。根据器件栅、源漏以及沟道结构的不同,场效应晶体管可以分为以下几种:①采用金属-绝缘体-半导体的系统构成的金属氧化物半导体场效应晶体管(Metal-Oxide-Semiconductor Field-Effect Transistor,MOSFET);②采用 PN 结构成栅极的结型场效应管(Junction Field-Effect Transistor,JFET);③采用金属与半导体接触肖特基势垒结构成栅极的 MESFET 场效应晶体管;④高电子迁移率晶体管(HEMT),这种器件在结构上与 MESFET 类似,但是在工作机理上却更接近于 MOSFET。⑤无结金属-氧化物-半导体场效应晶体管(Junctionless Field-Effect Transistor,JLFET);⑥量子阱场效应晶体管。

本节我们将主要讨论 N 型金属-氧化物-半导体场效应晶体管(nMOSFET)或 N 沟道 MOSFET。

这种类型的 MOSFET 通常制作于 P 型半导体衬底上,由两个高传导率的 N 型半导体源极和漏极,通过反向偏置的 PN 结二极管将其与 P 型半导体衬底隔离,栅极氧化物将栅极与半导体衬底分离,金属或多晶硅栅覆盖源极和漏极之间的区域构成,其基本结构示于图 1.6。施加到栅极的电压控制电子从源极到漏极的流动。施加到栅极的正电压吸引电子到栅电介质和半导体之间的界面处,继续增加栅电压,界面处的少子电子浓度将超过半导体衬底的多子空穴浓度,形成称之为反转层的导电沟道。由于栅极氧化物阻挡了任何载流子的流动,因此,无需栅极电流就可以维持界面处的反型层。结果是所施加的栅极电压控制源极至漏极之间的电流流动。施加一个负电压于栅极上将造成衬底内空穴浓度的增加;由于空穴本身就是 P 型衬底的主要载流子,原先的特性不会有太大的变化。若 MOS 晶体管在强反型下主要的载流子是电子,则称之为 N 沟道 MOS 晶体管,简称 NMOS;若为空穴,则称之为 PMOS。MOS 电容的大小与氧化层的介电常数和面积成正比,与氧化层厚度成反比。使用越高介电常数的材料,越大的电容面积和越薄的介电层厚度,将得到越大的 MOS 电容。

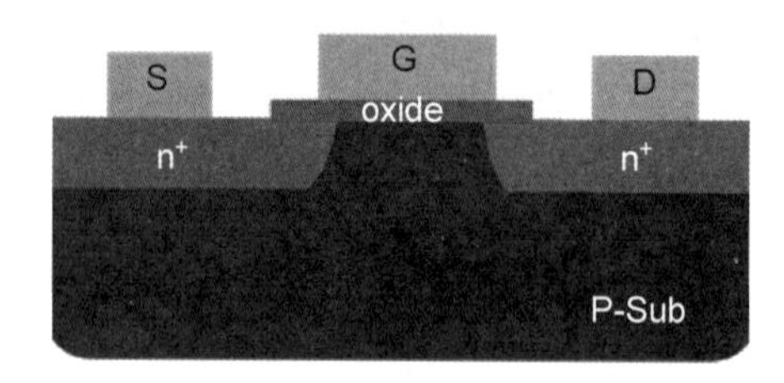


图1.6 NMOS场效应晶体管结构示意图

### 1.4.1 线性模型

线性模型描述在较小漏源电压$V_{DS}$偏置下的MOSFET器件特性。顾名思义,线性模型描述了MOSFET作为一个线性器件工作。更具体地,它可以被建模为一线性电阻,其电阻由栅极-源极电压所调制。在这种工作状态,MOSFET可以用作模拟和数字信号的开关或作为一个模拟乘法器。

漏极电流一般可表示为反型层的总电荷除以载流子从源极流到漏极所需要时间:

$$I_D = -\frac{Q_{inv}WL}{t_r} \tag{1-9}$$

其中,$Q_{inv}$是每单位面积的反型层电荷,$W$是栅极宽度,$L$是栅极长度,$t_r$为渡越时间。假定载流子的速度在源极和漏极之间恒定,该渡越时间等于

$$t_r = \frac{L}{v} \tag{1-10}$$

其中,速度$v$等于迁移率和电场的乘积:

$$v = \mu E = \mu\frac{V_{DS}}{L} \tag{1-11}$$

等速意味着一个恒定电场,等于漏-源电压除以栅极长度。因此,漏极电流可表示为

$$I_D = -\mu \cdot Q_{inv} \cdot \frac{W}{L} \cdot V_{DS} \tag{1-12}$$

我们现在假设,在源极和漏极之间的反型层中的电荷密度是恒定的。反型层中的电荷密度等于单位面积栅极氧化物电容与栅极-源极电压减去阈值电压的乘积:

$$Q_{inv} = -C_{ox}(V_{GS} - V_t),\text{当 } V_{GS} > V_t \tag{1-13}$$

如果栅极电压低于阈值电压,则反型层电荷为零。将反型层电荷密度代入漏极电流表达式,产生线性模型漏极电流表达式:

$$I_D = \mu C_{ox}\frac{W}{L}(V_{GS} - V_t)V_{DS},\text{当 } |V_{DS}| << V_{GS} - V_t \tag{1-14}$$

上述等式中的电容是每单位面积的栅极氧化物电容。还要注意的是,如果栅-源极电压小于阈值电压,漏电流将为零。并且在漏极-源极电压比栅极-源极电压减去阈值电压小得多时,线性模型才有效。这才能确保速度、电场和反型层电荷密度在源极和漏极之间确实恒定。

### 1.4.2 非线性模型

非线性模型采用了线性模型同样的假设,只是非线性模型允许反型层电荷在源极和漏极之间可以变化。非线性模型漏极电流的推导基于这样的事实,即电流在整个沟道是连续

的。该电流也与当地的沟道电压 $V_C$ 相关。

试考虑器件中的一小部分，即宽度为 $dy$，沟道电压为($V_C + V_S$)，式(1-14)描述的线性模型同样适用于这样的部分，因此，可得

$$I_D = \mu C_{ox} \frac{W}{dy}(V_G - V_S - V_C - V_T)dV_C \tag{1-15}$$

其中，漏-源电压由沟道电压所取代。我们可以将方程式的两边从源极到漏极进行积分，从而 $y$ 从 0 变化到栅长 $L$，沟道电压 $V_C$ 从 0 变化到漏-源电压 $V_{DS}$。

$$\int_0^L I_D dy = \mu C_{ox} W \int_0^{V_{DS}} (V_G - V_S - V_C - V_t)dV_C \tag{1-16}$$

漏极电流 $I_D$ 是常数，积分得到

$$I_D = \mu C_{ox} \frac{W}{L}\left[(V_{GS} - V_t)V_{DS} - \frac{V_{DS}^2}{2}\right], \quad 当 V_{DS} < V_{GS} - V_t 时 \tag{1-17}$$

饱和漏极电流通过式(1-18)给出：

$$I_{D,sat} = \mu C_{ox} \frac{W}{L} \frac{(V_{GS} - V_t)^2}{2}, \quad 当 V_{DS} > V_{GS} - V_t 时 \tag{1-18}$$

非线性模型解释了 MOSFET 的典型电流-电压特性。通常绘制出不同栅极-源极电压条件下的电流-电压曲线。以 NMOS 为例，若将源极和衬底接地，改变栅极和漏极的电压，将可得到下列特性曲线(见图 1.7)。图中曲线可以大约分成两个部分，左方区域漏极的电流随漏极施加的电压快速增加，称之为线性区域，右方区域漏极电流随漏极施加的电压的增大，基本上保持不变，则称之为饱和区域。一般数字电路多在饱和区域下工作，而模拟电路通常工作在线性区域。

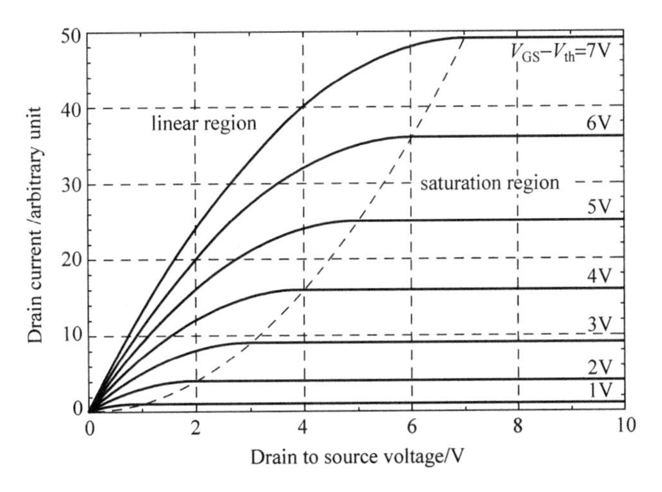


图 1.7　NMOS 的 $I_{DS}$-$V_{DS}$ 关系曲线图

漏极电流仍然是零，如果所述栅极电压低于阈值电压。

$$I_D = 0, \quad 当 V_{GS} < V_t 时 \tag{1-19}$$

基于非线性模型，下面计算一些小信号参数，即跨导 $g_m$ 和输出电导 $g_d$。跨导定义为保持漏源电压恒定情况下，漏极电流随栅-源电压变化关系，即

$$g_m \triangleq \left.\frac{\partial I_D}{\partial V_{GS}}\right|_{V_{DS}} \tag{1-20}$$

跨导的大小反映了栅源电压对漏极电流的控制作用。在转移特性曲线上,跨导为曲线的斜率。

在非线性区域跨导由下式给出:

$$g_{m,quad}=\mu C_{ox}\frac{W}{L}V_{DS} \tag{1-21}$$

在 $V_{DS}<V_{GS}-V_t$ 条件下,跨导漏-源电压成比例关系。在饱和区,跨导恒定并且等于:

$$g_{m,sat}=\mu C_{ox}\frac{W}{L}(V_{GS}-V_t) \tag{1-22}$$

输出电导定义为保持栅源电压恒定情况下,漏极电流随漏-源电压变化关系,即

$$g_d\triangleq\left.\frac{\partial I_D}{\partial V_{DS}}\right|_{V_{GS}} \tag{1-23}$$

在非线性区域,输出电导随漏-源电压的增加而减小:

$$g_{d,quad}=\mu C_{ox}\frac{W}{L}(V_{GS}-V_t-V_{DS}) \tag{1-24}$$

并且在饱和区输出电导变为零:

$$g_{d,sat}=0 \tag{1-25}$$

### 1.4.3 阈值电压

阈值电压等于平带电压,两倍的体电势,以及为平衡耗尽层电荷、横跨整个氧化物电压降的总和。P型衬底上的N型MOSFET的阈值电压由式(1-26)给出

$$V_t=V_{FB}+2\phi_F+\frac{\sqrt{2\varepsilon_s qN_a(2\phi_F+V_{SB})}}{C_{ox}} \tag{1-26}$$

平带电压由式(1-27)给出

$$V_{FB}=\Phi_{MS}-\frac{Q_f}{C_{ox}}-\frac{1}{C_{ox}}\int_0^{t_{ox}}\frac{x}{x_{ox}}\rho_{ox}(x)\,dx \tag{1-27}$$

其中

$$\Phi_{MS}=\Phi_M-\Phi_S=\Phi_M-\left(\chi+\frac{E_g}{2q}+\phi_F\right) \tag{1-28}$$

$\Phi_M$ 为金属功函数,$\Phi_S$ 为半导体功函数,$\Phi_{MS}$ 为金属-半导体功函数差。并且

$$\phi_F=V_t\ln\frac{N_a}{n_i}\quad(\text{P 型衬底}) \tag{1-29}$$

N型衬底上的P型MOSFET的阈值电压由下式给出:

$$V_t=V_{FB}-|2\phi_F|-\frac{\sqrt{2\varepsilon_s qN_d(|2\phi_F|-V_{SB})}}{C_{ox}} \tag{1-30}$$

平带电压由式(1-31)给出:

$$V_{FB}=\Phi_{MS}-\frac{Q_f}{C_{ox}}-\frac{1}{C_{ox}}\int_0^{t_{ox}}\frac{x}{x_{ox}}\rho_{ox}(x)\,dx \tag{1-31}$$

其中

$$\Phi_{MS}=\Phi_M-\Phi_S=\Phi_M-\left(\chi+\frac{E_g}{2q}-|\phi_F|\right) \tag{1-32}$$

并且

$$|\phi_F| = V_t \ln \frac{N_d}{n_i} \quad \text{N 型衬底} \tag{1-33}$$

## 1.4.4　衬底偏置效应

通过背接触施加到衬底上的电压将影响 MOSFET 的阈值电压。源和体之间的电压差 $V_{BS}$改变了耗尽层的宽度，引起耗尽区中电荷的变化，进而影响横跨整个氧化物的电压降。经修饰后的阈值电压表达式由式(1-34)给出

$$V_t = V_{FB} + 2\phi_F + \frac{\sqrt{2\varepsilon_s q N_a (2\phi_F + V_{SB})}}{C_{ox}} \tag{1-34}$$

由于源和体之间的电压差 $V_{BS}$导致阈值的变化可表示为

$$\Delta V_t = \gamma(\sqrt{(2\phi_F + V_{SB})} - \sqrt{2\phi_F}) \tag{1-35}$$

这里 $\gamma$ 为体效应参数：

$$\gamma = \frac{\sqrt{2\varepsilon_s q N_a}}{C_{ox}} \tag{1-36}$$

## 1.4.5　亚阈值电流

在前面的分析讨论中，我们有个基本假设，即低于阈值电压时，不会有反型层电荷存在。这导致低于阈值电压时，漏极电流为零。实际上器件存在亚阈值电流，它不为零。低于阈值电压时，亚阈值电流随指数形式下降为

$$I_D \propto \exp\left(\frac{V_G - V_t}{nV_t}\right) \tag{1-37}$$

这里

$$n = 1 + \frac{1}{2C_{ox}}\sqrt{\frac{q\varepsilon_s N_a}{\phi_F}} \tag{1-38}$$

器件的亚阈值行为对于动态电路是非常关键的，这是因为人们需要确保低于阈值时，晶体管没有电荷泄漏。

## 1.4.6　亚阈值理想因子的推导

低于阈值时的电荷密度可以表达为

$$Q_d \propto \exp\left(\frac{\phi_S}{V_t}\right) \tag{1-39}$$

其中，$\phi_S$为表面电位，它与栅极电压 $V_G$的关系由式(1-40)给出

$$V_G = V_{FB} + \phi_S + V_{ox} = V_{FB} + \phi_S + \frac{\sqrt{2q\varepsilon_s \phi_S}}{C_{ox}} \tag{1-40}$$

经微分，栅极电压 $V_G$与表面电势 $\phi_S$的关系可进一步表达为

$$\frac{dV_G}{d\phi_S} = 1 + \frac{1}{2C_{ox}}\sqrt{\frac{2q\varepsilon_s N_a}{\phi_S}} \approx 1 + \frac{1}{2C_{ox}}\sqrt{\frac{q\varepsilon_s N_a}{\phi_F}} = n \tag{1-41}$$

接近阈值时的表面电势近似为 $2\phi_F$。亚阈值电流可表示为

$$I_D \propto Q_d \propto \exp\left(\frac{\phi_S}{V_t}\right) \propto \exp\left(\frac{V_G}{nV_t}\right) \tag{1-42}$$

# 1.5 CMOS 器件面临的挑战

一对 N 沟道和 P 沟道 MOS 管以推挽形式工作,构成互补的金属氧化物半导体器件(Complementary Metal-Oxide-Semiconductor,CMOS)。其组成的反相器基本电路单元所实现一定逻辑功能的集成电路称为 CMOS 电路。其特点是:①静态功耗低,每门功耗为纳瓦级;②逻辑摆幅大,近似等于电源电压;③抗干扰能力强,直流噪声容限达逻辑摆幅的35%左右;④可在较广泛的电源电压范围内工作,便于与其他电路接口;⑤速度快,门延迟时间达纳秒级;⑥在模拟电路中应用,其性能比 NMOS 电路好;⑦与 NMOS 电路相比,集成度稍低;⑧有"自锁效应",影响电路正常工作。图 1.8 为当代先进 CMOS 器件结构示意图。

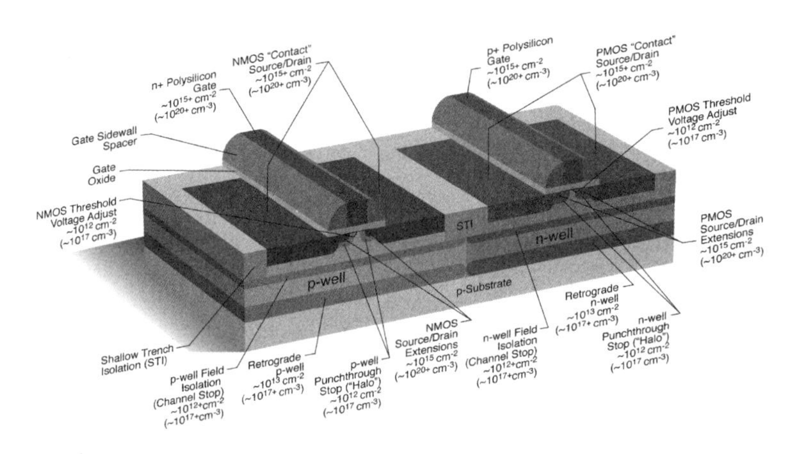


图 1.8 当代先进 CMOS 器件结构示意图

MOS 器件不断地按比例缩小,通常伴随栅极氧化层的厚度的减薄,发生强反型时,沟道中的电阻将进一步降低,MOS 器件速度将进一步提升。理论上 MOSFET 的栅极应该尽可能选择导电性良好的导体,重掺杂多晶硅普遍用于制作 MOSFET 的栅极,但这并非完美的选择。采用多晶硅栅极的理由如下:MOSFET 的阈值电压主要由栅极与沟道材料的功函数之间的差异来决定,因为多晶硅本质上是半导体,所以可以通过掺杂不同极性及浓度的杂质来改变其功函数。更重要的是,因为多晶硅和其底下作为沟道的硅之间禁带宽度相同,因此在降低 PMOS 或 NMOS 的阈值电压时,可以通过直接调整多晶硅的功函数来达成需求。反过来说,金属材料的功函数并不像半导体那么易于改变,如此一来要降低 MOSFET 的阈值电压就变得比较困难。而且如果想要同时降低 PMOS 和 NMOS 的阈值电压,将需要两种不同的金属分别做其栅极材料,增加了工艺的复杂性;经过多年的研究,已经证实硅-二氧化硅界面两种材料之间的缺陷相对而言比较少。反之,金属-绝缘体界面的缺陷多,容易在两者之间形成很多表面能阶,大幅影响器件的性能;多晶硅的熔点比大多数的金属高,而在现代的半导体工艺中,习惯在高温下沉积栅极材料以增进器件性能。金属的熔点较低,将会影响工艺所能使用的温度上限。

不过虽然多晶硅在过去的二十多年里已成为制造 MOSFET 栅极的标准,但也有若干缺点使得工业界在先进 CMOS 器件产品中使用高介电常数的介质和金属栅极(High-$k$

Metal Gate，HKMG)，这些缺点如下：多晶硅导电性不如金属，限制了信号传递的速度。虽然可以利用掺杂的方式改善其导电性，但效果仍然有限。有些熔点比较高的金属材料如：钨(Tungsten)、钛(Titanium)、钴(Cobalt)或镍(Nickel)被用来和多晶硅制成合金。这类混合材料通常称为金属硅化物(silicide)。加上了金属硅化物的多晶硅栅极导电特性显著提高，而且又能够耐受高温工艺。此外因为金属硅化物的位置是在栅极表面，离沟道区较远，所以也不会对MOSFET的阈值电压造成太大影响。在栅极、源极与漏极都镀上金属硅化物的工艺称为“自我对准金属硅化物工艺”(Self-Aligned Silicide)，通常简称salicide工艺。当MOSFET的器件尺寸缩得非常小、栅极氧化层也变得非常薄时，例如，最新工艺可以把氧化层厚度缩小到1nm左右，一种过去没有发现的称之为“多晶硅耗尽”现象也随之产生。当MOSFET的反型层形成时，有多晶硅耗尽现象的MOSFET栅极多晶硅靠近氧化层处，会出现一个耗尽层，无形中增加了栅氧化层厚度，影响MOSFET器件性能。要解决这种问题，一种解决方案是将多晶硅完全的合金化，称为FUSI(FUlly-SIlicide Polysilicon Gate)工艺。金属栅极是另一种最好的方案，可行的材料包括钽(Tantalum)、钨、氮化钽(Tantalum Nitride)，或是氮化钛(Titalium Nitride)再加上铝或钨。这些金属栅极通常和高介电常数物质形成的氧化层一起构成MOS电容。

在过去的半个多世纪中，以CMOS技术为基础的集成电路技术一直遵循“摩尔定律”，即通过缩小器件的特征尺寸来提高芯片的工作速度、增加集成度以及降低成本，取得了巨大的经济效益与科学技术的重大发展，推动了人类文明的进步，被誉为人类历史上发展最快的技术之一。伴随MOS器件特征尺寸按比例不断缩小，源与漏之间的距离也越来越短，沟道不仅受栅极电场，同时也受到漏极电场的影响，这样一来栅极对沟道的控制能力变差，栅极电压夹断沟道的难度也越来越大，如此便容易发生亚阀值漏电(Sub-threshold leakage)现象，形成短沟道效应(Short-Channel Effects，SCE)。这样会导致晶体管性能的严重退化，影响其开关效率以及速度。如果短沟道效应得不到有效控制，传统的平面体硅MOSFET的尺寸持续按比例缩小将变得越来越困难。集成电路技术发展到当今20nm技术节点及以下时，在速度、功耗、集成度、可靠性等方面将受到一系列基本物理和工艺技术问题的限制。

为了克服这些挑战，人们致力于两方面的研究：一方面积极研发全新的信息处理技术，以便在CMOS技术的能力范围之外继续实现或超越摩尔定律；另一方面积极研究器件新结构、新材料，以便充分挖掘CMOS技术的潜力，实现CMOS技术沿摩尔定律进一步按比例缩小。比如，在传统晶体管的工艺设计中采用新的材料，如高$k$电介质，金属栅材料以及隐埋应变硅源漏，或者发展替代传统平面结构的晶体管器件结构[4,5]。图1.9给出当代CMOS集成电路材料与器件结构的演进[6~8]。

1949年肖克莱(W. B. Shockley)提出少子(少数载流子)在半导体中的注入和迁移的PN结理论以及基于PN结的双极型晶体管器件结构[9]。1960年，贝尔实验室的D. Kahng和M. Atalla发明并首次制作成功金属-氧化物-半导体场效应晶体管(MOSFET)。MOSFET的发明也是基于PN结理论[10,11]。

在发展替代传统平面结构的晶体管器件结构方面，一种特殊器件结构即所谓的鳍式场效应晶体管FinFET吸引了人们的广泛关注。这个词最初被加利福尼亚大学伯克利分校的胡正明教授用来描述一个基于绝缘层上硅(Silicon On Insulator，SOI)衬底的非平面双栅晶体管器件[12]。由于晶体管的沟道很像鱼的鳍，由此称之为鳍型场效应晶体管。它的发展基

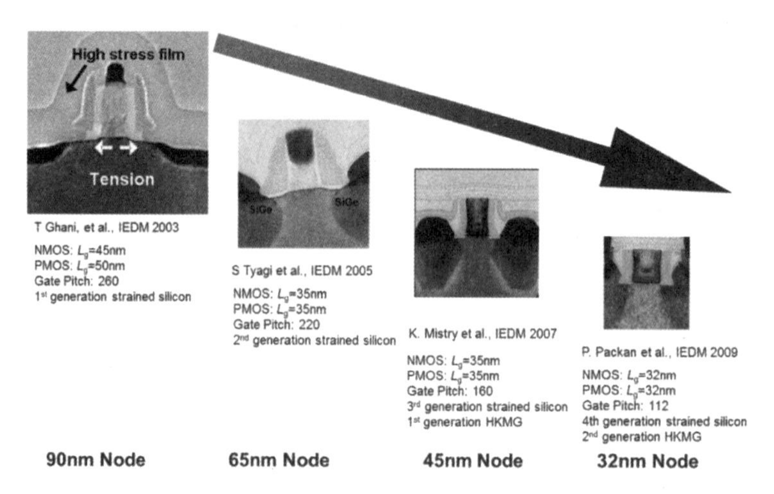


图1.9 当代CMOS集成电路材料与器件结构的演进

础是Hitachi公司的年轻工程师Hisamoto于1989年提出的基于体硅衬底,采用局域化绝缘体隔离衬底技术(local SOI)制成的首个三维器件Delta FET[13]。在传统晶体管结构中,栅极只能从沟道的一侧控制器件的导通与关闭,属于平面结构。FinFET器件采用三维立体结构,由其中一个设置于源漏之间的薄鳍状沟道和类似鱼鳍的叉状栅极组成。栅电极能够从鳍形硅的两侧及顶部控制沟道,且与鳍形硅沟道垂直,两个侧边栅电极能够互相自对准,有效地缩小了有源区在平面上的占有面积,并且很大程度上增加了沟道的有效宽度,使得栅极对沟道电势控制更加完美,具有非常高的静电完整性,从而增加了器件的电流驱动能力和器件抑制短沟道效应的能力,并增加了器件的跨导,减小了漏极感应势垒降低(Drain Induced Barrier Lowering,DIBL)效应和阈值电压随沟道长度的变化量等。FinFET因其优异的性能以及与传统CMOS工艺的兼容性,被认为是很有前途的新颖器件,可以使摩尔定律得以延续。

在14nm节点,由于FinFET鳍的宽度只有5nm左右,沟道宽度的变化可能会导致不良的$V_t$以及驱动电流的变化等。采用全包围栅(Gate-All-Around Rectangular, GAAR)器件结构是FinFET器件的自然延伸[14,15]。在这种结构中,栅极结构将鳍形沟道全部包裹起来,进一步改善了器件对短沟道效应的控制。然而由于工艺的限制,这些GAAR型器件的沟道多为长方体形状,不可避免的锐角效应使得矩形沟道截面中的电场仍然不均匀。更进一步的是采用圆柱体全包围栅(Gate-All-Around Cylindrical, GAAC)器件结构[16~19]。在这种结构中,栅极结构将圆柱体沟道全部包裹起来,克服了锐角效应,进一步改善了器件对短沟道效应的控制。由于具备近乎完美的静电完整性,圆柱体全包围栅器件备受关注。图1.10给出CMOS器件由二维平面结构向三维非平面结构的演进[12,13,16,20,21]。

2011年初,Intel公司在其22nm工艺技术节点上首次推出了商品化的FinFET产品Ivy-Bridge[22]。其器件结构与早期Hisamoto的Delta FET及其相似,如图1.10所示,只是省略了局域化衬底绝缘隔离工艺,依旧采用阱隔离技术将沟道与体硅衬底隔离开来。环栅纳米线器件因其更优异的静电完整性和弹道输运特性,有望取代FinFET并应用在10nm以下节点。但由于PN结漏电问题,也将面临一些挑战。

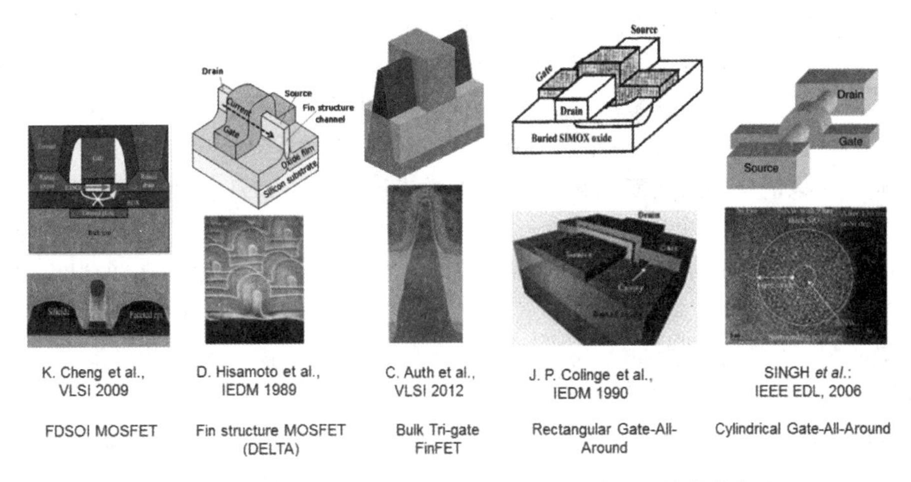


图 1.10　CMOS 器件由二维平面结构向三维非平面结构的演进

## 1.6　结型场效应晶体管

结型场效应晶体管(Junction Field-Effect Transistor,JFET)是在同一块 N 型半导体上制作两个高掺杂的 P 区,并将它们连接在一起,所引出的电极称为栅极(G),N 型半导体两端分别引出两个电极,分别称为漏极(D)和源极(S),如图 1.11 所示。结型场效应晶体管通过栅极电压改变两个反偏 PN 结势垒的宽度,并因此改变沟道的长度和厚度(栅极电压使沟道厚度均匀变化,源漏电压使沟道厚度不均匀变化),进而调节沟道的导电性来实现对输出电流的控制,是具有放大功能的三端有源器件,也是单极场效应管中最简单的一种,它可以分 N 沟道或者 P 沟道两种。

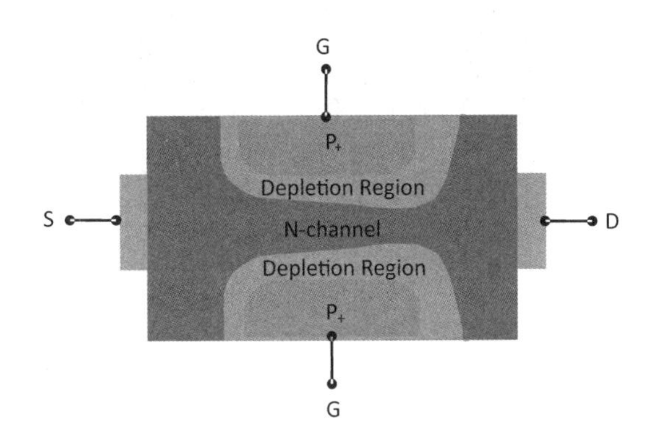


图 1.11　N 型 JFET 场效应晶体管结构示意图

结型场效应晶体管分为耗尽型(D-JFET),即在零栅偏压时就存在有沟道以及增强型(E-JFET),在零栅偏压时不存在沟道两种 JFET。JFET 导电的沟道在体内,耗尽型和增强型这两种晶体管在工艺和结构上的差别主要在于其沟道区的掺杂浓度和厚度。D-JFET 的沟道的掺杂浓度较高、厚度较大,以至于栅 PN 结的内建电压不能把沟道完全耗尽;而 E-JFET 的沟道的掺杂浓度较低、厚度较小,则栅 PN 结的内建电压即可把沟道完全耗尽。

对于耗尽型的JFET,在平衡时(不加电压)时,沟道电阻最小;电压$V_{DS}$和$V_{GS}$都可改变栅PN结从而导致$I_{DS}$变化,以实现对输入信号的放大。当$V_{DS}$较低时,JFET的沟道呈现为电阻特性,是所谓电阻工作区,这时漏极电流基本上随着电压$V_{DS}$的增大而线性上升,但漏极电流随着栅极电压$V_{GS}$的增大而平方式增大;进一步增大$V_{DS}$时,沟道即首先在漏极一端被夹断,则漏极电流达到最大而饱和,进入饱和放大区,这时JFET呈现为一个恒流源。

JFET的特点:①是电压控制器件,则不需要大的信号功率。②是多数载流子导电的单极晶体管,无少子存储与扩散问题,速度高,噪音系数低;而且漏极电流$I_{ds}$的温度关系取决于载流子迁移率的温度关系,则电流具有负的温度系数,器件具有自我保护的功能。③输入端是反偏的PN结,则输入阻抗大,便于匹配。④输出阻抗也很大,呈现为恒流源,这与BJT大致相同。⑤JFET一般是耗尽型的,但若采用高阻衬底,也可得到增强型JFET(增强型JFET在高速、低功耗电路中很有应用价值);但是一般只有短沟道的JFET才是能很好工作的增强型器件。实际上,静电感应晶体管也就是一种短沟道的JFET。⑥沟道是处在半导体内部,则沟道中的载流子不受半导体表面的影响,因此迁移率较高、噪声较低。

## 1.7　肖特基势垒栅场效应晶体管

1966年,一种金属-半导体场效应管(Metal-Semiconductor FET, MESFET)被提出并在一年后实现,它在结构上与结型场效应管(JFET)类似,不过它与后者的区别是这种场效应管并没有使用PN结作为其栅极,而是采用金属-半导体接触所构成的肖特基势垒结的方式形成栅极,如图1.12所示,其沟道通常由化合物半导体构成,它的速度比由硅制造的结型场效应管JFET或MOSFET快很多,但是制造成本相对更高。但是金属-半导体接触可以在较低温度下形成,可以采用GaAs衬底材料制造出性能优良的晶体管。

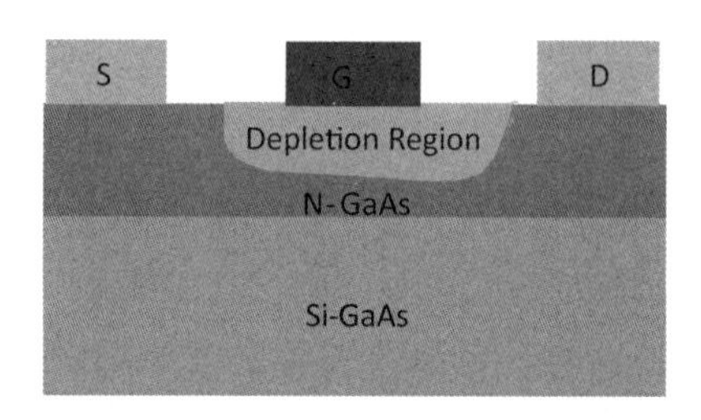


图1.12　N型MESFET场效应晶体管结构示意图

## 1.8　高电子迁移率晶体管

MESFET热稳定性较差、漏电流较大、逻辑摆幅较小、抗噪声能力较弱。随着频率、功率容限以及低噪声容限需求的增加,砷化镓MESFET已经达到了其设计上的极限,因为满足这些需求需要更大的饱和电流和更大跨导的短沟道场效应器件。一般可以通过增加沟道掺杂浓度来实现。由于沟道区是对体半导体材料的掺杂而形成的,多数载流子与电离的杂质共同存在。多数载流子受电离杂质散射,从而使载流子迁移率减小,器件性能降低。

早在1960年,IBM公司的Anderson就预言在异质结界面将存在电子的累积[23]。1969

年，Easki 和 Tsu 提出在禁带宽度不同的异质结结构中，离化的施主和自由电子是分离的。即，电子离开施主母体，由宽带隙材料一侧进入窄带隙材料一侧[24]。这种分离减少了母体对电子的库仑作用，提高了电子迁移率。1978 年，美国贝尔实验室的 Dingle 等人在调制掺杂的异质材料中首次观察到了载流子迁移率增高的现象[25]。1980 年，富士通公司的 Hiyamize 等人率先采用这种结构，在调制掺杂 n-AlGaAs/GaAs 单异质结结构的实验中，证明了异质界面二维电子气（2DEG）的存在，而且具有很高的迁移率，成功研制出世界上第一只超高速逻辑器件——高电子迁移率晶体管（High Electron Mobility Transistor，HEMT）[26]。高电子迁移率晶体管（HEMT）这一术语也由富士通（Fujitsu）公司提出，它是一种异质结场效应晶体管（HFET），又称为调制掺杂场效应晶体管（MODFET）、二维电子气场效应晶体管（2-DEGFET）、选择掺杂异质结晶体管（SDHT）等。HEMT 器件利用半导体异质结构中电离杂质与电子在空间能被分隔的优点，并由此产生具有很高迁移率的所谓二维电子气来工作，能够工作于超高频（毫米波）、超高速领域。图 1.13 给出一 HEMT 场效应晶体管结构示意图以及器件能带结构图[27]。

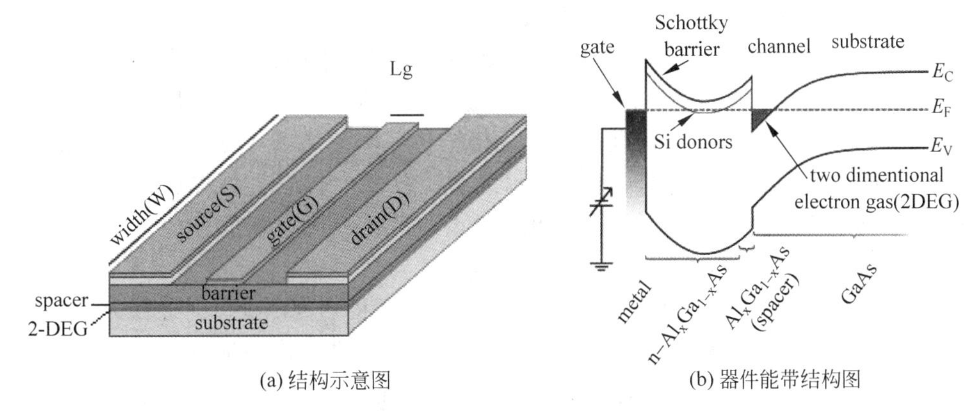


图 1.13　HEMT 场效应晶体管结构示意图与器件能带结构图

## 1.9　无结场效应晶体管

当代所有的集成电路芯片都是由 PN 结或肖特基势垒结所构成：双极结型晶体管（BJT）包含两个背靠背的 PN 结，MOSFET 也是如此。结型场效应晶体管（JFET）垂直于沟道方向有一个 PN 结，隧道穿透场效应晶体管（TFET）沿沟道方向有一个 PN 结，金属-半导体场效应晶体管（MESFET）或高电子迁移率晶体管（HEMT）垂直于沟道方向含有一个栅电极肖特基势垒结。

常规的 MOS 晶体管由源区、沟道和漏区以及位于沟道上方、栅电极下方的栅氧化层所组成。从源区至沟道和漏区由两个背靠背的 PN 结组成，沟道的掺杂类型与其漏极与源极相反。当一个足够大的电位差施于栅极与源极之间时，电场会在栅氧化层下方的半导体表面感应少子电荷，形成反型沟道，这时沟道的导电类型与其漏极与源极相同。沟道形成后，MOSFET 即可让电流通过，而依据施于栅极的电压值不同，可由沟道流过的电流大小亦会受其控制而改变，器件工作于反型模式（IM）。由于栅氧化层与半导体沟道界面的不完整性，载流子受到散射，导致迁移率下降及可靠性降低。进一步地，伴随 MOS 器件特征尺寸持续不断地按比例缩小，基于 PN 结的 MOS 场效应晶体管结构弊端也越来越明显。通常需要将一个掺杂浓度为 $1\times10^{19}\,\mathrm{cm}^{-3}$ 的 N 型半导体在几纳米范围内转变为浓度为 $1\times10^{18}\,\mathrm{cm}^{-3}$ 的P型半导体，采用这样超陡峭掺杂浓度梯度是为了避免源漏穿通造成漏电，而这样设计的器件将严重限制器件工艺的热预算。由于掺杂原子的统计分布以及在一定温度下掺杂原子易于扩散的自然属性，在纳米尺度范围内制作这样超陡峭的 PN 结会变得非常困难，结果造成晶体管阈值电压下降，漏电严重，甚至无法关闭。而金属-半导体场效应晶体管或高电子迁移率晶体管，则会出现热稳定性较差、肖特基结栅电极漏电流较大、逻辑摆幅较小、抗噪声能力较弱等问题，这成为未来半导体制造业一道难以逾越的障碍[28]。

为克服由 PN 结或肖特基结所构成器件在纳米尺度所面临的难以逾越的障碍，2005 年，中芯国际的肖德元等人首次提出一种圆柱体全包围栅无结场效应晶体管(Gate-All-Around-Cylindrical Junctionless Field Effect Transistor, GAAC JLT)及其制作方法，它属于多数载流子导电器件[29]。2009 年首次发表该器件基于沟道全耗尽的紧凑型模型并推导出该器件的电流-电压方程表达式。器件模型与 Synopsys Sentaurus 三维器件仿真结果较为吻合[30]。与传统的 MOSFET 不同，无结场效应晶体管(JLT)由源区、沟道、漏区、栅氧化层及栅极组成，从源区至沟道和漏区，其杂质掺杂类型相同，没有 PN 结，属于多数载流子导电的器件。图 1.14 描绘了这种简化了的圆柱体全包围栅无结场效应晶体管器件结构透视图和沿沟道及垂直于沟道方向的器件剖面示意图。在 SOI 衬底上晶体管有一个圆柱体的单晶硅沟道，它与器件的源漏区掺杂类型相同(在图中为 P 型)。绝缘体栅介质将整个圆柱体沟道包裹起来，在其上面又包裹金属栅。导电沟道与金属栅之间被绝缘体介质隔离，沟道内的多数载流子(空穴)在圆柱体沟道体内而非表面由源极达到漏极。通过栅极偏置电压使器件沟道内的多数载流子累积或耗尽，可以调制沟道电导进而控制沟道电流。当栅极偏置电压大到将圆柱体沟道靠近漏极某一截面处的空穴完全耗尽掉，在这种情况下，器件沟道电阻变成准无限大，器件处于关闭状态。由于栅极偏置电压可以从 360°方向将圆柱体沟道空穴由表及里将其耗尽，这样大大增强了栅极对圆柱体沟道的控制能力，还有效地降低了器件的阈值电压。由于避开了不完整的栅氧化层与半导体沟道界面，载流子受到界面散射影响有限，提高了载流子迁移率。此外，无结场效应晶体管属于多数载流子导电器件，沿沟道方向，靠近漏极的电场强度比常规反型沟道的 MOS 晶体管要来得低，因此，器件的性能及可靠性得以大大提高。

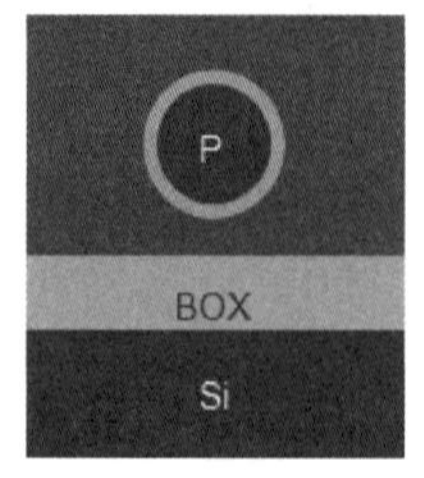

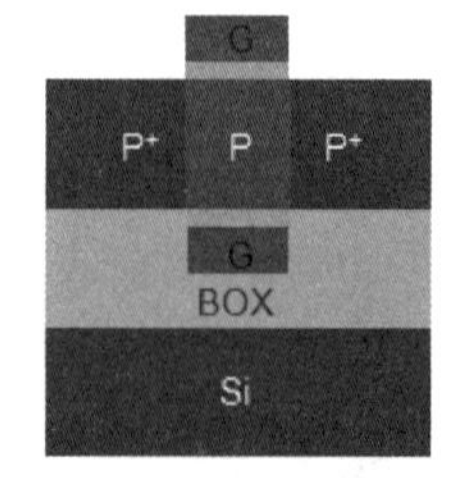

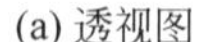
(a) 透视图　(b) 垂直沟道剖面示意图　(c) 平行沟道剖面示意图

图 1.14　简化的圆柱体全包围栅无结场效应管器件结构示意图
在 SOI 衬底上的晶体管圆柱体沟道，与器件的源漏区掺有相同类型的杂质(在图中为 P 型)

### 1.9.1 圆柱体全包围栅无结场效应晶体管突变耗尽层近似器件模型[31]

由于圆柱形对称结构使得任一 $\theta$ 方向上的电势 $\Psi$ 和电场 $E$ 分布均一致，因此可以简化为二维分析。忽略带电载流子和固定氧化物电荷对沟道静电场的影响，硅纳米圆柱体电势 $\Psi$ 分布的二维泊松方程可以写成

$$\frac{1}{r}\frac{\partial}{\partial r}\left(r\frac{\partial \Psi(r,z)}{\partial r}\right)+\frac{\partial^2 \Psi(r,z)}{\partial z^2}=\frac{\rho}{\varepsilon} \tag{1-43}$$

这里 $\rho$ 是体电荷密度，$\varepsilon$ 是介电常数。通过求解泊松方程，可以求解出硅圆柱沟道和栅介质中的电势、电场分布以及沟道表面电位。在硅圆柱径向 $r$ 位置上的电场可由下式表达，

$$E(r)=-\frac{qN_A}{2\varepsilon_{si}}\left[r-\frac{1}{r}(R-w)^2\right],\quad 0<r\leqslant R \tag{1-44}$$

而在栅介质内径向 $r$ 位置上的电场则为

$$E(r)=-\frac{qN_A}{2\varepsilon_{ox}}\left[\frac{R^2-(R-w)^2}{r}\right],\quad R<r\leqslant R+d \tag{1-45}$$

式中，$q$ 为单位电荷，$N_A$ 是沟道受主离子杂质浓度，$\varepsilon_{ox}$ 为栅介质介电常数，$\varepsilon_{si}$ 为硅半导体介电常数，$R$ 是硅圆柱体沟道的半径，$d$ 为栅介质层厚度，$w$ 为硅圆柱半导体耗尽层深度。

进一步，硅圆柱径向 $r$ 位置上的电势分布 $\Psi(r)$ 为

$$\Psi(r)=V(z)-\frac{qN_A}{4\varepsilon_{si}}\left[r^2-(R-w)^2+2(R-w)^2\ln\left(\frac{R-w}{r}\right)\right] \tag{1-46}$$

栅介质内的电压降 $V_{ox}$ 为

$$V_{ox}=\int_R^{R+d}E(r)\mathrm{d}r=\frac{-qN_A}{2\varepsilon_{ox}}w(2R-w)\ln\left(1+\frac{d}{R}\right) \tag{1-47}$$

硅纳米圆柱半导体表面电势 $\Psi_s$ 为

$$\Psi_s=\Psi(R)=V(z)-\frac{qN_A}{4\varepsilon_{si}}\left\{R^2+(R-w)^2\left[2\ln\left(1-\frac{w}{R}\right)-1\right]\right\} \tag{1-48}$$

理想的 GAAC JLT 器件电流-电压特性关系的推导始于欧姆定律。考虑一个结构如图 1.14 所示的 P 型沟道 GAAC JLT 器件，位于沟道中 $z$ 点处的微分电阻为

$$\mathrm{d}R=\rho\mathrm{d}z/A(z) \tag{1-49}$$

其中，$\rho$ 是电阻率，$A(z)$是沟道横截面积。如果我们忽略 P 型沟道中的少数载流子电子，沟道电阻率是

$$\rho=1/(q\mu_p N_A) \tag{1-50}$$

沟道横截面积由式(1-51)给出：

$$A(z)=\pi[R-w(z)]^2 \tag{1-51}$$

其中，$R$ 是硅圆柱体沟道的半径，$w(z)$是位于沟道中 $z$ 点处的耗尽层宽度。式(1-49)微分电阻可以表示为

$$\mathrm{d}R=\mathrm{d}z/[\pi q\mu_p N_A(R-w)^2] \tag{1-52}$$

假定漏电流 $I_D$在沟道中为常数，微分长度为 $\mathrm{d}z$ 的微分电压可以表示为

$$\mathrm{d}V(z)=I_D\,\mathrm{d}z/[\pi q\mu_p N_A(R-w)^2] \tag{1-53}$$

或

$$I_{\mathrm{D}}\,\mathrm{d}z = \pi q\mu_{\mathrm{p}} N_{\mathrm{A}}\,(R-w)^2\,\mathrm{d}V(z) \tag{1-54}$$

位于沟道中 $z$ 点处的电势 $V(z)$ 与该处的耗尽层宽度 $w(z)$ 有下面的表达关系式：

$$V(z)+V_{\mathrm{G}} = V_{\mathrm{ox}}+\psi_{\mathrm{s}} = \frac{qN_{\mathrm{A}}wd}{\varepsilon_{\mathrm{ox}}}+\frac{qN_{\mathrm{A}}w^2}{2\varepsilon_{\mathrm{s}}} \tag{1-55}$$

其中，$V_{\mathrm{ox}}$ 和 $\psi_{\mathrm{s}}$ 分别为是栅氧化层上的电压降与半导体表面的电势。对式(1-55)进行微分，得到

$$\mathrm{d}V = \left(\frac{qN_{\mathrm{A}}d}{\varepsilon_{\mathrm{ox}}}+\frac{qN_{\mathrm{A}}}{\varepsilon_{\mathrm{s}}}w\right)\mathrm{d}w \tag{1-56}$$

式(1-54)变为

$$I_{\mathrm{D}}\,\mathrm{d}z = \pi e\mu_{\mathrm{p}} N_{\mathrm{A}}\,(R-w)^2\left(\frac{qN_{\mathrm{A}}d}{\varepsilon_{\mathrm{ox}}}+\frac{qN_{\mathrm{A}}}{\varepsilon_{\mathrm{s}}}w\right)\mathrm{d}w \tag{1-57}$$

假定器件漏极电流和迁移率在沟道中为常数，对式(1-57)沿沟道长度求积分，我们可以得到漏电流 $I_{\mathrm{D}}$ 的表达式

$$I_{\mathrm{D}} = \frac{1}{L}\int_{w_1}^{w_2}\pi q\mu_{\mathrm{p}} N_{\mathrm{A}}\,(R-w)^2\left(\frac{qN_{\mathrm{A}}d}{\varepsilon_{\mathrm{ox}}}+\frac{qN_{\mathrm{A}}}{\varepsilon_{\mathrm{s}}}w\right)\mathrm{d}w \tag{1-58}$$

最后得到

$$\begin{aligned} I_{\mathrm{D}} = \frac{\pi\mu_{\mathrm{p}}\,(qN_{\mathrm{A}})^2}{\varepsilon_{\mathrm{s}}L}\Big[&\frac{\varepsilon_{\mathrm{s}}}{\varepsilon_{\mathrm{ox}}}R^2\mathrm{d}w_2+\left(\frac{R^2}{2}-\frac{\varepsilon_{\mathrm{s}}}{\varepsilon_{\mathrm{ox}}}Rd\right)w_2^2+\left(\frac{\varepsilon_{\mathrm{s}}d}{3\varepsilon_{\mathrm{ox}}}-\frac{2R}{3}\right)w_2^3 \\ &+\frac{1}{4}w_2^4-\frac{\varepsilon_{\mathrm{s}}}{\varepsilon_{\mathrm{ox}}}R^2\mathrm{d}w_1-\left(\frac{R^2}{2}-\frac{\varepsilon_{\mathrm{s}}}{\varepsilon_{\mathrm{ox}}}Rd\right)w_1^2-\left(\frac{\mathrm{d}\varepsilon_{\mathrm{s}}}{3\varepsilon_{\mathrm{ox}}}-\frac{2R}{3}\right)w_1^3-\frac{1}{4}w_1^4\Big] \end{aligned} \tag{1-59}$$

其中 $w_1=\sqrt{\left(\frac{\varepsilon_{\mathrm{s}}}{\varepsilon_{\mathrm{ox}}}d\right)^2+\frac{2\varepsilon_{\mathrm{s}}V_{\mathrm{G}}}{qN_{\mathrm{A}}}}-\frac{\varepsilon_{\mathrm{s}}}{\varepsilon_{\mathrm{ox}}}d$ 和 $w_2=\sqrt{\left(\frac{\varepsilon_{\mathrm{s}}}{\varepsilon_{\mathrm{ox}}}d\right)^2+\frac{2\varepsilon_{\mathrm{s}}(V_{\mathrm{G}}+V_{\mathrm{D}})}{qN_{\mathrm{A}}}}-\frac{\varepsilon_{\mathrm{s}}}{\varepsilon_{\mathrm{ox}}}d$ 分别为源极端与漏极端的耗尽层深度。式中 $\mu_{\mathrm{p}}$ 为电子迁移率，$\varepsilon_{\mathrm{ox}}$ 为绝缘体电容率，$\varepsilon_{\mathrm{s}}$ 为半导体电容率，$R$ 是圆柱体沟道的半径，$L$ 是圆柱体沟道长度，$d$ 为栅绝缘层厚度，$N_{\mathrm{A}}$ 为衬底沟道掺杂浓度，$V_{\mathrm{G}}$ 与 $V_{\mathrm{D}}$ 分别为栅极与漏极上的偏置电压。从式(1-59)器件电流-电压方程关系式可以看出，与传统工作于反型模式的 MOS 晶体管不同，无结场效应晶体管的器件驱动电流与栅绝缘层厚度并不成反比例关系，这就大大减轻了 MOSFET 器件特征尺寸持续按比例缩小对栅绝缘层厚度无休止的减薄要求。

### 1.9.2 圆柱体全包围栅无结场效应晶体管完整器件模型

2012 年，韩国科学院和三星电子公司的科学家在肖德元等人的无结圆柱体沟道场效应晶体管突变耗尽层近似器件模型基础上，提出了一个完整的长沟道圆柱体全包围栅无结场效应晶体管器件模型[32]。它是基于 Pao-Sah 积分[33]并且在器件全耗尽、部分耗尽及积累等所有工作区间，采用电势抛物线近似，从而获得电荷模型。沟道电势可由一个简单的抛物线电势近似公式表达[34]：

$$\Psi(r) = \frac{r^2}{R^2}(\psi_{\mathrm{s}}-\psi_0)+\psi_0 \tag{1-60}$$

这里，$r$ 是径向空间距离，$R$ 是沟道半径，$\psi_0$ 和 $\psi_{\mathrm{s}}$ 分别为硅纳米圆柱半导体中心及表面电势。应用高斯定律以及界面处的边界条件，可得

$$C_{\mathrm{ox}}(V_{\mathrm{G}}-V_{\mathrm{FB}}-\psi_{\mathrm{s}}) = 2\pi R\varepsilon_{\mathrm{Si}}\left.\frac{\mathrm{d}\psi}{\mathrm{d}r}\right|_{r=R} = -4\pi\varepsilon_{\mathrm{Si}}\Delta\psi \tag{1-61}$$

这样就将 $\psi_0$ 和 $\psi_s$ 与 $V_G$ 联系起来了。$\Delta\psi=\psi_0-\psi_s$ 为沟道中心与表面的电势差。其中栅氧化层电容为

$$C_{ox}=2\pi\varepsilon_{ox}/\ln\left(1+\frac{d}{R}\right) \tag{1-62}$$

$d$ 为栅介质层厚度。假定沟道内电荷均匀分布，我们有

$$4\pi\varepsilon_{Si}\Delta\psi\approx Q_t=(Q_m+qN_A\pi R^2) \tag{1-63}$$

$Q_t$ 和 $Q_m$ 分别为沟道内总电荷密度及可移动电荷密度，$N_A$ 为沟道掺杂浓度。阈值电压可从式(1-61)获得。假定沟道全耗尽，沟道内可移动电荷为零，沟道中心电势 $\psi_0$ 为，阈值电压 $V_{TH}$ 由下式给出[35]：

$$V_{TH}=V_{FB}-qN_A\pi R^2(1/4\pi\varepsilon_{Si}+1/C_{ox}) \tag{1-64}$$

我们还需要一个方程来进一步求解 $\psi_0$ 和 $\psi_s$。应用式(1-60)的电势近似表达式，通过对整个沟道电荷密度进行积分，我们得到

$$Q_t=qN_A\pi R^2[1-(v_T e^{(\psi_0-V/v_T)}/\Delta\psi)(1-e^{-\Delta\psi/v_T})] \tag{1-65}$$

这里 $V$ 是电子准费米势，$v_T$ 为热电压 $kT/q$。为获得 $Q_m$，必须求解式(1-61)和式(1-65)联合方程，并且在式(1-61)中以 $Q_t/(4\pi\varepsilon_{Si})$ 取代 $\Delta\psi$，通过一个简单的方程就可以求解 $Q_m$。

$$\begin{aligned}&V_G-V_{TH}-V\\ &\approx v_T\ln(-Q_m/4\pi\varepsilon_{Si}v_T)-Q_m/C_{eff}\\ &\quad+v_T\ln[(1+Q_m/qN_A\pi R^2)/1-e^{-(Q_m+qN_A\pi R^2)/4\pi\varepsilon_{Si}v_T}]\end{aligned} \tag{1-66}$$

其中

$$1/C_{eff}=1/4\pi\varepsilon_{Si}+1/C_{ox} \tag{1-67}$$

全耗尽情形($V_G<V_{TH}$)，式(1-66)右边第一项占主导，因此

$$Q_m\approx-4\pi\varepsilon_{Si}v_T\exp[(V_G-V_{TH})/v_T] \tag{1-68}$$

半耗尽情形($V_{TH}<V_G<V_{FB}$)，式(1-66)右边第二项占主导，因此

$$Q_m\approx-C_{eff}(V_G-V_{TH}) \tag{1-69}$$

$C_{eff}$ 代表半耗尽区有效栅电容，它控制着体电荷。

平带情形($V_{TH}=V_{FB}$)，有

$$Q_m=-qN_A\pi R^2 \tag{1-70}$$

积累情形($V_G>V_{FB}$)，式(1-66)右边第二、三项占主导，并且第三项简化为$(Q_m+qN_A\pi R^2)/4\pi\varepsilon_{Si}$，因此

$$Q_m\approx-C_{ox}(V_G-V_{on}) \tag{1-71}$$

$$V_{on}=V_{FB}-qN_A\pi R^2/C_{ox} \tag{1-72}$$

电流连续性方程为

$$I_{DS}dz=-\mu Q_m dV=-\mu Q_m(dV/dQ_m)dQ_m \tag{1-73}$$

由于式(1-66)最后一项，我们不可以将式(1-72)从源到漏进行积分而得到漏电流表达式。为得到漏电流表达式，我们将 $Q_m$ 分解成

$$Q_m=Q_{dep}+Q_c \tag{1-74}$$

$Q_{dep}$ 为全耗尽和半耗尽区域可移动电荷，$Q_c$ 为 $Q_{dep}$ 的修正项。$Q_{dep}$ 和 $Q_c$ 分别可以从以下渐近表达式获得

$$V_G - V_{TH} - V = v_T \ln(-Q_{dep}/4\pi\varepsilon_{Si} v_T) - Q_{dep}/C_{eff} \tag{1-75}$$

$$V_G - V_{FB} - V = v_T \ln(-Q_c/4\pi\varepsilon_{Si} v_T) - Q_c/C_c \tag{1-76}$$

这里

$$C_c = C_{ox} - C_{eff} \tag{1-77}$$

全耗尽情形($V_G < V_{TH}$)，$Q_{dep}$比$Q_c$大许多，并且

$$Q_{dep} \approx -4\pi\varepsilon_{Si} v_T \exp[(V_G - V_{TH})/v_T] \tag{1-78}$$

半耗尽情形($V_{TH} < V_G < V_{FB}$)，$Q_{dep}$仍就比$Q_c$大许多，并且

$$Q_{dep} \approx -C_{eff}(V_G - V_{TH}) \tag{1-79}$$

积累情形($V_G > V_{FB}$)，有

$$Q_{dep} + Q_c \approx -C_{eff}(V_G - V_{TH}) - C_C(V_G - V_{FB}) = -C_{ox}(V_G - V_{on}) \tag{1-80}$$

因此，($Q_{dep}+Q_c$)与$Q_m$在所有器件工作区域均相当。$I_{ds} = I_{dep} + I_c$，从源到漏进行积分可以得到漏电流表达式

$$\begin{aligned} I_{dep} + I_c &= -\frac{\mu}{L}\int_0^{V_{DS}} (Q_{dep} + Q_c)\,dV \\ &= -\frac{\mu}{L}\int_{Q_S}^{Q_D} (Q_{dep} + Q_c)\frac{dV}{dQ}dQ \\ &= -\frac{\mu}{L}\left(\frac{Q_{dep}^2}{2C_{eff}} - v_T Q_{dep}\right)\Bigg|_{Q_{S_{dep}}}^{Q_{D_{dep}}} - \frac{\mu}{L}\left(\frac{Q_c^2}{2C_c} - v_T Q_c\right)\Bigg|_{Q_{S_c}}^{Q_{D_c}} \end{aligned} \tag{1-81}$$

其中$\mu$是载流子有效迁移率，$L$是器件沟道长度。$Q_D$和$Q_S$可以从式(1-75)和式(1-76)获得。将式中的$V$替换成$V_{DS}$可以得到$Q_D$，将$V$替换成零得到$Q_S$。模型给出了器件从亚阈值区、线性区连续过渡到饱和区漏极电流的完整表达式。该器件模型与数值模拟结果非常吻合。

器件亚阈值区，式(1-81)漏极电流表达式简化为

$$I_{DS} \approx 4\pi\varepsilon_{Si} v_T^2 (\mu/L)\exp[(V_G - V_{TH})/v_T][1 - \exp(-V_{DS}/v_T)] \tag{1-82}$$

器件线性区($V_G - V_{TH} > V_{DS}$)，式(1-81)漏极电流表达式简化为

$$I_{DS} \approx (\mu C_{eff}/L)(V_G - V_{TH} - V_{DS}/2)V_{DS} \tag{1-83}$$

器件饱和区($V_G - V_{TH} < V_{DS}$)，式(1-81)漏极电流表达式简化为

$$I_{DS} \approx (\mu C_{eff}/2L)(V_G - V_{TH})^2 \tag{1-84}$$

小$V_{DS}$平带情形，漏极电流表达式可以进一步简化为

$$I_{DS} \approx \mu q N_A \pi R^2 V_{DS}/L \tag{1-85}$$

这时器件相当于一个电阻($I=V/R$)，与栅氧化层厚度$d$无关。

器件饱和区平带情形，漏极电流表达式可以进一步简化为

$$I_{DS} \approx \mu(qN_A \pi R^2)^2/(2C_{eff}L) \tag{1-86}$$

它与栅氧化层厚度$d$相关联。

### 1.9.3 无结场效应晶体管器件制作

2010年，爱尔兰Tyndall国家研究所的J. P. Colinge等人成功研制了三栅无结场效应晶体管，器件结构如图1.15所示[36]。从此，半导体界兴起了一股研究无结场效应晶体管的热潮，每年的国际电子器件会议(IEDM)及IEEE杂志均有该器件的研究报道[37~50]。Intel公司也对无结场效应晶体管表现出强烈的兴趣[51]。

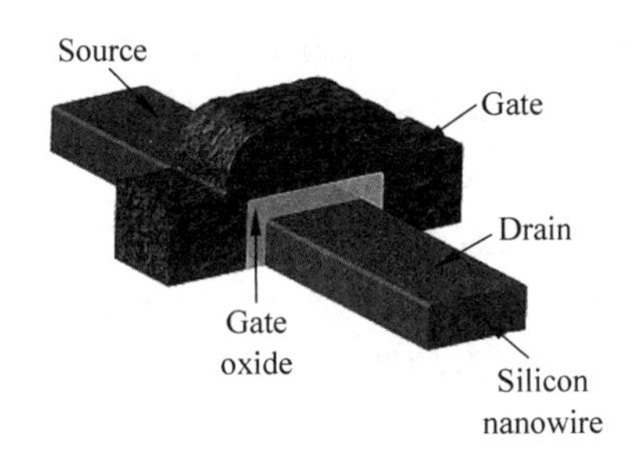


图 1.15 J. P. Colinge 等人研制的三栅无结场效应晶体管器件结构示意图

2011 年,新加坡 IME 的 P. Singh 等人研制成功圆柱体全包围栅无结场效应晶体管,其器件制造工艺与前面介绍的 GAAC 器件工艺非常接近。相较于传统工作于反型模式的圆柱体全包围栅场效应晶体管,该器件表现出更加优异的电学性能、极低的低频噪声及高可靠性[52]。

为进一步提高器件性能,降低漏电流,2012 年,IBM 的研究人员提出并实验了一种 SOI 平面结构无结场效应晶体管,其沟道掺杂浓度采用梯度分布,由表及里浓度逐渐降低,器件的性能进一步得到改善。这是由于降低了远离栅极沟道部分的掺杂浓度,使其载流子容易耗尽,可以大大降低器件关态漏电流[53]。

受 IBM 研究人员的启发,肖德元对其早期提出的圆柱体全包围栅无结场效应晶体管器件结构进行了改进,其圆柱体沟道掺杂浓度采用梯度浓度分布,由圆柱体表面至中心浓度逐渐降低,如图 1.16 所示。制造工艺并不复杂,在圆柱体沟道表面沉积一层磷掺杂或者硼掺杂的二氧化硅牺牲层,经高温无限表面源扩散,在圆柱体沟道内就可以形成梯度掺杂浓度分布,之后再去除二氧化硅牺牲层。器件模拟结果表示,器件的性能可以进一步得到改善[54]。

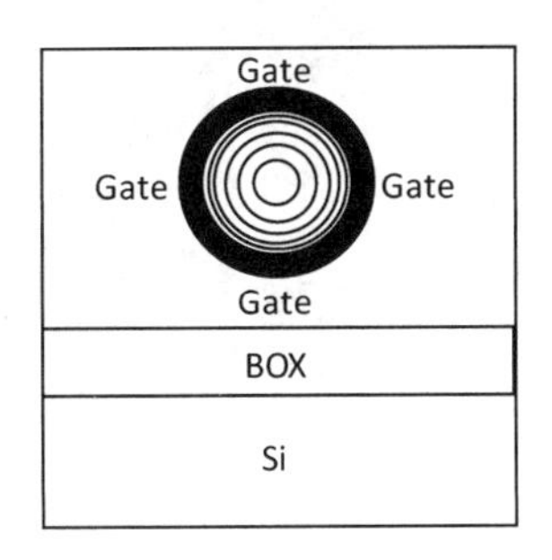


图 1.16 沟道掺杂浓度梯度分布圆柱体全包围栅无结场效应晶体管垂直沟道方向剖面结构示意图

其实人类历史上提出的第一个固态晶体管是无结场效应晶体管(Junctionless Transistor)。1928 年,Julius Edgar Lilienfeld 申请了一个名为“一种控制电流的器件”的美国专利(专利号 1900018)[55]。Lilienfeld 在他的历史性专利中第一次描述了场效应晶体管(Field Effect Transistor, FET)概念,很像现代的 JFET 器件。在他的设计中提出了一个三端器件,如图 1.17 所示,按照现代的说法,从硫化铜(12)源极(14)到漏极(15)的电流由来自铝金属栅(10)的电场所控制,金属栅与硫化铜沟道由氧化铝栅介质材料(11)隔离开来。施加于栅极电压使得硫化铜薄膜的载流子被耗尽,从而调节其电导率。理想情况下,应该可以完全耗尽掉硫化铜薄膜里的载流子,在这种情况下,器件沟道电阻变成准无限大。在硫化铜薄膜(12)上开一个V形沟槽(13)有助于在此处将硫化铜薄膜里的载流子耗尽掉,使器件更容易关闭。因此,在一定意义上可以说,第一个晶体管就是一个无结场效应器件,很遗憾,Lilienfeld从来也没有发表任何关于这种器件的研究文章。限于当时有限的半导体知识及技术条件,人们还不能制作出这种正常工作的无结场效应器件,USP1900018专利被掩埋在历史长河中,几乎被人遗忘,直到2012年,该原型器件才由Shinji等人制作出来。器件的栅长只有3nm,如图1.18所示,却有不俗的性能表现[56]。

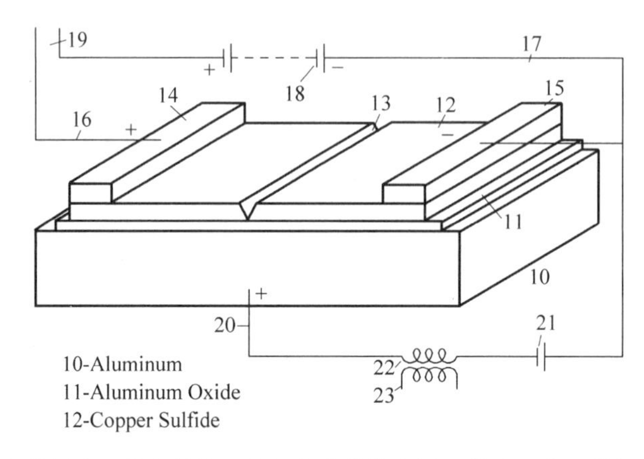


图1.17　人类历史上提出的第一个固态晶体管实际上就是一个无结场效应晶体管
(它是由Lilienfeld在1928年发明的)

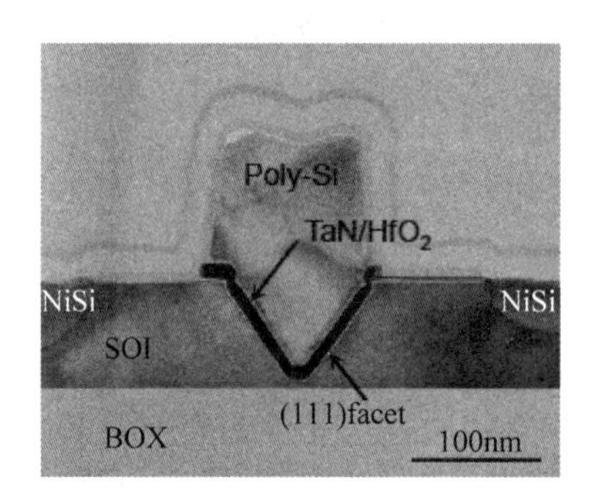


图1.18　2012年Shinji等人研制成功的平面V型沟槽无结场效应晶体管SEM剖面图
(它是由Lilienfeld在1928年发明的)

## 1.10　量子阱场效应晶体管

HEMT器件由于同样采用了肖特基势垒栅极,还是存在逻辑摆幅较小、抗噪声能力较弱、栅极漏电现象严重等问题。Intel公司一直致力于研究将现在普遍采用的硅沟道替换成某种化合物半导体材料。InP基半导体材料是以InP单晶为衬底或缓冲层而生长出的化合物半导体材料,包括InGaAs、InAlAs、InGaAsP以及GaAsSb等材料。这些材料突出的特点是材料的载流子迁移率高、种类非常丰富、带隙从0.7eV到接近2.0eV、有利于进行能带剪裁。InP基器件具有高频、低噪声、高效率、抗辐照等特点,成为毫米波电路的首选材料。

InP基HEMT采用InGaAs作为沟道材料,采用InP或InAlAs作为势垒层,这种结构的载流子迁移率可达 $10000cm^2/Vs$ 以上。早在2007年,Intel公司就着手开展砷化铟镓(InGaAs) HEMT的研究开发工作[57,58],当时采用的还是标准的HEMT器件结构,即没有栅极介质层的肖特基势垒栅极,栅极漏电现象非常严重。为此,2009年Intel公司在这种HEMT场效应晶体管的栅电极和势垒层之间插入了一个高 $k$ 栅介质层,并给其取名为量子阱场效应晶体管(Quantum Well FET, QW FET),如图1.19所示,极大地降低了栅极漏电流[59]。到了2010年,Intel公司将InGaAs HMET量子阱晶体管由平面结构过渡到三维FinFET结构。实验证实,这种短沟道器件加入高 $k$ 栅极介质后,栅极漏电电流减少到了只有原来的千分之一,同时等效电学氧化层厚度也减少了33%,从而可以获得更快的开关速度,最终能够大大改善芯片性能[56,60]。

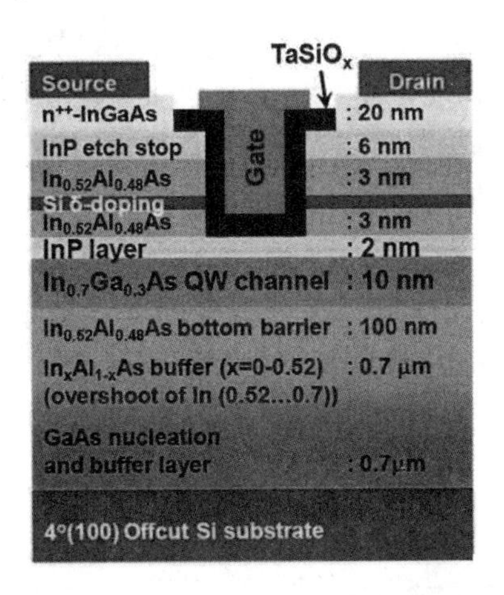


图1.19 Intel公司改进的InGaAs量子阱HEMT场效应晶体管器件结构图
(其中在栅电极和势垒层之间插入了一高 $k$ 栅极介质层 $TiSiO_x$)

从某种意义上讲,目前Intel公司所谓的量子阱场效应晶体管(QW FET)也是一种无结场效应晶体管。鉴于高迁移率CMOS技术的重大应用前景,采用高迁移率III-V族半导体材料替代应变硅沟道实现高性能CMOS的研究已经发展成为近期微电子领域的研究重点。近年来,ITRS也将高迁移率III-V族化合物材料列为新一代高性能CMOS器件的沟道解决方案之一。据Intel公司的预计及某半导体分析师的推断,Intel公司有很大可能会在其10nm或7nm CMOS技术节点启用量子阱晶体管结构,采用铟镓砷($In_{0.53}Ga_{0.47}As$)作为N型器件二维电子气沟道材料,采用锗作为二维空穴气P型沟道材料。该公司已经在硅晶圆衬底上制造出了一个原型器件,证明新技术可以与现有硅制造工艺相融合。图1.20给出Intel公司研究量子阱场效应晶体管的技术演进图[55,61]。

为进一步提高量子阱场效应晶体管的性能,加强器件栅控能力、增强驱动电流以及提高器件集成密度,我们提出了一种圆柱体全包围栅量子阱场效应晶体管,其器件结构如图1.21所示[62]。假设InGaAs半导体纳米线的直径为 $D$,宽禁带InP半导体控制层厚度为 $d$,可以通过电荷控制模型以及逐级沟道近似得到圆柱体全包围栅量子阱场效应晶体管的 $I$-$V$ 关系。参考标准平面HEMT器件分析结果,沟道载流子浓度可以表示为[63]

$$n_s(y) = \frac{\varepsilon_s}{q(d+\Delta d)}[V_{gs} - V_t - V(y)] \tag{1-87}$$

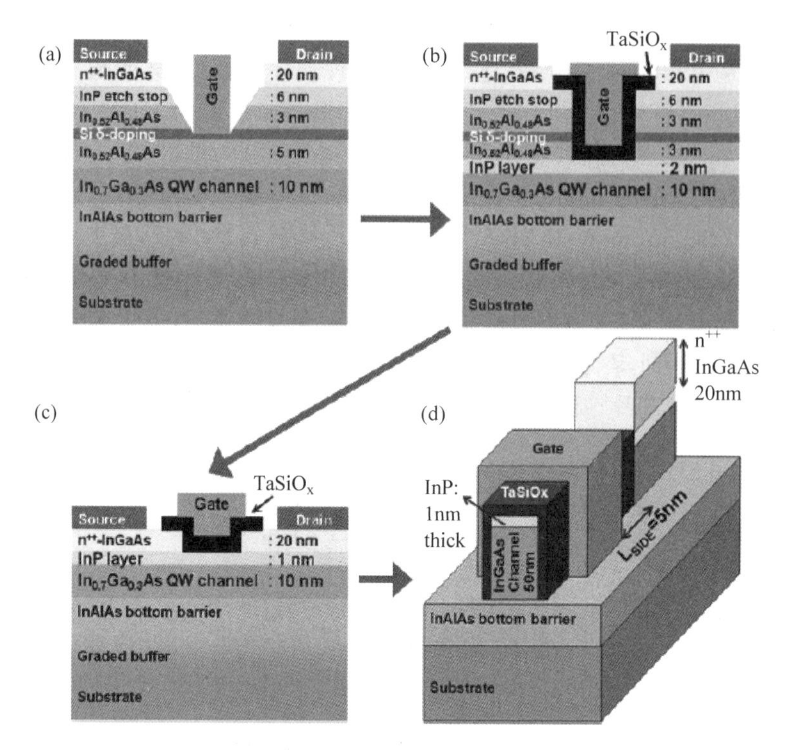


图 1.20　Intel公司研究量子阱场效应晶体管的技术演进图

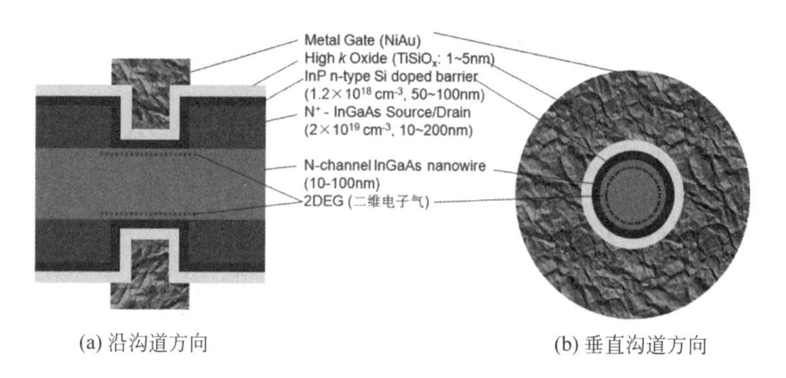


(a) 沿沟道方向　　　　(b) 垂直沟道方向

图 1.21　圆柱体全包围栅量子阱 HEMT 场效应晶体管器件剖面结构示意图

其中,$V_t$为器件阈值电压,$V(y)$是沿沟道 $y$ 方向的电势,它的大小取决于漏源电压。$\varepsilon_s$ 是 InP 势垒层的介电常数,$\Delta d$ 是修正因子。漏极电流可表示为

$$I_{ds} = qn_s v(E)\pi d \tag{1-88}$$

其中,$v(E)$是载流子漂移速度,与沟道电场 $E(y)$有关,即有 $v(E)=\mu E(y)$,则通过直径为 $D$ 的半导体纳米线的沟道电流为

$$I_{ds} = q\pi D n_s(y)\mu E(y) = \frac{q\pi D\varepsilon_s}{q(d+\Delta d)}[V_{gs} - V_t - V(y)]\mu\frac{dV(y)}{dy} \tag{1-89}$$

如果假定载流子迁移率为常数,那么对于低 $V_{ds}$值,从源端到漏端($y=0\to L$)进行积分,就得到圆柱体全包围栅量子阱场效应晶体管的 $I$-$V$ 特性为

$$I_{ds} = \frac{\varepsilon_s\mu\pi D}{L(d+\Delta d)}\left[(V_{gs} - V_t)V_{ds} - \frac{1}{2}V_{ds}^2\right] \tag{1-90}$$

如果 $V_{DS}$ 值增加，使载流子到达饱和速度，那么

$$I_{ds(sat)} = \frac{\varepsilon_s \pi D}{(d+\Delta d)}(V_{gs} - V_t - V_0)v_{sat} \tag{1-91}$$

其中，$v_{sat}$ 是载流子饱和速度。$V_0 = E_s L$，$E_s$ 是使载流子速度到达饱和速度时的沟道中的电场强度。

相应地可求出器件的跨导为

$$g_m = \frac{\partial I_{ds}}{\partial V_{ds}}\bigg|_{V_{ds}} = \frac{\varepsilon_s \mu \pi D}{L(d+\Delta d)} V_{ds} \tag{1-92}$$

接下来，我们来进一步确定器件阈值电压 $V_t$。参照插入了一个高 $k$ 栅介质层的量子阱 HEMT 器件能带图 1.22，可以得出

$$V_{FB} - V_t = V_{ox} + V_{p2} + \Delta E_c / q \tag{1-93}$$

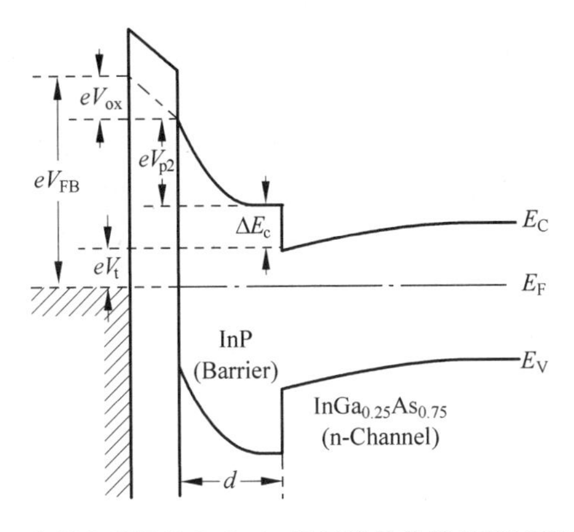


图 1.22　插入了一个栅介质层的 InGaAs 量子阱晶体管(QW FET)能带结构示意图

$V_{FB}$ 为平带电压，$V_{ox}$ 为栅氧化层中的电压降，$V_{p2}$ 为宽禁带 InP 半导体控制层势垒弯曲量，$\Delta E_c$ 为 InP/InGaAs 异质结导带能量差。金属栅电极上的电荷面密度为 $Q_M$，半导体 InP 势垒层的电荷面密度为 $Q_S$，栅氧化层电容 $C_{ox}$ 可表示为

$$C_{ox} = \frac{dQ_M}{dV_{ox}} = -\frac{dQ_S}{dV_{ox}} \tag{1-94}$$

在栅氧化层中进行积分后，得到栅氧化层中的电压降

$$V_{ox} = Q_M / C_{ox} = -Q_S / C_{ox} \tag{1-95}$$

半导体中的电荷面密度 $Q_S$ 等于 InP 半导体耗尽区中的电离施主电荷面密度 $Q_D$，即

$$Q_S = Q_D = qN_D d \tag{1-96}$$

很容易得出 InP 宽禁带半导体控制层势垒弯曲量 $V_{p2}$

$$V_{p2} = \frac{qN_D d^2}{2\varepsilon_s} \tag{1-97}$$

最后得到

$$V_t = \phi_{ms} + \frac{Q_{ox}}{C_{ox}} - \frac{qN_D d}{C_{ox}} - \frac{qN_D d^2}{2\varepsilon_s} - \frac{\Delta E_c}{q} \tag{1-98}$$

式中，$Q_{ox}$ 为栅氧化层中的固定电荷面密度，$\phi_{ms}$ 为金属栅电极与 InP 宽禁带半导体控制层之间的功函数差。

## 1.11 小结

为满足10 nm及以下技术节点对提高载流子速度和最大化驱动电流的要求,同时最大限度地减少漏电流和功耗,沟道材料具备载流子从源端注入、以弹道或准弹道输运方式迁移至漏端似乎是必要的。无结场效应晶体管与传统反型模式MOS晶体管或其他结型晶体管相比有以下几大优点:①它们与常规CMOS工艺兼容、易于制作;②它们没有源漏PN结;③短沟道效应大为减弱;④由于避开了半导体/栅绝缘层粗糙界面对载流子的散射,载流子受到界面散射影响有限,迁移率不会降低;⑤由于避开了粗糙表面对载流子的散射,器件具备优异的抗噪声能力;⑥它们放宽了对降低栅极介电层厚度的严格要求;⑦无结场效应晶体管属于多数载流子导电器件,靠近漏极的电场强度比常规反型沟道的MOS晶体管要来得低,因此,器件的性能及可靠性得以大大提高。取代硅作为候选沟道材料(包括锗硅、锗、III-V族化合物半导体、碳纳米管、石墨烯以及$MoS_2$等)的二维材料正在积极的探索与研究当中,甚至真空沟道也在考虑之列。这一全新领域有望突破摩尔定律的藩篱,彻底改变微电子学的面貌。新兴的后CMOS器件需要物理上或功能上集成在一个CMOS平台上。这种集成要求将这些异质半导体或其他高迁移率沟道材料在硅衬底上进行外延生长或能够被完整地转移至硅衬底上,而这极富挑战性,需要集成电路器件工艺与材料学家、工程师们的紧密合作,克服一切困难,共同迎接新的挑战。

## 参考文献


[1] Shockley William. The Theory of p-n Junctions in Semiconductors and p-n Junction Transistors [J]. Bell System Technical Journal, 1949: 28 (3): 435-489.

[2] 赖尔登M,霍德森L. 晶体之火 [M]. 浦根祥译. 上海:上海科学技术出版社,2002: 344-345.

[3] http://ecee.colorado.edu/~bart/book/book.

[4] Wilk G D, Wallace R M and Anthony J M. High-k gate dielectrics: Current status and materials properties considerations [J]. J. Appl. Phys., 2001: 89(10): 5243-5275.

[5] Ghani T, Armstrong M, Auth C, et al. A 90nm high volume manufacturing logic technology featuring novel 45nm gate length strained silicon CMOS transistors [C]. Washington, DC: IEDM'03 Technical Digest, 2003: 11.6.1-11.6.3.

[6] Tyagi S, Auth C and Bai P et al. An advanced low power, high performance, strained channel 65nm technology[C]. Washington, DC:IEDM Technical Digest, 2005: 245-247.

[7] Mistry K, Allen C and Auth C et al. A 45nm Logic Technology with High-k + Metal Gate Transistors, Strained Silicon, 9 Cu Interconnect Layers, 193nm Dry Patterning, and 100% Pb-free Packaging[C]. Washington, DC:IEDM Tech. Dig., 2007: 247-250.

[8] Packan P, Akbar S and Armstrong Met al. High performance 32nm logic technology featuring 2nd generation high-k + metal gate transistors[C]. Washington, DC: IEDM Tech. Dig., 2009: 1-4.

[9] Shockley William. The Theory of p-n Junctions in Semiconductors and p-n Junction Transistors [J]. Bell System Technical Journal, 1949: 28 (3): 435-489.

[10] Dawon Kahng. Electric field controlled semiconductor device, 1960; U.S. Patent 3,102,230.

[11] 赖尔登M,霍德森L(浦根祥译)晶体之火 [M]. 上海:上海科学技术出版社,2002: 344-345.

[12] Hisamoto D, Lee W C and Kedzierski J et al. FinFET-A self-aligned double-gate MOSFET scalable to 20 nm [J]. IEEE Trans. Electron Device, 2000: 47(12): 2320-2325.

[13] Hisamoto D, Kaga T and Kawamoto Y et al. A fully depleted lean-channel transistor (DELTA) [C]. Washington, DC:IEDM Tech. Digest, 1989: 833-836.

[14] Colinge J P. Silicon-on-insulator Gate-all-around Device [C]. San Francisco, CA: IEDM Tech. Digest,1990: 595.

[15] Ferain I, Colinge C A and Colinge J P. Multigate transistors as the future of classical metal-oxide-semiconductor field-effect transistors [J]. Nature, 2010: 479(7373): 310-316.

[16] Deyuan Xiao, Gary Chen and Roger Lee et al. System and method for integrated circuits with cylindrical gate structures, 2009; US patent 8,884,363.

[17] Singh N, Agarwal A and Bera L K et al. High-performance fully depleted silicon nanowire (diameter ≤5 nm) gate-all-around CMOS devices[J]. Electron Device Letters, IEEE, 2006, 27(5): 383-386.

[18] Xiao D Y, Wang X and Yu Y H et al. TCAD study on gate-all-around cylindrical (GAAC) transistor for CMOS scaling to the end of the roadmap [J]. Microelectronics Journal, 2009, 40(12): 1766-1771.

[19] Bangsaruntip S, Cohen G M and Majumdar A et al. High performance and highly uniform gate-all-around silicon nanowire MOSFETs with wire size dependent scaling[C]. Washington, DC:IEDM. Tech. Digest, 2009: 1-4.

[20] Cheng K, Khakifirooz A and Kulkarni Pet al. Fully depleted extremely thin SOI technology fabricated by a novel integration scheme featuring implant-free, zero-silicon-loss, and faceted raised source/drain [C]. Kyoto, Japan: VLSI Tech. Digest 2009: 212-213.

[21] Auth C, Allen C and Blattner A et al. A 22nm high performance and low-power CMOS technology featuring fully-depleted tri-gate transistors, self-aligned contacts and high density MIM capacitors [C]. Honolulu, Hawaii: VLSI Tech. Digest 2012: 131-132.

[22] Jan C H, Bhattacharya U and Brain R et al. A 22nm SoC platform technology featuring 3-D tri-gate and high-k/metal gate, optimized for ultralow power, high performance and high density SoC application [C]. Honolulu, Hawaii: IEDM. Tech. Digest, 2012: 44-47.

[23] Anderson R L. Germanium-gallium-arsenide heterojunctions [J]. IBM J. Res. And develop. , 1960, 4(3): 283-287.

[24] Esaki L and Tsu R. Superlattice and Negative Differential Conductivity in Semiconductors [J]. IBM J. Res. Develop. , 1970, 14(1): 61-65.

[25] Dingle R, Stormer H L and Gossard A C et al. Electron mobilities in modulation-doped semiconductor heterojunction superlattices [J]. Appl. Phys. Lett. ,1978, 33(7): 665-667.

[26] Hiyamizu S, Mimura T and Fujii T et al. High mobility of two-dimensional electronsat the GaAs/n-AlGaAs heterojunction interface[J]. Appl. Phys. Lett. , 1980,37(9): 805-807.

[27] Donald A Neamen 著. 半导体物理与器件[M]. 赵毅强,姚素英,解晓东,等译. 北京:电子工业出版社, 2003: 420-425.

[28] Andrew R B, Asen A, Jeremy R W. Intrinsic Fluctuations in Sub 10-nm Double-Gate MOSFETs Introduced by Discreteness of Charge and Matter [J]. IEEE Trans On Nanotechnology, 2002, 1(4): 195-200.

[29] Deyuan Xiao, Gary Chen and Roger Lee et al. System and method for integrated circuits with cylindrical gate structures, 2009; US patent 8,884,363 肖德元,陈国庆,李若加等,半导体器件、含包围圆柱形沟道的栅的晶体管及制造方法,中国发明专利 ZL200910057965.3(申请日:2009-09-28,

中芯国际内部提交日：2005-08-26).

[30] Xiao D Y, Chi M H and Yuan D et al. A novel accumulation mode GAAC FinFET transistor: Device analysis, 3D TCAD simulation and fabrication[J]. ECS Trans., 2009, 18(1): 83-88.

[31] 肖德元，王曦，俞跃辉，季明华等. 一种新型混合晶向积累型圆柱体共包围栅互补金属氧化物场效应晶体管[J]. 科学通报，2009，54(14)：2051-2059.

[32] Juan P Duarte, Sung Jin Choi and Dong-Ⅱ Moon et al. A Nonpiecewise Model for Long-Channel Junctionless Cylindrical Nanowire FETs [J]. IEEE EDL, 2012, 33(2): 155-157.

[33] Pao H C and Sah C T. Effects of diffusion current on characteristics of metal-oxide (insulator)-semiconductor transistor[J]. Solid State Electron, 1966, 9(10):927.

[34] C P Auth and J D Plummer, "Scaling theory for cylindrical, fully depleted, surrounding-gate MOSFETs," IEEE Electron Device Lett., vol. 18, no. 2, pp. 74-76, Feb. 1997.

[35] E Gnani, A Gnudi, S Reggiani and G. Baccarani, "Theory of the junctionless nanowire FET," IEEE Trans. Electron Devices, vol. 58, no. 9, pp. 2903-2910, Sep. 2011.

[36] Colinge J P, Lee C W and Afzalian A et al. Nanowire transistors without junctions[J]. Nature Nanotechnology, 2010, 5(3): 225-229.

[37] Lee C W, Afzalian A, Akhavan N D et al. Junctionless multigate field-effect transistor [J]. Appl. Phys. Lett., 2009, 94(5):053511-053511-2.

[38] Gnani E, Gnudi A and Reggiani S et al. Theory of the junctionless nanowire FET[J]. IEEE Trans. Electron Devices, 2011, 58(9): 2903-2910.

[39] Choi S J, Moon D I and Kim S et al. Sensitivity of threshold voltage to nanowire width variation in junctionless transistor[J]. IEEE Electron Device Lett., 2011, 32(2): 125-127.

[40] Rios R, Cappellani A and Armstrong M et al. Comparison of junctionless and conventional trigate transistors with Lg down to 26 nm [J]. IEEE Electron Device Lett., 2011, 32(9): 1170-1172.

[41] Singh P, Singh N and Miao J et al. Gate-all-around junctionless nanowire MOSFET with improved low-frequency noise behavior[J]. IEEE Electron Device Lett., 2011, 32(12): 1752-1754.

[42] Park Chan Hoon. Investigation of Low-Frequency Noise Behavior After Hot-Carrier Stress in an n-Channel Junctionless Nanowire MOSFET[J]. IEEE EDL,2012, 33(11): 1538.

[43] Bahniman Ghosh, Partha Mondal, Akram M W et al. Hetero-Gate-dielectric double gate Junctionless Transistor (HGJLT) with reduced Band-to-Band Tunnelling effects in Subthreshold Regime[J]. 半导体学报,2014,35(6):064001-7.

[44] Irisawa T, Oda M and Ikeda K et al. High mobility p-n junction-less InGaAs-OI tri-gaten MOSFETs with metal Source/drain for ultra-low-power CMOS applications[C]. NAPA, CA: IEEE SOI Conference (SOI), 2012: 1-2.

[45] Guo H X, Zhang X and Zhu Z et al. Junctionless Π-gate transistor with indium gallium arsenide channel[J]. Electronics Letters, 2013, 49(6): 402-404.

[46] Park J K, Kim S Y and Lee K H et al. Surface-Controlled Ultrathin (2 nm) Poly-Si Channel Junctionless FET Towards 3D NAND Flash Memory Applications[C]. VLSI Tech. Digest, Honolulu, Hawaii: 2014: 98-99.

[47] Veloso A, Hellings G and Cho M J et al. Gate-All-Around NWFETs vs. Triple-Gate FinFETs: Junctionless vs. Extensionless and Conventional Junction Devices with Controlled EWF Modulation for Multi-VTCMOS[C]. Kyoto, Japan: VLSI Tech. Digest 2015: T138-T139.

[48] Song Y, Zhang C and Dowdy R et al. III-V Junctionless Gate-All-Around Nanowire MOSFETs for High Linearity Low Power Applications [J]. IEEE EDL, 2014, 35(3): 324.

[49] Sun Y, Yu HY and Singh N. Vertical-Si-Nanowire-Based Nonvolatile Memory Devices With Improved Performance and Reduced Process Complexity [J]. IEEE Trans. on Electron Devices, 2011, 58(5): 1329-1335.

[50] Djara V, Czornomaz L and Daix N et al. Tri-gate In0. 53Ga0. 47As-on-insulator junctionless field effect transistors. [C]. Bologna, Italy: 2015 Joint International EUROSOI Workshop and International Conference on Ultimate Integration on Silicon (EUROSOI-ULIS), 2015: 97 - 100.

[51] Colinge J P. Junctionless Metal-Oxide-Semiconductor Transistor, 2010; US patent 20100276662.

[52] Cappellani A, Kuhn K J and Rios R et al. Junctionless Accumulation-Mode Devices On Decoupled Prominent Architectures, 2013; US Patent application number 20130334572.

[53] Kangguo Cheng, Bruce B Doris and Khakifirooz A et al. Method for fabricating junctionless transistor,2012; US patent 2013/0078777A1.

[54] 肖德元,无结晶体管及其制造方法,2013;中国专利申请号 201310299418.2.

[55] Lilienfeld J E. Device for controlling electric current, 1928; US patent 1,900,018.

[56] Shinji Migita, Morita Y and Masahara M et al. Electrical Performance of Junctionless-FETs at the Scaling Limit (Lch=3nm)[C]. San Francisco, CA:IEDM Tech. Dig., 2012: 191-19.

[57] Hudait M K, Dewey G and Datta S et al. Heterogeneous integration of enhancement mode In0. 7Ga0. 3As quantum well transistor on silicon substrate using thin (< 2um) composite buffer architecture for high-speed and low-voltage (0. 5V) logic applications[C]. Washington, DC: International Electron Devices Meeting (IEDM) Technical Digest, 2007: 625-628.

[58] Datta S, Dewey G and Fastenau J M et al. Ultra high-speed, 0. 5V supply voltage In0. 7Ga0. 3As quantum-well transistors on silicon substrate[J]. IEEE Electron Device Letters, 2007, 28 (8): 685-687.

[59] Radosavljevic M, ChuKung B and Corcoran S et al. Advanced High-K Gate Dielectric for High-Performance Short-Channel In0. 7Ga0. 3As Quantum Well Field Effect Transistors on Silicon Substrate for Low Power Logic Applications[C]. Washington, DC: International Electron Devices Meeting (IEDM) Technical Digest, 2009: 1-4.

[60] Radosavljevic M, Dewey G and Fastenau J M et al. Non-Planar, Multi-Gate InGaAs Quantum Well Field Effect Transistors with High-K Gate Dielectric and Ultra-Scaled Gate-to-Drain/Gate-to-Source Separation for Low Power Logic Applications [C]. San Francisco, CA: IEDM Tech. Dig.,2010: 126-129.

[61] Mark Bohr, Non-Planar, The Evolution of Scaling from the Homogeneous Era to the Heterogeneous Era[C]. Washington, DC: International Electron Devices Meeting (IEDM) Technical Digest,2011: 1-6.

[62] 肖德元,晶体管及其形成方法,2015;中国专利申请号 201510149074.6.

[63] Daniel Delagebeaudeuf, Nwen T Linh. Metal-(n) AlGaAs-GaAs Two-Dimensional Electron Gas FET [J]. IEEE Trans. ED, 1982,29(6): 955-960.

# 第 2 章　集成电路制造工艺发展趋势

## 2.1　引言

20 世纪中叶以来，以电子计算机为代表的电子技术产品的不断革新使得社会的发展日新月异，社会的每个方面都产生了深刻的变化。集成电路产业作为技术革命的中心，是整个社会电子产品最不可或缺的要素。集成电路工业发展如表 2.1 所示[1]。

**表 2.1　集成电路工业发展趋势**

| 参数＼时间 | 1959 年 | 20 世纪 70 年代 | 2008 年 | 比率 |
|---|---|---|---|---|
| 设计尺寸/μm | 25 | | 0.045 | 550↓ |
| $V_{DD}$/V | 5 | | 1.0 | 5↓ |
| 晶圆尺寸/mm | 25 | | 300 | 12↑ |
| 单位芯片器件数目 | 6 | | $32\times10^9$ | $5\times10^9$↑ |
| DRAM 容量 | — | 1Kb | 2Gb | $2\times10^6$↑ |
| 非挥发性存储器容量 | — | 2Kb | 32Gb | $16\times10^6$↑ |
| 微处理器/MIPS | — | 0.1 | $10^5$ | $10^6$↑ |
| 年晶体管出货量 | $10^7$ | | $5\times10^{18}$ | $5\times10^{11}$↑ |
| 功能单位成本/美元 | 10 | | $5\times10^{-8}$ | $2\times10^8$↓ |

从表 2.1 中可以看到 50 年来集成电路技术发展的巨大变化。集成电路工业在系统需求增长的推动下，如摩尔定律（大约每 24 个月芯片上集成元件的数量就翻一番）所描述的，密度和性能方面持续地和系统化地不断增长，持续降低的功能单位成本（cost per function，以往每年可降低约 25%～29%），通过计算机、通信以及其他工业与消费电子的普及，从而极大地提高了经济生产力和人们的总体生活质量。这一切在很大程度上要求集成电路制造工艺不断发展。

集成电路制造工艺发展的直接动力来自于单位晶体管制造成本的不断降低和晶体管性能的不断提高的要求。

第一，增大晶圆的尺寸。这是降低制造成本最直接的方法。晶圆尺寸的增加意味着同样的工艺步骤能生产出更多的芯片，从而降低晶体管的成本。如表 2.1 可见，50 年的发展，晶圆尺寸从 25mm 增加到 300mm，目前 450mm 的设备正在研发当中。这一领域正在产生重大的技术进步，而半导体制造商与供应商正进行对话，以评定 300mm 和 450mm 晶圆的标准与生产力改进情况。对相关情况的经济分析也正在对研发投入、利润、投资回报和资助机制的分析和建议等进行检查。晶圆尺寸的增大需要对设备提出更高的要求，比如在均匀性（uniformity）方面。

第二，降低晶体管的几何尺寸（geometric scaling）。集成电路的几何尺寸在几十年中降低幅度达到 500 倍以上。这是降低晶体管制造成本和提高晶体管性能的最有效的方法。几何尺寸的降低，直接地增加了单位面积上的器件数目，从而降低芯片成本，同时提高了晶体管的电学性能，如能耗、速度等。而相对应地，几何尺寸的不断降低要求集成电路制造工艺也做出不断的改进。而当半导体行业演进到90nm技术节点或更小尺寸时，单纯的几何尺寸缩小，不能够满足晶体管的性能提高，需要一些其他的手段来提高晶体管的电学性能，例如等效扩充（equivalent scaling）。Equivalent scaling的目标，如通过创新设计、软件解决方案和创新工艺来提高性能，将在未来的十年引导半导体产业前进[2]。如图2.1所示[3]，应力技术，高$k$栅介质材料/金属栅等创新工艺技术在90nm之后逐渐应用。

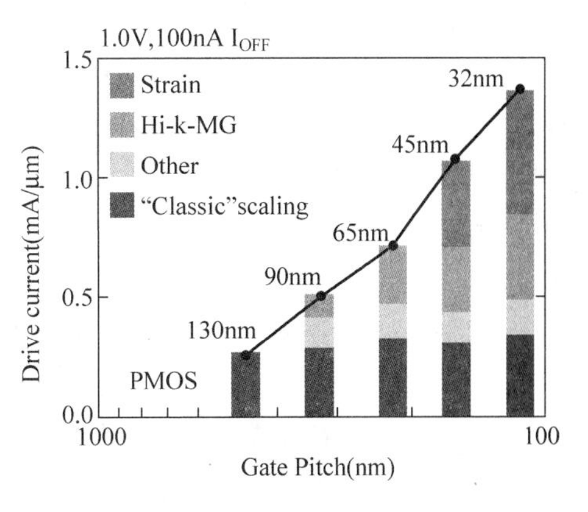


图 2.1　集成电路制造工艺技术发展趋势

第三，“超摩尔定律”（More than Moore，MtM）。“超摩尔定律”的做法通常会让非数字功能（例如射频通信、电源控制、被动组件、传感器、驱动器）从系统板级转变到特定的系统级封装（SiP）或系统级芯片（SoC）的潜在解决方案，并最后进入叠层芯片系统芯片（Stacked Chip SoC，SCS）。这里，也需要一些创新的集成电路工艺技术，如硅通孔技术（Through Silicon Vias，TSV）。

当集成电路在45nm技术节点或将来更小尺寸时，硅CMOS器件的微缩（scaling）将产生巨大的技术挑战及其相对应的解决方案。本章将重点结合微缩下的技术挑战，探讨集成电路制造工艺发展趋势。本书的第3～11章将对具体工艺进行详细讨论。

# 2.2　横向微缩所推动的工艺发展趋势

## 2.2.1　光刻技术

在几何微缩（geometric scaling）中，首先遇到的问题是光刻技术中的挑战。光刻工艺是集成电路制造过程中最直接体现其工艺先进程度的技术，光刻技术的分辨率（resolution）是指光刻系统所能分辨和加工的最小线条尺寸，是决定光刻系统最重要的指标，也是决定芯片最小特征尺寸的原因。它由瑞利定律决定

$$R = k_1\lambda/NA$$

因而提高光刻分辨率的途径有：①减小波长$\lambda$；②增加数值孔径（NA）；③减小$k_1$。

随着集成电路的发展，为适应分辨率不断减小的要求，光刻工艺中应用的光波的波长也从近紫外（NUV）区间的436nm、405nm、365nm波长进入到深紫外（DUV）区间的248nm、193nm波长。目前大部分芯片制造工艺采用了248nm和193nm光刻技术。其中248nm光刻采用的是KrF准分子激光，首先用于0.25$\mu$m制造工艺，经过研究人员的努力，248nm光刻技术可以完全满足0.13$\mu$m制造工艺的需求。

193nm光刻采用的是ArF准分子激光，传统的193nm光刻技术主要用于0.11$\mu$m、90nm以及65nm的制造工艺。1999年版的ITRS曾经预计在0.10$\mu$m制造工艺中将需要采用

157nm的光刻技术,但是目前已经被改良的193nm技术和193nm浸入式光刻技术所替代。这可以归功于分辨率技术的提高,尤其是浸入式光刻技术在45nm技术节点上的应用。

浸入式光刻是指在投影镜头与硅片之间用液体充满,由于液体的折射指数比空气高,因此可以增加投影棱镜数值孔径(NA)。以超纯水为例,其折射指数为1.44,相当于将193nm波长缩短到134nm,从而提高了分辨率。基于193nm浸入式光刻技术在2004年取得了长足进展,并成功地使用在45nm技术节点中。193nm浸入式光刻技术原理清晰,构成方法可行并且投入小,配合旧有的光刻技术变动不大,节省设备制造商以及制程采用者大量研发及导入成本,因此157nm光源干式光刻技术被193nm浸入式光刻所替代。

为了能在下一个技术节点上获得领先,下一代的光刻技术正在研发当中,如远紫外光光刻(EUV)、电子束投影光刻、离子束投影光刻、X射线光刻和纳米印制光刻等。

但是在32nm技术节点上,两次图形技术(double patterning)从工艺整合的角度出发,能够采用多种工艺整合途径,沿用193nm浸入式光刻技术,满足32nm技术节点上的工艺需求[4]。除此之外,两次曝光技术(double exposure)也在研究当中。结合两次图形曝光或者两次曝光技术,193nm沉浸式光刻技术有可能向下扩展到22nm节点。

## 2.2.2 沟槽填充技术

图2.2是现代CMOS器件剖面的示意图。一般来说,水平方向的尺寸微缩幅度比垂直方向的幅度更大,这将导致沟槽(包含接触孔)的深宽比(aspect ratio)也随之提高,为避免沟槽填充过程中产生空穴(void),沟槽的填充工艺技术也不断发展。从图中可见,集成电路芯片的制造过程中包含很多种填充技术上的挑战,包括浅沟槽隔离、接触孔和沟槽。根据填充材料的不同,填充工艺主要分为绝缘介质的填充技术和导电材料的填充技术。

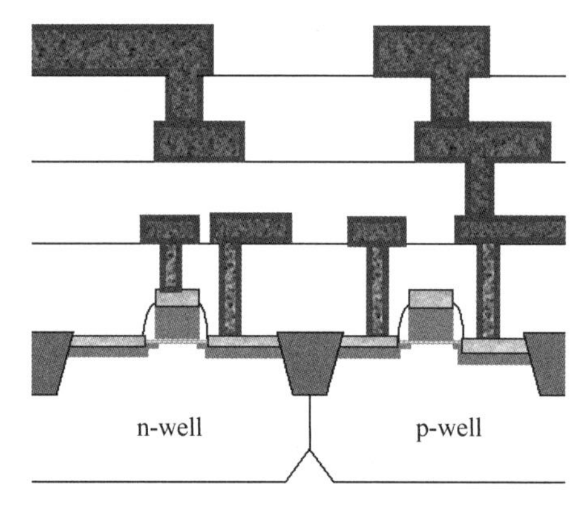


图2.2 现代CMOS器件剖面示意图

在大于0.8μm的间隙中填充绝缘介质时,普遍采用等离子体增强化学气相沉积(Plasma Enhanced Chemical Vapor Deposition,PECVD);然而对于小于0.8μm的间隙,用单步PECVD工艺填充间隙时会在其中部产生空穴。PECVD技术加上沉积-刻蚀-沉积工艺被用以填充0.5~0.8μm的间隙,也就是说,在初始沉积完成部分填孔尚未发生夹断时紧跟着进行刻蚀工艺以重新打开间隙入口,之后再次沉积以完成对整个间隙的填充[5]。

高密度等离子(High Density Plasma,HDP)化学气相沉积技术工艺在同一个反应腔(chamber)中原位地进行沉积和刻蚀的工艺,通过控制间隙的拐角处沉积刻蚀比(deposition etch ratio),使得净沉积速率接近零,从而提高其填充能力。该技术能够适应深宽比在6∶1左右的需求,并满足90nm技术节点的需求。

当集成电路发展到65nm技术节点时,HDP工艺技术已经不能满足小尺寸沟槽的填充需求,因而发展出一种新的填充工艺技术即高深宽比工艺(High Aspect Ratio Process,HARP)。HARP工艺采用$O_3$和TEOS的热化学反应,没有等离子体的辅助,同时需要沟槽具有特定的形貌，如特定角度的 V 字形沟槽。该技术能够适应深宽比在 7∶1 以上的需求。2008 年，应用材料公司又推出 eHARP 工艺技术以适应 32nm 工艺的需求。该技术在原有工艺引入水蒸气，能够提供无孔薄膜，用于填充小于 30nm、深宽比大于 12∶1 的空隙，从而满足先进存储器件和逻辑器件的关键制造要求[6]。

更进一步地，在 2010 年 8 月，同样是应用材料公司推出第 4 代填充技术，即流动式化学气相沉积（FCVD）技术。采用该技术，沉积层材料可以在液体形态下自由流动到需要填充的各种形状的结构中，填充形式为自底向上（bottom-up），而且填充结构中不会产生空隙，能够满足的深宽比可超过 30∶1。这种独特工艺能够以致密且无碳的介电薄膜从底部填充所有这些区域，并且其成本相对低廉，仅是综合旋转方式的一半左右，后者需要更多的设备和很多额外的工艺步骤[6]。

对于导电材料的填充技术，早期的金属沉积工艺采用物理气相沉积（Physical Vapor Deposition，PVD）工艺。但是，PVD 技术的填充能力和台阶覆盖能力都比较弱。为解决上述问题，化学气相沉积（CVD）技术在接触孔钨栓填充上得到应用。在工艺优化后，CVD 技术能够提供保型沉积，这意味着比 PVD 技术更为优越的填充能力。当集成电路工业引入铜互连技术后，不论 PVD 还是 CVD 技术都不能满足其填充能力的要求。研究发现，电化学沉积（ECD）技术能够提供更为优越的填充技术以满足铜互连技术中的挑战。ECD 技术因为其工艺具备自下而上（bottom-up）的特点，因而具有更为优越的填充能力，对于高深宽比的间隙来说，这是一种理想的填充方式。在最近发展的替代栅工艺中，金属沉积将面临一些新的技术挑战。

在接触孔钨栓填充、后端互连工艺铜填充以及后栅极工艺中的栅极填充中，一个共同的组成部分是阻挡层或晶籽层沉积或类阻挡层沉积，或可统一成为薄层金属沉积。薄层金属沉积需要良好的台阶覆盖性（step coverage），传统的 MOCVD 或 PVD 工艺在阻挡层或晶籽层沉积上已经沿用多年，随着互连通孔尺寸的减小，台阶覆盖等问题已经成为限制其继续应用的瓶颈。原子层气相沉积（Atomic Layer Deposition，ALD）技术正在逐步成为主流。

ALD 过程是在经过活性表面处理的衬底上进行，首先将第一种反应物引入反应室使之发生化学吸附，直至衬底表面达到饱和；过剩的反应物则被从系统中抽出清除，然后将第二种反应物放入反应室，使之和衬底上被吸附的物质发生反应；剩余的反应物和反应副产品将再次通过泵抽或惰性气体清除的方法清除干净，这样就可得到目标化合物的单层饱和表面。这种 ALD 的循环可实现一层接一层的生长从而可以实现对沉积厚度的精确控制。ALD 技术在台阶覆盖、侧壁及底部覆盖等方面都表现优异，但是 ALD 沉积速率较低的劣势也亟待改善。

ALD 相比传统的 MOCVD 和 PVD 等沉积工艺具有先天的优势。它充分利用表面饱和反应天生具备厚度控制能力及高度的稳定性，对温度和反应物通量的变化不太敏感。这样得到的薄膜既纯度高、密度高、平整，又具有高度的保型性，即使对于纵宽比高达 100∶1 的结构也可实现良好的阶梯覆盖。ALD 也顺应工业界向更低的热预算发展的趋势，多数工艺都可以在 400℃以下进行。由于 ALD 是基于在交互反应过程中的自约束性生长，此工艺必须经过精细的调节来达到最合适的结果[7]。

### 2.2.3　互连层 *RC* 延迟的降低

随着集成电路技术节点的不断减小以及互连布线密度的急剧增加，互连系统中电阻、电

容带来的 $RC$ 耦合寄生效应迅速增长,影响了器件的速度。图 2.3 比较了不同技术节点下门信号延迟(gate delay)和互连层 $RC$ 延迟($RC$ delay)。在早期,栅致延迟占主导地位,互连工艺中的 $RC$ 延迟的影响很小。随着 CMOS 技术的发展,栅致延迟逐步变小;但是,$RC$ 延迟却变得更加严重。到 0.25μm 技术节点,$RC$ 延迟不再能够被忽略[8]。

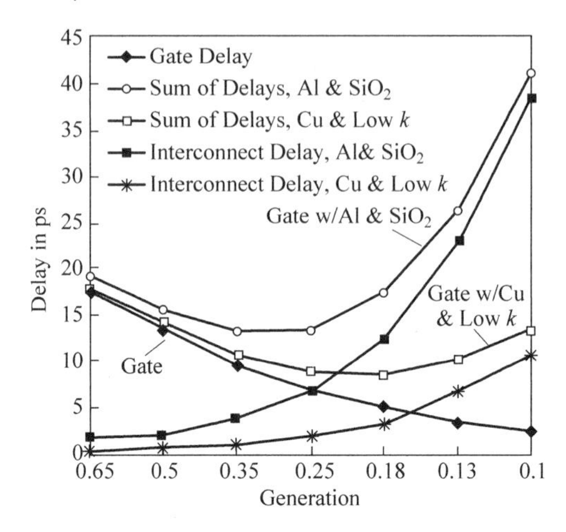


图 2.3 不同技术节点下栅致延迟和互连工艺中的 $RC$ 延迟

降低 $RC$ 延迟可以分别通过降低阻抗和容抗以达到目的。首先来考察与阻抗相关的相关参数

$$R = \rho L/A$$

式中,$\rho$ 是导线材料的电阻率,$A$ 和 $L$ 分别是与电流方向垂直的导线截面积和电流方向的导线长度。由于 $A$ 和 $L$ 是几何微缩过程中已经确定了的重要参数,降低阻抗 $R$ 的最好的方法就是降低电阻率 $\rho$ 值。在 0.18μm 和 0.13μm 技术节点,工业界引入了低电阻值的铜互连线来代替铝互连技术,铜互连将至少沿用到 22nm 技术节点。

接着,来看容抗相关的物理参数

$$C = kA/d$$

在上述等式中,$k$ 是介电材料的介电常数,$A$ 和 $d$ 分别是导线之间的正对面积和导线之间的距离。同样,由于 $A$ 和 $L$ 是几何微缩过程中已经确定了的重要参数,工业界采用低电容的低介电常数(低 $k$)绝缘材料,其发展趋势就是介电常数不断降低(见表 2.2)。

**表 2.2 不同技术节点上互连结构介质层 $k$ 值(2009 ITRS)**

| Technology node | 90nm | 65nm | 45nm | 32(28)nm | 22(20)nm | 16(15)nm |
|---|---|---|---|---|---|---|
| Interconnect $k$ value | 3.0 | 3.0 | 2.5～2.8 | 2.3～2.5 | 2.1～2.3 | 1.9～2.1 |

二氧化硅的 $k$ 值在 4.2 左右,通常通过掺杂其他元素以降低 $k$ 值,比如 0.18μm 工艺采用掺氟的二氧化硅,氟是具有强负电性的元素,当其掺杂到二氧化硅中后,可以降低材料中的电子与离子极化,从而使材料的介电常数从 4.2 降低到 3.6 左右[11]。

更进一步地,通过引入碳原子在介电材料也可以降低 $k$ 值,即利用形成 Si-C 及 C-C 键所联成的低极性网络来降低材料的介电常数。针对降低材料密度的方法,其一是采用化学气相沉积(CVD)的方法在生长二氧化硅的过程中引入甲基($-CH_3$),从而形成松散的

SiOC：H 薄膜，也称 CDO(碳掺杂的氧化硅)，其介电常数在 3.0 左右。其二是采用旋压方法(spin-on)将有机聚合物作为绝缘材料用于集成电路工艺。这种方法兼顾了形成低极性网络和高空隙密度两大特点，因而其介电常数可以降到 2.6 以下。但致命缺点是机械强度差，热稳定性也有待提高。

当低 $k$ 材料中的一部分原子被孔隙所替代时，很自然的，其 $k$ 值继续下降。通常来说，介电材料的孔隙率越高，$k$ 值越低。介电材料中增加的孔隙率对材料的热-机械性能会带来不利的影响。此外，随着孔隙率的增加，材料的弹性模量和导热系数的退化速度(幂指数规律)比其材料密度和 $k$ 值的降低速度要快，后两者是以线性规律下降的。这种不利影响能被随后的修复(cure)技术所补偿，包括热处理、紫外线照射和电子束照射等方法，去除致孔剂，并同时破坏低 $k$ 膜材料中 Si-OH 及 Si-H 键，形成 Si-O 键网络，大角度的 Si-O-Si 键向更加稳定的小角或者"网络"结构转变，同时交联程度也得到提高，从而能使机械强度得到提高。

到 65nm 技术节点以下则采用低 $k$ 材料($k \leqslant 3.2$)，到超低介电常数材料(ULK，$k \leqslant 2.5$)，乃至到空气隙(air gap)架构($k \leqslant 2.0$)。同传统的氧化硅薄膜相比，低 $k$ 薄膜在机械强度、热稳定性和与其他工艺衔接等方面有很多问题，给工艺技术带来了很大挑战。

## 2.3　纵向微缩所推动的工艺发展趋势

### 2.3.1　等效栅氧厚度的微缩

为了有效抑制短沟道效应，提高栅控能力，随着 MOS 结构的尺寸不断降低，就需要相对应的提高栅电极电容。提高电容的一个办法是通过降低栅氧化层的厚度来达到这一目的。栅氧厚度必须随着沟道长度的降低而近似地线性降低，从而获得足够的栅控能力以确保良好的短沟道行为[9]。另外，随着栅氧厚度的降低，MOS 器件的驱动电流将获得提升[10]。由表 2.3 可见不同技术节点下对栅氧厚度的要求。

表 2.3　等效栅氧厚度的降低趋势(ITRS)

| Reference | 2000 ITRS | | 2004 ITRS | 2008 ITRS | 2009 ITRS | | |
|---|---|---|---|---|---|---|---|
| Node(nm) | 180 | 130 | 90 | 65 | 45 | 32 | 22(21) |
| MPU EOT(nm) | 1.9 | 1.5 | 1.2 | 1.1 | 0.95 | 0.75 | 0.53 |

从 20 世纪 70 年代第一次被引入集成电路工业中，二氧化硅一直作为硅基 MOS 管的栅介电材料。然而，不断降低的二氧化硅的厚度会导致隧穿漏电流的指数提升，功耗增加，而且器件的可靠性问题更为突出；氧化层陷阱和界面陷阱会引起显著的界面散射和库伦散射等，降低载流子迁移率；硼穿通问题则影响 PMOSFET 阈值电压的稳定性；此外，薄栅氧带来的强场效应会导致明显的反型层量子化和迁移率退化以及隧穿电流后[12]。图 2.4 为英特尔公司总结的栅氧厚度的降低趋势[13]。

从图 2.4 可见，在 0.13μm 工艺节点之前，栅氧厚度一般降低到上一工艺节点的 0.7 倍左右。到 90nm 阶段，栅氧厚度的降低变得缓慢，这是为了避免栅极漏电流(gate leakage)的急剧增大。而从 90nm 技术节点到 65nm 技术节点，栅氧的厚度基本没有改变，也是出于同样的原因。然后，在 45nm 技术节点，奇异的是，其电学栅氧厚度继续降低，同时栅极漏电流

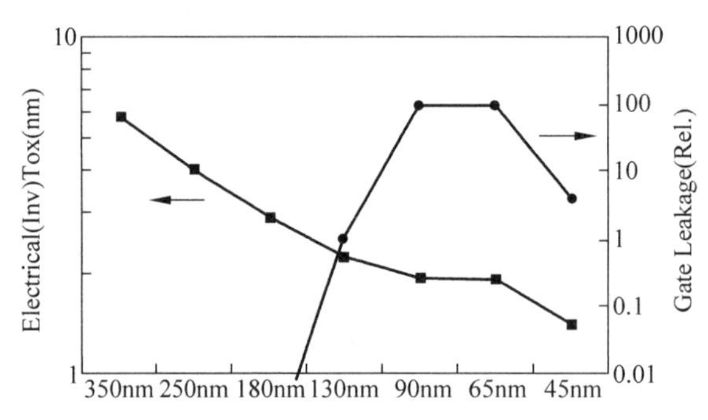


图 2.4 英特尔公司总结的电学栅氧厚度的发展趋势[13]

也显著减小。这是为什么呢?

提高电容的另外一个办法是提高介电层的介电常数,这样就可以提高栅介质材料的物理厚度,以限制栅极漏电流,同时其有效栅氧厚度(EOT)能够做到很薄,以对 FET 通道有足够的控制、维持或提高性能。在 45nm 之前,工业界通过将栅氧化层部分氮化,以提高栅极电容,并降低漏电流。氮化硅跟已有的工艺比较兼容,但是其 $k$ 值提高的幅度有限。而当尺寸需要进一步降低时候,就需要引入高 $k$ 栅介电材料。

高 $k$ 介电材料的物理厚度和其 EOT 之间的关系如下

$$\mathrm{EOT} = \varepsilon_{\mathrm{SiO_2}} / \varepsilon_{\mathrm{HK}} T_{\mathrm{HK}}$$

上式中,$T_{\mathrm{HK}}$是高 $k$ 材料的物理厚度,$\varepsilon_{\mathrm{HK}}$是高 $k$ 材料的电容率,它与介电常数 $k$ 呈正比关系。由于 $\varepsilon_{\mathrm{HK}}$ 远远大于 $\varepsilon_{\mathrm{SiO_2}}$,在降低 EOT 的同时,高 $k$ 材料的物理厚度获得大幅度提升。英特尔公司的 45nm 技术已经采用该技术,并已经进入量产阶段。

高 $k$ 材料的选择,需要综合考虑介电常数和漏电的要求。高 $k$ 介质在硅上必须具有热动力稳定性,它们必须具有最小的高 $k$/Si 界面态,并为 NMOS 和 PMOS 器件提供专门的功函数。为实现批量生产,还必须满足动态要求和刻蚀选择性标准。综上所述,以元素铪为基础的介电层材料成为首选。铪的系列材料包括:可以用于微处理器等高性能电路的铪氧化物($HfO_2$,$k\approx25$);用于低功耗电路的铪硅酸盐/铪硅氧氮化合物(HfSiO/HfSiON,$k\approx15$)[14]。

## 2.3.2 源漏工程

源漏扩展结构(Source/Drain Extension,SDE)在控制 MOS 器件的短沟道效应中起到重要作用。SDE(源漏扩展结构)引入了一个浅的源漏扩展区,以连接沟道和源漏区域。结深的微缩归因于 SDE 深度的降低。随着 CMOS 尺寸的降低,为控制短沟道效应,结深也需要相应的降低。然而,降低源漏扩展区的深度会导致更高的电阻。这两个互相矛盾的趋势要求新的工艺技术能够在更浅的区域形成高活化和低扩散的高浓度结。

根据 ITRS 提供的数据,不同技术节点的结深归纳如表 2.4 所示。

**表 2.4 ITRS 不同技术节点的结深**

| Reference | 2001 ITRS | | | 2009 ITRS | | |
|---|---|---|---|---|---|---|
| Node | 130 | 90 | 65 | 45 | 32 | 22*(21) |
| Junction Depth/nm | 36 | 20 | 14 | 12 | 9.5 | 7.3 |

结(junction)的制造工艺包含离子注入工艺和注入后退火工艺。离子注入需要小心控制以在最小化的注入损伤下，在近表面获得高掺杂浓度。为满足上述需求，新的工艺技术，比如无定型化技术、分子离子注入技术和冷注入技术，已经得到应用。为得到掺杂剂的高活化和有限的掺杂剂扩散，注入后退火的热预算非常关键。由于将掺杂原子置入晶格中的活化过程相比掺杂剂的扩散过程需要更高的活化能，快速升降温的热过程有利于高活化和低扩散。针对该目的而开发的毫秒级和亚毫秒级的退火技术已经应用于大规模工业生产。

### 2.3.3 自对准硅化物工艺

源漏区的单晶硅和栅极上的多晶硅即使在掺杂后仍然具有较高的电阻率，自对准硅化物(salicide)工艺能够同时减小源/漏电极和栅电极的薄膜电阻，降低接触电阻，并缩短与栅相关的 *RC* 延迟[15]。另外，它避免了对准误差，从而可以提高器件集成度。由于自对准硅化物直接在源漏区和栅极上形成，CMOS 器件的微缩对自对准硅化物工艺有深远的影响。

工业界最初采用 $TiSi_2$ 作为标准的硅化物材料，主要应用于 0.35μm 和 0.25μm 技术节点。在 $TiSi_2$ 工艺中，由高电阻的 C49 相形成低电阻的 C54 相的过程与线宽有关。更短的栅使得从 C49 晶粒相到 C54 相是一种一维生长模式，这种相变需要更高的温度，因此可能导致结块并会增加窄线的 $R_s$。由于窄线条效应限制，在 0.18μm 技术代 Salicide 工艺使用 $CoSi_2$ 取代 $TiSi_2$。

如图 2.5 所示[16]，当线条物理宽度小于 40nm 时，$CoSi_2$ 在多晶硅上的薄层电阻迅速变高，而 NiSi 即使到 30nm 以下，其电阻率仍保持在较低水平[16]。另外，NiSi 工艺中退火温度更低，因此具有热预算方面的优点；同时 NiSi 的硅消耗相比 $CoSi_2$ 工艺降低 35%左右。这对于超浅结技术来说是一个非常重要的优点。综上所述，在 90nm 和 65nm 技术节点，NiSi 工艺取代 $CoSi_2$ 工艺。需要注意的是，NiSi 的热稳定性相对较差，在高于 600℃时，低阻态的 NiSi 会转变为高阻态的 $NiSi_2$ 相，这一点，在工艺整合中非常关键。同时，NiSi 需要采用新的 RTP 工艺技术，如尖峰退火技术(spike anneal)或者毫秒级退火技术(MSA)，在有效地形成硅化物的基础上，避免 Ni 在界面上的扩散，从而降低漏电流[16,17]。

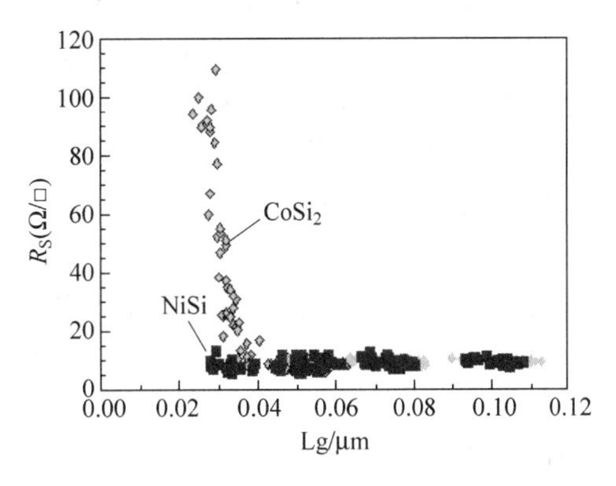


图 2.5 不同线宽下 NiSi 和 $CoSi_2$ 的 $R_s$ 变化

## 2.4 弥补几何微缩的等效扩充

MOS 管的成功在很大程度上是因为其尺寸的降低能够同时提高器件的性能。CMOS 的驱动电流每隔一代大致提升 30%左右，如图 2.6 所示[18]。

过去40年间,半导体工业按照Moore定律,不断地提升晶体管的性能和密度。在过去的大部分时间里,遵循Moore定律的集成电路发展主要归功于器件几何尺寸的微缩,包含物理栅长和栅氧厚度的降低。然而,单独依靠几何尺寸的微缩不再能够继续得到所期望的性能提升。为了弥补性能提升方面的差距,在130nm技术节点之后(90nm、65nm、45nm、32nm),等效扩充手段继续推动着集成电路的发展。如下文所示,高$k$金属栅和载流子迁移率提高技术是提高器件性能的两个主要手段[3]。

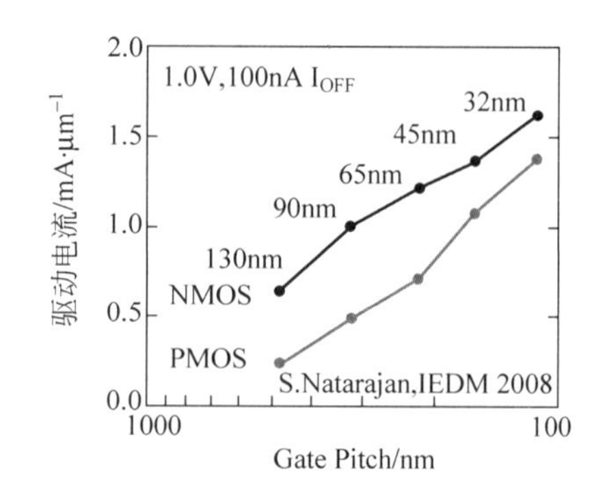


图2.6 CMOS驱动电流随栅极间距的变化

## 2.4.1 高$k$金属栅

正如3.4.1节所述,进一步降低EOT需要采用高$k$栅介电材料。新的栅极电介质和原来的栅极的多晶硅并不兼容。高$k$栅介电材料中的金属铪能够与多晶硅栅电极中的硅发生反应,从而导致费米能级钉扎效应(Fermi level pining),这将降低$V_t$的调节能力。针对这一问题的解决方案是用金属电极取代多晶硅。采用金属作为栅电极材料能够有效地解决上述问题,并降低栅电极电阻。金属电极还可以解决多晶硅栅耗尽效应(Poly Depletion Effect,PDE)。多晶硅栅耗尽效应会引起等效栅氧厚度增加,在小尺寸器件中表现更为明显,导致短沟效应严重,栅控能力下降。

因为CMOS同时包含NMOS和PMOS器件,而NMOS需要的金属功函数为4.2eV,PMOS则需要功函数为5.2eV的金属栅。采用高$k$材料/金属栅需要采用三种新材料:高$k$绝缘材料、用于NMOS的金属(金属功函数4.2eV)以及用于PMOS的金属(金属功函数5.2eV)。总的来说,这种方法就是使用两种不同"功函数"的金属(用以确保满足$V_t$要求)和一种绝缘材料[19]。

另一种实现高$k$绝缘材料/金属栅电极的技术解决方案是,沉积两种不同的绝缘材料来取代不同功函数的金属。用于NMOS器件的可以是铪化物与一种带有更多正电性的绝缘材料,如氧化镧等的组合,这种绝缘材料的内建偶极子场能够调整器件的$V_t$,而不受金属功函数的影响;对于PMOS器件,铪化物必须与另一种带有更多负电性的绝缘材料配合使用,如基于铝的氧化物等的组合。这些技术方案需要不同的材料、生产流程甚至生产设备,以满足大生产的需求。

高$k$金属栅的制造工艺大致分为金属栅极置前和金属栅极置后两种工艺。在金属栅极置前工艺中,高$k$材料和金属栅极都在形成源漏之前形成[20],这要求高$k$材料和金属栅经历高温热活化过程。相反地,在金属栅极置后工艺中,在源漏热活化工程之后形成金属栅[21]。因而,前者的栅介电材料(如铪硅酸盐)和金属栅极需要有较高的热稳定性,其工艺与旧有多晶硅工艺基本类似。金属栅极置后工艺更为复杂,同时它在版图设计上需要有更多的限制,以适应平坦化工艺的需求。但是,高$k$和金属栅不需要经过高温过程。金属栅极置后工艺提供了更好的$V_t$调节能力和更高的器件电学性能,这在PMOS上表现更为明显。另外也有报道披露混合工艺技术,即NMOS采用金属栅极置前工艺,而PMOS采用金属栅极置后工艺。

### 2.4.2　载流子迁移率提高技术

在高 $k$ 金属栅之外，另一种等效扩充的方法是增加通过器件沟道的电子或空穴的迁移率。表 2.5 列举了一些提高器件载流子迁移率的手段及其对 PMOS 或者 NMOS 的作用。

表 2.5　不同技术手段对载流子迁移率的提高作用

| | NMOS benefit | PMOS benefit |
|---|---|---|
| Biaxial Tensile Strain | √ | √ |
| Contact etch-stop liner (DSL) | √ | √ |
| Stress memorization technique (SMT) | √ | |
| Ion implantation | √ | √ |
| Embedded-SiGe | | √ |
| Embedded-SiC | √ | |
| Stress Proximity Technique | √ | √ |
| Replacement Gate | | √ |
| Substrate Orientation (HOT) | | √ |
| Channel orientation (<100>) | | √ |

应力技术是提高 MOS 晶体管速度的有效途径，它可改善 NMOS 晶体管电子迁移率和 PMOS 晶体管空穴迁移率，并可降低 MOS 晶体管源/漏的，应变硅可通过如下 3 种方法获得：①局部应力工艺，通过晶体管周围薄膜和结构之间形成应力；②在器件沟道下方嵌入 SiGe 层；③对整个晶圆进行处理。

局部应力工艺已经被广泛应用来提升 CMOS 器件性能。源漏区嵌入式锗硅技术产生的压应力已经被证明可以有效提高 PMOS 器件的驱动电流。另外，源漏区嵌入式碳硅技术产生的拉应力可以提高 NMOS 器件的驱动电流。应力记忆技术在 NMOS 器件性能提升中得到使用。金属前通孔双极应力刻蚀阻挡层技术也是有效的局部应力工艺，拉应力可以提高 NMOS 的器件性能，而压应力可以提高 PMOS 的器件性能。

对于 PMOS，众所周知，具有(110)晶面取向的衬底比具有(100)晶面取向的衬底的空穴迁移率性能更高。而对于 NMOS，具有(110)晶面取向的衬底比具有(100)晶面取向的衬底的电子迁移率要差。晶向重排可以通过改变 PMOS 晶体管排版设计(layout)或者是在标准<100>晶体表面进行通道方向重新排列完成。

混合取向技术(Hybrid Orientation Technology，HOT)将 PMOS 做在(110)晶面衬底，NMOS 做在(100)晶面衬底上，从而在改进 PMOS 空穴迁移率的同时，不损害 NMOS 的电子迁移率。IBM 公司在 2003 年 IEDM 上提出利用晶圆键合和选择性外延技术，得到(110)晶面上的 PMOS 和(100)晶面上的 NMOS，报告显示将其应用于 90nm CMOS，PMOS 性能可以提高 40%[22]。

硅直接键合(Direct Silicon Bonding，DSB)晶片(一种键合(100)和(110)衬底的大块 CMOS 混合型晶片)是公认的推进这一方法的候选方案。IBM 曾将(100)层的面旋转 45°并将(110)衬底的 DSB 层变薄来获得标准的(100)晶片，成功地将环形振荡器的延迟比传统的 DSB 衬底 0°(100)晶片——它键合到一个具有两个硅衬底，即(100)和(110)衬底的晶片上——的结果改进了10%,并将这一成果与技术集成到一起。新发展将环形振荡器延迟比标准(100)晶片改进了30%。这一成果可以与能达到更高进展的技术集成到一起[23]。

## 2.5 展望

传统的CMOS器件随着特征尺寸逐步缩小,越来越显现出局限性。研究人员正在积极寻找新的替代器件产品,以便在更小的技术节点中超越体硅CMOS技术。ITRS中提出的非传统CMOS器件,有超薄体SOI、能带工程晶体管、垂直晶体管、双栅晶体管、FinFET等。而未来有望被广泛应用的新兴存储器器件,主要有磁性存储器(MRAM)、相变存储器(PRAM)、纳米存储器(NRAM)、分子存储器(molecular memory)等。新兴的逻辑器件则主要包括了谐振隧道二极管、单电子晶体管器件、快速单通量量子逻辑器件、量子单元自动控制器件、纳米管器件、分子器件等。

在未来各种集成电路新器件中,大量纳米技术将得到应用,除了在存储器和逻辑器件中作为晶体管的主要材料,某些形态的碳纳米管可在晶体管中取代硅来控制电子流,并且碳纳米管也可取代铜作为互连材料。因此,集成电路制造工艺技术也将迎来新的变革。

## 参考文献

[1] S. M. Sze. Nanoelectroni Technology Challenges in the 21st Century. SSDM, 2008.
[2] The International Technology Roadmap for Semiconductors. ITRS, 2009.
[3] Kelin J. Kuhn, Mark Y. Liu, Harold Kennel. Technology Options for 22nm and Beyond. Proc. of 10th International Workshop on Junction Technology (IWJT). IEEE, 2010: 7.
[4] A. Miller. Double Patterning Lithography: Reducing the Cost. Future Fab, 2009.
[5] 陈英杰. 高密度等离子体化学气相沉积(HDPCVD)工艺简介. 半导体国际,2006.
[6] 应用材料公司网站, www.appliedmaterials.com.
[7] 秦文芳. CVD/PVD:小节点的大学问. 半导体制造,2008.
[8] S. C. Sun. Process Technologies for Advanced Metallization and Interconnect Systems. IEDM, 1997: 765.
[9] S. Thompson, P. Packan, M. Bohr. MOS Scaling: Transistor Challenges for the 21st Century. Intel Technology Journal, 1998: 1.
[10] S. Wolf, Silicon Processing for the VLSI Era, Vol. 3, Lattice Press, 1995.
[11] S. M. Han, E. S. Aydil. Reasons for Lower dielectric constant of fluorinated $SiO_2$ film. J. Appl. Phys. 1998,83(4): 2172.
[12] 王阳元,张兴,刘晓彦等. 32nm及其以下技术节点CMOS技术中的新工艺及新结构器件. 中国科学E辑:信息科学,2008,38(6): 921.
[13] K. Mistry, et al. A 45nm Logic Technology with High-k + Metal Gate Transistors, Strained Silicon, 9 Cu Interconnect Layers, 193nm Dry Patterning, and 100% Pb-free Packaging. IEDM, 2007.
[14] 秦文芳. 高$k$金属栅渐入佳境. 半导体制造,2009.
[15] J. Tang, J. Xu, W. Wang, et al. 硅化物由$TiSi_2$到NiSi的转变. 半导体国际,2005.
[16] J. P. Lu, et al. Nickel SALICIDE Process Technology for CMOS Devices of 90nm Node and Beyond. IWJT, 2006.

[17] C. Ortoll, et al. Silicide yield improvement with NiPtSi formation by laser anneal for advanced low power platform CMOS technology. IEDM, 2009.

[18] S. Natarajan, et al. A 32nm logic technology featuring 2nd-generation high-k + metal-gate transistors, enhanced channel strain and 0.171μm2 SRAM cell size in a 291Mb array. IEDM, 2008.

[19] Wang, X. P. et al. Dual Metal Gates with Band-Edge Work Functions on Novel HfLaO High-K Gate Dielectric. VLSI Tech. Dig. ,2006.

[20] Chen, X. et al. cost effective 32nm high-K/metal gate CMOS technology for low power applications with single-metal/gate-first process. VLSI Tech. Dig. ,2008.

[21] P. Packan, et al. High performance 32nm logic technology featuring 2nd generation high-k+metal gate transistors. IEDM,2009.

[22] M. Yang, et al. High Performance CMOS Fabricated on Hybrid Substrate With Different Crystal Orientations. IEDM,2003.

[23] M. Hamaguchi, et al. Higher hole mobility induced by twisted Direct Silicon Bonding (DSB). VLSI Tech. Dig. ,2008.

# 第3章　CMOS逻辑电路及存储器制造流程

CMOS逻辑电路的制造技术是超大规模集成电路（VLSI）半导体工业的基础。在3.1节将会描述现代CMOS逻辑制造流程，用以制造NMOS和PMOS晶体管。现今，典型的CMOS制造工艺会添加一些额外的流程模块来实现多器件阈值电压（$V_t$），例如不同栅氧厚度的IO晶体管、高压晶体管、用于DRAM的电容、用于闪存（flash memory）的浮栅和用于混合信号应用的电感等。在3.2节，将会简要地介绍不同的存储器技术（DRAM、e-DRAM、FeRAM、PCRAM、RRAM、MRAM）和它们的制造流程。

制造流程、晶体管性能、成品率和最终电路/产品性能之间有很强的关联性，因此，CMOS和存储器制造流程的知识不仅对加工工程师和器件工程师十分必要，对电路设计和产品工程师也同样重要。

## 3.1　逻辑技术及工艺流程

### 3.1.1　引言

本节将介绍CMOS超大规模集成电路制造工艺流程的基础知识，重点将放在工艺流程的概要和不同工艺步骤对器件及电路性能的影响上。图3.1显示了一个典型的现代CMOS逻辑芯片（以65nm节点为例）的结构，包括CMOS晶体管和多层互联[1]。典型的衬底是P型硅或绝缘体上硅（SOI），直径为200mm（8″）或300mm（12″）。局部放大图显示出了CMOS晶体管的多晶硅和硅化物栅层叠等细节，由多层铜互连，最上面两层金属较厚，通常被用于制造无源器件（电感或电容），顶层的铝层用于制造封装用的键合焊盘。

现代CMOS晶体管的主要特征如图3.2所示。在90nm CMOS节点上[2]，CMOS晶体管的特征包括钴-多晶硅化物或镍-多晶硅化物多晶栅层叠、氮化硅栅介质、多层（ONO）隔离、浅源/漏（SD）扩展结和镍硅化物SD深结。内部核心逻辑电路的晶体管典型操作电压（1～1.3V），其沟道长度更短（50～70nm），栅介质更薄（25～30Å），SD扩展结更浅（200～300Å）。IO电路的晶体管（即是连接芯片外围电路的接口）的典型操作电压是1.8V、2.5V或3.3V，相应的其沟道更长（100～200nm），栅介质更厚（40～70Å），SD扩展结更深（300～500Å）。核心逻辑电路较小的操作电压是为了最大限度减小操作功耗。在65nm及45nm CMOS节点，另一个特点是采用了沟道工程[3,4]，通过沿晶体管沟道方向施加应力来增强迁移率（例如张应力对NMOS中电子的作用和压应力对PMOS中空穴的作用）。未来CMOS在32nm及以下的节点还会有新的特点，例如新的高$k$介质和金属栅层叠[5,6]，SiGe SD（对于PMOS），双应变底板，非平面沟道（FinFET）等。

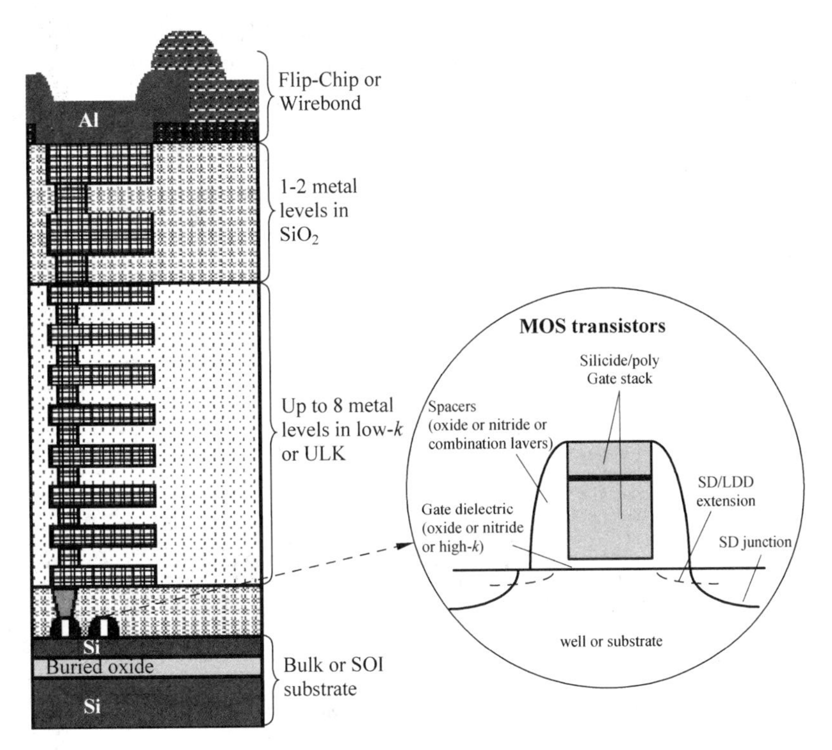


图 3.1 现代 CMOS 逻辑芯片结构示意图

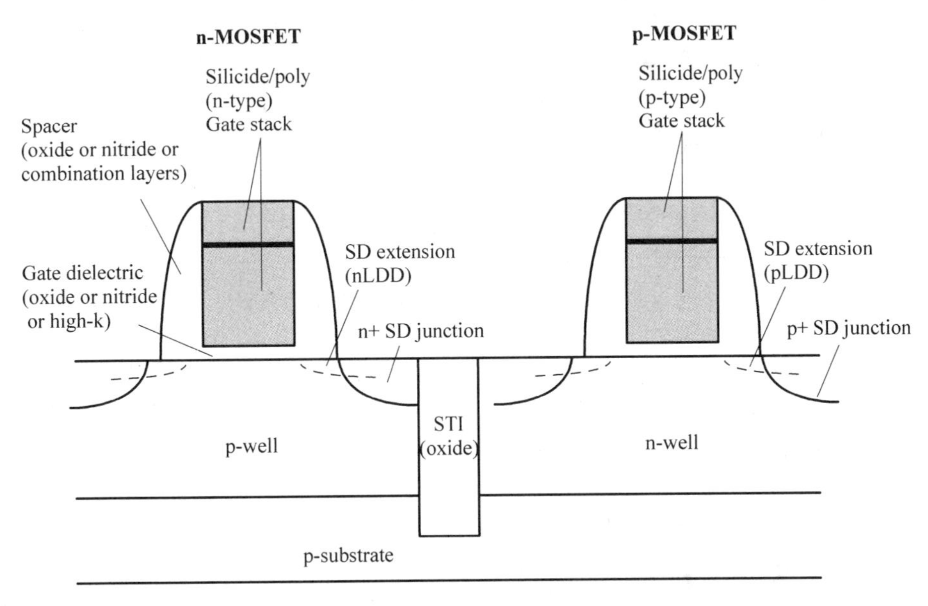


图 3.2 CMOS 晶体管(包括 NMOS 和 PMOS)

现代 CMOS 逻辑工艺流程的顺序如图 3.3 所示，工艺参数对应于 90nm 节点。CMOS 逻辑超大规模集成电路的制造通常是在 P 型硅或绝缘体上硅(SOI)上，直径为 200mm(8″)或 300mm(12″)。工艺首先形成浅槽隔离(STI)，然后形成 n-阱区域(对于 PMOS 晶体管)和 p-阱区域(对于 NMOS 晶体管)并分别对阱区域进行选择性注入掺杂。然后为 NMOS 和

PMOS晶体管生长栅氧，接下来形成多晶栅层叠。多晶栅层叠图形化以后形成再氧化，补偿和主隔离结构，接着完成NMOS和PMOS的LDD和源/漏注入掺杂。在这之后，沉积一层介质层，通过图形化，刻蚀和钨塞(W-plug)填充形成接触孔。至此，NMOS和PMOS晶体管已经形成了，这些工艺步骤通常被称为前端制程(FEOL)。然后通过单镶嵌技术形成第一层铜(M1)，其他的互连通过双镶嵌技术实现。后端制程(BEOL)通过重复双镶嵌技术实现多层互连。

**Typical CMOS flow** (for 90nm, 1.8v IO as an example):
a. Isolation formation:
- Grow initial-ox (100A), deposit nitride (1300A);
- Mask (AA), etch nitide/oxide, PR removal, Si etch (5000A); Liner-ox (100A);
- HDP fill (5500A); RTA(1000C/20s); CMP, Nitride/oxide removal, Sac-ox (100A);

b. n-well and p-well formation:
- Mask (p-well), p-well implants; PR removal;
- Mask (n-well), n-well implants; PR removal; RTA (1050C);

c. Gate stack formation:
- pre-ox clean; Gate-ox-1 (32A);
- Mask (Core open); HF dip, PR clean;
- Gate-ox-2 (23A);
- Poly deposition (1250A); doping; SiON (270A); PEox (150A);
- Mask (poly); HM etch, PR removal, poly etching;
- SiON removal; Poly Reox (800C);

d. Offset spacer formation:
- Spacer-SiN (110A) deposition and etch;

e. nLDD, pLDD:
- Mask (nLDD); implants (nLDD + packet);
- Mask (pLDD); implants (PAI+ pLDD, pocket); spike (950C);

f. Spacer formation:
- Teos (150A); SiN (200A); composite (700A); spacer etch;

g. Source/Drain formation:
- Mask (n+); n+ implants; Mask (p+); p+ implants; spike (1050);

h. Salicide, ILD, Contact, W-plug formation:
- Co (200A); RTA1(550C); Co removal; RTA2(740C);
- SiON (150A); PSG/CMP (5.5kA); Teox (150A);
- Mask (CT); contact etch; PR strip;
- Ti(150A);TiN(50A); W-dep (3kA); RTA (700C), W-CMP;

i. Metal 1 formation:
- IMD1 dep; Mask (M1); IMD1 etch; TaN/Ta/Cu seed; Cu-plating; CMP;

j. Via-1 and Metal-2 formation:
- IMD2; Mask (V1); V1 etch; Barc, LTO; Mask (M2); M2-ox etch;
- TaN/Ta/Cu seed; Cu-plating; CMP;
- Repeat (j) for multi-layer interconnection;

图3.3 CMOS晶体管和金属互连的制造流程

图3.3中，步骤(a)～步骤(h)用于实现CMOS晶体管，称为前端制程(FEOL)；步骤(i)～步骤(j)用于重复制造多层互联，称为后端制程(BEOL)。最顶层的两层金属和铝层被用于制造无源器件和键合焊盘，没有在这里进行介绍。

## 3.1.2 CMOS工艺流程

### 1. 隔离的形成

浅槽隔离(STI)的形成如图3.4所示，工艺参数对应于90nm节点。工艺首先对硅衬底进行热氧化(被称作初始氧化，initial-ox)，厚度100Å，然后通过LPCVD的方式沉积一层氮化硅(1300Å)。接下来进行光刻，首先旋涂一层光刻胶(PR)，然后进行紫外线(UV)曝光，光刻胶通过光刻版(被称作AA)显影，有源区不会受到紫外线的照射(或者说隔离区域将会曝露在紫外光下)。在这之后，氮化硅和初始氧化层通过离子干法刻蚀的方法除去，去掉光刻胶后进行Si的刻蚀，露出的氮化硅充当刻蚀的硬掩模，通过离子刻蚀在Si衬底上刻蚀出浅槽(5000Å)。当然，掩模材料(例如PR一类的软掩模和氮化硅之类的硬掩模)必须足够厚，能够经受得住后续对氮化硅、二氧化硅和硅的离子刻蚀。更多有关单步工艺(例如光刻、离子刻蚀、LPCVD、HDP-CVD等)和模块(形成特定结构的一组工艺步骤，如隔离、栅、间隔、接触孔、金属互连)的细节会在本书的后面作具体介绍。

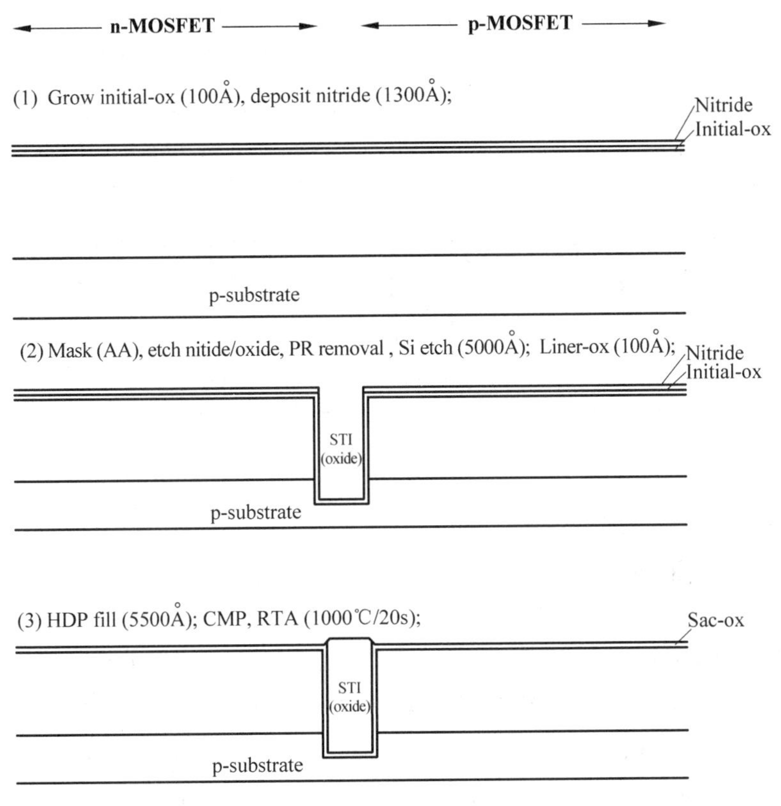


图3.4 浅槽隔离(STI)形成的图解

在硅槽形成以后，进行氧化已在槽内形成一层“衬里”，接下来通过CVD的方法在槽内填充氧化物(厚度稍微超过槽的深度)并且进行快速热退火(RTA)使CVD沉积的氧化物更加坚硬。在这之后通过化学机械研磨(CMP)的方式使得表面平坦化，随后去除残余的氮化硅和二氧化硅。接下来，在表面生长一层新的热氧化层(被称作牺牲氧化层或SAC-ox)。相对于以前的LPCVD沉积氧化物工艺，高离子密度(HDP)CVD有更好的间隙填充能力，因此被广泛地用于现代CMOS制造工艺(例如0.13μm节点及更新的技术)。

**2. n-阱和p-阱的形成**

n-阱和p-阱的形成如图3.5所示，包括掩模形成和穿过薄牺牲氧化层(SAC-ox)的离子注入。n-阱和p-阱的形成顺序对最终晶体管的性能影响很小。后面会在n-阱中形成PMOS，在p-阱中形成NMOS，因此，n-阱和p-阱的离子注入通常是多路径的(不同的能量/剂量和种类)，这些注入不仅用于阱的形成，同时也用于PMOS和NMOS阈值电压$V_t$的调整和防止穿通。n-阱离子注入后使用RTA激活杂质离子推进杂质深度。

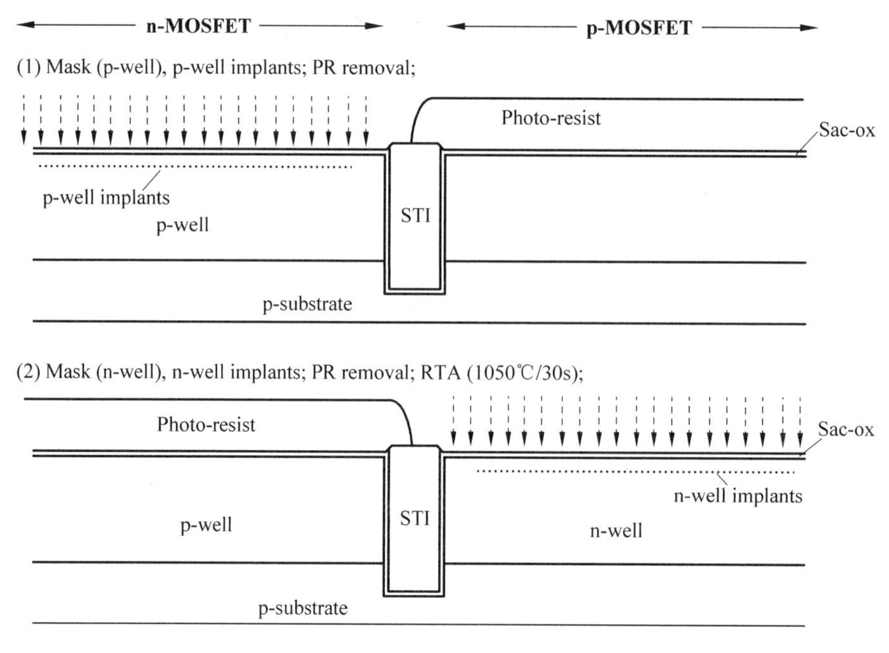


图 3.5 n-阱和 p-阱的形成的图解

### 3. 栅氧和多晶硅栅的形成

双层栅氧和硬掩模栅层叠示意图如图 3.6 所示。用湿法去掉 Sac-ox 以后,通过热氧化生长第一层栅氧(为了高质量和低内部缺陷),然后形成打开核心区域的掩模(通过使用掩模 core),接着浸入到 HF 溶液中,随后在核心区域通过热氧化的方式生长晶体管的第二层栅氧。注意到 I/O 区域经历了两次氧化,因此正如所期待的,I/O 晶体管的栅氧要更厚一些。

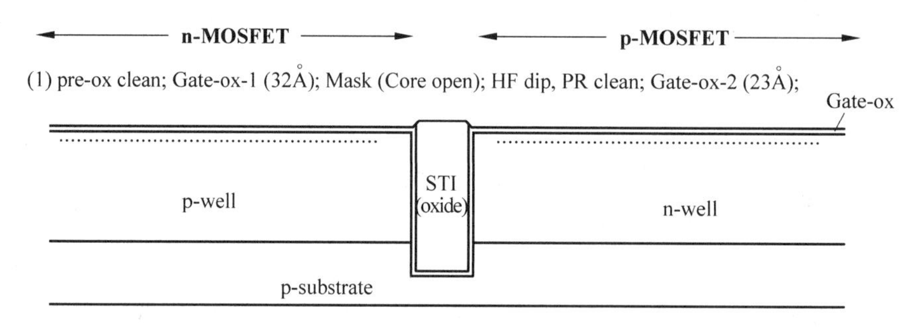


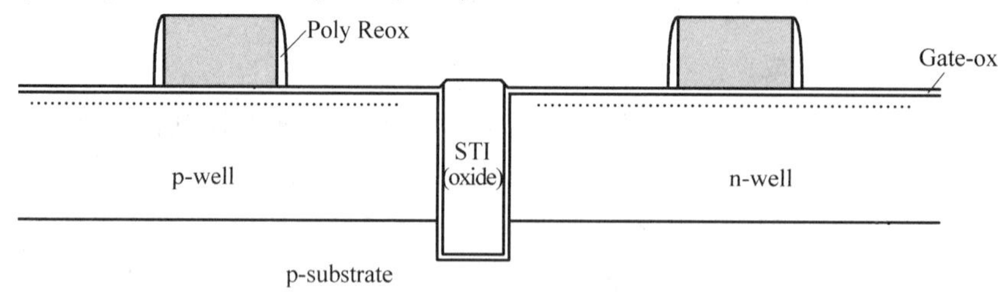


图 3.6 栅氧和栅层叠形成的图解

当核心区域和 I/O 区域都已经生长了晶体管以后，沉积多晶硅层和硬掩模层（薄的 SiON 和 PECVD 二氧化硅）。在沉积了栅层叠之后，将硬掩模进行图形化（使用掩模 poly，并用对多晶硅表面有高选择性的离子刻蚀二氧化硅和 SiON），然后去除光刻胶，使用 SiON 和二氧化硅做硬掩模刻蚀多晶硅。去除 SiON 以后，使用氧化炉或快速热氧化（RTO）形成多晶硅栅层叠侧壁的再氧化（30Å），来对氧化物中的损伤和缺陷进行退火（对栅层叠的离子刻蚀可能导致损伤或缺陷）。因为栅的形状决定了晶体管沟道的长度，也即决定了 CMOS 节点中的最小临界尺寸（CD），因此它需要硬掩模方案而不是光刻胶图形化方案来对栅层叠进行图形化，以期获得更好的分辨率和一致性。

两次栅氧化的结果使得 I/O 晶体管的栅氧较厚（没有在这里显示出来）而核心晶体管的栅氧较薄。相对于简单的光刻胶图形化方案，硬掩模方案可以获得更好的分辨率和一致性。

**4. 补偿隔离的形成**

补偿隔离的形成如图 3.7 所示。沉积一薄层氮化硅或氮氧硅（典型的厚度为 50 至 150Å），然后进行回刻蚀，在栅的侧壁上形成一薄层隔离。补偿隔离用来隔开由于 LDD 离子注入（为了减弱段沟道效应）引起的横向扩散；对于 90nm CMOS 节点，这是一个可以选择的步骤，但对于 65nm 和 45nm 节点，这一步是必要的。在补偿隔离刻蚀后，剩下的氧化层厚度为 20Å，在硅表面保留一层氧化层对于后续每步工艺中的保护而言是十分重要的。

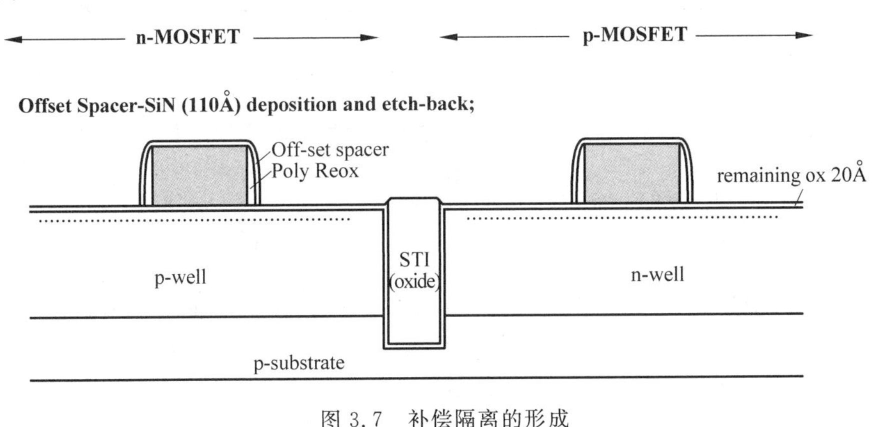


图 3.7　补偿隔离的形成

（补偿隔离可以补偿为了减少段沟道效应而采取的 LDD 离子注入所引起的横向扩散）

**5. nLDD 和 pLDD 的形成**

有选择的对 n 沟道 MOS 和 p 沟道 MOS 的轻掺杂漏极（LDD）离子注入如图 3.8 所示。完成离子注入后，采用尖峰退火技术去除缺陷并激活 LDD 注入的杂质。nLDD 和 pLDD 离子注入的顺序和尖峰退火或 RTA 的温度对结果的优化有重要影响，这可以归因于横向的暂态扩散[7]。

**6. 隔离的形成**

接下来是主隔离的形成，如图 3.9 所示。沉积四乙基原硅酸盐-氧化物（Teos-oxide，使用 Teos 前驱的 CVD 氧化物）和氮化硅的复合层，并对四乙基原硅酸盐-氧化物和氮化硅进行离子回刻蚀以形成复合主隔离[8]。隔离的形状和材料可以减小晶体管中热载流子的退化[9]。

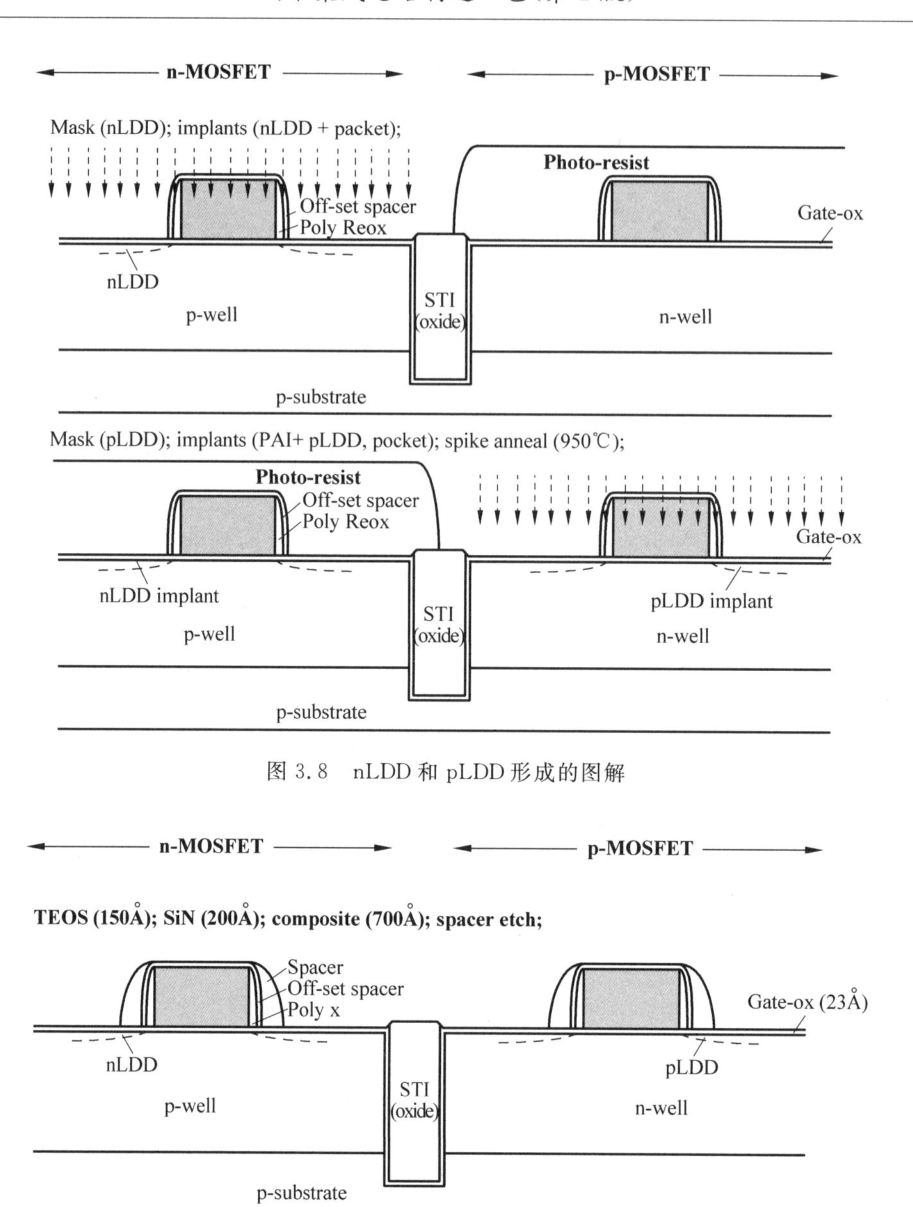


图 3.8 nLDD 和 pLDD 形成的图解

图 3.9 隔离形成的图解

$n^+$,$p^+$的源和漏(S/D)的形成如图 3.10 所示。RTA 和尖峰退火被用来去除缺陷并激活在 S/D 注入的杂质。注入的能量和剂量决定了 S/D 的节深并会影响晶体管的性能[10],较浅的源漏节深(相对于 MOSFET 的栅耗尽层宽度)将会显著地减小短沟道效应(SCE)。

**7. 自对准多晶硅化物,接触孔和钨塞的形成**

自对准多晶硅化物,接触孔和钨塞的形成如图 3.11 所示。在湿法清洁去除有源区(AA)和多晶硅栅表面的氧化物以后,溅射一薄层(200Å)钴(Co),紧接着进行第一次 RTA(550℃),和硅接触的钴将会发生反应。然后,氧化硅上剩余的没有反应的钴将用 SC1 溶剂

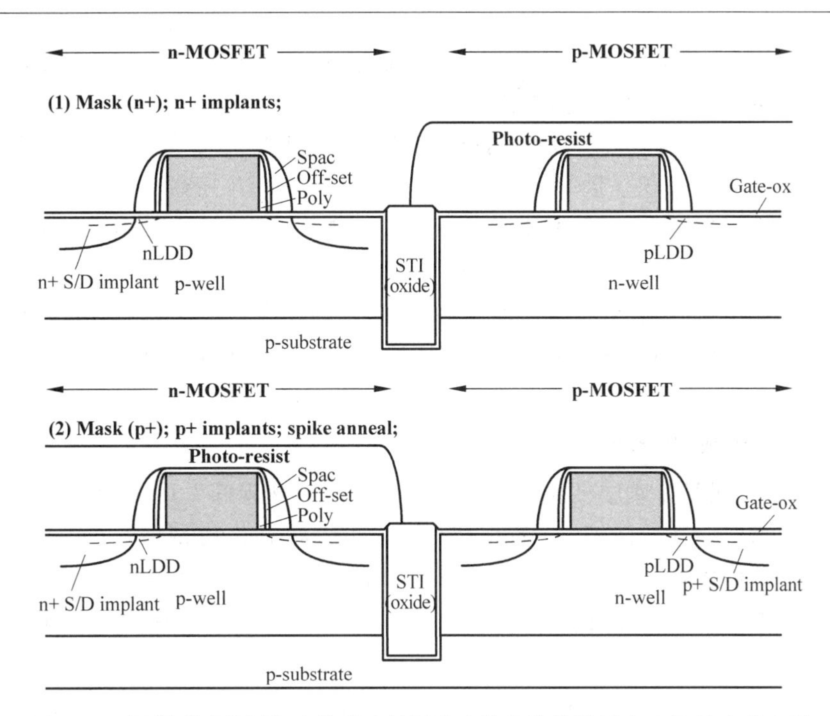


图 3.10　源漏形成的图解尖峰退火被用来去除缺陷并激活在 S/D 注入的杂质

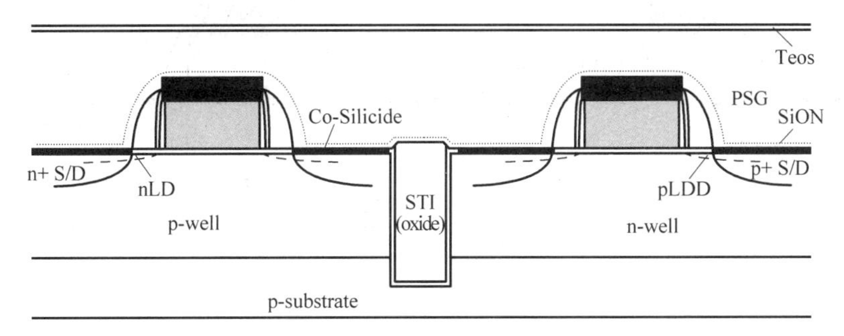


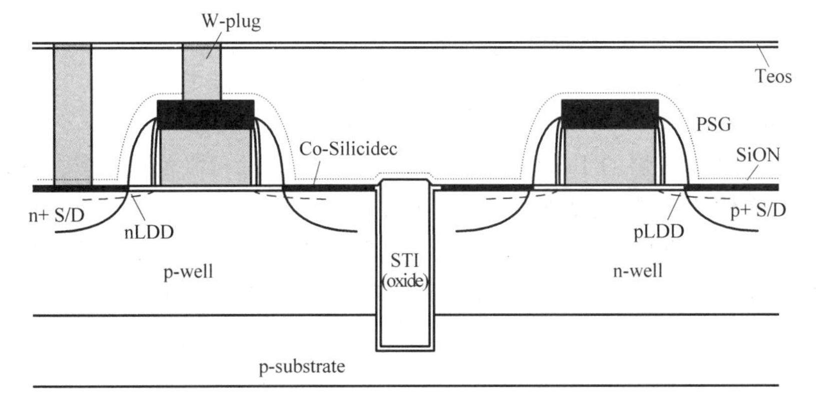


图 3.11　自对准多晶硅化物，接触孔和钨塞形成的图解

去掉,并进行第二次 RTA (740℃)。因此,有源区和多晶硅栅区域会以自对准的方式形成钴的硅化物,这被称为自对准多晶硅化物工艺[11]。

然后,通过沉积氮氧硅(150Å)和磷硅玻璃(PSG,5.5kÅ)形成多金属介质(PMD),并使用 CMP 进行平坦化。沉积一层 CVD 氧化物(Teos-oxide)用来密封 PSG。然后形成打开接触孔的掩模(掩模 CT),随后刻蚀接触孔上的 PSG 和 SiN。接下来溅射 Ti (150Å)和 TiN (50Å),用 CVD 法沉积钨(W,3kÅ)并用 RTA(700℃)进行退火。Ti 层对于减小接触电阻十分重要,侧壁上覆盖的 TiN 用以保证 W 填充工艺的完整性[12],使得填充到接触孔中的 W 没有空隙。对钨表面进行抛光(使用 CMP)直到露出 Teos-oxid 表面,此时接触孔内的钨塞就形成了。

**8. 金属-1 的形成(单镶嵌)**

这之后沉积金属间介质层(IMD),例如 SiCN(300Å)含碳低 $k$ PECVD 氧化硅(2kÅ)和 Teos-oxide(250Å),并进行图形化(使用掩模 metal-1)和氧化物刻蚀。IMD1 层主要是为了良好的密封和覆盖更加多孔的低 $k$ 介质。然后沉积 Ta/TaN 和铜种子层,随后填充铜(通过 ECP 法)并用 CMP 进行平坦化。金属-1 互连就形成了。这是单镶嵌技术[13],见图 3.12。

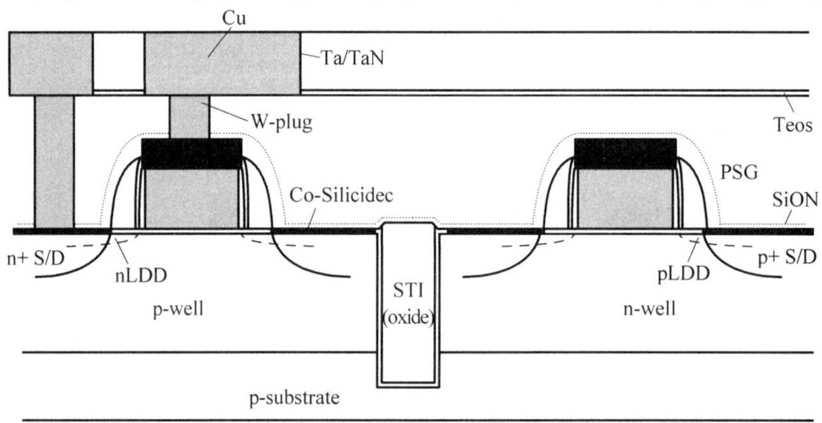


图 3.12 通过单镶嵌技术实现金属-1 的图解

**9. 通孔-1 和金属-2 的形成(双镶嵌)**

通孔-1 和金属-2 互连的形成是通过先通孔双镶嵌工艺[13]实现的,如图 3.13 所示。首先沉积 IMD2 层(例如 SiCN 500Å,含碳低 $k$ PECVD 氧化硅-黑金刚石 6kÅ),然后形成通孔-1 的图形并进行刻蚀。多层的 IMD1 主要是为了良好的密封和覆盖更加多孔的低 $k$ 介质。然后在通孔中填充 BARC (为了平坦化)并沉积一层 LTO。随后形成金属-2 的图形并可使氧化物。去除 BARC 并清洗后,沉积 Ta/TaN 和 Cu 种子层,随后进行 Cu 填充(使用 ECP 法)并进行 CMP 平坦化,这样金属-2 互连就形成了。这就是双镶嵌工艺[13]。通过重复上述的步骤,可以实现多层互连。

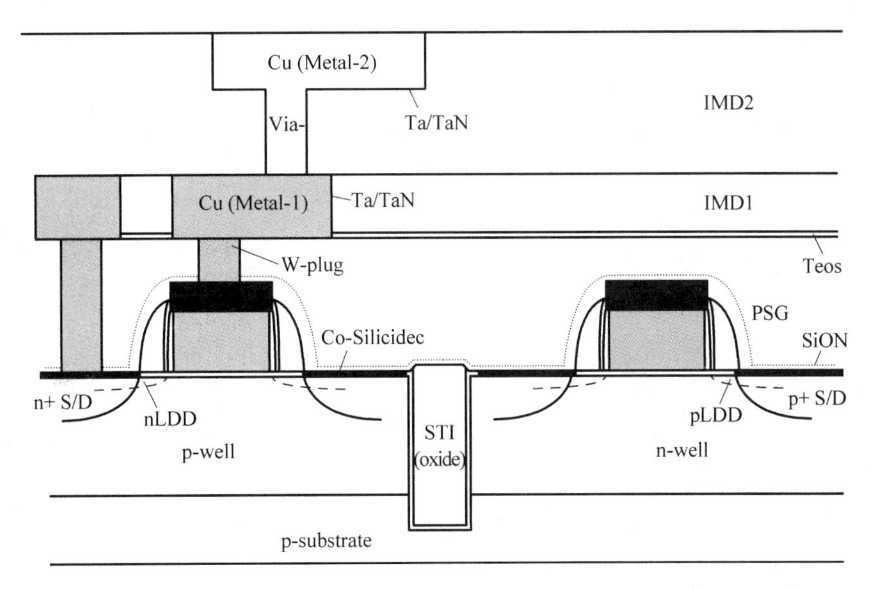


图 3.13　通过双镶嵌工艺实现通孔-1 和金属-2 的图解

## 3.1.3　适用于高 *k* 栅介质和金属栅的栅最后形成或置换金属栅 CMOS 工艺流程

CMOS 逻辑产品工艺流程是制造 32nm 或更早工艺节点的主导工艺流程，如图 3.14 中左边所示。随着 CMOS 工艺特征尺寸继续按比例缩小到 28nm 及更小时，需要采用能够减少栅极漏电流和栅极电阻的高-*k* 栅介质层和金属栅电极以提高器件速度。这些新功能通过采用栅最后形成或置换金属栅（Replacement Metal-Gate，RMG）工艺成功地整合到 CMOS 制造工艺流程当中[14,15]，它类似于栅先形成的常规 CMOS 工艺流程，只是在 S/D 结形成后，多晶硅栅极材料被移除并且被沉积的高 *k* 介质层和金属层所取代。以这种方式，可以降低高 *k* 材料的总热预算，提高高 *k* 栅介质层的可靠性。RMG 形成之后，继续常规的流程，如接触电极，金属硅化物（接触区域内形成的）和钨插栓工艺流程。继续完成后段工艺流程，形成第 1 层铜（M1）（单镶嵌）和互连（双镶嵌）结构。

## 3.1.4　CMOS 与鳍式 MOSFET（FinFET）

伴随着 CMOS 器件工艺特征尺寸持续地按比例缩小到 14nm 及以下技术节点以后，通过采用三维器件结构，从垂直方向进一步增大沟道宽度，进而增加沟道电流。这种具有垂直方向沟道的新颖三维晶体管被称为鳍式场效应晶体管或 FinFET[16,17]。目前成熟的 14nm 节点制造工艺，在单一方向，晶圆上组成沟道的鳍片薄而长，宽为 7～15nm，高为 15～30nm，重复间距为 40～60nm。图 3.15 给出鳍式场效应晶体管集成制造工艺流程，采用了间隔墙双重图案化技术来形成鳍片并采用 RMG 流程来形成高 *k* 介质与金属栅极。

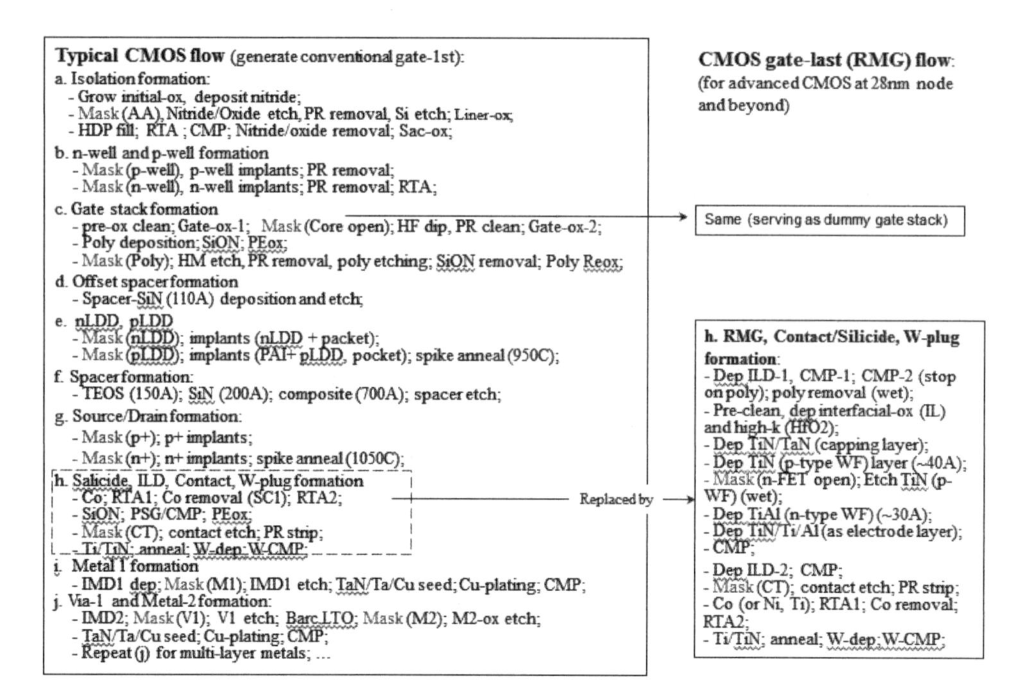


图3.14　高$k$栅介质和金属栅电极特性，通过采用后形成栅(Gate-last)或置换金属栅极(RMG)工艺，已成功地整合到CMOS工艺流程当中，其中多晶硅担任“虚拟”栅的作用，在S/D结形成之后被除去，被沉积的高$k$电介质层和金属层所取代

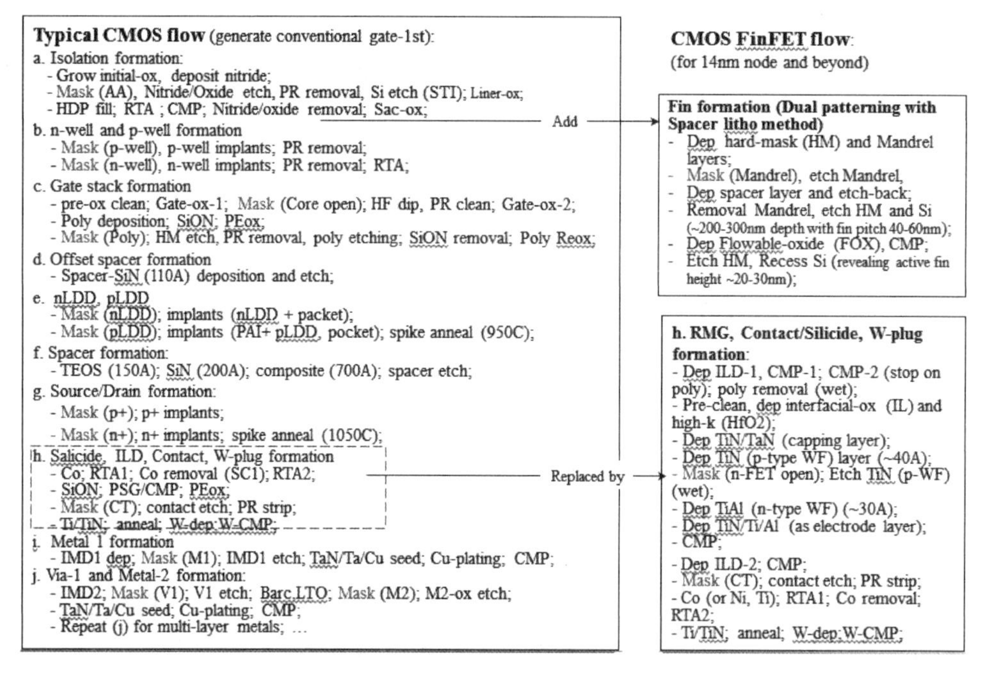


图3.15　随着CMOS持续缩小到14nm以下技术节点以后，可以通过在垂直方向形成沟道来增强沟道电流，形成所谓的FinFET(其工艺流程如图所示，其中在目前14nm工艺节点，采用了间隔墙双重图案化技术来形成鳍片。鳍片宽为7～15nm，高为15～30nm，重复间距为40～60nm)

# 3.2 存储器技术和制造工艺

## 3.2.1 概述

在广泛应用于计算机、消费电子和通信领域的关键技术中，半导体存储器技术占有一席之地。存储器的类别包括动态随机读取存储器(DRAM)、静态随机读取存储器(SRAM)、非易失性存储器(NVM)或者闪存(Flash)。当传统的CMOS技术在65nm及以后的节点面临速度与功耗的折中时，应变工程和新型叠栅材料(高$k$和金属栅)可以将CMOS技术扩展到32nm以及以后的节点。然而在接近32nm节点时，高层次的集成度导致在功耗密度增加时速度却没有提升。有一种方法可以在系统层面降低功耗和提升速度，那就是将存储器和逻辑芯片集成在一起构成片上系统(SoC)。有趣的是，DRAM和闪存基于单元电容、选择晶体管和存储单元的尺寸缩小却导致了日益复杂化的工艺流程与CMOS基准的偏差。因此，如果基于当前的CMOS与存储器集成技术，要实现存储与逻辑集成在SoC上的应用将是一个巨大的难题。

幸运的是，最近在集成领域有一些非常重大的进展，比如铁电材料(如PZT ($PbZr_xTi_xO_3$)，SBT($SrBi_2Ta_2O_9$)，BTO($Bi_4Ti_3O_{12}$)体系)，结构相变(如GST硫化物合金)，电阻开关(如perovskite氧化物($SrTiO_3$，$SrZrO_3$(SZO)，PCMO，PZTO等)，过渡金属氧化物(如Ni-O，Cu-O，W-O，TiON，Zr-O，Fe-O等)，以及加速铁电存储器(FRAM)发展出的旋转隧道结(如MgO基的磁性隧道结)、相变存储器(PCRAM)、电阻存储器(RRAM)和磁性存储器(MRAM)等。另外，这些各式各样的存储器在CMOS后端线的集成与前端线流程完全兼容。因此，不仅这些存储器在将来有希望替代NVM和eDRAM，而且逻辑和存储一起都可以很容易被集成到MOS基准上。

本节会依次回顾存储器技术的最新发展水平和工艺流程，接下来将分析CMOS逻辑和存储器的集成使得32nm及以后技术节点时实现高性能低功耗的SOC成为可能。

## 3.2.2 DRAM和eDRAM

DRAM是精密计算系统中的一个关键存储器，并且在尺寸缩小和高级芯片设计的推动下向高速度、高密度和低功耗的方向发展。尽管DRAM的数据传输速度已达到极限并且远远低于当前最新科技水平的微处理器，但它仍然是目前系统存储器中的主流力量。基于深槽电容单元或堆栈电容单元有两种最主要的DRAM技术[14,15]。图3.16说明了在CMOS基准上添加深槽电容与堆栈电容流程来形成DRAM的工艺流程。堆栈单元在CMOS晶体管之后形成，主要应用于独立的高密度DRAM。深槽单元可以在CMOS晶体管构建之前形成，更适合嵌入式DRAM与逻辑的集成。然而，深槽工艺造价很高，同时在深槽周围可能会形成缺陷。图3.17展示了一个DRAM单元的深槽和传输晶体管的横截面[16]。

浮体单元是相当有前景的一种结构，它通过将信号电荷存储在浮体上，产生或高或低开关电压和源漏电流(代表数字1或0)。这种浮体单元结构已经在90nm技术节点下成功地应用于SOI和小单元尺寸($4F^2$)的体硅，可无损读取操作，具有良好的抗干扰能力和保存时

**Typical CMOS flow** (for 90nm, 1.8v IO):
a. Isolation formation:
- Growth initial-ox (100A), deposit nitride (1300A);
- Mask (AA), etch nitide/oxide, PR removal, Si etch (5000A);
- Liner-ox (100A); HDP fill (5500A); RTA (1000C/20s)
- Sac-ox (100A)

b. n-well and p-well formation:
- Mask (p-well), p-well implants; PR removal;
- Mask (n-well), n-well implants; PR removal; RTA (1050C/30s);

c. Gate stack formation:
- pre-ox clean; Gate-ox-1 (32A)
- Mask (Core open); HF dip, PR clean;
- Gate-ox-2 (23A)
- Poly deposition (1250A); doping; SiON (270A); PEox (150A);
- Mask (poly); HM etch, PR removal, poly etching;
- SiON removal; Poly Reox (800C);

d. Offset spacer formation:
- Spacer-SiN (110A) deposition and etch;

e. nLDD, pLDD:
- Mask (nLDD); implants (nLDD + packet); spike (1050C);
- Mask (pLDD); implants (PAI+ pLDD, pocket); spike (950C);

f. Spacer formation:
- Teos (150A); SiN (200A); composite (700A); spacer etch;

g. Source/Drain formation:
- Mask (n+); n+ implants;　Mask (p+); p+ implants; spike (1050);

h. Salicide, ILD, Contact, W-plug formation:
- Co (200A); RTA1(550C); Co removal (SC1); RTA2(740C);
- SiON (150A); PSG/CMP (5.5kA); Peox (150A);
- Mask (CT); contact etch; PR strip;
- Ti(150A);TiN(50A); W-dep; RTA, W-CMP;

i. Metal 1 formation:　IMD1 dep; Mask (M1); IMD1 etch;
TaN/Ta/Cu seed; Cu-plating; CMP; IMD2;
Mask (V1); V1 etch;　Barc,LTO; Mask (M2); M2-ox etch;
- TaN/Ta/Cu seed; Cu-plating; CMP;

j. Continue on multi-layer metals;

**DRAM flow**:
(for Trench cell or Stacked cell)

**Trench cell formation**:
- Mask-a: deep trench opening; Si etch;
-Clean; linear-ox; Nitride deposition;
- Cell poly deposition and doping.
- Mask-b (cell poly): patterning; poly etch; oxide dip;

**Stack cell (COB scheme) formation**:
-Mask-a: W-line patterning; W-etching; IMD dep;
- Mask-b (poly contact): patterning; IMD etching; poly fill; poly CMP
-Mask-c (capcitor): patterning; etching; poly dep; HSG; Ta2O5 dep; annealing;
-Top electrode: TiN dep;

图 3.16　带有深槽电容和堆栈电容单元的 DRAM 的工艺流程

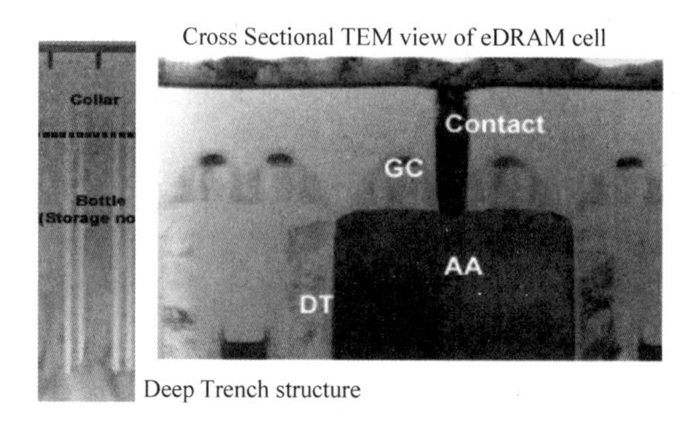


图 3.17　带有深槽电容和镍硅化传输晶体管的嵌入式 DRAM 的截面图

间。写操作可以基于接触电离电流或者 GIDL(写 1 时)以及前向偏置结(写 0 时)。因为结处漏电的缘故,SOI 上 FBC-DRAM 的潜在记忆时间要比在体硅上的久一些。整个制造流程和标准的 CMOS 完全兼容,更加适合 eDRAM 应用。基于 SOI 的浮体结构的 DRAM 如图 3.18 所示。

## 3.2.3　闪存

闪存[20~22]自 1990 年以来就作为主流 NVM 被迅速推动发展,这也归结于数据非易失性存储、高速编程/擦写、高度集成等方面快速增长的需求。闪存是基于传统的多层浮栅结构(比如 MOSFET 的多层栅介质),通过存储在浮栅上的电荷来调制晶体管的阈值电压(代

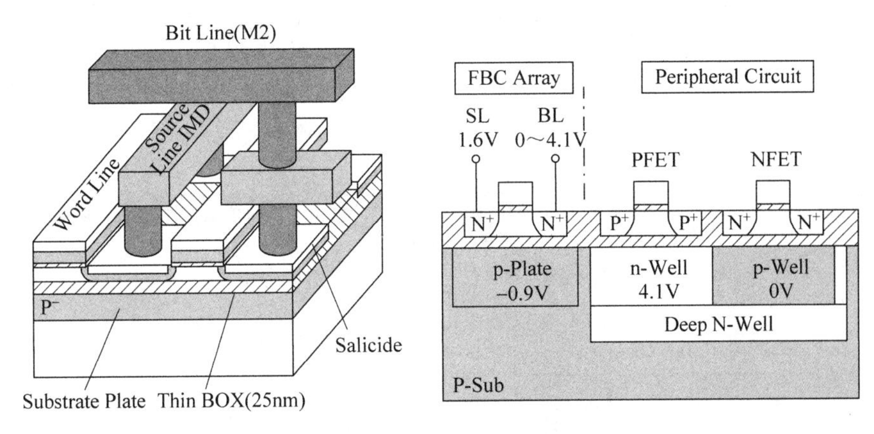


图 3.18 基于 SOI 的浮体结构的 DRAM 示意图

通过存储在浮体上的电荷调制沟道电流来表示 1 或 0

表数据 1 和 0)。写和擦除的操作就简单对应为浮栅上电荷的增加和去除。目前的闪存大体有 NOR 与 NAND 两种结构，它们的集成度已达到 Gb 量级，但局限也非常明显，比如高操作电压(10V)，慢擦写速度(1ms)和较差的耐久性($10^5$)[21]。目前的 NAND 市场已经超越了 DRAM 在 2006 年时的市场容量。图 3.19 说明了一种典型双浮栅单元(被称作 ETox 单元)的工艺流程。这种浮栅单元(ETox)的尺寸很难降到 45nm 节点，特别是由于浮栅的缘故导致相邻单元之间的干扰随尺寸减小而增大。图 3.20 展示了最新的进展[22]，包括 SONOS 单元、电荷陷阱式 TANOS 单元、带隙工程 SONOS 单元等，其中带隙工程 SONOS 单元中，氮化层是用作电荷陷阱的(代替 ETox 单元中的浮栅)。

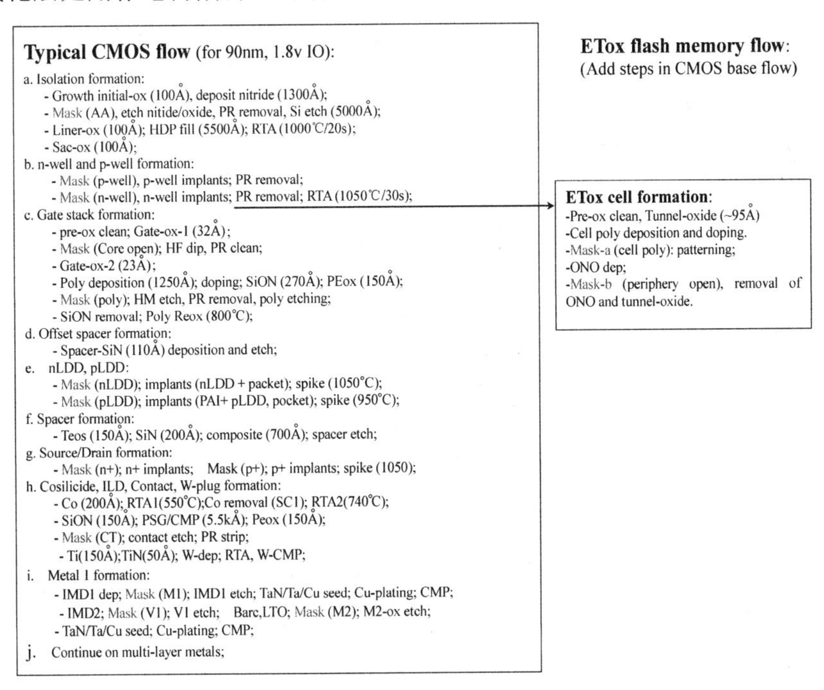


图 3.19 一种典型的浮栅 ETox 闪存的工艺流程

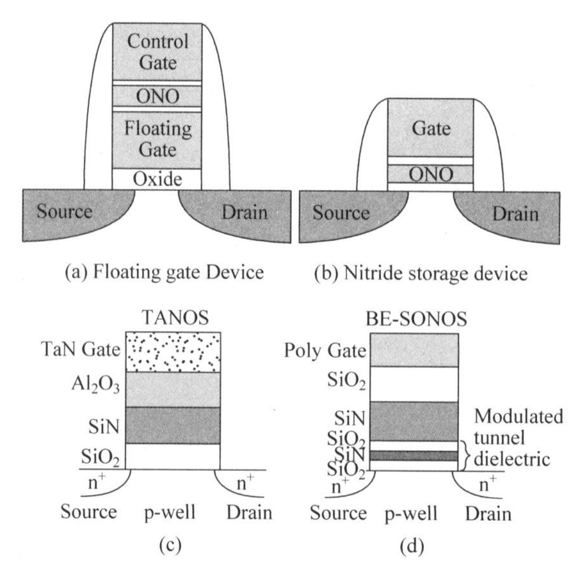


图 3.20 传统浮栅单元的示意图

### 3.2.4 FeRAM

FeRAM[23~27]基于电容中的铁电极化,(相对于传统的浮栅闪存)有低功耗、低操作电压(1V)、高写寿命($10^{12}$)和编程快(<100ns)等优点。铁电 MiM 电容(见图 3.21)可与后端制程(BEOL)集成,电容被完全封闭起来(避免由磁场强度引起的退化)。铁电电容的工艺流程如图 3.22 所示。FeRAM 中研究最多的材料是 PZT ($PbZr_xTi_xO_3$),SBT ($SrBi_2Ta_2O_9$),BTO ($Bi_4Ti_3O_{12}$),它们拥有抗疲劳、工艺温度低、记忆性好、剩余极化高等令人满意的特性[28]。一晶体管一电容(1T1C)(作为非挥发存储单元)的单元结构是最常用的;而 1T2C 和 2T2C 单元则对工艺偏差有更强的适应性,并有更好的性能[29]。需要注意的是拥有铁电栅介质的 FET 单元由于较差的记忆性(几小时或几天)而使其应用受到限制[25],并且与前端制程(FEOL)不兼容。

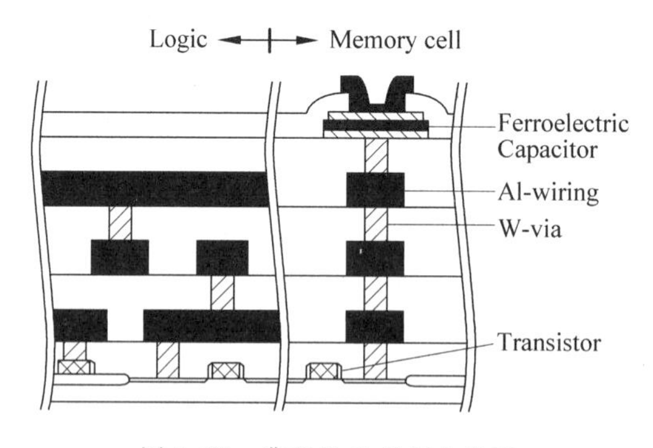


图 3.21 典型的 FeRAM 单元

### 3.2.5 PCRAM

相变存储器顺利地朝向低操作电压、高编程速度、低功耗、廉价和高寿命($10^8$~$10^{14}$)的

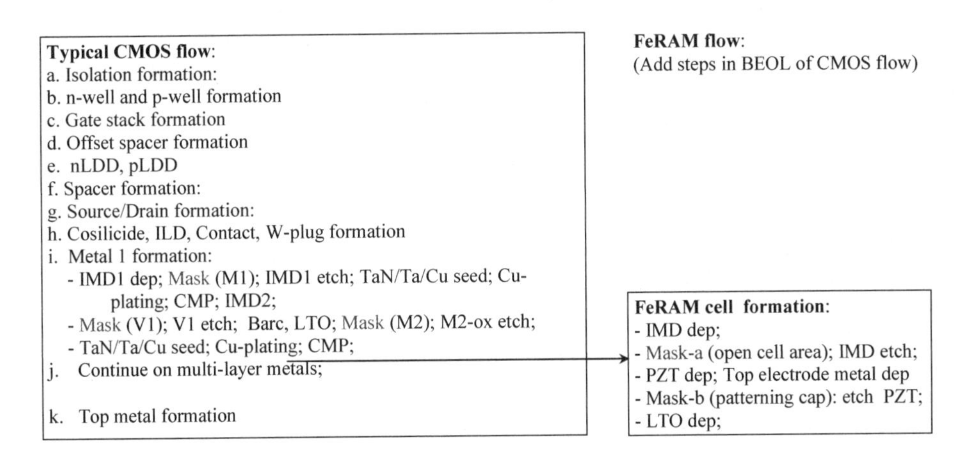


图 3.22　一种典型的包含一个选择晶体管和 MiM 电容 FeRAM 单元的工艺流程

方向发展，这种技术有望在未来取代 NOR/NAND 甚至是 DRAM。相变存储器最常见的材料是在“蘑菇”形单元(见图 3.23)中的带有掺杂(一些 N 和 O)的 GST 硫化物合金(一种介于 GeTe 和 $Sb_2Te_3$ 之间的伪二元化合物)。减小单元结构中用于转换无定形(高阻)和晶化(低阻)状态的底部加热器尺寸和材料的临界体积可以获得更小的 RESET 电流。结晶化和结构弛豫的原理最终限制了尺寸和可靠性[34]，超薄的相变材料厚度为 3～10nm。工艺流程如图 3.24 所示。PCRAM 单元可以在钨塞上制成，其代价是仅仅在 BEOL 中增加一块掩模版，其他所有流程与标准 CMOS 流程一致。

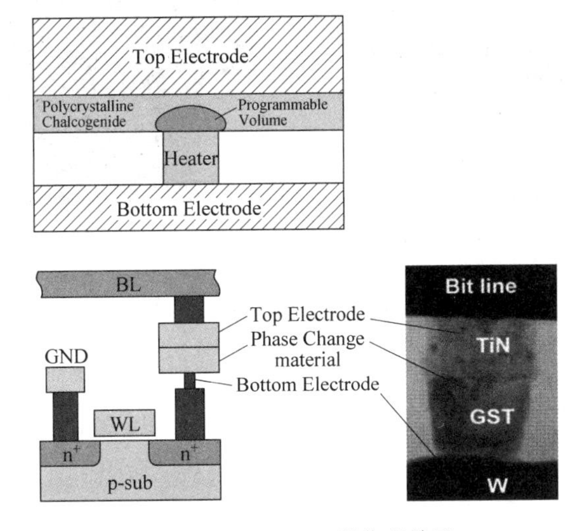


图 3.23　PCRAM 蘑菇型单元

## 3.2.6　RRAM

双稳定态电阻开关效应被发现存在于钙钛矿氧化物[36,37](如 $SrTiO_3$，$SrZrO_3$(SZO)，PCMO，PZTO)、过渡金属氧化物[38～40](如 Ni-O，Cu-O，W-O，TiON，Zr-O，Fe-O)、固体电解质[41,42]甚至聚合物中。开关机制(而不是结构相变)主要基于导电纤维的生长和破裂[43,44]，这与金属离子、O 离子/空穴、去氧化、电子俘获/反俘获(mott 过渡)、高场介电击穿和热效

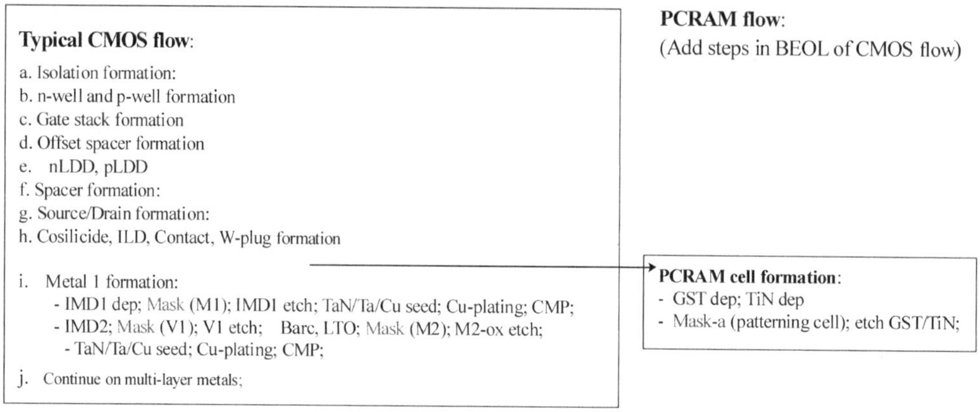

Typical CMOS flow:
a. Isolation formation:
b. n-well and p-well formation
c. Gate stack formation
d. Offset spacer formation
e. nLDD, pLDD
f. Spacer formation:
g. Source/Drain formation:
h. Cosilicide, ILD, Contact, W-plug formation
i. Metal 1 formation:
- IMD1 dep; Mask (M1); IMD1 etch; TaN/Ta/Cu seed; Cu-plating; CMP;
- IMD2; Mask (V1); V1 etch; Barc, LTO; Mask (M2); M2-ox etch;
- TaN/Ta/Cu seed; Cu-plating; CMP;
j. Continue on multi-layer metals;
PCRAM flow:
(Add steps in BEOL of CMOS flow)
PCRAM cell formation:
- GST dep; TiN dep
- Mask-a (patterning cell); etch GST/TiN;

图 3.24 PCRAM 单元的工艺流程

应有关。RRAM 单元主要包括一个选择晶体管和一个 MIM(金属-绝缘体-金属)电阻作为电阻开关材料(见图 3.25)。RRAM 看上去比较有前景缘于其可扩展性、低电压操作以及和 BEOL 的兼容性(特别是以基于 Cu-O 和 W-O 的单元)。目前,RRAM 的耐久性在 $10^3$～$10^5$之间。RRAM 的工艺流程如图 3.26 所示。

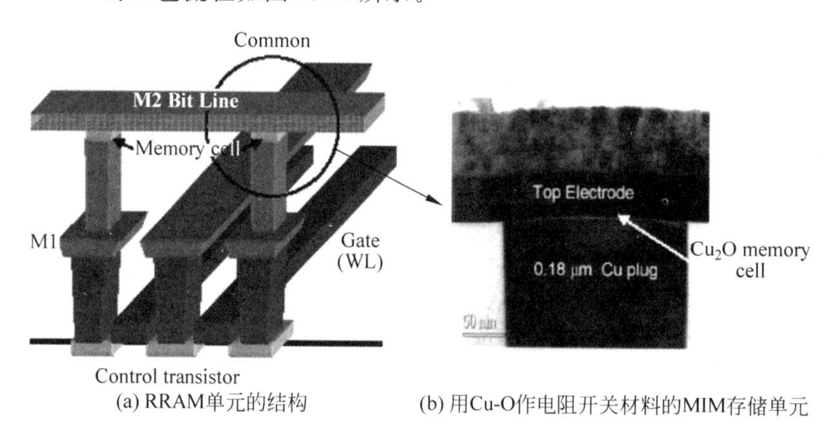

Common
M2 Bit Line
Memory cell
M1
Gate
(WL)
Control transistor
Top Electrode
0.18 μm Cu plug
$Cu_2O$ memory
cell

(a) RRAM单元的结构 (b) 用Cu-O作电阻开关材料的MIM存储单元

图 3.25 RRAM 单元

Typical CMOS flow:
a. Isolation formation:
b. n-well and p-well formation
c. Gate stack formation
d. Offset spacer formation
e. nLDD, pLDD
f. Spacer formation:
g. Source/Drain formation:
h. Cosilicide, ILD, Contact, W-plug formation
i. Metal 1 formation:
- IMD1 dep; Mask (M1); IMD1 etch; TaN/Ta/Cu seed; Cu-plating; CMP; IMD2;
-Mask (V1); V1 etch; Barc, LTO; Mask (M2); M2-ox etch;
- TaN/Ta/Cu seed; Cu-plating; CMP;
j. Continue on multi-layer metals;
RRAM flow:
(Add steps in BEOL of CMOS flow)
RRAM cell (on M1) formation:
- Mask-a (open cell area);IMD2 etch;
- Resist material form: Cu-oxide; TiN dep; LTO dep; CMP ;

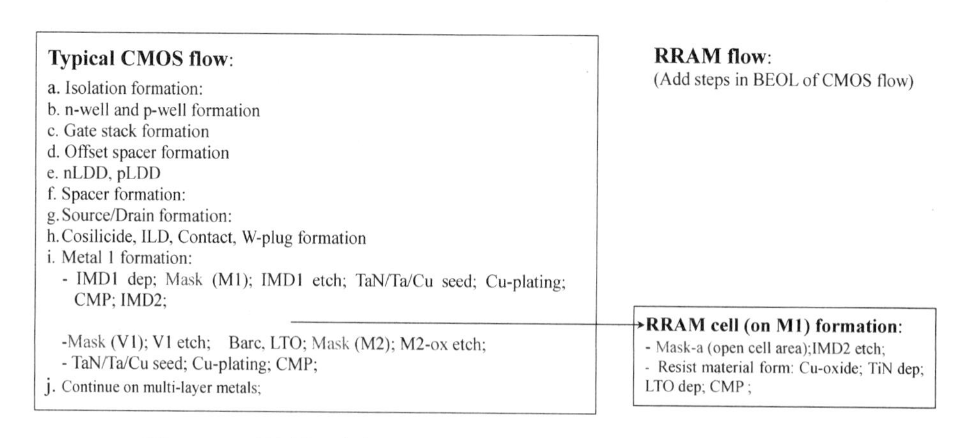

图 3.26 后端制程中制造在 Via-1 上的 Cu-O 基 RRAM 的工艺流程

### 3.2.7 MRAM

磁性隧道结(MJT)[45],通常是2层铁磁层夹着一层薄绝缘壁垒层,显示出双稳定态的隧穿磁电阻(TMR),作为MRAM中的存储单元。TMR是由于"自由"的铁磁层相对于"固定"层自旋平行或反平行而产生的。CoFeB/MgO/CoFeB结构的MTJ可以产生高达约500%的TMR比率(也就是说约5倍于传统基于Al-O的MJT)[45]。典型的MRAM单元[46,47]有1T-1MJT(即一个MJT垂直在一个MOS晶体管上),并且可以被2种阵列机制操纵开关,即场开关(由相邻的X/Y写入线产生的磁场控制)和旋转扭矩开关(由通过MJT直接电流控制)。Freescale做了一款4Mb MRAM投入量产(基于0.18μm CMOS),基于旋转场开关("切换"机制),如图3.27所示。旋转扭矩MRAM[48,49](见图3.28)使用了自旋极化电流通过MJT来对自由层的自旋极性进行开关操作,最近已展现出低写入电流($<10^6$ Å/cm$^2$,在10ns脉冲下),好的保留性(>10年),小单元尺寸($6F^2$),快速读取(30ns)和好的耐久性($10^{14}$)。这个成果正积极展开工业化并且在取代DRAM、SRAM和Flash上展现了很好的前景。MJT的处理流程如图3.29所示。

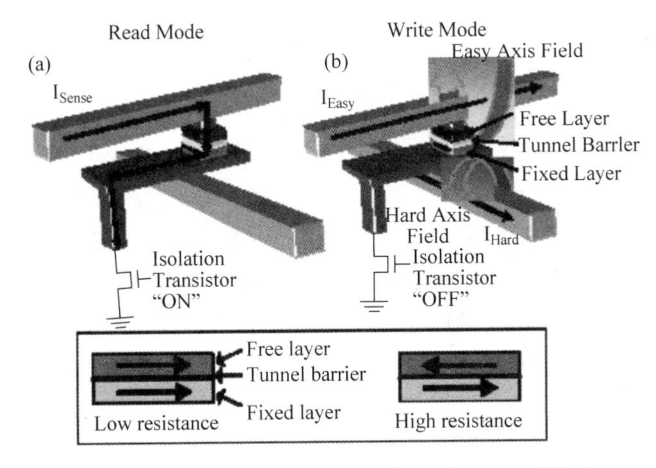


图3.27 读模式和写模式下的场开关MRAM单元

磁性隧道结中磁场层如小图所示

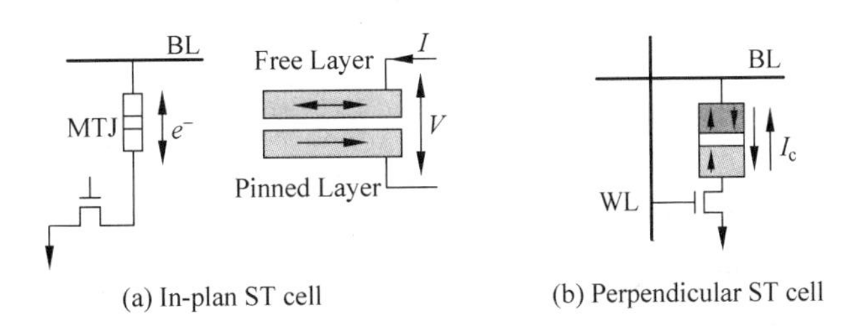


图3.28 写操作模式下的转矩MRAM分析

### 3.2.8 3D NAND

自1984年日本东芝公司提出快速闪存存储器的概念以来,平面闪存技术经历了长达30年的快速发展时期。一方面,为了降低成本,存储单元的尺寸持续缩小。但随着闪存技

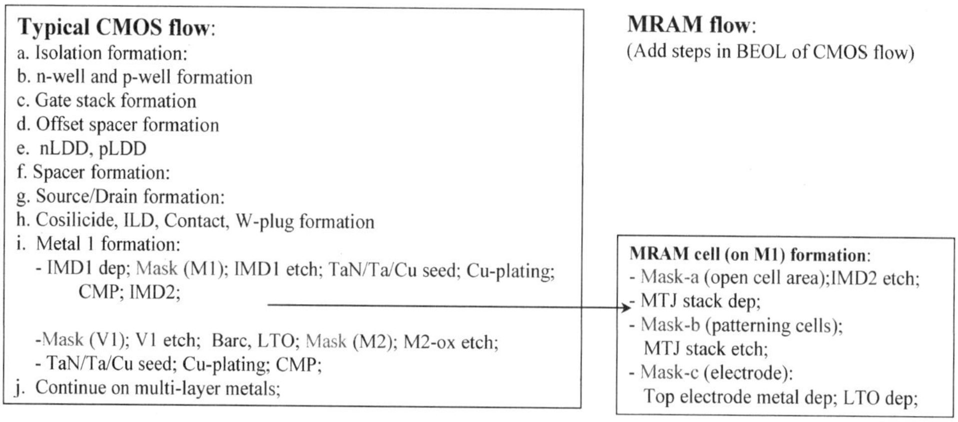

**Typical CMOS flow:**
a. Isolation formation:
b. n-well and p-well formation
c. Gate stack formation
d. Offset spacer formation
e. nLDD, pLDD
f. Spacer formation:
g. Source/Drain formation:
h. Cosilicide, ILD, Contact, W-plug formation
i. Metal 1 formation:
- IMD1 dep; Mask (M1); IMD1 etch; TaN/Ta/Cu seed; Cu-plating; CMP; IMD2;
-Mask (V1); V1 etch; Barc, LTO; Mask (M2); M2-ox etch;
- TaN/Ta/Cu seed; Cu-plating; CMP;
j. Continue on multi-layer metals;

**MRAM flow:**
(Add steps in BEOL of CMOS flow)

**MRAM cell (on M1) formation:**
- Mask-a (open cell area);IMD2 etch;
- MTJ stack dep;
- Mask-b (patterning cells);
MTJ stack etch;
- Mask-c (electrode):
Top electrode metal dep; LTO dep;

图 3.29 CMOS 后端制程中 MTJ 的工艺流程

术进入 1$x$nm 技术节点,闪存单元的耐久性和数据保持特性急剧退化,存储单元之间的耦合不断增大,工艺稳定性和良率控制问题一直无法得到有效解决,从而从技术上限制了闪存单元的进一步按比例缩小。另一方面,代替传统的浮栅闪存存储器,通过按比例缩小的方式实现高密度集成,寻找更高密度阵列架构的努力从未停止,三维存储器的概念应运而生。

2001 年,Tohoku 大学的 T. Endoh 等人在 IEDM 上首先报道了基于多晶硅浮栅存储层的堆叠环形栅的闪存概念[54],2006 年,韩国三星电子公司的 S. M. Jung 在 IEDM 上报道了基于电荷俘获存储概念的双层闪存阵列的堆叠结构[55]。但直到 2007 年日本东芝公司的 H. Tanaka 在 VLSI 会议上报道了 BiCS(Bit-Cost Scalable) NAND 闪存结构[56],三维存储器的研发真正成为各大存储器公司和科研院所的重要研发方向。之后韩国三星电子公司先后提出了 TCAT(Terabit Cell Array Transistor )[57]、VSAT (Vertical-Stacked-Array-Transistor) [58]和 VG-NAND(Vertical Gate NAND)结构[59],日本东芝公司提出了 P-BiCS (Pipe BiCS)结构[60],韩国海力士半导体公司提出了 STArT 结构[61],台湾旺宏公司也提出了自己的 VG NAND 结构[62],这些结构均采用了电荷俘获存储(charge trapping)的概念;美国美光公司和韩国海力士公司也提出了基于多晶硅浮栅存储层的三维存储器结构。各研究机构与公司开发的不同架构三维存储器如图 3.30 所示。

对于这些不同架构的存储器来说,按照存储层的材料可以分为三维浮栅存储器和三维电荷俘获存储器。前者主要由美国美光公司推介,在 2015 年底完成了技术上的准备,由于采用多晶硅浮栅作为存储层,存储单元面积更大,在实现更多层存储单元层叠时工艺难度较大,因此主要是通过把外围电路置于存储阵列下面来实现面积的缩减。对于三维电荷俘获存储器,又可以划分为垂直栅型和垂直沟道型。台湾旺宏公司推出的基于垂直栅结构的三维电荷俘获闪存结构,工艺上要难于垂直沟道型,一直未见其宣告量产。垂直沟道型三维电荷俘获存储器是最早实现大规模量产的闪存产品,2013 年 8 月,三星电子公司推出了第一代 24 层的三维垂直沟道型电荷俘获三维存储器,2014 年 7 月推出了第二代 32 层 128Gb 产品,2015 年推出了 48 层 256Gb 的产品。事实上,三星电子公司的垂直沟道型三维电荷俘获存储器单元也是基于无结场效应晶体管结构,如图 3.31 所示。该芯片具有 24 层堆叠的字线(WL)。除最底层的单元选择晶体管为常规反型工作模式,其余每个字单元晶体管均为基于电荷捕获闪存无结薄膜晶体管(JL Charge Trap Flash Thin-film Transistor, JL-CTF

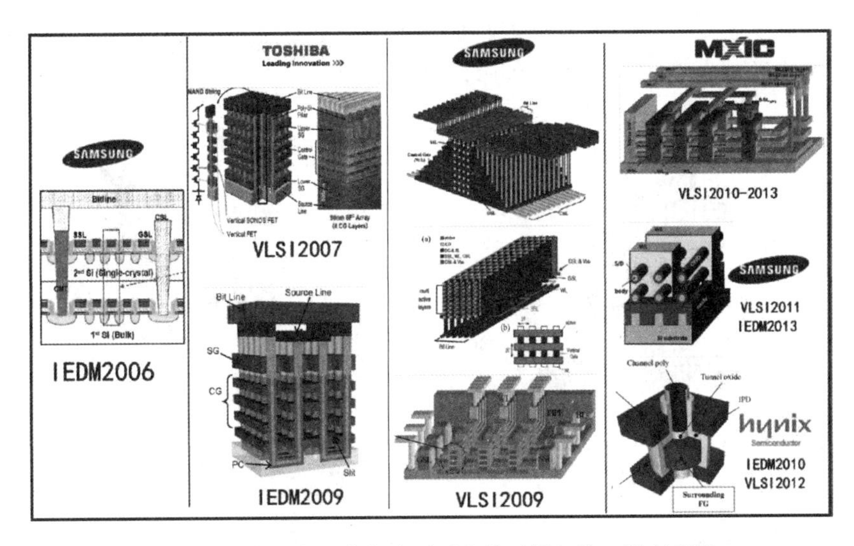


图 3.30　各研究机构与公司开发的不同架构三维存储器

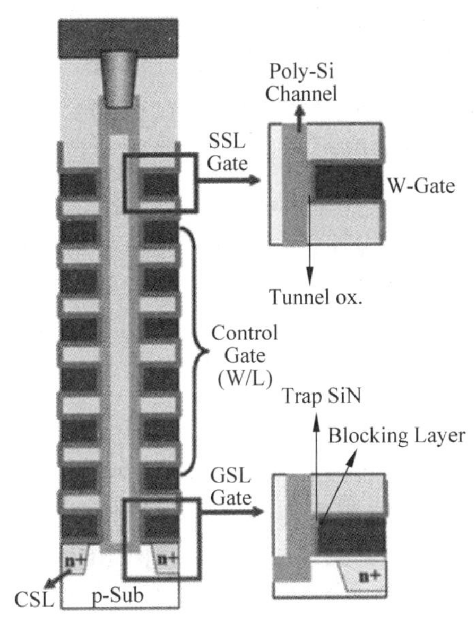


图 3.31　基于电荷捕获闪存无结薄膜晶体管，镶嵌金属栅的三维垂直堆栈
(V-NAND)闪存器件结构示意图

TFT)。该器件关闭时要求多晶硅薄膜沟道(管状)处于全耗尽状态；因此，多晶硅薄膜厚度(TCH)要尽量薄。此外，进一步增加存储单元密度的强劲需求，也在不断推动缩小多晶硅薄膜沟道 TCH。与工作在反型模式(IM)的器件相比，该产品表现出更优异的性能，可提供更快速的写入/擦除(P / E)速度，更大的内存窗口(>12V)和更好的耐力(>$10^4$ 次)；在 150℃ 测试条件下，还具有优良的 10 年数据保留能力。更为出色的是该器件开关电流比大于 $10^8$，同时具备非常陡峭的亚阈值摆幅(SS)[63]。

目前，各个存储器公司也相继发布了各自的闪存量产计划。相比于三维浮栅闪存，三维电荷俘获闪存具有更好的器件可靠性，垂直沟道型三维电荷俘获存储器目前已成为国际上最主流的三维存储器,为了抢占市场有利地位,各大公司的竞争日趋白热化。图 3.32 为垂直沟道型三维电荷俘获存储器单元与能带结构示意图。

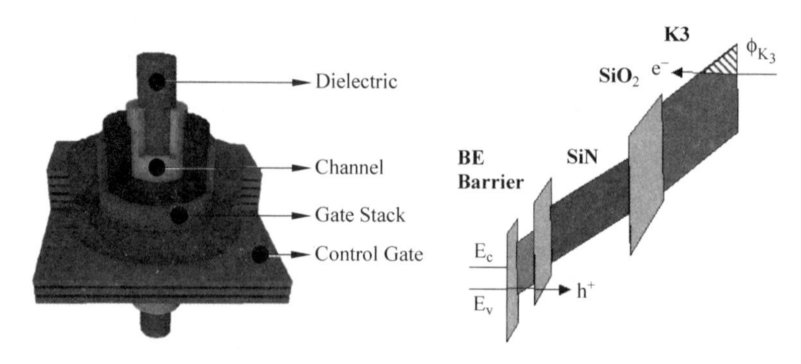


图 3.32 垂直沟道型三维电荷俘获存储器单元与能带结构示意图

垂直沟道型三维电荷俘获闪存的关键技术是超深孔刻蚀和高质量薄膜工艺。32 层的超深孔深宽比接近 30:1,上下孔的直径差异要求小于 10~20nm。栅介质多层薄膜不仅要求顶层和底层的厚度基本一致,对组份均匀性也提出了很高的要求。沟道材料一般为多晶硅薄膜,要求具有很好的结晶度和较大的晶粒,同时还需要与栅介质之间有低缺陷密度的界面。作为一种电荷俘获存储器,存储单元之间几乎没有耦合效应。编程和擦除操作分别使用了电子和空穴的 FN 隧穿。为了提高擦除速度,隧穿层通常会使用基于氧化硅和氮氧化硅材料的叠层结构。存储层一般是以氮化硅为主的高陷阱密度材料。为了降低栅反向注入,阻挡层则会使用氧化硅或氧化铝等材料。垂直沟道型三维电荷俘获闪存可靠性方面的最大挑战是电子和空穴在存储层中的横向扩散,随着三星电子公司推出产品,在存储材料方面的技术瓶颈已经获得了突破。

### 3.2.9 CMOS 图像传感器

CIS 英文全名 CMOS (Complementary Metal-Oxide Semiconductor) Image Sensor,中文意思是互补性金属氧化物半导体图像传感器。CMOS 图像传感器虽然与传统的 CMOS 电路的用途不同,但整个晶圆制造环节基本上仍采用 CMOS 工艺,只是将纯粹逻辑运算功能变为接收外界光线后转变为电信号并传递出去,因而具有 CMOS 的基本特点和优势。不同于被动像素传感器(Passive Pixel Sensor),CIS 是带有信号放大电路的主动像素传感器(Active Pixel Sensor)。

在目前最典型的 4-Transistor Pixel Photodiode(像素光电二极管)设计中,我们通过四个阶段来完成一次光电信号的收集和传递(见图 3.33):第一步打开 Tx 和 Rx 晶体管,对光电二极管做放电预处理;第二步关闭 Tx 和 Rx,通过光电效应让光电二极管充分收集光信号并转化为电信号;第三步打开 Rx,让 Floating Diffusion 释放残余电荷;第四步关闭 Rx 并打开 Tx,让光电子从 Photodiode 抽取到 Floating Diffusion 中,最后就可以通过 Sx 将电荷转换成电压进行放大以提高传输过程中抗干扰能力,并通过 Rs 做选择性输出[64,65]。

随着图像传感器的应用范围不断扩大,及市场对图像品质要求不断提高,CIS 技术已从传统的 FSI(Frontside Illumination)过渡到当下主流的 BSI (Backside Illumination) (见图 3.34)。在完成传感器所有制程后(不包括 PAD connection),就可以进入后端 BSI 制程[66,67]。其主要步骤如下：

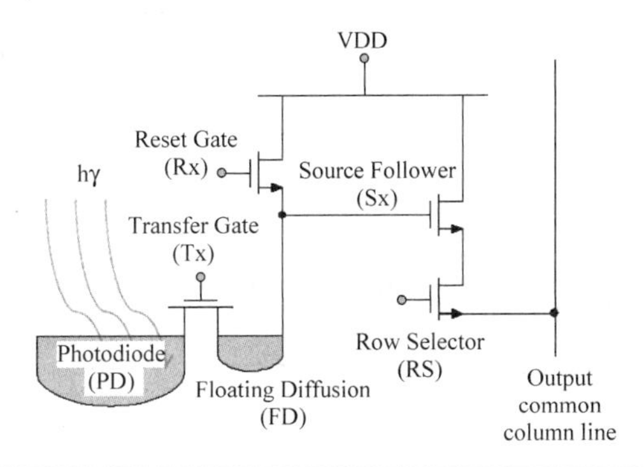


a.Tx: Transfer transistor
b.Rx: Reset transistor
- Control integration or photon accumulation time
- Remove electric residue in the pixel

c.Sx: Source follower transistor
- The source follower is a simple amplifier that converts the electrons (charge) generated by the photodiode into a voltage which need output to the column bus

d.Rs: Row-select transistor

图 3.33　4T CIS 像素单元工作模型

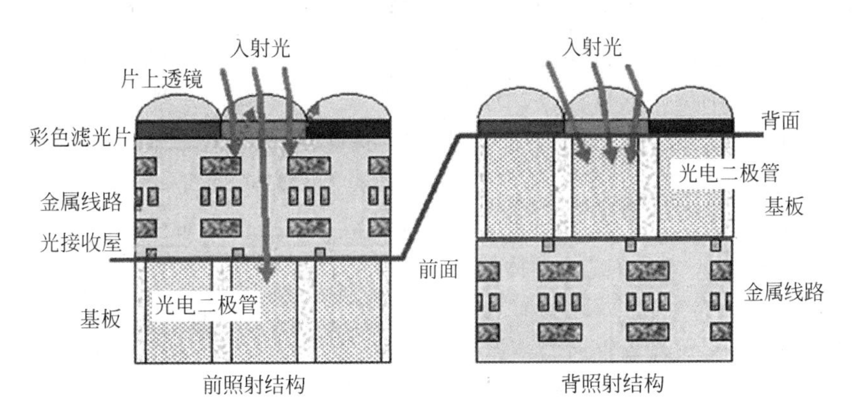


图 3.34　FSI & BSI CIS 光通路对比

**Typical BSI Image Sensor Flow**：
a. Sensor wafer ready
- Finish the process after top metal and bonding film formation, without PAD;

b. Carrier wafer ready
- Ready Bonding mark and bonding film formation;

c. Bonding & Alloy;
d. Silicon Thinning;
e. Backside metal grid formation;
f. Backside silicon open;
g. Backside PAD out;
h. Color filter formation;
i. Micro lense formation;

近年来,在传统BSI产品上又发展出堆叠型BSI技术,其设计理念是将原来在一个芯片内的Pixel和Logic区域,分别用单片晶圆来完成,通过键和技术将Pixel和Logic晶圆结合起来后,引入小尺寸TSV技术将Pixel晶圆金属层和Logic晶圆金属层连接起来。其主要步骤如下:

**Typical Stack BSI Image Sensor Flow:**

a. Sensor wafer ready
  • Finish the process after top metal and bonding film formation, without PAD;
b. Logic wafer ready
  • Finish the process after top metal and bonding film formation, without PAD;
c. Bonding & Alloy;
d. Silicon Thinning;
e. Backside TSV Open;
f. Backside TSV Cu plating and CMP
g. Backside silicon open;
h. Backside PAD out;
i. Color filter formation;
j. Micro lense formation;

## 3.3 无结场效应晶体管器件结构与工艺

现有的晶体管都是基于PN结或肖特基势垒结而构建的。在未来的几年里,随着CMOS制造技术的进步,器件的沟道长度将小于10nm。在这么短的距离内,为使器件能够工作,将采用非常高的掺杂浓度梯度。进入纳米领域,常规CMOS器件所面临的许多问题都与PN结相关。传统的按比例缩小将不再继续通过制造更小的晶体管而达到器件性能的提高。半导体工业界正努力从器件几何形状、结构以及材料方面寻求新的解决方案。无结场效应器件有可能成为适用于10nm及以下技术节点乃至按比例缩小的终极器件。无结场效应晶体管与传统反型模式MOS晶体管或其他结型晶体管相比有以下优点:①它们与常规CMOS工艺兼容、易于制作;②它们没有源漏PN结;③短沟道效应大为减弱;④由于避开了半导体/栅绝缘层粗糙界面对载流子的散射,载流子受到界面散射影响有限,迁移率不会降低;⑤由于避开了粗糙表面对载流子的散射,器件具备优异的抗噪声能力;⑥放宽了对降低栅极介电层厚度的严格要求;⑦无结场效应晶体管属于多数载流子导电器件,靠近漏极的电场强度比常规反型沟道的MOS晶体管要低,因此,器件的性能及可靠性得以提高。一些取代硅作为候选沟道材料(包括锗硅、锗、III-V族化合物半导体、碳纳米管、石墨烯以及$MoS_2$等二维材料)在积极的探索与研究当中,甚至真空沟道也在考虑之列。这一新领域有望突破摩尔定律的藩篱,改变微电子学的面貌。新的后CMOS器件需要集成这些异质半导体或其他高迁移率沟道材料在硅衬底上。集成电路器件工艺与材料学家和工程师们要紧密合作,共同迎接未来新的挑战。

常规的CMOS晶体管,从源区至沟道和漏区由两个背靠背的PN结组成,沟道的掺杂类型与其漏极与源极相反。当足够大的电位差施于栅极与源极之间时,电场会在栅氧化层下方的半导体表面感应少子电荷,形成反型沟道;这时沟道的导电类型与其漏极与源极相同。沟道形成后,MOSFET即可让电流通过,器件工作于反型模式(IM)。由于栅氧化层与半导体沟道界面的不完整性，载流子受到散射，导致迁移率下降及可靠性降低。进一步地，伴随MOS器件特征尺寸持续不断地按比例缩小，基于PN结的MOS场效应晶体管结构弊端也越来越明显。通常需要将一个掺杂浓度为$1\times10^{19}cm^{-3}$的N型半导体在几纳米范围内转变为浓度为$1\times10^{18}cm^{-3}$的P型半导体，采用这样超陡峭掺杂浓度梯度是为了避免源漏穿通造成漏电。而这样设计的器件将严重限制器件工艺的热预算。由于掺杂原子的统计分布以及在一定温度下掺杂原子扩散的自然属性，在纳米尺度范围内制作这样超陡峭的PN结变得极困难，造成晶体管阈值电压下降，漏电严重，甚至无法关闭。这是未来半导体制造业难以逾越的障碍[68]。

为克服由PN结所构成器件在纳米尺度所面临的障碍，2005年，中芯国际的肖德元等人首次提出一种圆柱体全包围栅无结场效应晶体管(Gate-All-Around-Cylindrical Junctionless Field Effect Transistor，GAAC JLT)及其制作方法，它属于多数载流子导电器件。[69~71]与传统的MOSFET不同，无结场效应晶体管(JLT)由源区、沟道、漏区，栅氧化层及栅极组成，从源区至沟道和漏区，其杂质掺杂类型相同，没有PN结，属于多数载流子导电的器件。图3.35描绘了这种简化了的圆柱体全包围栅无结场效应晶体管器件的结构透视图和沿沟道及垂直于沟道方向的器件剖面示意图。在SOI衬底上晶体管有一个圆柱体的单晶硅沟道，它与器件的源漏区掺杂类型相同(在图中为P型)。绝缘体栅介质将整个圆柱体沟道包裹起来，在其上面又包裹金属栅。导电沟道与金属栅之间被绝缘体介质隔离，沟道内的多数载流子(空穴)在圆柱体沟道体内而非表面由源极达到漏极。通过栅极偏置电压使器件沟道内的多数载流子累积或耗尽，可以调制沟道电导进而控制沟道电流。当栅极偏置电压大到将圆柱体沟道靠近漏极某一截面处的空穴完全耗尽掉，在这种情况下，器件沟道电阻变成准无限大，器件处于关闭状态。由于栅极偏置电压可以从360°方向将圆柱体沟道空穴由表及里将其耗尽，这样大大增强了栅极对圆柱体沟道的控制能力，有效地降低了器件的阈值电压。由于避开了不完整的栅氧化层与半导体沟道界面，载流子受到界面散射影响有限，提高了载流子迁移率。此外，无结场效应晶体管属于多数载流子导电器件，沿沟道方向，靠近漏极的电场强度比常规反型沟道的MOS晶体管要来得低，器件的性能及可靠性得以大大提高。

(a) 透视图

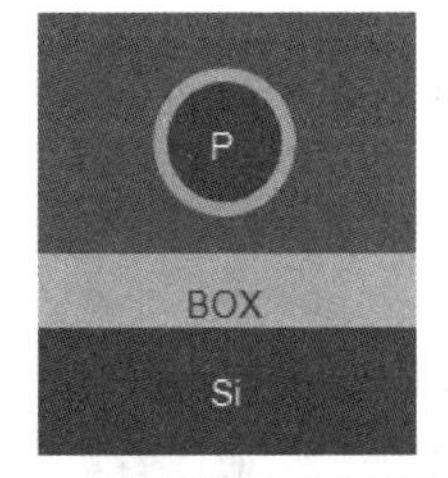

(b) 垂直沟道剖面示意图

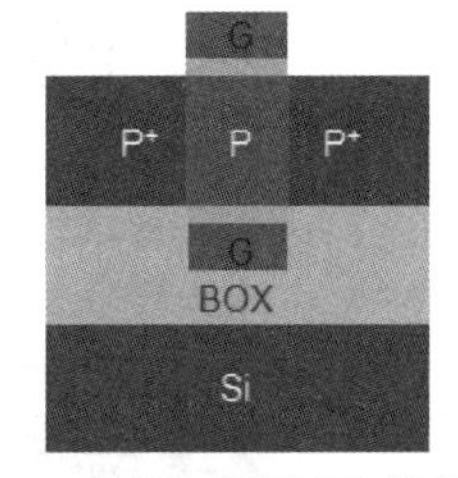

(c) 平行沟道剖面示意图

图3.35　简化的圆柱体全包围栅无结场效应管器件结构示意图

在SOI衬底上的晶体管圆柱体沟道，与器件的源漏区掺有相同类型的杂质(在图中为P型)

我们发展了一种栅极将圆柱体沟道全部包围的GAAC JLT全新制作工艺，如图3.36所示。首先，在SOI衬底上对N型与P型沟道分别进行沟道离子注入掺杂，经光刻图形化，刻蚀半导体硅材料层和部分埋入电介质层(BOX)，形成半导体材料柱和电介质支撑柱；接

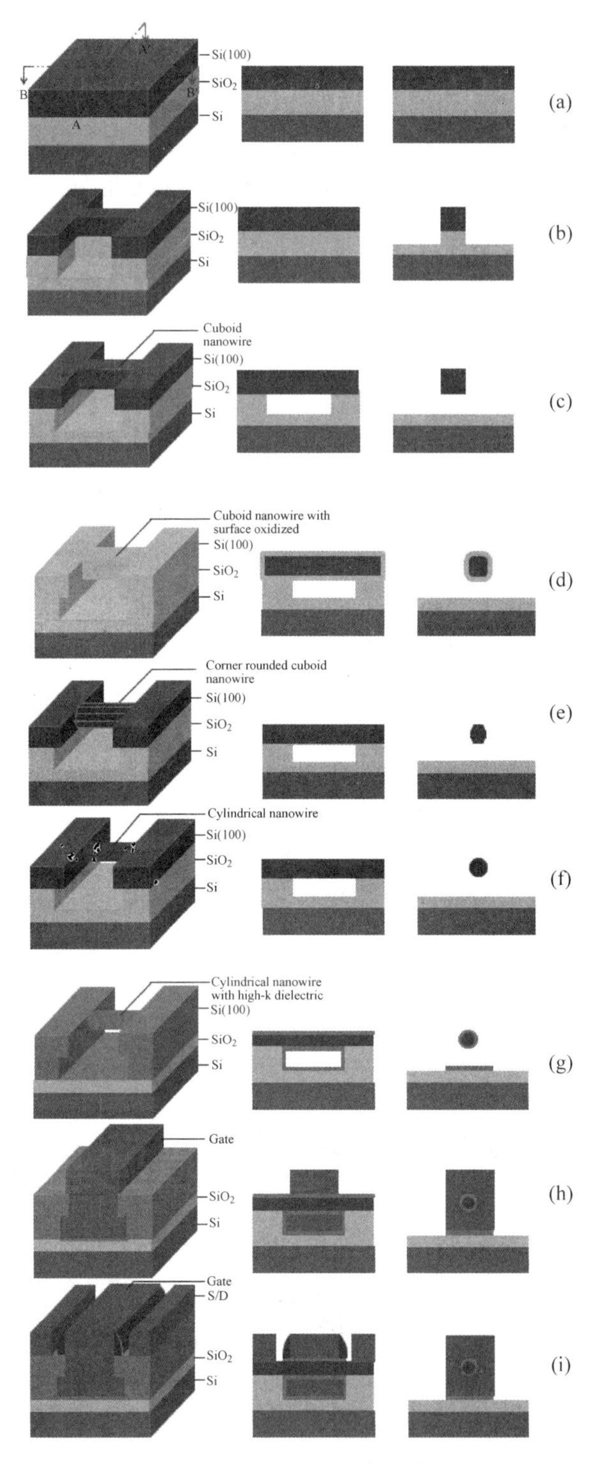


图 3.36 详细的 GAAC JLT 器件制作工艺流程图

下来,使用缓冲氧化物蚀刻剂(BOE)进行埋入电介质层横向蚀刻工艺以选择性地去除显露的底切部分氧化物使电介质支撑柱的中段形成镂空,形成接近立方体形状的硅纳米桥;经多次氧化与氧化物去除将其圆角化处理,最后在氢气氛围下进行高温退火,形成圆柱体硅纳米线桥；接下来，在衬底上沉积栅介质层及金属层将中段镂空处圆柱体硅纳米线全部包裹；经光刻，刻蚀金属层形成金属栅极；形成绝缘体介质侧墙结构，对圆柱体硅纳米线两端的暴露部分进行与器件沟道掺杂类型相同的离子注入重掺杂，形成源区和漏区，最后源漏区形成镍硅化物以降低接触电阻。

无结全包围圆柱形沟道栅晶体管，载流子由源极流经整个圆柱体半导体沟道体内流向漏极，避开了栅氧化层与半导体沟道界面的不完整性，载流子不易受到界面散射的影响，通常其低频噪音比传统 MOSFET 低五个数量级。在施加热载流子应力后，器件表现出很低的 ION 退化，具有更高的使用寿命，这归功于载流子流经纳米线的中心以及邻近漏极一侧位置的电场峰值下降[72]。器件具备更高的性能和可靠性以及更强的按比例缩小能力。此外，无结圆柱体全包围栅场效应晶体管与传统的 CMOS 工艺兼容性较好且极大地简化了器件制造工艺，适合于 10nm 及以下技术节点 CMOS 大规模集成电路的生产制造。

# 参考文献


[1] C. Goldberg, et al. Integration of a mechanically reliable 65nm node technology for low-k and ULK interconnects with various substrate and package types. IEEE IITC, 2005: 3.

[2] D. James. 2004-The year of 90nm: a review of 90nm devices. IEEE Advanced Semiconductor Manufacturing Conf, 2005: 1-5.

[3] S. E. Thompson, et al. Uni-axial-process-induced strained-Si: extending the CMOS roadmap. IEEE ED, 2006, 53(5): 1010.

[4] P. R. Chidambaram, et al. Fundamentals of Si materials properties for successful exploitation of strain engineering in modern CMOS manufacturing. IEEE ED, 2006, 53(5): 944.

[5] M. Bohr, R. S. Chau, T. Ghani, K. Mistry. The high-k solution. IEEE Spectrum, 2007: 29-35.

[6] S. Kawanaka, et al. Advanced CMOS Technology beyond 45nm node. IEEE VLSI-TSA, 2007: 1-4.

[7] Wang, H. C.-H. et al. Arsenic/Phosphorus LDD Optimization by Taking Advantage of Phosphorus Transient Enhanced Diffusion for High Voltage Input/Output CMOS Devices. IEEE, ED, 2002, 49(1): 67-71.

[8] Goss, M. Thornburg, R. The Challenges of Nitride Spacer Processing for a 0.35pm CMOS Technology. Advanced Semiconductor Manufacturing Conf and workshop IEEE/SEMI. 1997: 228-233.

[9] E. Augendre, et al. Thin L-shaped spacers for CMOS devices. 2003: 219-222.

[10] S. Sleva, Y. Taur. The influence of source and drain junction depth on the short-channel effect in MOSFETs. IEEE ED, 2005, 52(12): 2814.

[11] Y. Chen, et al. Manufacturing enhancements for CoSi2 self-aligned silicide at the 0.12-μm CMOS technology node. IEEE ED, 2003, 50(10): 2120.

[12] S. R. Burgess, K. E. Biichanan, D. C. Butler. Long throw and i-PVD liners for W-plug contact and via applications. IEEEISEMI Advanced Semiconductor Manufacturing Conference, 2001: 98.

[13] R. H. Haveman, J. A. Hutchby. High-Performance Interconnects: An Integration Overview. Proceedings of the IEEE, 2001: 89(5): 586.

[14] Mark T. Bohr, R. S. Chau, T. Ghani, K. Mistry. The High-*k* Solution. IEEE Spectrum, 2007: 30-35.

[15] A. Veloso, et al. Gate-Last vs. Gate-First Technology for aggressively scaled EOT Logic/RF CMOS. VLSI, 2011: 34.

[16] K. Ahmed, K. Schuegraf. Transistor Wars: Rival architectures face off in a bid to keep Moore's

Law al ive. IEEE Spectrum,2011:50.

[17] S. Natarajan, et al. A 14nm Logic Technology Featuring $2^{nd}$-Generation FinFET, Air-Gapped Interconnects, Self-Aligned Double Patterning and a 0.0588 $um^2$ SRAM cell size. IEDM,2014: 71.

[18] D. Park, W Lee, B. Ryu. Stack DRAM technologies for the future. VLSI-TSA, 2006.

[19] W. Mueller, et al. Trench DRAM technologies for the 50nm node and beyond. VLSI-TSA, 2006.

[20] T. Sanuki, et al. High-density and fully compatible embedded DRAM cell with 45nm CMOS technology (CMOS6). VLSI Technology,2005:14.

[21] T. Hamamoto, et al. A floating-body cell fully compatible with 90nm CMOS technology node for a 128Mb SOI DRAM and its scalability. IEEE ED, 2007,54(3):563.

[22] E. Yoshida, T. Tanaka. A capacitorless 1T-DRAM technology using gate-induced drain-leakage (GIDL) current for low-power and high-speed embedded memory. IEEE Trans Electron Devices, 2006,53(4):692.

[23] R. Ranica, et al. Scaled 1T-bulk devices built with CMOS 90nm technology for low-cost eDRAM applications. VLSI Technology,2005:38.

[24] K. Kim, J. H. Choi, J. Choi, H. Jeong. The fututre of nonvolatile memory. VLSI-TSA,2005:88-94.

[25] R. Annunziata, et al. Phase Change Memory Technology for Embedded Non Volatile Memory Applications for 90nm and Beyond. IEDM Tech. Dig,2009:531-534.

[26] C. Lu, T. Lu, R. liu. Non-volatile memory technology-today and tomorrow. IFPA,2006:18-23.

[27] H. Toyoshima, et al. FeRAM devices and circuit technologies fully compatible with advanced CMOS. CICC,2001:171.

[28] H. Ishiwara. Current status and prospects of ferroelectric memories. IEDM,2001:725.

[29] D. J. Jung, et al. Key integration technologies for nanoscale FRAMs. Int'l Symp. Application of Ferro-electricity,2007:19.

[30] Y. Nagano, et al. Embedded Ferroelectric memory technology with completely encapsulated H barrier structure. IEEE Semi Manufacturing, 2005,18(1):49.

[31] Y. Kumura, et al. A SruO3/IrO2 top electrode FeRAM with Cu BEOL process for embedded memory of 139nm generation and beyond. ESSDERC,2005:557.

[32] T. W. Noh, et al. A new Ferro-electric material for use in FRAM: Lanthanum-substitute Bismuth Titanate. Int'l Symp Application of Ferro-electricity,2000:237.

[33] A. Sheikholeslami, P. G. Gulak. A survey of ciruite innovations in ferro-electric RAM. IEEE Proceedings, 2007:667.

[34] D. Ha, K. Kim. Recent advances in high-density phase-change memory (PRAM). VLSI-TSA, 2007.

[35] C. Lam. Phase-change memory. DRC,2007:223.

[36] G. Atwood, R. Bez. Current status of Chalcogenide phase change memory. DRC,2005:29.

[37] S. Lai, T. Lowrey. OUM-a 180nm nonvolatile memory cell element technology for stand alone and embedded applications. IEDM, p#36. 5. 1,2001:803.

[38] A . L. Lacaita, D. I elmini. Reliability issues and scaling projections for phase-change non volatile memories. IEDM, 2007:157.

[39] T. D. Happ, et al. Novel one-mask self-heating pillar phase-change mewmory. Symp. VLSI Tech. 2006:148.

[40] C. Lin, et al. Resistive switching mechanisms of V-doped SrZrO3 memory films. IEEE EDL, 2006, 27(9): 27.

[41] X. Chen, N. Wu, A. Ignatiev. Perovskite RRAM devices with metal/insulator/PCMO/metal heterostructures. Tech Sym. NVM,2005:125.

[42] T. Fang, et al. Erase mechanism for Copper oxide resistive switching memory cells with Ni electrode.

IEDM, 2006:789.

[43] C. Ho, et al. A highly reliable self-aligned graded oxide Wox resistive memory: conduction mechanism and reliability. Symp. VLSI Tech. 2007:228.

[44] K. Tsunoda, et al. Low power and high speed switching of Ti-doped NiO ReRAM under the unipolar voltage source of less than 3v. IEDM,2007:767.

[45] K. Aratani, et al. A novel resistive memory with high scalability and nanosecond switching. IEDM, 2007:783.

[46] M. N. Kozicki, M. Park, M. Mirkova. Nanoscale memory elements based on solid-state electrolytes. IEEE Trans Nanotechnology, 2005,4(3):331.

[47] I. H. Inoue, et al. Strong electron correlation effects in non-volatile electron memory devices. IEEE Technology Symp. NVM,2005:131.

[48] U. Russo, et al. Conduction-filament switching analysis and self-accelerated thermal dissolution model for reset in NiO-based RRAM. IEDM,2007:775.

[49] S. Ikeda, et al. magnetic tunnel junctions for spintronic memory and beyond. IEEE ED, 2007,54(5): 991.

[50] S. Tehrani. Status and outlook of MRAM memory technology. IEDM, paper#21. 6, 2006.

[51] W. J. Gallagher, et al. Recent advances in MRAM technology. Symp. of VLSI technology,2005:72.

[52] K. T. Nam, et al. Switching properties in spin transfer torque MRAM with sub-50nm MTJ. NVMTS,2006:49.

[53] U. K. Klostermann, et al. A perpendicular spin torque switching based on MRAM for the 28nm tech node. IEDM,2007:187.

[54] T. Endoh, et al. Novel Ulta high density flash memory with a stacked-Surrounding gate Transistor (S-SGT) structured cell . IEDM,2001:33.

[55] S. M. Jung, et al. Three Dimensionally Stacked NAND Flash Memory Technology Using Stacking Single Crystal Si Layers on ILD and TANOS Structure for Beyond 30nm Node. IEDM, 2006.

[56] H. Tanaka, et al. Bit Cost Scalable Technology with Punch and Plug Process for Ultra High Density Flash Memory. VLSI, 2007.

[57] Jaehoon Jang, et al. Vertical Cell Array using TCAT (Terabit Cell Array Transistor) Technology for Ultra High Density NAND Flash Memory. VLSI, 2009.

[58] Jiyoung Kim, et al. Novel Vertical-Stacked-Array-Transistor (VSAT) for ultra-high-density and cost-effective NAND Flash memory devices and SSD (Solid State Drive). VLSI, 2009.

[59] Wonjoo Kim , et al. Multi-Layered Vertical Gate NAND Flash Overcoming Stacking Limit for Terabit Density Storage. VLSI, 2009.

[60] R. Katsumata,et al. Pipe-shaped BiCS Flash Memory with 16 Stacked Layers and Multi-Level-Cell Operation for Ultra High Density Storage Devices. VLSI,2009.

[61] Eun-seok Choi, et al. Device Considerations for High Density and Highly Reliable 3D NAND Flash Cell in Near Future. IEDM,2012.

[62] Hang-Ting Lue, et al. A Highly Scalable 8-Layer 3D Vertical-Gate (VG) TFT NAND Flash Using Junction-Free Buried Channel BE-SONOS Device. VLSI,2010.

[63] Park KT, Nam S and Kim D et al. 3-D 128 GB MLC Vertical Nand Flash Memory With 24-Wl Stacked Layers And 50 Mb/S High-Speed Programming [J]. IEEE Journal of Solid-State Circuits, 2015, 50(1): 204-213.

[64] Junichi Nakamura. Image sensors and signal processing for digital still camaras. Boca Raton: CRC Press. 2006:142～153.

[65] PP Lee, RM Guidash, TH Lee. EG StenensActive pixel sensor integrated with a pinned photodiode.

United States Patent 6100551.

[66] 孙羽,张平,徐江涛,高志远,徐超.一种用于优化小尺寸背照式CMOS图像传感器满阱容量与量子效率的新型光电二极管结构.半导体学报,2012,33(12):124006-7.

[67] 罗昕.CMOS图像传感器集成电路——原理、设计和应用.北京:电子工业出版社,2014.

[68] Andrew R B, Asen A, Jeremy R W. Intrinsic Fluctuations in Sub 10-nm Double-Gate MOSFETs Introduced by Discreteness of Charge and Matter[J]. IEEE Trans On Nanotechnology, 2002, 1(4): 195-200.

[69] Xiao D Y, Chi M H and Yuan D et al. A novel accumulation mode GAAC FinFET transistor: Device analysis, 3D TCAD simulation and fabrication[J]. ECS Trans. 2009, 18(1): 83-88.

[70] 肖德元,王曦,俞跃辉,季明华等,一种新型混合晶向积累型圆柱体共包围栅互补金属氧化物场效应晶体管[J].科学通报, 2009, 54(14): 2051-2059.

[71] 肖德无,张汝京.无结场效应管:新兴的后CMOS器件研究[J].固体器件研究与进展, 2016,36(2): 87-98.

[72] Park Chan Hoon. Investigation of Low-Frequency Noise Behavior After Hot-Carrier Stress in an n-Channel Junctionless Nanowire MOSFET [J]. IEEE EDL, 2012, 33(11): 1538.

# 第4章　电介质薄膜沉积工艺

## 4.1　前言

电介质在集成电路中主要提供器件、栅极和金属互连间的绝缘，选择的材料主要是氧化硅和氮化硅等，沉积方法主要是化学气相沉积(CVD)。随着技术节点的不断演进，目前主流产品已经进入65/45nm的世代，32/28nm产品的技术也已经出现，为了应对先进制程带来的挑战，电介质薄膜必须不断引入新的材料和新的工艺。

在栅极电介质的沉积方面，为了在降低电介质EOT(等效氧化物厚度)的同时，解决栅极漏电的问题，必须提高材料的$k$值。在130/90/65nm乃至45nm的世代，对传统热氧化生成的氧化硅进行氮化，生成氮氧化硅是提高$k$值的一种有效方法。而且氮氧化硅在提高材料$k$值和降低栅极漏电的同时，还可以阻挡来自多晶硅栅内硼对器件的不利影响，工艺的整合也相对简单。到45/32nm以后，即使采用氮氧化硅也无法满足器件对漏电的要求，高$k$介质的引入已经成为必然。Intel公司在45nm已经采用了高$k$的栅极介质(主要是氧化铪基的材料，$k$值约为25)，器件的漏电大幅降低一个数量级。

在后端的互连方面，主要的挑战来自$RC$延迟。为了降低$RC$延迟，电介质的$k$值必须随着技术节点不断降低。从180/130nm采用掺氟的氧化硅(FSG)到90/65/45nm采用致密掺碳的氧化硅(SiCOH)，再到32nm以后的多孔的掺碳氧化硅(p-SiCOH)，材料的$k$值从3.5到3.0～2.7，再到小于2.5。不仅金属间电介质，在铜化学机械抛光后的表面沉积的介质阻挡层的$k$值也必须不断降低。从130nm采用的氮化硅到90/65/45nm以后采用的掺氮的碳化硅(NDC)，材料的$k$值从7.5到小于5.3。

新的材料可能要求采用新的沉积方法。例如高$k$的栅极介质，目前主要采用原子层沉积(ALD)的方法，不仅可以更为精确地控制薄膜的厚度，而且沉积温度低，填充能力好，薄膜内的俘获电荷少。又如后端的多孔掺碳氧化硅的沉积，在常规的等离子体增强CVD(PECVD)沉积过程中，需要加入造孔剂，然后通过紫外固化的方法除去造孔剂，从而在薄膜内留下纳米尺寸的孔隙。

即使采用相同的材料，由于要求的提高也可能需要采用新的沉积方法。在浅槽隔离(STI)和层间电介质(ILD)的沉积，虽然都是沉积氧化硅，但在45nm以后，对填充能力、等离子损伤的要求越来越高，高密度等离子体CVD(HDP-CVD)的方法已经不能满足要求，基于热反应的亚常压CVD(SACVD)已逐渐取代HDP-CVD而成为主流。

总而言之，随着技术节点的推进，对电介质薄膜沉积的材料和工艺都提出了更高的要求，新的材料和工艺将不断涌现。

## 4.2　氧化膜/氮化膜工艺

氧化硅薄膜和氮化硅薄膜是两种在CMOS工艺中广泛使用的介电层薄膜。

氧化硅薄膜可以通过热氧化(thermal oxidation)、化学气相沉积(chemical vapor

deposition)和原子层沉积法(Atomic Layer Deposition,ALD)的方法获得。如果按照压力来区分的话,热氧化一般为常压氧化工艺,常见的机器有多片垂直氧化炉管(oxide furnace,TEL或KE),快速热氧化(Rapid Thermal Oxidation,RTO,应用材料公司)等。化学气相沉积法一般有低压化学气相沉积氧化(Low Pressure Chemical Vapor Deposition,LPCVD,TEL或KE)工艺,半大气压气相沉积氧化(Sub-atmospheric Pressure Chemical Vapor Deposition,SACVD,应用材料公司)工艺,增强等离子体化学气相层积(Plasma Enhanced Chemical Vapor Deposition,PECVD,应用材料公司)等,常见的机器有多片垂直氧化沉积炉管(TEL,KE),单片腔体式的沉积机器(应用材料公司)和低压快速热退火氧化机器(应用材料公司)。原子层沉积法获得的氧化膜也是一种低压沉积,在45nm以上的工艺中采用比较少,但在45nm以下工艺技术中开始大量采用,主要是为了满足工艺的阶梯覆盖率的要求。常见的机器有多片垂直原子层沉积氧化炉管(TEL, KE),单片腔体式的原子沉积机器(应用材料公司)。

在热氧化工艺中,主要使用的氧源是气体氧气、水等,而硅源则是单晶硅衬底或多晶硅、非晶硅等。氧气会消耗硅(Si),多晶硅(Poly)产生氧化,通常二氧化硅的厚度会消耗0.54倍的硅,而消耗的多晶硅则相对少些。这个特性决定了热氧化工艺只能应用在侧墙工艺形成之前的氧化硅薄膜中。同时热氧化工艺的氧化速率受晶相(111>100)、杂质含量、水汽、氯含量等影响,它们都使得氧化速率变快[1]。具体的方法有:

$Si$(固态)$+O_2$(气态)$\longrightarrow SiO_2$(固态)(干氧法)

$Si$(固态)$+H_2O$(气态)$\longrightarrow SiO_2$(固态)$+2H_2$(湿氧法)

化学气相沉积法使用的氧源有$O_2$,$O_3$,$N_2O$等,硅源有TEOS(tetraethyl or thosilicate,$Si(OC_2H_5)_4$),$SiH_4$,BTBAS(二丁基胺矽烷,Bis(tertiarybutylamino)),TDMAS(Tris(Dimethylamino)Silane)等[2,3]。通过LPCVD多片垂直炉管得到氧化硅薄膜的方法有:

TEOS(液态)$\longrightarrow SiO_2$(固态)+副产物(气态)(550~800℃)

$SiH_4$(气态)$+N_2O$(气态)$\longrightarrow SiO_2$(固态)+副产物(气态)(650~900℃)

BTBAS$+O_2/O_3\longrightarrow SiO_2$(固态)+副产物(气态)(450~600℃)

通过单片单腔体的沉积机器获得氧化硅薄膜的方法有TEOS$+O_3$、$SiH_4+O_2$等,一般的温度范围为400~550℃。

具体两种氧化工艺和制造设备的比较如表4.1所示。

**表4.1　热氧化和化学气相沉积的工艺和制造设备比较**

| 氧化方法 | 设　备 | 优　　点 | 缺　　点 | 工艺过程 |
|---|---|---|---|---|
| 热氧化 | Furnace多片垂直氧化炉管 | (1) 氧化膜质量<br>(2) 设备成本低 | (1) 升温和降温速度慢<br>(2) 生产周期(turn ratio)长,一般一次需要4~7个小时 | 在650~750℃之间载入晶舟,按2~15℃/分钟升温和稳定10~90分钟,然后氧化,按2~10℃/分钟降温到650~750℃之间载出晶舟,然后冷却30分钟后出来 |
|  | RTO快速热氧化 | (1) 氧化时间快<br>(2) 生产周期短,一片需要3~5分钟 | (1) 氧化温度高,湿氧法需要低压工艺<br>(2) 设备成本高 | 在200℃左右载入晶片,快速升温并稳定1~2分钟,然后氧化,快速降温到200℃之间载出晶片,然后冷却1分钟后出来 |

续表

| 氧化方法 | 设 备 | 优 点 | 缺 点 | 工 艺 过 程 |
|---|---|---|---|---|
| 化学气相沉积 | LPCVD 垂直炉管 | (1) 氧化膜阶梯覆盖率和微差异比较好（better step coverage and micro-loading）<br>(2) 设备成本低<br>(3) 不均匀度好 | (1) 升温和降温速度慢<br>(2) 生产周期长，一般一次需要 2～6 个小时<br>(3) 比较高的热预算加重源漏扩展区的离子扩散 | 在 450～750℃之间载入晶舟，抽底压测漏后，按 5～10℃/分钟升温和稳定 10～90 分钟，然后通入硅源和氧源进行层积，按 2～10℃/分钟降温到 450～750℃之间载出晶片，然后冷却 30 分钟后出来 |
| | 低压快速热退火氧化机器（HTO：High Temperature Oxide etc） | (1) 氧化时间快<br>(2) 生产周期短，一片需要 3～5 分钟 | (1) 热预算高<br>(2) 机器成本高 | 在 600～800℃之间载入晶片，调节压力并快速升温 1 分钟，然后氧化，快速降温到 600～700℃之间载出晶片，然后冷却 1 分钟后出来 |
| | SACVD 单片腔体式机器 | (1) 热预算比较低<br>(2) 生产周期短 | (1) 氧化膜阶梯覆盖率和微差异比较差（worse step coverage and micro-loading）<br>(2) 不均匀度差 | 在 400～550℃之间载入晶片，压力到达后通入硅源和氧源发生薄膜沉积，传出晶片冷却约 1 分钟后载出，总共一个工艺小于 3～5 分钟 |
| | PECVD 单片腔体式机器 | (1) 热预算比较低<br>(2) 氧化膜阶梯覆盖率和微差异好（good step coverage and micro-loading）<br>(3) 生产周期短 | 等离子体会损伤源漏扩张区的衬底单晶硅 | 在 400～550℃之间载入晶片，压力到达后通入硅源和氧源，点燃等离子体，发生薄膜沉积，传出晶片冷却 1 分钟后载出，总共一个工艺小于 3～5 分钟 |
| | 原子层沉积氧化硅和等离子体增强原子层沉积氧化硅机器（Thermal ALD or PEALD Oxide） | (1) 极佳的薄膜阶梯覆盖率<br>(2) 低热预算<br>(3) 等离子增强技术可以提高薄膜沉积率<br>(4) 采用垂直炉管的原子沉积机器具有低成本优点 | (1) 垂直炉管原子沉积机器的生产周期长<br>(2) 等离子体原子层沉积的不均匀性会比热氧化的差一些 | 在常温到 500℃间载入晶片，压力和温度等到达后通入气体 1，然后抽掉后通入气体 2，再抽掉后循环进行沉积 |

在 ULSI 的 CMOS 工艺中，根据氧化膜获得的方法把它应用在不同地方，如表 4.2 所示。

**表 4.2 氧化膜的主要应用**

| 应用 | 获得氧化膜的方法 | 方程式 | 所用机器 | 作 用 |
|---|---|---|---|---|
| 活性区（active area oxide） | 热氧化 | $Si+O_2 \longrightarrow SiO_2$ | 多片垂直炉管（800～950℃） | 活性区氮化硅应力缓冲膜和活性区氮化硅一起成为定义活性区的 hardmask |
| 输入/输出栅极（I/O gate） | 热氧化 | $Si+O_2 \longrightarrow SiO_2$ | 多片垂直炉管（700～900℃） | 根据不同的厚度来获得 1.8V、2.5V、3.3V 的栅极 |

续表

| 应用 | 获得氧化膜的方法 | 方程式 | 所用机器 | 作　用 |
|---|---|---|---|---|
| 浅沟槽绝缘氧化层(STI OX) | 热氧化 | $Si+O_2 \longrightarrow SiO_2$ | 多片垂直炉管或快速热氧化单片机 (900～1100℃) | 应用修复活性区刻蚀后的单晶硅,提高后续浅沟槽层积薄膜的绝缘效果 |
| 多晶硅刻蚀的hardmask | 低压快速热退火氧化 | $SiH_4 + N_2O \longrightarrow SiO_2$ | 多片垂直炉管或低压快速热退火氧化机(650～900℃) | 成为多晶硅刻蚀的hardmask,提高刻蚀效果 |
| 多晶硅氧化 | 热氧化 | $Poly+O_2 \longrightarrow SiO_2$ | 多片垂直炉管 (700～900℃) | 修复刻蚀后的多晶硅损伤 |
| 侧墙工艺(spacer oxide, offset oxide) | 低压化学气相沉积,或原子层沉积 | $TEOS(+O_2) \longrightarrow SiO_2$<br>$BTBAS + O_2 \longrightarrow SiO_2$ | 多片垂直炉管或者单片腔体式的沉积机器(450～600℃) | (1) 用于源/漏扩展区的定义<br>(2) 用于源/漏区离子植入范围的定义 |
| 二次曝光氧化硅工艺 | 热处理原子层沉积或等离子体原子层沉积 | Si source (硅源)+ $H_2O$ 或 $O_3 \rightarrow SiO_2$ | 多片垂直炉管或单片腔体式的沉积机器(常温到500°) | 用于二次曝光的关键尺寸定义 |

氮化硅薄膜可以通过化学气相沉积和原子层沉积法的方法获得,化学气相沉积法一般有低压化学气相沉积氧化工艺、增强等离子体化学气相层积等,常见的机器有多片垂直氮化沉积炉管(TEL或KE)、单片腔体式的沉积机器(应用材料公司)和原子层沉积机器(KE)。但原子层沉积法获得的氮化膜使用比较少。

化学气相沉积法使用的氮源一般为 $NH_3$,硅源有 $SiH_4$,$SiH_2Cl_2$(dichlorosilane,DCS),$Si_2Cl_6$(hexachlorodisilane, HCD),BTBAS(二丁基胺硅烷,Bis(tertiarybutylamino) silicate),TDMAS(tris(dimethylamino)silane)等[2]。通过LPCVD多片垂直炉管或单片机器得到氮化硅薄膜的方法有:

$DCS+NH_3 \longrightarrow Si_3N_4$(固态)+副产物(气态)(600～800℃)

$BTBAS+NH_3 \longrightarrow Si_3N_4$(固态)+副产物(气态)(450～600℃)

通过增强等离子体化学气相层积PECVD单片腔体式的沉积机器得到氮化硅薄膜的方法有:

$SiH_4+NH_3 \longrightarrow Si_3N_4$(固态)+副产物(气态)(450～600℃)

两种获得氮化膜的方法的主要优缺点如表4.3所示。

**表4.3　化学气相沉积法和原子层沉积法的主要优缺点**

| 氮化方法 | 设　备 | 优　点 | 缺　点 | 工艺过程 |
|---|---|---|---|---|
| 化学气相沉积(CVD) | LPCVD垂直炉管 | (1) 阶梯覆盖率和微差异比较好<br>(2) 设备成本低<br>(3) 不均匀度好 | (1) 升温和降温速度慢<br>(2) 生产周期长,一般一次需要3～7个小时<br>(3) 比较高的热预算加重源漏扩展区的离子扩散 | 在450～750℃之间载入晶舟,抽底压测漏后,按5～10℃/分钟升温和稳定10～90分钟,然后通入硅源和氧源进行层积,按2～10℃/分钟降温到450～750℃之间载出晶片,然后冷却30分钟后出来 |
| | PECVD单片腔体式机器 | (1) 热预算比较低<br>(2) 氧化膜阶梯覆盖率和微差异好<br>(3) 生产周期短 | (1) 等离子体会损伤源漏扩张区的衬底单晶硅<br>(2) 不均匀度好 | 在400～550℃之间载入晶片,压力到达后通入硅源和氧源,点燃等离子体,发生薄膜沉积,传出晶片冷却1分钟后载出,总共一个工艺小于3～5分钟 |

续表

| 氮化方法 | 设　备 | 优　　点 | 缺　　点 | 工艺过程 |
|---|---|---|---|---|
| 原子层沉积法(ALD) | 低压垂直炉管 | (1) 阶梯覆盖率和微差异比较好<br>(2) 设备成本低<br>(3) 不均匀度好 | (1) 原子沉积速度慢,沉积时间长,生产周期长<br>(2) 炉管工艺的 wafer to wafer un% 比较难以调整均匀 | 在 400～550℃之间载入晶片,压力到达后通入氮源,抽空多余氮源后通入硅源,发生薄膜沉积,抽空多余硅源,重复该循环到所需厚度后,抽空降温回常压,传出晶片冷却 30 分钟后载出 |

在 ULSI 的 CMOS 工艺中,氮化膜的主要应用如表 4.4 所示。

**表 4.4　氮化膜的主要应用**

| 应　用 | 获得氮化膜的方法 | 方　程　式 | 所用机器 | 作　　用 |
|---|---|---|---|---|
| 活性区(active area nitride) | LPCVD Furnace | $DCS+NH_3 \longrightarrow Si_3N_4$ | 多片垂直炉管(700～800℃) | (1) 和活性区氧化硅一起成为定义活性区的 hardmask<br>(2) 成为浅沟槽绝缘氧化层化学机械研磨的 stop layer |
| 侧墙工艺(offset nitride) | 低压化学气相沉积 | $DCS+NH_3 \longrightarrow Si_3N_4$ | 多片垂直炉管(600～700℃) | (1) 用于源/漏扩展区的定义<br>(2) 在 90nm 以下工艺中降低 overlap capacity |
| 侧墙工艺(spacer nitride) | 低压化学气相沉积或原子层沉积 | $BTBAS+NH_3 \longrightarrow Si_3N_4$<br>$HCD+NH_3 \longrightarrow Si_3N_4$<br>$SiH_4+NH_3 \longrightarrow Si_3N_4$ | 多片垂直炉管或者单片腔体式的沉积机器(450～600℃) | 用于源/漏区离子植入范围的定义 |

氧化硅和氮化硅在 90nm 以下技术中的主要趋势如表 4.5 所示。

**表 4.5　氧化硅和氮化硅在 90nm 以下技术中的主要趋势**

| 应　　用 | 获得氧化膜的方法 | 技 术 趋 势 |
|---|---|---|
| 活性区(active area oxide) | 热氧化 | 低温,变薄(～200Å→<100Å) |
| 输入输出栅极(IO gate) | 热氧化 | 低温,减少界面态(interface trap) |
| 浅沟槽绝缘氧化层(STI OX) | 热氧化 | 使用低压氧化工艺来获得比较好的阶梯覆盖率和微差异好,如 ISSG (in-situ stream generated Ox)等 |
| 侧墙工艺(offset oxide,SiN) | 低压化学气相沉积 | 变薄(<100Å),同时低温用于减少热预算,也要获得比较好的阶梯覆盖率和微差异好 |
| 侧墙工艺(spacer nitride) | 低压化学气相沉积或原子层沉积 | 变薄,低温用于减少热预算,减少 PMOS 的硼扩散,获得超浅结 |
| 二次曝光氧化硅工艺 | 热处理原子层沉积或等离子体原子层沉积 | 低温,甚至到达常温地步,使得一次曝光可采用的材料比较广泛 |

在65nm以下,侧墙工艺中的氧化硅和氮化硅的热预算非常重要,可以通过降低炉管的层积温度(<600℃),也可以使用单片机的SACVD OX,PECVD SiN。但过低的温度会使阶梯覆盖率和微差异变差,同时产生酸槽刻蚀率偏快的问题,需要通过结深工艺和侧墙工艺的整合来取舍。

# 4.3 栅极电介质薄膜

## 4.3.1 栅极氧化介电层-氮氧化硅($SiO_xN_y$)

作为栅极氧化介电层从纯二氧化硅到HfO,$ZrO_2$等系列高介电常数薄膜的过渡材料,氮氧化硅为CMOS技术从0.18μm演进到45nm世代发挥了重要作用。时至今日,其技术不管是从设备、工艺、整合还是表征,都越来越成熟,越来越完善。之所以用氮氧化硅来作为栅极氧化介电层,一方面是因为跟二氧化硅比,氮氧化硅具有较高的介电常数,在相同的等效二氧化硅厚度下,其栅极漏电流会大大降低(见图4.1)[1];另一方面,氮氧化硅中的氮对PMOS多晶硅中硼元素有较好的阻挡作用,它可以防止离子注入和随后的热处理过程中,硼元素穿过栅极氧化层到沟道,引起沟道掺杂浓度的变化,从而影响阈值电压的控制。作为栅极氧化介电层的氮氧化硅必须要有比较好的薄膜特性及工艺可控性,所以一般的工艺是先形成一层致密的、很薄的、高质量的二氧化硅层,然后通过对二氧化硅的氮化来实现的。也有少量文献报道用含氮的气体,如一氧化氮(NO)和氧气共同反应氧化单晶硅底材来形成氮氧化硅栅极氧化介电层。本节就对氮氧化硅栅极氧化介电层的制造工艺,表征方法及未来发展方向和挑战作一简单介绍。

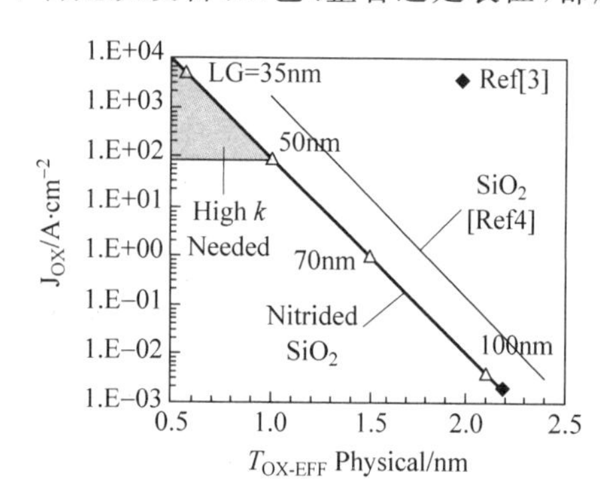


图4.1 $SiO_2$,SiON,高$k$介电材料漏电流和等效厚度的关系

**1. 氮氧化硅栅极氧化介电层的制造工艺**

氮氧化硅栅极氧化介电层主要是通过对预先形成的$SiO_2$薄膜进行氮掺杂或氮化处理得到的,氮化的工艺主要有热处理氮化(thermal nitridation)和化学或物理沉积(chemical or physical deposition)两种。

早期的氮氧化硅栅极氧化层的制备是用炉管或单一晶片的热处理反应室来形成氧化膜,然后再对形成的二氧化硅进行原位或非原位的热处理氮化,氮化的气体为$N_2O$、NO或$NH_3$中的一种或几种[2]。这种氮化方法工艺简单,可缺点是掺杂的氮含量太少,对硼元素的阻挡作用有限;并且掺杂的氮位置靠近$SiO_2$和硅底材之间,界面态不如纯氧化硅,对载流子的迁移率、对器件的可靠性都有一定的影响。用热处理氮化得到的氮氧化硅主要用于0.13μm及以上的CMOS器件中栅极氧化介电层的制备。

用化学或物理沉积(chemical or physical deposition)方式来形成SiON的方法很多,比如低能量的离子注入、喷射式蒸汽沉积、原子层沉积、等离子体氮化等,随着CMOS进入90nm以下,栅极氧化介电层及多晶硅的厚度越来越薄,而源漏极及轻掺杂源漏极的掺杂浓度相对越来越高，这就要求作为栅极氧化层的氮氧化硅中，氮的含量越来越高，同时尽可能的靠近上表面。在这种情况下，等离子体氮化工艺就应运而生[3,4]。它主要是用氮气或氮气和惰性气体（如氦气或氩气）的混合气，在磁场和电场感应下产生等离子体，而形成的氮离子和含氮的活性分子/原子则通过表面势扩散至预先形成的超薄氧化硅表面，取代部分断裂的硅氧键中氧的位置，并在后续的热退火步骤中将已经形成较为稳定的硅氮成键而固定下来。一个典型的等离子体氮氧化硅工艺示意图如图4.2所示，它具有工艺可控性和重现性好、形成的氮氧化硅氮含量高、均匀性好等优点。等离子体氮化工艺的主要设备生产商有应用材料公司（Applied Material）和东电电子（Tokyo Electron）。需要特别指出的是，氮氧化硅工艺复杂，材料受外部环境影响较大，不仅前后工艺流程间要控制时间（如与前面的预清洗工艺间，与后面的多晶硅沉积工艺间），本身工艺步骤间也要控制时间间隔和环境条件，所以通常的等离子体氮化工艺设备会把形成 $SiO_2$ 的腔体。等离子体氮化的腔体及随后的退火处理腔体都整合在一起（见图4.3）[5,6]。

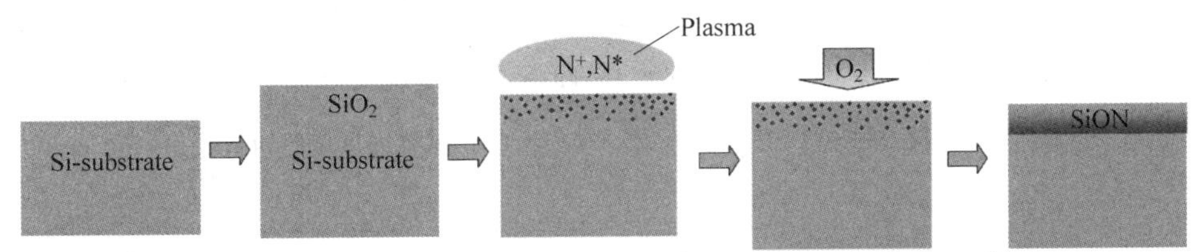


图4.2　等离子体氮化形成 SiON 工艺示意图

**2. 氮氧化硅栅极氧化介电层的表征**

跟超薄 $SiO_2$ 一样，当 SiON 氧化介电层越来越薄时，氮氧化硅膜厚、组成成分、界面态等对器件电学性能的影响越来越重要，同时这些薄膜特性的表征也越来越困难，往往需要几种技术结合起来使用。比如说传统的偏振光椭圆率测量仪除了要求量测的光斑大小越来越小，并具有减少外部环境玷污效应（airborne material contamination effect）的功能外，同时还需具备短波长的紫外光或远紫外光波段，以提高对氮氧化硅中化学组分的敏感度。而对透射电镜来说，高分辨率（$<0.2$nm）的透射电镜对于观察 $SiO_2$/Si 或 SiON/Si 的界面形貌、界面缺陷是不可或缺的。

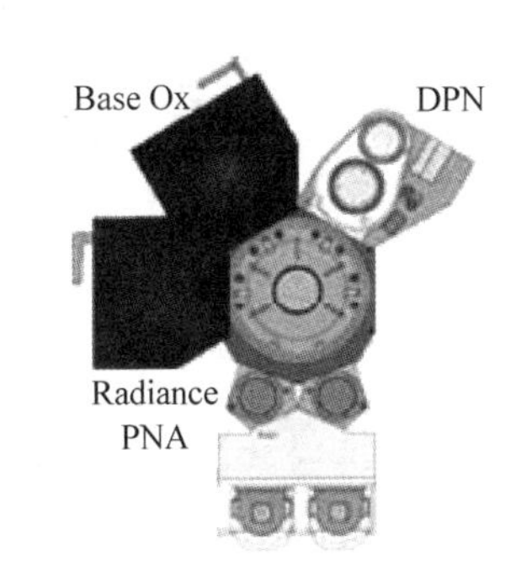


图4.3　应用材料公司用于制造 SiON 的 gate cluster 机台

而对于氮氧化硅介电层来说，光电子能谱（XPS）是一种比较有效的测量膜厚和组成成分的工具，它跟 TEM 和 C-V 量测都有比较好的线性关系（见图4.4）[7,8]，XPS 不但可用于 $SiO_2$ 或 SiON 栅极氧化介电层的厚度量测，具有角度分辨率的 XPS 还可以用于 SiON 中氮的浓度随深度的分布测试[9]。另一种比较有效测量氮氧化硅中氮的浓度分布的工具为二次离子质谱（SIMS），它可以区分不同工艺条件下制得的氮氧化硅介电层厚度、氮的浓度及分布的细微差别（见图4.5）[15]。对于 SiON 介电层来说，除了上述特性外，薄膜界面态、缺陷及电荷情况对介电层的电学性能的影响也至关重要。这些通常可用非接触式的 C-V 测量仪来实现的。非接触式 C-V 测量设备不但可以测得超薄 SiON 介电层的界面电荷，缺陷密度，还可以表征介电层的漏电流特性[10]。以上这些测量基本上是在光片上进行的,对于一个栅极氧化介电层来说,最直接也是最重要的是当它真正用于CMOS器件时,器件的电学性能、可靠性等,这些则需要用常规的C-V、I-V、GOI、NBTI、HCI等测量来表征[11~14]。

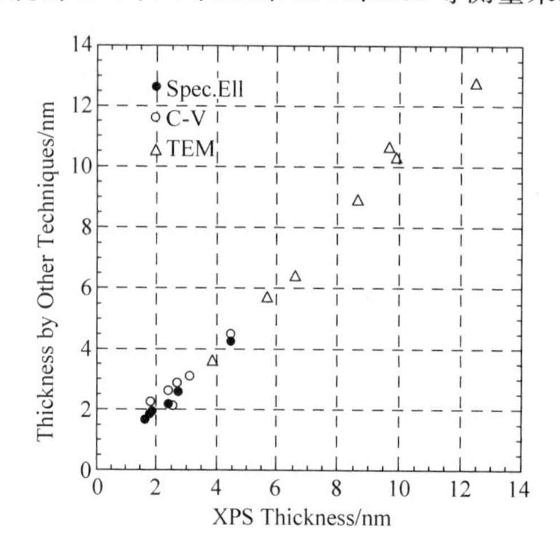


图4.4 用XPS测得的$SiO_2$厚度与TEM,C-V测得的厚度的对应关系

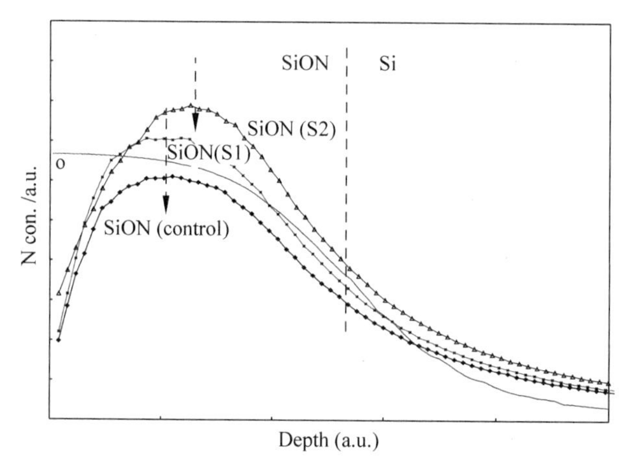


图4.5 用SIMS来分析不同工艺条件SiON介电层的氮浓度及深度分布

### 3. 氮氧化硅栅极氧化介电层的未来发展方向和挑战

跟二氧化硅比,氮掺杂的SiON栅极氧化层或氧化硅氮化硅叠加的栅极氧化层,其漏电流得到了大大的改善(可降低一个数量级以上),并且可以同时保持沟道里的载流子迁移率不变。时至今日,SiON栅极介电层还是45nm以上CMOS技术主流的栅极材料。在可预见的将来,氮氧化硅栅极氧化介电层会在现有技术基础上,不断提高工艺制程的控制水平,比如用较温和的等离子体来实现氮掺杂,以减少氮穿透$SiO_2$到达硅衬底并降低SiON/Si界面的损伤;又比如通过设备硬件的改进来提高掺氮浓度和介电层厚度的均一性。跟高介电常数栅极氧化层和金属电极比,SiON制程具有工艺简单成熟,生产成本低,重现性好等技术优点。工程技术人员一方面在努力尝试将它继续延伸到下一代CMOS技术节点,如32nm和28nm[16],另一方面也在不断地拓宽它的应用,如作为32nm及以下技术节点高介

电材料和硅底材的中间层[17]。当然,每种技术工艺都有它的局限性,当纯粹的 SiON 栅极介电层物理厚度降低到小于 12～14Å 时,从栅极到硅衬底的直接隧穿漏电流已经大到直接影响器件的动态、静态功耗,并决定了器件的可靠性,高介电材料取代氮氧化硅成为新的栅极氧化介电层也已经成为历史的必然。

## 4.3.2 高 $k$ 栅极介质

### 1. 介绍

2007 年 1 月 27 日,Intel 公司宣布在 45nm 技术节点采用高 $k$ 介质和金属栅极并进入量产,这是自 20 世纪 60 年代末引入多晶硅栅极后晶体管技术的最大变化。很快地,IBM 公司于 2007 年 1 月 30 日也宣布用于生产的高 $k$ 介质和金属栅极技术。在 32nm 和 28nm 技术节点,已经有越来越多的公司采用这一技术。

为什么要采用高 $k$ 栅极介质呢?

器件尺寸按摩尔定律的要求不断缩小,栅极介质的厚度不断减薄,但栅极的漏电流也随之增大。在 5.0nm 以下,$SiO_2$ 作为栅极介质所产生的漏电流已无法接受,这是由电子的直接隧穿效应造成的。对 $SiO_2$ 进行氮化,生成 SiON 可以使这一问题得以改善,但是在 90nm 节点后,如图 4.6 所示,由于栅极漏电流过大,即使采用 SiON 也难以继续减薄了(11～12Å)。

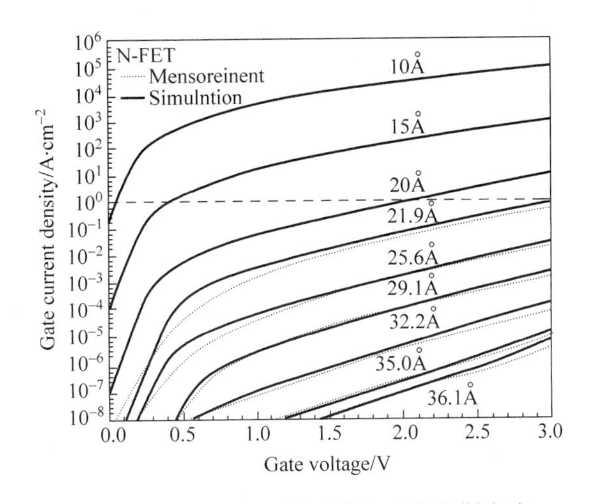


图 4.6 不同 SiON 厚度的栅极电压和漏电流

在 65nm 节点,栅极介质厚度的减薄实际已经停止(见图 4.7),技术的重点在于通过应变硅技术提高器件的性能。但是工业界早在 20 世纪 90 年代末就已认识到,要从根本上解决栅极的漏电问题,必须采用一种高 $k$ 介质取代 $SiO_2$/SiON,这样可以在降低等效二氧化硅绝缘厚度(EOT)的同时,得到较大的栅极介质的物理厚度,从而在源头上堵住栅极的漏电。介质的 EOT 公式如下

$$\mathrm{EOT} = (k_{\mathrm{SiO_2}}/k_{\mathrm{high}\text{-}k})T_{\mathrm{high}\text{-}k}$$

在维持 $T_{\mathrm{high}\text{-}k}$ 不变的前提下,由于高 $k$ 介质的介质常数比 $SiO_2$/SiON 的大,EOT 就越小,晶体管的尺寸就能按照摩尔定律的要求继续得以缩小。如图 4.7 所示,Intel 公司在 45nm 采用高 $k$ 介质后,EOT 降低的同时,栅极的漏电也呈数量级的减小。

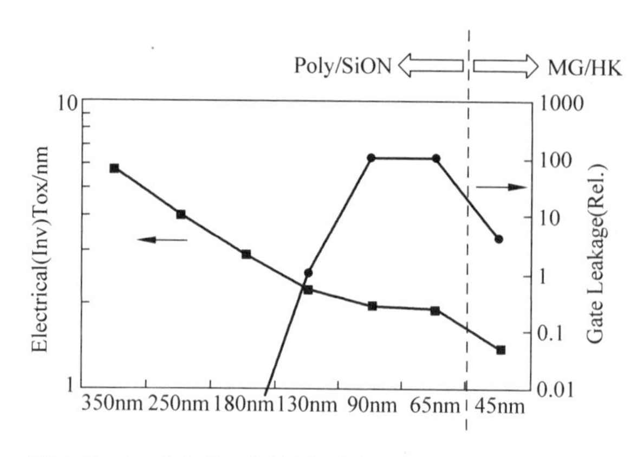


图 4.7 Intel公司不同技术接点的 EOT 和栅极漏电流

**2. 高 *k* 介质的选择**

如何选择高 $k$ 介质呢？首先高的 $k$ 值是一个主要的指标。表 4.6 列出了候选的介质和它们的 $k$ 值。根据材料的化学成分、制备方法和晶体结构等条件的不同，同一种材料可能具有不同的 $k$ 值。

**表 4.6 介质和它们的 $k$ 值**

| 介质材料 | $k$ 值 | 介质材料 | $k$ 值 |
|---|---|---|---|
| $Si_3N_4$ | 7 | $Ta_2O_5$ | 25～45 |
| $Al_2O_3$ | 8～11.5 | $TiO_2$ | 86～95 |
| $HfO_2$ | 25～30 | $Y_2O_3$ | 8～11.6 |
| HfSiOx | 11～15 | $ZrO_2$ | 22.2～28 |
| $La_2O_3$ | 20.8 | ZrSiO | 11～12.6 |

除了高的 $k$ 值，介质同时还必须考虑材料的势垒、能隙、界面态密度和缺陷、材料的化学和热稳定性、与标准 CMOS 工艺的兼容性等因素。$HfO_2$ 族的高 $k$ 介质是目前最有前途的选择之一(其次是 $ZrO_2$ 族的高 $k$ 介质)。

在高 $k$ 介质研究的前期，介质与多晶硅栅极的兼容性一直是一个问题。如图 4.8 所示，由于在 $HfO_2$ 和多晶硅界面上形成 Hf-Si 键合，即界面存在缺陷态，使得无法通过多晶硅的掺杂调节器件的开启电压($V_t$)，这被称为“费米能级的钉扎”。

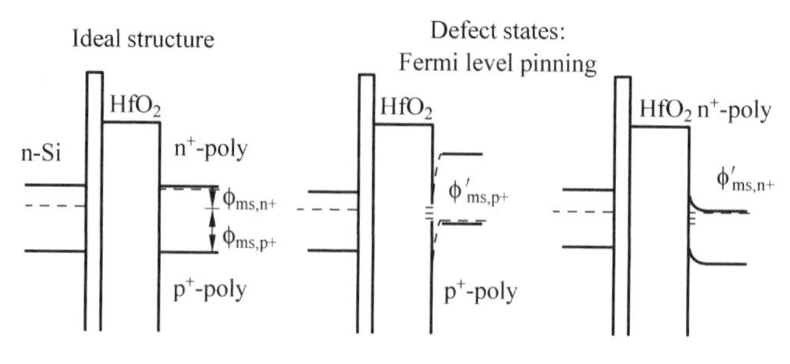


图 4.8 费米能级的钉扎

另外一个问题是器件的电迁移率的降低，这是由于高 $k$ 介质的表面声子散射造成的（见图4.9）。因为高 $k$ 介质的高的 $k$ 值得益于其偶极性分子结构，但这种分子结构容易产生振动。在和硅的界面上，偶极性分子的振动被传递到硅原子，造成晶格振动（声子）并进而影响电子的正常运动，导致迁移率的降低。

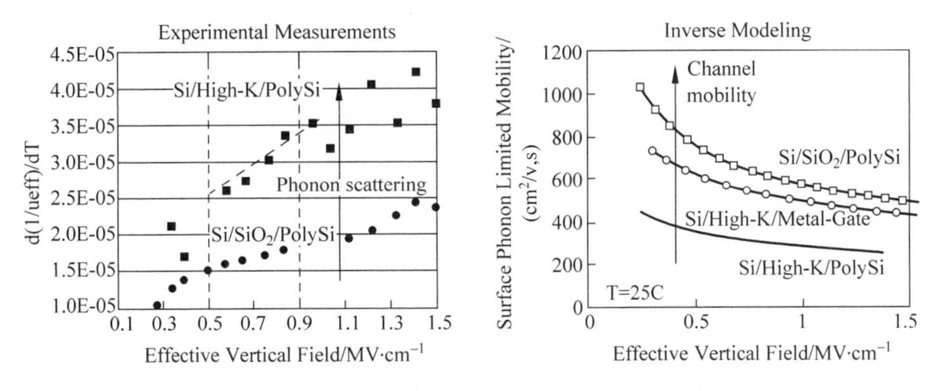


图4.9　不同结构下的电子迁移率

问题的解决方法之一是采用金属代替多晶硅作为栅极，这样既可以避免 $HfO_2$ 和多晶硅界面上缺陷态的产生，同时金属栅极的高的电子密度，可以把偶极性分子的振动屏蔽掉，从而提高器件的通道内的迁移率（见图4.9）。

如前所述，$HfO_2$ 族的高 $k$ 介质是目前最好的替代 $SiO_2$/SiON 的选择。根据工艺整合的不同，主要有先栅极和后栅极两种路线，在后栅极中又有先高 $k$ 和后高 $k$ 两种不同方法（在金属栅极章节内详述），其主要区别在于高 $k$ 介质是否经历源/漏的高温热处理（1050℃）。纯的 $HfO_2$ 具有较高的 $k$ 值（25），但缺点是无法承受高温。在温度超过500℃，$HfO_2$ 会发生晶化，产生晶界缺陷，同时晶化还会造成表面粗糙度的增加，这都会引起漏电流的增加，从而影响器件的性能。所以纯的 $HfO_2$ 只适合应用于后栅极后高 $k$ 的整合路线。可以通过对 $HfO_2$ 进行掺杂来改善它的高温性能，如掺Si或氮化，形成HfSiO/HfSiON。但这样都会降低介质的 $k$ 值（15），从而影响EOT的降低。

**3. 高 $k$ 介质的沉积方法**

$HfO_2$ 族的高 $k$ 介质主要通过原子层沉积（ALD）或金属有机物化学气相沉积（MOCVD）等方法沉积。后栅极工艺路线主要采用ALD方法生成栅极介质 $HfO_2$，因为其沉积温度较低（300～400℃），低于 $HfO_2$ 的结晶温度。沉积采用的前驱体是 $HfCl_4$，与 $H_2O$ 反应生成 $HfO_2$。

$$HfCl_4 + H_2O \longrightarrow HfO_2 + HCl$$

前栅极工艺路线主要采用MOCVD沉积HfSiO，然后通过热或等离子氮化生成HfSiON。沉积温度较高（600～700℃），因为较高的沉积温度配合后续高温的氮化和氮化后热处理（1000℃），有助于去除薄膜中的C杂质，已知C杂质会在 $HfO_2$ 中形成施主能级，增大薄膜的漏电流（见图4.10）。

沉积采用的Hf前驱体是TDEAH或HTB，Si前驱体是TDMAS或TEOS，与 $O_2$ 反应生成HfSiO。

$$\text{TDEAH}(Hf[N(C_2H_5)_2]_4) + \text{TDMAS}(Si[N(CH_3)_2]_4) + O_2 \longrightarrow HfSiO_x + CO_2 + H_2O + NO_x$$

$$HTB(Hf[O-C(CH_3)_3]_4 + TEOS(Si[O-C(CH_3)_3]_4 + O_2 \longrightarrow HfSiOx + CO_2 + H_2O$$

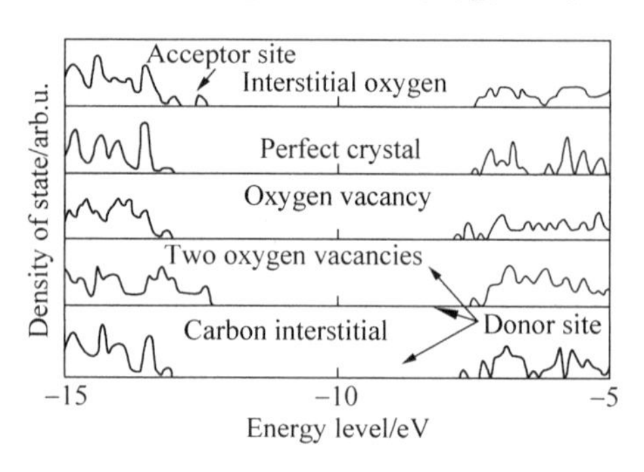


图 4.10　杂质 C 对 $HfO_2$ 的不利影响

**4. 界面层**

高 $k$ 介质的一个挑战是维持器件的高驱动电流，如前所述，在高 $k$ 介质上面采用金属电极取代多晶硅，可以减少沟道内电子迁移率损失，但还需要在高 $k$ 介质和 Si 基底之间加入 $SiO_2$/SiON 作为界面缓冲层，进一步改善电子迁移率。界面层还有助于界面的稳定性和器件的可靠性，因为在以前多个技术节点，$SiO_2$/SiON 与 Si 基底界面的优化已经研究得十分深入了。当然，界面层的存在也有不利的一面，它使得整体栅极介质（由低 $k$ 值的 $SiO_2$/SiON 和高 $k$ 值的 $HfO_2$ 族介质构成）的 $k$ 值降低，从而影响 EOT 的降低，所以必须严格控制它的厚度。

界面层的形成可以采用 Si 的高温氧化（如 ISSG 工艺），或化学氧化来实现。

**5. 覆盖层**

高 $k$ 介质的另一个挑战是 $V_t$ 的调节。多晶硅栅极可以通过不同的掺杂实现（P 型和 N 型），金属栅极则需要找到适合 PMOS 和 NMOS 的具有不同功函数的金属材料。不幸的是大多数栅极金属材料在经过源/漏高温热处理后，功函数都会漂移到带隙中间，从而失去 $V_t$ 调节的功用（详述见金属栅极章节）。所以对于先栅极工艺，通常采用功函数位于带隙中间的金属（如 TiN），而通过在高 $k$ 介质上（或下）沉积不同的覆盖层来调节 $V_t$。对 NMOS，覆盖层需要含有更加电正性的原子（$La_2O_3$），而对 PMOS，覆盖层需要含有更加电负性的原子（$Al_2O_3$）。在高温热处理后，覆盖层会与高 $k$ 介质/界面层发生互混，在高 $k$ 介质/界面层的界面上形成偶极子，从而起到 $V_t$ 调节的作用。图 4.11 表示不同覆盖层对平带电压的影响，可以看到这种方法对 NMOS 的作用十分明显（$La_2O_3$），而对 PMOS，效果则不显著（$Al_2O_3$），而且由于 $Al_2O_3$ 的 $k$ 值较低，PMOS 的 EOT 也会受到影响。

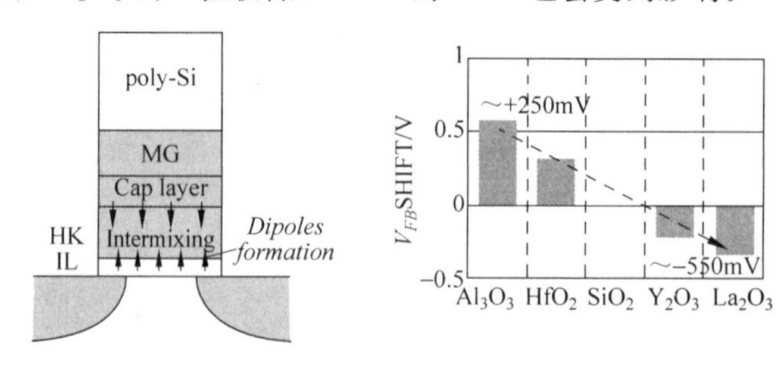


图 4.11　覆盖层对 $V_t$ 的调节效果

采用覆盖层对工艺的整合也是一个挑战，需要在 PMOS 和 NMOS 上分别沉积不同的厚度仅为 1nm 左右的覆盖层，去除的同时又不能对高 $k$ 介质造成损伤，是十分困难的。

覆盖层的沉积主要有 ALD 或物理气相沉积（PVD）技术。PVD 通常采用金属沉积（La 和 Al）后加氧化来实现。

# 4.4 半导体绝缘介质的填充

随着半导体技术的飞速发展，半导体器件的特征尺寸显著减小，相应地也对芯片制造工艺提出了更高的要求，其中一个具有挑战性的难题就是绝缘介质在各个薄膜层之间均匀无孔的填充，以提供充分有效的隔离保护，包括浅槽隔离（shallow-trench-isolation）、金属前绝缘层（pre-metal-dielectric）、金属层间绝缘层（inter-metal-dielectric）等。

高密度等离子体化学气相沉积（HDP-CVD）工艺自 20 世纪 90 年代中期开始被先进的芯片工厂采用以来，以其卓越的填孔能力、稳定的沉积质量、可靠的电学特性等诸多优点而迅速成为 0.25μm 以下先进工艺的主流。

## 4.4.1 高密度等离子体化学气相沉积工艺

在 HDP-CVD 工艺问世之前，大多数芯片厂普遍采用等离子体增强化学气相沉积（PE-CVD）进行绝缘介质的填充。这种工艺对于大于 0.8μm 的间隔具有良好的填孔效果，然而对于小于 0.8μm 的间隔，用 PE-CVD 工艺一步填充这么高的深宽比（定义为间隙的深度和宽度的比值）的间隔时会在间隔中部产生夹断（pinch-off）和空穴（见图 4.12）。

其他一些传统 CVD 工艺，如常压 CVD（APCVD）和亚常压 CVD（SACVD）虽然可以提供对小至 0.25μm 的间隔的无孔填充，但这些缺乏等离子体辅助沉积产生的膜会有低密度和吸潮性等缺点，需要增加 PE-CVD 薄膜对其进行保护，或者进行后沉积处理（如退火回流等）。这些工序的加入同样提高了生产成本，增加了整个工艺流程的步骤和复杂性。

为了同时满足高深宽比间隙的填充和控制生产成本，诞生了 HDP-CVD 工艺，它的特点在于，可以在同一个反应腔中同步地进行沉积和物理轰击（见图 4.13），从而实现绝缘介质在沟槽中的 bottom-up 生长。

图 4.12　PE-CVD 填充产生 pinch-off

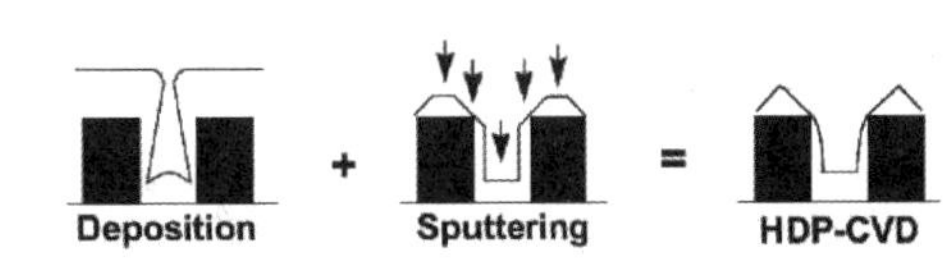


图 4.13　HDP-CVD 工艺沉积同时进行原位物理轰击

### 1. HDP-CVD 作用机理

为了形成高密度等离子体，需要有激发混合气体的射频（RF）源，并直接使高密度等离子体到达硅片表面。在 HDP-CVD 反应腔中（见图 4.14）[1]，主要是由电感耦合等离子体反应器（ICP）来产生并维持高密度的等离子体。当射频电流通过线圈（coil）时会产生一个交流磁场，这个交流磁场经由感应耦合即产生随时间变化的电场，如图 4.15 所示。电感耦合型电场能加速电子并能形成离子化碰撞。由于感应电场的方向是回旋型的，因此电子也就往回旋方向加速,使得电子因回旋而能够运动很长的距离而不会碰到反应腔内壁或电极,这样就能在低压状态(几个 mT)下制造出高密度的等离子体。

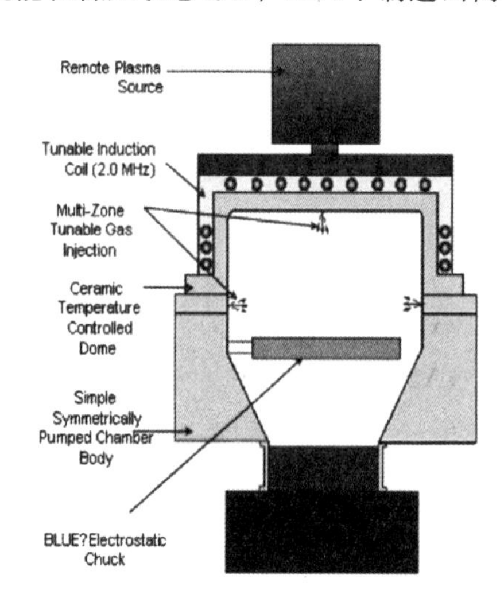


图 4.14 应用材料 HDP-CVD 反应腔

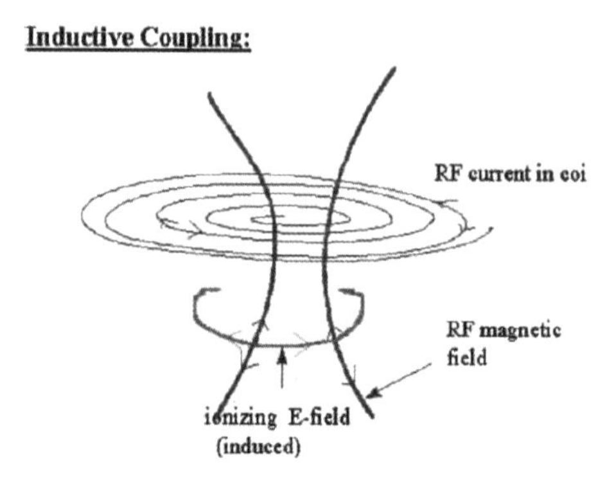


图 4.15 电感耦合等离子体反应器(ICP)工作原理示意图

为了实现 HDP-CVD 的 bottom up 生长,首先要给反应腔中的高能离子定方向,所以沉积过程中在硅片上施加 RF 偏压,推动高能离子脱离等离子体而直接接触到硅片表面,同时偏压也用来控制离子的轰击能量,即通过控制物理轰击控制 CVD 沉积中沟槽开口的大小。在 HDP-CVD 反应腔中,等离子体离子密度可达 $10^{11}\sim10^{12}/cm^3$(2～10mT)。由于如此高的等离子体密度加上硅片偏压产生的方向,使 HDP-CVD 可以填充深宽比为 4∶1 甚至更高的间隙。

**2. HDP-CVD 常见反应**

HDP-CVD 可用于金属形成前或形成后。某些金属如 NiSix 或 Al 会对形成后的工艺温度有一定限制,而在 HDP-CVD 反应腔中高密度等离子体轰击硅片表面会导致很高的硅片温度,另外,高的热负荷会引起硅片的热应力。对硅片温度的限制要求对硅片进行降温,在 HDP-CVD 反应腔中是由背面氦气冷却系统和静电卡盘(electrostatic chuck)共同在硅片和卡盘之间形成一个热传导通路,从而来降低硅片和卡盘的温度。

HDP-CVD 的反应包含两种或多种气体参与的化学反应。根据沉积的绝缘介质掺杂与否及掺杂的种类,常见的有以下几种:

(1) 非掺杂硅(酸盐) 玻璃(un-doped silicate glass,USG)

$$SiH_4+O_2\longrightarrow USG+挥发物$$

(2) 氟硅(酸盐) 玻璃(fluorosilicate glass,FSG)

$$SiH_4+SiF_4+O_2\longrightarrow FSG+挥发物$$

(3) 磷硅(酸盐) 玻璃(phosphosilicate glass,PSG)

$$SiH_4+PH_3+O_2\longrightarrow PSG+挥发物$$

**3. HDP-CVD 工艺重要参数-沉积刻蚀比**

如前所述,HDP-CVD 工艺最主要的应用也是其最显著的优势就是间隙填充,如何选择合适的工艺参数来实现可靠无孔的间隙填充就成为至关重要的因素。在半导体业界，普遍采用沉积刻蚀比（DS ratio）作为衡量 HDP-CVD 工艺填孔能力的指标。沉积刻蚀比的定义是

沉积刻蚀比＝总沉积速率/刻蚀速率＝（净沉积速率＋刻蚀速率）/刻蚀速率

实现对间隙的无孔填充的理想条件是在整个沉积过程中始终保持间隙的顶部开放，以使反应物能进入间隙从底部开始填充，也就是说，我们希望在间隙的拐角处沉积刻蚀比为1，即净沉积速率为零。对于给定的间隙来说，由于 HDP-CVD 工艺通常以 $SiH_4$ 作为绝缘介质中 Si 的来源，而 $SiH_4$ 解离产生的等离子体对硅片表面具有很强的化学吸附性，导致总沉积速率在间隙的各个部位各向异性，在间隙拐角处的总沉积速率总是大于在间隙底部和顶部的总沉积速率；另外，刻蚀速率随着溅射离子对于间隙表面入射角的不同而改变，最大的刻蚀速率产生于45～70之间，正好也是处于间隙拐角处，因此需要优化沉积刻蚀比来得到最好的填充效果。图4.16即是 HDP-CVD 工艺在不同沉积刻蚀比下对间隙填充情况的示意图。要得到优化的沉积刻蚀比，最主要的影响因素包括反应气体流量、射频（包括电感耦合和偏压）的功率、硅片温度、反应腔压力等。

**4. HDP-CVD 中的再沉积问题**

另外，在 HDP-CVD 中的物理轰击遵循碰撞中的动量守恒原理，因此被溅射出的物质存在一定角度。随着沟槽开口尺寸变小，当轰击离子质量较大时，被轰击掉的部分会有足够的能量重新沉积到沟槽侧壁另一侧某一角度处，使得这些地方薄膜堆积，过多的堆积将会造成沟槽顶部在没有完全填充前过快封口（见图4.17）。随着器件尺寸减小，填充能力的挑战越来越大。为了减少物理轰击造成的再沉积，HDP 中的轰击气体主要经历了 $Ar \to O_2 \to He \to H_2$ 的变化，通过降低轰击原子的质量来改善再沉积引起的填充问题。但是仅仅通过轰击物质的改变，沟槽填充能力的改善是有限的。

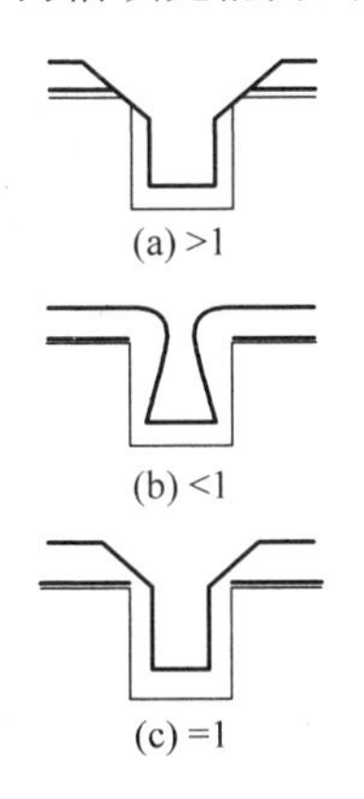

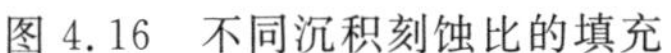

图4.16　不同沉积刻蚀比的填充

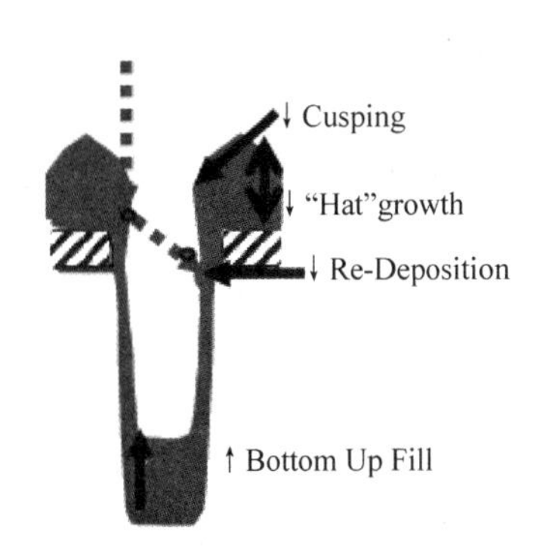


图4.17　HDP-CVD 中的再沉积

所以在 90nm 以后，为改善物理轰击所造成的问题，引入同位化学刻蚀对填充结构轮廓进行调整，即在沟槽顶部封口前将其重新打开而不造成再沉积，使得薄膜可以 bottom-up 填满整个沟槽。其中 $NF_3$ 的干法刻蚀被认为是一种非常有效的方法。$NF_3$ 在等离子体中离解形成含氟的活性基团，它可以打断已沉积薄膜中的 Si-O 键，形成挥发性的 $SiF_4$ 随着多余的 $O_2$ 一起被抽走，从而打开沟槽顶部。但是这种单步沉积-刻蚀-沉积对填充能力的改善是

有限的。

$$4F+SiO_2(s)\longrightarrow SiF_4(g)+O_2(g) \tag{4-1}$$

通过多步循环沉积-刻蚀-沉积来实现对所填充结构轮廓的调整,来降低沟槽填充的难度。这样可以在保持 HDP 本身填充能力的同时,通过 $NF_3$ 的刻蚀来重新调整沟槽的形状,使得更多的材料可以填充进去,保证沟槽不封口形成孔洞。

**5. 轮廓修正(多步沉积-刻蚀)的 HDP-CVD 工艺[2]**

图 4.18 是一个典型的多步沉积-刻蚀 HDP-CVD 的工艺。与一般的 HDP 相似,主要通过 $SiH_4$ 和 $O_2$ 反应来形成 $SiO_2$ 薄膜。但是沉积过程的要求与传统的 HDP 不同,传统的 HDP-CVD 要求侧壁沉积尽可能薄以提供足够的开口使反应粒子可以到达沟槽底部,最大限度实现从底部到顶部的填充。但是多步 DEP-ETCH 的 HDP-CVD 主要是以 $SiO_2$ 的刻蚀为主导的,因此轮廓结构的控制更重要,最优化的沉积应该有足够厚的侧壁保护,对称的沉积轮廓。应用材料的研究表明(见图 4.19),较低的沉积温度(230~600℃)能够很大地改善侧壁的保护但又不损伤填充能力,同时可以通过调节沉积温度将薄膜的应力从 180MPa 调到 100MPa。一旦沉积条件确定后,填充能力可以通过每个循环中沉积和刻蚀的量来优化。降低每个沉积过程的沉积厚度可以实现更多次的轮廓调整,但是这样会增加沉积时间也引入更多的 F,有可能会对器件可靠性造成影响。而沉积过程中的物理轰击气体分子量越大,可以在沟槽顶部形成 Cusping 来以保护沟槽顶部在刻蚀过程中不被损伤。目前主要采用 He 为主的 $He/H_2$ 混合,主要想通过保证填充能力的同时为沟槽顶部提供足够的保护。

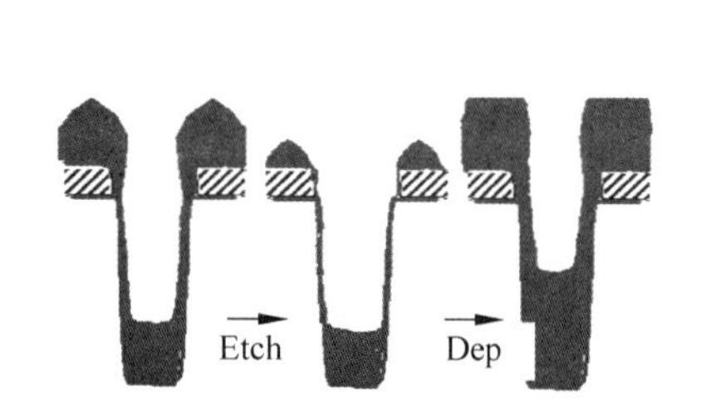


图 4.18 多步沉积-刻蚀 HDP-CVD 的工艺

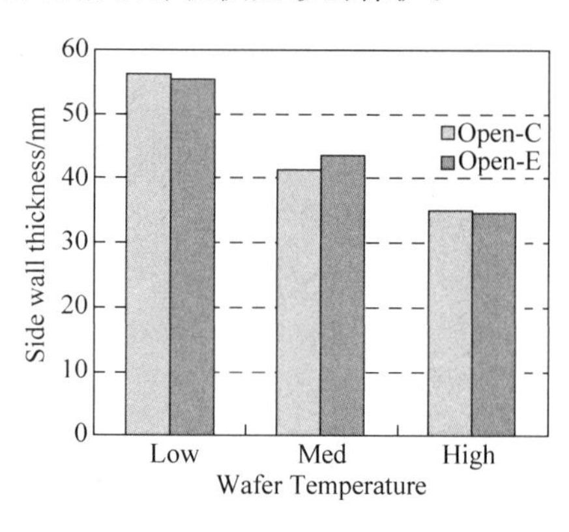


图 4.19 侧壁厚度与沉积温度关系

刻蚀过程是多步 dep-etch 的关键步骤,刻蚀过程通过与 $NF_3$ 的反应去除掉 $SiO_2$,由于 $NF_3$ 在沟槽不同部位的入射角不同,可以实现顶部刻蚀较多从而可以修整部分填充后的沟槽的形状得到更容易填充的沟槽结构。刻蚀过程所采用的载气为 $H_2$,载气的分子量越小,可以尽量减少物理轰击的效果。另外刻蚀的对称性对最后的完全填充非常重要,尤其在晶片边缘,由于 F radical 的方向性,这种不对称性就更加严重,可以通过调节压力、$NF_3$ 气体流量、衬底偏压大小以及刻蚀化学物质来对对称性进行优化。刻蚀的量必须进行非常好的控制。对于特定的沟槽结构,要进行沉积和刻蚀量的优化,尽可能达到填充、沉积速率以及刻蚀 Window 的平衡。

另外为了尽可能降低薄膜中由于 $NF_3$ 刻蚀而引入的 F。刻蚀结束后,引入 $Ar/O_2/He/H_2$ 等离子体处理可以去除薄膜中所残留的 F,通过调整等离子体处理的时间和功率大小可以优化等离子体处理工艺，将薄膜中的 F 含量降低到 0.07at.%[2]。

多步沉积-刻蚀填满沟槽后，进一步沉积一层高温的 $SiO_2$ 薄膜，作用有二，进一步去除薄膜中残留的 F 以及提高薄膜的质量。

## 4.4.2　$O_3$-TEOS 的亚常压化学气相沉积工艺

### 1. 为什么 SACVD 被再次使用

对于技术节点为亚 65nm、器件深宽比大于 8 的结构来说，人们发现用这种多步的沉积-刻蚀虽然能够改善 HDP 的填充能力，但是会使工艺变得非常复杂，沉积速度变慢，而且随着循环次数的增加，刻蚀对衬底的损伤会变得更加严重。因此 $O_3$-TEOS 基的亚常压化学汽相沉积(SACVD)工艺再次提出被用于沟槽填充，由于它可以实现保形生长，所以具有很强的填充能力(深宽比＞10)。但是由于 SACVD 是一种热反应过程，所以传统的 SACVD 生长速度都比较慢，美国应用材料公司 AMAT 的 HARP(High Aspect Ratio Process)采用 TEOS ramp-up 技术，可以在保证填充能力的条件下，获得较快的生长速度，这使得 SACVD 代替 HDP 成为可能。而且随着器件尺寸的减小，器件对等离子造成的损伤越来越敏感，SACVD 由于是一种纯热过程，所以在 45nm 以后它比 HDP 有更多的优势。

目前主要用于 STI 与 PMD 绝缘介质的填充。STI 过程因为没有温度限制，所以可以通过高温 540℃获得高质量高填充能力的薄膜，而 PMD 由于有使用温度限制，一般采用 400℃沉积温度。

由于 SACVD 是一种热反应过程，一般来讲，低的沉积速度和高的 $O_3$/TEOS 比值将获得较高的填充能力。AMAT 的 HARP 采用三步沉积法，通过调节 $O_3$/TEOS 比例获得较好的填充效果同时提高沉积速率(见图 4.20)：第一步是 TEOS ramp up 的过程，在沉积的起始阶段，保持非常高的 $O_3$/TEOS 比例，以较慢的速度得到非常薄的成核层；第二步在较低的速度下保证填满整个 STI 沟槽间隙。因此，把第一步与第二步中的 $O_3$/TEOS 比值设计得很高，到第三步时，继续提高反应中 TEOS 的流量，从而得到更高的沉积速率。

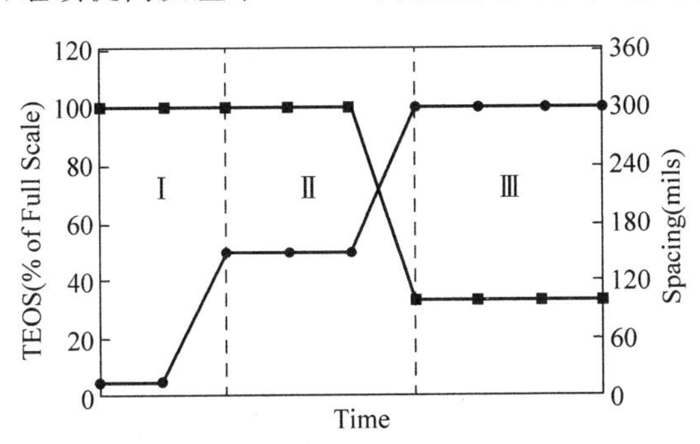


图 4.20　HARP 沉积中 TEOS，spacing 随时间的变化

### 2. SACVD 填充对沟槽轮廓的要求

然而，HARP 工艺的填充能力不仅受沉积中 $O_3$/TEOS 比值的影响，更受到沟槽轮廓的强烈影响。以 STI 为例，SACVD 沉积的保形性很高，所以 HARP 工艺主要采用坡度≤86°的 V 形沟槽形貌，保证 STI 沟槽的上端处于开口状态，以完成自底向上的填充(见图 4.21)。V 形 STI 可以很容易获得良好的 HARP 填充效果。而 U 形的或凹角沟槽形貌会导致在

STI 被 HARP 薄膜填满之前,STI 沟槽的上端边角早就被堵塞了,结果就会在沟槽内部形成锁眼或裂缝。在处理 U 形或凹角 STI 形貌时,不存在一种能够克服填充问题的简便方法。很难通过 HARP 工艺的一些改进来减轻 U 形或凹角沟槽形貌中的锁眼(keyhole)。

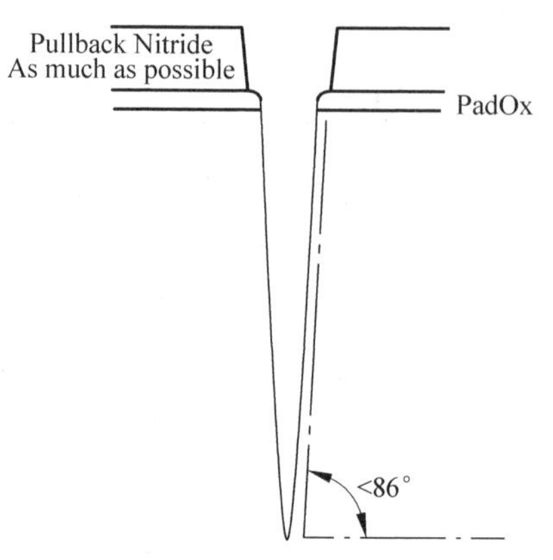


图 4.21 用于 HARP 填充的理想沟槽形貌

**3. SACVD 沉积后的高温退火**[3]

由于 SACVD 形成的 $SiO_2$ 薄膜质量较差,所以在用于浅沟槽隔离时,在薄膜沉积完成后需要进行高温的退火以提高薄膜的密度和吸潮性。目前退火主要包括:水蒸气退火+$N_2$ 干法退火或 $N_2$ 干法退火。在高温退火的过程中,由于薄膜中存在氧(薄膜中残存的或吸潮形成的 O-H 键),沟槽间的有源区会被进一步氧化而使得有源区面积损失;而水蒸气退火更会使得活性 Si 面积损耗得更加严重。可以通过降低蒸气退火的温度或/和减少退火时间来减轻这个问题(见图 4.22)。通过在 STI 沟槽侧壁上插入 SiN 衬垫也可以预防损失,同时退火条件对 HARP 填充能力也有一些影响。由于在干法退火后 HARP 薄膜大量收缩,所以有时在沟槽内部可以发现裂缝。与此相反,蒸气退火可使 HARP 收缩减少,从而获得更好的填充效果。

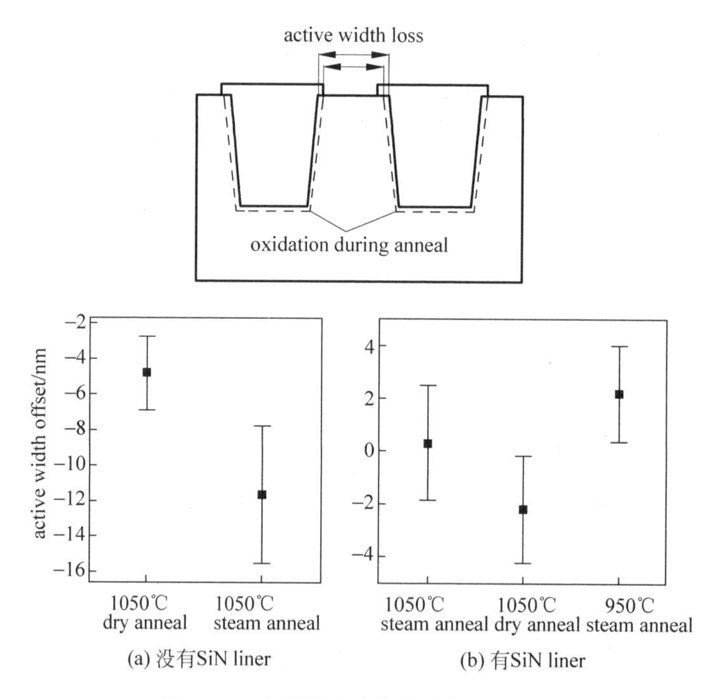


图 4.22 高温退火造成的活性硅的损耗

**4. SACVD 的应力**

与具有压缩薄膜应力的 HDP 不同,空白片沉积的 HARP 薄膜具有拉伸应力,经过高温退火后,应力由拉伸转为压缩(见图 4.23)。但是对于图形化的硅片,AMAT[3] 通过测定图形化后硅片的弯曲程度，分别得到薄膜沉积后，退火后以及化学机械抛光后的硅片所受应力状态，如图 4.24 所示。沉积后与退火后结果与空白片结果类似，但是机械抛光后 HDP 会产生一个非常高的压应力，但是 HARP 会对有源区产生拉应力，而且退火温度也会对拉应力大小产生影响。

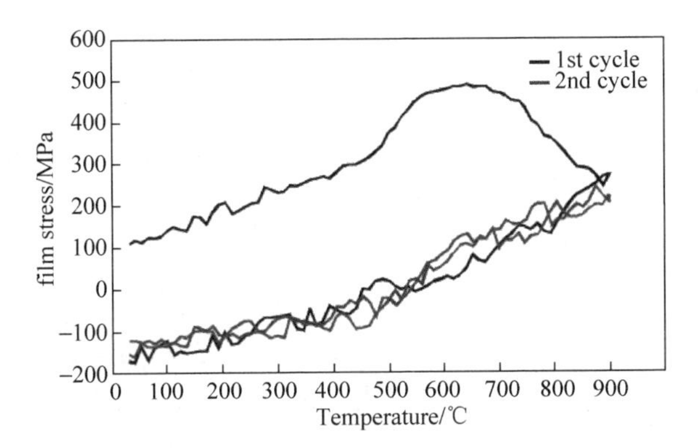


图 4.23　540℃ HARP 空白片的薄膜应力-温度曲线

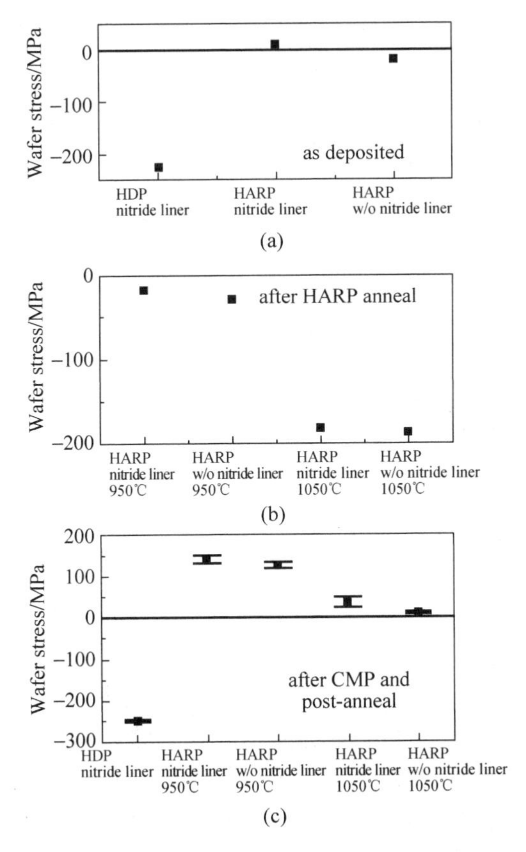


图 4.24　图形化硅片在不同条件下的应力

由 HARP STI 引起的拉伸应变可能是由两方面的原因造成的。对该应力的回滞研究(见图 4.23)表明当退火温度上升时，HARP 薄膜应力将变得更加抗延伸，这将给活性 Si 带来拉伸应变。即使冷却后HARP薄膜压缩在一起时，这种张力应变仍然被记忆并保留在Si中。其次，HARP薄膜将在退火后收缩，但HDP薄膜不会。退火后HARP薄膜被限制在沟槽中进行收缩，为Si提供了另一种强大的拉伸应变，这也进一步增强了NFET和PFET的载流子移动性，尤其是窄宽度晶体管器件[3]。这也是采用HARP代替HDP的另一优势。

**5. SACVD薄膜生长的选择性**

像所有其他SACVD $O_3$-TEOS工艺一样[4~6]，HARP沉积工艺也对衬底材料表现出了很高的敏感性。如表4.7所示，HARP在$SiO_2$上比在SiN上的沉积速率慢。这种敏感性与温度、$O_3$/TEOS比例以及压力有非常强的关系，所以当评价HARP在CMP的沟槽中的loading时，HARP的表面敏感性也需要被考虑在内。

表4.7　HARP对不同衬底的表面敏感性[7]

| | 在裸Si上（沉积） | 在裸Si上（后退火） | SiN衬垫上（后退火） | SiN衬垫上（后退火） | $SiO_2$衬垫上（后退火） |
|---|---|---|---|---|---|
| HARP厚度1/Å | 6895 | 6516 | 5475 | 5590 | |
| HARP厚度2/Å | 7574 | 7157 | 6012 | | 5023 |
| 表面敏感性（在各种衬底上的厚度/Si上厚度）*100% | | 100% | 84% | 86% | 70% |

Qimonda等公司[8]报道了利用SATEOS对衬底的敏感性，实现了薄膜在沟槽中选择性生长，从而得到从下到上的填充效果。但是具体通过什么处理以及采用什么样的条件，并没有详细的报道。

随着器件尺寸的继续减小，seam对填充的影响会越来越大，应用材料公司在HARP系统中引入$H_2O$将是32nm或22nm的发展方向，另外通过刻蚀对HARP沉积中的轮廓进行修正也变得越来越重要。

# 4.5　超低介电常数薄膜

## 4.5.1　前言

在超大规模集成电路工艺中，有着极好热稳定性、抗湿性的二氧化硅一直是金属互连线路间使用的主要绝缘材料，金属铝则是芯片中电路互连导线的主要材料。每一个芯片可以容纳不同的逻辑电路层数，叫做互连层数。层数越多，芯片占据的面积就越小，成本越低，但同时也要面对更多的技术问题。例如，不同的电路层需要用导线连接起来，为了降低导线的电阻（$R$值）。随着半导体技术的进步，晶体管尺寸不断缩小，电路也愈来愈密集，也就是相对于元件的微型化及集成度地增加，电路中导体连线数目不断地增多，导致工作时脉跟着变快，由金属连接线造成的电阻电容延迟现象（$RC$ delay），影响到元件的操作速度。在130nm及更先进的技术中成为电路中信号传输速度受限的主要因素。

电路信号传输速度取决于寄生电阻（parasitic resistance，$R$）与及寄生电容（parasitic capacitance，$C$）二者乘积，当中寄生电阻问题来自于线路的电阻性，因此必须借助低电阻、高传导线路材质，而IBM提出铜线路制程，就是利用铜取代过去铝制线路，铜比铝有更高的传导性、更低的电阻，可以解决寄生电阻问题。因此，在降低导线电阻方面，由于金属铜具有高熔点、低电阻系数及高抗电子迁移的能力，已被广泛地应用于连线架构中来取代金属铝作为导体连线的材料。另一方面，在降低寄生电容方面，由于工艺上和导线电阻的限制，使得我们无法考虑借助几何上的改变来降低寄生电容值。因此，具有低介电常数(低 $k$)的材料便被不断地发展。

由于寄生电容 $C$ 正比于电路层隔绝介质的介电常数 $k$，若使用低 $k$ 值材料($k<3$)作为不同电路层的隔绝介质，问题便迎刃而解了。随着互连中导线的电阻($R$)和电容($C$)所产生的寄生效应越来越明显，低介电常数材料替代传统绝缘材料二氧化硅也就成为集成电路工艺发展的又一必然选择。

## 4.5.2　*RC* delay 对器件运算速度的影响

$$\text{device speed} \propto \frac{1}{R \times C} \tag{4-2}$$

式中，$R$ 是连接导线的电阻，其中一些常见金属导体的电阻(单位 $\mu\Omega \cdot \text{cm}$)如下：

W/Al 合金的电阻是 4；

Al 合金的电阻是 3；

Cu 电阻是 1.7。

$C$ 与绝缘体(insulator)的介电常数相关，列举一些常见绝缘材料的介电常数：

$SiO_2$ 的介电常数是 4；

fluorine silicon glass 的介电常数是 3.5；

black diamond 的介电常数是 3。

互连中导线的电阻($R$)可以用下面的公式计算

$$R = \frac{2\rho L}{PT} \tag{4-3}$$

式中，$\rho$ 是导线的电阻率；$L$ 是导线的长度；$P$ 是导线的宽度；$T$ 是导线厚度。

从式(4-3)中可以看出，导线的宽度 $P$ 与电阻成反比。随着晶体管尺寸不断缩小，电路也愈来愈密集，相应地会减小导线的宽度 $P$，在一定程度上会增加 $R$ 值。

互连中导线的电容($C$)是在金属之间的寄生电容(见图 4.25)，可以用下面的公式计算

$$C = 2(C_{LL} + C_v) = 2k\varepsilon_0\left[\frac{2LT}{P} + \frac{LP}{2T}\right] \tag{4-4}$$

式中，$k$ 是材料的介电常数，$\varepsilon_0$ 是真空介电常数。

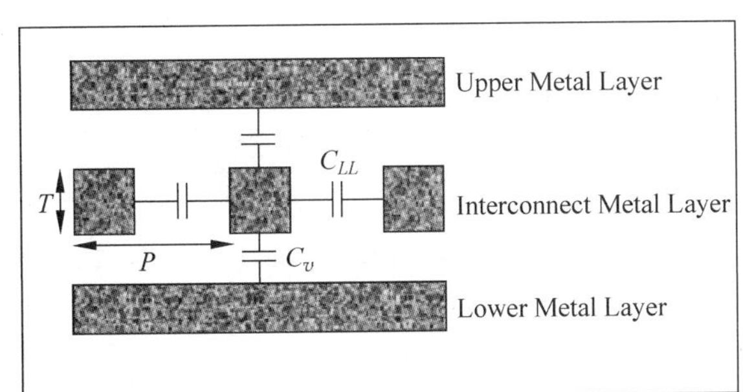


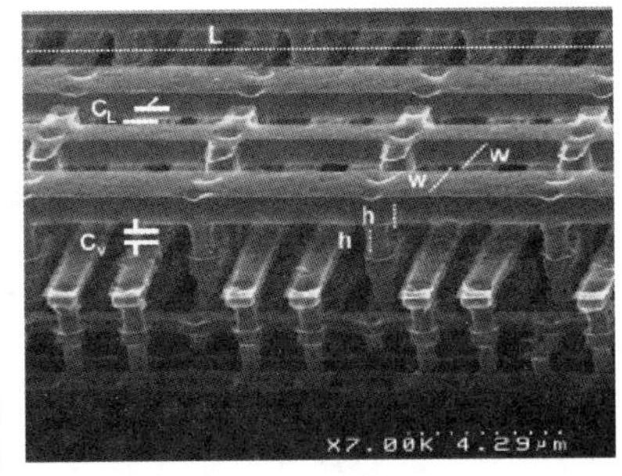


图 4.25　金属之间的寄生电容

合并式(4-3)和式(4-4)可得

$$RC=2\rho k\varepsilon_0\left(\frac{4L^2}{P^2}+\frac{L^2}{T^2}\right)=2\rho k\varepsilon_0 L^2\left[\frac{4}{P^2}+\frac{1}{T^2}\right] \tag{4-5}$$

从式(4-5)可知，$RC\propto k$，图4.26表示 $RC$ delay 随着器件尺寸的减小而增加(在没有使用新材料的条件下)。

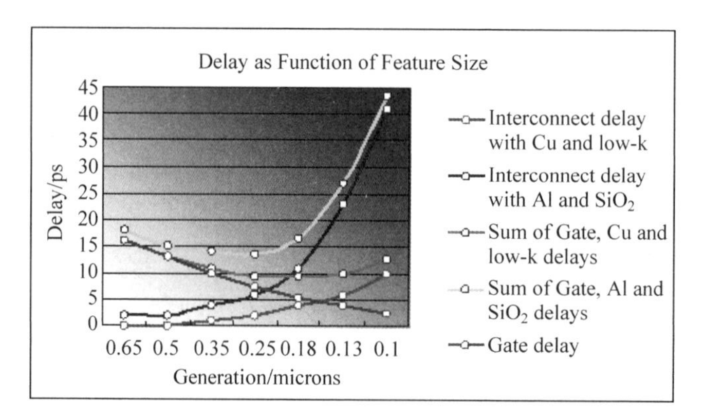


图4.26 $RC$ delay 是随着器件尺寸的减小而增加(没有使用新材料的条件下)的

材料的介电常数 $k$ 与真空介电常数之间的关系为

$$\frac{k-1}{k+2}=\frac{N}{3\varepsilon_0}\left(\alpha_e+\alpha_d+\frac{\mu^2}{3KT}\right) \tag{4-6}$$

式中，$k$ 是材料的介电常数；$\varepsilon_0$ 是真空介电常数；$N$ 是每立方米中的分子数；$\alpha_e$ 是电子云的极化率；$\alpha_d$ 是原子核的变形率；$\mu$ 是永久电偶极矩。

### 4.5.3 $k$ 为2.7～3.0的低介电常数材料

目前，业界普遍选择的低介电常数是 black diamond (SiCON) 薄膜材料，它的 $k$ 值可以控制在2.7～3.0，且能够满足130nm、90nm、65nm 和45nm 技术要求。

八甲基环化四硅氧烷 (OMCTS)是沉积 SiCON 薄膜的前驱物，八甲基环化四硅氧烷在常温条件下是液体，沸点是175～176℃，分子量是296.62。通过载气 He 把 OMCTS 输入到反应腔中，其具体反应如下

$$[(C-H_3)_2-Si-O]_4+O_2+He\xrightarrow{Plasma}SiOCN+by\text{-}products$$

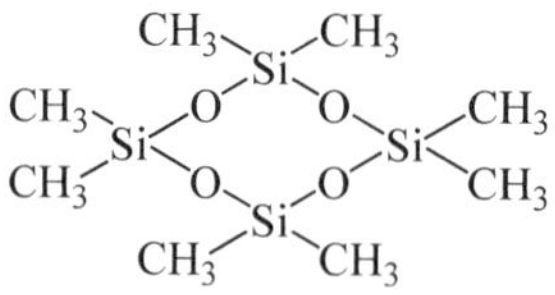

八甲基环化四硅氧烷的分子式

另外，表4.8指示在沉积 $k$ 值为3.0和2.7低介电常数材料(见图4.27)的一些关键参数的差异，表4.9指示 $k$ 值为3.0和2.7低介电常数材料的性质差异。

表 4.8　BD3.0 and BD2.7 film deposition

| Key parameter | BD3.0 film dep | BD2.7 film dep |
|---|---|---|
| HF RF power/13.56MHz | 500 | 400 |
| LF RF power/350kHz | 125 | 90 |
| Pressure/Torr | 5 | 7 |
| OMCTS/gm | 2.7 | 3 |
| OMCTS ramp up rate/gm_s | 0.6 | 1.2 |
| $O_2$/sccm | 160 | 160 |
| He_C/sccm | 900 | 1500 |
| Spacing/in | 0.345 | 0.51 |
| Heater Tem/℃ | 350 | 350 |

表 4.9　Film peculiarity of BD3.0 and BD2.7

| Item | BD $k$=3.0 | BD $k$=2.7 |
|---|---|---|
| Thickness | 5000 | 6000 |
| Dep rate | 5000～7000 | 5000～7000 |
| U% with wafer | <1 | <1 |
| U% WTW | <1.5 | <1.5 |
| Stress/MPa | <35 | <45 |
| Y module/GPa | >14 | >7 |
| Hardness/GPa | >2.1 | >0.8 |
| Rl/633nm | 1.45±0.01 | 1.41±0.015 |
| Low $k$ value | 3.0±0.1 | 2.75±0.15 |
| Breakdown voltage/MV · $cm^{-1}$ | >8 | >8 |
| k(thickness range±50%) | <3 | <2.7 |
| Leakage/(Å · $cm^{-2}$, at1MV/cm&150℃) | <1E−9 | <1E−9 |
| Leakage/(Å · $cm^{-2}$, at2MV/cm&150℃) | <1E−8 | <1E−8 |

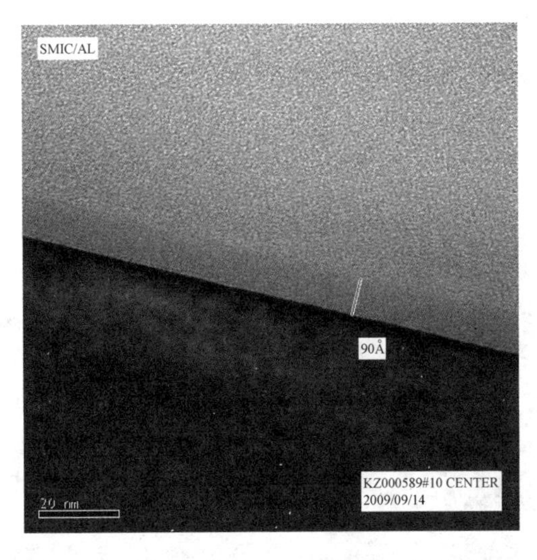


图 4.27　介电常数为 2.7 的薄膜的 TEM 照片

## 4.5.4 $k$ 为 2.5 的超低介电常数材料

低介电常数层间绝缘膜(低 $k$ 材料)的用途为减小布线间的电容。布线间的电容与绝缘膜的相对介电常数和布线的横截面积成正比,与布线间隔成反比。伴随加工技术的微细化,布线横截面积和布线间隔越来越小,结果导致布线间电容的增加。因此,为了在推进加工技术微细化的同时又不至于影响到信号传输速度,必须导入低 $k$ 材料以减小线间电容,从而可以很好地减少电信号传播时由于电路本身的阻抗和容抗延迟所带来的信号衰减。

为了获得介电常数小于或等于 2.5 的低 $k$ 材料,研究出一种通过在有机硅化合物玻璃中对低 $k$ 材料进行紫外光热(ultraviolet radiation)处理,图 4.28 表示超低介电常数(<2.5)的多孔薄膜的沉积工艺。图 4.29 是沉积超低介电常数(<2.5)的多孔薄膜的设备,图 4.30 是超低介电常数(<2.5)的多孔薄膜的照片。表 4.10 表示超低介电常数(<2.5)的多孔薄膜的特性。

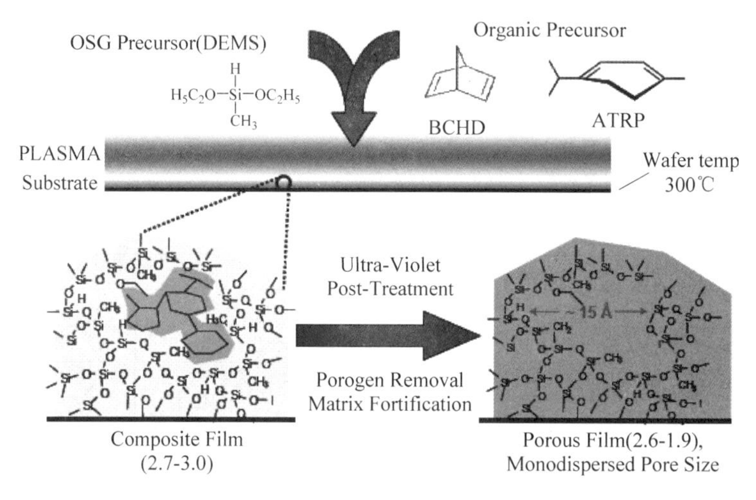


图 4.28 超低介电常数(<2.5)的多孔薄膜的沉积工艺

图 4.29 沉积超低介电常数(<2.5)的多孔薄膜的设备

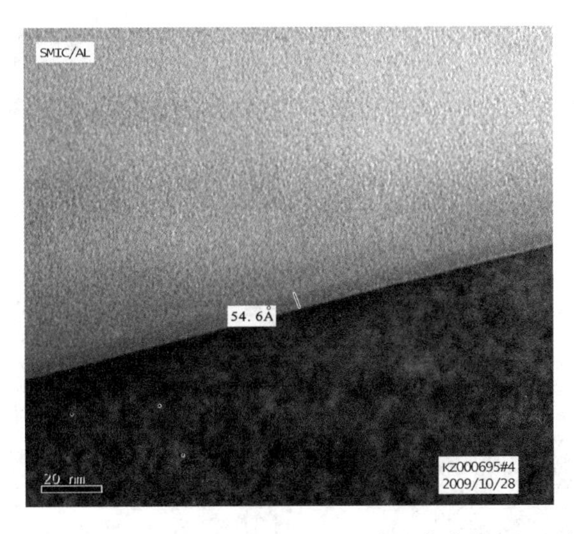


图 4.30　沉积超低介电常数(<2.5)的多孔薄膜的 TEM 照片

**表 4.10　超低介电常数的多孔薄膜的特性**

| Item | Film performance | Item | Film performance |
|---|---|---|---|
| Thickness/Å | 5011 | Shinkge(u%) | 3.44 |
| Refractive index(633nm) | 1.358 | Porosity(%) | 23 |
| Stress(MPa) | 50.3 | Modulus(GPa) | 6.6 |
| *k*-value | 2.47 | Hardness(GPa) | 1.1 |
| In film particles | 4/1 | adhesion(Blokl-BDll) | 65.4 |
| Shinkge(%) | 17.2 | adhesion(Blokl-Cu) | 12.85 |

## 4.5.5　刻蚀停止层与铜阻挡层介电常数材料

在 65nm、90nm 和 130nm 技术所用的 copper barrier and etching stop layer 介电常数材料的 *k* 值是 5.1 左右。

$$C_3H_{10}Si + NH_3 \xrightarrow{\text{Plasma}} SiCN + \text{by-products}$$

对于 45nm 和 32nm 技术，为了减少介电常数材料的 *k* 值对 *RC* delay 的影响，采用 bilayer etching stop layer and copper barrier 介电常数材料。第一层仍然采用 *k* 值是 5.1 薄膜材料，具有好的 copper barrier 效果，第二层采用 *k* 值是 3.8 薄膜材料，在一定程度上可以减少器件 *RC* delay。图 4.31 表示 bilayer etching stop layer and copper barrier 介电常数材料的 TEM 照片，第一层的厚度大约为 50Å，第二层的厚度大约为 250Å。

$$C_3H_{10}Si + NH_3 \xrightarrow{\text{Plasma}} SiCN + \text{by-products}$$

$$C_3H_{10}Si + C_2H_2\ NH_3 \xrightarrow{\text{Plasma}} SiCN + \text{by-products}$$

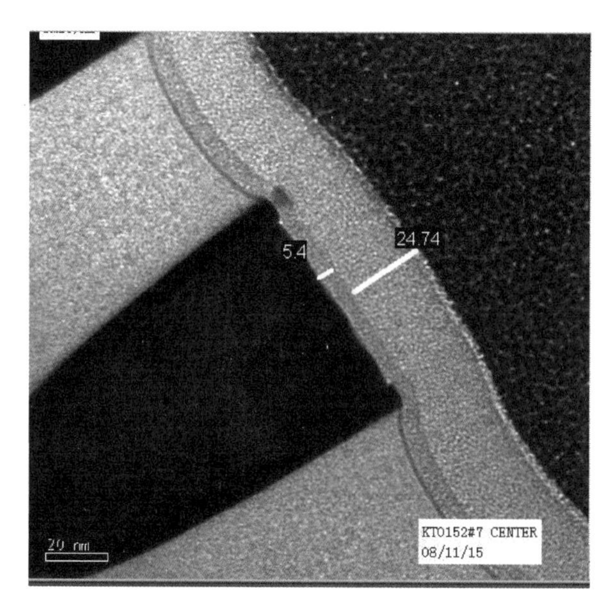


图 4.31 刻蚀停止层与铜阻挡层介电常数材料的 TEM 照片

# 参考文献

[1] T. Ghani, et al. Scaling Challenges and Device Design Requirements for High Performance Sub-50nm Gate Length Planar CMOS Transistors. Symposium on VLSI Technology Digest of Technical Papers, 2000: 174-175.

[2] T. M. Pan, et al. Comparison of Electrical and Reliability Characteristics of Different 14Å Oxynitride Gate Dielectrics. IEEE Electron Device Letters, 2002: 416-418.

[3] H. H. Tseng, et al. Ultra-Thin Decoupled Plasma Nitridation (DPN) Oxynitride Gate Dielectric for 80-nm Advanced Technology. IEEE Electron Device Letters, 2002: 704-706.

[4] K. Saki, et al. Influence of the Atmosphere on Ultra-Thin Oxynitride Films by Plasma Nitride Process. 14th IEEE International Conference on Advanced Thermal Processing of Semiconductors, 2006: 15-19.

[5] S. J. Chang, et al. An Integrated Gate Stack Process for Sub-90nm CMOS Technology. Extended Abstracts of the 2003 International Conference on Solid State Devices and Materials, 2003: 460-461.

[6] 应用材料公司网站: www. appliedmaterials. com/products.

[7] Z. H. Lu, et al. Appl. Phys. Lett. 71, 1997: 2764.

[8] M. L. Green, et al. Ultrathin (< 4nm) $SiO_2$ and Si-O-N gate dielectric layers for silicon microelectronics: Understanding the processing, structure, and physical and electrical limits. Journal of Applied Physics, 2001, 90: 2057-2121.

[9] Y. Tamura, et al. Impact of Nitrogen Profile in Gate Oxynitride on Complementary Metal Oxide Semiconductor Characteristics. Jpn. J. Appl. Phys., 2000: 2158-2161.

[10] Y. Jin, et al. Direct Measurement of Gate Oxide Damage from Plasma Nitridation Process. 8th International Symposium on Plasma-and Process-Induced Damage, 2003: 126-129.

[11] C. C. chen, et al. characterization of Plasma damage in Plasma Nitride Gate Dielectrics for Advanced CMOS Dual Gate Oxide Process. Symp on Plasma and process-induced Damage, 2002: 41-44.

[12] C. H. Choi, et al. C-V and gate tunneling current characterization of ultra-thin gate oxide MOS (tox =1. 3-1. 8nm). Symp. VLSI Tech. Dig. ,1999: 63-64.

[13] Y. ,Shi, et al. Electrical Properties of High-Quality Ultrathin Nitride/Oxide Stack Dielectrics. IEEE Transactions on Electron Devices. , 1999: 362-368.

[14] T. M. Pan. Electrical and Reliability Characteristics of 12Å Oxynitride Gate Dielectrics by Different Processing Treatments. IEEE Transactions on Semiconductor manufacturing, 2007: 476-481.

[15] Y. G. He, et al. Anomalous Off-leakage Currents in CMOS Devices and Its Countermeasures. CSTIC 2010.

[16] S. Y. Wu et al. A Highly Manufacturable 28nm CMOS Low Power Platform Technology with Fully Functional 64Mb SRAM Using Dual/Tripe Gate Oxide Process. Symp. VLSI Tech. Dig. , 2009: 210-211.

[17] C. C. Chen, et al. Extended Scaling of Ultrathin Gate Oxynitride toward Sub-65nm CMOS by Optimization of UV Photo-Oxidation, Soft Plasma/Thermal Nitridaiton & Stress Enhancement. Symp. VLSI Tech. Dig. ,2004: 176-177.

# 第5章 应力工程

## 5.1 简介

传统的 CMOS 技术通过工艺微缩来提供更好的器件性能和更高的元件密度，从而在更低的成本下获得更好的系统性能。然而，随着工艺的不断微缩，传统的金属氧化物半导体场效应晶体管结构正受到一些基本要求的限制，它所要求的更薄栅氧化物和更高的沟道掺杂会使得器件产生高漏电和低性能。所以，需要通过新技术与迁移速率提升工艺来维持 CMOS 器件的微缩路线图[1]。高介电常数栅氧化物和金属栅电极工艺已经在第 4 章中讨论，本章将讨论一种提升迁移速率的工艺方法，即局部应力工艺。

应用于单晶硅上的机械应力将会改变原子内部的晶格间距，相应地改变了电子能带结构和密度，从而改变载流子的迁移率。载流子的迁移率为

$$\mu = q\tau/m^* \tag{5-1}$$

其中，$q$ 为电荷，$1/\tau$ 为散射速率，$m^*$ 为导体的有效质量。

通过降低有效质量或散射速率来改变应变的方法可以提高载流子的迁移率。电子迁移率的提高可以通过上述两个方法，而空穴迁移率的提高只能通过降低有效质量的方法，因为能带弯曲在当前的应力水平下起到显著作用[2]。

迁移率($\mu$)和载流子的速度($\upsilon$)与作用于上面的外界电场($E$)直接相关，即

$$\upsilon = \mu \cdot E \tag{5-2}$$

由此可见，增加载流子的迁移率可以增加它的速度，从而直接增加器件的驱动电流。应力对器件的驱动电流的影响与单晶硅基体的沟道方向有密切关系。文献[3]讨论了它们在今天集成电路工业中起主导材质的(100)晶面单晶硅上的相关性，如图 5.1 所示。

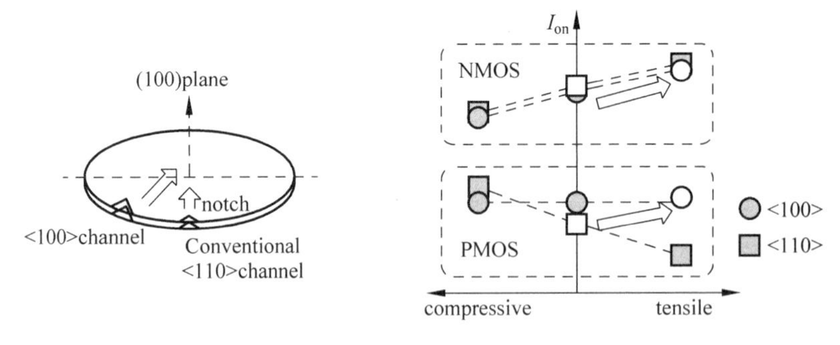


图 5.1 沟道晶向和应力类型对于 CMOS 器件驱动电流的影响

从图 5.1 中可以看出，当拉应力作用于＜110＞ 和 ＜100＞晶向沟道上时，NMOS 器件的驱动电流都会随应力增加而增加。而压应力作用于其上时，它的驱动电流会随应力增加而减少。PMOS 器件的行为和 NMOS 器件是不同的，不管是拉应力还是压应力，几乎不会

影响＜100＞沟道的 PMOS 器件驱动电流。为了获得应变工程的好处,PMOS 器件需要做在＜110＞沟道上。作用于＜110＞沟道上的压应力正比于 PMOS 器件的驱动电流的大小;而拉应力则反之,越大的拉应力获得的驱动电流越小。需要指出的是,没有受到应变作用的 PMOS 器件在＜100＞沟道上的驱动电流大于＜110＞沟道,这就是为什么有些公司在 90nm 和 65nm 工艺中 PMOS 没有使用应变硅迁移率提升技术的时候,采用＜100＞晶向的单晶硅(100) 晶面衬底的原因。

图 5.1 已经总结了集成电路工业中广泛使用的驱动电流与应力和沟道方向的相关性及其提升 CMOS 器件性能的方法。在本章中,我们将讲解一些主要的应变工程技术。5.2 节中将讨论源漏区嵌入技术,源漏区嵌入式锗硅技术产生的压应力已经被证明可以有效提高 PMOS 器件的驱动电流(详见 5.2.1 节)。另外一方面,源漏区嵌入式碳硅技术产生的拉应力可以提高 NMOS 器件的驱动电流(详见 5.2.2 节)。5.3 节将讨论在 NMOS 器件性能提升中广泛使用的应力记忆技术,5.4 节将讨论金属前通孔双极应力刻蚀阻挡层技术,拉应力可以提高 NMOS 的器件性能,而压应力可以提高 PMOS 的器件性能。最后一节将讨论应变效果提升的技术,包括应力临近技术和可替代栅提高应变的技术等。

## 5.2　源漏区嵌入技术

### 5.2.1　嵌入式锗硅工艺

嵌入式锗硅工艺(embedded SiGe process)被广泛使用于 90nm 及以下技术中的应力工程,利用锗、硅晶格常数的不同所产生的压应力(compressive stress),嵌入在源漏区,提高 PMOS 空穴的迁移率和饱和电流。硅的晶格常数是 5.43095Å,锗的晶格常数是 5.6533Å,硅与锗的不匹配率是 4.1%,从而使得锗硅的晶格常数大于纯硅,在源漏区产生压应力。

锗硅工艺有选择性锗硅和不选择性锗硅两种。CMOS 工艺流程中的嵌入式锗硅使用选择性锗硅工艺。在进行选择性锗硅工艺前,对 NMOS 的地方需要采用氧化物或氮化物的保护层,然后在显影后,对 PMOS 进行硅衬底的刻蚀和残留聚合物的去除[4]。

选择性锗硅外延薄膜需要采用的分析仪器包含:XRD 用于厚度和浓度的离线测定,Auger/SIMS 用于浓度和深度分布的测定,SEM 用于轮廓和形态的查看(profile and morphology top view),TEM 用于轮廓和晶格缺陷的查看(profile and dislocation defects),光学颗粒测定仪(particle count)用于在线微粒和 haze 的标定,椭圆偏振仪(spectroscopic ellipsometry)用于锗硅厚度和锗含量的在线检测。另外可以采用拉曼(Raman)光谱的方法测定应力。

选择性锗硅工艺可以分为两种工艺流程,一种是在形成侧墙 offset 工艺之前嵌入锗硅(SiGe first process),另一种是在源漏扩展区和侧墙工艺形成后嵌入锗硅(SiGe last process),如图 5.2 所示[4]。

选择性锗硅外延工艺(Selective Epitaxy Growth,SiGe SEG)一般包含酸槽预处理、原位氢气烘焙(in-situ $H_2$ bake)、选择性锗硅外延三个步骤。酸槽预处理采用 HF 和 RCA 清洗的方法,去除硅刻蚀后表面的杂质。在原位氢气烘焙过程中,原生氧化物被去除,使得碳氧含量低于 $3e^{18}$ atom/$cm^3$。然后进行选择性锗硅的外延,所采用的硅源有 $SiH_4$、$SiH_2Cl_2$

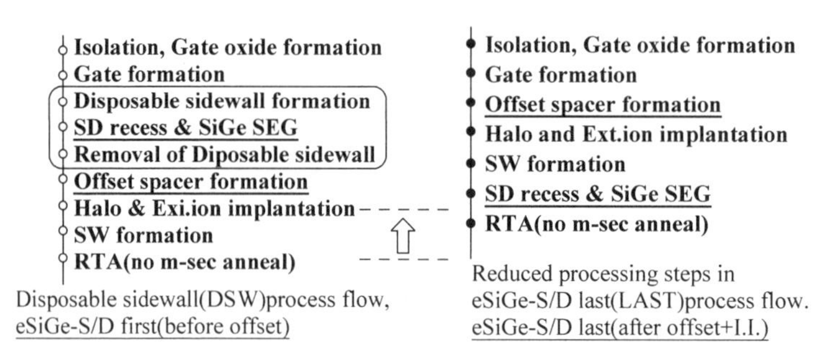


图 5.2　选择性锗硅的两种工艺流程

(DCS),锗源有 $GeH_4$,HCl 用于抑制锗硅形成于保护层上,氢气作为载气。在酸槽预处理后,需要控制在一定的时间内(如<90min)进入原位烘焙腔体中,否则硅表面会产生氧化物,使得外延出来的锗硅有位错(dislocation)和堆栈缺陷(stacking faults),导致 area leakage 偏高[5]。原位氢气烘焙的温度在 800℃以下不足以去除硅表面的碳氧杂质,使得 area leakage 偏高[5]。

选择性锗硅外延工艺使用的凹穴(recess cavity)形状(见图 5.3)有:反向 sigma like ∑[6],box like ⊔,round like ⌊,<111> like ⌊等。其中<111> like 的凹穴形状难于形成堆栈缺陷[7]。

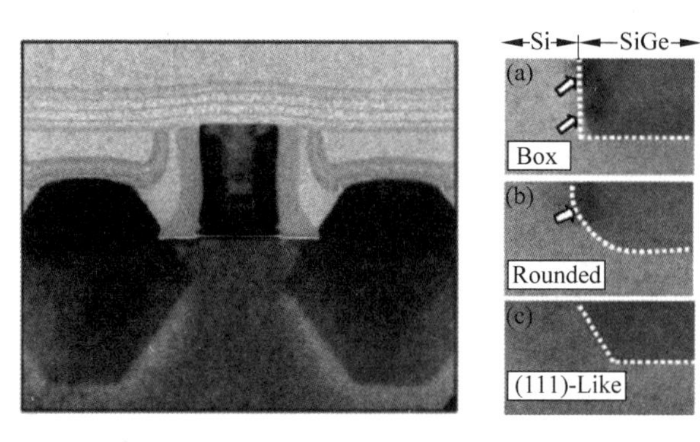


图 5.3　选择性锗硅外延工艺使用的凹穴形状

选择性锗硅外延工艺锗含量有平直的(flat)和阶梯式的(graded,见图 5.4)两种,还可以原位掺杂硼离子[8]。锗含量是锗硅外延工艺的一个重要参数。高的锗含量可以得到高的应力,从而提高器件性能。然而,锗含量过高易造成位错,反而降低应力效果。阶梯式选择性锗硅外延工艺可以在避免位错的同时提高总体应力效果。锗硅工艺中的锗硅体积正比于应力,高的锗硅厚度可以得到高的应力,同时把毫秒退火工艺放在锗硅外延后可以比锗硅前的源漏退火获得更好的器件性能[9]。

选择性锗硅工艺还需要处理不同版图的差异问题,同样的程式,在硅凹穴多的产品上会获得更低的浓度和更慢的生长速率。而在微观上,还需要处理不同区域的微观差异问题(micro-loading),特别是在 SRAM 和逻辑区域[10]。如图 5.5 所示,区域的微差异对生长速率和锗含量均有明显影响。

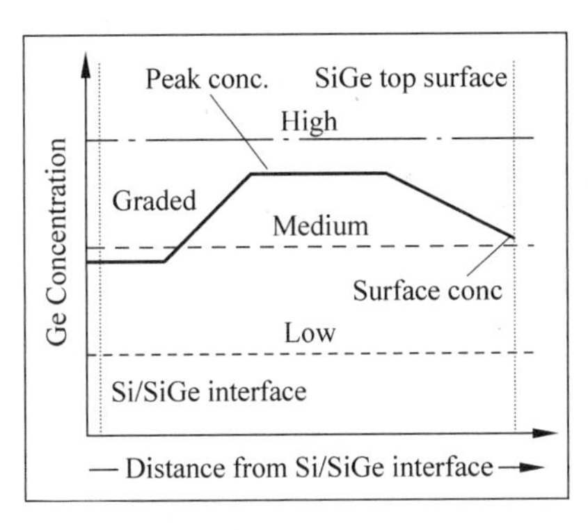


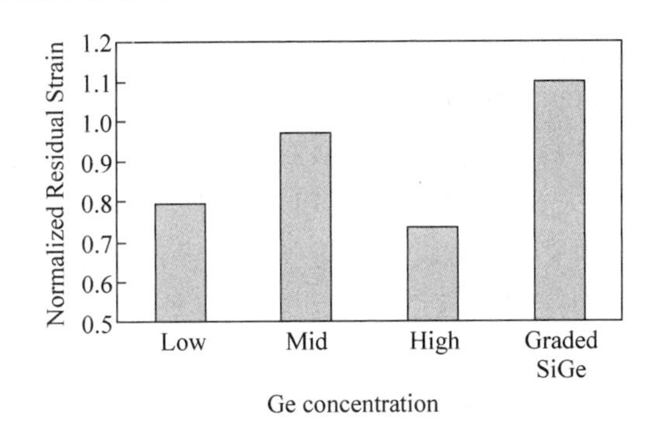


图 5.4　阶梯式的选择性锗硅外延工艺示意图

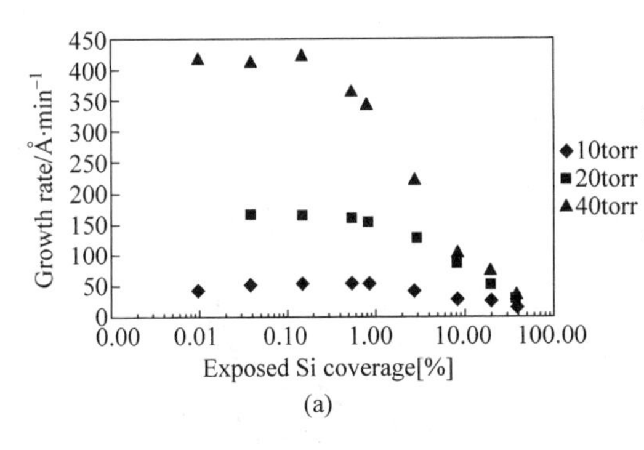


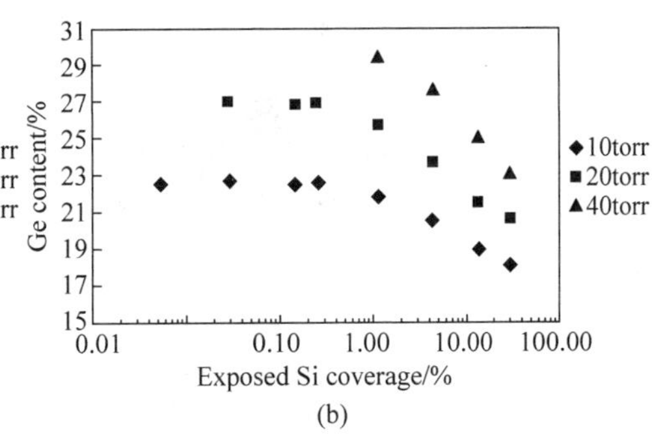


图 5.5　区域的微差异对生长速率(左)和锗含量(右)的影响

### 5.2.2　嵌入式碳硅工艺

在上一节中,我们已经知道嵌入式锗硅源漏工艺通过提高空穴迁移率的方法,在提高PMOS器件的性能上面扮演了重要角色。相应地,嵌入式碳硅源漏工艺可以提高NMOS器件的性能。这是由于碳原子的晶格常数小于硅原子,我们把碳原子放入源漏区单晶硅晶格中所产生的拉应力会作用于NMOS沟道,从而提高电子的迁移率[11~16],相对应地,如图5.6所示,它就增加了NMOS器件的驱动电流。正是由于碳的晶格常数远小于硅(硅的

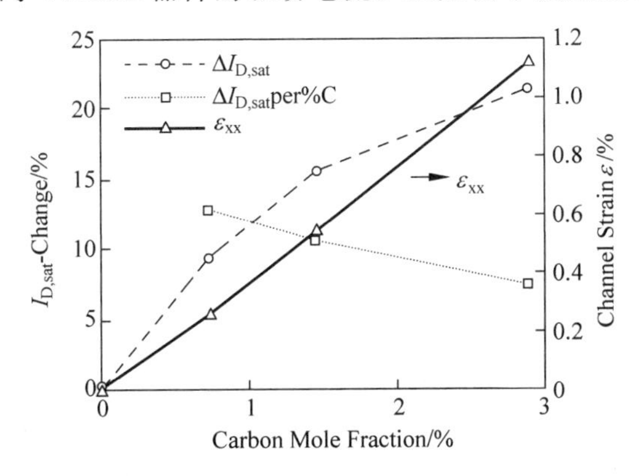


图 5.6　参考文献[11]中所模拟的驱动电流的提高和横向沟道应变的增加都与碳硅中碳原子数目的增加有正向关系。但驱动电流增加的速度随碳原子数目的增加而减弱

晶格常数是5.43Å,碳的晶格常数是3.57Å),它只需要相对小的碳原子含量数(比如1%~2%)就可以获得可用水平的应变。

虽然嵌入式锗硅技术从90nm技术节点后已经被广泛应用于大规模量产产品的PMOS器件,嵌入式碳硅技术的应用却显得异常困难,其中的一个重要原因在于源漏区难以生长出高质量的碳硅。碳硅外延生长工艺无法像锗硅外延薄膜那样选择性生长在源漏区的凹槽中,它同时会在如侧壁和浅沟槽隔离氧化物等非单晶区域上生长[12]。幸运的是,使用化学气相沉积(CVD)工艺可以在单晶硅衬底和隔离薄膜上生长出不同的碳硅结构。它在单晶硅上获得单晶态的碳硅,而在隔离薄膜上得到非晶态的碳硅。由于非晶态碳硅具有较高的刻蚀率,因此,通过多次沉积和刻蚀的循环,可以在源漏区选择性生长出外延碳硅薄膜[12]。一个通过多次沉积和刻蚀循环来获得嵌入式碳硅薄膜的例子如图5.7所示,同时它用示意图说明了多次沉积和刻蚀循环的过程[14]。

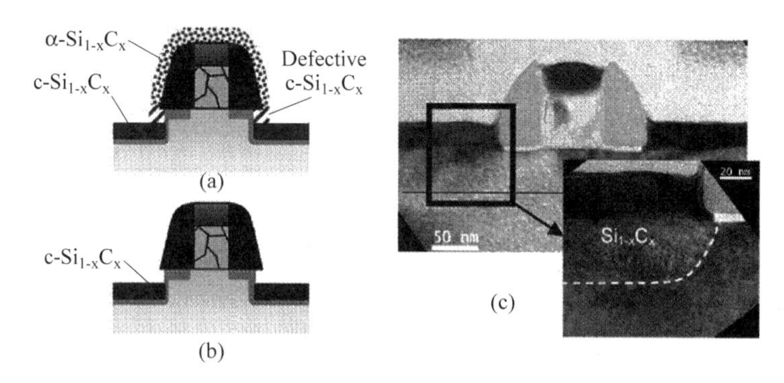


图5.7 通过多次沉积和刻蚀循环来获得嵌入式碳硅薄膜

化学气相沉积形成的嵌入式碳硅工艺在原位N型原子掺杂上也有优势,比如磷的掺杂。文献[16]报道了一个成功的例子,使用原位磷掺杂碳硅工艺来提高NMOS器件的性能(见图5.8)。它也说明了碳硅工艺在未来持续微缩的器件上面所具有的优势。

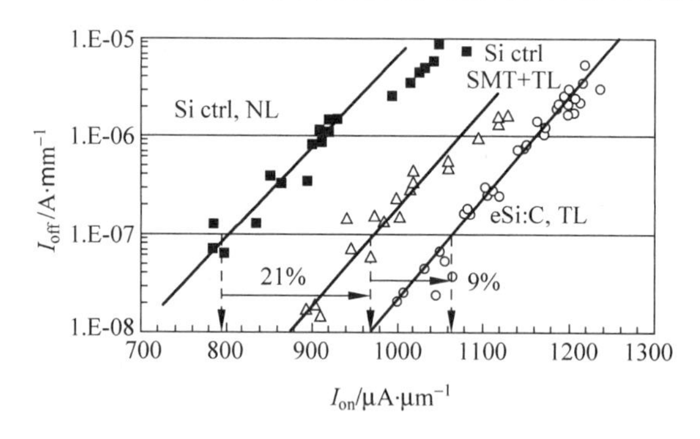


图5.8 参考文献[6]报道的$I_{on}$-$I_{off}$曲线显示出了嵌入式碳硅工艺在提高NMOS器件驱动电流上面的好处

由于CVD工艺生长的嵌入式碳硅工艺具有一定的困难度,文献[17~20]报道了其他方面的努力,包含采用碳离子植入后,使用固相外延技术来获得嵌入式碳硅工艺。

嵌入式碳硅工艺除了在源漏区制造的困难外,如何在后续的工艺步骤中把所掺入的碳保持在替位晶格中也是一个巨大的挑战。一旦碳原子不在替位晶格中,那么应变效果就失去了。图5.9给我们展示了应变和退火温度的关系，当外延碳化硅遇到后续的高温退火时，巨大数目的碳原子离开了原来替位晶格的位置，特别是高浓度的碳硅薄膜。在990℃的尖峰退火工艺后，掺杂2.2%和1.7%原子的碳化硅薄膜将失去约30%的应变，而掺杂1%原子的碳化硅薄膜将失去约10%的应变。所以，外延碳硅薄膜形成后的热预算需要进行很好的控制，以利于应变效果的保持。由于毫秒退火工艺具有更快的升温和降温速率，把它应用在外延碳化硅薄膜形成后的热工艺中，可以获得一些好处[20]。本书第10章将详细讨论毫秒退火工艺。

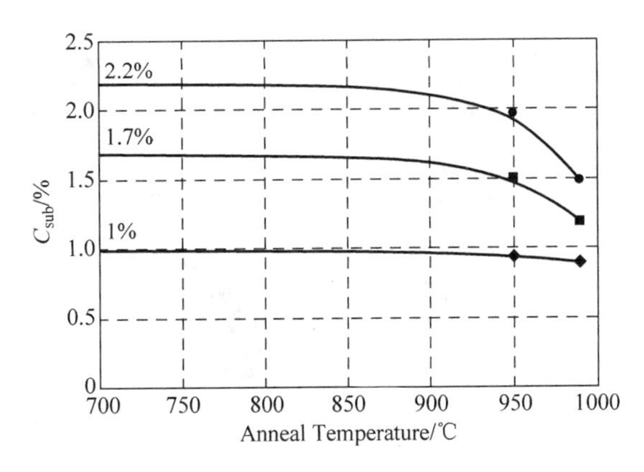


图5.9 外延碳硅形成后的尖峰退火工艺对替位晶格碳原子数目的影响

# 5.3 应力记忆技术

应力记忆技术(Stress Memorization Technique，SMT)，是90nm技术节点以下兴起的一种着眼于提升NMOS器件速度的应力工程[21]。SMT的特点在于，该技术凭借拉应力作用，可以显著加快NMOS器件的电子迁移率，从而提高NMOS器件的驱动电流；然而，SMT在集成电路制造技术中如同一个“隐形人”，在整个工艺流程完成之后，该项技术不会对器件产生任何结构性的变化。

## 5.3.1 SMT技术的分类

在业界早期的探索中，SMT出现了许多流派：

(1) 源、漏极离子注入完成之后，采用低应力水平的膜层(如二氧化硅)作为保护层，对多晶硅栅极进行高温退火[22]；

(2) 源、漏极离子注入完成之后，采用高应力水平的膜层(如高应力氮化硅)作为保护层，再对多晶硅栅极进行高温退火[23]；

(3) 沉积高应力水平的膜层之后，直接做高温退火，而不采用预先的离子注入非晶化过程[24]。

在这三大流派下面，还有很多具体的分支，诸如离子注入的条件差异、应力膜系的选择、退火条件的不同等。随着研究的逐步深入以及工业应用的反馈，上述第二种流派被越来越多的业者青睐，已经成为SMT的主流技术。而事实上，在这一分支下，仍有许多探索和实验在进行。有研究表明传统的SMT技术会降低PMOS器件的驱动电流[25]，如图5.10所示，NMOS速度可以提高10%以上，而PMOS却有15%的衰减。那么如何解决SMT的这种负面效应呢?研究者再次给出了不同的答案:比较传统的思路是,在完成高应力膜层(通常是氮化硅)沉积之后,额外增加一层光刻和刻蚀,去除 PMOS 区域的薄膜,再进行高温退火。但这种方法会消耗更多的制造成本,而且引入多一层光刻和刻蚀,也会给工艺控制带来更多的变异,因此有学者提出通过改善应力膜层自身特性的方法,达到既可以提高 NMOS 的器件速度,又不损伤 PMOS 性能[26]。

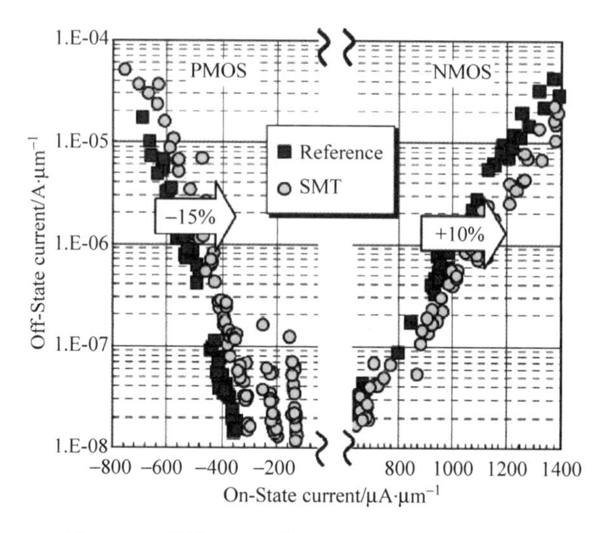


图 5.10 传统 SMT 对 NMOS 和 PMOS 的影响

## 5.3.2 SMT 的工艺流程

依照前面对于 SMT 的大致分类,本节将针对主流 SMT 的工艺流程展开介绍。前面曾提及传统的 SMT 技术会降低 PMOS 器件的驱动电流,针对这个问题的改善,业界又提出了两种解决途径,下面将逐一进行阐述。

由于传统 SMT 对于 NMOS 器件性能有显著提升,而对 PMOS 性能却有一定程度的损害。通常的思路是选择性去除 PMOS 区域的高应力氮化硅[24],具体工艺流程如图 5.11 所示[24]。SMT 实际上是在侧墙(spacer)和自对准硅化物(salicide)之间安插进去的一段独立的工艺,在做完侧墙之后,通常会对源、漏极进行非晶化的离子注入,生长完一层很薄的二氧化硅缓冲层之后,会在整个晶片上沉积一层高应力氮化硅。然后通过一次光刻和干法刻蚀的工艺,去除掉 PMOS 区域的氮化硅,通过酸槽洗掉露出来的二氧化硅,接下来就是非常关键的高温退火过程了。因为温度预算的限制,通常会采用快速高温退火技术,甚至是毫秒级退火。通常来讲,会在第一次尖峰退火(spike anneal)之后,用磷酸将剩余氮化硅全部去除,再做一次毫秒级退火。但也有人倾向于在两次退火都做完之后,再去除氮化硅。

上面提到,也有学者提出通过改善应力膜层自身特性的方法,达到既可以提高 NMOS 的器件速度,又不损伤 PMOS 性能的目的[26],这种方法由于可以节省一道光刻和刻蚀工艺的消耗,又被称为低成本应力记忆技术。具体工艺流程如下:在做完侧墙之后,会对源、漏极进行非晶化的离子注入,生长完一层很薄的二氧化硅缓冲层之后,再在整片晶片上沉积一层拉应力氮化硅。然后直接进行高温退火,最后才用磷酸将氮化硅一次性去除。为了减少 SMT 对 PMOS 的副作用,氮化硅沉积后加紫外光照射。紫外光照射可以减少氮化硅薄膜

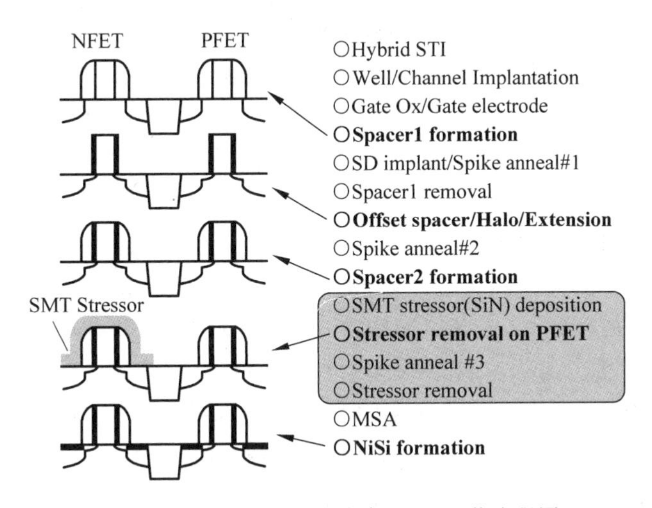


图 5.11　选择性氮化硅移除 SMT 工艺流程图

中的氢含量，由其引起的硼离子损失(B loss) 得到减轻，因而减少对 PMOS 的副作用[26]，如图 5.12 所示。

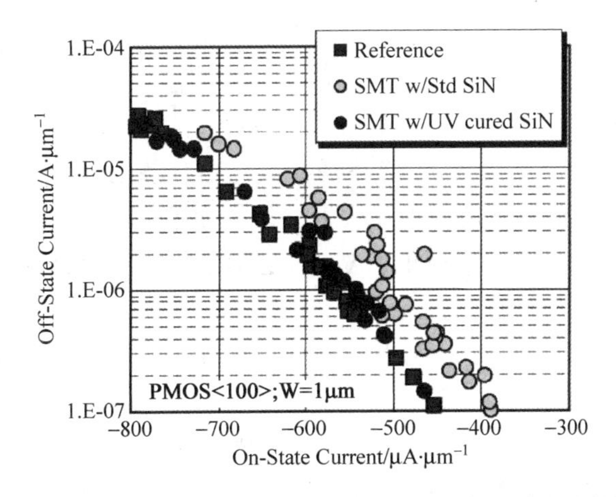


图 5.12　氮化硅应力膜层自身特性对 PMOS 器件驱动电流的影响

总体来讲，这两种方法都有业者在使用，也各有利弊。前一种工艺更为成熟，工艺整合风险低，但存在成本高，工艺复杂的缺点；后一种工艺的优点是工序简单，成本更低，但对氮化硅薄膜的工艺要求较高，工艺整合的可靠性还有待时间的验证。

## 5.3.3　SMT 氮化硅工艺介绍及其发展

用等离子增强气相沉积技术制备的氮化硅薄膜，在半导体工业界已经被广泛应用，其沉积工艺也非常成熟。本节主要着眼于介绍应力记忆技术所采用的高拉应力氮化硅及其性质以及氮化硅性质的演变对应力记忆效应产生的影响。

通常沉积氮化硅有两种方案，其反应方程式如下：

$$SiH_4 + NH_3 + N_2 \longrightarrow Si_3N_4 + \text{by-product} \tag{5-3}$$

$$SiH_4 + N_2 \longrightarrow Si_3N_4 + \text{by-product} \tag{5-4}$$

需要说明的是,由于 $NH_3$ 比 $N_2$ 更易于解离,所以式(5-3)的反应中,大部分N离子来源于 $NH_3$,$N_2$ 主要起稀释和平衡气压的作用,但也会参与反应。式(5-4)的反应则不采用 $NH_3$,直接用 $N_2$ 提供N离子,反应速度会相应降低。不论是哪种反应制备的氮化硅,其中除了Si原子和N原子之外,还有含量不等的H原子,主要以Si-H,N-H的形式存在。H原子的含量及存在方式,对氮化硅薄膜的致密度、折射率、应力大小有极大影响。H离子的来源有两个:$SiH_4$ 和 $NH_3$,所以即便是式(5-4)的反应也无法制备不含H的氮化硅。人们可以根据器件特性的需要,通过变化工艺参数来调整H原子含量,从而得到理想性能的氮化硅薄膜。反应温度,气体流量,射频电源频率和功率,反应气压等都可以影响氮化硅中H原子含量及其性质。一般来说,$(SiH_4+NH_3)/N_2$ 比例越大,高频电源(13.3MHz)功率越大,反应温度越低,H含量越高,本征应力越低(有时也叫沉积应力)。

在应力记忆技术发展初、中期,人们普遍认为氮化硅的本征应力对应力记忆效应有至关重要的影响。因而,SMT所用的氮化硅的主流工艺通常呈现高频电源功率较小,$N_2$ 比例较大,沉积温度较高的特点,这种工艺所制备的氮化硅应力可达1GPa以上[26]。但随着应力记忆机理逐渐得到澄清,很多人开始关注高温退火之后氮化硅的应力变化[27]以及产生的塑性形变大小[26~28]。对于氮化硅薄膜自身特性的研究重新成为热点话题,有人提出用低拉应力氮化硅[26],甚至是压应力氮化硅[27],取代传统的高拉应力氮化硅。这种方案的优点在于退火之后的应力变化非常显著,在本征应力的基础上可以有1.2GPa以上的应力跃升[26,27],这种变化不但可以比传统的应力记忆效应更好地提升NMOS的器件性能,甚至可以降低SMT对图形尺寸分布的依赖性[27],并且不需要通过光刻、刻蚀的额外工序来去除PMOS区域的氮化硅薄膜[26]。甚至为了进一步降低最终的氢含量、提高拉应力,有人研究出沉积加等离子体处理,以及沉积加紫外光照射的复合工艺,这一探索在后面将要讲到的高应力氮化硅刻蚀阻挡层技术中,被广泛应用。

作为一种新兴的应力工程,SMT对NMOS器件性能的提升有着极其重要的贡献,但其自身仍处于不断的完善之中,其中氮化硅的工艺优化日益得到业界学者的重视。不得不提的是,尽管SMT是90nm以下(尤其是65nm节点以下)不可或缺的利器,但应用这种技术仍然存在不少风险,主要体现在工艺复杂性、漏电流加剧、器件可靠性恶化等方面。

## 5.4 双极应力刻蚀阻挡层

我们在5.1节中曾提到,对于硅衬底为(100)晶面的半导体器件,应力加载于载流子隧道,可对器件驱动电流产生极大的影响。对于NMOS器件而言,拉应力可以显著提升<110>和<100>晶向沟道的电子迁移率;而压应力则只对<110>晶向的空穴起作用,对于<100>晶向沟道的空穴作用可以忽略不计。在CMOS工艺流程中,通常会采用一种有等离子增强化学气相沉积生长的氮化硅,作为半导体器件和后段互连线之间的金属前通孔(contact)的刻蚀阻挡层。随着半导体器件工艺的发展,对于器件工作速率的要求越来越高,这一道刻蚀阻挡层被赋予了更多的使命,可以通过沉积工艺和沉积后处理来调整其薄膜应力,从而对NMOS和PMOS器件均产生积极影响。

对于65nm节点之前的器件来说,通常只采用一道拉应力氮化硅作为刻蚀阻挡层,可以提升(100)晶面硅衬底上<100>晶向的 NMOS 的电子迁移率,且对 PMOS 没有负面作用。当半导体工艺发展到 45nm 节点以下时,如何加大 PMOS 的载流子速度逐渐被提上日程,在这种情况下,业界先驱者开发出双极应力刻蚀阻挡层[29~35],通过采用压应力氮化硅来提升(100)晶面硅衬底上<110>晶向的 PMOS 器件的空穴迁移率。这里简单介绍一下制造双极应力刻蚀阻挡层的工艺流程。

(1) 包括自对准硅化物形成在内的前续工艺;

(2) 金属前通孔拉应力刻蚀阻挡层(氮化硅)沉积;

(3) 去除 PMOS 器件区域的拉应力氮化硅;

(4) 金属前通孔压应力刻蚀阻挡层(氮化硅)沉积;

(5) 去除 NMOS 器件区域的压应力氮化硅;

(6) 金属前绝缘层沉积及后续工序。

图 5.13 所示即为覆盖有双极应力刻蚀阻挡层的补偿式金属氧化物半导体场效应晶体管器件。如文献[29]所述,通过采用双极应力刻蚀阻挡层,NMOS 和 PMOS 器件的驱动电流都可以得到大幅提升,提升幅度与薄膜厚度和应力大小的乘积成正向相关,甚至可以高达 30%[29](见图 5.14)。

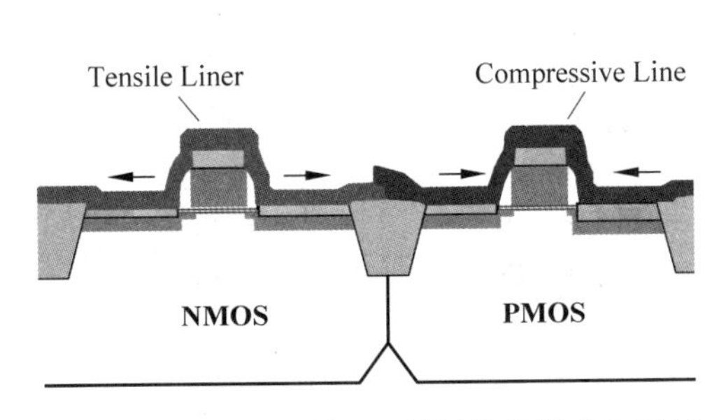


图 5.13　双极应力刻蚀阻挡层的补偿式金属氧化物半导体场效应晶体管器件示意图

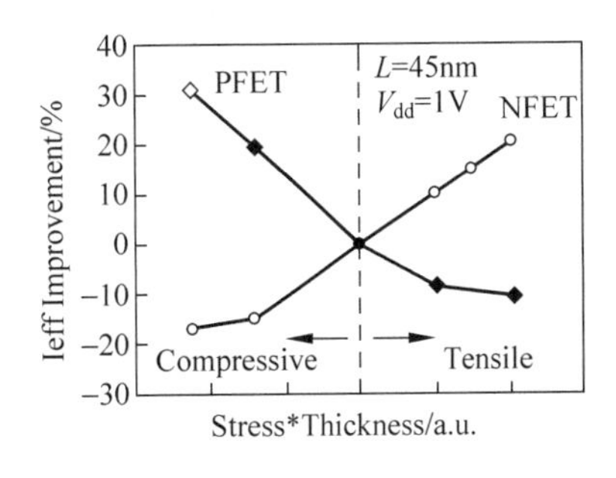


图 5.14　双极应力对于 NMOS 和 PMOS 器件驱动电流的影响

在等离子体增强化学气相沉积工艺中,硅烷和氨气可以分别提供硅原子和氮原子,形成氮化硅薄膜,这种薄膜的组分除了含有硅和氮之外,还不可避免地被掺入一些氢离子。初期人们只是通过气体流量和反应电压来调节氢含量和应力类型及其大小,而当半导体工艺对于氮化硅薄膜的应力要求越来越高时,紫外光照射工艺被引进[36],可以打断氮化硅中原有的硅氢键和氮氢键,形成更强的硅氮键。在紫外光照射工艺的激发下,氮化硅的拉应力最高可以达到 1.8GPa 左右。但紫外光照射工艺也会带来风险,这种沉积后处理工艺会使氮化硅薄膜体积产生收缩,如果薄膜所覆盖的器件或沟槽有较大的凸起,则容易在该处形成裂缝。一旦薄膜出现裂缝,应力松弛效应将会占据主导地位,应力作用将无法转移到半导体器件沟道。为避免裂缝的出现,通常会采用"沉积-紫外光照射"多次循环的制造工艺,来减小风险。而如果要形成压应力性质的氮化硅薄膜,通常会采用双频射频电源的等离子增强气相沉积技术[37]。高频射频电源通常用来解离反应气体,形成反应粒子源,而低频电源由于可以使得带电基团有更大的自由程,通常可以产生更好的轰击效应,从而使得薄膜更为致密,并形成较大的压应力。引入质量较轻的氢气和重型粒子(如氩气和氮气)共同作用,并优化其他工艺参数,最高可以得到3.0GPa以上的压应力。

# 5.5 应力效应提升技术

从上面几节中,我们可以看到应力效应不仅可以用来提高NMOS器件性能,而且也可以用来提高PMOS器件性能。除此之外,还有许多报道使用应力效应提升技术来更进一步地提高器件性能的方法。本节将介绍应力效应提升技术中的两个:一个是通过去除虚拟栅电极的方法来提高嵌入式锗化硅所产生的压应力;另一个方法是通过部分去除侧墙以使得双极应力刻蚀阻挡层薄膜更加接近沟道,从而提高应力效果。

在一个具有嵌入式锗化硅的PMOS器件中,如果它的栅电极采用大马士革结构方式制造的话,通过去除该虚拟栅电极的方法,沟道中的压应力可以得到显著提高[38]。去除该虚拟栅电极后,它释放了原来从栅极带来的排斥力,从而使得嵌入式锗化硅增强了横向作用于沟道的压应力。这个应力效果提升技术可以获得更高的沟道应变和空穴迁移率,它的作用机理可以参考图5.15[38]。

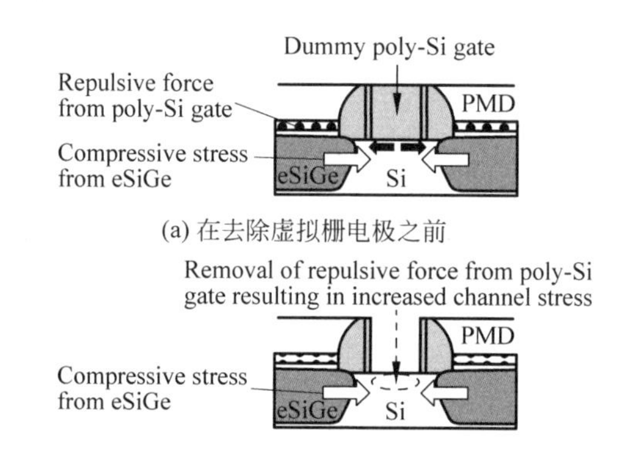


(a) 在去除虚拟栅电极之前

(b) 在去除虚拟栅电极之后

图5.15 通过去除虚拟栅电极的方法来提高沟道中压应力的示意图

在去除虚拟栅电极后,可以在栅电极处的凹槽部位填充多晶硅[38]或金属栅[39]。不管其中的任何一个方法,去除虚拟栅电极后所提高的应力都在最后的器件中保留了下来。通过把大马士革多晶硅栅结构的形成与嵌入式锗化硅相结合的办法,可以获得如文献[38]中所提到的好处。当使用嵌入式锗化硅时,可以提高大马士革结构的驱动电流。而没有使用嵌入式锗化硅的情况下,就没有办法提高驱动电流了。

在高介电常数栅和金属电极的整合结构中,有两个互相竞争的方法:金属栅极置前和金属栅极置后。在栅极置后工艺中,包含了虚拟栅的去除。当我们把它和嵌入式锗化硅工艺相结合,PMOS器件的性能在栅极置后的整合流程中,可以获得一个主要的优势就是:可以提高大马士革多晶硅栅结构形成后带来的应力效果。当我们决定栅极置前和栅极置后哪种工艺用来整合进入高介电常数栅和金属电极的工艺流程中,这是一个主要的考虑因素。下面是一个把嵌入式锗化硅工艺和金属栅极置后工艺相结合的整合流程的简单例子。

(1) 包括源/漏扩散区浅结形成工艺在内的前续工艺。

(2) 源/漏区的硅衬底刻蚀工艺。

(3) 在源/漏区选择性外延生长锗化硅。

(4) 源/漏结的形成。

(5) 自对准硅化物的形成。

(6) 双极应力刻蚀阻挡层薄膜的形成。

(7) 沉积金属层前的介电层。

(8) 使用化学机械研磨去除上述介电层来暴露多晶硅栅电极。

(9) 去除虚拟多晶硅栅电极和栅氧化物。

(10) 沉积高介电常数栅和金属电极。

(11) 使用化学机械研磨去除多余的金属层等后续工艺。

在 5.4 节已经讨论了双极应力刻蚀阻挡层薄膜在提高器件性能方面的实用性。在应力薄膜技术中,器件性能的提高依赖于薄膜本身的应力、厚度,并与沟道的接近程度有关。我们把应力薄膜放置于更加靠近沟道的方法叫做应力临近技术(Stress Proximity Technique, SPT)[40]。应力临近技术已经被成功地用于双极应力刻蚀阻挡层薄膜技术中,它通过去除应力薄膜和多晶硅栅之间的侧墙,使得从应力薄膜到沟道之间的应力接近和应变转移得到最大化[40~42]。要获得更高的器件性能,需要在沟道中施加更大的应变;也可以在同样应力的薄膜条件下,通过减薄侧墙宽度来获得。然而,减薄侧墙宽度会降低器件的短沟道特性,也会使自对准硅化物太靠近沟道,从而带来自对准硅化物与沟道连通的风险。采用应力临近技术,侧墙在自对准硅化合物形成后去除,然后沉积双极应力刻蚀阻挡薄膜。这样就可以最小化上面所提及的潜在问题。一个典型的应力临近技术工艺流程如下:

(1) 包括自对准硅化物形成在内的前续工艺。

(2) 通过干法刻蚀来部分去除侧墙。

(3) 沉积拉应力薄膜。

(4) 去除 PMOS 区的拉应力薄膜。

(5) 沉积压应力薄膜。

(6) 去除 NMOS 区的压应力薄膜。

(7) 包含沉积金属前介电薄膜在内的后续工艺。

在部分去除侧墙工艺的过程中,需要小心处理并且防止过量损失自对准硅化物。从图 5.16 中可以看到,采用应力临近技术进一步地提高了器件的驱动电流[40]。

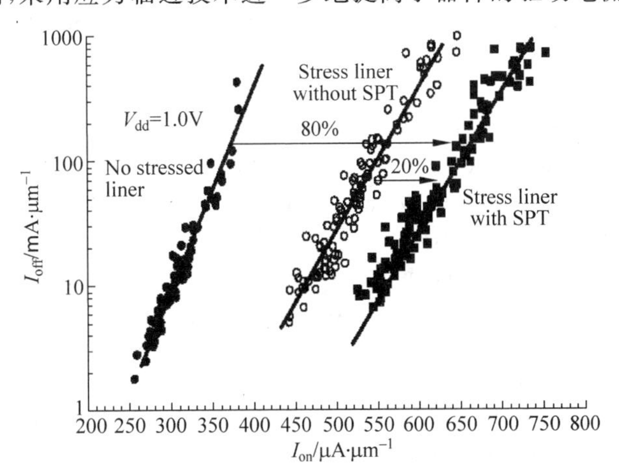


图 5.16　有和没有应力临近技术的 PMOS 驱动电流比较

除了提高驱动电流外，应力临近技术也有利于后续金属前的介电层的填洞能力，这是因为应力临近技术增加了填洞的宽度。

# 参考文献


[1] Kelin J. Kuhn, Mark Y. Liu, Harold Kennel. Technology Options for 22nm and Beyond. Proc. of 10th International Workshop on Junction Technology (IWJT), IEEE, 2010.

[2] N. Mohta, S. E. Thompson. Strained Si-The Next Vector to Extend Moore's Law. IEEE Circuits and Devices Magazine, 2005(21): 18.

[3] T. Komoda, A. Oishi, T. Sanuki, et al. Mobility Improvement for 45nm Node by Combination of Optimized Stress Control and Channel Orientation Design. IEDM, 2004.

[4] K. Ikeda, et al. Integration Strategy of Embedded SiGe S/D CMOS from viewpoint of performance and cost for 45nm node and beyond. IEDM, 2008.

[5] M. Bargallo Gonzalez, et al. Analysis of the Pre-epi Bake Conditions on the Defect Creation in Recessed $Si_{1-x}Ge_x$ S/D Junctions. ECS Fall Meeting, 2007.

[6] K. Mistry, et al. A 45nm Logic Technology with High-k+Metal Gate Transistors, Strained Silicon, 9 Cu Interconnect Layers, 193nm Dry Patterning, and 100% Pb-free Packaging. IEDM, 2007.

[7] N. Tamura, et al. Embedded Silicon Germanium (eSiGe) technologies for 45nm nodes and beyond. IEDM, 2008.

[8] J.-P. Han, et al. Novel Enhanced Stressor with Graded Embedded SiGe Source/Drain for High Performance CMOS Devices. IEDM, 2006.

[9] Z. Luo, et al. Design of High Performance PFETs with Strained Si Channel and Laser Anneal. IEDM, 2005.

[10] M. Kolahdouz, et al. Comprehensive Evaluation and Study of Pattern Dependency Behavior in Selective Epitaxial Growth of B-Doped SiGe Layers. IEEE Trans. Nanotechnology, 2009(8): 291.

[11] S. Flachowsky, et al. Detailed Simulation Study of Embedded SiGe and Si: C S/D Stressors in Nano Scaled SOI MOSFETs. Proc. International Workshop on INSIGHT in Semiconductor Device Fabrication, Metrology and Modeling, 2009.

[12] M. Bauer, D. Weeks, Y. Zhang, V. Machkaoutsan. Tensile strained selective silicon carbon alloys for recessed source drain areas of devices. ECS Trans., 2006, 3(7): 187.

[13] L. Peters. Strained Silicon: Essential for 45nm. Semiconductor International, 2007.

[14] P. Verheyen, et al. Strain Enhanced nMOS Using In Situ Doped Embedded Si1. xCx S/D Stressors With up to 1.5% Substitutional Carbon Content Grown Using a Novel Deposition Process. IEEE Electron Dev. Lett., 2008, 29(11): 1206.

[15] K. W. Ang. Performance Enhancement in Uniaxial Strained Silicon-on-Insulator N-MOSFETs Featuring Silicon-Carbon Source/Drain Regions. IEEE Trans. Electron Dev. 2007, 54(11): 2910.

[16] B. Yang, et al. High-performance nMOSFET with in-situ Phosphorus-doped embedded Si: C (ISPD eSi: C) source-drain stressor. IEDM, 2008.

[17] M. Nishikawa, et al. Successful Integration Scheme of Cost Effective Dual Embedded Stressor Featuring Carbon Implant and Solid Phase Epitaxy for High Performance CMOS. VTSA, 2009.

[18] S. S. Chung, et al. Design of High-Performance and Highly Reliable nMOSFETs with Embedded Si: C. VLSI Tech. Digest, 2009.

[19] Y. Liu, et al. Strained Si Channel MOSFETs with Embedded Silicon Carbon Formed by Solid Phase Epitaxy. VLSI Tech. Digest, 2007.

[20] H. Maynard, et al. Enhancing Tensile Stress and Source/Drain Activation with Innovation in Ion

Implant and Millisecond Laser Spike Annealing. 16th IEEE Int. Conf. on Advanced Thermal Processing of Semiconductors-RTP, 2008.

[21] C. H. Chen et al. Stress Memorization Technique (SMT) by Selectively Strained-Nitride Capping for Sub-65nm High-Performance Strained-Si Device Application. VLSI Tech. Digest, 2004.

[22] K. Ota et al. Novel Locally Strained Channel Technique for High Performance 55nm CMOS. IEDM, 2002.

[23] A. Wei et al. Multiple Stress Memorization in Advanced SOI CDMOS Technologies. VLSI Tech. Digest, 2007.

[24] A. Eiho et al. Management of Power and Performance with Stress Memorization Technique for 45nm CMOS. VLSI Tech. Digest, 2007.

[25] T. Miyashita et al. Physical and Electrical Analysis of the Stress Memorization Technique (SMT) using Ploy-Gates and its Optimization for Beyond 45-nm High-Performance Applications. IEDM, 2008.

[26] C. Ortolland. et al. Stress Memorization Technique-Fundamental Understanding and Low-Cost Integration for Advanced CMOS Technology Using a Nonselective Process. IEEE Trans. Electron Dev. ,2009,56: 1690.

[27] E. Morifuji, et al. Optimization of Stress Memorization Technique for 45nm Complementary Metal-Oxide-Semiconductor Technology. Jap. J Appl. Phys. ,2009, 58: 031203.

[28] C. Ortolland et al. Stress Memorization Technique (SMT) Optimization for 45nm CMOS. VLSI Tech. Digest, 2006.

[29] H. S. Yang, et al. Dual Stress Liner for High Performance sub-45 Gate Length SOI CMOS Manufacturing. IEDM, 2004.

[30] E. Leobandung. High Performance 65nm SOI Technology with Dual Stress Liner and low capacitance SRAM cell. VLSI Tech. Digest, 2005.

[31] S. Fang, et al. Process Induced Stress for CMOS Performance Improvement. ICSICT, 2006.

[32] P. Grudowski, et al. 1-D and 2-D Geometry Effects in Uniaxially-Strained Dual Etch Stop Layer Stressor Integrations. VLSI Tech. Digest, 2006.

[33] J. Yuan, et al. A 45nm low cost low power platform by using integrated dual-stress-liner technology. VLSI Tech. Digest, 2006.

[34] K. Uejima, et al. Highly Efficient Stress Transfer Techniques in Dual Stress Liner CMOS Integration. VLSI Tech. Digest, 2007.

[35] S. Mayuzumi. High-Performance Metal/High-k n- and p-MOSFETs With Top-Cut Dual Stress Liners Using Gate-Last Damascene Process on (100) Substrates. IEEE Trans. Electron Dev. , 2009,56: 620.

[36] M. Belyansky, et al. Methods of producing plasma enhanced chemical vapor deposition silicon nitride thin films with high compressive and tensile stress. J. Vac. Sci. Tech. 2008,26: 517.

[37] E. P. van de Ven, I-W. Connick, A. S. Harrus. Advantages of Dual Frequency PECVD for Deposition of ILD and Passivation Films. VMIC, 1990.

[38] J. Wang, et al. Novel Channel-Stress Enhancement Technology with eSiGe S/D and Recessed Channel on Damascene Gate Process and high-performance pFETs. VLSI Tech. Digest, 2007.

[39] C. Auth, et al. 45nm High-k+Metal Gate Strain-Enhanced Transistors. VLSI Tech. Digest, 2008.

[40] X. Chen, et al. Stress Proximity Technique for Performance Improvement with Dual Stress Liner at 45nm Technology and Beyond. VLSI Tech. Digest, 2006.

[41] S. Fang, et al. Process Induced Stress for CMOS Performance Improvement. ICSICT, 2006.

[42] J. Yuan, et al. A 45nm low cost low power platform by using integrated dual-stress-liner technology. VLSI Tech. Digest, 2006.

# 第6章　金属薄膜沉积工艺及金属化

## 6.1　金属栅

### 6.1.1　金属栅极的使用

随着铪基高 $k$ 材料的引入，人们发现高 $k$ 介质与多晶硅栅极的兼容性一直是影响高 $k$ 材料使用的一个障碍。

因为栅极的一个关键特性是它的功函数，即自由载流子逃逸所需要的能量。功函数决定器件的阈值电压 $V_t$。传统的栅介电材料 $SiO_2$ 或 SiON 采用多晶硅为栅极，功函数取决于多晶硅的掺杂浓度。半导体制造商可以根据设计需要很容易地改变多晶硅掺杂浓度来得到所需的阈值电压。然而随着铪基高 $k$ 材料的引入，人们发现如果继续使用多晶硅作为栅极材料，铪基材料与多晶硅材料之间会形成 Hf-Si 键从而产生所谓的“费米钉轧现象”，即功函数被拉向多晶硅能带间隙中央，这种现象在 PMOS 器件中更为显著，这就使得阈值电压变得不可调制。而金属栅极的使用可以解决栅极和高 $k$ 栅介质材料的相容性问题。

与此同时，栅极同样面临等比例缩小的挑战。施加在栅极上的电压会将少数载流子从沟道区吸引到电介质和沟道的界面处，形成反型载流子分布。这时会在栅极的两侧形成载流子的累积，以维持电荷中性，这必将耗尽附近半导体的电荷。当半导体的电荷被完全耗尽时，半导体就等于绝缘体了，相当于增大了栅介质的有效厚度。尽管耗尽层厚度只有几个埃的 $SiO_2$ 厚度（对于 NMOS 为 2～4Å，对于 PMOS 为 3～6Å），但是当栅介质厚度降到十几个埃左右时，这一厚度的影响就变得十分显著。由于降低等效氧化层厚度是器件等比例缩小的关键，因此多晶硅的耗尽就成了一个很大的障碍。

虽然可以通过提高多晶硅栅极的掺杂浓度来提高材料中自由载流子的浓度，以此来缓解多晶硅的耗尽，但是栅极中的掺杂已经接近饱和水平，尤其对 PMOS 来讲，高浓度硼穿透栅介质已经是十分严重的问题了。而金属中有大量的自由载流子浓度，不会受到耗尽的限制。

另外采用金属栅替代多晶硅栅还可以消除远程库仑散射效应，有效抑制高 $k$ 栅介质中表面软声子散射引起的沟道载流子迁移率下降。与多晶硅栅/高 $k$ 介质相比，金属栅/高 $k$ 介质栅结构具有更高的电子和空穴迁移率，合适的阈值电压，在 RMOS 和 PMOS 器件中具有更高的驱动电流性能。

### 6.1.2　金属栅材料性能的要求

**1. 合适的有效功函数**

有效功函数是高 $k$/金属栅结构中最重要的参数之一，它是影响阈值电压的最主要的因素。其表达式为[1]

$$V_{th} = \Phi_{m,eff} - \Phi_{si} - Q_f/\varepsilon_{ox} \cdot T_{ox} + 2\Psi_B + Q'_{SD}(\max) \tag{6-1}$$

其中，$\Phi_{Si}$为衬底 Si 的功函数；$T_{ox}$为栅介质氧化层厚度；$\varepsilon_{ox}$为栅介质氧化层介电常数；$\Phi_{m,eff}$为有效功函数；$\Psi_B$为衬底 Si 的本征费米能级与费米能级之差；$Q'_{SD}(\max)$ 为最大耗尽层电荷。当衬底材料确定时，式(6-1)中后两项几乎为常数，因此阈值电压主要由有效功函数决定。

栅金属的功函数需要和沟道中载流子的能量相匹配，也就是说所选金属栅极的功函数必须分别能满足 PMOS 和 NMOS 的需求。图 6.1 所示为不同材料的功函数[2]。除金属的组成外，金属的有效功函数会随沉积方式、晶体结构、底层的介质材料以及所经历的高温过程不同而变化。

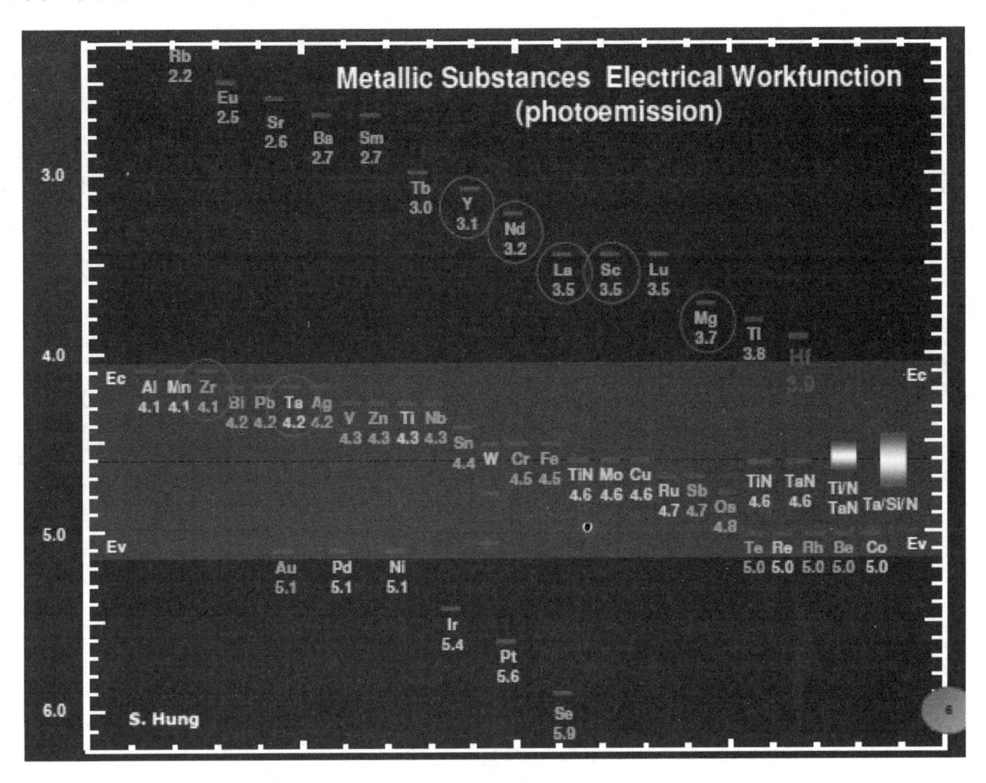


图 6.1　不同金属的功函数

金属栅极的选择通常根据器件的要求不同而选用不同的功函数：一是选择近 Si 的禁带中央的同一种金属作为 PMOS 和 NMOS 器件的栅极，但由于其功函数不可调，通常只适于 SOI、双栅晶体管以及 FinFET 器件的应用需求；而对于高性能器件，需要选择双金属栅，即功函数分别靠近 Si 价带和导带的金属材料，作为 PMOS(大约 5.0～5.2eV) 和 NMOS (大约 4.1eV) 器件的栅极。双金属栅极工艺具有较高的挑战性，不仅需要选择合适功函数的材料，而且必须能够在不破坏第一层金属的情况下得到第二层金属。

**2. 较高的热稳定性**

热不稳定性可能导致金属材料与高 $k$ 介质间的相互扩散或化学反应，引发等效氧化物厚度(EOT) 增加、阈值电压变化、漏电流增大等效应，使器件电学性能严重衰退。因此栅极金属必须具有高的热稳定性以避免金属沉积和退火过程中产生的氧空位及过度氧化导致的有效功函数偏移。尤其对于先栅极工艺中,栅极金属与高 $k$ 材料必须经历传统 CMOS 工艺中激活掺杂杂质采用的1000℃左右高温热处理工艺,在高温退火条件下,获得合适的有效功函数极具挑战性。

**3. 较低的界面态密度**

金属栅与高 $k$ 介质之间,高 $k$ 介质与 $SiO_2$ 之间存在着一定的界面态。较高的界面态密度会产生大量的界面固定电荷和陷阱电荷,造成器件性能及可靠性的降低,因此需要较低的界面态密度。金属栅极取代多晶硅在满足功函数和热稳定性要求的同时,不应对器件载流子迁移率、栅漏电流等电学性能和整体可靠性造成影响。

**4. HKMG(高 $k$ 介质层+金属栅极)整合工艺**

目前在制作 HKMG 结构晶体管的工艺方面,业内主要存在两大各自固执己见的不同阵营,分别是以 IBM 为代表的 gate-first(先栅极)工艺流派和以 Intel 公司为代表的 gate-last(后栅极)工艺流派(见图 6.2)[3]。后栅极工艺又分先高 $k$ 和后高 $k$ 两种不同方法,图 6.2 所示为先高 $k$ 后栅极工艺,Intel 公司在 45nm 采用,到 32nm 后转为后高 $k$ 后栅极工艺。一般来说使用 gate-first 工艺,高 $k$ 介质和金属栅极必须经受漏源极退火工艺的高温,因此实现 HKMG 结构的难点在于如何控制 PMOS 管的 $V_t$ 电压(阈值电压);而 gate-last 工艺虽然工艺复杂,芯片的管芯密度同等条件下要比 gate-first 工艺低,但是金属栅极不需要经受高温过程,不论先高 $k$ 还是后高 $k$。因此先栅极金属栅材料的选择非常困难。

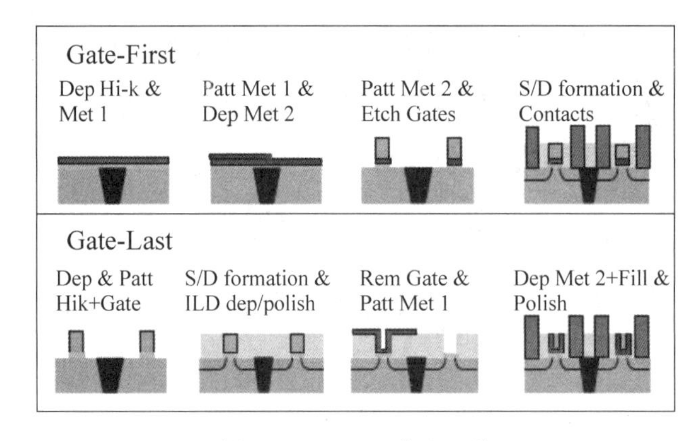


图 6.2 HKMG 整合工艺

**5. 金属栅极有效功函数的调制**

由于金属栅极功函数与栅介质材料有关。高 $k$/金属栅结构界面处存在本征界面态,导致金属费米能级向高 $k$ 介质的电荷中性能级移动,产生费米能级钉轧效应。这种效应使得有效功函数主要由高 $k$ 介质决定,大幅缩小了金属栅在高 $k$ 介质上的有效功函数调制范围(见图 6.3),使高 $k$ 介质上的金属栅有效功函数的调制变得困难[4]。

另外,高温退火可能导致金属栅与栅介质间的界面反应和相互扩散,造成有效功函数的严重漂移。图 6.4 所示为金属栅极/$SiO_2$ 介质体系,在高温退火后,金属有效功函数移向 Si 的禁带中央[5]。金属栅极/高 $k$ 体系同样会遇到同样的问题。因此,金属栅材料的选择会因为 HKMG 整合工艺不同而不同。而先栅极金属栅材料的选择比后栅极工艺更加困难。

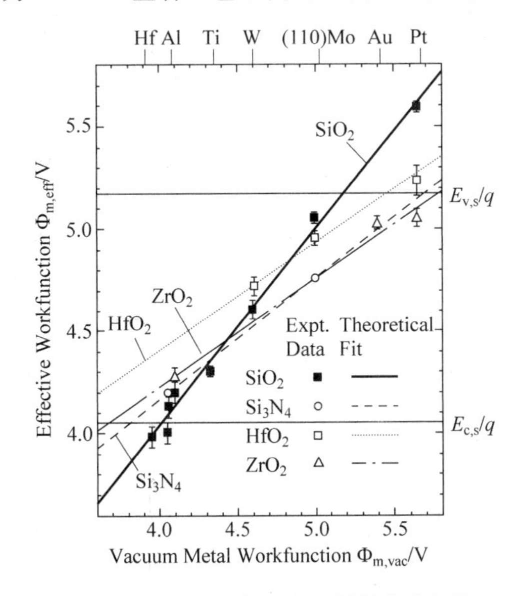


图 6.3　不同金属栅极在不同栅介质上的有效功函数

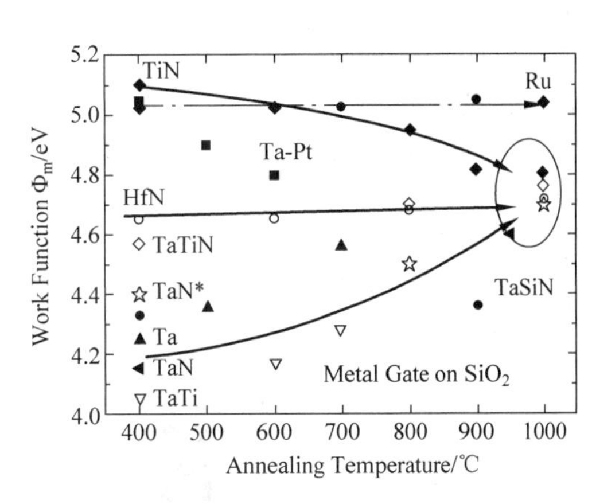


图 6.4　金属功函数随退火温度变化

早期的解决思路主要是通过改变金属栅极材料的成分获得合适的有效功函数和高的热稳定性[6]。

与常规 CMOS 工艺兼容的镍的全硅化工艺是自对准工艺，而且几乎没有栅介质的损伤，是一种比较简单的形成金属栅的方法。由于 NiSi 的功函数接近硅能带间隙中央，可以通过掺杂（PtSix：5.1eV；Ni(20%)Ta(80%)Si：4.2eV）和改变硅化镍的相态（NiSi：4.5eV；$Ni_3Si$：4.85eV）对其进行调节。但是高掺杂浓度的硅化物和相控制都很难付诸生产，硅化处理的不完全和组分的微小偏差都会导致栅极功函数出现较大幅度的变化；而且用 NiSi 做栅极同时也会形成 Hf-Si 键，不能对阈值电压进行很好的控制。

单元素金属或者合金可以作为金属栅极，但是它们的热稳定性和抗氧化能力较差，只有少数像铂和铱这样的贵金属较好，但是这些金属极难刻蚀，很难与标准工艺集成。

具有良好导电性和合适功函数的金属氧化物如氧化铱（4.32eV）和氧化钌（5.0～5.3eV），同样可以作为 MOS 器件栅极的候选材料，然而金属氧化物的热稳定性差，并且其成分中的氧在高温退火条件下会向衬底扩散导致衬底被进一步氧化，使得有效功函数变化和等效氧化物厚度（EOT）增加，且金属氧化物对 $H_2$ 的退火气氛十分敏感。

氮的加入可以很大程度上提高金属栅的热稳定性和抗氧化能力。难熔金属的氮化物（TiN、TaN、HfN、WN）与高 $k$ 栅介质之间有较好的热力学和化学稳定性，界面特性良好，与高 $k$ 栅介质的集成表现出良好的电学特性。但由于难熔金属氮化物与高 $k$ 材料在源漏杂质激活过程中的界面反应、高 $k$ 介质中的氧空位、偶极子层、金属诱生界面态等引起的费米能级钉轧效应，使金属栅的有效功函数一般被限制在禁带中央附近。

目前对于先栅极工艺，通常采用高 $k$/金属栅的界面调制，通过在界面处引入偶极子层来调节有效功函数。通常采用功函数位于带隙中间的金属（如 TiN），而通过在高 $k$ 介质上（或下）沉积不同的覆盖层来调节 $V_t$。通过覆盖层得到带边功函数的原理是覆盖层与高 $k$

材料在高温退火过程中发生互混,最后在高 $k/SiO_2$ 界面处形成偶极子层来实现的。La 等适合调节 NMOS 管有效功函数是因为 $La_2O_3$ 中氧的区域浓度小于过渡层 $SiO_2$ 中的氧的浓度,所以氧会向高 $k$ 方向移动,最后形成电场是由界面层 $SiO_2$ 指向高 $k$ 介质的偶极子层,该电场的存在可以改变带边间的势垒差,使 NMOS 管金属栅的有效功函数从禁带中央附近向导带附近移动;而 Al 诱生的偶极子层的极性与 La 形成的偶极子层的极性相反,使 PMOS 管金属栅的有效功函数从禁带中央附近向价带附近移动[7],如图 6.5 所示。但是如前所述,这种方法对 NMOS 的作用十分明显,而对 PMOS 效果则不显著,而且由于 $Al_2O_3$ 的 $k$ 值较低,PMOS 的 EOT 也会受到影响。所以高性能器件的 PMOS 的 $V_t$ 调节目前仍是先栅极工艺中的主要挑战之一。而采用后栅极工艺,由于不需要经历高温的源漏激活过程,金属材料的选择相对较简单。目前量产的 Intel 公司主要采用 TiN 作为 PMOS 的金属栅极,而通过扩散形成 TiAlN 作为 NMOS 的金属栅极。

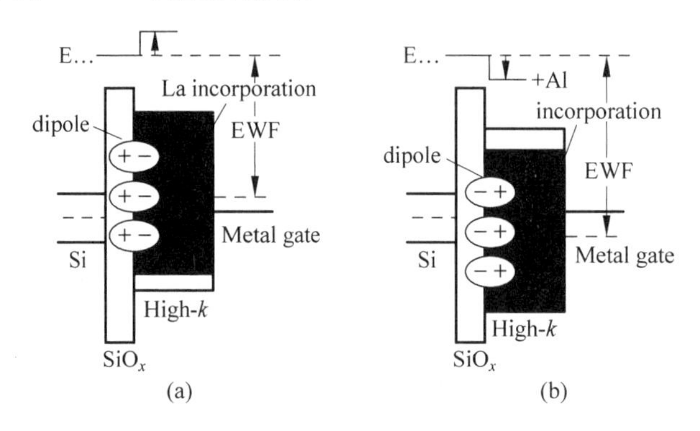


图 6.5 La、Al 元素在高 $k/SiO_x$ 界面产生的偶极子层对有效功函数的影响

目前关于金属栅极功函数的调节机理并不十分清楚,有待进一步地研究。

**6. 金属栅极的沉积方法**

金属栅极的沉积方法主要由 HKMG 的整合工艺决定。为了获得稳定均匀的有效功函数,两种工艺都对薄膜厚度的均匀性要求较高。另外,先栅极的工艺对金属薄膜没有台阶覆盖性的要求,但是后栅极工艺因为需要重新填充原来多晶硅栅极的地方,因此对薄膜的台阶覆盖性及其均匀度要求较高。

目前的功函数金属栅极沉积主要采用原子层沉积(ALD)或射频溅射物理气相沉积法(RFPVD)。两者相比,ALD 的方法可以提供很好的阶梯覆盖性,可以得到均匀的金属栅极厚度,为得到稳定的功函数提供保证;而 RFPVD 的方法可以容易地通过调节反应参数获得不同功函数,同时获得比 ALD 更高的生产能力。因此先栅极工艺一般选择 RFPVD 方法沉积功函数金属,后栅极工艺随器件尺寸减小,会逐渐从 RFPVD 向 ALD 过渡。

通常情况下,功函数金属的厚度一般选择在 50～100Å 之间可以获得比较稳定的功函数。

在后栅极工艺中,功函数金属沉积后,需要再沉积金属 Al 将金属栅极连接出去。一般采用热铝的方法来完成。之前需要溅射法沉积 Ti 作为黏附层,CVD 铝作为籽晶层。

# 6.2 自对准硅化物

图 6.6 是标准的 Endura 物理气相沉积(PVD)镍-铂合金薄膜的机台结构[1]，主要包括三部分：预清洁处理腔(preclean)、镍-铂(Ni-Pt)合金薄膜沉积腔和盖帽层(cap layer)TiN 沉积腔。其中根据具体工艺需要，每种腔室可以有一个或多个，以达到最佳的工艺速度。这些工艺腔室被集成在两个较大的公用腔室上，所有的腔室都是高真空的，要达到 $10^{-6}$ 托以下，并采用逐级真空，其中，反应腔的真空度最高。工艺过程中，硅片(wafer)先进入预清洁处理腔，以去除硅片表面的自然氧化物(native oxide)，然后进入镍-铂合金薄膜沉积腔沉积一层镍-铂合金薄膜，最后进入 TiN 沉积腔生成盖帽层。下面对这三种工艺腔进行详细描述。

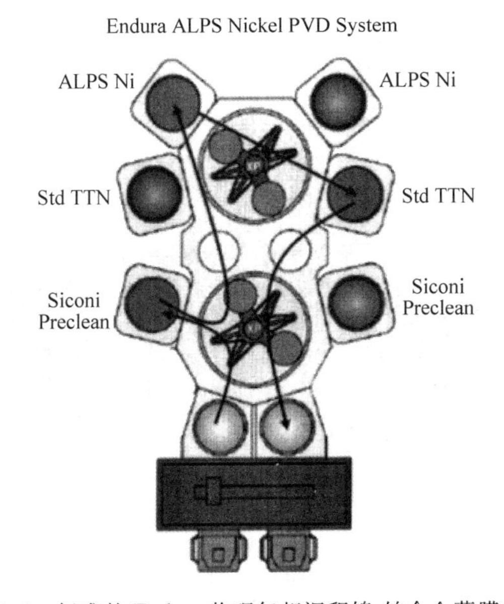


图 6.6　标准的 Endura 物理气相沉积镍-铂合金薄膜机台

## 6.2.1 预清洁处理

当集成电路技术发展到 65nm 以下时，传统的预清洁处理(preclean)方式 HF dip 和 Ar sputter 已经不能满足制程的需要了，必须采用先进的 SiCoNi 预清洁处理腔。它主要包括两个步骤：刻蚀(etch)和升华(sublimation)。$NF_3$ 和 $NH_3$ 在 plasma 的作用下产生活性粒子，活性粒子在低温条件下与硅片上的 $SiO_2$ 发生反应生成易升华的化合物 $(NH_4)_2SiF_6$，然后在高温下将化合物 $(NH_4)_2SiF_6$ 升华以达到除去 native oxide 的效果。其反应机理如图 6.7 所示[2,3]。

与 HF dip 和 Ar sputter 相比，SiCoNi 具有诸多优点[1]：

(1) SiCoNi 可以消除 HF dip 过程中存在的 *Q*-time 问题。由于 HF dip 与金属薄膜的生长必须在不同的机台上进行，在硅片传输的过程中，与大气接触使得硅片上重新生长一层薄薄的 $SiO_2$ 薄膜。

(2) SiCoNi 是一种柔和的化学刻蚀的方式。Ar sputter preclean 方式会在反应腔内产

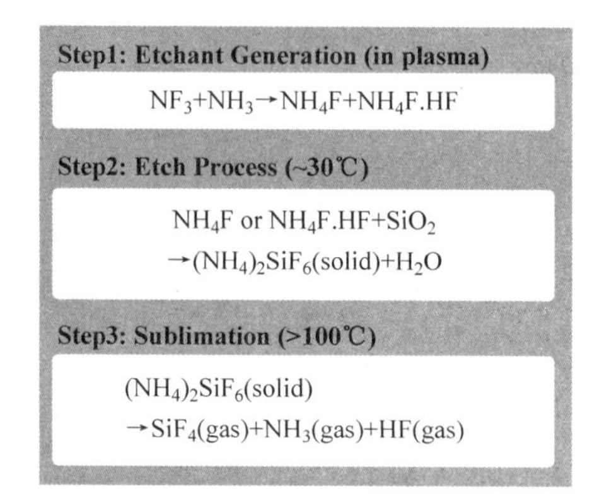


图 6.7　SiCoNi 的反应机理

生比较强的 plasma，对硅片表面产生强大的轰击效应，在除去 $SiO_2$ 的同时，也对硅片表面产生破坏作用，使硅片表面变得粗糙，缺陷增加，在形成硅化物的过程中容易形成尖峰状缺陷(spiking)，见图 6.8(a)。另外，反应腔内的 plasma 也会对硅片上的器件产生破坏作用。而 SiCoNi 采用 remote plasma 的方式，在反应腔内没有 plasma，因此，对硅片表面和器件的破坏都较小，消除了尖峰状缺陷，见图 6.8(b)。

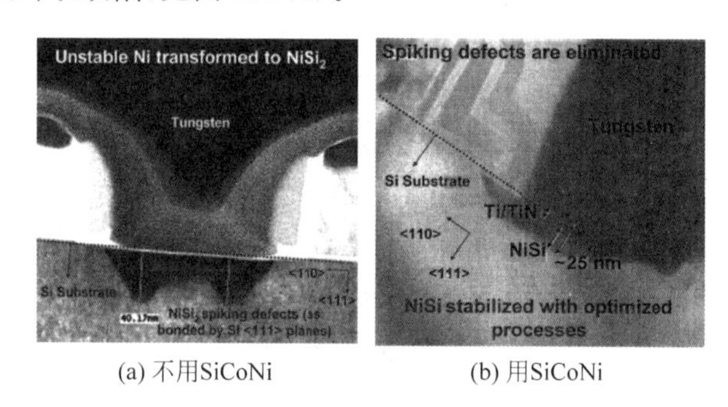


(a) 不用SiCoNi　　(b) 用SiCoNi

图 6.8　SiCoNi 对 PMOS 上的 spiking defect 的影响

(3) SiCoNi 是一种高选择性的预清洁方式，$SiO_2$ ∶ Si>20 ∶ 1，$SiO_2$ ∶ $Si_3N_4$>5 ∶ 1。

图 6.9 为 SiCoNi 反应腔的结构，主要包括 remote plasma 发生器、hot showerhead、cold pedestal 等主要部件。remote plasma 产生器的主要作用是将 $NF_3$ 和 $NH_3$ 的混合气体在 plasma 作用下生成活性粒子。hot showerhead 的温度为 180℃左右，硅片上的 $SiO_2$ 生成易升华的化合物 $(NH_4)_2SiF_6$ 后，会被升举而靠近 hot showerhead，将 $(NH_4)_2SiF_6$ 升华。由于 $(NH_4)_2SiF_6$ 只有在低温条件下才会生成，因此，cold pedestal 的温度较低，接近室温，为 $(NH_4)_2SiF_6$ 的生成提供条件。图 6.10 为 SiCoNi 工艺过程，硅片进入反应腔后，$NF_3$ 和 $NH_3$ 的混合气体在 remote plasma 发生器中产生活性粒子，活性粒子进入反应腔后与硅片表面的 $SiO_2$ 反应生成易升华的化合物 $(NH_4)_2SiF_6$，然后将硅片升举到 hot showerhead 附近，利用辐射加热的方式将硅片表面的 $(NH_4)_2SiF_6$ 升华，然后由真空泵将气体抽走。在实际工艺过程中，有时一步升华很难把硅片表面的副产物去除干净，往往采用两步或多步升华以达到彻底除去副产物的目的。

在实际的集成电路制造工艺中，为了确保机台在生产产品时不会出现问题，需要定期对

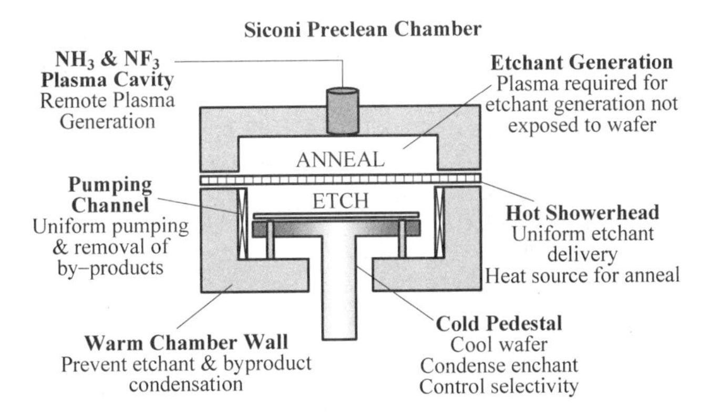


图 6.9　SiCoNi 反应腔的结构简图(应用材料公司提供)

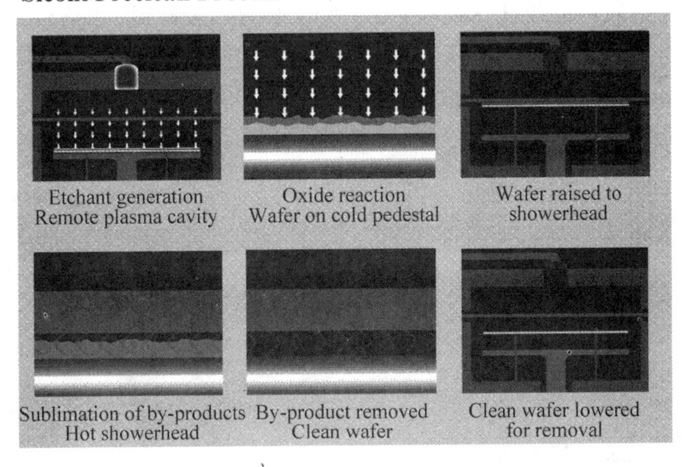


图 6.10　SiCoNi 的工艺过程(应用材料公司提供)

机台进行测试(monitor),对于 SiCoNi 反应腔来说,当用长有 $SiO_2$ 的空白硅片测试在工艺过程中的颗粒(particle)缺陷时,发现将经过 SiCoNi preclean 的硅片放置一段时间之后,在硅片的中心会出现大量的 particle,随着时间的增加,这种 particle 会自动减少,直至消失,这就是所谓的"幽灵(ghost)"缺陷,见图 6.11,这会影响对机台实际状况的评估。为了克服这个缺陷,得到没有 ghost 效应的测试结果,可采用裸露的硅片作为测试硅片。

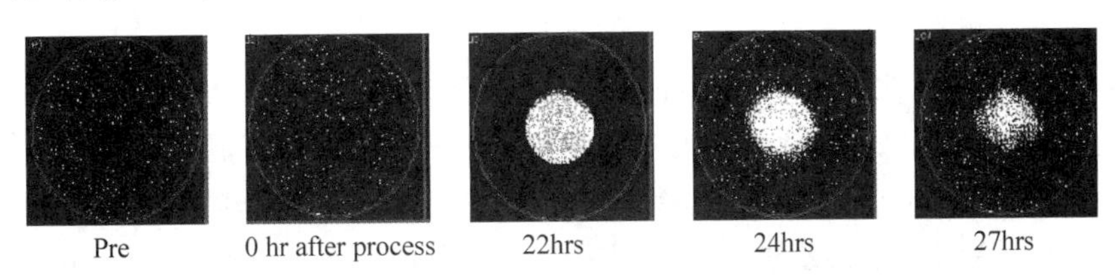


图 6.11　ghost 效应(应用材料公司提供)

## 6.2.2　镍铂合金沉积

当集成电路技术发展到 65nm 以下时,必须使用 Ni silicide。但如果使用纯镍的薄膜作为形成 silicide 的金属,由于镍原子的扩散能力很强,则会在源漏极上出现如图 6.12 所示的侵蚀(encroachment)缺陷。Encroachment 缺陷会增加漏电,降低良率。因此,在实际的集成电路制造工艺中,常常采用含铂 5～10atom%的镍铂合金作为形成 silicide 的金属。

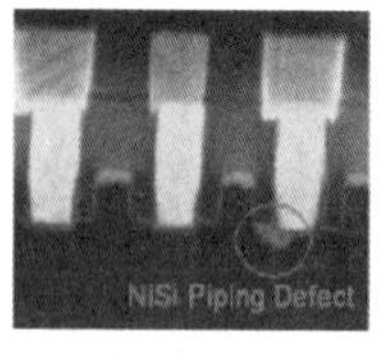


(a) SEM

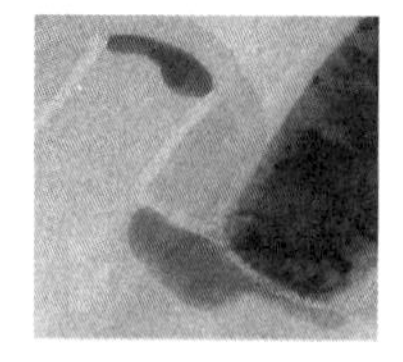

(b) TEM

图 6.12 Encroachment 缺陷照片

随着技术的发展,除了需要 Ni-Pt 合金之外,传统的 PVD 镀膜的机台已经不再满足制程的需要。尤其是当发展到 65nm 时,线宽进一步缩小,镀膜之前的深宽比(aspect ratio)进一步增加,这就要求镀 Ni-Pt 薄膜的机台具有比较好的台阶覆盖率(step coverage),另外,物理气相沉积长膜方式会受到硅片上几何结构的影响而存在不对称性(asymmetry),对于槽(trench)和通孔(via)而言,离硅片中心较远的一边比较容易沉积,厚度较厚,而离硅片中心较近的一边由于受到侧壁的遮挡效应(shadow effect),厚度较薄,如图 6.13 所示。在对 Ni-Pt 薄膜进行热处理形成硅化物的过程中,较厚的一边所形成的硅化物的厚度较厚,严重的情况下甚至会钻到栅极(gate)下面,形成如图 6.14 所示的 encroachment defect,增加漏电,严重降低器件的良率。因此,必须使用型号为 ALPS(Advanced Low Pressure Sputtering)的 Ni-Pt 沉积腔。

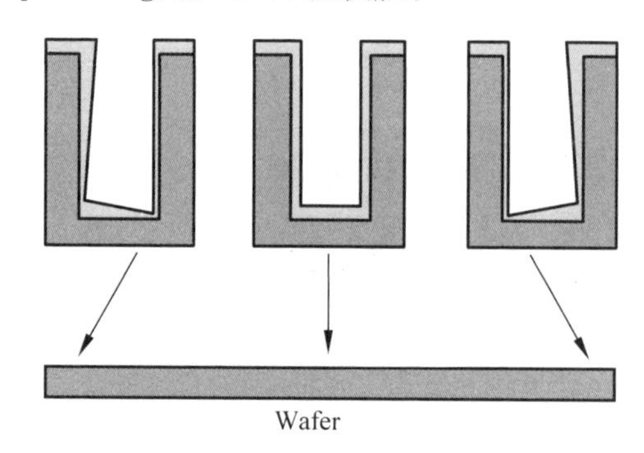


图 6.13 Shadow effect 和不对称性

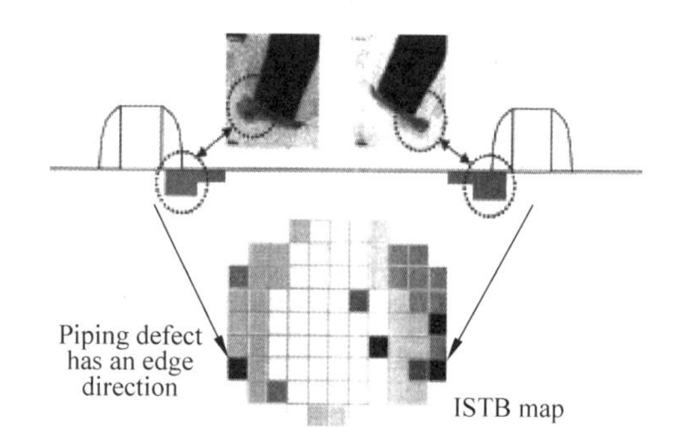


图 6.14 Encroachment 缺陷在硅片上的分布

与传统的 PVD 相比较,ALPS 主要有三个方面的改进以增强台阶覆盖率和降低不对称性。

(1) 增加硅片和靶材之间的距离(long through),使从靶材上溅射出来的大角度的粒子沉积到反应腔的侧壁上,只有小角度的粒子可以到达硅片表面。

(2) 降低反应压力(low pressure),压力越低,气体分子的平均自由程会越大,粒子的碰撞概率降低,这样可以确保更具有方向性的沉积。

(3) 在硅片和靶材之间安装基环(ground ring),如图 6.15(a)所示。基环可以将一些大角度的粒子过滤,确保到达硅片表面的都是小角度的粒子,以增加阶梯覆盖率和降低不对称性。当制程发展到 45nm 时,线宽进一步缩小,ALPS 不再满足阶梯覆盖率和不对称性的要求,此时,需要对 ALPS 进行改进,采用 ALPS ESI(Extend Salicide Integration),用聚焦环(focus ring)替代基环,见图 6.15(b)。

### 6.2.3 盖帽层 TiN 沉积

盖帽层(cap layer)TiN 主要是为了保护 Ni-Pt 薄膜,对阶梯覆盖率和不对称性的要求较低,因此,通常采用标准的 PVD 方式,其反应腔的结构简图如图 6.16 所示。

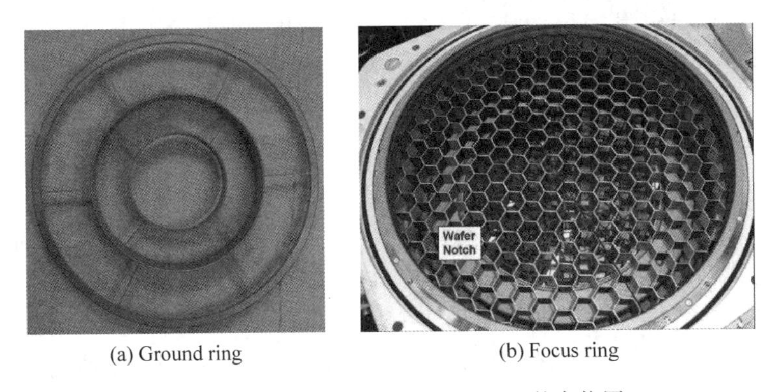

(a) Ground ring (b) Focus ring

图 6.15 Ground ring 和 Focus ring 的实物图

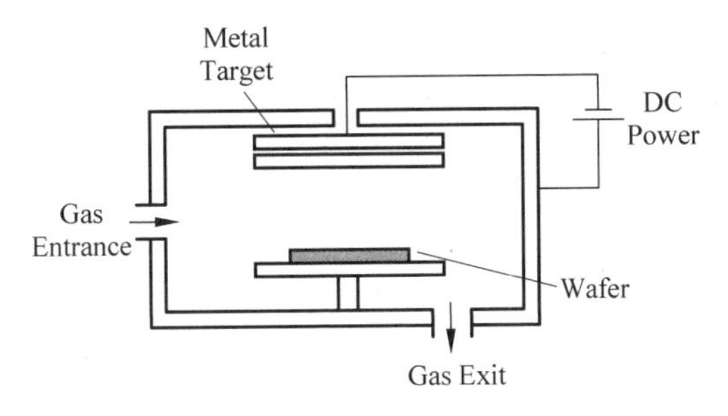


图 6.16 标准 PVD 反应腔的结构简图

## 6.3 接触窗薄膜工艺

### 6.3.1 前言

接触窗(contact window)由两部分构成,一部分是作为黏合层的 Ti/TiN(glue layer),另一部分是接触孔的填充物钨栓(W plug)。主要目标是在不出现填洞问题的前提下,*RC* 尽可能低。本节介绍业界在提高填洞能力和降低 *RC* 方面的历史、现状和未来的发展。针对 glue layer,主要介绍提高台阶覆盖率(step coverage),侧重机台(tool)在硬件(hardware)的演变对 step coverage 的影响,同时介绍在不同的世代(generation)对 contact 环节(loop)的要求以及在工艺整合上的调整。对于 W,除了介绍填洞方面所做的努力,还会介绍在工艺方面所做的工作,以减少形核层(nucleation layer)厚度和增大体层(bulk layer)W 晶粒大小为主。

### 6.3.2 主要的问题

Glue layer 是黏合层,增加 W 与基体(substrate)材料——主要是氧化硅($SiO_2$)的结合力。glue layer 又分为 Ti 和 TiN 两层。其中 Ti 起到黏合作用,同时也有一定的清洁(gettering)作用,在高温下能与 $SiO_2$ 反应,生成含 Ti 的硅氧化物降低阻值。只有 Ti 不行,因为在沉积 W 时,是 CVD 制程,会用到 $WF_6$。$WF_6$ 有很强的氧化性,会与 Ti 反应,生成一种称为火山口(volcano)的缺陷,造成整个 contact 与 substrate 的剥离(peeling),需要有一层隔离层。TiN 就起到阻挡层的作用,它能阻止 $WF_6$ 和 Ti 的扩散与接触,从而避免了 volcano 的形成。只有 TiN 也不行,因为 TiN 的应力非常大,容易从 substrate 上剥离,需要 Ti 作为缓和层(buffer layer)来提高接合力。

为了保证 Ti/TiN 起到黏合和阻挡作用,需要一定的厚度,特别是在侧壁(sidewall)。但是 glue layer 太厚,会有两个问题。一是 glue layer 远比 W 高,在有限的 contact 空间,glue layer 占的比例越大的话,*RC* 就会越大。另一方面,glue layer 越厚的话,越容易在 contact 顶部形成 overhang,给随后的 W CVD 制程带来困难。Overhang 严重时,W 在 contact 低部还未填充完全情况下,顶部已封口,在 contact 中央形成缝隙(seam)。如果 seam 的位置处于 W CMP 抛磨区,CMP 磨到 Seam 时,在 contact 顶部形成开口。Seam 的存在不仅增加了 *RC*,而且会影响到随后的金属互联-铜的电镀(ECP)以及器件的抗电迁移能力。

对于 W CVD,也存在因填洞引起的 seam 问题。在 W 沉积过程中,由于 W CVD 是接近扩散控制的反应,contact 顶部相较底部会先接触和多接触反应气体,因此生长会比底部要快,而且 W 的生长是由侧壁向中心方向生长,因此如果不能很好的控制反应速度的话,顶部先封口也会形成 seam,严重时形成空洞(void)。除了填洞能力外,因为 W 是 contact 主要填充金属,W 的另一个挑战是如何降低 $p$ 以降低 *RC*。

## 6.3.3 前处理工艺

在进行 Ti/TiN 沉积之前,wafer 还要进行前处理,一是加热(degas)去除 ILD layer 里的水汽和从上道工艺可能残留下来的聚合物(polymer),二是用氩气进行离子轰击(Ar pre-clean)去除 wafer 表面的氧化物。

传统的 degas chamber 一般采用灯泡(lamp)加热,到了 300mm 时,出现了加热效率更高 DMD (Dual-Mode Degas) chamber,wafer 正面用灯泡加热背面用电阻(heater)加热。DMD 的另一个优点是杂质气体去除效率高。随着 ILD 材料的变化,degas 的制程也要做相应的调整。在 65nm 世代及以前,主要的 ILD 工艺是 HDP,其材料相对致密,吸附的水汽较少。到了 45nm,由于多晶硅侧墙(spacer)的间距(space)缩小,引入了具有更好 gap fill 能力的 HARP 工艺。HARP 是一种 SACVD 工艺,由于没有 HDP 中的离子轰击步骤,薄膜的致密性要比 HDP 差,吸附的水汽就相对多,相应的 degas 的温度和时间就要升高和延长。但是,degas 的温度和时间也要控制。因为 65nm 及以下世代,使用 NiSi 做 Source/Drain 和 Poly line 的硅化物,NiSi 的缺点是热稳定性差,过多的热量(thermal budget)会使 NiSi 向 $NiSi_2$ 转变,*RC* 和器件漏电都会增加。

Ar pre-clean 的作用是通过离子轰击去除基体表面的氧化物。Ar pre-clean chamber 主要由高频(RF2)、低频电源(RF1)和一个石英罩构成,其结构如图 6.17 所示。RF1 作用是加速粒子撞击以产生等离子,故选择对加速离子有利的低频电源,频率一般在 400kHz。RF2 的作用是产生负的偏压。在交流电作用下,正负电荷会不断改变自己的运动方向。负电荷由于质量轻运动速度就快,在电场改变方向以前,可能就已到达 wafer 表面并逐渐累积起来,最后形成较大的负偏压,吸引正的 Ar 离子来轰击 wafer 表面。频率越高,形成的负压越大,clean 的效率越高。现在 RF2 的频率为 13.56MHz。但是这种轰击没有选择性,当氧化物被去除以后,Ar 离子会继续刻蚀基体,使部分硅化物也被去除,导致 *RC* 增加。所以,

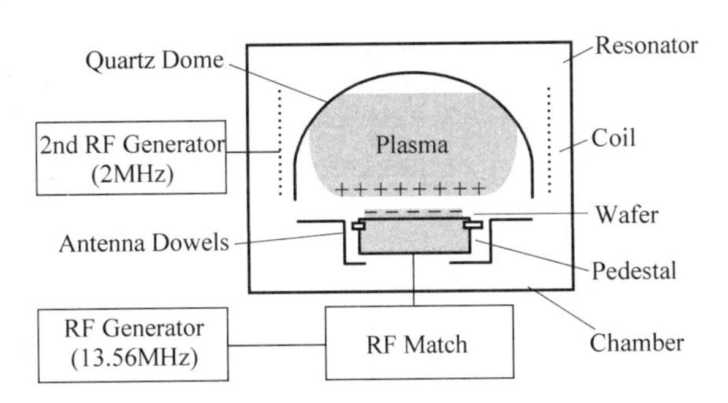


图 6.17 Ar pre-clean chamber 结构示意图

在进行工艺开发时，Ar pre-clean 的时间和功率(power)都要调整，通过 DOE 找到合适的工艺参数，达到既能保证氧化物被彻底清除，又能尽量避免对硅化物的损伤的目的。

Siconi 是新的 Pre-clean 工艺，它实际是一种 dry etch 工艺，反应原理如下：

$$NF_3 + NH_3(RF) \longrightarrow NH_4F + NH_4F.HF$$

$$NH_4F + NH_4F.HF + SiO_2(Heat) \longrightarrow (NH_4)_2SiF_6 + H_2O$$

$$(NH_4)_2SiF_6 + H_2O(Heat) \longrightarrow SiF_4 + NH_3$$

Siconi 的优点是采用了 remote plasma，所以不存在 PID 问题。而且由于是气体反应，与采用物理轰击的 Ar pre-clean 工艺相比较少受 contact A/R 的影响。所以，用做 contact 的 pre-clean 时，Siconi 主要应用在具有较高 A/R(>20∶1)的 dram 制程，logic 制程还是 Ar pre-clean。

## 6.3.4 PVD Ti

为了解决 glue layer 厚度与填洞要求的矛盾，业界的主要努力集中在提高阶梯覆盖率方面，在不改变沉积厚度的前提下，尽量增加生长在侧壁的薄膜厚度。

对于 Ti，一直采用 PVD 工艺。对于早期 PVD 工艺，由于粒子(原子和离子)到 wafer 表面的入射没有很好的方向性。contact 顶部接触角比底部大，而且由于侧壁对底部的遮挡效应(shadow effect)，顶部沉积的原子就比底部多，在 contact 顶部形成 overhang。但由于早期的 contact 特征尺寸大，overhang 不是一个问题。随着 contact 尺寸不断减小，overhang 引起的问题逐渐凸现。为了解决这个问题，业界一直在改进机台，主要是提高粒子的垂直入射比例，使更多的原子或离子到达 contact 底部，从而提高 step coverage。

图 6.18 为机台的演变历程。最早的 chamber 只有一个 DC power，对粒子的入射方向没有控制。到了第二代有两种改进。一种是在 chamber 中间加了筛子(collimator)，让垂直方向入射的粒子通过，其他方向的粒子被阻挡而沉积在 collimator 上面。这种方法的缺点是沉积效率低，而且沉积在 collimator 上的薄膜容易剥离，形成微观颗粒掉在 wafer 上面，产生缺陷。另一种方法是拉长(long throw)靶材到 wafer 表面的距离，最后到达 wafer 表面的粒子都是近乎垂直入射方向的粒子。它的缺点也是沉积效率低。在这两种类型机台基础上，又分别发展了第三代。一种是 SIP(self-ionized Plasma) chamber，在 long throw 的基础上，使用了非平衡的磁铁(unbalance magnetic)，增强粒子在垂直方向上的运动，在 pedestal 上接了 RF 以产生 bias 吸引离子，顶端的 magnetic 磁力线范围在 target 附近，约束更多的离子轰击 target 产生沉积粒子。这些 Ti 原子自离化(self ionized)产生 $Ti^+$，使 $Ti^+/Ti$ 由

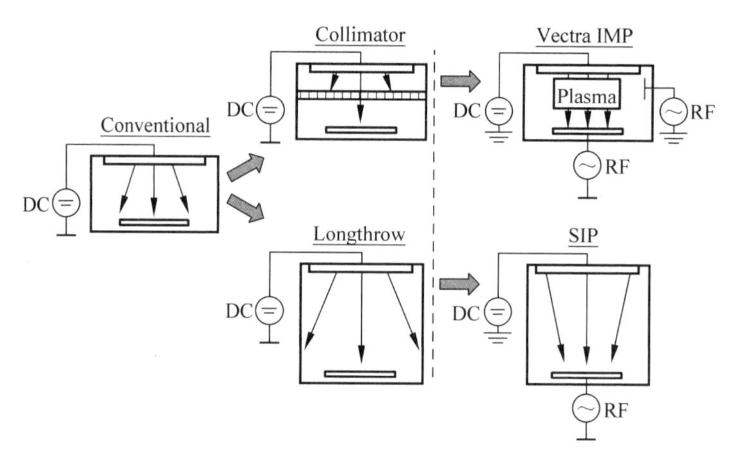


图 6.18 PVD 发展历程

一般 PVD 的 5%增大到 20%。离化率的提高和 RF 的偏压共同作用使 step coverage 得到明显改善。另外一种更先进的第三代 chamber 称之 IMP(ionized metal plasma) chamber。相较 SIP，IMP chamber 的中间部位加了线圈(RF coil)用以离化 Ti，同时 chamber 压力也较高，使热离化率增加。IMP 的 $Ti^+/Ti$ 在 40%～60%，比 SIP 的 20%大很多，所以其入射角分布是所有工艺中最集中的(见图 6.19)。一般的，SIP 用在 0.25μm 以上工艺，到了 0.18μm 及以下，都使用 IMP Ti 工艺，而且可以延续到 32nm。

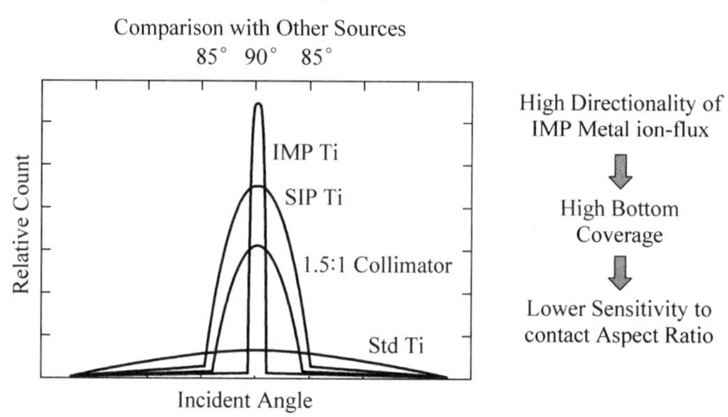


图 6.19 各种 PVD 工艺入射粒子集中度比较

## 6.3.5 TiN 制程

受 gapfill 能力的限制，PVD TiN 工艺只能用到 0.25μm，从 0.18μm 开始采用 MOCVD 工艺，包含薄膜沉积和等离子处理(plasma treatment)两个步骤，可以多次循环。

沉积的基本反应是四二甲基胺钛(TDMAT)在一定温度和压力下分解，生成 TiN。这时形成的 TiN 由于含有大量的杂质(碳和氧含量各约 20%)，薄膜疏松且电阻率非常高，最高可达 50000μΩ·cm。为了降低电阻率，会在原位进行 plasma treatment，将杂质驱除。最后得到低阻、致密的 TiN，电阻率会减小到 300μΩ·cm。treat 后的薄膜厚度会比 treat 前薄

50%，薄膜也由无定形转变成多晶。Deposition 和 plasma treatment 有时只有 1 个循环，有时要进行 2 个甚至 3 个循环。一般希望进行多次循环，每个循环内沉积的薄膜可以薄一些，可以将杂质去除得更彻底，缺点是生产率(Wafer Per Hour，WPH)低。

对沉积步骤，最主要的反应因素是沉积温度。沉积时反应温度越高，沉积速率越高。对于 CVD 工艺，一般的规律是沉积速率越高，step coverage 越差。MOCVD TiN 反应温度对 dep-rate 和 step coverage 的影响如图 6.20 所示。为了有较高的 step coverage，反应温度就不能选得太高。而为了获得比较高的沉积速率，温度又不能太低，所以实际应用时普遍把温度选在 380～450℃之间。

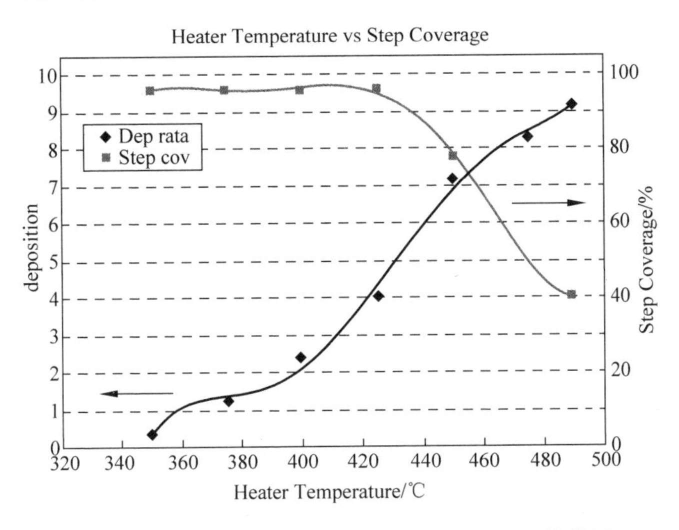


图 6.20　反应温度与 dep rate 和 step coverage 的关系

### 6.3.6　W plug 制程

W plug 现在都采用有较高填洞能力的 CVD 工艺，主要有两个步骤，第一步是形核(nucleation)，第二步是体沉积(bulk deposition)。为了降低阻值，业界针对这两步做了大量的工作。

对于形核层，有两个主要的方向：①尽量减少形核层的厚度，因为形核层的阻值较体层高，所以要在满足填洞能力的要求下尽量减少形核层的厚度。②增大形核层的晶粒度，晶粒越大，阻值越低。传统的 WCVD 工艺的 nucleation 主要是 $SiH_4$ 和 $WF_6$ 在一定温度和压力下进行混合反应，到 30nm 厚时才能为体沉积提供均匀的 nucleation layer，否则在体沉积时局部沉积过快，在 contact 中形成封口。

PNL(pulse nucleation layer)工艺是最早的改进工艺，主要采用了类似原子层沉积的概念，反应时先向 chamber 通入 $SiH_4$，当 $SiH_4$ 在基体表面平铺均匀后，再通入 $WF_6$，形成 1nm 的钨层。这样的过程重复 4～5 次，就可以形成非常均匀的形核层，厚度约 5nm，晶粒直径约 30nm。PNL 的另一个主要措施是在 $SiH_4$ 和 $WF_6$ 反应循环之前，先通入 $B_2H_6$。$SiH_4$ 和 $WF_6$ 反应要在 TiN 的催化作用下才能进行，这样 contact 中 TiN 覆盖不好的部位就会形成空洞。$B_2H_6$ 的特性是可以在 $SiO_2$，TiN 和 Si 表面分解成 B 和 H，然后再由 B 和 $WF_6$ 反应形成 W，避免了因 TiN 填洞差引起的空洞。

在PNL的基础上又有两个改进工艺LRW(low resistance W)和PNLxT。LRW是在PNL完成后加了一步$B_2H_6$和$WF_6$反应,主要作用是增大晶粒。PNLxT是在PNL反应过程中通入$H_2$,主要作用是用H和$WF_6$带来的F反应,形成的HF是气态被抽走,这样可以减少F对基体的攻击(attack),降低volcano产生的概率。为了进一步降低nucleation layer的厚度和增大grain size,在LRW的基础上又发展出了LRWxT工艺,其完全用$B_2H_6$代替$SiH_4$,最后总的nucleation layer只有约1nm,grain size可达280nm,resistance比PNL可降低40%。

对于bulk deposition,主要的改进工艺是coolfill,顾名思义就是把反应温度降低,从而降低沉积速率以提高填洞能力,但grain size略有变小,使resistance有3%的增加。

一般而言,为了降低contact resistance,希望能使高阻的glue layer尽量薄。但事实上,glue layer的grain size会影响W的grain size,而glue layer的grain size又受glue layer厚度的影响,同时glue layer的Ti变薄也会使Ti gettering作用下降,从而使整个contact的resistance变大。所以在实践中,要去做试验去发现合适的glue layer厚度。

# 6.4 金属互连

## 6.4.1 前言

在半导体制造业中,铝及其合金在很长的时期里被广泛采用,实现由大量晶体管及其他器件所组成的集成电路互连。但是,随着晶体管尺寸的不断缩小,原本应用了几十年的铝互连工艺,已经不能满足集成电路集成度、速度和可靠性持续提高的需求。与传统的铝及其合金相比,铜的导电率只有铝铜合金的一半左右(含0.5%铜的合金电阻率约为3.2μΩ·cm,而铜为1.678μΩ·cm)。较低的电阻率可以减少金属互连的*RC*延时,也可以降低器件的功耗。随着器件尺寸的缩小,本征延时不断下降,器件速度不断提高。Cu搭配低*k*值电介质的连线工艺的器件,延时最短,速度最快,见图6.21[1]。铜的电迁移特性远好于铝[2]。并且,镶嵌方式的铜互连工艺流程简化,成本降低。因此,铜已经逐渐取代铝成为金属互连的主要材料。

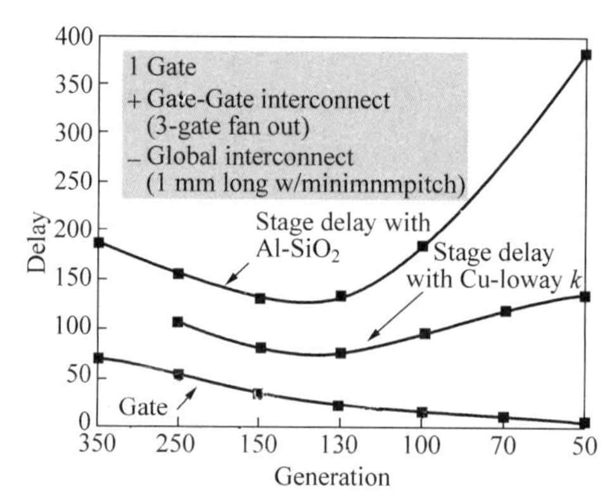


图6.21 关键尺寸的缩小对器件延时的影响

由于铜很难进行刻蚀，因此传统的金属互连工艺已不再适用，拥有镶嵌工艺的化学电镀成为铜互连的主要制备工艺。与传统的铝互连工艺比较，铜互连工艺具有减少工艺步骤20%～30%的潜力，而且，铜镶嵌工艺，不仅有较少的制造步骤，而且排除了传统铝互连金属化中最难的步骤，包括铝刻蚀、HDPCVD工艺和许多钨与介电层的化学机械研磨步骤。在硅片制造业中，减少工艺步骤，降低工艺难度，不仅仅是直接减少了芯片生产成本，而且较少和较简单的工艺步骤，也可以降低生产过程中的装配产量的错误源。这对芯片的大规模生产也具有非常大的益处。

但是，由于铜原子的活性较高，容易在介电材料中扩散，从而引起致命的电迁移失效，尤其是当用到低介电常数的介电材料和超低介电常数的介电材料时，铜扩散的问题将更加严重。传统的阻挡材料（如Ti，TiN）已经不能满足要求，必须选用阻挡能力更好的钽，氮化钽作为铜的阻挡材料。另外，铜电镀之前需要在基体上先生长一层金属铜作为种子层，预计到22nm，阻挡层和铜种子层依然会用物理气相沉积的方式形成。由于镶嵌工艺的采用，在铜阻挡层和种子层沉积之前基体上已经被刻蚀了不同深度的孔和槽，而且，随着集成电路技术的不断发展，via和trench的尺寸越来越小，深宽比越来越大，因此，传统的物理气相沉积所形成的阻挡层和铜种子层已经不能满足制程的需要，具有反溅射作用的物理气相沉积工艺和更为先进的铜种子层制备工艺被应用。下面将对铜阻挡层、种子层和铜化学电镀做详细介绍。

在电介质材料上镀铜需要额外生长电极，习惯称作电镀种子层，应用最为广泛的种子工艺是物理气相沉积。铜和铝相比在电导率上有显著的优势，但是在热和应力作用下铜极易扩散到电介质中，所以铜线和电介质之间需要一个良好的阻挡层。刻蚀和湿法清洁（wet clean）常常会在通孔底部留下一点点残留物，通孔底部的铜暴露在空气中会被氧化，所以在阻挡层工艺之前，常常会有一个预清洁（pre-clean）的制程。本节介绍的就是种子层和相应的阻挡层预清洁工艺。

### 6.4.2 预清洁工艺

早先的预清洁是利用Ar物理轰击作用。利用电容耦合器件在基底上加载一个偏压，被感应耦合线圈离化的Ar（$Ar^+$）在偏压的作用下加速撞击通孔底部，氧化铜和其他一些残留物会被溅射出来。但是这种方法有一个显著的问题，即从通孔底部溅射出来的铜会沉积到侧壁上，这部分铜和层间电介质材料直接接触，很容易扩散到电介质材料中，造成电路失效[3]。现在比较先进的制程（90nm以下）预清洁系统都是用反应预清洁（reactive pre-clean）。反应预清洁主要是利用等离子体活化的$H_2$与CuO发生反应，同时也可以利用介质气体（如He）轰击晶圆表面，质量较小的He物理轰击作用比Ar弱得多。通过反应预清洁可以避免侧壁的铜污染。

无论是纯物理轰击的预清洁还是反应预清洁都无法避免一些共同的问题。首先等离子环境会造成对器件的损伤（plasma induced damage，PID），另外一个严重的问题是对低介电常数材料的损伤，$Ar^+$的轰击会对电介质造成直接损伤，在反应预清洁中离化的H会带走低介电材料中的C，这些都会大大增加电介质的介电常数[4]，最终导致互连线电容的增加，如图6.22和图6.23所示。随着互连线尺寸的逐渐降低，我们要不断降低连线电容，就必然需要更低$k$值更高孔隙率的介电材料，而RPC所造成的损伤就会更严重。针对当前预清洁系统的这些问题,外置等离子体的预清洁系统被开发出来,这样的系统避免了晶圆和高强度的等离子体的直接接触,降低等离子体对低介电常数和MOS器件的损伤[5]。

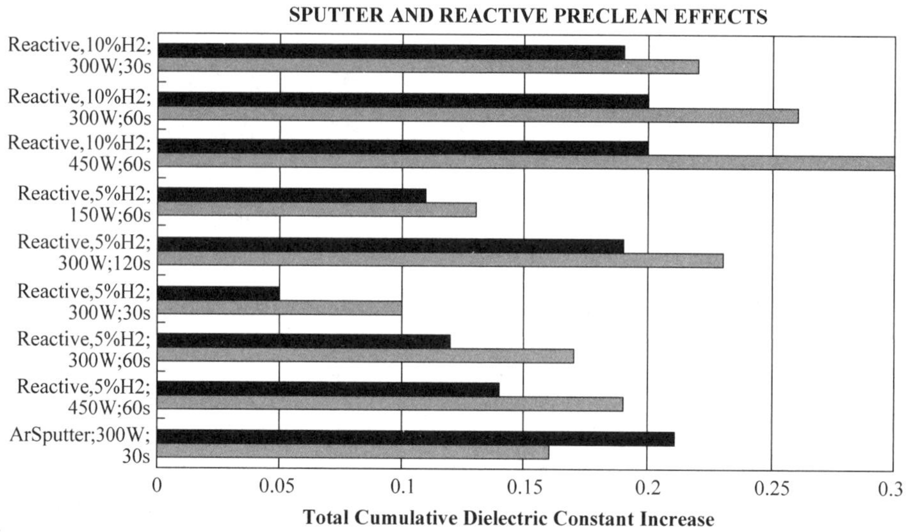


图 6.22 预清洁制程导致介电常数的增加

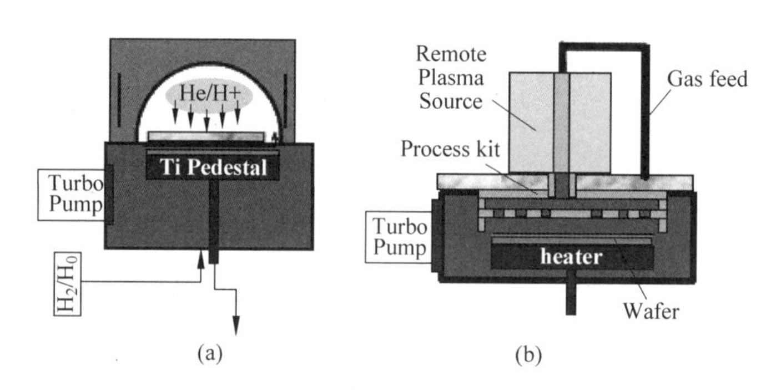


图 6.23 预清洁制程导致介电常数的增加

图注: Schematics of(a) in situ plasma clean RPC and (b) remote plasma clean APC.

## 6.4.3 阻挡层

阻挡层要有良好热稳定性和阻挡性能,与铜以及介电材料要具有良好的黏附性;阻挡层工艺要做到良好的侧壁覆盖率,良好的薄膜连续性。经过很多研究者的尝试和分析,钽作为阻挡层材料有很多优于其他材料的特性,如今应用最为广泛的也是Ta或TaN。我们知道阻挡层材料有很高的阻值,阻挡层的使用增加了连线的电阻,对通孔的电阻有决定性的影响。在达到预期阻挡性能的前提下,我们要适当控制阻挡层的厚度。

TaN本身的结构会影响其阻挡性能,非晶态的TaN比多晶态的阻挡性能更好,晶界是一个快速的扩散通道,铜会沿晶界扩散到介质中去[6]。TaN薄膜的致密性也是影响阻挡性能的一个关键要素。

传统的物理气相沉积不能满足阻挡层的制程要求，因为我们面临的是高深宽比的结构。因为传统的物理气相沉积(PVD)无法控制粒子的入射角。大角度的粒子不仅无法进入沟槽或者通孔，而且会在开口位置富积，对后续的粒子进入沟槽或通孔造成困难。开口的缩小也会大大增加后续电镀铜制程的难度。PVD沟槽填充如图6.24所示。

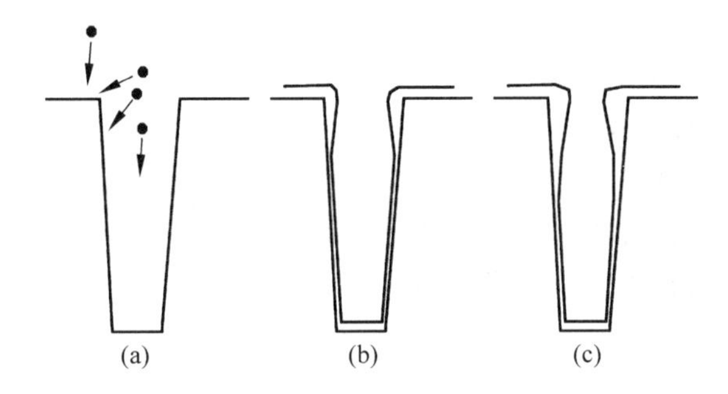


图6.24　PVD沟槽填充示意图

提高填充能力最直接的办法是控制入射粒子的方向性。早先的研究者开发出一种制程叫离化金属物理气相沉积(ionized physical vapor deposition，IPVD)[7]。该制程利用感应耦合线圈产生等离子体，对金属有较高的离化率。金属离子受到基底表面鞘区电场的作用，运动方向会趋向与基底表面垂直。自发产生的偏压是由等离子体的特性决定的，如果对基底使用一定的电容耦合器件，可以大大提高基底的偏压，增强基底对离子的吸引。IPVD制程如图6.25所示。

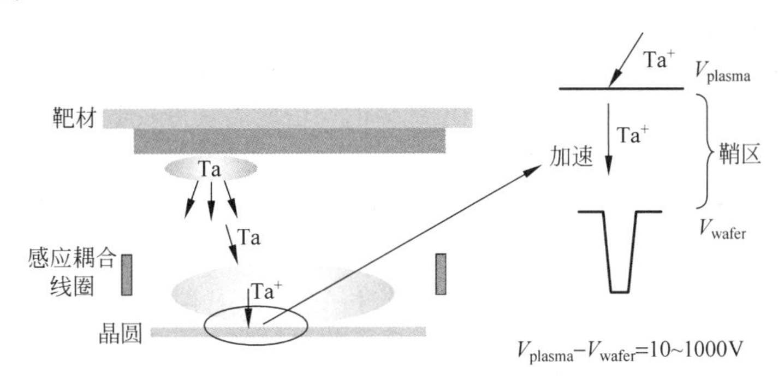


图6.25　IPVD制程示意图

离子化金属物理气相沉积有非常好的底部覆盖率，但是侧壁的覆盖率并不是很理想。除了离化金属的方法，通过long throw和添加准直器(collimator)的办法也可以控制粒子的方向性。Ta(N)薄膜累积到一定的厚度很容易peeling，形成微粒或者片状物掉落到基底上，很难保证薄膜的质量，所以准直器很难添加到阻挡层的制程中。Long throw是一个可行的选项，不考虑粒子的散射，在靶材有效区域(能够被溅射到的区域)一定的情况下，通过控制晶圆与靶材之间的间距，就可以把大角度的粒子过滤掉，有一定角度的粒子会被保留下来，保持了良好的侧壁覆盖[8]。散射率是另外一个影响入射角的关键因素。如果平均自由程太短，long throw的制程会大大增加粒子的散射概率，对入射方向的控制甚至会起到适得其反的效果。要减少散射，必须降低气压，但是气压过低传统的等离子体很难维持。有研究者发现当溅射源输出的能量密度达到某个临界值，不依赖Ar，仅靠金属离子本身就可以维系等离子体[9]。自维持的物理气相沉积系统(SIP)大大改善了阻挡层沉积工艺,一方面实现了超低压 long throw 的物理气相沉积,另外一方面自离化的系统产生的金属粒子本身具有很高的离化率,离化的金属就会受到基底偏压的校准作用。自离化工艺的实现归功于溅射源的设计优化,只有高金属离化率才能维系稳定的等离子体。自离化的物理气相沉积系统大大提高了阻挡层的阶梯覆盖率,让物理气相沉积在互连技术中走得更远[10,11]。

除控制入射角之外,利用反溅射(离子轰击基底)的办法也可以提高侧壁覆盖。在等离子体环境中,晶圆表面是有负偏压的,通过电容耦合器件可大大增加鞘区电压。晶圆表面偏压对金属离子有调节入射方向的作用,但是如果偏压大到一定程度,入射到晶圆表面的离子能量就会超出晶圆表面物质的溅射阈值,起到对晶圆表面的溅射作用,一般把这种对晶圆表面的溅射作用称作反溅射(re-sputter)。反溅射的实现有两个必要条件:①靠近基底表面有充足的离子;②基底上加载足够的负偏压。反溅射可以让沉积在底部的金属转移到侧壁上,增加侧壁的覆盖率(见图6.26)。可以在沉积时保持一定的反溅射率,也可以在独立的制程步骤反溅射,要在独立的步骤实现反溅就需要一些独立的单元来维持反溅射需要的等离子体。具有独立反溅射功能的物理气相沉积(Advanced Ionized Physical Vapor Deposition,AIPVD)能够大大降低通孔电阻,提高连线的良率和稳定性[12]。当反溅射达到一定的量,通孔底部的阻挡层就会被打开。如果通孔底部被打通,少量的残留物和氧化铜在这个过程也会除去,这样的反溅射同时起到对通孔底部的清洁作用,在阻挡层沉积前的预清洁也可以省去,这种制程一般叫做阻挡层优先工艺(barrier first)[13]。阻挡层优先的制程能够获得较低的通孔电阻,并且避免了预清洁制程带来的副作用。

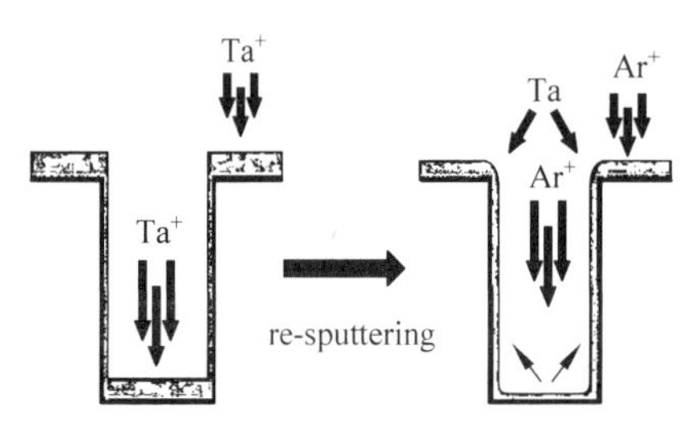


图6.26 反溅射示意图

但是过量的反溅射必然会破坏沟槽和通孔的形貌,会导致粗糙的介质表面,随着介质材料介电常数的降低,材料的孔隙率也呈逐渐增大的趋势,孔隙率越大,结构强度越低,对物理轰击的抵抗力就越小。以新一代的低介电常数介质材料为基础的后段工艺必然会严格控制反溅射的用量。当然也有人通过反溅射工艺参数的优化来加大对沟槽通孔结构的保护,主要是利用方向角分布较大的中性粒子来补充容易受到损伤的拐角位置,这样的调整一定程度上增加了反溅射制程的延伸性[14]。

随着互连线的尺寸进一步缩小,阻挡层在互连线电阻中的贡献越来越大,在保持薄膜阻挡性能的前提下降低阻挡层的厚度就成为一个很关键的问题。PVD的方法趋于极限,一些新的方法也逐渐完善。例如原子层沉积(Atom Layer Deposition,ALD)阻挡层工艺,这种工艺与PVD相比具有极大的填洞优势,能够做到极好的侧壁覆盖。另外一方面ALD能够形成很薄(10Å左右)而且连续性很好的薄膜,这样可以增加铜线的有效截面积,减小铜线的电阻[15]。但是ALD的方法还要面对一些工艺整合上的挑战,如和种子层之间黏附性的问题,沉积过程中气体往多孔介质材料中扩散的问题等[16]。ALD究竟在何时取代PVD还要看ALD技术的完善以及PVD技术本身的发展。

### 6.4.4 种子层

种子层材料主要是纯铜，但是随着电路稳定性的挑战性越来越高，一些可以提高铜线稳定性的铜合金材料也在被评估。

种子层的沉积和阻挡层类似，同样都需要非常好的填洞能力，所以在工艺上也有很多相似之处。当然材料的不同必然会带来一些工艺上的差异。早先的种子层是用离化金属物理气相沉积来生长，与Ta沉积遇到的问题类似，侧壁覆盖不好，现在的主流是自离化的long through制程。主流的金属化制程中铜是最纯粹、最具有代表性的SIP制程。和其他金属(Ti，Ta)相比，铜更易于离化，自离化的等离子体最稳定，离化率也最高。铜的沉积还要注意避免铜的团聚，不连续的铜薄膜在电镀的时候载流性能会大大降低，所以要求晶圆的底座要有良好的散热性能。反溅射在种子层的生长中也有应用，一般的做法是会在沉积的同时保持一定的反溅射率，通常这样的反溅射效率比较低，因为在自离化沉积过程中，腔体内Ar太少。现在有独立反溅射功能的机台在一些先进的工艺(45nm以下)也得到了广泛的应用，这类机台可以显著提高种子层的侧壁覆盖。为了进一步提高粒子的方向性，增加反溅射率，准直器系统也被用到了自离化的PVD系统中。

种子层沉积需要合适的厚度，如图6.27所示，太厚的种子层会导致开口太小，增加电镀铜的难度(容易直接封口，在内部留下空洞)。如果种子层太薄，侧壁覆盖太少，载流性很差，在电镀过程也会形成缺陷，对互连线的稳定性造成不良影响。

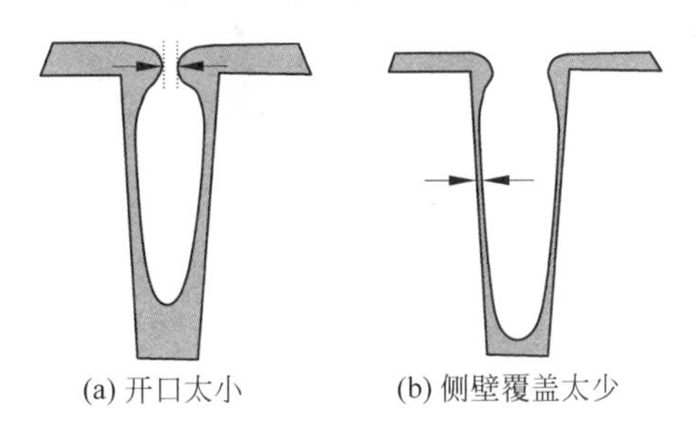


图6.27　种子层厚度控制示意图

不断缩小互连线的线宽，互连线的稳定性对种子层沉积带来的挑战越来越大。工程师和研究人员一方面通过对工艺和设备的优化，不断追求薄膜性质以及阶梯覆盖的最优化，另外一个方面也在探索新的种子层材料。在电迁移测试中，通孔作为电流和应力集中位置非常容易失效，其中最为薄弱的环节就是阻挡层和种子层的界面，因为在界面铜的活化能较高，容易形成铜原子的快速扩散通道。有很多研究者发现在种子层中掺杂Zr、Al、Mn、Ag[17~20]等金属会大大提高互连线的稳定性。在热和应力的作用下，合金铜中的掺杂物会向界面或晶界中扩散，这些富集在晶界和界面的杂质阻挡了铜的扩散，迁移到界面的掺杂物会与氧化物发生反应形成多元氧化物，自发地形成一层铜的阻挡层(self-barrier)[21]，如图6.28所示。某些合金铜种子层可以使电迁移的寿命提高十倍[22]，如图6.29所示。有些同时具有良好的热稳定性和导电性的材料也受到较多的关注(如钌)[23]，如果利用这样的材料，可以进一步地提高连线内部空间的利用率，进一步地降低连线电阻。当然这类材料的应用还存在一些问题，有待进一步地优化。

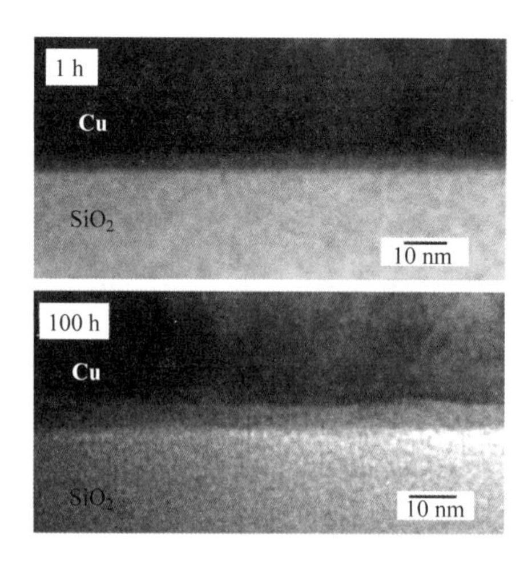


图 6.28　在退火作用下在铜合金和氧化硅界面形成具有阻挡性能的氧化物[21]

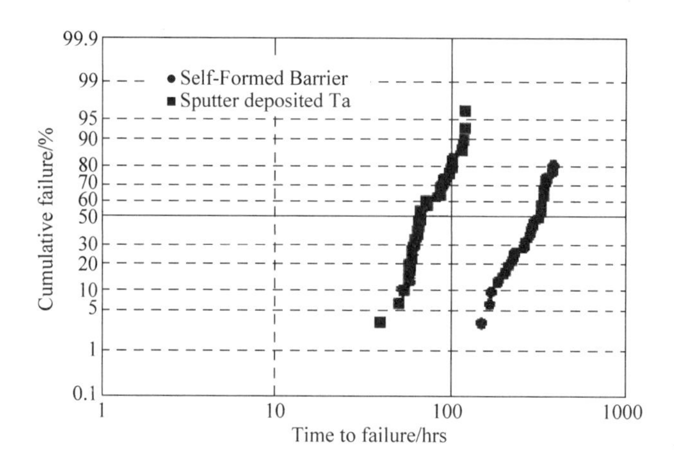


图 6.29　铜合金种子层的应用提高了连线的稳定性[22]

### 6.4.5　铜化学电镀

铜化学电镀包括两个过程，化学过程和电学过程。其基本原理为：将长有阻挡层和铜种子层的硅片作为阴极浸入硫酸铜溶液中，用于补充溶液中铜离子的铜块作为阳极预先放入镀液中，在外加直流电源的作用下，溶液中的铜离子向阴极移动并在阴极(硅片)表面获得两个电子形成铜膜，如图 6.30 所示。

在实际的铜化学电镀工艺中，电场在曲率半径较小(如 trench corner)的地方分布较强，再加上阻挡层和铜种子层本身工艺缺陷所产生的悬垂(over hang)效应，就容易在 via 和 trench 的中间产生“孔洞”(void)[24]，如图 6.31 所示[25]。

为了得到没有“孔洞”的填充效果，目前，业界主要都采用含有 $Cl^-$ 离子的低酸硫酸铜溶液为母液(VMS)，并加入多种有机添加剂作为电镀液[26]。目前，业界用得较多的有三种添加剂(additive)，分别为加速剂(accelerator)、抑制剂(suppressor)和平整剂(leveler)，在它们的共同作用下才可以达到比较好的填充效果[27]。加速剂主要是一些分子量较小的有机高

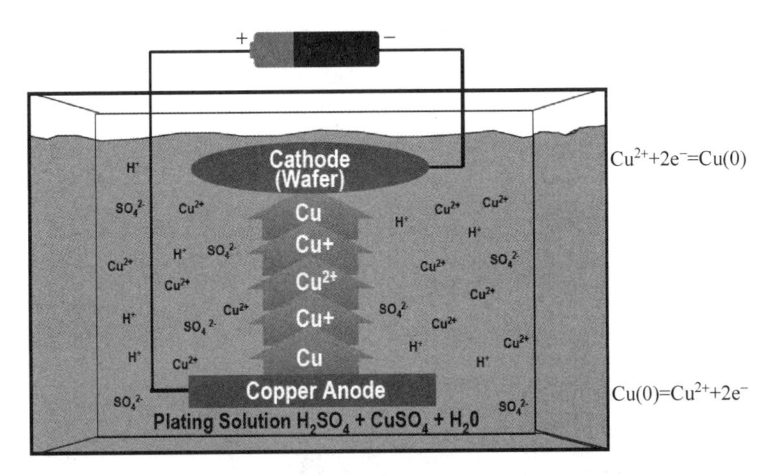


图 6.30　化学电镀示意图(Lam 公司提供)

分子化合物,它们比较容易到达孔槽内部,加速铜的填充效果,达到超级填充(ultra fill)的目的。抑制剂和平整剂主要是大分子的有机化合物,它们的作用都是抑制铜膜的生长,但区别在于抑制剂主要阻止电镀过程中过早封口,增加化学电镀的填充能力,而平整剂主要是抑制由于表面微观结构的不均匀而造成的过度电镀(over plating)效应[26],从而减少随后的化学机械研磨的工艺难度。图 6.32 为各种添加剂的效果比较图。随着线宽的不断缩小,对填洞能力的要求也越来越高,随之研发了大量的具有高填洞能力的添加剂[28,29]。当然,随着添加剂种类的不断更新,其所使用的浓度也根据添加剂的种类和具体的技术而有很大的差别。

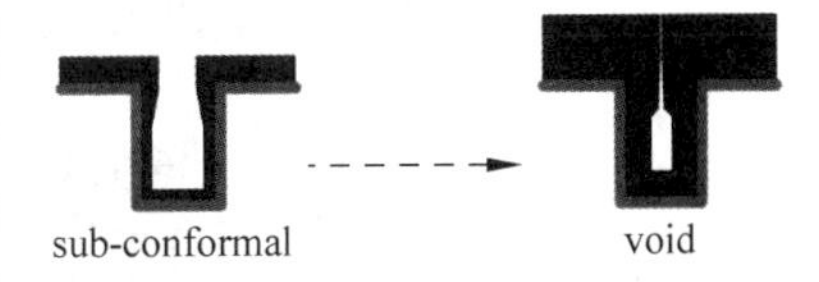


图 6.31　化学电镀过程中的 void

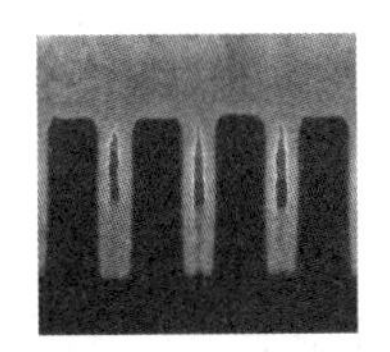
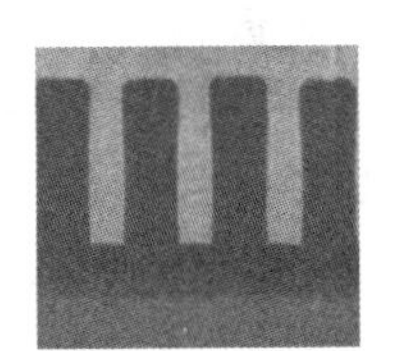

0 Accelerator　Nominal Accelerator

**Accelerator**

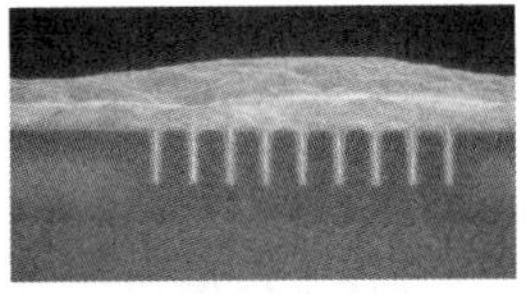

Non-leveling suppressor

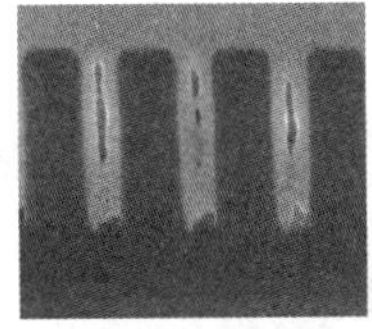
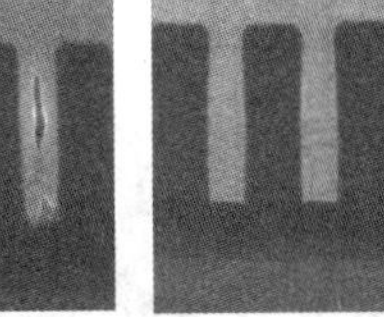

0.4X nominal suppressor　Nominal suppressor

**suppressor**

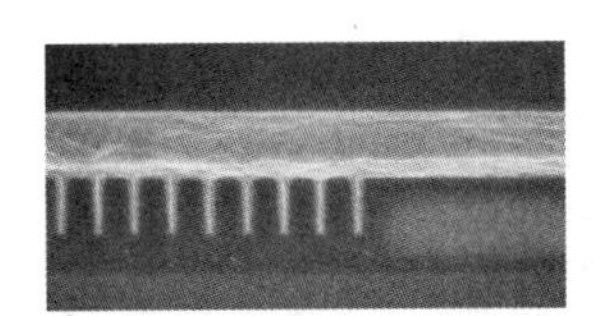

Leveling suppressor added

**leveler**

图 6.32　添加剂效果比较(Lam 公司提供)

随着集成电路技术的不断发展,化学电镀机台的硬件也在不断地更新。目前,业界常用的铜化学电镀的机台主要有中央供液(多个电镀槽共用一个大的供液槽的电镀液,所有的电镀液都一样)、半中央供液(机台有两个或者更多的较大的供液槽,可以使用不同的电镀液分别供给多个电镀槽)和独立供液(每个电镀槽都有独立的供液槽,可以使用不同的电镀液)三种电镀溶液的供给方式。这三种方式各有优缺点,中央供液的工艺最稳定,适于大规模量产,但由于所有的电镀槽相互连通,不适合用作新的电镀液的研发。半中央供液工艺相对比较灵活,但稳定性比不上中央供液。独立供液工艺最为灵活,每个电镀槽可用不同的电镀液,但稳定性较差。下面将以业界主流机台中央供液的 Sabre 系列为基础对铜化学电镀工艺进行阐述。该机台主要包括电镀(plating)、洗边(EBR)和退火(anneal)三个主要的工艺部分,见图 6.33。

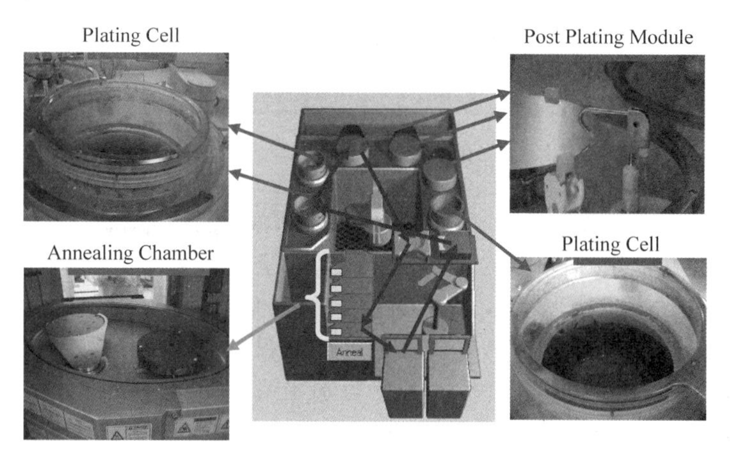


图 6.33　Sabre 电镀机台(Lam 公司提供)

电镀设备主要包括电镀槽(cell)和镀液的自动控制调整系统两个部分。电镀槽的结构如图 6.34 所示,主要包括电镀头(clamshell)、阴极电镀槽、阳离子扩散膜(cationic diffuser membrane)、过滤膜(filter membrane)以及阳极电镀腔(anode chamber)。电镀头上有一个卡槽,主要起到固定硅片(wafer)、传输电流的作用。槽内有一圈金属接触片,镀有阻挡层和铜种子层的硅片正面朝下,种子层与接触片直接接触,电流加到接触片上,然后由硅片的边缘加到整个硅片上。阴极电镀槽中的电镀液含有有机添加剂,并保持和供液槽以一定的速度进行循环,以确保电镀槽内镀液的稳定性。由于添加剂中的加速剂容易被氧化而失去活性,尤其是在金属铜的表面更为严重。被氧化后的添加剂将作为杂质存在电镀膜中,在退火

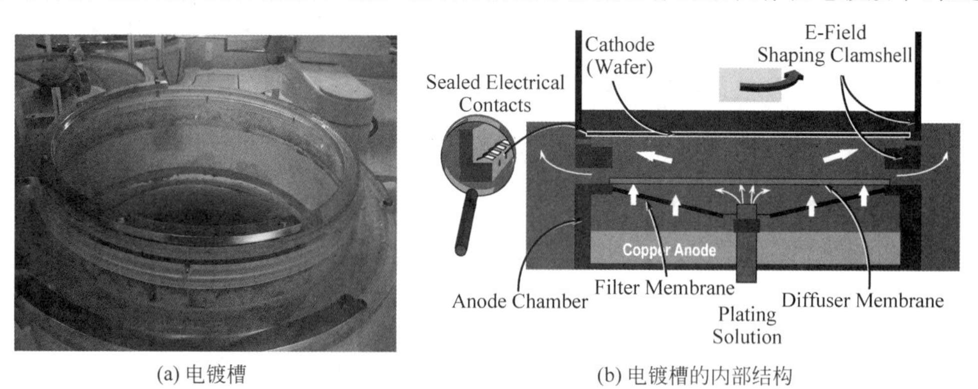


(a) 电镀槽　　(b) 电镀槽的内部结构

图 6.34　电镀槽的结构(NOVELLUS 公司提供)

以后将增加铜膜中的“孔洞(void)”缺陷。因此,在先进的化学电镀槽中都安装有阳离子扩散膜,这样,只有无机阳离子(如 $H^+$,$Cu^{2+}$)可以透过该膜从阳极区进入阴极区参与电镀,而分子量较大的有机添加剂则只能在阴极区,这样既确保了电镀液的纯度,也降低了添加剂的用量。随着电镀的进行,阳极铜块会逐渐消耗,铜块中的杂质随之进入阳极镀液中,在液体流动中到达硅片表面,增加电镀缺陷。因此,在电镀槽内加入过滤膜以阻挡阳极杂质进入阴极。阳极腔内的镀液为纯的硫酸铜溶液,没有任何有机添加剂,阳极腔的溶液循环系统与阴极完全独立。为了达到比较好的电镀效果,阳极铜块设计为特殊的结构,表面有许多环状的凹槽,以增加表面积,如图 6.35 所示。

图 6.35　阳极铜块(Lam 公司提供)

在实际电镀的过程中,电镀头把生长了阻挡层和铜种子层的硅片卡紧后,硅片和电镀头开始以相同的速度旋转,同时以一定的速度向镀液表面做纵向运动。这个入水之前的高速旋转运动非常重要,它可以使铜种子层的表面在高速旋转的作用下与空气摩擦而改变铜种子层表面的液体浸润性能,从而大大减少电镀过程中的缺陷。在硅片还没有接触液面之前,电镀头上加载直流电流。当硅片快接近电镀液时,电镀头偏转一个很小的角度($<15°$),然后以一个点为入水点,旋转进入液体,同时做纵向浸入运动。当硅片到达电镀的位置后,停止纵向运动并保持旋转,同时电镀头发生摆动,使整个硅片与液面平行。然后才开始后面的电镀过程。在电镀的过程中,电流的大小和硅片旋转的速度对镀膜的性能有很大的影响,需要根据实际生产的需要进行优化[30]。一般而言,为了达到比较好的电镀效果,电镀会分多个步骤完成,开始电流较小,然后逐渐增大。小电流电镀最为关键,主要负责把各种关键尺寸的孔槽结构填充好,大电流电镀主要是在硅片的表面生长一层平坦的厚铜,其目的主要有两点:一是给后续的化学机械研磨(CMP)足够的工艺空间,二是为了使退火过程中孔槽内部的铜能尽量长大,从而提高铜线的质量。

为了确保整个镀液的新鲜和稳定,每天会从中央供液槽(center bath)放掉一部分(10%~50%)电镀液,然后由自动供液系统向中央供液槽补充硫酸铜原液和各种添加剂。自动量测系统对镀液中的各种有机和无机成分进行测量,并把测量结果和标准值进行对比,如果实测结果偏高,则加去离子水进行稀释,如果偏低,则继续加入,使整个电镀过程保持稳定。

在实际电镀过程中,下面的三个问题需要特别关注。

**1. 入水方式(entry)**

从上面的介绍可以看出,入水方式在整个电镀过程中非常重要。最初的入水方式采用的是冷入水(cold entry),等硅片完全进入镀液后再通电,但随着线宽的不断缩小,铜种子层的厚度也不断降低,在硅片完全进入镀液的过程中,薄的种子层会被镀液腐蚀而不连续,在随后的电镀过程中产生缺陷。因此,随后的化学电镀工艺采用了热入水(hot entry),即硅片入水之前就在硅片上加载电流,当硅片一接触镀液就开始电镀,铜种子层就不存在被腐蚀的问题了。但当集成电路技术发展到 65nm 以下时,铜种子层的厚度变得更薄,传统的热入水不再满足要求。超薄的铜种子层具有很高的电阻,当硅片入水的瞬间,电流密度相当大,接触点发热,甚至会被灼焦,将在硅片的边缘产生“C”形缺陷。此时,就需要用到恒电势入水(POT entry)方式,即在电镀槽中增加一个参比电极,保持硅片上的电势恒定,恒定入水时硅片上的电流密度。图6.36为热入水和恒电势入水的电流密度比较,热入水的入水点电流密度大约是恒电势入水的10倍左右。目前,业界先进的化学电镀工艺都已经采用恒电势入水方式。

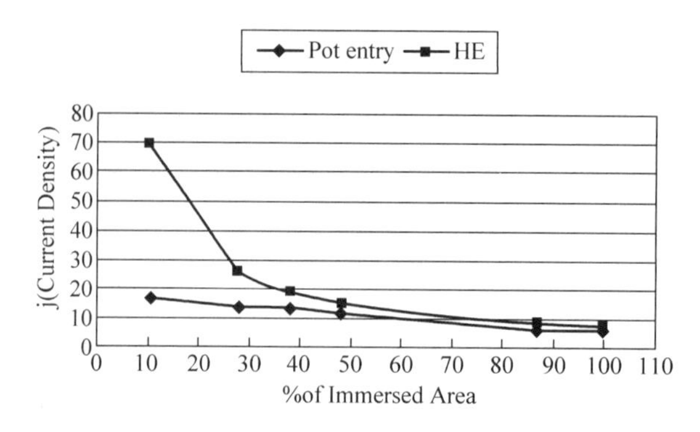


图6.36 热入水和恒电势入水的电流密度比较(Lam公司提供)

除入水方式外,入水时硅片的转速、纵向速度以及倾斜角度都非常关键,如果所选用的参数不合适,将产生旋涡状缺陷(swirl defect),如图6.37所示。另外,通过一些特殊的工艺(如对种子层表面的预处理)也可以有效地解决旋涡状缺陷[31]。

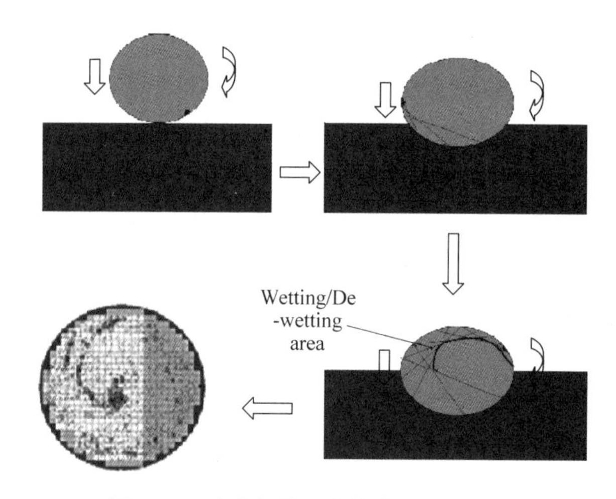


图6.37 入水与旋涡状缺陷(Lam提供)

**2. 末端效应(terminal effect)**

在化学电镀的过程中,硅片上某一点的电流越大,电镀的速度会越快。由于电流是从硅片的边缘加到硅片上的,相对于硅片的边缘,硅片的中心需要加上铜种子层的阻值 $R_2$,见图6.38(a)。这样,中心的电流 $I_2$ 将小于边缘的电流 $I_1$,使得硅片边缘铜的厚度大于中间,这就是所谓的末端效应。当铜种子层的厚度变薄时,$R_2$ 会变大,将加大末端效应,如图6.38(b)所示。末端效应宏观上增加了化学机械研磨的难度,微观上使硅片的边缘和中心的电镀速率产生差异,从而产生填洞能力的差异[32]。

从图6.38(a)的电镀电路图可以看出,要想减小硅片边缘和中心电镀速率的差异,可以有两个方向:减小 $R_2$ 和增加 $R_1$。随着线宽的缩小,铜种子层的厚度会越来越薄,这样 $R_2$ 只

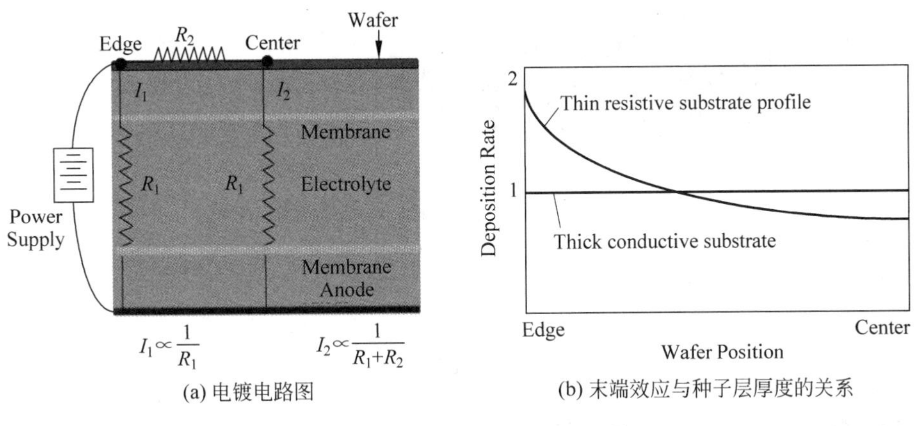


(a) 电镀电路图　　(b) 末端效应与种子层厚度的关系

图 6.38　末端效应(Lam 公司提供)

会越来越大,因此,只有增加 $R_1$。降低酸的浓度可以有效地降低 $R_1$,目前先进的化学电镀都采用低酸电镀液。另外,当发展到 45nm 以下的技术时,仅仅用低酸已不再满足制程的需要,需要在电镀液中加入额外的高电阻的装置以增加 $R_1$ 或者在电镀头的旁边增加一个阴极以改变硅片边缘的电流分布,从而达到降低硅片边缘和中心电镀速率差异的问题。

**3. 过电镀(over plating)**

由于添加剂的作用,实际填洞是以底部上长(bottom-up)的方式进行的,孔槽底部的生长速率大于侧壁和开口处的生长速率,在填满孔槽的瞬间还会继续冲高生长,最终有孔槽部分的膜的厚度高于空旷区域的铜膜的厚度,这个厚度的差异就是过电镀(over plating)。与各向同性(conform)的长膜方式比较,底部上长方式可以得到中间没有缝隙的填洞。过电镀的高度受线宽的影响较大,线宽越小,过电镀的高度越大,而且随着所镀膜厚度的增加而增加,如图 6.39 所示。随着线宽增加,过电镀的高度减小,当线宽达到一定程度后,将不再存在底部上长机制,铜膜将按照硅片本来的结构生长。实际集成电路设计中有各种线宽,因此,微观上就会在硅片上出现图 6.40 的结构,这将给随后的化学机械研磨造成很大的难度,严重时甚至出现铜残留,形成短路。对于过电镀这个问题,目前工业界没有办法完全消除,但可以降低。其中一个有效的途径就是采用更加先进的有机添加剂,主要是增加平整剂的平整能力或者直接增加平整剂的浓度[28]。

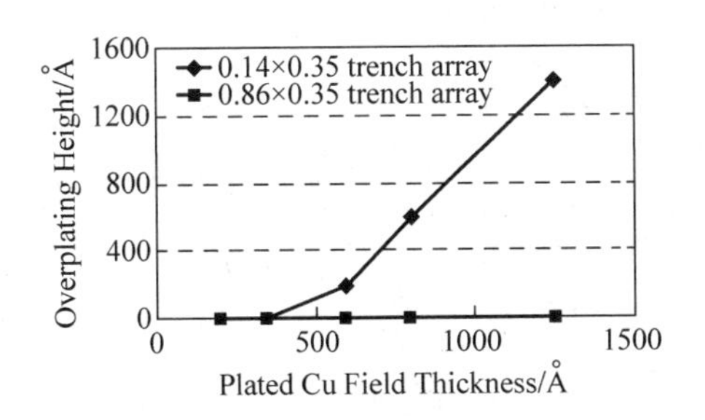


图 6.39　过电镀与线宽的关系(Lam 公司提供)

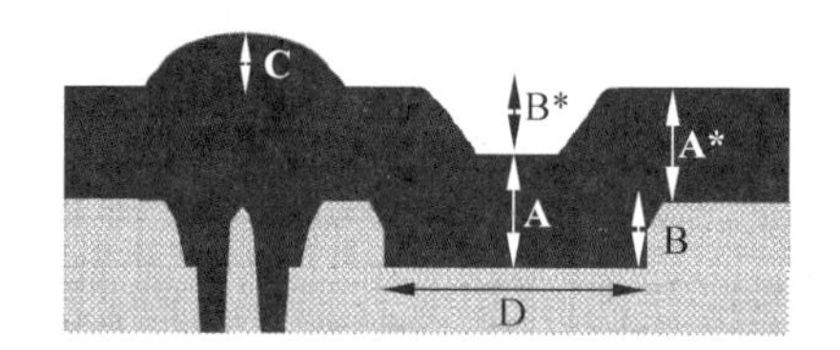


图 6.40 过电镀示意图(Lam 公司提供)

## 6.4.6 洗边和退火

物理气相沉积的铜种子层在生长的过程中,铜会长到硅片的边缘,甚至会长到硅片的背面,对后续工艺机台产生金属污染。另外,物理气相沉积的阻挡层和种子层在硅片边缘的均匀性都不太好,铜会在阻挡层局部的薄弱地方扩散到介电材料中,引起失效[33]。而且,边缘不均匀的铜种子层与后续的薄膜存在黏附性问题,产生脱落,成为颗粒缺陷的来源。因此,化学电镀之后的洗边(EBR)非常必要。

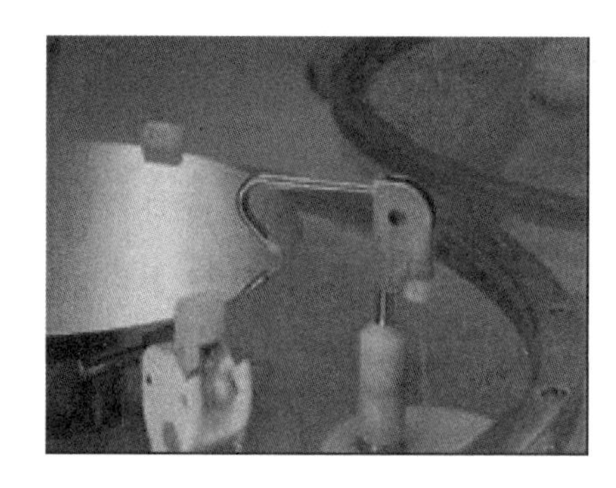

图 6.41 洗边装置

图 6.41 为洗边装置,镀有铜的硅片正面朝上,在卡槽内高速旋转,一定比例的 $H_2O_2$ 和 $H_2SO_4$ 的混合液体从硅片边缘的喷嘴喷出,把硅片边缘一圈的铜去除,洗边之后,阻挡层仍然保留在硅片上。

电镀之后的铜晶粒非常小,通常小于 0.1μm,此时铜膜的电阻率比较高。而且,在室温条件下,铜晶粒会在自退火(self-anneal)效应下逐渐长大[25]。化学机械研磨速率对铜晶粒非常敏感,相对于小晶粒,大晶粒的研磨速率可以提高 20%以上。因此,随时间变化的铜晶粒使化学机械研磨工艺变得不稳定。另外,大晶粒降低了薄膜中晶界的数量,可以大大提高铜线电迁移(electron migration)可靠性。鉴于上述原因,化学电镀的铜必须经过退火(anneal)处理才可以进行随后的工艺。图 6.42 为目前商业上广泛应用的化学电镀机台自带的退火装置(in-situ anneal)。图 6.43 为铜膜退火前后的晶粒大小比较。退火之后,薄膜的电阻率降低了 20%左右[34],而且,薄膜的厚度越厚,退火温度越高,薄膜达到稳定所需要的时间越短[35]。晶粒大小也由退火前的 0.1μm 左右长大到 1μm 以上[15],而且,退火之后晶相的分布变得更加无序[34,37]。

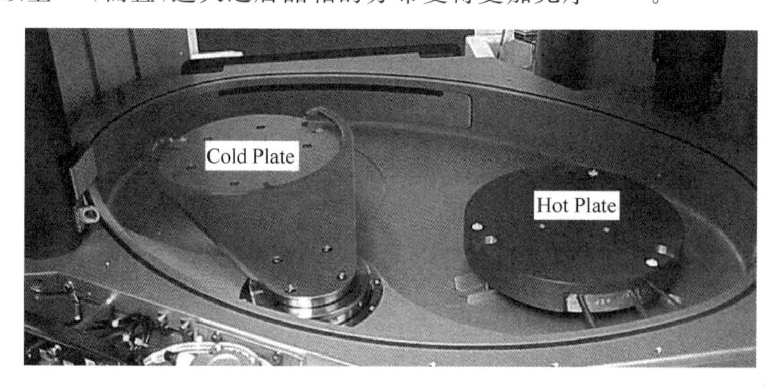


图 6.42 退火装置(NOVELLUS 公司提供)

(a) 退火之前

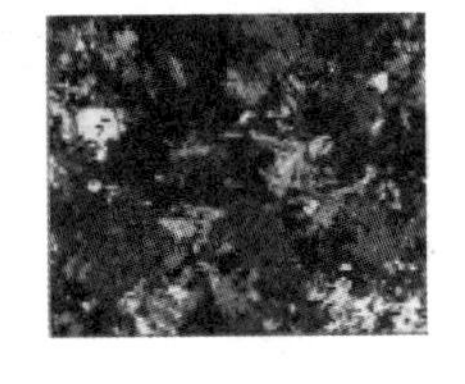

(b) 自退火之后

(c) 400℃0.5h退火

图 6.43　铜膜退火前后的晶粒大小

退火工艺虽然简单，但作用非常重要，将直接影响到最终所镀铜膜的物理机械性能、缺陷状况、电学性能以及产品的可靠性。下面将对与退火过程相关的一些主要问题进行阐述。

**1. 退火过程中的应力变化**

图 6.44 为铜膜退火过程中的应力变化曲线。电镀结束时，铜的晶粒较小，铜膜的应力也较小，为张应力，一般为几十个 MPa，退火结束之后，由于晶粒的长大，铜膜的应力会迅速增加到 300MPa 左右[38]。如此大的应力使得硅片产生巨大的翘曲变形(warpage)，随着膜厚的增加，此变形会增加。尤其是随着集成度的增加，更多层的金属互连被应用，翘曲变形的情况将变得更加严重。严重的情况下使硅片无法进行后续的工序，如化学机械研磨、曝光等，甚至无法传片。通过化学电镀工艺条件的优化可以有效降低铜膜在退火之后的应力，另外，采用低温长时间的退火方式(例如炉管)也可以降低应力。

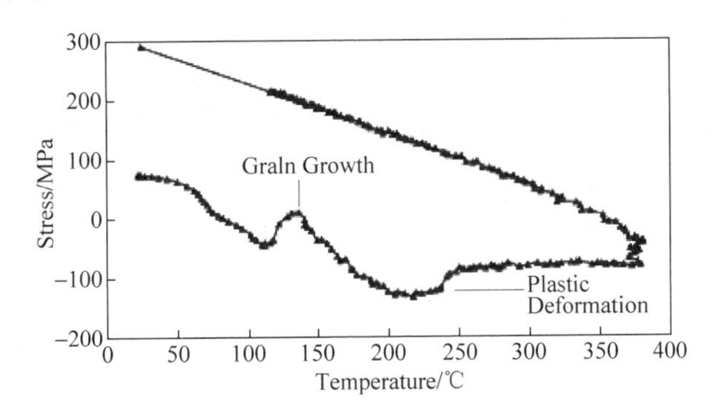


图 6.44　铜膜退火过程中的应力变化曲线

**2. 退火过程中晶粒的变化**

图 6.45 为铜晶粒大小与线宽的关系[34,39]，由于硅片上的沟槽对铜晶粒的几何束缚作用，退火之后铜晶粒大小对线宽相当敏感。对于相同的退火条件，线宽越小，退火之后铜晶粒越小。为了提高小线宽中铜晶粒的大小，以提高铜线的电学性能和可靠性，必须采用更高的温度或者更长时间的退火。但是，如果退火条件过于强烈，会使铜线中的微缺陷增加，甚至出现由于应力过大而使沟槽中的铜被拔出(pull out)的现象，从而增加化学机械研磨之后硅片表面的微缺陷和降低铜线的可靠性[40]。因此，退火方式的改变变得更加重要。

**3. 退火过程中微缺陷的变化**

退火过程中，小晶粒的长大使得许多小的晶界发生聚集，在薄膜内部形成许多微缺陷(micro void)。在应力作用下，这些微缺陷会沿着晶界向应力梯度较大的区域(via 底部)[41]

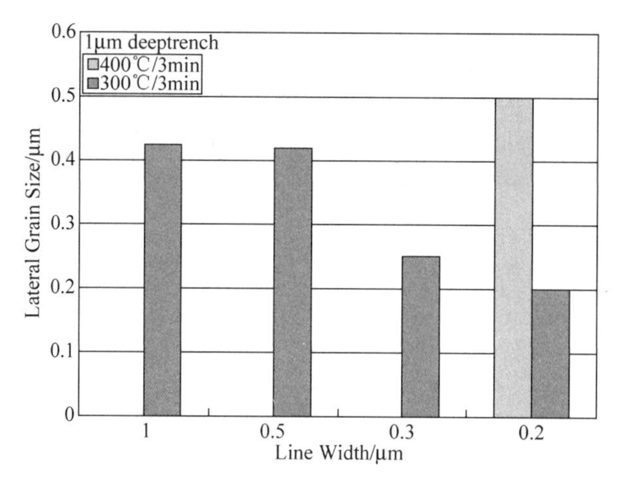


图 6.45 铜晶粒大小与线宽的关系

聚集而形成大的空洞，从而使线路失效[42]。解决这个问题的一个有效途径是通过改变添加剂的种类来增加铜膜中杂质的含量，这些杂质在薄膜中就会阻挡微缺陷的迁移，见图 6.46，从而使铜线有比较好的应力迁移(stress migration)性能。但杂质的增多会降低铜线的电子迁移(electron migration)性能，如图 6.47 所示。因此，实际生产过程中将根据产品的需要在二者之间进行取舍，选择合适的添加剂[28]。

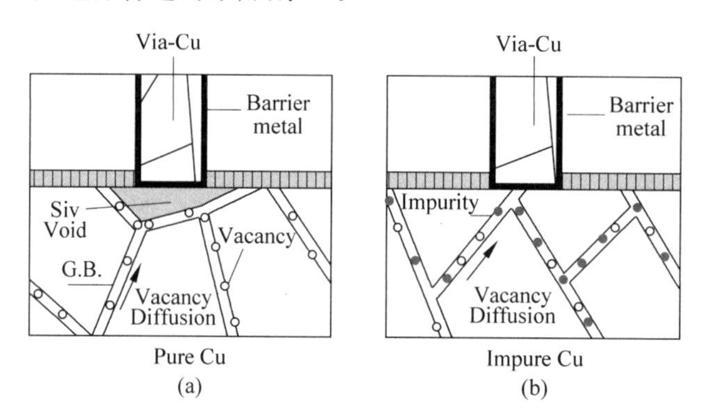


图 6.46 杂质对微缺陷聚集效应的影响

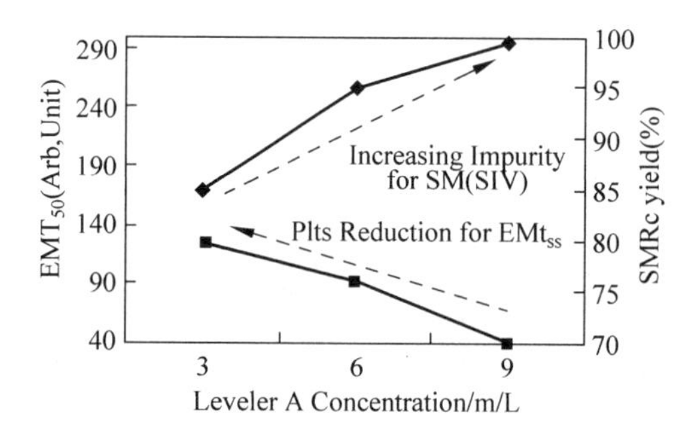


图 6.47 可靠性与杂质的关系

## 6.5　小结

（1）随着晶体管尺寸的不断缩小，化学电镀的铜线已经成为金属互连的主要材料。在铜金属互连中，需要物理气相沉积 TaN/Ta 和 Cu 分别作为阻挡层和种子层。

（2）化学电镀液中需要加入加速剂（accelerator）、抑制剂（suppressor）和平整剂（leveler）三种有机添加剂以达到比较好的填充效果。

（3）目前业界主流化学电镀机台包括电镀（plating）、洗边（EBR）和退火（anneal）三个主要工艺部分。

（4）电镀过程中入水方式的控制相当重要。另外，通过改变有机添加剂的种类和更新机台的硬件，可以有效地降低电镀薄膜的末端效应和过电镀效应。

（5）电镀之后的晶粒很小，必须通过退火过程来增加晶粒大小，降低电阻，增加电迁移可靠性以及增加 CMP 的稳定性。但过度的退火会增加 CMP 之后的缺陷。合适的退火方式将非常重要。

（6）适当增加添加剂中杂质的浓度，可以有效地抑制应力作用下缺陷的迁移聚集效应，但同时会降低电迁移性能。因此，适当选择添加剂的种类非常重要。

## 参考文献


[1] G. Deltoro, N. Sharif. Copper Interconnect: Migration or Bust. 1999 IEEOCPMT Int'l Electronics Manufacturing Technology Symposium. 1999: 185-188.

[2] M. H. Tsai, W. J. Tsai, S. L. Shue, et al. Reliability of Dual Damascene Cu Metallization. 2000 IEEE, 214-216.

[3] Zs. Tokei, F. Lanckmans, Van den bosch, et al. Physical and Failure Analysis of Integrated Circuits, 2002. IPFA 2002. Proceedings of the 9th International Symposium. 2002: 118-123.

[4] R. P. Mandal, D. Cheung, Wai-Fan Yau, et al. Advanced Semiconductor Manufacturing Conference and Workshop, 1999: 299-303.

[5] X. Fu, J. Forster, J. Yu, et al. Interconnect Technology Conference, 2006 International. 2006, 51-54.

[6] G. S. Chen, S. T. Chen, L. C. Yang, et al. Journal of Vacuum Science & Technology A: Vacuum, Surfaces, and Films Volume: 18, Issue: 2. 2000: 720-723.

[7] B. Y. Yoo, Y. H. Park, H. D. Lee, et al. Interconnect Technology Conference, 1998. Proceedings of the IEEE 1998 International. 1998: 262-264.

[8] T. Smy, L. Tan, K. Chan, et al. Electron Devices, IEEE Transactions on Volume: 45, Issue: 7. 1998: 1414-1425.

[9] Jianming Fu, Peijun Ding, Dorleans, et al. Journal of Vacuum Science & Technology A: Vacuum, Surfaces, and Films Volume: 17, Issue: 5. 1999: 2830-2834.

[10] Peijun Ding, P. Gopalraja, Jiaruming Fu, et al. Solid-State and Integrated Circuits Technology, 2004. Proceedings. 7th International Conference on Volume: 1. 2004: 486-488.

[11] Peijun Ding, Ling Chen, Jianming Fu, etal. Solid-State and Integrated-Circuit Technology, 2001. Proceedings. 6th International Conference on Volume: 1. 2001: 405-409.

[12] K. C. Park, I. R. Kim, B. S. Suh, et al. Interconnect Technology Conference, 2003. Proceedings of the IEEE 2003 International. 2003: 165-167.

[13] G. B. Alers, R. T. Rozbicki, G. J. Harm, et al. Interconnect Technology Conference, 2003. Proceedings of the IEEE 2003 International. 2003: 27-29.

[14] C. C. Yang, D. Edelstein, L. Clevenger, et al. Interconnect Technology Conference, 2005. Proceedings of the IEEE 2005 International. 2005: 135-137.

[15] V. Arnal, A. Farcy, M. Aimadeddine, et al. International Interconnect Technology Conference, IEEE 2007. 2007: 1-3.

[16] K. Higashi, H. Yamaguchi, S. Omoto, et al. Interconnect Technology Conference, 2004. Proceedings of the IEEE 2004 International. 2004: 6-8.

[17] B. Liu, Z. X. Song, Y. H. Li, et al. Applied Physics Letters Volume: 93, Issue: 17. 2008, 174108-174108-3.

[18] M. Iguchi, S. Yokogawa, H. Aizawa, et al. Electron Devices Meeting (IEDM), 2009 IEEE International. 2009: 1-4.

[19] T. Watanabe, H. Nasu, G. Minamihaba, et al. International Interconnect Technology Conference, IEEE 2007. 2007: 7-9.

[20] A. Isobayashi, Y. Enomoto, H. Yamada, et al. Electron Devices Meeting, 2004. IEDM Technical Digest. IEEE International. 2004: 953-956.

[21] M. Haneda, J. Iijima, J. Koike. Applied Physics Letters Volume: 90, Issue: 25. 2007, 252107-252107-3.

[22] T. Usui, H. Nasu, J. Koike, et al. Interconnect Technology Conference, 2005. Proceedings of the IEEE 2005 International. 2005: 188-190.

[23] L. Carbonell, H. Volders, N. Heylen, et al. Interconnect Technology Conference, 2009. IITC 2009. IEEE International. 2009: 200-202.

[24] J. Reid, V. Bhaskaran, R. Contolini, et al. Optimization of Damascene Feature Fill for Copper Electroplating Process. IITC 1999: 284-286.

[25] R. Rosenberg, D. C. Edelstein, C.-K. Hu, et al. COPPER METALLIZATION FOR HIGH PERFORMANCE SILICON TECHNOLOGY. Annu. Rev. Mater. Sci. 2000, 30: 229-262.

[26] 刘烈炜,郭沨,田炜等. 酸性镀铜添加剂及其工艺的发展回顾. 材料保护. 2001,34(11): 19-20.

[27] P. M. Vereecken, R. A. Binstead, H. Deligianni, P. C. Andricacos. The chemistry of additives in damascene copper plating. IBM J. RES. & DEV. VOL. 49 NO. 1 JANUARY 2005: 3-18.

[28] C. H. Shih, S. W. Chou, C. J. Lin, et al. Design of ECP Additive for 65nm-node Technology Cu BEOL Reliability. 2005 IEEE. 102-104.

[29] Winston S. Shue. Evolution of Cu Electro-Deposition Technologies for 45nm and Beyond. 2006 IEEE. 175-177.

[30] Srinivas Gandikota, Deenesh Padhi, Sivakami Ramanathan, et al. Influence of Plating Parameters on Reliability of Copper Metallization. 2002 IEEE. 197-199.

[31] J. P. Lu, L. Chen, D. Gonzalez, et al. Understanding and Eliminating Defects in Electroplated Cu Films. 2001 IEEE. 280-282.

[32] T. Matsuda, T. Morita, H. Kaneko, et al. Electroplating Performance Enhancement by Controlling Resistivity of Electrolyte with Porous Materials for Advanced Cu Metallization. 2001 IEEE. 283-285.

[33] Deepak A. Ramappa, Worth B. Henley. Effects of Copper Contamination in Silicon on Thin Oxide Breakdown. Journal of The Electrochemical Society, 146 (6) 2258-2260 (1999).

[34] G. B. Alers, D. Domisch, J. Siri, et al. Trade-off between reliability and post-CMP defects during recrystallization anneal for copper damascene interconnects. IEEE 01CH37167 39th Annual International Reliability Physics Symposium, Orlando, Florida, 2001: 350-354.

[35] J. M. E. Harper, A. C. Cabral, P. C. Andricacos, et al. Mechanisms for microstructure evolution in electroplated copper thin films near room temperature. J. Appl. Phys., Vol. 86, No. 5, 1 September 1999: 2516-2525.

[36] D. P. Tracy, D. B. Knorr, K. P. Rodbell. Texture in multilayer metallization structures. J. Appl. Ptiys. 76 (5), 1 September 1994: 2671-2680.

[37] C. Lingk, M. E. Gross, W. L. Brown. Texture development of blanket electroplated copper films. J. Appl. Phys., Vol. 87, No. 5, 1 March 2000: 2232-2236.

[38] G. B. Alers, J. Sukamto, P. Woytowitz, et al. Stress Migration and the Mechanical Properties of Copper. 2005 IEEE. 36-40.

[39] Qing-Tang Jiang, Aaron Franka, R. H. Havemann, et al. Optimization of Annealing Conditions for Dual Damascene Cu Microstructures and Via Chain Yields. 2001 Symposium on VLSI Technology Digest of Technical Papers. 139-140.

[40] Jiaxiang Nie, Yun Kang, Ruipeng Yang, et al. Investigation and Reduction of Metal Voids post-CMP in Dual Damascene Process. 2008 IEEE. 1223-1226.

[41] Kensuke Ishikawa, Tomio Iwasaki, Takako Fujii, et al. Impact of Metal Deposition Process upon Reliability of Dual-Damascene Copper Interconnects. 2003 IEEE. 24-26.

[42] E. T. Ogawa, J. W. McPherson, J. A. Rosal, et al. Stress-Induced Voiding Under Vias Connected To Wide Ch Metal Leads. 2002 IEEE. 312-321.

# 第7章 光刻技术

## 7.1 光刻技术简介

### 7.1.1 光刻技术发展历史

自从1958年9月12日杰克·基尔比(Jack S. Kilby)发明了世界第一块集成电路以来[1],集成电路已经走过50多年的高速发展历程,现在最小线宽已经在20～30nm之间,进入深亚微米范围。这其中关键技术之一的光刻技术也从最初使用类似照相设备中的放大镜头,到当今的浸没式1.35高数值孔径,具备自动控制和调整成像质量、直径达半米多、重达半吨的巨型镜头组。光刻的作用是将半导体电路的图形逐层印制到硅片上,它的思想来源于历史悠久的印刷技术,所不同的是印刷通过使用墨水在纸上产生光反射率的变化来记录信息,而光刻则采用光与光敏感物质的光化学反应来实现对比度的变化。

印刷技术最早产生于中国汉代晚期。800多年后,经由宋朝的毕昇革命性的改良,将固定的雕版印刷改造成活字印刷后便高速发展[2]。现在又发展出了激光照排排版技术。现在意义上的"光刻"(Photolithography)起始于1798年阿罗约·塞内菲德勒(Alois Senefedler)的尝试。当他试图将自己的著作在德国慕尼黑出版时发现,如果使用油性铅笔将插图画在多孔的石灰石上,并且将没有画到的地方用水湿润,由于油性墨水与水的互相排斥,墨水只会被粘在用铅笔画过的地方。这种技术被叫做Lithography,或者在石头上画图。Lithography是现代多重套印的先导。

### 7.1.2 光刻的基本方法

尽管存在一些相似性,集成电路中的光刻技术使用光而不是墨水,有墨水和没有墨水的地方也变成了在掩膜版上有光和没有光的地方。在集成电路制造业中,Lithography也因此被叫做Photolithography,或者光刻。就像油性的墨水有选择地沉积到石灰石上,光只能够通过掩膜版上透明的区域,投射光被记录在一种叫做光刻角的光敏感材料上。光刻过程的简单示意图如图7.1所示。

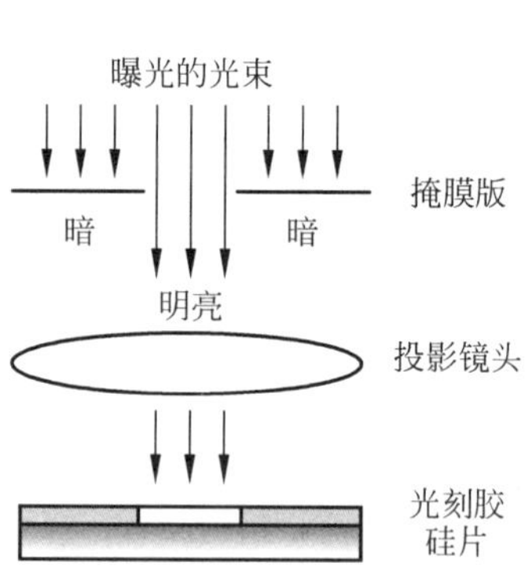

图7.1 光刻过程的简单示意图

由于光刻胶经过紫外(UV)光的照射后会经历在显影液中溶解率的变化,掩膜版上的图形会因此被转移到硅片顶层的光刻胶层上。有光刻胶覆盖的地方可以通过阻止进一步的工艺处理(如刻蚀或者离子注入)来实现掩膜版图形的进一步转移。

自从1960年以来的光刻技术可以分成以下三种类型:接触式曝光、接近式曝光和投影式曝光。最早出现的是接触式或者接近式曝光[3,4],这种曝光方式直到20世纪中期一直是制造业的主流。对接触式曝光来讲，由于掩膜版和硅片顶层之间理论上没有空隙，分辨率不是问题。但是，由于接触会造成掩膜版和光刻胶的磨损而产生缺陷，人们最终选择了接近式曝光。当然，在接近式曝光中，虽然缺陷被避免了，但是由于存在空隙和光的散射，接近式曝光的分辨率被限制在 3μm 或者更大。接近式曝光的分辨率理论极限是

$$CD = k\sqrt{\lambda\left(g + \frac{d}{2}\right)} \tag{7-1}$$

其中，$k$ 代表光刻胶的参数，通常在 1～2 之间；$CD$ 代表最小尺寸，即 critical dimension，通常对应最小能够分辨的空间周期的线宽；$\lambda$ 指曝光的波长；$g$ 代表掩膜版到光刻胶表面空隙的距离（$g=0$ 对应接触式曝光）。由于 $g$ 通常大于 10μm（由掩膜版和硅片表面平整度所限制），分辨率受到很大限制，如对 450nm 照明波长，分辨率在 3μm。而接触式曝光可以达到 0.7μm。

为了突破缺陷和分辨率的双重困难，投影曝光方案被提了出来，其中掩膜版和硅片被分开好几厘米以上。光学透镜被用来将掩膜版上的图案透镜成像到硅片上。随着市场需求更大的芯片尺寸以及更严格的线宽均匀性控制，投影曝光也从当初的全硅片曝光逐步发展到全硅片扫描曝光（见图 7.2(a)）、步进分块重复曝光(step-and-repeat)（见图 7.2(b)），到最终的步进分块扫描曝光(step-and-scan)（见图 7.2(c)）。

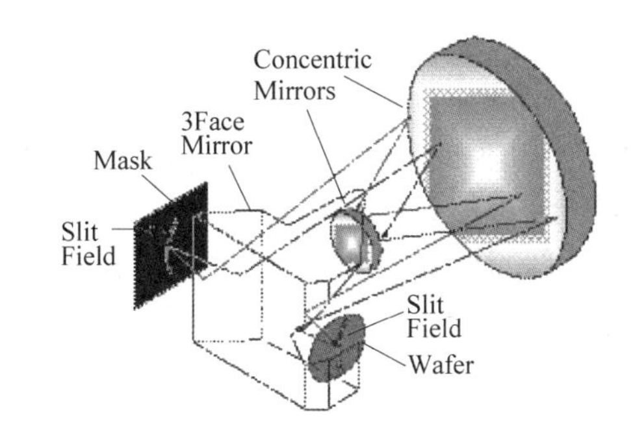


(a) 1倍率全硅片扫描式曝光机

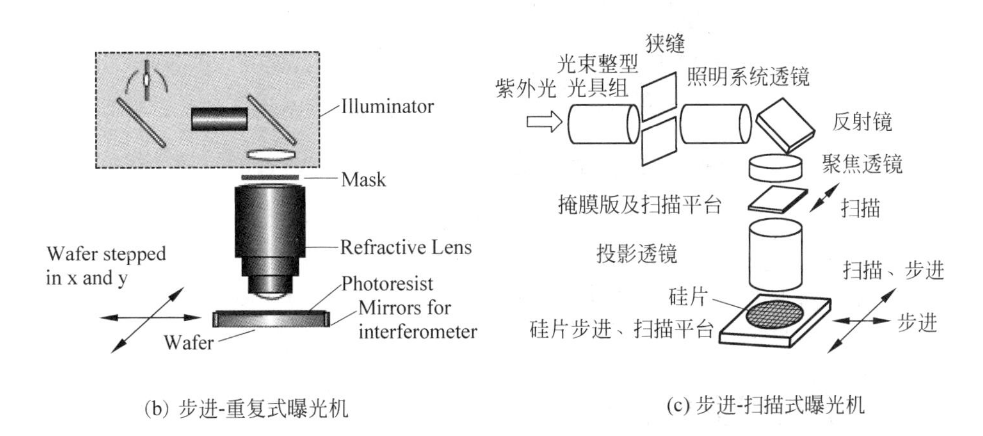


(b) 步进-重复式曝光机　　(c) 步进-扫描式曝光机

图 7.2　曝光机示意图

全硅片 1∶1 曝光方式结构简单，而且对光的单色性要求也不高。但是，随着芯片的尺寸和硅片尺寸变得越来越大，而线宽越来越精细，光学系统在不影响成像质量的情况下无法

将图形一次性地投影到整片硅片上，分块曝光变得不可避免。

其中一种分块曝光方式是全硅片扫描方式，如图7.2(a)[3]所示。这种方式通过一条圆弧形状的视场将掩膜版上的图案连续地扫描曝光到硅片上。该系统使用两个同光轴的球面镜，而它们的曲率半径和安装距离由不产生像差的要求决定[3]。

但是，当芯片的尺寸和硅片尺寸进一步变得越来越大，而线宽越来越细小，1倍率曝光使得掩膜版在图形制作精度和放置精度上的难度越来越大。于是，在20世纪70年代末期，缩小倍率、分块曝光机便问世了。芯片图样被一块接一块地曝到硅片上，如图7.2(b)所示。因此，这种缩小倍率的曝光系统被称作步进-重复系统(step-and-repeat system)或者步进机(stepper)。但是，当芯片的尺寸和硅片尺寸进一步变大，而线宽控制愈发严苛，即便是步进机的技术能力也不能够满足需要。解决这种需求与当前技术之间的矛盾便直接导致了步进-扫描式(step-and-scan)曝光机的诞生，如图7.2(c)所示。这种设备是结合了早期的全硅片扫描式曝光机和后来的步进-重复式曝光机的优点而成的混合体：掩膜版是被扫描投影的，而不是被一次投影，整片硅片也是被分块曝光的。这种设备是将光学上的难题转移到了很高的机械定位和控制上。这种设备一直被工业界使用到今天，尤其是被用于65nm及以下技术节点的半导体芯片生产之中。

现在世界上主要光刻机制造商为荷兰的阿斯麦(ASML)、日本的尼康(Nikon)、佳能(Canon)以及其他的非全尺寸的光刻机厂商，如Ultrastepper等。国产先进扫描式光刻机制造起步较晚，在2002年之后，主要由上海微电子装备有限公司(SMEE)研发。国产光刻机从维修二手的光刻机发展到了自主研发、制造光刻机。当前在开发的最先进的光刻机是193nm的SSA600/20(见图7.3)，虽然与世界先进水平还有较大差距，但是，应该说已经取得了可喜进步。其数值孔径为0.75，标准曝光场为26×33mm，分辨率为90nm，套刻精度为20nm，300mm产能为每小时80片。

图7.3　上海微电子装备有限公司正在开发的SSA600/20型号193nm步进-扫描式光刻机

## 7.1.3　其他图像传递方法

众所周知，一种继续发展光刻技术的方向是缩小波长。但是，这种努力被一些因素所困扰，如开发合适的157nm光刻胶，掩膜版保护膜(pellicle)以及镜头材料氟化钙($CaF_2$)的生产量等。不过，最近20多年，人们对极紫外(Extremely Ultra-Violet, EUV)波长的光刻技术还是投入了大量的研究。这种技术使用强激光或者高压放电产生的氙或者锡等离子体发射的 13.5nm 的极紫外光[5]。虽然极紫外技术所带来的高分辨率很吸引人，但是该技术也有很多技术困难，如反射镜容易被脉冲产生的飞溅物质所沾污，极紫外光很容易被吸收(要求系统有极高的真空度和最少的反射镜片数)，对掩膜版的苛刻要求(没有缺陷以及高反射率)，由于波长短所引起的散光(flare)，光刻胶的反应速度以及分辨率等。

除了使用传统意义上的光来传递掩膜版图形外，人们还在寻找其他微刻方法，如 X 光、纳米压印、多电子束直写、电子束、离子束投影等。

## 7.2 光刻的系统参数

### 7.2.1 波长、数值孔径、像空间介质折射率

前面提到了接近式曝光的分辨率随掩膜版与硅片之间的距离增大而迅速变差。在投影式曝光方式中，光学分辨率由下式决定，即

$$CD = k_1 \frac{\lambda}{NA} \tag{7-2}$$

其中，$k_1$ 代表一个表征光刻工艺难易程度的正比系数，一般来讲，$k_1$ 在 0.25～1.0 之间。这其实就是著名的瑞利(Rayleigh)公式。根据此公式，光学分辨率由波长 $\lambda$、数值孔径以及工艺相关的 $k_1$ 决定。如果需要印制更加小的图形，所用的方式可以是同时缩小曝光波长，增加数值孔径，减小 $k_1$ 值，或者变化其中一个要素。在这一节中，我们将先介绍已有的通过减小波长和增加数值孔径来提高分辨率的成果。有关如何在固定波长和数值孔径的前提下，通过减小 $k_1$ 因子来提高分辨率的方法，将在后面讨论。

尽管短波长可以成就高分辨率，其他几个与光源的重要的参数也是必须考虑的，如发光强度(亮度)、频率带宽、相干性(有关相干性将在后面详述)。经过全面筛选，高压汞灯因其亮度和拥有许多尖锐谱线而被选作可靠的光源。不同的曝光波长可以通过使用不同波长的滤光片来选择。能够选择单一波长的光，对光刻至关重要，因为一般的步进机对于非单色光会产生色差而导致成像质量的下降。业界所用的 G 线、H 线和 I 线分别指曝光机使用的 436nm、405nm 和 365nm 的汞灯谱线(见图 7.4)。

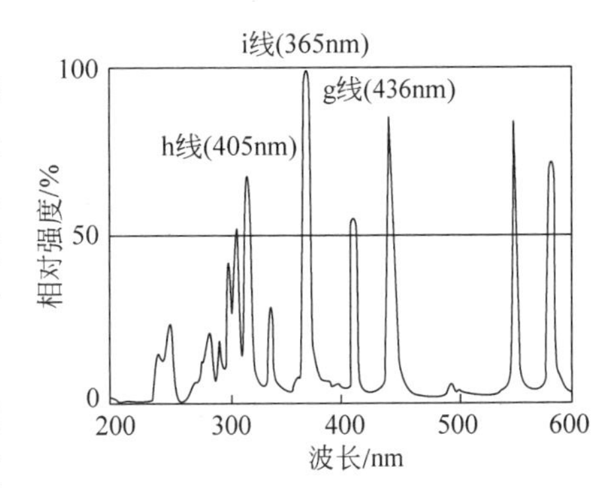


图 7.4　高压汞灯的放电光谱图

由于 I 线步进机的光学分辨率只能达到 0.25μm，对更高分辨率的要求推动了曝光波长往更加短波长发展，如深紫外(Deep UltraViolet，DUV)光谱段 150～300nm。不过，高压汞灯在深紫外的延伸并不理想，不仅由于强度不够，而且由于在长波段的辐射会产生热和变形。常见的紫外激光也不理想，如氩离子激光，因为过多的空间相干性会造成散斑，影响照明的均匀性。相比之下，准分子激光由于其拥有以下的优点而被选为深紫外的理想光源。

(1) 它们的高功率输出最大限度地实现了光刻机的产能;

(2) 它们的空间非相干性,不同于其他激光器,去除了散斑;

(3) 大功率输出使得开发合适的光刻胶变得容易;

(4) 光学上讲,能够产生频率狭窄(窄到几个 pm)的深紫外输出,使得设计出高质量的全石英光刻机镜头成为可能。

因此,准分子激光成为 0.5μm 及以下集成电路生产线上的主流照明光源,最早的报告由简(Jain et al)发表[7]。特别是 248nm 波长的氟化氪(KrF)和 193nm 的氟化氩(ArF)这两种准分子激光在曝光能量、带宽、波束形状、寿命和可靠性方面表现出了优良性能。因此,它们被广泛应用于先进的步进-扫描光刻机中,如荷兰阿斯麦(ASML)公司的双平台 Twinscan XT: 1000H (KrF), Twinscan XT: 1450G (ArF) 和日本尼康(Nikon)公司的 NSR-S210D(KrF),NSR-310F(ArF)。当然,人们仍然在寻找更短波长的光源,比如由氟分子 $F_2$ 产生的 157nm 的激光。不过,由于开发合适的光刻胶、掩膜版保护膜(pellicle)以及镜头材料氟化钙($CaF_2$)的生产量的困难,157nm 光刻技术只能够将半导体工艺延伸一个节点,即从 65nm 延伸到 45nm;而先前开发 193nm 的光刻技术将制造节点从 130nm 延伸了两个节点:90nm 和 65nm,造成商业化量产 157nm 光刻技术的努力被最终放弃。曝光波长随工艺节点的发展如图 7.5 所示。

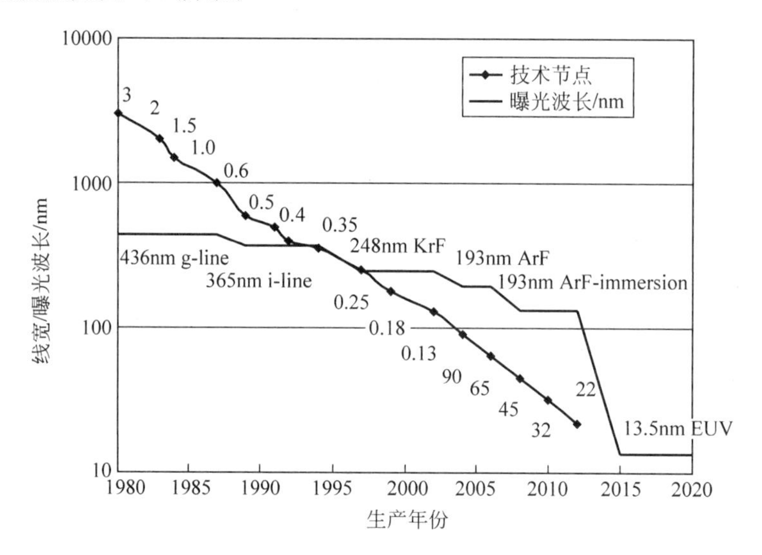


图 7.5　曝光波长随工艺节点发展的示意图

除了缩小曝光波长外,增强分辨率的另一条途径是扩大投影/扫描装置的数值孔径(Numerical Aperture, NA)。

$$NA = n\sin\theta \tag{7-3}$$

其中,$n$ 表示在像空间的折射率,$\theta$ 表示物镜在像空间的最大半张角,如图 7.6 所示。

如果像空间的介质是空气或者真空,它的折射率接近 1.0 或者 1.0,数值孔径就是 $\sin\theta$。物镜在像空间的张角越大,光学系统的分辨率就越大。当然在镜头和硅片距离保持不变的情况下,数值孔径越大,意味着镜头的直径也就要越大。镜头尺寸越大,制造难度也就越大,结构也就越复杂。通常,最大能够实现的数值孔径由镜头技术的可制造性与制造成本决定。目前,典型的 I-线扫描式光刻机(阿斯麦的 Twinscan XT: 450G)装有最大 $NA$ 为 0.65 的镜头，可以分辨 220nm、空间周期为 440nm 的密集线条。氟化氪(KrF)波长最高数值孔径是 0.93(阿斯麦的 Twinscan XT：1000H)，它可以分辨 80nm 的密集线条(160nm 的空间周期)。最先进的氟化氩(ArF)光刻机拥有 0.93 数值孔径(阿斯麦的 Twinscan XT：1450G)，它能够印制 65nm 的密集线条(120nm 空间周期)。

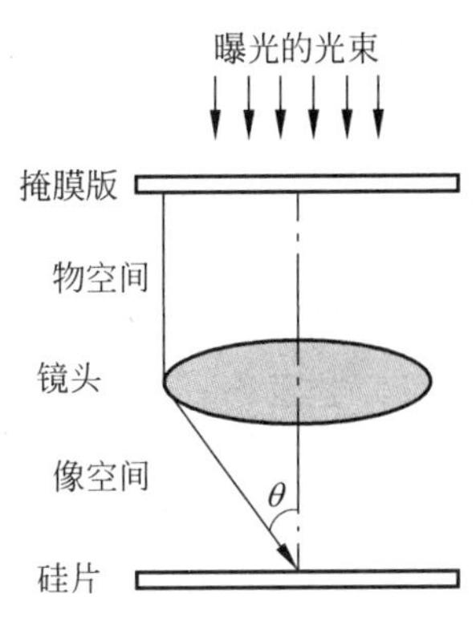


图 7.6 数值孔径示意图

前面曾提到，提高数值孔径，不仅可以通过增大镜头在像空间的张角，还可以通过提高像空间的折射率。如果水而不是空气被用来填充像空间，在 193nm 波长，像空间折射率将被提升到 1.44。这等于将空气中 0.93*NA* 一下子提升到 1.34*NA*。分辨率被提高了 30%～40%。所以，一个浸没式光刻的新时代从 2001 年开始了。最先进的商业化的浸没式扫描式光刻机是荷兰阿斯麦公司的 Twinscan NXT：1950i 和日本尼康公司的 NSR-S610C，如图 7.7(a)和图 7.7(b)所示。关于浸没式光刻的情况将在以后详述。

(a) 阿斯麦公司的Twinscan NXT1950i型浸没式光刻机

(b) 尼康公司的NSR-S610C型浸没式光刻机

图 7.7 最先进的商业化浸没式光刻机

### 7.2.2 光刻分辨率的表示

前面提到了光刻分辨率由系统的数值孔径和波长决定，当然还有与 $k_1$ 因子相关的光刻分辨率增强方式有关。本节主要介绍如何评判光刻工艺的分辨率。我们知道，光学系统的分辨率由著名的瑞利(Rayleigh)判据给出。当两个相同大小的点光源靠近到它们的中心到中心的距离等于每一个光源在光学仪器所成像的光强最大值到第一极小值的距离时，光学系统便不能够分辨出是两个还是一个光源，如图 7.8 所示。不过，即便是符合瑞利判据，两个点光源之间区域的光强仍然比峰值低一些，有大约 20%的对比度。对于线光源，当光源的宽度是无限小时，对于数值孔径为 *NA*，照明光源的波长为 λ 的光学系统，在像平面的光强分布为

$$I(x) = I_0 \left[ \frac{\sin\left(\frac{2NA\pi}{\lambda}x\right)}{\frac{2NAx}{\lambda}} \right]^2 \tag{7-4}$$

即相对像的中央位置(2*NA*)，光强达到第一极小值点。$I_0$ 表示在像中心点的光强。由此可以认为，此光学系统能够分辨的最小距离为 λ/(2*NA*)。比如，当波长为 193nm，*NA* 为 1.35(浸没式)，光学系统的最小分辨距离为 71.5nm。当然，对于光刻工艺，是否意味着能

够印制空间周期为71.5nm的图形呢？回答是否定的。原因有两个：①一个工艺需要一定的宽裕度和工艺指标才能够大规模生产；②所有机器设备的可商业化的制造精度以及机器性能的全面性，如此机器既能够印制在分辨率极限的密集线条，也能够印制孤立的图形，而且还必须最大限度地降低剩余像差对工艺的影响。对于1.35$NA$的光刻机，阿斯麦公司承诺最小能够生产的图形空间周期为76nm，也就是等间距的38nm密集线条。在光刻工艺当中，极限分辨率只具有参考价值，实际工作当中，我们只谈在某一个空间周期、某一个线宽，具备多大工艺窗口，是否够用于量产。表征工艺窗口的参数将在7.4节中详细讨论，这里做一下简单介绍。通常，表征工艺窗口的参数有曝光能量宽裕度(Exposure Latitude, EL)、对焦深度或者焦深(Depth of Focus, DOF)、掩膜版误差因子(Mask Error Factor, MEF)、套刻精度(overlay accuracy)、线宽均匀性(linewidth uniformity)，等等。

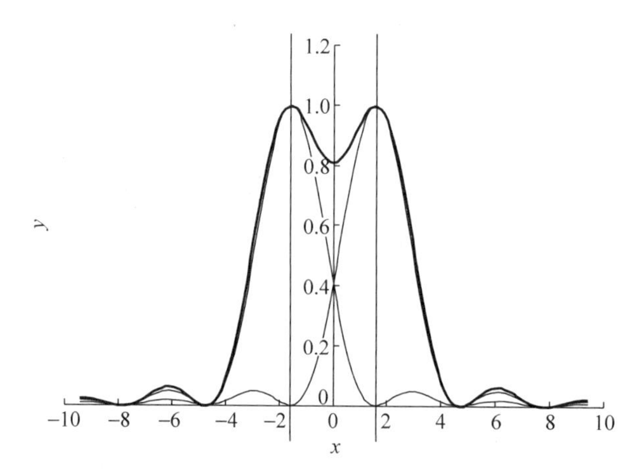


图7.8　瑞利判据示意图

曝光能量宽裕度指的是在线宽允许变化范围内，曝光能量允许的最大偏差。如线宽为90nm的线条，线宽随能量的变化为3nm/mJ，而线宽的允许变化范围是±9nm，那么允许的曝光能量变化范围是$9\times2/3=6$mJ。如果曝光能量是30mJ，能量宽裕度相对曝光能量为20%。

对焦深度一般是同光刻机焦距控制的性能相关的。如193nm的光刻机的焦距控制精度，包括机器的焦平面的稳定性、镜头的像场弯曲、散光像差、找平的精度、硅片平台的平整度等，为120nm，那么一个能够量产的工艺最小的焦深应该在120nm以上，如果加上其他工艺的影响，如化学-机械平坦化(chemical-mechanical planarization)，最小焦深还需要提高，如提到200nm。当然，后面会讲到，焦深的提高可能会以能量宽裕度为代价。

掩膜版误差因子(MEF)定义为硅片线宽由于掩膜版上的线宽偏差造成的偏差同掩膜版上偏差的比值，如式(7-5)所示。

$$MEF=\frac{\Delta CD\,(\text{wafer})}{\Delta CD\,(\text{mask})} \tag{7-5}$$

通常情况下，$MEF$接近或者等于1.0。但是，在图形空间周期接近衍射极限，$MEF$会迅速增加。太大的误差因子会造成硅片上线宽均匀性的变差。或者，对应给定的线宽均匀性要求，对掩膜版线宽均匀性提出过高要求。

套刻精度一般由光刻机上移动平台的步进(stepping)、扫描(scanning)同步精度

(synchronization accuracy)、温度控制、镜头像差、像差稳定性决定。当然，套刻精度也取决于对套刻记号的识别、读取精度以及工艺对套刻记号的影响，工艺对硅片的形变(如各种加热工艺、退火工艺)等等。现代的光刻机步进能够对硅片的均匀膨胀进行补偿，还可以对硅片的非均匀畸变进行补偿，如阿斯麦公司的推出的“格点测绘”GridMapper 软件。它可以纠正非线性的硅片曝光格点的畸变。

线宽均匀性分为两类：曝光区域内(intra-field)的均匀性和曝光区域之间(inter field)的均匀性。

曝光区域内的线宽均匀性，主要是由掩膜版线宽均匀性(通过掩膜版误差因子传递)、能量的稳定性(在扫描时)、扫描狭缝内的照明均匀性、焦距(focus)/找平(leveling)对于曝光区域内每一点的均匀性、镜头的像差(如彗形像差、散光)、扫描的同步精度误差(Moving Standard Deviation，MSD)等。

曝光区域之间的线宽均匀性，主要是由照明能量的稳定性、硅片衬底膜厚的在硅片表面的分布均匀性(主要是由于涂胶均匀性、其他工艺带来的薄膜厚度均匀性)、硅片表面的平整度、显影相关烘焙的均匀性、显影液喷淋的均匀性等。

# 7.3　光刻工艺流程

基本的 8 步工艺光刻流程如图 7.9 所示。

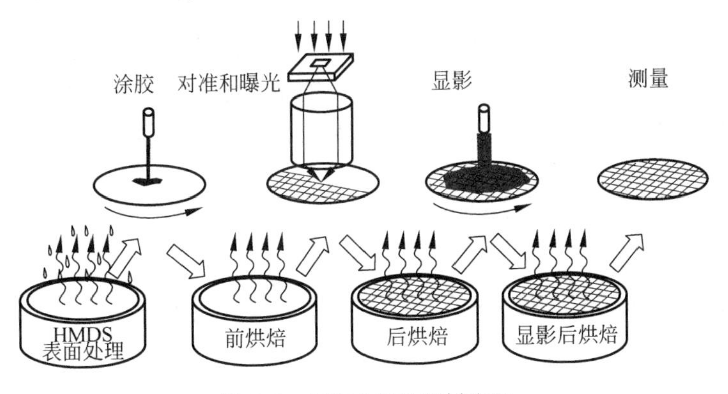


图 7.9　8 道工艺的光刻流程

HMDS 表面处理、涂胶、曝光前烘焙、对准和曝光、曝光后烘焙、显影、显影后烘焙、测量。

**1. 气体硅片表面预处理**

在光刻前，硅片会经历一次湿法清洗和去离子水冲洗，目的是去除沾污物。在清洗完毕后，硅片表面需要经过疏水化处理，用来增强硅片表面同光刻胶(通常是疏水性的)的黏附性。疏水化处理使用一种称为六甲基二硅胺胱，分子式为 $(CH_3)_3$ SiNHSi $(CH_3)_3$，(HMDS，hexamethyldisilazane)物质的蒸气。这种气体预处理同木材、塑料在油漆前使用底漆喷涂相似。六甲基二硅胺胱的作用是将硅片表面的亲水性氢氧根(OH)通过化学反应置换为疏水性的 O $Si(CH_3)_3$，以达到预处理目的。

气体预处理的温度控制在200～250℃,时间一般为30s。气体预处理的装置是连接在光刻胶处理的轨道机上(wafer track),其基本结构如图7.10所示。

**2. 旋涂光刻胶,抗反射层**

在气体预处理后,光刻胶需要被涂敷在硅片表面。涂敷的方法是最广泛使用的旋转涂胶方法。光刻胶(大约几毫升)先被管路输送到硅片中央,然后硅片会被旋转起来,并且逐渐加速,直到稳定在一定的转速上(转速高低决定了胶的厚度,厚度反比于转速的平方根)。当硅片停下时,其表面已经基本干燥了,厚度也稳定在预先设定的尺寸上。涂胶厚度的均匀性在45nm或更加先进的技术节点上应该在±20Å之内。通常光刻胶的主要成分有3种,有机树脂、化学溶剂、光敏感化合物(PAC)。

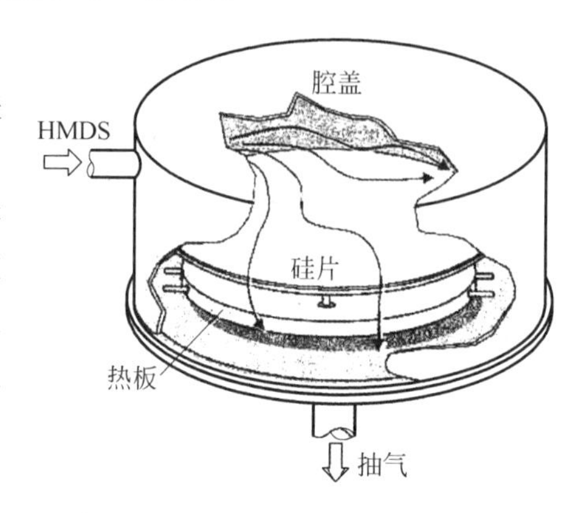


图7.10　气体预处理装置基本结构[8]

详细的光刻胶将在有关光刻胶的章节中讲到。本节只讨论基本流体动力学方面的内容。涂胶工艺流程分为三步：①光刻胶的输送；②加速旋转硅片到最终速度；③匀速旋转直到厚度稳定在预设值。最终形成的光刻胶厚度与光刻胶的黏度和最终旋转速度直接相关。光刻胶的黏度可以通过增减化学溶剂来调整。旋涂流体力学曾经被仔细研究过[8]。

对光刻胶厚度均匀性的高要求可以通过对以下参数的全程控制来实现：①光刻胶的温度；②环境温度；③硅片温度；④涂胶模块的排气流量和压力。如何降低涂胶相关的缺陷是另一个挑战。实践显示,以下流程的采用可以大幅度的降低缺陷的产生。

(1) 光刻胶本身必须洁净并且不含颗粒性物质。涂胶前必须使用过滤过程,而且过滤器上的滤孔大小必须满足技术节点的要求。

(2) 光刻胶本身必须不含被混入的空气,因为气泡会导致成像缺陷。气泡同颗粒的表现类似。

(3) 涂胶碗的设计必须从结构上防止被甩出去的光刻胶的回溅。

(4) 输送光刻胶的泵运系统必须设计成在每次输送完光刻胶后能够回吸。回吸的作用是将喷口多余的光刻胶吸回管路,以避免多余的光刻胶滴在硅片上或者多余的光刻胶干涸后在下一次输送时产生颗粒性缺陷。回吸动作应该可以调节,避免多余的空气进入管路。

(5) 硅片边缘去胶(Edge Bead Removal, EBR)使用的溶剂需要控制好。在硅片旋涂过程中,光刻胶由于受到离心力会流向硅片边缘和由硅片边缘流到硅片背面。在硅片边缘由于其表面张力会形成一圈圆珠型光刻胶残留,如图7.11所示。这种残留叫做边缘胶滴(edge bead),如果不去掉,这一圈胶滴干了后会剥离形成颗粒,并掉在硅片上、硅片输送工具上以及硅片处理设备中,造成缺陷率的升高。不仅如此,硅片背面的光刻胶残留会粘在硅片平台上(wafer chuck),造成硅片吸附不良,引起曝光离焦,套刻误差增大。通常光刻胶涂胶设备中装有边缘去胶装置[8]。通过在硅片边缘(上下各一个喷嘴,喷嘴距离硅片边缘位置可调)硅片的旋转来达到清除距离硅片边缘一定距离的光刻胶的功能。

(6) 经过仔细计算,发现大约90%～99%以上的光刻胶被旋出了硅片,因而被浪费了。

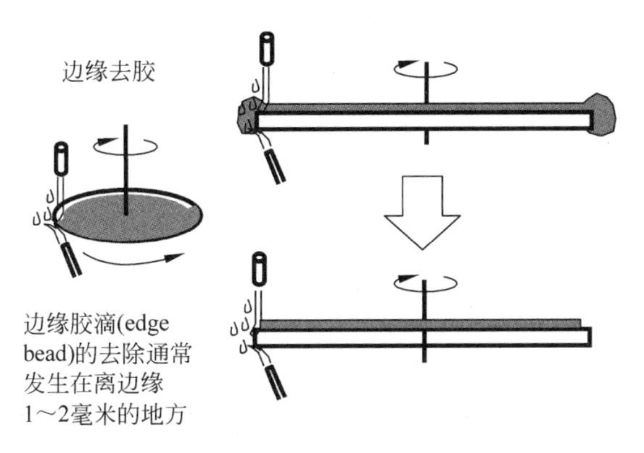


图7.11　光刻胶旋涂产生的边缘胶滴残留以及去除方法

人们通过努力在硅片旋涂光刻胶前使用一种叫做丙二醇甲醚醋酸酯(分子式为$CH_3COOCH(CH_3)CH_2OCH_3$,PGMEA的化学溶剂)对硅片进行预处理。这种方法叫做节省光刻胶涂层(Resist Reduction Coating, RRC)。不过,如果这种方法使用不当,会产生缺陷。缺陷可能是由在RRC同光刻胶界面上的化学冲击和空气中的氨对RRC溶剂的污染有关。

(7) 保持显影机或者显影模块的排风压力,以防止显影过程中,在硅片旋转过程中显影液微小液滴的回溅。

由于光刻胶的黏度会随着温度的变化而改变,可以通过有意改变硅片或者光刻胶的温度来获得不同的厚度。如果在硅片不同区域设定不同的温度,可以在一片硅片上取得不同的光刻胶厚度,通过线宽随光刻胶厚度的规律(波动线,swing curve)确定光刻胶的最佳厚度,以节省硅片、机器时间和材料[10]。有关波动线的论述将在后续章节论述。对于抗反射层的旋涂的方法和原理也是一样的。

**3. 曝光前烘焙**

当光刻胶被旋涂在硅片表面后,必须经过烘焙。烘焙的目的在于将几乎所有的溶剂驱赶走。这种烘焙由于在曝光前进行叫做"曝光前烘焙",简称前烘,又叫软烘(soft bake)。前烘改善光刻胶的黏附性,提高光刻胶的均匀性,以及在刻蚀过程中的线宽均匀性控制。在6.3节讲到的化学放大的光刻胶(chemically amplified photoresist)中,前烘在一定程度上还可以用来改变光酸的扩散长度,以调整工艺窗口的参数。典型的前烘温度和时间在90～100℃,30s左右。前烘后硅片会被从烘焙用的热板移到一块冷板上,以使其回到室温,为曝光步骤做准备。

**4. 对准和曝光**

前烘后的步骤便是对准和曝光(alignment and exposure)。在投影式曝光方式中,掩膜版被移动到硅片上预先定义的大致位置,或者相对硅片已有图形的恰当位置,然后由镜头将其图形通过光刻转移到硅片上。对接近式或者接触式曝光,掩膜版上的图形将由紫外光源直接曝光到硅片上。对第一层图形,硅片上可以没有图形,光刻机将掩膜版相对移动到硅片上预先定义的(芯片的分化方式)大致(根据硅片在光刻机平台上的横向安放精度,一般在10～30$\mu$m左右)位置。对第二层及以后的图形,光刻机需要对准前层曝光所留下的对准记号所在的位置将本层掩膜版套印在前层已有的图形上。这种套刻精度通常为最小图形尺寸的25%～30%。如90nm技术中,套刻精度通常为22～28nm(3倍标准偏差)。一旦对准精度满足要求,曝光便开始了。光能量激活光刻胶中的光敏感成分,启动光化学反应。衡量光刻工艺好坏的主要指标一般为关键尺寸(Critical Dimension, CD)的分辨率和均匀性,套刻精度,产生颗粒和缺陷个数。

**5. 曝光后烘焙**

曝光完成后,光刻胶需要经过又一次烘焙。因为这次烘焙在曝光后,叫做“曝光后烘焙”,简称后烘(Post Exposure Bake,PEB)。后烘的目的在于通过加热的方式,使光化学反应得以充分完成。曝光过程中产生的光敏感成分会在加热的作用下发生扩散,并且同光刻胶产生化学反应,将原先几乎不溶解于显影液体的光刻胶材料改变成溶解于显影液的材料,在光刻胶薄膜中形成溶解于和不溶解于显影液的图形。由于这些图形同掩膜版上的图形一致,但是没有被显示出来,又叫“潜像”(latent image)。对化学放大的光刻胶,过高的烘焙温度或者过长的烘焙时间会导致光酸(光化学反应的催化剂)的过度扩散,损害原先的像对比度,进而减小工艺窗口和线宽的均匀性。详细的讨论将在后续的章节中进行。真正将潜像显示出来需要通过显影。

**6. 显影**

在后烘完成后,硅片会进入显影步骤。由于光化学反应后的光刻胶呈酸性,显影液采用强碱溶液。一般使用体积比为2.38%的四甲基氢氧化铵水溶液(Tetra Methyl Ammonium Hydroxide,TMAH),分子式为$(CH_3)_4NOH$。光刻胶薄膜经过显影过程后,曝过光的区域被显影液洗去,掩膜版的图形便在硅片上的光刻胶薄膜上以有无光刻胶的凹凸形状显示出来。显影工艺一般有如下步骤:

(1) 预喷淋(pre-wet):通过在硅片表面先喷上一点去离子水(DI water),以提高后面显影液在硅片表面的附着性能。

(2) 显影喷淋(developer dispense):将显影液输送到硅片表面。为了使得硅片表面所有地方尽量接触到相同的显影液剂量,显影喷淋便发展了以下几种方式。如使用E2喷嘴,LD喷嘴,等等。

(3) 显影液表面停留(puddle):显影液喷淋后需要在硅片表面停留一段时间,一般为几十秒到一两分钟,目的是让显影液与光刻胶进行充分反应。

(4) 显影液去除并且清洗(rinse):在显影液停留完后,显影液将被甩出,而去离子水将被喷淋在硅片表面,以清除残留的显影液和残留的光刻胶碎片。

(5) 甩干(spin dry):硅片被旋转到高转速以将表面的去离子水甩干。

**7. 显影后烘焙,坚膜烘焙**

在显影后,由于硅片接触到水分,光刻胶会吸收一些水分,这对后续的工艺,如湿发刻蚀不利。于是需要通过坚膜烘焙(hard bake)来将过多的水分驱逐出光刻胶。由于现在刻蚀大多采用等离子体刻蚀,又称为“干刻”,坚膜烘焙在很多工艺当中已被省去。

**8. 测量**

在曝光完成后,需要对光刻所形成的关键尺寸以及套刻精度进行测量(metrology)。关键尺寸的测量通常使用扫描电子显微镜,而套刻精度的测量由光学显微镜和电荷耦合阵列成像探测器(Charge Coupled Device, CCD)承担。使用扫描电子显微镜的原因是由于半导体工艺中的线宽尺寸一般小于可见光波长，如 400～700nm，而电子显微镜的电子等效波长由对电子的加速电压决定。根据量子力学原理，电子的德布罗意(De Broglie)波长为

$$\lambda = \frac{h}{mv} \tag{7-6}$$

其中，$h(6.626\times10^{-34}\text{Js})$为普朗克常数，$m(9.1\times10^{-31}\text{kg})$为电子在真空中的质量，$v$ 为电子的速率。如果加速电压为 $V$，则电子的德布罗意波长可以写成

$$\lambda = \frac{h}{\sqrt{2mqV}} \tag{7-7}$$

其中，$q(1.609\times10^{-19}\text{c})$为电子的电荷。代入数值，式(7-7)可以近似地写为

$$\lambda = \frac{1.22\text{nm}}{\sqrt{V}} \tag{7-8}$$

如果加速电压为 300V，则电子的波长为 0.07nm，对于线宽的测量足矣。实际工作中，电子显微镜的分辨率是由电子束在材料中的多次散射以及电子透镜的像差决定的。通常，电子显微镜的分辨率为几十个纳米，测量线度的误差在 1～3nm 左右。虽然套刻精度也已经达到纳米级别，但是，由于测量套刻只需要具备较粗线条中央位置确定的能力，测量套刻精度可以使用光学显微镜。

图 7.12(a)为扫描电子显微镜所拍摄的尺寸测量截图，图中白色的双线和相对的箭头代表目标尺寸。扫描电子显微镜的像对比度由经过电子轰击所产生的二次电子发射和被收集形成的。可以看出，在线条的边缘，可以收集到较多的二次电子。原则上，收集到的电子越多，测量得也就越准确。可是，由于电子束对光刻胶的冲击不可忽略[12]，经过电子束照射，光刻胶会缩小，尤其以 193nm 的胶最严重。所以建立一个可测量性与小破坏性的平衡变得十分重要。

图 7.12(b)为典型的套刻测量示意图，其中线条粗细一般为 1～3μm，外框边长一般为 20～30μm，内框边长一般为 10～20μm。在这张图里，内框和外框显示不同的色彩或者对比度是由于不同的层次薄膜厚度的不同所产生的反射光的色彩以及对比度的差异。套刻的测量通过确定内框中央点和外框中央点的空间差异来实现。实践证明，只要提供足够的信号强度，即便是光学显微镜，也能够实现 1nm 左右的测量精度。

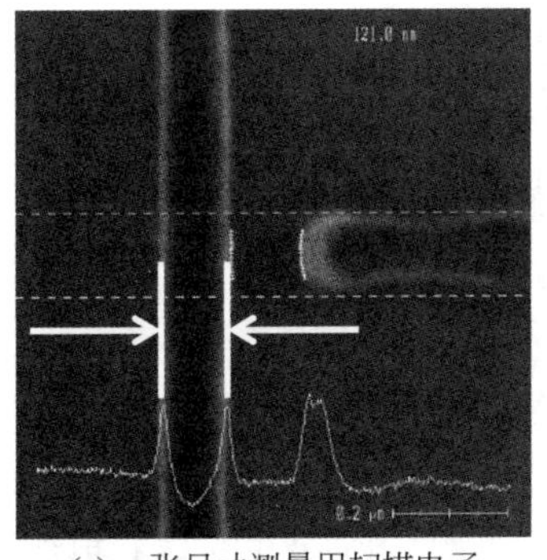


(a) 一张尺寸测量用扫描电子显微镜(CD-SEM)的截图

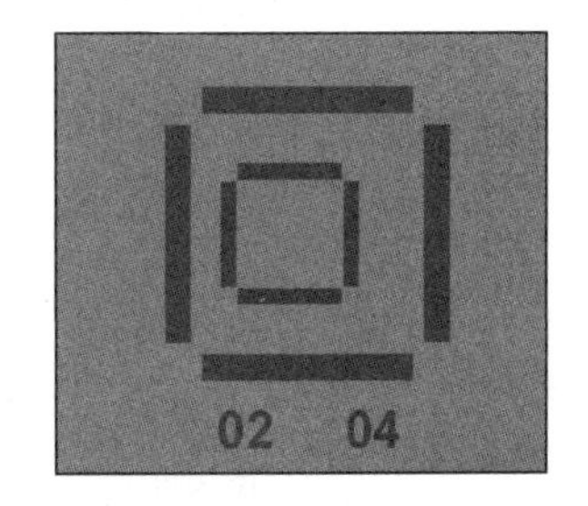


(b) 一张套刻测量显微镜的示意图

图 7.12　关键尺寸及套刻精度的测量

# 7.4 光刻工艺窗口以及图形完整性评价方法

## 7.4.1 曝光能量宽裕度，归一化图像对数斜率(NILS)

在第二节中提到：曝光能量宽裕度(EL)是指在线宽允许变化范围内，曝光能量允许的最大偏差。它是衡量光刻工艺的一项基本参数。图7.13(a)表示光刻图形随曝光能量和焦距的变化规律。图7.13(b)表示在一片硅片上曝出不同能量和焦距的二维分布测试图案，它像一个矩阵一样，又叫做焦距-能量矩阵(Focus-Exposure Matrix，FEM)。此矩阵用来测量光刻工艺在某个或者某几个图形上的工艺窗口，如能量宽裕度、对焦深度。如果加上掩膜版上的特殊测试图形，焦距-能量矩阵还可以测量其他有关工艺和设备的性能参数，如光刻机镜头的各种像差、杂光(flare)、掩膜版误差因子、光刻胶的光致酸扩散长度、光刻胶的灵敏度、掩膜版的制造精度等。

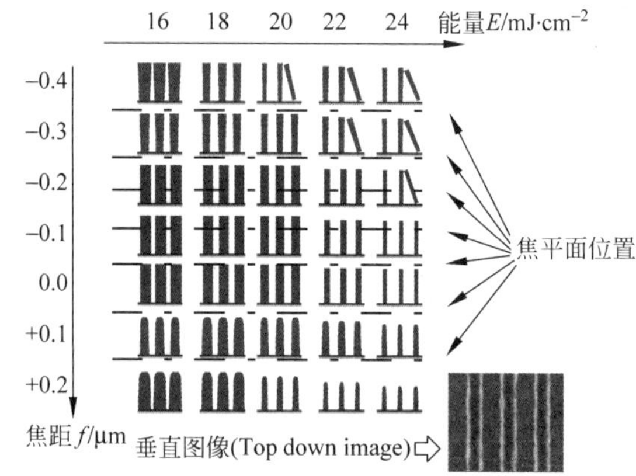

(a) 光刻胶断面形貌随曝光能量和焦距的变化示意图

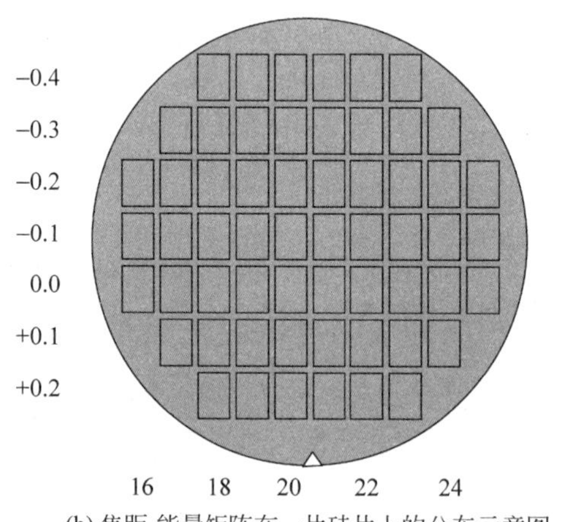


(b) 焦距-能量矩阵在一片硅片上的分布示意图

图7.13 光刻图形随曝光能量和焦距的变化以及焦距-能量矩阵

图7.13(a)中，灰色的图形代表光刻胶(正性光刻胶)经过曝光和显影后的横断面形貌。随着曝光能量的不断增加，线宽变得越来越小。随着焦距的变化，光刻胶垂直方向的形貌也发生变化。先讨论随能量的变化。如果选定焦距为−0.1μm，也就是投影的焦平面在光刻

胶顶端往下0.1μm的位置。如果测量线宽随能量的变化，可以得到如图7.14所示的一根曲线。

根据曝光能量宽裕度的计算定义为

$$EL = \frac{\Delta CD\,(\text{total } CD \text{ tolerance})}{\text{Best Energy}} \frac{\text{d Energy}}{\text{d } CD} \times 100\% \tag{7-9}$$

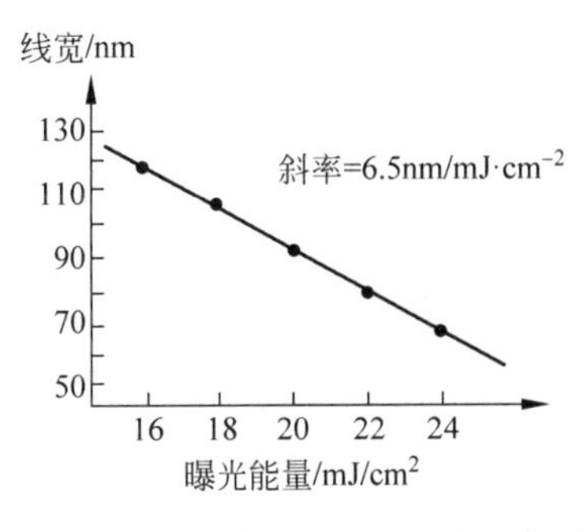


图7.14　线宽随曝光能量变化示意图

如果我们选定线宽全部允许范围(total $CD$ tolerance)为线宽90nm的±10%，即18nm，而线宽随曝光能量的变化斜率为6.5nm/(mJ/cm$^2$)，最佳曝光能量为20mJ/cm$^2$，则能量宽裕度$EL$为18/6.5/20=13.8%。够不够呢？这个问题同光刻机的能力强弱、工艺生产控制的能力、器件对线宽的要求高低等因素有关。能量宽裕度同光刻胶对空间像的保真能力也有关系。一般来讲，在90nm、65nm、45nm以及32nm节点，栅极层光刻的$EL$要求为15%～20%，金属连线层对$EL$的要求为13%～15%左右。

能量的宽裕度还同像对比度直接相关，不过这里的像不是来源于镜头的空间像，而是经过光刻胶光化学反应的“潜像”。光刻胶对光的吸收以及发生光化学反应需要光敏感成分在光刻胶薄膜内扩散，这种光化学反应所必需的扩散会降低像的对比度。对比度的定义为

$$\text{对比度(contrast)} = \frac{U_{\max} - U_{\min}}{U_{\max} + U_{\min}} \tag{7-10}$$

其中，$U$为“潜像”的等效光强(其实是光敏感成分的密度)。

对于密集线条，如果空间周期$P$小于$\lambda/NA$，那么它的空间像等效光强$U(x)$一定为正弦波，如图7.15所示可以写成

$$\begin{aligned} U(x) &= \frac{(U_{\max} + U_{\min})}{2} + \frac{(U_{\max} - U_{\min})}{2} \cos\left(\frac{2\pi x}{p}\right) \\ &= U_0\left(1 + \text{contrast } \cos\left(\frac{2\pi x}{p}\right)\right) \end{aligned} \tag{7-11}$$

根据$EL$的定义，结合式(7-10)，如图7.16所示，可以将$EL$写成如下的表达式，即

$$EL = \frac{1}{U_0}\left|\frac{\mathrm{d}U(x)}{\mathrm{d}x}\right| \mathrm{d}CD(3\sigma) = \text{contrast}\,\frac{2\pi}{p}\sin\left(\frac{\pi CD}{p}\right)\mathrm{d}CD \tag{7-12}$$

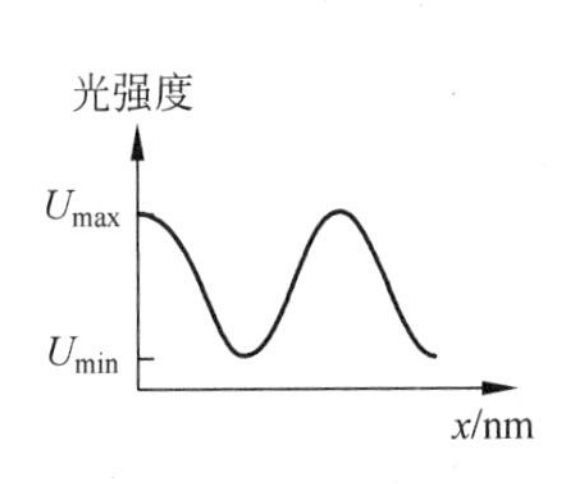


图7.15　像对比度定义示意图

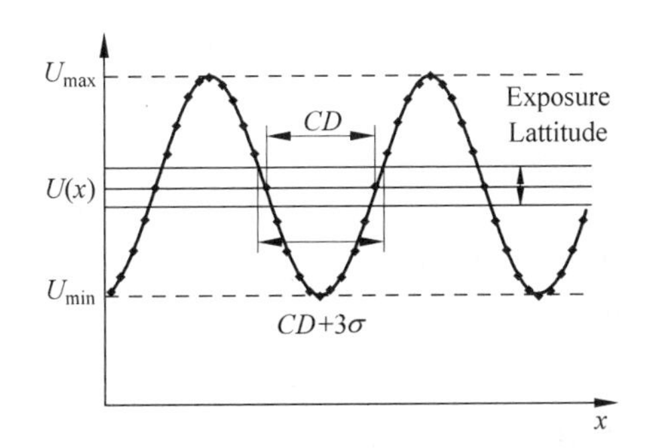


图7.16　在密集线条光刻中，像对比度和曝光能量宽裕度的关系示意图

对于等间距的线条(equal line and space),$CD=P/2$,还有更简洁、直观的表达式,即

$$EL=\text{contrast}\,\frac{\mathrm{d}CD}{CD}\pi$$

或

$$\text{contrast}=\frac{CD}{\mathrm{d}CD}\frac{EL}{\pi} \tag{7-13}$$

也就是,如果 d$CD$ 使用一般的 10%$CD$,那么,对比度(contrast)约等于 3.2 倍的 $EL$。式(7-11)中的斜率为

$$\frac{1}{U_0}\left|\frac{\mathrm{d}U(x)}{\mathrm{d}x}\right|=\frac{\mathrm{d}\{\ln[U(x)]\}}{\mathrm{d}x} \tag{7-14}$$

又叫做像对数斜率(image log slope, ILS),由于它与像对比度以及 $EL$ 的直接联系,它也被作为一个衡量光刻工艺窗口的重要参数。如果再对其进行归一化,即乘以线宽,可以得到归一化的像对数斜率(Normalized Image Log Slope, NILS),如式(7-15)所定义,即

$$NILS=\frac{CD}{U(x)}\frac{\mathrm{d}U(x)}{\mathrm{d}x} \tag{7-15}$$

一般 $U(x)$ 指的是镜头投影在光刻胶内的空间像,这里指的是经过光刻胶光化学反应的"潜像"。对于等间距的密集线条,$CD=P/2$,而且空间周期 $P$ 小于 $\lambda/NA$,$NILS$ 可以写成

$$NILS=\pi\text{contrast}=EL\frac{CD}{\mathrm{d}CD} \tag{7-16}$$

例如,对于 90nm 的存储器工艺,线宽 $CD$ 等于 0.09μm,如果对比度(contrast)为 50%,空间周期为 0.18μm,则 $NILS$ 为 1.57。

## 7.4.2 对焦深度(找平方法)

对焦深度(Depth of Focus, DOF),指的是在线宽允许的变化范围内,焦距的最大可变化范围。如图 7.13 所示,光刻胶随着焦距的变化不仅会发生线宽的变化,还会发生形貌的变化。一般来讲,对透明度比较高的光刻胶,如 193nm 的光刻胶和分辨率较高的 248nm 光刻胶,当光刻机的焦平面处于负值时,焦平面靠近光刻胶顶部位置;当高宽比大于 2.5~3 时,由于光刻胶底部线宽较大,甚至于出现"内切"(undercut),容易发生机械不稳定而倾倒。当焦平面处于正值时,由于光刻胶沟槽顶部的线宽较大,顶部的方角会变得圆滑(top rounding)。这种"顶部圆滑"有可能会被转移到刻蚀后的材料形貌中去,所以"内切"和"圆滑"都需要避免。

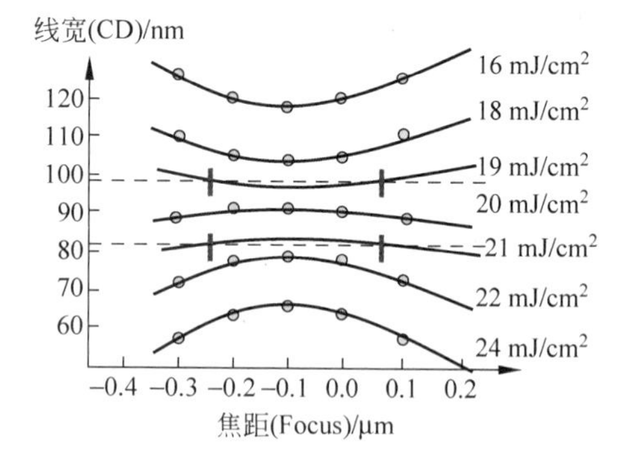


图 7.17 工艺窗口示意图

在曝光能量为 16,18,20,22,24mJ/cm² 下,线宽随焦距的变化,又叫做泊松图(Bossung plot)。

如果将图 7.13 的线宽数据作图,会得到一张在不同曝光能量下线宽随焦距的变化曲线族,如图 7.17 所示。

如果限定线宽的允许变化范围为±9nm,那么可以从图 7.17 上找出在最佳曝光能量时的最大允许焦距变化。不仅如此,由于实际工作中,能量和焦距都是同时发生变化,如光刻机的漂移,需要得到在能量有漂移的情况下的焦距的最

大允许变化范围。如图 7.17 所示,可以一定的线宽允许变化范围 $EL$,如±5%为标准($EL=10\%$),计算所允许的最大焦距变化范围,即在 19~21mJ/cm$^2$之间。可以将 $EL$ 数据同焦距允许范围作图,如图 7.18 所示。可以发现,在 90nm 工艺中,在 10%$EL$ 的变化范围下,最大的对焦深度范围在 0.30μm 左右。够不够? 一般来讲,对焦深度同光刻机有关,如焦距控制精度,包括机器的焦平面的稳定性、镜头的像场弯曲、散光像差、找平(leveling)精度以及硅片平台的平整度等。当然也同硅片本身的平整度、化学-机械平坦化工艺所造成的平整度降低程度有关。对于不同的技术节点,典型的对焦深度的要求由表 7.1 列出。

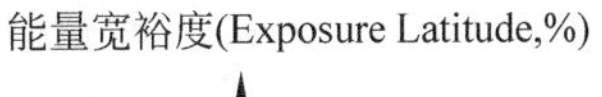


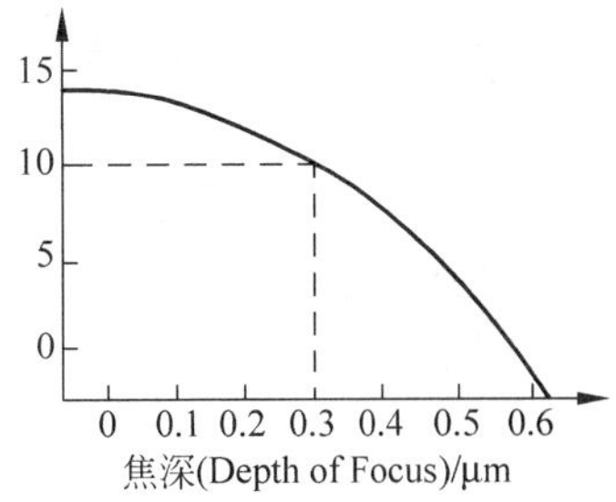


图 7.18　工艺窗口示意图:能量宽裕度随对焦深度(焦深)的变化

**表 7.1　在不同技术节点上的典型的对焦深度要求**

| 对焦深度(μm) | 技术节点(nm) | | | | | | |
| --- | --- | --- | --- | --- | --- | --- | --- |
| | 250 | 180 | 130 | 90 | 65 | 45 | 32 |
| 波长(nm) | 248 | 248 | 248 | 193 | 193 | 193i | 193i |
| 前道 | 0.5—0.6 | 0.45 | 0.35 | 0.35 | 0.25 | 0.15 | 0.1 |
| 后道 | 0.6—0.8 | 0.6 | 0.45 | 0.45 | 0.3 | 0.2 | 0.12 |

由于对焦深度如此重要,在光刻机上的重要一环找平就显得十分关键了。当今工业界最常用的找平方式是通过测量斜入射的光在硅片表面反射光点的位置来确定硅片的垂直位置 $z$ 和沿水平方向上的倾斜角 $R_x$、$R_y$,如图 7.19 所示。

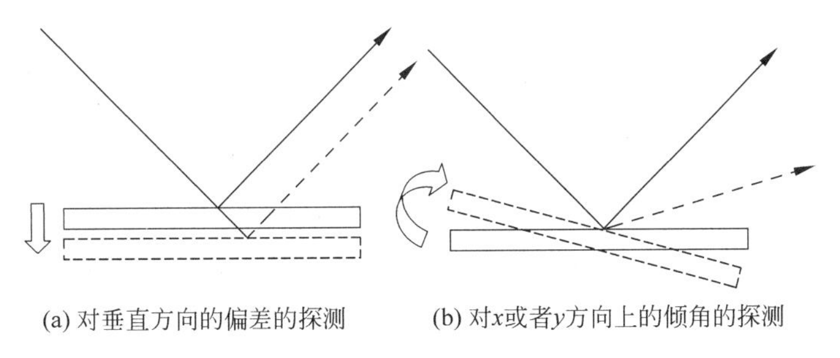


图 7.19　找平探测方法示意图

真实的系统要复杂得多,其中包括如何将独立的 $z$、$R_x$、$R_y$ 分离开来。

由于需要同时测量这三个独立的参量,一束光是不够的(只有横向偏移两个自由度),需要至少两束光。而且,如果需要探测在曝光区域或者狭缝(slit)上不同点的 $z$、$R_x$、$R_y$,还需要增加光点的数量。一般,对于一个曝光区域,可以多达 8~10 个测量点。但是,这种找平的方式有它的局限性。因为是使用斜入射的光,比如 15°~20°掠入射角(或者相对垂直硅片表面方向上的 70°~75°入射角),对于白光折射率为 1.5 左右的光刻胶、二氧化硅等表面,只有大约 18%~25%的光被反射回来,如图 7.20 所示,其他大约 75%~82%的进入探测器的光会穿透透明介质表面。而这部分透射光会继续传播,直到遇到不透明介质或者反射介质,如硅、多晶硅、金属，高折射率介质，如氮化硅等，才被反射上来。因此，由找平系统(leveling system)所实际探测到的“表面”会在光刻胶上表面下面的某个地方。由于后道(Back-End-of-the-Line，BEOL)主要有相对比较厚的氧化物层，如各种二氧化硅，前道(Front-End-of-the-Line，FEOL)与后道之间会存在一定的焦距偏差，一般在 0.05～0.20μm 之间，取决于透明介质的厚度和不透明介质的反射率。所以，在后道，芯片的设计图案需要尽量均匀；否则，由于图形密度的分布不均匀，会造成找平的误差，以至于引入错误的倾斜补偿，造成离焦(defocus)。

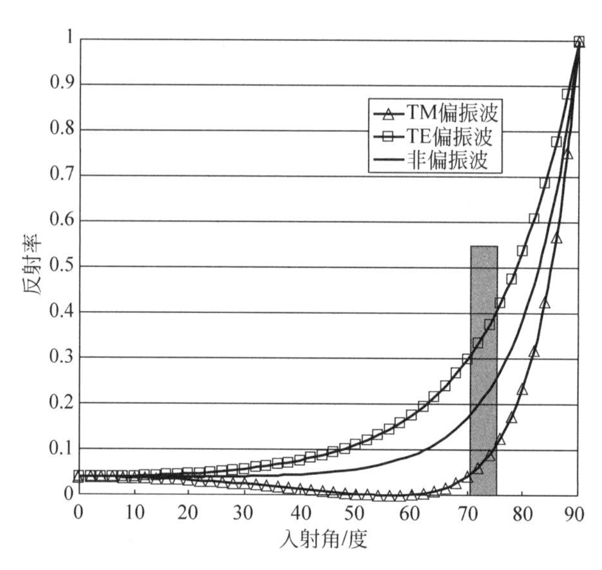


图 7.20 入射光在折射率为 1.5 的平面介质上的反射率随入射角的变化

光刻机的找平一般有以下两种模式：

(1) 平面模式：在曝光区域上或者整片硅片上测量若干点的高度，然后根据最小二乘法定出平面；

(2) 动态模式(扫描式光刻机专有)：对扫描的狭缝区域内若干点进行动态的高度测量，然后沿着扫描方向不断地补偿。当然需要知道，找平的反馈是通过硅片平台的上下移动和沿非扫描方向倾斜来实现的，它的补偿只能够是宏观的，一般在毫米级。而且在非扫描方向($X$ 方向)，只能够按照一阶倾斜来处理，任何非线性的弯曲(比如镜头像场弯曲和硅片翘曲)是无法补偿的，如图 7.21 所示。

在动态模式下，有些光刻机还可以对硅片边缘的非完整曝光区域(shot)或者芯片区域(一个最大为 $26\times33\text{mm}^2$ 的曝光区域，可以包含很多芯片区域，叫做 die)，还可以停止找平测量，而使用其周边的曝光或者芯片区域找平数据来做外延，以避免硅片边缘由于过多的高度偏差以及膜层的不完整造成测量错误。在阿斯麦光刻机中，这种功能叫做“与电路相关的硅片边缘焦距测量禁止”(Circuit Dependent Focus Edge Clearance，CDFEC)。

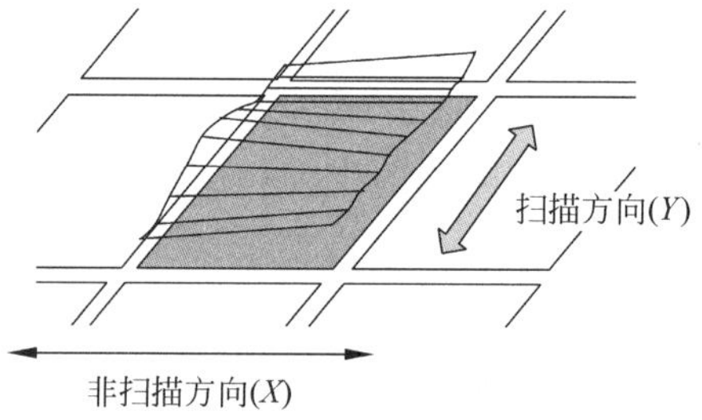

扫描方向(Y)

非扫描方向(X)

图 7.21 光刻机找平的动态模式，只能够对扫描狭缝经过的地方进行高度和沿非扫描方向($X$)倾角的补偿

影响对焦深度的因素主要有几点：系统的数值孔径、照明条件(illumination condition)、图形的线宽、图形的密集度、光刻胶的烘焙温度等。如图 7.22 所示，根据波动光学，在最佳焦距，所有汇聚到焦点的光线都具有同样的相位；但是在离焦的位置上，经过镜头边缘的光线同经过镜头中央的光线走过不同的光程，他们的差为(FF′－OF′)。当数值孔径变大时，光程差也变大，实际在离焦处的焦点光强就变小，或者对焦深度变小。在平行光照明条件下，对焦深度(瑞利，Rayleigh)一般由以下公式给出，即

$$\Delta z_0 = \frac{\lambda}{8(1-\cos\theta)} \tag{7-17}$$

其中，$\theta$ 为镜头的最大张角，对应数值孔径 $NA$。在 $NA$ 比较小时，可以近似写成

$$\Delta z_0 = \frac{\lambda}{8\sin^2\frac{\theta}{2}} \approx \frac{\lambda}{2\sin^2\theta} = \frac{\lambda}{2NA^2} \tag{7-18}$$

可以看出来，当 $NA$ 越大时，对焦深度越小，对焦深度同数值孔径的平方成反比。

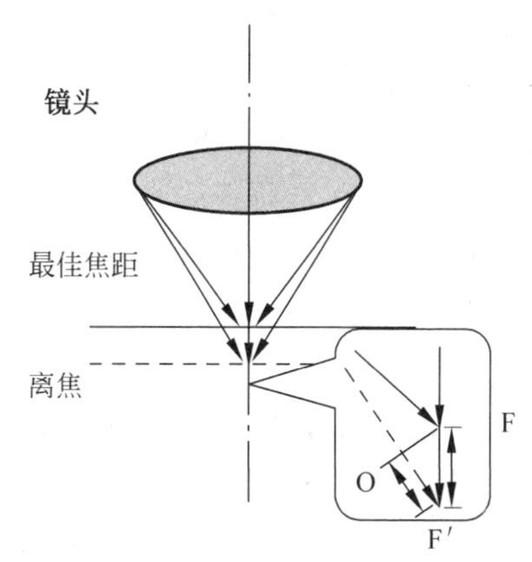


图 7.22　光刻对焦深度同镜头数值孔径的联系示意图

不仅数值孔径会影响焦深，照明条件也会影响焦深，比如，对密集图形，而且空间周期小于 $\lambda/NA$，离轴照明会增加对焦深度。有关这部分内容将在第七节 7.1 小节中同离轴照明再讨论一次。此外，图形的线宽也会影响对焦深度，比如细小图形的对焦深度一般比粗大图形的要小。这是由于细小图形的衍射波角度比较大，它们在焦平面的汇聚相互之间的夹角比较大，如同刚才的论述，对焦深度会因此比较小。再者，光刻胶的烘焙温度也会在一定程度上影响对焦深度，较高的曝光后烘焙(Post Exposure Bake，PEB)会造成在光刻胶厚度范围内对空间像对比度在垂直方向($Z$)上的平均，造成增大的对焦深度。不过，这是以降低最大像对比度为代价的。

## 7.4.3　掩膜版误差因子

掩膜版误差因子 (Mask Error Factor，MEF) 或者掩膜版误差增强因子(Mask Error Enhancement Factor，MEEF) 定义为在硅片上曝出的线宽对掩膜版线宽的偏导数。掩膜版误差因子主要由光学系统的衍射造成，并且会因为光刻胶对空间像的有限保真度而变得更加大。影响掩膜版误差因子的因素有照明条件、光刻胶性能、光刻机透镜像差、后烘(PEB)温度等。最近十年来文献中曾经有许多对掩膜版误差因子的研究报告[14]，从这些研究可以看到：空间周期越小或者像对比度越小，掩膜版误差因子越大。对远大于曝光波长的图形，或者在人们常说的线性范围，掩膜版误差因子通常非常接近 1。对接近或者小于波长的图形，掩膜版误差因子会显著增加。不过，除了以下特殊情况，掩膜版误差因子一般不会小于 1：

(1) 使用交替相移掩膜版的线条光刻可以产生显著小于 1 的掩膜版误差因子。这是因为在空间像场分布中的最小光强主要是由邻近相位区所产生的 180°相位突变产生的。改变相位突变处掩膜版上金属线的宽度对线宽影响不大。

(2) 掩膜版误差因子在光学邻近效应修正中细小补偿结构附近会显著小于 1。这是因

为对主要图形的细小改变不能被由衍射而造成分辨率有限的成像系统所敏感地识别。

通常对空间上有延伸的图形,诸如线或槽和接触孔,掩膜版误差因子都等于或大于1。因为掩膜版误差因子的重要性在于它和线宽及掩膜版成本的联系,将它限制在较小的范围变得十分重要。例如,对线宽均匀性要求极高的栅极层,掩膜版误差因子通常被要求控制在1.5以下(针对90nm及更加宽的工艺)。

直到最近,取得掩膜版误差因子的数据需要通过数值仿真或者实验测量。对数值仿真,如要达到一定的精确度需要依靠设定仿真参量的经验。如果需要得到掩膜版误差因子在整个光刻参量空间的分布信息,使用这类方法需要时间会比较长。其实,对密集线或槽的成像,掩膜版误差因子在理论上有解析的近似表达式。在空间周期 $p$ 小于 $\lambda/NA$,而且线同槽的宽度相等的特殊条件下,在环形照明条件下,解析表达式可以简化,写成下述形式[13],即

$$MEF(\sigma_{\text{out}}/\sigma_{\text{in}})=\frac{\int_{\sigma_{\text{in}}}^{\sigma_{\text{out}}}\sigma\mathrm{d}\sigma\,\dfrac{1}{\sin\left(\dfrac{\pi CD}{p}\right)}\left[\dfrac{\pi e^{\frac{2\pi^2a^2}{p^2}}}{2\phi\cos^2\left(\dfrac{\lambda}{2np}\right)}\mp\dfrac{2(1+\alpha)}{\pi(1-\alpha)}\cos\left(\dfrac{\pi CD}{p}\right)\right]}{\int_{\sigma_{\text{in}}}^{\sigma_{\text{out}}}\sigma\mathrm{d}\sigma} \tag{7-19}$$

其中

$$\phi=\arccos\left\{\frac{\dfrac{\lambda}{pNA}-\dfrac{pNA}{\lambda}}{2\sigma}+\frac{pNA}{2\lambda}\sigma\right\} \tag{7-20}$$

+、-分别适用于槽、线条。其中,$\sigma$ 为部分相干参数($0<\sigma<1$),$\alpha$ 为透射衰减掩膜版(Attenuated Phase Shifting Mask)中的振幅透射率因子(如对6%透射衰减掩膜版,$\alpha$ 为0.25),$n$ 为光刻胶折射率(通常为1.7~1.8之间),$a$ 为在阈值模型情况下的等效光酸扩散长度(根据不同的技术节点,通常从32~45nm节点的5~10nm到0.18~0.25$\mu$m节点的70nm)。

对于交替相移掩膜版(Alternating Phase Shifting Mask, Alt-PSM),$MEF$ 有更加简单的表达式,即

$$MEF=\frac{\dfrac{e^{\frac{2\pi^2a^2}{p^2}}}{\cos^2\left(\dfrac{\lambda}{2np}\right)}-\cos\left(\dfrac{\pi CD}{p}\right)}{\sin\left(\dfrac{\pi CD}{p}\right)}\tan\left(\frac{\pi\delta}{2p}\right) \tag{7-21}$$

其中,空间周期 $p<3\lambda/(2NA)$,$CD$ 指的是硅片上的线宽,$\delta$ 指的是掩膜版上的线宽。如果将式(7-21)作图,我们可以得到图7.23的结果。由此可见,$MEF$ 随空间周期的变小而迅速变大,随着光酸扩散长度的变长而变大。

如果已知式(7-21)中除光酸扩散长度之外的所有参量,可以通过实验数据拟合来求得光酸的扩散长度[14]。结果得出在40s的后烘下,某型193nm光刻胶的光酸扩散长度为27nm;在60s的后烘下,扩散长度变为33nm。而且由于数据的精确性,光酸的扩散长度的测量精度为±2nm。这比以往测量方式的精度提高了一个数量级,如图7.24所示[15]。掩膜版误差因子还可以用来计算线宽均匀性对掩膜版线宽的要求,以及光学邻近效应修正中二维图形间距规则设定。对于线端缩短的二维图形,如图7.25所示[16],通过简单的点扩散

函数的计算以及对光酸扩散进行一定程度的近似,可以得到一个接近解析的线端光学邻近效应公式,即

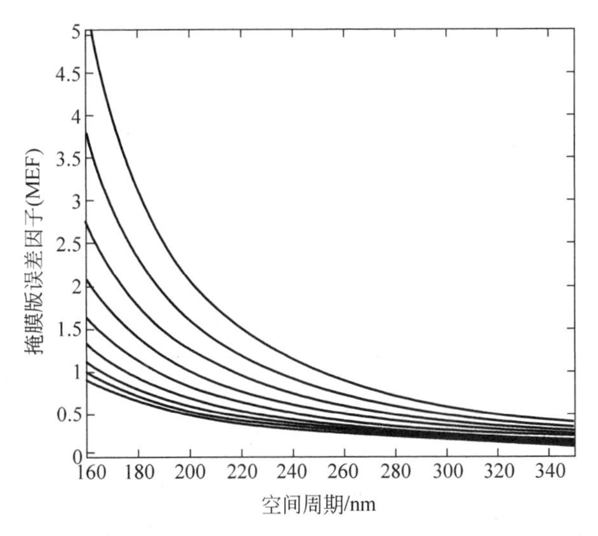


图 7.23　根据式(7-21)作图：掩膜版误差因子(MEF)在不同的光酸扩散长度下随空间周期的变化。其中曲线对应的光酸扩散长度由下而上依次为：1、10、15、20、25、30、35 和 45nm

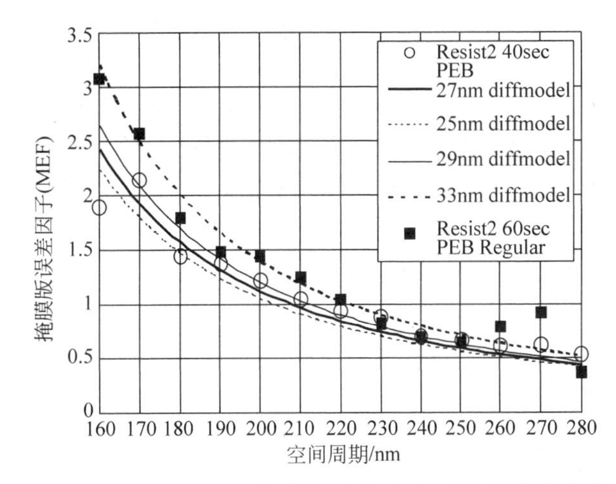


图 7.24　使用式(7-21)对实验测得的掩膜版误差因子随空间周期的变化进行拟合结果

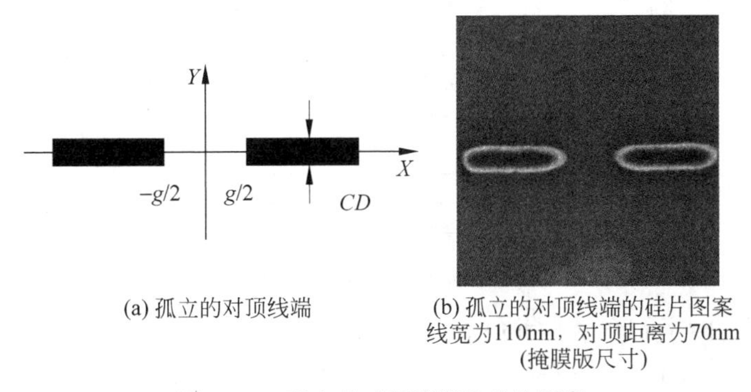


(a) 孤立的对顶线端

(b) 孤立的对顶线端的硅片图案 线宽为110nm，对顶距离为70nm (掩膜版尺寸)

图 7.25　孤立的对顶线端及硅片图案

$$gap_{\text{wafer}} = \int_{gap[\text{anchor}]}^{gap} MEF(gap_{\text{wafer}}, gap)\,\mathrm{d}gap \tag{7-22}$$

$$MEF = \frac{\delta g_{\text{wafer}}}{\delta g} = \frac{PSF_{\text{D}}\left(\frac{g_{\text{wafer}}-g}{2}\right)^n + PSF_{\text{D}}\left(\frac{g_{\text{wafer}}+g}{2}\right)^n}{PSF_{\text{D}}\left(\frac{g_{\text{wafer}}-g}{2}\right)^n - PSF_{\text{D}}\left(\frac{g_{\text{wafer}}+g}{2}\right)^n} \tag{7-23}$$

其中,$PSF$ 为点扩散函数,下标“D”代表光酸的扩散,$a$ 代表光酸扩散长度,$n=1,2$ 对应于相干、非相干照明条件,而且

$$PSF_{\text{D}}(x) \approx \sqrt{c}\,\text{sinc}\left[\frac{1.182}{a_{\text{e}}}(x)\right] \tag{7-24}$$

$$a_{\text{e}} = \sqrt{a_{\text{I}}^2 + a^2} \tag{7-25}$$

$$a_{\text{I}} = \frac{1.182\lambda}{2\pi NA} \tag{7-26}$$

式(7-23)的推导请参考文献[16]。对于部分相干光照明,可以将式(7-23)对 $n=1$ 和 2 做一个平均(事实证明结果很精确)。当然,这里采用了一些近似是为了让物理含义更加清晰地展示出来。把式(7-23)代入式(7-22),对一个给定的间隙 $gap$ 测得值 $gap$(anchor),便可以通过简单的迭代法循环得到在逐渐缩小的间隙下的 $MEF$ 值和间隙值,直到 $MEF$ 发散。我们知道,这意味着线端在硅片光刻胶上的像融合在一起了,这在光刻工艺中是需要避免的。

图 7.26 显示了以上讨论的简单的、基于点扩散函数的理论同实验结果的比较情况,可以看到,在仅仅只有一个拟合参量,光酸扩散函数 $a$ 和每个线宽一个定标点的前提下,理论同实验的符合程度很好。此结果说明线端缩短同光酸的扩散长度、线宽有很大关系,同具体的照明条件没有很大的关系。还可以算出在这 4 种情况下(110nm、130nm、150nm 和 180nm 线宽),在什么掩膜版的间隙下,硅片上的间隙会发生融合。由于对于 110nm 和 130nm 线端,在 70nm 间隙时仍然有大于 110nm 的硅片上的间隙(图 7.26),而这是掩膜版

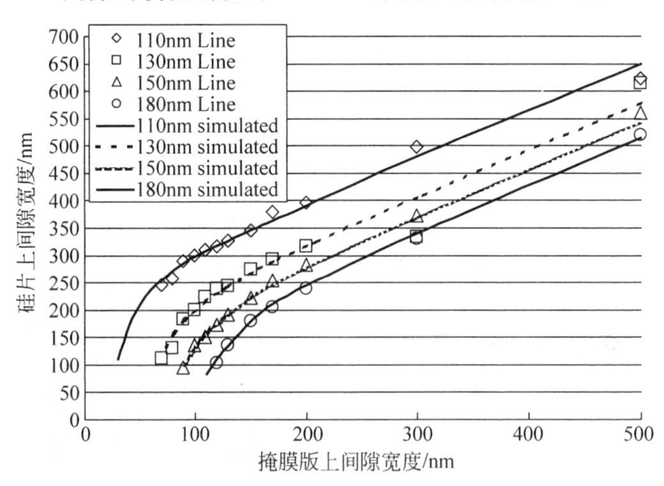


图 7.26 硅片上的间隙随掩膜版上的间隙在不同线宽的变化图,线宽由下至上分别为:180nm、150nm、130nm、110nm。光酸扩散长度为 45nm

上最小的间隙尺寸，在这次实验中，我们无法得到融合发生的信息。但是，对于 150nm 和 180nm 的孤立线端，从实验中可以发现，分别在 80nm 和 110nm 时，线端发生融合(merge)。理论计算值分别为 80nm 和 100nm，如图 7.27 所示。由于迭代的步进长度为 10nm，由此可见，这个简单的算法对预言线端融合的位置还是很精确的。

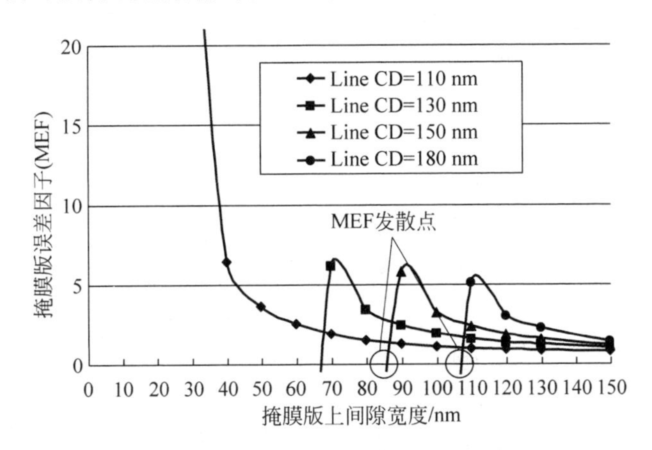


图 7.27　式(7-22)和式(7-23)通过循环迭代法得到的掩膜版误差因子随掩膜版上间隙宽度的变化图，线宽从右到左分别为：180nm、150nm、130nm、110nm。光酸扩散长度为 45nm。MEF 发散点计算得到：在 150nm 和 180nm 线端分别为 80nm 和 100nm

## 7.4.4　线宽均匀性

半导体工艺中的线宽均匀性一般分为：芯片区域(chip)内、曝光区域(shot)内、硅片(wafer)内、批次(lot)内、批次到批次之间(lot-to-lot)。影响线宽均匀性的因素以及影响范围的一般分析在表 7.2 中列出，从表 7.2 中我们可以发现：

(1) 一般由于光刻机以及工艺窗口造成的问题影响面是比较广的。

(2) 由于掩膜版制造误差或者由于光学邻近效应造成的问题一般仅局限于曝光区域内。

**表 7.2　影响线宽均匀性的主要因素以及影响范围**

| 因素 | | 芯片区域内 | 曝光区域内 | 硅片内 | 批次内 | 批次之间 |
|---|---|---|---|---|---|---|
| 掩膜版 | 掩膜版线宽误差 | 是 | 是 | | | |
| | 掩膜版相位误差 | 是 | 是 | | | |
| 空间像工艺窗口 | 像对比度，*EL* | 是 | 是 | 是 | 是 | |
| | 对焦深度 | 是 | 是 | 是 | 是 | 是 |
| | 掩膜版误差因子 | 是 | 是 | | | |
| 光学邻近效应 | 密-疏线宽差 | 是 | | | | |
| | 模型精确度 | 是 | | | | |
| | 亚衍射散射条的放置合理性、可靠性 | 是 | | | | |

续表

| 因素 | | | 芯片区域内 | 曝光区域内 | 硅片内 | 批次内 | 批次之间 |
|---|---|---|---|---|---|---|---|
| 光刻机的性能 | 成像方面 | 曝光能量稳定性 | | | 是 | 是 | 是 |
| | | 曝光能量在狭缝上分布的均匀性 | 是 | 是 | | | |
| | | 照明条件设定的精确度、对称性和稳定性 | 是 | 是 | | | |
| | | 镜头像差以及像差的稳定性(包括像场弯曲、球差、彗差、三叶像差、散光等以及像差在狭缝上的分布均匀性) | 是 | 是 | | | |
| | | 激光波长以及带宽漂移 | 是 | 是 | | | |
| | | 镜头被曝光加热造成的工作点随时间飘移 | | | 是 | 是 | 是 |
| | | 掩膜版被加热后造成的形变 | 是 | 是 | 是 | 是 | |
| | 对焦方面 | 焦距、找平控制的精确性和稳定性 | 是 | 是 | 是 | 是 | 是 |
| | 平台控制方面 | 步进抖动、扫描同步标准偏差 | 是 | 是 | | | |
| | 温度控制方面 | 镜头温度控制 | 是 | 是 | 是 | 是 | 是 |
| | | 硅片平台、硅片温度控制 | | | 是 | 是 | |
| 光刻胶、抗反射层的性能 | | 涂胶厚度均匀性 | | | 是 | | |
| | | 光刻胶厚度的漂移 | 是 | 是 | | | |
| | | 曝光后烘焙温度均匀性 | | | 是 | | |
| | | 曝光前烘焙温度均匀性 | | | 是 | | |
| | | 抗反射层厚度漂移 | 是 | 是 | 是 | | |
| | | 抗反射层厚度均匀性 | | | 是 | | |
| 硅片衬底 | | 硅片衬底的薄膜厚度分布均匀性 | 是 | 是 | 是 | | |
| | | 硅片衬底由数据率造成的反射率分布均匀性 | 是 | 是 | | | |
| | | 硅片衬底与图形分布相关的高低起伏 | 是 | 是 | | | |
| | | 硅片衬底表面与全硅片工艺造成的高低起伏 | | | 是 | | |

(3) 由于涂胶或者衬底造成的问题一般局限于硅片内。

CMOS器件对线宽均匀性的要求一般为线宽的±10%左右。对于栅极,一般控制精度为±7%,这是由于在0.18μm节点以下的工艺中,一般在光刻后和刻蚀前都有一步线宽“修剪”(trim)刻蚀工艺,使得光刻线宽被进一步缩小为器件线宽,或者接近器件线宽,一般为光刻线宽的70%。由于对器件线宽的控制为±10%,所以,对光刻线宽也就成了±7%。

改进光刻线宽均匀性的方法有很多,如根据对曝光区域内的曝光均匀性的测量结果来对曝光能量分布在光刻机的照明分布上做一个补偿,这种补偿可以在两个层次上实现,可以补在机器常数(machine constants)中,这样对所有的照明条件都适用,也可以补在曝光子程序中(跟随着某一个曝光程序),那样,可以精确地针对某一个对均匀性要求严格的层次[5],也可以通过分析造成光刻线宽不均匀的根源来做出改善方案,如比较典型的一个问题是:由于硅片衬底上的工艺结构造成的高低差对栅极线宽均匀性的影响,如引文[6]中论述的栅极层的局部线宽均匀性(Local CD Variation, LCDV)会由于衬底的高低起伏变差,这种起伏如图7.28所示。

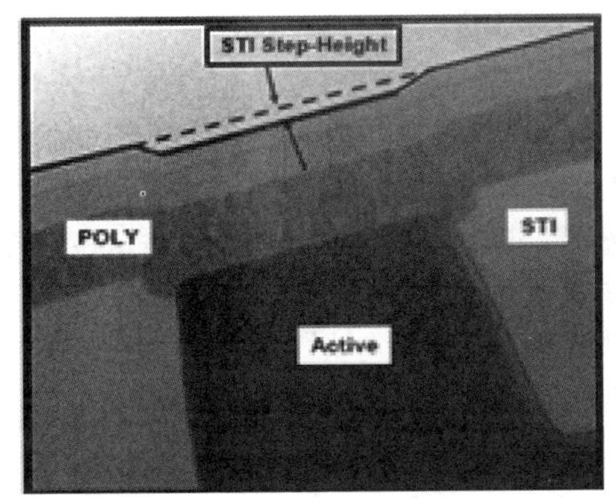


(a) 光刻前的浅沟道隔离层与注入层之间的高低差断面图

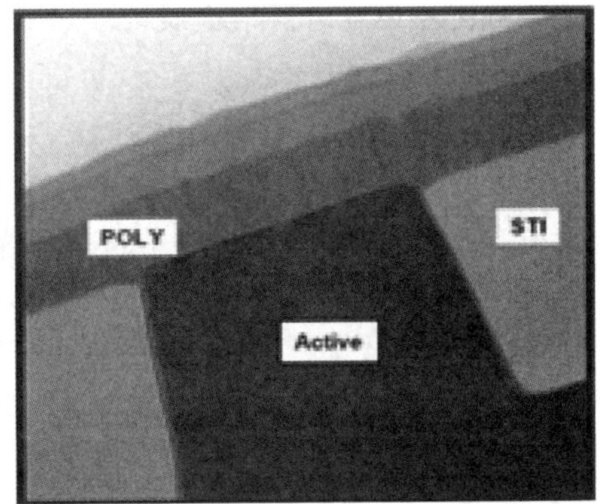


(b) 经过均匀刻蚀后的高低差断面图

图 7.28 （本插图摘自引文［6］）

由于高低差造成的线宽变化如图 7.29 和图 7.30 所示。可以看出，随着高低差的逐渐变小，线宽也逐渐下降到稳定值。

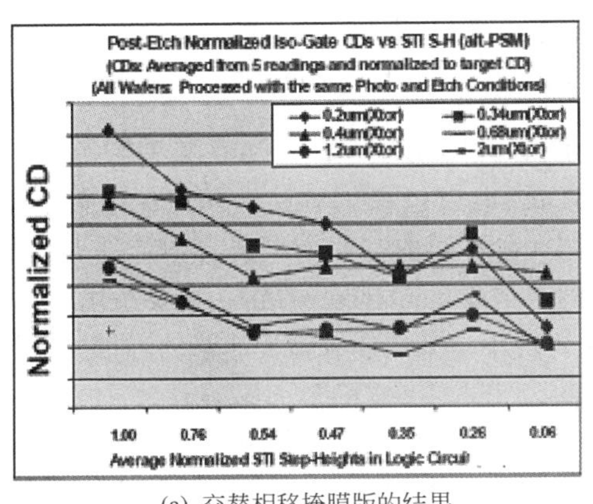

(a) 交替相移掩膜版的结果

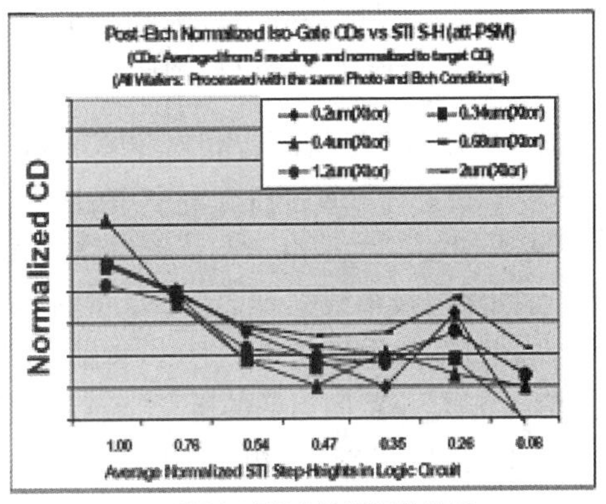


(b) 透射衰减相移掩膜版的结果

图 7.29　孤立栅极线宽随着浅沟道隔离层与注入层之间的高低差的变化实测值

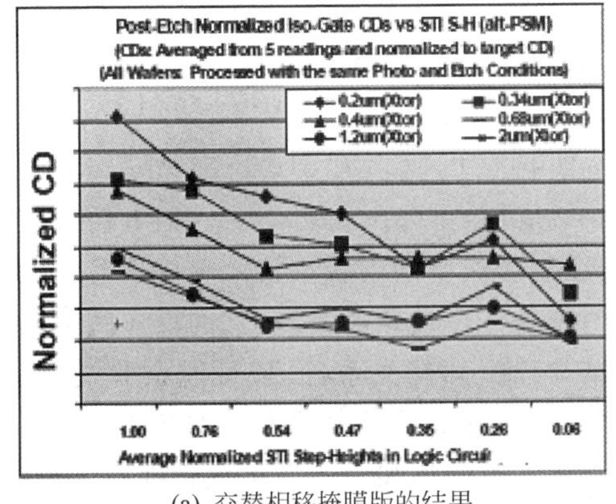


(a) 交替相移掩膜版的结果

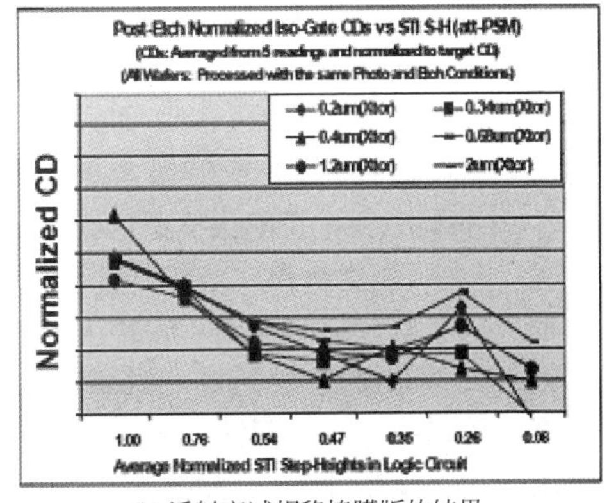


(b) 透射衰减相移掩膜版的结果

图 7.30　密集栅极线宽随着浅沟道隔离层与注入层之间的高低差的变化实测值（本插图摘自引文［6］）

**1. 芯片区域内或者图形区域内的线宽均匀性改进**

由于影响此范围内的因素很多,只讨论一些主要的方法。

(1) 提高工艺窗口,优化工艺窗口。对于密集图形,可以采用离轴照明来同时提高对比度和对焦深度,通过相移掩膜版来提高对比度;对于孤立图形,可以采用亚衍射散射条(Sub-Resolution Assist Features, SRAF)来提高孤立图形的对焦深度;对于半孤立图形,也就是空间周期小于两倍的最小空间周期,并且稍大于最小的空间周期,这里的工艺窗口会达到几乎困难的状态,又叫做“禁止空间周期”(“forbidden pitch”),如图7.31所示[19~21]。

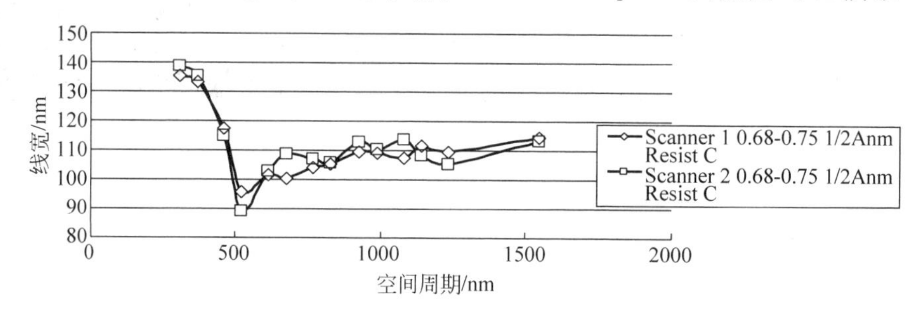


图7.31　130nm栅极工艺中,线宽随着空间周期的变化,其中显示了两台248nm光刻机的数据。照明条件为0.68 *NA*/0.75-0.375环型(Annular)

从图7.31中可以看到,相对于310nm的最小空间周期,在500nm周期附近,线宽从130nm下降到了90nm左右。其中(在这里没有展示)也包含了对比度和焦深的显著下降。禁止空间周期的产生是由于在逻辑电路的光刻中,在不同的空间周期或者图形邻近情况下,需要维持固定的最小线宽而导致的严重的非等间距成像的对比度不足,它主要是由离轴照明对半密集图形的局限性造成。通常,离轴照明只对最小空间周期有强大的帮助,对处于最小空间周期和2倍最小空间周期的所谓“半密集”图形反而起到一定的负面影响。为了改善在所谓的禁止周期内的工艺窗口,离轴照明的离轴角度要适当地缩小,以取得平衡的线宽均匀性表现。

(2) 改善光学邻近效应修正的精确度和可靠性。光学邻近效应修正的基本流程是:在建立模型时,先将一些校准图形,如图7.32所示设计在测试掩膜版上。再通过使用硅片曝光的方式得到在硅片上光刻胶的图形尺寸,然后对模型进行定标(定出模型的相关参量),同时算出修正量。再根据实际图形同定标图形的相似性,根据模型对其进行修正。光学邻近效应修正的精度取决于以下因素:硅片线宽数据测量精确度、模型拟合精确度以及模型对电路图形修正算法的合理性和可靠性,如采样(fragmentation)方法、采样点密度的选取、修正步长等。对于光刻胶的模型,一般有简单的包括高斯扩散的阈值模型(threshold model with gaussian diffusion)和可变阈值模型(variable threshold resist models)[22]。前者假设光刻胶为光开关,当光照强度达到一定阈值时,光刻胶在显影液中的溶解率发生突变。后者的产生是由于前者同实验数据的偏差。后者认为,光刻胶是一个复杂的系统,它的反应阈值同最大光强和最大光强的梯度(会造成光敏感剂的定向扩散)都有关系,而且可能是非线性关系。而且后者还可以描述一些刻蚀方面的在密集到孤立图形上的线宽偏差。当然此种模型在物理上并不能十分清楚地展现物理图像。一般来讲,阈值模型加上高斯扩散物理图像很清楚,人们对它的使用比较多,尤其在工艺开发和工艺优化工作上。在光学邻近效应修正上,由于需要在很短时间内建立一个精确到几个纳米的模型,加入一些额外的、无法讲清楚物理含义的参量就无法避免了,也是一种权宜之计。当然,随着光刻工艺的不断发展,光刻邻近效应修正模型会不断发展，吸收入具有物理含义的参量。为了增加模型的精确度，可以通过增加测量点的次数(比如3～5次)，扩大测量图形的代表性，也就是提高定标(gauge)图形，如图7.32所示，同电路设计图形在几何形状上的相关和相似性。在模型拟合过程中，尽量使用物理参量以及将拟合误差反馈给光刻工程师进行分析，排除可能发生的错误。有关光学邻近效应修正的内容将在另外的章节做深入介绍。

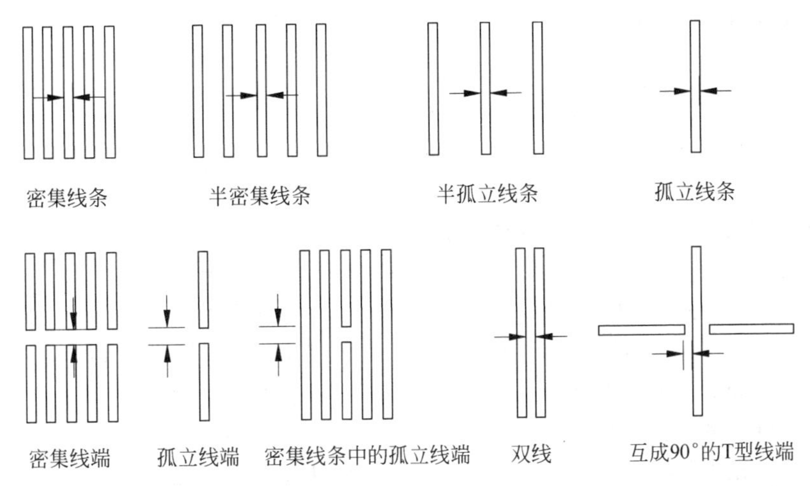


图7.32　常用的光学邻近效应修正模型建立所用的定标图形以及线宽测量位置

(3) 优化抗反射层的厚度。由于光刻胶同衬底的折射率($n$和$k$值)的差异，一部分照明光会从光刻胶和衬底的界面被反射回来，造成对入射成像光的干扰。这种干扰严重时甚至会产生驻波效应，如图7.33(c)所示。图7.33(c)中显示的是$i$线365nm或者248nm光刻胶断面图，因为驻波中波峰到波峰之间的距离为半个波长，而光刻胶的折射率$n$一般为1.6～1.7左右，根据波峰的个数(～10)，可以推断光刻胶的厚度大约为0.7～1.2μm左右。

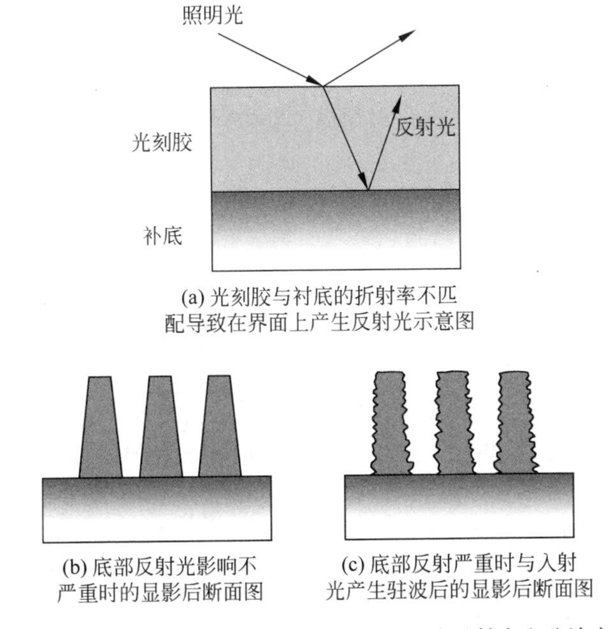


图7.33　光刻胶与衬底的折射率不匹配导致反射光和驻波产生

而193nm的光刻胶厚度通常小于300nm。消除光刻胶底部的反射光一般采用底部抗反射层(Bottom Anti-reflection Coating, BARC),如图7.34(a)所示。在图7.34(a)中,加入底部抗反射层后增加了一个界面。可以通过调节抗反射层的厚度来调节抗反射层与衬底之间反射光的相位,以抵消光刻胶和抗反射层之间的反射光,起到消除光刻胶底部反射光的作用。对于抗反射层,如果要在1/4波长的厚度附近做到严格的抗反射,需要精确地调节抗反射层的折射率$n$,使得它介于衬底的$n_{衬底}$和$n_{光刻胶}$之间,即

$$n_{(抗反射层)} = \sqrt{n_{(衬底)} n_{(光刻胶)}} \tag{7-27}$$

最近,由于线宽均匀性要求越来越高,对于抗反射层的调节要求也越来越高。顾一鸣和他的同事们报道了详细的研究[23]。一般情况下,抗反射层的折射率只能够做到接近理想值。人们在抗反射层加入一些吸收紫外光的成分,以减少反射光。光刻胶底部反射率随抗反射层的厚度变化一般会经历几个波峰和波谷,如图7.34(b)所示。由图可见,在第二极小点的波动明显比在第一极小点的波动小很多,这是因为抗反射层对光的吸收对多次反射的抑制。如果刻蚀允许,抗反射层的厚度可以选在第二极小,因为,反射率对抗反射层的厚度不敏感,有利于工艺控制。单层底部抗反射层可以将反射率控制在2%以下。到了65nm以下的节点,如45nm和32nm,单层抗反射层已经不能满足工艺的要求,于是就产生了双层抗反射层。双层抗反射层可以进一步减小反射率到0.2%以下。选定合适的抗反射层以及合适的厚度,有利于大幅减少光刻胶底部的反射,提高成像对比度,从而提高线宽均匀性。除了加入抗反射层,增加光敏剂的扩散也可以有效地减少驻波效应,不过这种方法是以牺牲像对比度为代价的。

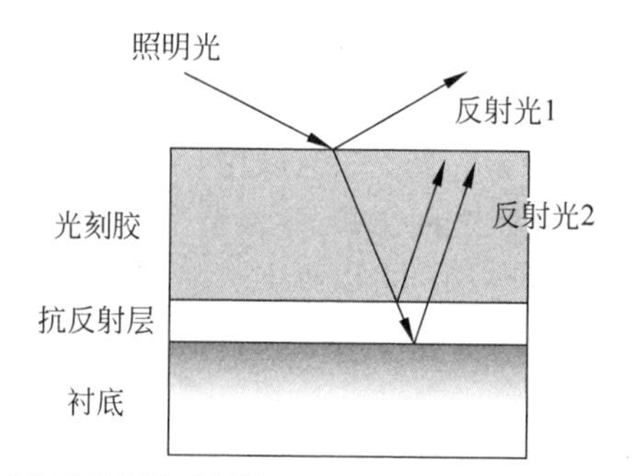


(a) 光刻中使用抗反射层以及在各界面上光的反射示意图

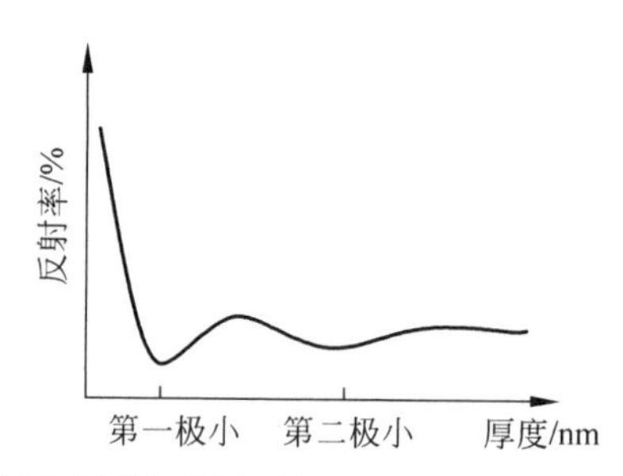


(b) 光刻胶底部总反射率随抗反射层的厚度变化示意图

图 7.34

(4) 优化光刻胶的厚度、波动线(swing curve)。尽管有了底部抗反射层,还是会有一定量的剩余光从光刻胶底部反射上来。这部分光会同光刻胶顶部的反射光发生干涉,如图7.35(a)和图7.35(b)所示。由于随着光刻胶的厚度变化,“反射光0”与“反射光1”的相

位发生周期性的变化，因而产生干涉，而干涉对能量的重新分配会导致进入光刻胶内部的能量随着光刻胶的厚度变化会发生周期性的变化，于是线宽便会随着光刻胶的厚度变化而发生周期性的变化，如图 7.35(b)所示。解决线宽随光刻胶厚度波动的问题一般有几种方法：优化抗反射层的厚度和折射率(选取合适的抗反射层)、选用两层抗反射层(一般其中一层常采用无机抗反射层，如氮氧化硅 SiON)、加上顶部抗反射层(Top Anti-reflection Coating，Top ARC，TARC)将光刻胶顶部的反射光去除。但是，增加一层抗反射层将使工艺变得更加复杂和昂贵。在工艺窗口还能够接受的情况下，一般会选取在线宽最小时的厚度。这是因为，当光刻胶的厚度发生偏移时，线宽会变得大一些，而不是小一些，以至于工艺窗口急剧变小。

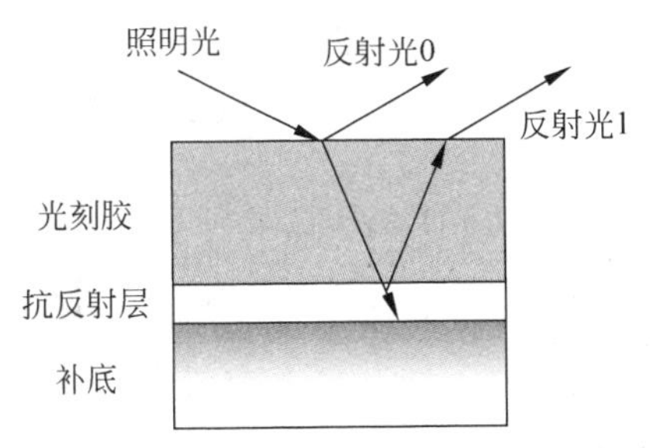


(a) 光刻中使用抗反射层后在光刻胶与空气界面上光的反射示意图

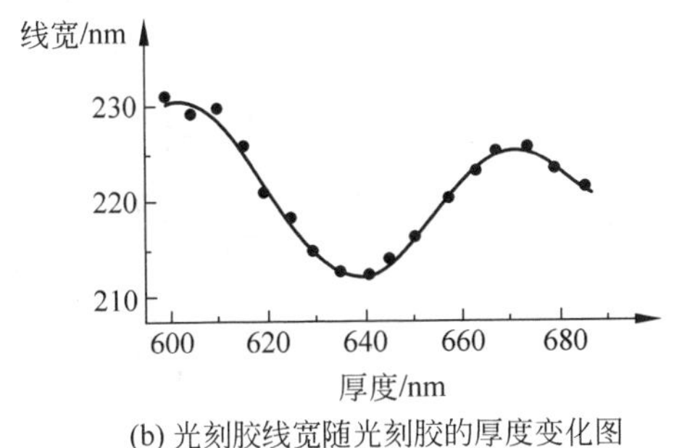


(b) 光刻胶线宽随光刻胶的厚度变化图

图　7.35

**2. 其他改善线宽均匀性的方法**

改进光刻机的狭缝照明均匀性、像差、焦距及找平控制、平台同步精度以及温度控制精度；改进掩膜版线宽的均匀性；改善衬底，减小衬底对光刻的影响(包括增加对焦深度，改进抗反射层)等。其中，4.2 节曾提到，增加设计图案的均匀性，有利于提高找平的准确性，事实上增加对焦深度。

图形的边缘粗糙程度一般由以下几个因素造成：

(1) 光刻胶的固有粗糙程度：由光刻胶的分子量大小、分子量的大小分布以及光酸产生剂(Photo-Acid Generator，PAG)的浓度相关。

(2) 光刻胶的显影溶解率随光强增加的对比度：溶解率随光强变化在阈值能量附近变化越陡峭，则由于部分显影导致的粗糙程度越小。

(3) 光刻胶的灵敏度：光刻胶越是不依赖曝光后烘焙(Post-Exposure Bake，PEB)，线宽的粗糙程度有可能越大，曝光后烘焙可以去除一些不均匀性。

(4) 光刻像的对比度[24]或者能量宽裕度：对比度越大，图形边缘部分显影的区域就越窄，粗糙程度就越低。一般使用线宽粗糙度同图像对数斜率(Image Log Slope，ILS)的关系来表示。

对于化学放大的光刻胶,每一个光化学反应生成的光酸分子会以生成点为圆心,扩散长度为半径的范围内进行去保护催化反应。一般来讲,对于193nm光刻胶,扩散长度在5～30nm范围内,扩散长度越长,在像对比度不变的情况下,图形粗糙程度越好。不过,在分辨极限附近,如45nm半节距附近,扩散长度的增加会导致空间像对比度的下降[25],而空间像对比度的下降也会导致图形粗糙程度的增加。

光刻胶的显影溶解率随光强的变化一般有着从很低的水平到很高的水平的阶跃式变化。如果这个阶跃式变化比较陡峭,会缩小所谓的"部分显影"区域,也就是阶跃变化中间的过渡区域,从而降低图形粗糙程度。当然,显影对比度(dissolution contrast)太大,也会影响对焦深度。对于一些248nm和365nm的光刻胶,稍小的显影对比度一定程度上可以延伸对焦深度,如图7.36所示。

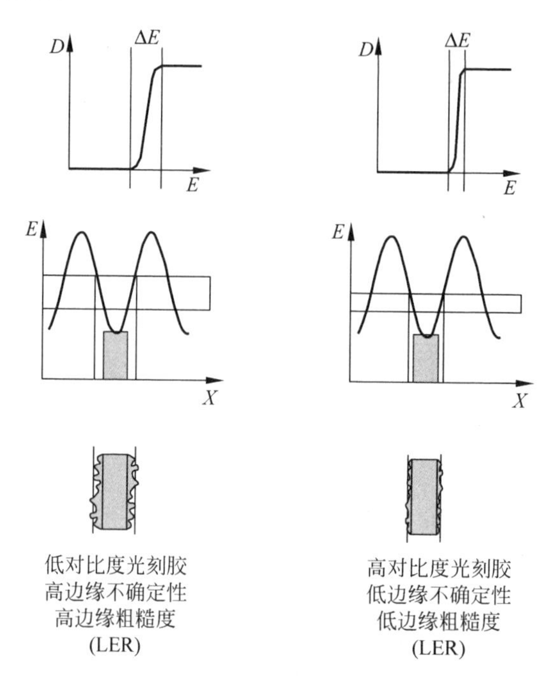


图7.36 显影溶解率D和能量E对比度高低对线条边缘粗糙度的影响示意图

光刻胶的灵敏度越高,通常伴随着较短的光酸扩散长度(空间像的保真程度越高,分辨率越高),因为这种光刻胶一般不太依赖曝光后烘焙,因而可能导致一定程度的图形粗糙程度。不过,如果同时提高光酸产生剂浓度,这种情况可以得到改善。

光刻像的对比度的提高可以减少图形粗糙程度,如图7.37所示。

接触孔(contact)和通孔(via)的圆度同图形粗糙程度类似。它也跟光酸扩散、光酸的浓度,以及空间像对比度、和光刻胶显影对比度相关。这里就不作一一讨论。

### 7.4.5 光刻胶形貌

光刻胶形貌的异常情况包括侧墙倾斜角,驻波,厚度损失,底部站脚,底部内切,T型顶,顶部变圆,线宽粗糙度,高宽比/图形倾倒,底部残留等。下面我们对它们逐一进行讨论,如图7.38所示。

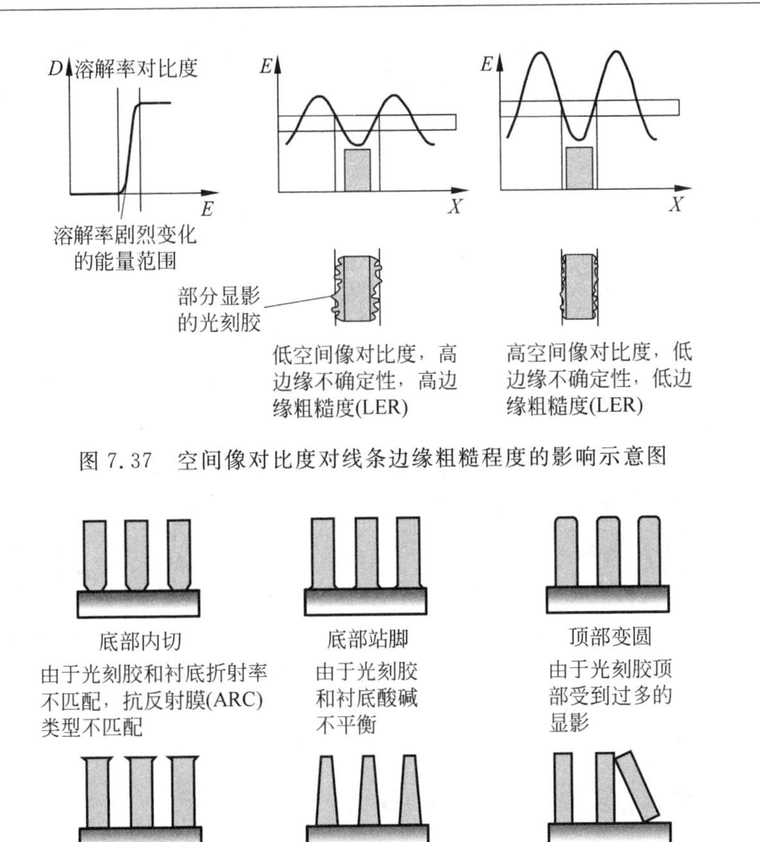


图 7.37　空间像对比度对线条边缘粗糙程度的影响示意图



图 7.38　六种常见的光刻胶形貌异常情况

侧墙倾斜角(sidewall angle)：一般是因为进入到光刻胶底部的光比在顶部的光弱(由于光刻胶对光的吸收)。解决方法一般通过减小光刻胶对光的吸收同时提高光刻胶对光的灵敏度。这可以通过增加光敏感成分的添加以及增加光酸在去保护反应中的催化作用(扩散-催化反应)。侧墙角度会对刻蚀产生一定影响，严重时会将侧墙角度转移到被刻蚀的衬底材料中。

驻波(standing wave)：通过增加抗反射层、适当提高光敏感剂(如通过提高后烘的温度或者时间来增加光酸的扩散)的扩散可以有效地解决驻波效应。

厚度损失(thickness loss)：由于光刻胶顶部接受的光最强，而且顶部接触到的显影液也最多，在显影完毕后，光刻胶的厚度会有一定程度的损失。

底部站脚(footing)：底部站脚一般是由于光刻胶与衬底(如底部抗反射层)之间的酸碱不平衡造成的。如果衬底相对偏碱性，或者亲水性，光酸会被中和或者被吸收到衬底中去，造成光刻胶底部去保护反应打折扣。解决该问题的思路一般有增加衬底的酸性、提高光刻胶以及抗反射层的曝光前烘焙温度，以限制光酸在光刻胶中的扩散和扩散到衬底中去。不过限制了扩散也会影响到其他性能，如图形的粗糙度、对焦深度等。

底部内切(undercut):与底部站脚相反,内切是由于光刻胶底部的酸性较高,底部的去保护反应比其他地方的高。解决的思路正好同上面的相反。

T型顶(t-topping):T型顶是由于工厂里面的空气中含有碱性(base)成分,如氨气、氨水(ammonia),胺类有机化合物(amine),对光刻胶顶部的渗透中和了一部分光酸,导致顶部局部线宽变大,严重时会导致线条粘连。解决方法是严格控制光刻区的空气的碱含量,通常要小于20ppb(十亿分之一),而且尽量缩短曝光后到后烘的时间(post-exposure Delay)。

顶部变圆(top rounding):一般由于在光刻胶顶部照射到的光强比较大,而当光刻胶的显影对比度不太高时,这部分增加的光会导致增加的溶解率,于是造成顶部变圆。

线宽粗糙度(linewidth roughness):线宽粗糙度前面已经讨论过。

高宽比/图形倾倒(aspect ratio/pattern collapse):高宽比之所以被讨论是由于在显影过程中,显影液、去离子水等在显影完了后的光刻胶图形当中会产生由表面张力形成的横向的拉力,如图7.39所示。对于密集图形,由于两边的拉力大致相当,问题不是太大。但是,对于密集图形边缘的图形,如果高宽比较大,便会受到单边的拉力。加上显影过程当中较高速旋转的扰动,图形可能发生倾倒。实验表明,一般高宽比在3:1以上会比较危险。

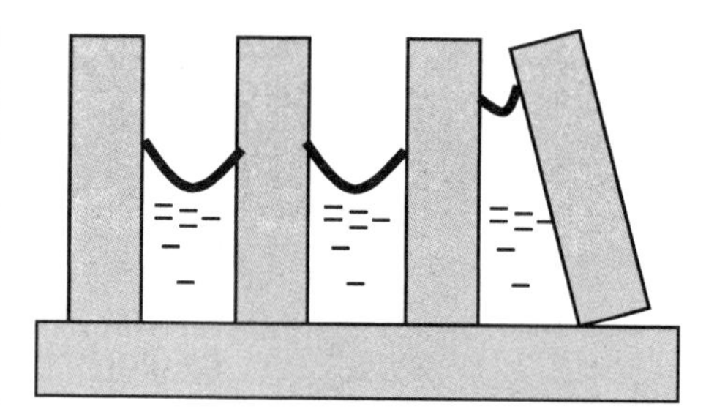

图7.39 由于表面张力的作用,边缘较大的高宽比图形会受到向内的拉力,严重时会造成倒胶

底部残留(scumming):底部残留原因一般为底部光刻胶对光的吸收不够,而造成的部分显影现象。为了提高光刻胶的分辨率,需要尽量减少光酸的扩散长度,而由于光酸扩散带来的空间显影均匀化便减少了。这样,空间的粗糙程度加大了。底部残留一般可以通过优化照明条件、掩膜版线宽偏置(mask bias),以及烘焙温度和时间,以提高空间像对比度,提高单位面积的曝光量来减少。

### 7.4.6 对准、套刻精度

对准(alignment)指的是层与层之间的套准。一般来讲,层与层之间的套刻(overlay)精度需要在硅片关键尺寸(最小尺寸)25%～30%左右。在这里将讨论以下几个方面:套刻流程、套刻的参量及方程、套刻记号、与套刻相关的设备和技术问题,以及影响套刻精度的工艺。

套刻流程分为第一层(或者前层)对准记号(alignment mark)制作、对准、对准解算、光刻机补值、曝光、曝光后套刻精度测量以及计算下一轮对准补值,如图7.40所示。套刻的目的是将硅片上的坐标与硅片平台(也就是光刻机的坐标)最大限度地重合在一起。对于线性的部分,有平移($T_X$,$T_Y$)、围绕垂直轴($Z$)、旋转($R$)、放大率($M$)四个参量。可以将硅片坐标系($X_W$,$Y_W$)与光刻机坐标系($X_M$,$Y_M$)建立以下联系:

$$\begin{aligned} X_M &= T_X + M[X_W\cos(R) - Y_W\sin(R)] \\ Y_M &= T_Y + M[Y_W\cos(R) + X_W\sin(R)] \end{aligned} \tag{7-28}$$

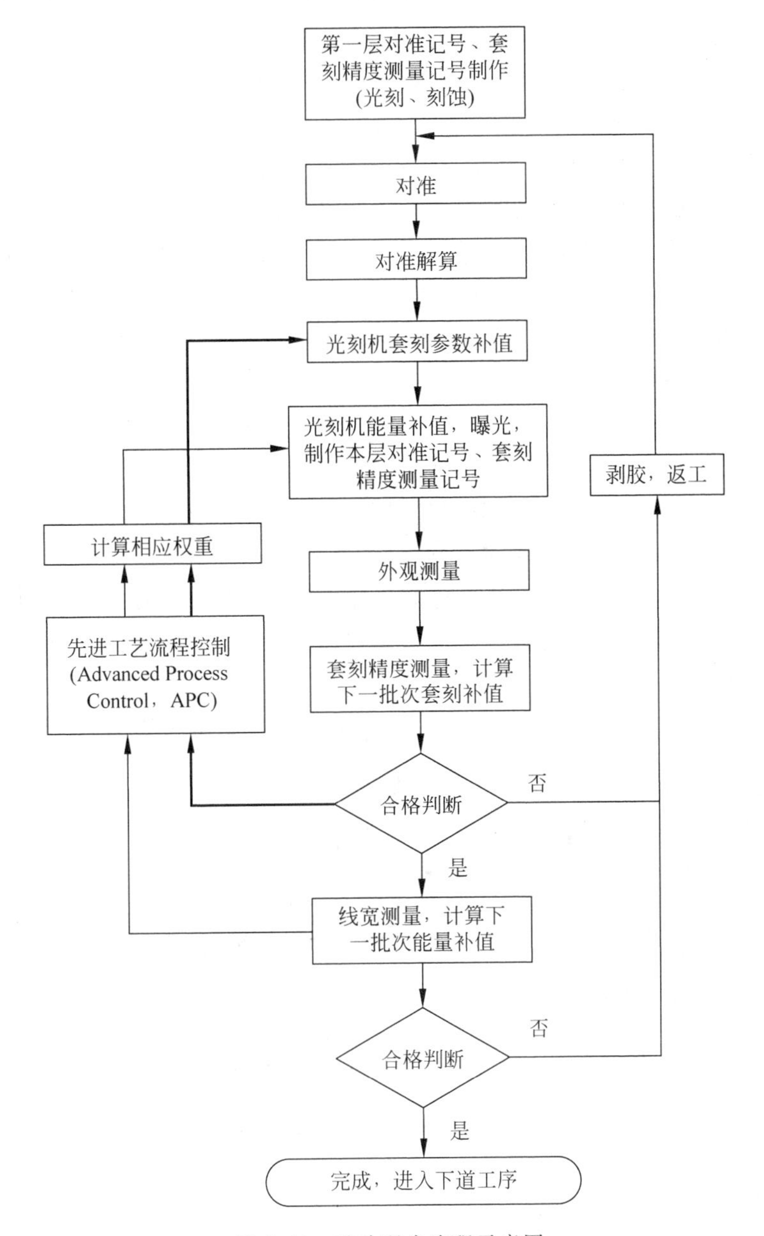


图 7.40　硅片曝光流程示意图

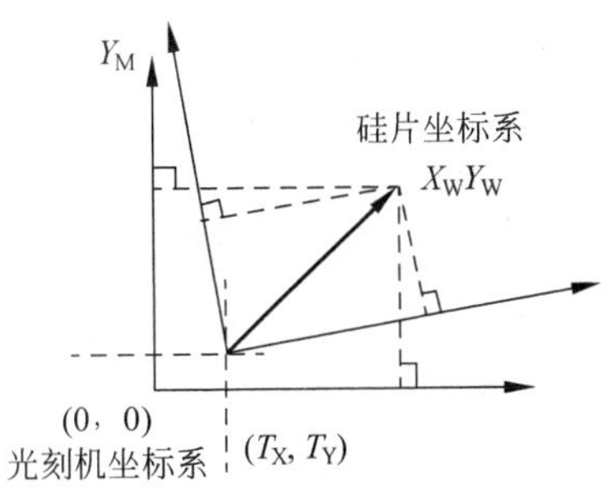


图 7.41　硅片坐标系与光刻机硅片平台坐标系的关系示意图

如图 7.41 所示。当 $R, T_X, T_Y$ 都比较小，还可以将补正值写成如下的简化公式(仅保留到线性项)：

$$\begin{cases} \Delta X = T_X + M_X - R_Y + \text{高阶项} \\ \Delta Y = T_Y + M_Y + R_X + \text{高阶项} \end{cases} \tag{7-29}$$

以上叫做 4 参量模型。这个公式对步进光刻机(step-and-repeat)就够了。对于扫描式光刻机，由于一个自由度 $Y$ 方向上是扫描得来的，它的放大率不一定等于静止方向上 $X$ 的放大率。对于硅片平台,在 $X$ 和 $Y$ 方向的步进是通过 $X$ 和 $Y$ 方向上的干涉计来控制的,步进的长度也存在误差;而且,由于扫描,沿着 $Y$ 方向上的运动不一定垂直于横向方向 $X$。于是,便引入了另外两个参量:非对称放大率(assymetric magnification)和正交(orthogonality)。因为扫描式光刻机的 $Y$ 方向上的放大率是由掩膜版和硅片的相对扫描速度决定的。正常状态下,掩膜版的扫描速度是硅片的4倍。如果掩膜版的扫描速度快一点,则在硅片平台未完成扫描时掩膜版的扫描已经结束了,那么,图形的 $Y$ 方向的放大率会变小。而且,如果在扫描时硅片平台存在横向($X$)的匀速漂移,那么扫描出来的图形将不再正方,$Y$ 轴同 $X$ 轴的夹角将不是90°,也就是说,正交性不再存在。那么放大率将被分为 $X,Y$:$M_X,M_Y$,旋转量也可被分为 $X,Y$:$R_X,R_Y$。于是式(7-29)将可以被写成:

$$\begin{cases}\Delta X = T_X + M_X X - R_X Y + \text{高阶项} \\ \Delta Y = T_Y + M_Y Y + R_Y X + \text{高阶项}\end{cases} \tag{7-30}$$

由于式(7-30)含有6个参量,又被叫做6参量模型。

前面讨论了套刻的6个线性参量。其实,在生产控制中将套刻分为网格(grid)和曝光区(shot)。网格套刻(grid overlay)是由光刻机硅片平台的精确移动来决定的;而曝光区的套刻是由掩膜版本身的控制精度以及镜头放大率和像差控制来决定的。网格套刻的4个参量及其在硅片套刻上的表现如图7.42所示。

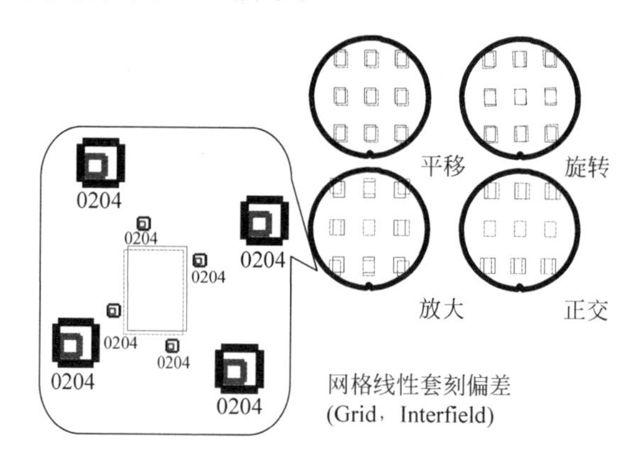


图7.42 网格套刻中的4个线性参量及其表现示意图

其中显示了常用的测量套刻的记号:外框套内框(分别由不同层次通过光刻形成)。在网格套刻误差中,在曝光区域四周堆成放置的套刻测量记号都显示相同的偏差

曝光区套刻的3个参量及其在硅片套刻上的表现如图7.43所示。其实,对于曝光区,也有4个套刻参量,由于平移同网格的平移是重复的,所以一般不再专门将平移列在曝光区套刻中。加上放大率和旋转的非对称性,于是有如下10个光刻套刻线性参量:

(1) 网格参量(6个):

平移(translation) $T_X,T_Y$;

硅片旋转(wafer rotation) $R_X,R_Y$;

网格放大率(grid magnification) $M_X,M_Y$。

(2) 曝光区参量(4个):

掩膜版旋转(reticle rotation,shot rotation) $R_X,R_Y$;

掩膜版放大率(reticle magnification,shot magnification) $M_X,M_Y$。

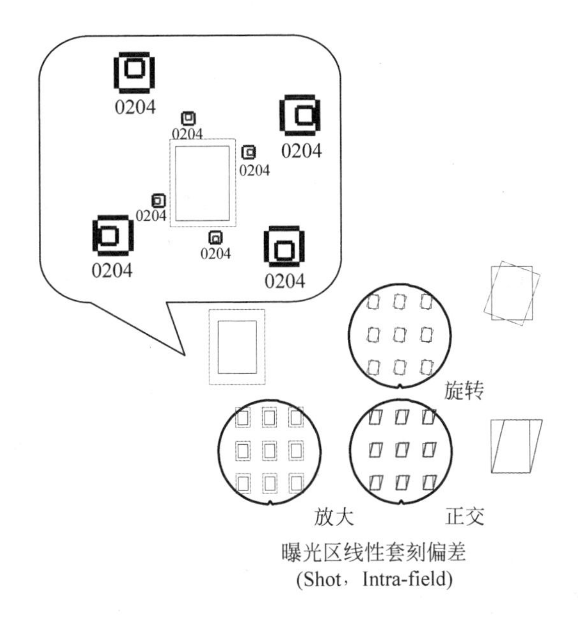


图 7.43　曝光区套刻中的 3 个线性参量及其表现示意图

其中显示了常用的测量套刻的记号：外框套内框(分别由不同层次通过光刻形成)。在曝光区套刻误差中，曝光区域四周堆成放置的套刻测量记号显示相不同的偏差

这样的套刻模型又叫做 10 参量模型。对于非对称旋转量和放大率，也可以写成如下线性组合形式，如式(7-31)、式(7-32)所示：

$$\begin{cases} M_S = \dfrac{M_X + M_Y}{2} \\ M_A = \dfrac{M_X - M_Y}{2} \end{cases} \tag{7-31}$$

$$\begin{cases} R_S = \dfrac{R_X + R_Y}{2} \\ R_A = \dfrac{R_X - R_Y}{2} \end{cases} \tag{7-32}$$

其中，下标 S 表示对称的分量，A 表示非对称的分量。

在当今半导体工业稳步踏入小于 45nm 的技术节点，对套刻精度的要求越来越高，已经开始进入个位数领域，即小于 10nm，平均值＋3 倍标准偏差(Mean ＋ 3Sigma)。已经不能满足线性补偿的能力。通常高阶的套刻误差由如下的原因导致：

(1) 网格套刻

硅片受热不均匀，如在浸没式光刻中水在硅片表面的制冷作用，或者硅片受到非均匀应力，如电磁或者真空吸附，硅片表面快速受热产生永久性范性形变，如快速退火工艺(Rapid Thermal Annealing，RTA)。

(2) 曝光区套刻

镜头畸变(二阶、三阶畸变)，镜头由于温度控制问题产生的畸变(二阶、三阶畸变)，以及掩膜版扫描时的有规律摆动，如沿着 $X$ 方向的摆动。

解决高阶的套刻误差有赖于对问题的认识和寻找补偿的方法。对于网格高阶偏差，阿斯麦公司推出“网格地图”(grid mapper)软件。此软件可以使用附加的子程序通过补偿光刻机的步进来一定程度上弥补高阶网格套刻偏差。

解决曝光区高阶套刻偏差需要调整镜头的像差和畸变。阿斯麦公司也推出"网格地图-曝光区内版"(grid mapper intra-field)。它通过调整镜头的畸变来去除二阶($D_2$)、三阶($D_3$)畸变。而且,当镜头受热(lens heating)时,会伴随着二阶、三阶畸变。解决方法是对像差进行实时测量,然后使用镜头模型进行计算,得出最佳镜片空间位置组合。当今的光刻机镜头大约有>70%的镜片的空间位置,包括沿着对称轴 $Z$ 纵向的和沿着水平方向 $XY$ 的,都是可以自动调节的;而纵向的镜片,由于关系到很多重要的像差,如球差(spherical aberration)、像场弯曲(field curvature),由计算机做闭环控制的。

套刻一般通过光学位置对准和测量的方法来实现。对准分为通过透镜的对准(Through The Lens,TTL)和离轴对准(Off Axis, OA)。由于通过镜头的对准需要在镜头的设计上不仅对曝光波长(actinic wavelength)优化,同时又要能够照顾到对准波长(alignment wavelength),造成对分辨率的损害,所以现代的光刻机都使用离轴对准。离轴对准一般通过使用与镜头中央位置定标过的离轴空间像探测器。一般有明场(bright field)和暗场(dark field)探测两种类型;同时,又有直接成像型和扫描成像型。明场探测型的探测器是一架显微镜,通过对对准记号,如图7.44(a)、图7.44(b)所示,反射光的成像,并且照相,确定其在视场中的位置来确定对准记号所在位置与设计位置间存在的偏差。暗场探测可以通过探测除去零级反射的衍射光的成像,并且照相来确定其所在位置。由于暗场探测除去了大量回射光(back reflection),它对背景上的光学噪声表现得不敏感。如图7.45所示,明场探测有时会遇到由于背景光学噪声造成的对准记号对比度很低的情况,而这种对比度变差到一定程度会对对准的精度产生严重影响,如图7.46所示[66~70]。而暗场探测要好很多。

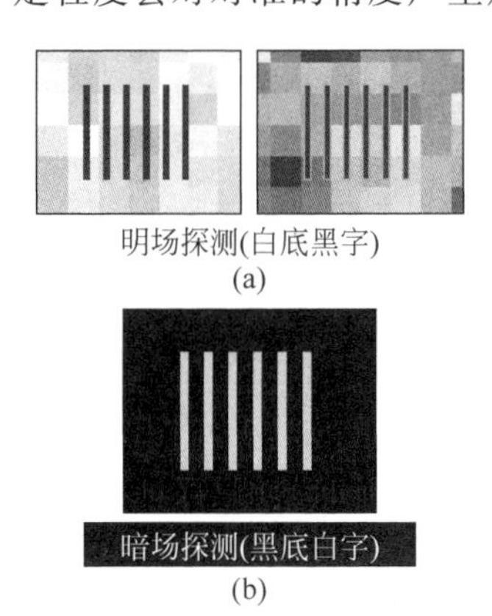

图7.44　明场探测和暗场探测

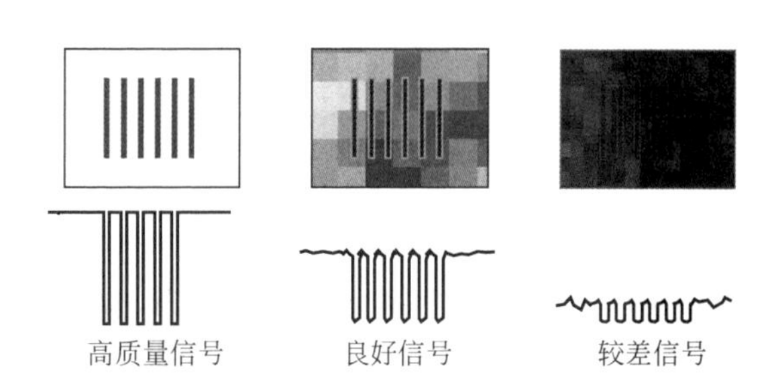


图7.45　明场探测中对准记号信号对比度由强变弱示意图

由于对准记号的信号强度的重要性,而且其受衬底反射率的影响又比较大,于是,市面上产生了对对准记号信号强度进行模拟的方针运算方法,其中有的精确度还是很高的。如引文和图7.47(a)、图7.47(b)所示[68]。

影响套刻精度的因素有很多,主要原因是设备漂移以及硅片和对准记号变形。

对于离轴对准系统来讲,一般由于硅片平台、镜头或者掩膜版平台的激光干涉计系统(包括激光系统、移动平台上的平面镜、空气压力传感系统等等)发生漂移,对准显微镜系统相对曝光镜头位置发生漂移,还有硅片温度控制系统(包括平台冷却系统)发生漂移。镜头漂移主要针对像差的漂移,如低阶的二阶、三阶的畸变:$D_{2X}$、$D_{2Y}$、$D_{3X}$等。而像差的漂移分

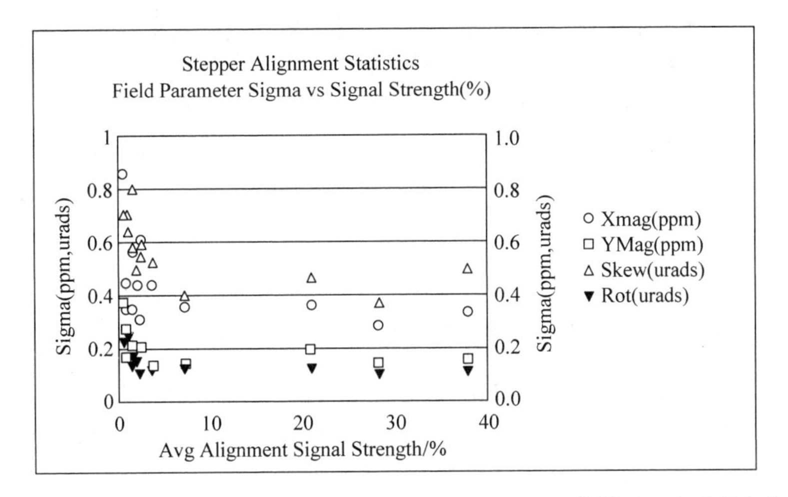


图 7.46　某 248nm 光刻机当中，明场探测中套刻精度随对准记号信号对比度强弱变化示意图在信号强度变得比 3%小时，套刻精度会迅速变差。[66]

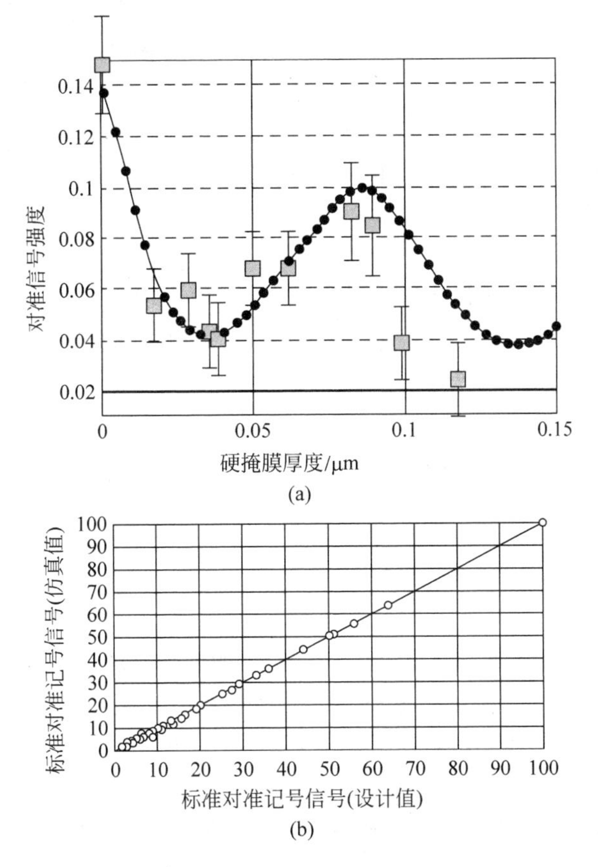


图 7.47　(a) 直接明场探测系统(尼康公司的 FIA 系统)中，对准信号强度和硬掩膜厚度的关系其中实心的方块为实验数据点。此系统的探测极限为 2%的信号强度；

(b) 扫描式暗场探测系统(阿斯麦公司的 Athena 系统)标准记号信号设计值与仿真值的关联(本插图摘自引文[68])

为两部分：长期的漂移和短期的漂移。长期的漂移一般是由于系统在长期使用当中不断被磨损，老化，如镜头经过长期紫外光的冲击而导致像差变大。一般来讲，经过3个月到半年需要对像差、焦距、套刻进行重新调整。短期漂移一般由于某种突发的情况，如光学探测器的沾污(包括测量光强的、测量空间像的元件)，平台反射镜系统内的应力释放(如连接、紧固部分)、干涉计激光器光束输出不稳定、硅片和掩膜版平台的沾污造成硅片和掩膜版吸附不良等。

硅片和对准记号的变形主要是由其他工艺带来的，如热过程(thermal process)、化学-机械平坦化工艺。

### 7.4.7 缺陷的检测、分类、原理以及排除方法

缺陷按来源分类可以分为掩膜版缺陷、工艺引入的缺陷、衬底引入的缺陷。

掩膜版的缺陷通常源于掩膜版在制造过程当中引入的图形缺陷，如线宽制造错误，部分细小图形的缺失(如亚衍射散射条)以及引入的外来颗粒。

工艺的缺陷又可以按照流程来划分：涂胶引入的缺陷、曝光过程引入的缺陷(包括浸没式和非浸没式)、显影过程引入的缺陷。

涂胶引入的缺陷有底部抗反射层、光刻胶本身引入的颗粒、结晶、气泡等颗粒类型的缺陷，还有由于硅片表面的颗粒异物造成甩胶时产生的放射状缺陷。

显影过程引入的缺陷有显影液回溅产生水雾(developer mist)，导致硅片边缘区域产生过度显影的小区域，还有被显影冲洗下来的光刻胶残留没有被冲洗带走，留在硅片表面，见图7.48中的(i)。此外，还有与衬底粘附性不良造成的剥离缺陷。对于接触孔(contact hole)、通孔(via)层，还有孔缺失(missing hole，missing contact/via)缺陷[4]。孔缺失缺陷一般由于以下几种原因造成：

- 光刻胶的显影不良，因为显影或显影冲洗不好，没能有效地将溶解的和部分溶解的光刻胶残留物带离硅片表面。通常这类缺陷会先发生在硅片边缘。
- 光刻工艺没有足够的对焦深度(Depth of Focus，DOF)，使得在硅片表面有一点高低起伏时，发生一定区域上的孔缺失。
- 光刻工艺拥有较高的掩膜版误差因子(MEF)，一般>>4.0，当掩膜版上的线宽误差达到一定程度时，发生孔的缺失。

曝光过程当中产生的缺陷分为非浸没式缺陷和浸没式缺陷。非浸没式缺陷一般为引入的颗粒。当然还有从掩膜版的缺陷通过成像传递到硅片上的缺陷。浸没式的缺陷就比较多了。比如由于在光刻胶顶部存在水而导致的缺陷，包括

(1) 由于水中气泡(Bubble)对成像的干扰产生的圆形区域性缺陷，会导致类似“微小凹透镜效应”(micro-lensing effect)，造成图形被放大，工业上称为“图形缩小”(Pattern Attenuation，PA)，实际上，图形是被放大了，见图7.48中的(j)。

(2) 还有由于在曝光后光刻胶表面存在水滴，又称为水的流失(water loss)，对曝光产生的光酸的浸析(leaching)造成的图形显影不良和“粘连”(bridging，TSMC SPIE 652012)，见图7.48中的(f)。

(3) 在曝光前光刻胶表面存在水滴，水滴在光刻胶顶部涂层(Top Coating)中的渗透造成顶部涂层膨胀(swelling，TSMC SPIE 652012)，向上拱起，形成另一种微小凸透镜效应，在工业当中称为反向图形缩小(Inverted Pattern Attenuation，IPA)，实际上是图形被缩小了，如图7.48中的(e)。还有一种类似的情况见图7.48(h)，是在曝光时由顶部涂层的上表

面落上的颗粒造成的。由于颗粒会导致光线绕射和散射，形成类似凸透镜的作用。

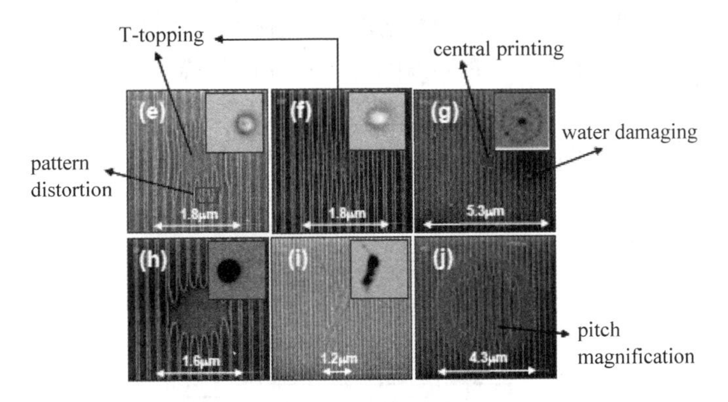


图 7.48　典型的浸没式光刻工艺当中遇到的缺陷[5]

一般通过减少水从浸没水罩(immersion hood)之中的流失来改进浸没式光刻造成的缺陷。如图 7.49(a)、图 7.49(b)所示。例如加强抽取的效率、使用气帘(air knife)的保护(如阿斯麦公司的 1900 系列光刻机)，如图 7.49(c)所示；还有提高光刻胶的接触角(contact angle)，如图 7.50(a)、图 7.50(b)所示。提高接触角需要将提高所有接触水的表面的疏水

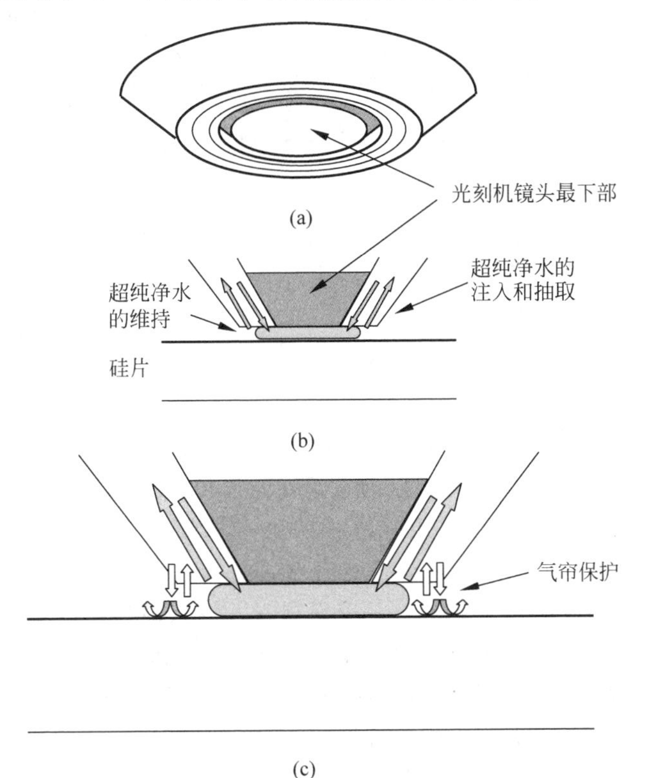


图 7.49　(a)浸没水罩立体示意图(从下往上看)。中央部分是透镜的最下部分镜片。(b)浸没式水罩的断面示意图，可以看到它同镜头最下部分的关系以及水的注入和抽取(连续流动)。(c)通过在水罩外围增加气帘的方法来更加好的保持水

性能,如光刻胶表面(对于不需要顶部涂层的光刻胶)、顶部涂层表面。而且,根据扫描速度不同,这种要求也会变得不同。通常,扫描速度越快,拖曳接触角(Receding Contact Angle,RCA)就会变小,造成水的流失。一般,对于600mm/s的扫描速度,不产生超标缺陷的拖曳接触角的要求在65～70°之间。如遇到太多缺陷,如大于几十颗/硅片,在没有找到问题原因时,可以通过降低扫描速度来解决。不过,这样要牺牲光刻机的单位时间产能。最好的办法是增加拖曳接触角。

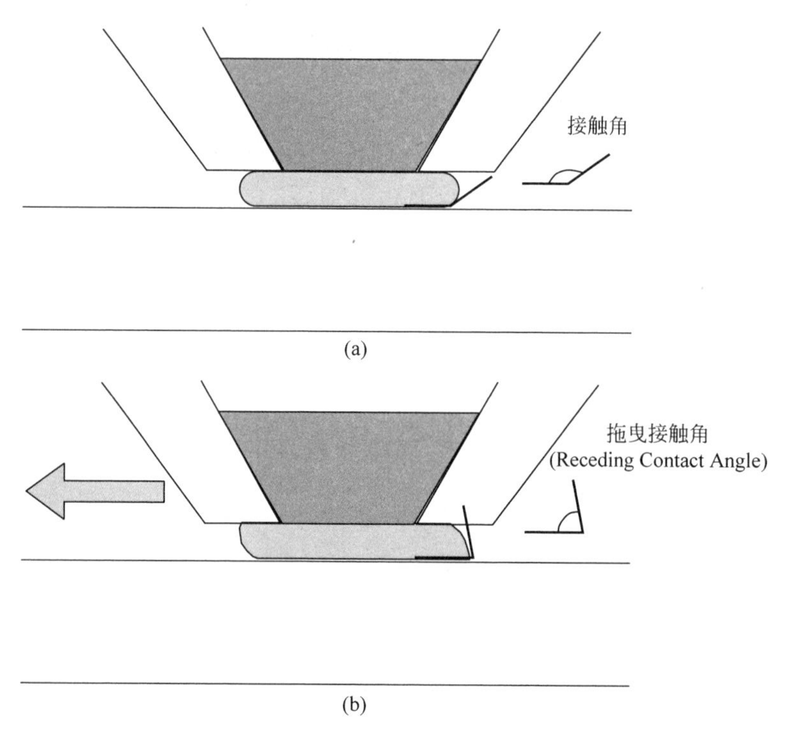


图7.50　(a)水罩相对硅片禁止时的接触角;(b)水罩相对硅片运动时的接触角:拖曳接触角(receding contact angle)

改进气泡的问题需要从源头上阻止气泡的产生,如阻止空气在浸没使用的超纯净水中的过量溶解。还有,如果在快速扫描时(通常最快速度可以达到600～700mm/s)产生了气泡,需要通过真空系统将其抽除。通常这样的真空抽吸装置存在于水罩上和硅片平台(wafer table)边缘。

衬底上的引入的缺陷一般会造成硅片表面突起,引起涂胶(包括光刻胶和抗反射层)不良。此种缺陷一般为颗粒。这种颗粒可以是从前层工艺带来的。例如,干法刻蚀(等离子体刻蚀)中,从腔体内表面掉下的颗粒或者片状物(flakes),也可以是物理气相沉积(Physical Vapor Deposition, PVD)工艺带来的颗粒等。

缺陷的检测一般通过紫外光对硅片表面做成像,并且通过一定方式的比较来得到。缺陷在硅片上的分布分为周期性和非周期性分布。周期性分布一般指在每一个曝光区域(shot)或者芯片区域(die)的固定地方都出现。而非周期性的分布一般并不固定出现在硅片的某一区域,他可以以硅片圆心为对称点,呈中央-四周分布,也可以偏向硅片某一边缘,如缺口(notch)附近。

对于非周期性的缺陷，如果每一个曝光区域中有不止一个相同的芯片区域，那么，可以通过比较两个芯片区域的不同点来得出缺陷的位置。这种方法叫做“芯片和芯片”比较(die to die comparison)。如果每一个曝光区域只有一个芯片，那么缺陷的检查要么通过图形大小、形状的甄别，要么通过同设计图样的比较，所谓的“芯片和数据库”比较(die to database comparison)。对于现代光刻工艺来讲(<0.25μm)，由于受到衍射的影响，这种比较方法必须考虑到设计图形经过衍射成像后的变化。如图 7.51(a)、图 7.51(b)所示，图中的线端明显变圆。

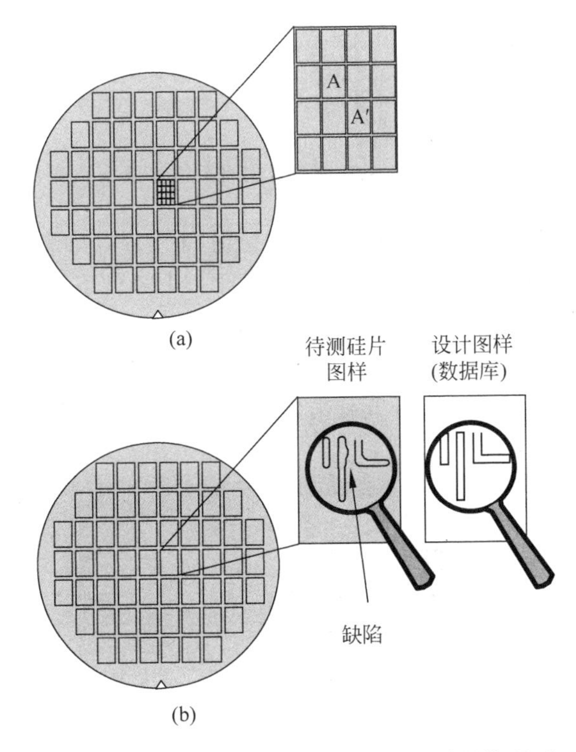


图 7.51　(a)示意图：在曝光区域内存在多个相同的芯片区域的情况下，可以做芯片与芯片之间的比较，如 A 和 A′；(b) 示意图：在曝光区域内不存在两个或者两个以上相同的芯片区域的情况下，只能够做芯片与设计图样(数据库)之间的比较，注意光学邻近效应对图形的影响(轮廓变圆了)

# 7.5　相干和部分相干成像

## 7.5.1　光刻成像模型，调制传递函数

光刻是通过镜头将掩膜版上的图像成像到涂有光刻胶的硅片上。现代光刻机的光学系统分为照明系统和成像系统。照明系统的主要功能是将光源输出的光进行调整，以实现不同的部分相干(partially coherent)状态，满足不同形状、密度的图形曝光要求。

照明系统使用了科勒(Köhler)照明方式，如图 7.52 所示，即在掩膜版平面上能够接收到对应最大斜角度的平行入射光。科勒照明方式的特点是掩膜版上任何一点都能够接收到从各个角度照射过来的而且是平行的光线。使用了科勒照明方式，照明系统中的缺陷，尤其是散射片上的缺陷将不会被投影到掩膜版上，造成掩膜版成像缺陷。而且，后面会讨论到，在散射片上出射的光需要尽量做到在不同点上不相干(non-coherent)。

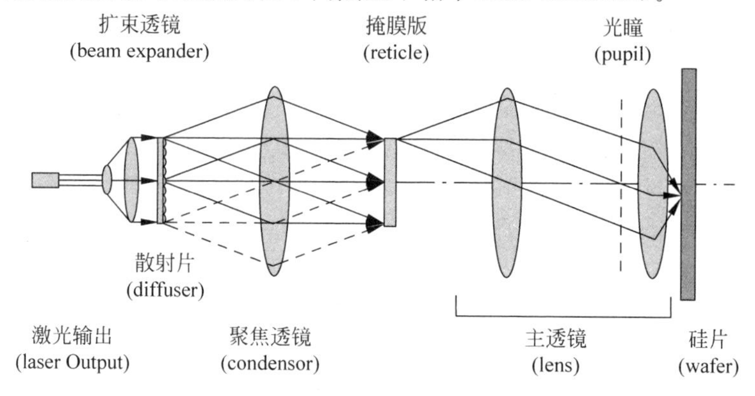


图 7.52 使用了科勒照明方式的光刻机成像简单示意图

对于光刻成像模型,我们先要讨论一下光的衍射(diffraction)和干涉(interference)。为了讨论一般性原理,我们讨论一维周期性光栅在相干照明条件下的成像。所谓相干光照明,就是说在光栅(掩膜版)平面上,任何两点的光的相位差是固定的、在观测的时间窗口内是稳定的。对于在平行光垂直照明的情况下,这种相位差等于零。但是当出射光不再沿着入射光的方向时,相邻两束光(从两个相邻光缝射出)之间的相位差(或者光程差)便不再是零。

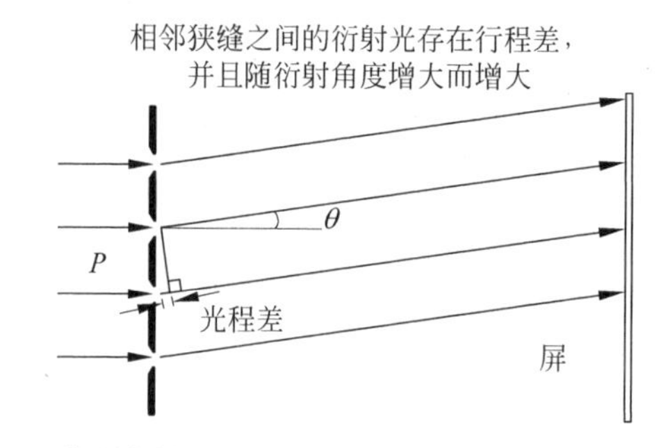


(a) 一维(周期性)光栅横截面示意图,空间周期(pitch)是$p$

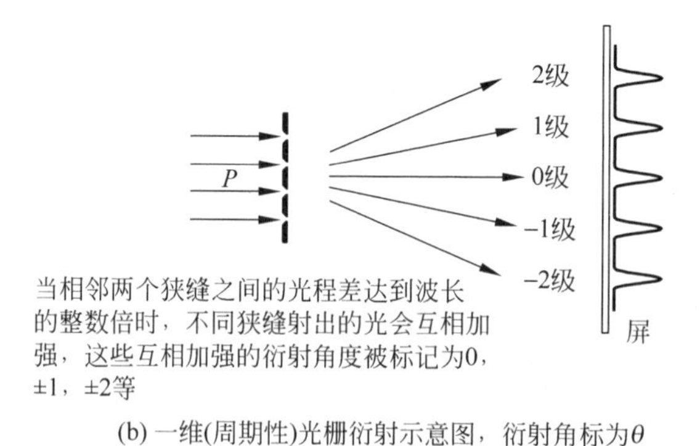


(b) 一维(周期性)光栅衍射示意图,衍射角标为$\theta$

图 7.53 一维周期性光栅在相干照明条件下的成像

如图 7.53 所示,在平行光入射的情况下,由于光的衍射,在不同的角度上都会有光强分布,不过随着衍射角 $\theta$ 的不断增加,衍射的强度会逐渐下降。其衍射光的角分布由于光的波动性将不是平缓变化的,而是呈周期性峰值分布。这是由于,任何相邻两个光缝之间存在 $p$

$\sin\theta$ 的光程差。当这个光程差等于波长的整数倍时，所有的光的相位变得相同，于是便出现一个亮点（峰值），所以对应峰值位置的角度正弦 $\sin\theta=\lambda/p$ 的整数倍。我们把这种现象叫做光的干涉。如果假设缝宽为无限小，它的透射光振幅为 $A_0$，对于一个有着 $N$ 个光缝的光栅，在观测屏上的光强角分布可以用以下表达式来描述：

$$A = A_0 \sum_{n}^{N} e^{i\frac{2\pi}{\lambda}np\sin\theta} \tag{7-33}$$

其中，$\sin\theta=m\lambda/p$ 对应衍射峰值，$m$ 为整数。其中使用了复变函数来表示相位差（后面还要讲到这样使用的合理性）。注意到这是一个等比级数。可以将其简化，结果如下：

$$A = A_0 \frac{(1-e^{i\frac{2\pi}{\lambda}Np\sin\theta})}{(1-e^{i\frac{2\pi}{\lambda}p\sin\theta})} = \frac{\sin\left(\frac{\pi Np\sin\theta}{\lambda}\right)}{\sin\left(\frac{\pi p\sin\theta}{\lambda}\right)} e^{-i\frac{\pi}{\lambda}(N-1)\frac{p\sin\theta}{\lambda}} \tag{7-34}$$

于是，光强 $I$ 可以写成

$$I = A \cdot A^* = A_0^2 \left\{\frac{\sin\left(\frac{\pi Np\sin\theta}{\lambda}\right)}{\sin\left(\frac{\pi p\sin\theta}{\lambda}\right)}\right\}^2 \tag{7-35}$$

此结果便是图 7.53(b)显示的周期性的尖峰分布图。当 $p\sin\theta$ 趋向于波长 $\lambda$ 的整数倍 $m$ 倍时，有

$$I = A_0^2 \left\{\frac{\sin\left(\frac{\pi Np\sin\theta}{\lambda}\right)}{\sin\left(\frac{\pi p\sin\theta}{\lambda}\right)}\right\}^2 \approx A_0^2 \left\{\frac{\pi Nm}{\pi m}\right\}^2 = A_0^2 N^2 \tag{7-36}$$

可见，在峰值的地方，光强是单缝的 $N^2$ 倍，这就是相干照明下的光栅的衍射。

前面我们在计算光栅的衍射强度时假设了光缝的宽度为无限小。对于有限宽度的光缝，在相干光照明下，它的衍射角分布可以证明如下，如式(7-37)：

$$I_1 = I_0 \left\{\frac{\sin\left(\frac{\pi a\sin\theta}{\lambda}\right)}{\frac{\pi a\sin\theta}{\lambda}}\right\}^2 \tag{7-37}$$

如图 7.54 所示，可以使用与计算干涉光强角分布同样的方法来计算单缝的衍射光强角分布。

$$A_1 = \frac{1}{a}\int_{-a/2}^{a/2} e^{i\frac{2\pi}{\lambda}x\sin\theta}\,dx \tag{7-38}$$

积分的结果就是式(7-37)，其中 $I_1=A_1^* A_1$。“ * ”表示复共轭(complex conjugation)。

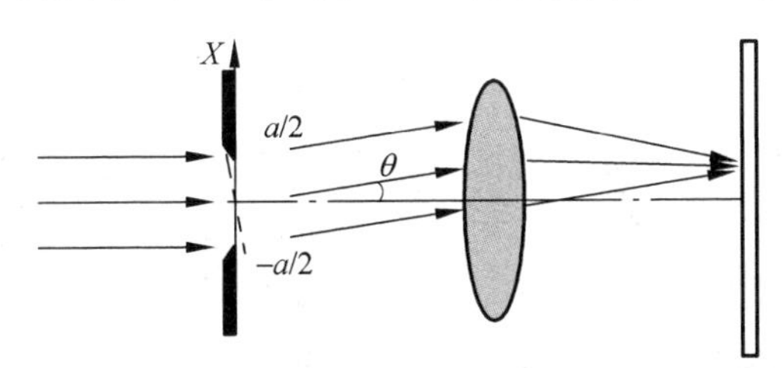


图 7.54　一维光缝衍射示意图（缝宽为 $a$，衍射角标为 $\theta$）

所以，将式(7-37)中的 $I_1$ 替换式(7-35)中的 $A_0^2$，可以得到对于宽度为 $a$、空间周期为

$p$ 的光栅，在平行光照明的条件下，衍射光的角度分布，如式(7-39)：

$$I = A^* \cdot A = I_0 \left\{ \frac{\sin\left(\frac{\pi a \sin\theta}{\lambda}\right)}{\frac{\pi a \sin\theta}{\lambda}} \right\}^2 \left\{ \frac{\sin\left(\frac{\pi N p \sin\theta}{\lambda}\right)}{\sin\left(\frac{\pi p \sin\theta}{\lambda}\right)} \right\}^2 \tag{7-39}$$

有了式(7-39)的结果，光刻机的成像的第一步完成了，将掩膜版被照射后发射出的衍射光的强度和角度计算出来了。也就是在图7.52中从掩膜版平面计算到了光瞳位置。在光瞳位置会发生两件事，一是，由于光瞳的大小限制，它不可能将无穷无尽的衍射和干涉光收进镜头里，一些大角度的衍射光将被滤去。二是，被镜头收入的衍射光将被合并，形成光学像。

以上的讨论方法比较适于纯相干照明方式，实际工作中遇到的照明一般为部分相干照明(后面会详细讨论)，而且这种算法并不方便。下面介绍的方法是使用周期性边界条件，即假设光栅的个数为无穷大的计算方法。其实，我们可以看出，衍射和干涉的计算实际上就是对掩膜版的空间信息作一次傅里叶变换(Fourier transform)。数学上我们知道，任何一个周期函数，如果满足以下两个Dirichlet条件（狄利克雷），就可以展开为傅里叶级数：

(1) 在一个周期内，存在有限个数值有限的间断点，如图7.55所示。

(2) 在一个周期内，存在有限个极大值和极小值。

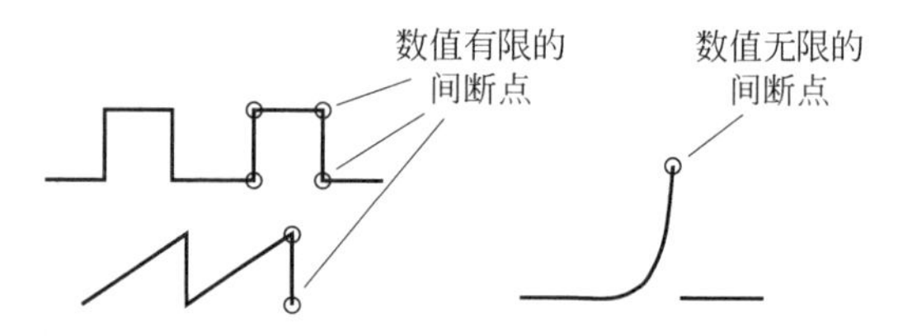


图7.55　狄利克雷条件示意图

光刻用的掩膜版周期函数均符合狄利克雷条件，可以展开为傅里叶级数。

满足狄利克雷条件的周期函数 $f(x)$ 可以展开成整数倍周期的三角函数

$$f(x) = \frac{a_0}{2} + \sum_{n=1}^{\infty} a_n \cos(nx) + \sum_{n=1}^{\infty} b_n \sin(nx) \tag{7-40}$$

其中

$$a_n = \frac{1}{\pi}\int_0^{2\pi} f(x')\cos(nx')\,\mathrm{d}x'$$

$$b_n = \frac{1}{\pi}\int_0^{2\pi} f(x')\sin(nx')\,\mathrm{d}x' \tag{7-41}$$

对于在掩膜版中的实际情况，我们先考察一个一维等间距的线条在相干光照明的情况。这个情况同前面讨论的光栅类似。在这个二元的掩膜版结构中，没有金属覆盖的地方透射振幅为1，有金属(一般为铬)覆盖的地方透射振幅为零。示意图如图7.56所示。

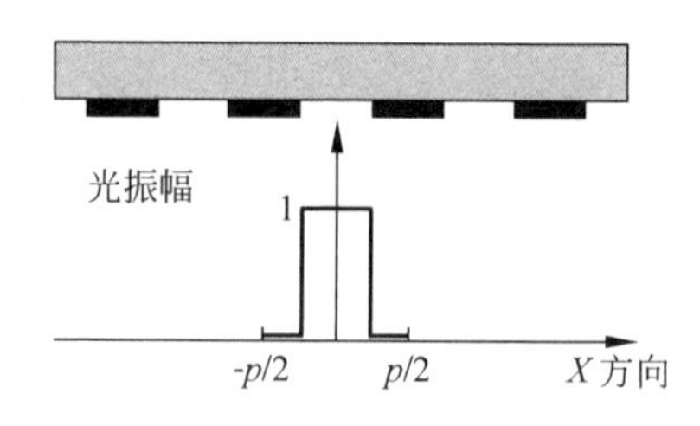


图7.56　一维二元(Binary)等间距的线条掩膜版和透射函数示意图(其中空间周期为 $p$)

那么，根据式(7-39)、式(7-40)，掩膜版函数可以展开为以下傅里叶级数：

$$A(x)=\frac{a_0}{2}+\sum_{n=1}^{\infty}a_n\cos\left(\frac{2\pi nx}{p}\right)+\sum_{n=1}^{\infty}b_n\sin\left(\frac{2\pi nx}{p}\right) \tag{7-42}$$

其中，$b_n=0$，因为此函数为围绕纵坐标轴的偶函数。

$$\begin{cases}a_0=\dfrac{2}{p}\displaystyle\int_{-p/4}^{p/4}\mathrm{d}x'=1;\quad a_{2n}=0,\quad 当\ n\neq 0\\ a_{2n-1}=\dfrac{2}{p}\displaystyle\int_{-p/4}^{p/4}\cos\left(\dfrac{2\pi nx'}{p}\right)\mathrm{d}x'=\dfrac{2}{(2n-1)\pi}(-1)^{n+1}\end{cases} \tag{7-43}$$

将式(7-43)代入式(7-42)，可以得到

$$A(x)=\frac{1}{2}+\frac{2}{\pi}\cos\left(\frac{2\pi x}{p}\right)-\frac{2}{3\pi}\cos\left(\frac{2\pi 3x}{p}\right)+\frac{2}{5\pi}\cos\left(\frac{2\pi 5x}{p}\right)-\cdots \tag{7-44}$$

当 $n>0$ 时，假设

$$\begin{cases}c_n=\dfrac{1}{2}(a_n-\mathrm{i}b_n)\\ c_{-n}=\dfrac{1}{2}(a_n+\mathrm{i}b_n)\\ c_0=\dfrac{a_0}{2}\end{cases} \tag{7-45}$$

将式(7-45)代入式(7-44)，可以得到

$$A(x)=\frac{1}{2}+\frac{1}{\pi}\mathrm{e}^{\mathrm{i}\frac{2\pi x}{p}}+\frac{1}{\pi}\mathrm{e}^{-\mathrm{i}\frac{2\pi x}{p}}-\frac{1}{3\pi}\mathrm{e}^{\mathrm{i}\frac{2\pi 3x}{p}}-\frac{1}{3\pi}\mathrm{e}^{-\mathrm{i}\frac{2\pi 3x}{p}}+\frac{1}{5\pi}\mathrm{e}^{\mathrm{i}\frac{2\pi 5x}{p}}+\frac{1}{5\pi}\mathrm{e}^{-\mathrm{i}\frac{2\pi 5x}{p}}-\cdots \tag{7-46}$$

可以看出，复变函数情况下的傅里叶展开实际上描述了在相干和垂直照明条件下所有的衍射级的振幅大小，如图 7.57 所示。

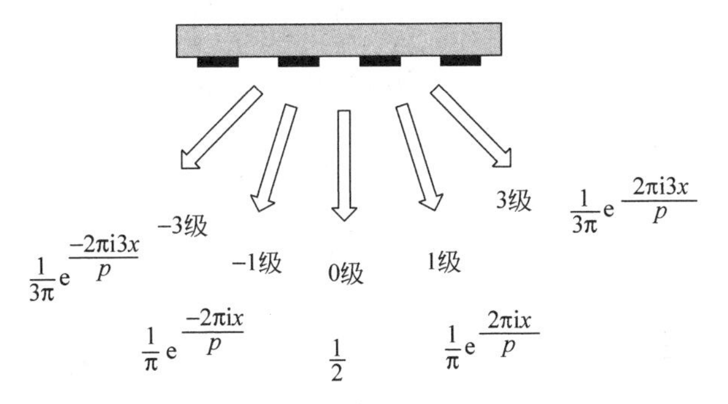


图 7.57　一维二元等间距的线条掩膜版在相干照明下的衍射级计算示意图(其中空间周期为 $p$)

如果把这些衍射的级数都累加起来，便可以形成原来的掩膜版函数，如图 7.58 所示。

现在，我们已经将在光瞳位置的衍射光的角分布计算出来的。下面一步将是如何根据衍射图样计算最终的空间像。由于镜头的有限尺寸，它不可能将所有的衍射级数都接受下来。例如，如果掩膜版的空间周期为 200nm，波长为 193nm，根据式(7-37)，那么它的各衍射级的衍射角度(正弦值)为：0，±0.965，±2.895，±4.825。对于数值孔径为 1.35（镜头最大半张角的正弦值)的光刻机来讲，只有 0，±0.965 才能够被镜头收入，其他的衍射级被浪费掉了。在图 7.57 中，±3 级以及以上的衍射级将不能够被镜头收入。也就是说，我们得到的将只是一个正弦波的信息，如图 7.58 所示的"到 1 级"。

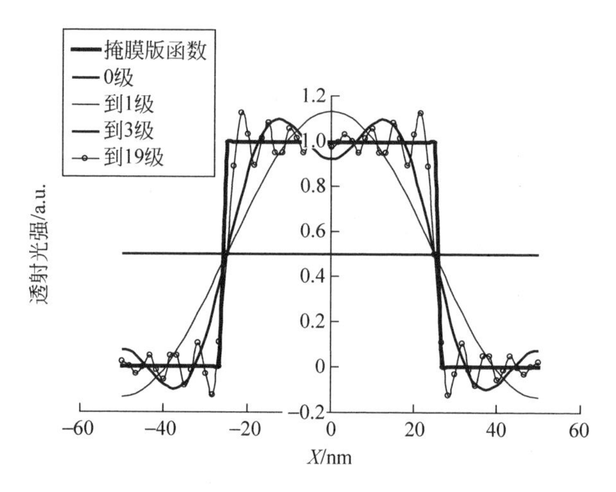


图 7.58 一维二元等间距的线条掩膜版在相干照明下的振幅傅里叶级数累加计算图(其中空间周期 $p$ 为 100nm)

这样,我们便从掩膜版走到了硅片。对于垂直相干照明下的 200nm 空间周期等间距的线条,它在硅片上的振幅为

$$A(x)=\frac{1}{2}+\frac{2}{\pi}\cos\left(\frac{2\pi x}{p}\right) \tag{7-47}$$

这里我们没有考虑到偏振的情况,或者,这是横电波(Transverse Electric, TE)的情况。

在相干照明条件下,要得到光强,只需要将振幅取平方,于是光强 $I(x)$ 为

$$I(x)=\left[\frac{1}{2}+\frac{2}{\pi}\cos\left(\frac{2\pi x}{p}\right)\right]^2 \tag{7-48}$$

如图 7.59 所示。这个结果同参考文献[1]的结果是一样的。以上只是给出了一个简单的例子,后面还要讲到部分相干光的理论。

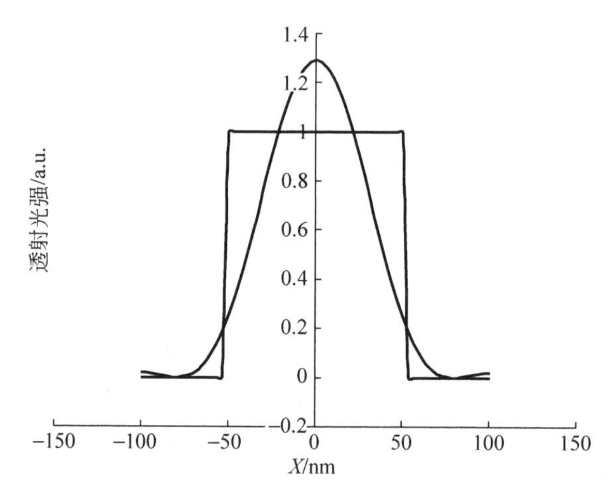


图 7.59 一维二元等间距的线条掩膜版在相干照明下的空间像计算图(方波函数为掩膜版函数),其中空间周期 $p$ 为 200nm,照明条件为数值孔径 1.35,偏振情况为横电波

在以上的例子中，所成的像虽然说不能够全部反应掩膜版的空间信息，但是可以看到，对比度还是很高的。对比度定义为

$$对比度(contrast) = \frac{I_{最大} - I_{最小}}{I_{最大} + I_{最小}} \tag{7-49}$$

在上面的例子里，经过简单计算，可以得出空间像的对比度为100%。但是在实际光刻工艺当中，这种情况还是不多见的。我们使用的1.35数值孔径的光刻机是用来制作比200nm小得多的图形，如100nm空间周期，又叫节距。那么，100nm是怎么做出来的呢？我们知道，根据式(7-53)，它的各衍射级的衍射角度(正弦值)为：0、±1.93、±5.79、±9.65，而光刻机的数值孔径只有1.35。不过，如图7.60所示，只要空间周期不小于$\lambda/NA$，使用斜入射的照明方式仍然可以收到两束衍射光。不过这里需要假设光栅的衍射级的角度正弦不随入射角的正弦变化(从式(7-33)的光栅公式引出)，又叫做霍普金斯近似(Hopkins approximation)，如式(7-49)所示。

$$\sin\theta_m = \sin\theta_0 + m\frac{\lambda}{p} \tag{7-50}$$

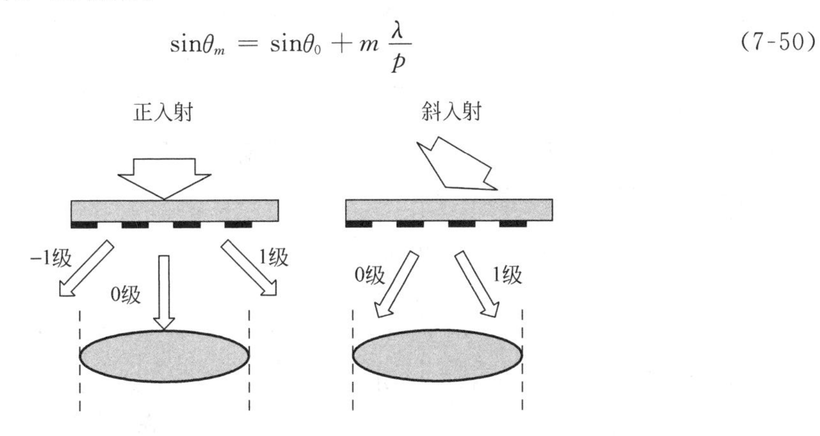


图7.60　当空间周期$p<\lambda/NA$，在垂直照明的情况下，±1级衍射光无法被镜头收入，因而无法产生图像

那么，两束衍射光会给出什么空间像呢？根据图7.59和式(7-50)，可以得到空间像光强为(同样为横电波偏振情况)

$$I(x) = \left|\left[\frac{1}{2} + \frac{1}{\pi}e^{i\frac{2\pi x}{p}}\right]\right|^2 = \frac{1}{4} + \frac{1}{\pi^2} + \frac{1}{\pi}\cos\left(\frac{2\pi x}{p}\right) \tag{7-51}$$

其空间像如图7.61所示。它的对比度可以看出不再为100%，根据式(7-43)，此空间像的对比度为

$$对比度(contrast) = \frac{\frac{2}{\pi}}{\frac{1}{2} + \frac{2}{\pi^2}} = 90.6\% \tag{7-52}$$

可见，不是所有的情况下对比度都是100%。

这是因为图像是至少两束光互相干涉形成的，单束光只能够给硅片上带来均匀的照明。不过当我们将照明方向由垂直转到倾斜，只要空间周期$p$不小于$0.5\lambda/NA$，仍然可以有两束光进入镜头的光瞳范围(霍普金斯近似，如式(7-50)所示)。

我们又把对比度叫做调制度(modulation)。所谓的调制传递函数(Modulation

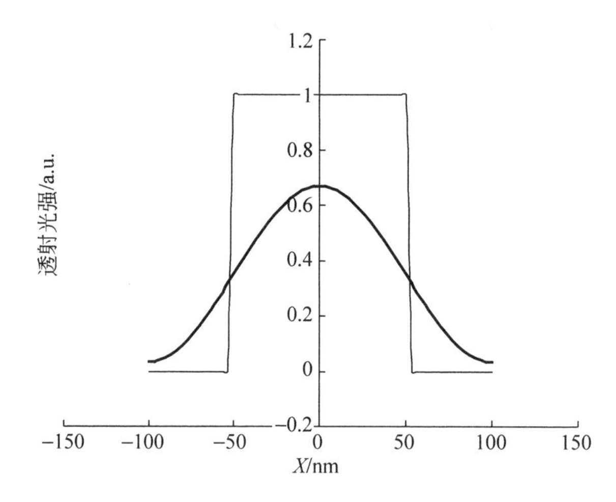


图 7.61　一维二元等间距的线条掩膜版在斜入射相干照明下的空间像计算图(图中方波函数为掩膜版函数),其中空间周期 $p$ 为 100nm,照明条件为数值孔径 1.35,偏振情况为横电波

Transfer Function, MTF)指的是光学系统对周期性光栅空间信息的传递能力。对于具有圆形光瞳的光学系统,调制传递函数的标准表达式为[28]

$$MTF(\nu)=\frac{2}{\pi}(\phi-\cos\phi\sin\phi)\tag{7-53}$$

其中,$v$ 为空间频率;$\phi=\arccos\left(\frac{\lambda\nu}{2NA}\right)$。它的函数形式大致如图 7.60 中的"$\sigma=1.0$"所示。对于周期性的等间距的光栅,根据照明条件的不同,调制传递函数如图 7.62 所示。

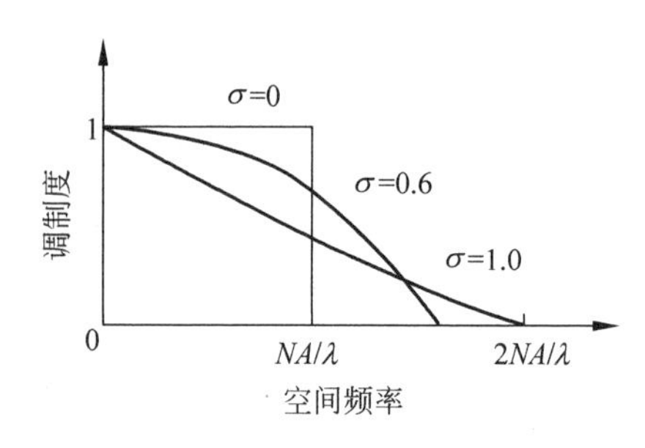


图 7.62　圆透镜的点扩散函数示意图
其中 $\sigma$ 代表部分相干度,$\sigma=0$ 代表平行光垂直照明;$\sigma=1$ 代表非相干照明;在 0 到 1 之间的 $\sigma$ 代表部分相干照明

可见,要取得在相当宽广范围内的对比度,必须放弃一点极限分辨率。而且,为了获取高于 $NA/\lambda$ 的频率,必须放弃一些小于 $NA/\lambda$ 的空间频率。对于相干度,一般有如下的定义。

根据参考文献[29]定义,当使用非相干扩展光源,光源的大小对应的在掩膜版平面上的相干长度等于系统的最小分辨长度时,在掩膜版上任意两点之间(当然要大于分辨长度),实际上是没有位相联系的,也就是说这种照明方式是非相干的。在光刻机中,当使用科勒照明下,照明光束充满系统的最大数值孔径除以系统放大倍数时,照明为非相干。如:浸没式光刻机的数值孔径为 1.35,由于放大率为 1∶4,那么,在掩膜版平面的数值孔径为 1.35/4=0.34。或者张角为 19.7°。如果照明光束能够充满从垂直到 19.7°的斜入射方向,那么照明条件为非相干的。任何小于此充满角度的照明方式为部分相干。照明相干度在光刻机上的实现方式如图 7.63 所示。

那么如何解释图 7.62 中的结果呢?式(7-33)显示,衍射级与级之间的角度正弦值是固定的,为 $\lambda/p$,如果使用斜入射,当斜入射角达到最大时(瞄准镜头边缘,即对应最大数值孔径),透镜的有限孔径能够最大限度地接收衍射光,如图 7.60 所示。在非相干照明条件下,照明光充满整个镜头，所以包含了在镜头孔径最边缘的光线，而其衍射光与入射光的最小张角只要不大于 $2NA/\lambda$，就可以让镜头同时收入两个衍射级（0 级入射光和 +1 或者 −1 衍射级），干涉生成图样。所以，对于 $\sigma=1$ 非相干光照明，系统的可分辨空间频率可以达到 $2NA/\lambda$。而对于部分相干光，如 $\sigma=0.6$，系统只能够分辨到 $1.6NA/\lambda$。所以，对于部分相干光照明，系统的分辨率由式(7-54)给出，

$$\Delta x(\min)=\frac{\lambda}{NA(1+\sigma_{\text{MAX}})} \tag{7-54}$$

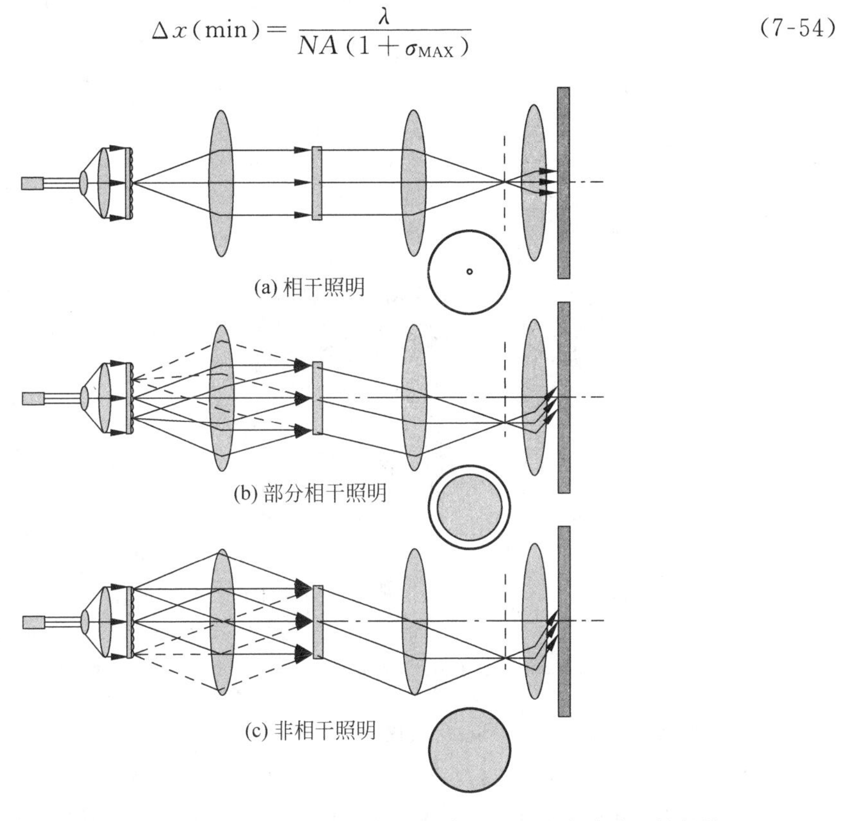


图 7.63　照明相干度在光刻机上的实现方式。圆形图案为照明光在光瞳上的投影

如果我们在光瞳位置看照明光的投影，如图 7.63(a)、图 7.63(b)、图 7.63(c)所示，可以看到，对于 $\sigma=1$ 非相干光照明，照明光充满了整个光瞳。对于相干光 $\sigma=0$，照明光只占据了光瞳中央很小的一个区域，理论上无限小的点。对于部分相干光，照明光占据了光瞳的一部分。

根据成像理论，至少需要两束光才能够完成成像的使命。图 7.64 显示，如果空间频率处在 $NA/\lambda$ 与 $2NA/\lambda$ 之间，如图 7.62 所示，相干光的调制传递函数为 0，从图 7.64 上理解，光瞳当中无法收入 +1 级或者 −1 级衍射光，因而无法形成干涉条纹，也就无法成像。但是，当我们使用部分相干光时发现，当 $\sigma$ 值大到一定程度时，在照明区域的边缘开始出现以下情况：光瞳内同时可以找到 0 级和 1 级或者 −1 级衍射光。也就是说，硅片上开始出现图像。当 $\sigma=1$，我们可以看到，光瞳内同时可以找到 0 级和 1 级或者 −1 级衍射光的区域达到极大。其实，这些光瞳边缘的照明光其实就是斜入射光。斜入射光的存在延伸了系统分辨率，从相干光照明下的 $NA/\lambda$ 延伸到了原来的两倍：$2NA/\lambda$。

前面只讨论了相干光照明下的成像。对于给定的周期性的掩膜版图形，我们先对通过

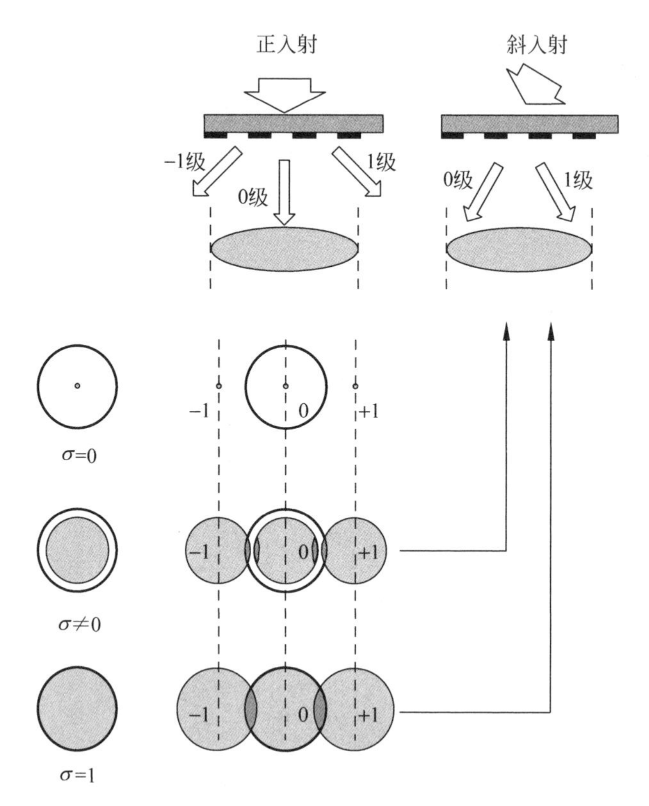


图 7.64 在三种不同照明条件下，对一个空间频率在 $NA/\lambda$ 与 $2NA/\lambda$ 之间的光栅的前三个衍射级相对光瞳的分布

灰色的区域代表在光瞳内同时可以找到0级和1级或者-1级衍射光

它的透射光振幅分布进行傅里叶级数展开，然后根据光瞳的大小将被收入镜头口径的衍射级按照振幅相加再取平方，即得到在硅片平面位置的空间像分布。那么怎么计算部分相干光的空间像呢？我们需要引入部分相干光理论。在实际仿真计算中，可以假设照明光源是一个面光源，而且，面上各点之间是不相干的。当然，在先进的248nm和193nm光刻机制造中，由于所有的光都来源于激光，而激光又是以它的相干性著称，原则上，创造一个非相干的面光源的是不容易的。不过，对掩膜版上不同角度的照明光在掩膜版上的均匀照明的要求会导致对此面光源的非相干性要求。这里假设这样的光源可以被制作出。可以将在部分相干光照明下的光强 $I$ 写成[26]：

$$\begin{cases} I(\xi,\eta) = \int_{-\infty}^{+\infty}\iint\iiint \widetilde{J}(\mu,\nu)\,\widetilde{P}(\mu+\mu',\nu+\nu')\,\widetilde{P}^{*}(\mu+\mu'',\nu+\nu'') \\ \widetilde{O}(\mu',\nu')\,\widetilde{O}^{*}(\mu'',\nu'')\mathrm{e}^{-\mathrm{i}2\pi[(\mu'-\mu'')\xi+(\nu'-\nu'')\eta]}\,\mathrm{d}\mu\mathrm{d}\nu\mathrm{d}\mu'\mathrm{d}\nu'\mathrm{d}\mu''\mathrm{d}\nu'' \end{cases} \tag{7-55}$$

其中，$\widetilde{J}$，$\widetilde{P}$，$\widetilde{O}$分别代表光源、光瞳、掩膜版函数在频率域的傅里叶变换，“*”记号代表复共轭。积分在频率域进行，或者在光瞳位置进行。$\xi,\eta$ 为对 $\lambda/NA$ 进行归一化的空间位置坐标

$$\xi = \frac{x}{(\lambda/NA)};\quad \eta = \frac{y}{(\lambda/NA)} \tag{7-56}$$

$\xi,\nu$ 为对 $NA/\lambda$ 进行归一化的空间频率坐标

$$\mu=\frac{f}{(NA/\lambda)};\quad \nu=\frac{g}{(NA/\lambda)} \tag{7-57}$$

如果把其中的2重积分提取出来，可以得到

$$I(\xi,\eta)=\int_{-\infty}^{+\infty}\iiint TCC\,(\mu',\nu';\mu'',\nu'')\,\widetilde{O}(\mu',\nu')\,\widetilde{O}^*(\mu'',\nu'')\,\mathrm{e}^{-\mathrm{i}2\pi[(\mu'-\mu'')\xi+(\nu'-\nu'')\eta]}\,\mathrm{d}\mu'\mathrm{d}\nu'\mathrm{d}\mu''\mathrm{d}\nu''$$

其中

$$TCC=\int_{-\infty}^{+\infty}\int \widetilde{J}(\mu,\nu)\,\widetilde{P}(\mu+\mu',\nu+\nu')\,\widetilde{P}^*(\mu+\mu'',\nu+\nu'')\,\mathrm{d}\mu\mathrm{d}\nu \tag{7-58}$$

其中，*TCC* 叫做传输交叉系数（transmission cross coefficient)，图7.65为其几何示意图。以上算式表达的物理含义是，对于一个部分相干光照明的系统，可以通过将面光源上每一点的照明成像看成是相干照明成像，然后再把面光源上的每一点所成像的光强相加起来，这又叫做相干系统叠加（Sum of Coherent Systems，SOCS)。*TCC* 是对光源在光瞳上分布的二重积分，式(7-58)显示的另外4重积分是由于对一个二维傅里叶积分(两重积分)的平方。这种算法的好处在于可以对某一种照明条件先行计算 *TCC*，然后再对掩膜版函数进行4重积分，提高了计算速度，这适用于对大量图形进行计算，比如对芯片级的图形进行快速计算。

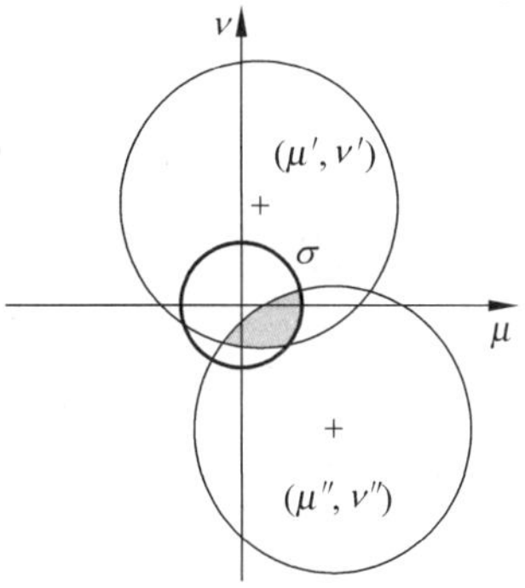

图7.65　传输交叉系数的几何示意图

其实就是光源函数、光瞳函数和光瞳函数的复共轭之间的交叠面积

对于工艺研发等对运算速度不高的计算，我们可以采用先计算相干照明下的结果，取得光强分布函数后将不同的角度照射光的贡献累加起来的方法。不过，以上的含有传输交叉系数表达式是针对数值孔径不太大的标量场的。在目前的大数值孔径(>0.65)甚至浸没式光刻技术大量使用的情况下，这种标量的计算越来越不能够满足工业生产的要求。阿兰·罗森布鲁士在2004年提出了沿用以上相干系统叠加数学形式，并且加上矢量光场和偏振的算法，限于篇幅，这里就不再讨论，具体见参考文献[30]。

## 7.5.2　点扩散函数

刚才讨论的是在周期性边界条件下，相干光照明下的一维图形的成像。现在我们讨论的是孤立的、无限小的点，或者在二维情况下的线的成像规律。一旦我们弄清楚了无限小点或者线的成像规律，希望任意图形可以看成是这些无限小图样的组合。

我们先考察一根一维的槽(space)，如图7.66所示。槽的透射率为1。槽的透射函数$O(x)$为

$$O(x)=\begin{cases}1, & |x|\leqslant L/2\\ 0, & |x|>L/2\end{cases} \tag{7-59}$$

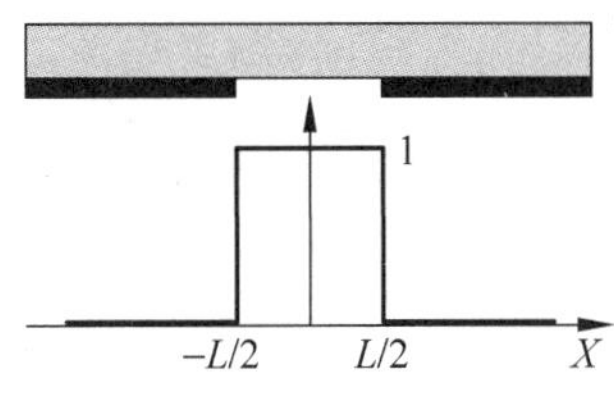

图7.66　一维孤立槽示意图

考虑斜入射相干照明，$\widetilde{J}=\delta(\mu_0,0)$。*TCC* 可以简化成如下形式

$$TCC=\int_{-\infty}^{+\infty}\int\delta(\mu_0,0)\ \widetilde{P}(\mu+\mu',\nu+\nu')\ \widetilde{P}^*(\mu+\mu'',\nu+\nu'')\mathrm{d}\mu\mathrm{d}\nu$$

$$=\widetilde{P}(\mu_0+\mu',\nu')\ \widetilde{P}^*(\mu_0+\mu'',\nu'') \tag{7-60}$$

在像平面的光强为

$$I(\xi,\eta)=\int_{-\infty}^{+\infty}\iiint\widetilde{O}(\mu',\nu')\ \widetilde{O}^*(\mu'',\nu'')\ \widetilde{P}(\mu'+\mu_0,\nu')\ \widetilde{P}^*(\mu''+\mu_0,\nu'')\mathrm{e}^{-\mathrm{i}2\pi[(\mu'-\mu'')\xi+(\nu'-\nu'')\eta]}\mathrm{d}\mu'\mathrm{d}\nu'\mathrm{d}\mu''\mathrm{d}\nu'' \tag{7-61}$$

由于$\mu'$和$\mu''$完全独立,可以将式(7-61)简化成

$$I(\xi,\eta)=\left|\iint\widetilde{O}(\mu',\nu')\ \widetilde{P}(\mu'+\mu_0,\nu')\mathrm{e}^{-\mathrm{i}2\pi[\mu'\xi+\nu'\eta]}\mathrm{d}\mu'\mathrm{d}\nu'\right|^2 \tag{7-62}$$

注意到,这就是相干照明的结果,而绝对式里面的函数就是振幅函数。注意到掩膜版函数$O$仅仅是$x$的函数,所以,$\widetilde{O}$的$Y$分量为delta函数,故

$$\widetilde{O}(\mu,\nu)=\frac{1}{L}\int_{-L/2}^{L/2}O(x)\mathrm{e}^{-\mathrm{i}2\pi\mu x}\mathrm{d}x\ \frac{1}{L}\int_{-\infty}^{\infty}\mathrm{e}^{-\mathrm{i}2\pi\nu y}\mathrm{d}y=\frac{1}{L}\delta(\nu)\ \frac{\sin(\pi\mu L)}{\pi\mu L} \tag{7-63}$$

将其代入式(7-62),得到

$$I(\xi,\eta)=\left|\frac{1}{L}\int_{-1-\mu_0}^{1-\mu_0}\frac{\sin(\pi\mu' L)}{\pi\mu' L}\mathrm{e}^{-\mathrm{i}2\pi\mu'\xi}\mathrm{d}\mu'\right|^2 \tag{7-64}$$

前面讲到,当槽的宽度$L$趋向于零时,$\sin(\pi\mu' L)/(\pi\mu' L)$趋向于1。式(7-64)可以简化为

$$I(\xi,\eta)=\left|\frac{1}{L}\int_{-1-\mu_0}^{1-\mu_0}\mathrm{e}^{-\mathrm{i}2\pi\mu'\xi}\mathrm{d}\mu'\right|^2=\left|\frac{1}{\pi L\xi}\mathrm{e}^{\mathrm{i}2\pi\mu_0\xi}\sin(2\pi\xi)\right|^2=\frac{4}{L^2}\mathrm{sinc}^2(2\pi\xi) \tag{7-65}$$

这就是常见的单缝因子。式(7-65)的结果由图7.67显示。

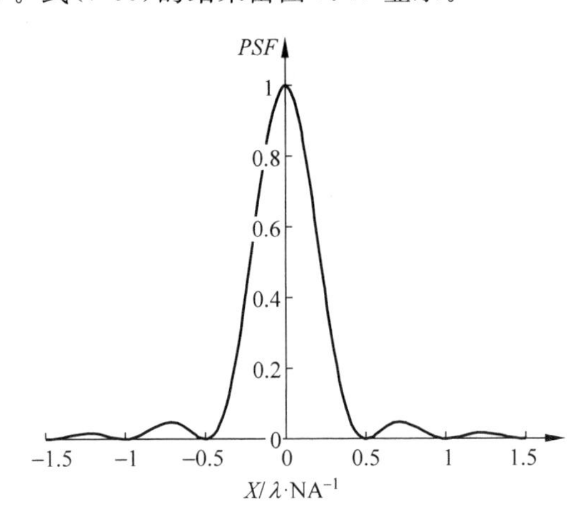


图7.67　在相干照明条件下的一维点扩散函数

由此可见,根据瑞利判据,系统的分辨率由第一极小的位置给出,图7.67中,第一极小的位置在$0.5\lambda/NA$。不难得出,两个自由度的点扩散函数为

$$I(\xi,\eta)\propto\mathrm{sinc}^2(2\pi\xi)\mathrm{sinc}^2(2\pi\eta) \tag{7-66}$$

对于圆形小孔,可以推导,它的点扩散函数为

$$I(\rho)\propto\left[\frac{2J_1(2\pi\rho)}{2\pi\rho}\right]^2 \tag{7-67}$$

其中，当 $\rho$ 等于0.61时，$J_1$（一阶贝塞尔函数）的总量等于1.22π，其数值等于零，也是这个函数的第一极小。

### 7.5.3　偏振效应

前面讲到的成像原理都没有考虑到入射和衍射光的偏振态。其实，它们的偏振态对像的对比度在大数值孔径的逐渐变大有着显著影响。对于电场方向垂直与入射光同掩膜版表面法线成的入射平面的光，又叫做横电波（Transverse Electric，TE），电场方向不会随入射光的入射角度变化而变化，如图7.68所示。但是对于电场方向平行于入射平面的光，又叫做横磁波（transverse magnetic，TM），对像的对比度的影响就变得无法忽略了，如图7.69所示。这主要是因为电场的方向不再一致，叠加电场的强度的最大值比两束光矢量同方向时的最大值要小，而叠加电场的强度的最小值比两束光矢量同方向时的最小值要大，造成像对比度的下降。所以在仿真计算中，需要将矢量相加考虑进去。为了避免对比度的损失，我们在65nm以下的节点开始在光刻机上使用偏振片。常用的偏振方式如图7.70所示。图中旋转的 $X$ 或者 $Y$ 主要是根据当今动态随机存储器（Dynamic Random Access Memory，DRAM）尽量缩小单元面积的需要（把存储单元作成倾斜的）而设计的。

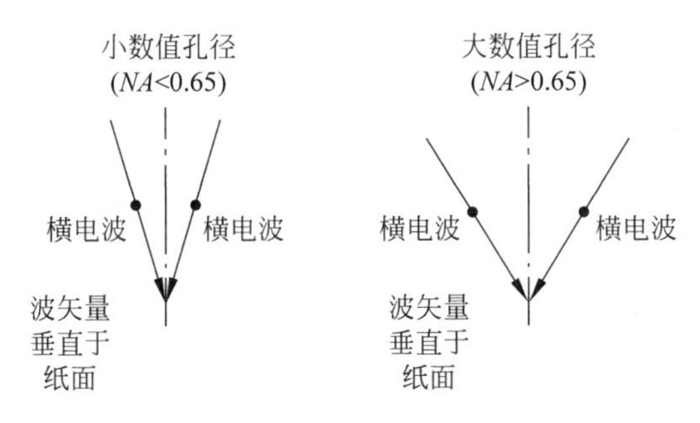


图7.68　横电波在两束光相干涉的情况示意图

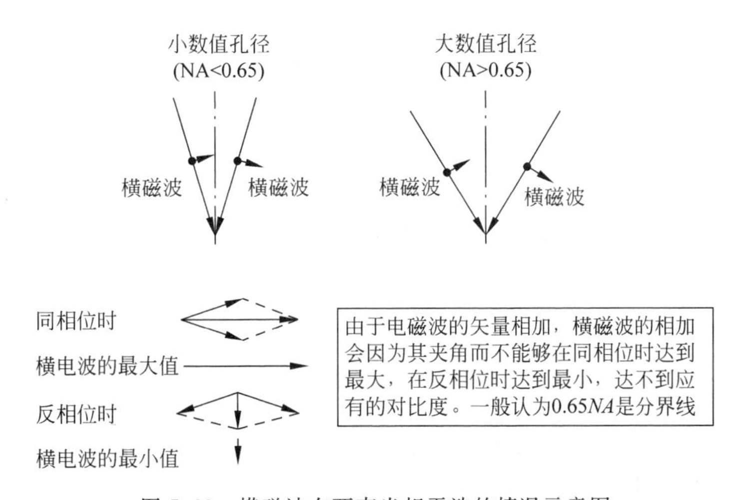


图7.69　横磁波在两束光相干涉的情况示意图

两束光在偏振向量不同方向时它们的干涉光强将不再是简单的振幅之和的平方，而是振幅函数的复共轭矢量乘以（又叫点乘，dot product）振幅函数，即

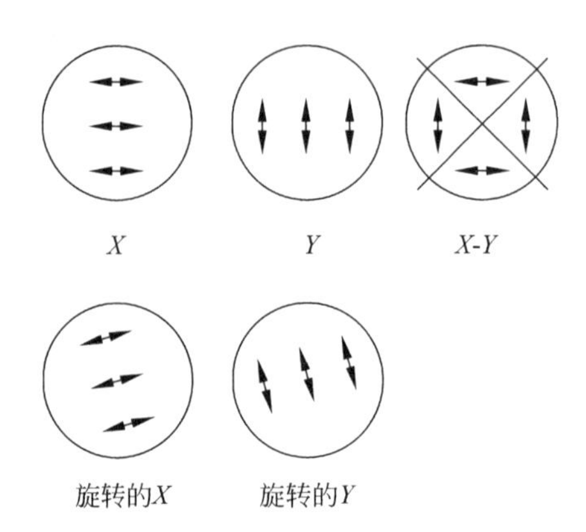


图 7.70　常用的偏振片的偏振区域在光瞳上的投影示意图

$$I(x)=\boldsymbol{A}^*(x)\cdot\boldsymbol{A}(x)$$
$$=\left[\frac{1}{2}\boldsymbol{e}_0+\frac{1}{\pi}\mathrm{e}^{-\mathrm{i}\frac{2\pi x}{p}}\boldsymbol{e}_1+\frac{1}{\pi}\mathrm{e}^{\mathrm{i}\frac{2\pi x}{p}}\boldsymbol{e}_{-1}\right]\cdot\left[\frac{1}{2}\boldsymbol{e}_0+\frac{1}{\pi}\mathrm{e}^{\mathrm{i}\frac{2\pi x}{p}}\boldsymbol{e}_1+\frac{1}{\pi}\mathrm{e}^{-\mathrm{i}\frac{2\pi x}{p}}\boldsymbol{e}_{-1}\right]\tag{7-68}$$

或写成

$$I(x)=\frac{1}{4}+\frac{2}{\pi^2}+\frac{1}{\pi}\cos\left(\frac{2\pi x}{p}\right)\{\langle\boldsymbol{e}_0\cdot\boldsymbol{e}_1\rangle+\langle\boldsymbol{e}_0\cdot\boldsymbol{e}_{-1}\rangle\}+\frac{2}{\pi^2}\cos\left(\frac{4\pi x}{p}\right)\langle\boldsymbol{e}_1\cdot\boldsymbol{e}_{-1}\rangle\tag{7-69}$$

由于使用了垂直的相干照明($\sigma=0$),$\langle\boldsymbol{e}_0\cdot\boldsymbol{e}_1\rangle=\langle\boldsymbol{e}_0\cdot\boldsymbol{e}_{-1}\rangle$，我们可以将式(7-69)简化为

$$I(x)=\frac{1}{4}+\frac{2}{\pi^2}+\frac{2}{\pi}\cos\left(\frac{2\pi x}{p}\right)\langle\boldsymbol{e}_0\cdot\boldsymbol{e}_1\rangle+\frac{2}{\pi^2}\cos\left(\frac{4\pi x}{p}\right)\langle\boldsymbol{e}_1\cdot\boldsymbol{e}_{-1}\rangle\tag{7-70}$$

描述光的偏振态的数学参量有斯托克斯(Stokes)向量[29]。斯托克斯向量定义如下：

$$\begin{cases}s_0=a_1^2+a_2^2\\s_1=a_1^2-a_2^2\\s_2=2a_1a_2\cos\delta\\s_3=2a_1a_2\sin\delta\end{cases}\tag{7-71}$$

其中,$a_1$ 和 $a_2$ 分别是偏振光在 $X$ 和 $Y$ 方向上的两个分量,$\delta$ 是它们之间的位相差。不难看出,$s_0$、$s_1$、$s_2$ 和 $s_3$ 之间存在如下关系：

$$s_0^2=s_1^2+s_2^2+s_3^2\tag{7-72}$$

描述光学系统对入射光偏振态的作用的参量有琼斯矩阵(Jones matrix),六种常见的偏振态的琼斯向量由表7.3表示。定义如下：假设可以使用如下琼斯向量(Jones vector)来表示入射光的偏振态

$$\boldsymbol{E}_{\mathrm{IN}}=\begin{pmatrix}E_{\mathrm{IN,X}}\mathrm{e}^{\mathrm{i}\phi_{\mathrm{X}}}\\E_{\mathrm{IN,Y}}\mathrm{e}^{\mathrm{i}\phi_{\mathrm{Y}}}\end{pmatrix}\tag{7-73}$$

其中,$i\phi_{\mathrm{X}}$,$i\phi_{\mathrm{Y}}$ 分别表示在 $X$、$Y$ 方向上的相位。

那么,出射光的偏振态可以表示为

$$\boldsymbol{E}_{\mathrm{OUT}}=\begin{pmatrix}E_{\mathrm{OUT,X}}\mathrm{e}^{\mathrm{i}\phi_{\mathrm{X}}'}\\E_{\mathrm{OUT,Y}}\mathrm{e}^{\mathrm{i}\phi_{\mathrm{Y}}'}\end{pmatrix}=\begin{Bmatrix}J_{\mathrm{XX}}&J_{\mathrm{XY}}\\J_{\mathrm{YX}}&J_{\mathrm{YY}}\end{Bmatrix}\begin{pmatrix}E_{\mathrm{IN,X}}\mathrm{e}^{\mathrm{i}\phi_{\mathrm{X}}}\\E_{\mathrm{IN,Y}}\mathrm{e}^{\mathrm{i}\phi_{\mathrm{Y}}}\end{pmatrix}\tag{7-74}$$

而 $\boldsymbol{J}_{\mathrm{ij}}$ 就是琼斯矩阵。例如,对于一个沿着 $X$ 方向上的偏振片,它的琼斯矩阵可以表示为

$$\boldsymbol{J}=\begin{Bmatrix}1 & 0\\ 0 & 0\end{Bmatrix} \tag{7-75}$$

常用光学元件的琼斯矩阵由表7.4列出。

**表7.3 六种常见的偏振态的琼斯向量表示**

| 偏振态 | 琼斯向量 |
|---|---|
| $X$方向线偏振 | $\begin{bmatrix}1\\0\end{bmatrix}$ |
| $Y$方向线偏振 | $\begin{bmatrix}0\\1\end{bmatrix}$ |
| 45°角方向线偏振 | $\frac{1}{\sqrt{2}}\begin{bmatrix}1\\1\end{bmatrix}$ |
| 135°角方向线偏振 | $\frac{1}{\sqrt{2}}\begin{bmatrix}1\\-1\end{bmatrix}$ |
| 右旋圆偏振 | $\frac{1}{\sqrt{2}}\begin{bmatrix}1\\-\mathrm{i}\end{bmatrix}$ |
| 左旋圆偏振 | $\frac{1}{\sqrt{2}}\begin{bmatrix}1\\\mathrm{i}\end{bmatrix}$ |

**表7.4 八种常见的偏振元件的琼斯矩阵表示**

| 光学元件 | 琼斯矩阵 |
|---|---|
| $X$方向线偏振片 | $\begin{bmatrix}1 & 0\\0 & 0\end{bmatrix}$ |
| $Y$方向线偏振片 | $\begin{bmatrix}0 & 0\\0 & 1\end{bmatrix}$ |
| 45°角方向线偏振片 | $\frac{1}{2}\begin{bmatrix}1 & 1\\1 & 1\end{bmatrix}$ |
| 135°角方向线偏振片 | $\frac{1}{2}\begin{bmatrix}1 & -1\\-1 & 1\end{bmatrix}$ |
| 圆偏振片,左旋 | $\frac{1}{2}\begin{bmatrix}1 & -\mathrm{i}\\\mathrm{i} & 1\end{bmatrix}$ |
| 圆偏振片,右旋 | $\frac{1}{2}\begin{bmatrix}1 & \mathrm{i}\\-\mathrm{i} & 1\end{bmatrix}$ |
| 1/4波片,快轴$X$方向 | $\mathrm{e}^{\mathrm{i}\frac{\pi}{4}}\begin{bmatrix}1 & 0\\0 & \mathrm{i}\end{bmatrix}$ |
| 1/4波片,快轴$Y$方向 | $\mathrm{e}^{\mathrm{i}\frac{\pi}{4}}\begin{bmatrix}1 & 0\\0 & -\mathrm{i}\end{bmatrix}$ |

光刻机对偏振状态的影响,或者说在偏振状态下空间像的计算可以通过使用等效作用在光瞳函数上的琼斯矩阵来进行,又叫做琼斯光瞳(Jones Pupil)。相关的文献可以参考文献[31,32]。

### 7.5.4 掩膜版三维尺寸效应

前面讲到的仿真也好,空间像计算也好,都是假设了掩膜版是一块没有厚度的空间滤波器,或者薄掩膜版近似(Thin Mask Approximation, TMA)。当掩膜版尺寸小到同波长可以比拟时,光波会受到掩膜版图形边缘的散射,其透射效率会明显降低。早期的研究可以追溯到20世纪90年代初,美国加州伯克利大学的黄华杰(Alfred Wong)同他的合作者发表的有关掩膜版表面的高低形貌对光刻的影响[33,34]。近年来,由于掩膜版尺寸越来越小,掩膜版的三维尺寸效应越发引起人们注意。安德烈·埃赫德曼(Andreas Erdmann)研究发现,式(7-49)所表示的光学衍射级之间的角度正弦值不随入射角的变化而变化的近似也不再精确。具体的论述请参考文献[35]。

## 7.6 光刻设备和材料

### 7.6.1 光刻机原理介绍

一台光刻机可分为几大系统:硅片输运分系统(wafer handler sub-system)、硅片平台分系统(wafer stage sub-system)、掩膜版输运分系统(reticle handler sub-system)、系统测量与校正分系统(calibration and metrology sub-system)、成像分系统(imaging sub-system)、光源分系统(light source sub-system)以及电气(electric)、厂区通信(fab communication)、纯水(purified wafer)、污染和温度控制(contamination and temperature control)等。

**1. 硅片输运分系统**

硅片输运分系统的任务是将轨道机传递来的硅片准确无误地按照一定的角度和位置放预对准平台(pre-alignment stage)内进行预对准(有的光刻机甚至开始对硅片进行温度调整),预对准完成后,由机械手将硅片按照预定的位置放在硅片平台上。这时,硅片在硅片平台上相对对准系统的位置精度一般小于15μm。当硅片完成曝光,再由硅片输运分系统将其输送到光刻机和轨道机的接口处,等待轨道机的机械手将其取走。

**2. 硅片平台分系统**

硅片平台分系统的任务是协助镜头完成对硅片的精确对准(i线光刻机大于100纳米,193nm浸没式光刻机小于10nm),并且对硅片偏离尺度目标的偏差量(如套刻偏差(overlay deviation)、高低偏差(leveling Map))进行曝光前修正。高级的光刻机还能够在曝光前对镜头重要像差(如三阶畸变)进行一次快速测量(如阿斯麦公司的光刻机通过透射图像传感器(Transmission Image Sensor,TIS)来对镜头的低阶像差进行测量)并且校正。在对准后,通过精确扫描和步进实现整片硅片准确曝光。硅片平台的精确移动依靠激光干涉计,可以达到几个纳米的精确度。也有的硅片平台使用编码-读码器(encoder)来控制精确移动,如阿斯麦公司的NXT型光刻机,它的套刻精度可以达到3nm。这是由于激光干涉计中激光束需要穿过较长的空间区域(300mm),在10nm以下的测量中容易受到空气密度的涨落以及平台高速运动对空气的扰动。硅片平台一般通过气垫与直线马达来实现平稳运动和快速运动。不过有些光刻机由于无法使用气垫,如极紫外(EUV)光刻机的硅片平台在高真空(对氧气～$10^{-9}$ Torr)中运动,无法使用气垫。硅片平台在使用真空吸附将硅片抓住以外,还通过硅片背面的加热器将硅片的温度稳定在一定的精度和分布范围内。

**3. 掩膜版输运分系统**

掩膜版输运分系统的主要功能是对掩膜版进行预对准、表面缺陷、沾污进行扫描和报警以及将掩膜版输送到掩膜版移动平台上。

**4. 系统测量与校正分系统**

系统的校正与测量分系统主要对系统的套刻、平台移动精度、镜头的像差、照明光在光瞳的分布、光源中激光的波长、带宽以及光束的几何位置进行测量和校正。

由于硅片平台是一个具有 6 个自由度的刚体,具有 $X$、$Y$、$Z$、$R_X$、$R_Y$、$R_Z$ 六个参量。对平台的移动精度的测量与校正需要使用到多束激光和平台侧面的平面镜。每一个自由度需要至少两束激光。例如,沿 $X$ 方向的两束激光不但可以测量 $X$ 的位移,还可以测量围绕 $Z$ 轴的转动 $R_Z$。

同样道理,如果在图 7.71 所示的 $X$ 方向上再加入一束激光,沿 $X$ 方向的两束激光可以同时测量 $X$ 方向的位移和沿 $Z$ 方向的转动。我们还可以测量沿着 $Y$ 轴的倾角 $R_Y$,如图 7.72 所示,在 $X$ 方向上加入一束激光,可以测量沿着 $Y$ 轴的倾角。

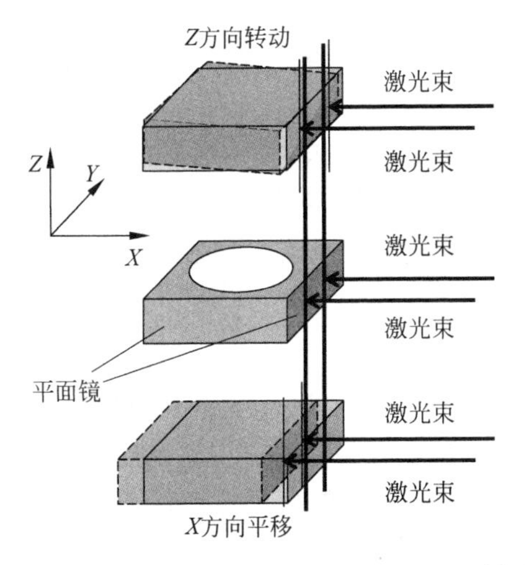


图 7.71　光刻机中硅片平台的控制原理示意图

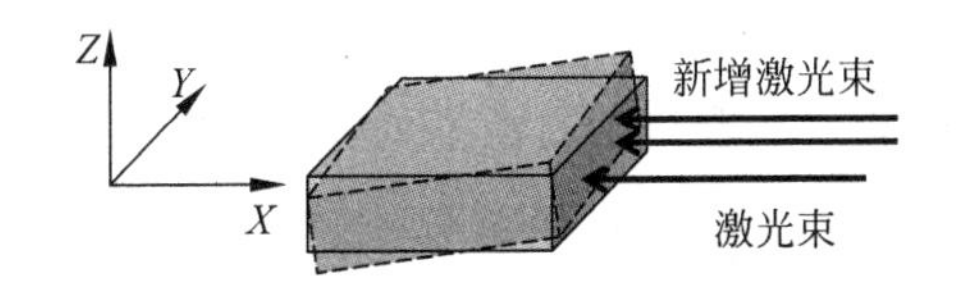


图 7.72　光刻机中硅片平台的控制原理示意图

同样,在 $Y$ 方向上使用至少二束激光也可以测量 $Y$ 和 $R_X$,所以,在 $X$ 和 $Y$ 方向加起来需要至少 5 束激光就可以得到除了 $Z$ 之外的 $X$、$Y$、$R_X$、$R_Y$、$R_Z$,再加上一束测量 $Z$ 的激光束,硅片平台的六个位置分量便可以全部测量到。当然,具体的光刻机会使用更加多的激光束,用以更加精确的测量。

硅片平台的定标工作的目标是在硅片平台运动的范围内,保证以下的精度:

(1) 在平移($X$,$Y$)时没有转动($R_Z$)或者倾斜($R_X$,$R_Y$);

(2) 在含有倾斜时($R_X$,$R_Y$),对准传感器(alignment sensor)在硅片表面对准的位置不变;

(3) 在含有倾斜时($R_X$,$R_Y$),找平传感器(leveling sensor)在硅片表面对准的位置不变;

(4) 对反射镜的平整度(mirror flatness)定标,保证水平移动时,在一个方向移动时没有另外一个方向的移动;

(5) 确定硅片平台的最佳焦距;

(6) 如果是双平台的光刻机,需要对两个平台之间的套刻参数和精度做匹配;

(7) 平台上测量传感器本身位置和倾斜角的定标。

对于镜头的像差,高级的光刻机一般都有自带的测量像差的传感器。这种传感器一般是通过扫描测量空间像在某些特定掩膜版平面上图形的表现来计算像差的。还有的传感器将光瞳上的光强分布和位相通过光刻机的光瞳下面(离硅片靠近的镜头部分)的镜头部分投影到平台上的成像的干涉型传感器上,以直接测量在光瞳处的像差。通过镜头模型(lens model),将测得的像差函数经过解算,得出镜头内部可移动的镜片(分为 $Z$ 方向可移动和 $X$-$Y$ 方向可移动)的最佳调整位置,以最大限度地优化镜头的剩余像差。

**5. 成像分系统**

成像分系统由照明系统、主投影镜头以及光强控制子系统组成。照明系统负责将激光或者汞灯的出射光调整为具备一定部分相干性的光,并且将其输送至掩膜版。主投影镜头负责将掩膜版散射的光成像于硅片上。镜头中含有 $Z$ 方向可移动和 $X$-$Y$ 方向可移动镜片。$Z$ 方向可移动镜片用来修正轴对称像差,如球面像差(spherical aberration)$Z_9$。$X$-$Y$ 方向可移动镜片用来修正非轴对称像差,如彗星(coma)像差 $Z_7$、$Z_8$。有关像差的分类和对光刻工艺的影响将在后面讨论。一般 248nm 的光刻机的均方根(Root-Mean-Square,RMS)像差要求在 25~60 毫波长范围内,而 193nm 光刻机的要求为 5~10 毫波长范围。5 个毫波长意味着在光瞳平面上,任何偏离位相平面的幅度必须在 1nm 之内,这给镜头加工提出了极高的要求。而且,不仅如此,每一个 193nm 光刻机的镜头都是由 30 片左右镜片构成,分到每一个镜片上的分摊加工偏差要求就更加高了。

**6. 光源分系统**

前面讲过,光源一般有汞(mercury)灯、准分子(excimer)激光、激光激励的放电灯(如极紫外的二氧化碳激光激励的锡灯)等类型。光源分系统的任务是将其发射角度整合成为科勒照明形式,并且使得部分相干性可以由使用者在一定范围内调节。如阿斯麦公司的 193nm NXT1950i 浸没式光刻机的部分相干性对传统照明条件可以做到 0.12~0.98 可调。不仅如此,对于使用激光作为光源的系统,还要消除激光的较长的空间和时间的相干性,以去除各种原因造成的散射光之间干涉,又叫做散斑(speckle),提高照明均匀性。好在准分子激光的腔体中的 $Q$ 值较低(高增益带来的效果),激光输出的时间相干长度较短,模数较多,其造成的相干性比一般的激光器(如气体激光器)要低很多。在 193nm 光刻机当中还需要引入偏振照明的装置。前面已经讲到,如果使用横电波偏振态,系统的对比度不会因为偏振而受到影响。在照明系统中,需要通过使用起偏器和偏振态转换器来实现多种偏振态。一般是通过使用 1/4 相位延迟波片,又叫 1/4 波片(quarter wave phase retarder plate 或 quarter wave plate)与偏振片结合将已有的偏振态旋转成任意的偏振状态。

**7. 污染和温度控制分系统**

污染和温度控制分系统主要是控制镜头内部的沾污和温度。镜头的洁净度和温度都是由气体净化系统控制的,气体净化系统中的气体起到热交换的作用。镜头在曝光时会被紫外激光不时地加热，而镜头的冷却是由包裹在镜头外壳上的水管完成的，外壳与镜片之间的热交换靠镜头内的洁净气体。一般，这种热平衡需要长达几个小时才能够达到。而镜头被加热(lens heating)会影响到线宽、套刻。在 193nm 光刻机，这种镜头被加热会造成焦距偏移(可达 100nm)，套刻非线性(如曝光区域内二阶 $D_2$、三阶 $D_3$ 畸变)偏移(可达 10～20nm)。

在生产中，人们不可能等待几个小时以求得镜头达到热平衡。再者，这种镜头被加热会随着硅片曝光的硅片数量改变，慢慢地达到某种稳定状态(镜头的冷却作用抵消了镜头的加热作用的平衡点)。为此，工业界使用模型来模拟镜头被加热所产生的对光刻机参数的影响。而且，镜头被加热的现象会随着照明条件的不同而具有不同的特征。这是因为，不同的照明条件的光在光瞳的分布不同，会对镜头的不同区域进行加热，因而产生不同的镜头加热效应。阿斯麦公司的光刻机能够针对不同的层次建立不同的定标子程序(sub-recipe)来精确地补偿镜头加热所产生的光刻机工艺参数的变化。补偿使用镜头内部可移动的镜片，并通过镜头模型的计算来实现。

## 7.6.2　光学像差及其对光刻工艺窗口的影响

像差是指各种空间像同理想之间的偏差，如图 7.73 所示，实际波面和理想波面(球面)的偏差。泽尼克(Zernike，1953 年诺贝尔奖获得者)通过使用一组多项式，来描述各种像差(又叫做泽尼克多项式)，如表 7.5 所示。

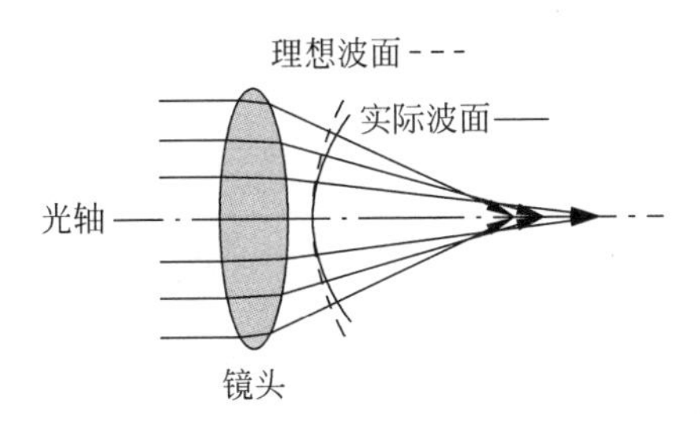


图 7.73　像差示意图

**表 7.5　泽尼克多项式 1-37 的名称以及多项式公式**

| 级　数 | 描　述 | 多项式公式 |
|---|---|---|
| 1 | 位置 | 1 |
| 2 | $X$ 方向倾斜 | $\rho\cos\theta$ |
| 3 | $Y$ 方向倾斜 | $\rho\sin\theta$ |
| 4 | 离焦 | $2\rho^2-1$ |
| 5 | 散光 $XY$ | $\rho^2\cos 2\theta$ |
| 6 | 散光 45° | $\rho^2\sin 2\theta$ |
| 7 | 彗差 $X$ | $(3\rho^2-2)\rho\cos\theta$ |
| 8 | 彗差 $Y$ | $(3\rho^2-2)\rho\sin\theta$ |
| 9 | 球差 | $6\rho^4-6\rho^2+1$ |
| 10 | 三叶 $X$ | $\rho^3\cos 3\theta$ |

续表

| 级　数 | 描　述 | 多项式公式 |
|---|---|---|
| 11 | 三叶 $Y$ | $\rho^3 \sin 3\theta$ |
| 12 | 散光 $XY$ | $(4\rho^2-3)\ \rho^2 \cos 2\theta$ |
| 13 | 散光 45° | $(4\rho^2-3)\ \rho^2\ \sin 2\theta$ |
| 14 | 彗差 $X$ | $(10\rho^4-12\rho^2+3)\rho\cos\theta$ |
| 15 | 彗差 $Y$ | $(10\rho^4-12\rho^2+3)\rho\ \sin\theta$ |
| 16 | 球差 | $20\rho^6-30\rho^4+12\rho^2-1$ |
| 17 | 四叶 $X$ | $\rho^4 \cos 4\theta$ |
| 18 | 四叶 $Y$ | $\rho^4 \sin 4\theta$ |
| 19 | 三叶 $X$ | $(5\rho^2-4)\ \rho^3\ \cos 3\theta$ |
| 20 | 三叶 $Y$ | $(5\rho^2-4)\ \rho^3\ \sin 3\theta$ |
| 21 | 散光 $XY$ | $(15\rho^4-20\rho^2+6)\ \rho^2\ \cos 2\theta$ |
| 22 | 散光 45° | $(15\rho^4-20\rho^2+6)\ \rho^2\ \sin 2\theta$ |
| 23 | 彗差 $X$ | $(35\rho^6-60\rho^4+30\rho^2-4)\rho\ \cos\theta$ |
| 24 | 彗差 $Y$ | $(35\rho^6-60\rho^4+30\rho^2-4)\rho\ \sin\theta$ |
| 25 | 球差 | $70\rho^8-140\rho^6+90\rho^4-20\rho^2+1$ |
| 26 | 五叶 $X$ | $\rho^5\ \cos 5\theta$ |
| 27 | 五叶 $Y$ | $\rho^5\ \sin 5\theta$ |
| 28 | 四叶 $X$ | $(6\rho^2-5)\ \rho^4 \cos 4\theta$ |
| 29 | 四叶 $Y$ | $(6\rho^2-5)\ \rho^4 \sin 4\theta$ |
| 30 | 三叶 $X$ | $(21\rho^4-30\rho^2+10)\ \rho^3 \cos 3\theta$ |
| 31 | 三叶 $Y$ | $(21\rho^4-30\rho^2+10)\ \rho^3 \sin 3\theta$ |
| 32 | 散光 $XY$ | $(56\rho^6-105\rho^4+60\rho^2-10)\ \rho^2\ \cos 2\theta$ |
| 33 | 散光 45° | $(56\rho^6-105\rho^4+60\rho^2-10)\ \rho^2\ \sin 2\theta$ |
| 34 | 彗差 $X$ | $(126\rho^8-280\rho^6+210\rho^4-60\rho^2+5)\ \rho\cos\theta$ |
| 35 | 彗差 $Y$ | $(126\rho^8-280\rho^6+210\rho^4-60\rho^2+5)\ \rho\sin\theta$ |
| 36 | 球差 | $252\rho^{10}-630\rho^8+560\rho^6-210\rho^4+30\rho^2-1$ |
| 37(49) | 球差 | $924\rho^{10}-2772\rho^{10}+3150\rho^8-1680\rho^6+420\rho^4-420\rho^2+1$ |

下面具体分析以下几种常见的像差的特征和对工艺的影响。

**1. 球面像差**

球面像差(spherical aberration),简称球差。最低阶的是 $Z_9$,其表现如图 7.73 所示,平行入射的光随着距离光轴的距离不同经过透镜聚焦在不同的焦点上。球差是一种轴上的对称像差。它在光刻工艺当中的表现形式是影响最佳焦距,如图 7.74 所示。

当不同空间周期的图形出现在同一片掩膜版上,由于它们的衍射光的角度各不相同(因为空间周期不同),如果镜头具有球差,那么,这些图形的衍射光由于经过镜头不同的地方会具有不同的最佳焦距。图 7.75 显示了一台 248nm 光刻机在不同空间周期的一维密集图形上的线宽随焦距变化的函数图(实测值)[36]。从图中可以看出这种影响还是不算小的。我们可以使用如图 7.76 的方法,将所测的焦距偏差转换为球差。

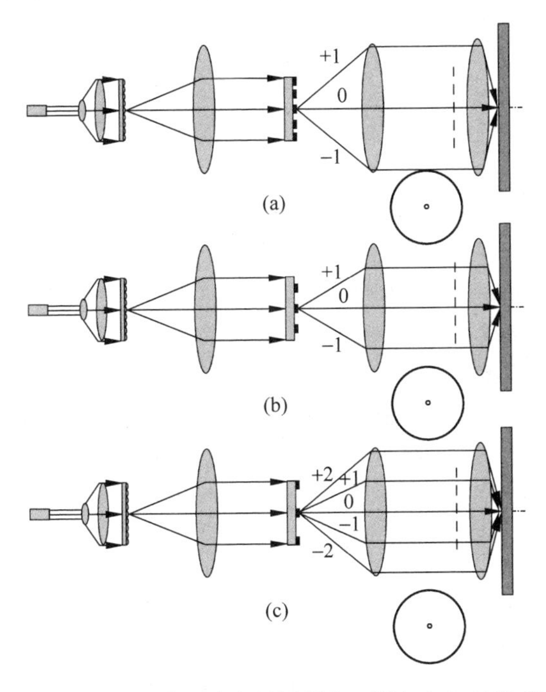


图 7.74　(a)、(b)、(c)分别为空间周期为 $\lambda/NA$、$1.5\lambda/NA$ 和 $2\lambda/NA$ 的掩膜版光栅图形具有不同的衍射角分布

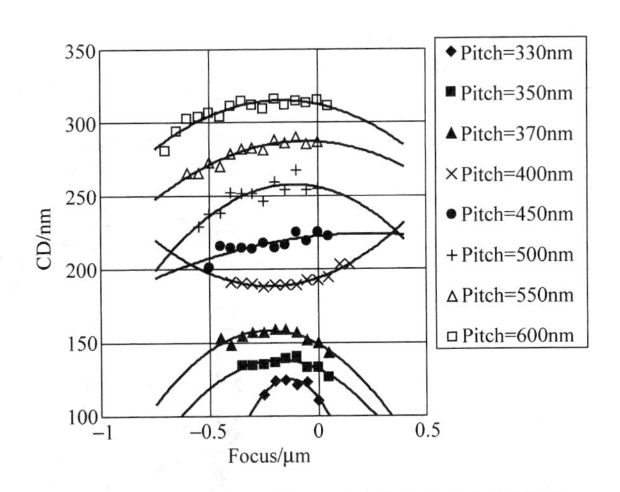


图 7.75　不同空间周期的图形的最佳焦距实测值

由于从透镜边缘穿过的光线带上了透镜含有的球差,它不再汇聚于名义焦点 $Z$,而是新的位置 $Z'$。它同沿轴上传播的光线的波前位相差(WaveFront Error,WFE)为

$$WFE = \frac{1}{\lambda}(ZZ' - AZ') = \frac{ZZ'}{\lambda}(1 - \cos\theta) \tag{7-76}$$

通过转换,我们得出这台光刻机的均方根球差大约为 0.064 波长(前面提到,对 248nm

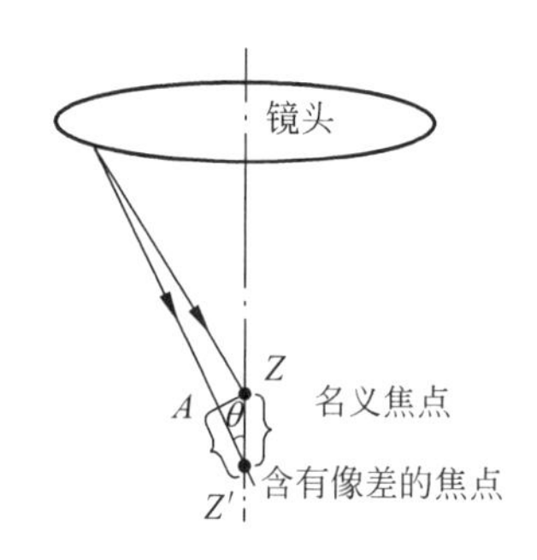


图7.76 焦点位置的改变(从$Z$到$Z'$的变化)是由于经过透镜边缘的光线的相位因为透镜的球差而发生变化

光刻机,像差的容忍范围为25~60毫波长,这台机器有点超过)。测量过程中,使用了传统照明方式(conventional illumination),部分相干设定为0.3。球差的这种性质会影响到光学邻近效应修正,因为它会导致在不同空间周期上焦距的不同。

**2. 彗星像差**

彗星像差(coma),简称彗差。是一种非对称像差。最低阶的是$Z_7$($X$方向)、$Z_8$($Y$方向),如图7.77(a)所示,在离轴的位置上,光线经过透镜的不同部位聚焦在不同位置的焦平面上,如$F_1$、$F_2$。它对光刻工艺所造成的影响是当某图形的左右两侧的其他图形分布不同时,由于彗差散射出来的光不一样,造成左右两侧的空间像不对称。一种简单的方法由图7.77(b)所示,由于彗差的非对称性,左右两根线将会被测得不同的线宽。彗差还会造成空间像的发散(工艺窗口下降)和空间平移(套刻的漂移)。所以彗差是必须被消除的。

**3. 散光**

散光(astigmatism),又叫做像散。它也是一种非对称像差。最低阶的是$Z_5$($XY$方向)、$Z_6$(45°角度方向)。主要表现形式是镜头对$X$方向的图形和对$Y$方向的图形具有不同的焦距。图7.78显示了当系统对$Y$方向的线条对准焦距时,$X$方向的图形便离焦了。也就是说,含有散光的镜头无法同时将横着的和竖着的图形放在共同的焦平面内。所以,散光的存在,会影响到对焦深度,降低了工艺窗口。

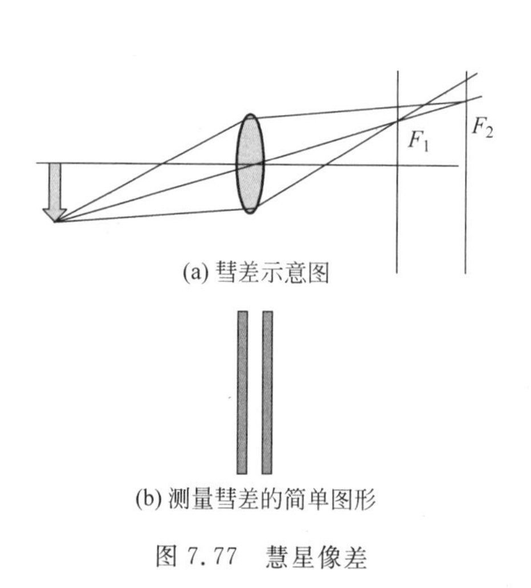


图7.77 慧星像差

图7.78 散光示意图

最先进的浸没式193nm光刻机一般只允许有15nm($X$和$Y$方向的焦距差)以下的散光存在。

**4. 像场弯曲**

像场弯曲(field curvature)是一种对称像差。最低阶的是$Z_2$($X$方向)、$Z_3$($Y$方向)的非线性项(至少为2阶)。这种像差的存在会影响到整块曝光区域的共同对焦深度(Depth of Focus, DOF),从而影响曝光区域内的线宽均匀性。

像差的测量可以通过很多方法,比如阿斯麦公司的硅片平台上的自带干涉仪(Ilias传感器),其原理就是通过在掩膜版对应曝光狭缝不同位置的地方设计小孔,这些小孔发出的球面波会在镜头的光瞳位置形成有不同倾角的平面波。如果镜头没有像差,那么这些平面波的相位分布是均匀的。然后再在硅片平台上还原为点状的像。Ilias传感器的探测器平面选在光瞳平面的共轭面上。为了探测相位,在此探测器中使用了错位干涉仪(lateral shearing interferomenter,又叫做剪切干涉仪)来探测在光瞳位置的相位非均匀性。另外,也可以通过使分析硅片曝光结果来推算出像差的情况,如约瑟夫·柯克(Joe Kirk)的工作[37~39]。图7.79中使用的方法与柯克的方法在原理上是一样的。

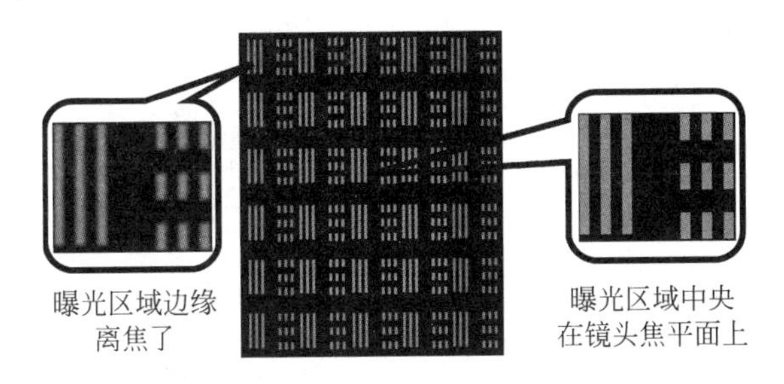


图7.79 像场弯曲示意图

### 7.6.3 光刻胶配制原理

这里只讨论一些基本的光刻胶内容,具体的请见专门的章节。这里介绍光刻胶的类型、光刻胶的原理以及光刻胶的简单模型。

光刻胶首先可以分为正性光刻胶和负性光刻胶。正性光刻胶在给予一定量的曝光之后,在显影液里面的溶解率会显著升高。而负性光刻胶正好相反,在经过曝光之后,变得很难溶解于显影液。在硅片曝光机出现之前,负性光刻胶主导着半导体光刻工艺[40]。但是,由于负性光刻胶通过光化学反应实现小分子的交联(cross linking)来降低在有机溶剂(显影液)中的溶解率,不可避免地会在显影过程当中吸收显影液并且造成膨胀(swelling),对于分辨率要求较高的工艺会造成困难;而且,用作显影液的有机溶剂在使用与废弃方面也面临不小挑战;此外这种光刻胶容易在空气中被氧化,导致了现代工业当中绝大多数光刻胶都是正性光刻胶。进入了深紫外时代(248nm、193nm),由于负性光刻胶在分辨率与灵敏度方面的矛盾:一方面,我们需要负性光刻胶的高灵敏度,稍微有一点光就能够改变在显影液中的溶解率;另一方面,我们又需要其在空间像定义的没有光的地方不留下光刻胶残留。高灵敏度会导致在空间像定义的没有光的地方(实际上没有空间像会造就完全没有光的地方,少有空间像具有100%对比度)产生一定程度的被曝光,导致显影不完全。而正性光刻胶就没有这个问题。正性光刻胶高灵敏度比较容易实现,因为它只需要在空间像定义的有光的地方大部分光刻胶被曝光,就可以将整块地方被显影液冲走(像拆大楼),而不像负性光刻胶,需要对在空间像定义的有光的地方最大限度地曝光,以形成可以抵御显影的坚固的区域(像建大楼)。

光刻胶一般由以下几大组成成分构成：主聚合物主干(backbone polymer)、光敏感成分(Photoactive Compound，PAC)、刻蚀阻挡基团(etching resistant group)、保护基团(protecting group)、溶剂(solvent)等。i线光刻胶主要成分是酚醛树脂(novolak)和二氮萘醌(diazonaphthoquinone,DNQ)的混合物。二氮萘醌的作用是阻止酚醛树脂溶解于碱性的显影液,二氮萘醌受到曝光之后会变成一种羧酸(-COOH),叫 indenecarboxylic acid,这种羧酸的存在会加快酚醛树脂在碱性显影液中的溶解。二氮萘醌的光化学反应结构式如图7.80所示。

图7.80　酚醛树脂-二氮萘醌光刻胶中的二氮萘醌的光化学反应结构式示意图

进入了深紫外时代,如248nm、193nm,由于DNQ胶对此光波段的强烈吸收,使得入射光无法穿透光刻胶,这将严重影响分辨率。由于需要更加高的分辨率和灵敏度,化学放大光刻胶(Chemically Amplified Resist，CAR)概念被伊藤和威尔逊于20世纪80年代初引入[41~43],其目的是为了改善光刻胶的分辨率和灵敏度。这是由于传统的i线光刻胶通过吸收光的能量来直接进行溶解率变化反应,这样,当光线从光刻胶顶部向光刻胶底部传播时,会逐渐被吸收。这导致在光刻胶底部的光强不足,会形成如图7.81(a)的梯形形貌。这种形貌会限制分辨率的进一步提升。而化学放大的光刻胶使用完全不同于DNQ的反应原理。它通过使用一种叫做光酸产生剂(Photo-Acid Generator,PAG)的有机化合物,在深紫外光的照射下,会产生酸分子,而此光酸分子会在一定的温度下(绝大多数化学放大的光刻胶需要加热,由曝光后烘焙实现)催化光刻胶被曝光部分的去保护(deprotection)反应,如图7.82所示。说到这里,我们不得不讲一下化学放大光刻胶的组成。

(a) 典型365nm i线光刻胶的断面形貌

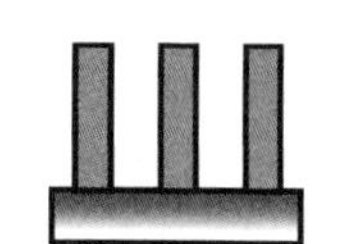

(b) 化学增幅的光刻胶的典型断面形貌

图　7.81

化学放大的光刻胶通常含有以下成分：主聚合物主干(backbone polymer)、光酸产生剂(Photo-Acid Generator,PAG)、刻蚀阻挡基团(etching barrier)、酸根(acidic group)、保护基团(protecting group)、溶剂(solvent)等。一种早期的化学增幅光刻胶酸催化反应结构式由图7.83显示。

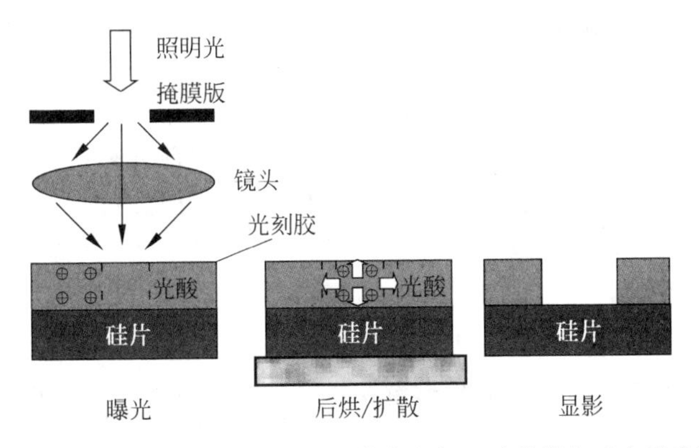


图 7.82　化学放大的光刻胶在深紫外光加上酸的催化反应示意图

由图 7.83 所示的结构式实际上是国际商业机器公司(International Business Machines, IBM)第一代 248nm 的化学增幅的光刻胶,叫做 APEX。由于化学增幅的光刻胶的酸催化反应,它对光的吸收变得很小,深紫外光可以投射到光刻胶底部,断面形貌也因此变得接近垂直,如图 7.81(b)所示。不过,由于光刻胶曝光显影依赖光酸的催化反应,如果工厂里面的空气中含有碱性(Base)成分,如氨气、氨水(Ammonia)、胺类有机化合物(Amine),对光刻胶顶部的渗透中和了一部分光酸,导致顶部局部线宽变大,严重时会导致线条粘连。

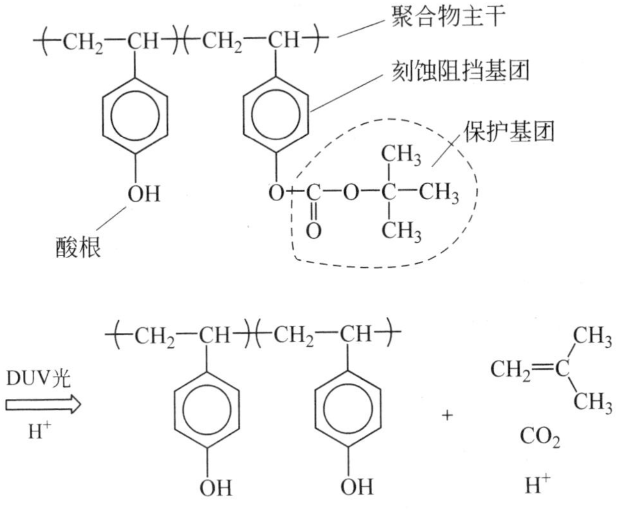

图 7.83　一种化学增幅的光刻胶在深紫外光加上酸的催化反应结构式

描述光刻胶的参数主要有迪尔(Dill)参数 $A$、$B$、$C$[44],显影溶解率对比度(dissolution contrast)参数 $\gamma$,光酸扩散系数 $D$,或者扩散长度 $a$。

光刻胶的吸收系数 $\alpha$ 可以写成

$$\alpha = Am + B \tag{7-77}$$

其中,$A$ 表示可漂白的吸收系数,$m$ 表示可被漂白的物质的含量,通常指光敏感化合物。当曝光完成后,$m=0$,光刻胶的吸收就仅仅是 $B$ 了,所以 $B$ 又叫做固定的吸收系数。$A$ 和 $B$

又分别叫做迪尔的第一系数和第二系数。迪尔的第三系数 $C$ 由以下方程定义

$$\frac{\mathrm{d}m}{\mathrm{d}t}=-CIm \tag{7-78}$$

其实,$C$ 是和吸收效率有关的参量。对深紫外光刻胶,$m$ 对应光酸产生剂的浓度。注意到 $m$ 是空间和时间的函数。其随着时间的变化可以由式(7-79)解出,如

$$m(x,t)=m_0(x)\left[1-\mathrm{e}^{-CIt}\right] \tag{7-79}$$

光敏剂、光酸的扩散系数 $D$ 和扩散长度 $a$ 有如下的关系

$$a=\sqrt{2Dt} \tag{7-80}$$

对于正性光刻胶,一般我们会得到显影溶解速率随照明光强的变化如图 7.84 所示。

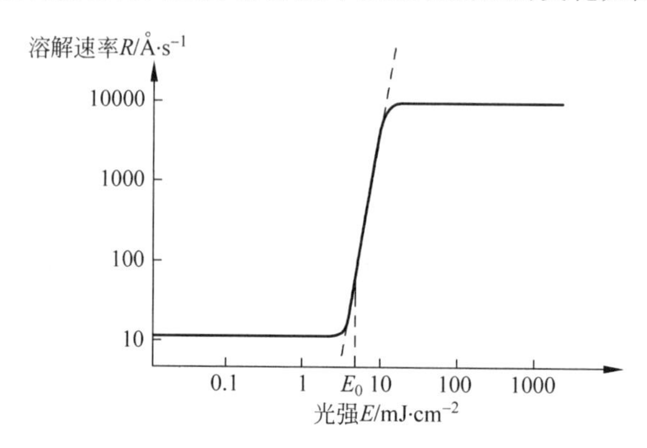


图 7.84 正性光刻胶显影溶解速率随光强变化示意图

显影溶解率对比度参数 $\gamma$ 可以写为

$$\gamma=\frac{\mathrm{dln}R}{\mathrm{dln}E} \tag{7-81}$$

其中,$R$ 为显影速率,$E$ 为曝光能量。其中 $E_0$ 为完全显影对应的能量(dose to clear),也就是把一定厚度的光刻胶,对一个给定的烘焙和显影程序完全溶解和清洗干净所需要的曝光能量。通常这个能量比曝光能量要低一些。在光刻工艺仿真上,由于当今的深紫外化学增幅的光刻胶的对比度都很高,我们可以近似将图 7.84 中的曲线近似为阶跃函数,也就是光刻仿真中的阈值模型(threshold model)的由来,当然,我们还需要对空间像做一阶高斯扩散,或者卷积,如式(7-48)、式(7-58)、式(7-70),然后再取阈值,有关如何将光刻胶的显影过程融入光刻工艺仿真和光刻胶显影过程的进一步描述,请参考文献[45]。

### 7.6.4 掩膜版制作介绍

掩膜版的制作使用电子束和激光曝光的方式。由于现代光刻机一般使用 4∶1 的缩小倍率,掩膜版的尺寸是硅片尺寸的 4 倍。但是由于日益增加的光刻工艺的掩膜版误差因子以及对亚衍射散射条(Sub-Resolution Assist Feature, SRAF)的需求,掩膜版的制造也愈发具有挑战性。比如,对于 32nm 工艺,对掩膜版线宽的要求已经达到了 2nm(3 倍标准偏差)以内。对于线宽,由于使用了亚衍射散射条,其最小线宽已经达到了 70～80nm。

无论是电子束曝光也好,激光曝光也好,由于曝光方式是扫描式的,无论掩膜版上的图形如何复杂,或者线宽如何多样化,电子束、激光束走的路径和历经的格点(grid point)都是

一样的。只是在不同的格点处使用的扫描曝光次数不一样。而且，为了提高扫描式曝光方法的速度，通过使用较大光斑的电子束加不同的曝光次数来实现空间像边缘位置的移动。比如，光斑的直径是实际掩膜版格点的 4 倍（一次扫描可以提高 16 倍速度），为了表达在实际格点处的边缘，只要将边缘的光斑位置逐次减少曝光次数，以起到匹配边缘的目的，如图 7.85 所示。

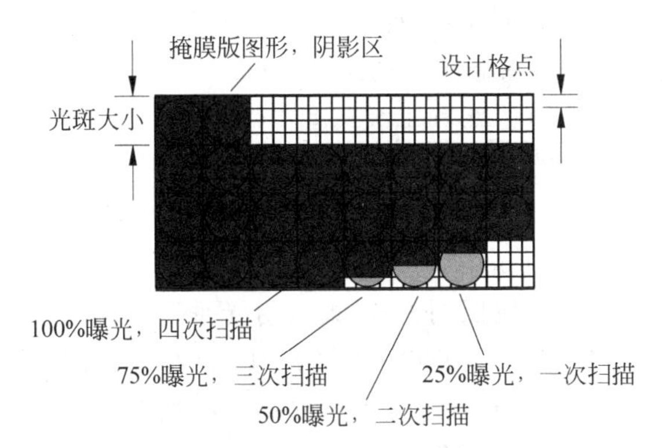


图 7.85　在掩膜版曝光机光斑大小为掩膜版格点 4 倍大小时，通过控制格点的曝光灰度来绘出斜边

掩膜版数据有以下集中格式：具有等级分别（hierarchical）的 GDSII，最早由美国通用电气的 Calma 部门开发，现在法律归属权由 Cadence 设计系统公司所有。在掩膜版扫描曝光机上，GDSII 的使用不方便，机器希望连续和"平坦"的数据流。GDSII 具有等级分别，重复的数据在存储上只有一个非重复的单元，虽然节省空间，但是对于掩膜版光刻机来讲需要增加几何和逻辑计算时间。所以，等级分别必须去掉。不仅如此，设计图样当中的任意大小多边形（polygons）也必须分解为一些原始的图形，如长方形和三角形。最终，将平坦化的掩膜版数据再分解为光刻头的分区的数据流，叫做"分解"（fracturing）。

电子束曝光的优点是分辨率较高，当前先进的曝光机使用的电压为 50kV。但是，由于高能电子在掩膜版上的散射，会再次将掩膜版表面的光刻胶曝光。造成所谓的邻近效应（proximity effect）。在有邻近效应的掩膜版光刻工艺当中，会出现如图 7.86 所示的现象。解决邻近效应的方法有很多，如使用补偿曝光方式，在有邻近效应的地方对曝光进行补偿。

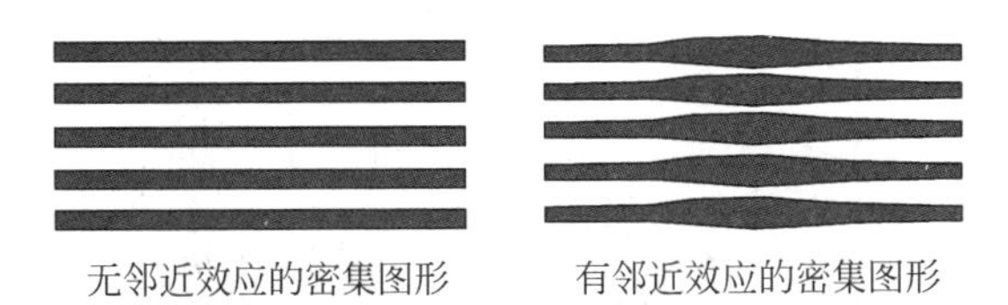


图 7.86　掩膜版邻近效应在硅片上的曝光图形示意图

由于电子束曝光速度受电子枪的电流限制，以及电子束曝光会有电子散射的问题。对分辨率要求不是那么高的层次，可以使用激光曝光的方法。例如，应用材料公司（Applied Materials）的 ALTA3500 最小可制造的线宽为 500nm（在硅片上为 125nm）。曝光使用的波长一般可以从绿光（514nm）到紫外（250～300nm）。激光曝光机的速度通常比电子束曝光机快接近一个数量级。一片掩膜版通常也就 1～2h，而电子束机器需要 8～12h 以上。

# 7.7　与分辨率相关工艺窗口增强方法

## 7.7.1　离轴照明

我们在前面已经讲到,离轴照明可以提高对密集图形的工艺窗口。对于空间周期 $p$ 在 $0.5\lambda/NA$ 与 $\lambda/NA$ 之间的图形有着不错的工艺窗口。

离轴照明所形成的两束光(零级和1级或者－1级)成像可以使得空间周期 $p$ 在 $0.5\lambda/NA$ 与 $\lambda/NA$ 之间的图形曝光成为可能。也就是说,上述图形的空间像对比度(image contrast)或者能量宽裕度(Exposure Latitude, EL)会被大大提升。离轴照明的另一个好处是对焦深度,即焦深(Depth of Focus, DOF)也会被大大加强。早期使用离轴照明的研究请见文献[46～48],当我们使用传统照明方式,即入射光垂直于掩膜版平面,我们将获得三束光成像的情况。注意到在焦点上,0级和＋1级、－1级的相位都相等。不过在离焦的位置上(图7.87中的虚线),由于±1级衍射光走过的距离同轴上的0级衍射光不同,当离焦达到一定的程度,0级和＋1级、－1级的相位会变得相反,这样的对焦深度是有限的。但是如果我们选择斜入射,可以看出,对于空间周期 $p$ 在 $0.5\lambda/NA$ 与 $\lambda/NA$ 之间的图形,进入光瞳的衍射级只可能有两级。如果我们精确调节入射角,使得1级衍射光和零级衍射光之间相对竖直的光轴的夹角相等,那么随便离焦等于什么,这两束光在光轴上任何一点上的相位都相等,或者焦深等于无穷大。不过,我们不可能使用完全相干的光,一定大小的部分相干性会导致焦深的迅速缩小,到达正常状态。由于两束光之间的夹角为

$$\sin\theta = \lambda/p \tag{7-82}$$

可以推出:当入射光的入射角为

$$\theta_{入射} = \frac{1}{2}\arcsin(\lambda/p) \tag{7-83}$$

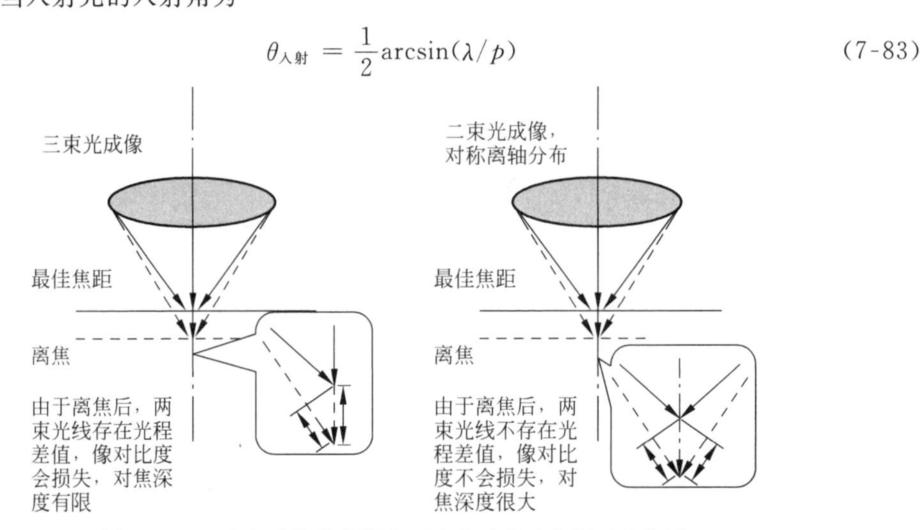


图7.87　三束光成像的焦深和两束光成像的焦深对比分析

第一级衍射光同入射光与垂直轴成的夹角相等。离轴照明的方式有很多,如图7.88所示,主要有环形照明(annular)、45°四级照明(quasar)、$XY$ 轴上四级照明(c-quad)、偶极照明以及混合照明。每一种照明方式对光刻工艺的影响都不一样。通常,对于任意图形,环形照明

使用的比较多，因为它能够更好地照顾到各种图形的工艺窗口。如图 7.89 所示，由于成像需要至少两束光的干涉，环形照明中对成像有贡献的部分仅仅是环形的一部分，剩余部分的衍射光由于没有能够进入光瞳，所以只能够在硅片上起到均匀照明，即形成背景曝光。这种背景曝光如果太大，比如当空间周期变得太接近 $0.5\lambda/NA$，会使对比度变得太小，如图 7.90(a)、图 7.90(b)所示。

环形照明在光瞳上的分布函数对成像起作用的部分，为了避免插图显得复杂，这里只画出了右半部分，左半部分的衍射有效部分同右半部分对称。

环形照明在光瞳上的分布函数对成像起作用的部分随空间周期逼近分辨率极限而变小，空间像对比度也因此变小。图 7.90(a)较大空间周期的衍射谱和空间像；图 7.90(b)空间周期在分辨率极限附近(接近 $0.5\lambda/NA$)的衍射谱和空间像；为了避免插图显得复杂，这里只画出了右半部分，左半部分的衍射有效部分同右半部分对称。

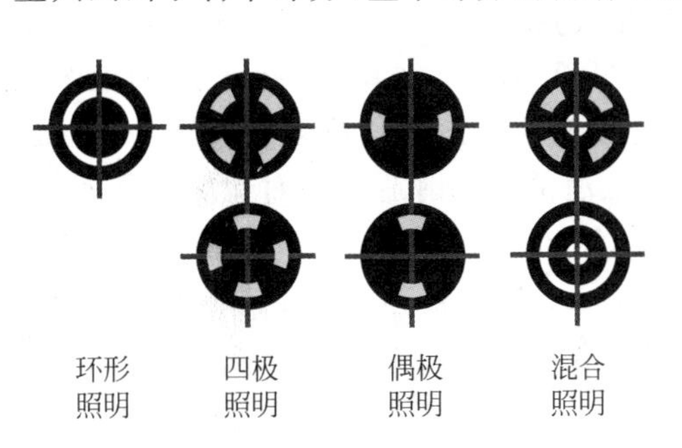


图 7.88　常见的离轴照明方式在光瞳上的分布

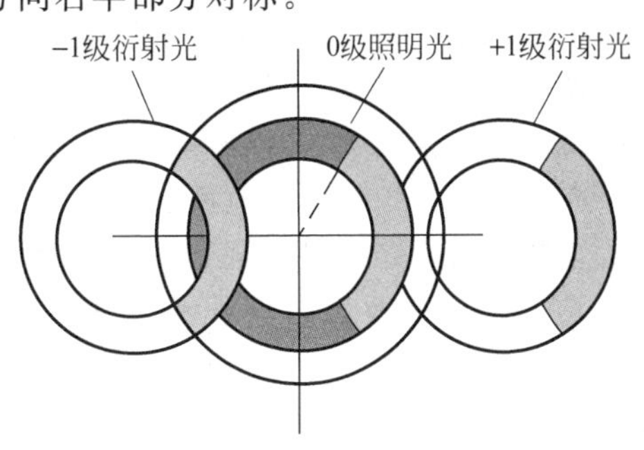


图 7.89　离轴照明的一种方式：环形照明在光瞳上的分布函数对成像起作用的部分，为了避免插图显得复杂，这里只画出了右半部分，左半部分的衍射有效部分同右半部分对称

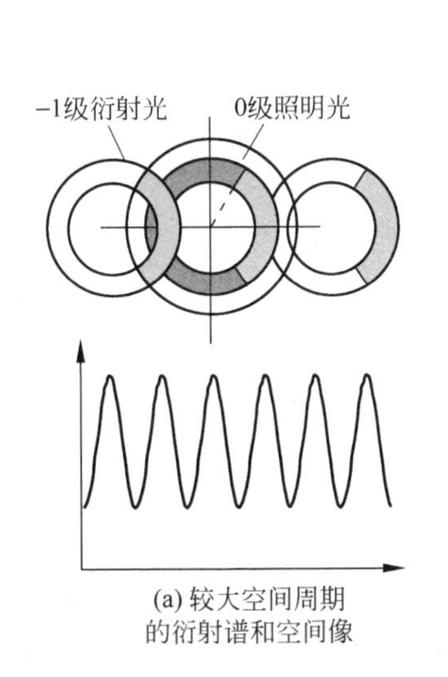


(a) 较大空间周期的衍射谱和空间像

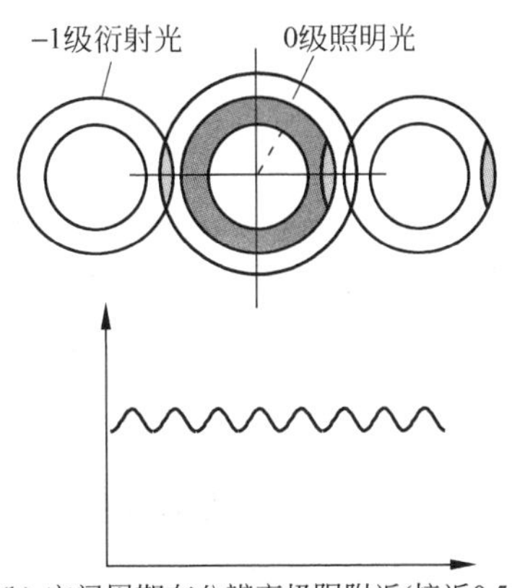


(b) 空间周期在分辨率极限附近(接近0.5l/NA)的衍射谱和空间像，为了避免插图显得复杂，这里只画出了右半部分，左半部分的衍射有效部分同右半部分对称

图 7.90　离轴照明的一种方式：环形照明在光瞳上的分布函数对成像起作用的部分随空间周期逼近分辨率极限而变小，空间像对比度也因此变小

如果确定图形的走向为 $X$ 或者 $Y$，而且图形当中，关键空间频率分布在 $0.5\lambda/NA$ 与 $\lambda/NA$ 之间，那么，最佳的照明条件是偶极照明。不过，如果关键图形当中含有孤立的图形，离轴照明并不好，因为它将很大一部分光衍射到光瞳之外去了。如图7.89中的右半边的衍射级(+1级)。所以，对于孤立的图形，我们又需要相对较小的部分相干性照明。这样，就出现了混合照明方式，如图7.88所示。

到了21世纪，仿真工具变得十分发达，人们还可以根据所需成像的图形用电脑运算，计算出最佳的照明条件。不仅如此，我们还可以将掩膜版同照明条件一起进行优化，叫做照明-掩膜优化(Source Mask Optimization, SMO)。早期的想法由罗森布鲁士(Rosenbluth)等人在2001年提出[49]。

## 7.7.2　相移掩膜版

掩膜版是通过透光和不透光来将电路板设计图案表达出来的。不过，由于衍射效应，本来不透光的区域，在硅片的像中光强也不等于零。在1982年，莱文森(Levenson)和他的合作者提出使用位相区域来减少本来是不透光的区域的光强[50]。相移掩膜版的原理是通过将部分透射光的位相相对其他透射光的移动180°来抵消由于衍射造成的对比度下降效应。当前工业界使用最多的是透射衰减的相移掩膜版(Attenuated Phase Shifting Mask, Att-PSM)，它可以显著改善密集线条的工艺窗口。当然，还有交替相移掩膜版(Alternating Phase Shifting Mask, Alt-PSM)(见图7.91)，又叫做莱文森(Levenson)相移掩膜版、边缘相移掩膜版(rim phase shifting mask)(见图7.92)、无铬相移掩膜版(chrome-less phase shifting mask)等类型，其原理都是类似的。

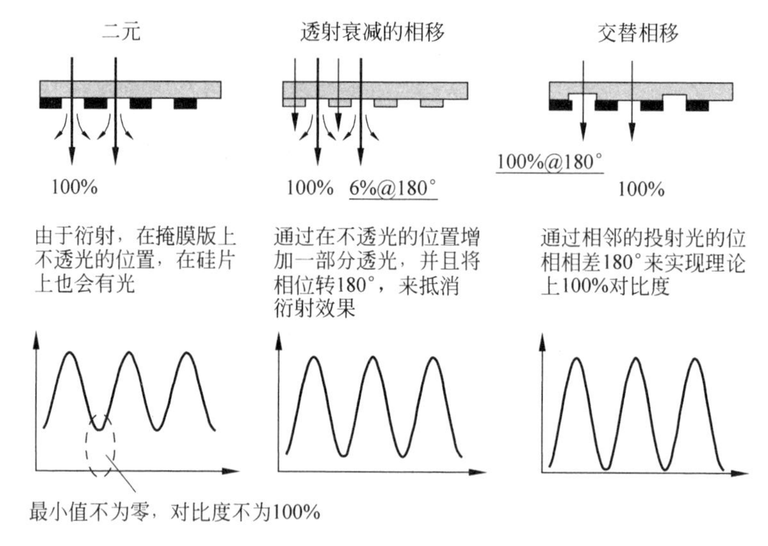


图7.91　二元掩膜版同两种相移掩膜版的结构和成像比较

透射衰减的相移掩膜版的相移层一般由硅化钼(MoSi)制成。一般来讲，对于6%左右的透射率有着6%±0.5%左右的控制精度要求。对相移精度有着180°±5°的要求。随着工艺技术节点的稳步提高，对于掩膜版的精度会越来越高。下面我们来讨论以下透射衰减相移掩膜版能够为密集线条带来多少好处：

在图7.93中显示了一组密集线条在投射衰减掩膜版上的情况。掩膜版上线宽为 $d$，空

间周期为 $p$。类似式(7-36)，我们使用周期性边界条件，将其展开成傅里叶级数。

$$A(x)=\frac{a_0}{2}+\sum_{n=1}^{\infty}a_n\cos\left(\frac{2\pi nx}{p}\right)+\sum_{n=1}^{\infty}b_n\sin\left(\frac{2\pi nx}{p}\right) \tag{7-84}$$

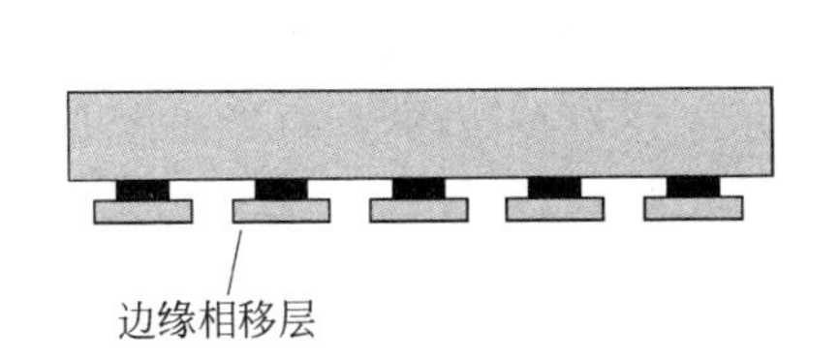


图 7.92　边缘相移掩膜版示意图

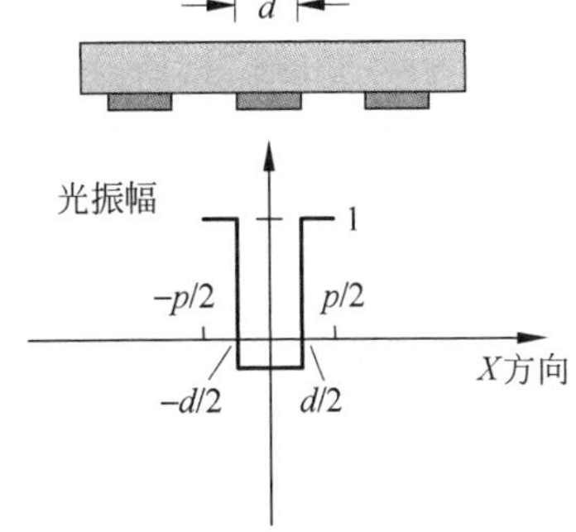


图 7.93　使用透射衰减相移掩膜版的密集线条

其中，$b_n=0$，因为此函数为围绕纵坐标轴的偶函数。而且，其中 $\alpha$ 为透射衰减系数，若使用 6%的透射衰减掩膜版，$\alpha=(6)^{1/2}=0.25$。

$$a_0=\frac{2}{p}\left[\int_{-d/2}^{d/2}(-\alpha)\mathrm{d}x'+\int_{d/2}^{p/2}1\mathrm{d}x'+\int_{-p/2}^{-d/2}1\mathrm{d}x'\right]=2\left(1-\frac{d}{p}(1+\alpha)\right);\ a_{2n}=0,\text{当 } n\neq 0;$$

$$\begin{aligned}a_n&=\frac{2}{p}\left[\int_{-d/2}^{d/2}(-\alpha)\cos\left(\frac{2\pi nx'}{p}\right)\mathrm{d}x'+\int_{d/2}^{p/2}\cos\left(\frac{2\pi nx'}{p}\right)\mathrm{d}x'+\int_{-p/2}^{-d/2}\cos\left(\frac{2\pi nx'}{p}\right)\mathrm{d}x'\right]\\&=-\frac{2}{n\pi}(1+\alpha)\sin\left(\frac{n\pi d}{p}\right)\end{aligned} \tag{7-85}$$

我们还是使用式(7-45)的变换，当 $n>0$ 时

$$c_n=\frac{1}{2}(a_n-\mathrm{i}b_n)$$

$$c_{-n}=\frac{1}{2}(a_n+\mathrm{i}b_n)$$

$$c_0=\frac{a_0}{2}$$

那样，$A(x)$可以写成

$$\begin{aligned}A(x)=&1-\frac{d}{p}(1+\alpha)-\frac{1}{\pi}(1+\alpha)\sin\left(\frac{\pi d}{p}\right)\mathrm{e}^{\mathrm{i}\frac{2\pi x}{p}}-\frac{1}{\pi}(1+\alpha)\sin\left(\frac{\pi d}{p}\right)\mathrm{e}^{-\mathrm{i}\frac{2\pi x}{p}}\\&-\frac{1}{2\pi}(1+\alpha)\sin\left(\frac{2\pi d}{p}\right)\mathrm{e}^{\mathrm{i}\frac{2\pi 2x}{p}}-\frac{1}{2\pi}(1+\alpha)\sin\left(\frac{2\pi d}{p}\right)\mathrm{e}^{-\mathrm{i}\frac{2\pi 2x}{p}}\\&+\frac{1}{3\pi}(1+\alpha)\sin\left(\frac{3\pi d}{p}\right)\mathrm{e}^{\mathrm{i}\frac{2\pi 3x}{p}}+\frac{1}{3\pi}(1+\alpha)\sin\left(\frac{3\pi d}{p}\right)\mathrm{e}^{-\mathrm{i}\frac{2\pi 3x}{p}}-\cdots\end{aligned} \tag{7-86}$$

如果使用离轴相干照明，假设只有 0 级和 1 级能够进入光瞳，可以将式(7-86)简化成

$$A(x)=1-\frac{d}{p}(1+\alpha)-\frac{1}{\pi}(1+\alpha)\sin\left(\frac{\pi d}{p}\right)\mathrm{e}^{\mathrm{i}\frac{2\pi x}{p}} \tag{7-87}$$

光强 $I(x)$为

$$I(x)=A(x)^2=\left|\left[1-\frac{d}{p}(1+\alpha)-\frac{1}{\pi}(1+\alpha)\sin\left(\frac{\pi d}{p}\right)\mathrm{e}^{\mathrm{i}\frac{2\pi x}{p}}\right]\right|^2$$

$$
=\left(1-\frac{d}{p}(1+\alpha)\right)^2+\left(\frac{1}{\pi}(1+\alpha)\sin\left(\frac{\pi d}{p}\right)\right)^2
$$

$$
-2\left(1-\frac{d}{p}(1+\alpha)\right)\left(\frac{1}{\pi}(1+\alpha)\sin\left(\frac{\pi d}{p}\right)\right)\cos\left(\frac{2\pi x}{p}\right) \tag{7-88}
$$

其对比度为

$$
\text{对比度}=\frac{2\left(1-\frac{d}{p}(1+\alpha)\right)\left(\frac{1}{\pi}(1+\alpha)\sin\left(\frac{\pi d}{p}\right)\right)}{\left(1-\frac{d}{p}(1+\alpha)\right)^2+\left(\frac{1}{\pi}(1+\alpha)\sin\left(\frac{\pi d}{p}\right)\right)^2} \tag{7-89}
$$

式(7-89)的变化趋势由图7.94显示。图中显示了不同的 $d$ 和 $p$ 的对比度变化曲线。对于1∶1的情况,在二元掩膜版(透射率=0)的对比度为90.6%(与式(7-52)的结果相同),而使用了6%的透射衰减掩膜版,对比度提升到了99.8%。对于非等间距的情况,如线宽 $d$ 等于0.3空间周期 $p$,对比度一下子从65%跃升到81%。

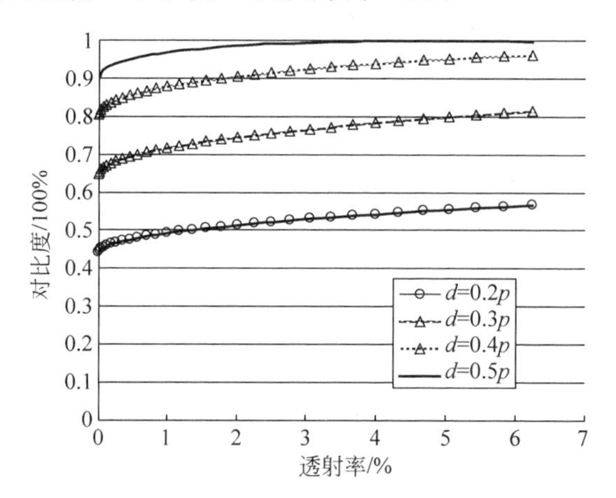


图7.94　使用透射衰减相移掩膜版的密集线条在离轴相干照明(如偶极照明)下对比度随着透射率变化曲线

以上的例子可以看出,透射相移掩膜版对线条的工艺窗口增加很有帮助,不过,其对槽和孔的帮助就不一定那样好了。下面我们来看,对于同样的密集槽:宽度为 $d$,空间周期为 $p$。空间像光强由式(7-90)给出。其对比度由式(7-91)给出。

$$
I(x)=A(x)^2=\left|\left[\frac{d}{p}(1+\alpha)-\alpha+\frac{1}{\pi}(1+\alpha)\sin\left(\frac{\pi d}{p}\right)e^{i\frac{2\pi x}{p}}\right]\right|^2
$$

$$
=\left(\frac{d}{p}(1+\alpha)-\alpha\right)^2+\left(\frac{1}{\pi}(1+\alpha)\sin\left(\frac{\pi d}{p}\right)\right)^2
$$

$$
+2\left(\frac{d}{p}(1+\alpha)-\alpha\right)\left(\frac{1}{\pi}(1+\alpha)\sin\left(\frac{\pi d}{p}\right)\right)\cos\left(\frac{2\pi x}{p}\right) \tag{7-90}
$$

$$
\text{对比度}=\frac{2\left(\frac{d}{p}(1+\alpha)-\alpha\right)\left(\frac{1}{\pi}(1+\alpha)\sin\left(\frac{\pi d}{p}\right)\right)}{\left(\frac{d}{p}(1+\alpha)-\alpha\right)^2+\left(\frac{1}{\pi}(1+\alpha)\sin\left(\frac{\pi d}{p}\right)\right)^2} \tag{7-91}
$$

从图7.95可以看出,除了对于等间距的槽,当槽的宽度不足一半的空间周期时,透射衰减的相移掩膜版非但不会增加对比度,还会造成对比度下降。所以,对于一些主要是槽或者孔的层次，而且又没有特别密集的图形，有的公司会使用二元掩膜版，又叫做铬-玻璃掩膜版。二元掩膜版由于没有相移层，制造成本比相移掩膜版要低许多。

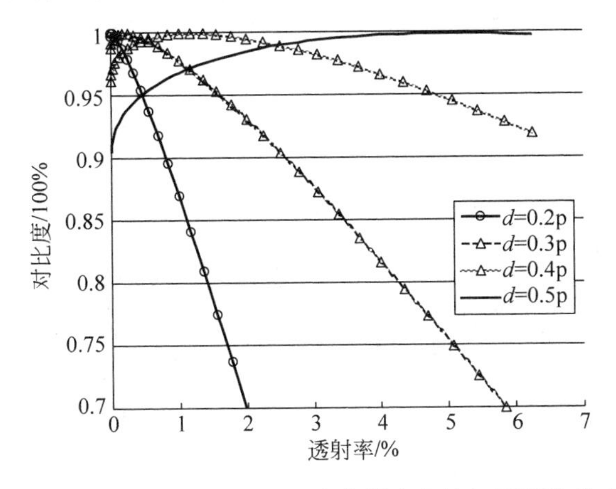


图 7.95 使用透射衰减相移掩膜版的密集槽在离轴相干照明(如偶极照明)下对比度随着透射率变化曲线

## 7.7.3 亚衍射散射条

两束光成像相比三束光成像具有更大的焦深，对于孤立的图形，由于进入光瞳的衍射级非常多，换句话说，其衍射谱是连续的，其焦深比密集图形要小。那么，如何提高孤立图形的焦深呢？在20世纪90年代末，Fung Chen 等人提出了使用亚衍射散射条(sub-resolution assist features, SRAF)的方法来提高孤立图形的焦深[51,52]，图7.96描述了常见的亚衍射散射条的效果。其原理是在孤立线条在光瞳上的连续衍射角分布上加上密集图形的衍射级，将两束光成像焦深较大的效应对原先孤立线条的工艺窗口进行夹持，改善孤立线条的对焦深度。其实，我们可以将此情况看成是两个图形的效果的叠加。所以，加上亚衍射散射条后，焦深得到显著提高。不过，由于衍射光更加集中到密集的0级、1级或者−1级，原先孤立线条的密集衍射级数被淡化，空间像对比度会有所减小(也就是衍射级数由于受到密集散射条对0、±1级的倾斜，其他级数受到削弱，等效的衍射级变小了)，也就是能量宽裕度会有所减小。

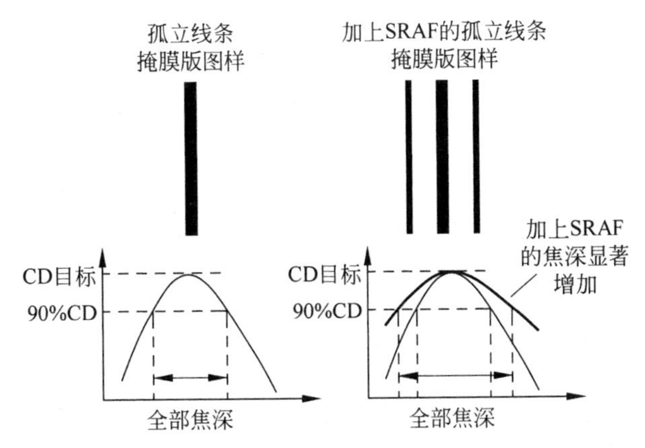


图 7.96 亚衍射散射条的效果示意图

图7.97是一组仿真的结果,显示了加上亚衍射散射条后,对焦深度显著提高了(大约从60nm到100nm),但是曝光能量宽裕度也减小了(200nm空间周期以上的大约从20%下降到16%)。而且孤立线条的掩膜版误差因子也大约从1.0升到1.5。所以,亚衍射散射条的应用能够大幅提高对焦深度,但是也要放弃一点对比度或者能量宽裕度。综上所述,发挥亚衍射散射条的作用,也需要配合离轴照明(如环形照明)一起使用。

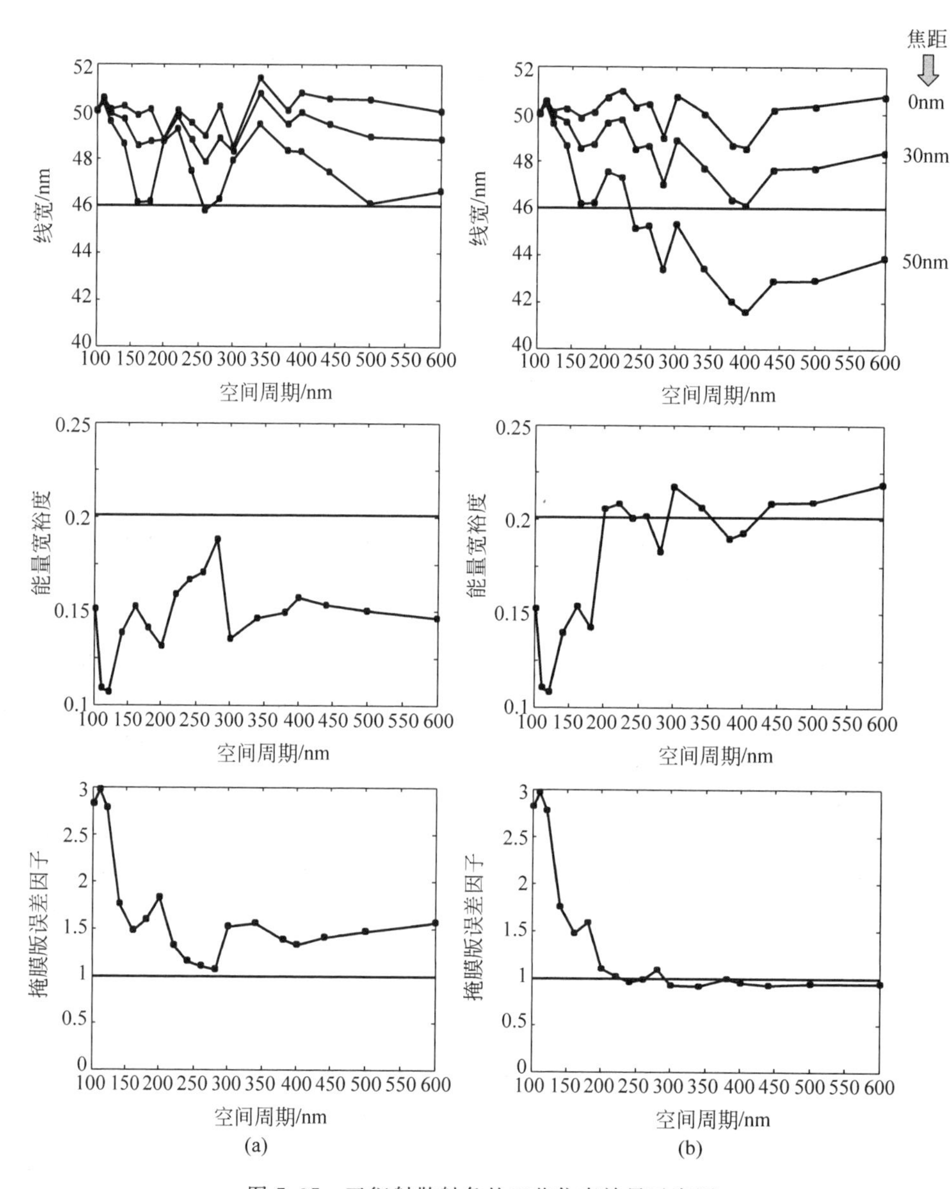


图7.97 亚衍射散射条的工艺仿真效果示意图

(a)照明条件为1.30*NA*,0.85~0.86环形,亚衍射散射条空间周期=100nm,宽度=30nm,光酸扩散长度=10nm,6%透射衰减掩膜版,矢量模型,*X-Y*偏振;(b)其他条件同(a),但没有散射条。散射条开始加入周期:200nm,300nm。仿真中使用了薄掩膜版和霍普金斯(光瞳空间平移不变)近似

那么,如何添加亚衍射散射条呢?当前,有两种方法:手工的和自动的。自动的方法又分为基于规则的和基于模型的。基于规则的方法在一维的图形如下:

(1) 确定亚衍射散射条的空间周期 $p_{SRAF}$。一般可以定成本层的最小空间周期 $p_{MIN}$。

(2) 在 $2p_{MIN}$ 的空间周期开始增加第一根散射条。

(3) 在 $3p_{MIN}$ 的空间周期开始增加第二根散射条。

(4) 在大于 $3p_{MIN}$ 的空间周期保持每一根主线条距离 $p_{MIN}$ 的地方有一根散射条；如果每一根主线条边上只定义一根散射条，对更宽的空间周期，做法将不再变化。如果每一根主线条边上只定义两根散射条，则继续。

(5) 在 $4p_{MIN}$ 的空间周期开始增加第三根散射条。

(6) 在大于 $5p_{MIN}$ 的空间周期保持每一根主线条距离 $p_{MIN}$ 的地方有一根散射条，距离 $2p_{MIN}$ 的地方还有一根散射条(每一边共有两根散射条)。

该过程如图 7.98 所示。

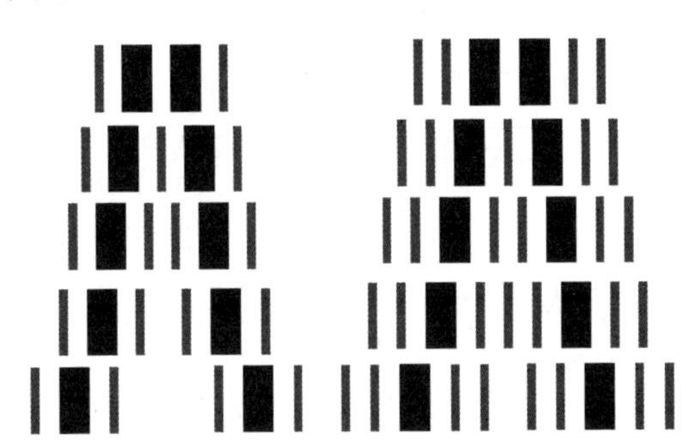

图 7.98　亚衍射散射条在一维线条图形中的放置规则示意图

左边为每一根主线条边上只定义一根散射条的情况；右边为每一根主线条边上只定义两根散射条的情况

自动的方式中基于模型的方式会根据空间像的需要自动地在某些孤立的图形边上增加亚衍射散射条。这种做法可以根据一系列验证过的规则(如以上提到的例子)，或者纯粹根据仿真的做法。当然这种仿真的方法不是我们前面讲到的方法。这里讲到的方法是根据已知的掩膜版图形和光刻参数，如光刻机的参数(如数值孔径、照明条件、像差等)和光刻胶的参数(如光酸扩散长度、显影对比度曲线)，根据给定的正向模型即从掩膜版到硅片图形的模型，来确定最佳的掩膜版图形分布函数。这种方法又叫作逆光刻方法(Inverse Lithography，IL)[54,55]。

这种方法的主要思想是将掩膜版均匀分成方块图像单元，如图 7.99 所示，由一个给定的仿真模型(如空间像＋阈值模型)从一个初始函数(掩膜版的原始设计图样)来对每一个掩膜版单元进行考察，看将其设定成“0”或者“1”对一些预先定义的考察工艺好坏的参量，或者代价函数有没有变化。如果设定成“0”对降低代价函数有利，那么就算是原先在这个单元上是“1”，或者不透明，经过这一轮逆光刻运算，它会被改成“透明”。经过这样的反复运算，直到最后结果不再明显变化为止。那么，这样的掩膜版函数被认定为优化了的函数。常见的代价函数可以有以下几种：

(1) 与设计图形的差异。

(2) 与设计图形在给定的离焦后的差异。

(3) 与设计图形在曝光能量偏移给定量后的差异。

(4) 与设计图形在掩膜版存在给定误差后的差异。

相比传统的光学邻近效应修正，这种方法有以下优点：

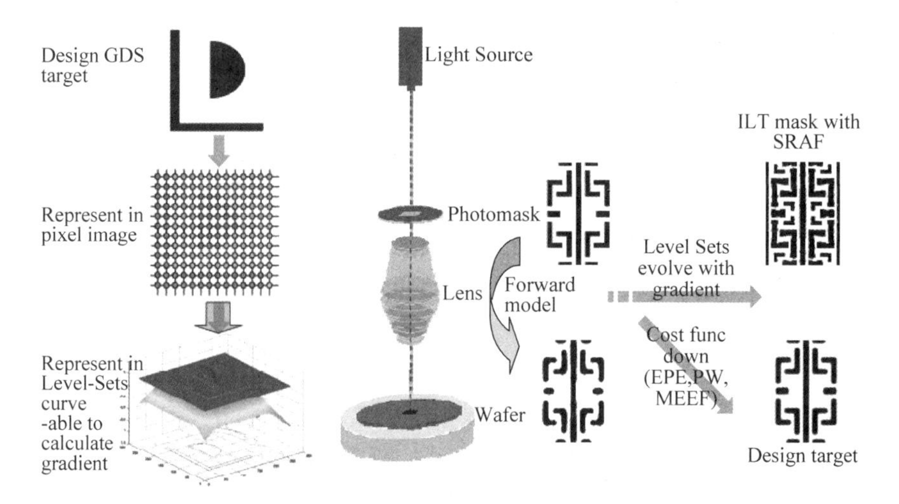


图 7.99 逆光刻的方法示意图

(1) 它不需要基于先前的对使用照明条件、掩膜版图形优化的经验而制定的规则。它只需要用户给出所有关键地方的图形尺寸规格,以定义代价函数。

(2) 它不需要针对亚衍射散射条使用的规则,相反地,它可以自动产生亚衍射散射条,因为整个掩膜版的每一个图形单元都被放在了优化之列。如果需要,亚衍射散射条会被自动合成。

(3) 这种方法也可以用于对照明条件的初始值给出优化的照明条件。其实,它也是一种照明-掩膜优化。

逆光刻的几个案例如图 7.100 和图 7.101 展示[59]。

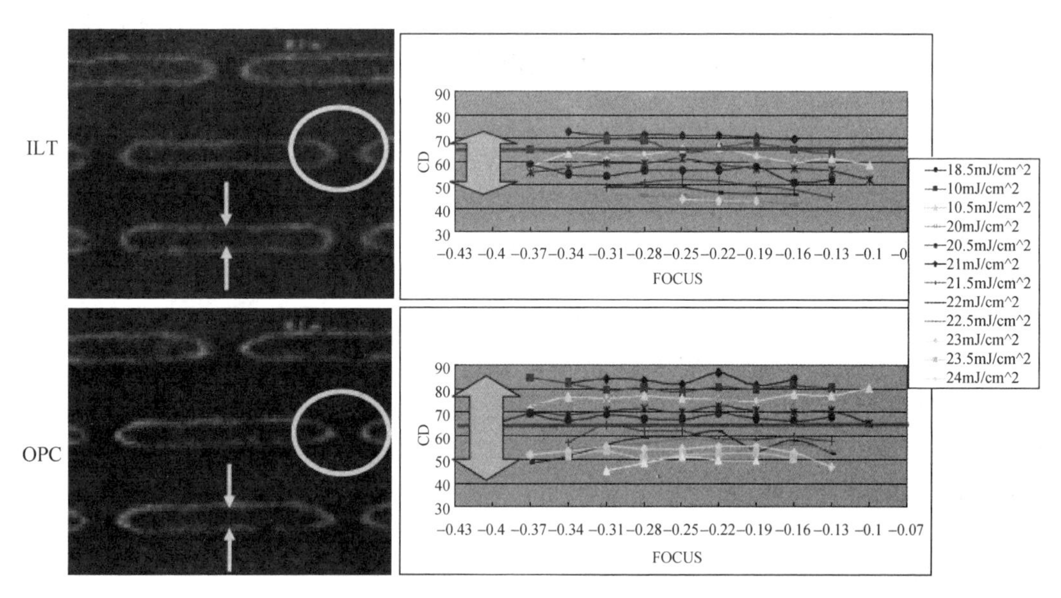


图 7.100 逆光刻比起传统的"照明条件优化+邻近效应修正"给一个 45nm 的同步随机存储器带来了更加大的能量宽裕度

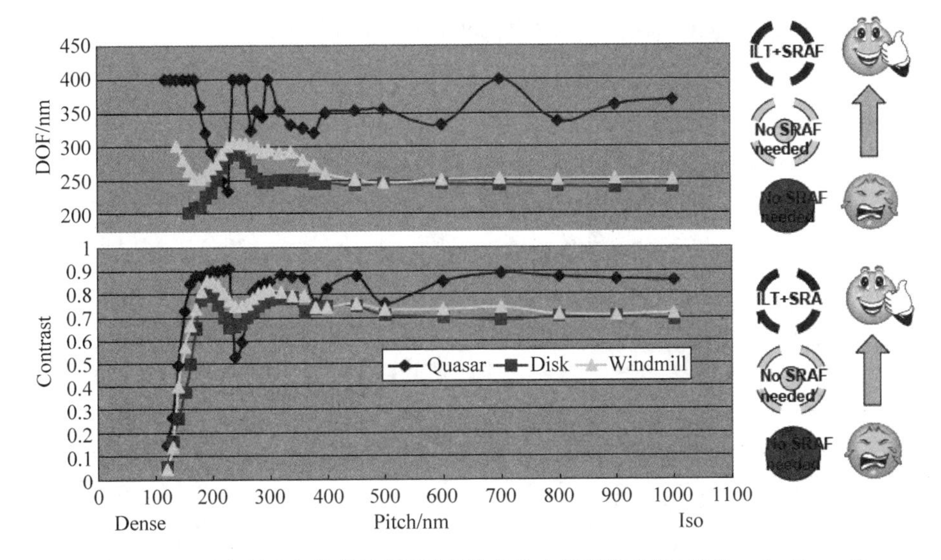


图 7.101 逆光刻比起传统的"照明条件优化＋邻近效应修正"给一个 45nm 的接触孔图形带来了更加大的对焦深度和像对比度

尽管逆光刻有很多优点，我们也看到，它也有一定的局限性：

（1）它的作用发挥有赖于精确的正向模型。

（2）正向模型的精确度有赖于大量的试验以及分析，模型的精确度极限，或者在什么地方变得不精确，并不是一目了然的，需要不停地发掘、验证和修订。

（3）由逆光刻生成的掩膜版图形可能很复杂，如图 7.102 所示。以至于掩膜版制造和检测发生困难。不过最近的发展使得简化逐渐成为现实。

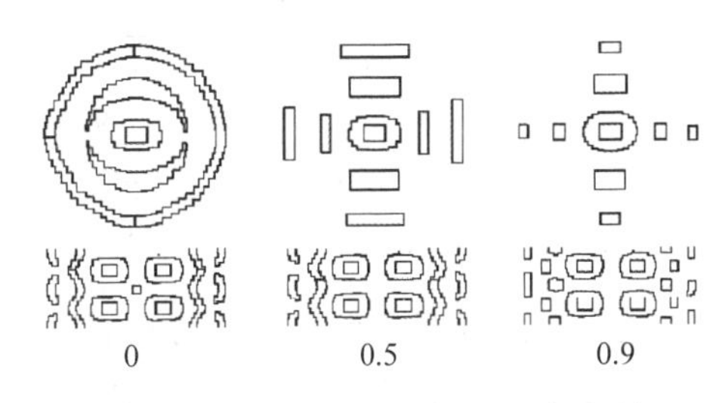


图 7.102 逆光刻可能形成很复杂的掩膜版图形

（4）逆光刻需要经过大量的运算，如何提高运算速度将是发挥其强大能力的关键。

## 7.7.4 光学邻近效应修正

光学邻近效应修正指的是在掩膜版上对于由衍射导致的曝光线宽偏差进行修正，这里只做简单介绍。光学邻近效应修正分为基于规则的修正和基于模型的修正。基于规则的修正(Rule Based Optical Proximity Correction, RBOPC)是指建立一套与图形周边情况有关的规则，使得在规则满足的情况下，按照规则定义的要求对图形进行修正。例如，可以有这样的规则：当 100nm 的线条的某一边界距离下一个图形的边界的距离大于等于 500nm，此边界往外移动 10nm，如图 7.103 所示。

规则的制定依赖于对一组定标图形的精确测定。一维的定标图形大多是一张线宽与槽宽的矩阵。对于任意的线宽与槽宽组合，基于对测试掩膜版上的定标图形在硅片上光刻胶投影图形的测定，并且根据实际测量的尺寸与理想的尺寸之间的差值来决定修正量的多少。对于二维的图形，也可以建立一些定标图形，并且通过实验的测定来制定出修正量，如表 7.6

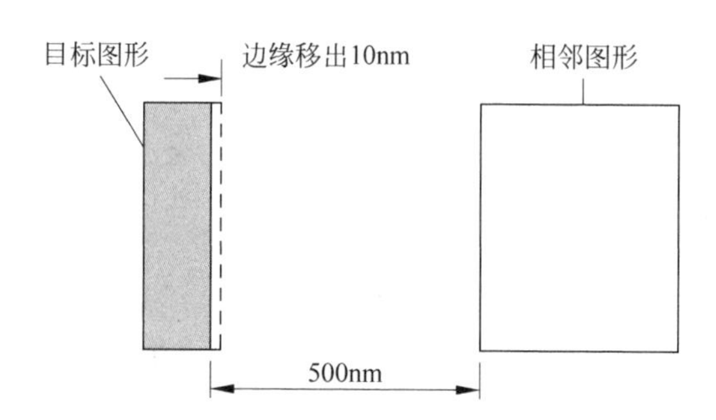


图 7.103　光学邻近效应修正的方式示意图

所示。

**表 7.6　一张 100nm 线宽的线宽与槽宽的定标图形矩阵示意图(横坐标为槽宽,纵坐标为线宽)**

| $L\backslash S$ | 100 | 110 | 130 | 150 | 180 | … | 300 | 350 | 400 | 500 | 1000 |
|---|---|---|---|---|---|---|---|---|---|---|---|
| 100 | 100.2 | 95.2 | 91.1 | 82.4 | 72.5 | | 83.7 | 88.2 | 87.9 | 90.1 | 89.6 |
| 110 | 111.2 | 102.7 | 97.6 | 90.4 | 82.3 | | 90.2 | 94.3 | 93.2 | 95.6 | 94.4 |
| 130 | 134.5 | 124.3 | 117.4 | 111.3 | 101.1 | | 96.6 | 100.1 | 112.5 | 113.8 | 112.9 |
| 150 | 160.0 | 148.3 | 140.5 | 130.8 | 132.3 | | 133.1 | 135.7 | 141.2 | 142.0 | 143.8 |
| 180 | 200.2 | 185.9 | 175.2 | 169.2 | 168.1 | | 169.1 | 170.3 | 174.8 | 172.6 | 175.2 |
| … | | | | | | | | | | | |
| 300 | Merge | Merge | 340.2 | 321.1 | 305.0 | | 300.7 | 299.3 | 295.4 | 303.5 | 302.7 |
| 400 | Merge | Merge | 449.1 | 423.6 | 406.3 | | 405.5 | 404.2 | 404.7 | 404.6 | 405.0 |
| 500 | Merge | Merge | Merge | 525.1 | 507.2 | | 506.2 | 507.2 | 504.6 | 500.4 | 499.8 |
| 1000 | Merge | Merge | Merge | 1026 | 1008 | | 1010 | 1009 | 1011 | 1005 | 1002 |

这张表的线宽数据仅供示意用,不过,它们代表的信息是准确的。如果我们选择第二行:线宽为100nm,它随着槽宽的增加而减小,到达一个最小值后又逐渐恢复一点,最后稳定在较大槽宽的地方:90nm。再看第二列:槽宽为100nm,它随着线宽的增加而减小(表中列出的现款数据,槽宽$=L+S-$线宽),到达一定的线宽(如300nm),槽便不能够被分辨(Merge)。但是,随着槽宽变宽,第三、四、五列,槽Merge的情况逐渐好转。所以我们不禁要问?为什么线与槽不对等?这是因为:

(1) 光刻胶偏向线,也就是光刻胶是为孤立以及半孤立的线条优化的。

(2) 系统使用了透射衰减掩膜版,它对线条的对比度增加有很大帮助,不过,相移层的存在对相对孤立的槽的工艺窗口有很大损伤。

(3) 掩膜版上使用了正向的线宽偏置,使得系统需要有一点过度曝光来充分发挥偏向线的光刻胶的性能,而槽的光刻胶通常喜欢曝光不足。

那么,有没有对线、槽都平等对待的光刻胶?回答是:理论上能够,但是实际中很难制造。比如,对线的光刻胶,对光线不能做得太灵敏,否则,孤立的线条就会被过度曝光而大大缩小线宽,甚至发生图形倒塌。如果曝光不过度,会使得在光刻胶边缘产生残留;同理,对槽的光刻胶必须做得很灵敏,否则对于孤立的槽或者接触孔,无法形成足够的曝光,造成图形打不开。

有了表7.5的数据,对于任意出现在表7.5所包含的范围内的线宽和槽宽,我们可以通过内差和外延的方法计算出需要的修正值。对于二维的图形，如线端缩短图形，我们也可以通过将其加入定标图形来确定补正值，典型的二维图形如图 7.104 所示。

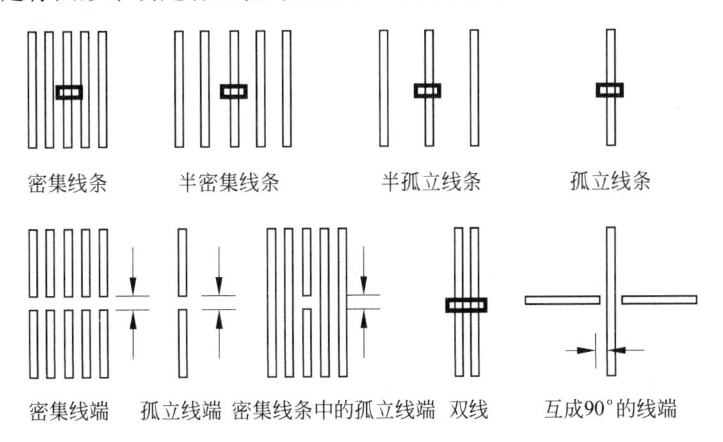


图 7.104　光学邻近效应修正的典型定标图形示意图

（第一行为一维图形，第二行为二维图形，头表示的位置为测量位置）

基于模型的光学邻近效应修正是指，通过使用定标图形所生成的数据来定标一个比内差和外延更好的模型，并且通过模型来对电路图形进行修正。目前使用的模型是基于传输交叉系数的模型。与一般仿真所不同的是，传输交叉系数是通过实验定标数据拟合得来的[56]。其中使用较为复杂的数学定理和方法，如奇异值分解（Singular Value Decomposition，SVD），这里不再做详细介绍。

当模型建立好之后，我们便可以根据模型的预言值，进行如图 7.103 的修正工作，对每一条边缘进行边缘仿真，对边缘位置误差（Edge Placement Error，EPE）进行计算，并给出修正结果。对一个大的图形，还需要将其分解成小的图形，这是因为空间分辨率的需要。当然当我们对一条边进行修正，邻近的图形也会因为这条边的新的位置而生成新的邻近效应，所以，这样的修正需要重复几次，直到新一轮的修正值变化小于线宽的变化规格。

### 7.7.5　二重图形技术

由于单次曝光的分辨率有限，空间周期不可能小于 $0.5\lambda/NA$。比如，在 $1.35NA$，193nm，最小空间周期是 71.5nm，而阿斯麦公司的最小标定空间周期是 76nm。对于 32nm 技术节点，空间周期约为 100nm。对于下一个节点 22nm，空间周期将约为 70nm，会小于 71.5nm。所以，必须使用叠加交叉光刻技术，叫做二重图形技术。图 7.105 显示了一种两次光刻技术的流程图，其中需要用到两次曝光和两次刻蚀（Litho Etch Litho Etch，LELE）以及一层硬掩膜[57]。

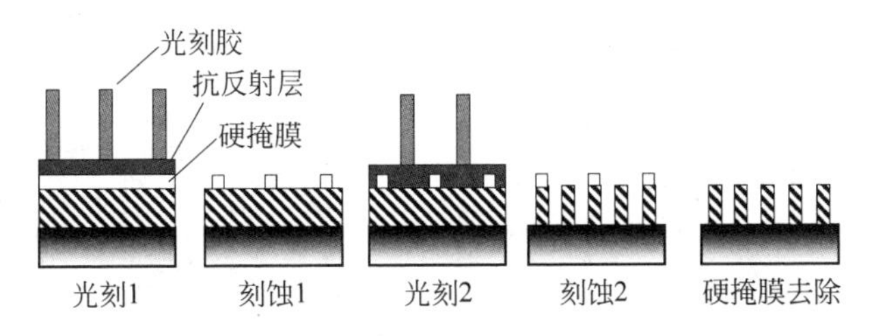


图 7.105　两次曝光，两次刻蚀断面流程示意图

图7.106和图7.107分别显示了另外两种二重图形技术：胶凝固技术和侧墙层技术[57]。这三种技术各有利弊。它们的优缺点如表7.7所示。而且，对于胶凝固技术，由于在第一次显影之后，底部抗反射层已经经历过一次强碱显影液的"洗礼"(浸泡)，它的酸碱性会发生变化，以至于会影响第二次光刻的光刻胶形貌。如果底部抗反射层的酸性变弱，会造成第二次光刻的光刻胶形成底部站脚(footing)的问题。

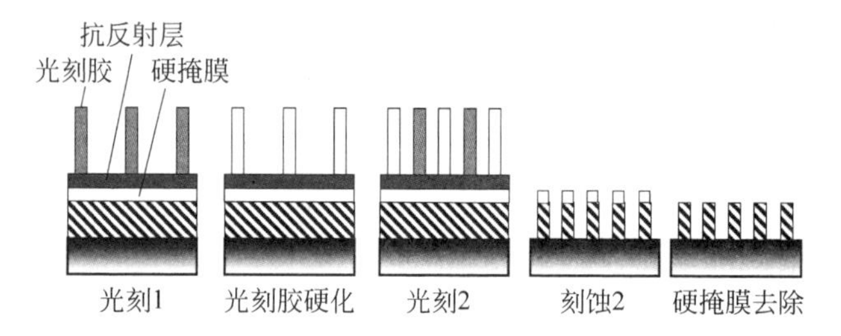


图7.106 两次曝光，一次刻蚀(Litho Freeze Litho Etch, LFLE)断面流程示意图

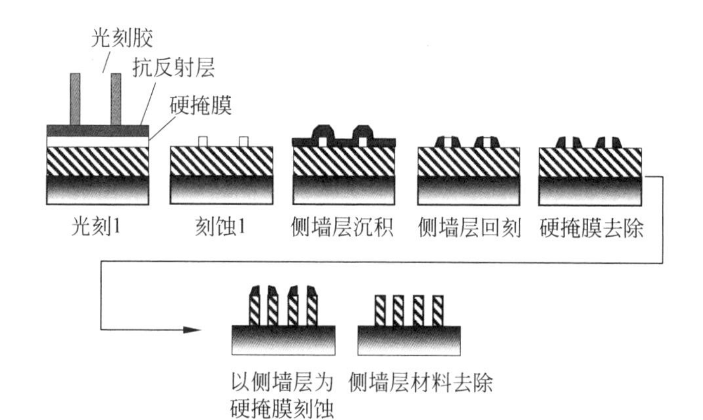


图7.107 一次曝光，三次刻蚀的侧墙刻蚀技术(spacer technique)断面流程示意图

目前能够实现的线宽均匀性由表7.8显示。可以看出，阿斯麦公司生产的NXT1950i系列光刻机已经能够基本满足二重图形技术的要求[58]。

**表7.7 三种二重图形技术的优点和缺点对比**

| 二重图形技术 | 优点 | 缺点 |
|---|---|---|
| 两次曝光，两次刻蚀 | 可以达到两倍光学分辨率，而且两次曝光之间没有互相干扰 | 两次曝光之间的套刻误差会造成线条之间的间距变化，第二次涂胶的平坦度会受到第一次刻蚀后的硬掩膜的影响 |
| 胶凝固技术 | 可以达到两倍光学分辨率，而且两次曝光之间没有互相干扰，步骤简单，只需一次刻蚀 | 两次曝光之间的套刻误差会造成线条之间的间距线宽变化 |
| 侧墙刻蚀技术 | 可以达到两倍光学分辨率，只有一次曝光，节约光刻机产能 | 涉及光刻，刻蚀，薄膜沉积，薄膜回刻等工艺，工艺程序多，控制复杂。而且无法适应任意图形 |

表 7.8　三种二重图形技术的线宽均匀性情况

| Error Component \ Pattern Polarity | Positive tone Spacer | | Positive tone LELE | | Positive tone LFLE | |
|---|---|---|---|---|---|---|
| | Lines | Spaces | Lines | Spaces | Lines | Spaces |
| CDU BUDGET | 1.6 | 4.2 | 3.1 | 3.9 | 3.0 | 4.0 |
| CDU achieved：raw experimental data | 2.1 | 4.1 | | | 2.7 | 4.8 |
| As percentage of CD | 6.5 | 12.8 | | | 8.4 | 15 |
| CDU achieved with process control | 2.1 | 2.8 | 2.3 | 3.8 | 2.2 | 3.5 |
| As percentage of CD | 6.5 | 8.8 | 7.1 | 11.8 | 6.9 | 10.9 |

## 7.7.6　浸没式光刻

在空气中，最大的数值孔径为 1.0，分辨率 $NA=1.0$ 就是极限。早在 19 世纪末，人们就发现，如果在显微镜物镜与生物样品的盖玻片上滴上一层油，显微镜的分辨率和对比度会大幅提高，其原理如图 7.108 所示。浸没式镜头由于同样品之间没有经过空气，它能够以更大的角度在光刻胶中成像，也就等效于更大的数值孔径。

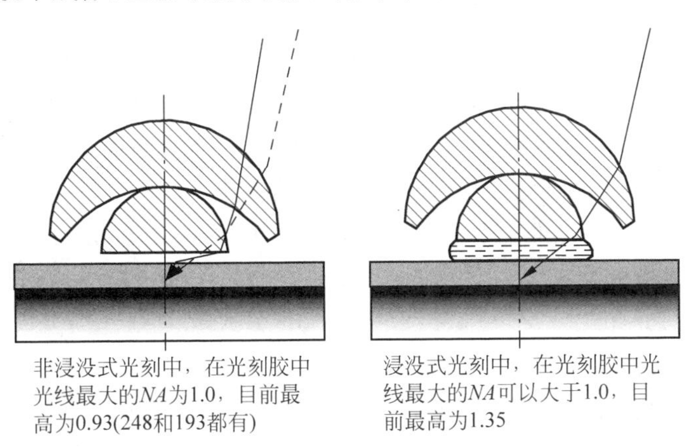


图 7.108　浸没式光刻能够以更大的角度在光刻胶中成像

实践证明，水浸没式光刻机可以比非浸没式的光刻机提高 44%的焦深(在 193nm 时水的折射率为 1.44)或者 44%的分辨率。如一台 193nm 的光刻机在 0.93$NA$ 的情况下能做到的最小技术节点是 55nm，但是一台 193nm 的浸没式光刻机在 1.35$NA$ 的情况下可以做到 32nm 技术节点。

不过，浸没式光刻也遇到一系列技术挑战，如缺陷，光刻胶表面光酸的浸析(leaching)，换句话讲光酸会受到浸没式水的分子力而被从光刻胶中拉出来，一方面造成不完整显影的缺陷，另一方面造成镜头表面的腐蚀。又如由于水在硅片表面的蒸发，影响硅片的套刻精度。不过，这些问题都已经得到较好的解决，现在由于浸没式造成的缺陷已经降到 10～20 颗/硅片。甚至有些好的光刻机，缺陷率降到 5 颗/硅片。不过，在浸没式光刻中，偏振照明已经变得不可或缺。用得最多的是 $X$-$Y$ 照明条件和单一 $Y$ 或者 $X$ 方向的偏振态。

### 7.7.7 极紫外光刻

在所用过的光刻的波长中,13.5nm 可能不太容易被理解。从最初的 g 线、i 线到当今的 365nm、248nm 和 193nm,多少还是让人感到,我们是在做"光刻"。由于 193nm 浸没式的成功,157nm 的项目已经终止。从 157nm 往下走已经没有什么好的光源,于是人们就找到了 13.5nm 的极紫外光。光刻机所用的光谱图如图 7.109 所示。

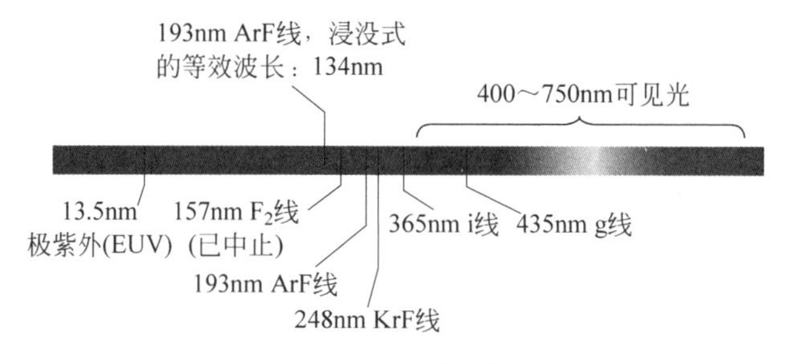


图 7.109 光刻机所用的光谱图

极紫外(EUV)光刻机由以下几个部分组成:

光源:高电压激励的等离子体放电灯(Discharge Produced Plasma, DPP)或者激光激励(Laser Produced Plasma, LPP)的等离子体放电灯和反射式光收集镜片组。

光刻机主体:包括反射镜组(通常为 6 片 0.25$NA$)、主真空腔体(真空度$<10^{-8}$)、磁悬浮硅片平台、掩膜版平台、平台驱动装置、硅片输送装置等。

在 2007 年,阿斯麦公司推出了埃尔法验证机(Alfa Demo Tool, ADT),如图 7.110 所示[59]。其基本性能指标为

数值孔径:0.15~0.25

套刻精度:12nm

照明均匀性:修正前 5.5%(从硅片平台测得),修正后 <0.5%(3 倍标准偏差)

杂光:<16%,[规格 < 8%]

图 7.110 阿斯麦公司推出的埃尔法验证机照片

在图 7.111 中展示了 2009 年阿斯麦公司的埃尔法验证机的极限图像。其中密集线条可以分辨至 28nm 半周期(Half Pitch,HP)。到了 26nm 半周期,图像开始明显变差。极紫外光刻吸引注意的原因如下[60]:

(1) 单次曝光,速度潜力比 193nm 浸没式的快 1 倍。

(2) 波长短,不需要进行克服衍射效应的光学邻近效应修正。

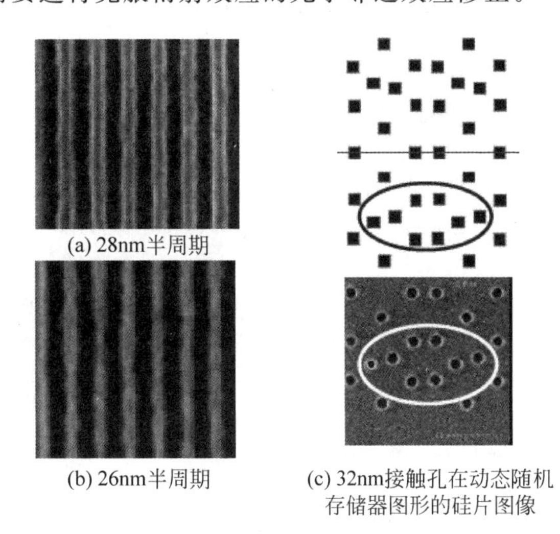

(a) 28nm半周期

(b) 26nm半周期

(c) 32nm接触孔在动态随机存储器图形的硅片图像

图 7.111　2009 年阿斯麦公司的埃尔法验证机的硅片图像

但是,这种技术也面临以下问题:

(1) 速度潜力依赖于光源的光强和光刻胶的灵敏度,业界公认的标准是对于 $10mJ/cm^2$ 感光度的光刻胶,实现 100 硅片/小时的产能需要在中间焦点的光强为 200W。可是目前报至的最高能量为 90W[61]。而时下最快的浸没式光刻机的速度为 175 片/小时,也就是说,就算二重曝光,等效的生产速度也在 87 片/小时,况且浸没式机器的价钱比起极紫外便宜很多。

(2) 虽然波长短不需要进行克服衍射效应的光学邻近效应修正,但是由于反射镜为了提高反射率需要沉积折射率高低交替的高反射膜。通常为 40～50 对钼(2.8nm)和硅(4.2nm)的薄膜,加上吸收层大约为 150nm,整个结构相对于线宽(22nm 节点半周期在 35～40nm,在掩膜版上大约为 140～160nm)相当高大,需要对光的散射做细致计算[62]。而且虽然极紫外光刻没有传统意义上的光学邻近效应,但是对于斜入射光,我们需要对其阴影效应进行补偿。再者,由于波长极短,掩膜版上的缺陷很容易散射极紫外光[64]。有关掩膜版的缺陷现状和检测方法,可以参照文献[64]。又由于波长短,13.5nm 的 1/4 波长为 3.38nm。任何多层膜(100 层高反膜)上的厚度变化会相造成空间像的位相移动,对空间像造成损害[65]。

(3) 由于斜入射角(6°),使得在离焦时会伴随着横向(微观套刻)移动,如厚度变化、缺陷造成的不平整。

# 参考文献

[1] J. S. Kilby. The integrated circuit's early history. Proc. IEEE 88, 2000, 109-111.

[2] 沈括(宋). 国学基本业书《梦溪笔谈》新版,卷十八-技艺. 岳麓书社,2002.

[3] A. Offner. New concepts in projection mask aligners. Optical Engineering, 1975, 14: pp130-132.
[4] B. J. Lin. Marching of the microlithography horses: Electron, ion, and photon: Past, present, and future. Proc. SPIE 6520, 652002, 2007.
[5] H. Meiling, N. Buzing, K. Cummings, et al. EUVL System-Moving Towards Production. Proc. SPIE 7271, 727102, 2009.
[6] A. K. Wong. Resolution enhancement techniques in optical lithography. SPIE Press, 2001.
[7] K. Jain, C. G. Wilson, B. J. Lin. Ultra-fast high resolution contact lithography using excimer lasers. Proc. SPIE 334, 259, 1982.
[8] M. Quirk, J. Serda. Semiconductor Manufacturing Technology. Pearson Education Asian Ltd. 2004. 韩郑生等译. 半导体制造技术. 北京: 电子工业出版社, 2004.
[9] M. Born, E. Wolf. Principles of Optics, 7th Edition. Cambridge University Press, 2002.
[10] Y. Gu, C. Zhu, J. L. Sturtevant. Single wafer process to generate reliable swing. Proc. SPIE 5038, 832, 2003.
[11] Y. Gu, A. Wang, D. Chou. Dielectric anti-reflection layer optimization: correlation and simulation data. Proc. SPIE 5375, 1164, 2004.
[12] Y. Gu, D. Chou, J. L. Sturtevant. Resist compacting under SEM E-Beam. Proc. SPIE 5038, 823, 2003.
[13] Q. Wu and Z. Jan. Methodology in photolithography improvement for the improvement of yield. Semiconductor International 1, (40), 2005.
[14] Q. Wu, S. Halle, Z. Zhao. The effect of the effective resist diffusion length to the photolithography at 65 and 45nm nodes, a study with simple and accurate analytical equations. Proc. SPIE 5377, 1510, 2004.
[15] J. A. Hoffnagle, W. D. Hinsberg, F. A. Houle, et al. Characterization of Photoresists Spatial Resolution by Interferometric Lithography. Proc. SPIE 5038-46, 2003.
[16] Q. Wu, P. Wu, J. Zhu, et al. A Study of Process Window Capabilities for Two-dimensional Structures under Double Exposure Condition. Proc. SPIE 6520-98, 2007.
[17] P. Tian, L. Qin, A. Shu, Y. Gu. Effective poly gate CDU control by applying DoseMapper to 65nm and Sub-65nm technology nodes. Proc. CSTIC 2010, ECS Transactions, 27 (1) 515-521, 2010.
[18] Y. Gu, S. Chang, G. Zhang, et al. Local CD Variation in 65nm Node with PSM Processes STI Topography Characterization (I). Proc SPIE 615204, 2006.
[19] R. Socha, M. Dusa, L. Capodieci, et al. Forbidden Pitches for 130nm lithography and below. Proc. SPIE 4000, 1140, 2000.
[20] X. Shi, S. Hsu, F. Chen, et al. Understanding the Forbidden Pitch Phenomenon and Assist Feature Placement. Proc. SPIE 4689, 985, 2002.
[21] J. Zhu, P. Wu, Y. Jiang, Q. Wu. The "Dip" in the CD through-pitch curve and its relations to the effective image blur after exposure for low k1 processes. Proc. ISTC, 2006.
[22] N. B. Cobb. Fast Optical and Process Proximity Correction Algorithms for Integrated Circuit Manufacturing. Ph. D. Thesis, UC Berkeley, 1998.
[23] Y. Gu, A. Wang, D. Chou. Dielectric antireflection layer optimization: correlation of simulation and experimental data. Proc. SPIE 5375, 1164, 2004.
[24] A. R. Pawloski, A. Acheta, I. Lalovic, et al. Characterization of line edge roughness in photoresist using an image fading technique. Proc. SPIE 5376, 414, 2004.
[25] T. Brunner, C. Fonseca, N. Seong, M. Burkhardt. Impact of resist blur on MEF, OPC, and CD control. Proc. SPIE 5377, 141, 2004.

[26] A. K. Wong. Resolution enhancement techniques in optical lithography. SPIE Press, TT47, 2001.
[27] H. H. Hopkins. On the diffraction theory of optical images. Proc. Roy. Soc. London, Ser. A 217, 1953,408-432.
[28] H. J. Levinson. Principles of Lithography. SPIE Press, 2001.
[29] M. Born, E. Wolf. Principles of Optics. 7th Edition, Cambridge University Press, 2002.
[30] A. E. Rosenbluth, G. Gallatin, R. L. Gordon, et al. Fast calculation of images for high numerical aperture lithography. Proc. SPIE 5377, 615, 2004.
[31] M. Totzeck, P. Gräupner, T. Heil, et al. How to describe polarization influence on imaging. Proc. SPIE 5754, 23, 2005.
[32] K. Lai, A. E. Rosenbluth, G. Han, et al. Modeling polarization for Hyper-NA lithography tools and masks. Proc. SPIE 65200D, 2007.
[33] A. Wong, A. Neureuther. Mask topography effects in projection printing of phase-shifting masks. IEEE Transactions on electron devices, 41 (6), 1994: 895-902.
[34] C. Pierrat, A. Wong, S. Vaidya. Phase-shifting mask topography effects on lithographic image quality. Technical digest, IEDM, 1992: 53-56.
[35] A. Erdmann, G. Citarella, P. Evanschitzky, et al. Validity of the Hopkins approximation in simulations of hyper NA (NA>1) line-space structures for an attenuated PSM mask. Proc. SPIE 61540G, 2006.
[36] Z. Wang, P. Zheng, Q. Wu. Tolerance on spherical aberration, and experimental study with process windows. Proc. ISTC, 2005.
[37] J. P. Kirk, C. J. Progler. Application of Blazed Gratings for Determination of Equivalent Primary Azimuthal Aberrations. Proc. SPIE 3679, 70,1999.
[38] J. P. Kirk, G. Kunkel, A. K. Wong. Aberration Measurement Using in-situ Two-Beam interferometry. Proc. SPIE 4346,8,2001.
[39] J. P. Kirk, S. Schank, C. Lin. Detection of Focus and Spherical Aberration by the Use of A Phase Grating. Proc. SPIE 4346,1355,2001.
[40] H. J. Levinson. Principles of Lithography. SPIE Press, 2001.
[41] H. Ito,C. G. Willson. Chemical amplification in the design of dry developing resist materials. Technical Papers of SPE Regional Technical Conference on Photopolymers, 1982: 331-335.
[42] H. Ito, C. G. Willson, J. M. J. Frechet. New UV Resists with Negative or Positive Tone. Digest of Technical Papers of 1982 Symposium on VLSI Technology, 1982: 86-87.
[43] C. G. Willson, R. Miller, D. McKean, et al. Design of a Positive Resist for Projection Lithography in the Mid-UV. Polym. Eng. Set 23, 1983: 1004-1011.
[44] F. H. Dill, W. P. Hornberger, P. S. Hauge, et al. Characterization of positive photoresist. IEEE Trans. Electr. Dev. , 1975,22 (7).
[45] J. Byers, M. Smith, and C. Mack. 3D Lumped Parameter Model for Lithographic Simulations. Proc. SPIE 4691, 125, 2002.
[46] K. Tounai, H. Tanabe, H. Hozue, et al. Resolution improvement with annular illumination. Proc. SPIE 1674, 1992: 753-764.
[47] K. Kamon, T. Miyamoto, M. Yasuhito, et al. Photolithography system using annular illumination. Jpn. J. Appl. Phys. 30 (11B), 1991: 3021-3029.
[48] K. Tounai, S. Hashimoto, S. Shiraki, et al. Optimization of modified illumination for 0. 25-um resist patterning. Proc. SPIE 2197, 1994: 31-41.
[49] A. Rosenbluth, S. J. Bukofsky, M. Hibbs, el al. Optimum mask and source patterns to print a given shape,Proc. SPIE, 4346, 2001: 486-502.

[50] M. Levenson, N. S. Viswanathan, R. A. Simpson. Improving Resolution in Photolithography with a Phase-Shifting Mask. IEEE Trans. on Electron Devices 29, 1828,1982.

[51] J. F. Chen, T. Laidig, K. E. Wampler,et al. Full-chip Optical Proximity Correction with Depth of Focus Enhancement. Microlithography World 6,(3), 1997.

[52] J. F Chen, K. Wampler, T. L. Laidig. Optical proximity correction method for intermediate-pitch features using subresolution scattering bars on a mask. US Patent # 5,821,014, 1998.

[53] A. Gabor, J. Bruce, W. Chu, et al. Sub-resolution assist feature implementation for high performance logic gate-level lithography. Proc. SPIE 4691, 418, 2002.

[54] L. Pang, G. Dai, T. Cecil, et al. Validation of inverse lithography technology (ILT) and its adaptive SRAF at advanced technology nodes. Proc. SPIE 6924, 69240T, 2008.

[55] C. Y. Hung, B. Zhang, D. Tang,et al. First 65nm tape-out using inverse lithography technology (ILT). Proc. SPIE 5992,59921U, 2005.

[56] N. B. Cobb. Fast Optical and Process Proximity Correction Algorithms for Integrated Circuit Manufacturing. Ph. D. Thesis, UC Berkeley, 1998.

[57] M. Maenhoudt, R. Gronheid, N. Stepanenkol, et al. Alternative process schemes for double patterning that eliminate the intermediate etch step. Proc. SPIE 6921,69210L,2008.

[58] J. Finders, M. Dusa, P. Nikolsky,et al. Litho and patterning challenges for memory and logic applications at the 22nm node. Proc. SPIE 7640, 76400C, 2010.

[59] H. Meiling, H. Meijer, V. Banine,et al. First performance results of the ASML alpha demo tool. Proc. SPIE 6151, 615108, 2006.

[60] H. Meiling, N. Buzing, K. Cummings,et al. EUVL System-Moving Towards Production. Proc. SPIE 7271, 727102, 2009.

[61] D. C. Brandt, I. V. Fomenkov, A. I. Ershov, et al. LPP Source System Development for HVM. Proc. SPIE 7636, 76361I, 2010.

[62] Y. Deng, B. La Fontaine, H. J. Levinson, et al. Rigorous EM simulation of the influence of the structure of mask patterns on EUVL imaging. Proc. SPIE 5037, 302, 2003.

[63] T. Schmoeller, T. Klimpel. EUV pattern shift compensation strategies. Proc. SPIE 6921, 69211B, 2008.

[64] S. Huh, Liping Ren, D. Chan, et al. A study of defects on EUV masks using blank inspection, patterned mask inspection, and wafer inspection. Proc. SPIE 7636, 76360K, 2010.

[65] B. J. Lin. Marching of the microlithography horses: Electron, ion, and photon: Past, present, and future. Proc. SPIE 6520, 652002, 2007.

[66] X. Yin, A. Wong, D. Wheeler, G. Williams. E. Leliner, F. Zach, B. Kim, Y. Fukuzaki,Z. G. Lu, S. Credendino, and T. Wiltshire, "Sub-wavelength Alignment mark Signal Analysis of Advanced Memory Products", Proc. SPIE 3998, 449, 2000.

[67] J. P. Kirk, H. Yoon, and T. Wiltshire, "Alignment Performance vs. Mark Quality", Proc. SPIE 3334, 496, 1998.

[68] Q. Wu, G. Williams, B. Kim, J. Strane, T. Wiltshire, E. Lehner, H. Akatsu, "Ultra-fast Wafer Alignment Simulation Based on Thin Film Theory", Proc. SPIE 4689, 364, 2002.

[69] L. Wang, W. Huang, and Q. Wu, "A Systematic Study of Missing Via Mechanism and its Solutions", Proc. SPIE 6152-10,2006.

[70] L. H. Shiu, F. J. Liang, H. Chang, C. K. Chen, L. J. Chen, T. S. Gau, and B. J. Lin, "Immersion Defect Reduction (2)--The Formation Mechanism and Reduction of Patterned Defects", Proc. SPIE 652012, 2007.

# 第8章 干法刻蚀

## 8.1 引言

刻蚀[1~3]是当今世上最大的制造业——超大规模集成电路(ULSI)制造中影响重大且至关重要的技术之一。在集成电路(IC)制造中,刻蚀是一种在暴露的硅衬底或晶圆表面未保护的薄膜上去除材料的工艺。回溯到20世纪60年代后期,湿法刻蚀,即把要被刻蚀的目标材料浸泡在腐蚀液中的方法,曾经是低成本集成电路制造的关键技术。然而,它特有的各向同性刻蚀的性质,严重地阻碍了其在高密度IC制造中的应用。具有各向异性刻蚀特性的干法刻蚀,成为能够满足器件尺寸持续缩小的不可替代的制造技术。从20世纪70年代早期开始,以$CF_4/O_2$为刻蚀剂的干法刻蚀已经广泛地应用于刻蚀出高分辨的图形,并且仍然流行于当今32nm工艺节点的氧化物刻蚀中。

### 8.1.1 等离子刻蚀

干法刻蚀通常要用到等离子,等离子被称作物质的第四态,它可以被看作部分或全部放电的气体,在这气体中,包含有电子、离子、中性的原子和/或分子。从总体上看,等离子保持着电中性。这样的气体电离率较低,即只有一小部分分子被电离了。然而,如此低的电离率却可以产生足够大的局部电荷,这些电荷具有足够长的寿命。这就为等离子刻蚀消耗材料提供了可能。等离子刻蚀的广泛应用取决于等离子的状态、几何形状、激励方法等多种条件。

在等离子刻蚀过程中,适当的混合气体被激发产生带电的或者中性的反应粒子。被激发元素的原子嵌在要被刻蚀材料的表面上或者表面以下,因此改变了晶圆上的薄膜或者是晶圆衬底的物理性质。实际上,等离子在室温下形成了易挥发的刻蚀产物。如图8.1所示,等离子刻蚀主要包括6个步骤:①电子/分子的碰撞形成了活性粒子;②刻蚀剂粒子扩散到被刻蚀材料的表面;③刻蚀剂粒子在材料表面积累;④活性粒子与材料间发生化学或者物理反应,产生易挥发的副产物;⑤易挥发的副产物解吸,从表面释放出来;⑥释放出来的副产物扩散返回到主气体中,并被泵抽走。

### 8.1.2 干法刻蚀机的发展

如图8.2所示,过去35年干法刻蚀机发展的历史是以开发反应器结构和增强各种物理化学参数的控制功能为标志的。在等离子刻蚀工艺中,第一次提出平行板反应离子刻蚀(RIE)概念是1974年,而电感耦合等离子(ICP)概念的引入就要晚得多(1991~1995年)。在过去的15年中,电容耦合等离子(CCP/RIE)反应器和高密度等离子(HDP)反应器是IC制造业的支柱。所有这些发展的趋势都遵循着器件尺寸持续缩小的制造需求。

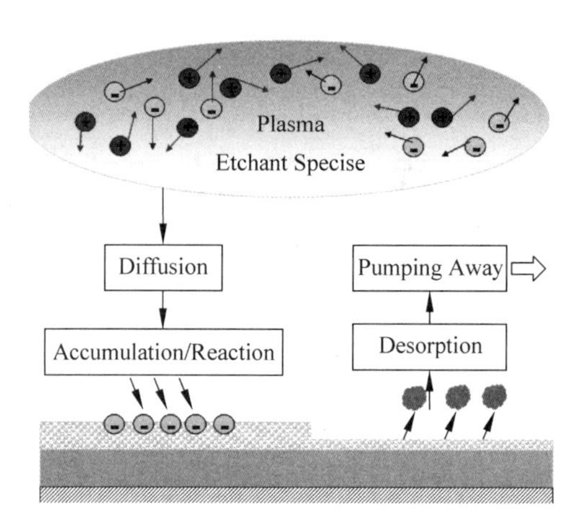


图 8.1　等离子刻蚀示意图

| Year | 1977 | 1980 | 1982 | 1985 | 1988 | 1991 | 1994 | 1996 | 1998 | 2001 | 2004 | 2007 | 2010 |
|---|---|---|---|---|---|---|---|---|---|---|---|---|---|
| Integration Level | 16K | 64K | 256K | 1M | 4M | 16M | 64M | 256M | 1G | 4G | 16G | 32G | 64G |
| Feature Size | 5μm | 3μm | 2μm | 1.3μm | 0.8μm | 0.5μm | 0.35μm | 0.25μm | 0.18μm | 0.13μm | 90nm | 65nm | 45nm |
| Wafer Diameter | 4″ | 5″ | | 6″ | | | 8″ | | | 8″/12″ | | | 12″ |

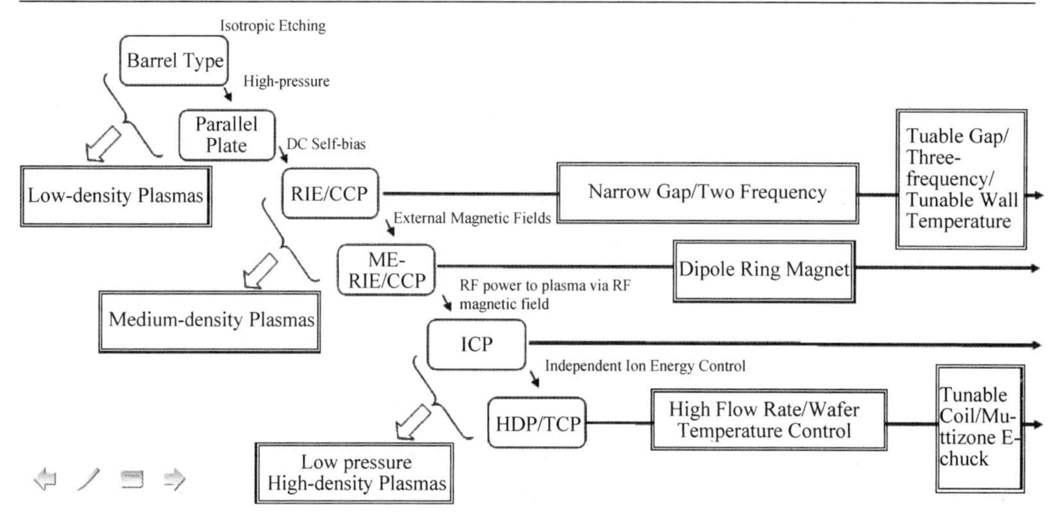


图 8.2　干法刻蚀发展路线图

在特征尺寸从 5$\mu$m 急剧地缩小至 45nm 的过程中，需要使用更低气压的各向异性等离子刻蚀，以确保更小尺寸图形转移的精确度。因此，干法刻蚀机从早期的圆筒形/平行板型(各向同性/高气压)转变为 20 世纪 90 年代早期的 RIE/CCP 和 HDP。另外，当晶圆尺寸从 4in 逐渐地增加到 12in 时，也就提出了在整个晶圆上控制等离子均匀性的挑战。而且节约成本的指标之一——产能，强烈地需要更高的刻蚀速率，这就高度依赖于产生高密度等离子。一些高密度等离子源，如电感等离子和顶部耦合等离子，正是在这些需求下产生并应用到 IC 制造业中的。在最新型反应器发展中，主要的努力包括利用可调圈数/间隙、多区静电卡盘、额外功率频率[4]和腔壁条件控制等。所有这些都是用来改进非对称的刻蚀性能，或者是密集/稀疏图形刻蚀差异。

从 20 世纪 70 年代初至今的典型刻蚀机示意图列于图 8.3。圆筒形反应器是用于替换湿法刻蚀的第一种干法刻蚀机，它在去除正性光刻胶方面效率极高。早期的圆筒形刻蚀机是电感耦合的，后来换成了电容耦合以满足高的压力(0.5～1Torr)要求，这样可以达到高的刻蚀速率。然而，由于高能离子在圆筒形反应器中的无序碰撞，使得它的刻蚀更偏向于各向同性。

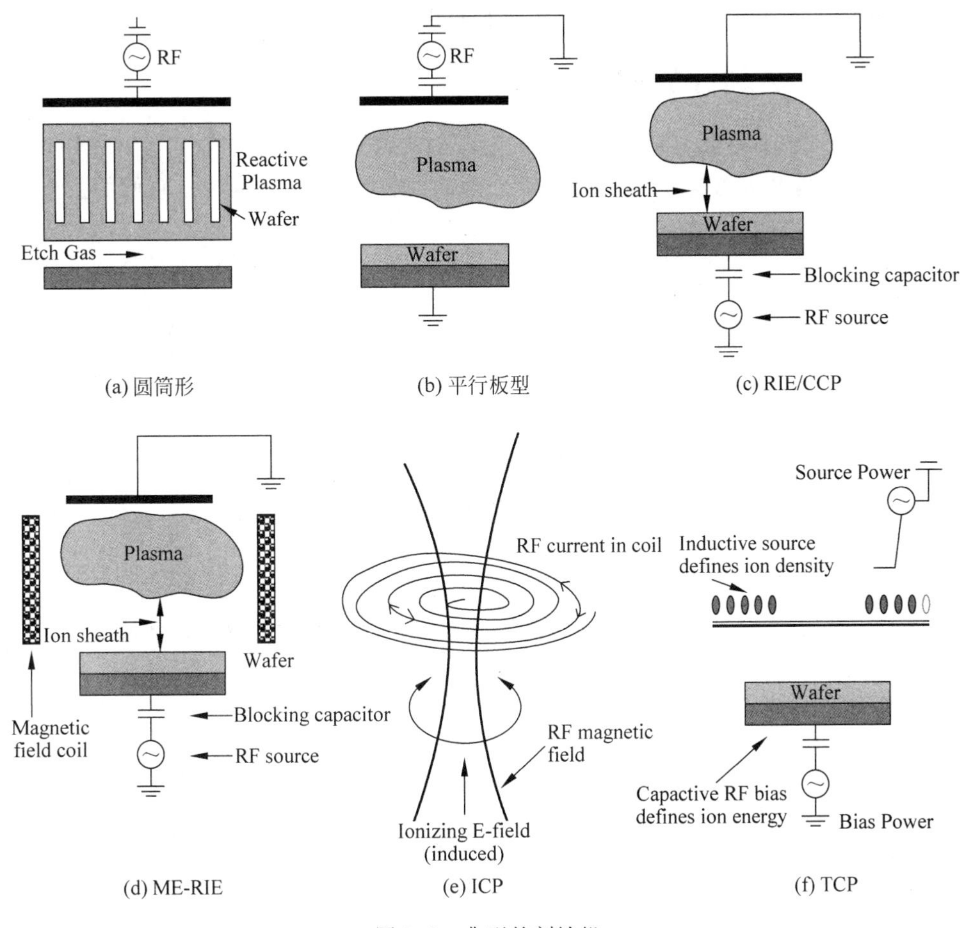


图 8.3　典型的刻蚀机

平行板型的刻蚀机可以是顶部或者是底部电容耦合的，顶部功率反应器称作平行板，它可以导致刻蚀具有方向性，但还不是完全意义上的各向异性刻蚀。这类反应器也经历过从批量刻蚀(德州仪器，1972 年)到单片刻蚀(Tegal 公司，1979 年)的发展过程。底部功率反应器被定义为反应离子刻蚀中晶圆与 RF 功率相连接，而不是接地电位的平行板。从统计上讲，电子撞击晶圆表面的次数要多于正离子。由于其具有很高的反应特性，电子更易于被晶圆表面吸收。与此同时，失去电子的等离子形成了总体上的正电荷，这就加速了离子向晶圆方向的运动，导致各向异性刻蚀的趋势。但是，高能离子的轰击可能会引起器件损伤。

ME(磁增强)-RIE 利用外加磁场限制等离子。在这种反应器中，等离子由 RF 电场激发出来,外加的磁场使其密度加大,磁场的方向与电场方向垂直。外加磁场的目的是为了实现更高的电离率,来增强 RIE。

在 CCP 反应器中,RF 功率通过 RF 电场直接传给等离子。而在 ICP 反应器中,RF 功率是通过 RF 磁场将功率传递给等离子。这个 RF 磁场导致了一个电离的电场,电感耦合在等离子产生方面效率更高,因为它不用把能量花费在通过施加到晶圆表面的高压来加速离子。在 TCP 刻蚀机中,离子的密度与离子能量已经分离开,可以分别控制。一个感应源被用来产生等离子和控制等离子密度,同时,用电容偏置晶圆来调控离子的能量。这类设备是由 Lam research 公司 1992 年第一个实现商业化的。

## 8.1.3　干法刻蚀的度量

在图 8.4 中,槽刻蚀被用来演示刻蚀工艺评价中常用的度量方法。所有的干法刻蚀工艺通常是由四个基本状态构成:刻蚀前,部分刻蚀,刻蚀到位和过刻蚀。它们的主要特性有刻蚀速率、选择性、深宽比、终点探测、关键尺寸(CD)、均匀性和微负载。

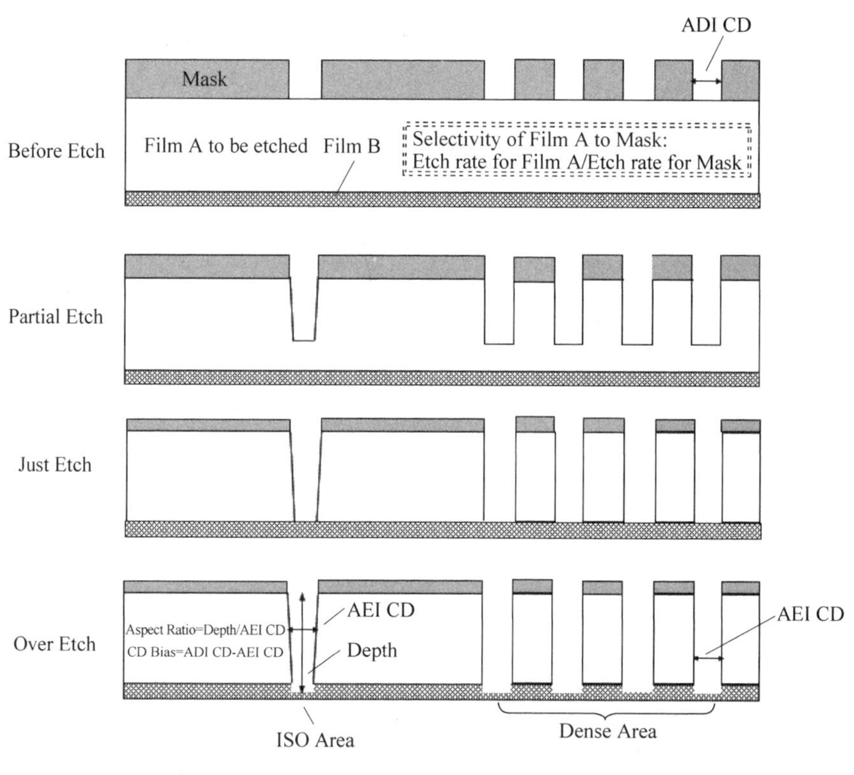


图 8.4　槽刻蚀示意图

刻蚀速率是指目标材料的去除率。选择比被定义为薄膜的刻蚀速率与衬底或者掩膜的刻蚀速率的比值。薄膜 B 是刻蚀停止层,被用来减少在整个晶圆内所有结构上要承担的过刻蚀负载,通常较高的选择性作为此步骤的首选。过刻蚀是由于刻蚀的不均匀性和/或生长的薄膜不平所造成的。不是所有的目标材料都可以在同一时间内从晶圆上去除,因此过刻蚀是必要的。这时刻蚀在未完成的区域继续去除目标材料,而在已经完成的区域几乎停止。深宽比被定义为刻蚀深度与刻蚀图形 CD 的比值,高的深宽比容易使刻蚀停止。在刻蚀机中，终点探测是一个关键的控制方法，用来确保以最小的或者是所希望的目标材料以下的过刻蚀量将所有的目标材料从晶圆表面刻蚀掉。这种技术在等离子刻蚀过程中监测特定的光发射强度的变化，刻蚀机可以在某一特定的强度变化时被触发停止刻蚀，以此标志刻蚀的完成。AEI(刻蚀后检测)CD是IC制造中的一个重要指标，通常与刻蚀的特征图形的尺寸相关联，包括有浅槽隔离的间隙、晶体管的沟道长度、金属互联线的宽度等。更小的CD是改进IC技术的着重点。均匀性是IC制造中不可缺少的另一个质量的量度量，不仅要做到晶圆与晶圆间、批次与批次间的均匀，还要做到晶圆内、芯片内的均匀，为使芯片功能正确，需要对均匀性加以严格的控制，使其在不同的规模中表现出相似的刻蚀特性。刻蚀中的微负载效应是指在整个晶圆上，由于稠密的图形与孤立的图形同时存在所表现出的不同刻蚀行为。如图8.4所示，稠密的图形(右)显示比孤立图形(左)具有更垂直的侧墙形状。这种现象可以看成由于在孤立图形这个区域有更多的聚合物产生机制存在。

在IC制造中的干法刻蚀可以归结于线、沟槽和孔应用的组合，图8.5总结了各种刻蚀形状，包括规则的和不规则的。在多晶硅栅制作中，所需要的刻蚀形状是矩形的。即使干法刻蚀已经被广泛地认为能够提供垂直的刻蚀速率，但无论是考虑衬底与界面的相互作用或是在刻蚀与钝化间仔细地寻求平衡，都无法实现如图8.5左上部分显示的完全矩形的形状。通常的情况是，轻微过度的侧墙钝化导致形成了锥形的形状。而倒锥形形状来源于在刻蚀过程中钝化作用的逐渐减小，这种形状在高速电路应用中是受欢迎的，这时需要小一些的栅底部CD。另外，宽的栅顶部为后续的硅化物工艺提供了足够的表面。缩颈的原因主要是多晶硅栅的掺杂浓度造成的刻蚀速率差，严重地缩颈通常都与多晶硅栅重掺杂有关。多晶硅栅的底部存在脚和缺口都不是理想的形状，它们都趋向于非对称的源、漏，因而造成器件的失配。更具体地说，缺口容易引起栅-LDD(轻掺杂漏)重叠减少，这将导致更高的源侧$R_s$电阻和更高的漏侧衬底电流$I_{sub}$。不对称的脚有时源于糟糕的光刻胶线宽粗糙度。尽管如此，至关重要的是制作出可良好控制、对称并可重复的形状。

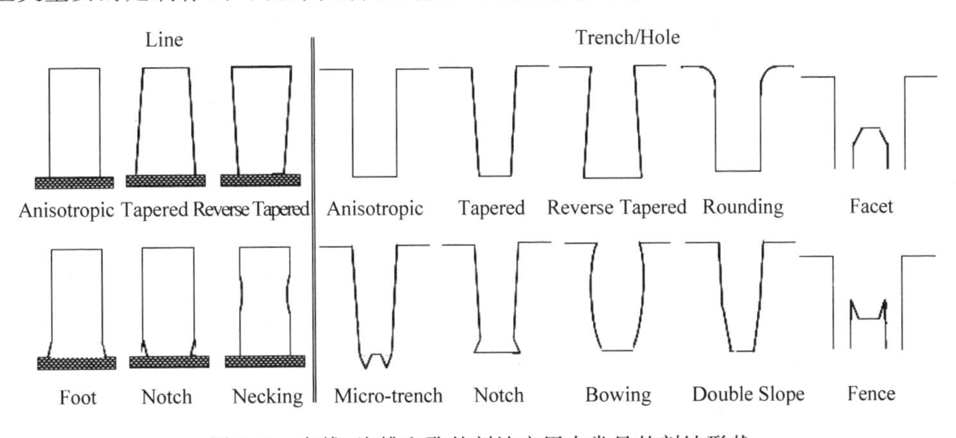


图8.5 在线、沟槽和孔的刻蚀应用中常见的刻蚀形状

考虑到后续的间隙填充，在孔与沟槽的应用中，纯粹的各向异性刻蚀出的形状是不能接受的。工艺中希望得到大于85°角有轻微锥形的形状，倒锥型形状除了SiGe工艺外很少用到。浅槽隔离中沟槽顶部圆弧结构对减少器件漏电是有好处的。双斜坡的结构是由于两个刻蚀步骤间非平滑的过渡造成的。微沟槽结构是源于在沟槽底部刻蚀离子从侧墙反射和侧

墙的阴影效应之间的协同效应。对停止层的高选择比会产生底部缺口,这可能会对后续阻挡种子层工艺提出挑战。密集间隔处离子的折射或者低 $k$ 材料损伤会导致孔或者沟槽出现圆弧形的形状。在后端工艺中,圆弧形的形状倾向于更坏的 TDDB(与时间相关的介质击穿)特性。在通孔双大马士革工艺的沟槽刻蚀过程中,在通孔周围产生的围栏和刻面是两个典型的不利结构。它们会在铜金属化过程中带来问题,并最终导致器件失效。如果将填充材料的回刻时间增加,通孔口上的围栏有可能减小。最终围栏和刻面的特性在很大程度上取决于填充材料的回刻与沟槽主刻蚀的组合。通常在实际制作工艺中,轻微的围栏是可以接受的。

## 8.2 干法刻蚀建模

虽然半导体晶圆的尺寸从 4in 增加到了 12in,今天所用的制造微电子器件的干法刻蚀工艺的开发在很大程度上还是大量耗费时间和金钱的实验探索。部分原因是由于腔室尺寸的增大、紧密交织在一起的各种工艺材料以及苛刻的工艺要求,造成了众所周知的工艺开发的复杂性。研发人员在设计大尺寸干法刻蚀机时,如果没有深刻地理解刻蚀过程中的基础物理化学反应,就不可避免地要耗费大量的金钱与时间。等离子表面相互作用的基础研究,无论是实验的还是数值的,在工艺和刻蚀反应器的开发过程中都起到了关键作用,为限制巨大的工艺变量空间提供了重要见解。简而言之,干法刻蚀建模是减小昂贵实验负担,加快大尺寸刻蚀反应器开发的必要方式。

### 8.2.1 基本原理模拟

所需要的干法刻蚀机模拟器应该强调基础等离子现象,并可以扩展应用到各种反应器形状、复杂的反应类型和不同的激励方式,比如 RIE、CCP 和 ICP。从基本的物理学研究的角度来看,在一个简单的反应器形状中,单一的激励方式,外加有限的气体应是首选。从技术开发的角度来看,刻蚀机模拟器需要具有更多的通用功能。

二维(2D)刻蚀机模拟和验证出现于 20 世纪 90 年代初期,伊利诺斯大学的 Kushner[6,7](1994 年)提出了二维混合等离子设备模型(HPEM)。在定义了反应器形状和初始运行条件后,HPEM 利用 Maxwell 方程求解电磁模块(EMM)。基于从 EMM 得到的电磁场,利用电子能量传输模块(EETM)中的 Monte Carlo 程序计算出电子密度、电子温度、电子能量分布函数以及电子碰撞反应率,然后利用流体动力学模拟(FKS)中的连续性方程计算重粒子密度和流量,Poisson 方程计算电磁场,后者作为下一个循环 EMM 的输入值。这种循环一直重复进行,直到收敛。等离子化学 Monte Carlo 模拟作为一个可选模块来计算到达衬底的等离子粒子流量和能量分布。在早期阶段,HPEM 仅仅关注等离子在各种反应器,比如 ME-RIE、CCP、ICP 中的分布,在 1996 年扩展为三维(3D)版本。S Tinck (2008 年)[8] 利用 2D-HPEM 模拟 Ar (10%)/$Cl_2$(90%)干法刻蚀硅,他发现在所研究的运行条件下,刻蚀速率受离子撞击衬底的能量和流量的影响很大,而受自由基流量数值的影响程度小,即使自由基流量大于总的离子流量 100 倍。

休斯敦大学的 Lymberopoulos 和 Economou (1995 年) 为 ICP 反应器开发了 2D 模块化等离子反应器模拟器(MPRES)。模拟器中包含有复杂的等离子反应(涉及电子、离子和中性子）和表面反应。Panagopoulos 和 Economou（1999 年）[9] 提供了一个三维版本的 MPRES，用来检验在 ICP 反应器中使用氯等离子刻蚀多晶硅晶圆过程中刻蚀均匀性的方位角非对称性问题。MPRES-3D 可以在任意的三维 ICP 反应器中执行任何气相和表面化学的自洽模拟。它的有限元网格由 FEMAP（商用软件包）产生，FEMAP 是一个通用的网格发生器。模拟输入部分包括反应器的几何形状、反应器的结构材料、运行条件、关注的离子的传输特性以及化学动力学。如图 8.6 所示，MRES-3D 包含有 5 个模块。模拟器一开始先在“电磁模块”中解 Maxwell 方程来确定电磁场和运行功率下等离子功率沉积的分布。后者反馈到“电子能量模块”用于电子温度和电子碰撞反应速率系数的计算。将这两个结果输入到“带电粒子反应与输运模块”和“中性粒子反应与输运模块”中，前者提供带电粒子的密度，而后者计算中性气体的组成。这个循环被反复计算，直至“收敛”。最终，收敛的解可以提供晶圆表面上自洽的功率沉积、静电势、电子温度、带电粒子与中性粒子密度、刻蚀速率、均匀性和选择性。“鞘模块”通常是作为后处理的步骤用来计算与时间相关的等离子、衬底后腔壁上的电势、在晶圆电极上形成的直流偏置以及轰击晶圆表面时粒子的能量分布。

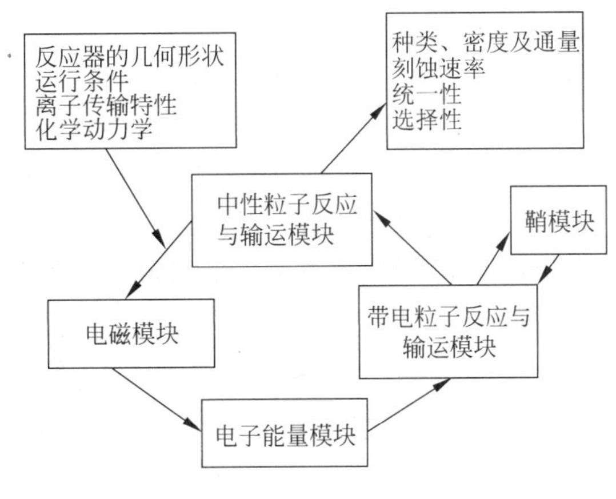


图 8.6　MPRES-3D 框图

如图 8.7 所示，MPRS-3D 展示了在一个圆筒形反应器内，由进气口、抽气口和非均匀功率沉积所造成的硅刻蚀的方位角不均匀性。基本条件包括：压力 10mTorr，2000W 的 13.56MHz 射频功率沉积，500K 的气体温度，79sccm 的纯氯气。在上述条件下，进行了四组模拟比较，研究了方位角的非对称性。这是第一次研究聚焦环对刻蚀均匀性的影响。均匀的功率沉积在这里是指线圈中的电流保持方位角均匀，仅在径向上有变化。非均匀功率沉积假设电流沿着线圈的路径线性增加，最终发生了径向和方位角方向上的电流变化。包含有氯原子吸附的简单离子辅助表面反应和离子辅助刻蚀被设定为

$$\mathrm{Cl_g} + * \longrightarrow \mathrm{Cl_{(s)}}$$

$$\mathrm{Si_{(s)}} + 4\mathrm{Cl_{(s)}} \xrightarrow{\mathrm{Cl_+}} \mathrm{SiCl_{4(g)}} + 4* \tag{8-1}$$

在稳态条件下，腔内的平衡可以被表示为

$$\theta = \frac{sJ_{\mathrm{Cl}}}{sJ_{\mathrm{Cl}} + 4c(\phi)Y_{\mathrm{Si}}J_{\mathrm{Cl^+}}} \tag{8-2}$$

刻蚀速率可以依靠下面的公式计算出

$$\frac{1}{\text{Etch Rate}}=\frac{\rho_{\text{Si}}}{\theta Y_{\text{Cl}}J_{\text{Cl}^+}}=\frac{\rho_{\text{Si}}}{J_{\text{Cl}^+}}\left(\frac{1}{Y_{\text{Si}}}+\frac{4}{sJ_{\text{Cl}}/J_{\text{Cl}^+}}\right) \tag{8-3}$$

其中，$\rho_{\text{Si}}$是多晶硅的原子密度，$\theta$表示的是氯的表面覆盖，而 $c(\phi)$代表的是离子入射角$\phi$的影响。氯在多晶表面的黏附系数 $s$ 和离子产能(每个 $\text{Cl}^+$ 所迁移的硅原子数)都是离子能量 $E$ 的函数，表示为

$$\begin{cases}Y_{\text{Si}}(E)=0.8964\sqrt{E}-4.1514, & Y_{\text{si}}(E)\geqslant 0\\ s(E)=0.0997\sqrt{E}-0.41342, & s(E)\geqslant 0\end{cases} \tag{8-4}$$

正离子的流量等于鞘与前鞘边界处的 Bohm 流量

$$J_{+}=n_s\sqrt{\frac{kT_e}{m_i}} \tag{8-5}$$

其中，$n_s$ 表示在鞘与前鞘边界处离子密度，$k$ 是 Boltzmann 常数，$T_e$是电子温度，$m_i$ 表示的是电子质量。中性粒子的热流量为

$$J_{*}=\frac{r}{2-r}\sqrt{\frac{2kT_g}{\pi m_*}}n_* \tag{8-6}$$

其中，$n_*$ 表示在鞘与前鞘边界处中性粒子密度，$T_g$ 是气体温度，$m_*$ 是中性粒子的质量，$r$ 代表中性粒子的反应几率。模拟结果揭示出在均匀能量沉积的情形下，离子驱动刻蚀在晶圆上的刻蚀速率分布受到了抽气口的扰动。然而，图 8.7(c)和图 8.7(d)的情形主要是由非均匀功率沉积的影响造成的。在带有聚焦环的情形下，刻蚀速率略低，这是由于在环的表面产生了复合损失。聚焦环在某种程度上减弱了方位角不均匀性。在四组模拟中，气体的进气口甚至都没有引起局部的扰动。

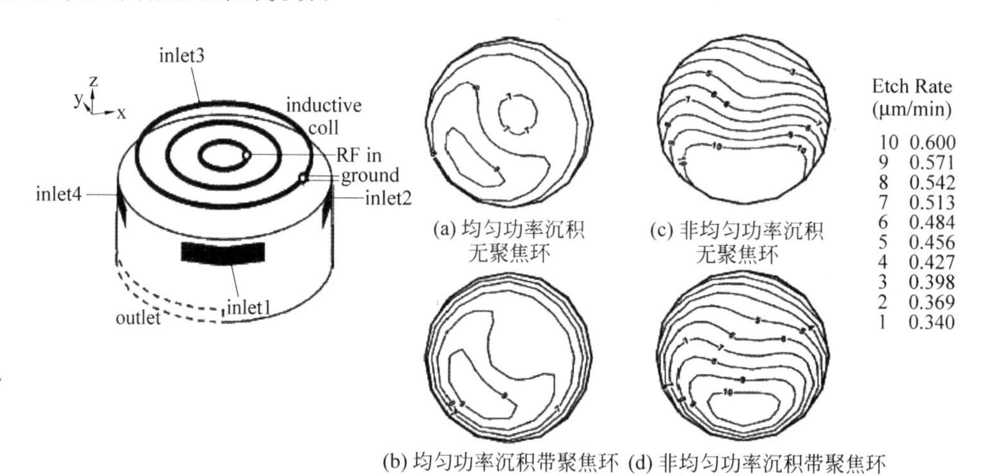


图 8.7 圆筒形反应器内，由进气口、抽气口和非均匀功率沉积造成的硅刻蚀的方位角及场均匀性

## 8.2.2 经验模型

如 8.2.1 节所述，基于基本原理所建立的等离子刻蚀建模涉及高频、高强度电场内的连续性、动量平衡和能量平衡等方程。对一个特定反应器的实际模拟，所需要的求解时间在数量级上是一个单独的操作条件大约半个小时，这对于可能需要实时反馈的工艺控制来说速度慢得无法接受。此外，缺乏对目标材料和刻蚀气体复杂相互作用的基本了解，往往会误导

模拟结果。另一方面，虽然经验模型纯粹地依赖于实验数据，缺乏深刻的理解，并被限制在其可用的数据范围内，但可能更容易接收用在实际制造中。所以在这两方面做一下折中是必要的。

经验模型，也被称作黑箱模型，在很大程度上忽视基本的物理过程，仅从实际过程行为的角度来将问题参数化。利用测量过程的输入和输出，来确定一个输出到输入的数学模型。参数的估算被分为线性和非线性部分，二者都是很广泛的研究课题。一个简要的总结列于表 8.1 中。OLS 是最简单且被最广泛使用的，它假设输入没有干扰，如果违背了这一条，模型的预测可能变差。RLS 防止了 OLS 的共线性问题，但仍假定无干扰输入。PCR 第一个采用了主成分分析法(PCA)消除了共线性，在正交的主成分得分与负载中获取数据，提取出的主成分可能会出现在与输出空间不一致的子空间中，最终结束在一个不准确的模型预期上。PLS 用改变输入变量，使其与输出空间关联的方法克服了这一缺点。CR 方法可以用到 OLS/PCR/PLS 中去，常常可以改善模型的精度。所有上述的线性方法只能在一个狭窄范围内得到所需的性能。像干法刻蚀这样本身高度复杂的工艺过程的验证，必须依靠非线性方法，神经网络[10](NN)已经显示出在这一领域具有卓越的能力。

**表 8.1　现有的用于干扰刻蚀过程的验证方法**

| 多变量过程的参数评估算法 | 评　论 |
|---|---|
| 普通最小二乘法(OLS) | (1) 线性方法<br>(2) 不考虑输入块结构，寻求输入输出间的最佳关系<br>(3) 假设无干扰输入 |
| 正则最小二乘法(RLS) | (1) 线性方法<br>(2) 据称能处理 OLS 中的共线性问题<br>(3) 假设无干扰输入 |
| 主成分回归(PCR) | (1) 线性方法<br>(2) 用各种隐含变量解释了所有变量的干扰和共线性 |
| 隐空间投影(PLS) | (1) 线性方法<br>(2) 用减秩回归解释了所有变量的干扰和共线性 |
| 连续回归(CR) | (1) 线性方法<br>(2) 在通用的方法中统一了 OLS,PLS,PCR 回归 |
| 神经网络(NN) | (1) 流行的非线性方法<br>(2) 定义边界困难 |

干法刻蚀工艺经验模型的主流侧重于采用有限的实验数据或者日常生产数据验证。后者由于缺少能够确保验证模型可靠性的“活性”，因而不是第一选择。此外，黑箱建模困难，这需要能够仅仅通过常规的批量或者单点的测量来预测空间分布指数，因此，替代方案是利用基于基本原理的模拟器为降阶数学模型开发提供一个可靠的基础，这至少在实际设备制造初始阶段是有吸引力的。Zhang (2002 年)[11]利用 2D-MPRES 在 8in 的晶圆上进行氧等离子刻蚀光刻胶的实验设计，实验条件定为 ICP 功率 150～750W；RF 偏置 100～1000V；$O_2$流速 50～300sccm；压力 5～50mTorr。其中的 10%的实验设计(162 次)通过一个整个晶圆的干涉传感器(CCD 照相机)原位收集的方法进行实验数据的验证。

图 8.8 描述在 37mTorr 压力下，三种不同的线圈设计时电子温度和 $O_2^+$ 密度的模拟结果。一般来说，$O_2^+$ 是光刻胶的主刻蚀剂之一。正离子密度分布取决于沉积功率、压力和反

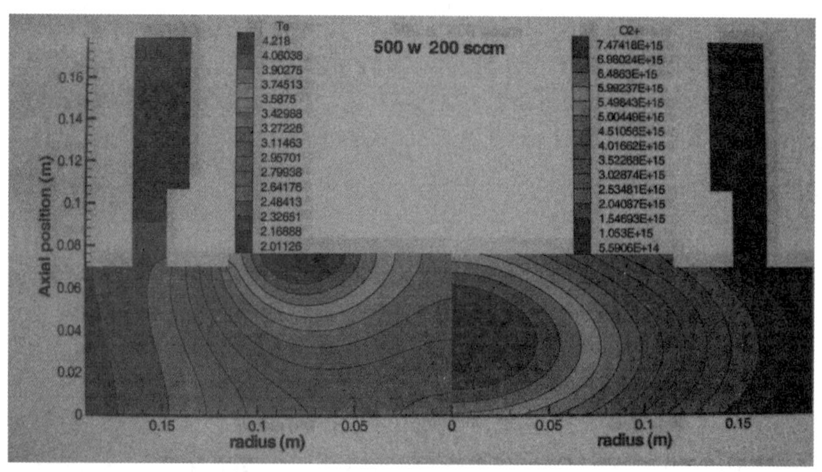


(a) 一圈线圈

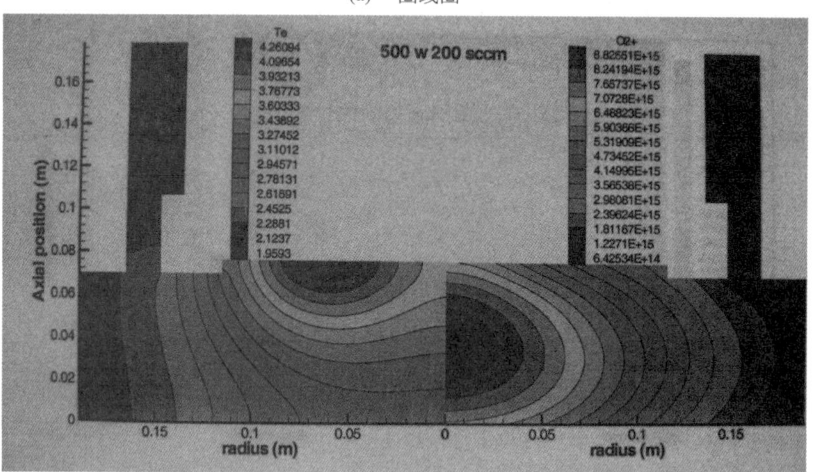


(b) 三圈线圈

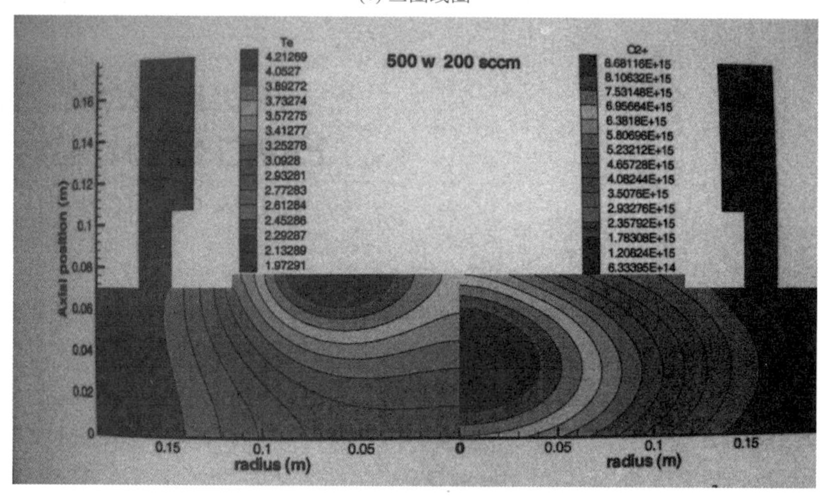


(c) 钟形线圈

图 8.8 电子温度

应器的几何尺寸比(半径/高度)。通常相对于线圈中间,沉积功率会在偏离轴心的位置产生最大值。然而,离子的峰值在轴心上,并迅速衰减。偏离轴心的最大值都小于预期的这些数值的最高值。电子温度的分布通常遵循沉积功率的分布,它从石英窗下的最大值迅速地下降,在等离子体外到达更低的 $T_e$。除了设计为单圈线圈在石英窗口下电子温度峰值的环形变窄以外,单圈线圈和钟形线圈的电子温度与平面三圈线圈的是相类似的。钟形线圈的 $O_2^+$ 的密度分布与三圈线圈是相类似的,而单圈线圈下降了 10%。采用钟形线圈设计的 $O_2^+$ 密度峰值更接近晶圆表面。

空间信息的直接模型验证不可避免地导致高维输出,从而降低了计算效率和模型精度。一个有希望实现空间变量建模的解决方案是寻找一个尽可能代表高维空间的低维子空间。也就是将少数压缩了的变量,用来代表沿晶圆半径(2D)或者整个晶圆(3D)分布的大量原始参数,然后将少数压缩变量与各种输入,比如压力、ICP 功率、RF 偏置和气体流速相关联。在现有的减少维度的方法中,PCA 和小波压缩被证明为 1-D/2-D 数据压缩和信息提取技术,2-D 数据/图像压缩技术对于不均匀功率沉积的非对称刻蚀速率、抽气口、进气口的模拟是至关重要的。

Zhang(2002 年)[11]应用神经网络就四个操控输入与基于 2-D MPRES 试验设计的压缩了的 1-D 刻蚀速率之间的关系进行了验证。图 8.9 显示的是前两个的“得分”,它们是从小波压缩变化及 ICP 功率与流速的函数得来的,腔内压力定为 15mTorr,RF 偏置幅度为 500V。第一个得分表示最低水平的近似刻蚀速率分布变化,它反映的是刻蚀速率分布的最低频率。第二个得分捕获到最低水平下刻蚀速率分布的细节,它们都显示出非线性。对于固定的 ICP 功率,当流速变化时,可以注意到第一个得分的单调变化。第二个得分也有类似的趋势,指出刻蚀速率随气体流速上升而减少。这可以解释为随着流速的增加,离子与中性粒子间的碰撞增强了,并且离子在穿越鞘时损失了能量。固定流速,ICP 功率对于两个得分都形成了山形响应面。这可以解释成 ICP 功率和 RF 偏置的协同效应,见公式(8-3)。当 RF 偏置减小,“山”也将减小,因为在低 RF 偏置、高 ICP 功率时,刻蚀速率被限制在离子反应区。

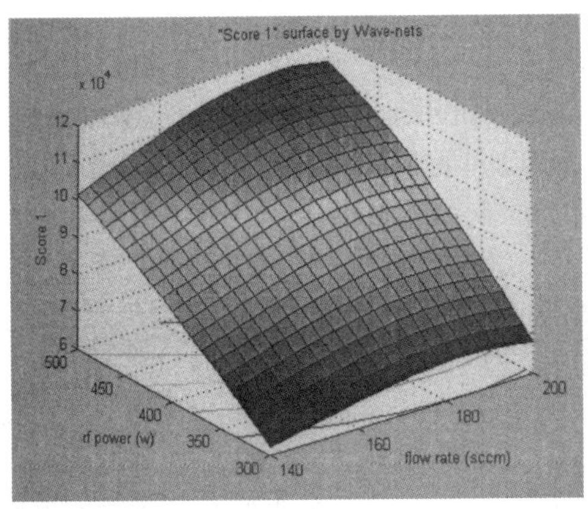


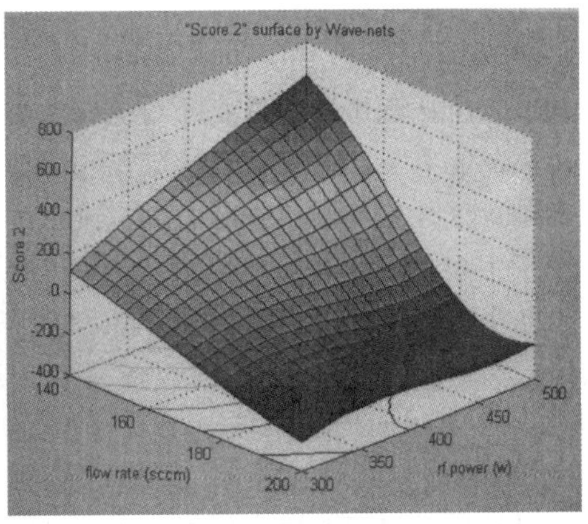


图 8.9　小波压缩的得分响应表面作为 ICP 功率和流速的函数

# 8.3 先进的干法刻蚀反应器

如图8.10[12]所示，就导体和电介质刻蚀机而言，排列在前三甲的干法刻蚀机厂商包括泛林半导体(Lam research，LAM)，东京电子(Tokyo Electror，TEL)和应用材料公司(Applied Materials ，AMAT)。事实上，尽管CMOS的特征尺寸在过去的十年间(2001～2010年)已经从0.13$\mu$m缩减到45nm，这一排序没有改变过。每个厂商都开发出各自不同的硬件体系，用来满足对片内和片间均匀性控制的苛刻需求。

| Rank | 2003 | 2004 | 2005 | 2006 | 2007 | 2008 |
| --- | --- | --- | --- | --- | --- | --- |
| 1 | Lam Research | Lam Research | Lam Research | Lam Research | Lam Research | Lam Research |
| 2 | Tokyo Electron | Tokyo Electron | Tokyo Electron | Tokyo Electron | Tokyo Electron | Tokyo Electron |
| 3 | Applied Materials | Applied Materials | Applied Materials | Applied Materials | Applied Materials | Applied Materials |
| 4 | Hitachi | Hitachi | Hitachi | Hitachi | Hitachi | Hitachi |

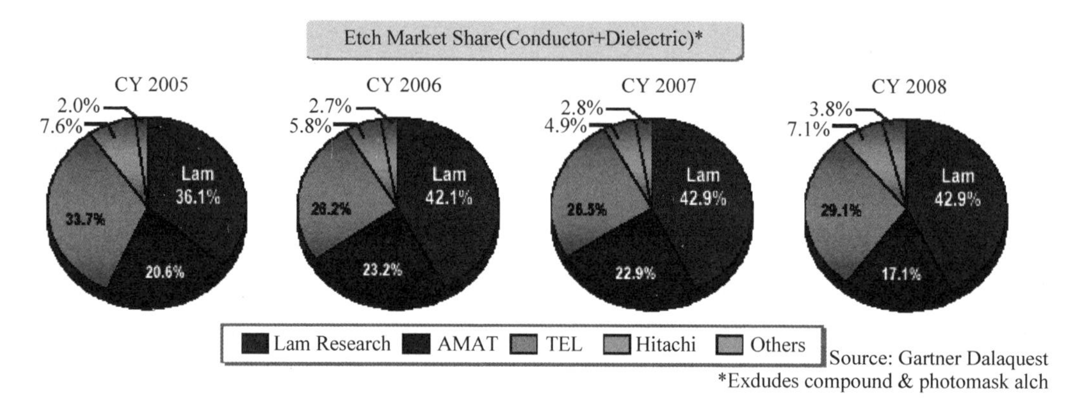


图8.10　干法刻蚀机2005～2008年市场份额图

## 8.3.1 泛林半导体

Lam Research在1992年就获得了TCP技术的专利，到2010年，该技术在32nm及以下工艺节点中一直扮演着重要的角色。2004年推出了用于65nm的2300 Kiyo系列，它除增强了泵的能力外，还增加了可调谐静电卡盘(ESC)，并能够在晶圆中心与边缘实行独立的温度控制。这种可调谐的功能可以集成到一步步控制晶圆温度，增大了工艺窗口，却不会对等离子发生扰动。晶圆刻蚀完成后，执行无晶圆自动清洗(WAC)和先进的腔室条件控制(AC3)操作。在2008年，Kiyo3x，Kiyo系列的第三代产品，开始将多区静电卡盘温度控制和边缘气流调整方案用于32nm工艺节点，这些与增强反应器对称性的措施一起使得CD均匀性达到了1nm。此外，先进的预涂层反应腔清洗专利技术，也确保了每一片晶圆刻蚀的高度重复性。

面对新材料和不断缩小器件尺寸的挑战，在2007年，Lam用获得专利的双频率技术，为45nm工艺节点的介质刻蚀开发出了多频率功率等离子刻蚀机2300 Exelan Flex45。多加的频率用于底部电极。多频设计已经被证明增强了工艺的灵活性，并能够在同一腔体内刻蚀不同的材料。除了增加了抽气速率，从物理和化学反应机理的观点出发，将 2004 年在 2300 Exelan Flex DD 首次使用的双区静电卡盘和双气流馈入技术以及第二调谐气体和先进的边缘环等技术整合到了 Exelan Flex 45 中，用于改进 CD/形貌控制。

## 8.3.2　东京电子

东京电子的刻蚀机主要采用电容耦合等离子(CCP)，并主要针对各种介质的刻蚀。2006 年设计的 Telius SCCM Ji-Ox，其目标是用于 45nm 及其以下工艺节点的逻辑电路工艺。如图 8.11[13] 所示，与 Flex 系列所有的频率功率都加在底部电极不同，传统的 SCCM S E plus 采用两个分离的 RF 发生器。位于顶部的高频是功率源，用来调整等离子密度，而底部的低频是用来控制离子的轰击。另外，可调的间隙是控制等离子分布的关键，从而实现了所需刻蚀速率的均匀性。为了进一步增强刻蚀速率分布控制的灵活性，将边缘气流调节和在顶部电极上叠加直流等技术也整合到了 SCCM Ji-Ox 中。这一功能被证明能够缓解在低功率区出现的甜麦圈型的刻蚀速率分布，而且，单片总成本降低的需求更注重于一体化刻蚀工艺的能力。在一体化工艺各步骤中，可以自由地优化直流叠加技术，以避免可能出现的固定间隙调整工艺步骤的限制。

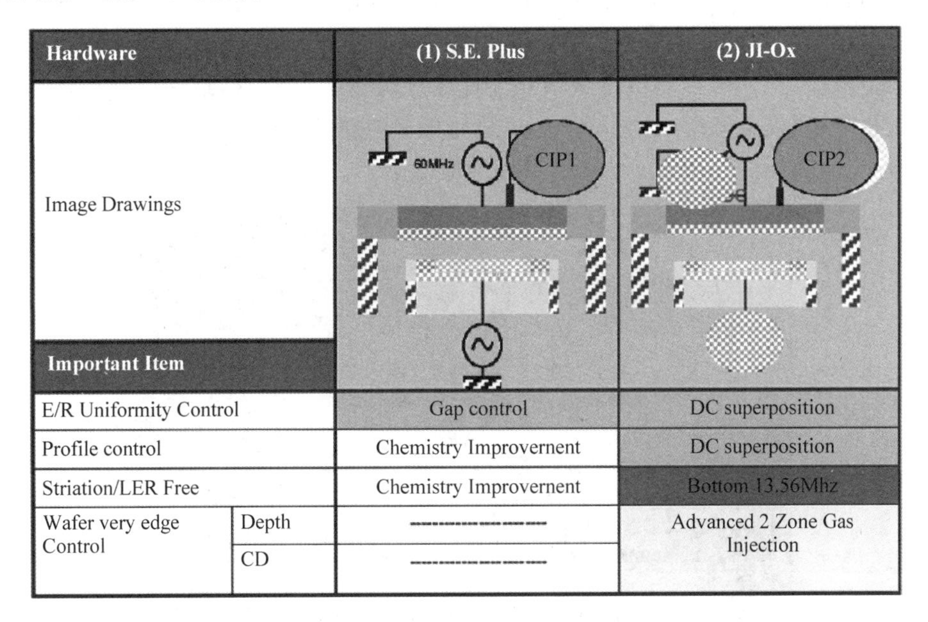


图 8.11　SCCM SE plus(左)和 SCCM Jin-Ox(右)示意图

## 8.3.3　应用材料

在 2009 年，应用材料公司(AMAT)发布了用于 32nm 及其以下工艺节点的 AdvantEdge Mesa 硅刻蚀机。Mesa 利用了应用材料公司多代成熟的产品技术和丰富的经验，突破性的 ICP 设计去除了 ICP 功率耦合的固有特征，从而改进了 M 形刻蚀速率均匀性。eMax $CT^+$ 是应用材料公司第一个以两个不同偏置功率、双气区和 SiC 涂层表面为特征的介质刻蚀机。两种机型的目标都是要改进 CD 的均匀性。2009 年推出的 Enabler E5 具有一个专利技术的超高频(VHF)[14] 源，采用磁场和多个独立的气体注入控制离子流量。所有这些特征,导致其在一体化的后端工艺集成和高深宽比(HAR)接触刻蚀中具有特殊的能力。超高频混合是动态等离子均匀性控制的一个有效的技术,它能够使腔室运行在保持超薄光刻胶完整性的低分解高选择性模式,也可以运行在有效地去除光刻胶和刻蚀后残余物的高分解模式。有效的腔室清洗能力,高纯的抗等离子刻蚀的腔室材料,二者协同效应的结果提供了一个稳定、清洁的腔室条件。

## 8.4 干法刻蚀应用

在21世纪初,干法刻蚀应用的分类主要依据器件的功能,大致包括逻辑器件和存储器件。十年后,许多干法刻蚀应用[14]共存于逻辑与存储器件中。无论是逻辑器件还是存储器件的集成方案,很大程度上取决于最终的器件功能,这些器件从速度、能量消耗和其他因素的角度进行了优化。日益复杂的集成方案,就新结构和不同材料而言,为干法刻蚀带来了差异。例如,在前端工艺中的应变工程,它促进了应力薄膜刻蚀、应力近邻技术和选择性外延(SiGe)的源漏刻蚀等技术的开发。而在后端工艺中,可靠性增强触发了在双大马士革互联工艺中使用金属硬掩膜。不同于存储器件中对大电容的要求,在逻辑器件中,对所需要工作频率下栅电极的关键尺寸控制得到了高度重视。此外,逻辑电路器件中复杂的连线需要几层额外的金属层。45nm存储器件从铝互连逐渐地转变为铜互连,这使得在后端工艺中日益重视氧化物和/或金属的刻蚀。图8.12显示的是高速逻辑电路产品通常采用的刻蚀工艺,所有标记的刻蚀将会在后面的章节中仔细地讨论。

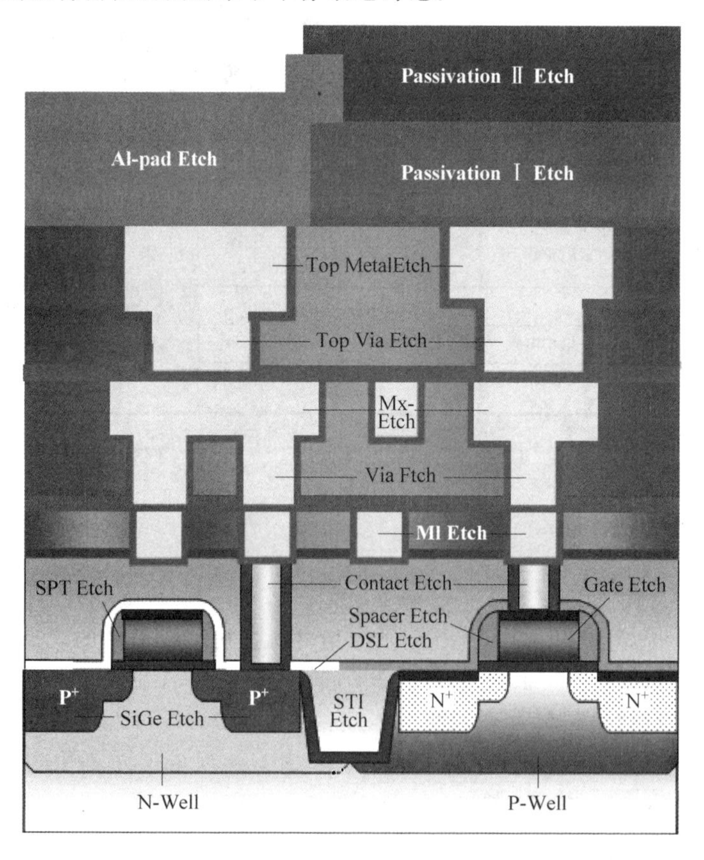


图8.12 逻辑电路产品的剖面示意图

## 8.4.1 浅槽隔离(STI)刻蚀

浅槽隔离[15]用来将构成器件的部件分离开，在 0.18μm 工艺中，它已经代替了器件制造中的 LOCOS(硅的局域氧化)隔离技术。在浅槽隔离刻蚀中，精确地控制浅槽隔离 CD、沟槽的深度以及顶部圆角，对于器件的性能和良率都是很重要的。过大的浅槽隔离 CD 的变化，恶化了静态工作点漏电流的性能。沟槽深度的变化导致后 CMP 台阶高度(SH)差，台阶高度被定义为从填充材料顶部表面到硅有源区的距离。尽管需要一个适当的台阶高度来阻止在 SiGe 外延沉积时硅有源区以外暴露，但台阶高度明显的变化会导致对多晶硅栅刻蚀底部形貌的影响。过于尖锐的顶角会在浅槽隔离侧墙处产生高的边缘电场，这会导致高漏电，在 Id-Vg 曲线上表现为“双驼峰”。虽然采用侧墙氧化物退火，或者 SiN 拉回技术来减小“双驼峰”，但它们无法改善由于局部应力差引起的窄沟道宽度效应。有效的顶部圆角，可以解决这两个问题。如图 8.13[16]所示，随着特征尺寸的减小，增加沟槽深度与沟槽 CD 的比值，成为精确刻蚀控制的巨大挑战。这是浅槽隔离图形从 PR/Barc，PR/Si-Barc/Barc 变化到 PR/Barc/Darc/AC(不定形碳)的动力之一，它可以得到更好的侧墙粗糙度、二维尺寸收缩和较少的耐蚀光刻胶的补偿。

| *Year of Production* | 2007 | 2008 | 2009 | 2010 | 2011 | 2012 | 2013 |
|---|---|---|---|---|---|---|---|
| *MPU Printed Gate Length(nm)* | 54 | 47 | 41 | 35 | 31 | 28 | 25 |
| *MPU Physical Gate Length(nm)* | 32 | 29 | 27 | 24 | 22 | 20 | 18 |
| *STI depth bulk(nm)[O]* | 353 | 339 | 335 | 331 | 323 | 316 | 309 |
| *Trench width at top(nm)[P]* | 68 | 59 | 52 | 45 | 40 | 36 | 32 |
| *Trench sidewall angle(degrees)[Q]* | >87.2 | >87.5 | >87.8 | >88.1 | >88.2 | >88.2 | >88.5 |
| *Trench fill aspect rtio-bulk[R]* | 5.7 | 6.2 | 6.9 | 7.9 | 8.6 | 9.3 | 10.2 |

图 8.13 在 IRTS 路线图中 STI 的不断增加的深宽比

底部抗反射层(Barc)打开步骤是 CD 均匀性(CDU)控制的关键。除了刻蚀机自身的先进性能外，$SO_2$是满足苛刻 CDU 要求的必要条件。要使硅沟槽的顶角变圆，在 STI 沟槽刻蚀之前，要通入 $CHF_3/CH_2F_2$或者是 $CHF_3/HBr$。$HBr/SF_6$是硅沟槽刻蚀的常用气体组合，为了获得更好的 CDU 和在致密与稀疏图形间更好的载荷分布，它已经被更复杂的组合(如 $Cl_2/CH_2F_2/CHF_3/NF_3$)和/或者两步 STI 沟槽刻蚀所取代。图 8.14 显示的是在不同间距(125～5500nm)硅沟槽刻蚀中图形的作用，先进的工艺图形化不定形碳明显地比 Si-barc 图形化好 5nm。这来源于先进的工艺图形化中的清洗工艺，它使得在稀疏图形区的沟槽更为陡直。

## 8.4.2 多晶硅栅刻蚀[18,34]

当 CMOS 工艺持续缩小尺寸到 65nm 及以下工艺节点，栅的制造[17,18]变得更具挑战性。在尺寸缩小的过程中，出现了能够为 90nm 尺寸光刻的氟化氩(ArF) 193nm 光刻技术。然而，由于光刻胶厚度的减小和 ArF 光刻胶不佳的抗蚀性能，已使得常规的无机硬掩膜技术备受关注。这种抗蚀膜的性质趋于形成各向异性的条纹；并造成栅的侧壁粗糙，因此会使器件的性能变差。要改善电流驱动能力和减小短沟效应，栅氧化物的厚度也要减小。要克服多晶硅耗尽效应(PDE)，需要使用预掺杂技术。然而，引入预掺杂技术却为常规无机硬掩膜图形带来了一些问题。因为多晶硅在热磷酸中的腐蚀速率是与预掺杂剂量相关的，在

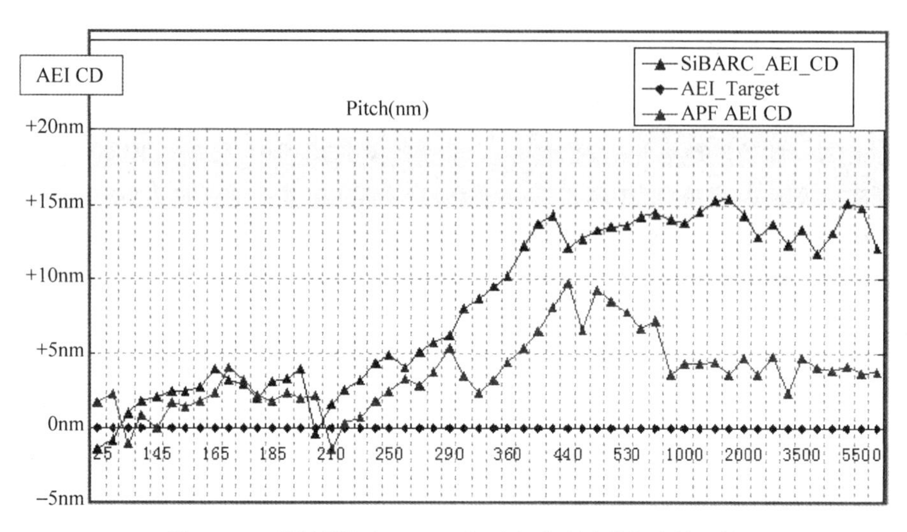


图 8.14 不同间距下 Si-Barc 和不定形碳图形方法的比较

完成硬掩膜去除步骤时,会发生严重的缩颈现象。所有这些传递出一个信号,那就是常规硬掩膜图形时代的结束和亚 90nm 工艺节点图形发展新时代的开始。

关键工艺参数的变化,如多晶硅栅刻蚀的 CDU、由密集到稀疏区的刻蚀偏差(TPEB)、线宽粗糙度(LWR)以及多晶硅栅形状(特别是底部形状)等,必须被很好地控制,以改善器件性能和提高良率。必须仔细地优化所有这些参数,以避免其中的任何一个退化。众所周知,漏饱和电流($I_{dsat}$)是表明器件电性能的基准尺度,其应该正比于器件的有效沟道长度,与多晶硅栅的 CDU 有着密切的关系。$V_{min}$是评价器件特性的另一个关键参数,图 8.15(a)显示的是双斜率 $V_{min}$(小 $V_t$ 和大 $V_t$ <阈值电压>),这个问题依赖于 TPEB 的表现。好的 TPEB 结构不会产生 $V_{min}$ 双斜率问题。LWR 与晶体管的阈值电压变化相关,明显地增大了关态电流的泄漏[1]。图 8.15(b)显示的是 NMOS 泄漏电流的模型预测,以及在 0.13μm CMOS 技术中,对应不同程度的 LWR,驱动电流是栅长度的函数的结果。在 65nm 及以下工艺节点,必须考虑减小多晶硅栅形貌的变化。

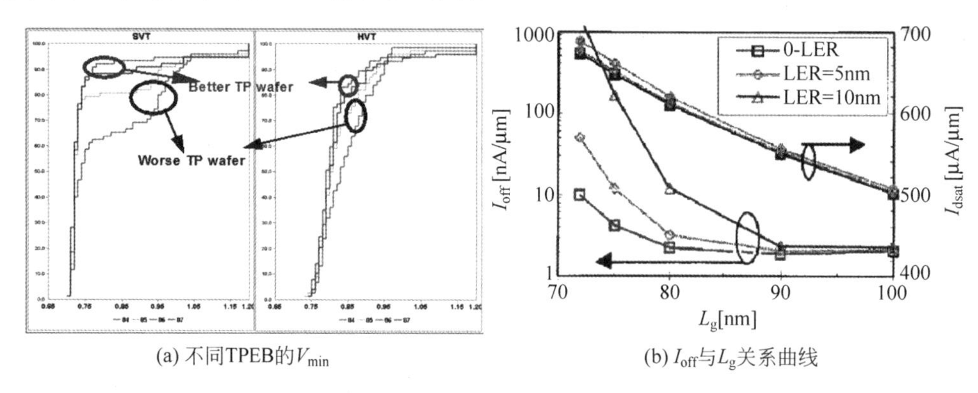


(a) 不同TPEB的$V_{min}$　　(b) $I_{off}$与$L_g$关系曲线

图 8.15 不同 TPEB 下的 $V_{min}$ 和 $I_{off}$ 与 $Lg$ 关系曲线

在显影后检查(ADI)CD,进行剂量补偿是刻蚀后检查(AEI)CDU 改善的成熟方法。图 8.16(a)显示的是一款 65nm 产品为了改善多晶硅栅的 CDU,进行 ADI 补偿的过程。在已知片内的 AEI CD 分布的情况下,对 ADI CD 分布进行补偿,可以在晶圆边缘处增大 CD。

这样可以改善 AEI CD 分布。然而，尽管这种方法应用起来并不复杂，但 ADI 补偿不能解决多晶硅栅极底部形状的负载，并很容易引入更多的疏/密负载。在刻蚀方面，Barc(底部抗反射涂层)打开这步工艺，是同时改进那些关键参数中的主要手段之一。DOE (实验设计)在此步中是必不可少的，用来在偏置电压、腔室压力和晶圆温度中选择最佳条件，得到更好的 CDU、TPEB 和 LWR。晶圆温度对 CDU 的影响非常明显。在 Barc 打开步骤中，不同的温度可以改变片内 Barc 打开行为，从而改变片内多晶硅栅的 CDU，如图 8.16(b)(65nm 栅刻蚀)所示。对于 TPEB，高压和低偏置是好的组合。然而，这个条件使 LWR 恶化。因此，在 Barc 打开这一步，LWR 的改善不得不关注不同的气体组合。图 8.17(a)显示的是对于 LWR 的改善，采用 HBr-基做 Barc 打开好于 $Cl_2$-基。主要的机理可被归因于 HBr-基的条件可以提供更强的光刻胶的侧墙保护。如图 8.17(b)所示，所需要的 TPEB (<3nm)的表现可以基于实验设计的方法得到。

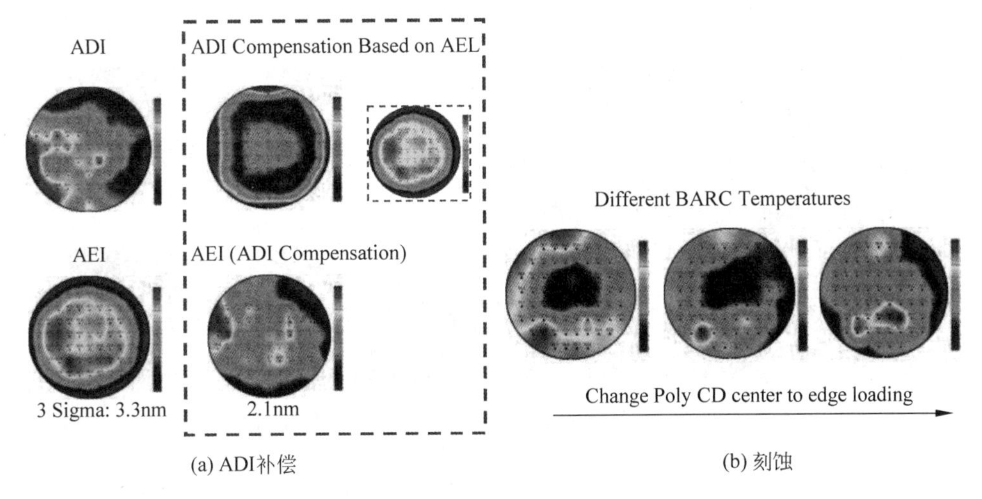


(a) ADI补偿　　(b) 刻蚀

图 8.16 ADI 补偿以及刻蚀使 CDU 得到改善 (基于 KLA SCD F100x)

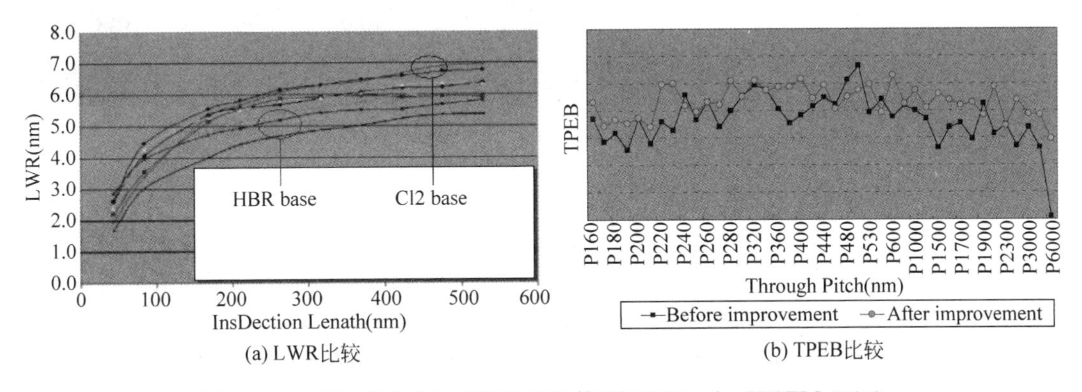


(a) LWR比较　　(b) TPEB比较

图 8.17 LWR 的比较和 TPEB 的比较(基于 Hitachi CDSEM 9380)

多晶硅栅的形状主要依赖于主刻蚀步骤，它的改善可以与 CDU、TPEB、LWR 无关。当氟基气体($NF_3/CF_4/SF_6$)对于多晶硅是否掺杂不敏感时，它们可以同传统的多晶硅栅主刻蚀气体($HBr/Cl_2/O_2$)组合使用来制造双多晶硅栅。图 8.18 显示的是经一次光刻图形化，混合气体($CF_4/SF_6/HBr/Cl_2$)刻蚀和退火的多晶硅栅效果。头两个情况是刻蚀条件

($CF_4/HBr/Cl_2$)相同，但第二个进行了退火。即使用了$CF_4$，仍然可以在NMOS和PMOS中(图8.18A和8.18B)观察到多晶硅顶部严重的负载现象。更高的$CF_4/(CF_4+HBr+Cl_2)$比值可以减小这种负载现象，但却不能完全消除；而且过高的$CF_4$比值会导致锥度的形状加大，在65nm及以下工艺节点中这是不能接受的。对预掺杂的NMOS退火可以驱使掺杂剂在多晶硅栅中分布得更加均匀，导致掺杂剂引入的多晶硅栅形状畸变减弱。但是，没有从根本上改善(图8.18C和8.18D)，多晶硅栅形状的畸变出现在预掺杂NMOS多晶硅栅的下半部。第三种情况加入了$SF_6$和$NF_3$，前者是腐蚀性更强，产生聚合物少的气体，后者是对侧墙保护好的气体。结果是在图8.18E和图8.18F中没有见到多晶硅栅形状畸变和预掺杂负载现象；图8.19(a)显示的是偏置电压和工艺时间在主刻蚀和过刻蚀步骤中对多晶硅栅形状影响的效果。图8.18(G-H-I-K)显示的是在图8.19(b)情况下，两个TEM(透射电子显微镜)形状的例子，可以清楚地看到多晶硅栅形状负载在很大程度上取决于主刻蚀和过刻蚀的刻蚀均匀性，侧墙角(SWA)可以作为评价指标。

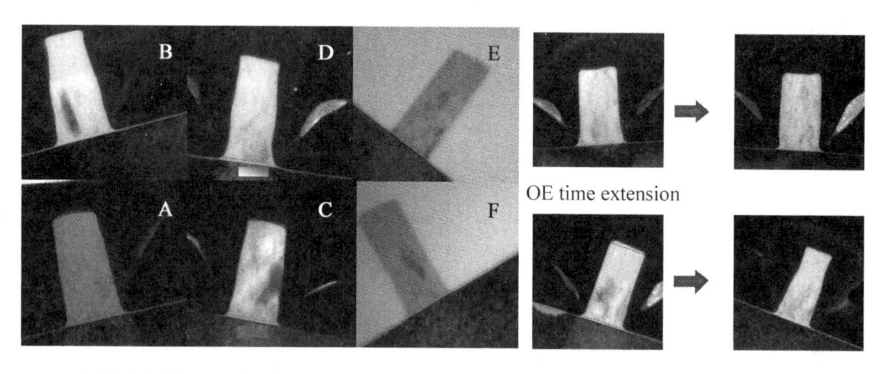


图8.18　主刻蚀气体与预掺杂多晶硅的刻蚀效果(左)和主刻蚀与过刻蚀时间延长的效果(右)

| Etch step \ Profile | | | Side wall Angle | Notch: Etch Selectivity to Oxide low | Notch: Etch Selectivity to Oxide high | Necking (Top Profile) |
|---|---|---|---|---|---|---|
| ME | Time | ↑ | ↑ | ↓ | ↑ | -- |
| | Bias | ↑ | ↓ | -- | -- | -- |
| OE | Time | ↑ | ↓ | -- | -- | ↑ |
| | Bias | ↑ | ↓ | -- | ↓ | -- |

(a) 主刻蚀/过刻蚀对栅形状的影响

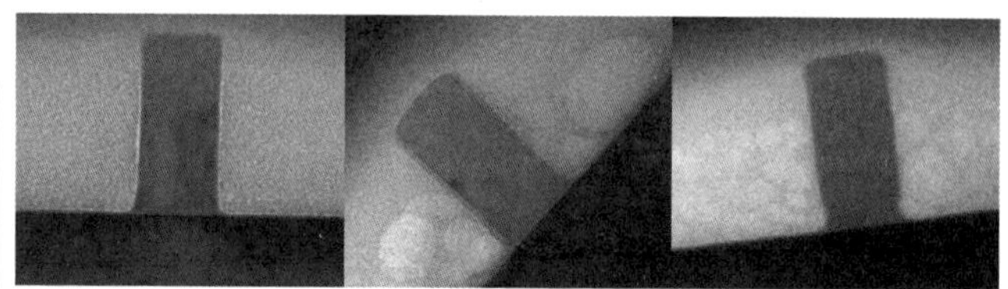

(b) 多晶硅薄膜应力对栅底部的影响

图8.19　主刻蚀/过刻蚀对栅形状的影响和多晶硅薄膜应力对栅底部的影响

对于高端器件，多晶硅栅上任何小的缺口或者脚都会改变栅的有效长度，从而对器件性能产生显著的影响。两个有前途的双多晶硅栅图形化方案(纯光刻胶和三层结构图形化)，都是产生聚合物多的工艺。这容易导致多晶硅栅出现小脚的问题，特别是在过刻蚀过程中，由于要求硅凹陷尽可能小，轰击的能量就比较低。传统的调整方法，在不引入小缺口的情况下，无法有效地阻止这类小脚的生成(每侧$<1$nm)。图8.19(b)显示的是当本征薄膜应力变为更大的压缩应力时，底部形状响应演变的过程，从小脚(1nm)，到几乎无小脚，到小缺口。多晶硅薄膜C的压缩应力比多晶硅薄膜A大三倍。所有三种情况都是在相同的刻蚀条件，采用单层光刻胶图形化。这个结果指出，局部的刻蚀可能会取决于多晶硅薄膜与衬底界面处的应力，优化多晶薄膜的本征应力，有可能减小甚至是消除多晶硅栅的脚。

除了上述问题，线边缘的收缩和栅刻蚀后出现的硅凹陷也引起了更多关注。前者是由在线的端头的二维刻蚀造成的，后者源自过刻蚀步骤中的硅的氧化/消耗。二者可分别通过栅刻蚀的底部抗反射涂层打开步骤和过刻蚀步骤得到某种程度的改进。

### 8.4.3　栅侧墙刻蚀[35]

如图 8.20 所示，侧墙[19,20]是一个用来限定 LDD 结和深源/漏结宽度的自对准技术。它的宽度、高度和物理特性，成为等比例缩小 CMOS 技术的关键。为了缓解结等比例缩小趋势，并不以结电阻为代价来减小重叠电容，在栅的侧壁形成了偏移间隔，从 90nm CMOS 工艺节点以后，它已经得到广泛的应用。需要谨慎地平衡偏移间隔和源/漏扩展，以避免源到漏的重叠不够造成的驱动电流损失或者明显的短沟效应。为了在采用偏移间隔 CMOS 工艺中得到可以接受的重复性和参数离散，偏移间隔宽度的均匀性必须控制在至少小于 1nm。更宽的侧墙可以减少短沟效应，降低侧墙下面的寄生源/漏电阻，并且更能耐受造成二极管漏电流加大的 NiSi 的横向过生长，或者接触刻蚀钉子效应，但它限制了侧墙宽度的缩小，并且对硅化物的形成和层间介质间隙的填充提出了挑战。除此之外，在不同图形尺寸和密度的情况下，侧墙材料沉积保形性较差，也会对侧墙的宽度和高度的均匀性产生不良影响。

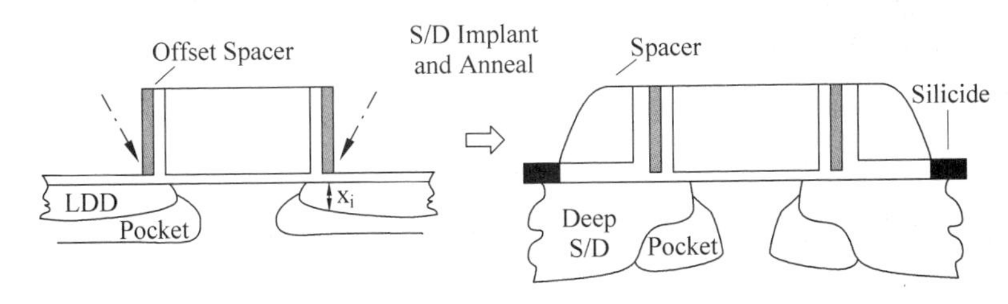


图 8.20　典型的偏移间隔和 ON 侧墙示意图

多道离子注入工艺采用了不同的侧墙结构以调整晶体管的源/漏结，使其具有最大的驱动电流，同时保持低的晶体管寄生电容。偏移间隔通常是由氮化硅或者氧化物组成的。O-N 模式，或者 O-N-O 模式被用来形成侧墙。O-N 模式由于简单，可以缩小结构而得到更多的关注。不仅介质刻蚀机，而且导体刻蚀机都可以进行侧墙刻蚀。相应的刻蚀气体，至少包括 $C_4F_8$/$CH_3F$/$CH_2F_2$/$CHF_3$/$CF_4$/Ar/$O_2$/He 中的两个。要减少腔室记忆效应，得到更好的均匀性控制，清洁模式刻蚀机进行侧墙刻蚀是首选。偏移间隔的刻蚀的影响可由环型振荡器监控，这个因素与栅漏交叠电容(CGD0)密切相关，环振损失减小了晶体管的速度，降低了晶圆良率。图 8.21(a)显示的是栅漏交叠电容移动与偏移间隔宽度之间的密切关系，图 8.21(b)显示出 1nm 偏移间隔的变化，可以导致 NMOS 的 $I_{dsat}$ 大约 5%的移动。因

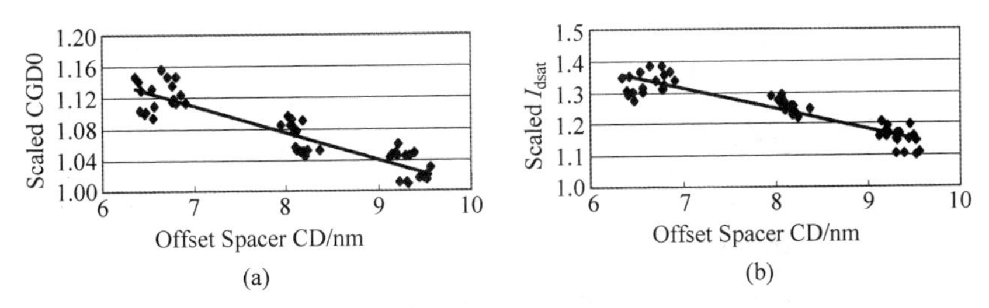


图 8.21　NMOS CGD0 与偏移间隔 CD 的关系曲线和 NMOS $I_{dat}$ 与偏移间隔 CD 的关系曲线

此,对偏移间隔均匀性良好的控制以及它的形状偏差的减小可以降低栅漏交叠电容的变化范围,从而增加良率。图 8.22(a)环振损失的结果指出,在 Lam 2300 versys kiyo 刻蚀机上,以较低的刻蚀速率,改善偏移间隔的宽度均匀性($3\sigma$ 为 0.7nm),就可以明显地降低环振损失,相应的晶圆良率提高了 40%。这可以归为更好的偏移间隔均匀性和更小的形状偏差的协同效果,这两个因素会影响到注入离子在多晶硅栅内部扩散的分布。在图 8.22(b)中的环振的累积分布函数曲线,显示低刻蚀速率偏移刻蚀可以得到更接近目标的特性。图 8.23 的通用曲线和 $V_t$ roll-off 曲线显示出用 Lam 2300 versys kiyo 的低刻蚀速率来刻蚀 NMOS,其结果优于采用常规介质刻蚀机的高速率刻蚀,而在 PMOS 的刻蚀中没有发现差异,这是因为快速的硼扩散使得 PMOS 对偏移间隔均匀性和形状的偏差不敏感。

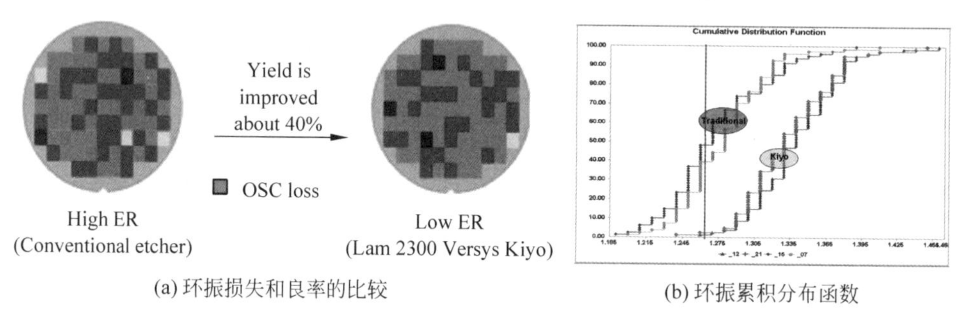


(a) 环振损失和良率的比较　　(b) 环振累积分布函数

图 8.22　环振损失和良率的比较,偏移间隔刻蚀分组中的环振累积分布函数

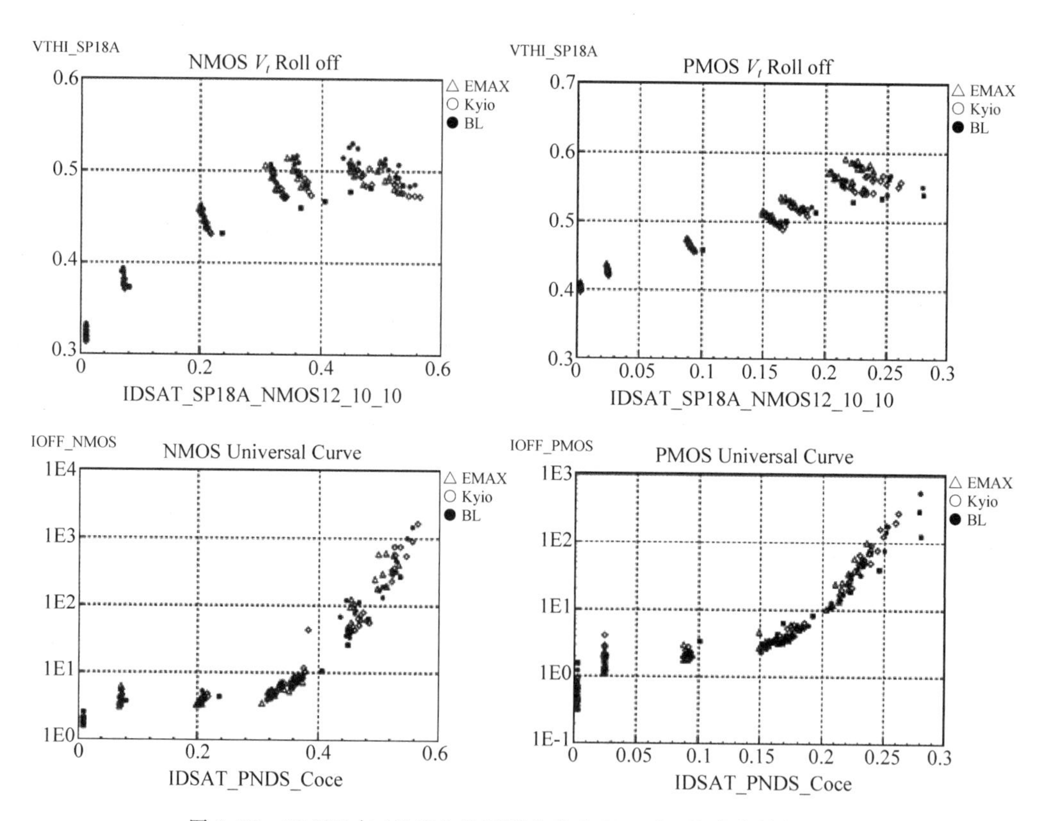


图 8.23　PMOS 与 NMOS 的通用曲线和 $V_t$ roll-off 曲线特性比较

随着器件变得更小，如果氧化物/氮化物(ON)隔离的器件与氮化物/氧化物/氮化物(NON)隔离的器件相比的话，在有着同样的侧墙宽度的情况下，就 SILC(应力引入的漏电)和 $V_t$ 移动来说，氧化物/氮化物(ON)显示出更好的可靠性，这些特性是由于氮化物和氧化物薄膜之间不同的机械应力造成的。另外，ON 侧墙的工艺集成很简单，ON 侧墙的刻蚀通常是用含氢的碳氟化合物气体来进行的，这包括 $CHF_3$、$CH_2F_2$ 和 $CH_3F$。氮化物和氧化物的刻蚀速率高度依赖于所有等离子中氧气含量的百分比。氧气加入到刻蚀气体中，使得等离子气相发生变化，特别是对氢浓度的改变。氧化物的刻蚀速率随着氧气的百分比的提高而下降，因为 $CF_x$ 刻蚀剂减少了。氮化物的刻蚀速率与氢在等离子气相中的浓度有着密切的关系，氢可以同 CN 反应生成 HCN，减少了氮化物表面聚合物的厚度，衬底上的氮原子去除得到了增强，因此氮化物的刻蚀速率随氢的浓度增加。结果是在引入最大的氢浓度和适量的氧浓度下，得到了氮化物和氧化物相比，相对高的选择性。在侧墙刻蚀中，除了选择性控制外，预刻蚀和后刻蚀方案对解决 $CH_xF_y$ 腔室记忆效应极具吸引力。如图 8.24 所显示的，这种记忆效应将导致侧墙顶部过多的损失以及多晶硅栅两侧的侧墙高度随机性非对称。如果在侧墙刻蚀和湿法去胶间的等待时间比较长，留在 SiN 上的 $CH_xF_y$ 将腐蚀 SiN 薄膜。在预刻蚀方案中，$NF_3/O_2$ 被用来清洗腔室，以减小侧墙顶部的损失(图 8.24 A 与图 8.24 B 相比较)。而在后刻蚀中，为了获得对称的侧墙高度，利用未偏置的 $O_2$ 来缓和腔室记忆效应(图 8.24 C 与图 8.24 D 相比较)。

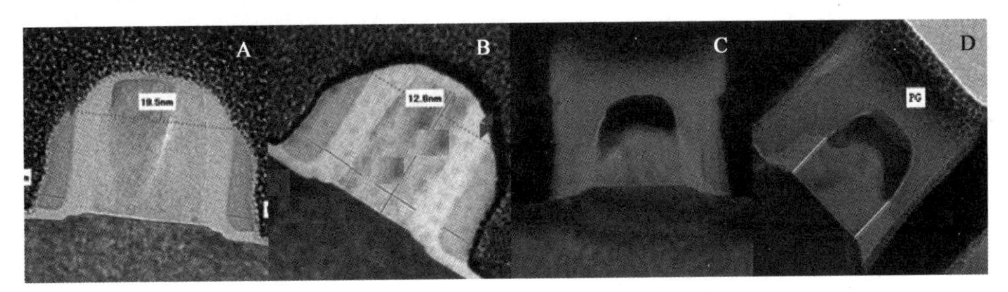


图 8.24　$NF_3/O_2$ 清洗(A 和 B)和 $O_2$ 处理(C 和 D)的效果

## 8.4.4　钨接触孔刻蚀[36]

当先进的逻辑电路尺寸缩小到 65nm 及以下工艺节点时，接触[21]层已经开始在功能强大的集成电路中起到关键作用。在钨接触孔刻蚀工艺中，侧壁形状的控制、CD 均匀性、对下层的选择性和确保接触孔开通变得越来越重要，特别是对提高良率。由于光刻的限制，通常要求后刻蚀 CD 比预刻蚀 CD 缩小 35nm 以上(CD 偏移)。在接触孔刻蚀工艺中，这么巨大的 CD 缩小，对确保接触孔开通在高深宽比的情形提出了挑战。巨大的 CD 偏移，主要靠富含聚合物的刻蚀工艺来实现 CD 的收缩。而富含聚合物的刻蚀，趋向于减小所要获得的接触孔开通保证、高深宽比接触孔的侧壁形状控制和好的 CD 均匀性的工艺窗口，所有这些都是更为严格的电特性所要求的。除此之外，刻蚀需要更薄的、更少未显影的光刻胶，而这需要对光刻胶有更高的选择性，来防止接触孔的粗糙度变差。

在掩膜打开步骤中，$CF_4$ 气体是主要的刻蚀剂气体。在此步中，为了产生更多的聚合物，可以引入 $CHF_3$ 或者 $CH_2F_2$，在接触孔的顶部就实现 CD 的缩小。图 8.25 是将这些气体比率分组的一个例子的总结，$CH_4/CHF_3$ 比率的范围为 3.3～10。由于 $CH_2F_2$ 的重聚合物特性，$CH_4/CHF_3$ 比率被选为 $CH_4/CH_2F_2$ 比率的一半，以得到目标 CD。它们的影响可从最终 AEI CD 和孔的粗糙度(圆度)来评估。结果显示,无论引入 $CHF_3$ 还是 $CH_2F_2$,都将降低光刻胶的选择性。光刻胶的选择性随 $CH_4/CHF_3$ 比率的减少而线性降低。尽管仅有 $CH_4$ 的条件下,对光刻胶的选择性优于其他组,但它的 AEI CD 比目标值大了 8nm。相比之下,$CH_4/CHF_3=5$ 和 $CF_4/CH_2F_2=10$ 成功地减少 AEI CD,达到了目标值。然而,当我们检查仅有 $CF_4$ 的条件和那两个 AEI CD 达标组别的顶视图——图 8.26,就会发现 $CH_4/CHF_3=5$ 在好的粗糙度(圆度)和达标的 AEI CD 方面是一个有潜力的候选者。如图 8.26(c)所示,$CH_2F_2$ 产生的聚合物太多,导致接触孔的粗糙度变得更差。

| Condition | Etchant Chemistry | Etchant Gas Ratio | AEI CD, nm | CDU, nm | Circularity, nm | Etch Selectivity to PR |
|---|---|---|---|---|---|---|
| 1 | $CF_4$ | CF4 only | a+8 | 6 | 0.4 | 2.4 |
| 2 | $CF_4$+$CHF_3$ | CF4 : CHF3 = 10.0 | a+4 | 6 | 0.5 | 1.8 |
| | | CF4 : CHF3 = 5.0 | a | 4 | 0.5 | 1.2 |
| | | CF4 : CHF3 = 3.33 | a-1 | 4 | 0.9 | 1.0 |
| 3 | $CF_4$+$CH_2F_2$ | CF4 : CH2F2 = 20.0 | a+3 | 7 | 1.5 | 0.9 |
| | | CF4 : CH2F2 = 10.0 | a | 6 | 1.9 | 0.8 |
| | | CF4 : CH2F2 = 6.66 | a-5 | 5 | 2.1 | 0.6 |

图 8.25　刻蚀化学与气体比率对 AEI CD 和粗糙度的影响

注示:"a"为最终的 CD 目标值

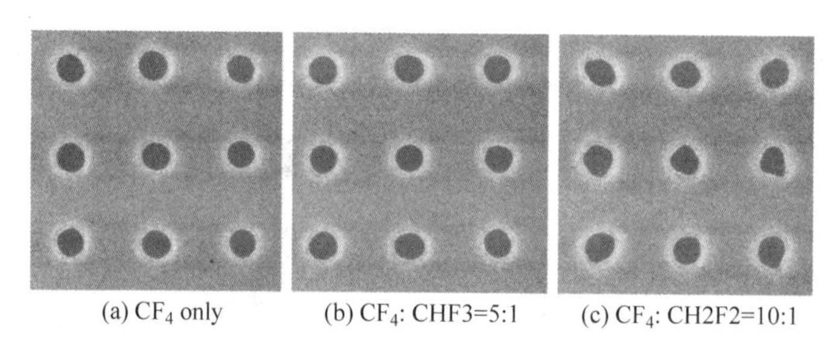


图 8.26　仅有 $CF_4$ 和另两个 AEI CD 达标组别的顶视图

在刻蚀机内部,源功率用来改变等离子的密度,偏置功率用来调节离子的轰击能量。而源功率与偏置功率的比值可能是个神奇的数字,用来进行侧壁形状的控制。图 8.27 比较了三个典型的形状,可以看到,当源功率与偏置功率的比值从 1.0 下降到 0.66,侧壁的角度从 85.5°上升到 89.5°。这说明当比值升高时,有更多的副产物沉积在接触孔的侧壁上,与重聚合物有关的更多的副产物的产生,不可避免地会形成锥度侧壁。

接触刻蚀通常包括两个典型的主刻蚀步骤。第一步是以低的氧化物和刻蚀停止层选择比为特征,主要是为了 CD 控制。第二步通常含有重聚合物气体 $C_xF_y$,增加对停止层的选择性,并确保足够的过刻蚀窗口。因为在第二步中,高深宽比的接触孔(>7.0)和丰富的聚合物或者副产品,容易导致随机的接触孔未开通问题。在两个主刻蚀步骤中,迫切地需要加入 $O_2$ 或者其他去聚合物气体,去消耗一些聚合物和/或副产物,以避免随机的接触孔未开通。图 8.28 显示的是 $O_2$ 对接触孔开通和最终 AEI CD 的影响。可以清楚地看出,更多的 $O_2$ 可以减少接触孔开通的缺陷,但是这样也带来了一个副作用,造成更大的 AEI CD。这显示出在两个主刻蚀步骤中,必须就具体的工艺对 $O_2$ 比率进行优化,以避免接触孔未开通问题,同时确保 AEI CD 达标。

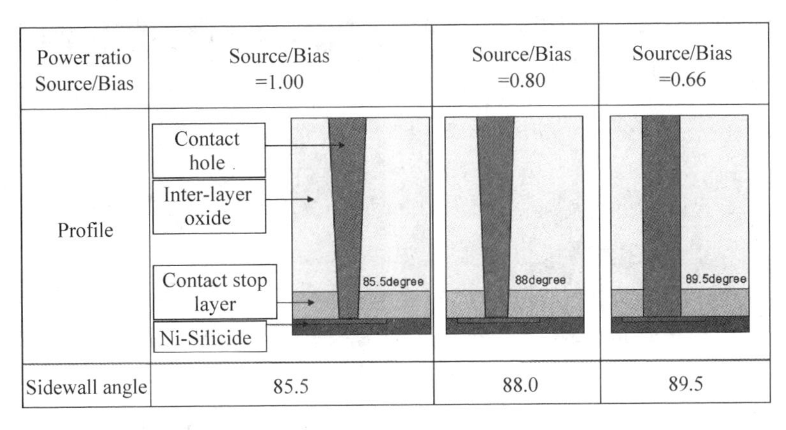

| Power ratio Source/Bias | Source/Bias =1.00 | Source/Bias =0.80 | Source/Bias =0.66 |
|---|---|---|---|
| Profile | Contact hole; Inter-layer oxide; Contact stop layer; Ni-Silicide; 85.5degree | 88degree | 89.5degree |
| Sidewall angle | 85.5 | 88.0 | 89.5 |

图 8.27　源功率与偏置功率比值对侧壁形状的影响

| $O_2$ Gas Usage, sccm | $\alpha-4$ | $\alpha-2$ | $\alpha$ | $\alpha+2$ |
|---|---|---|---|---|
| Contact Open Count | >10 | ~5 | 0 | 0 |
| Scaled Final Contact CD, nm | a−5 | a−3 | a | a+3 |

图 8.28　$O_2$用量对接触孔开通和 CD 的影响

注示："α"是优化了的 $O_2$用量，"a" 是最终的 CD 目标值。

除了上述的接触孔刻蚀的调节方法，ESC 温度和图形化方案对孔圆度控制、侧壁形状和不同特征情况下的收缩比率也很重要的。图 8.29(a)显示的是在 45nm 及以下工艺节点中，经常出现在 Si-Barc 图形化和 20℃ ESC 边缘重叠控制中的鸟嘴型。这有可能导致接触孔对多晶硅栅短路，而图 8.29(b)和图 8.29(c)显示的是由于 0℃ ESC 聚合物过度的原因，0℃ ESC+Si−Barc 图形化后造成接触孔未开通问题。而且，矩形接触孔 CD 的收缩是方形接触孔的两倍，这意味着刻蚀的矩形接触孔可能无法将多晶硅栅与 AA 相连。所有这些情况促使利用不定形碳掩膜。图 8.30 显示了部分主刻蚀比较的结果，不定形碳掩膜由于它出色的硬度和化学惰性表现更好。

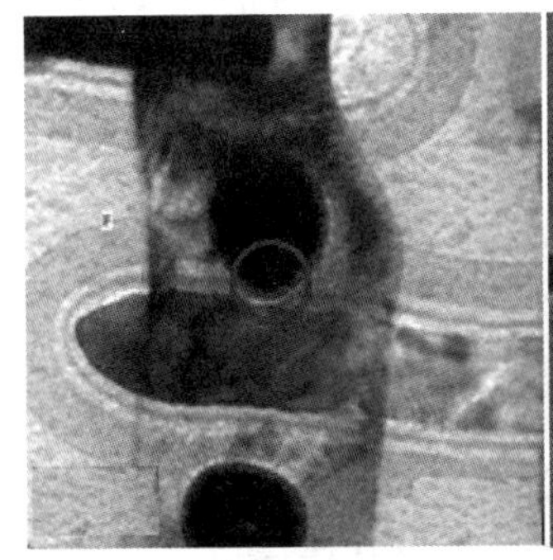

(a) 20℃ ESC的鸟嘴型

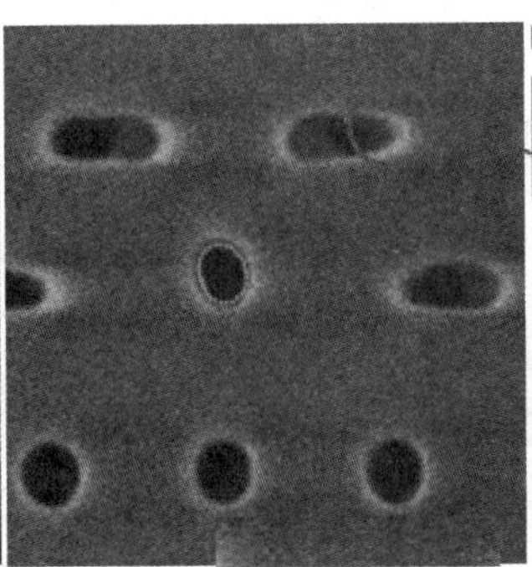

(b) 0℃ ESC的不正常情形

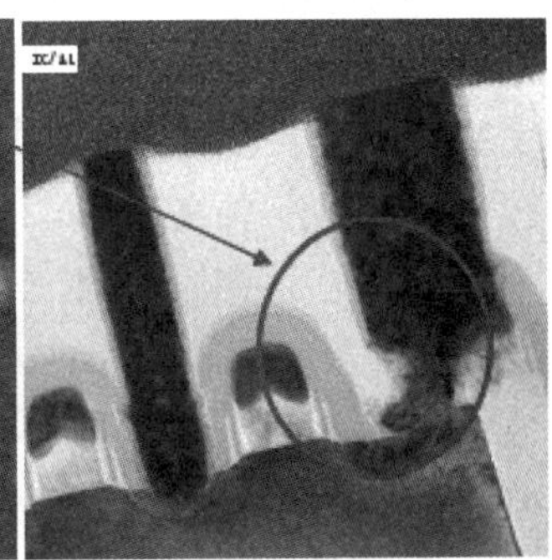

(c) 0℃ ESC的不正常情形

图 8.29　20℃ESC 的鸟嘴型和 0℃ ESC 的不正常情形

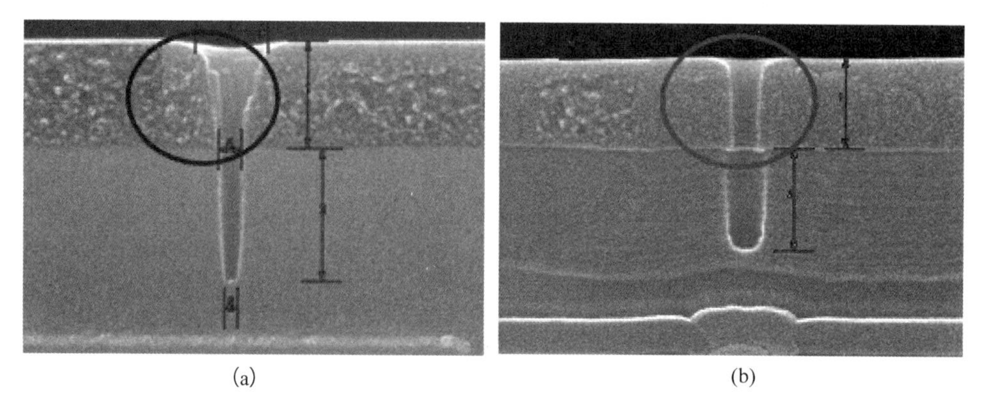

(a)　(b)

图 8.30　采用 Si-Barc 的部分主刻蚀(a)和采用不定形碳的部分主刻蚀(b)

## 8.4.5　铜通孔刻蚀[37]

当 CMOS 逻辑电路工艺持续大幅度地缩小到 65nm 及以下工艺节点，铜互连和低 $k$ 介质替代铝连接被广泛集成到了后端工艺中。这是因为铜的电阻率小，以及低 $k$ 材料的介电常数低的缘故。与直接刻蚀铝的技术不同，由于在干法刻蚀中铜的不易挥发特性，采用了双大马士革(DD)技术。后端工艺中的双大马士革工艺主要包括先通孔工艺和先沟槽工艺。先通孔工艺是以可图形扩展和易于进行通孔底部的 CD 控制为特征的。我们集中讨论后端工艺中的先通孔工艺，搞清楚通孔刻蚀产生条纹的机理，它们对接触电阻 $R_c$ 和击穿电压 $V_{BD}$的影响以及相应的解决方法。

尽管硬掩膜方法能够使灰化损伤最小，但由于光刻胶掩膜方法易于集成论证通孔刻蚀产生条纹的机理和解决办法而仍然流行。铜通孔刻蚀[22]工艺通常是由底部抗反射涂层打开、主刻蚀和过刻蚀三步组成。在底部抗反射涂层打开这步中，将 $CF_4$、$CHF_3$、$O_2$气体组合起来，共同完成对有机底部抗反射涂层和帽层的刻蚀。由于帽层是一种 $SiO_2$，用 $CF_4$、$CHF_3$刻蚀时会产生聚合物，并积累在帽层和介质的侧壁上。如果聚合物在侧壁上的沉积发生在通孔刻蚀过程的开始，它将产生不正常的图形，并会转移到通孔的底部(见图 8.31)。因此，第一种条纹造成了从通孔的顶部到底部的侧壁粗糙度。要减少这种的条纹，在底部抗反射涂层被打开时，必须减少聚合物在帽层侧壁上的沉积。底部抗反射涂层打开时工艺参数的实验设计结果总结在图 8.32 中，其中包括 $CHF_3/CF_4$气体比率、源功率和工艺时间。

图 8.31 表明：①高比率 $CF_4/CHF_3$，第一种条纹较少。这应归功于更多的 $CF_4$可以减少 C/F 的比率，因而引入的聚合物较少。(在打开步骤中)，聚合物沉积在帽层侧壁上可以减轻第一种的条纹。②较低的功率只会引起轻微的第一种条纹，因为低功率可以减少等离子分离，等离子分离的减少带来了产生的聚合物的减少，于是减轻了第一种条纹。③更短的工艺时间，减少了总的聚合物的量，从而改善了第一种条纹。

图 8.33 显示的是第二种条纹的机理：通孔刻蚀工艺主要采用高偏置功率和高源功率去刻蚀通孔。高偏置功率造成了高能轰击，这会加速消耗光刻胶。当半导体制造来到了 65nm 及以下节点，通孔刻蚀中光刻胶的厚度变得越来越无足轻重了，特别是在图形稠密区，在高偏置功率轰击下，光刻胶的消耗会更快。无论何时，在全部刻蚀工艺结束前，光刻胶

消耗殆尽，等离子将直接轰击帽层和低 $k$ 介质。在某些没有光刻胶掩膜的最薄弱点，将导致不正常的图形。简单地说，第二种的条纹仅形成在通孔的顶部，最差的情形是出现针孔。

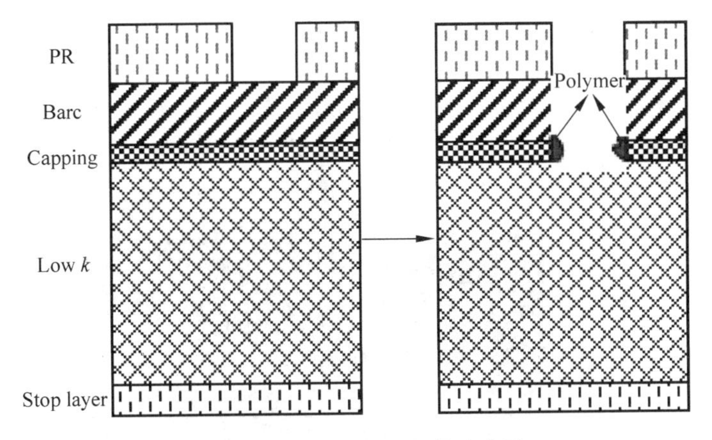


图 8.31　第一种条纹机制示意图

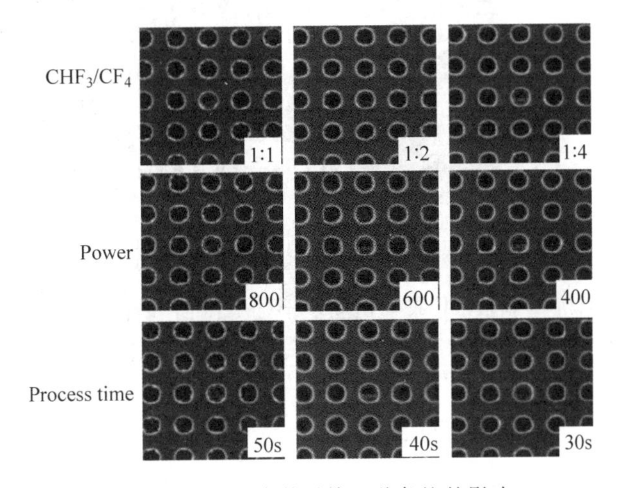


图 8.32　突破参数对第一种条纹的影响

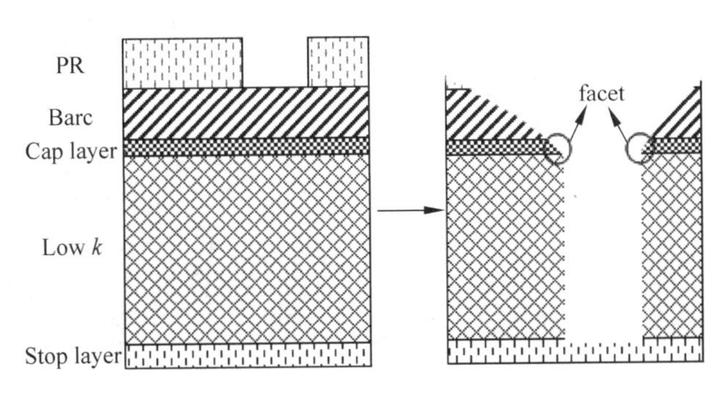


图 8.33　第二种条纹形成机理的示意图

要避免第二种条纹，需要更多的聚合物在主刻蚀过程中沉积在光刻胶上，以防止光刻胶快速地消耗。在主刻蚀步骤中，工艺参数的实验设计结果总结在图 8.34 中，包括有 $C_4F_8/O_2$ 气体的比率、偏置功率/源功率比率和压力。图 8.34 表明：①$C_4F_8/O_2$ 比率越高，第二种条纹就越轻微,因为$C_4F_8$越多产生的聚合物就越多;而较低的$O_2$比率,消耗的聚合物就较少。这意味着光刻胶上总的聚合物积累在增加,使其最薄弱的点上不会被强等离子轰击,因而避免了第二种条纹。②低的偏置功率/源功率比率可以减弱第二种条纹,因为偏置功率主要控制等离子中的离子加速度,所以低偏置功率可以减小离子的轰击能量,而高的源功率提供了更高的等离子密度,这将产生更多的聚合物,保护光刻胶免受离子的轰击。因此更低的偏置功率和更高的源功率是减小第二种条纹的切实可行的方向。③更高的压力可以在某种程度上减小轰击,改善条纹状态。

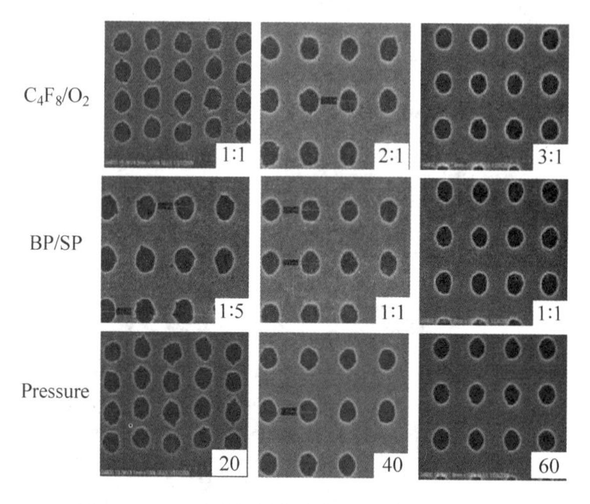


图 8.34 主刻蚀参数对第二种条纹的影响

图8.35所示为3600个通孔组成的链,用来对不同阶段条纹进行$R_c$测试。图8.36所示为VBD的$I$-$V$曲线,在电迁移(EM)测试中,通孔的尺寸是$0.09\times0.09\mu m^2$,应力电流是0.25mA,应力温度是300℃(见图8.37)。图8.35显示第一种条纹对$R_c$的变化有着明显的影响,更差的第一种条纹导致很大的$R_c$范围。而第二种条纹对$R_c$的影响没有贡献,这可以由从顶部到底部的第一种条纹侧壁粗糙特性来解释。这不仅造成了很大的通孔底部CD的变化,而且造成了不正常的通孔底部形貌。因此,$R_c$的分布在很大程度上取决于第一种条纹的特征。第二种条纹仅出现在通孔的顶部,不会对通孔的底部产生影响,所以它对$R_c$的分布没有影响。

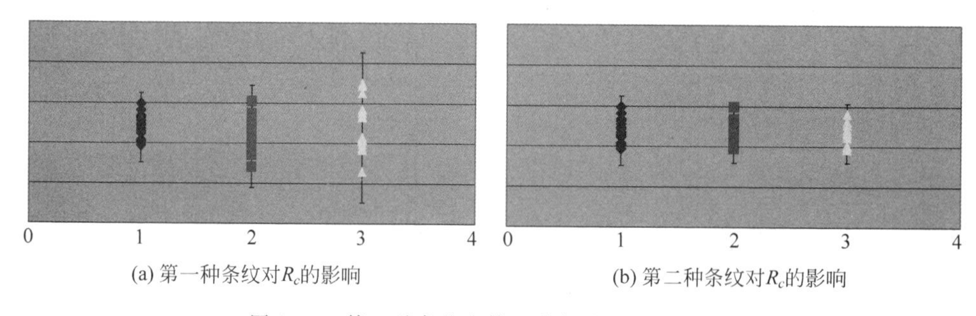


图 8.35 第一种条纹和第二种条纹对$R_c$的影响

图8.36所示为第一种条纹和第二种条纹对VBD性能的影响。显然,第二种条纹与VBD失效密切相关,这可以归咎于第二种条纹总是同针孔缺陷相伴,而针孔缺陷处没有帽

层来保护低 $k$ 薄膜。低 $k$ 薄膜中，Si-$CH_3$和 CH 键对 $O_2$ 等离子的敏感性，造成了低 $k$ 薄膜质量的严重退化。第一种条纹对 VBD 失效没有明显的影响，因为它仅出现在底部抗反射涂层打开的过程中，不会损伤帽层。

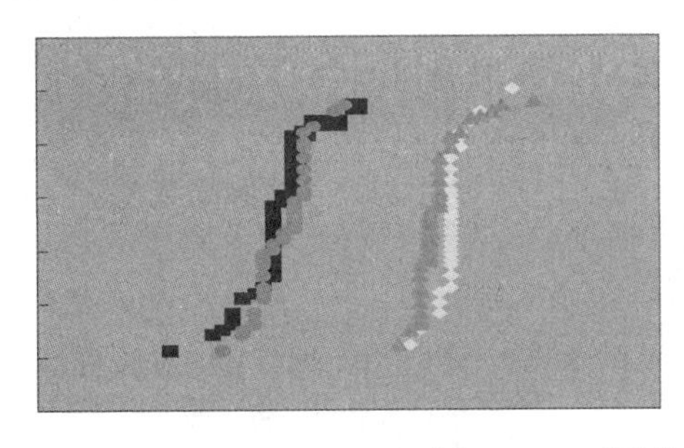
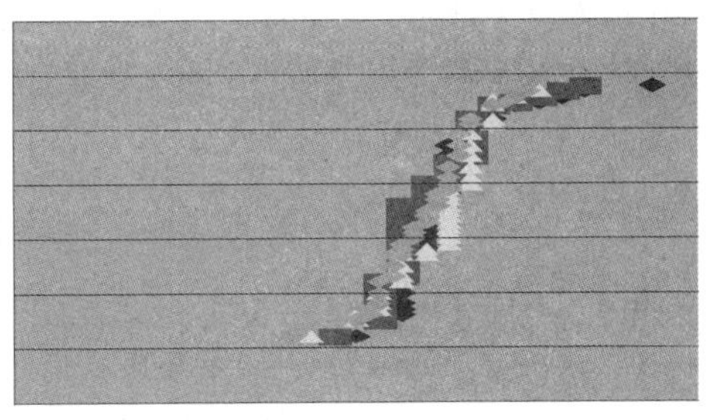

图 8.36　不同种条纹对 VBD 的影响

电迁移试验可以用来进一步了解第一种条纹和第二种条纹的影响。由初步试验推算出寿命计算中的 $n=1.15$，$E_a=0.85\text{eV}$。图 8.37 表示第一种条纹在电迁移寿命试验中起到关键作用，对应于最差的第二种条纹，寿命从 51 年严重地缩短到了 28 年。然而，多数的寿命规范大约是 10 年，这说明最差的条纹电迁移试验仍然在规范内。第二种条纹对电迁移试验没有明显的影响。简单地说，两种条纹对 $R_c$ 和 VBD 的影响是完全互不相关的。第一种条纹源于底部抗反射涂层打开步骤，容易导致更糟糕的 $R_c$ 分布和电迁移现象。而第二种条纹是在主刻蚀和过刻蚀过程中形成的，仅造成 VBD 的退化。两个条纹均可以通过调节刻蚀程式来改善。

| Striation type | | via lead metal width | t50%(hrs) | t0.1%(hrs) | sigma | Lifetime@0.158mA ; 110C |
|---|---|---|---|---|---|---|
| Phase Ⅰ | Striation free | 0.1μm(V2) | 241.16 | 139.55 | 0.077 | 51.35yrs |
| | Medium Striation | 0.1μm(V2) | 206.93 | 117.18 | 0.08 | 43.12yrs |
| | Serous Striation | 0.1μm(V2) | 175.51 | 78.21 | 0.114 | 28.78yrs |
| Phase Ⅱ | Striation free | 0.1μm(V1) | 204.13 | 96.89 | 0.105 | 35.65yrs |
| | Medium Striation | 0.1μm(V1) | 199.82 | 93.38 | 0.107 | 34.36yrs |
| | Serous Striation | 0.1μm(V1) | 188.27 | 87.38 | 0.108 | 32.15yrs |

图 8.37　不同种条纹对电迁移试验的影响

如图 8.38 所示，通孔的形状高度地依赖 $C_4F_8/O_2$气体的比率。当 $C_4F_8/O_2$ 比率没有被优化时，可以见到锥形或者圆弧形的形状。高 $C_4F_8/O_2$ 比通常会产生很多的聚合物，有更多的聚合物将沉积在通孔的侧壁上，因而削弱了等离子轰击，减少了侧壁的刻蚀速率，最终形

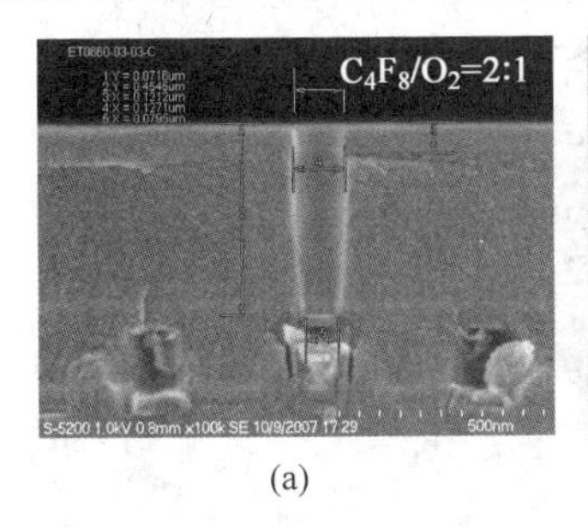

(a)

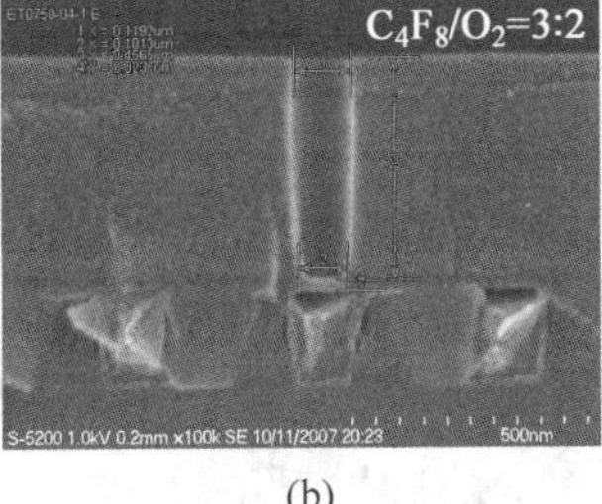

(b)

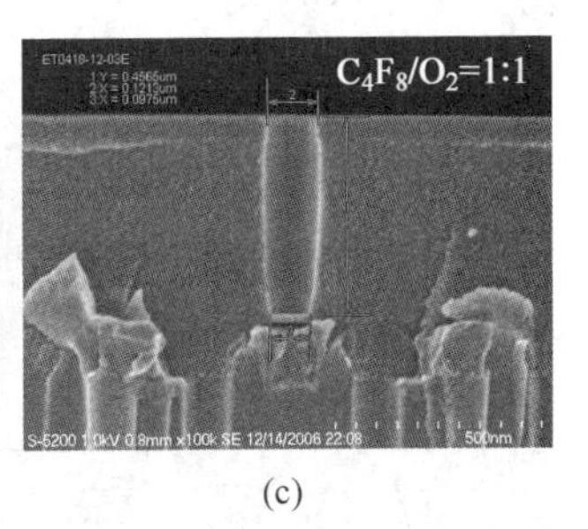

(c)

图 8.38　主刻蚀步骤的气体比率对通孔形状的影响

成如图8.38(a)和图8.38(b)所示的锥形通孔。与此相对应的低 $C_4F_8/O_2$ 比导致聚合物缺乏,通孔的侧壁遭到更多的轰击,这增强了低 $k$ 侧壁的刻蚀速率,形成了如图8.38(c)所示的圆弧形通孔。图8.39所示为与竖直形和圆弧形通孔相比,锥形通孔对应的 $R_c$ 更高,尽管所有分组的均匀性都是可比的,其根源可以归咎于不同的形状所造成的通孔底部CD间的差异。直截了当地说,在相同的ADI CD的情况下,三组中锥形导致底部的CD较小,而较小的底部CD将减小通孔底部的接触面积,因而提供更高的 $R_c$。

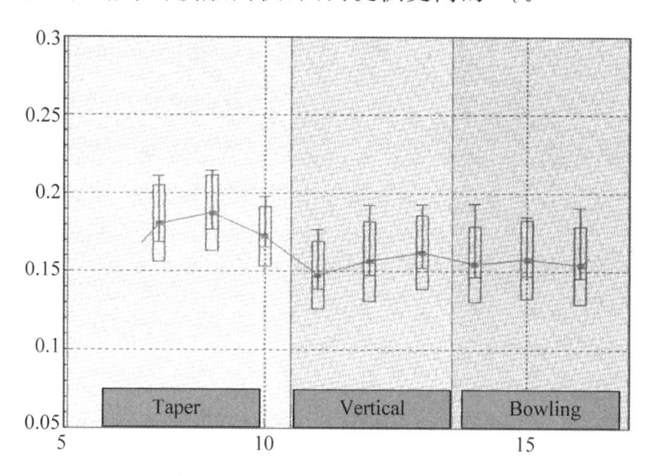


图8.39　通孔形状对 $R_c$ 的影响

### 8.4.6　电介质沟槽刻蚀[38]

聚合物气体对沟槽形状的影响见图8.40。与上一节类似,如果采用多聚合物气体 $CH_2F_2$,可以制造出锥形沟槽形状。采用缺少聚合物的工艺,并使用 $CF_4$,得到更为竖直的沟槽形状。事实上,铜的沉积将得益于竖直的沟槽形状[23],而多聚合物的气体 $CH_2F_2$ 会造成更糟糕的不均匀的刻蚀速率,其结果是倾向于更差的沟槽深度的不均匀性。去胶工艺,一个标准的去除沟槽刻蚀掩膜的工艺步骤,也是一个关键的沟槽形状调节方法。如图8.41所示,在掩膜去除前,沟槽的形状是竖直的。然而,在光刻胶掩膜去除后,可以注意到沟槽的侧壁有些许圆弧形的变化。这可以归为在传统的光刻胶掩膜去除工艺中,灰化过程使用了大量的 $O_2$。低 $k$ 材料容易被 $O_2$ 去胶工艺损伤,因而低 $k$ 侧壁易受 $O_2$ 去胶步骤的影响,出现圆弧形。

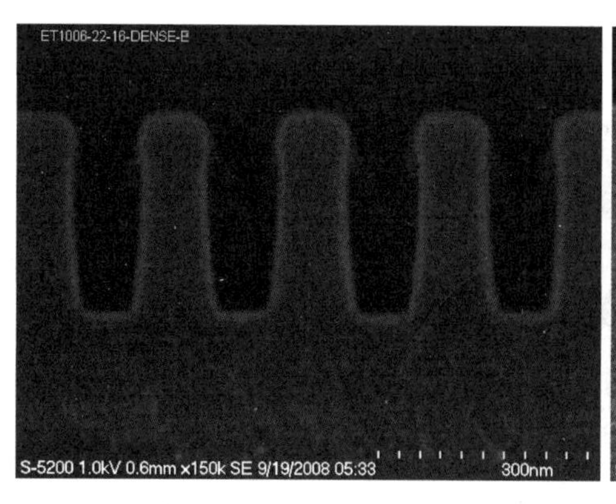


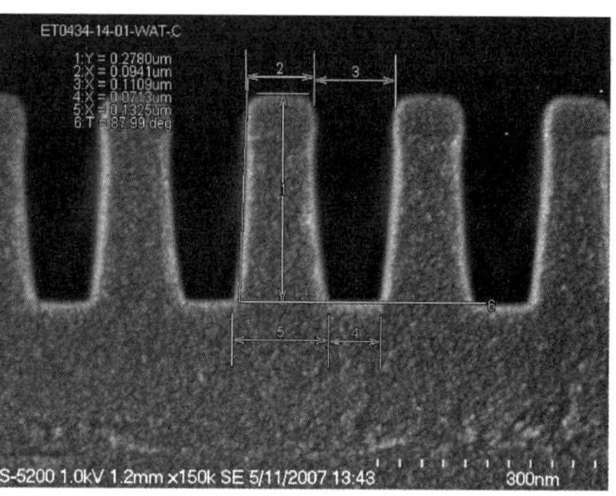


图8.40　聚合物气体对沟槽形状的影响

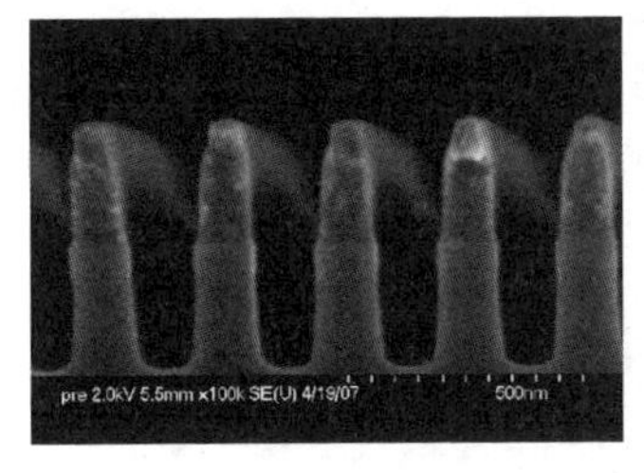

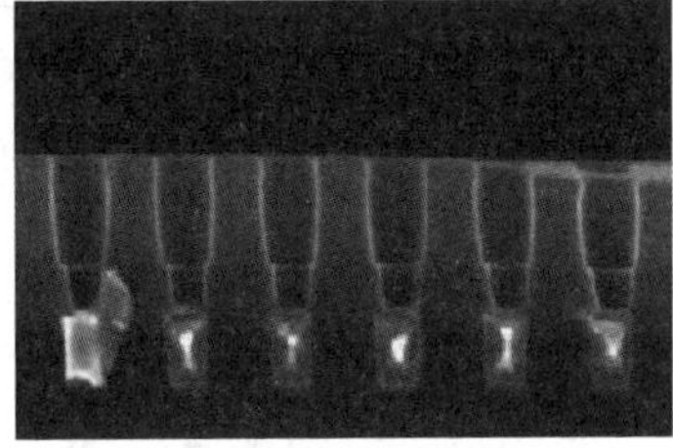
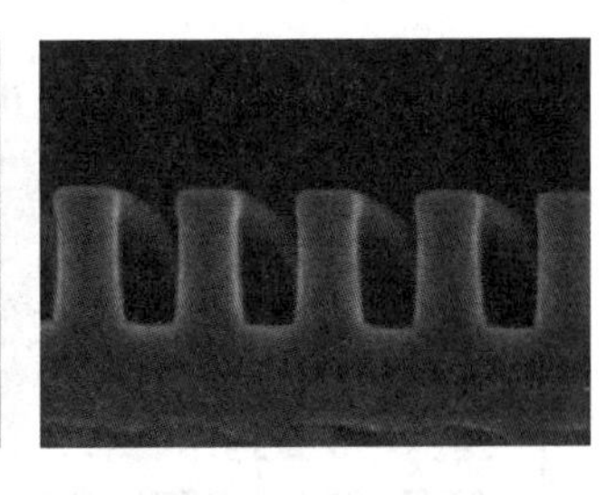

图 8.41　高压和低压光刻胶去除工艺对沟槽形状的影响

图 8.41 还表明高压(HP)灰化工艺比低压(LP)工艺得到更为圆弧的形状。图 8.42 是它们相应的 $R_c$ 性能。低压灰化比高压灰化显示出更为收敛的 $R_c$ 分布,这个现象是由于高压灰化对通孔底部的清洁能力比较差,而低压灰化更多的是竖直的轰击,这增强了从通孔的底部除去更多残余物的倾向。最终导致收敛的 $R_c$ 分布。

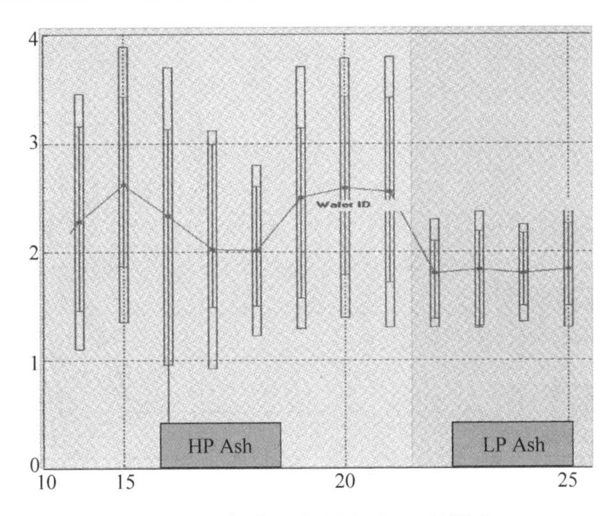


图 8.42　灰化工艺压力对 $R_c$ 的影响

图 4.43 所示为在 LRM 步骤中,不同的刻蚀气体可以带来完全不同的沟槽顶部和孔底部的形状。由 $NF_3$ 的 LRM 工艺,可以得到平滑的沟槽顶部和横向刻蚀的孔底部形状,这是由于 $NF_3$ 比 $CF_4$ 有更好的选择比(SiN 对 $SiO_2$),高的选择比表明在沟槽的顶部 $NF_3$ 工艺比 $CF_4$ 工艺消耗的 $SiO_2$ 少,因此 $CF_4$ 工艺倾向于形成顶部圆形的形状。另外,$NF_3$ 的 LRM 工艺是无聚合物的工艺,因为在 $NF_3$ 中没有 C 元素。它的副作用就是在孔底部弱的侧壁保护,容易形成如图 8.43(左下)所示的横向刻蚀。

通常顶部圆弧相当于顶部线宽 CD 的收缩,已经证明了顶部圆弧形状最薄弱的点会导致 VBD 特性变差,如图 8.44 所示。同时,从缺少聚合物工艺得到的顶部圆弧,可能会带来更差的侧壁粗糙度。所有这些都表示 LRM 步骤也是一个控制 VBD 性能的关键点。比较小的侧壁粗糙度将带来更好的 VBD 特性。

最好的 $R_c$ 特性来自侧向刻蚀的形状(见图 8.45),而最差的由底脚形状得到。然而,从可靠性的角度来看,无论是侧向刻蚀,还是底脚形状都不是所需要的。最大的挑战是如何得到最好的 $R_c$ 特性,同时又没有底脚或者是侧向刻蚀的形状。根据缺乏/富含聚合物和其均匀性的观点选择刻蚀气体是实现这一目标的关键。

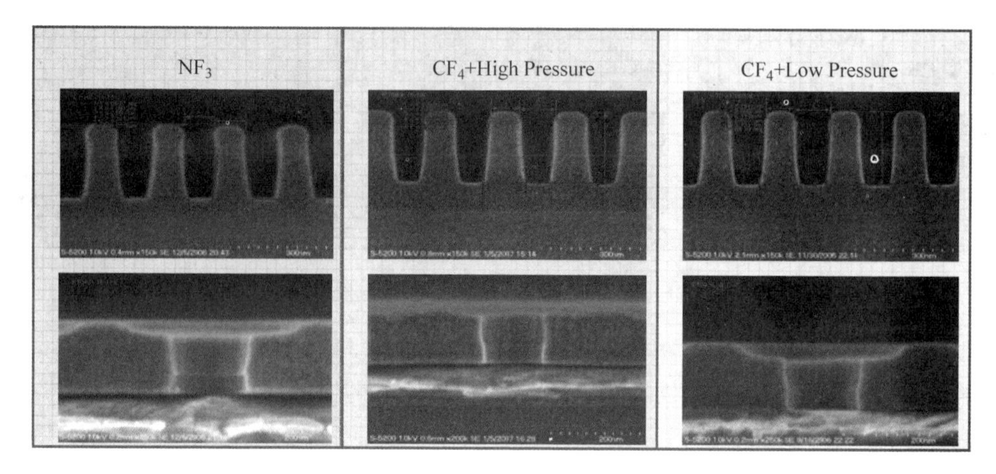


图 8.43 LRM 工艺气体和压力对沟槽和通孔底形状的影响

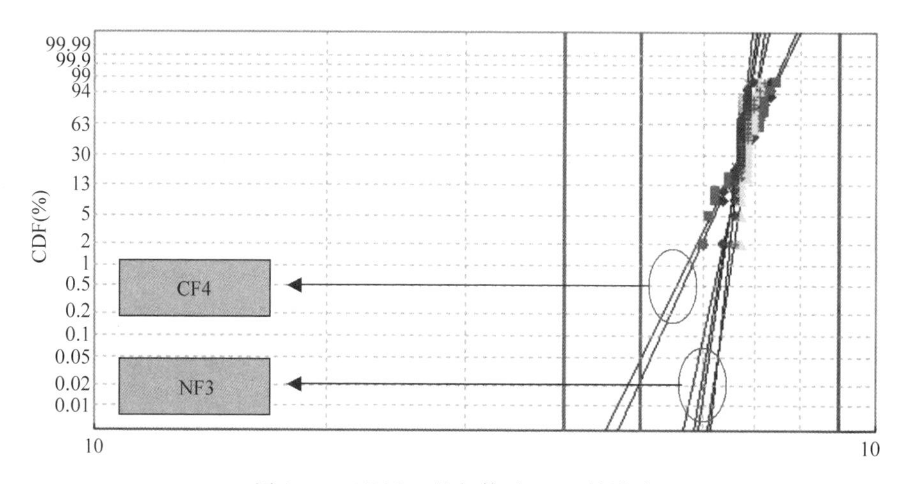


图 8.44 LRM 工艺气体对 VBD 的影响

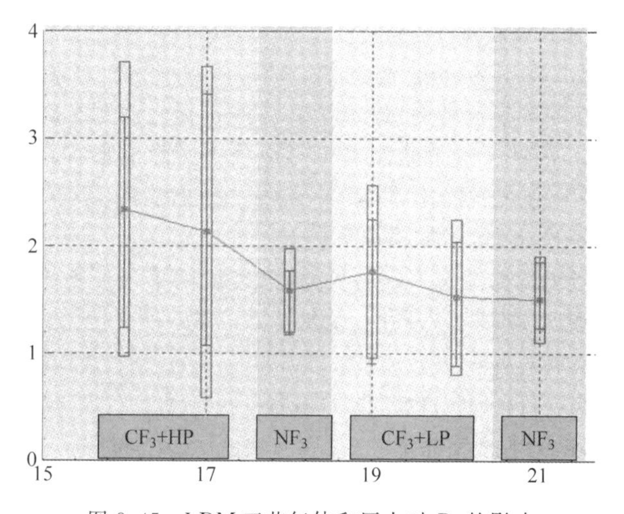


图 8.45 LRM 工艺气体和压力对 $R_c$ 的影响

总之，刻蚀气体对通孔/沟槽形状的影响在基于先通孔双大马士革技术中进行了评估。不论是刻蚀通孔还是沟槽，富含聚合物的刻蚀气体被证明都会导致锥形形状。如果 CD 和深度可以被很好地控制，锥形形状应该是可以接受的。弧形沟槽形状通常来源于灰化工艺，不过低压的灰化工艺可以在某种程度上减弱这个问题。$CF_4$ LRM 工艺由于 SiN 对 $SiO_2$ 低的选择性，可以导致顶部圆弧的形状。顶部圆弧形状会引起更差的 VBD。缺乏聚合物的 $NF_3$ LRM 工艺则会带有侧向刻蚀的沟槽形状，从可靠性方面考虑，也需要避免。

### 8.4.7 铝垫刻蚀[39,40]

作为芯片的连线材料，铝和铝合金[24]已经广泛地用于以铜互连为逻辑后端工艺的制造工艺中。在 65nm/90nm 节点逻辑技术的工艺开发期间，专门设计的各种产品的图形密度差异，对刻蚀工艺开发提出了挑战。挑战主要来自图形密度变化引入的宏观的和微观的刻蚀负载。更具体地说，前者通常与后铝垫刻蚀中光刻胶不同的透射率(TR)腐蚀窗口有关，而后者与铝线(密)和铝垫(疏)之间的形貌负载相关。低透射率在刻蚀中常常产生更多的聚合物，这肯定会提供更多的聚合物来保护铝的侧壁，因而将避免可能的短路的腐蚀窗口扩大了。然而，较多的聚合物倾向于加重微负载效应，导致不同产品在可靠性方面连接电阻前后不一致。事实上，这是一个折中的工作，即在同一时间要解决宏观负载和微观负载效应的问题。

铝垫刻蚀通常是在 LAM-2300-Versys-Metal 的腔室内进行的。标准的铝刻蚀气体有 $BCl_3$ 和被选择的聚合物气体 $CH_4$。铝垫刻蚀由两步组成：主刻蚀(ME)和过刻蚀(OE)。主刻蚀步骤的时间由可以探测铝信号的终点模式控制。扫描电子显微镜(SEM)被用来监视铝线条和铝垫侧壁的形状。图 8.46 显示的是透射率从 55%～95%被分成六组的情况，它们的主刻蚀终点(EDP)时间和腐蚀缺陷的表现来自于同一个工艺程式。可以看出，刻蚀终点时间对透射率有着很强的线性依赖关系，透射率越高，相应地刻蚀终点时间越长，腐蚀缺陷越严重。这可以解释为有更多的铝薄膜暴露了出来，要被刻蚀掉，因此需要更长的刻蚀终点，而可用来产生足够保护铝侧壁的聚合物的光刻胶更少，因此导致更坏的宏观负载指标：众多的腐蚀缺陷。即使更长的刻蚀终点，也不能提供足够的聚合物保护。它还可以看出，透射率低于 70%的任何一组，都没有腐蚀缺陷。图 8.47(a)显示的是 F 组从铝垫侧壁生长出的腐蚀缺陷。

| Split conditions | A | B | C | D | E | F |
|---|---|---|---|---|---|---|
| PR Transmission rate/% | 55 | 61.5 | 69.5 | 79.9 | 87.5 | 96.2 |
| ME EDP time/sec | 108 | 111 | 116 | 120 | 123 | 127 |
| Corrosion defects/ea | 0 | 0 | 0 | 9 | 65 | >300 |

图 8.46　各种透射率的分组结果

为了找出无腐蚀的界限，在最差情况(最高可用的透射率晶圆)下探讨了聚合物气体 $CH_4$ 的影响。$CH_4$ 流速从基数 $T$ 增加到 3.3$T$，相应的刻蚀终点和腐蚀缺陷的表现总结在图 8.48 中。正如所预期的，当 $CH_4$ 的流速达到 2.3$T$ 时，得到了无腐蚀的结果。然而，当 $CH_4$ 的流速达到 3.3$T$ 时，腐蚀缺陷再次出现，F 组腐蚀缺陷的 SEM 像显示在图 8.47(b)。可以明显地看到在侧壁上积累了过多的聚合物，也可以注意到这种腐蚀缺陷是从剥落的聚

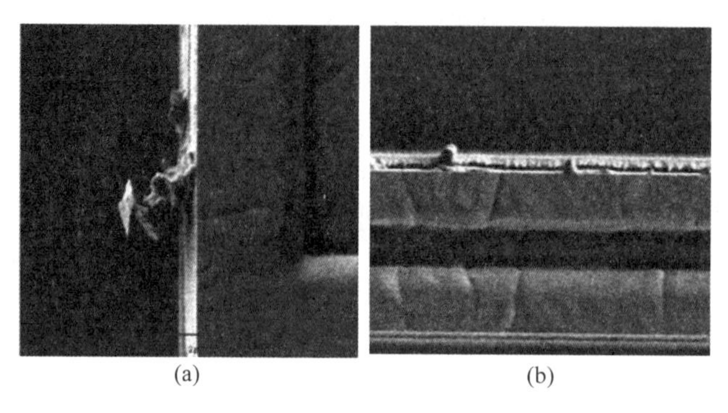

(a) (b)

图 8.47 腐蚀缺陷的 SEM 像 F 组和 f 组

合物同铝垫侧壁的界面处生长出来的。这种现象可以归因于铝侧壁上过多的聚合物吸附了氯化物,并吸收了空气中的水分,反过来将铝垫侵蚀。更高的 $CH_4$ 流速对应更长的刻蚀终点时间。这表明从聚合物沉积的观点来说,$CH_4$ 起着同透射率相类似的作用。也就是说,$CH_4$ 的增加可以补偿高透射率情况下缺少的聚合物,所以无腐蚀的窗口依赖透射率和 $CH_4$ 流速的结合。在上述试验中,$CH_4$ 流速 $T$ 对所有的透射率<70%的情况已经足够高了,对于透射率为 96.2% 的情形,$CH_4$ 流速被优化为 $2.5T$。

| Split condition | a | b | c | d | e | f |
|---|---|---|---|---|---|---|
| $CH_4$ flow/scaled | $T$ | $1.3T$ | $2T$ | $2.3T$ | $2.7T$ | $3.3T$ |
| ME EDP time/sec | 125 | 127 | 131 | 134 | 138 | 145 |
| Corrosion defects/ea | >300 | >300 | 55 | 0 | 0 | 65 |

图 8.48 $CH_4$ 流量优化的分组结果(光刻胶透射率:96.2%)

铝线和铝垫是铝刻蚀中需要特别考虑微负荷效应的两个极端的情况。在所述实例中,铝线的间隔为1~3.5nm,其特征被标志为稠密,因为如果同铝垫相比的话,它具有产生更多聚合物的源。如图 8.49 所示,铝线的形状比铝垫更显锥形,这与聚合物模式相一致。刻蚀过程中,聚合物多会降低铝的刻蚀速率,在铝线区域得到更大锥度的侧壁形状。此外,铝的残余物存在于两条铝线之间,它们将导致短路。这些残余物中也有的来自没有被湿法清洗掉的残余聚合物。残余聚合物能够收集空气中的湿气侵蚀铝线。在铝垫这边,腐蚀缺陷通常发生在侧壁上,这可以被解释为缺少聚合物的保护。如图 8.50 所示,通过调节偏置功率和 $BCl_3$ 气体比率,可以得到优化的聚合物条件。可以清楚地看到,在铝线区不仅没有检测

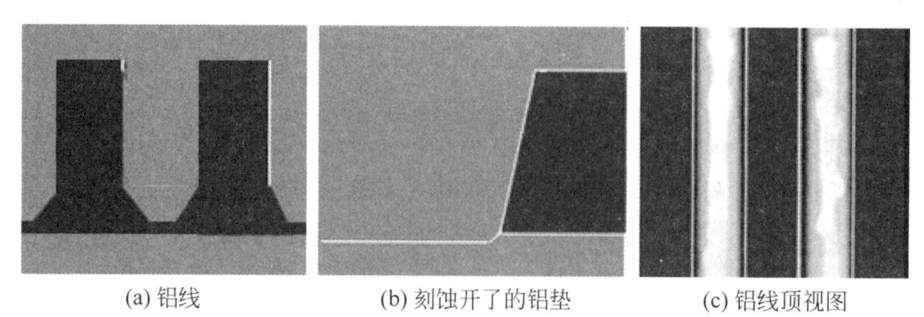

(a) 铝线 (b) 刻蚀开了的铝垫 (c) 铝线顶视图

图 8.49 偏置功率和 $BCl_3$ 优化前

到铝的残余物，而且获得的铝线更加竖直。图 8.49(c)和图 8.50(c)是偏置功率和 $BCl_3$ 气体被优化前、后的铝线顶视 SEM 像。它再次显示出当采用较低的偏置功率和 $BCl_3$ 时，侧壁变得更加陡直。等离子轰击光刻胶被认为是产生聚合物的一个来源，$BCl_3$ 是一个大分子，不仅能够增加等离子物理轰击，也是聚合物形成的来源之一。因此，较低的偏置功率和 $BCl_3$ 流速是平衡聚合物在铝线和铝垫上沉积的有效方法。结果显示铝线的侧壁角度对偏置功率和 $BCl_3$ 敏感，而铝垫则不然。

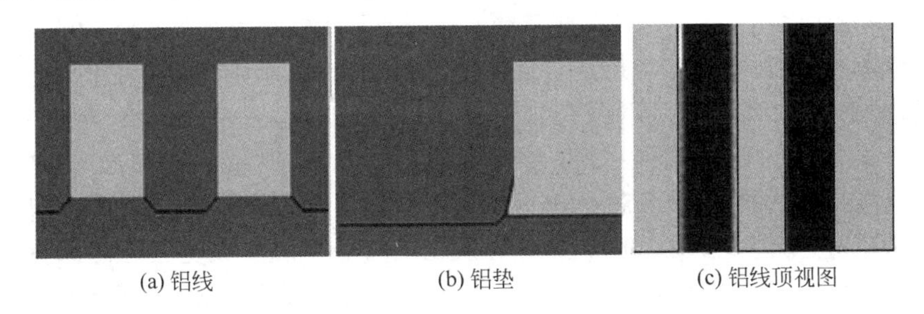


图 8.50　偏置功率和 $BCl_3$ 优化后

## 8.4.8　灰化

除了在标准的刻蚀机里的原位灰化，异地灰化[25]是必不可少的，主要用来完全去除干法刻蚀和离子注入后的光刻胶及其残余物。图 8.51 表示的是两个主流灰化机型的比较：Lam/Gamma 和 Mattson。在 2008 年，这两种灰化机占据着干法去胶领域约 46％的市场份额。这当中，LAM 以 23.3％的市场份额攀升到了第一位。它们是 ICP 型反应器，使用 pin-up/down 功能控制晶圆温度。交错电感耦合等离子($I^2CP$)源是 Novellus 所拥有的专利技术，两个相互交织的线圈与传统的 ICP 源一起可以解决很多负面问题，并可以提供更宽的工艺窗口。到目前为止，灰化化学被限制于 $O_2$、$N_2$、$H_2$、$CF_4$、$CH_4$ 和发泡气体(FG)。从后端工艺低 $k$ 损伤的观点来看，$CH_4$ 已被证明优于其他灰化气体。氧等离子中的 $CH_4$ 可以将光刻胶中的氢提取出来，产生 HF。这个特性可用来除去含有坚硬的光刻胶层的 Si 或者 SiO。发泡气体是由 $N_2+4\%\ H_2$ 组成，主要用于高剂量离子注入(HDIS)后的干法去胶。高剂量离子注入迫使光刻胶中的 H 和 OH 组合，最终形成碳化的壳层，叫做硬皮。它也含有

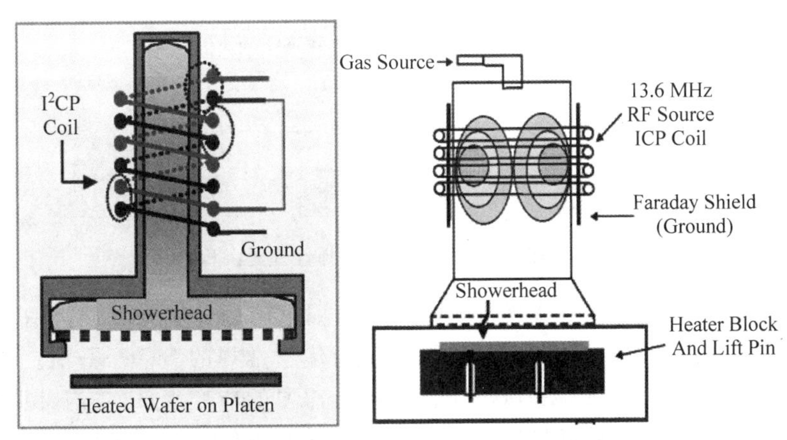


图 8.51　LAM-Gamma 和 Mattson 的示意图

一些无机元素,比如注入的As,P或者是B。如果用常规的氧气进行灰化,在某些硬皮区域可以观察到泡状缺陷。因此,提议使用发泡气体与光刻胶反应,生成含有可挥发的有机化合物的胺,它的$H_2$元素与注入的离子反应,形成可挥发的化合物。在45nm工艺中,为了无残余物,高剂量离子注入后采用$CH_4$和发泡气体去胶。

在通用器件开发期间,硅和锗硅在去胶过程中的损失引起了很大关注,这个损失主要是由去胶时衬底的再次氧化造成的。高剂量离子注入去胶,在不会对光刻胶和残余物去除能力有不良影响的前提下,必须考虑硅或者锗硅衬底的再次氧化问题。此外,灰化气体比率对SiN偏差间隔CD的影响也不容忽视。具体地说,衬底再次氧化行为高度依赖于各种灰化工艺参数,如压力、气体比率、晶圆支撑销的位置、在去壳层和过灰化(OA)步骤中所用的工艺时间。通常,预热中的高压和主灰化步骤的低压可以有效地预示硅/锗硅的损失。较低的$O_2$/发泡气体的比率,对NMOS和PMOS的衬底展现出不同的影响。较少的过灰化时间得到更好的残余物去除表现。在$O_2$/发泡气体灰化工艺中,当$O_2$/发泡气体的比率升高时,偏置间隔的CD继续收缩,这可以归因于SiN损失。优化的去胶方案可以得到不仅是无残余物的工艺,而且衬底损失最小。它的好处是由NMOS和PMOS器件的性能改善所体现的。在32nm工艺中,为了减少硅的损失,$H_2$基的灰化工艺一直在评估中。

## 8.4.9　新近出现的刻蚀

### 1. 硅凹槽刻蚀

在高速IC产品中,通过将具有压缩应变的SiGe[26]薄膜嵌入到PMOS的源漏区,首次将其引入到了90nm工艺技术中。在PMOS沟道中的SiGe提供了一种调节阈值电压的途径,由于其明显地改善了空穴迁移率和降低了接触电阻,在平面和多种栅(多晶硅栅和高$k$/金属栅)中都已经观察到器件性能显著地增强了(20%~65%)。如图8.52所示,这项技术需要在侧墙刚刚形成后,在PMOS区引入衬底凹槽刻蚀和选择性外延SiGe沉积。硅的凹槽刻蚀通常采用$HBr/O_2$气体,在导体刻蚀机中进行。在硅凹槽刻蚀过程中,一个主要要考虑的问题是就是保护多晶硅栅的上表面。由于$HBr/O_2$在多晶硅栅和硅之间的低刻蚀选择性,通常要在多晶硅栅的顶部增加一个附加层,比如SiN层。这个附加的SiN层也可以集成为侧墙的一部分,硅槽的深度由OCD监控,这意味着这个深度是可调的。

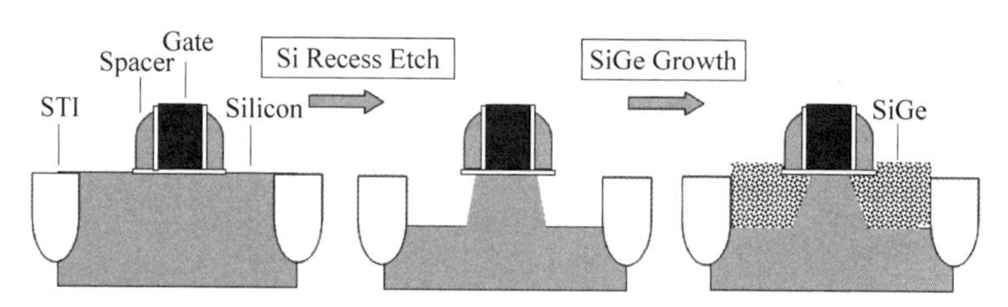


图8.52　硅凹槽刻蚀和SiGe选择性外延沉积示意图

图8.53所示为从空穴迁移率、短沟效应和源/漏电阻的角度来看硅沟槽形状的变迁。Σ型的SiGe源/漏由于其100%的应力增强,从而优于常规的SiGe源/漏。然而,Σ型的SiGe源/漏无法提供在32nm及其以下工艺节点所需要的应变水平,人们又提出了两层台阶式SiGe源/漏的方案,这种形状显示出了对PMOS器件在空穴迁移率、短沟效应和源/漏电阻等方面的改善。Σ型和两层台阶式SiGe源/漏的结构可用干法刻蚀形成,前者在硅凹

槽刻蚀后需要后处理，后者利用了不同的侧墙宽度。多种方法可以用来定义各个台阶的宽度，举例来说，第一个深的硅沟槽用常规的硅凹槽刻蚀形成，接着是侧墙CD的收缩，这种收缩可以用干法刻蚀，或者是双侧墙方案(外侧墙是可灰化的)。然后制作出第二个浅硅槽，从而形成有两层台阶的硅沟槽。

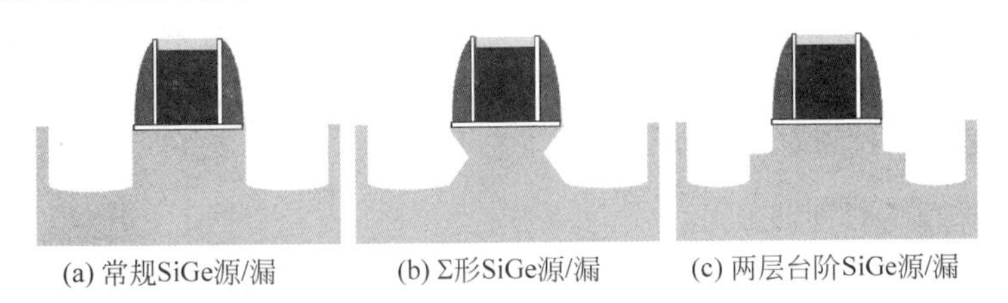


图8.53　常规SiGe源/漏、Σ形SiGe源/漏和两层台阶SiGe源/漏示意图

**2. 应力记忆技术的刻蚀**

应力记忆技术(SMT)[27]已经成为应变硅技术的一种，从65nm工艺节点开始用于增强NMOS的性能。通常将具有拉伸应力的SiN层覆盖在NMOS上，在尖峰退火后便产生了SMT效应。由于多晶硅和SiN层导热系数的差异，在尖峰退火中产生了一个面内拉伸应力和一个纵向压缩应力，并将其直接传递到沟道中。NMOS的性能将受益于这种组合的应变形式，应力的强度与应力薄膜的密度(杨氏模量)直接相关。通常，低密度/孔隙率意味着有较大的应力被引入到了多晶硅栅中。然而，在SMT应用的早期阶段，NMOS性能的提升是以PMOS性能下降为代价的。由于有SiN层覆盖，氧化物下面的氢无法在尖峰退火时释放掉，最终造成PMOS源区和漏区的硼失去活性和外扩。这种PMOS性能的退化与SiN应力层的孔隙率密切相关，并会随着SiN薄膜孔隙率的增加完全消除。然而，这不是NMOS特性所需要的。NMOS特性需要SiN薄膜具有更小的孔隙率，以此来引入高应力。

图8.54显示的是避免PMOS退化的解决方案之一，即在尖峰退火前，通过干法刻蚀(SMT刻蚀)，局部除去应力薄膜。通常的做法是在SiN应力薄膜下面，先生长一层薄氧化层作为停止层。SMT刻蚀主要包含两个步骤：①采用低压(<20mTorr)和$CF_4$的短时间主刻蚀；②采用$CHF_3$和$CH_2F_2$的高选择比过刻蚀。SMT刻蚀可以在导体刻蚀机中进行，

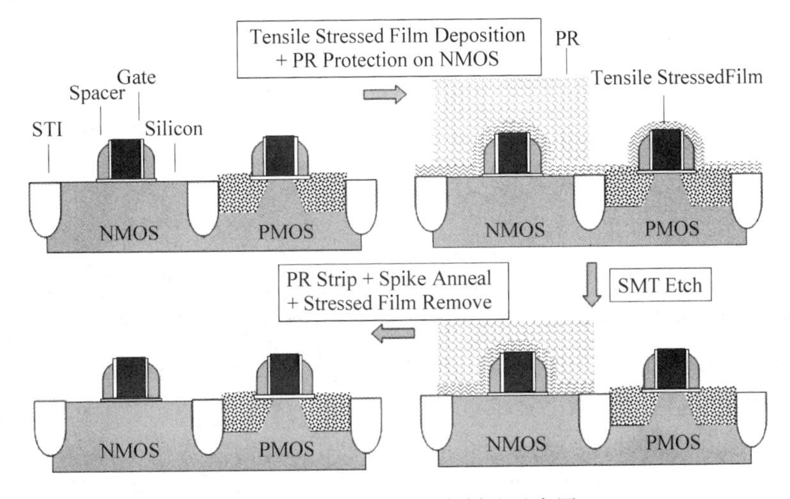


图8.54　应力记忆技术刻蚀示意图

剩下的 SiN 覆盖层最后用湿法除去。SMT 刻蚀中的一个问题是 SiN 层厚度在图形稠密和疏松区域之间的变化。随着 CMOS 的等比例缩小，这个问题变得尤为糟糕。因为在小间距的情况下，更薄的 SiN 薄膜常常与穿通的风险以及 SiGe 损失所造成的 PMOS 退化有关。SiN 应力层与其停止层之间的高刻蚀选择比是至关重要的，其引发了对不同薄停止层的评估。除了上面的 SMT 刻蚀以外，由于存在于 SMT 相关的窄宽度效应，所以可能对 NMOS 上的 SiN 层需要一种新的 SMT 刻蚀。也就是说，在 NMOS 中，可以基于 AA(active area)的宽度调节引入的应力。

**3. 应力近临技术的刻蚀**

从 90nm 技术节点开始，应力引入载流子迁移率增强的各种技术已经逐渐地出现在 CMOS 制造中。如前面的章节所述，对于 NMOS，SMT 已经用来改善电子迁移率。对于 PMOS，用在源/漏区嵌入 SiGe 的方法，引入了局部压缩应变。应力近临技术(SPT)则指的是自对准硅化物完成后，CESL(接触孔刻蚀停止层)形成前的侧墙去除。已经证明了 CESL 接近度的增强和最大化的应力从 CESL 传递到沟道。除了迁移率的改善外，SPT[28] 还扩大了后续层间介质间隙填充的工艺窗口。

图 8.55 说明了两个典型的 SPT 工艺。在源/漏注入和退火时，侧墙不仅用来控制短沟效应，也用来使自对准硅化物和栅之间保持适当的距离，防止结漏电。在做 SPT 工艺时，NO 侧墙的 SiN 区域被全部或者部分去除。在部分 SPT 中，剩余的 SiN 层宽度是 SPT 前宽度的 30%～60%之间。去除量由集成的要求所决定。全侧墙去除使得沟道和应力层的距离最短，然而它也使得栅到漏的距离最短。这有可能会增加寄生电容(米勒电容)，特别是在图形稠密之处。因此，部分 SPT 是一个折中的解决方案。另外，部分和全 SPT 刻蚀都需要进行优化，以便将自对准硅化物的损伤减到最小，避免电阻增加。

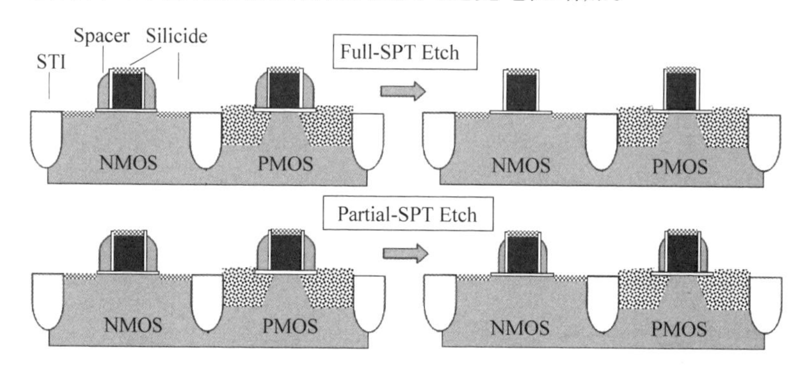


图 8.55　应力近临技术刻蚀示意图

在绝大多数应用中，SPT 刻蚀等同于 SiN 刻蚀，可以在导体刻蚀机中采用能产生很多聚合物的氟基气体，如 $CHF_3$、$CH_2F_2$ 和 $CH_3F$ 来进行刻蚀。SiN 对氧化物的选择性必须大于 5，以减少氧化物侧墙的顶部损失，从而确保对多晶硅栅的有效侧墙保护。高压和零偏置功率是各向同性刻蚀的常用方法，以减小自对准硅化物的损失。在 SPT 刻蚀中，自对准硅化物的损失需要控制在 10%以下。不过，在部分 SPT 刻蚀中，当工艺时间被用来控制侧墙的去除量时，要得到达到目标的剩余 SiN 宽度，使用少许的偏置功率是不可避免的。在全 SPT 刻蚀中，由于稀疏和稠密特征的刻蚀负载，它不可避免地要利用更长的过刻蚀时间来解决这个负载问题，这往往导致严重的自对准硅化物损失和更高的方块电阻。所有这些工艺的挑战，需要有突破的 SPT。在全 SPT 刻蚀和部分 SPT 刻蚀中，分别带有可灰化部分的三重和四重侧墙，可以是替换当前 NO 侧墙的有潜力的候选者。举例来说，四重侧墙是由氧化物、可灰化部分、SiN 层和氧化物组成。对外层的薄氧化层，所用的 SPT 刻蚀时间很少。

**4. 双应力层的刻蚀**

带应力的 CESL[29,30]是在器件沟道处引入所期望应力的关键技术之一。传统上，CESL 沉积，并接着进行退火去释放应力层中的氢。这个过程产生了很大的应力，并能够传递到 NMOS 和 PMOS 器件的沟道中。然而，这种 CESL 仅仅提供了单一形式的应力，不能同时满足 NMOS 和 PMOS 对增强应力的要求。正因为如此，双应力层(DSL)，一种工艺引入应变的关键方案应运而生，其将具有拉伸和压缩应变的氮化物层包含在一个单一的 CMOS 流程中。图 8.56 说明了 DSL 是如何在层间介质间隙填充前生成的，先沉积带有拉伸应力的 SiN 层，接着沉积一层薄氧化层，薄氧化层用在此处是作为后续带有压缩应力 SiN 层刻蚀的停止层。在氧化物刻蚀机中，以低压、大功率的条件可以进行氧化物刻蚀，$C_4F_6$ 作为主刻蚀气体得到高的选择性(>40)。这是由于接触-栅的间距过于缩小，使得在图形稠密区域去除氧化物变得更加困难。更长的刻蚀时间是必不可少的，如果选择性不够高，将导致消耗掉部分拉伸应变的 SiN 层，由此带来更多的自对准硅化物损失。压缩应力 SiN 层刻蚀和拉伸应力 SiN 层刻蚀是在导体刻蚀机中进行的。前者采用 $CH_3F/CHF_3/CH_2F_2$ 和时间模式，而后者使用类似的气体组合以及在主刻蚀步骤中采用终点模式。后者的选择性应该大于 15，以确保拉伸应力的 SiN 层没有损失。在 DSL 刻蚀中的一个挑战是拉伸和压缩层交界部分的形状控制，它将影响到接触孔在自对准硅化物区域的落位。从干法刻蚀的观点来看，拉伸层的斜坡侧墙(举例来说 45°)可以实现对拉伸应力的 SiN 层刻蚀，这将大大减少在交界处的凸起。一些其他的集成方案，如 CMP-back，如果交界面恰好在多晶硅栅的顶部，用此方法可以减小凸起。当 SiN 层对无定形碳(AC)的刻蚀选择比非常高时，如果 AC 是被作为底层引入到 CESL 中，凸起交界处的副作用可以被忽略。

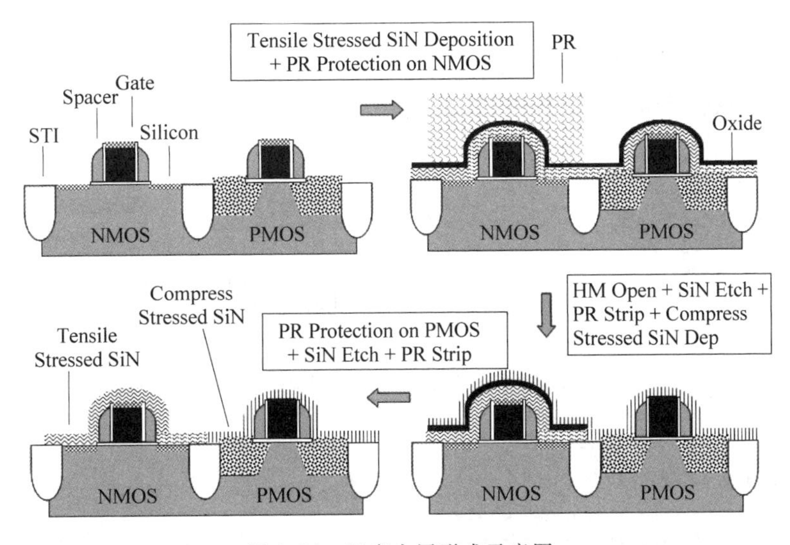


图 8.56　双应力层形成示意图

**5. 刻蚀晶边**

晶边刻蚀[31]是指采用干法刻蚀去除晶圆边缘处所不需要的薄膜，它首先出现于2007年初，LAM公司出产的2300 CORONUS是关键的晶边刻蚀机之一。由于在65nm及以下工艺节点，晶圆的边缘在半导体制造中成为良率限制的主要来源之一，从而引起了广泛地关注。从晶圆边缘转移的各种缺陷，成为良率的主要杀手。在器件制造过程中，薄膜沉积、光刻、刻蚀和化学机械抛光之间复杂的相互作用，在晶圆的边缘造成了不稳定的薄膜堆积，在后续的工艺步骤中，这些薄膜的部分或者全部可能产生缺陷，而这些缺陷会被转移到晶圆的器件区域。因此，在器件制造过程中，有效地去除这些在晶圆边缘处堆积起来的薄膜，可以减少缺陷，得到更高的器件良率。除了从晶圆边缘剥离掉薄膜，金属沾污也需要晶边刻蚀，这时为了避免在生产线上的金属沾污，并且只能采用干法刻蚀，因为湿法是不可控的，特别是对新型的高$k$材料。

如图8.57(a)所示，在晶边刻蚀中，遮挡盘用来实现除去晶边边部分(最大到1mm宽)。遮挡盘比晶圆本身小几个毫米，可以保护晶圆的绝大部分不被刻蚀。图8.57(b)显示的是可能的缺陷源，在晶圆边缘较低的等离子密度容易引起聚合物在晶边的顶部和底部表面积累，这种聚合物常常由碳、氧、氮、氟组成。而且，来自不同的刻蚀工艺的多层聚合物能够形成强而黏的有机键，这些键在后续的工艺步骤中将变弱。因此，从理论上讲，所形成的这些聚合物层在后面的处理过程中将会剥离或脱落，ILD残余物主要来自不良的光刻去边(EBR)，通常在晶圆边缘的顶部，ILD沉积和刻蚀生成的聚合物可以在标准的刻蚀工艺中除去。然而，二者在晶边底部时就不能被除去，形成可能的脱落源，导致缺陷生成。从晶圆的边缘起，晶边刻蚀最大的距离是0.9mm，这在光刻去边的限制范围内。通常在晶边刻蚀中，$CO_2$被用作聚合物去除，$NF_3$被用作介质去除。前者是被设计用来避免可能的低$k$损伤，在晶边刻蚀中一个要考虑的问题是处于后端工艺的晶圆可能会遭遇电弧放电，这个问题可以通过在晶边刻蚀中优化压力、功率和化学气体，在晶圆上得到较低的RF电压而被消除。

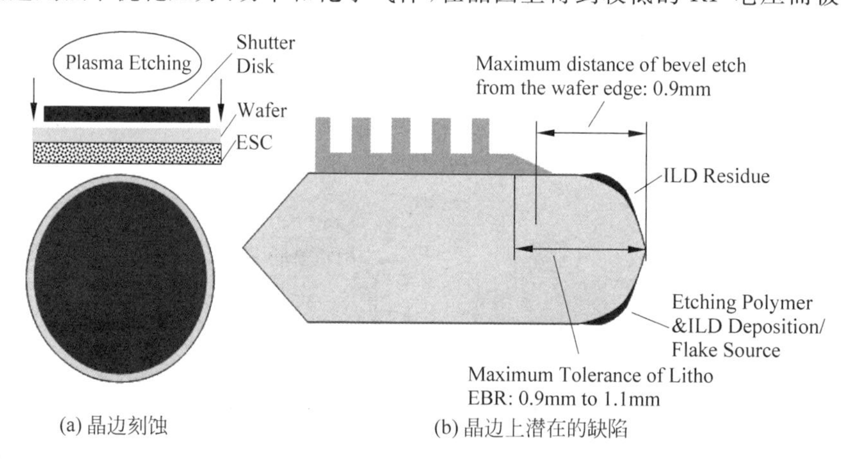


图8.57　晶边刻蚀和晶边上潜在的缺陷源

# 8.5　先进的刻蚀工艺控制

传统的刻蚀工艺常常依赖于一个固定的工艺程式以及经典的统计过程控制(SPC)。但是，SPC经常无法满足正态分布，它的不确定性可以放宽故障限制，降低了敏感性，使误报警上升。除了先进的设备控制(AEC),以 wafer-to-wafer 和 lot-to-lot 控制为特征的先进刻蚀工艺控制(APC),也是满足更为苛刻的工艺要求所必不可少的手段。

AEC 和 APC[32,33]在半导体制造业中讨论了十多年,设备数据的利用已经成熟到能够获得预期的利益。在21世纪初期,IBM公司为APC项目投资2百万美元,量产时间改进了50%,计划外的停机时间减少了20%,从而节省了2千万美元。Motorola公司在其主动CD控制(ACDC)项目中,通过调节 lot-to-lot 的曝光剂量,也获得了增加收入2百万美元/周/千片晶圆的结果。然而,过去的十年间,在IC制造业中,无论是前馈控制模式,还是反馈控制模式,APC仍然被限制在 wafer-to-wafer 控制阶段,除了刻蚀固有的复杂过程外,其部分原因是由于无干扰的可靠监测方法发展过于缓慢。

图8.58显示的是基于不定形碳掩膜多晶硅栅刻蚀的前馈控制示意图。由于最终栅的CD是一个决定CMOS器件特性的关键参数,它的控制激发了21世纪初期APC的应用。在过去的十年中,APC在刻蚀领域在无干扰监测OCD的辅助下,已经扩展到浅槽隔离刻蚀、侧墙刻蚀和接触孔刻蚀。控制的目标包括CD、侧墙角度和深度。几乎所有的APC应用为了实用,都依赖于单输入单输出模式。后道工艺控制至少在65nm工艺节点还没有开始,前馈控制的目的是克服输入的ADI CD变化或者任何其他的可探测的输入晶圆的不确定性。如图8.58所示,简单的线性关系可以通过以ADI CD变化和工艺时间为因素的标准试验设计的方法,在任何前四步中得到验证。这种线性关系可以作为控制算法嵌入到刻蚀机中,刻蚀机可以根据传来的ADI CD自动地优化刻蚀时间,ADI CD可以由独立的或者一体化的监测机台来提供。LAM公司的导体刻蚀机从其StarT系列就已经具备了这样的功能。除了从ADI CD来的不确定性外,衬底变化的影响,像浅槽高度、AA宽度,也是不容忽视的。衬底的不确定性引起了主刻蚀时间和过刻蚀步骤中刻蚀速率的变化,前者关系到终点曲线探测周期的变化,后者与多晶/氧化物界面的氧化有关。通过APC,这个问题可以部分地改进,因为浅槽隔离的高度可以在刻蚀前监测到,通过调节从主刻蚀到过刻蚀的工艺时间,便可以执行前馈刻蚀控制。由于主刻蚀和过刻蚀步骤的变化,这会导致侧壁角度的改变。

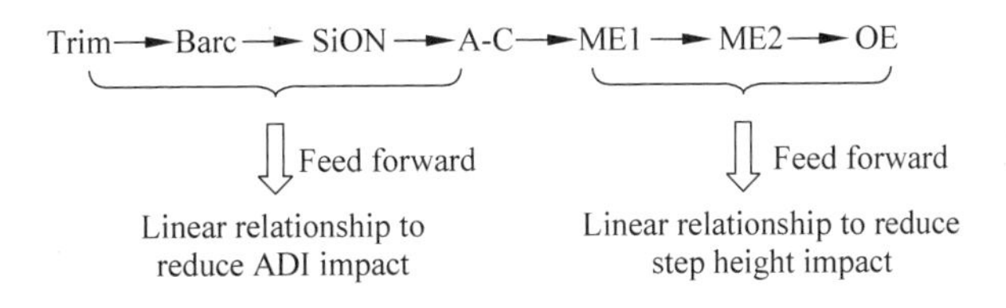


图8.58　不定形碳图形化的多晶硅栅刻蚀的前馈控制示意图

# 参考文献

[1] K. Suzuki, et al. Future prospects for dry etching. Pure & Appl. Chem., vol. 68, 1996.

[2] M. Sugawara. Plasma etching: fundamentals and applications (series on semiconductor science and technology). 1998.

[3] H. Abe, et al. Developments of plasma etching technology for fabricating semiconductor devices. Jpn. J. Appl. Phys. 47, 2008.

[4] Y. Yang, et al. Graded conductivity electrodes as a means to improve plasma uniformity in dual frequency capacitively coupled plasma sources. J. Phys. D: Appl. Phys. 43, 2010.

[5] L. G. Peter. Two-dimensional modeling of high plasma density inductively coupled sources for material processing. J. Vac. Sci. Technol. B 12, Jan/Feb 1994.

[6] M. Kushner. A three-dimensional model for inductively coupled plasma etching reactors: azimuthal symmetry, coil properties, and comparison to experiments. J. Appl. Phys. 80, 1996.

[7] M. Kushner. Hybrid modeling of low temperature plasmas for fundamental investigations and equipment design. J. Phys. D: Appl. Phys. 42, 2009.

[8] S Tinck. Simulation of an Ar/Cl2 inductively coupled plasma: study of the effect of bias, power and pressure and comparison with experiments. J. Phys. D: Appl. Phys. 41, 2008.

[9] T. Panagopoulos, Three-dimensional simulation of inductively coupled plasma reactor, Ph. D dissertation, University of Houston, 1999.

[10] J. Xia, et al. Feed-forward neural network trained by BFGS algorithm for modeling plasma etching of silicon carbide. IEEE Transactions on Plasma Science, vol. 38, 2010.

[11] H. Zhang, Spatial uniformity control of plasma etching in inductively coupled plasma reactor, Ph. D dissertation, University of Houston, 2002.

[12] M. Benham. Production-proven deep silicon etch technology for MEMS and other emerging applications, Rusnanotech, 2009.

[13] Y. Lai. Etch uniformity control by gap and DC superposition at 65nm metal hard-mask dual damascene. Dry Process International Symposium, 2006.

[14] K. Bera, et al. Control of plasma uniformity in a capacitive discharge using two very high frequency power sources. Journal of Applied Physics, 2009.

[15] Y. Chan, et al. Localized TDDB failures related to STI corner profile in advanced embedded high voltage CMOS technologies for power management units. International Symposium on Semiconductor Manufacturing, 2007.

[16] Http://www. itrs/net/links/2009ITRS/Home2009. htm.

[17] W. Jin, Study of Plasma-surface kinetics and feature profile simulation of poly-silicon etching in Cl2/HBr Plasma, Ph. D dissertation, Massachusetts Institute of Technology, 2003.

[18] Y. Huang, et al. 65nm poly gate etch challenges and solutions. International Conference on Solid-state and Integrated-Circuit Technology, 2008.

[19] K. Eriguchi, et al. Effects of plasma-induced Si recess structure on n-MOSFET performance degradation. IEEE Electron device letters, vol. 30, 2009.

[20] E. Dharmarajan, et al. Spacer etch optimization on high density memory products to eliminate core leakage failures. International Symposium on Semiconductor Manufacturing, 2007.

[21] P. Chou, et al. Improvement of striation and CD shrink by etch process on 65nm ArF contact. Proc Int Symp Dry Process, vol. 6, 2006.

[22] C. Weng. Process integrated of high aspect ratio copper dual damascene process. International Conference of Electron Devices and Solid-state Circuits, 2009.

[23] P. Jiang, et al. Trench etch processes for dual damascene patterning of low-k dielectrics. Journal of vacuum science & Technology A: Vacuum, surfaces, and films. vol. 9, 2001.

[24] G. Stojakovic, et al. Reactive ion etch of 150nm Al lines for interconnections in dynamic random access memory. Journal of vacuum science & technology A: vacuum, surfaces, and films, vol. 18, 2000.

[25] S. Mahesh, et al. Improvement of gate oxide reliability with O2 gas ash process in post poly resist strip and spacer etch asher process in 45nm CMOS technology. Physical and Failure Analysis of

Integrated Circuits, 16th IEEE International Symposium, 2009.

[26] S. Thompson, et al. A 90nm logic technology featuring strained silicon. IEEE Transactions on electron devices. vol 51. November, 2004.

[27] C. Liao, et al. Benefit of NMOS by compressive SiN as stress memorization technique and its mechanism. IEEE Electron device letters, vol. 31, April, 2010.

[28] S. Tan, et al. Enhanced stress proximity technique with recessed S/D to improve device performance at 45nm and beyond. International symposium on VLSI technology, systems and applications, 2008.

[29] E. Leobandung. High performance 65nm SOI technology with dual stress liner and low capacitance SRAM cell, VLSI Symp. Tech. Dig. , 2005.

[30] H. S. Yang et al. Dual stress liner for high performance sub-45nm gate length SOI CMOS manufacturing. IEDM Tech. Dig. , 2004.

[31] O. Yavas, et al. Wafer-edge yield engineering in leading-edge DRAM manufacturing. Semiconductor Fabtech, 2009.

[32] J. Ringwood, et al. Estimation and control in semiconductor etch: practice and possibilities. IEEE Transactions on semiconductor manufacturing, vol. 23, 2010.

[33] B. Parkinson, et al. Addressing dynamic process changes in high volume plasma etch manufacturing by using multivariate process control. IEEE Transactions on semiconductor manufacturing, vol. 23, 2010.

[34] W. Ma, H. Zhang, P. Liu, et al. 65nm Dual Gate Patterning and Fabrication. ISTC, SH, 2007.

[35] B. Han, H. Zhang, L. Zhao, et al. Yield Enhancement with Optimized Offset Spacer Etch for 65nm Logic Low-Leakage Process. ISTC, SH, China, 2009.

[36] X. Wang, H. Zhang, S. Chang, et al. Impact of Etching Chemistry and Sidewall Profile on CD Uniformity and Contact Open in Advanced Logic Contact Etch. ISTC, SH, China, 2010.

[37] W. Sun, M. Shen, X. Wang, et al. Mechanism of Via Etch Striation and Its Impact on Contact Resistance & Breakdown Voltage in 65nm Cu low-K Interconnects. ICSICT, BJ, China, 2008.

[38] W. Sun, S. Chang, H. Zhang, et al. Etch Arts of Dual Damascus Structure and Its impact on WAT and VBD in 65nm Cu Interconnects. ISTC, SH, China, 2009.

[39] X. Wang, H. Zhang, M. Shen, et al. Influence of Polymeric Gases on Sidewall Profile and Defect Performance of Al Metal. ISTC, SH, China, 2009.

[40] Y. Fu, H. Zhang, S. Chang, et al. Pattern Density Effect in 65nm Logic BEOL Al-pad Etch. ISTC, SH, China, 2010.

# 第9章 集成电路制造中的污染和清洗技术

在大规模集成电路制造中,如晶片上 $1mm^2$ 的区域,就可制造几百万颗光学显微镜无法辨认的器件,而各种污染,如颗粒、金属离子污染、有机物污染、薄膜污染等,时刻影响着芯片器件的存活。为获得最好器件性能、长期的可靠性和高良率,晶片清洗制程显得尤为重要。晶片清洗是一个复杂课题,首先,大规模集成电路制造有很多种可能的沾污,几百步制程中每一步都可贡献一种或几种污染;另一方面,随着器件高度集成化,对污染的要求更高,防范的范围更宽,因此清洗的难度就更大。例如 90nm CMOS 及以下制程,清洗多达一二百步,清洗不但要求去除颗粒和化学污染物,不伤及晶片表面不该伤及的部分,还要求过程安全、简单、经济和环保。

本章我们将了解微电子制造中遇到的污染类型、相关污染的污染源、污染在集成电路中缺陷反映,各种现用清洗技术,清洗设备及清洗中用到的测量设备。

## 9.1 IC 制造过程中的污染源

晶片有三种污染类型:颗粒污染、薄膜污染、痕量分子或原子污染[1]。颗粒是晶片上出现的任何异常小的材料块,且与正常图案相比,有容易识别的形貌。当 IC 制造的特性尺寸缩减,对引起缺陷的颗粒尺寸、数量的要求也在减少。颗粒来源于洁净室里人、设备、传输系统、反应气体、清洗液体、制程反应室壁脱落、制程过程、洁净室空气、晶片盒等。有关人产生的颗粒,如来自洁净室服装、毛发、皮肤屑脱落、化妆和个人饰品,呼吸也会有较高污染,每次呼吸释放大量水滴(含钠)和颗粒到空气中;设备在传输晶片过程中的接触或机械振动,会产生颗粒;膜层沉积时,反应气体中微小颗粒可作为晶核,随膜长大;同样清洗药液中的颗粒会吸附于晶片表面等。

薄膜污染,是指晶片膜层在刻蚀或生长时,受表面污染离子、外来材料、内部应力等因素的影响,造成外层膜位错、破坏、变形、变性,进而导致后续制程的失败,像时常发生的光阻与前层对准(overlay)超差、光阻残留、清洗时膜层离子粘附、膜层沉积缺陷、膜厚控制错误等。液体和气体化学品则倾向于形成离子污染和薄膜污染。

金属和离子污染是膜层污染的一部分。在晶片湿法刻蚀或清洗时,溶液中的分子或离子粘附晶片表面,在膜层沉积时,污染物沉积于膜层中或在膜层内扩散,改变膜的特性。晶片清洗污染,是通过化学品或超纯水来清除离子、细菌、有机颗粒和无机残渣,对于纯水中的细菌,一般用紫外线杀死或把细菌打破成碎片,随后过滤去除。

## 9.2 IC 污染对器件的影响

在集成电路制造中,污染无处不在,是个不可忽视的因素,因为它们会损害芯片的质量、降低芯片的效能。据估计50%良率损失来源于污染。污染对半导体器件的影响很复杂,因此针对不同的污染,采取不同的应对措施。

颗粒可能牢固地紧缚于晶片表面,在膜层沉积时共生,成为掩埋缺陷;颗粒可引起各种制程操作的障碍或形成幕罩。例如,颗粒妨碍离子植入或干扰光刻图案的正常曝光。在刻蚀时,颗粒阻断光刻图案向膜层图案的转移;在制程的后段部分(金属内连接),颗粒能引起导线的断开和临近线的导通,如图 9.1 所示。当集成电路制造的线宽微缩到 40nm 以下,很小尺寸的颗粒都会导致 IC 的失败,最小颗粒尺寸的要求仰仗于颗粒所处的区域和该区域的器件特征尺寸。一般讲,颗粒尺寸如果超过器件最小特征尺寸的 50%,就有导致器件失效的可能。

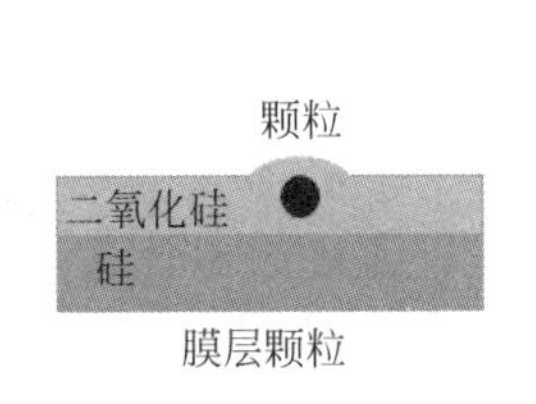


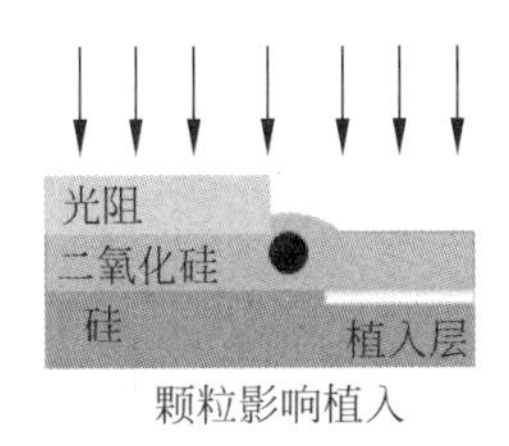

图 9.1　颗粒对不同制程的影响

芯片污染膜在很多方面影响集成电路的正常加工和器件性能。如受金属污染的栅氧化层,漏电流会增大,良率降低[2];污染的膜层在酸槽中刻蚀,会二次污染酸槽;污染的膜层也有可能直接或分解成有害副产物阻止下一个沉积膜对晶片的很好粘附,造成脱落;甚至在无氧环境下加热,有机膜残渣碳化,或将与硅反应在晶片上形成碳化硅(SiC)缺陷区。

金属和离子污染会引起有关器件操作方面的问题。在炉管制程时,金属污染物(如铁和铜)在硅中扩散极快,假如它们由晶片表面进入硅基材,会导致器件性能降低,如少数载流子寿命降低和 PN 结附近漏电流增大。钠在二氧化硅中扩散快。氧化层中少量钠就会引起 MOS 场效应管开启电压的不稳定,也可降低闸氧化层的击穿电压。

表 9.1[2,5]是国际半导体技术蓝图(ITRS)2009 年发布的晶片表面准备的技术发展要求。如表 9.1 所述,在 2009 年,关键颗粒直径是 25.8nm,到 2016 年,将被缩减到 11.3nm;关键闸氧化层完整性(GOI)表面金属限定为 $0.5\times10^{10}$ atoms/cm$^2$;对于清洗后,硅和氧化硅的损失也有更加苛刻的规定,如 2009 年要求一次清洗小于 0.4Å,2010 以后是 0.3Å。有关晶片表面准备的更多要求可浏览 ITRS 指标(http://www.itrs.net)。下一节,我们将讨论怎样通过各种湿法处理以达到这些要求。

**表 9.1　晶片前段表面准备的技术要求(2009 ITRS 指标)**

| 年　　份 | 2009 | 2010 | 2011 | 2012 | 2013 | 2014 | 2015 | 2016 |
|---|---|---|---|---|---|---|---|---|
| DRAM 半节距宽度/nm | 52 | 45 | 40 | 36 | 32 | 28 | 25 | 22.5 |
| MPU/ASIC 金属线 1 半节距宽度/nm | 54 | 45 | 38 | 32 | 27 | 24 | 21 | 18.9 |
| MPU 物理栅长/nm | 29 | 27 | 24 | 22 | 20 | 18 | 17 | 15.3 |
| 晶片尺寸/mm | 300 | 300 | 300 | 300 | 300 | 450 | 450 | 450 |
| 晶片外缘宽度/mm | 2 | 2 | 2 | 2 | 2 | 2 | 2 | 2 |
| 正面颗粒 | | | | | | | | |
| 死缺陷密度 $D_pR_p$/# · cm$^{-2}$ | 0.033 | 0.043 | 0.033 | 0.042 | 0.053 | 0.033 | 0.042 | 0.053 |
| 关键颗粒尺寸 d/nm | ◆25.8 | ◆22.5 | ◆20.0 | ◆17.9 | ◆15.9 | ◆14.2 | ◆12.6 | ◆11.3 |

续表

| 年　份 | 2009 | 2010 | 2011 | 2012 | 2013 | 2014 | 2015 | 2016 |
|---|---|---|---|---|---|---|---|---|
| 关键颗粒数 $D_{pw}$(#/晶片) | ◆113.3 | ◆113.3 | ◆113.3 | ◆113.3 | ◆113.3 | ◆259.7 | ◆259.7 | ◆259.7 |
| 晶背颗粒尺寸：光刻量测机/nm | 0.1 | 0.1 | 0.1 | 0.1 | 0.1 | 0.1 | 0.1 | 0.1 |
| 晶背颗粒：光刻量测机(#/晶片) | 200 | 200 | 200 | 200 | 200 | 200 | 200 | 200 |
| 晶背颗粒尺寸：所有机台/nm | 0.14 | 0.14 | 0.14 | 0.14 | 0.14 | 0.14 | 0.14 | 0.14 |
| 晶背颗粒：所有机台(#/晶片) | 200 | 200 | 200 | 200 | 200 | 200 | 200 | 200 |
| 关键 GOI 表面金属($10^{10}$ atom/$cm^2$) | 0.5 | 0.5 | 0.5 | 0.5 | 0.5 | 0.5 | 0.5 | 0.5 |
| 关键其他表面金属($10^{10}$ atom/$cm^2$) | 1 | 1 | 1 | 1 | 1 | 1 | 1 | 1 |
| 移动离子($10^{10}$ atom/$cm^2$) | 2 | 2 | 2 | 2 | 2 | 2 | 2 | 2 |
| 表面碳($10^{13}$ atom/$cm^2$) | 0.9 | 0.9 | 0.9 | 0.9 | 0.9 | 0.9 | 0.9 | 0.9 |
| 表面氧($10^{13}$ atom/$cm^2$) | 0.1 | 0.1 | 0.1 | 0.1 | 0.1 | 0.1 | 0.1 | 0.1 |
| 表面粗糙度 LVGX、RMS(Å) | 4 | 2 | 2 | 2 | 2 | 2 | 2 | 2 |
| DRAMLDD 一步清洗硅和氧化硅损失/Å | 1.2 | 0.9 | 0.9 | 0.9 | 0.6 | 0.6 | 0.6 | 0.6 |
| 微处理器/SoC/模拟 LDD 一步清洗硅和氧化硅损失/Å | 0.4 | ◆0.3 | ◆0.3 | ◆0.3 | ◆0.2 | ◆0.2 | ◆0.2 | ◆0.2 |

## 9.3 晶片的湿法处理概述

以上介绍了晶片制造过程中各种污染，污染的来源，污染对器件的影响。对于上千步的制程，使用不同的设备、材料和方法，达到预期目的的同时，也会产生不同的副作用：污染。通过制程的完善和创新，使相关污染得以消除或降低。以下就晶片湿法处理做简单介绍。

### 9.3.1 晶片湿法处理的要求

湿法处理是通过水溶性的药物，结合物理或化学机理，对薄膜、有机物、无机物、金属、颗粒污染加以去除。就单一个制程讲，可能有不止一种污染，湿法处理会合并几个步骤，依次处理，同时要求后面的步骤不会污染前面的步骤或降低前面清洗的有效性。湿法处理不但要求有高的污染去除效能，而且要有低的材料硅、氧化硅等损失(90nm CMOS 1.0Å；65nm CMOS 0.5Å)和器件损伤，没有粗糙表面、残渣、金属腐蚀等[3]。

### 9.3.2 晶片湿法处理的机理

晶片湿法处理有物理方法和化学方法两种。物理方法：使用水合动力、冲击力等物理力，靠动量传递把污染物从晶片上分拆去除。化学方法：使用物质间产生的化学反应，使污染物转变、溶解或底切，加以去除。

### 9.3.3　晶片湿法处理的范围

先进的 IC 制造需求各种湿法清洗和湿法刻蚀，概括讲，包括晶片炉管前后清洗、化学气相沉积（CVD）和物理气相沉积（PVD）前后清洗、化学机械抛光（CMP）前后清洗、光阻（离子轰击）灰化后清洗、光阻去除、前后段干刻蚀后聚合物和残余物的清除、膜层湿法刻蚀、晶背/边缘清洗等。

## 9.4　晶片表面颗粒去除方法

颗粒从制程外的空气或制程中（如膜层沉积、药液清洗等）到达晶片表面，一般有两种接触：物理吸附和化学粘结。物理吸附包括范德华力吸附、静电荷吸附和毛细吸附，当一个颗粒接近一个固体表面，颗粒就以范德华力形式被吸附在晶片表面，在捕获各种类型的固态颗粒或气体分子方面，静电荷吸附、毛细吸附等大多数情况下都不如范德华力强大，范德华力吸附的颗粒可以用以下三种方法去除：①化学去除（颗粒溶解，颗粒氧化和溶解，轻微刻蚀），见图 9.2；②颗粒与表面间的静电排斥去除；③物理{机械}去除（剪切力的应用，使颗粒转动和滑动）[4]。化学粘结导致的吸附比范德华力还强，不能用这里描述的方法有效去除。

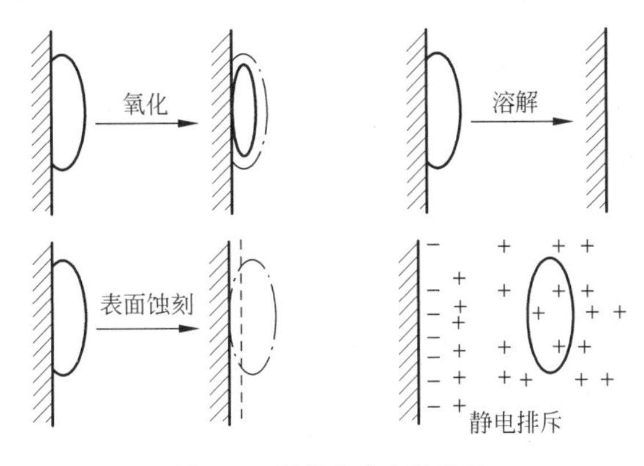


图 9.2　颗粒化学去除机理

### 9.4.1　颗粒化学去除

化学协助去除颗粒在很多湿法清洗中得到应用。如标准清洗液 1（SC1：氨水＋双氧水），溶液中双氧水可直接氧化溶解较有机物膜或颗粒，而对于硅表面清洗，SC1 使硅表面生成薄层氧化硅，又可少量溶解氧化硅，如此反复，颗粒由大变小逐渐得到去除；还有 HF 湿法刻蚀氧化硅，使颗粒在膜层减薄同时一并去除，或颗粒产生底切合并外力去除等，如图 9.3 所示。

图 9.3　颗粒刻蚀去除

## 9.4.2 颗粒物理去除

颗粒物理去除,通常指利用机械产生的动能,直接或由媒介传输通过滑动或转动影响颗粒,使其脱离接触面。随着颗粒尺寸要求的逐渐减小,靠机械方法去除变得更加困难,因为线路尺寸小,较大的动能会使线震断。因而颗粒物理去除也在不断创新,寻找新的解决途径,以求找到一个既能清除颗粒又不破坏线路的方法(见图9.4)[5]。一般讲它包括传统振荡清洗(超声和兆声)、高压喷射、物理刷洗和采用新技术(低温喷射)等。

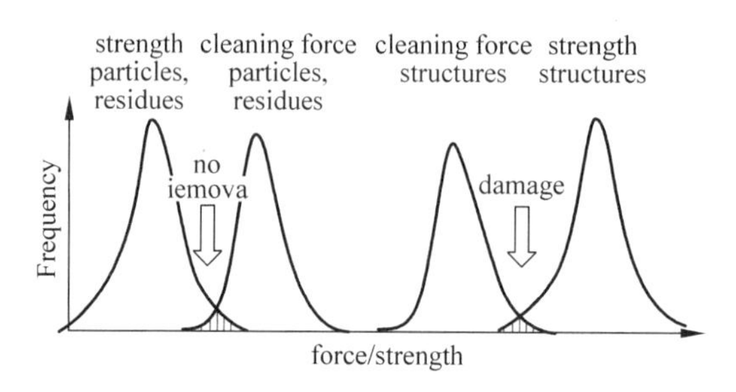


图9.4 示意图描述物理协助清洗时颗粒去除与损伤的制程关系

### 1. 振荡清洗(超声和兆声)

晶片振荡清洗是一种无接触和无刷洗去除颗粒技术。超声发生器一般安装在清洗槽的底部或侧面,在超声清洗时,晶片浸泡在施以10～100kHz的溶液中,高频能量传递产生压力波,进而在溶液里产生微小泡泡,这些泡泡快速形成并破灭,产生振荡波冲击晶片表面,使颗粒松动并被去除。但副作用是,在清洗过程中,超声能量传输会对膜层产生损害。

现在清洗系统常用兆频声波(约1000kHz),它的频率比超声波高,大的泡泡来不及形成,而且表面损坏现象减少。一组兆声发生器可产生50～1200W的能量,当声压波在液体中传播时,作用在晶片颗粒上的这些压力波能快速去除颗粒,如图9.5所示。兆声振荡可用在SC1溶液中,这种合并清洗有更高的去除效率,而且在保持相同去除能力的前提下,SC1的温度可以降低到35℃以下(45nm工艺以下很多使用25℃)[6]。为提高细小颗粒的去除能力,在兆声槽的超纯水中,引入溶解氮气,去除颗粒效果会更好,且对细线宽损伤较小。这是因为溶解氮气可吸收能量,缓解兆频声波的直接冲击力,且获取能量的氮气,有较强的渗透和解离能力。

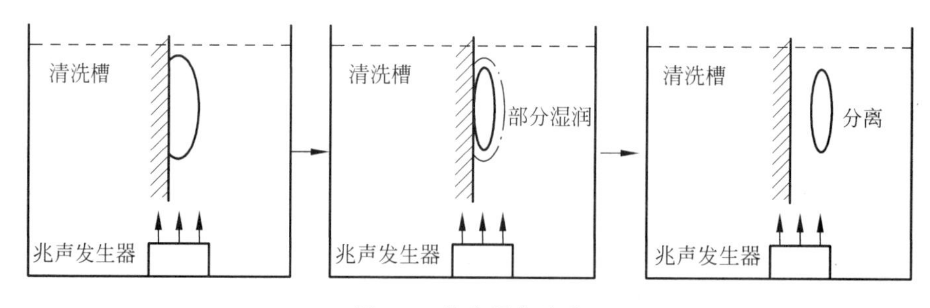


图9.5 兆声颗粒清洗

90nm CMOS制程以下,器件朝更高集成度方向发展,线宽越来越小,原来适宜用兆声波去除颗粒的方法,此时面临断线的可能(如主区和多晶硅线),使良率下降。因此应考虑在关键的清洗步骤，如浅沟渠隔离刻蚀清洗和栅极刻蚀以后的清洗，不用或慎重使用兆声波去除颗粒（即使要用，应选低能量的兆声波）。

**2. 刷子擦洗法**

刷子擦洗去除颗粒，是靠聚乙烯醇（PVA）刷子在晶片表面上转动，通过机械力使颗粒脱离晶片。喷头喷射的流动的化学试剂（如稀氨水），一方面用来调节刷子、晶片表面及颗粒表面的静电力，使得脱落的颗粒保持在水溶液中，另一方面作为载体携带颗粒远离晶片和刷子，双重作用使颗粒得以去除[7]。PVA 是一种软的海绵压缩性材料。刷子刷洗广泛用于晶片表面为平面的应用中，比如化学机械抛光制程后。

**3. 液体喷射法**

靠高压喷射清洗液体到晶片表面以去除颗粒，也是一种去除颗粒的常用方法。去离子水或有机溶剂作为喷射液体，和高压氮气混合后喷射到晶片上，微米级小液珠撞击晶片表面，形成剪切力，以有效去除颗粒，如图 9.6 所示[8]。

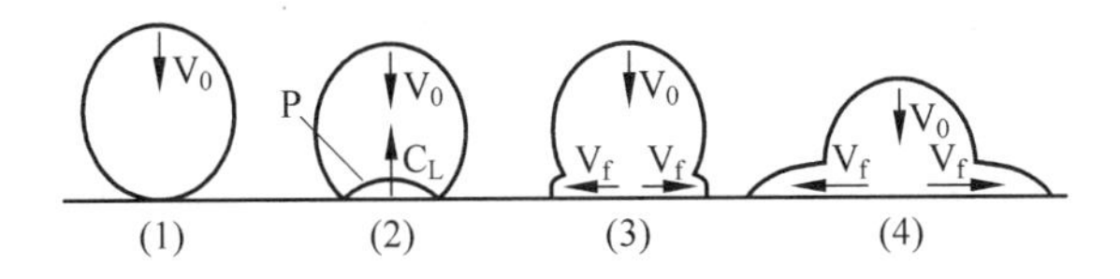


图 9.6　喷射颗粒去除[8]

液滴大小和速度分布是颗粒去除和结构损伤的关键因素，如图 9.7 所示[9]。可见，小直径和高流速的液滴可产生高的颗粒去除效率，但会有损伤。喷雾清洗的挑战在于喷嘴，经优化制程后，它可使液滴尺寸和速度分布均匀合适，得到无伤害的颗粒去除和适宜的制程范围。

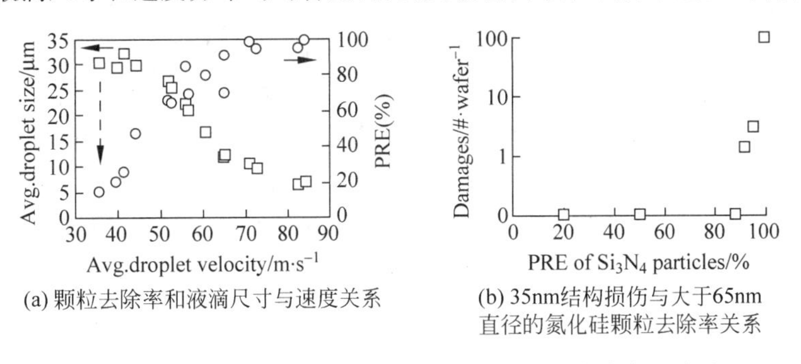


图 9.7　颗粒去除和结构损伤与液滴大小和速度分布的关系

**4. 低温喷射法**

低温喷射颗粒去除是一种非湿法清洗技术，它是惰性气体（如氩气，二氧化碳）的低温冷冻微粒以高速（100m/s）喷射到晶面上，低温微粒剥离晶片上的颗粒是通过下面两种机理：①动能以高速低温微粒传递到晶片颗粒上；②当低温微粒接触基体，开始升华，并吸收基体大量热量，使基体瞬间冷却，颗粒与基体间膨胀系数差产生一个机械张力，当这种张力大于颗粒的粘附力时，就会促使颗粒的剥离，一旦剥离发生，平行晶片表面的高速气体流就会带走颗粒[10]。低温微粒升华法去除颗粒与一般方法比，不会对硅或氧化硅造成损伤，大于 0.15μm 的颗粒去除率可达 99%，另外制程又环保。

## 9.5 制程沉积膜前/后清洗

这里讲的沉积膜，是指炉管和化学气相沉积(CVD)方法根据制程要求所生长的膜。在膜沉积前后，需要对晶片表面进行清洗，以避免污染在制程间传递和恶化，特别是制程推进到65nm以下，这种清洗尤其重要。膜层沉积前，晶片保存在无尘室的晶片盒里，但无尘室有等级之分，即便等级1的无尘室，也免不了环境中有机物气体和微小颗粒的影响，再加上上道制程诸如离子、分子、颗粒等带下来的污染。有机物覆盖的地方会影响膜层的正常生长；细小颗粒会随着膜层生长，成为大的颗粒或使膜层突起；金属离子则在高温下，在膜层中扩散，对膜层的电阻率、隔离等品质造成影响。因此这些有害因子，在膜层沉积前，必须加以去除。沉积后的膜，如果表面有颗粒存在，后道若是刻蚀，会阻挡刻蚀的深入进行；若是曝光，会影响图案形态；若是化学机械研磨，会造成膜层刮伤等；因此，对膜层沉积后的晶片，需尽可能地清除可能的污染。

常用的方法是大家熟知的RCA清洗，它是由RCA公司(美国广播公司)的Kern和Puotinen于1970年发布，一直沿用至今。其特点有两步：①标准清洗液1(SC1)清洗，是氨水、双氧水和水的混合物，主要去除有机物膜污染、金属(如金Au，银Ag，铜Cu，镍Ni，镉Cd，汞Hg等)、颗粒。②标准清洗液2($SC_2$)清洗，是盐酸、双氧水和水的混合物，功能是去除无机物、一些碱金属和重金属[11]。

虽然RCA清洗很有效，但由于新制程的特殊需求，还需加入新的内容和不同处理组合，以达成不同的需求。常用的有序组合有：①单独使用RCA清洗；②硫酸双氧水混合物(SPM)－>稀释氢氟酸(DHF)－>RCA清洗；③硫酸双氧水混合物(SPM)－>RCA清洗等。详解如下：

(1) 有机物污染的去除(SPM)：普遍使用的去除剂是SPM(98% $H_2SO_4$ 和31% $H_2O_2$ 的混合物)，也叫Piranha clean，比例(2～8)∶1，温度120～280℃，对有机物一般有很强的去除能力。由于SPM黏度较大，冷水冲洗效率低，处理后常用热水(60～80℃)冲洗。

(2) 氧化硅膜去除(稀HF)：多用于硅晶片清洗。制程第一步SPM去除有机物后，晶片由于高温SPM的强氧化作用，表面会生成一层氧化膜；第二步氧化硅膜去除起初使用高浓度HF去除，如HF∶$H_2O$比例为1∶10、1∶50或1∶100。现今普遍使用更稀的HF，如HF∶$H_2O$比例为1∶200、1∶300或1∶1000以上。溶液温度为室温。

氧化硅膜随着稀HF的溶解，颗粒和离子污染一并去除，这时的硅表面非常洁净，只有Si-H键，而且表面是疏水性。这样的表面有很强的活性和不稳定性，易吸附污染(颗粒、金属)和被氧化。因此，对于HF-last的表面处理，首先要快速进入下一道制程，控制两道制程间的时间(Q-time)；或者把晶片盒存放在氮气柜里或超净环境加以保护。

(3) 有机物、金属、颗粒的去除(SC1)：这一步是在(1)或(1)+(2)的基础上使用，或单独使用，以去除少量吸附的有机物，络合一、二、八副族金属(如Cu，Ag，Au，Cd，Co，Ni等)，SC1可氧化晶片表面的硅，生成一层化学氧化膜，同时又可溶解氧化硅膜，一些颗粒的去除就是基于这种机理。值得注意的是SC1，使用一段时间后，$H_2O_2$一部分消耗，一部分分解，溶液中$H_2O_2$浓度会显著降低，而高浓度的氨，可快速溶解硅，造成晶片表面粗糙不平整，所以使用中需要定时补加$H_2O_2$和$NH_4OH$。

较早公开使用的SC1浓度一般较高，$NH_4OH$∶$H_2O_2$∶$H_2O$比例为1∶1∶5，温度

70℃左右。经过逐步开发和完善，浓度和温度都朝更低的方向发展，在不改变去除能力的前提下，质量得到了保证，耗费也大大降低。现今普遍使用的浓度为 $NH_4OH$ ∶ $H_2O_2$ ∶ $H_2O$ 比例为 1∶2∶50 或 1∶2∶100，温度 35℃至室温。

(4) 残留原子、离子污染物的去除(SC2)：SC1 可去除一些重金属和贵金属，但另一些不溶于碱性溶液的金属(如 Al、Fe、Ca 等)，就该用酸性的 SC2 溶解去除。和 SC1 一样，起初浓度和温度较高；现今使用浓度为 HCl ∶ $H_2O_2$ ∶ $H_2O$ 比例为 1∶1∶50 或 1∶1∶100 及其他，温度 35℃至室温。

据报道，还有一种被叫做“IMEC-Clean”的清洗方法，可替代 RCA。它是把高浓度的臭氧注入 DI 水中，形成 $O_3$ 水，然后结合其他的化学品，组合成一个清洗污染物的方法。例如，$O_3$ 溶入 $H_2SO_4$ 可替代 SPM，去除有机物。接着用优化稀释的 HF/HCl 去除第一步的化学氧化膜。最后 $O_3$ 水氧化去除轻的有机物、金属和颗粒；这一步也有报道用 HCl/$O_3$，可达到同样的效果；$O_3$ 氧化有机物的同时，也氧化晶片硅，形成薄层氧化膜保护硅[12,13]。

## 9.6 制程光阻清洗

光阻一般用作 IC 制造的光罩，使命完成后，应加以去除。光阻清洗包括前后段干湿刻蚀后光阻去除，离子植入后光阻去除，曝光后上下层错位较大或缺陷较多需要重做的光阻去除(rework)。光阻下层的材料有很多种，如 Si、$SiO_2$、SiN、Al、Lowk 等，这就要求在去除光阻的同时，不伤及下层薄膜。但零缺陷是不存在的，因此就出现不同的去除方法，以确保损伤最小。去除方法有无机氧化去除，有机湿法去除，氧电浆灰化合并无机氧化去除、氧电浆灰化合并有机湿法去除。

**1. 无机氧化去除(栅极刻蚀和光阻 Rework)**

这里常用的溶液是 98%$H_2SO_4$ 和 31%$H_2O_2$ 的混合物，温度 120～200℃(如上一节介绍的 Piranha 溶液)。它的氧化机理是氧化剂 $H_2SO_4$ 氧化有机物成 $CO_2$，从溶液放出；另外 $H_2O_2$ 在高温下分解，同时都会产生副产物 $H_2O$，所以溶液很难维持一个恒定的组分，现在大部分机台都有定时添加化学品的功能，以补充使用的损失；还有一种向 $H_2SO_4$ 通入臭氧($O_3$)，用 $O_3$ 替代 $H_2O_2$，形成叫做 SOM 的溶液，其使用时间较 SPM 长。这种光阻去除主要应用在栅极 $SiO_2$ 的湿法刻蚀和重曝光的光阻去除上(rework)，而离子植入后光阻的全湿法去除，会用到大约 200℃高温的 SPM。

**2. 有机相溶去除(铝线或 HKMG 制程)**

有机湿法去除光阻是靠打断光阻分子结构。早期的有机去除剂主要是苯基系列，如 EKC 早期系列等，使用较为普遍，但由于其制程耗酸量大，难处理等原因，渐渐被少苯或无苯有机系列取代，如 NMP 和别的有机物，这类有机物可生物降级或稀释处理。有机相光阻的去除，主要应用在 Al 线制程的后段刻蚀和后高介金属栅极(HKMG last)形成光阻的去除上。

**3. 氧电浆灰化合并无机氧化去除(前段制程)**

这种方法的去除涵盖两方面的应用，一是 STI 沟道、栅极硅和接触窗刻蚀灰化后残留物的清除；二是离子植入灰化后残留物的清除。

(1) STI 沟道、栅极硅和接触窗刻蚀后清除。这三种刻蚀除 STI 沟道轮廓要求 87°外，其他都要求尽可能 90°垂直。做到这一点，刻蚀时刻蚀气体和其他参数适度调配，有利于含碳副产物粘附于侧壁，进而保护侧壁免受持续刻蚀的侵蚀，只朝一个垂直方向刻蚀。刻蚀副产物包含硅、碳、氧的聚合物，这样既含碳又含硅的副产物覆盖在刻蚀后的光阻表面、侧壁和底部，一般使用氧电浆灰化去除光阻，剩下的残留物，应用湿法组合(SPM－>DHF>RCA)去除。SPM功能去除灰化后的残留碳，稀HF去除含硅副产物，RCA像前面讲过，去除金属离子和颗粒。

(2) 离子植入后清除。在IC器件的制作中，有关井(WELL)、低掺杂(LDD)、重掺杂($P^+/N^+$)的离子植入是器件成活的关键。在不同的步骤，浓度有高低之分，深浅有能量之分，而光阻在高浓度或高能量轰击下，有机分子结构发生变化，大分子之间形成铰链，在离子植入后，晶片表面被一层有机物硬壳覆盖。这层有机物去除依然是有氧电浆、无氧电浆灰化和湿法组合(SPM－>RCA)，湿法组合也会选用极稀的氢氟酸和臭氧水(VOHP→$DiO_3$)(未来可能成为主流)。这里需要强调的是氧电浆的使用，每次会损失少量硅，但步骤增多后，这个量渐渐增多，如图9.8所示。

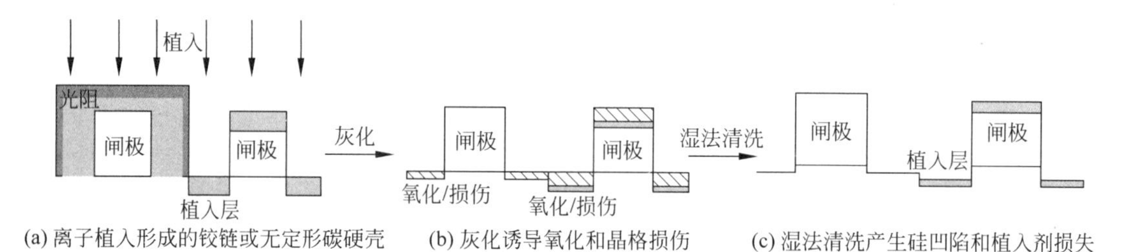


图9.8 光阻灰化和湿法清洗

在低端制程以前，较少考虑硅的损失，但65nm以后的CMOS制程，源极和漏极硅的损耗对器件的特性影响很大，所以氧电浆灰化未来可能会被其他方法取代，如全湿法去除，如图9.9所示。

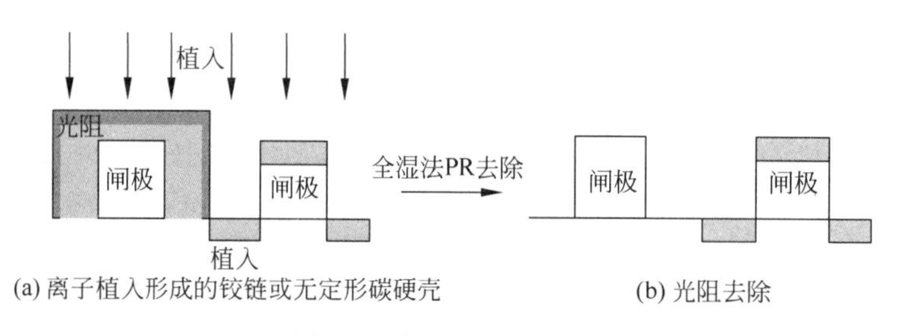


图9.9 全湿法光阻去除

据美国FSI公司报道，它的ViPR喷射棒(spray bar)在单晶片喷射清洗机上，使用高温(180℃以上)SPM制程，对离子植入后的光阻，无需灰化，有较好的去除能力，可以很好地克服ZETA批处理喷射机台(ZETA spray batch)的缺陷(对于剂量大、能量高的离子植入，这种全湿高温法可能花费较长时间和耗费较多化学品)。最近应用材料公司的SEMITOOL部门报道，使用单一晶片湿法处理机台，在硫酸和双氧水喷射到晶片的同时，位于晶片上方的红外灯辐射，可使SPM在30s内升到300℃，植入剂量在$10^{14}$～$10^{15}$atom/$cm^2$的光阻，温度200℃或稍高都可方便去除，且硅流失少，制程花费也较低[14]，如图9.10所示。

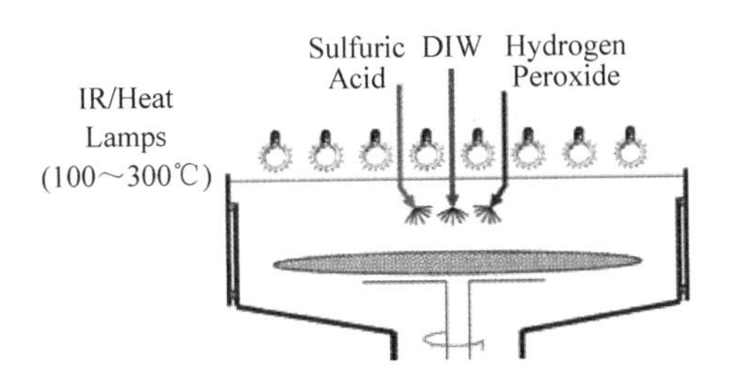


图 9.10　红外灯辐射 SPM 光阻去除

一般来讲,离子植入的成分大多沉积于硅表面的浅层,在热退火之前,任何的表面处理都会对植入剂产生影响[15]。离子植入后的光阻去除剂采用的是 SPM、SC1,相比较而言,SPM 会形成一层氧化膜,而 SC1 既氧化又刻蚀,形成的膜层较薄,在热退火后,SC1 处理的硅层较 SPM 处理的硅层,要流失较多的植入剂[16],从而对器件产生较大影响。高温 SPM 对栅极侧壁 SiN 影响大。

**4. 氧电浆灰化合并有机去除(后段铜制程)**

这种去除主要应用在制程的后段,即金属沟道(trench)和金属通孔(via)刻蚀后残留物的清除,与 3 的第一项类似,但不同的是制程后段不能用强酸(如 SPM),强酸易溶解金属。一般去除方法也是先氧电浆灰化去除光阻,而对含碳、铜又含硅的副产物,则用多组分的水溶性有机主体混合物(如 ATMI 公司的 ST250 或其他)去除。这种混合物含有胺基有机物,可去除残留氟、碳和铜残余物,氟化物去除硅副产物,其他的添加剂抑制铜的氧化。45nm 以下技术节点,铜线间的介电层,大多采用 $k$ 小于 2.6 的多空材料,目的是增强信号传输。电浆在刻蚀多空低电介质时,会对电介质产生几个纳米的改变,同时使 $k$ 值升高。低 $k$ 电介质(ULK)干刻蚀后的聚合残余物去除时,电介质膜(SiOCH)对有机物和极性分子有极强的亲和力,因此当用有机溶剂清洗 ULK 干刻蚀后的聚合残留物时,清洗溶液中的有机物有可能会吸附在介电层沟道的表面,或钻入 ULK 的多空腔内,使 $k$ 值升高,且残留的有机物也影响下道制程的结果,因此有些制程会要求另外的热处理,来驱赶吸附的有机物[17]和水汽,使 $k$ 值得以恢复。而另一种方法是,氧电浆灰化之后使用稀释 HF,也可达到去除残留物的目的。但稀释 HF 在去除残留物的同时,会刻蚀损伤的侧壁,使关键尺寸(CD)难以控制[18],且在使用氮化钛(TiN)作为幕罩,氮化钛表面的氟在一个短的时间后,会滋生副反应。所以 ULK 刻蚀后灰化光阻去除,应该是稀 HF 和有机物的水溶性混合物搭配使用,或无氟强溶性和少量添加剂混合物及其他等,既可去除刻蚀残留物(含 Ti、Si、Cu、C、O、F、H、N),保持 $k$ 不变,又生成一层保护膜,使 Cu 不被腐蚀。

## 9.7　晶片湿法刻蚀技术

湿法刻蚀是一种去除膜层厚度的古老技术,被广泛应用于很多行业,由于近代半导体制造业的蓬勃发展,这种原本宏观刻蚀技术被推广到 IC 制造业,逐渐发展成为独特的微观刻蚀技术,也就是说,现在晶片湿法刻蚀最大去除膜层厚度达几个微米,最小可控制到 10Å 以下。它的特点是等向性刻蚀,即化学反应没有方向性,而且不同膜层和不同化学品有不同反应速率,同一种化学品不同的膜层选择的差异性也很大。因此湿法刻蚀,随着器件的进一步缩减,在精确控制和选择性方面将显现它的优势(如 45nm 逻辑技术节点以下,使用高介电常数和金属栅极材料的湿法刻蚀)。

### 9.7.1 晶片湿法刻蚀过程原理

晶片湿法刻蚀大致分五步:①溶液的反应物利用扩散,到达溶液和晶面的边界层;②反应物由边界层与晶面薄膜接触;③反应物与薄膜分子反应,产生气体或其他副产物;④膜层减薄或消逝,同时生成物进入边界层;⑤利用溶液的扩散效应,生成物由边界层进入溶液,并循环或排出。

湿法刻蚀受四个因素影响:溶液浓度、刻蚀时间、反应温度、溶液的搅拌。一般来讲,刻蚀溶液的温度越高或浓度越浓,膜层移除的速率越快,但太高的反应速率会造成严重的膜层粗糙、底切现象或膜层脱落;相反,刻蚀速率越慢,薄膜被移除的时间就越长,因此三因素是互相关联的。最后一项是溶液的搅拌,适当的搅拌可帮助反应物或生成物快速地质量传输,因为搅拌产生的对流可减少边界层的厚度,不再单依赖于扩散。搅拌的方式有泵驱动、气体或兆声波。

### 9.7.2 硅湿法刻蚀

硅的湿法刻蚀包括单晶硅刻蚀和多晶硅(Poly-Si)刻蚀,所用的化学品有碱性和酸性。最常用的酸性氧化刻蚀液是硝酸($HNO_3$)和氢氟酸(HF)的混合物,一般 Poly-Si 的挡控片的回收,常用这种刻蚀液[19]。混合液分解出的 $NO_2$,把接触的硅氧化成二氧化硅($SiO_2$),如下式

$$4HNO_3 \longrightarrow 4NO_2 + 2H_2O + O_2$$

$$Si + 2NO_2 + 2H_2O \longrightarrow SiO_2 + H_2 + 2HNO_2$$

接着 HF 溶解氧化硅为氟硅酸($H_2SiF_6$),如下式

$$SiO_2 + 6HF \longrightarrow H_2SiF_6 + 2H_2O$$

总反应为[20]

$$Si + HNO_3 + 6HF \longrightarrow H_2SiF_6 + HNO_2 + H_2O + H_2$$

$H_2SiF_6$ 酸性较 HF 强,使用时酸槽 pH 值可能会升高;在缓冲刻蚀液(BOE)中,超过 2%的氟硅酸铵,会出现沉淀。硅的碱性刻蚀液如氢氧化钾、氢氧化氨或四甲基羟胺(TMAH)溶液等。晶片加工中,会用到强碱作表面腐蚀或减薄,器件生产中,则倾向于弱碱,如 SC1 清洗晶片或多晶硅表面颗粒,一部分机理是 SC1 中的 $NH_4OH$ 刻蚀硅,硅的均匀剥离,同时带走表面颗粒。在 $H_2O_2$ 浓度一定时,$NH_4OH$ 对 Si 的刻蚀率呈线性增长,并达到一个饱和值,这个饱和值也与 $H_2O_2$ 成比例;另外刻蚀率稳定时,硅表面粗糙度随着 $NH_4OH$ 浓度升高而变差[21]。随着器件尺寸缩减会引入很多新材料(如高介电常数和金属栅极),那么在后栅极制程,多晶硅的去除常用氢氧化氨或四甲基羟胺(TMAH)溶液,制程关键是控制溶液的温度和浓度,以调整刻蚀对多晶硅和其他材料的选择比。

### 9.7.3 氧化硅湿法刻蚀

氧化硅的膜层有很多种,生成方式不同,膜层特性也不一样。一般生成方式有炉管和化学气相沉积(CVD)等,其膜层密度有较大差异。炉管的膜层应用于制程最初的热氧化层、NP 井和 PB 井离子植入的牺牲层、闸介电层等,特点是在硅基体上生长氧化硅、热预算高、膜层致密、品质好;CVD 的膜层用于潜沟槽隔离(STI)、闸副侧壁(OFFSET)、闸主侧壁

(SPACER)、最初金属介电层(PMD)、金属内介电层(IMD)等,主要有前段制程的电浆增强型CVD膜(PECVD)、电浆增强型四乙氧基硅烷膜(PETEOS)、低温氧化硅(LTO)、90nm以下使用的高密度电浆膜(HDP)、45nm以下的高深宽比制程膜(HARP)和后端制程的90nm以下的黑钻石膜(BD)、氮植入碳化硅膜(NDC)、45nm以下的超低介电常数膜(ULK),这些膜的特点是松软、热预算低、品质相对炉管稍差。膜层由于使用地方不一样,有些需要经过热退火,有些需要经过离子植入后再退火。因而,刻蚀速率会受到薄膜的组成、密度、溶液浓度和离子植入深浅等因素影响。一般来讲,炉管的氧化硅最致密,刻蚀速率小于CVD膜层;退火的膜层刻蚀速率小于没退火的膜层;对于ULK膜和NDC膜,其含有碳或氮,湿法刻蚀率相对很低。

**1. 氢氟酸溶液对氧化硅湿法刻蚀**

氧化硅的湿法刻蚀,最常用的刻蚀剂氢氟酸溶液,它是借助氢氟酸与氧化硅反应,生成气体四氟化硅($SiF_4$)或氟硅酸($H_2SiF_6$),反应式为

$$SiO_2 + 4HF \longrightarrow SiF_4(\text{气体}) + 2H_2O$$

HF过量时

$$SiO_2 + 6HF \longrightarrow H_2SiF_6 + 2H_2O$$

六氟硅酸($H_2SiF_6$)不稳定,容易分解成气体放出,即

$$H_2SiF_6 \longrightarrow SiF_4(\text{气体}) + 2HF(\text{气体})$$

对于前段、中段制程用到的氧化硅,低浓度HF溶液的刻蚀率基本上是线性,只是CVD膜层受离子植入影响会有点变化,不过退火以后的膜层都较稳定;而后端制程用到的CVD形成的黑钻石膜(BD)、氮植入碳化硅膜(NDC)、45nm以下的多孔低$k$膜则明显不同,BD和低$k$大多含有C,HF溶液,刻蚀率不稳定,为非线性,NDC则更难,膜层含有Si、O、C和N,不单为非线性,HF溶液刻蚀率也很低。对于各种氧化硅膜层的挡控片的回收,常用49%的氢氟酸(HF)处理。

研究表明,前段CVD氧化硅随着离子植入量的增加,对稀释的HF刻蚀率不断增加;而随着离子植入能量的增加,氧化硅对稀释的HF刻蚀率减小。受离子轰击后的氧化硅,相对于没有轰击的氧化硅,有比较高的刻蚀率,但这种晶片经过低温热退火(大于700℃),氧化硅对稀释的HF刻蚀率又恢复到没有离子轰击的氧化硅一样值。这种现象可以解释为氧化硅经过离子植入后,Si-O键被打断,这样的悬键有极强的反应性,容易与HF反映,因此,离子植入后的氧化硅有高的刻蚀率。经过热退火,Si-和O-的断键又得到恢复(Si-O),所以刻蚀率跟最初氧化硅一样。离子植入量越大,Si-和O-的断键也越多,氧化硅刻蚀率就高。当离子植入能量较低时,Si-和O-的断键接近氧化硅表面,显示高的刻蚀率;当离子植入能量较高时,Si-和O-的断键钻入氧化硅深层,而表面断键较少,显示低的刻蚀率[22]。如图9.11所示。

**2. BOE溶液对氧化硅湿法刻蚀**

氧化硅湿法刻蚀第二个选择是缓冲氧化物刻蚀剂(BOE),它是HF和$NH_4F$的混合物,可避免HF刻蚀时氟离子的缺乏[23],溶液pH值稳定,不受少量酸加入的影响,还有一个好处是刻蚀率稳定不侵蚀光阻,避免栅极氧化层刻蚀时光阻脱落。随着技术节点的不断下移,对刻蚀后膜层均匀度和粗糙度要求较高,而BOE的刻蚀速率一般较快,克服不了这些问题,极稀的HF渐渐受到重视。

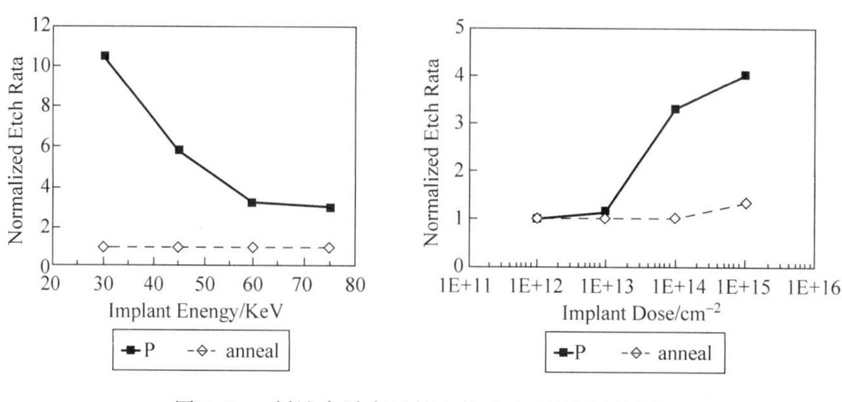


图 9.11 刻蚀率随离子植入能量以及剂量的变化

**3. HF/EG 溶液对氧化硅湿法刻蚀**

HF/EG 是 49%的氢氟酸与乙二醇以大约 4∶96 的比例混合,温度控制在 70～80℃,对炉管氧化硅和氮化硅的刻蚀选择比约 1∶1.5,其主要特点是不与基体硅或干刻蚀损伤硅反应,因而在有 Si 的刻蚀制程或有 SiN 和 $SiO_2$ 去除,都可有所考虑,如 CMOS 的 STI 形成后,氮化硅湿法回蚀方面的应用。

**4. SC1 溶液对氧化硅湿法刻蚀**

SC1 是氢氧化铵、双氧水、水的混合物,高温(60～70℃)SC1(1∶2∶50)对炉管氧化硅有低的刻蚀率,约 3Å/min,可用于特殊步骤的精细控制。浓度越大和温度越高,则刻蚀就越快。

## 9.7.4 氮化硅湿法刻蚀

氮化硅在半导体制程上的生长方式,象氧化硅一样,有炉管批和单片化学气相沉积(CVD)法,主要应用是作刻蚀的硬式幕罩或化学机械研磨(CMP)和干刻蚀的停止层,如浅沟槽隔离(STI)刻蚀幕罩,栅极多晶硅(POLY)刻蚀幕罩,先进制程 NMOS 应力记忆技术(SMT)幕罩等。不同的应用,就有不同的去除方法,主要考虑临近膜层的刻蚀选择比。

**1. 氮化硅磷酸湿法刻蚀**

氮化硅湿法去除的普遍方法是热磷酸溶液。85%的浓磷酸混入少量水,温度控制在 150～170℃,对炉管氮化硅的刻蚀率大约 50Å/min;而对 CVD 氮化硅会更高,如果制程有回火步骤,则刻蚀率会受很大影响,应依据不同的条件测定实际的结果。为了提高对氧化硅的选择比,放入氮的硅晶片,溶入一定的硅,或使用 120～150℃的低温磷酸;反应的主体是氮化硅和水,磷酸在此反应中仅作为催化剂,如下式[24]

$$Si_3N_4 + 6H_2O \longrightarrow 3SiO_2 + 4NH_3$$

氮化硅在干刻蚀中作为硬式幕罩,一旦刻蚀完成,就要去除这层幕罩。刻蚀时间的制定是根据刻蚀率,先计算一个理论值,又因为氮化硅膜层沉积受生长方式和器件结构的影响,不同晶片或同一晶片不同部位都会有厚薄不均现象,为了彻底清除,以免残留影响后续制程,一般会再加入过刻蚀时间,两方面的时间和才是氮化硅去除时间。过刻蚀时间的确定需要设计几个时间递增的实验点,包括氮化硅少量残留、没有残留、过刻蚀,最终取“过刻蚀”的时间作为制程时间,有时残留物确认还需要光学显微镜(OM)和扫描电镜(SEM)的帮助。

**2. 氮化硅 HF/EG 湿法刻蚀**

HF/EG 在氧化硅湿法刻蚀部分提过，它对氮化硅刻蚀率比氧化硅要快，比率约 1.5∶1，也不侵蚀硅，有时应用于 CMOS 的 STI 沟渠形成后氮化硅湿法回蚀步骤。

**3. 氮化硅 HF 湿法刻蚀**

49%HF 对氮化硅（炉管或 CVD）有高的刻蚀率，对氧化硅更高，因而不适宜制程应用。也正是因为它的高刻蚀率，对去除挡控片上的氮化硅很有效。其反应如下[25]

$$Si_3N_4 + 18HF \longrightarrow H_2SiF_6 + 2(NH_4)_2SiF_6$$

以炉管氮化硅（SiN）为幕罩的刻蚀，如浅沟渠隔离（STI）刻蚀、侧壁（OFFSET）刻蚀、主间隙壁（SPACER）刻蚀，在刻蚀后，留下的残留物一般含 O、Si 等元素，常用稀 HF（浓度 $H_2O$∶HF 约 100∶1 或更稀）清除。对于 CVD SiN 为幕罩的刻蚀，由于稀 HF 对 CVD SiN 的刻蚀率本身就比炉管 SiN 大，加上刻蚀电浆对幕罩的表面轰击，相对讲这种膜刻蚀率就更大，因此刻蚀后残留物的去除，需用更稀的 HF，以避免高浓度 HF 过刻蚀影响关键尺寸的控制。

## 9.7.5 金属湿法刻蚀

金属刻蚀主要用于金属硅化物的形成。MOS 电极的制作是在晶片上沉积一层金属，第一次高温处理后，金属会自对准在有硅的地方（MOS 的源极、漏极、栅极）反应，形成阻值较低的金属硅化物，没反应的金属用湿法刻蚀去除，接着进行第二次高温处理，得到阻值更低的金属硅化物，而刻蚀化学品要求有高的选择比，即只与金属反应，不侵蚀金属硅化物。最早使用的金属是钛（Ti），随后逐渐推进到钴（Co）、镍（Ni）、镍铂合金（NiPt），到 32nm 以下 CMOS 器件，为了得到高集成、快速、低能耗的品质，又尝试用金属栅极替代以往的植入式多晶硅栅极。

当然，后段制程虽没用到金属湿法刻蚀（一般用 CMP 平坦化金属或干刻蚀金属连线通道 TRENCH/VIA），但 CVD、PVD、CMP 的金属挡控片的回收利用仍然离不开湿法刻蚀。以下分别介绍。

**1. 金属钛湿法刻蚀**

金属钛在 IC 制造中应用很广，主要是它具有低的电阻率和好的黏附性，常被用作钨插塞和金属内连线的阻障层（TiN/Ti/W）、金属与硅间的接触过渡层（钛硅化物）。TiN 是被广泛应用的阻障层，但它的电阻率较高，为了降低接触电阻，常用导电性好的 Ti，来辅助 TiN 使用。在自对准金属硅化物形成时，沉积在漏、源、栅极硅上的钛通过高温作用，硅进入钛形成硅化钛（$TiSi_2$），没有反应的钛一部分与氮气进行氮化反应，生产氮化钛，这部分氮化钛和另一部分没反应的钛，在后续制程中将被去掉，最常用的去除化学品是高温高浓度的 SC1（$NH_4OH$\\$H_2O_2$\\$H_2O$）和 SPM（$H_2SO_4/H_2O_2/H_2O$ 混合液）[26~28]。反应如下

$$Ti + H_2O_2 \longrightarrow TiO_2 + 2H_2O$$

$$TiO_2 + 2H_2SO_4 \longrightarrow Ti(SO_4)_2 + 2H_2O$$

$$TiN + 3H_2O + H_2O_2 \longrightarrow TiO^{++} + 3OH^- + NH_4OH$$

**2. 氮化钛金属湿法刻蚀**

氮化钛（TiN）在 VLSI 制程里，像上面讲的，用作：①金属与硅的欧姆接触；②金属插塞和内连线的阻障材料。为了减小金属与硅的欧姆接触电阻，氮化钛和金属钛常搭配使用，抑制尖峰和电迁移现象发生。至于连接金属插塞和内连线的阻障，是因为金属对介电材料

黏附不好,TiN 作为阻障层和提升附着力。另外 TiN 暴露于有氧的环境,可使氧分子键结未饱和的晶粒边界,从而更好阻挡金属的扩散,达到强化 TiN 阻障功能,这就是"氧气填塞"说法。TiN 用作金属硅化物形成时的阻挡覆盖层,当金属硅化物形成后,和钛一起一并被去除,它们的去除是用 SC1 或 SPM。

在高介金属栅极(HKMG)制程,为提升器件性能,氮化钛可作为金属栅极内防扩散层,或用作刻蚀终止层,也可调节 MOS 功函数,还可在后端用作刻蚀金属幕罩等。这里的 TiN 刻蚀去除,一般多用 SC1。

**3. 金属钴湿法刻蚀**

随着 CMOS 的设计集成度增加,特征尺寸随之缩减,由于 MOS 源极和漏极的接合深度的减小,会衍生短通道效应,解决办法是接合深度和金属硅化物厚度跟 MOS 管同时减小。钛与钴相比,因为材质的限制,钴金属硅化物可替代钛金属硅化物,显出低的电阻、薄的厚度和低的热处理温度。不同的是形成钴金属硅化物时,是钴原子进入硅内,而钛金属硅化物是硅进入钛。同样,没有参与反应的钴的去除是用 SC1 和 SPM。SC1 首先去除 TiN,接着用 SPM 去除未反应的钴。还有一种混合酸($H_2SO_4+HAc+HNO_3$),也常用来做 Co 的去除。

**4. 金属镍(Ni)和镍铂(NiPt)合金湿法刻蚀**

当逻辑 CMOS 制程推进到 65nm 或 45nm 以下时,性能更好的 Ni 或 NiPt 又替代了 Co,以形成阻值更小、更薄浅接面的 Ni 或 NiPt 硅化物。一定量铂的加入,有利于浅接面的均匀性,阻止 Ni 在 Si 中的快速扩散而使栅极产生肩膀型的镍硅化物。没有反应的 NiPt,一般用盐酸基体的水溶液去除[29],第一种是稀王水在 85℃ 去除 Pt,比例为 3∶1∶4 (37% HCl∶70% $HNO_3$∶$H_2O$)。反应如下:

$$Pt+8HNO_3 \longrightarrow Pt(NO_3)_4+4NO_2+4H_2O$$

$$Pt(NO_3)_4+6HCl \longrightarrow H_2PtCl_6+4HNO_3$$

总反应

$$Pt+4HNO_3+6HCl \longrightarrow H_2PtCl_6+4NO_2+4H_2O$$

第二种是盐酸和双氧水的混合物,去除铂的效果也很好。反应如下:

$$Pt+2H_2O_2+6HCl \longrightarrow H_2PtCl_6+4H_2O$$

但是,HCl 为基体的刻蚀溶液,会严重地侵蚀 Ni(Pt)Si 或 Ni(Pt)SiGe,使金属硅化物阻值升高。这就要求有一种刻蚀剂是无氯基体,而且对 Ni(Pt)Si 或 Ni(Pt)SiGe 无伤害、对金属选择性又高。这就是目前常用的高温硫酸和双氧水混合液,它的反应如下:

$$Pt+H_2SO_4+H_2O_2 \longrightarrow Pt(OH)2^{++}+PtO^{++}+H_2SO_3$$

美国 FSI 公司报道,它的 ZETA 系列或附加 ViPR 功能,可通过预先加热不同比例 SPM,使晶片温度高达 200℃。而进一步研究表明,SPM 在单一晶片机台上应用于 45nm NiPt 硅化物制程的清洗,器件无论在物理性能或电性方面都好于传统 HCl 基体液处理[30]。

## 9.8 晶背/边缘清洗和膜层去除

CMOS 正面制造过程中,不可避免地带给背面和边缘一些污染,特别是膜层沉积、图案定义、化学机械抛光(CMP) 步骤。一方面,晶片背面的颗粒在曝光时会导致一些问题,如局部聚焦偏离；另一方面，晶片背面污染可能导致在传输、量测机台、步进机和别的机台上的交叉污染，这些污染，如金属，在硅中有高的扩散速率，当进行炉管制程时，可能从晶片背面扩散到器件区并降低器件性能；另外，在封装步骤，晶片研磨减薄的损伤也可导致更多应力，容易使晶片破碎。目前，人们已经意识到晶片边缘的污染可能引起更多的缺陷，在随后的制程中逐渐对器件造成影响，最终导致良率的降低。以上提及的污染可能是颗粒、金属、未知的膜层，它们必须用各种清洗手段加以去除，以下给予介绍。

为了满足未来 CMOS 时代的要求，以降低功率消耗和提高器件性能为目的，大量新材料被引入制造。它们包括用于绝缘的高电介质材料（氧化铪 $HfO_2$，氧化锆 $ZrO_2$，氧化铝 $Al_2O_3$，氧化镧 $La_2O_3$，氧化钪 $ScO_2$，氧化镨 $PrO_2$，氧化铈 $CeO_2$，……，以及混合氧化物）、用于电极（TiN，TaN，Al，W，Pt，Ir，Mo……）和自对准金属硅化物（CoSi，TiSi，NiSi，NiPtSi……）的金属。这些金属对晶背的污染不可避免，且必须被去除。在可查的各种化学品中，R. Vos 等人指出，除了 Ta 和 Pt（见图 9.12）[31]，大多数金属都可用 HF 为主体的药液去除到 $0.5*10^{10}$ atom/cm$^2$（ITRS 规定标准）。假如一定要考虑去除 Ta 和 Pt，可行的化学品是 $HF/HNO_3$ 混合液，但 Pt 的污染仍然处于可控边缘。

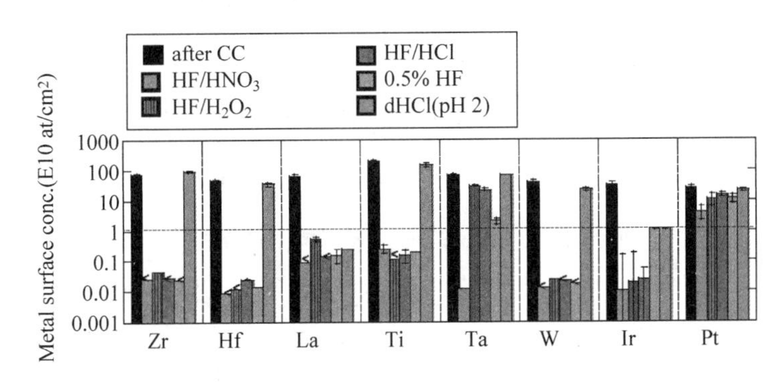


图 9.12　晶片表面金属浓度（1 分钟单晶片机台、不同化学品清洗被金属污染的 Si 晶片）

后段制程中，铜金属内连线引入，用于替代铝。为避免与非铜区域机台交叉污染和阻止器件性能的降低，必须强制执行晶背去污染清洗。晶片背面氮化硅的出现会限制铜的扩散。C. Richard 等人评估各种化学品对晶背铜的清洗，并报道 DHF 和 $DHF/H_2O_2$ 是最理想的、较少氮化硅保护膜损失的化学品，如图 9.13 所示[32]。

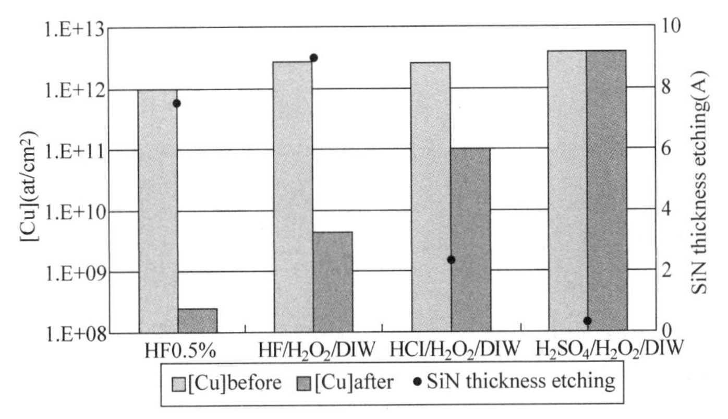


图 9.13　不同化学品 Cu 的去除和氮化硅刻蚀

晶片边缘污染去除失败,会导致严重的交叉污染,像后续CMP制程会把污染从晶片边缘带到其他区域。Lysaght等人披露,在单片旋喷清洗机上使用混合酸($H_3PO_4$:$H_2O_2$:HCl:$H_2O$),可以精确控制去除铜0.5mm到3.0mm,并得到一个在Cu与Ta之间的理想斜坡(见图9.14)[33]。单片旋转喷清洗机被广泛应用于晶片边缘污染控制,同时没有化学品伤及晶片正面。

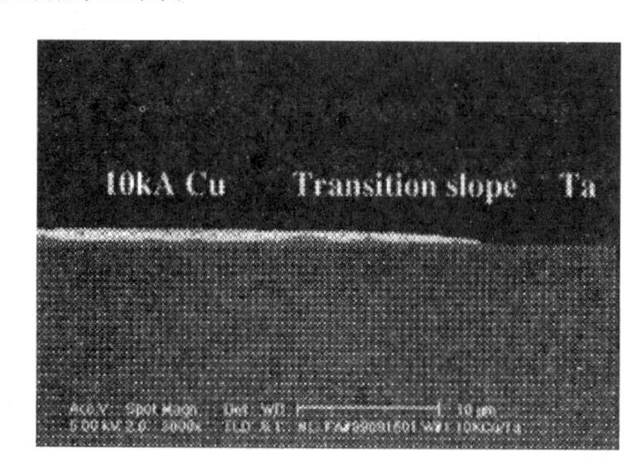


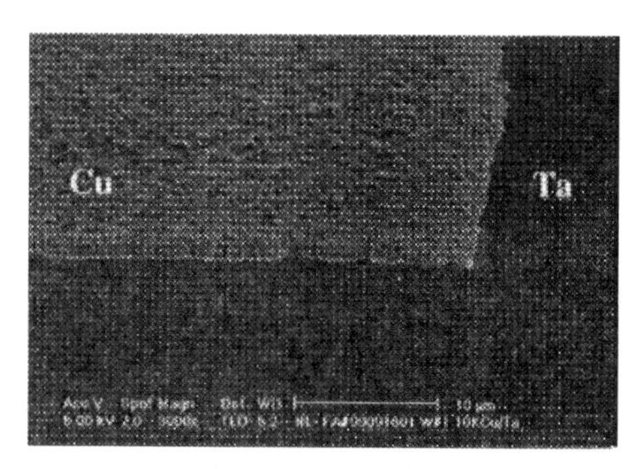


图9.14　SEM展示 从Cu到Ta刻蚀轮廓

# 9.9　65nm和45nm以下湿法处理难点以及HKMG湿法应用

在技术节点从90nm向65nm/45nm转变过程中,由于集成度的变化,对湿法清洗的主要影响是NiSi中Pt的引入,因为Pt相对Ni和别的硅化物金属较为惰性,有关未反应NiPt合金的去除也极为挑战,详细回顾9.7节。

45nm以下CMOS已进入半导体工业的新时代,一方面是栅厚度缩小,带来较高栅漏电流,因而栅$SiO_2$电介质被新的材料替代;另一方面,多晶硅栅极显示对总栅介电层厚度有3~5Å损耗作用;再者由于硼(B)的渗透,多晶硅也与PMOS的高$k$介质不兼容[34]。解决这些问题的有效办法是用金属栅替代多晶硅栅,这些高$k$介质和金属材料引入逻辑CMOS的制造,将给湿法清洗带来很多不便和挑战。

## 9.9.1　栅极表面预处理

直接在Si上沉积高$k$介质会导致电子迁移率的降低,因此在Si和高$k$介质间引入一个界面层,如$SiO_2$[35]。这个界面层要求致密和均匀,便于高$k$介质膜的生长。在高$k$介质沉积之前,湿法生成一层化学氧化膜,是通用方法之一。为了获得sub-nm等同氧化物厚度(EOT),该自然氧化层厚度等于或小于0.8nm,也就是要求,一个制程可提供的自然氧化厚度低于饱和自然氧化层厚度(1.1~1.2nm)。以下是工业界一些不同研究方法:①dHF→SC1→SC2,②dHF/HCl→SC1→SC2,④dHF/HCl→$O_3$,④炉管氧化和dHF回刻蚀。在这些方法中,dHF/HCl-$O_3$可提供致密、均匀和高迁移率的化学氧化膜,如图9.15[36]所示。界面层厚度可由低浓度臭氧的$DiO_3$(如1ppm)水制程时间控制[37]。因而,这种方法在学术界比较受重视。

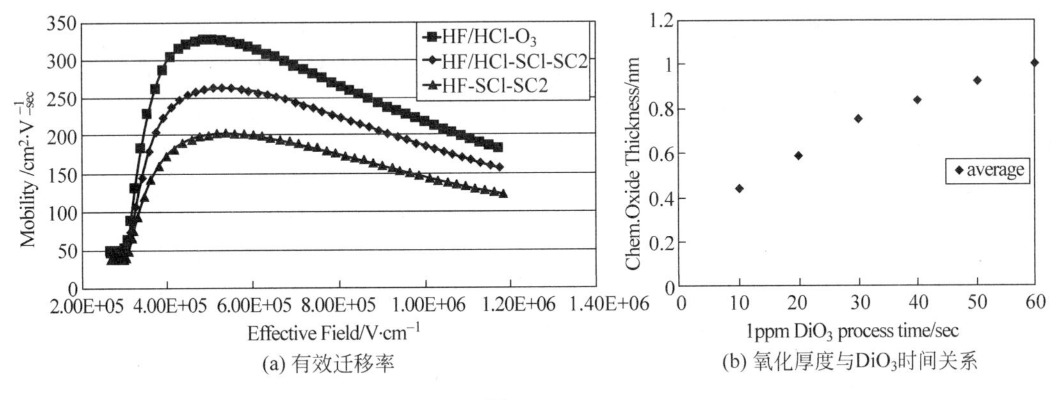


图　9.15

## 9.9.2　叠层栅极：选择性刻蚀和清洗

传统上一般用干刻蚀制作图案，然而，当进入高介质金属栅后，一些新材料如镧(La)没有任何可知的挥发性化合物，就无法使用干刻蚀进行刻蚀。在这种情况下，湿法刻蚀就被用来实现图案制备。Kubicek 等人已经介绍一种先双金属栅双介质(HKMG first)的 CMOS 集成流程[38]，如图 9.16 所示。对于先栅极集成，NMOS 和 PMOS 可能需要不同的金属、高介质和覆盖材料。为了实现这个结构制作，在沉积界面层、高介质、P 型覆盖、P 型金属和多晶硅硬罩之后，进行一次图案光阻幕罩的制造，以便于多晶硅覆盖 PMOS 区域，同时 NMOS 区域没有多晶硅幕罩。之后，一个湿法刻蚀被用来选择性地去除没有被多晶硅覆盖的金属、覆盖和高介质层，而多晶硅幕罩覆盖的区域及其以下多层材料不被伤及。接着沉积第二个栅叠层，并一样使用多晶硅幕罩来选择性刻蚀。

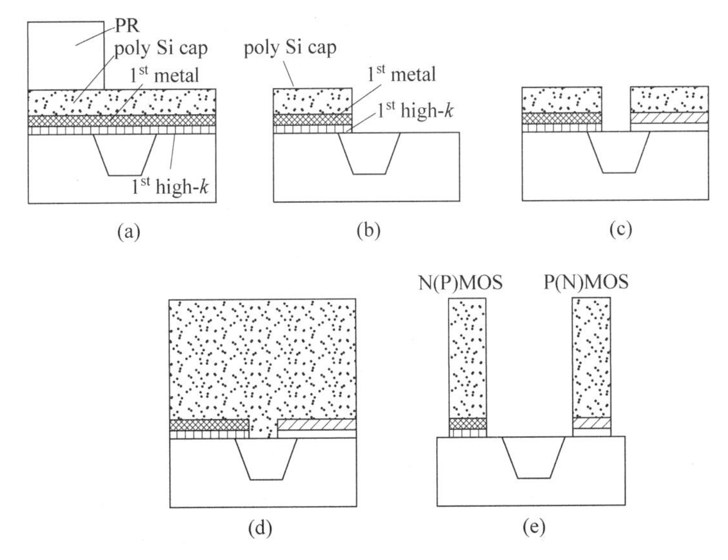


图 9.16　先栅极 CMOS 集成流程样本：双金属栅双介质方案

大多数可行的高介质湿法去除是采用 HF 基的化学品。通过加入酸或醇，HF 基溶液的刻蚀选择性可得到改善。HF 溶液中每个组分的变化相对函数 pH 可从理论上得到计算。

Paraschiv 等人做了这种理论计算和实验刻蚀率的比较，如 $BF_2$-$HfO_2$($HfO_2$ 膜接受过

$BF_2$ 的植入伤害)、$HfO_2$ 和炉管氧化硅[39]。如图9.17所示,在pH值为0～4时,没有分离的HF担负 $HfO_2$ 的刻蚀,而在pH值为0以下时,$SiO_2$ 和 $HfO_2$ 的去除明显受 $H^+$ 浓度的影响。这种发现给出一个在一定pH值范围内使用酸性HF时,相对于 $SiO_2$ 选择性地去除 $HfO_2$ 的可能。

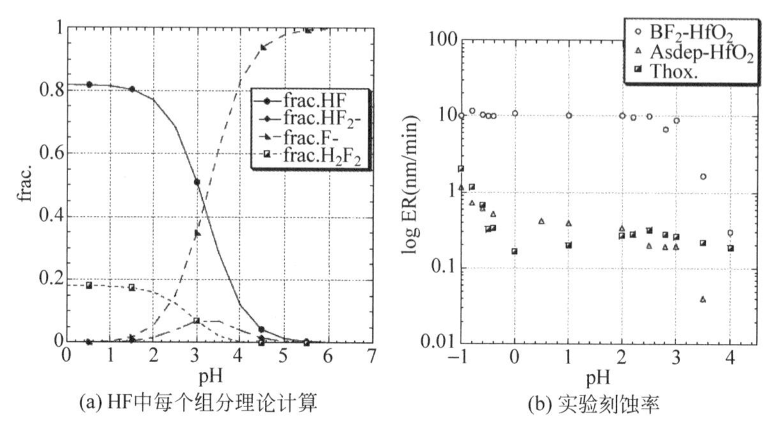

(a) HF中每个组分理论计算 (b) 实验刻蚀率

图 9.17

如表9.2所示[40],它概述了DHF/HCl和稀HF对各种薄膜的刻蚀率和对高 $k$/金属栅兼容性的比较。DHF/HCl对 $HfO_2$ 的刻蚀,相对于其他材料有一个好的刻蚀选择性,尤其 $SiO_2$,这就是为什么DHF/HCl在工业界被普遍使用于高 $k$ 去除。

**表9.2 不同高 $k$/金属栅材料刻蚀率**

| Etch rate (nm/min) | 0.5%HF | HF/HCl/$H_2O$ |
|---|---|---|
| Thox | 3.2 | 0.3 |
| PECVD-ox | 29.9 | 3.1 |
| PECVD-ox(plasma treat.) | 38 | 5.2 |
| HDP-ox | 5 | 0.9 |
| TEOS | 21.5 | 2.7 |
| Polysilicon | 0.1 | 0.03 |
| PVD TiN | 0.3 | 0.3 |
| PVD TaN | 0.01 | 0.1 |
| ALD TaN | 0.15 | 0.09 |
| Ru | 0 | 0 |
| $HfO_2$(as dep) | 2.8 | 1.3 |
| $HfO_2$(damaged) | 4.2 | 30 |
| $HfSiO_x$(N)on chem. ox | 30 | 27 |
| $HfSiO_x$(N)on SiON | 10 | 6 |
| Si | 0.1 | 0.16 |
| Ge | ～0 | ～0 |

标准清洗液(SC1)被广泛应用在半导体制造中。对于金属栅(如Ti基或Ta基金属材料)的选择性刻蚀,SC1已是一个主要的刻蚀剂,因为相对于其他可能暴露的材料,如 $HfO_2$、HfSixOy、$SiO_2$ 和Si,它可提供一个极好的刻蚀选择性。还由于这样一个事实,Ti基材料相对于Ta基有一个较高的刻蚀率,因此当Ti基和Ta基材料同时出现时,SC1也可用来选择性去除Ti基材料,如表9.3和表9.4所示。

表 9.3　金属栅 CMOS 制造中不同材料的刻蚀率(Å/min)

| Chemistry | Composition | Ration | Temp. /℃ | PVD TiN[b] | PVD Ta | PVD TaN[b] | PVD TaSiN (Si-30%) | TEOS | ALD $HfO_2$ | ALD $HiSi_xO_y^c$ |
|---|---|---|---|---|---|---|---|---|---|---|
| $H_2O_2$ | $H_2O$ : $H_2O$ | 13 : 4 : 1 | 60 | x | 0.74 | 0.68 | 0.96 | 0.71 | 0 | 0.1 |
| SC1 | DI : $H_2O_2$ : $NH_4OH$ | 10 : 1.1 : 1 | 60 | >10 | 0.81 | 6.6 | >21 | 3 | 0.01 | 0.06 |
| SC1 | DI : $H_2O_2$ : $NH_4OH$ | 10 : 1.1 : 1 | 22 | 17.6 | x | x | x | 0.26 | 0 | 0.01 |
| SC1 | DI : $H_2O_2$ : $NH_4OH$ | 5 : 1.1 : 1 | 60 | >20 | 1.92 | 8.09 | x | 4.53 | 0.01 | 0.11 |
| SC2 | DI : $H_2O_2$ : HCl | 10 : 1.1 : 1 | 60 | >10 | 0.9 | 0.08 | 0.01 | 0.14 | 0.05 | 0.06 |
| SPM | $H_2O_2$ : $H_2SO_4$ | 4 : 1 | 60 | >10 | 0.07 | 0.09 | 0 | 0 | 0.08 | 1.1 |
| HCl | $H_2O$ : HCl | 10 : 1 | 60 | 0.3 | 0.01 | 0.02 | 0.02 | 0.01 | 0 | 0.03 |
| HF | $H_2O$ : HF | 1000 : 1 | 56 | 0.2 | 0 | 0 | 0.15 | 2.07 | 0.02 | 25.9 |
| BHF | $H_2O$ : HF | 8 : 1 | 24 | x | 0.25 | 0.06 | x | 177 | 0 | 9.5 |
| HF | $H_2O$ : HF | 50 : 1 | 60 | 1.32 | 4.2 | 0.03 | 33.6 | 247 | 0.12 | >32.4 |
| HF | $H_2O$ : HF | 10 : 1 | 25 | 2.47 | 46 | 4.1 | 50.3 | x | 0.1 | x |

x means data was not collected.

[a] A little higher ratio of $H_2O_2$ helps to minimize pitting created by $NH_4OH$.

[b] TaN and TIN are stoichiometric.

[c] Rutherford backscattering spectrum(RBS) analysis shows for HfSiO(20%Hf) the atomic concentration.

表 9.4　使用 SC1 时金属栅与其他暴露材料的刻蚀选择比

| | $HfO_2$ | $HfSi_xO_y$ | PHT++ $HfO_2$ | PHT $HfSi_xO_y$ | AM-Si | TEOS |
|---|---|---|---|---|---|---|
| CVD TiSiN | ∞ | 600 | 100 | 67 | 300 | 23 |
| ALD TaCN | 1000 | 167 | 500 | 111 | 14 | 3.3 |
| ALD TiN | ∞ | 800 | 135 | 90 | 400 | 31 |
| PVD TaSiN(Si=30%) | ∞ | 2000 | 333 | 222 | 1000 | 77 |
| PVD TaSiN(Si=75%) | 700 | 64 | 350 | 12 | 1.8 | 5 |
| PVD TaN | 800 | 73 | 400 | 133 | 2 | 5.3 |
| PVD TiN | 1760 | 160 | 293 | 195 | 880 | 68 |

光阻去除也是主要挑战之一。传统干灰化常导致等同氧化硅(EOT)生长，因而全湿法光阻去除得到极为重视。热硫酸基的药物不能使用，主要是它可严重地侵蚀暴露的材料特别是栅金属。各种溶剂正在调研中，且它们中的一些已经显出好的结果。

## 9.9.3　临时 poly-Si 去除

对于后栅极集成方案，基于传统做法，首先制作临时多晶硅，接着通过化学机械抛光(CMP)打开栅基，去除多晶硅和沉积新的栅叠层材料，如图 9.18 所示[43]。后栅集成的主要挑战之一是去除临时多晶硅，同时不伤及可能暴露的材料。去除临时多晶硅，工业界已有不同的方法：①全干刻蚀附加湿法清洗；②部分干刻蚀附加湿法刻蚀和清洗；③全湿法刻蚀和清洗。一个像②和③的湿法刻蚀通常优选使用，因为它对暴露的材料有较少的伤害。

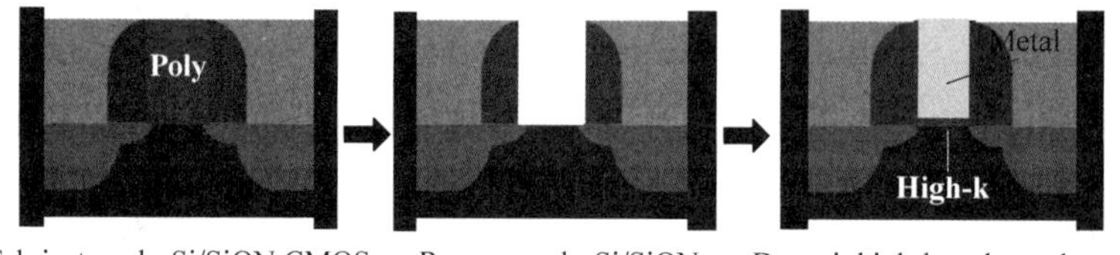


图 9.18　后栅极集成示意图：临时 poly-Si 的替换[43]

很多高 pH 值的溶液已知可作为 Si 的刻蚀剂，如无机水溶性的 KOH、NaOH、CsOH、$NH_4OH$ 以及有机水溶性的乙二胺、choline 和四甲基氢氧化铵(TMAH)。稀释的氨水和 TMAH 已普遍作为 Si 刻蚀剂，是因为它们对 CMOS 制程的兼容性、易于处理和低的毒性。对 TMAH 讲，大约 5%的浓度就可达到很高的 Si 刻蚀率。之后，随着 TMAH 浓度升高，Si 刻蚀率降低。如图 9.19 所示[44]。另外，当 TMAH 溶液有 Si 时，Si 膜刻蚀率也会降低，原因是 OH-在硅污染的溶液中的迁移率降低。再者，有离子植入硅相对于没有离子植入硅在碱性溶液中有不同刻蚀率。

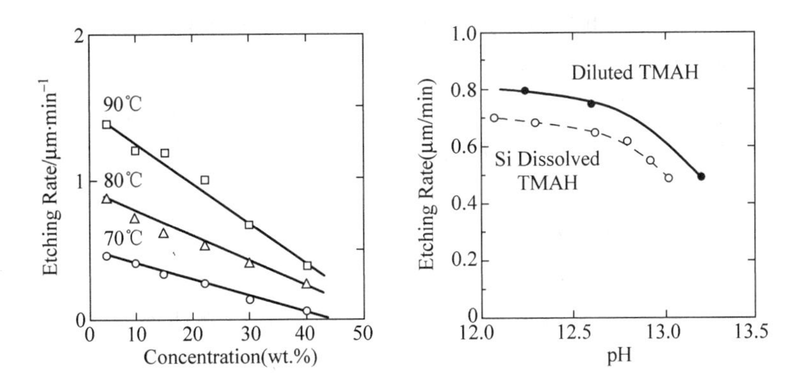


图 9.19　(左) Si(100)基于 TMAH 温度和浓度的刻蚀率；(右)Si 基于 22% TMAH 溶有硅和无硅的刻蚀率[44]

# 9.10　湿法清洗机台及其冲洗和干燥技术

晶片清洗机有很多种，按其处理方式大致分为单片旋转喷淋清洗机(single spray tool)、批旋转喷淋清洗机(batch spray tool)、批浸泡式清洗机(wet bench)。在这些机台使用中，除了化学处理，去离子水冲洗和干燥也不可小视。因为化学处理之后，晶片上的化学溶液必须马上去除，经去离子水冲洗和干燥后，干净的晶片方可进入下一道制程。又由于清洗在制程中步骤较多，如果对冲洗和干燥管理不当，有问题的晶片即可变为直接污染源。为确保冲洗完全，水槽常装配有在线水阻值测试仪，直到水阻值到 18MΩ·cm 为止。可见晶片冲洗和干燥是相当关键的步骤。以下就不同机型的特点及冲洗干燥技术加以介绍。

## 9.10.1　单片旋转喷淋清洗机

单片旋转喷淋清洗机(single spray tool)有代表性的厂商是 LAM 公司的型号 DV 系列、AMAT 公司的 SEMITOOL、DNS/型号 SU 系列等，如图 9.20 所示[33]。它们配置 2～12 个独立的处理室，可同时处理多达 12 片晶片，完成多个不同化学清洗制程。

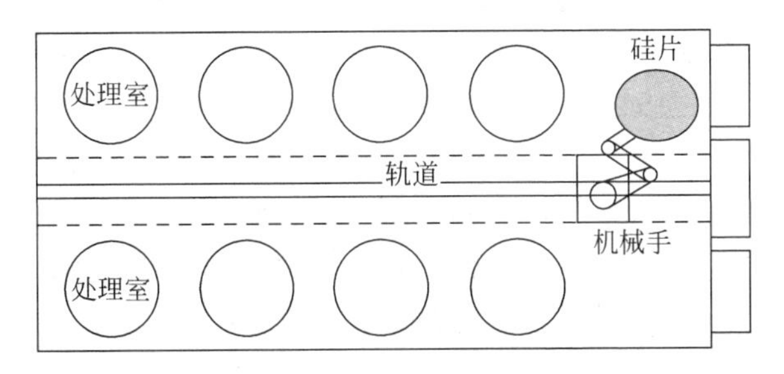


图 9.20　8 个处理室单片旋转喷淋清洗机俯视简图

在单片清洗机上，每个处理室是独立的操作单元，对于要求高的出货量，可选用 8 个或更多处理室，使用同一个程式；而对于研究开发(R&D)，则使用不同处理室、不同化学品、不同程式，如图 9.21 所示。晶片一般正面朝上，放在有多个紧固销且中间通 $N_2$ 的旋转平台上，当旋转平台处于最低层位置 1，启动转动，化学喷头移到晶片上方，摆动喷洒药液，甩出的药液,流到收集槽1,有泵带动循环使用,喷完之后,化学喷头移走;平台上升到最高层位置3,去离子水喷头移到晶片上方,移动喷洒去离子水,同时转速提升,去离子水和药液的混合液被甩到相应排出管,冲洗完之后,去离子水喷头移走(有时需要第二步化学品处理,旋转平台下降到中间层位置2,其他步骤如同第一个化学品);转速进一步提升,$N_2$管头移到晶片上方,喷出高速$N_2$,由晶片中心向边缘扫描,反复几次,晶片表面就会变干。这种化学清洗优点是制程时间短,节约药品和纯水,耗费低;单片清洗,交叉污染少;颗粒回粘几率小,去除干刻蚀后的残渣效果好。现在普遍应用在制程的后段,但32nm以后的制程,单片清洗也逐渐走向前段。不难发现,这种单片清洗的处理室是开放式,在药液处理完之后,用去离子水喷洗,$N_2$干燥。

还有一种单片清洗方法,处理室是封闭式,如图9.22所示,在药液处理完之后,是去离子水喷洗,干燥用$N_2$或$N_2$携带IPA蒸汽吹干,它的特点:可制造无氧环境,在处理过程中,防止金属(如Cu)暴露于空气而被氧化;IPA的干燥更彻底。

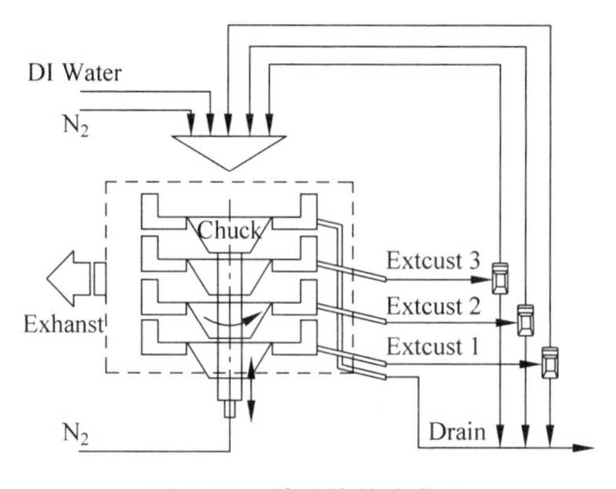


图9.21　单片旋转喷淋室

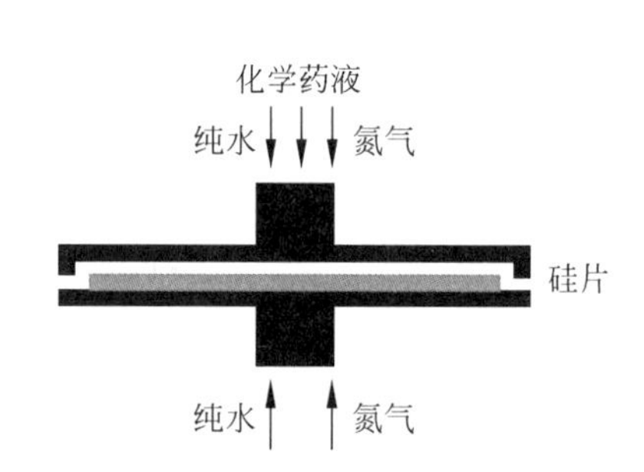


图9.22　封闭式单片旋转喷淋室

## 9.10.2　批旋转喷淋清洗机

批旋转喷淋清洗机(batch spray tool)的典型代表是FSI公司的ZETA系列,如图9.23所示[45],清洗室如同一个有顶盖密封的静止锅,中间和室壁装配有固定静止的液体喷柱,喷柱上从上到下有很多喷嘴,两个专用的PFA晶片盒置于PFA转盘上,并对称于中间喷柱,转盘转动最大可达500r/min。药液、纯水和氮气都可从喷柱喷出,药液配置在混合器里进行,比例由制程程序设定和精密流速控制器控制,红外线加热器可对药液在喷出前加热,溶液温度可由安装在室壁上的热感测定,便于制程优化。当制程开始,混合器配好的药液由喷柱喷向旋转晶片,在晶片上弥漫、流动,并被甩出,进入排出管,随后是纯水清洗和热的氮气干燥。使用的药液始终是新鲜的,没有循环使用带来金属污染和颗粒回粘的可能。

批旋转喷淋清洗机的特点是:①化学品喷出后,不需要循环回收,直接排出,晶片上始终接触的是新鲜的药品,可消除浸泡式清洗常见的循环污染或药品功效降低的影响。②晶片处理、冲洗和干燥可在一个处理室一次完成,避免浸泡式清洗晶片在药槽、水槽和干燥槽之间转换的麻烦。③制程环境小,可精细控制。该机在CMOS金属硅化物形成清洗中,有独到的应用。

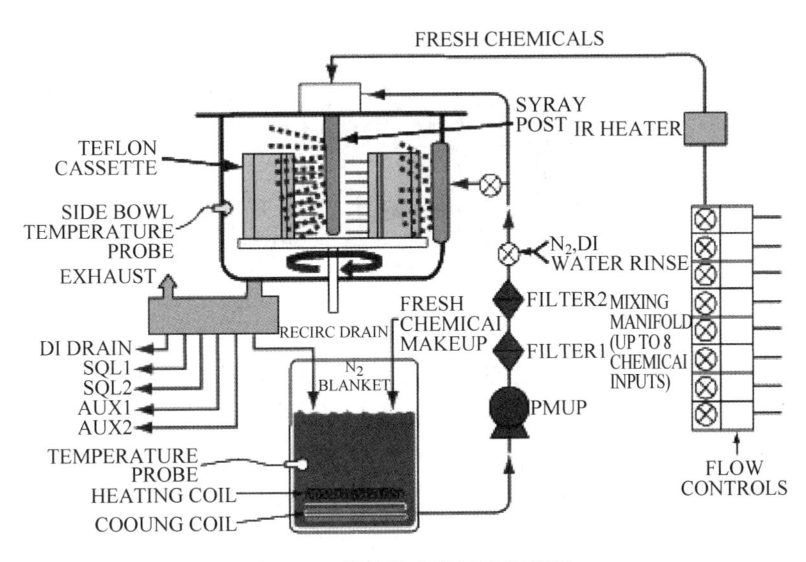


图 9.23　批旋转喷淋清洗机简图

## 9.10.3　批浸泡式清洗机

批浸泡式清洗机(wet bench)是最早使用并被广泛普及的,同时它也随着半导体的发展得到不断的提升和完善。有代表性的厂商是 DNS/FC 系列,SES/BW 系列等。清洗机处理槽分布实例如表 9.5 所示。如果制程顺序是 DHF→DI→SPM→DI→SC1→DI→IPA,那么晶片从槽 1(Tank1)开始,依次经过表 9.5 中的每个槽。这个制程功能为:首先是膜层刻蚀或干刻蚀后氧化硅外壳清除,接着是光阻或灰化残余物去除,最后是颗粒去除和晶片干燥。更多了解可回顾 9.6 节和 9.7 节。这里重点讲水洗(OF、HQDR)和 Marangoni 干燥。

**表 9.5　浸泡式清洗机处理槽分布**

| | Tank 1 | Tank 2 | Tank 3 | Tank 4 | Tank 5 |
|---|---|---|---|---|---|
| Chemical | DHF | OF | SPM | SPM | HQDR |
| Ratio | $HF:H_2O$<br>1:200 | | $H_2SO_4:H_2O_2$<br>5:1 | $H_2SO_4:H_2O_2$<br>5:1 | |
| Temperature/℃ | RT | | 125 | 125 | 60 |
| Bath life/count | | | | | |

| | Tank 6 | Tank 7 | Tank 8 | Tank 9 |
|---|---|---|---|---|
| Chemical | HQDR | SC1 | QDR | IPA |
| Ratio | | $NH_4OH:H_2O_2:H_2O$<br>1:2:50 | | |
| Temperature/℃ | 60 | 25 | | |
| Bath life/count | | | | |

(1) 溢流冲洗(Overflow,OF):晶片放进满水槽底部的晶片架上,如图 9.24 所示,去离子水从底部供入,水流经过晶片,并逐渐上移,而后越过晶片,再后来溢出水槽内缘,而流到外槽,进入排出系统,同时清洗并带走晶片上的药液和残留物,持续不断流动、冲洗,最终达

到清洁晶片的目的。如果配置 $N_2$ 鼓泡,会增强清洗效果和改善清洗能力。

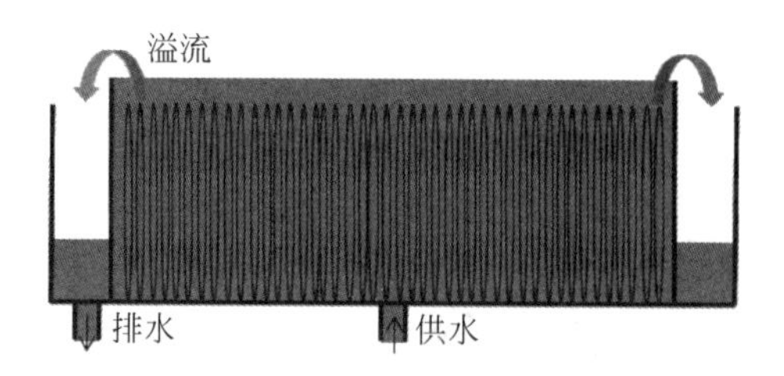


图 9.24　溢流冲洗槽

(2) 快速倾倒冲洗(Quick Dump Rinse,QDR):快速倾倒冲洗类似溢流冲洗,不同之处是在水槽顶部两侧各装一排喷头,且槽的底部可自由打开,如图 9.25 所示。开始晶片放进空的水槽,水槽上的喷头启动喷淋,晶片上的药液被快速冲掉,同时水槽底部的水管注入去离子水,当槽注满后,槽底瞬间打开,清洗水流入排水管,如此反复几次,晶片得到彻底清洗。

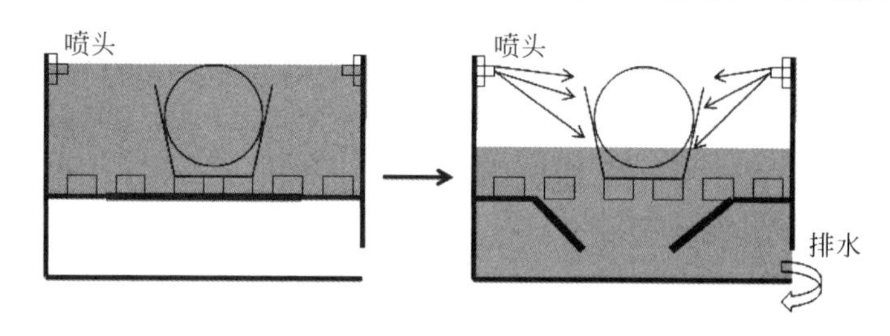


图 9.25　快速倾倒冲洗槽

(3) Marangoni 干燥:Marangoni 干燥技术由飞利浦研发实验室在 1990 年公布实施[46,47],它取自一位意大利科学家的名字(这位科学家是 19 世纪从事流体动力学的先驱)。其方法如图 9.26 所示,晶片放进一个密封的水槽,槽内水面上方空间通入 IPA+$N_2$,冲洗一段时间后,以约 5mm/s 的速度慢慢提拉晶片,进入含有高浓度 IPA 的空间,此时,晶片表面水膜呈现月牙形,在区域 1,较薄的水膜吸附并溶入较高浓度 IPA,而区域 2 有较低的浓度,高浓度 IPA 的水膜有较低的表面张力,结果区域 1 和区域 2 之间就产出一个表面张力梯度,使得它在晶片上升时向下拉月牙形水膜到水槽,晶片从而变得干燥又干净。

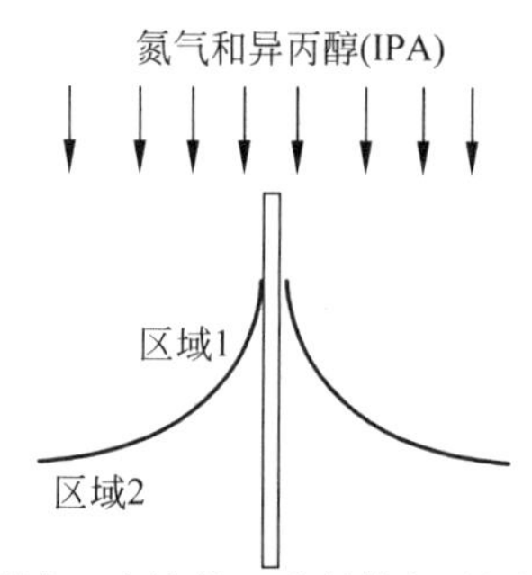


图 9.26　Marangoni 干燥原理

## 9.11　污染清洗中的测量与表征

衡量晶片是否达到洁净标准,或者评估清洗及湿法刻蚀是否有效,都需要合适的测量与表征。

### 9.11.1　颗粒量测

光散射技术被工业界广泛用于测量平面晶片表面的颗粒污染。方法是被检测的晶片在聚焦激光束下旋转,大体上可形成一个反应晶片表面特点的螺旋状图案[48]。当激光束投射到一颗缺陷上,一少部分的入射光将向各个方向散射。一般来说,缺陷越大,散射的光就越强。通过这种方法,就可统计晶片上的所有缺陷。散射光强超过平均背景光的缺陷点被称作光点缺陷(LPDs),基于使用散射聚苯乙烯乳胶球(PLS)制作的校正曲线,表面检测技术可报告出晶片表面缺陷浓度和那些缺陷的PLS-等同直径分布。KLA-Tencor Surfscan系列是工业界最常用的系统,如最先进的系统SP2,在极其平坦的晶片表面上可计数小到40nm的颗粒。

有图案的晶片缺陷可通过光散射技术或光反射技术检测。为了检查局部区域的缺陷,有时需要高放大率,而扫描电子显微镜(SEM)或穿遂电子显微镜(TEM)常被用到。

### 9.11.2　金属离子检测

全反射X荧光光谱(TXRF)常用来检测晶片表面金属组分浓度[49]。由来自灯丝的电子,轰击钨或钼阳极,产生单色准直X光束,照射到晶片表面,入射角小于临界角(临界角为1.3mrad),即可产生全反射,X光的穿透深度只有几个nm(传统的XRF约为10nm),对晶片表面的元素很敏感,它可以激发样品原子产生荧光,这些二次X射线(荧光)可被硅(锂)能量色散检测器侦测。而二次X射线对每种元素是特定的,因此各种元素可同时得到检测。采用一个镍的校正晶片的强度测定,并有一个相对敏感因子的数据库,基于每个峰的X射线强度,便可定量计算元素的浓度。

### 9.11.3　四探针厚度测量

四探针是一个测量薄膜或扩散层片电阻的简单装置。片电阻是一个膜上的方块电阻,以Ω/方块为单位测量。四探针使用全电阻测量技术:两对分离的电流和电压电极被用到如图9.27所示的测量中,恒定电流流过样品上探针1和4间的长度,假若样品有电阻,那么当电流流过样品时,就会有一个电势降落,如图中探针2和3之间的电势降。探针2和3间的电压可用伏特计测量,探针2和3间的电阻就是伏特计上电压读数除以电流的比值。

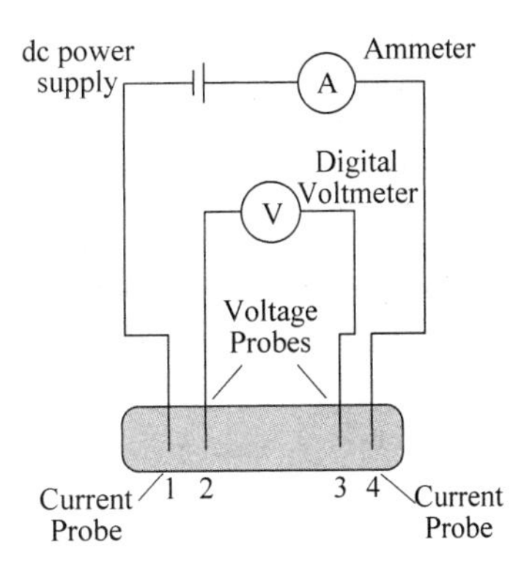

图9.27　四探针测量电路

测量刻蚀前后的片电阻,就可测定厚度损失。例如,一个样品刻蚀前厚度$t_0$,电阻$R_{s0}$,刻蚀后电阻$R_{s1}$,因为电阻率是恒定的,那么新的厚度可比照如下关系计算。即

$$\rho_0=\rho_1 \quad t_0*R_{s0}=t_1*R_{s1} \quad t_1=(t_0*R_{s0})/R_{s1}$$

### 9.11.4　椭圆偏光厚度测量

椭偏仪是一种可反映薄膜特性的光学仪器,它用一个偏光仪,产生线性的偏光,以一个大的入射角照射到样品上,而后,收集反射光并分析[50],如图9.28所示。

由于样品的厚度和折射率对偏振的影响,分析仪就测量这种偏振的变化。在椭偏仪上,线性偏光被反射成椭圆偏光,由此而得名。椭圆偏光有两个成分$P$(垂直偏振)和$S$(水平偏振),并有各自的振幅$R_P$、$R_S$和相位差$\Delta$,分析仪测量这些矢量组分比,即

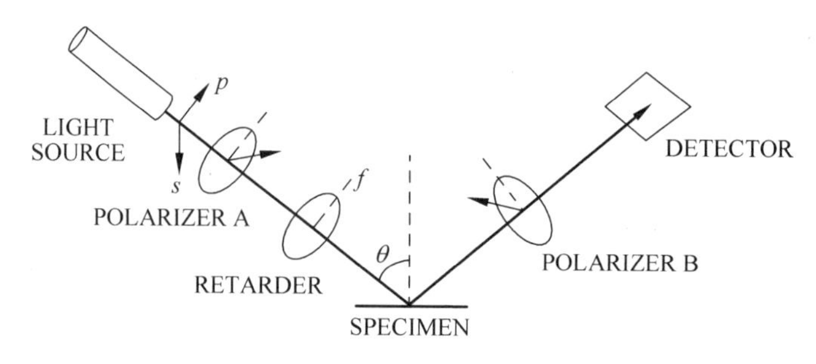


图 9.28 椭偏仪简图

$$\frac{R_p}{R_s}=\frac{|R_p|}{|R_s|}e^{i\Delta}=\tan\Psi e^{i\Delta}$$

为了把 $\Psi$ 和 $\Delta$ 转化成样品的光学常数,需要建立一个膜层样本,这个膜层样本包含光学常数(折射率或介电函数张量)、每层厚度、膜的正确堆叠顺序。使用重复步骤(最小二乘最小化),改变厚度参数,用菲涅儿公式得到 $\Psi$ 和 $\Delta$,如果 $\Psi$ 和 $\Delta$ 计算值能与实验数据相符,那么它可提供样品的光学参数和厚度。

### 9.11.5 其他度量

Quantox 或汞探针用来测定静电电荷,这些电荷常在湿法清洗制程时产生在非导电层上。二次离子质谱仪(SMIS)用来量测掺质的化学浓度,AUGER 用来测量晶片表面的有机物,FTIR 和折射率被用来测量低(超低)介电常数的改变,接触角广泛用来测定晶片表面特性变化。

## 参考文献

[1] W. Kern Ed. Handbook of Semiconductor Wafer Cleaning Technology, 1993.
[2] S. De Gendt, et al. Science and Technology of Semiconductor Surface Preparation, 1997: 397.
[3] Marc Heyns, et al. Solid State Technology, 1999.
[4] Michael Quirk, Julian Serda. Handbook of Semiconductor Manufacturing Technology, 2006: 136.
[5] P. W. Mertens, et al. Proceedings of Technical Papers. IEEE, 2006: 123-126.
[6] W. A. Syverson, et al, in Cleaning Technology in Semiconductor Device Manufacturing, 1992: 229.
[7] K. Xu, et al. Journal of Vacuum Science & Technology B, 23(5): 2160-2175, 2005.
[8] I. Kanno et al. Proceedings of Electro Chem. Soc., 97-35, 1997: 54-61.
[9] K. Xu, et al. Solid State Phenomena, 2009, 145-146 : 31-34.
[10] J. J. Wu et al. Semicond. Internal, 1996: 113.
[11] W. Kern and D. Puotinen. RCA Review, 31, 1970: 187.
[12] J. K. Tong, et al. Cleaning Technology in Semiconductor Device Manufacturing, 1992 : 18.
[13] S. De Gendt, et al. Symp, On VLSI Technology, 1998: 168.
[14] Dusty Leonhard. Proceedings of Surface Preparation & Cleaning Conference, 2010.
[15] R. Higaki, et al. Proc. of ESSDERC2OO3, 2003: 569.
[16] T. Sato, et al. Solid-State Device Research conference, 2004: 149-152.
[17] L. Broussous, et al. Interconnect Technology Conference, 2008: 87-89.
[18] D. Rébiscoul, et al. Microelectronic Engineering, 83(11-12), 2006: 2319-2323.

[19] Gim S. Chen, et al. Cleaning Technology in Semiconductor Device Manufacturing VI, 2000: 296.
[20] J. D. Plummer, et al. Handbook of Silicon VLSI Technology: Fundaments, Particle and Modeling, 2002: 595.
[21] H. Kobayaski, et al. Japanese Journal of Applied Physics, 1993: 45-47.
[22] L. Liu, et al. HF wet etching of oxide Electron Devices Meeting, IEEE Hong Kong, 1996: 17-20.
[23] S. Wolf. Silicon Processing for the VLSI Era, Vol. 1, Ch. 15, 1986.
[24] I. Sokolov, et al. Journal of Colloid and Interface Science, 2006.
[25] S. J. Moss, et al. Chemistry of the Semiconductor Industry, 1986: 252.
[26] 莊達人, Handbook of VLSI 制造技术,2002: 190-195, 667.
[27] M. Ong, et al. Semiconductor Electronics, 2008: 609-613.
[28] S. Parker, et al. Symposium on Science and Technology of Semiconductor Surface Preparation April 1-3, 1997.
[29] Rand and Roberts. Appl. Phy. Lett., 1974, 24: 49-51.
[30] Yi-Wei Chen, et al. Solid State Phenomona,2009,145-146: 211.
[31] R. Vos, et al. Solid State Phenomena, 2004,103-104: 241.
[32] C. Richard, et al. proceedings of UCPSS, 2002: 121.
[33] P. S. Lysaght, et al. Proc. ECS, 99 (36), 1999: 343.
[34] C. Hobbs, et al. VLSI Technology Digest, 2002.
[35] A. L. P. Rotondaro, et al. IEEE Transactions Device Letter, 23, 2002: 603.
[36] J. Barnett, et al. Proc. ECS, 2003,2003-26 : 100.
[37] K. Sano, et al. Solid State Phenomena,2008,134: 53-56.
[38] S. Kubicek, et al. IEDM Tech. Dig., 2007: 49.
[39] V. Paraschiv, et al. Solid State Phenomena,2004,103-104: 97.
[40] M. Claes, et al. Solid State Phenomena, 2004,103-104: 93.
[41] M. M. Hussain, et al. Electrochemical and Solid-State Letters, 8 (12), G333-G336, 2005.
[42] M. M. Hussain, et al. Proceedings of Surface Preparation & Cleaning Conference, 2005.
[43] J. Barnett, et al. UCPSS Tutorial, 2008.
[44] O. Tabata, Sens Mater. 2001,13(5): 271-283.
[45] Hong-Seong Sohn, et al. ICRO, 2005,23(5): 67-77.
[46] K. Wolke et al. Solid State Technology, 1996: 87.
[47] J. K. Wang, et al. Solid State Technology, 1998: 271.
[48] K. Xu. Nano-sized Particles: Quantification and Removal by Brush Scrubber Cleaning, Katholieke Universiteit Leuven, 2004.
[49] R. Klockenkamper. Total-Reflection X-Ray Fluorescence Analysis. John Wiley and Sons, New York, 1997.
[50] H. K. Pak,B. M. Law. Rev. Sci. Instrum. 1995,66(10): 4972.

# 第 10 章　超浅结技术

## 10.1　简介

PN 结是在半导体底材上进行掺杂的区域，它是集成电路器件（如二极管和晶体管）的基本部件。PN 结通常是通过离子注入，再经过高温的热处理将注入离子活化而形成的。随着电子器件尺寸的进一步缩小，对于器件的性能，如漏电流和开关速度等，PN 结的质量和界面性质正扮演着越来越重要的角色。图 10.1 的场效应管示意图中，分别演示了源漏极（SD）及源漏扩展结构（SDE）所对应的 PN 结位置及深度。

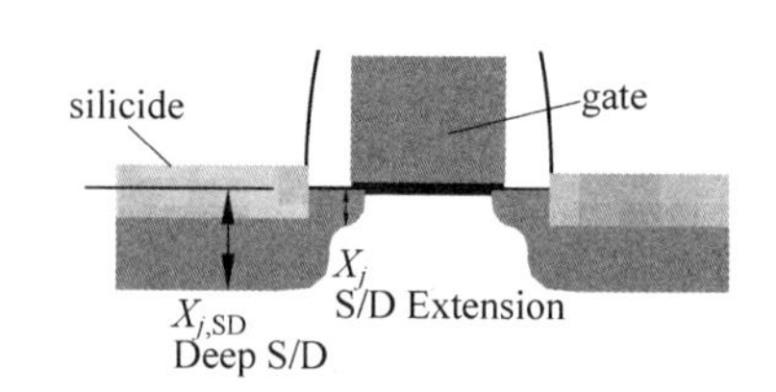


图 10.1　PN 结及场效应管结构示意图

器件尺寸的缩小要求栅极尺寸按照一定的设计规则相应减小，而为了降低短沟道效应，源漏极的结深也要相应地缩小。器件尺寸缩小后，其本征的工作电阻（$R_{on}=V_{dd}/I_{on}$）降低了，这就要求源漏极的串联电阻（$R_{series}$）也要相应地低至一定程度（对应器件工作电阻的一小部分）以满足器件性能需求。并且，随着金属氧化物半导体场效应晶体管（MOSFET）尺寸缩小后，从金属硅化物到源漏极的接触电阻愈加限制器件的性能。因此，控制掺杂离子/元素的浓度、分布轮廓、活化以及硅化物的形成，都是超浅结技术的关键组成部分，对器件的性能也有着重要的影响。

近年来，在超浅结技术方面，我们看到了许多可喜的进展。在离子注入方面，大分子离子注入和低温离子注入技术的应用，可以得到更低的离子植入射程端缺陷和更好的非晶化效果，从而使注入离子有更好的活化效率。在热制程方面，毫秒级或亚毫秒级的退火工艺已经迅速地取代传统的热处理工艺或成为传统退火工艺的必要补充。

## 10.2　离子注入

离子注入就是将纯净的具有一定能量的带电离子均匀地注入硅片的特定位置（这个特定位置一般由光阻或其他掩膜层来定义）的过程。利用离子注入方法在半导体中掺杂是贝尔实验室的肖克利 1954 年的发明。通过离子注入形成掺杂（N 型或 P 型硅衬底中掺入 P 型杂质硼、铟，或者掺入 N 型杂质磷、砷等），是制作半导体器件的基础。经过半个多世纪理论和实践的研究发展，离子注入技术和设备在半导体及超大规模集成电路制造业界已经非常成熟。但是随着 CMOS 器件的关键尺寸缩小到 45nm 以下，轻掺杂源漏的 PN 结深已经小于 20nm，而且对深度分布的轮廓要求越来越陡，这就要求注入离子的能量要足够低。如果以硼为标准换算，在 45nm 节点，PMOS 轻掺杂源漏的离子注入能量要在 1000eV 甚至是几百个 eV 以下。如此低的能量，用传统的三氟化硼作为离子源根本无法调出稳定的束流来满足工业生产的要求，在这种情况下，半导体业界已经开始用大分子团诸如碳硼烷($C_2B_{10}H_{12}$，$B_{10}H_{14}$，$B_{20}H_{28}$，$B_{18}H_{22}$)等取代传统的$BF_2^+$、$B^+$进行离子注入。另一方面，为了得到低阻值的超浅结，源漏极(SD)及源漏扩展结构(SDE)离子注入的能量在降低，而剂量却基本保持不变甚至有所增加，同时在注入离子活化方面，也引入了毫秒级的高温退火工艺。这使得器件对离子注入的缺陷控制很敏感，比如说离子注入引起的硅表面损伤和射程端缺陷将大大增加源漏端的漏电流，在后续的镍硅化物形成过程中可能形成管道缺陷。近些年来，离子注入缺陷控制的研究和应用也越来越深入和成熟，比如说低温离子注入和为了降低离子活化过程中瞬时增强扩散而额外的共同离子注入(如C、F、N)。下面就对这几种比较新的离子注入工艺作简单介绍。

**1. 大分子离子注入(molecular implants)**[1~5]

在注入能量小于1keV的情况下，现有的离子注入设备已经很难调出稳定的束流来完成工艺需求，哪怕是用较高能量的萃取电压来得到离子束，然后再将离子束降低到所需的注入能量。为解决这一难题，业界用磷和砷的二聚和多聚离子，如$P_2$、$P_4$、$As_2$、$As_4$来取代N型的P和As来作为NMOS管源漏极(SD)及源漏扩展结构(SDE)离子注入源。因为要得到相应的注入射程，二聚和四聚离子的注入能量会高很多，对于离子注入机来说，就能得到相对高的束流；并且同时注入多个原子，也大大提高了注入效率。而对于PMOS来说，含硼的大分子，如$B_{10}H_{14}$、$B_{18}H_{22}$、$C_2B_{10}H_{12}$等则用来取代传统的B或$BF_2$离子注入，以形成源漏扩展结构的超浅结。如图10.2[1]所示，在等效的注入能量相同的情况下，$B_{18}$和$B_{36}$可以得到更大的注入束流。而传统的$BF_2^+$离子注入，虽然用很高的萃取比可以得到较大的注入束流，但是一方面离子束流不稳定，容易随着距离放大而散焦，另一方面，离子束所带的能量不纯，容易造成能量污染。用$B_{18}$和$B_{36}$，在等效于单个硼离子能量300eV条件下进行离子注入所得到的硼元素的纵向分布如图10.3[2]所示，可以得到结深在10nm左右，纵向分布很陡的硼掺杂。除了上述的优点外，用大分子离子注入还有另一个显而易见的好处：因为团半径大，质量数高，不用前置的非晶化离子注入就可以得到界面比较平整的非晶态层(见图10.4[3])，经过热处理后也比较容易重新结晶化为形貌完整的单晶；而且大分子离子注入本身是掺杂和非晶态二合一的注入过程，它所造成的硅衬底的晶格损伤和缺陷会比传统的注入方式低很多。正是因为具有上述优点，大分子离子注入应用在器件的制造上表现出一

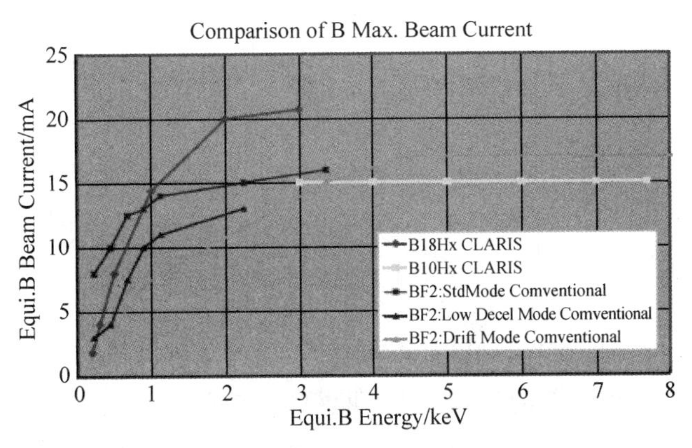


图10.2　硼的不同离子源及注入方式所能得到的最大注入束流比较

些优异的电学性能(见图10.5[4])。

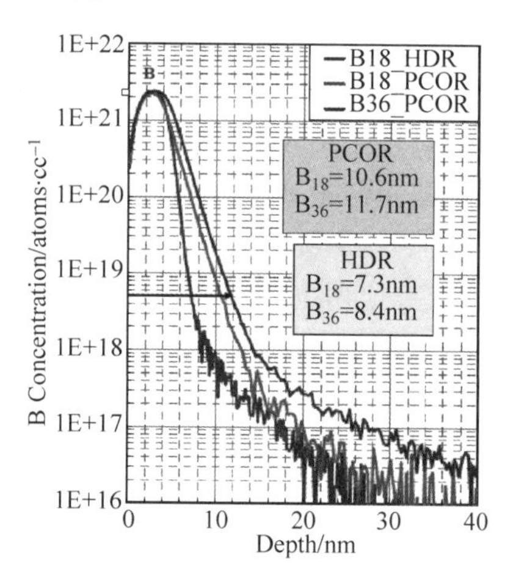


图10.3　大分子离子注入所得到的硼元素的纵向分布

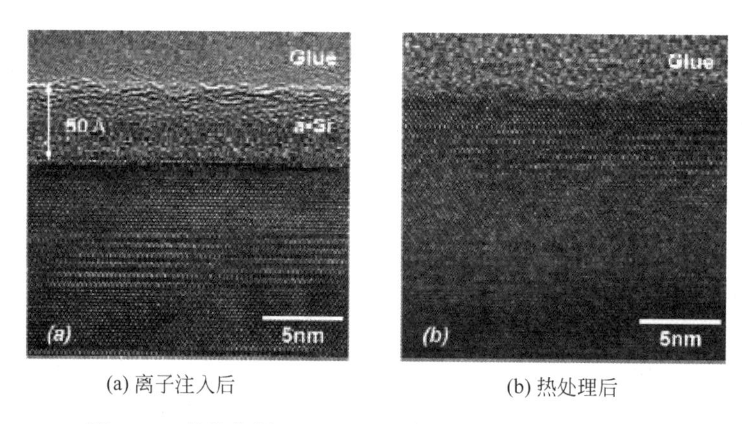


(a) 离子注入后　　(b) 热处理后

图10.4　等效能量250eV的 $B_{18}^{+}$ 注入后硅衬底的形貌图

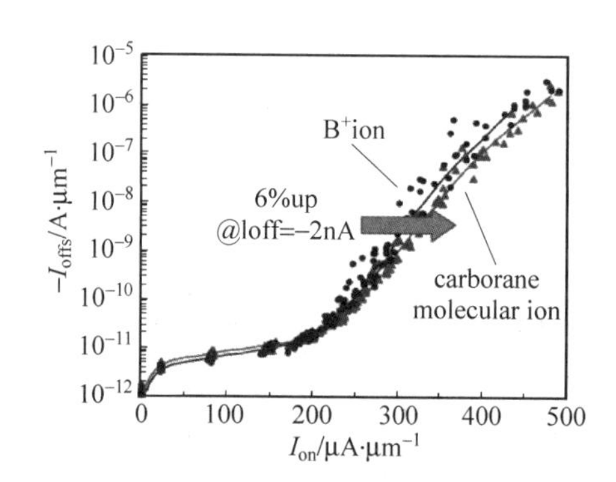


图10.5　B和 $C_2B_{10}H_{12}$ 离子注入 $I_{off}/I_{on}$ 比较

**2. 低温离子注入(cryogenic/cold Implants)**[5~11]

晶片温度对离子注入工艺的影响很大,业界也早有研究,只是最近几年又被工艺界重新提起,并已经或正在用于先进的45/40,32/28nm甚至更低节点的生产和工艺研发。各家机台产商,如维利安(Varian)公司、亚舍立(Axcelis)公司等也都提出了各自的解决方案。离子注入机本身并没有多少改变，只是额外用一台冷却器通过冷却液或液氮的循环，来实现对晶圆温度的控制，可以让离子注入过程中，硅片温度保持在 0℃以下，甚至到 −100℃或更低。低温离子注入对制程工艺的改善主要表现在可以生产更厚的非晶层(见图 10.6[10])，更平整的非晶/单晶界面，更少的射程端缺陷(end of range defect)以及在随后退火过程中可以使注入离子达到较高的活化和相对较少的扩散。这是因为在低温下，原子晶格处于较低的能量状态，在被注入离子破坏后，相对比较难恢复单晶态，因此非晶化的速度比较快，形成的非晶层也比较厚，并且在此过程中产生的间隙(原子)也比较容易停留在非晶态层中，可以得到比较低的射程端缺陷。图 10.7[11]就是一个比较明显的例子，同样的 $BF_2^+$ 注入能量和剂量，不管用点状还是用带状的离子束流，或是同样用点状离子束注入不同温度条件的硅片上，最后得到的硼元素随深度的轮廓分布是相同的，而氟元素的深度分布却相差很大，特别是深度在 25nm 左右的氟的第二个尖峰位置。注入时温度控制在室温的硅片所对应的氟的第二个尖峰浓度要低很多，这是因为氟容易被射程端缺陷所捕获，较低温度的注入条件(硅片温度)和较高的注入速率(dose rate)都可以得到比较厚的非晶态层和较低的射程端缺陷。

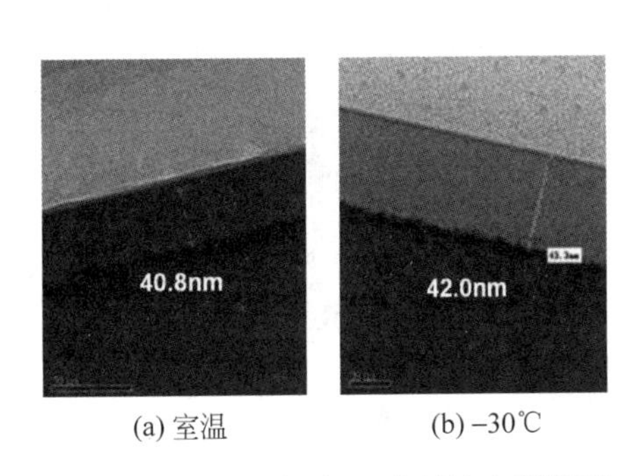


(a) 室温　　(b) −30℃

图 10.6　硅片温度对 Ge 离子注入所得到的非晶态层厚度影响

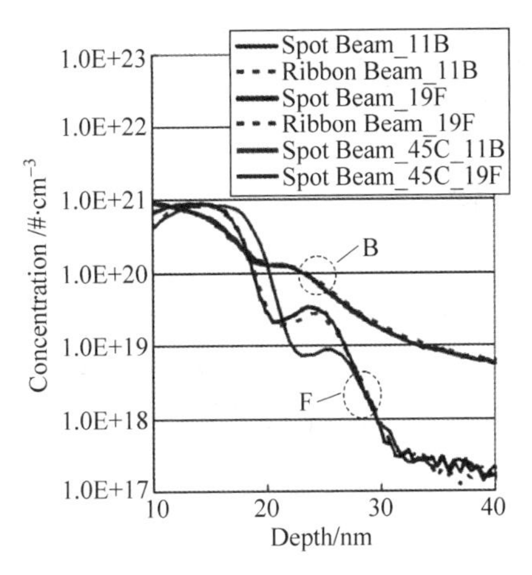


图 10.7　不同注入条件得到的硼和氟的二次离子质谱随深度的轮廓图

正是因为有上述的优点，低温离子注入在真正半导体器件的制作中才会表现出比较好的电学性能(见图 10.8[5])，如较低的漏电流、较少的镍硅金属硅化物管道缺陷(piping defect)等。

### 3. 共同离子注入[5,12~22]

共同离子注入是(co-implantation 或 cocktail-implantation)的中文翻译，原意是指用类似于调鸡尾酒的办法，将除通常所需注入的 N 或 P 型离子之外的其他杂质离子(如碳，氟，氮等)一起注入所需器件的特定区域，用来调节最终浅结的深度、轮廓以及改善器件可靠性和延长使用寿命。用共同离子注入的办法来抑制退火过程中掺杂元素的扩散，提高掺杂元素的活化在 65nm 节点就已经得到了广泛的应用，现在已经成为一种通行的做法。以 PMOS 为例，在做源漏极延伸时，碳和氟离子就经常被用于共同离子注入，以减少硼元素的扩散和提高它的活化率。图 10.9[18]说明了共同离子注入的作用原理：①通常的硼和磷离子注入，硼和磷靠近射程端缺陷区域，在退火时易扩散并和间隙原子形成掺杂缺陷簇；②前

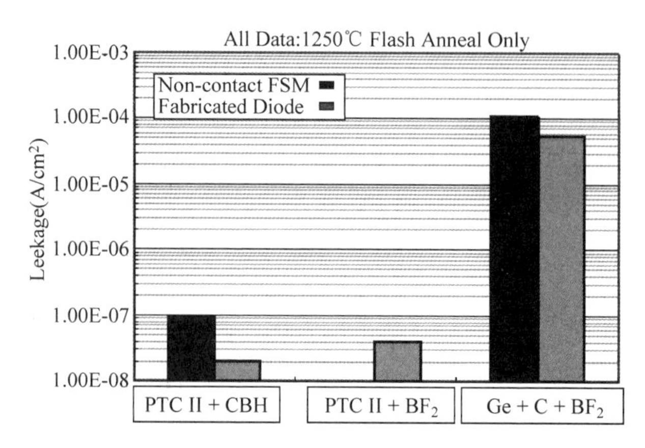


图 10.8 不同注入条件下得到的光片和二极管结构所测得的漏电流比较

* PTC II 是维利安(Varian)公司低温离子注入的商业名称,FSM 是非接触式电阻值和漏电流测试机台

置非晶态离子注入让掺杂元素远离射程端缺陷区,但退火过程中回流的间隙原子会促进硼扩散;③碳或氟的共同离子注入,会俘获间隙硅原子和其他缺陷位,防止硼纵深扩散和形成掺杂缺陷簇而较低活化率。图 10.10[18]的扫描扩展电阻式显微镜照片清楚地说明了碳的共同注入,大大地减少了硼在沟道下方的横向和纵向扩散。正是因为这些优势,使得共同离子注入在器件的短沟道效应的抑制、漏电流的降低以及工作电流的提高方面都有很大的改善(见图 10.11)[18]。

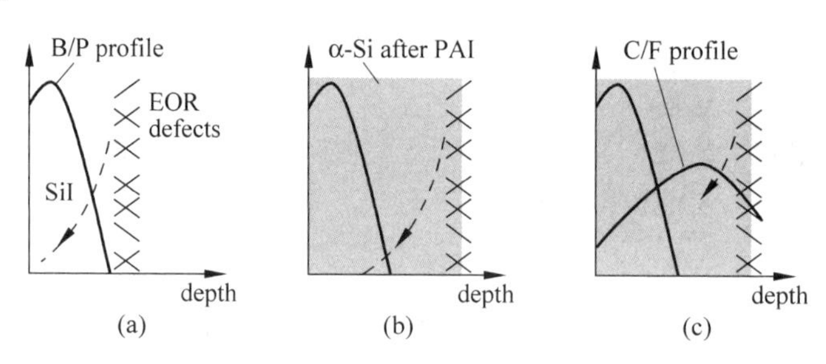


图 10.9 共同离子注入的机理

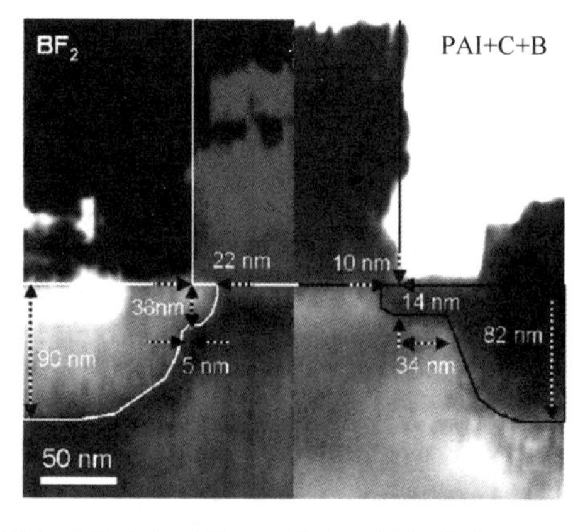


图 10.10 共同离子注入和通常 $BF_2$ 的注入的扫描扩展电阻式显微镜结果

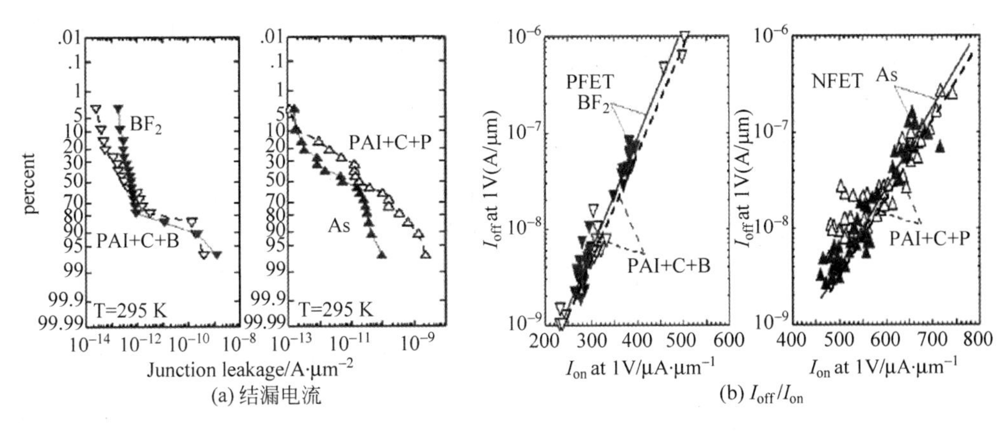


(a) 结漏电流 (b) $I_{off}/I_{on}$

图 10.11 共同离子注入对器件电学性能的改善

**4. 离子注入技术未来发展方向和挑战**[2,5,23~29]

随着 CMOS 技术延伸到 32/28nm 和 22/20nm 节点以下，传统的平面型器件也将被 3D 器件双栅 Fin-FET 结构等取代，等离子体掺杂在半导体器件制造中应用也提上了日程，并且越来越广泛。但传统的离子注入技术，由于它的准确控制性(注入杂质的纯度，浓度及注入深度)，优良的而均匀性和重复性(单一硅片和硅片之间)，况且离子注入设备本身有非常良好的稳定性和可维护性，又有很强大的生产能力，因此离子注入仍将是掺杂的首选方法。在离子注入设备和工艺不断改进的同时(如离子注入角度的控制，能量污染的控制，低能量离子束的稳定性和生产性的提高等)，离子注入的应用范围也得到了不断的拓展，比如说在更先进的金属栅工艺中功函数的调整、金属硅化物接触性能的改善、在应力方面的应用、改变薄膜的性质与改变刻蚀或化学机械研磨的数率等，而各种离子注入技术间的结合(如用低温的大分子以及与其他技术(如退火工艺)间的结合)也越来越紧密。

# 10.3 快速热处理工艺

快速热处理工艺在制造先进的集成电路器件中扮演着重要角色，在不同代的 CMOS 制造工艺中有着广泛的应用，比如说，硅化钛、硅化钴、硅化镍的形成，离子注入造成的晶格损伤的修复，掺杂离子/元素的活化，介电材料的形成，沉积薄膜的重平坦化等[30,31]。在这些应用中，最主要的就是超浅结的形成，包括源漏极(SD)及轻掺杂源漏(LDD)或源漏扩展结构(SDE)，如图 10.1 所示。而表 10.1 则列出了 CMOS 器件 PN 结深与超大规模集成电路的演变趋势。

**表 10.1 PN 结深与超大规模集成电路的演变趋势**

| 年代/沟道长度 | 2003 (65nm) | 2005 (45nm) | 2007 (32nm) | 2009 (22nm) | 2011 (16nm) |
|---|---|---|---|---|---|
| 轻掺杂源漏 PN 结深/nm | 24.8 | 17.6 | 13.8 | 10 | 8 |
| 最大轻掺杂源漏薄层电阻/Ω·sq$^{-1}$ | 545 | 767 | 650 | 810 | 1015 |
| 轻掺杂源漏 PN 结侧向梯度/nm·dec$^{-1}$ | 5 | 3.5 | 2.5 | 2 | 1.6 |
| 源漏 PN 结深/nm | 49.5 | 35.2 | 27.5 | 22 | 17.6 |
| 最大源漏薄层电阻/Ω·sq$^{-1}$ | 255 | 358 | 412 | \ | \ |

注：参考 ITRS Roadmap。

随着沟道长度的减小,所谓的短沟道效应(short channel effect)会越来越显著,相应的源漏极及轻掺杂源漏的PN结深也要求越来越浅。为了得到低薄层电阻的超浅结,一方面必须采用高剂量低能的离子注入技术,另一方面必须采用高温热预算低的快速热处理技术。图10.12列出了几种常见的热处理工艺,跟传统的炉管退火工艺相比,这几种工艺采用单一的反应腔室,升降温的速率及所能达的最高温度都有了很大的提高。下面对这几种比较先进的热处理工艺及它们在PN超浅结方面的应用做简单介绍。

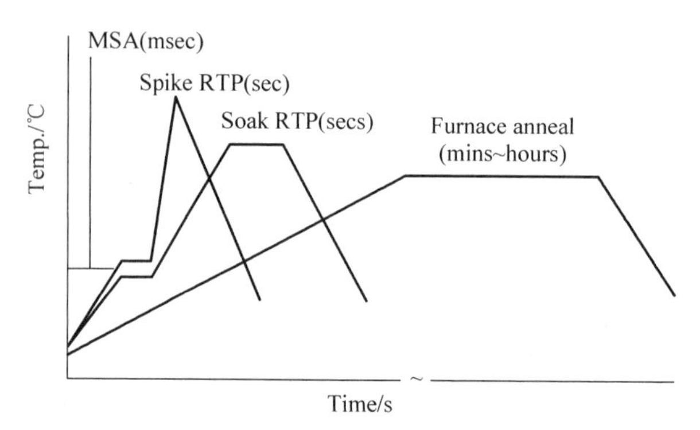


图10.12 几种热处理工艺比较示意图

**1. 浸入式退火(soak anneal)**[32~36]

如图10.12所示,浸入式退火是指在晶圆的温度升高到设定的温度后,继续保持一段时间以达到足够的注入离子活化,薄膜致密化或其他效果。一个典型的快速热处理反应室如图10.13所示,大功率的卤素钨灯发光通过石英窗后照射到晶片上,并使晶片加热。因为晶片置于一定的支持物上并只保持边缘接触,这样晶片正面的加热灯光不会漏到晶片的背面,因而置于反射板下的测温计就可以根据黑体辐射的原理侦测到晶片的温度并实时反馈到温度控制器,而温度控制器将得到的温度值与工艺程式去比较来改变各组灯泡的功率,以期达到温度闭环控制的目的。为了提高整个晶片的均匀性,在一些快速热处理设备中,设计额外的功能让晶片在热处理过程中保持一定的速度旋转。浸入式退火主要应用于0.13μm及更早的几代CMOS器件中PN结的形成及井区离子注入后的活化及驱进。

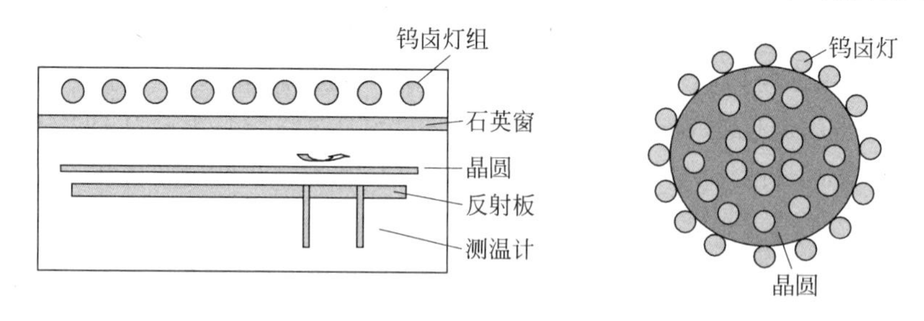


图10.13 快速热处理反应腔结构示意图

**2. 尖峰退火(spike anneal)**[34~39]

如图10.12所示,尖峰退火是浸入式退火的一种极致。在尖峰退火过程中,晶圆以极快的升温速度(最快可达近250°/s)升高到设定的温度后,又以较快的降温速度(最快可达近90°/s)将其冷却到600℃以下。尖峰退火的设备跟普通浸入式退火的设备基本一样,但是为了达到快速升降温的目的，在工艺和设备上还是有些特殊的要求，比如说，为了达到快速升温的要求，需要大功率的灯泡，温度实时控制的频率也会有所提高；另外，为了达到快速降温的目的，就需要用大流量的氮气甚至氦气来提高热交换的速率。尖峰退火主要应用在0.13μm以下的CMOS器件制造工艺中，位于轻掺杂漏和源漏极离子注入之后，在形成超浅结的同时，修复离子注入造成的晶格损伤和缺陷。

**3. 毫秒级退火（millisecond anneal）**[39~45]

随着CMOS器件关键尺寸的缩小，我们希望得到的PN结深度越来越浅，同时对应的薄层电阻要相应的低，以降低源漏极到栅极氧化层的连续电阻。这对退火工艺提出了越来越高的挑战，这是因为我们可以通过提高退火的温度来提高注入离子的活化以降低薄层电阻，但是温度提高后，掺杂元素的扩散也会相应增加。在这种情况下，毫秒级退火工艺就应运而生。如图10.14[40]所示，通常的RTA(Rapid Thermal Annealing)工艺，包括浸入式退火和尖峰退火，已经不能符合一些高性能的65nm CMOS器件的要求，而毫秒级退火近1300℃的瞬间高温可以同时达到高度活化和极小的扩散目的，它可以将薄层电阻和结深的对应曲线明显地向我们所想要的方向移动，以达到45nm、32nm甚至更高阶的CMOS制程的要求。毫秒级退火工艺可由两种主要的技术实现，一种技术是用气体或二极管激发产生的镭射激光来加热晶圆，主要的生产厂家有超微半导体公司(Ultra-Tech)和应用材料公司(Applied Material)；另一种技术是用超高频率的弧光灯瞬间发光来达到让晶圆加热到很高的温度，以迪恩士公司(DNS)和Mattson各自生产的快闪退火设备为代表。图10.15列出了典型的几种毫秒级退火工艺示意图。需要指出的是，虽然与浸入式退火、尖峰退火比，毫秒级退火可以得到超浅结，但是主流的65nm、45nm甚至32nm CMOS工艺基本上都还是采用毫秒级退火搭配相对低温的尖峰退火来形成PN超浅结。这是因为毫秒级退火时间极短，由于离子注入造成的晶格损伤和缺陷来不及完全修复，对于重掺杂的源漏极来说尤其严重。如果只单用毫秒级退火的话，可能导致很高的结漏电流，从而降低器件的电学性能。毫秒级退火在CMOS工艺流程中可以有几种不同的整合方式，如图10.16[45,46]所示，它可以是一步，放在源漏极的离子注入后；也可以是两步或多步，分别在源漏扩展区的离子注入和源漏极离子注入后。它的作用主要体现在提高活化率，降低多晶硅栅极的耗尽层及降低电性厚度，减少短沟道效应，提高工作电流(见图10.17[45,46])。

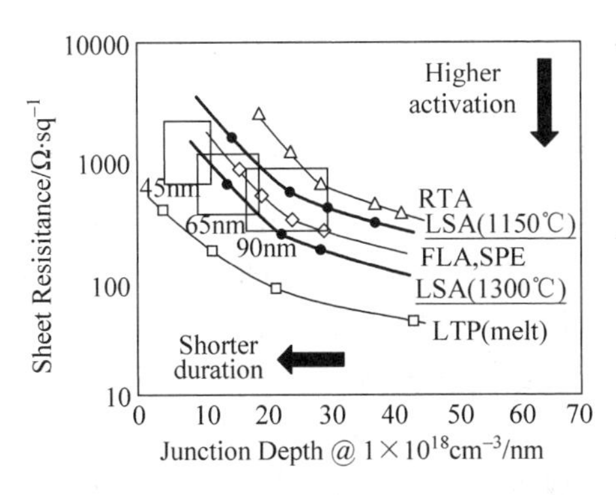


图10.14　不同退火工艺薄层电阻和结深的对应关系

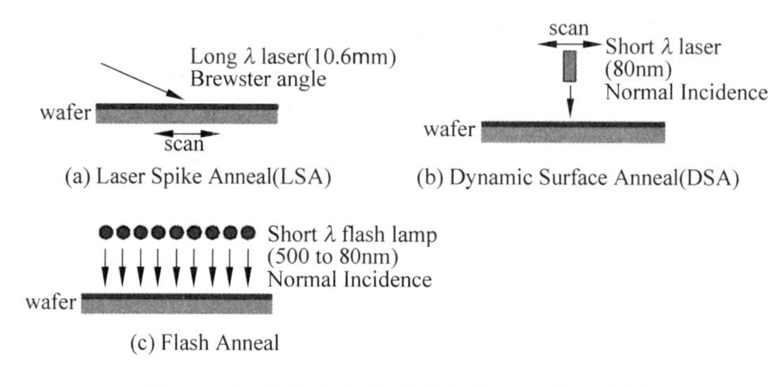


图 10.15 几种典型的毫秒级退火工艺示意图

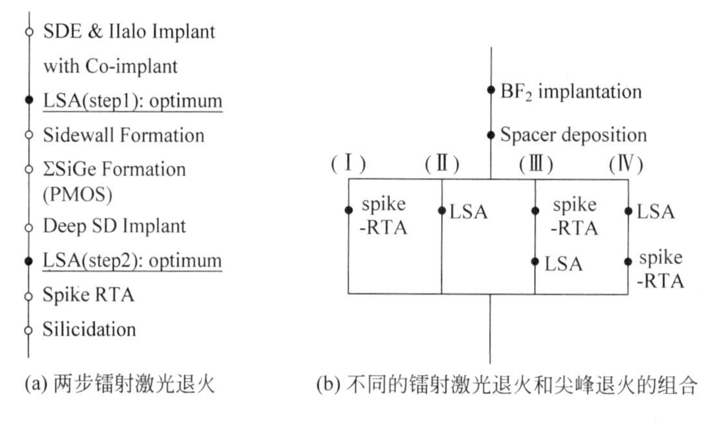


图 10.16 几种不同的毫秒级退火整合工艺

**4. 快速热处理工艺未来发展方向及挑战[47~57]**

从表 10.1 我们看到，当 CMOS 的沟道长度降到 22nm 以下时，相应的 PN 超浅结的深度也降到了 10nm 以下。虽然搭配先进的掺杂技术，如低能量高束流的大分子或原子团离子注入，以抑制主掺杂元素扩散而额外增加的非活性掺杂元素的离子注入，等离子体掺杂等，单一的毫秒级退火能形成超浅的 PN 结，但由于受固溶度的限制，相对应的 PN 结薄层电阻也会相应增加。一个可能的解决办法是用纳秒级的镭射热处理技术(LTP)，它可以将晶片上局部溶化成液态，从而大大提高掺杂元素在晶格中的浓度，如图 10.18[57] 所示。但这一技术还不够成熟，因为单晶硅溶化后再结晶会产生很多缺陷。另外，随着半导体器件尺寸的缩小和晶圆尺寸的增大，器件性能对热预算、对温度的敏感度越来越高。一个可以预见的挑战是，晶片及芯片层次的热均匀性、不同设计的芯片性能差别最小化越来越重要，也越来越难控制。解决这些难题，半导体设备制造厂商要想办法提高设备的性能，包括对温度侦测、温度控制的精确性、实时性，尽量消除对图形的依赖性。而芯片设计商、制造商、芯片代工厂在设计制造过程中，也可以有目的地加入一些虚拟图形以提高晶圆层面、芯片层面甚至是晶体管之间的均匀性。除此之外，在 45nm 以下，新的材料如源漏极外延生长的嵌入式锗硅、高介电的栅极氧化层、金属电极、Ⅲ族Ⅴ族半导体材质等，新的器件结构如 FinFET、纳米管等，都会不断涌现，这就要求现有的这些热处理技术跟这些新材料之间要有好的兼容性。

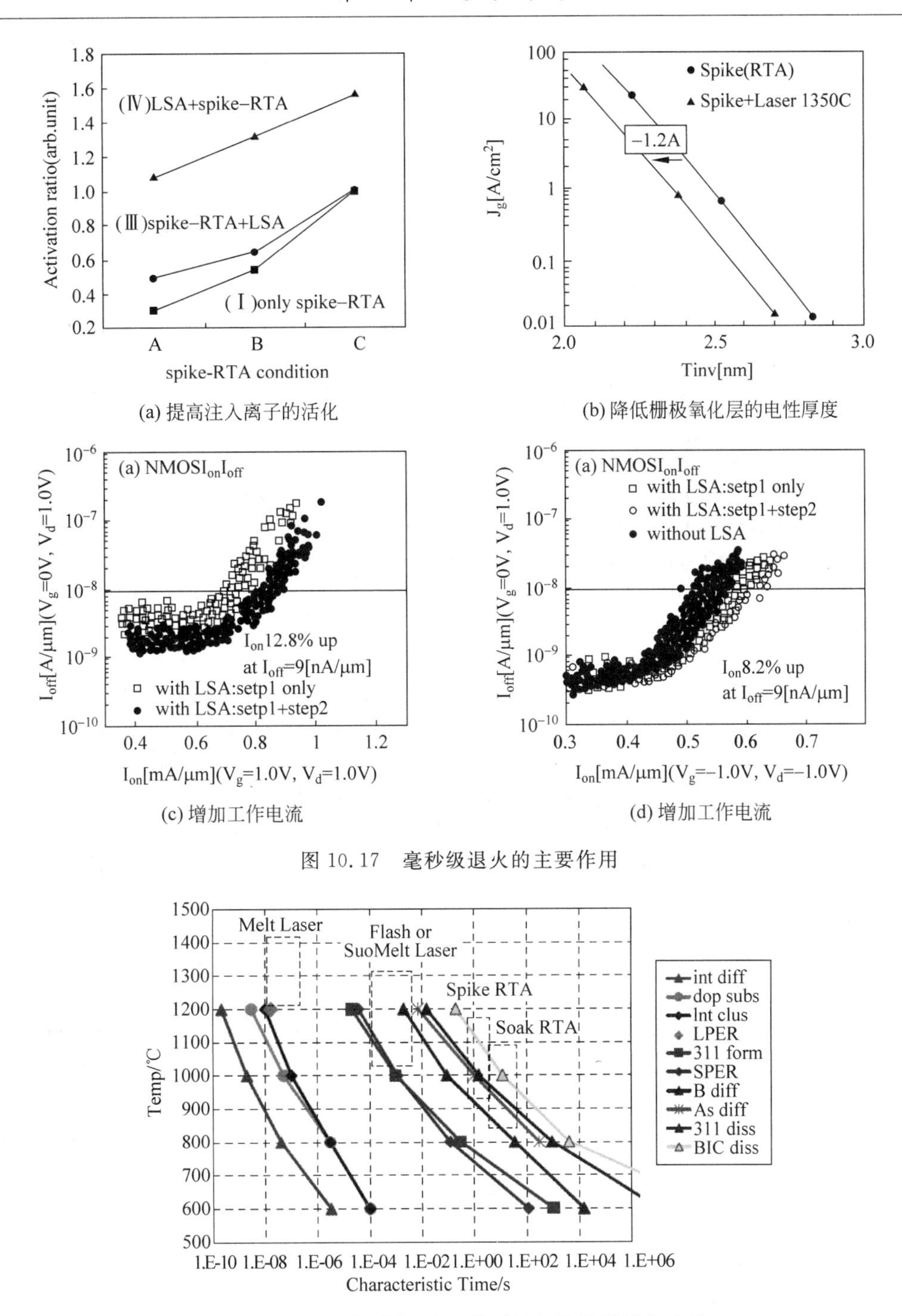


图 10.17　毫秒级退火的主要作用

图 10.18　几种不同退火工艺对掺杂的物理活化比较

# 参考文献

[1] M. Tanjyo, et al. Improvement of Productivity by Cluster Ion Implanter: CLARIS. International Workshop on Junction Technology (IWJT), 2010: 1-4.

[2] W. Krull. Advances in molecular implant technology, International Workshop on Junction Technology (IWJT), 2010: 1-5.

[3] H. Sungho, et al. Characteristics of ultrashallow p+/n junction prepared cluster boron (B18H22) ion. International Workshop on Junction Technology (IWJT), 2006: 48-49.

[4] J. O. Borland, et al. 45nm Node p+USJ Formation With High Dopant Activation And Low Damage. International Workshop on Junction Technology (IWJT), 2006: 4-9.

[5] A. Renau. Device performance and yield—A new focus for ion implantation. International Workshop on Junction Technology (IWJT), 2010: 1-6.

[6] F. F. Morehead, et al. Formation of Amorphous Silicon by Ion Bombardment as a Function of Ion, Temperature, and Dose. Journal of Applied Physics, 1972: 1112-1118.

[7] K. Suguro, et al. Mat. Res. Soc. Symp. Proc. Vol. 669, Materials Research Society (2001), J1. 3. 1-12.

[8] J. A. Van den Berg et al. Nucl. Instrum. Methods, Phys. Res. B 183, 154 (2001).

[9] J. A. Van den Berg et al. Characterization by medium energy ion scattering of damage and dopant profiles produced by ultrashallow B and As implants into Si at different temperatures. Journal of Vacuum Science & Technology B: Microelectronics and Nanometer Structures, 2002: 974-983.

[10] Y. He, et al. Implant and Anneal Process Monitoring with Thermo Probe. KLA-Tencor YMS symposium, Singapore, 2010.

[11] T. Huh, et al. Investigation of wafer temperature effect during implant for PMOS transistor fabrication. International Workshop on Junction Technology (IWJT), 2008: 39-42.

[12] B. Colombeau, et al. Proc. 17th Int. Conf. of Implantation Tech. Monterey, USA (2008): 11-18.

[13] B. Colombeau, et al. Electrical deactivation and diffusion of boron in preamorphized ultrashallow junctions: interstitial transport and F co-implant control. IEDM, 2004: 971-974.

[14] Y. Momiyama, et al. Extension Engineering Using Carbon Co-implantation Technology for Low Power CMOS Design with Phosphorus-and Boron-extension. International Workshop on Junction Technology (IWJT), 2007: 63-64.

[15] C. H. Poon, et al. Suppression of boron deactivation and diffusion in preamorphized silicon after nonmelt laser annealing by carbon co-implantation. Journal of Applied Physics, 2008, 103: 084906-084906-6.

[16] E. N. Shauly, et al. Activation improvement of ion implanted boron in silicon through fluorine co-implantation. Journal of Vacuum Science & Technology B: Microelectronics and Nanometer Structures, 2004 : 592-596.

[17] L. S. Robertson, et al. Co-implantation of boron and fluorine in silicon. International Workshop on Junction Technology (IWJT), 2001: 57-61.

[18] B. Augendre, et al. Superior N-and PMOSFET scalability using carbon co-implantation and spike annealing. Solid-State Device Research Conference, 2006: 355-358.

[19] A. Mineji, et al. Ultra Shallow Junction and Super Steep Halo Formation Using Carbon Co-implantation for 65nm High Performance CMOS Devices. International Workshop on Junction Technology (IWJT), 2006: 84-87.

[20] J. Yuan, et al. A 45nm low power bulk technology featuring carbon co-implantation and laser anneal on 45°-rotated substrate. 9th International Conference on Solid-State and Integrated-Circuit Technology, ICSICT, 2008: 1130-1133.

[21] C. F. Tan, et al. A Carbon Co-implantation Technique for Formation of Steep Halo for nFET Short Channel Effect improvement and Performance Boost. International Symposium on VLSI Technology, Systems and Applications, 2008. (VLSI-TSA): 32-33 .

[22] G. Zschatzsch, et al. Fundamental study on the impact of C co-implantation on ultra shallow B juntions. International Workshop on Junction Technology (IWJT), 2009: 123-126.

[23] A. Uedono, et al. Vacancy-type defects in ultra-shallow junctions fabricated using plasma doping studied by positron annihilation. International Workshop on Junction Technology (IWJT), 2010.

[24] H. Itokawa, et al. Carbon incorporation into substitutional silicon site by carbon cryo ion implantation and metastable recrystallization annealing as stress technique in n-metal-oxide-semiconductor field-effect transistor. International Workshop on Junction Technology (IWJT), 2010.

[25] S. Qin, et al. Advanced boron-based ultra-low energy doping techniques on ultra-shallow junction fabrications. International Workshop on Junction Technology (IWJT), 2010.

[26] K. Sekar, et al. Formation of USJ with Cluster Implants for 32nm Node and Beyond. International Workshop on Junction Technology (IWJT), 2009.

[27] B. Colombeau, et al. Ultra-Shallow Carborane Molecular Implant for 22-nm node p-MOSFET Performance Boost. International Workshop on Junction Technology (IWJT), 2009.

[28] L. Godet, et al. Advanced Plasma Doping Technique for USJ. International Workshop on Junction Technology (IWJT), 2009.

[29] B. Mizuno. Plasma Doping for 3D and 2D devices. International Workshop on Junction Technology (IWJT), 2009.

[30] P. J. Timans, et al. Rapid thermal processing. in Handbook of Semiconductor Manufacturing Technology, edited by Y. NiShi and Robert Doering, Marcel Dekker, Inc, Chapter 9, 2000: 201.

[31] [美]施敏,梅凯瑞 著. 陈军宁,柯导明,孟坚 译. 半导体制造工艺基础. 安徽大学出版社,2007.

[32] S. N. Hong, et al. Material and electrical properties of ultra-shallow p+-n junctions formed by low-energy ion implantation and rapid thermal annealing. IEEE Transactions on Electron Devices, 1999 : 476-486.

[33] A. Hori, et al. A 0.05 μm-CMOS with ultra shallow source/drain junctions fabricated by 5 keV ion implantation and rapid thermal annealing. IEDM, 1994: 485.

[34] C. C. Wang, et al. Modeling of ultra shallow junctions and hybrid source/drain profiles annealed by soak and spike RTA. International Conference on Simulation of Semiconductor Processes and Devices, 2002. p. 151-154.

[35] A. Agarwal. Ultra-shallow junction formation using conventional ion implantation and rapid thermal annealing. Conference on Ion Implantation Technology, 2000: 293-299.

[36] K. Suguro, et al. Overview of the prospects of ultra-rapid thermal process for advanced CMOSFETs. The Fourth International Workshop on Junction Technology, 2004: 18-21.

[37] T. Kubo, et al. Formation of ultra-shallow junction by BF2 + implantation and spike annealing. Conference on Ion Implantation Technology, 2000: 195-198.

[38] A. Agarwal, et al. Ultra-shallow junctions and the effect of ramp-up rate during spike anneals in lamp-based and hot-walled RTP systems. International Conference on Ion Implantation Technology Proceedings, 1998: 22-25.

[39] R. Lindsay, et al. A Comparison Of Spike, Flash, Sper and Laser Annealing For 45nm CMOS. Mat. Res. Soc. Symp. Proc. Materials Research Society, spring meeting, 2003.

[40] A. Shima, et al. Laser Annealing Technology and Device Integration Challenges. 14th IEEE International Conference on Advanced Thermal Processing of Semiconductors, 2006: 11-14.

[41] Y. Wang, et al. Laser spike annealing for advanced CMOS devices. Extended Abstracts, 8th International workshop on Junction Technology, 2008: 126-130.

[42] T. Hoffmann, et al. Laser Annealed Junctions: Process Integration Sequence Optimization for

Advanced CMOS Technologies. International Workshop on Junction Technology, 2007: 137-140.

[43] T. Onizawa, et al. The fabrication of low leakage junction with ultra shallow profile by the combination annealing of 10-ms low power and 2-ms high power FLA. VLSI Tech. Dig., 2009, p. 162-163.

[44] J. P. Lu, et al. Millisecond anneal for ultra-shallow junction applications. International Workshop on Junction Technology (IWJT), 2010.

[45] T. Yamamoto, et al. Junction Profile Engineering with a Novel Multiple Laser Spike Annealing Scheme for 45-nm Node High Performance and Low Leakage CMOS Technology. IEDM, 2007, p. 143-146.

[46] S. Endo, et al. Novel Junction Engineering Scheme Using Combination of LSA and Spike-RTA. International Workshop on Junction Technology (IWJT): 135-136.

[47] K. Adachi, et al. Issues and optimization of millisecond anneal process for 45nm node and beyond. VLSI Tech. Dig., 2005: 142-143.

[48] T. Gutt, et al. Laser Thermal Annealing for Power Field Effect Transistor by using Deep Melt Activation. 14th IEEE International Conference on Advanced Thermal Processing of Semiconductors, 2006: 193-197.

[49] K. K. Ong, et al. Dopant distribution in the recrystallization transient at the maximum melt depth induced by laser annealing. Applied Physics Letters, Volume: 89, Issue: 17, 2006: 172111-172111-3.

[50] T. Miyashita, et al. A study on millisecond annealing (MSA) induced layout dependence for flash lamp annealing (FLA) and laser spike annealing (LSA) in multiple MSA scheme with 45nm high-performance technology. IEDM, 2009 IEEE International, 1-4.

[51] V. Joshi, et al. Analyzing electrical effects of RTA-driven local anneal temperature variation. Design Automation Conference (ASP-DAC), 2010 15th Asia and South Pacific: 739-744.

[52] I. Ahsan, et al. Impact of intra-die thermal variation on accurate MOSFET gate-length measurement. Advanced Semiconductor Manufacturing Conference, 2009, IEEE/SEMI: 174-177.

[53] J. C. Scott, et al. Reduction of RTA-driven intra-die variation via model-based layout optimization. VLSI Tech. Dig., 2009: 152-153.

[54] I. Ahsan, et al. RTA-Driven Intra-Die Variations in Stage Delay, and Parametric Sensitivities for 65nm Technology. VLSI Tech. Dig., 2006: 170-171.

[55] S. Shetty, et al. Impact of laser spike annealing dwell time on wafer stress and photolithography overlay errors. International Workshop on Junction Technology, 2009: 119-122.

[56] O. Fujii, et al. Sophisticated methodology of dummy pattern generation for suppressing dislocation induced contact misalignment on flash lamp annealed eSiGe wafer. VLSI Tech. Dig., 2009: 156-157.

[57] H. W. Kennel. Kinetics of Shallow Junction Activation: Physical Mechanisms. 14th IEEE International Conference on Advanced Thermal Processing of Semiconductors, 2006: 85-91.

# 第 11 章　化学机械平坦化

通过本章学习您将能了解到 CMP 技术近年来的发展状况。本章通过 CMP 的几个重要应用，阐述了 CMP 的要求、过程和原理，同时也解释了 CMP 对器件性能的影响以及新技术对 CMP 的挑战等。11.2 节描述了 STI CMP 的演化过程，它从早期使用低选择比的硅胶研磨液，发展到当今使用高选择比的氧化铈研磨液；从开始需使用繁复的反向光罩工艺，发展到今天实现简单的直接抛光。这一部分也详细描述了氧化铈研磨液抛光和固定研磨粒抛光工艺的机理及方法，并比较了它们的优缺点。从 0.13μm 到 32nm/22nm 技术，日益复杂的抛光材料，日益提高的抛光要求，Cu CMP 技术在挑战中日渐成熟。11.3 节详细叙述了 Cu CMP 的研磨过程及机理，研磨液的设计要求及研磨液中各种成分的作用，也分析了 Cu CMP 产生的缺陷及形成原因等。11.4 节详细叙述了 ILD0 CMP 和 Al CMP 在 32/22nm 技术形成高 $k$ 金属栅工艺中的应用，分析了它遇到的问题、产生的影响以及解决的方法等。11.5 节也阐述了在 PCRAM 技术中 GST CMP 的应用以及所面临的挑战。

## 11.1　引言

20 世纪 90 年代初期，光刻对平坦度日益迫切的要求，催生了化学机械平坦化(CMP)工艺，它开始被用于后端(BEOL)金属连线层间介质的平整，当时还是一个不被看好的丑小鸭。然而随着时光的流逝，丑小鸭却越来越显现出她独特的魅力。

20 世纪 90 年代中期，浅槽隔离抛光(STI CMP)在 0.35μm 技术中被用于形成浅槽隔离，以取代原先的 LOCOS。钨抛光(W CMP)也在 0.35μm 技术中以它高良率低缺陷的优势，取代了原先的反刻蚀(etch back)工艺。到了 21 世纪初，铜抛光(Cu CMP)闪亮登场，使 0.13μm 后端铜制程变为现实。不过当时的 Cu CMP 相对简单，只要求研磨 Cu、Ta 和 TEOS 等材料。Cu CMP 一直被延续使用到 90nm、65nm，直到今天的 45/32/28/22nm。抛光材料日益复杂，涉及低 $k$ 材料、ALD 阻挡层、Co、Ru 等；抛光要求日益增高，它要求高均匀性、高平整度、低缺陷和低压力等。近年来，CMP 技术在 32/22nm 技术形成高 $k$ 金属门的工艺中，又有了新的用武之地，这也对 CMP 提出了更高的要求。另外，CMP 也在 PCRAM 技术中，担当 GST CMP 的重任。诸如此类，新的 CMP 应用层出不穷。

CMP 技术的发展如表 11.1 所示。

表 11.1 CMP 在逻辑技术中的引入及其原因

| 技　　术 | 时　　间 | CMP | 引入原因 |
|---|---|---|---|
| 0.8μm | 1990 | ILD CMP | 多层金属连线 |
| 0.35μm | 1995 | STI CMP<br>W CMP | 更小的隔离更高良率/更少缺陷 |
| 0.13μm | 2001 | Cu CMP | 减小 *RC* 延迟 |
| 45nm/32nm | 2007 | RMG CMP | 高 *k* 金属栅 |
| <32nm | 2010+ | ????? | 更小尺度/新器件/新结构 |

来源：Joseph M Steigerwald，"Chemical Mechanical Polish：The Enabling Technology" Electron Devices Meeting，2008. IEDM 2008. IEEE International，Page(s)：1-4； Digital Object Identifier：10.1109/IEDM.2008.4796607

# 11.2 浅槽隔离抛光

## 11.2.1 STI CMP 的要求和演化

STI CMP 要求磨去氮化硅($SiN_4$)上的氧化硅($SiO_2$)，同时又要尽可能减少沟槽中氧化硅的凹陷(dishing)，参见图 11.1。

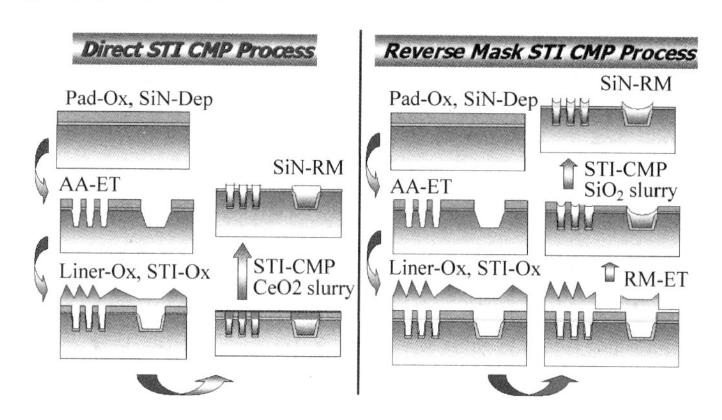


图 11.1 直接 STICMP 和反向光罩 STI CMP 的工艺流程

初期的 STI CMP 延用 ILD CMP 的研磨液，以硅胶作为研磨颗粒(silica based slurry)。硅胶研磨液的选择比很低($SiO_2$：$SiN_4$～4)，研磨的终点控制能力较差，工艺窗口(process window)很窄。所以不得不使用抛光前平坦化的方法，比如反向光罩(reverse mask)等方法，这大大增加了工艺成本。

于是，高选择比($SiO_2$：$SiN_4$＞30)的研磨液(High Selectivity Slurry，HSS)应运而生，它用氧化铈($CeO_2$)作为研磨颗粒(ceria based slurry)。这样，$SiN_4$ 就成了抛光的停止层(stop layer)，工艺窗口大大加宽，反向光罩的方法成为历史，直接抛光(direct STI CMP)梦想成真，STI CMP 大大地向前迈进了一步。至今为止，使用 Ceria Based Slurry 的抛光工艺仍然是 STI CMP 的主流方法。然而，任何东西都有它的局限性，Ceria Based Slurry 工艺所产生的凹陷(200～600Å，对于约 100μm 宽的沟槽)，依然是它的弱点，不能满足新技术对凹陷日益严格的要求。

在这样的情况下，一种革命性的抛光技术脱颖而出，固定研磨粒抛光工艺（Fixed-Abrasive STI CMP，FA STI CMP），成功地将凹陷降低至<100Å（约 100μm 宽的沟槽）。然而任何东西总有它的两面性，美中不足的是固定研磨粒抛光的划痕类缺陷较多。

另外，新材料的使用总是推动 CMP 前进的极大动力之一。在 45nm 及以下的逻辑技术中，为了填充越来越小的沟槽，一种低压 CVD 工艺形成的氧化硅 HARP(high aspect ratio plasma)代替了原先的 HDP(high density plasma)。相比于 HDP，HARP 薄膜具有更高的覆盖层(overburden)，这无疑增加了 STI CMP 的难度，见图 11.2。结合 Ceria Based Slurry 和 FA STI CMP 的优点，可以有效地解决此问题，见图 11.3。也就是，利用 Ceria Based Slurry 高平坦效率的优点，进行第一步的粗抛光，磨掉 HARP 较高的覆盖层，然后，利用 FA STI CMP 低凹陷的优点，进行第二步的细抛光。但是用此方法划痕类缺陷是一个重要的问题。根据设计的综合要求和成本的考虑，也可以选择 Silica Based Slurry+FA STI CMP 或者纯粹 Ceria Based Slurry 或者 Silica+Ceria Based Slurry 来作为 HARP STI CMP 的解决方法。后两者仍为主流方法。

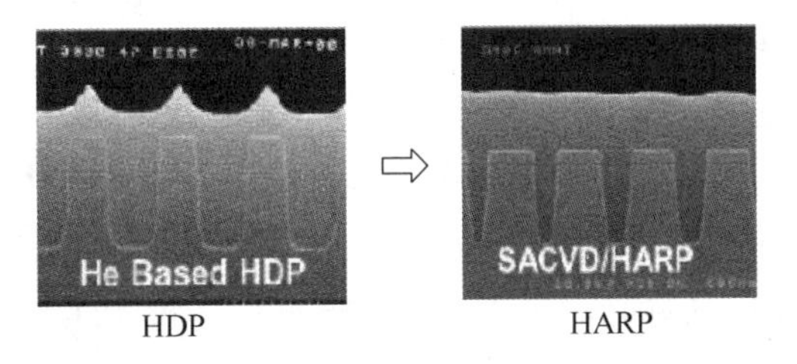


图 11.2 HDP 和 HARP 薄膜抛光前 Overburden 的比较

来源：美国应用材料公司

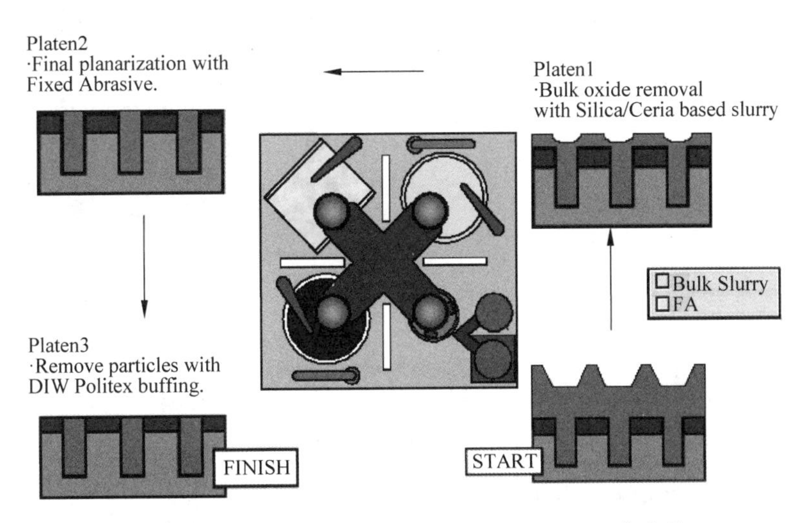


图 11.3 结合 Slurry 和 FA 抛光的 STI CMP 工艺流程

来源：美国应用材料公司

### 11.2.2 氧化铈研磨液的特点

不同于以机械作用为主导的氧化硅研磨液抛光，氧化铈($CeO_2$)研磨液抛光是以化学作用为主导，它具有以下几个特征：

(1) 平坦效率高，能选择性地磨平凸面，对沟槽的保护性好。

(2) 对氮化硅具有较高的选择比，在一定程度上能实现自动终止抛光。

(3) 最大限度地减少不同图形密度区域的膜厚差值。

为什么氧化铈研磨液具有平坦效率高和高选择比的特点呢？这要从氧化铈研磨液和浅槽隔离区的表面电荷说起。

在研磨液中研磨颗粒氧化铈粒子带正电荷，而这些研磨粒子是被带负电荷的添加剂粒子团团包围着的。在一定的外界压力下，研磨液碰到凸起的氧化硅表面时，因局部接触压力增高而产生挤压，把氧化铈粒子与添加剂粒子之间的结合力打破，释放出来的氧化铈粒子就对凸面产生磨削抛光效果，而浅槽隔离区表面因凹陷局部压力小，氧化铈始终被带负电荷的添加剂团团包围而很少或几乎没有磨削抛光效果，由此持续不断地就达到了选择性地平整凸面保护沟槽的效果，原理图如图11.4所示。在抛光的初期阶段，平坦效率是由凸面上的局部压力与研磨液中的添加剂相互作用共同主导的，直到晶片表面的台阶高度基本被磨平。

当晶片表面的台阶高度基本平整后，来到了抛光的后期阶段，这时氧化硅逐渐磨完而抛光终止层氮化硅露出表面。氧化硅表面带负电荷，而氮化硅表面带正电荷。这个阶段的抛光效率是由研磨液中的氧化铈粒子和添加剂粒子主导的，氧化铈研磨液显示了它对氮化硅的高选择比，见图11.5。由于氮化硅表面带正电荷，它的表面吸附了一层带负电荷的添加剂粒子，形成了坚固的保护层；同时也由于带正电荷的氧化铈粒子与氮化硅表面的相互排斥，氧化铈研磨液对氮化硅的抛光速率要远远低于对氧化硅，所以抛光能自动终止在氮化硅层上。

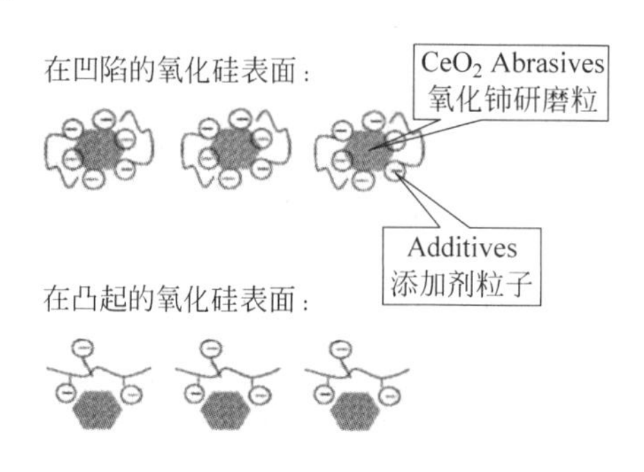


图11.4 氧化铈研磨液选择性地平整凸面保护沟槽原理图

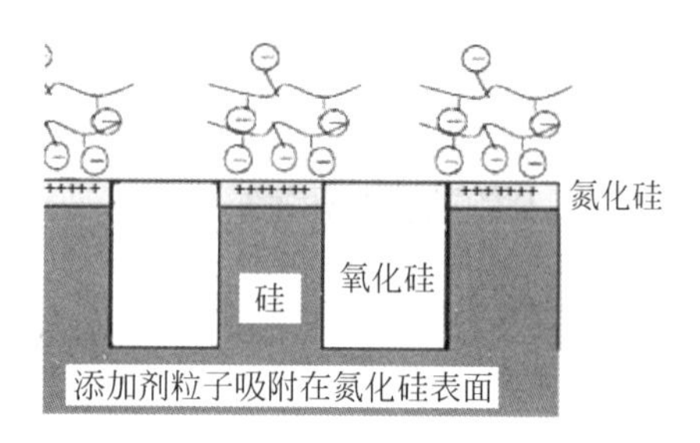


图11.5 氧化铈研磨液高选择比原理图

正因为氧化铈研磨液具有选择性地磨平凸面，对沟槽的保护性好以及对氮化硅具有高选择比，所以最大限度地减少了不同图形密度区域的膜厚差异。

### 11.2.3 固定研磨粒抛光工艺

2001年，第三代固定研磨粒(fixed-abrasive)抛光垫问世。2002年，美国应用材料公司的Reflexion Web™抛光机推出。

固定研磨粒抛光是一种革命性的抛光技术。固定研磨粒抛光台由三部分组成(见图11.6)：①机械底座；②带有真空小孔的圆形基垫(sub-pad)；③卷成筒状平铺在基垫上的固定研磨粒抛光垫(fixed-abrasive pad)及能单方向牵引抛光垫的电机系统。在传统的使用研磨液的抛光过程中，研磨颗粒是在研磨液中，而研磨液在抛光中持续地添加在抛光垫上；对于固定研磨粒抛光，氧化铈(Ceria)研磨颗粒是固定在抛光垫(见图 11.7)上。在抛光中添加的是不含研磨颗粒而只用来增强选择比的化学液。在传统的研磨液抛光中，抛光台只作圆周旋转，圆形的研磨垫固定在圆形的抛光台上，一直到了使用寿命才进行更换，这样就有一个新旧研磨垫抛光效果的偏差问题；而对于固定研磨粒抛光，抛光垫是像胶带似的做成一卷，抛光时抛光垫由真空牢固地吸附在基垫上，抛光间隙时底座上的电机拉动抛光垫向前步进一个固定距离(几毫米)，缓慢地释放新的抛光垫表面同时卷起用过的表面以补充新的研磨颗粒(见图 11.8)，这样就不存在新旧研磨垫抛光效果的偏差问题，而能取得较稳定的抛光效果。每筒抛光垫能连续抛光 8000 多片晶圆。在传统的研磨液抛光中，研磨液中的研磨颗粒聚集在晶片表面，并随着研磨垫的形变直接压迫晶片表面，较易产生凹陷。而在固定研磨粒抛光中，抛光垫中的研磨粒是通过侧向力的作用而慢慢释放，当晶片凹凸不平时，研磨时产生较大的侧向力刺激较多的研磨粒释放，抛光速率较高；而当晶片平坦时，研磨时因侧向力刺激较小研磨粒释放较少，抛光速率减慢，就起到了自我停止的作用，见图 11.9。

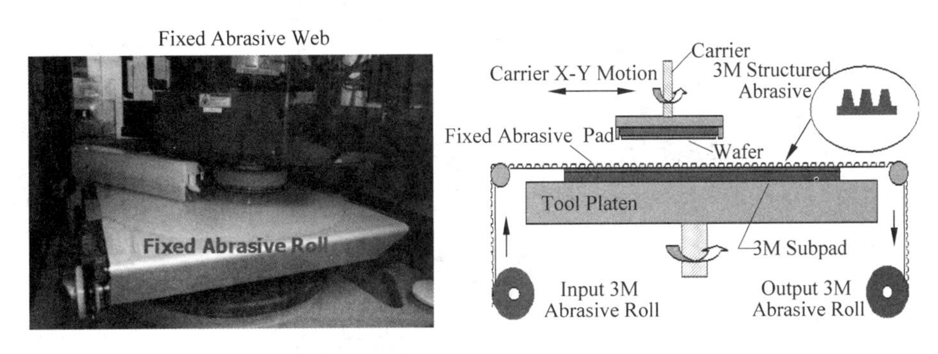


图 11.6　固定研磨粒抛光台实型及结构图

来源：美国应用材料公司

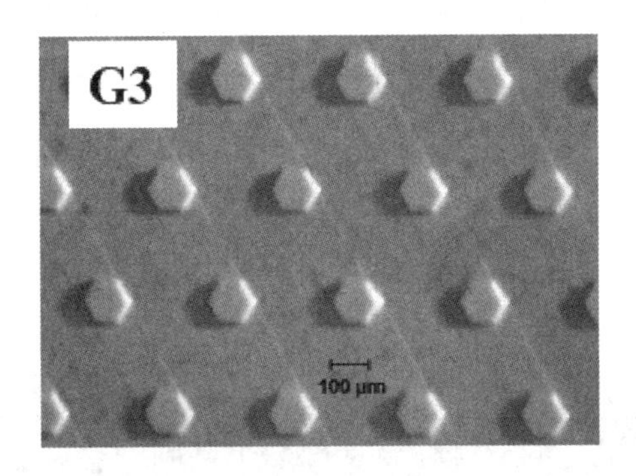


图 11.7　固定研磨粒抛光垫

固定研磨粒抛光应用在浅槽隔离抛光上的突出优势是凹陷度非常低，不同图形密度之间的膜厚差值非常小，工艺窗口比传统氧化铈研磨液要宽，见图 11.10。

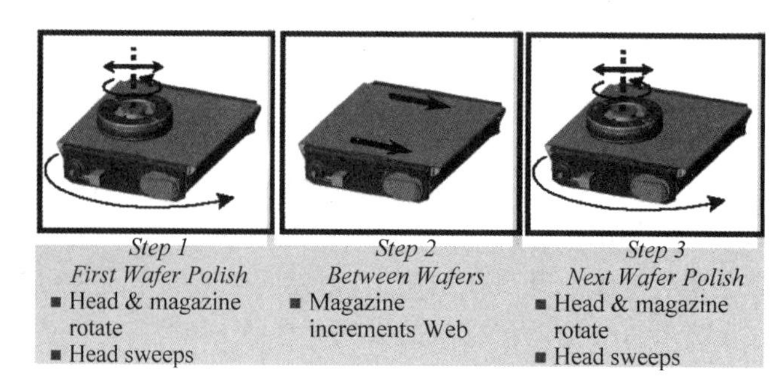


图 11.8 固定研磨粒抛光过程

来源：美国应用材料公司

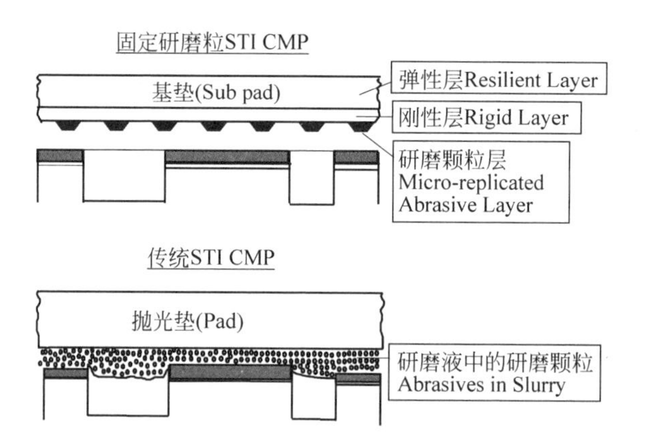


图 11.9 固定研磨粒抛光低凹陷的原理

来源：美国应用材料公司

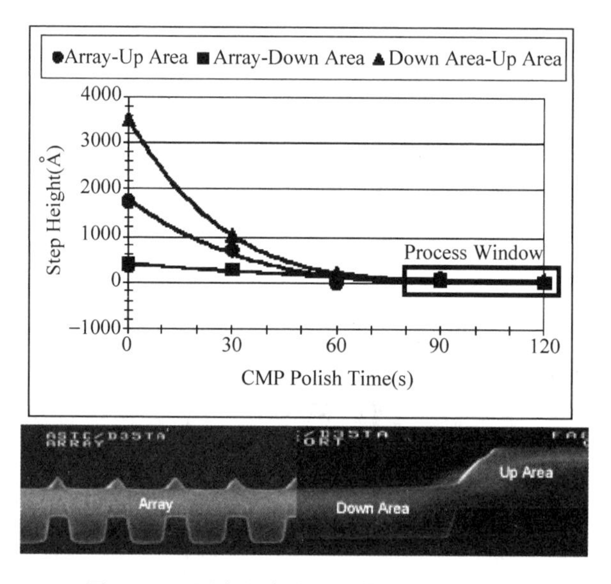


图 11.10 固定研磨粒抛光较宽的工艺窗口

来源：美国应用材料公司

但是任何事物都有正负两面，目前固定研磨粒抛光的最大缺憾就是划痕较多，而且，过度抛光时间越长，划痕则越多，参见图11.11。近年来，通过降低氧化铈研磨颗粒的大小，有效地降低了划痕的程度。但是，还有待氧化铈研磨粒固化工艺的进一步改进，新一代氧化铈研磨粒的研发以及高选择比化学液的完善。

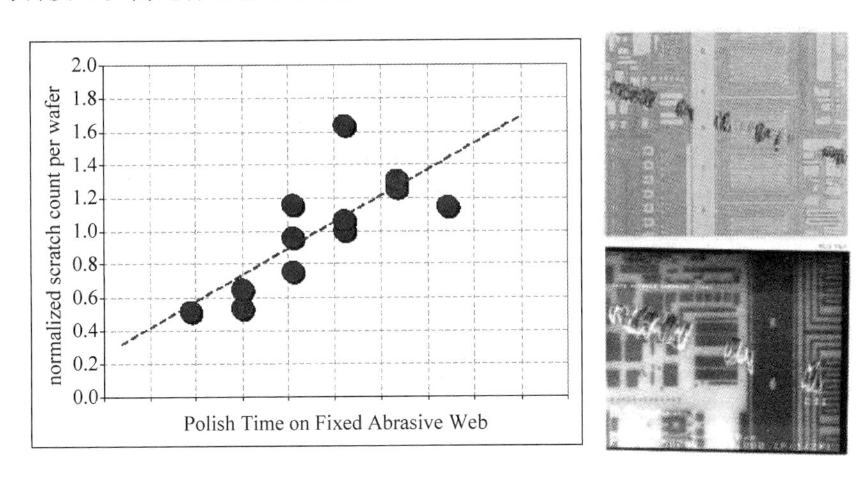


图11.11　固定研磨粒抛光的划痕及与过度抛光时间的关系

来源：美国应用材料公司

# 11.3　铜抛光

## 11.3.1　Cu CMP的过程和机理

Cu CMP研磨工艺通常包括三步(见图11.12)。第一步用铜研磨液来磨掉晶圆表面的大部分铜；第二步通常也用相同的铜研磨液，但用较低的研磨速率精磨与阻挡层接触的铜，并通过终点侦测技术(Endpoint)使研磨停在阻挡层上；第三步是用阻挡层研磨液磨掉阻挡层以及少量的介质氧化物，并用大量的去离子水(DIW)清洗研磨垫和晶圆。

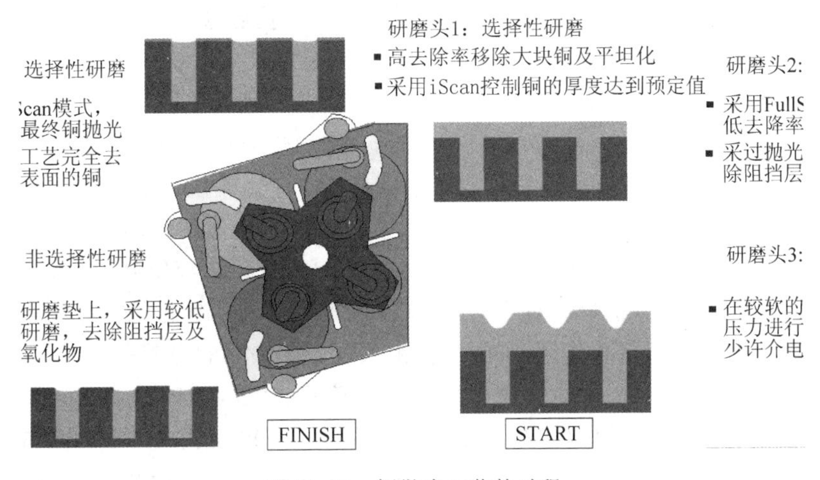


图11.12　铜抛光工艺的过程

来源：美国应用材料公司

对于前两步铜抛光所用研磨液的基本要求是：较高的去除速率、平坦化能力、对阻挡层和介质层较高的选择性以及抗腐蚀和缺陷控制能力等。铜抛光研磨液分为酸性、中性和碱性三种，其中的研磨颗粒通常是 $Al_2O_3$ 或 $SiO_2$，氧化剂是 $H_2O_2$，并含有抗腐蚀抑制剂，通常是BTA(三唑甲基苯)以及其他添加物，详见表11.2。由于Cu的电化学势要明显高于Al和W，另一方面铜的硬度要明显低于研磨液中研磨颗粒的硬度(如 $Al_2O_3$ 或 $SiO_2$)。所以，用于Cu CMP的研磨液需要既能氧化铜又不能侵蚀铜。①通过研磨液的化学作用，在其表面形成几个原子层厚度的较硬的氧化铜，同时又溶解铜。其电化学反应式如图11.13所示。②通过研磨颗粒的机械作用将表面氧化铜去掉。③通过研磨垫与晶圆之间的相对转动和研磨液源源不断的加入将含有氧化铜的溶液冲走。

$$Cu^{2+} + 2e^- \longleftrightarrow Cu$$

$$2Cu^{2+} + H_2O + 2e^- \longleftrightarrow Cu_2O + 2H^+$$

图11.13　铜研磨的电化学反应

**表11.2　主流铜研磨液的主要成分及作用**

| 成　　分 | 作　　用 |
|---|---|
| Abrasives 研磨颗粒，如 $Al_2O_3$ 或 $SiO_2$ | 促进机械研磨速率 |
| Complexing Agent 络合剂 | 促进化学研磨速率，但降低抗腐蚀性 |
| Inhibitor 抑制剂，如BTA | 铜表面钝化，增强抗腐蚀性 |
| Surfactant 表面活化剂 | 铜表面钝化，加强物理吸附能力 |
| Solvent 溶剂 | 促进胶质稳定性(Colloidal stability) |
| Oxidizer 氧化剂，如 $H_2O_2$ | 铜表面氧化 |

对于第三步阻挡层抛光，去除速率、抛光选择性的调整能力、表面形貌修正能力以及抗腐蚀和缺陷控制能力等，都是先进工艺中对理想阻挡层研磨液的基本要求。阻挡层抛光研磨液分为酸性和碱性两种，其中的研磨颗粒通常是 $SiO_2$，氧化剂是 $H_2O_2$，也含有抗腐蚀抑制剂如BTA(三唑甲基苯)以及其他添加物，详见表11.3。对不同材料抛光选择性的优化是阻挡层抛光的关键之一。在阻挡层抛光中，涉及的材料有铜、阻挡层(Ta/TaN)和氧化硅介质层。在先进工艺中还会涉及帽封层(TEOS，TiN)和低 $k$ 材料。在前两步的铜抛光以后，晶圆表面会有一定的凹陷(dishing)和细线的腐蚀(erosion)，见图11.14。如果阻挡层研磨液具有较高的介质层对铜的选择比(oxide：Cu>1)，在阻挡层抛光之后，不同宽度铜线的凹陷和腐蚀将得到有效的修正。这对于实现平坦的研磨后晶片表面和均匀的不同尺度铜线电阻值分布尤为重要。对晶圆的形貌修正能力是评价阻挡层研磨液好坏的重要标准之一。但是如果介质层对铜的选择比太高，又会造成较难控制研磨后介质层的厚度，使铜线电阻值的晶圆对晶圆(wafer-to-wafer)稳定性降低。一般情况下，介质层对铜的选择比介于2～4(oxide：Cu=2～4)。然而，如果在铜抛光中使用的是能产生低凹陷的研磨液，则阻挡层抛光中宜选择低选择比的研磨液(oxide：Cu～1)，这也是近期研磨液发展的趋势之一。

实际上，如同其他所有的研磨过程一样，铜及阻挡层研磨的优化是一个化学及机械研磨的平衡过程。当研磨中的机械作用占优势时，金属残余的去除能力较强，长距平整化能力较强，铜腐蚀类缺陷较少，但是，对过度抛光的容忍度较差，工艺窗口较小。反之，当研磨中的化学作用占优势时，划痕类缺陷较少，容忍过度抛光的工艺窗口较大，但是，金属残余的去除能力较差，铜腐蚀类缺陷较多，另外研磨液的寿命(pod life)较短。所以，关键是要找到化学及机械研磨作用的最佳平衡点。

表 11.3 主流阻挡层研磨液的主要成分及作用

| 成 分 | 作 用 |
| --- | --- |
| Abrasives 研磨颗粒，如 $SiO_2$ | 促进机械研磨速率 |
| Dielectric/Tantalum Promoter 介质层/阻挡层调节剂 | 提高介质层(如 TEOS)和阻挡层的研磨速率 |
| Low *k* Promoter/Inhibitor 低 *k* 材料调节剂 | 调节低 *k* 材料的研磨速率 |
| Oxidizer 氧化剂，如 $H_2O_2$ | 铜表面氧化，调节铜的研磨速率 |
| Cu Inhibitor 铜抑制剂，如 BTA | 铜表面钝化，增强抗腐蚀性 |
| Biocide 杀菌剂 | 防止微生物生长 |

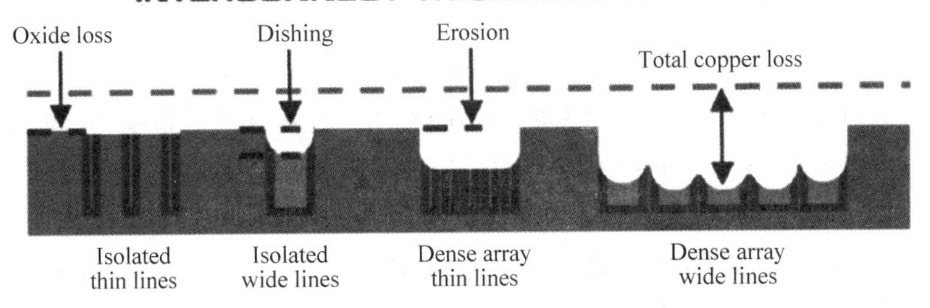


图 11.14 凹陷和细线的腐蚀

来源：美国应用材料公司

## 11.3.2 先进工艺对 Cu CMP 的挑战

在先进工艺中，随着金属连线的尺寸越来越小，微小的铜线高度的变化，就会造成很大的电阻值和电容值的变化。在铜抛光中铜去除量的波动是电阻值波动的主要来源之一。所以先进工艺对铜抛光的第一大挑战是如何降低电阻值 $R_s$ 的波动。

铜抛光中铜去除量的波动是其 WIW/WID/WTW 非均匀性，以及其凹陷(dishing)与侵蚀(erosion)所形成的综合效果。当 WIW/WID/WTW 非均匀性得到改进，铜的去除量则可降低；另外当主要由凹陷与侵蚀引起的上一层的非平整度降低，下一层铜抛光中的铜去除量也可大大降低。铜抛光中 WIW/WID/WTW 非均匀性以及凹陷与侵蚀的改善依赖于很多因素，它是研磨液、抛光垫和抛光垫修整过程在各种抛光条件下相互作用的综合效果。第三步阻挡层的研磨对 $R_s$ 波动的影响尤为明显。所以通过终点检测和 APC 提高其控制能力，通过抛光垫和抛光垫修整条件的改善减少新旧抛光垫间的差异以及阻挡层研磨液抛光选择性的优化、表面形貌修正能力的改善，对降低 $R_s$ 波动至关重要。另外，在先进工艺中，介质层会由帽封层(如 TEOS)和低 *k* 材料所组成。为了提高抛光的控制能力，降低 WTW 的 $R_s$ 波动，低 *k* 材料的抛光速率应该低于帽封层的抛光速率。采用这种具有自动停止(self-stop)功能的研磨液，也成为近年来的发展趋势之一，以降低电阻值的波动，见图 11.15。

随着集成器件尺寸的缩小和金属线数量的增多，由金属互连结构的寄生效应引起的严重的 *RC* 延迟成为 130nm 及其以下技术中限制信号传输速率(频率)的主要因素。因此，采用低 *k* 材料做介质成为发展的方向。采用 *k* 值越来越低的低 *k* 材料(低 *k*：$k=2.5\sim2.7$)或超低 *k* 材料(ULK：$k<2.5$)，也给 CMP 带来新的挑战。

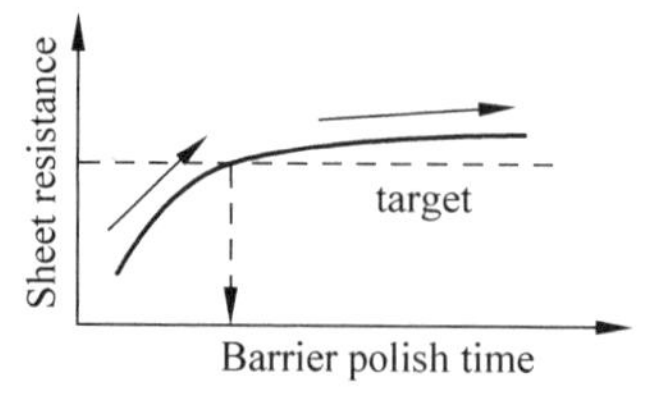

(a) 阻挡层研磨液“自动停止”的设计概念

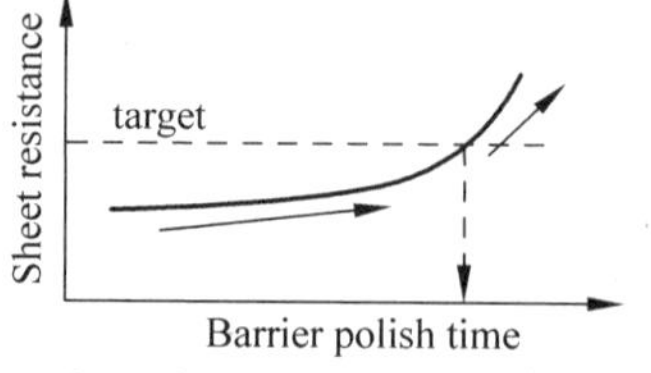

(b) 采用不恰当选择比的阻挡层研磨液

图 11.15　采用具有“自动停止”功能的研磨液,以降低电阻值的波动

来源：H. H. Kuo et al.,“Novel CMP Barrier Slurry for Integrated Porous Low-k Technology of 45nm Node”, Interconnect Technology Conference, 2006 International, 5-7 June 2006, Burlingame, CA, Page (s): 137-139, Digital Object Identifier: 10.1109/IITC.2006.1648669

一方面低 $k$ 材料具有高度的多孔性及低硬度的性质,在抛光中容易发生裂缝及剥离的问题。这要求 CMP 向低压力的方向发展。一般在 45nm 及以下的技术中,抛光压力要求在 1.5psi 以下。有一种 E-CMP 的技术就是用来应对低压力的挑战的,但是 E-CMP 在缺陷及其他方面遇到了一些瓶颈问题。目前传统的研磨液抛光技术仍然是 CMP 的主流。

另一方面对于低 $k$ 材料,由于它的多孔性,抛光时会对它造成损害,引起 $k$ 值的变化。一般来说,采用碱性的研磨液或清洗液,$k$ 值的变化较大;采用酸性的研磨液或清洗液,$k$ 值的变化较小。$k$ 值变化的问题,可通过抛光后的一些处理工艺得到解决。

## 11.3.3　Cu CMP 产生的缺陷

降低缺陷是 CMP 工艺,乃至整个芯片制造的永恒话题。随着器件特征尺寸的不断缩小,缺陷对于工艺控制和最终良率的影响愈发明显,致命缺陷的大小至少要求小于器件尺寸的 50%。

**1. 金属残余物**

Cu CMP 一个基本的问题便是氧化硅介质上的金属残余物(residue),这会导致电学短路。这种金属残留主要是由于介质层的表面不平引起的,上一层铜抛光所产生的凹陷(dishing)和侵蚀(erosion),则会在下一层铜抛光中形成金属残留。

**2. 铜的腐蚀(corrosion)**

铜的腐蚀(corrosion)是一种常见而棘手的缺陷。引起腐蚀的原因有很多种。

1) 电偶腐蚀(galvanic corrosion)

电偶腐蚀是一种电化学过程,两种不同的金属连接在一起浸在电解液中形成一个电势差,阳极金属离子通过电解液向负极迁移,阳极金属发生腐蚀。一个普通的例子是:碳锌电池中,锌发生腐蚀并产生电流。

在 Cu CMP 的过程中,铜和阻挡层金属钽(tantalum)恰好形成电偶,而含有硫、氯或氟的去离子水(DIW),研磨液或清洗液则正好是电解液。

2) 隙间腐蚀(crevice corrosion)

隙间腐蚀是由渗透在铜和钽(Cu/Ta)之间微小间隙中的电解液引起的,见图 11.16。来自于铜中的硫或 FTEOS 中的氟,溶解于电解液后则会加强此效应。

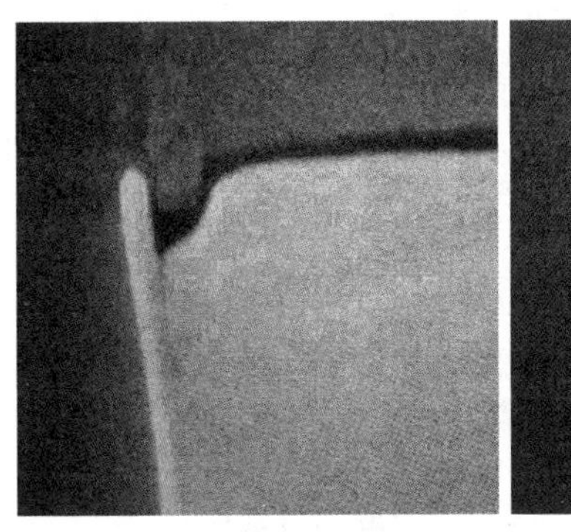
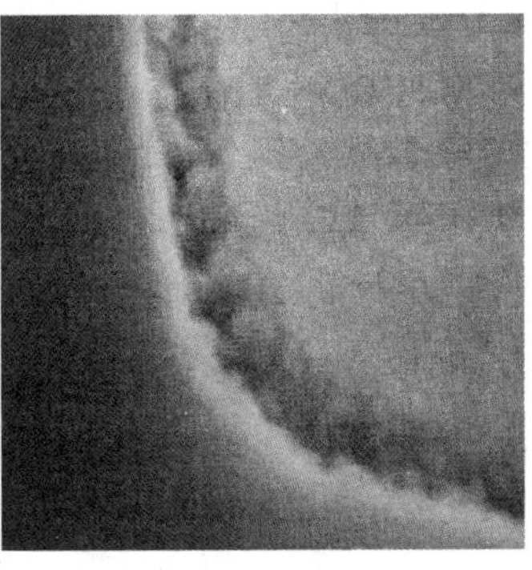

图 11.16　隙间腐蚀相片

3）光助铜腐蚀(Photo Assisted Copper Corrosion,PACC)

产品中的 PN 结在光子的照射下产生电子流动,使得 Cu 原子从 P 掺杂的连线转移到 N 掺杂的一端，实现了这个 PN 结回路的导通,相当于一个太阳能电池,这就是所谓的光助铜腐蚀(PACC),见图 11.17 和图 11.18。在其他的金属抛光(如 W CMP 和 GST CMP)中也会发生此现象。当此现象发生时,你会发现在某些固定的位置(都是 P 掺杂区域),部分金属神秘地消失了。这种缺陷可以通过在抛光和清洗时减少光的照射得到改善,所以,铜抛光机都有遮光系统(dark skin)。合理的产品图形设计是解决此问题最根本的方法。

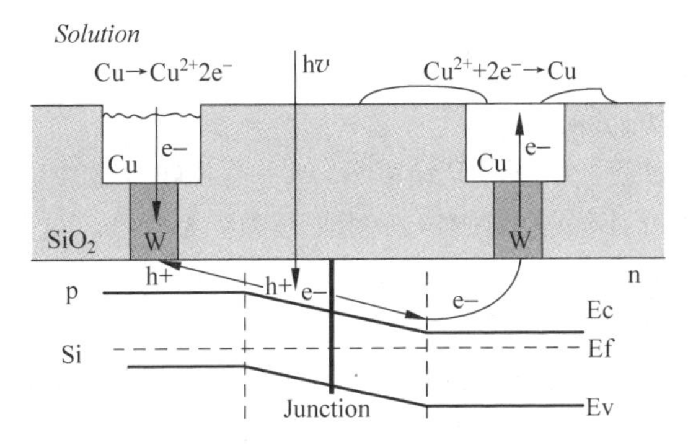


图 11.17　光助铜腐蚀原理图

来源：A. Beverina et al.,“Copper Photo Corrosion Phenomenon during Post CMP Cleaning”, Electrochemical and Solid-State Letters, 3(3) 156-158(2000), S1099-0062(99) 10-108-1 © The Electrochemical Society. Inc

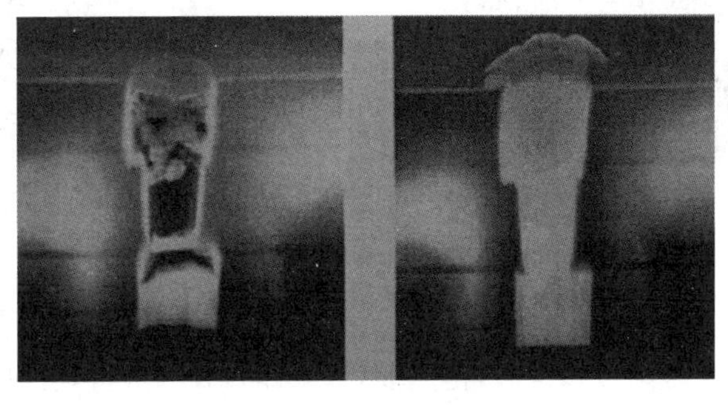

图 11.18　光助铜腐蚀相片

来源：美国应用材料公司

4）化学腐蚀（chemical corrosion）

金属表面处如有没清洗掉的研磨液等化学物质，与铜发生化学反应形成化学腐蚀，见图11.19。这在抛光机发生故障、抛光中途停止时，经常会发生。所以当此情况发生时，应将晶片立即送去清洗和干燥，而不能让沾染研磨液或其他化学物质的潮湿晶片停留在抛光机内。

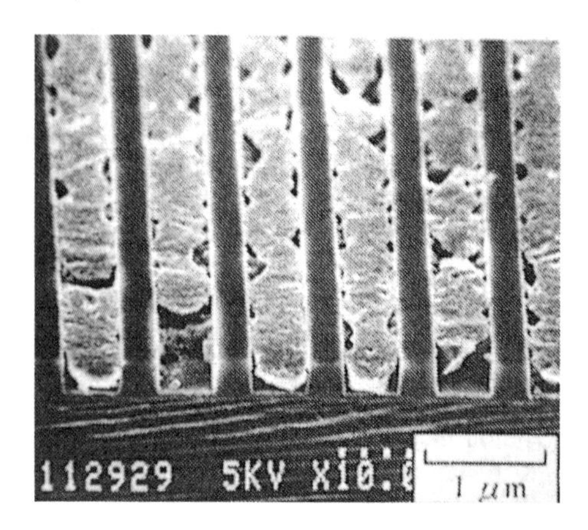


图11.19　化学腐蚀相片

来源：Yoshio Homma et al.，"Control of Photo Corrosion in the Copper Damascene Process"，Journal of The Electrochemical Society，147(3)1193-1198(2000)，S0013-4651(99)06-039-5 © The Electrochemical Society. Inc

5）环境和等待时间的影响

(1) 抛光后的等待时间。Cu CMP结束后，如果晶片在普通净化室的环境中长久等待，铜的表面上会长出很多麻疹似的小颗粒，在铜线边缘尤为严重。这是由于铜在空气中的氧化形成的，此生长物的主要成分是氧化铜，它会随等待时间的增长而快速增多，严重的会造成金属线的短路，见图11.20。抛光后应尽快覆盖上氮化硅保护层，等待时间最好控制在12～24小时之内。重新轻微抛光能去除此生长物，但会在铜线边缘形成空洞，严重的会造成金属线的断线。抛光后，将晶片放在氮气箱或真空中，能有效地阻止此生长物的形成。

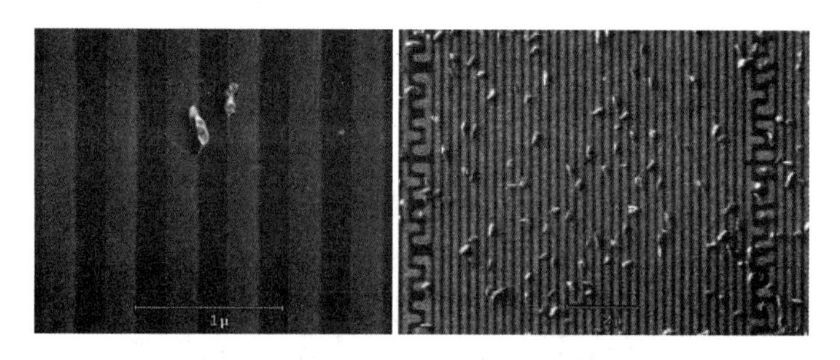

图11.20　铜氧化相片

来源：Shiwei Xiong et al.，"Investigation of Defects in Post-Cu CMP"，ECS Transactions，18(1) 441-446(2009)，10.1149/1.3096483 © The Electrochemical Society

(2) 抛光前的等待时间。镀铜后，抛光前，如果晶片长久等待，有时会发现在抛光后会发生铜的块状剥离，见图11.21。这是因为镀铜后长久等待时，铜会发生自我韧化(self anneal)，引起铜晶粒的边界(grain boundary)变弱。抛光时在摩擦力作用下，引发了块状剥离。抛光压力越高，此效应越明显。所以，从镀铜后至抛光前，也必须设置等待时间的限制。

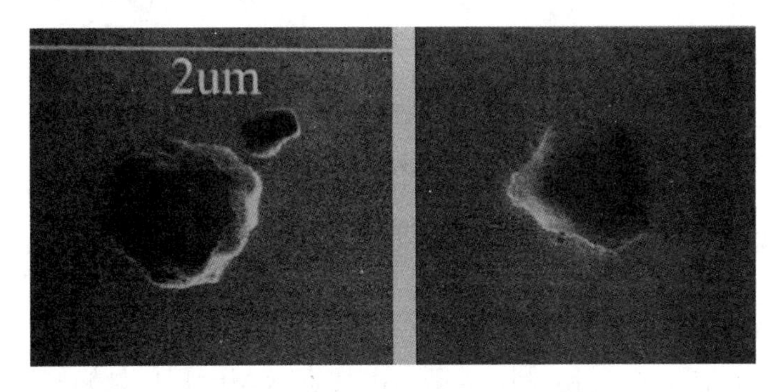


图 11.21　块状剥离相片

来源：美国应用材料公司

(3) 环境的影响。空气中如水汽、硫、氯或氟等成分较高以及温度较高，会加强与铜腐蚀有关的缺陷的形成。

**3. 有机物残留(organic residues)**

铜抛光以后，有时会出现一些黑色的斑块，这是有机物残留，主要成分是碳，它来自于没清洗干净的 BTA，benzotriazole($C_6H_5N_3$)(三唑甲基苯)，它在抛光后起钝化铜表面的作用，见图 11.22。正确的抛光机保养和清洗程序是消除有机物残留的主要措施。抛光后，如有 $NH_3$ 等离子体处理的步骤，则能大大去除有机物残留。

图 11.22　有机物残留相片

来源：Alok Jain, Geok San Toh, Albert Lau, Edwin Goh, "Post Cu-CMP Defects: Organic Residue—Sources and Potential Solutions", 204th Meeting (2003) © The Electrochemical Society.

**4. 划痕(scratches)**

划痕类缺陷主要可分为两种，一种是较大的划痕(scratches)，它主要是由抛光垫上的各种杂质颗粒造成的，如抛光垫修正器上掉下的金刚石粒，晶片边缘的剥离物，还有抛光后产生的副产品等。另一种是较小的划痕(micro-scratches)，它是由研磨液中较大的研磨颗粒(abrasives)造成的，它的宽度与研磨颗粒的尺寸接近(0.05～0.5$\mu$m)。由于划痕破坏了铜表面的钝化层，有时在划痕处会长出氧化铜。随着金属连线尺寸的降低，对划痕类缺陷的要求也越来越高,采用更小、更少、颗粒大小更均匀的研磨颗粒,也是研磨液发展的一个方向。

# 11.4　高 $k$ 金属栅抛光的挑战

## 11.4.1　CMP 在高 $k$ 金属栅形成中的应用

在 32nm 及以下技术中,栅后方法(gate last approach)是形成高 $k$ 金属栅的主流方法之一,而 CMP 在栅后方法中担当着重要而富有挑战性的角色。

图 11.23 描述了栅后方法的工艺流程。在此流程中有两次 CMP 的应用:第一次是 ILD0 CMP,用以研磨开多晶硅(poly);第二次是 Al CMP,用以抛光铝金属。对于 ILD0 CMP,所涉及的抛光材料比较复杂,要求同时研磨二氧化硅、氮化硅以及多晶硅三种材料,而且它对抛光均匀性控制的要求很高。多晶硅的高度和均匀性控制,以及多晶硅(poly)和介电层($SiO_2$)的表面不平整性是 ILD0 CMP 的难点。如果研磨不够,则会造成门的高宽比太高,影响随后的高 $k$ 金属填充,也可能会造成 under-etched contact。严重的研磨不够,留下氮化硅在 poly 上,则会造成随后 poly 去除不干净,高 $k$ 金属的填充就有问题了。多晶硅(poly)和介电层($SiO_2$)的表面不平整性对于后面的 Al CMP 也是很大的挑战,如果介电层($SiO_2$)的凹陷太大,易于在 Al CMP 后留下铝的残留,造成金属短路,参见表 11.4。对于 Al CMP,抛光材料是硬度极软的铝金属,在研磨中易于产生刮伤,铝金属是很活泼的金属,很容易被腐蚀以及产生点缺陷(pits),同时 Al CMP 对抛光均匀性控制的要求也很高。如果研磨不够,则会造成金属短路;如果研磨过度,则会造成金属栅太低以及 over-etched contact,见表 11.5。这些问题使 ILD0 CMP 和 Al CMP 的工艺难度较高,工艺窗口很窄。另外,因为高 $k$ 金属栅的小尺度,使它的良率对 CMP 缺陷尤为敏感,对 CMP 缺陷的程度要求很高。总而言之,CMP 均匀性控制的改进和 CMP 缺陷的减少对以栅后方法形成高 $k$ 金属门的技术至关重要。

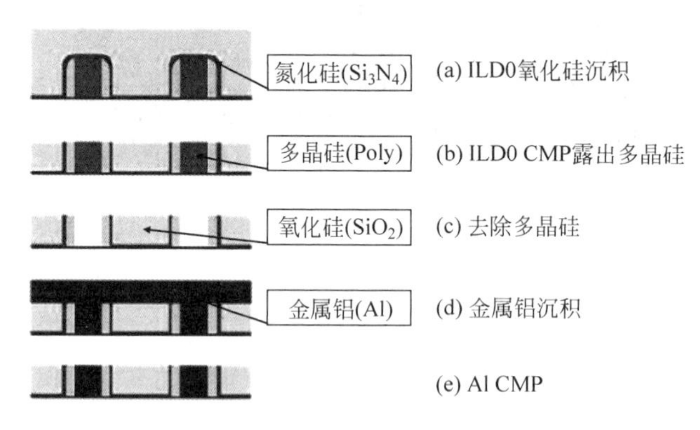


图 11.23　用栅后方法形成高 $k$ 金属栅的工艺流程

来源:Joseph M Steigerwald,"Chemical Mechanical Polish: The Enabling Technology" Electron Devices Meeting, 2008. IEDM 2008. IEEE International, Page(s): 1-4; Digital Object Identifier: 10.1109/IEDM.2008.4796607

表 11.4　ILD0 CMP 的常见问题及其影响

| ILD0 CMP 问题 | 几何影响 | 对器件的影响 |
|---|---|---|
| 研磨不够，厚度太厚 | 1. 高宽比太高，造成高 $k$ 金属填充问题<br>2. under-etched contact | 金属栅电阻太高/缺陷 Contact Open |
| 严重研磨不够，留下氮化硅 | 多晶硅去除不干净，造成高 $k$ 金属的填充问题 | $V_t$ 飘移($V_t$ shift)金属栅电阻太高 |
| 研磨过度 | 1. 金属栅太低<br>2. over-etched contacts | 金属栅电阻太高 |
| 研磨均匀性不好 | 金属栅高度不均匀 | 金属栅电阻不均匀 |
| 介电层($SiO_2$)的表面凹陷 | Al CMP 后，铝金属残留 | 金属短路 |

表 11.5　Al CMP 的常见问题及其影响

| Al CMP 问题 | 几何影响 | 对器件的影响 |
|---|---|---|
| 研磨不够 | 金属残留 | 金属短路 |
| 研磨过度 | 1. 金属栅太低<br>2. over-etched contacts | 金属栅电阻太高 |
| 研磨均匀性不好 | 金属栅高度不均匀 | 金属栅电阻不均匀 |
| Al 硬度极软 | 研磨中易于产生刮伤 | 器件失效 |
| Al 金属活泼 | 容易被腐蚀 | 器件失效 |
| Al 金属活泼 | 容易产生点缺陷(pits) | 器件可靠性失效 |

## 11.4.2　ILD0 CMP 的方法及使用的研磨液

ILD0 CMP 一般采用三步研磨法(见图 11.24)：

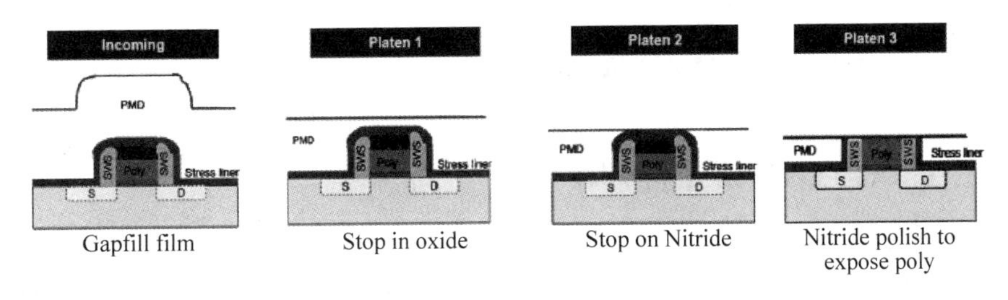


图 11.24　ILD0 CMP 的三步研磨法

来源：美国应用材料公司

第一步：采用研磨粒为氧化硅($SiO_2$)的研磨液，去除大部分的氧化硅($SiO_2$)层，留下 1000Å 至 2000Å 的氧化硅($SiO_2$)层在多晶硅门(poly)上。

第二步：采用研磨粒为氧化铈($CeO_2$)的研磨液或固定研磨液抛光，研磨终止在氮化硅($SiN_4$)上，类似于 STI CMP。由于氧化铈($CeO_2$)的研磨液或固定研磨液抛光都有很高的选择比，能达到研磨自动停止的效果，因此有很好的均匀性。

第三步：采用研磨粒为氧化硅($SiO_2$)的研磨液，去除氮化硅($SIN_4$)，研磨终止在多晶硅(poly)上。

在三步研磨法中，第三步是最有挑战性的一步，所涉及抛光材料比较复杂，要求同时研磨氧化硅、氮化硅以及多晶硅三种材料。研磨液很难达到均匀地研磨并自动终止在多晶硅(poly)上,另外,抛光选择比(氧化硅：氮化硅：多晶硅)的优化对凹陷纠正及多晶硅门的高度控制至关重要。

### 11.4.3　Al CMP的方法及使用的研磨液

主流Al CMP一般采用三步研磨法(见图11.25)：

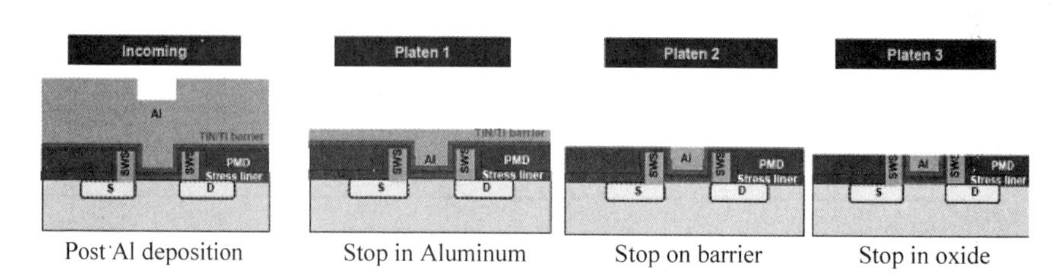


图11.25　Al CMP的三步研磨法

来源：美国应用材料公司

第一步：采用研磨粒为三氧化二铝($Al_2O_3$)的研磨液，去除大部分Al金属层，留下薄而均匀的Al金属层(<1000Å)。

第二步：采用同样的研磨液,用较低的压力去除剩余的薄而均匀的Al金属层。

第三步：采用同样的研磨液，用较软的研磨垫去除金属阻挡层。

在三步研磨法中，如何控制Al金属层和介电层($SiO_2$)的表面不平整性以及如何降低研磨中所产生的缺陷,是Al CMP的核心部分。Al CMP在研磨中所产生的缺陷主要包括表面划痕、腐蚀及点缺陷(pits)，这些缺陷与Al CMP所采用的Al的沉积方式、沉积温度、掺杂浓度、Al CMP制程中所使用的研磨液及研磨垫、研磨液供应系统和管线的清洁程度都有很强的关联性。

## 11.5　GST抛光(GST CMP)

### 11.5.1　GST CMP的应用

GST($Ge_2Sb_2Te_5$)是一种硫系化合物相变薄膜材料，用于PCRAM(相变存储器)中的存储介质。PCRAM则是以硫系化合物为存储介质,利用电能(热量)使相变薄膜材料在晶态(低阻)和非晶态(高阻)之间相互转换实现信息的写入和擦除,信息的读出是通过测量电阻的变化实现的。

GST相变薄膜材料的图案化有刻蚀和化学机械研磨两种方式,两种方式对应有不同的制程步骤。刻蚀的方法是先用物理或化学沉积的方法沉积GST层,再经过光刻和刻蚀形成图案,该方法在尺寸较大的IC制程中(90nm以上)广泛应用。化学机械研磨的方法是近期受到极大关注的方法,先是形成尺寸较小的钨互连,化学沉积介电层($SiO_2$),通过光刻和刻蚀形成孔洞,再用物理或化学沉积的方法沉积GST层,通过化学机械研磨来去除孔洞外面的GST,从而形成GST和钨的互连。该方法有很好的自对准性,适合较小尺寸的IC制程(90nm以下)。

### 11.5.2 GST CMP 的挑战

GST 是一种合金材料，Ge(锗)、Sb(锑)和 Te(碲)分别属于第四族、第五族和第六族元素，其得失电子的能力各不相同，表现为在氧化剂中的被氧化程度各不相同，Ge(锗)和 Sb(锑)较容易被氧化而形成相应的氧化物，Te(碲)较难被氧化形成氧化物，在研磨中的副产品仍为金属态。

GST CMP 的挑战主要有以下几个方面：

(1) 研磨残留：Te(碲)较难被氧化形成氧化物，在研磨中的副产物仍为金属态，它会重新粘回到 GST 表面形成残留，导致短路而失效。

(2) 介电层损失：尽管 GST CMP 的研磨浆料本身对介电层的研磨速率很低(<100Å/min)，但在研磨产生的副产物(Ge、Sb、Te 的氧化物)也会成为研磨粒子，对介电层有一定的研磨速度，从而导致介电层损失。

研磨液的研制是现阶段 GST CMP 技术开发的重要方面之一。研磨液的生产厂家试图在研磨液中加入一些成分，加速 Te(碲)的被氧化速率或是减慢 Ge(锗)和 Sb(锑)的被氧化速率，从而解决研磨残留的问题。

## 11.6 小结

需求是最大的推动力！新技术对 CMP 的挑战，推动着这个当年的丑小鸭，长成了一个亭亭玉立的美丽天鹅。如今她正骄傲地昂着优雅的颈项，在半导体工艺发展的道路上坚定地向前挺进：更均匀，更平坦，更低缺陷，更低成本……

## 参考文献


[1] Joseph M Steigerwald. Chemical Mechanical Polish: The Enabling Technology. Electron Devices Meeting, IEDM 2008. IEEE International, 2008: 1-4; Digital Object Identifier: 10. 1109/IEDM. 2008. 4796607.

[2] C. K. Huang, et al. A Fixed Abrasive STI Process for 200mm Rotary Polishing 11th intern. CMP-MIC Proc. ,2006: 145-151.

[3] T. C. Tsai. Process Development of a Hybrid Fixed Abrasive STI CMP for Logic Applications at 65nm Technology Node. CMP-MIC Proc. , 2005.

[4] Nancy Heylen, et al. CMP Process Optimization for Improved Compatibility with Advanced Metal Liners. Interconnect Technology Conference (IITC), 2010 International, P. 1-3 ; Digital Object Identifier: 10. 1109/IITC. 2010. 5510692.

[5] Xiaoyuan Hu, et al. Improving Cu Line Rs Control Using Feed-Forward Information for CMP Endpoint. Interconnect Technology Conference (IITC), 2010 International; P. 1-3 ; Digital Object Identifier: 10. 1109/IITC. 2010. 5510306.

[6] Deepak Mahulikar. Slurry Development Challenges and Solution s for Advanced Node Copper CMP. ECS Transactions, 2009,18(1): 541-546, 10. 1149/1. 3096499 © The Electrochemical Society.

[7] Feng Zhao, et al. Evaluation of Cu CMP Barrier Slurries for Ultra Low-k Dielectric Film (k=2. 4) for 45nm Technology. International Conference on Planarization/CMP Technology, October 25-27, 2007 Dresden VDE VERLAG GMBH. Berlin-Offenbach.

[8] H. H. Kuo, et al. Novel CMP Barrier Slurry for Integrated Porous Low-k Technology of 45nm Node.

Interconnect Technology Conference, 2006 International, 5-7 June 2006, Burlingame, CA, p. 137-139, Digital Object Identifier: 10.1109/IITC.2006.1648669.

[9] 谢贤清. 铜互连工艺中的CMP制程. June 2006,半导体国际.

[10] Alok Jain, Geok San Toh, Albert Lau, Edwin Goh. Post Cu-CMP Defects: Organic Residue—Sources and Potential Solutions. 204th Meeting (2003) © The Electrochemical Society.

[11] Shiwei Xiong, et al. Investigation of Defects in Post-Cu CMP. ECS Transactions, 2009, 18(1): 441-446, 10.1149/1.3096483 © The Electrochemical Society.

[12] A. Beverina, et al. Copper Photo Corrosion Phenomenon during Post CMP Cleaning. Electrochemical and Solid-State Letters, 3(3) 156-158(2000), S1099-0062(99)10-108-1 © The Electrochemical Society. Inc.

[13] Yoshio Homma, et al. Control of Photo Corrosion in the Copper Damascene Process. Journal of The Electrochemical Society, 2000, 147(3): 1193-1198, S0013-4651(99)06-039-5 © The Electrochemical Society. Inc.

[14] Wuping Liu, et al. Effect of Chemical Mechanical Polishing Scratch on TDDB Reliability and its Reduction in 45nm BEOL Process. IEEE CFP09RPS-CDR 47th Annual International Reliability, Physics Symposium, Montreal, 2009; 978-1-4244-2889-2/09/ $25.00 © 2009 IEEE 613.

[15] B. Hu, H. Kim, R. Wen, D. Mahulikar. Ultra-High Removal Rate Copper CMP Slurry Development for 3D Applications. ECS Transactions, 2009, 18(1): 79-484, 10.1149/1.3096489 © The Electrochemical Society.

[16] Jie Diao, et al. ILD0 CMP: Technology Enabler for High k Metal Gate in High Performance Logical Devices. Advanced Semiconductor Manufacturing Conference (ASMC), 2010 IEEE/SEMI; p. 247-250; Digital Object Identifier: 10.1109/ASMC.2010.5551458.

[17] M. Zhong, et al. Investigation on Chemical Mechanical Polishing of GeSbTe for High Density Phase Change Memory. ECS Transactions, 2009, 18(1): 429-434, 10.1149/1.3096481 © The Electrochemical Society.

# 第12章 器件参数和工艺相关性

集成电路的设计十分复杂，动辄使用数百万到数十亿个逻辑门数量(gate count)，每一个逻辑门和其他器件的电性参数必须同时达到标准，否则芯片可能无法正常运作。一片晶圆通常有数十到数万个芯片，保持制程的均一性相当重要。不但要监控关键的电性和物性，使其在整个晶圆的范围内达到一定标准(SPEC)；还得让每一片生产的晶圆都达到这一标准。因此必须引入统计制程管制来完善质量监控。目前主流的生产系统是8英寸和12英寸[①]的工厂，12英寸晶圆较8英寸大了2.25倍，制程的控制难度也更大；然而工厂把大的晶圆使用在高阶的制程，对控制的要求反而更高。由于工序相当繁复，从投片到产出可能包含近千个步骤，耗时一到三个月，必需使用制造流程(process flow)控制各阶段制程的质量。

芯片在出厂前要进行各项检测，以确认整个生产流程能达到上述要求。出厂检测包含器件电性参数的量测(Wafer Acceptance Test，WAT)，WAT量测包含大多数使用器件的参数，如电阻器的阻值、MOS的栅极氧化层电容值、MOSFET的特性等。这些电性参数可以反应制程工艺是否正常，而掌握工艺对电性的影响更是制程研发的关键。

## 12.1 MOS电性参数

MOS直流特性(DC)可以用开启电压(Threshold voltage，Vt)，驱动电流(Driving current，Id)和漏电流(sub-threshold leakage，Ioff)来描述。逻辑电路所使用的MOS操作在饱和区域，要具备快速开启电压(sub-threshold swing)、大驱动电流和低漏电流等特性，然而在某些模拟电路的MOS则偏重于在线性区域操作，因此反而不能要求好的sub-threshold swing。

开启电压($V_t$)是定义在MOS发生强反转的位置。以NMOS为例，量测时一般将源极和衬底接地($V_s=V_{sub}=GND$)，$V_t$量测时漏极接在一个固定的小电压($V_d \leqslant 0.1V$)，在栅极上逐渐加电压并量测漏极端的电流。当电流大于某一个设定值(例如，$I_d > 0.1\mu A/\mu m$)时加在栅极上的电压即是$V_t$。$V_t$有时也用Gm Maximum的量测方法定义，$g_m$是指漏极电流随栅极电压的变化量，也就是$I_d$-$V_g$图的斜率(见图12.1)。$g_m$在整个量测区线是一直在变化的，取$g_m$的最大值所在的电压在$I_d$-$V_g$图上作一切线，这条线和$V_g$的交点即是$V_t$。Sub-threshold swing则定义为在$V_t$量测时在$I_d$-$V_g$图斜率的导数，也就是说越低的swing值，MOS开启速度越快。驱动电流($I_d$)定义为MOS漏极和栅极上加操作电压所得到的电流，而漏电流则是指是把栅极电压设为0，漏极上加操作电压所得到的MOS关断状态时的电流。

---

① 1英寸=0.0254米，本书为台湾作者编著，单位未完全采用国标。

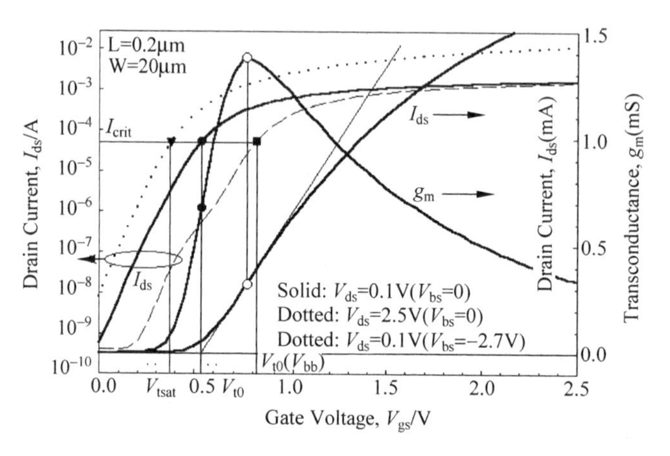


图 12.1 $V_t$ 量测($I_d$-$V_g$)图

除了直流特性，MOS 的交流特性也相当重要。逻辑电路所关注的是 CMOS 运作的速度，可以用环形振荡电路(Ring Oscillator,RO)来评估。RO 速度越快，性能越好。在 AC 层面上考虑 MOS 的参数，除了提升 $I_d$ 对 RO 的速度有一定帮助外，对有效降低电路的寄生电容也会有相当大的帮助。寄生电容包含 source 和 drain junction 的电容,MOS 结构内包含的电容和多重连接导线的电容等。

## 12.2 栅极氧化层制程对 MOS 电性参数的影响

MOSFET 的电性参数控制对集成电路甚为重要,然而也受制程的影响最多。就栅极氧化层而言，如何在降低有效氧化层的厚度(effective oxide thickness)、抑制氧化层的漏电流(leakage)、保持通道内载流子的迁移率(mobility)、可靠性(Gate Oxide Integrity,GOI)之间达到平衡一直是重要的课题；在运用上，高压器件必须能承受高电压，闪存对电子在氧化层中穿过发生的可靠性要求很高，而逻辑制程则是必须兼顾效能和漏电流。

栅极氧化层以在硅基材上氧化生成的氧化硅($SiO_2$)为主，期望能达到最佳的载流子移动率和可靠性要求；有些应用则会使用上化学气相沉积(CVD)的氧化硅或其他材料。制程微缩的过程中不断追求更薄的栅极氧化层以达到更高的电容值，但这也换来其中的漏电流不断上升。氧化层在 40nm 以下漏电流已到不可忽视的状态，为了得到良好的控制，逐渐从炉管(furnace)这种一次处理多片的制程，转成快速升降温氧化(rapid thermal oxidation)加上电浆(plasma) 掺氮的单片制程。掺氮的栅极氧化层(nitride oxide)能有效提升介电常数,同时抑制漏电流，然而电浆掺入的氮极不稳定，制程设计上必须要能更加严密监控，才能达到均一性的要求。

65nm 的逻辑制程对氧化层的要求已到了极限，在某些运用已达 5～6 个原子层的厚度,因此在 65nm 以下的技术节点开始导入高介电材料(high-$k$)的解决方案，这在 32nm 以下的制程已成为主流。高介电材料(high-$k$)大幅提升了电容值并降低了漏电流，然而其对和硅基材接口的处理相当困难，稍有不妥，将大幅降低载流子迁移率(mobility)。

## 12.3　栅极制程对 MOS 电性参数的影响

栅极材料主要是使用低压化学气相层积的多晶硅栅(poly gate)，其重点在于对栅极线宽(gate length)和氧化层接口浓度(poly depletion)的控制。逻辑电路的逻辑栅主要使用最小线宽的 MOSFET，在这个条件下操作的 MOS 电性参数因为短通道效应(Short Channel Effect，SCE)而对线宽控制非常敏感。短通道效应是栅极线宽变窄时，源极和漏极的交互影响所致。图 12.2 以 0.25μm 和 0.13μm 的制程为例，横轴是栅极的线宽，纵轴是 MOS 开启电压(threshold voltage，$V_t$)，因为组件设计不同(主要是指源极和漏极的 PN junction 的浓度分布)，二者对栅极线宽缩小时的反应也就很不一样。0.25μm 的开启电压随着栅极线宽缩小而降低，0.13μm 的开启电压不但是先升后降，其下降的曲线也是相当陡峭的。为了生产上有更好的控制，一般会避开开启电压下降太快的区域，这得依赖超浅 PN 结(ultra-shallow junction)的制程来达成。

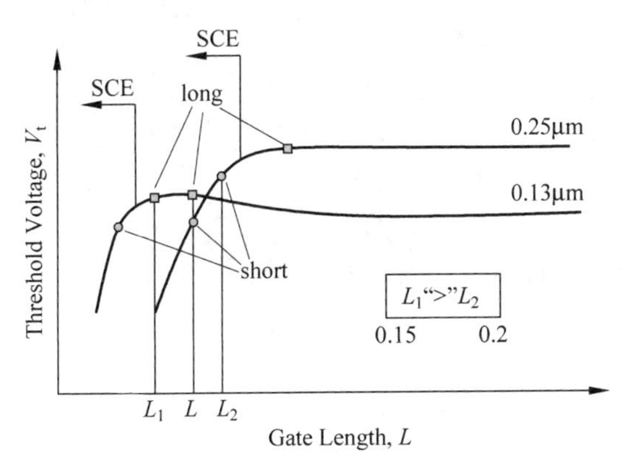


图 12.2　短通道效应

在 CMOS 的制程中，多晶硅栅极的 N 型和 P 型是利用多晶硅的厚度，离子置入(implant)和热制程(thermal)进行调整。然而随制程演进对超浅结的要求减少了相当多的热制程，若栅极掺杂的浓度没有控制好，栅极和氧化层的接口将发生掺杂浓度不够的问题，而在 MOS 操作时在栅极内生成额外的电容(junction capacitance)，这将导致 MOS 的有效氧化层厚度增加而降低效能。这现象叫做 Poly depletion。

伴随高介电材料(high-$k$)的使用引入了金属栅(metal gate)。金属栅不会发生 Poly depletion 的问题，然而在材料的选择对功函数的考虑十分重要，必须要能兼顾 N 型和 P 型 MOS 的要求，不然在 CMOS 的匹配性上就会发生问题，反而不能提升器件的效能。

## 12.4　超浅结对 MOS 电性参数的影响

超浅结(ultra-shallow junction)是指对源极和漏极 PN 结深度的处理。为了对应横向制程微缩所带来的严重的短通道效应，结的纵向深度也必须进行向上调整，以减少源极和漏极间空乏区互相接触所带来的漏电流(sub-threshold leak)，这个过程中通常伴随掺杂浓度的提升以弥补因结变浅所带来的串联阻值的增加。

逻辑电路所使用的源极和漏极 junction 包含两个部分，一为 LDD(Lightly Doped Drain)，一为 $N^+$ 或 $P^+$(见图 12.3)。LDD 是指在 spacer 下面一个比较浅的 junction，主要是用来控制通道内的电场分布和强度以抑制热电子效应(hot carrier effect)。随着制程的演进，LDD 的深度在 65nm 以下也已达到 200Å 左右，而所用的浓度与 $N^+/P^+$ 相比也不遑多让。对超浅结的处理必须同时包含 LDD 和 $N^+/P^+$。

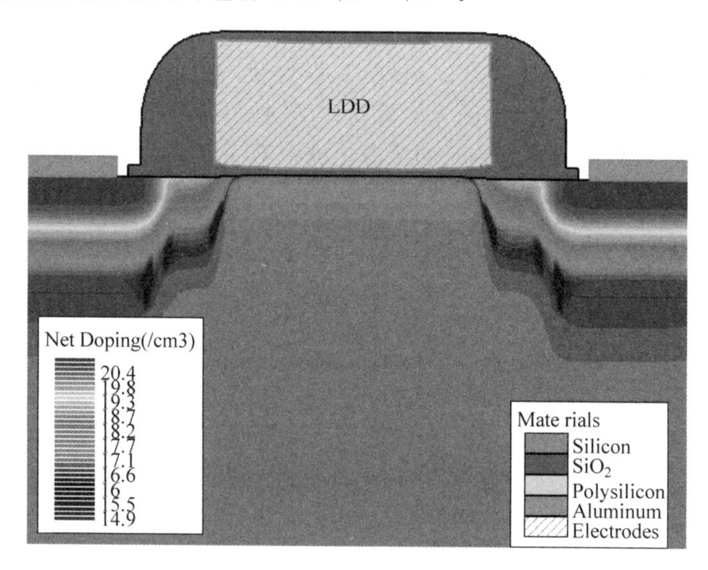


图 12.3 MOS 的 junction (TCAD 模拟图)

要制造出浅而且浓的结需要许多制程的相互配合，首先需要低能量高浓度的杂质掺入技术，通过低能量离子置入(low energy implant)和较重掺杂元素(species)的选用把掺杂物送到离晶面较浅的位置；再加上高速的退火技术让掺杂物尽快被激活(activated)，没能进行长程的扩散行为。近来制程的演进对退火速度的要求很高，从炉管退火到 RTA (rapid thermal anneal) soak anneal，再到 spike anneal，现在在 40nm 已用到快闪退火(flash anneal)或雷射退火(laser anneal)。越是快速短暂的高温退火，越能造出浅而低阻值的超浅结。

运用这些超浅结技术时，还必须照顾到漏电流(junction leakage)和电容(junction capacitance)。高的漏电流对芯片功耗有负面的影响，而高的电容将减缓芯片操作的速度。

## 12.5 金属硅化物对 MOS 电性参数的影响

金属硅化物(salicide)使用在栅极、源极和漏极上，可有效降低 MOS 的串联电阻，并进一步增加 MOS 操作的速度。在 0.25μm 以上的制程是以 Ti salicide 为主，90nm 以上的技术节点使用 Co salicide，65nm 以下则转成 Ni salicide。这些材料的转换主要是降低 salicide 阻值和减少在小线宽栅极上缺陷的双重考虑。

## 12.6　多重连导线

早期的芯片的运作速度是受 MOS 的速度的限制，然而随着 MOS 速度的提升和尺寸的缩小，金属导线间的交互影响(coupling capacitance)已开始大幅影响集成电路的速度(Fig)，铜导线和低介电常数材料(low *k*)的使用尽管已大幅降低金属导线制程的 RC delay，然而如何使用介电常数更低的材料(ultra-low *k*)来减少其对速度的影响也还是目前先进制程最重要的课题之一。多重连导线(Interconnect)对 RC delay 的影响如图 12.4 所示。

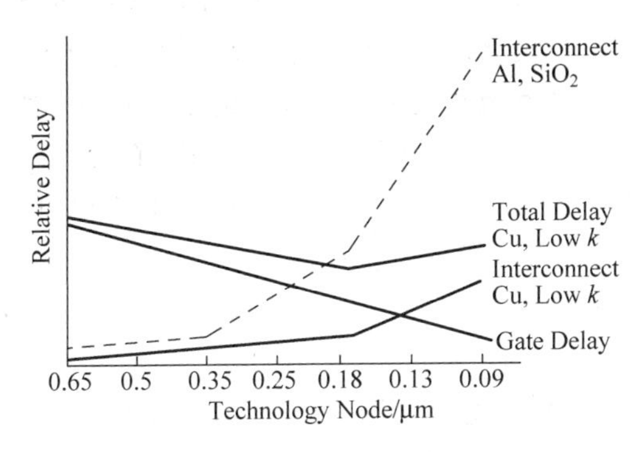


图 12.4　Interconnect 对 RC Delay 的影响

# 第 13 章　可制造性设计

## 13.1　介绍

现在的半导体产业，在使用特征尺寸小于 100nm 的 CMOS 器件进行芯片制造时，从设计到制造会遇到很多困难。根据摩尔定律的要求，晶体管工作在不断缩小的时序窗口中，而芯片制造过程中的工艺波动能够敏感地改变晶体管的工作和时序窗口。这种改变来源于制造在硅片上的电路和设计者所设计的版图并不完全一致，而这种工艺波动在极端情况下会导致芯片功能的失效。图 13.1 给出在小于 100nm 的技术节点中，随着工艺波动所占的比重不断变大，芯片的失效就越有可能发生。例如，在 45nm 的工艺技术下，器件的性能波动就能达到名义上参数值的 60%。为了解决这些越来越严重的问题，一些工作流程，例如版图改变、更新设计、学习和提高产量成为 VLSI/SoC 设计公司和加工厂共同采用的方案[1,2]。这些工作流程被称为可制造性设计(Design for Manufacturability，DFM)。

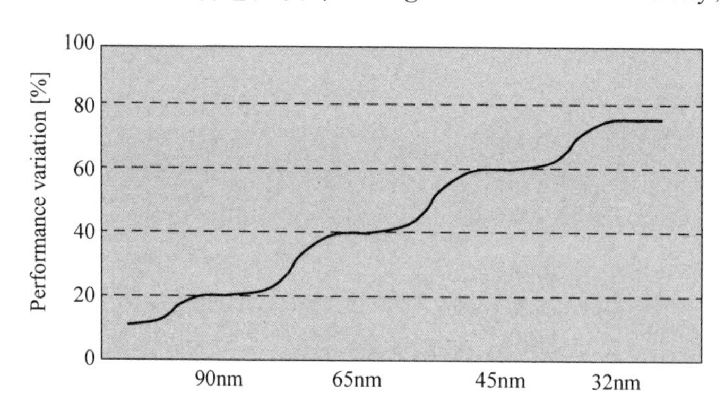


图 13.1　不断增长的工艺波动和工艺节点的关系

来源：不同半导体公司的报告

新开发的一些技术使 DFM 能够在工业上得到应用。这些技术的基础是建立适当并且精确的模型来描述半导体工艺以及工艺波动，每一个关键工艺的波动都需要模型。如图 13.2 所示，在小于 100nm 工艺下，一个导电层线宽的关键尺寸(critical dimension)的波动取决于四个不同的因素：离焦、掩膜误差、晶圆平面的曝光和厚度方向的拓扑结构。DFM 模型必须包括所有产生波动的来源以及它们之间的相互作用[3]。图 13.3 给出了一个简单的模型建立流程图，其中包含了半导体制造过程中所必须采用的步骤，用来产生高质量的 DFM 模型。类似于典型的工艺和器件模型，需要采用特殊的测试设计或测试结构来构建测试框架。然后，如图 13.3 所示，利用在测试框架上测量得到的数据产生 DFM 中的数学模型。下一节将进一步介绍 DFM 模型的构建过程。

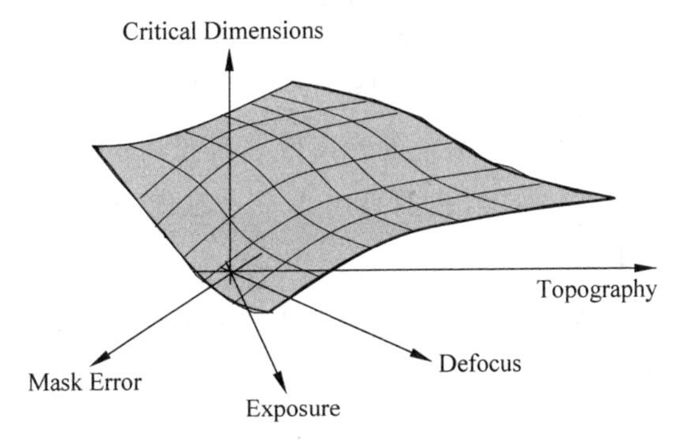


图 13.2　关键尺寸的工艺波动的响应面和掩模误差、曝光、离焦以及几何结构的波动的关系

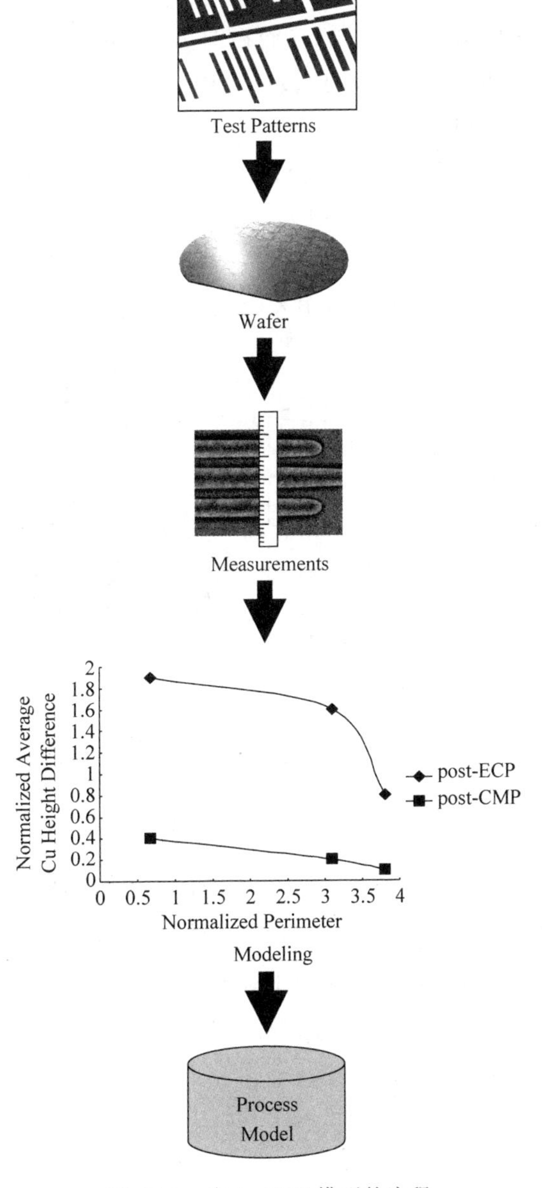


图 13.3　产生 DFM 模型的流程

另外,高效的工作流程也是 DFM 能够在工业上得到应用的关键技术。我们从两个方面介绍 DFM 的工作流程。第一个是如何识别 DFM 的误差或者影响芯片制造和良率中的热点(hot spots),同时在一个工作流程中进行高效地修正。这个工作流程能够被集成到一个物理设计流程中。如图 13.4 所示,我们给出了一个有代表性的 DFM 流程,这个流程用于逻辑和 SOC 设计的物理设计和验证中。在图 13.4 中,整个 DFM 过程分析了物理的 DFM 结果,即 DFM 误差的数据库。然后把它们转换成能够用于静态时序分析(STA)的电路模型格式,例如增量的静态延迟格式(SDF)。利用时序约束中的检查和中断修正以及其他芯片设计流程的要求的标准程序,DFM 流程用来改善 100nm 以下技术节点工艺的设计。DFM 流程现今广泛用于 EDA(电子设计自动化)的流程中[4]。从另一个方面看,DFM 在半导体制造商中的影响更广泛而且更国际化。这就是为什么在一个半导体公司中不同组织不同工种需要一起建立 DFM 兼容性设计。我们在图 13.5 中给出这个流程。在图 13.5 中,不同的工作过程产生的结果或者下一个阶段的工作都必须是 DFM 兼容性设计。例如,基于模型的 CMP 分析能够得到 DFM 作用向导,而 DFM 作用向导又反过来得到 DFM 兼容性设计。类似的工作也可以用于和电特性波动相关的建模和分析中,它把原有的工作加进几个阶段最终也可以得到 DFM 兼容性设计。如图 13.5 所示,这个工作通过模型、器件、电路、验证和制造等不同阶段的设计流程进行开展。对一个特定的半导体加工厂,这些阶段以及每个阶段所做的工作能够属于不同的公司(如同一个公司的不同部门)。

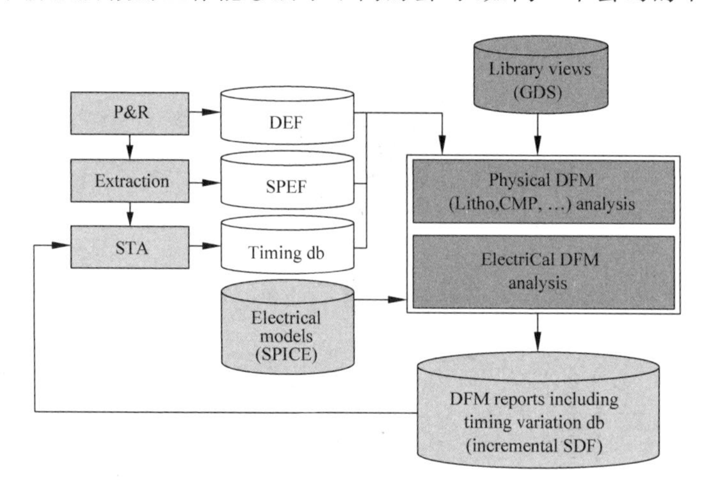


图 13.4　用于 logic/SOC 设计的 DFM 流程

在当今的 IC 设计中,一个半导体的代工厂不同技术组织和机构联合起来在 DFM 不同阶段结合起来的流程如图 13.5 所示,包括模型、器件、电路设计、验证以及制造。这些流程的最终产品是用于成功设计定案和制造的 DFM 兼容的设计。

我们将在 13.2 节阐述 DFM 技术以及工作流程,在 13.3 节中简要介绍在 CMOS 22nm 工艺以及 32nm 工艺中 DFM 的应用。

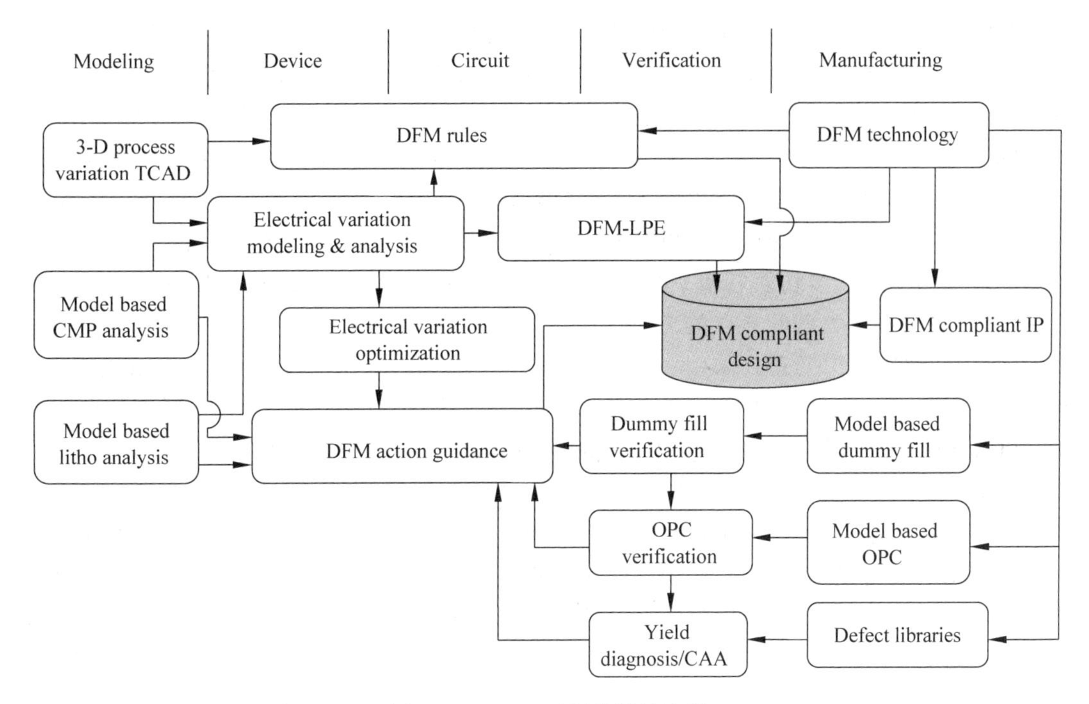


图 13.5　DFM 不同阶段的流程

# 13.2　DFM 技术和工作流程

## 13.2.1　光刻 DFM

在先进的半导体工艺中，光刻是 DFM 最初关注的问题[5]。如今，光刻还是 DFM 中最关键的领域。随着工艺设备和计算机模型技术的发展，光刻已经成为一个复杂的知识体系。在本节中，我们无法把和 DFM 相关的光刻的所有问题都进行讨论，而将集中讨论在 OPC 中的边缘冲突[7]中的掩膜误差增强因子(MEEF)分析[6]。

掩膜误差增强因子(MEEF)在把设计的版图到硅的晶圆片的转移过程中起着非常重要的作用。由于采用分辨率增强技术(RET)使小的图形能够在晶圆片上显影，随着设计尺寸的不断缩小，掩膜制造的成本急剧增加。从 90nm 的技术节点开始，基于模拟的 OPC 验证广泛地在 OPC 流程中采用。

基于模拟的 OPC 验证从 90nm 技术节点开始就在 OPC 流程中得到广泛的应用。当工业发展到 45nm、32nm 及以下节点时，CD 误差和边缘布置误差(EPE)在最佳曝光条件下的检查对于临界状态下的热点的探测显示出一定的局限性。这些临界状态的热点仅仅在工艺波动的条件下才会出现问题。这使得在设计阶段对芯片进行分析、发现和修正这些潜在出问题的图形，对于提高芯片的可制造性变得愈发重要。过去有一些研究是针对使用简单的线条/线间距的图形产生的 MEEF 对芯片制造产生的影响[8,9]。现在有一些工具在设计阶段的后 OP 验证中提供全芯片的 MEEF 分析[10]。这极其耗时同时生成大量的数据。在本节中，我们用可制造性设计(DFM)方法进行 MEEF 的热点分析，其目的是找出对于工艺波动最敏感的热点。

众所周知,具有高MEEF的图形会减少全芯片的工艺窗口,所以它们在光刻工艺中不能被忽视。当复杂以及不断缩小的图形增强邻近效应,显影失败的危险,也就是所谓的MEEF指标,就会增加。对于不相容边沿图形,后OPC的MEEF指标甚至要比前OPC更差,这就打破了"OPC提高可制造性"的基本原则。虽然OPC技术的发展能够改善MEEF,但是OPC的不相容边沿图形始终在65nm以及以下的技术节点上存在。对于加工厂的公司来说,从客户那里得到光刻友好以及满足DRC条件的设计是很关键的。后OPC验证是掩膜制造前的最后一步仿真检查。然而,区分OPC可修正和不可修正的热点是非常必要的,原因是修正不同类型的热点的工作是在不同公司内完成的。我们提出一个新的方法从DFM的角度解决这个问题。采用一个图形集合软件,我们将会证实:给定一个缺陷列表,利用后OPC验证,通过比较OPC处理前后的边缘的热点的MEEF改变,有可能区分是属于OPC问题还是设计问题,特别是对于那些间距紧密很难有空间进行调整的热点图形。我们还对CD大小变化的设计图形也进行了研究以确定MEEF的影响。

我们对在全芯片OPC验证中检查出来的热点进行了MEEF分析。原则上,基于任何设计的缺陷列表可以用于分析MEEF的敏感性,其思想是探测OPC的不相容边沿以及过滤出最敏感的热点,这个软件能够进行热点的MEEF计算、存储缺陷列表中对应的MEEF值。因为MEEF计算是针对缺陷列表而不是全芯片的设计,所以这个方法速度要比传统方法快很多。使用交互式的图形界面,具有高MEEF比率(OPC后/OPC前)的缺陷能被过滤出来并进行仔细研究。这里,采用和后OPC验证阶段相同的光刻模型,不需要额外的负担进行数据准备。这些过滤出来的缺陷图形可以存储在图形库中,而且根据器件的类型不断积累留作将来使用。图13.6给出了整个工作流程。

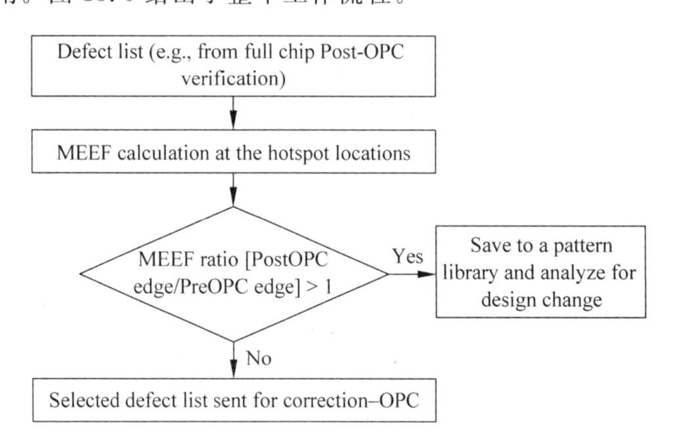


图13.6　热点位置和MEEF比率分析的DFM流程

如图13.6所示,在建立了问题图形的图形库之后,一个输入的设计能被图形搜索方法迅速地进行筛查,而不是全芯片模拟,这个工作甚至可以在OPC前开始做。图13.7给出这个迅速筛查的方法的工作流程。这个流程的优势在于:能够在OPC前探查OPC不相容边沿图形,避免了冗长而且耗时的OPC和OPC验证。采用这种流程的条件是图形库中存有问题图形的模板。

大体说来,OPC改善了设计图形从设计到晶圆片上的转移工艺(光刻)的MEEF/NILS,也就是它的印刷适性。然而,在最近的后OPC热点图形的MEEF分析中,我们发现

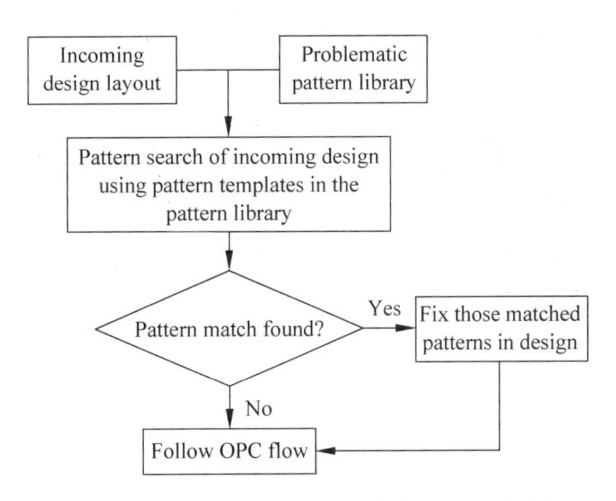


图 13.7　对于属于设计图形采用图形搜索方法进行筛查的 DFM 流程

并不总是这种情况。下面我们用两个来自于不同层的例子来解释这种例外。

对一个 65nm 工艺节点的逻辑器件(M1 层和多晶硅层)进行后 OPC 验证得到的高 MEEF 的热点图形被用于进行热点结构设计，而且为了验证 MEEF 的变化，不同 CD 下类似的 OPC 不相容边沿结构也被产生出来。为了确保用于生产的 OPC 的质量，生产配方被用在经过 OPC 处理过的那些测试图形上。

## 13.2.2　Metal-1 图形的例子

图 13.8 画出了一个桥连的热点，这个热点位于一个大的金属结构附近，对于这个热点 OPC 很难起到效果。MEEF 分析结果表明(见图 13.9)，相邻线条边缘在 OPC 之后 MEEF，和 OPC 之前相比都变差了。

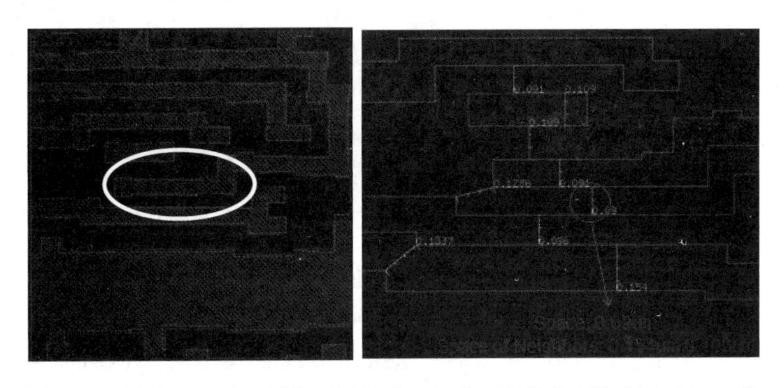

图 13.8　取自 Metal-1 层的测试图形。相邻两条线的间距仅为 90nm，这会在后 OPC 验证中导致桥连类型的缺陷

目标层上线边沿上最大的 MEEF 值是 3.7。理想的结果是经过 OPC 之后该数值减少，但事实上，经过 OPC 之后它增加到了 4.7，由此导致了 OPC 不相容边沿图形。这来源于相邻线条之间紧密的距离(90nm)。基于当前热点的 MEEF 数值在 OPC 前已经很高了，通常的补救办法是改变设计。

对于这个热点的设计修正是把相邻线条的距离各移动 10nm，使距离变为 110nm。同时去掉目标图形上的凹凸不平之处,从而使得 OPC 更容易。在这个例子中,由于附近有较大的空间,所以这样的移动是可行的。

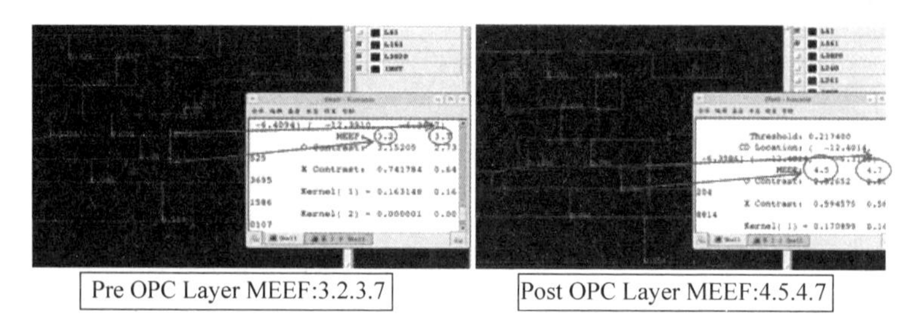


图 13.9　线条热点边沿的 MEEF 测量。左边的版图给出 OPC 前的测量值,而右边的版图给出 OPC 后的测量值

版图修改以后,OPC 之后边缘的最大的 MEEF 值由原来的 4.7 变为 3.2,而且 MEEF 比率(OPC 之后/OPC 之前)也由原来的 4.7/3.7=1.3 变为 3.2/3.5=0.9。结果显示在图 13.10 中。

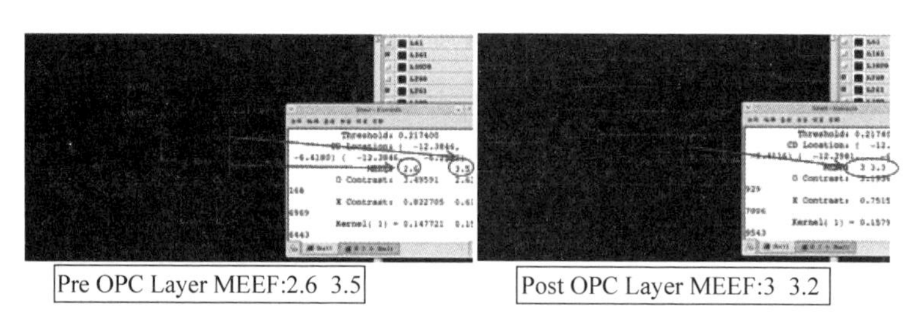


图 13.10　设计修正以后热点线条的 MEEF 的测量。左边的版图给出 OPC 前的测量值,而右边的版图给出 OPC 后的测量值

图 13.11 总结了 MEEF 随着热点两条不相容边缘之间的 CD 距离变化而变化的曲线。这个图指出当 CD 距离小于 100nm,就会产生 OPC 不相容边缘。而对于这种热点图形的距离上的约束条件就会成为 DFM 中 M1 层进行光刻友好设计的准则。

通过后 OPC 验证的热点 MEEF 分析,我们发现存在一些客户设计的关键层中存在着 OPC 不相容边界的图形。而且 OPC 不相容边界能通过计算 OPC 前和 OPC 后的 MEEF 检测出来。我们提出并验证了 OPC 不相容边界图形的检测方法,这个方法被应用到实际的生产中用来过滤掉那些来自后 OPC 验证的对工艺波动敏感的热点。随着积累检测到的 OPC 不相容边界热点图形到一个图形库中,一个采用图形搜索技术的快速图形筛选方法有可能应用到新的设计中,在进行 OPC 之前用来检测并修正 OPC 不相容边界图形。

现在提出的 MEEF 分析方法可以很容易地用到其他的应用领域,例如,多种 OPC 比较、OPC 热点修正验证、OPC 热点检测和掩模制造工艺的跟踪等。我们会把这个工作流程扩展到其他的应用中去。这个 MEEF 分析方法可以对一个已知热点做系统化的研究,同时在现有方法的基础上,采用另外一种方式建立 DFM 规则。这会使得 DFM 规则更加完备。

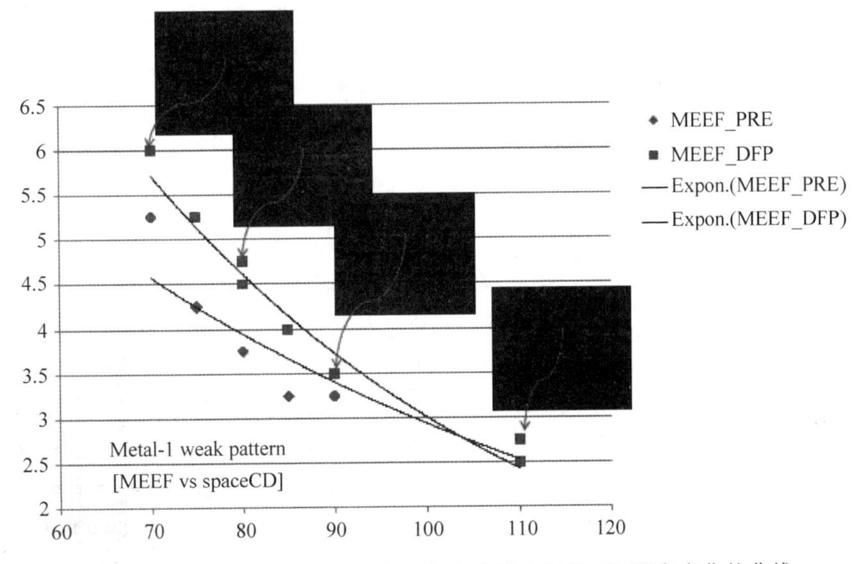


图 13.11　MEEF 随着热点两条不相容边缘之间的 CD 距离变化的曲线

## 13.3　CMP DFM

在这一节中，提出了一个基于模型的 CMP-DFM 模型，这个模型用来检测铜浅池(copper pooling)缺陷和离焦缺陷。这种基于模型的检查能够用于筛查出和周围环境高度敏感的版图，这类版图容易限制工艺窗口因而导致流片失败。而且，该 CMP 建模技术能够进行多层模拟，这样可以捕获不同层间相互作用导致的热点，这类热点不容易被基于规则的方法所检测。

采用这个方法，我们可以借助于腐蚀、蝶形凹陷、铜厚度波动来建立的 DFM 热点探测的 DFM 流程。一旦通过改变设计修正了热点，就可以避免铜的浅池缺陷以及降低离焦波动性。在这一节中，我们给出热点探测能够导致精确的工艺预测，同时早在模块设计阶段就可以修正热点。它也能够把铜的厚度变化和 RC 提取以及时序分析流程联系起来，这样就可以评估模块或者全芯片的性能的良率及时序情况。这个方法也已用于验证较早介绍的基于模型的冗余金属填充。

有很多工艺模型用来精确预测 VLSI 工艺中 CMP 处理后的铜表面形貌[13,14]，在过去 20 年，工业界和学术界活跃地验证这些模型的精确性。以一个覆盖 CMP 物理和化学多层级的模型为例，这个模型包括晶圆和基底相互作用、磨料和基底相互作用、磨料和晶圆相互作用以及晶圆和化学作用[13]。图 13.12 中[15]给出了产生 CMP 模型的流程步骤。正如我们曾经指出的[16]，在芯片测试中，足够多的测试图形是用于建模凹陷、腐蚀、金属层厚度波动的基本要求。利用原子力形貌(AFP)测量得到的硅片上的数据对相互作用模型进行数值校正，可以得到 DFM 模型。图 13.13 中给出了测试芯片的照片、AFP 扫描的方向和定位以及模拟结果和测量数据的对比。

那些违反了一系列保证工艺窗口原则的图形或者包含不同图形的一个区域被称作 DFM 热点。如图 13.12 所示，把精确的模型嵌入到能够模拟铜互联拓扑形貌的计算机程序

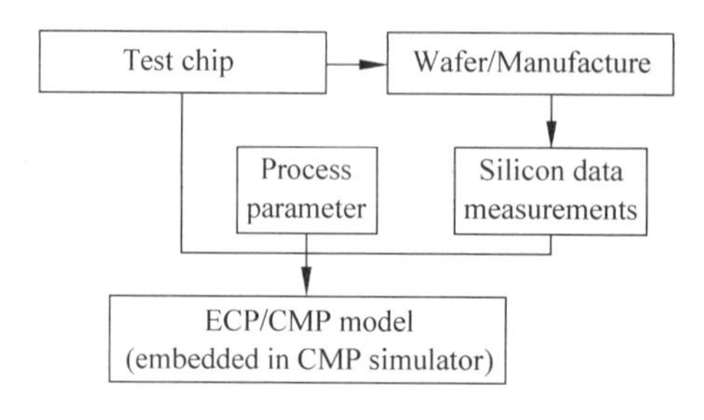


图 13.12　IME-CAS 开发的产生 CMP 模型的方法[15]

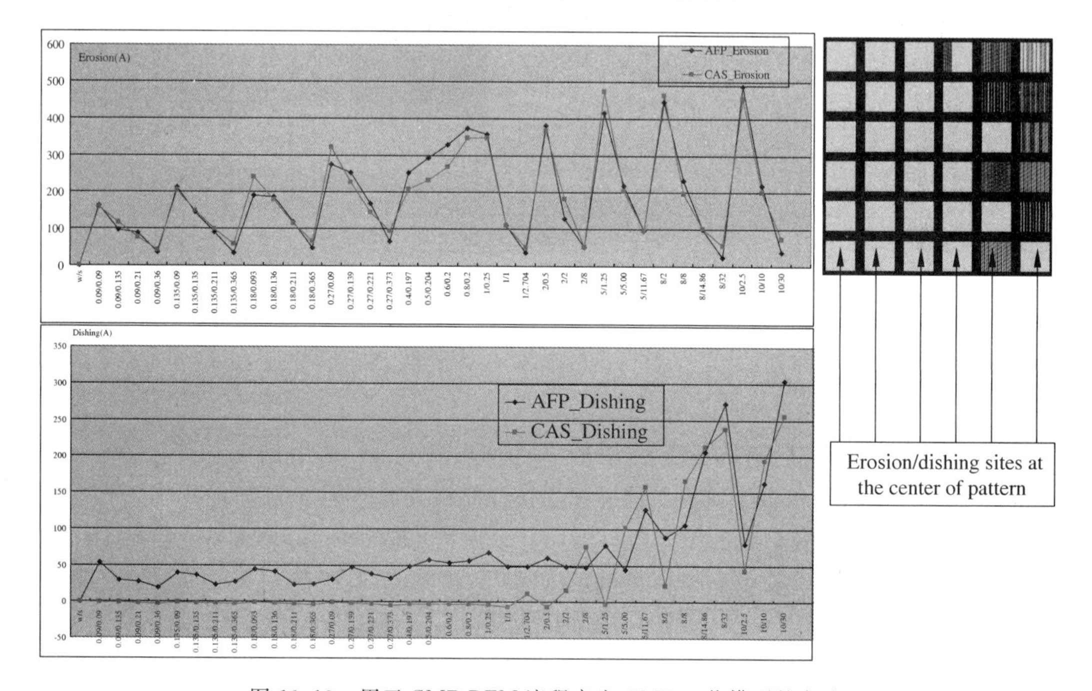


图 13.13　用于 CMP DFM 流程产生 CMP 工艺模型的方法

中,DFM 工程师就能在 IC 设计过程中检测到 CMP 热点。CMP 的 DFM 模拟能够产生有意义以及精确的热点图形,使之用于设计过程或者构造尺寸大于 1000μm 的设计模块[17]。图 13.12 中给出了利用 65nm 逻辑电路工艺下的全芯片(3mm×3mm)的 CMP 模拟输出。在芯片的外围区域,金属层大多为芯片的 IO 电路。我们给出了这个区域中 CMP 处理后金属厚度的热点。工程师们不仅能看到热点,而且通过版图编辑器的帮助,也能分析围绕一个或者多个热点的版图。在图 13.14 的例子中,显示了重叠的宽金属线条,而分析表明,这正是导致金属厚度问题的根本原因。然后,通过 DFM 的指示,设计者通过修改宽金属线条的问题来解决这个问题,而通常的方法是拆分宽金属线条,或者在它们上面插入一些狭槽。

上述所说的 DFM 工作是工程性的工作,已经和现今物理设计流程融为一体了。它也可以单独作为一个设计流程,即 DFM 流程。图 13.15 中给出了 CMP 流程,这个流程覆盖了 CMP 工艺过程波动性的分析。除了我们上面介绍的热点探测和解决流程,还提供了电学波动性的分析,也就是利用基于 SPEF 的厚度模拟数据,对基于电阻和电容的网表进行调整。

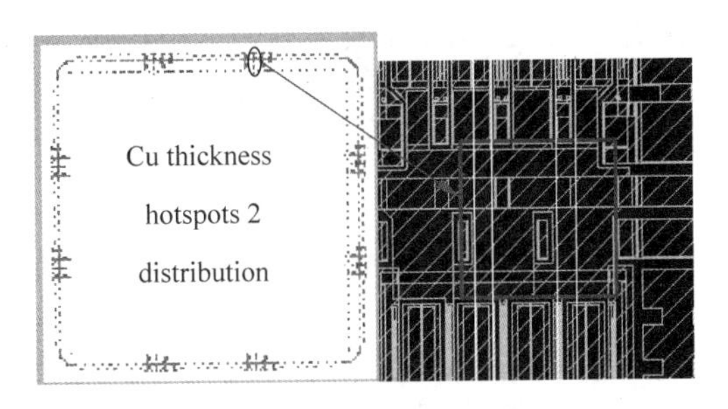


图 13.14　全芯片 CMP DFM 热点图

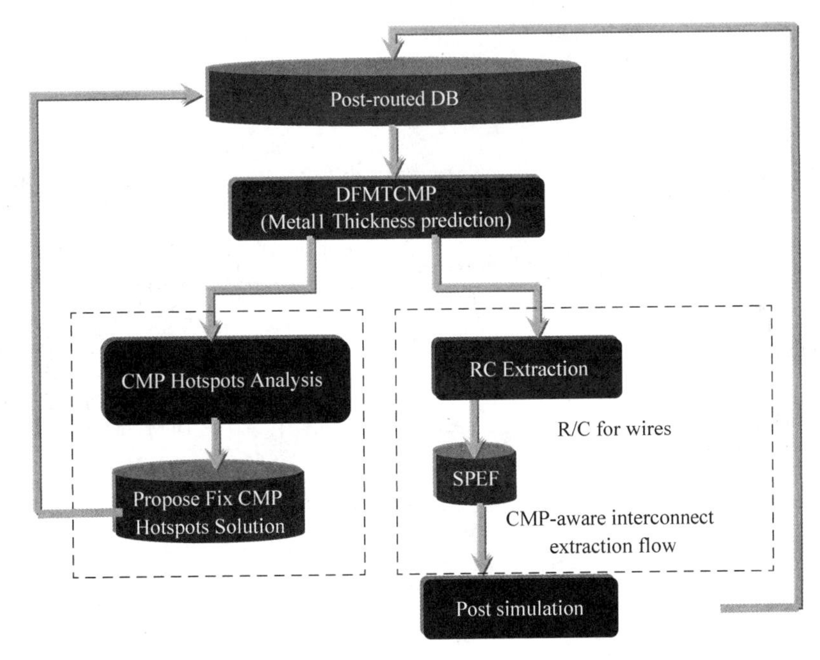


图 13.15　CMP DFM 流程

## 13.4　DFM 展望

随着工艺技术的发展，DFM 愈发成为进行成功芯片制造和提高良率的关键。在现在 32nm 或者更高级的设计中，虽然设计构架、功能、时序和功耗还是成功设计的条件，但是 DFM 也已经毫无疑问地成了一个新的、实在的成功设计条件。没有经过 DFM，就没有成功的流片。然而，在 32nm 及以下的技术节点，DFM 还有新的技术挑战。其中最大的挑战是从基于 DFM 模型的计算机程序中得到所有的热点变得越来越困难。产生这个问题的根本原因是热点变得非常复杂而且彼此关联性很强，以至于没有一个计算机程序能够模拟所有的工艺波动。

我们发现最合理和最有效的方法是使用 DFM 热点图形库来增强传统 DFM 模型的不足之处。在图 13.16 中，上半部分是我们提出的获得 DFM 热点集合的方法；下半部分是其他半导体公司已经提出的方法，仍然有效。不同于 DFM 模型，图形库的建立完全是通过收集导致威胁工艺窗的版图图形而形成的。它们中的一部分能够被 DFM 模型产生，另一部分并非来自于任何模型，而是借助图形软件收集硅片上的测量数据。我们把这个过程在图13.17中显示出来。图13.18给出了这些DFM热点库的应用。使用高效和精确的图形匹配程序，DFM软件能够通过检查设计并找到和预先定义的热点图形匹配的图形。

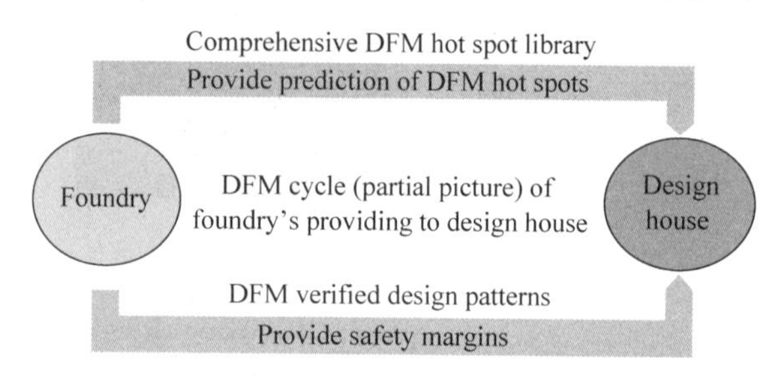


图13.16　基于DFM模型程序得到热点，并没有包含所有的热点

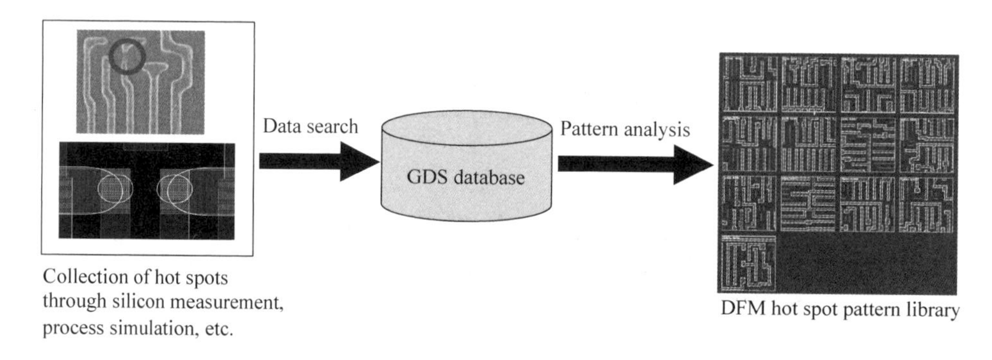


图13.17　产生DFM热点图形库的数据搜索和收集流程

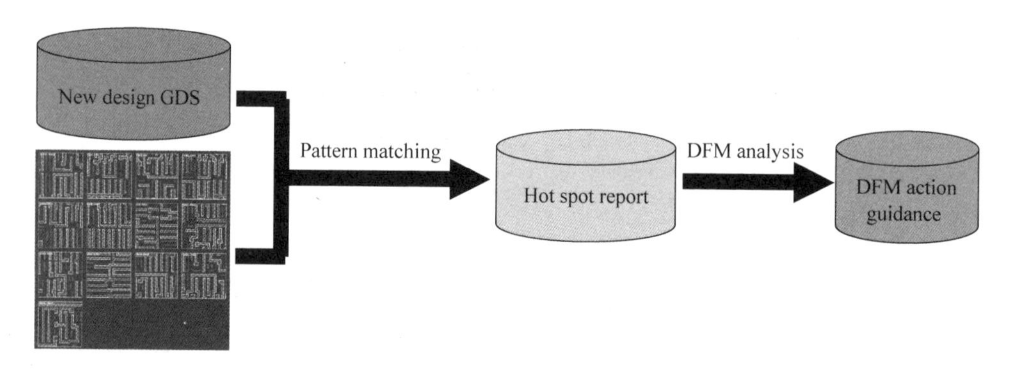


图13.18　Application of a DFM hot spot library in detection of DFM hot spots on a design

我们预计这种新的技术会是DFM方法中一个重要的发展方向，而且会用于32nm及以下的工艺节点中。

## 参考文献

[1] C. Bittlestone. Design for Manufacturing in the Nanoscale Era. Proceeding of the European Solid-State Circuits Conference, 2005.

[2] L. Chang. Design for Manufacturability in sub-100nm SoC Designs. Tutorial 8, IEEE VLSI-TSA-DAT, April 26, 2005.

[3] L. Chang. Collaboration of Semiconductor Foundry and Electronic Design Automation on Design for Manufacturability (DFM) in Sub-100nm Process Technologies. BASTS 2007, Beijing, China.

[4] Major EDA companies work with semiconductor foundries to offer different DFM flows to design companies and institutes. Check articles published in design communities, such as EE Times (www.eetimes.com) for references.

[5] L. Liebmann. DfM, the Teenage Years. Proc. SPIE 6925, (2008).

[6] B. Lin. Optical Lithography: Here is Why. pp. 23, Society of Photo-Optical Instrumentation Engineers (SPIE), 2010.

[7] L. Chang, C. Choi, G. Cheng, A. Vikram, G. Zhang, and B. Su. Detection of OPC Conflict Edges through MEEF Analysis. Proc. SPIE 7641 (2010).

[8] F. M. Schellenberg, Ch. A. Mack. MEEF in theory and Practice. Proc. SPIE 3873 (2003).

[9] H. Kang, et al. Mask error enhancement factor variation with pattern density. Proc. SPIE 5992 (2005).

[10] J. Kim, et al. Full-chip level MEEF analysis using model based lithography verification. Proc. SPIE 5992 (2005).

[11] G. Xiao, et al. Source optimization and mask design to minimize MEEF in low k1 lithography. Proc. SPIE 7028 (2008).

[12] J. Kang, et al. Combination of rule and pattern based lithography unfriendly pattern detection in OPC flow. Proc. SPIE 7122 (2008).

[13] J. Luo. Integrated Modeling of Chemical Mechanical Planarization/Polishing (CMP) for Integrated Circuit Fabrication: From Particle Scale to Die and Wafer Scales. Ph. D. Thesis, University of California, Berkeley, 2003.

[14] T. H. Park. Characterization and Modeling of Pattern Dependencies in Copper Interconnects for Integrated Circuits. Ph. D. Thesis, Massachusetts Institute of Technology, 2002.

[15] L. Chen et al. EDA-CAS CMP Simulator Software, developed under 45nm DFM Project, Eleven-Five National Project, China, 2010.

[16] D. Lu et al. Accurately Predicting Copper Interconnect Topographies in Foundry Design for Manufacturability Flows. Proc. SPIE 7974 (2011).

[17] DFM Guidance, Semiconductor Manufacturing International Corporation, 2011.

# 第 14 章　半导体器件失效分析

## 14.1　失效分析概论

器件失效系指达不到预期的性能和规范的器件或正常工作的器件，经过一定时间的应力实验或使用后，其电学特性参数或物理、化学性能降低到不能满足规定的要求。

半导体器件失效分析(failure analysis)系指产品失效后，通过运用各种电学和物理测试，确定器件失效的形式(失效模式)、分析造成器件失效的物理和化学过程(失效机理)、寻找器件的失效原因，从而制订纠正和改善措施。

失效分析通常需要了解失效模式、失效机理和失效原因三方面的工作内容：

失效模式(failure mode)——器件失效的形式和现象，如“管脚开路”，漏电流超标，$V_{oh}$/$V_{ol}$失效等。内存产品的 Single Bit、Block、Bit Line、Word Lind 失效。

失效机理(failure mechanism)——导致失效的实质原因，即引起器件失效的物理或化学过程，如金属互联的电迁移、腐蚀、通孔缺失、栅氧化层击穿及光罩缺陷等。

失效原因(root cause)——失效机理发生的起因，如设计、机器参数(电压，气体流量，温度)漂移，封装参数设置(如 bonding force)等。

### 14.1.1　失效分析基本原则

失效分析是一系列严谨、逻辑性地解决问题的过程。任何随意的、缺乏缜密计划的分析可能破坏结果的一致性，导致错误的分析结果。因此，失效分析必须遵守一定的原则。

(1) 先非破坏性分析，后破坏性分析：这一原则始终贯穿于分析的每一个关键步骤。可靠性试验后失效的样品数目通常很少，电性表征完成后，常需进行外观检测和非破坏性分析，如 X-Ray，SAM。

(2) 好坏样品的电性比较，失效分析尤其失效定位是非常关键的原则。电性表征时，由于实验室探针台和半导体参数测试仪的局限性或对失效产品、参数和参数程序理解的局限性，所测的电性特征有时无法完全模拟复杂、昂贵的自动测试机(ATE)的测试程序和设置。对好坏样品的电特性进行比较，分析差异，找出可能导致失效的特性，在后续失效定位时设置合理的偏置条件，激励失效线路，有效定位。

(3) 失效定位尽可能定到最小的器件单元，越精准的失效定位，后续物理失效分析和化学分析成功发现失效机理的几率越高。

此外，进行失效分析还要考虑以下几个原则：

(1) 接件时先进行可行性分析，失效分析常常费时耗力，如果不值得或无法分析，就不要浪费宝贵的时间和资源。

(2) 要模拟、重现失效模式。

(3) 分析时遵循物理原理。

(4) 得到或导出的失效机理同失效模式要有关联性。

(5) 结果、成本导向,先快速、简单、非破坏性的分析手法,再耗时、复杂、破坏性的方法,先便宜的机器,再昂贵的机器。

### 14.1.2　失效分析流程

失效分析要从失效现场直至追溯到制造、设计及使用的各个阶段。分析过程通常可以划分为以下四大类:

(1) 电性表征;

(2) 非破坏性分析;

(3) 失效定位;

(4) 物理分析。

集成电路从设计、生产、产品良率、可靠性试验、评估,封装,到客户端应用,其失效原因纷繁复杂,因此只能建立一个基本的、具有逻辑性的解决问题的系统性流程而非适用于所有失效的通用分析步骤。同时,建立失效分析报告数据库,以保证合理的失效分析成功率和分析周期。

通用的失效分析流程可以概括为:

(1) 登入失效分析报告系统;

(2) 资料收集和分析;

(3) 鉴别失效模式;

(4) 失效现象的观察和判定;

(5) 检查外观;

(6) 证实失效;

(7) 非破坏性分析;

(8) 半破坏性分析;

(9) 电学检验复测;

(10) 失效定位;

(11) 物理分析/化学分析;

(12) FA 报告:总结结论、提出建议和改正措施;

(13) 完成报告,在失效分析系统中结案。

各个主要失效分析阶段的具体工作内容可以总结如下。

**1. 资料收集和分析**

(1) 制造厂、型号名称、外壳类型、生产日期、批号。

(2) 用户、使用设备名称、台号、失效部位、累计运行时间。

(3) 发生失效的环境:调试、运行、振动、冲击、验收、收场使用等,如温度、湿度、电源环境、元器件在电路图上的位置和所受电偏置的情况。

(4) 失效应力,包括电应力、温度应力、机械应力、气候应力和辐射应力等。

(5) 失效时间/发生期,失效样品的经历、失效时间处于早期失效、随机失效或磨损失效。

(6) 失效现象无功能、参数变坏、开路、短路等。即失效环境、失效应力、失效发生期以及失效样品在失效前后的电测试结果。

(7) 对失效器件本身(线路、结构、版图、工艺、性能、材料等)应作全面了解。

**2. 鉴别失效模式/失效现象的观察和判定**

(1) 外观检测：肉眼，立体显微镜，低、高倍光学显微镜观测，扫描电镜/能谱观测(如果需要化学成分分析)。

(2) 机械损伤、腐蚀、管脚桥接、处于引脚之间的封装表面上的污染物(可能引起漏电或短路)、标记完整性等。

(3) 器件外观的完整性检测，如微裂纹、黑胶和引线框架封接处的分层、焊缝上的裂纹、沙眼、空洞、焊区内的小缺陷等。

(4) EOS/热效应引起的器件变色等。

电特性测试及电性能表征。用半导体参数测试仪、示波器、自动测试仪(ATE)判断失效现象是否与原始资料相符，分析失效现象可能与哪一部分有关。电测失效模式可能多种模式共存。一般只有一个主要失效模式，该失效模式可能引发其他失效模式。连接性失效、电参数失效和功能失效呈递增趋势，功能失效和电参数失效可以归结于连接性失效。在缺少复杂功能测试设备时，利用简单的连接性测试和参数测试，结合物理失效分析技术，仍然可以获得令人满意的失效分析结果[8]。有报道显示，将近30%的失效在重测或验证时变成"好"样品，部分失效在验证时恢复正常功能。潜在原因有：

(1) 测试错误：测试时接触不良；底座(socket)上微尘粒子(particle)造成间歇性测试误判。

(2) 器件在测试时确实失效，但是引起失效的原因不存在，器件所含湿气蒸发或应力释放，激发闭锁(latch-up)的条件不存在(reset)，可动离子扩散，引起漏电的机理/诱因不存在。

(3) 间隙性/Soft failure 失效：引起短路的松散接触的微尘粒子移动或只在特定的方向才会失效/短路，器件只在一定的温度、电源电压、频率下失效，器件使用时施加的工作条件不恰当(如电压、驱动电流等)。

**3. 证实失效**

通过外部电性测试/表征，来判断器件是否失效。

(1) 为了证实器件失效，失效分析工作者在验证时常需要尝试不同的测试条件，尽量模拟可能的失效状况。对 Soft failure 或间歇性失效，常用 Schmoo 图，即在 ATE/测试机测试时只改变其中一个参数，如电压、温度、频率、脉冲宽度等，来表征器件的好/坏界限和判断器件正常工作的区间。要注意的是，上述步骤均是非破坏性分析，在操作时，要避免引入新的失效机理，或导致器件参数改变/恶化，发生二次失效现象。

(2) 在初步验证参数时，先低电压、小电流，再适当逐步增加。但不可超过数据手册(Date Sheet)规定的上限，以防过载，或引起间歇性失效复原。

(3) 严格遵守相关器件使用的注意事项。对高阻抗(impedance)器件，如 MOS，低功率 Schottky TTL 等，要特别注意预防 EOS/ESD 损伤。

**4. 根据所确定的失效模式拟定后续分析/测试的计划**

**5. 非破坏性分析**

对器件不产生物理损伤的检测。在失效分析流程中常指不必打开封装对样品进行失效定位和失效分析的技术。主要用于封装缺陷和引线断裂的失效定位，采用的主要仪器包括X射线透视和扫描声学显微镜，具有不必打开封装的优点。

**6. 半破坏性分析**

在器件外部实施了相应的非破坏性分析后，便可以进行半破坏性分析。主要包括：

(1) 开封：电子器件两类常用的开封方法是机械方法和化学方法。半破坏分析常用化学方法中的自动(Jet Etch；塑封器件喷射腐蚀开封)开封，一般用于环氧树脂密封的器件。即对器件进行部分开封，暴露芯片表面或背面，但保留芯片、管脚和内引线和压焊点的完整性及电学性能完整，为后续失效定位做准备。因此，也常被归在失效定位的范畴内。此步骤的关键是保持器件的电学特性开封前后的一致性。

(2) 内部检查：立体显微镜；低、高倍显微镜和扫描电镜观测。

(3) 复测电特性，验证失效情况。

(4) 真空烘焙(可选)：当故障可能是由离子污染或迟缓状态/束缚电荷泄漏路径如反型层及由使芯片上的电荷分散引起时，对半导体器件进行高温烘焙可以“治愈”或逆转变坏的电气特性，这表明器件失效是由于制造缺陷所引起。而在低温真空干燥后，器件如果复原，则报告的失效则可能是由于外表面曾吸附或聚集了潮气。Jet Etch 后的塑封器件(在封装上打一个孔)进行低温烘焙能除去封装内部的潮气和挥发性气体。随后的电性复原，说明内部存在潮气或挥发性污染物。10-5mmHg，150～250℃条件下烘焙两小时，测量并记录由烘焙所引起漏电流的任何变化(optional)。再进行电学检验复测。[7]

要注意的是：步骤 5 和步骤 6(非破坏性分析和半破坏性分析)，理想状况下不会引起被分析器件电学特性变化，但是随着器件功能的复杂化、物理尺寸的精细化、器件封装技术的发展(chip scale package)和应用要求、X射线探测，严格意义上，不是绝对无损分析，由于它产生的高能量粒子，很可能使样品损伤，或者不适用再做试验。对某些敏感器件，如内存，可能因辐射损伤引起细微的参数漂移或引起产品功能退化、甚至失效。开封可能引起的器件连接性(continuity)失效，Bond Pad 腐蚀等，常常有类似报道。因此，引入电学性能检验/复测是必要的。

**7. 失效定位**

利用多种不同的技术，在每个芯片的几十万到几千万个甚至上亿个元件中，缩小导致失效的范围。在深亚微米领域集成电路进行失效分析，找到失效部位并进行该部位的失效机理分析是整个失效分析中最关键的步骤之一。失效定位技术包括电测技术、无损失效分析技术、信号寻迹技术、二次效应技术、样品制备技术，通常，这些技术又分为芯片级定位技术(global technique)和探针技术。芯片级定位技术试图确认失效引起的二次效应。分析实验室常用热探测技术探测失效，检测短路或漏电部位引起的发热点；光反射显微镜检测芯片上失效部位因电子-空穴复合产生的发光点。

**8. 物理分析/化学分析**

通过样品制备，如 Cleave、研磨、干湿法剥层(delayering)、聚焦粒子束(FIB)等，利用一系列光子束(高倍显微镜)、电子束(扫描电子显微镜，透射电镜)、化学元素成分分析(EDX)和表面分析(Auger、XPS、SIMS 等)设备观察失效部位的形状、大小、位置、颜色、机械和物理结构、特性、成分及分布等，科学地表征和阐明与上述失效模式有关的各种失效现象。

**9. FA 报告**

总结结论、提出建议和改正措施，如(add FA Report Component and Format here)：

(1) 失效原因：以半导体器件失效机理的有关理论为根据，对上述失效模式和现象进行理论推理并结合材料性质、有关设计和工艺理论及经验，提出导致该失效模式产生的内在原因或具体物理化学过程。如有可能，更应以分子、原子学观点加以阐明或解释。

(2) 失效原因未完全确定，但失效特征已有较好的了解。

(3) 分析失败。失效原因无法确定。

(4) 提出纠正措施。失效分析的终极目标是提高产品良率、品质和可靠性。根据失效分析结果，和相关部门合作，提出防止产生失效的设想和建议。它包括工艺、设计、结构、线路、材料、筛选方法和条件、使用方法和条件、质量控制和管理等方面，如此周而复始，不断发现问题，分析解决问题，使器件的可靠性不断得到提高。

**10. 完成报告**

在失效分析系统中结案。

## 14.2 失效分析技术

失效分析方法，大体上包括两个方面，即失效分析的逻辑思维方法和失效分析的实验检测技术。失效分析的实验检测能够提供有关失效的资料，它是判断失效原因的基本依据，本章主要讨论失效分析的主要方法和它的选择。首先介绍失效分析中常用的实验检测技术的种类和它的选用原则，然后从各类分析方法的基本原理、特点、优缺点、应用范畴等方面介绍无损检测技术、失效定位方法、结构分析方法、成分分析方法及同类方法的比较。这些对一个失效分析工程师如何组织和正确选用各种检测技术和方法来说是十分重要的。

### 14.2.1 封装器件的分析技术

封装器件的分析技术是指器件打开封帽以前的非破坏性检验，常用设备有：①光学显微镜检测(external optical inspection)，②扫描声学显微镜(Scanning Acoustic Microscopy，SAM)，③X射线透射(X-ray)，④时域反射仪(Time-Domain Reflectometry，TDR)，⑤超导量子干涉器(Superconducting Quantum Interference Device，SQUID)。其中，扫描声学显微镜(SAM)和X射线透射(X-Ray)是晶圆代工厂分析实验室常用非破坏性分析设备。由超声扫描显微镜检测空洞、裂缝、不良粘接和分层剥离等缺陷。X射线确定键合位置与引线调整不良，芯片或衬底安装中的空隙、开裂、虚焊、开焊等。

(1) 扫描声学显微镜：又称超声波扫描显微镜，是利用超声波脉冲探测样品内部空隙等缺陷的仪器。超声波在介质中传输时，若遇到不同密度或弹性系数的物质，会产生反射回波，而此种反射回波强度会因材料密度不同而有所差异。扫描声学显微镜(SAM)利用此特性，工作时，由电子开关控制的能在发射方式和接收方式之间交替变换的超声传感器发出一定频率(1～500MHz)的超声波，经过声学透镜聚焦，由耦合介质传到样品上。声波脉冲透射进入样品内部并被样品内的某个接口反射形成回波，其往返的时间由接口到传感器的距离决定，回波由示波器显示，其显示的波形是样品不同接口的反射强度与时间的关系。在

SAM 的图像中，与背景相比的衬度变化构成了重要的信息，在有空洞、裂缝、不良粘接和分层剥离的位置产生了高的衬度，因而容易从背景中区分出来。衬度的高度表现为回波脉冲的正负极性，其大小由组成接口的两种材料的声学阻抗系数决定，回波的极性和强度构成一幅能反映接口状态缺陷的超声图像(见图 14.1)。

成像形式：常用的是界面扫描技术(C-Scan)和透射式扫描(T-Scan)。

A 型是接收的回波随它们在传感器的每个坐标上的到达时间(深度)变化的示波器显示(见图 14.2)。回波中包含的幅度和相位(极性)信息用来表征界面上结合状态。扫描从界面反射回的部分波幅($R$)的方程为

$$R = I\{(Z2 - Z1)/(Z2 + Z1)\}$$

式中，$Z1$ 和 $Z2$ 分别是超声波经过的材料的特征声学阻抗系数和在界面上遇到的材料的特征声学阻抗系数。材料的声学阻抗由材料的弹性模量和质量密度的乘积决定。($Z2>Z1$)为正回波(echo is positive)；($Z2<Z1$)为负回波(echo is negative)。

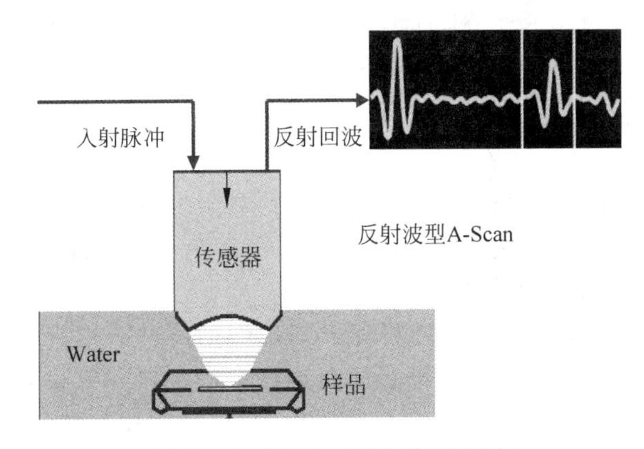


图 14.1　SAM 系统工作原理图

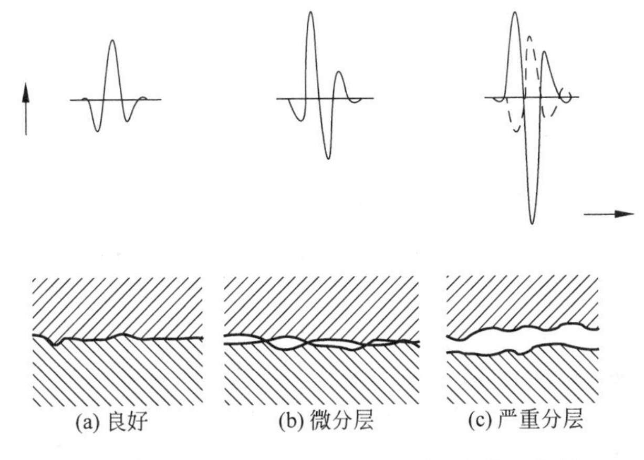


图 14.2　A-Scan 波形表征不同材料间接口特性

A 型指的是来自单一传感器位置的回波，而 C 型指的是对在样品上某一平面上所有传感器位置的 A 型数据的编辑。因此，C 型的图像是从传感器对所考察的区域扫描并对 A 型数据编辑后导出的。

界面扫描技术(C-Scan)是最常用的评估样品分层的成像方法；透射式扫描(T-Scan)则

是超声波经样品的整个厚度,利用一个独立的接收传感器在样品的另一面上检测传输信号。无缺陷区在声学图像的灰度图像中呈现得比较明亮。反之,缺陷,如分层或裂纹形成的薄空气隙将阻碍超声波传播,在声学图像中显得较暗。空洞则表现为暗点。

现在先进的扫描声学显微镜(见图14.1)的频率范围为(1~500MHz),在空间分辨率可达0.1$\mu$m,扫描面积达到(0.25$\mu m^2$~300$mm^2$),能完成超声波传输时间测量(A扫描)、纵向接口成像(B扫描)、X/Y二维成像(C、D、G、X扫描)和三维扫描与成像。

(2) X射线透视:X射线检测是根据样品不同部位对X射线吸收率和透射率的不同,利用X射线通过样品各部位衰减后的强度检测样品内部缺陷。X射线衰减的程度与样品的材料种类,样品的厚度和密度有关。透过材料的X射线强度随材料的X射线吸收系数和厚度作指数衰减,材料的内部结构和缺陷对应于灰黑度不同的X射线影响图。

X射线一般用于检测封装完成后芯片的内部结构、内引线开路或者短路、焊点缺陷、封装裂纹、空洞、桥接等缺陷。但其以低密度区为背景,观察材料的高密度区的密度异常点,对有机填充物空洞或倒置封装器件分层的探测作用有限;封装器件中空洞的衬度被引线框架遮蔽所减弱/掩盖。器件金属散热片会减弱相对低质厚的芯片黏贴层的衬度。

### 14.2.2 开封技术

环氧塑封是IC主要封装形式,因此本节主要针对塑封器件的开封做简单介绍。

环氧塑封器件开封方法有化学方法、机械方法和等离子体刻蚀法,化学方法是最广泛使用的方法,又分手动开封和机械开封两种。

(1) 手动开封:发烟硝酸或发烟硝酸和发烟硫酸的混酸。125~150℃烘焙约一小时,驱除水汽(建议);X射线透射技术确定芯片在器件中的位置和大小等离子刻蚀法(建议);用机械法磨去顶盖一部分或在芯片上方开个圆孔,直到离芯片非常薄为止(建议)加热发烟硝酸至60~70℃,用吸液管滴到黑胶表面,待反应后用丙酮冲洗、烘干,重复上述步骤直至芯片完全暴露;去离子水超声波振荡清洗,最后甲醇超声波振荡清洗,直至表面干净。手动开封的优点是方便、便宜;缺点是小尺寸封装、新型封装类型开封效果不理想,对操作员的经验、技巧依赖性较高。

(2) 自动开封:环氧封装喷射腐蚀(Jet Etch),即对器件进行部分开封,暴露芯片表面或背面,但保留芯片、管脚和内引线和压焊点的完整性及电学性能完整,为后续失效定位和检测做准备。Jet Etch工作原理为在器件的芯片位置处的环氧树脂塑封料表面,用机械法磨去一部分,或在芯片上方开一个与芯片面积相当的孔,直到离芯片非常薄为止。将器件倒置并使芯片位置中心正对Jet Etch机台的出液孔,加热的发烟硝酸或脱水/发烟硫酸,亦可为混酸,经由内置真空泵产生的负压,通过小孔喷射到芯片上方的塑封料进行局部腐蚀,直到芯片完全露出。加热的发烟硝酸或脱水硫酸对塑料有较强的腐蚀作用,但对硅片,铝金属化层和内引线的腐蚀作用缓慢,操作时合理设定液体流量、流速以及所用酸的选择,综合考虑封装类型,芯片的大小、厚薄等因素,在成功暴露芯片时能保证器件电性性能的完整性,如图14.3和图14.4所示。

相对于手动开封,Jet Etch具有安全、酸的选择性多、对铝金属层腐蚀性小、精度/可靠性高等优势;但设备的成本较高,对某些新型塑封材料反应速度慢,易造成铝金属和内引线腐蚀,对于CSP和腔在下形式的封装是一大挑战。此外,由于硝酸和铜会发生反应,使得对铜内引线封装器件开封变得极具挑战性。

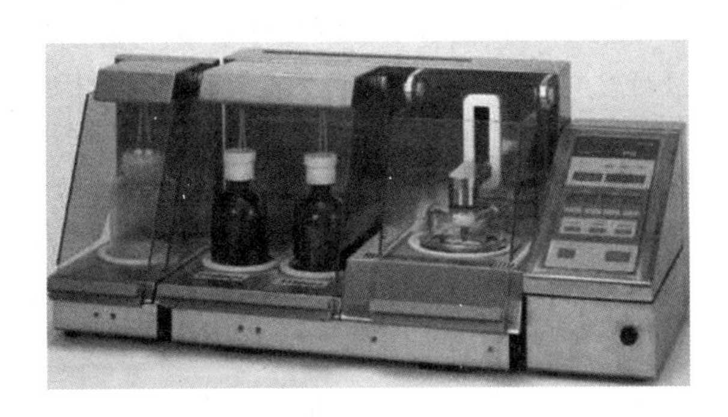

图 14.3　商用 PS101 Jet Etch

图 14.4　Jet Etch 开封芯片表面 SEM 影像

(3) 等离子体刻蚀开封法(Plasma decapsulation)：利用氧等离子体去除有机环氧树脂密封料。离子体刻蚀，又称干法刻蚀，是分析实验室必备样品制备组装置之一。等离子体刻蚀开封法适用于所有塑封器件，反应表面较化学湿法开封干净，选择比高、对芯片腐蚀小；但反应速度慢，相对于化学开封的以分钟为单位，氧等离子体刻蚀则以小时为单位。实际运用时常加 CF4 以增加反应速率 (e. g. 70% CF4+30% $O_2$)。当刻蚀接近芯片表面时，改用氧等离子体，以防 CF4 腐蚀金线和芯片的钝化层。

(4) 热机械开封(thermomechanical decapsulation)：通过磨、撬、加热等方法，主要针对金属封装的器件或失效机理是污染物或腐蚀相关。热机械开封不经历化学反应，有效保护铝垫 bond pad 原始现场，保证了后续化学元素分析和表面分析结果的可信度，适用于失效机理是污染物或腐蚀相关的分析案例。但此法会导致塑封器件金线断裂或金球(gold ball)脱落，破坏器件的电学性能完整性，易造成芯片断裂，对操作员经验、技巧依赖性极高。

(5) 激光辅助开封(laser assisted decapsulation)：随着封装技术的发展和尺寸小型化要求，尤其 CSP 封装的出现和广泛应用，现有开封技术精确度很难达到要求。激光辅助开封的精准性在一定程度上满足了上述要求。UV 激光辅助开封对有机物的去除能力强、平整性好，但环氧树脂塑封料中常含一定量的填充物，对开封的平整性产生负面影响，同时，价格较为昂贵。

### 14.2.3　失效定位技术

半导体器件和电路制造技术飞速发展，器件特征尺寸不断下降，而集成度不断上升。这两方面的变化都给失效缺陷定位和失效机理的分析带来巨大的挑战。由于集成电路的高集成度，每芯片的元件数高达几十万到几千万，甚至上亿。找到失效部位并进行该部位的失效机理分析是一项十分困难的任务，必须发展失效定位技术。失效定位技术包括电测技术、无损失效分析技术、信号寻迹技术、二次效应技术、样品制备技术。

电测试的主要目的是重现失效现象、确定器件的失效模式和大致的失效部位。电测可分为连接性测试、参数测试和功能测试，所用仪器包括万用表、图示仪和 IC 自动测试系统。

信号寻迹技术主要用于芯片级失效定位，采用该技术必须打开封装，暴露芯片，对芯片进行电激励，使其处于工作状态，然后对芯片内部节点进行电压和波形测试，通过比较好坏芯片的电压或波形进行失效定位,也可对测试波形与正常样品的波形进行比较。信号寻迹技术主要采用机械探针和电子束探针(电子束测试系统)。

现代失效分析实验室常用的失效定位技术,多为二次效应失效定位技术,对芯片上短路、高阻或漏电部位引起的发热点或发光点进行检测并确定失效部位,该类技术主要包括芯片级的热、光子及电子(electrical)相关的技术,常用的有光发射显微技术(EMMI/XIVA)、OBIRCH/TIVA、液晶热点检测等,是保证现代IC失效分析成功率的关键所在,也是本节的重点。同时,为Sub-IC level,具体线路或更进一步的晶体管层面的失效定位技术,如电压衬度定位技术和纳米探针定位技术提供了有针对的方向。在成功的失效定位基础上,展开有针对性后续破坏性分析,利用SEM、FIB、TEM等判断该处的失效原因,如介质中针孔或金属电迁移等。

#### 14.2.3.1 热点检测失效定位

热点是芯片最容易失效的部位,也是芯片最常见的失效模式之一。热点检测是芯片级失效定位的有效手段。报道的热点检测技术有红外显微分析,液晶检测技术和Fluorescent Microthermal Imaging。

(1) 红外显微分析:红外显微镜采用近红外(波长在0.75~3μm)辐射源做光源,并用红外变像管(photovoltaic type detector that is sensitive in the IR wavelengths)成像的红外显微镜分析技术。红外显微分析测量温度的原理是被测物体发射的辐射能的强度峰值所对应的波长与温度有关,用红外探头逐点测量物体表面各单元发射的辐射能峰值的波长,通过计算机换算成各点的温度值。新型红外显微分析或称红外热像仪,采用同时测量样品表面各点温度的方式来实现温度分布的探测。

显微红外热像仪利用显微镜技术将发自样品表面各点的热辐射(远红外区)汇聚至红外焦平面阵列检测器,并变换成多路点信号,再由显示器形成伪彩色的图像,根据图像的颜色分布来显示样品各点的温度分布。锗、硅等半导体材料(包括薄的金属层)对近红外辐射基本是透明的,利用红外显微镜可直接观察半导体器件和集成电路的金属化缺陷、位错和PN结表面缺陷、芯片裂纹以及利用反射红外光观察芯片与管座的焊接情况。随着倒置封装技术的发展,为红外显微镜的背面缺陷定位提供了新的舞台。红外显微系统对多器件封装、线路板、芯片封装等能通过微小面积高精度非接触测温定位,但对空间分辨率要求不高的失效模式特别有用。

红外显微分析的最大优点就在于它与被检测器件不需要物理接触,对器件也不存在负载的影响,而且应用简便、快速,在通常条件下,被测器件无须通电。但其最佳空间分辨率约5μm,对小尺寸深亚微米技术芯片级失效分析,其精准度受限于空间分辨率,不能满足芯片失效定位的需求。

(2) 液晶检测技术:液晶在一百多年前就有记载,是一种既具有液体的流动性,又具有晶体各向异性的物质,其较各向同性的液体有序,相对于固态晶体,液晶分子内部及分子间具有较高的流动性。在芯片失效分析中常用的液晶在常温下呈向列相(nematic phase),液晶分子沿一定的优先方向排列。当它受热而温度高于某一临界温度$T_c$(相变温度)时,液晶分子呈各向同性排列,变成各向同性的液体,而且相变是可逆的。利用液晶的这一特点,可以在正交偏振光下观察液晶的相变点而检测热点。

实验时,把约5~7μm的液晶,用注射器针头(syringe needle)或剪成尖角的滤纸

(microwipe tissue)将液晶均匀地涂在清洁的芯片表面(正交偏振光显微镜下呈彩虹色),然后把芯片粘贴在样品台上并加偏置。这时应控制样品台的温度,使芯片的温度低于临界温度并接近临界温度(只要缺陷的温度稍微增加就会超过临界温度),再施加合理的偏置条件以激励失效部位。有的文献报道,除了样品台加热外,也使用另外的照明系统以到达非常高的温度敏感性(temperature sensitivity),如图 14.5 所示。液晶失效定位时,除了上述装置和设定,为了提高液晶检测的灵敏度,常加一低频脉冲偏置,脉冲电流使正交偏光下观察到的液晶相变点呈现闪烁(blinking effect)效果,脉冲波的占空比(duty cycle) 起到控制每一周期的热能(heating)和闪烁点(热点)大小的作用。

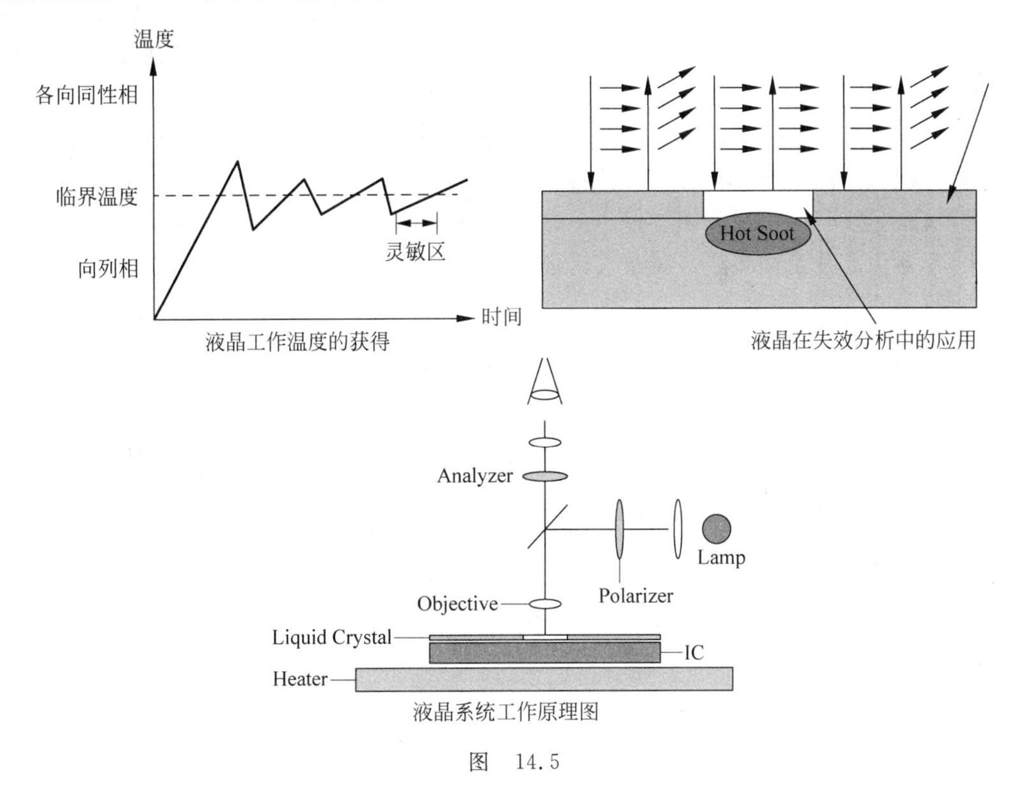


图　14.5

液晶定位技术是 0.35μm 及以上制程十分有效的失效定位手法,广泛用于静电损伤失效(electrostatic discharge failures)、栅氧化层与时间相关的介质击穿(TDDB)、晶频(Metal Whiskers)和工艺引起的短路漏电流增大甚至断路等失效。

液晶热点检测技术是一种快速、便宜的分析方法。除了芯片表面清洁外,不需复杂的样品制备。空间分辨率和热分辨率较高,目前已分别达到 1μm 和 3μW,但是液晶热点检测技术是正面失效定位方法。随着 IC 朝深亚微米尺寸发展,器件工作电压不断下降,金属互连层增加到 8～9 层,甚至 10 层,引起芯片失效的热点的能量越来越小,底层金属或前段制程缺陷产生的热点也变得微弱,经过多层金属的热扩散,到达芯片表面的热点常低于液晶的检测灵敏度,使液晶检测技术在深亚微米制程失效分析中的应用受到限制。另外,引起失效的热点不能太靠近大电流处(large sources of heat),因为高能耗热点会掩盖真正的缺陷引起的热点。液晶检测技术对 CMOS 器件较为敏感,TTL 器件因其能耗较大,液晶检测技术的应用受到限制。

### 14.2.3.2 电子束相关技术

**1. 光发射显微技术**

半导体器件和电路制造技术飞速发展,器件特征尺寸不断下降,而集成度不断上升。这两方面的变化都给失效缺陷定位和失效机理的分析带来巨大的挑战。而光发射显微技术(PEM)作为一种新型的高分辨率微观缺陷定位技术,能够迅速准确地进行芯片级失效缺陷定位,因而在器件失效分析中得到广泛使用。典型PEM系统 如图14.6所示,由光学显微镜、光子探测系统和图像信息处理系统组成。当通电工作状态下的MOS器件发生介质击穿、热载流子注入、PN结反向漏电以及CMOS电路发生闩锁效应时,因电子空穴对复合能产生微光。这些光子流通过收集和光增益放大,再经过CCD光电转换和图像处理,得到一张发光像,将发光像和器件表面的光学反射像叠加,就能对失效点和缺陷进行定位。常见的正面光反射(front side PEM)指光子透过相对透明的介质层,通过金属布线间介质层或沿着金属布线从芯片正面出射。如果使用红外或近红外光作为反射像的光源,由于硅对红外、近红外波段的透明性,可以倒扣放置芯片,使光源从芯片背面入射获得反射像。而发光像从背面出射,避免芯片正面多层金属布线结构的吸收和反射,从而可以实现从芯片背面进行失效点定位(back side PEM)。

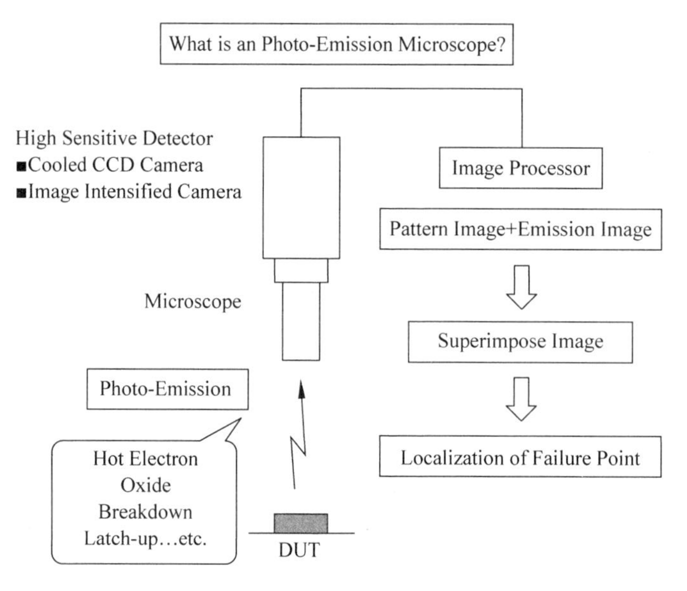


图14.6 PEM系统工作原理图

微光探头是PEM系统核心部件,是系统探测灵敏度的决定因素。

在深亚微米技术领域,随着设计规则(design rule)及工作电压(supply voltage)的逐渐减小,微弱或小尺寸的缺陷亦能引起器件失效,使失效定位面临越来越大的挑战。PEM系统的探测灵敏度成为成功定位的关键参数。遗憾的是,到目前为止,还没有效的定量评估PEM系统探测灵敏度的方法。

PEM探测灵敏度取决于波长、微光探头灵敏度、光学系统的精准度及噪声(常指系统本身固有的寄生热噪音)等。图14.7为三种代表性商用微光探头:CCD、MCT和InGaAs探头量子效率同波长关系图。

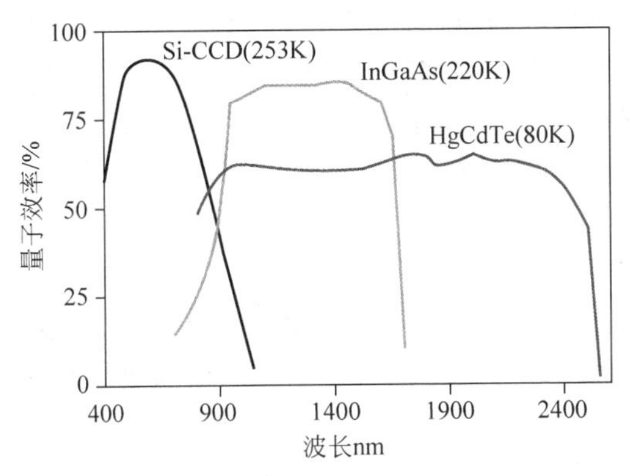

图 14.7　Beams 2000 型 EMMI 机台，拥有 CDD 和 MCT 双探头复合模式和热红外模式 EMMI 平台

Si-CCD 是商用 PEM 系统传统的微光探头，工作原理是 Si 的光子吸收作用，同光的透明性是互补效应。由于硅对红外、近红外波段的透明性，Si-CCD 探头本身并不适合背面分析，其量子效率(quantum efficiency)在波长 1100nm 以外急剧衰减，因此 Si-CCD 探头主要适用于波长为 400～1100nm 可见光波段及近红外光波段的光子探测。

深亚微米技术领域，随着物理尺寸和工作电压的逐渐减小，失效点在电应力作用下产生的载流子跃迁导致光辐射，其相应的波长往往在近红外甚至远红外波段。重掺杂的衬底引起的窄禁带效应及其对自由载离子的吸收，进一步减弱光子的传输。在此情况下，CCD 探头原本覆盖的一小部分近红外波段，又被进一步衰减。因此，现代的 PEM 系统，除了传统的 Si-CCD 探头，常配备另一宽禁带宽度的 MCT(HgCdTe, cadmium mercury telluride)或 InGaAs 探头，组成双探头系统，这个系统在侦测传统的光电子发射失效上灵敏度更高，覆盖光谱从 CCD 探头的可见光区域延伸到 2100nm 波长的红外波，这样也可以用来探测某些具有欧姆特性的缺陷。现代光辐射显微镜的最小电流探测能力可达 1nA，空间分辨率约 1μm。随着 MCT 和 InGaAs 探头的发展和推广，背面 PEM 分析和某些具有欧姆特性的失效定位已经成为可能。

PEM 在 IC 失效分析中的应用包括以下几方面。

1) PEM 用于缺陷检测

Shade 把器件失效情况和发光情况的联系分为四类，如表 14.1 所示。

**表 14.1　器件失效与发光的联系**

<table>
<tr><td rowspan="7">(A) F-PE 场加速载流子散射发光</td><td rowspan="5">Space Charge Region 空间电荷区</td><td>Reverse Biased junction 反偏 PN 结</td></tr>
<tr><td>Silicon leakage currents 硅基漏电</td></tr>
<tr><td>Saturated MOS Transistors 饱和状态的 MDS 管</td></tr>
<tr><td>ESD protection breakdown ESD 保护击穿</td></tr>
<tr><td>Bipolar transistor 双极三极管</td></tr>
<tr><td>Locally high current 局部高电流</td><td>GOX-defects/-leakage GOX 缺陷/漏电</td></tr>
<tr><td>Fowler-Mordheim current F-N 电流</td><td>GOX leakage current GOX 漏电流</td></tr>
<tr><td rowspan="3">(B) R-PE 电子-空穴对辐射复合发光</td><td rowspan="3">E-H-Recombination 电子-空穴对复合</td><td>Forward biased junction 正向偏压结</td></tr>
<tr><td>Bipolar transistors 双极晶体管</td></tr>
<tr><td>Latch up 闩锁失效引起的发光</td></tr>
</table>

代表缺陷的发光有两种发光机制，一种是场加速载流子散射发光(F-PE)，由于反偏 PN

结对外加较大电压时，空间电荷区的电场较强，多数与反偏PN结相关的效应都有这种发光机制；二是电子空穴对辐射复合发光(R-PE)，如CMOS电路中的闩锁失效引起的发光，发生闩锁时，两个寄生晶体管的发射结都正偏，寄生晶体管中流过很大的电流，从而产生发光，这时的结电流主要是耗尽区中注入载流子的复合。器件失效分析中大多数发光点来源于反偏结相关的效应。

2) PEM用于定位热载流子引起的失效

热载流子是MOS管漏端附近在强电场作用下具有很高能量的导带电子或价带空穴，热载流子可以通过多种机制注入MOS管的栅氧化层中，主要有沟道热电子在漏端附近发生碰撞电离获得足够的垂直方向上的动量而进入到栅氧化层的沟道热电子注入以及漏端附近碰撞离化和雪崩倍增产生的热电子和热空穴注入的漏雪崩热载流子注入。注入栅氧化层的热载流子可以在氧化层中产生陷阱电荷，在器件的硅-二氧化硅界面产电界面态，从而导致器件性能退化，如阈值电压的漂移、跨导和驱动电流能力下降、亚阈值电流增加。工作在饱和区的MOSFET热载流子发光机制，主要有热载流子对漏区电离杂质的库仑场中的轫致辐射和电子与空穴的复合发光或以上两种机制的综合。利用PEM，可以对热载流子注入区域定位，研究热载流子注入和发光机制，分析器件失效原因。正常偏置条件下(饱和区)发光像和反射像叠加。可以观察到发光点，表示对栅和漏端发生了异常热载流子注入。

PEM方法快速、简便而有效，具有准确、直观和重复再现的优点。正面PEM分析，除了暴露芯片表面外，无须特别样品制备。在合理的偏置条件下，对样品没有破坏性，不需真空环境，可以方便地施加各种静态或动态的电应力等。但随着芯片正面多层金属布线结构对电致光辐射的吸收和反射，正面PEM定位的成功率急剧下降，如埋层PN结、漏电失效点位于大块金属下方等。在深亚微米技术时代，绝大多数产品级的PEM定位需要背面分析，使样品制备，即暴露芯片背面但保持样品电学性能完整性成为不可或缺的一个环节，PEM定位不再快速、简便。倒置封装器件，背面PEM定位成为唯一的选择。此外，PEM分析时，被测器件或失效线路常需处于失效状态时的激励状态，对复杂的产品级失效，分析实验室探针测试较难完全模拟器件失效状态。此外，欧姆特性短路、金属互连短路、表面反型层和扩散电阻等缺陷产生的光辐射波长不在可见光波范畴或信号太弱。最后，PEM探测的发光点并不一定是真正的失效点，而是一些结构由于所加偏置条件或设计等引起。此外，器件的功能异常使芯片内部某些节点处于特定的导致发光状态，在此情况下，发光点同失效点不一定重合，对后续破坏性物理分析的成功增加了很大的挑战性。分析时不仅要观察发光点处有无异常，还要有针对性地了解与亮点相关的内部线路，比如前级线路输出异常，导致后级线路的输入电平异常，使晶体管处于饱和状态而产生亮点。有鉴于此，在相同偏置条件下，好坏样品发光点比对，是光辐射显微技术定位的一个判断有效亮点的原则之一。常见无效亮点产生情况(即artifacts)有：饱和状态下的双极型晶体管(Saturated bipolar transistors)，模拟电路中饱和状态下的金属场效应晶体管(MOSFETs Saturated analog MOSFETs)，二极管处于正向导通状态(Forward biased diodes)。

**2. 电压衬度(voltage contract PVC)**

电压衬度是以SEM的电子束或FIB的离子束作为探针的定位技术，对不可见缺陷能够实现地址的准确定位，缩短失效分析的时间，是集成电路失效分析实验室应用最广泛的非接触式检测样品内部节点表面电势的技术。该方法已广泛应用于集成电路内部线路或晶体管层次的失效定位，尤其在深亚微米技术领域。PVC 是扫描电镜的一项基本应用，也是另外一种有效的失效分析工具，结合离子束切割技术，对集成电路进行失效分析。

Voltage Contract 利用 SEM 的电子束或 FIB 的离子束与固体样品相互作用后产生的二次电子受样品表面电势高低影响，来调制样品表面二次电子的发射，将样品表面形貌衬度和电压衬度叠加在一起，产生明暗对比比较明显的衬度像的一种技术。将它与集成电路电学特性结合起来，根据电路中金属互联层和半导体器件单元上的不同电势，能够对半导体芯片进行失效地址定位和失效机制分析。被动电压衬度 PVC 是利用 SEM 电子束或 FIB 的离子束为探针，不同于常规外加偏置，故称为被动电压衬度。有关 PVC、SEM 和 FIB 的原理、在 IC 失效分析中的应用将在微分析技术章节加以详细介绍[17]。

### 14.2.3.3　扫描光学显微方法

扫描光学显微方法(Scanning Optical Microscopy，SOM)是 IC 失效定位另一种常用及有效的方法，业界因设备制造商的不同，同一类型的设备有不同的名称，但其基本原理是共通的，这些技术利用波长为 1064nm 或 1340nm 的雷射扫描芯片正面或背面。1064nm 的雷射激发出电子-空穴对，常称为光束诱发电压调变(Light Induced Voltage Alternation，LIVA)；1340nm 的雷射激发的能量，则被芯片以热的形式吸收，被吸收的能量引起被扫描处特征阻值的变化，常称为光速诱发电阻变化(Infrared Optical Beam Induced Resistance Change，OBIRCH)。

**1. LIVA**

当波长为 1064nm 雷射扫描并照射 IC 表面时，因其波长比硅的禁带宽度(1100nm)略低，其光子能量略大于硅的带隙，发生本征吸收，价带电子将被激发至导带，同时在价带中形成空穴，在芯片中激发出电子-空穴对，非平衡的电子和空穴可越过禁带发生辐射复合或通过禁带中的局域态发生辐射复合，并形成非平衡的电流，绘出影像。雷射照射在缺陷处可产生高于常态 3～4 个数量级的 LIVA 光子流，此法是给定电流，量测相应的电压调变，较适合来做有 PN 接面特性的定位。如连接到 PN 结的金属互连开路和某些缺陷本身能增强电子-空穴对复合，产生较强的 LIVA 信号。LIVA 定位技术灵敏度高，空间分辨率可达 $< 0.75\mu m$，样品制备简单，同 PEM 类似。但因为芯片级产品的复杂性，虽然 LIVA 影像/亮点表示该处存在高于周边的电子-空穴复合产生的光子流，真正引起失效的位置和 LIVA 亮点不一定吻合，失效分析员对所分析产品的设计和版图及物理原理均要有足够的了解。

**2. OBIRCH/XIVA**

新型的发光显微镜配有 OBIRCH 新功能。图 14.8 是 OBIRCH 的原理图，利用波长为 1340nm 的雷射扫描芯片的正面或背面，检测器件电压/阻值或者电流的变化；雷射激发的能量以热的形式被芯片特征吸收，引起温度变化，温度变化又间接引起特征阻值的变化。如果特征阻值的改变引起整个器件的电压、阻抗或电流变化，这个变化在电学上容易检测得到，所以雷射注入技术探测的重点区域是要在这个区域有阻抗的变化。如果互连线中存在缺陷或者空洞，这些区域附近的热量传导不同于其他的完整区域，将引起局部温度变化，从而引起电阻值改变 $\Delta R$，如果对互连线施加恒定电压，则表现为电流变化 $\Delta I=(\Delta R/V)I^2$，通过此关系，将热引起的电阻变化和电流变化联系起来。将电流变化的大小与所成像的像素亮度对应，像素的位置和电流发生变化时雷射扫描到的位置相对应。这样，就可以产生OBIRCH像来定位缺陷。

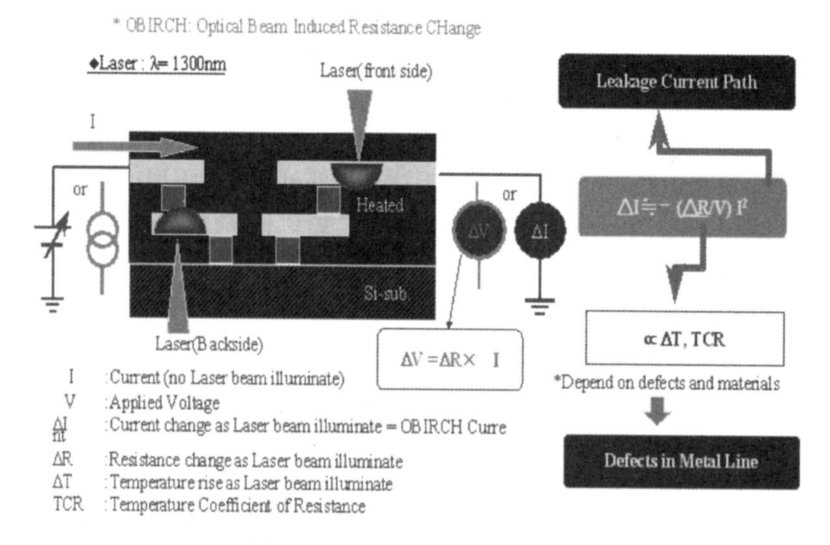


图 14.8 OBIRCH 的工作原理图

OBIRCH 等雷射技术利用红外波段波长 1.3μm 的雷射扫描芯片的正面或背面，因 Si 衬底对红外波段光的透明性，不会在 Si 衬底激发出电子-空穴对。雷射激发的能量以热的形式被芯片特征吸收，被吸收的能量引起特征阻值的变化。因此，常用于后段金属互连线的短路、开路、金属层间接触孔的接触不良引起的阻值飘高等失效问题的诊断，是一个非常实用的手段。对铜制程产品金属互连线的短路，虽然有定位不如铝制程准确的报道，但对通孔接触不良相关失效定位仍然非常有效实用。OBIRCH 等雷射技术也可以用于制程前段器件欧姆特性失效模式的问题，如 ESD 测试失效，ESD 保护电路中的器件常常损伤严重，IV 曲线呈欧姆特性，OBIRCH 技术常被用来定位这一类失效。

同 PEM 和其他定位技术一样，OBIRCH 也存在局限性，如：

(1) 大部分 OBIRCH 等雷射技术系统只适用于 DC 静态失效分析，引起失效的缺陷如果不和电源或地相连，如信号(signal)，OBIRCH 分析时所加偏置不易激励失效线路。

(2) 芯片正面多层金属布线结构，特别是大尺寸金属互连线，对 OBIRCH 探测的热点有热耗散(heat dissipation)作用，降低探测灵敏度。

(3) 使用雷射注入技术主要的关注是在雷射横向扫描芯片时引起温度的上升，温度上升太少探测不到缺陷，温度上升太多会造成芯片的损伤，人为地破坏芯片。

(4) 同 PEM 类似，OBIRCH 探测的热点，不一定是真正的失效位置，而是一些结构由于所加偏置条件或设计等引起。作为产品级失效定位手段时，在相同偏置条件下，建议通过好坏样品相比较，从中找出有效热点，找到失效机理。

**3. OBIRCH/XIVA 案例分析**

(1) OBIRCH/XIVA 用于探测漏电通路。OBIRCH 常用于芯片内部高阻抗及低阻抗分析。线路漏电路径分析。利用 OBIRCH 方法，可以有效地对电路中缺陷定位，如金属互连线条中的空洞、通孔下的空洞，通孔底部高阻区等；也能有效地检测短路或漏电，是发光显微技术的有力补充。某一电路系统失效，由于系统复杂，其他方法未能确认出失效原因，利用 OBIRCH 方法找到了失效机理。图 14.9 是某一电路系统局部的 OBIRCH 图。图 14.9(a)是 OBIRCH 定位到芯片内部某一电路系统失效位置，箭头所指的红、绿点表示芯片内部在这块区域出现高阻抗和低阻抗；绿线条表示芯片内部某一电路系统通电流路径，晶片内部线路漏电路径分析图。OBIRCH 分析偏置条件为电压＝0.51V，电流＝2.72mA。图 14.9(b)是 OBIRCH 定位到芯片内部某一电路系统失效位置，箭头所指表示芯片内部在这块区域出现高阻抗和低阻抗；晶片内高阻抗及低阻抗分析。OBIRCH 分析测试条件为电压 0.10V，电流 0.408mA。

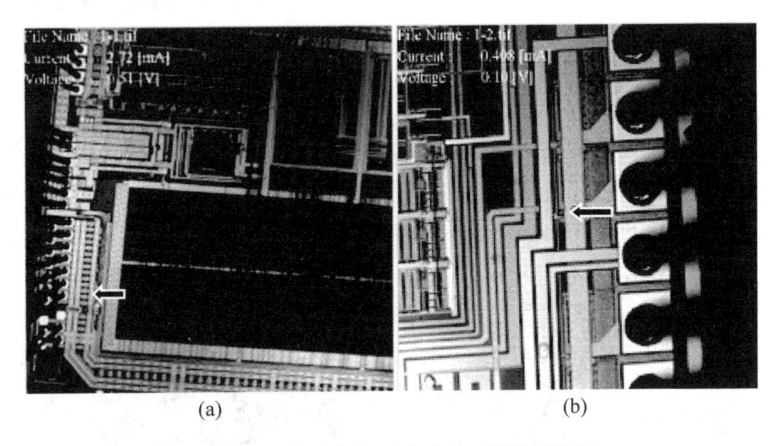


图 14.9　某一电路系统局部 OBIRCH 图

(2) OBIRCH 雷射注入技术在 90nm 制程失效分析中的运用。以 Si-CCD 探头为代表的光反射显微镜不能用来探测短路、欧姆特性的缺陷；进入到 0.35μm～0.18μm 铝互连制程，由于工作电压降低，图形的密度越来越高以及功耗的减少，液晶技术对欧姆特性的缺陷应用已经变得不再有效，OBIRCH/XIVA 等雷射技术对先进的铝互连的欧姆特性缺陷变得非常普遍，也可以探测到接触不良的缺陷。图 14.10 是日本 HAMAMATSU 公司的 PHEMOS 1000 型 EMMI/OBIRCH 机台。

(3) 接触孔缺陷类型的案例：对于金属层之间的接触孔缺陷类型的失效，这种失效常常表现为由于缺陷引起测试结构的阻值偏高，但又没有断开；对于 0.35μm～0.18μm 铝互连制程中的这类缺陷，OBIRCH 雷射侦测技术一直都非常实用；进入铜互连技术制程后，OBIRCH 雷射侦测技术对这类缺陷的诊断同样实用。

下面是一个失效的 Via Chain 结构，由 1200 个 Via 与上下层小段铜金属线组成链状的导线，结构的阻值比正常的高出 10 倍左右；正常阻值为 0～10 Ohm/Via 范围，该失效结构测得的阻值为 100Ohm/Via 左右。

图 14.11 是 OBIRCH 侦测到的热点，测试条件为电压 1V，测得电流 15μA，热点在结构图形的边缘位置；同样，根据 OBIRCH 探测到热点位置，利用 FIB 和 TEM 机台的物理分析手段找到引起 Via Chain 结构的阻值偏高的原因。

图 14.10　日本 HAMAMATSU 公司 OBIRCH 缺陷定位分析机台

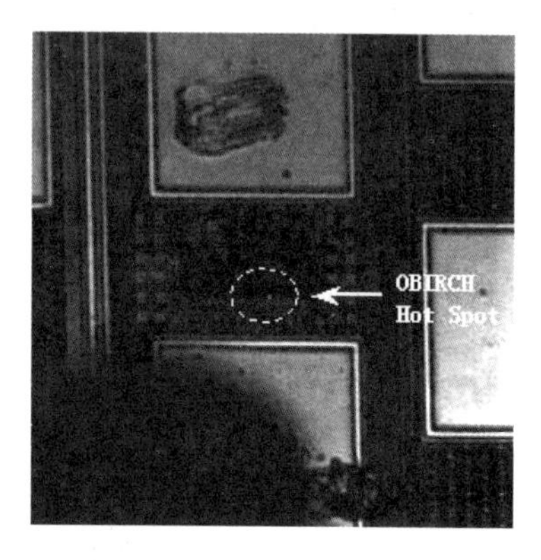


图 14.11　运用 OBIRCH 探测到失效位置上的热点

图 14.12 给出了在 OBIRCH 热点区域处找到的缺陷，其中：图 14.12(a)热点位置的 TEM 图片，下层铜金属与 Via 的界面处缺陷很明显，连接不良；下层铜的保护层氮化硅也有破洞；图 14.12(b)放大的 TEM 图片，更清楚地看出 Via 与下层铜的界面接触不好。

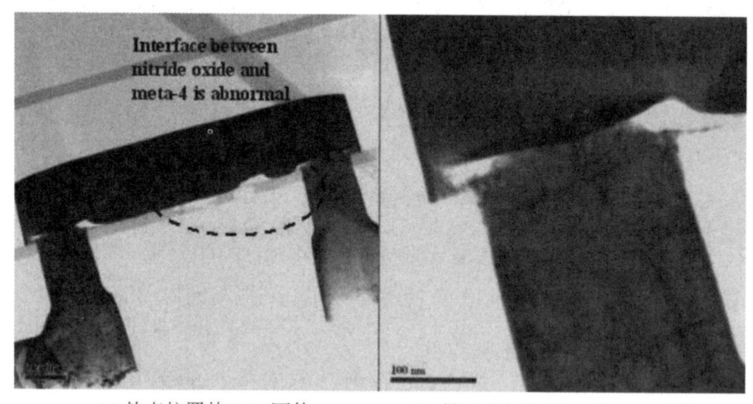


(a) 热点位置的TEM图片　　(b) 是Via界面处放大的TEM图片

图　14.12

(4) 芯片 IO(输入输出)ESD 保护电路失效案例：对于芯片失效分析，器件失效常常采用背面的 PEM 来诊断失效点；但并不是所有的器件失效都能通过 PEM(CCD)来诊断出失效的位置；当器件失效表现为欧姆特性时，也常常利用背面的 OBIRCH 雷射技术或 PEM(MCT)来诊断，前面已经叙述 PEM(MCT)在前段器件失效的应用；这里介绍 OBIRCH 雷射技术应用在 90nm 芯片器件失效的例子。下面的案例是我们公司自己设计的 90nm IO 芯片，在评估 ESD 保护电路测试时失效，表现为 Pin2 在 ESD HBM(人体模式)在 2.5kV 时漏电流超标失效，规范要求 4kV 以上；图 14.13 显示 OBIRCH 雷射技术诊断出的失效位置，热点在 Pin2 自身的 ESD 保护电路内；根据热点的位置，按照 PFA 程序，最后发现在热点区域，ESD 的保护电路烧毁，两个 PN 二极管之间横向交界处击穿，Guard Ring 都被烧毁(见图 14.14)。

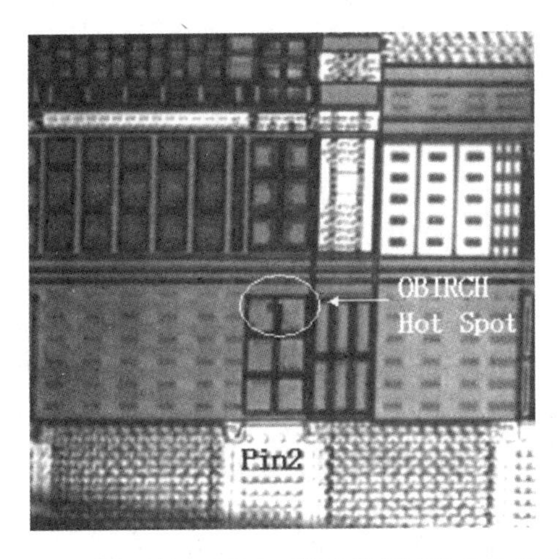


图 14.13　运用背面的 OBIRCH 技术探测到失效位置上的热点

(a) 显示在OBIRCH热点区域处找到的缺陷

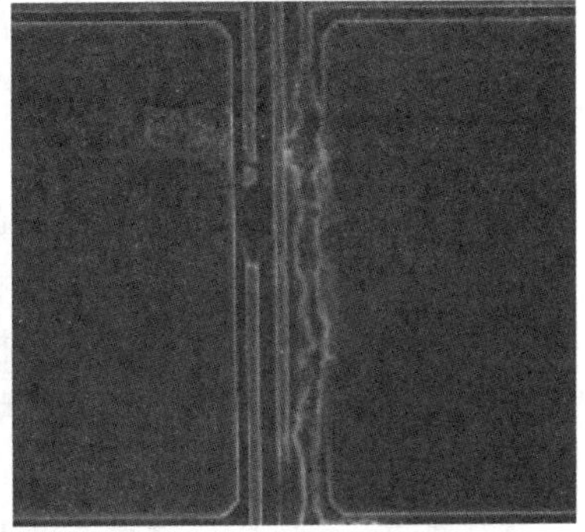

(b) 放大图片显示在OBIRCH热点区域处找到的缺陷

图 14.14　SEM 图片

**4. 小结**

OBIRCH 等雷射技术常用于后段金属互连线的短路，金属层间接触孔的接触不良引起的阻值高等失效问题的诊断；在之前的铝互连技术制程中，这种诊断技术非常成熟，非常实用，特别是针对金属层间接触孔类的缺陷诊断；在铜互连技术制程中，从实验中看出，对于同层金属互连线的短路，采用 OBIRCH 等雷射技术诊断不是很有效，对于真正失效点的探测不够精确，但 OBIRCH 对于金属层间接触孔类的缺陷还是一个非常好用的手段。OBIRCH 等雷射技术也可以用于制程前段器件欧姆特性失效模式的问题，如 ESD 测试失效，ESD 保护电路中的器件常常伤得很严重，呈欧姆特性，OBIRCH 雷射技术常被用来定位这一类失效。

### 14.2.3.4　纳米探针技术

随着半导体制程的不断发展，越来越多造成器件失效的原因已经不再是外来的杂质微粒或可见制程缺陷，而是那些不容易被发现的微弱的内在缺陷，如栅氧化层的击穿、衬底缺陷、离子注入计量些微或统计意义上的波动等。传统失效分析方法，如芯片级失效定位加破坏性的逐层剥离、SEM/FIB 电压的衬度定位，SEM 观察、FIB 定点切割，甚至平面 TEM 分析等,也无法有效找到失效机理,发现失效原因。纳米探针是一种新发展起来的先进的失效分析和探测仪器,通过纳米级别探针测量,可以探测芯片内部微小的结构,使得失效定位迈入了晶体管级。在现代失效分析实验室,纳米探针已成为深亚微米制程的产品级失效分析必备的日常分析手段。

纳米探针的种类按照使用平台来分可以分为基于原子力显微镜(AFM)的原子力探针显微镜和基于扫描电子显微镜(SEM)的扫描电子探针显微镜。

原子力显微镜是用来研究包括绝缘体在内的固体材料表面结构的分析仪器。它通过检测待测样品表面和一个微型力敏感组件之间的极微弱的原子间相互作用力来研究物质的表面结构及性质。将对微弱力极端敏感的微悬臂的一端固定,另一端的微小针尖接近样品,这时它将与其相互作用,作用力将使得微悬臂发生形变或运动状态发生变化。扫描样品时,利用传感器检测这些变化,就可获得作用力分布信息,从而以纳米级分辨率获得表面结构信息。它主要由带针尖的微悬臂、微悬臂运动检测装置、监控其运动的反馈回路、使样品进行扫描的压电陶瓷扫描仪件、计算机控制的图像采集、显示及处理系统组成。微悬臂运动可用如隧道电流检测等电学方法或光束偏转法、干涉法等光学方法检测,当针尖与样品充分接近相互之间存在短程相互斥力时,检测该斥力可获得表面原子级分辨图像,一般情况下分辨率也在纳米级水平。

基于原子力显微镜的纳米探针技术,就是在传统的原子力显微镜基础上,添加由多根探针和精密的电学测试机相连接所组成的电学测量系统。它利用原子力显微镜原理获得被检测样品的表面原子级的分辨图像,再通过计算机控制和计算把探针移动到我们所需要测量的位置,根据设定的测试参数获取样品的电学特性参数。

基于原子力显微镜的纳米探针突出的优点是测量程序的自动化和快速的测量速度。由于系统主要是由计算机辅助控制,只需要相应的指令和程序,便可以自动获得所需要的测试结果。但是原子力显微镜对于样品表面的平整度有着很高的要求,这就对样品制备要求严格。原子力显微镜在测量过程中所显示的图像非实时图像,如果存在样品的抖动和偏移就会造成测量位置的偏差。另外基于原子力显微镜的纳米探针造价也非常昂贵,使用成本较高。

另一种纳米探针系统是基于扫描电子显微镜(SEM)。不同于用光学显微镜作为观测设备的传统探针台,它是利用扫描电子显微镜作为观测设备。纳米探针平台使用的探针的针尖尺寸非常微小,通常可以达到50nm,因此可以用来测量非常微小的结构,而传统的探针针尖从0.6μm~几微米不等,通常只能通过铝垫对芯片进行电学测试。

基于扫描电子显微镜的纳米探针系统是把扫描电子显微镜的基座换成了一个由若干探针所构成的探针基座,基座上的探针与外界的电性测试机相连,组成了一个完整的测量系统。探针基座上的探针通过电动马达和压电陶瓷完成粗调和细调。按照对探针操作的自动化程度来分,基于扫描电子显微镜的纳米探针系统又可以分为手动、半自动。手动系统通常由4~6根探针所组成,而半自动系统有多达8根探针,可以完成更为复杂的测试,当然价格也更为昂贵。

图14.15~图14.19分别显示原子力扫描镜原理示意图和探针示意图、基于扫描电子显微镜的Zyvex KZ100 SEM纳米探针系统外观及扫描电子显微镜图及其最常见应用:测量SRAM单比特中晶体管特性曲线。基于扫描电子显微镜的纳米探针在失效分析中的实际应用,请参阅本章最后的案例分析三。

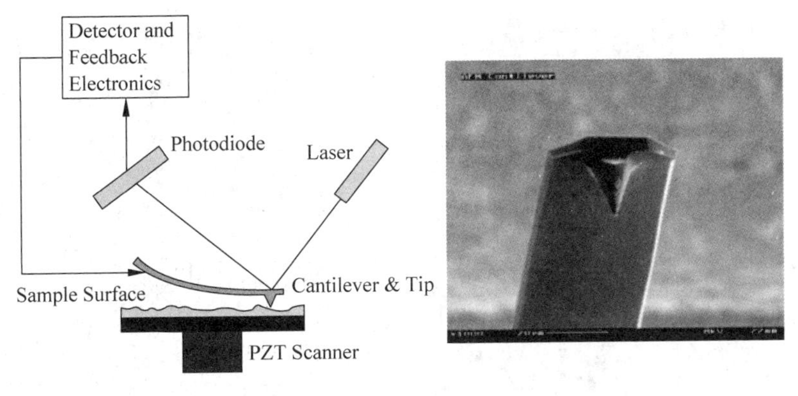


图 14.15　原子力扫描镜原理和探针示意图

图 14.16　Zyvex KZ100 SEM 纳米探针系统

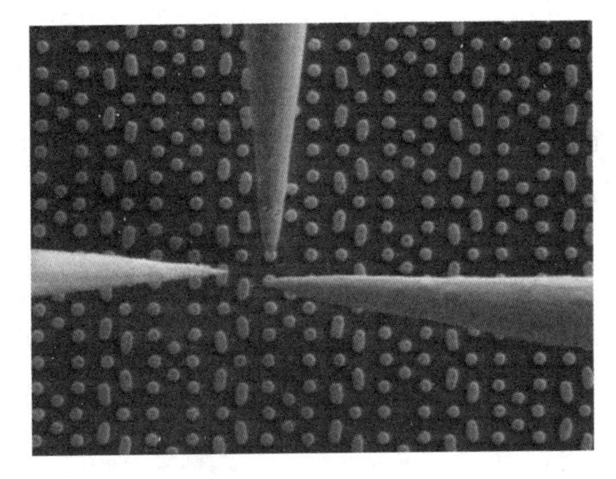

图 14.17　SEM 纳米探针系统和探针测量

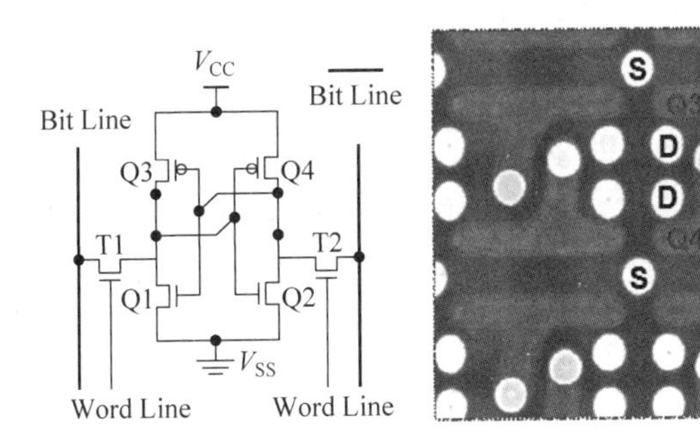


图 14.18　SRAM 结构原理和真实单元示意图

## 14.2.4　样品制备技术

有选择地进行剥层分析，称为样品制备过程。由于半导体器件封装材料和多层布线结构的不透明性，对大部分失效分析问题，必须采用解剖分析技术，实现芯片表面和内部的可观察性和可探测性。IC 失效分析样品制备技术主要包括开封、去钝化层、去层间介质、去金属或多晶硅等。为观察芯片内部缺陷，经常需要采用剖切面技术和染色技术。

(1) 去钝化层技术：主要有化学方法和等离子体刻蚀或反应离子刻蚀去钝化层。化学

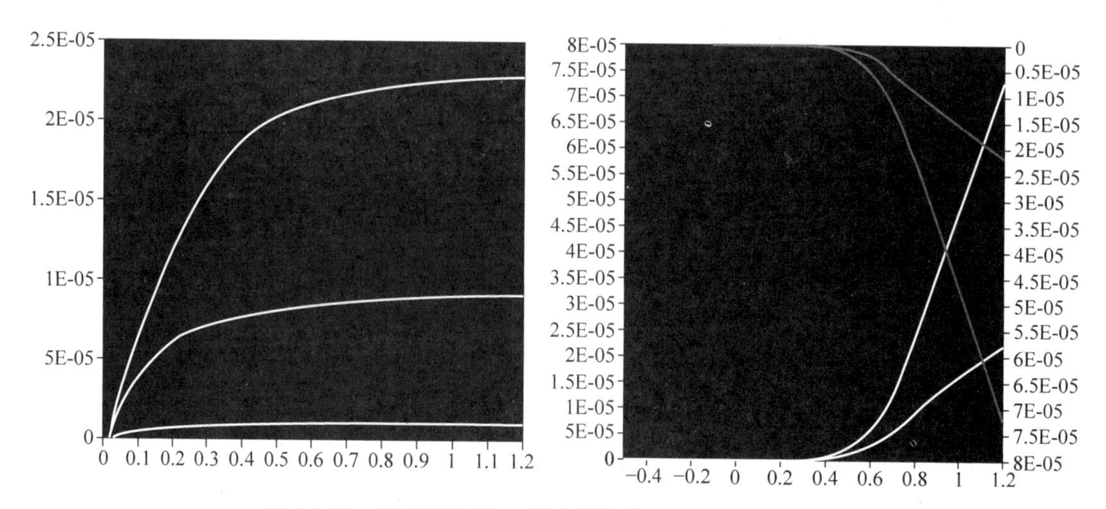


图 14.19 SRAM/NMOS 输出特性曲线和转移特性曲线

方法简单,缺点是缺乏材料选择性和各向同性腐蚀;反应离子刻蚀法具有一定的材料选择性和各向异性腐蚀,分析实验室多用反应气体为 $CF_4+O_2$,去除钝化层和层间介质。

(2) 为成功到达失效位置,时常需要去除金属化层,或各种介质层。剖切面技术、研磨和抛光及染色技术等,许多文献中均有详尽的报道。

(3) 聚焦离子束(FIB),特别是现代 IC 失效分析实验室必备的双束 FIB,因其具有定点切割和同步扫描电镜观察,金属、介质沉积功能和增强刻蚀功能,广泛用于透射电镜样品制备,在线缺陷观察,线路修补和光刻修补。

反应离子刻蚀机(RIE)用于去钝化层和介质层以实现多层金属化布线结构芯片的可观察性和可测性。

反应离子刻蚀技术是等离子体刻蚀技术和溅射刻蚀技术的合成,同时具有材料的选择性和方向性。反应离子刻蚀是在一定反应腔室中进行的,反应离子刻蚀的反应室工作压强较小约 10mbar,用于增加等离子体的平均自由程和加强刻蚀的方向性。当腔室压力达到设定压力时,向反应腔室注反应气体,有足够的射频功率(RIE 的射频频率为 13.56MHz,用以产生强大的电场)作用在上下电极之间,反应腔室形成等离子体。等离子体包括了自由基、带电离子和电子。由于电场力的作用,在腔室的下电极和上电极之间形成了负电势差,这时自由基打到样品表面就产生腐蚀过程,而带电离子打到样品表面就产生轰击作用,这样就大大加快了刻蚀的速率。

## 14.2.5 微分析技术

确定失效原因的物理分析(PFA),通常需要包含样品制备和观测两部分。在失效分析时,常需一系列、不止一次的样品制备、观察,直到引起失效的缺陷显现并被确证为止。最常用的样品制备技术,剥层和剖面,FIB 定点切割在前面章节已有详细介绍。观察技术,则是利用一些不同的显微镜,即微分析技术来完成的。

微分析技术系指利用一系列技术/原理,分析那些超过人眼分辨率的微小物理尺寸的物体的表面形貌、元素含量与形态的技术。在集成电路失效分析中,常用的微分析技术有以光子束作为入射束的光学显微镜、X 射线光电子能谱,以电子束为入射束的扫描电子显微镜、透射电子显微镜、俄歇电子能谱和 X 射线微分析技术，以离子束为入射束的聚焦离子束(FIB)、二次离子质谱以及扫描探针技术，如扫描隧道显微镜、原子力显微镜、扫描电容显微镜、扫描热显微镜、扫描近场显微镜和原子力探针等。

微分析技术在集成电路失效诊断及材料表征中都起着不可或缺的作用，是分析实验室最基本也是应用最广的设备之一。

虽然各类文献中报道的微分析技术种类及名称繁多，但是所有的微分析技术的物理原理和设备的主要成分/部件却是类似的。光学显微镜有着悠久的历史，在生物、医学、工业、研究均有广泛的应用。1925 年德国物理学家德布罗意提出物质微观粒子的波动论后，用电子聚焦成像的学科(电子光学)便得到迅速发展。根据物质的波粒二向性，利用电子、离子或光子(可视为一次粒子)入射束入射到固体样品表面上，利用入射束与样品相互作用，激发出二次粒子，同样有电子、离子或光子等二次粒子出射。如二次电子、背散射电子、俄歇电子和二次离子等，也可以同时产生特征 X 射线和韧致辐射，并激发出阴极荧光等。这些带有样品表面信息的出射粒子经相应的探测器接收、分析、即可得到样品的图像(形貌)和谱(组分)。

**1. 光学显微镜**

光学显微镜因其操作简单、图像直观的特性，广泛用于集成电路的观测(inspection)。随着物理尺寸和缺陷尺寸的缩小，对观测设备的高分辨率要求的提高，扫描电子显微镜(SEM)逐渐代替光学显微镜成为主要观察工具。但最终，扫描电镜，其分辨率也不能满足深亚微米技术某些关键尺寸/结构要求，因此 透射电子显微镜及扫描探针技术的应用变得越来越广。

表面为曲面的玻璃或其他透明材料制成的光学透镜可以使物体放大成像，光学显微镜就是利用这一原理，把人眼所不能分辨的近处的微小物体放大到人眼足以观察的尺寸。

光学显微镜一般由聚光照明系统、物镜，目镜(光学系统)载物台、调焦机构(机械系统)和照相系统组成。聚光照明系统主要由光源和聚光镜构成，光源即能发射光波的物体，光源产生的光束(常为可见光，紫外线/UV，和深紫外线/DUV)经聚光镜作用后使其集中到置于载物台上样品的被观察部分。被观察物体位于物镜前方(离开物镜的距离大于物镜的焦距，但小于两倍物镜焦距)，物镜是实现第一级放大的镜头，物体经物镜放大后成一倒立实像，在显微镜的设计上，将此像落在目镜的一倍焦距之内，使物镜所放大的第一次像(中间像)，又被目镜再一次放大，最终在目镜的物方(中间像的同侧)、人眼的明视距离(250mm)处形成放大的直立(相对中间像而言)虚像，人眼看到的就是虚像。在观测时，利用调焦旋钮使载物台作粗调和微调的升降运动，使被观察物体调焦清晰成像。

物镜是显微镜中对成像质量优劣起决定性作用的光学元件。一般物镜的最大放大倍数为 160x 或 200x；目镜放大倍数为 10x，因此，显微镜最大放大倍数为 1600x 或 2000x。人眼在自然状态下的分辨能力约为 0.25μm，则显微镜的最大分辨能力为 0.16μm 或 0.13μm。显而易见，显微镜的分辨极限已经不能满足深亚微米 IC 结构分析对分辨率的要求。

**2. 扫描电镜**

扫描电子显微镜(简称扫描电镜)是集成电路失效分析中主要的观测仪器，是 20 世纪 80 年代发展起来的一种精密的大型电子光学显微镜。SEM 的分辨率，如日立公司的商用冷场发射电子显微镜,加速电压为15kV时,可达1.5nm;S-5200,加速电压为30千伏时,可达0.5nm。

1) 扫描电镜工作原理和构造

如图14.20所示,扫描电镜由电子光学系统、信号收集及显示系统、真空系统和电源系统组成。扫描电镜基本原理同光学显微镜类似,不过在扫描电镜中入射束由电子束替代光波,用电磁透镜系统代替光学玻璃透镜。扫描电镜工作原理(见图14.21)是由电子枪(阴极)发出的电子束,经栅极聚焦后,在加速电压作用下,经过几个电磁透镜所组成的电子光学系统聚焦并用孔径限束之后,形成聚焦良好的直径为几纳米的电子束。在扫描线圈磁场的作用下,入射到样品表面,并在样品表面按一定的时间-空间顺序作光栅式二维逐点扫描。高能电子束和固体样品表面互相作用时,约99%以上的入射电子能量将转变成热能,其余约1%的入射电子能量,将从样品中激发出各种有用的物理信息,它们包括二次电子、背散

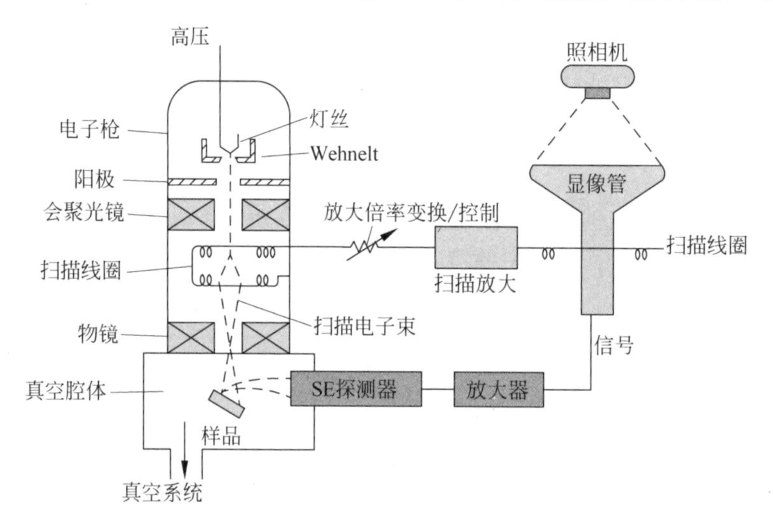


图14.20 SEM剖面图

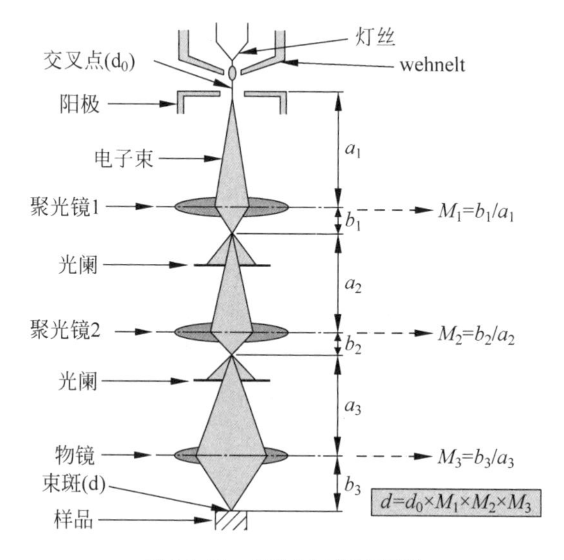


图14.21 SEM工作原理图

射电子、透射电子、特征 X 射线、俄歇电子、阴极荧光等，如图 14.22 所示。信号的强度取决于试样表面的形貌、电势、受激区域的成分和晶体取向。这些信号经过分别检测器接收、放大并转换成调制信号，最后在显像管上显示反映样品表面各种特征的图像。由于显像管中的电子束和镜筒中的电子束是同步扫描的，显像管上各点的亮度是由试样上各点激发出的电子信号强度来调制的，即由试样表面上任一点所收集来的信号强度与显像管屏上相应点亮度之间是一一对应的。因此，试样各点状态不同，显像管各点相应的亮度也必不同，由此得到的图像是试样状态的反映。扫描电镜不用透镜放大成像，而是用类似电视或摄像的方式成像。

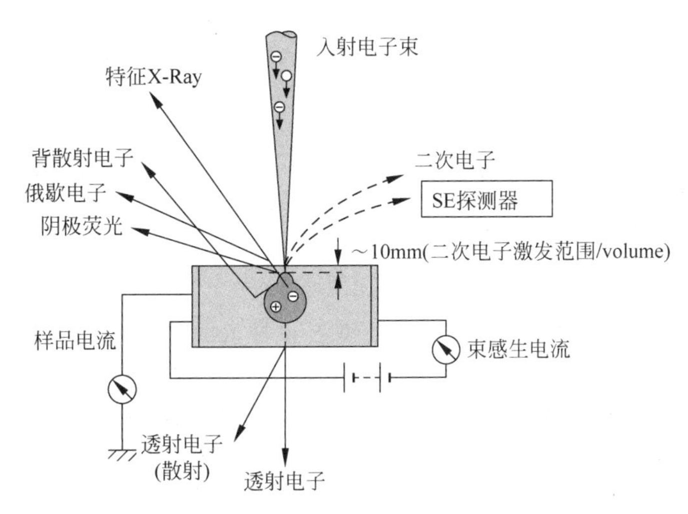


图 14.22　SEM 中高能量电子束在固体表面入射时，电子和固体样品发生互作用的示意图

2）扫描电子显微镜的几种电子像分析

前面介绍了具有高能量的入射电子束与固体样品的原子核及核外电子发生作用后，可产生多种物理信号：二次电子、背散射电子、吸收电子、俄歇电子、特征 X 射线等，扫描电镜最常使用的是二次电子信号和背散射电子信号，前者用于显示表面形貌衬度，后者用于显示原子序数衬度。下面分别介绍利用这些物理信号进行电子成像的机制和模式。

（1）二次电子：二次电子成像是扫描电镜像中应用最普遍的成像机制。二次电子指被入射电子轰击出来并逸出样品表面的核外电子，它来自距样品表面 5～10nm 深度范围，能量为 0～50eV。二次电子对样品表面形貌十分敏感，能有效地显示试样表面的微观形貌。由于它发自样品表层，入射电子还没有被多次反射，因此产生二次电子的面积与入射电子的照射面积没有多大区别，所以二次电子的分辨率较高。扫描电镜的分辨率一般就是二次电子分辨率。

二次电子产额随原子序数的变化不大，它主要取决于表面形貌。在二次电子发射过程中，二次电子的数目与原电子数目的比值称为二次电子产额，主要与入射电子能量、入射电子入射角、材料的逸出功以及表面粗糙度有关。图 14.23 为二次电子产额与入射电子能量的关系，由图可见，入射电子能量 $E$ 较低时，随束能增加二次电子产额 $\delta$ 增加，而在高束能区，$\delta$ 随 $E$ 增加而逐渐降低。这是因为当电子能量开始增加时，激发出来的二次电子数量自然要增加，同时，电子进入到试样内部的深度增加，深部区域产生的低能二次电子在像表面运动过程中被吸收。由于这两种因素的影响入射电子能量与$\delta$之间的曲线上出现极大值，这就是说，在低能区，电子能量的增加主要提供更多的二次电子激发，高能区主要是增加入射电子的穿透深度。在图中可以发现，当能量介于$E_1$和$E_2$之间，二次电子产额$\delta>1$。

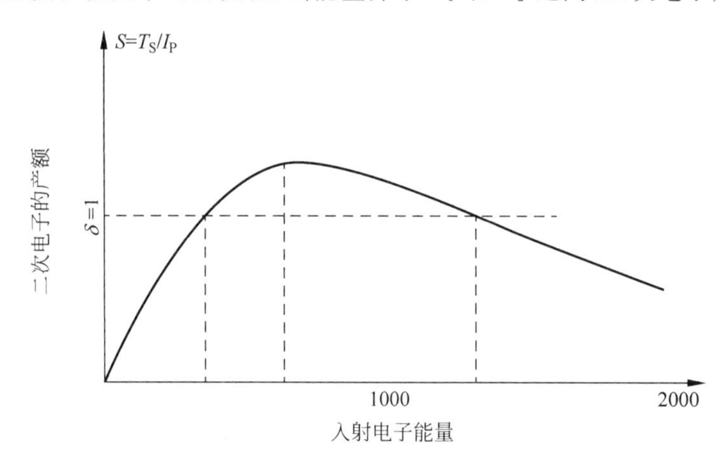


图14.23 二次电子产额与入射电子能量关系

除了与入射能量有关外，$\delta$还与二次电子束与试样表面法向夹角有关，三者之间满足以下关系：$\delta\propto 1/\cos\theta$。可见，入射电子束与试样夹角越大，二次电子产额也越大。这是因为随$\theta$角的增加入射电子束在样品表层范围内运动的总轨迹增长，引起价电子电离的机会增多，产生二次电子数量就增加；其次是随着$\theta$角增大，入射电子束作用体积更靠近表面层，作用体积内产生的大量自由电子离开表层的机会增多，从而二次电子的产额增大。

二次电子像衬度：电子像的明暗程度取决于电子束的强弱，当两个区域中的电子强度不同时将出现图像的明暗差异，这种差异就是衬度。影响二次电子像衬度的因素较多，主要有表面凹凸引起的形貌衬度(质量衬度)，样品表面电位差引起的电压衬度(VC)，原子序数/不同材料差别引起的成分衬度。通常，二次电子对原子序数的变化不敏感。

(2) 背散射电子：被固体样品原子反弹回来的一部分入射电子，它来自样品表层几百纳米的深度范围，其能量大大高于二次电子能量，所以背散射电子图像的空间分辨率比二次电子信号差。背散射电子包括弹性背散射电子和非弹性背散射电子，弹性背散射电子是指被样品中原子核反弹回来的，散射角大于90°的那些入射电子，其能量基本上没有变化(能量为数千到数万电子伏)，弹性背散射电子能量近似于入射电子能量；非弹性背散射电子是入射电子和核外电子撞击后产生的，不仅能量变化，而且方向也发生变化，非弹性背散射电子的能量范围很宽，从数十电子伏到数千电子伏。从数量上看，弹性背散射电子远比非弹性背散射电子所占的份额多。对平整的样品表面，背散射电子产额随原子序数的增加而增加，不仅能用作形貌分析，也可用来显示原子序数衬度。

入射电子束与固体样品作用产生物理信号的能量和数目如图14.24所示。

(3) 特征X射线：样品中原子受入射电子激发后，原子就会处于能量较高的激发状态，此时外层电子将向内层跃迁以填补内层电子的空缺，在能级跃迁过程中直接释放的具有特征能量和波长的一种电磁波辐射，即特征X射线，其发射深度可达几个微米范围。特征X射线展成谱的方法：是X射线能量色散谱方法(Energy Dispersive X-ray Spectroscopy，EDS)，作为扫描电镜的附件，广泛用于微区元素成分分析。EDS的分辨率约为150eV。

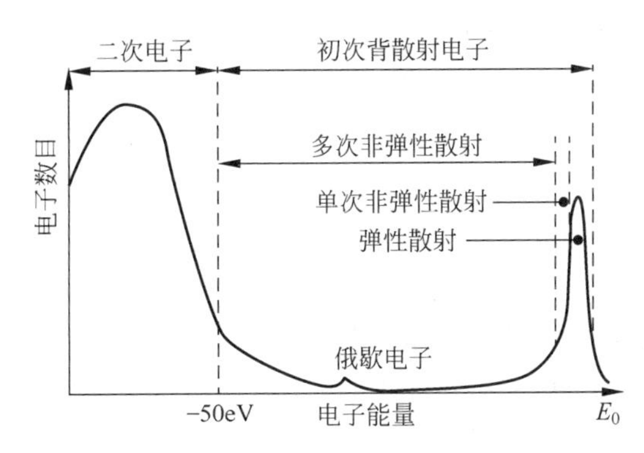


图 14.24　入射电子束与固体样品作用产生物理信号的能量和数图

(4) 俄歇电子：原子内层电子能级跃迁过程中释放出来的能量不是以 X 射线的形式释放而是用该能量将核外另一电子发射出去(或使空位层的外层电子发射出去)，脱离原子变为二次电子，这个被电离出来的电子称为俄歇电子。因每一种原子都有自己特定的壳层能量，所以它们的俄歇电子能量也各有特征值，能量在 50～1500eV 范围内。俄歇电子是从试样表面极有限的几个原子层中发出的，所以俄歇电子信号适用于表层化学成分分析。

(5) 吸收电子：入射电子对样品扫描时，除了发射二次电子和背散射电子等信息，一部分电子(在样品内部深处产生的不能逸出的二次电子和背散射电子)经多次非弹性散射，能量损失殆尽(假定样品有足够的厚度没有透射电子产生) 被复合所吸收，成为吸收电流信号，这个信号在正常情况下通过载物台接地，若吸收电流用于向电流放大器提供电流，则被放大的信号便可用来产生主要依赖于被扫描区域电导率的信号，可用在分析样品上存在导电路径或在没有外部偏置电路的情况下确定样品表面上材料的电导率以及用来观察 PN 结的结区位置、形状和尺寸等的束感生电流像(ERIC)。

(6) 透射电子：如果被分析的样品很薄，就会有一部分入射电子穿过薄样品而成为透射电子。透射电子显微镜(TEM) 工作原理是基于透过样品的透射电子带有反映样品特征的信息，经物镜形成一次放大电子图像，再经中间镜和投影镜进一步放大后，在荧光屏上得到最后的电子显微图像。

扫描电子显微镜的一个非常突出的优点是具有较大的聚焦深度(景深)，在相同放大倍率时，扫描电镜的景深比光学显微镜高 300 倍以上。正因为扫描电镜有上述优点，它能够清楚地观察表面十分粗糙的样品，并且样品制备简单，可以对样品的任何细微结构及其他表面特性放大十几万倍进行观察和分析。相较于光学显微镜，具有景深范围大；相较于透射电子显微镜，具有样品制备方便，可扫描观测面积范围大等优点。已成为集成电路失效分析必不可少的、强有力的日常工具。

3) Voltage Contrast 电压衬度

以 SEM 的电子束作为探针的 SEM 电势衬度定位技术，在失效定位技术中我们已经做了简单介绍。利用 SEM 的电子束与固体样品互作用后所产生二次电子的产额受样品表面电势高低影响，来调制样品表面的二次电子的发射。将样品表面形貌衬度和电压衬度叠加在一起，产生明暗对比比较明显的衬度像的一种技术。当具有一定能量的电子发射到半导体样品表面时，样品表面会有二次电子发射出来，并且产生一定的电势，这个电势的大小依赖于二次电子产额 $\delta$，$\delta$ 等于二次电子数目与入射电子数目之比。当 $\delta<1$ 时，表面电势为

负；当$\delta>1$时，表面电势为正。在MOS(金属半导体氧化物)器件中，接触孔根据它们处在多晶硅栅极、NMOS有源区和PMOS有源区的位置不同，在电压衬度图像中呈现不同亮度。其等效电路如图14.25所示，当表面电势为正时，栅极上的接触孔由于受到中间栅氧化层的隔离，和衬底是绝缘的，只有接触孔表面少量二次电子发射出去，因此看到的接触孔的电压衬度图像很暗。在PMOS有源区上的接触空孔，由于P型有源区和N阱之间构成的PN结正偏导通，接触孔上的电势被拉低，所以N阱里的大量电子很容易被吸引到样品表面上来，成为二次电子发射出去，大量二次电子被探测装置收集到，因此接触孔在SEM中的电压衬度图像是明亮的。当接触孔在NMOS上时，N型有源区和P阱之间构成的PN结反偏，所以接触孔上的表面势保持较高的水平，接触孔在SEM中的电压衬度图像就显得比较暗。所以PVC技术可以结合版图信息帮助判断接触孔所接触的器件类型，发亮的接触孔下面往往是PMOS，而发暗的接触孔下面多为NMOS。同理，PVC技术在金属互连线断裂或通孔接触不良导致的失效定位，在铝制程和铜制程工艺中都有非常成功的应用。

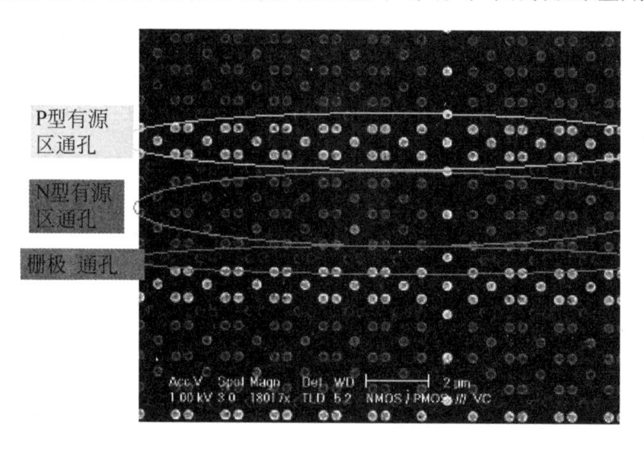


图14.25 SEM电压衬度像

**3. 透射电子显微镜(TEM)**

TEM是所有微分析技术中具有最高分辨率的技术，已成为深亚微米尺寸时代分析实验室必不可少的日常分析、观测工具。以FEI T20场发射透射电镜为例，目前商用透射电镜的三个主要指标如下为：①加速电压：200kV。常用TEM的加速电压在200～40kV范围内。②分辨率：点分辨率＝0.248nm；线分辨率＝0.102nm。③放大倍率：现代TEM的最大放大倍率在一百万倍左右。

1) 工作原理和构造

TEM的工作原理和普通光学显微镜类似，是依照阿贝成像原理工作的。TEM使用电子束代替光波，用电磁透镜代替光学玻璃透镜。其基本工作原理是由电子枪发射的电子束，经高压加速和汇聚透镜的作用，聚焦于样品表面，由于透射电镜样品厚度通常<1000Å，透过样品的透射电子带有反映样品特征的信息，经物镜形成一次放大电子图像，再经中间镜和投影镜进一步放大后，在荧光屏上得到最后的电子显微图像。电镜总放大倍数$M_{总}$，等于成像系统各个透镜放大倍数的乘积，即$M_{总}=M_{物}*M_{中间}*M_{投影}$。由于电子波长极短，同时与物质作用遵从布拉格(Bragg)方程，产生衍射现象，使得透射电镜自身在具有高的像分辨本领的同时兼有结构分析的功能。

透射电子显微镜构造如图 14.26 所示，与光学显微镜相似，其构造大致可以分为三部分：电子光学系统、真空系统和电子学控制部分，其中，电子光学部分是电镜的核心，真空和电子学控制部分为其辅助系统。另外，许多高性能的电镜上还装备有扫描附件、能谱议、电子能量损失谱等仪器。

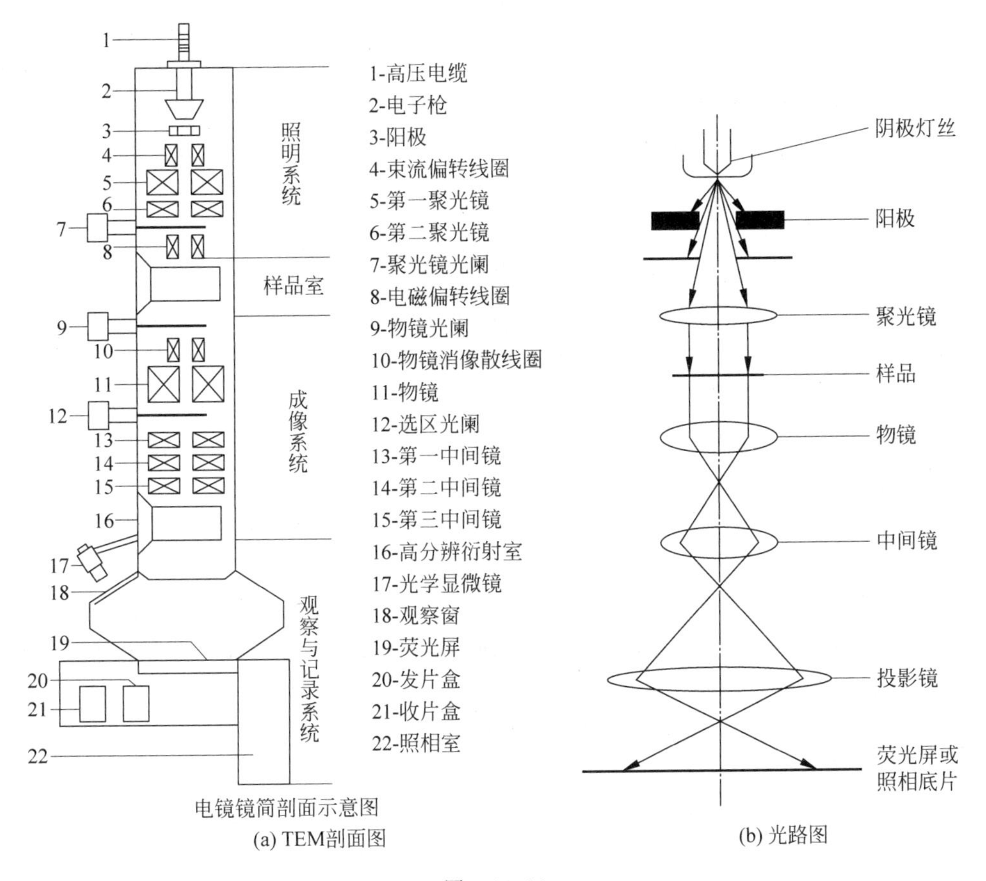


(a) TEM剖面图　　(b) 光路图

图　14.26

(1) 电子光学部分。通常称为镜筒，是透射电子显微镜的核心，它又可以分为照明系统、成像系统和观察照相室三部分[18]。

照明系统分成两部分，即电子枪和聚光镜(1～2 级，现代高性能 TEM 多为 2～3 级)，它们为成像系统提供一个高亮度、小尺寸的照明光斑，照射在样品上。电子枪由灯丝(阴极)、控制栅级(通常称为韦氏筒，Wehnete)和阳极组成。加热灯丝发射电子束；在阳极加电压，电子加速；阳极与阴极间的电位差为总的加速电压，经加速而具有能量的电子从阳极板的孔中射出，射出的电子束能量与加速电压有关；栅极起控制电子束形状和电子束电流大小、调节像的亮度的作用。

由于电子之间的斥力和阳极小孔的发散作用，电子束穿过阳极小孔后，又逐渐变粗，射到试样上仍然过大。聚光镜的作用是把电子束汇聚到样品表面上，通过调节中孔径角，改变照明亮度和光斑尺寸。总而言之，照明部分的作用是提供亮度高、相干性好、束流稳定的照明电子束。

成像系统主要包括物镜、中间镜(1～2个)和投影镜(1～2个)以及其他电子光学部件。经过会聚镜得到的平行电子束照射到样品上，穿过样品后就带有反映样品特征的信息，经物镜形成一次放大电子图像，再经中间镜和投影镜进一步放大后，在荧光屏上得到最后的电子显微图像。

同光学显微镜类似，物镜是透射电镜最重要的部分，电镜的分辨率主要由物镜性能决定。物镜是强励磁短焦距透镜，它的作用是形成样品的一次放大像及衍射谱。要求物镜有尽可能高的分辨率和高的放大倍数，而各种像差(如球差、色差和像差)要尽可能小。在物镜的后焦面附近安装有物镜光阑，用来遮挡大角度的非弹性电子，降低球差和色差，提高像的衬度；选择后焦面上晶体样品的透射束或衍射束成像，可以获得亮场或暗场像等，这在观察电子衍射时有重要意义。

中间镜是一个弱励磁长焦距的弱透镜，放大倍数在0～20倍之间可变，其作用是把物镜形成的一次放大像或衍射谱，投射到投影镜的物平面上，再由投影镜放大到荧光屏上。用改变中间镜的放大倍率，来控制电镜总的放大倍数。投影镜和物镜类似，也是一个强励磁短焦距透镜，其作用是把经中间镜形成的二次中间像或衍射谱放大到荧光屏上，形成最终的放大的电子显微像及衍射谱。

在投影镜以下是像的观察和记录系统。

(2) 真空系统。真空系统由机械泵、油扩散泵、离子泵、真空测量仪表及真空管道组成，目前高级系统还配有涡轮分子泵，它的作用是排除镜筒内气体，使镜筒真空度至少要在$10^{-5}$托以上，目前最好的真空度可以达到$10^{-10}\sim10^{-9}$托。如果真空度低的话，电子与气体分子之间的碰撞会引起散射而影响衬度，还会使电子栅极与阳极间高压电离导致极间放电，残余的气体还会腐蚀灯丝，污染样品。

(3) 供电控制系统。加速电压和透镜磁电流不稳定将会产生严重的色差及降低电镜的分辨本领，所以加速电压和透镜电流的稳定度是衡量电镜性能好坏的一个重要标准。透射电镜的电路主要由高压直流电源、透镜励磁电源、偏转器线圈电源、电子枪灯丝加热电源以及真空系统控制电路、真空泵电源、照相驱动装置及自动曝光电路等组成。

2) 透射电子显微镜的几种电子像分析

像衬度是图像上不同区域间明暗程度的差别。由于图像上不同区域间存在明暗程度的差别即衬度的存在，才使得我们能观察到各种具体的图像。在分析TEM图像时，亮和暗的差别(即衬度，又称反差)到底与样品的什么特性有关，这点对解释图像非常重要。

透射电镜的成像衬度分为质厚衬度、衍射衬度和相位衬度，下面分别介绍：

(1) 质厚衬度：非晶样品透射电子显微图像衬度是由于样品不同微区间存在的原子序数或厚度的差异而形成的，即质量厚度衬度(质量厚度定义为试样下表面单位面积以上柱体中的质量)，也叫质厚衬度。质量厚度数值较大的，对电子的吸收散射作用强，使电子散射到光栏以外的较多，对应较暗的衬度。质量厚度数值小的，对应较亮的衬度。

(2) 衍射衬度：衍射衬度是由晶体满足布拉格反射条件程度不同而形成的衍射强度差异，这种衬度对晶体结构和取向十分敏感，当试样中某处含有晶体缺陷时，意味着该处相对于周围完整晶体发生了微小的取向变化，导致缺陷处和周围完整晶体具有不同的衍射条件，将缺陷显示出来。可见，这种衬度对缺陷也是敏感的。基于这一点，衍衬技术被广泛应用于研究晶体缺陷。

(3) 相位衬度：衍射束和透射束或衍射束和衍射束由于物质的传递引起的波的相位的差别而形成的衬度。当样品薄至 100nm 以下时，电子可以传过样品，波的振幅变化可以忽略，成像来自于相位的变化。

3) TEM 样品制备

透射电子显微镜在材料科学、生物学上应用较多。由于电子易散射或被物体吸收，故穿透力低，样品的密度、厚度等都会影响到最后的成像质量，所以用透射电子显微镜观察时样品需要处理得很薄，通常为 50～100nm。样品的一般制备方法有：粉碎方法、电解减薄方法、机械研磨减薄方法、化学减薄方法、超薄切片方法、离子减薄方法、聚焦离子束方法和真空蒸涂方法。

在芯片级失效分析实验室，透射电镜样品制备最常用的是机械研磨和离子轰击减薄法。样品用机械研磨到足够薄的厚度时，再佐以离子减薄技术作进一步的减薄和表面清洁。在 FIB 没问世及广泛应用前，TEM 由于其昂贵的价格和极其困难的定点试样制备技术，限制了 TEM 在 IC 失效分析中的应用。随着商用 FIB，尤其是场发射双束 FIB 的问世，FIB 方法被广泛用于透射电镜样品制备、尤其对定点失效样品的制备起着革命性的推动作用。随着集成电路向深亚微米尺寸发展，某些关键尺寸，已经精确到纳米甚至几埃，SEM 的分辨率已经不能满足超细微结构特征描述要求，TEM 已经成为现代 IC 失效分析实验室的日常观测工具。遗憾的是，聚焦离子束轰击样品表面对样品表面造成的不可避免的损伤，离子损伤引起的薄膜试样表面非晶化，减弱 TEM 观察时的衬度。现在先进的低加速电压 FIB，加速电压从常规的 30kV 可调到 5kV。深亚微米先进制程中引入的低介电常数、多孔介质，在 TEM 制样时，尤其容易受到离子损伤，低加速电压 FIB 的问世，极大地缓解了这一问题。

**4. 聚焦离子束**

1) 聚焦离子束工作原理和构造

FIB 系统主要由离子源、离子光学系统、二次粒子探测器、真空系统和辅助气体系统组成。商用机型有单束(single beam)和双束(dual beam，离子束＋电子束)两类。目前商用系统的离子源为液相金属离子源(Liquid Metal Lon Source，LMIS)，金属材质为镓(Gallium，Ga)，因为镓元素具有低熔点、低蒸气压及良好的抗氧化力。离子光学系统主要包括聚焦成像的静电透镜系统、束对中器、消像散器、质量分析器和束偏转器等。辅助气体系统指在 FIB 中通入不同种类的辅助气体，可以实现以下两种主要的用途：①辅助气体刻蚀：通入某些反应气体，如 Cl2、I2、Br2 等，就能改变靶材表面的束缚能，或者直接与靶材表面起化学反应，从而大大提高离子束的溅射产额。②诱导沉积：根据要求沉积的材料不同，选择不同的诱导气体，如 W(CO)6、WF6、Al(CH3)3 等。诱导气体以单分子层的形式吸附在固体材料表面，入射离子束的轰击致使吸附气体分子分解，将金属材料留在固体表面。商用 FIB 系统常用的气体辅助气体沉积导体如钨或白金，在 IC 失效分析中主要用于金属线连接、测试键生长。

FIB 的原理与 SEM 相似，主要差别在于 FIB 使用离子束作为入射源，FIB 的外加电场作用于液态金属离子源，使液态金属或合金形成细小尖端，再加上负电场牵引尖端的技术或合金，导出离子束，通过静电透镜聚焦，经过一连串可变化孔径改变离子束大小，然后用质量分析器筛选出所要的离子种类，最后通过八极偏转装置及物镜将离子束聚焦在样品上并扫描，离子束轰击样品，产生二次电子和离子被收集作为影像的来源，或用物理碰撞来实现切割[17]。而离子束比电子具有更大的电量及质量，当其入射到固态样品上时会造成一连串的撞击及能量传递，且在样品表面发生气化、离子化等现象，并溅出中性原子、离子、电子及电磁波，收集离子束轰击样品产生的二次电子和二次离子，获得聚焦离子束显微图像。因此，FIB系统亦可视为利用静电透镜将离子束聚焦成非常小尺寸的显微切割仪器，离子束喷溅与有机气体协作则可完成导体沉积。双束FIB系统，在以离子束切割时，用电子束观察影像，除了可避免离子束继续“破坏现场”外，尚可有效地提高影像分辨率。商用场发射双束聚焦离子束系统，如FEI Dual-beam 835，其扫描电镜分辨率可达3nm。同时也可配备X-光能谱分析仪或(二次离子质谱仪)，作元素分析之用，多样化的分析功能使得聚焦离子束显微镜的便利性及使用率大幅提升。

2）聚焦离子束显微镜的基本功能

(1) 定点切割(precisional cutting)：利用离子的物理碰撞来达到切割的目的。广泛应用于集成电路(IC)和LCD的Cross Section加工和分析。

(2) 选择性材料蒸镀(selective deposition)：以离子束的能量分解有机金属蒸气或气相绝缘材料，在局部区域作导体或非导体的沉积，可提供金属和氧化层的沉积(metal and TEOS deposition)，常见的金属沉积有铂(Platinum，Pt)和钨(Tungstun，W)二种，应用于线路修补、设计纠错等。

(3) 强化性刻蚀或选择性刻蚀(enhanced etching-iodine/selective etching-XeF2)：辅以腐蚀性气体，加速切割的效率或线路修补时做选择性的材料去除。

(4) FIB也能够产生二次电子，因此FIB也可以利用PVC技术，图14.27机理同SEM电压衬度。聚焦离子束(FIB)具有许多独特且重要的功能，已广泛地应用于半导体工业，其特性在于能将以往在半导体设计、制造、检测及故障分析上的许多困难、耗时或根本无法达成的问题一一解决。例如线路修补和布局验证，组件故障分析，生产线制程异常分析，IC制程监控-例如光阻切割，透射电子显微镜样品制作等。图14.28为用FIB制备的TBM薄膜样品。

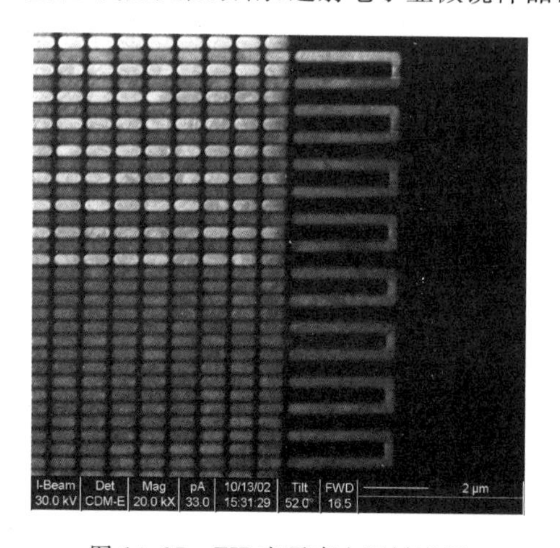


图14.27　FIB离子束电压衬度图

图14.28　SEM图像：用FIB制备的TEM薄膜样品

## 14.2.6　表面分析技术

物体和真空或气体的界面通常称为表面。固体表面是指固体最外面的一个或几个原子层。表面向外的一侧没有近邻原子，表面原子有一部分化学键伸向空间形成悬挂件，因此，表面具有很活跃的化学性质。由于表面原子吸附、沾污和偏析，表面原子种类与体内不同。由于表面原子所处的环境与体内不同，所以表面原子的排列结构也与体内不同。这些不同使表面具有某些特殊的物理和化学性质。因此，固体表面和体内的物理、化学性质往往不同。在半导体材料、器件和工艺流程中存在大量的表面和界面问题，随着集成电路向深亚微米发展，还要求检测和控制化学成分的横向分布。因此，开展半导体表面、界面和薄膜的研究对提高和控制材料质量，改进器件性能和提高器件的成品率都有重要的意义。

表面信息是通过各种表面分析技术来获得的，表面分析技术已发展有许多不同的种类，是建立在超高真空电子离子光学微弱信号检测计算机技术等基础上的一门综合性技术如图 14.29 所示。它们的共同特点是用一种“入射束”作为探针来探测样品表面，“入射束”可以是电子、离子、光子、中性粒子、电场、磁场和声波等。在探针的作用下，从样品表面可以发射或散射出各种不同的粒子，如电子、离子、光子和中性粒子等。通过检测这些粒子的能量、动量、荷质比、粒子流强度等可以获得与表面有关的信息，各种方法各有优缺点，一般根据不同的检测要求，采用不同的分析方法或用几种方法对样品进行分析，综合所测的结果得出结论。表面分析技术主要用来研究和分析固体表面的形貌、化学成分、化学键合、原子结构、原子态和电子态等。表面和薄膜的成分分析包括测定半导体表面的元素组分、表面元素的化学态及元素在表层的分布(包括横向分布和纵向分布)。测量表面、界面和薄膜成分的主要技术有俄歇电子能谱(AES)、X 射线光电子能谱(XPS)、二次电子质谱(SIMS)和卢瑟福背散射(RBS)等。它们各有特点，如 AES 有很高的表面灵敏度和微区分析能力，它的取样深度只有 1～2nm。微区分析可以小到 10nm。XPS 能获得丰富的化学信息，对样品表面的损伤比 AES 轻微。对于绝缘样品的荷电问题，XPS 比 AES，SIMS 容易消除；但 XPS 和 AES

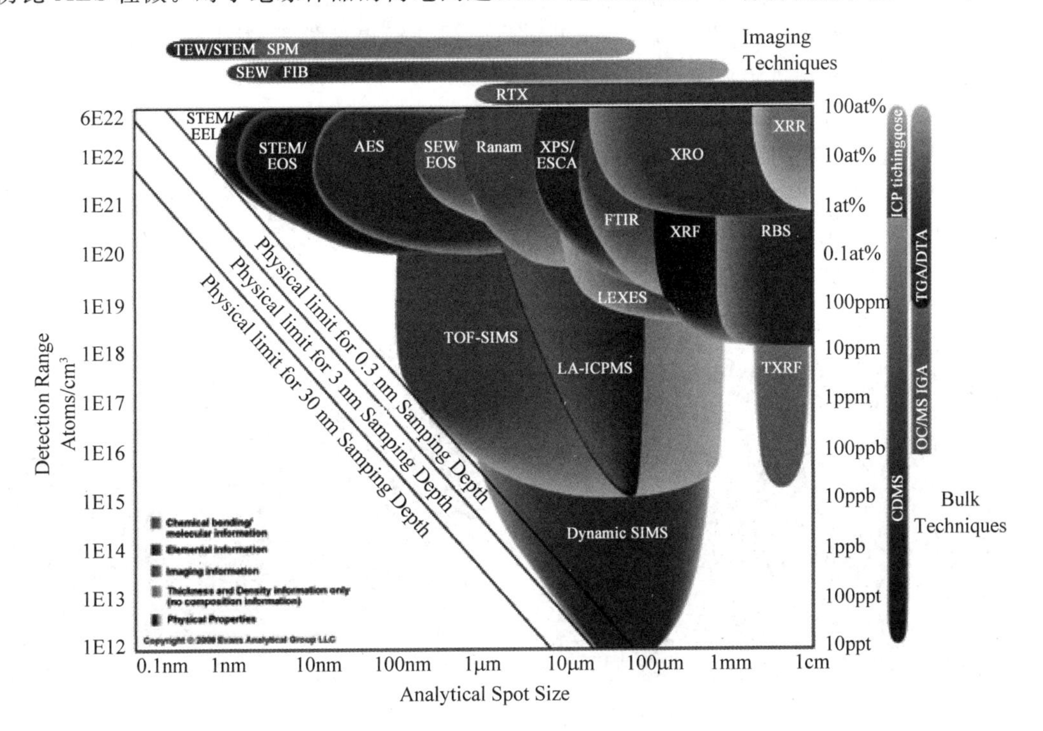


图 14.29　微分析仪器的应用范围、分辨率及局限性

一样,实际的检测灵敏度只有0.1%。由于X射线聚焦能力差,束斑较大,XPS空间分辨率较差。SIMS有很高的检测灵敏度($10^{-6}$甚至达到$10^{-9}$量级)和很宽的动态范围($10^{13}\sim10^{22}$原子/$cm^3$),可进行全元素分析;但SIMS的定量分析难度较大,化学灵敏度较差,对样品有破坏。RBS有强的定量分析能力,也可进行全元素分析,尤其适用于分析轻衬底材料中的重掺杂元素;但RBS的空间分辨率和化学灵敏度较差[18]。

表面分析技术种类繁多,现代表面分析技术已发展出数十种,而且新的分析方法仍在不断出现。各自的原理、应用和优缺点,各类文献已有大量的报道。图14.29是埃文思(EAG)分析集团提供的各种微分析仪器的应用范围、分辨率及局限性等。由于篇幅原因和作者能力的局限,本文对各种表面分析仪器不一一加以介绍,有兴趣的读者可以参考相关文献[18]。

## 14.3 案例分析

**1. 案例一**

(1) 基本情况:SMIC 0.18μm制程TQV (test qualification vehicle),它以SRAM为载体,用于检测产品的质量和可靠性参数。

(2) 封装类型:TSOPII-44环氧树脂封装。

(3) 发生失效场合:为验证新封装测试厂产品质量,经历环境测试/HAST 120小时。

(4) 失效模式:自动测试(ATE)连续性/开路。

(5) 失效机理:环氧树脂与器件表面之间严重分层(爆米花效应),导致Pin A8焊接点和铝焊盘脱离。

(6) 失效原因:该封装厂产品密封性差,塑封材料内的水分在高温下受热发生膨胀,使塑封料与金属框架和芯片间发生分层,拉断键合丝或和铝焊盘脱离,发生开路失效。

(7) 所采用的分析方法:①分析:HAST(highly accelerated temperature/humidity stress test),加速寿命实验,主要检验环氧树脂封装器件的耐腐蚀能力,如致密性。失效模式:连续性/开路。同封装制程质量强相关。因此,用检测封装器件的非破坏性分析手段,SAM和X-Ray进行分析。②外观检查:正常。③SAM:环氧树脂与器件表面之间严重分层,如图14.30所示。④开封/内部检查及SEM:扫描电镜观察分层导致Pin A8金球/焊接点和铝焊盘脱离,如图14.31所示。

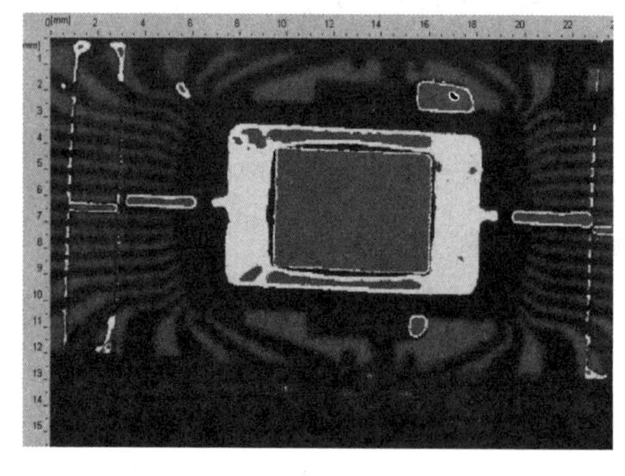


图14.30 SAM图像:环氧树脂与器件表面之间严重分层

图14.31 扫描电镜图像:分层导致Pin A8金球/焊接点和铝焊盘脱离

**2. 案例二**

(1) 失效模式：Burn-in(老化)16 小时器件 Pin 40 连续性/开路失效。

(2) 分析手法：开路，不排除封装制程相关。外观目检后运用 X-Ray(见图 14.32)或 SEM(见图 14.33)分析是否和器件封装质量相关。

图 14.32　X-Ray 图像：Pin 40 键合丝断裂

图 14.33　电镜图像：键合丝在颈脖处拉断

(3) 分析结果：键合丝在颈脖处拉断，典型封装制程相关的失效机理。

**3. 案例三**

(1) 基本情况：SMIC TQV(test qualification vehicle)产品，HTOL(high temperature operation life)高温加速实验中，在第一个读点 168 小时(168，500，1000 三读点)ATE 测试，发现有一个芯片单比特(single bit)失效。

(2) 封装类型：CABGA-144。

(3) 失效机理：失效比特的一个 NMOS 管 LDD(lightly doped drain)区域、有源区和 STI(shallow trench isolation)交接区域存在深度超过源漏离子注入区的深度的位错。由于位错的存在，会对掺杂的离子有汇聚作用，汇聚的掺杂离子集中存在一起，容易形成漏电流的通路，造成器件功能失效。

(4) 失效原因：表层的位错往往是在离子注入时形成的。制程工艺中，在离子注入之后都会对硅片进行退火处理，退火的作用一是为了激活注入的离子，另外也是为了对注入过程中产生的晶格缺陷进行修复。如果工艺导致晶格缺陷过于严重，或退火的时间、温度不够，退火的程序就不能对晶格缺陷进行有效修复，这些缺陷的存在就会对器件的性能产生影响。

(5) 失效分析手法：

① 分析：根据 SRAM 版图，与单比特失效相关的层次为第一层(M1)/本地金属互连层(local interconnect)或前段制程。开封后，该器件用传统的干、湿法并结合研磨直接剥层至 M1。

② SEM 观察：M1 形貌正常，排除 M1 引起失效的可能性。研磨去掉 M1 至钨插塞(contact)。

③ 被动电压衬度(PVC)：在 SEM 1kV 加速电压条件，使样品表面呈正电势，用 PVC 手法进行晶体管层次失效定位。发现失效比特的一颗应处于 PN 结反偏的 N 型有源区的钨插塞的电压衬度像同处于 PN 结正偏 P 型有源区的钨插塞表现出相同的亮度。由电压衬

度像的原理推测，这个N型有源区结构呈现出导体的性质，也就是说N型有源区和P型衬底间形成了电流通路，如图14.34所示。

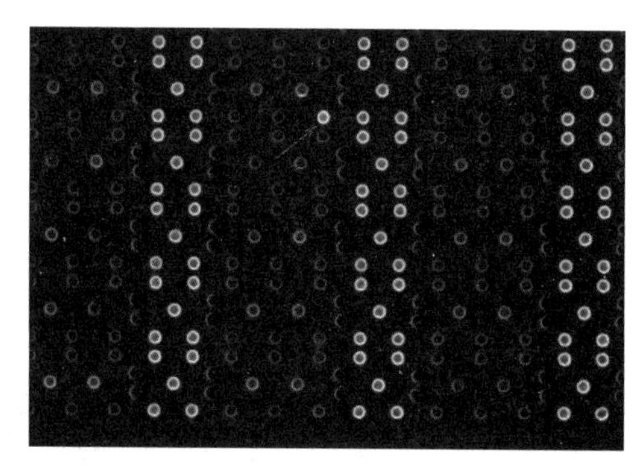

图14.34　PVC图像：失效比特一个N型有源区同P型衬底间PN结存在反向漏电(箭头所示)

④ 纳米探针测量：PN结电性测量结果如图14.34所示，异常衬度钨插塞与衬底之间的反向漏电流比正常区域大三个量级。但是从PN结的特性曲线上来分析，异常结构依旧保持了较为正常的PN结特性曲线，可以推断是$N^+$与P型衬底之间的微小结构缺陷造成了较大漏电流，如图14.35所示。

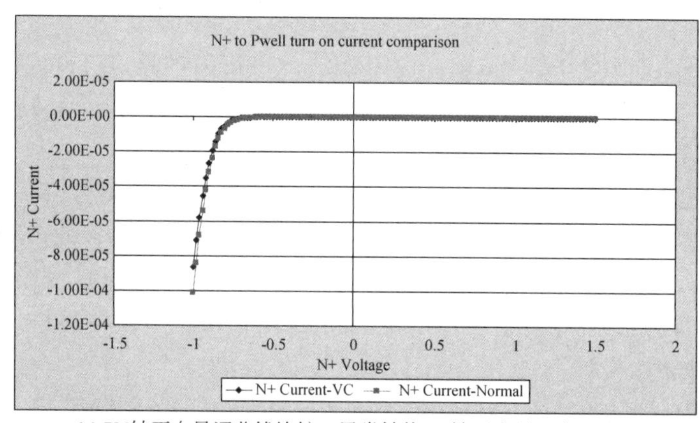


(a) PN结正向导通曲线比较，异常结构PN结正向导通电流较小

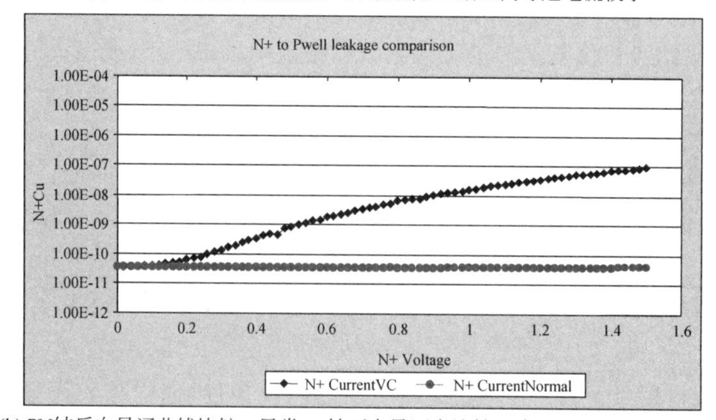


(b) PN结反向导通曲线比较，异常PN结正向导通电流较正常PN结大的三个数量级

图14.35　纳米探针正常与异常结构PN特性(红色：正常；蓝色：异常)

⑤ 透射电镜：FIB 定点切割制备的样品，经 TEM 观察发现 NMOS 管 LDD(lightly doped drain)区域、有源区和 STI(shallow trench isolation)交接区域存在深度超过源漏离子注入区的深度的位错，如图 14.36 所示。

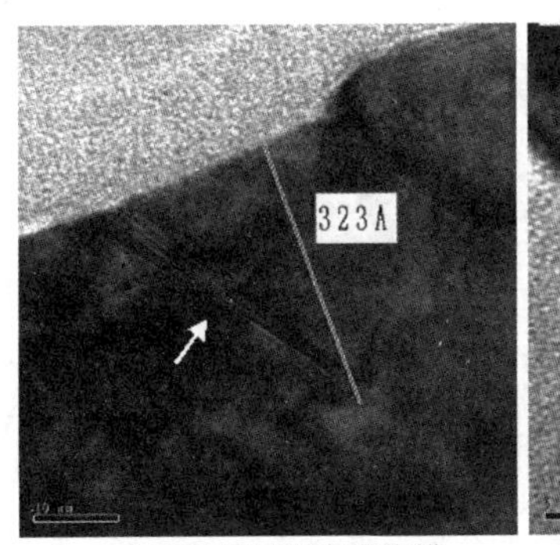


(a) LDD区域存在层位错　　(b) N型有源区的边缘存在层位错

图 14.36　TEM 截面图像

⑥ 小结：产品级失效分析需涵盖版图分析、分析手法和观测工具选择与条件设定、实验结果解读和对相关工艺的了解等，同时也要遵守失效分析的基本原则。在该案例中，首先运用定性但是快速的 PVC 失效定位方法，再有针对性地进入定量，但是耗时、昂贵的纳米探针技术，最终选择虽然昂贵却是唯一具有观察晶体缺陷能力的透射电镜作为观测工具。

**4. 案例四**

(1) 基本情况：SMIC 0.13μm 数模混合制程，静电放电(electrostatic discharge ESD)的防护能力不稳定。人体放电模式(human-body model HBM)在 2000V 失效(规范：>2000V)。该产品所用的 IO 和 IP，均由客户自行设计。

(2) 封装类型：LQFP176。

(3) 失效模式：I/O-to-I/O 的静电放电测试后，Pin 89 相对 *I-V* 漂移大于规范。

(4) 失效机理：Pin 90 ESD 保护电路附近，因静电放电效应导致的 LV MOS 漏极到栅极击穿。

(5) 失效原因：失效 LV MOS 线路是该芯片 ESD 设计薄弱处，测试时有大电压或大电流通过，引起本征击穿。

(6) 失效分析手法：①非破坏性分析：测试结果/失效验证，好坏样品 *I-V* 曲线对比。②半破坏性分析：自动开封，镜检正常；电性验证：开封后电性能复测，再次证实器件失效；正面失效定位，采用 PEM 和 OBIRCH 技术；背面失效定位，分别对好坏样品进行 PEM 和 OBIRCH 定位，ESD 失效样品在客户 IP 内部发现有效亮点；物理分析，采用 RIE 去除钝化层，手动研磨/抛光去铜互联层剥层，针对亮点及附近进行有选择性剥层和 SEM 观察，亮点及附近所用层次形貌正常，没有发现 ESD 相关的失效现象；同 Pin89 或邻近 ESD 保护电路及 IP 内部亮点到 Pin89 IO 线路排查、SEM 观察，在 Pin 90 ESD 保护电路附近，发现因静电放电效应导致的 LV MOS 漏极到栅极击穿。

(7) 小结：该案例失效分析中，受损的 LV MOS 线路和客户 IP 内部的 PEM 亮点物理距离相差甚远。因为 LV MOS 第二级反向器中 PMOS 漏极到栅极击穿，使连接该线路的

IP内部PEM亮点处的线路处于异常饱和状态,产生光发射现象。失效LV MOS线路是该芯片ESD设计薄弱处,对芯片制程波动较为敏感,导致该产品静电放电的防护能力不稳定,如图14.37所示。

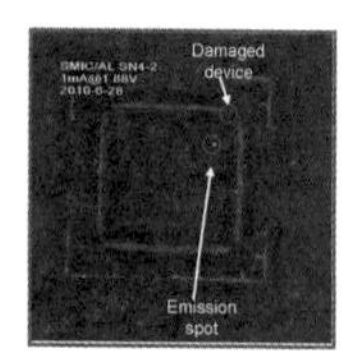


(a) PEM图像显示PEM亮点及受损LV MOS线路在芯片上位置

(b)SEM图像显示受损LV MOS线路在芯片上位置(小方框所示)

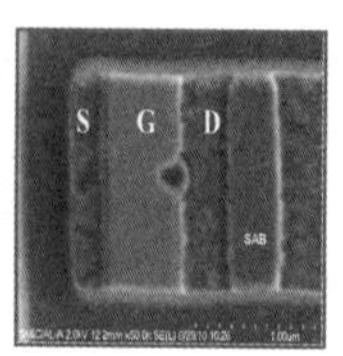


(c)高倍SEM图像显示受损LV MOS物理位置在Pin 90 ESD保护电路附近(层到有源区层次,箭头所示)

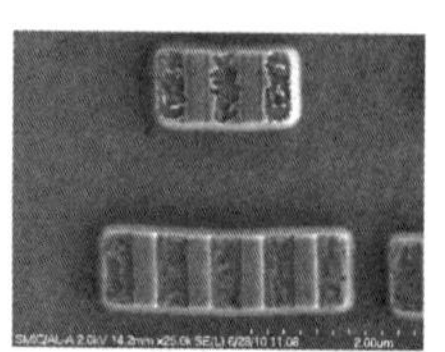

(d)SEM图像显示客户IP内部PEM亮点处形貌正常(层到有源区层次)

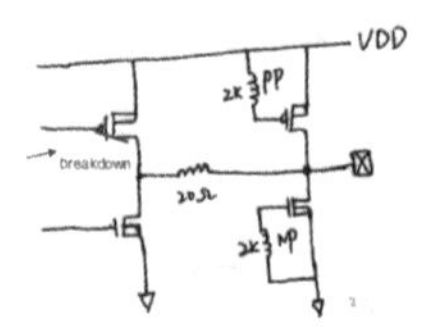


(e)等效线路图显示LV MOS第二级反向器中PMOS,因静电放电效应导致的LV MOS漏极到栅极击穿(箭头所示)

图14.37　失效分析结果

综上所述,集成电路正向亚微米、深亚微米、多层布线结构的方向发展。同20世纪70年代的约5微米技术相比,失效机理变得纷繁复杂,同时也带来一些新的失效因素。新的失效因素不仅对可靠性产生影响,分析、诊断及研究的难度也更具挑战性。相应的,集成电路的失效分析,也发展到不仅复杂,而且昂贵。(附录图1:常用失效分析实验室设备)。失效分析通常得涵盖一系列系统性、逻辑分析和诊断过程,需要一系列失效分析设备,包括电性表征仪器、针对封装器件(package-level)的非破坏性分析设备、半破坏性开封设备、失效定位设备及研究分析电路某些微区内的形貌、结构、组分和状态问题的微分析表面分析仪器、样品制备装置等。同时,由于器件的门类,品种繁多,结构性能差异性很大,它们所经历的环境、应力条件亦不同,失效件的来源,可靠性等级以及要求分析目的也不相同。因此,集成电路失效分析技术与方法是要求把工具、设备、仪器等检查测试分析手段与分析思路及分析方案综合在一起的技术,具体对一个分析案例,使用哪一种分析技术,还应根据实际情况来决定。

**5. 总结**

失效分析是一门边缘科学,它跨越各种科学技术领域并把各自独立的技术综合在一起,它也可以是一门综合性科学。所以进行失效分析时要经常与器件设计者、制造者、使用者三方共同分析讨论,从器件设计技术、制造技术、器件物理、器件使用、设备制造和设计以及可靠性管理等方面进行综合分析考虑,即要有计划、有步骤地进行。优秀的失效分析员,必须具备可靠性及失效物理、物理、半导体和封装工艺、电路、版图设计、测试、材料、化学以及冶金学等学科的基本知识,掌握失效分析的基本方法,不仅富有逻辑思考能力,而且要求有足够的耐心和经验积累。只有这样才能准确地找出失效的真正根源。正因如此,培养一个合格的、有经验的失效分析员,需要五年时间,这同业界失效分析员的平均工作周期相仿。为了达到人才资源利用最大化,缩短培训周期,中芯国际分析实验室建立了FA Report System,充分利用中芯国际分析实验室所记录的失效分析案例,使工程师能够从中学习分析手法、了解失效机理、熟悉工艺制程、体会分析思路。在中芯国际分析实验室,FA Report System已经成为分析实验室日常运行的一部分,它记录了所有案例的来龙去脉,包括工艺、失效模式/现象、机理、反馈及改善措施等。它具有在线申请、审批、分析申请单序列号自动生成、自动 E-mail 通知 case 接受、完成及在线分析报告审核的功能。该系统除了上述功能外，也设计了基本的查找和统计能力，在基本的计算 case 数量、种类外，亦设计了统计分析所用机器种类、时间、所产生的相应费用的功能。因为实现完全系统化，每个案件都有特定的访问权限设置，客户关心的知识产权保密（CIPP），从根本上得到保证。ISO 所要求的 Data traceability，亦有很好的保障。

# 参考文献


[1] Wagner L C. Failure Analysis of Integrated Circuits, Tool and Techniques.

[2] 费庆宇. VLSI 失效分析技术研究进展[J]. 电子产品可靠性与环境试验，2005，12.

[3] 王胜林，李斌，吴鹏. 半导体器件失效分析研究[J]. 陕西师范大学学报，2006，32(6).

[4] 费庆宇. 集成电路失效分析新技术[J]. 电子产品可靠性与环境试验，2005，4.

[5] 付鸣. 半导体器件失效分析与检测[J]. 仪表技术与传感器，1997，12，35-37.

[6] 邓永孝. 半导体器件失效分析 [M]. 北京：宇航出版社，1991.

[7] 姚立真. 电子元器件可靠性物理.

[8] 张红波. 电子元器件失效分析技术.

[9] 张伦等. 电子故障分析手册.

[10] http://jyjx. heut. edu. cn/cszx/fenxiceshizhongxin/ziyuangongxiang/fenxijishu/tsdzxwjd. htm.

[11] Christian Boit, Fundamentals of Photon Emission (PEM) in Silicon-Electroluminescence for, Analysis of Electronic Circuit and Device Functionality, Microelectronics Failure Analysis (5th edition), 1999: 356-368.

[12] G. F. Shade, "Photoemission Microscopy _ Basic Theory/Application" Microelectronics Failure Analysis(4th edition), 1999: 199-212.

[13] C/Boit, Photon Emission Microscopy-Advance/Theory of Operation, Microelectronics Failure Analysis (4th edition), 1999: 213-229.

[14] Len WB, NIR Spectroscopy of Photon Emissions, ISTFA 2003, 311, 2003.

[15] Tan SL et al. IPFA 2006, 315, 2006.

[16] www. hudong. com/wiki/像差.

[17] 普通光学显微镜原理与使用.

[18] 陈琳，汪辉. 电压衬度像技术在 IC 失效分析中的应用.

[19] 许振嘉，等. 半导体的检测与分析.

[20] 顾文琪，等. 聚焦离子束微纳加工.

# 第15章　集成电路可靠性介绍

可靠性的定义是系统或元器件在规定的条件下和规定的时间内，完成规定的功能的能力(the ability of a system or component to perform its required functions under stated conditions for a specific period of time)。所谓规定的时间一般称为寿命(lifetime)，基本上集成电路产品的寿命需要达到10年。如果产品各个部分的寿命都可以达到一定的标准，那产品的可靠性也能达到一定的标准。

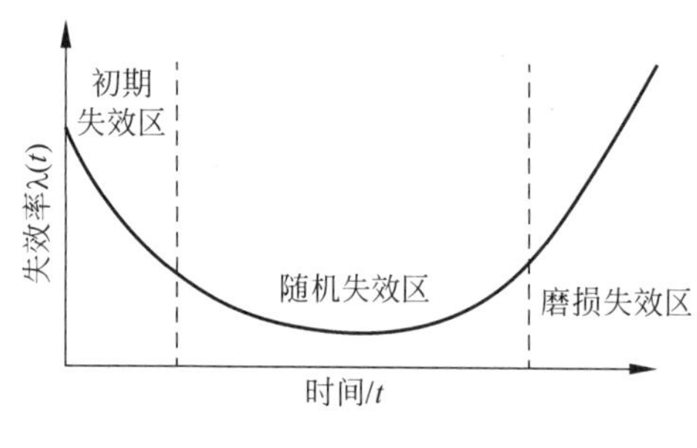


图15.1　浴缸曲线

集成电路在不同条件下的失效过程大致相同，可以划分为三个阶段：初期失效区、随机失效区和磨损失效区，失效率和使用时间之间的关系呈现"浴缸曲线"，如图15.1所示。使用初期失效率高，主要是由于集成电路的缺陷造成的，如硅片表面的划痕、玷污、划片应力、光刻缺陷等，这一阶段对集成电路平均寿命影响很大。为了避免"浴缸曲线"初期的不合格品出厂，往往加高电场和高温进行筛选，去掉不合格品。在随机失效阶段，失效率相对比较低，一般为一常数，器件特性基本恒定，但一旦发生故障，则常常是致命的。在磨损失效阶段，早期发明晶体管时，人们认为晶体管是固体器件、具有无限寿命，但集成电路已经发展到超大规模集成电路，每芯片上集成有1000万以上器件数，导致器件的尺寸不断精细化，失效率随着时间增大而提高出现磨损失效现象。

集成电路可靠性主要包括三个部分：设计可靠性、制程可靠性和产品/封装可靠性。

集成电路的可靠性涉及许多领域，如设计、制造、封装和测试。在新技术的开发中，每个新的制程模块(process module)的可靠性以及它与其他模块的交互作用，是至关重要的，也会影响到产品最后的可靠性。集成电路特征尺寸缩减，而其工作电压基本保持不变，对于制程工程师、设备工程师、可靠性工程师及制程整合工程师有着很大的挑战，在可靠性、设计和工艺开发之间有时需要做出权衡。在超大规模集成电路时代，可靠性设计概念是极其重要的，设计可靠性必须建立在IC开发的每个过程中，包括设计、工艺开发和制造的各个阶段。如此，新技术的可靠性才能得到一定的保证。

产品/封装可靠性是利用真实产品或特殊设计的具有产品功能的工艺评估载具(Technology Qualification Vehicle，TQV)对产品设计、制程开发、生产、封装中的可靠性进行评估。

制程可靠性是通过特殊设计的电子器件结构来研究集成电路制程工艺相关的可靠性失效模式的物理模型、寿命评估方法，并针对主要失效机理提出对策措施、消除制程开发和生产阶段中的可靠性问题，从而保证集成电路在特定使用年限内的可靠性，因此集成电路制程可靠性是集成电路制程研究开发的一个非常重要的部分。

从可靠性观点来看,集成电路制程中最关键的三个模块是:①晶体管(transistor),②栅氧化层,③金属互连层。表 15.1 列出和关键模块相关的可靠性失效模式。本文将对这些失效模式的物理图像、模型及重要现象作简单介绍。

**表 15.1　集成电路制程可靠性的主要失效模式**

| 关键模块 | 失效模式 | | |
|---|---|---|---|
| | 英文全称 | 英文简称 | 中文全称 |
| 晶体管 | hot carrier injection | HCI | 热载流子注入 |
| | negative bias temperature instability | NBTI | 负偏压温度不稳定性 |
| 栅氧化层 | time dependent dielectric breakdown | TDDB | 经时介电层击穿 |
| 金属互连层 | electro migration | EM | 电迁移 |
| | stress migration | SM | 应力迁移 |
| | low *k* time dependent dielectric breakdown | Low *k* TDDB | 低 *k* 时间相关的介电层击穿 |
| 制程整合 | plasma induced damage | PID | 等离子体诱致损伤 |

# 15.1　热载流子效应(HCI)

当集成电路的 MOS 器件,经过一段时间的工作,器件的电学性能会逐步退化。如阈值电压($V_{th}$)漂移,跨导($G_m$)降低,饱和电流($I_{dsat}$)减小,关态泄漏电流($I_{off}$)升高,最后导致器件不能正常工作。研究表明,这种现象是由热载流子所致,故称为热载流子注入效应(Hot Carrier Injection,HCI)。

热载流子是指其能量比费米能级大几个 KT 以上的载流子。这些载流子与晶格不处于热平衡状态,当其能量达到或超过 $Si/SiO_2$ 界面势垒时(对电子注入为 3.2eV,对空穴注入为 4.5eV)便会注入氧化层中,产生界面态、氧化层缺陷或被陷阱所俘获,使氧化层电荷增加或波动不稳,这就是热载流子效应。热载流子包括热电子和热空穴。

## 15.1.1　HCI 的机理

当 MOS 器件工作时,载流子(电子或空穴)从源向漏移动,在漏端高电场区获得动能。随着能量的累积,这些高能载流子不再与晶格保持热平衡状态,而是具有高于晶格热能(KT)的能量,称热载流子。当热载流子的能量超过一定的阈值就会产生碰撞电离(impact ionization)。碰撞电离产生的电子空穴对会产生更多的电子空穴对,从而发生雪崩效应。有一部分热载流子具有较高能量,能够克服 $Si/SiO_2$ 接口势垒注入靠近漏端的氧化层。这些注入的载流子会被俘获在栅氧化层中,或 $Si/SiO_2$ 界面,或损坏 $Si/SiO_2$(打断 Si-H 键)。从而导致器件的电学性能退化,器件不能正常工作。

## 15.1.2　HCI 寿命模型

常用的 HCI 寿命模型有 Ib 模型,Ib/Id 模型及 1/Vd 模型。

Ib 模型和 Ib/Id 模型是建立于一定的 $V_d$ 条件下可以在 $I_b$-$V_g$ 曲线上找到 $I_b$ 的最大值。但通常在沟道长度小于 0.1$\mu$m 的器件,应力条件一般采用 $V_d=V_g$ 来推理。有

$$\tau \cdot \frac{I_d}{W} = A \cdot \left(\frac{I_b}{I_d}\right)^{-m} \tag{15-1}$$

$$\tau = B \cdot (I_b)^{-m} \tag{15-2}$$

$$\tau = C \cdot e^{\beta/V_d} \tag{15-3}$$

针对热载流子的可靠性测试，根据JEDEC的相关规定，流程大致如下：

(1) 有效的样品初始参数(饱和电流、衬底电流、阈值电压等)的记录。

(2) 应力条件的选取和施加。

(3) 应力中间读点参数变化的记录。

(4) 继续施加应力直到下一个读点或时间的结束。

(5) 最后参数的记录。

以NMOS为例，通常认为电性参数(例如饱和电流 $I_{dsat}$、阈值电压 $V_t$ 等)随时间的变化量 $Y(t)$ 与时间 $t$ 成幂函数关系，即

$$|Y(t)| = Ct^n \tag{15-4}$$

其中，$Y(t)$ 为电性参数随时间的相对变化量，即

$$Y(t) = \frac{P(t) - P(0)}{P(0)} \tag{15-5}$$

其中，$P(0)$ 是电性参数的初始值，$P(t)$ 是电性参数在 $t$ 时刻的值。电性参数读点时间间隔一般取成对数间隔，如10s、20s、50s、100s、200s、500s、1000s、2000s、5000s、10000s等。

对函数取对数后得到

$$\ln|Y(t)| = \ln C + n\ln t \tag{15-6}$$

使用最小二乘法进行线性拟合后得到参数 $C$ 与 $n$。热载流子测试的数据处理通常先要根据得到的参数 $C$ 与 $n$ 的值外推电性参数相对变化量 $Y$ 达到这种应力条件下的某预定值 $Y_{tar}$(如10%的参数漂移)的相应TTF$\tau$。

如图15.2所示，我们假设参数漂移达到10%时器件失效，在三组不同应力条件下(应力条件A>B>C)，可以推出相对应的失效时间 $\tau$，$\tau_2$ 和 $\tau_3$(一般地有 $\tau < \tau_2 < \tau_3$)。

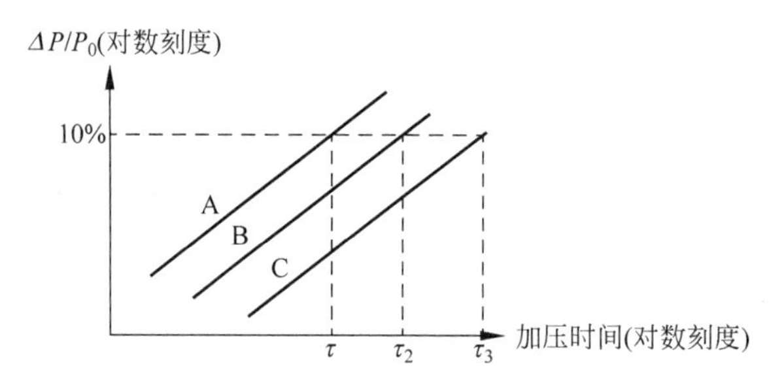


图15.2 不同应力条件下的失效时间 $\tau$

得到不同应力条件下的失效时间后，利用相对应的寿命模型可以算出其在工作条件下的寿命，下面以Ib/Id模型为例。有

$$\tau \frac{I_d}{W} = A\left(\frac{I_b}{I_d}\right)^{-m} \tag{15-7}$$

即衬底漏电流比例模型，通常用于NMOS的寿命分析，其中 $A$、$m$ 为拟合参数，$I_b$ 为衬底电流，$I_d$ 为漏电流，$W$ 为MOS的栅宽度。衬底漏电流比例模型通过对不同测试条件下每颗样品的 $\tau$、$I_b$、$I_d$ 等值得到拟合参数 $A$、$m$，从而得到工作条件下热载流子寿命。

对寿命模型左右式分别取对数可以得到 $\log(\tau\times I_d/W)=\log(A)+(-m)\times\log(I_b/I_d)$，以 $\log(\tau\times I_d/W)$ 为 $Y$ 轴，$\log(I_b/I_d)$ 为 $X$ 轴可以画出一条直线从而推出工作寿命，如图 15.3 所示。具体步骤如下：

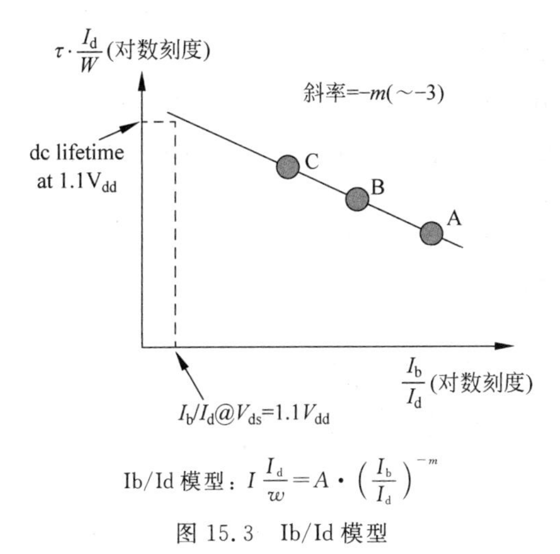


图 15.3　Ib/Id 模型

(1) 分别测出 3 个应力条件和工作条件下的 $I_d$，$I_b$。

(2) 得出 3 个应力条件下的失效时间 $\tau$。

(3) 把对应的参数代入图 15.3 中，推出工作条件下（$I_b/I_d@V_{ds}=1.1V_{dd}$）的 $\tau\times I_d/W$，然后除以 $I_d/W$，即可得到我们要的寿命 $\tau$。

$$\tau\cdot\frac{I_d}{W}(\text{log scale}) \tag{15-8}$$

类似地，利用其他不同的寿命模型（Ib 和 1/Vd），我们可以推出其在工作条件下的热载流子寿命（见图 15.4 和图 15.5）。

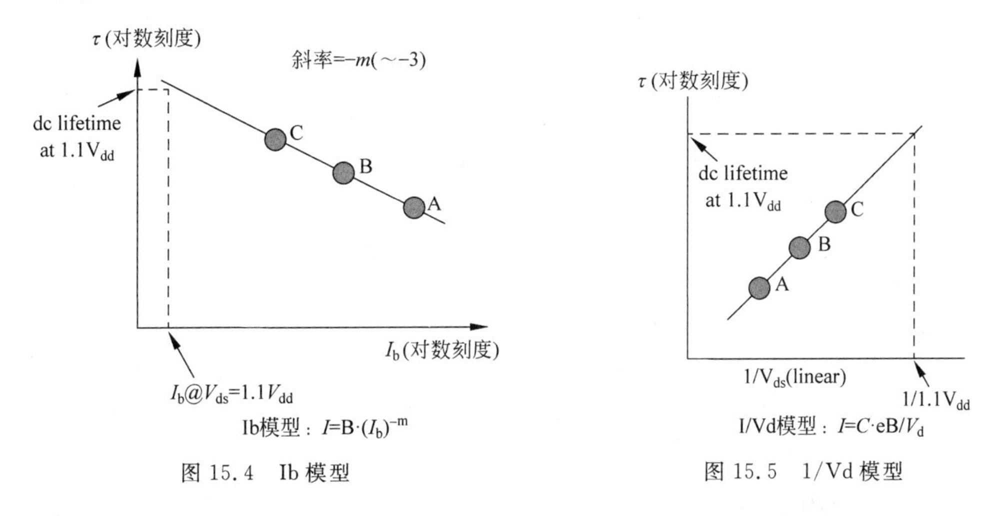


图 15.4　Ib 模型　　　图 15.5　1/Vd 模型

一般而言，HCI 效应在 NMOS 中要比 PMOS 中大很多。其原因基本上有两点：①NMOS 的载流子是电子，其有效质量要比 PMOS 的载流子空穴轻很多，因此比较容易在沟道中获得较高的动能。②电子注入 $SiO_2$ 要克服的 $Si/SiO_2$ 界面势垒是 3.2eV，远低于空穴要克服的势垒高度 4.9eV。

# 15.2 负偏压温度不稳定性(NBTI)

## 15.2.1 NBTI 机理

PMOS 在栅极负偏压和较高温度工作时,其器件参数如 $V_{th}$、$G_m$ 和 $I_{dsat}$ 等的不稳定性叫负偏压温度不稳定性(Negative Bias Temperature Instability,NBTI)。NBTI 最早报道于 1966 年。图 15.6 是 NBTI 实验中,典型的 $V_{th}$ 随时间 $t$ 的退化曲线。近几年来,随着集成电路特征尺寸缩小,栅电场增加,集成电路工作温度升高,氮元素掺入热生长的栅氧化层,NBTI 成为集成电路器件可靠性的关键失效机理之一。

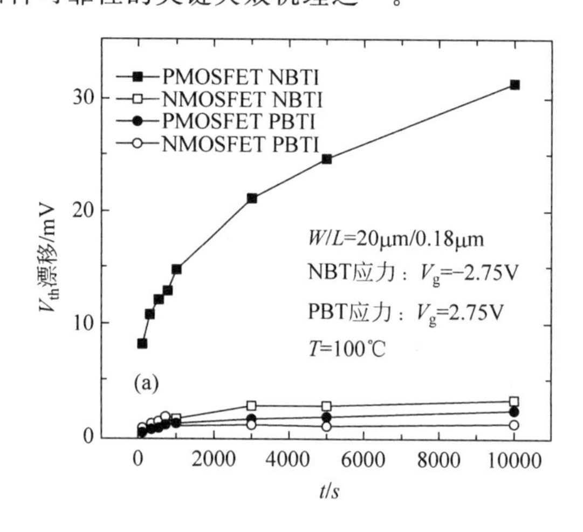


图 15.6 NBTI 实验中,$V_{th}$ 随 $t$ 的退化曲线

NBTI 是一种导致 PMOS 阈值电压升高(也就是器件变得更难开启)的现象,其他的一些参数比如饱和电流 $I_{ds}$,跨导 $g_m$ 等也就相应地受到影响。

Si-$SiO_2$ 界面态的形成是产生 NBTI 效应的主要因素,而氢气和水汽是引起 NBTI 的两种主要物质,它们在界面上发生的电化学反应,形成施主型界面态 Nit,引起阈值电压漂移的过程。另外在器件操作过程中产生的氧化物陷阱电荷 Not,也会使阈值电压漂移等。实验表明 NBTI 发生的条件是在 Si-$SiO_2$ 界面处必须有空穴的存在。

无论是负栅极电压或温度升高都会造成 NBTI,其结果是 $I_{dsat}$ 下降,$g_m$ 下降,$I_{off}$ 升高,$V_t$ 升高,在实验中有:

(1) 正偏压会最大限度地对器件特性有恢复效应。

(2) 深埋信道的 PMOSFET 不易发生 NBTI。

(3) 界面陷阱密度 Dit 的峰值处于带隙的下半部分。

(4) 氧化层厚度↓,Dit↑,但固定氧化物电荷密度与厚度无关。

## 15.2.2 NBTI 模型

近年来人们对 NBTI 做了大量的研究,并提出几种模型来解释观察到的现象。普遍接受的模型是 R-D 模型(reaction-diffusion model)。该模型认为,加在栅极的负偏压在 Si/$SiO_2$ 界面上引起了场强相关的反应,钝化 Si-H 键被打断,留下了带正电的界面态($Si^+$),H

被释放到栅氧化层中，形成 $H_2$ 并向多晶硅层扩散，在氧化层形成了氧化层陷阱（见图 15.7）。这些界面态与陷阱导致半导体器件参数的改变。

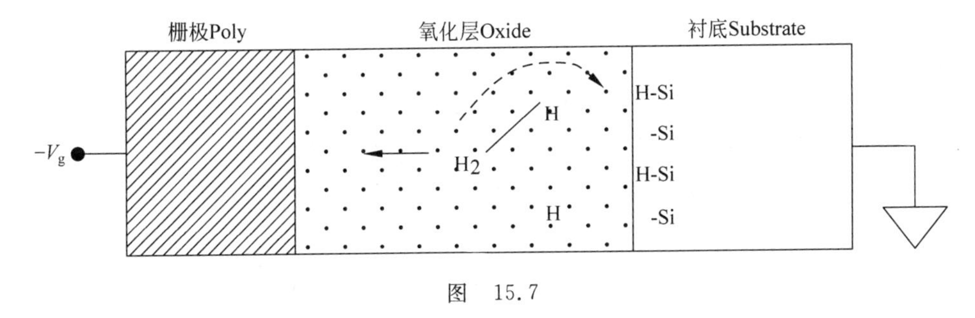


图　15.7

栅极电压应力→Si-H 被打断（界面陷阱）→H 原子扩散和反应→形成 $H_2$→$H_2$ 扩散到氧化层里（形成氧化层陷阱）。

**1. NBTI 的参数退化模型**

$$dV_t = -A \times (1/W)^n \times (1/L)^m \times \exp(-C/VG) \times \exp(-dH/kT) \times t^P \quad (15\text{-}9)$$

（1）高温影响：活化能与实际的栅氧化层工艺有关，一般在 0.1～0.35eV 之间。

（2）时间影响：不同应力时间区间内呈现不一样的相关性，值在 0.15～0.3 之间。应力开始阶段是界面态的形成为主导，在后期是电荷陷阱为主要因素。

（3）氧化层电场影响：与实际施加的电场相关，一般在 1.5～3 之间。

图 15.8 给出了氧化层电场、温度及时间对 NBIT 参数退化影响的实验数据。

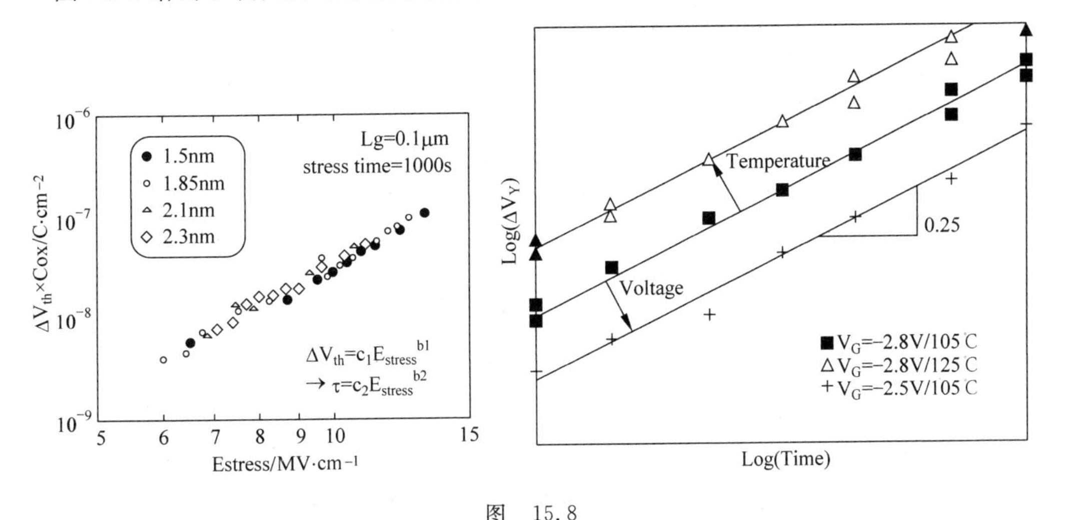


图　15.8

时间的指数级相关性

$$\Delta V_T = A\exp(\beta V_G)\exp(-E_a/kT)t^{0.25} \quad (15\text{-}10)$$

在实际的 NBTI 可靠性测试时，数据分析步骤如下。

（1）通过下面表达式来计算参数漂移量

$$Y(t) = \frac{P(t) - P(0)}{P(0)} \times 100 \quad (15\text{-}11)$$

其中,$P(0)$是初始状态参数,$P(t)$是在应力时间$t$后的参数值。

(2) 相对应的$V_t(\mathrm{ci})$和$V_t(\mathrm{ext})$的变化量为

$$Y(t) = P(t) - P(0) \tag{15-12}$$

(3) 退化推导模型

$$|Y(t)| = C \times t^p \tag{15-13}$$

其中,$Y(t)$是NBTI引起的参数变化率的绝对量,$t$是累积应力时间。

图15.9是一个随时间变化的例子,$x$,$y$轴都是以对数log为坐标。

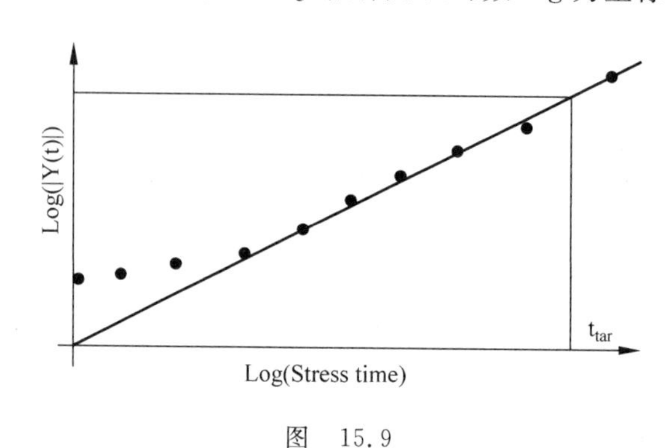


图　15.9

**2. NBTI寿命模型**

一般分为1/$V$g模型和$V$g模型2种:

(1) 1/$V$g模型: $\mathrm{TTF}=A*\exp(-B/V_g)*\exp(E_a/kT)$

(2) $V$g模型: $\mathrm{TTF}=A*\exp(-B*V_g)*\exp(E_a/kT)$

一般对于NBTI测试,可靠性标准如表15.2所示。

**表15.2　测试的可靠性标准**

| Item | NBTI |
|---|---|
| Stress condition | Temp=125C,$V_g=1.1*V_{dd}\sim 0.5V_{bd}$ |
| Sample failure definition | $\Delta I_{dsat}$/dsat(ini)>10%,or $\Delta V_t/V_t$(ini)>15% |
| Reliability requirement | Lifetime>10−yr@125C,$V_g=1.1*V_{dd}$ |
| Sample size | 5ea/condition * 3condition |
| Test structure | PMOS |
| Model | $\mathrm{TTF}=A*\exp(-B*V_g)*\exp(E_a/kT)$ |

针对NBTI退化机制,下面列举了相关制程对NBTI的影响:

(1) 氢是硅氢键的主要成键物质并在NBTI中起主要作用,氘是氢的同位素,与硅结合形成Si-D键,结合更强烈,具有更好的抗NBTI能力,在氮氢混合气体退火中采用$D_2$而不是$H_2$退火。

(2) 栅氧中的水增强了NBTI效应,湿氧中的NBTI效应明显地要大于在干氧中的NBTI效应,通过在器件有源区覆盖SiN薄膜可以抑制水扩散进栅氧。

(3) 栅氧化层氮化工艺的优化以平衡NBTI效应和硼穿通现象。

(4) 氟对于MOS器件有很多有益效应,已知的有提高热载流子免疫力,氧化层完整性和 NBTI 效应。

(5) 硼会增强 NBTI 效应，硼在 S/D 退火时穿进栅氧化层中。

(6) 氧化层的损伤会增强 NBTI 效应。

(7) NBTI 的好坏与栅极材料没有关联性。

(8) 栅的预清洗动作对 NBTI 的效应有潜在影响。

(9) NBTI 对于硅晶格方位有很强的敏感性。

(10) 高温和氧化层电场会加强 NBTI 效应。

(11) 机械应力如去除保护层或者靠近 STI 处对器件的 NBTI 敏感性有影响。

(12) 后段金属工艺对于 NBTI 也有很大影响，如水汽，PID 等引起的器件退化。

## 15.3　经时介电层击穿(TDDB)

当栅氧化层在偏压条件下工作时，其漏电流会逐渐增加，最后导致击穿，从而使栅氧化层失去绝缘功能。一般情况下，栅氧化层的可靠性测试是在恒定电压下进行的，这种失效模式被称为时间相关的介电层击穿(Time Dependent Dielectric Breakdown，TDDB)。

**1. 氧化层击穿机制**

随着氧化层上施加的电压越来越大，氧化层在直接隧穿和 FN 隧穿作用下电流变大。空穴在这个过程中也随之产生，由于这些空穴在氧化层中几乎没有移动力，他们对氧化层产生了不可忽略的损伤。一种对于氧化层击穿的解释是：这些空穴(电子)导致了氧化层中中性电子陷阱的增多。当存在足够多的这种陷阱的时候，就会形成一条由陷阱组成的从栅极到衬底的导通通道，从而产生很大的电流而热击穿。

**2. V-TDDB：电压-经时介电层击穿**

在一定的温度下对栅氧化层施加恒定电压，并对穿过栅氧化层的漏电流进行监测，当漏电流超过某个值(例如，1$\mu$A)，此时间即为介电击穿故障时间。

**3. J-TDDB：电流-经时介电层击穿**

另外一种描述栅氧化层击穿的方法是击穿电荷测试($Q_{bd}$)。在击穿电荷测试中，对栅氧化层施加恒定的电流，并对穿过栅氧化层的电压进行监测，当栅氧化层电压突然降低，我们认为栅氧化层被击穿了。这个击穿时间即为故障时间($t_{bd}$)，$Q_{bd}$ 是固定电流和 $t_{bd}$ 的乘积。击穿电荷测试($Q_{bd}$)对于非易失性记忆体(nonvolatile memories)尤其重要，例如 EEPROM、Flash，因为 Tunnel oxide 的耐久性是由 $Q_{bd}$ 来决定的。

## 15.4　电压斜坡(V-ramp)和电流斜坡(J-ramp)测量技术

在制造业环境中，TDDB 测试太费时而不适合作为制程监控方法。电压斜坡测试 (V-ramp)，是一种常用的测试方法，见图 15.10。由 0 开始一直加大电压直到栅氧化层崩溃，对侦测缺陷的分布是一种很有效的方法，但不适合用做本质的分布(intrinsic population) 测试。

测试中使用的另一个氧化层监测方法是电流斜坡测试(J-ramp)或 $J*t$ 测试，见图 15.11。在这个测试中，持续加大电流直到崩溃，$J*t$ 即为总击穿电荷密度。此测试对氧化层的品质是很好的快速测试方法。

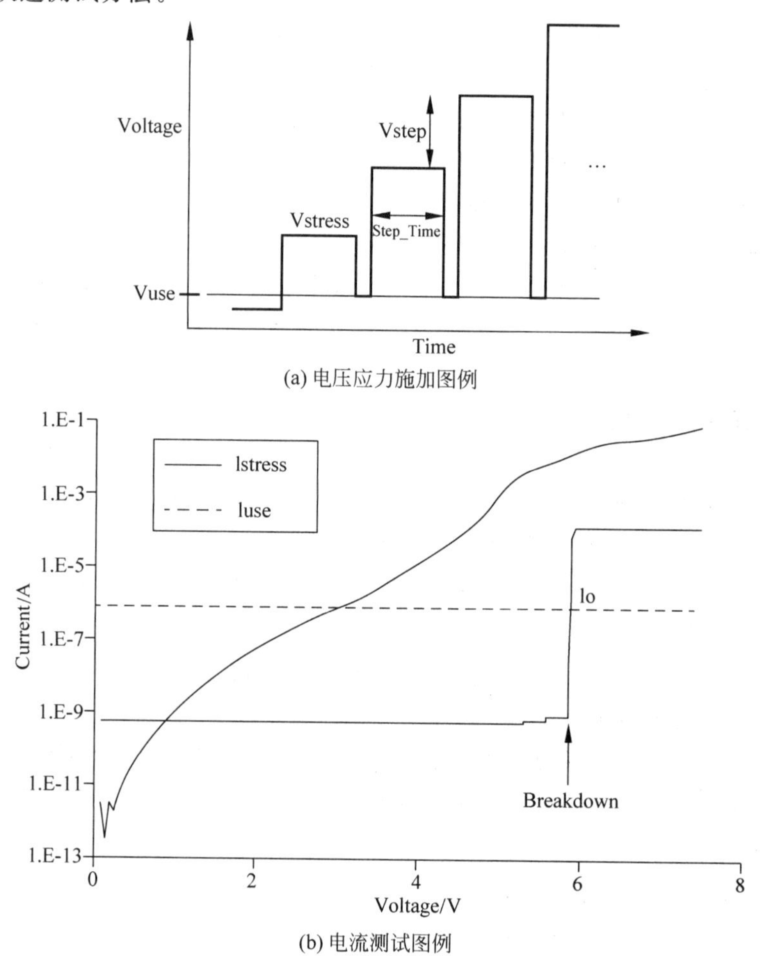


(a) 电压应力施加图例

(b) 电流测试图例

图 15.10 V-ramp 测试图例

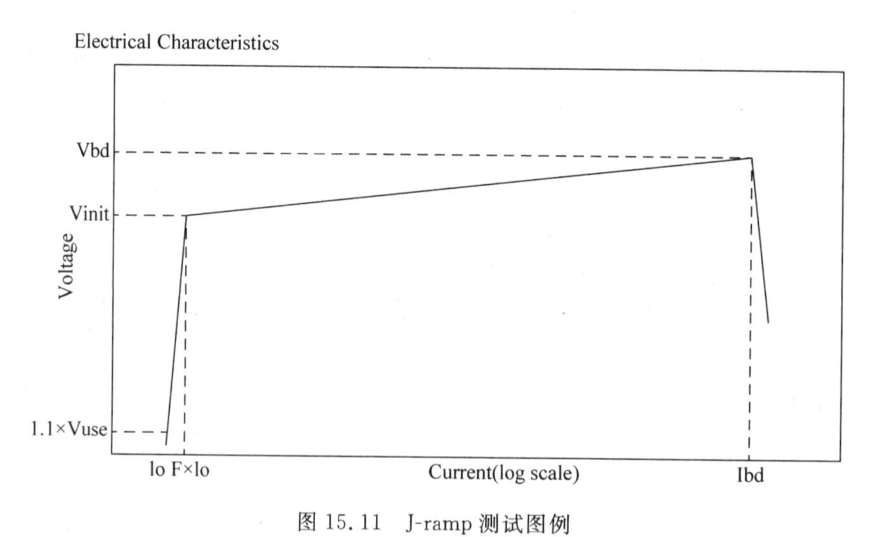


图 15.11 J-ramp 测试图例

## 15.5 氧化层击穿寿命预测

栅氧化层的失效机理目前有三种模型：电化学模型(electro-chemical model)或 E model；阳极空穴注入模型(anode hole injection model)或 1/E model；陷阱产生模型 (trap (or defect) generation model) 或 $V_g$ model。

电化学模型认为，氧化层中与氧空位(弱 Si-Si 键)相联系的偶极子与外加电场 $E$ 相互作用，导致偶极子断裂，在氧化层中产生缺陷。随着缺陷的累积，栅氧化层最后被击穿。

$E$ 模型的表达式如下

$$t50 = A * \exp(-\gamma E) * \exp(E_a/kT) \tag{15-14}$$

其中，$t50$ 为平均击穿时间；$A$ 为比例常数；$\gamma$ 为电场加速参数(field acceleration parameter)；$E$ 为加在栅氧化层上的电场强度；$E_a$ 为热激活能；$k$ 为波尔兹曼常数；$T$ 为绝对温度。由以上表达式可以看到，平均击穿时间的对数和栅氧化层上的外加电压呈线性关系，这也就是这个热化学模型被称为 $E$ 模型的原因。

阳极空穴注入模型认为，在外加电场下，注入电子在阳极界面的硅中通过碰撞电离产生电子空穴对。其中一些高能量空穴又注入氧化层的价带，在电场的作用下，这些空穴迁移回阴极界面，从而导致氧化层的退化，并最后击穿。

$1/E$ 模型的表达式如下

$$t50 = A * \exp(G/E) * \exp(E_a/kT) \tag{15-15}$$

其中，$t50$ 为平均击穿时间；$A$ 为比例常数；$G$ 为比例常数；$E$ 为加在栅氧化层上的电场强度；$E_a$ 为热激活能；$k$ 为波尔兹曼常数；$T$ 为绝对温度。由以上表达式可以看到，平均击穿时间的对数与栅氧化层上的外加电场 $E$ 的倒数成线性关系，这也就是这个空穴击穿模型被称为 $1/E$ 模型的原因。

陷阱产生模型是近几年逐步建立的，该模型认为，缺陷的产生正比于穿过栅氧化层的电子的影响，从而测量到的缺陷产生率是加在栅氧化层上电压的指数函数。当氧化层足够薄时，缺陷的产生率和氧化层的厚度无关。但导致氧化层击穿的临界缺陷密度强烈依赖于氧化层的厚度。

## 15.6 电迁移

当电流在金属导线中流动时，金属导线中会出现空洞，最终导致金属线断裂，这种现象称之为电迁移(Electromigration ,EM)。电流中的电子和金属中的晶格原子相互作用，从而使金属原子移动而形成空位。这些空位扩散，凝聚成核形成空洞。电迁移主要是由动量传递(momentum transfer)与扩散效应而产生，而动量传递与金属中流通的电流密度成正比，扩散效应与金属中的温度成正比。目前最常用的是 Black 模型。该模型认为，由 EM 产生的电阻增加可表达为

$$\Delta R = A J^n \exp(-E_a/kT) \tag{15-16}$$

式中，$J$ 是电流密度；$T$ 是温度；$E_a$ 是激活能；$n$ 是电流指数因子；$A$ 是和材料相关的常数；$k$ 是波尔兹曼常数。

由于集成电路中金属层的结构是多晶薄膜，EM 的迁移路径有晶格迁移、晶界迁移、界面迁移和表面迁移等多种迁移路径。不同迁移路径的激活能很不一样，从而相应的可靠性也很不一样。实际情况下，EM 的迁移路径取决于金属导线的结构。对一般的逻辑产品，0.13μm 以上采用铝制程，0.13μm 以下采用铜制程。两种导线的结构环境不一样，其机理也有所不同。

在铝制程中，宽的导线(线宽远大于晶粒的平均尺寸)，EM 以晶界迁移为主，当导线的线宽小于其晶粒的平均尺寸时，导线呈“竹节结构”(bamboo structure)，界面迁移为主要机理。

在铜制程中，Black 模型仍然适用，但其迁移路径和制程密切相关。目前典型的铜制程中，铜的上表面有一层覆盖层，其材质为氮化硅或碳化硅。在覆盖层和铜金属层结合得比较好的情况下，EM 的主要迁移路径为界面迁移，激活能比较高，其可靠性比较好；当覆盖层和铜表面结合比较差时，其主要迁移路径为表面迁移，激活能比较低，其可靠性寿命就很难满足要求。

**电迁移的改善**

电迁移的故障主要因为梯度(gradient)的产生，如电流密度、金属温度、金属晶格的大小、机械应力。而改善的方式首先要减少梯度的发生：

(1) 减少梯度(gradient)的发生：改善均匀性，包括金属层的厚度宽度侧面刻蚀均匀度。

(2) 金属晶格尽量大且一致。

(3) 好的金属薄膜品质。

(4) 覆盖层与金属层结合良好。

随着集成电路特征尺寸缩小，导线尺寸也相应减小，导致 EM 性能恶化。低 $k$(介电常数)材料的引入减小了热传导，即使保持相同的电流密度，导体的实际工作温度也会提高，从而进一步降低铜导线的 EM 可靠性。

## 15.7 应力迁移

把集成电路芯片放在一定温度下存放一定时间，但并不施加电流。在有些情况下，我们也可以观察到有些金属导线上出现了空洞，甚至完全断开，如图 5.12 所示。这种现象称之为应力迁移(Stress migration，SM)。一般认为，就是它们本身应力释放的结果。

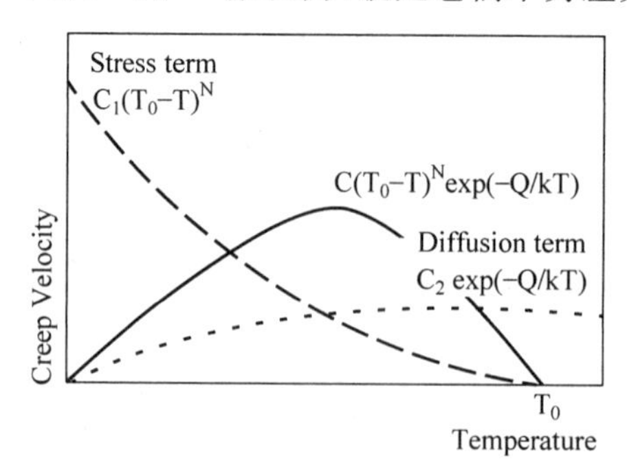


图 5.12　应力迁移

应力迁移是由机械应力所造成的扩散过程。机械应力的产生是因为在集成电路的金属互连制程和保护绝缘层制程中会有不少高温过程，由于金属层和绝缘层的热膨胀系数不一样，这些高温过程会在金属层铝或铜中引入较大的应力。而机械应力的大小与温度成反比。应力所造成的金属层铝或铜中空洞的成核或生长是一种扩散过程，而其与温度成正比。在机械应力与扩散过程的两种效应的综合下，应力迁移会有一个温度峰值。如 Power-Law Creep-rate Model 所述。

德州仪器公司的 McPherson 博士等建立了 SM 的 Power-Law Creep-rate Model。该模型认为，在热蔓延中应力造成的驱动力随着温度靠近绝缘层(覆盖层)的沉积温度而减小，但空位的扩散速率会随着温度的升高而呈指数增加。综合这两种驱动力，金属层的 Creep-rate 可表达为

$$R(T) = C(T_0 - T)^{-n}\exp(-E_a/KT) \tag{15-17}$$

式中，$R(T)$是温度 $T$ 下的 Creep-rate；$T_0$ 是绝缘层的沉积温度；$E_a$ 是金属扩散相关的激活能；$n$ 是温差指数因子。从公式中容易看出 Creep-rate 存在一个温度峰值。这个温度峰值依赖于导体和周围绝缘体的性质和热沉积条件。对一般制程来说，温度峰值大概在 150～200℃之间。

Power-Law Creep-rate 模型对铜制程仍然适用。先进铜制程引入了低 $k$ 材料，进一步提高了集成电路的性能。由于低 $k$ 材料机械性能远比传统的二氧化硅差，而热膨胀系数也随着材料和制程变化比较大，所以先进铜制程的应力迁移现象会变得更加显著。

## 15.8　集成电路可靠性面临的挑战

从 20 世纪 90 年代以来，集成电路技术得到了快速发展。集成电路的特征尺寸不断缩小，集成度和性能不断提高。为了减小成本，提高性能，集成电路技术中引入大量新材料、新工艺和新的器件结构。这些发展给集成电路可靠性保证和提高带来了巨大挑战。

随着集成电路特征尺寸的缩小，工艺中使用的一些关键材料已接近物理极限。其失效模型发生了改变，这对测试方法以及寿命评估都带来了严峻挑战。同时，一部分失效机理的可靠性问题变得非常严重。例如，NBTI 报道于 1966 年。对较大尺寸的半导体器件来说，其对性能影响并不大。然而，随着器件尺寸的减小，加在栅极氧化层上的电场越来越高，器件的工作温度也相应提高，器件对工作阈值电压越来越敏感，NBTI 已成为影响集成电路可靠性的关键问题。

新材料和新工艺的引入导致了一些新的可靠性问题。例如，为了减小金属互连对器件速度的延迟，低 $k$ 介质和超低 $k$ 介质被引入到金属互连制程中。由于其机械、电学和热学性能远远低于传统的二氧化硅材料，其 Vbd 和 TDDB 寿命以及由低 $k$ 材料和高密度倒晶封装引起的新的失效机理 CPI (Chip Package Interaction)已成集成电路可靠性的制约因素。

集成电路尺寸的缩小和集成度的提高对可靠性的测试带来了挑战。集成电路尺寸缩小导致对 ESD 变得更加敏感。封装测试中的 ESD 问题会严重影响可靠性评估成功率和准确性。集成度的提高也使一些常规可靠性评估因时间变长变得非常困难。如 4G Flash 记忆体的传统 100K 耐久性测试会超过 2 千小时，严重影响新制程可靠性评估的及时完成。

## 15.9 小结

集成电路的快速发展,给集成电路的可靠性保证带来了巨大的挑战。集成电路工作者要进一步深入研究可靠性物理和失效机理,加强可靠性工程相关工作,同时也要和产品设计、制程开发和生产部门紧密合作,以减少可靠性对集成电路特征尺寸进一步缩小的制约,并保证集成电路产品保持足够的可靠性容限(reliability allowance)。

# 第16章　集成电路测量

## 16.1　测量系统分析

测量数据质量由在稳定条件下运行的某一测量系统得到的多次测量结果的统计特性确定，其中，测量系统是指与进行测量有关的任何东西：人、测量工具、材料、方法和环境。在这里，我们把“测量系统”看做是会给测量数据带来额外误差的子过程，其目的就是使用误差尽可能小的测量过程，从而提高测量数据的质量。

### 16.1.1　准确性和精确性

测量系统分析(Measurement System Analysis，MSA)是用统计学的方法来了解测量系统中的各种误差以及它们对测量结果的影响，最后给出本测量系统是否合乎要求的明确判断。一个能提供高质量测量数据的测量系统必须具有良好的准确性(accuracy)和精确性(precision)。准确性代表了观测值的平均值和真实平均值之间的倚异，偏倚(bias)能够描述这种差异，可表示为

$$\mu_{总值} = \mu_{产品} + \Delta\mu_{测量} \tag{16-1}$$

精确性代表了在相同条件下进行多次重复测量时测量数据的分散程度(波动状况)，常用测量结果的标准差表示，即

$$\sigma^2_{总值} = \sigma^2_{产品} + \sigma^2_{测量} \tag{16-2}$$

测量数据质量高，既要求偏倚($\Delta\mu_{测量}$)小，又要求波动($\sigma^2_{测量}$)小。只要偏倚和波动中有一项大，就不能说测量数据质量高。

### 16.1.2　测量系统的分辨力

测量系统的分辨力(discrimination)是指测量系统识别并反映被测物理量最微小变化的能力。测量系统的分辨力不够高，就无法正确识别过程的波动，因而影响对测量结果的定量描述。

在测量系统分析中，对于连续型测量数据，常直接用测量结果的最小间距作为其分辨力。另外还有一种方法，那就是在经过统计分析后由测量系统所得出的两个标准差而确定的可分辨的数据组别，来评价测量系统是否有足够的分辨力。数据组数可从下面的公式中得到，即

$$数据组数 = \sqrt{2} \times \left[\frac{\sigma_p}{\sigma_{ms}}\right] \tag{16-3}$$

式中，$\sigma_p$ 是测量对象波动的标准差；$\sigma_{ms}$ 是测量系统波动的标准差。

当数据组数=1时，不能用于估计过程的参数或计算过程能力指数，仅能表明过程的输出是否合格。

当数据组数=2～4时，仅能提供粗糙的估计值，一般来说不能用于估计过程的参数或

计算过程能力指数。

当数据组数≥5时,能够用于过程参数估计以及可以用于各种类型的控制图,表明测量系统具有足够的分辨力。

### 16.1.3 稳定分析

稳定性通常是指某个系统其计量特性随时间保持恒定的能力如图16.1所示。稳定性通常用以下两种方式定量地表征:

(1) 计量特性变化某个规定的量所经历的时间;

(2) 计量特性经过规定的时间所发生的变化量。

我们可以用 $\overline{X}$-$R$ 或 $\overline{X}$-$S$ 控制图来分析和确认测量系统的统计稳定性。

### 16.1.4 位置分析

**1. 偏倚性**

测量系统的偏倚性(bias)是指同一测量对象进行多次测量的平均值与该测量对象的基准值或标准值之差,其中标准值可通过更高级别的测量设备进行若干次测量取其平均值来确定如图16.2所示。通常,通过校准来确定是否存在偏倚。

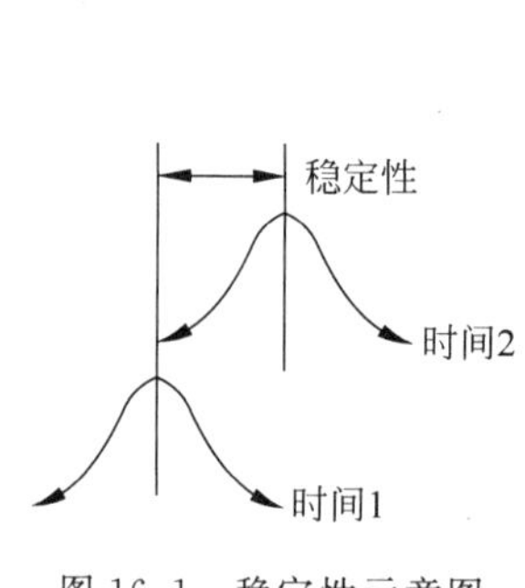

图16.1　稳定性示意图

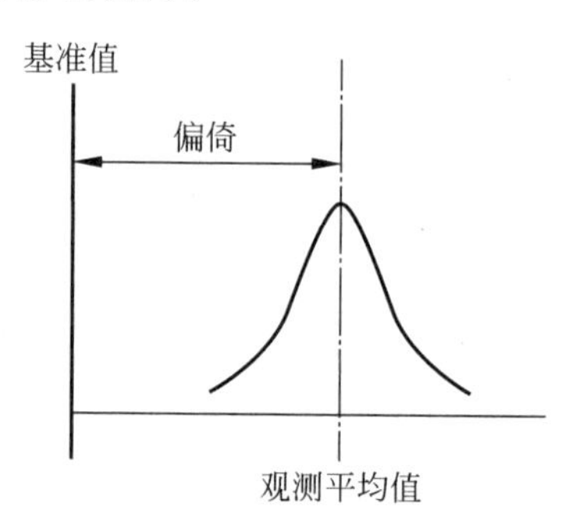

图16.2　偏倚性示意图

**2. 线性**

线性(linearity)是指量具在预期作业范围内偏倚值的差异,也就是说在其量程范围内,偏倚是基准值的线性函数如图16.3所示。一旦出现偏倚,可以通过校准而加以修正。但为了在任何一处都能对观测值加以修正,必须要求测量系统的偏倚具有线性。对于通常的测量方法,一般来说,当测量基准值较小(量程较低的地方)时,测量偏倚会比较小。当测量基准值较大(量程较高的地方)时,测量偏倚会比较大。线性就是要求这些偏倚量与其测量基准值呈线性关系。

进一步,设 $x$ 是基准值,$y$ 是基准值与量测值之间的偏倚量,那么这个直线方程就是 $y=a+bx$,我们要进行线性回归分析。利用最小二乘估计法可得

$$b=\frac{L_{xy}}{L_{xx}}=\frac{\sum x_i y_i-\left(\sum x_i\right)\left(\sum y_i\right)\Big/n}{\sum x_i^2-\left(\sum x_i\right)^2\Big/n} \tag{16-4}$$

$$a=\bar{y}-b\bar{x} \tag{16-5}$$

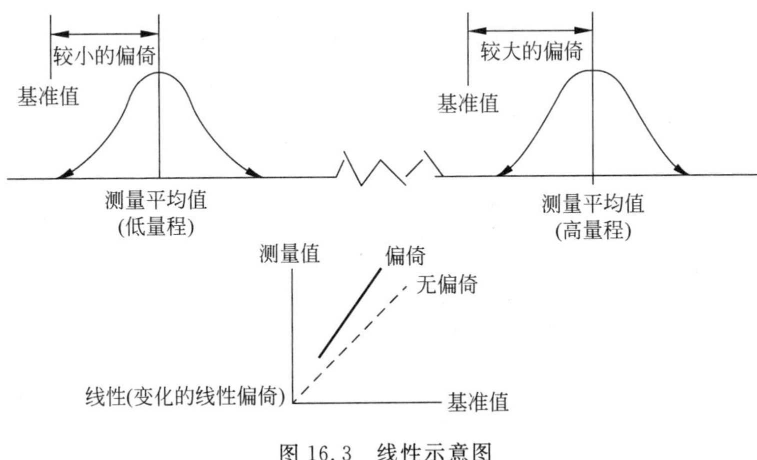


图 16.3 线性示意图

为了衡量偏倚的总的变化程度,我们引入线性度的概念,它的量纲与 $Y$ 的量纲相同,其定义是过程总波动与该线性方程斜率的绝对值的乘积。即

$$\text{Linearity} = |\text{斜率}\ b| \times \text{过程总波动}$$

它表示在过程总波动范围内,测量值偏倚波动(不是偏倚本身)的范围。

## 16.1.5 变异分析

### 1. 重复性

重复性(repeatability)是指在尽可能相同的测量条件下,对同一测量对象进行多次重复测量所产生的波动。重复性波动主要是反映量具本身的波动,记为 $EV$,有

$$EV = 5.15\sigma_e \tag{16-6}$$

式中 $\sigma_e$ 是测量过程中由于重复测量而引起的标准差。如果估计 $\sigma_e$ 的测量有困难,可以使用下列简洁估计公式,即

$$\hat{\sigma}_e = \frac{\bar{R}}{d_2^*} \tag{16-7}$$

式中,$\bar{R}$ 是重复测量同一个零件的极差的平均值,$d_2^*$ 的值依赖于两个量:$m$ 和 $g$。这里,$m$ 是重复测量次数,$g$ 是操作者数 $k$ 与测量对象个数 $n$ 的乘积,通过表 16.1 来查询 $d_2^*$。

### 2. 再现性

再现性(reproducibility)是指不同的操作者使用相同的量具,对相同的零件进行多次测量而产生的波动。再现性主要是度量不同的操作者在测量过程中所产生的波动,记为 $AV$。

一般来说,再现性的研究遵从以下步骤:

(1) 假设有 $k$ 名操作者,测量 $n$ 个测量对象,要求每名操作者对每个测量对象重复测量 $m$ 次。记第 $i$ 名操作者的测量数据如表 16.2 所示。把第 $i$ 名操作者所得的 $nm$ 个测量值的总平均记为 $\bar{\bar{x}}^{(i)}$,这样就得到 $k$ 个总平均

$$\bar{\bar{x}}^{(1)},\quad \bar{\bar{x}}^{(2)},\quad \cdots,\quad \bar{\bar{x}}^{(k)} \tag{16-8}$$

表 16.1 $d_2^* = d_2^*(m,g)$的数值表

| $g$ | $m$ | | | | | | | | | | | | | |
|---|---|---|---|---|---|---|---|---|---|---|---|---|---|---|
| | 2 | 3 | 4 | 5 | 6 | 7 | 8 | 9 | 10 | 11 | 12 | 13 | 14 | 15 |
| 1 | 1.41 | 1.91 | 2.24 | 2.48 | 2.57 | 2.83 | 2.95 | 3.08 | 3.18 | 3.27 | 3.35 | 3.42 | 3.49 | 3.55 |
| 2 | 1.28 | 1.81 | 2.15 | 2.40 | 2.50 | 2.77 | 2.91 | 3.02 | 3.13 | 3.22 | 3.30 | 3.38 | 3.45 | 3.51 |
| 3 | 1.23 | 1.77 | 2.12 | 2.38 | 2.58 | 2.75 | 2.89 | 3.01 | 3.11 | 3.21 | 3.29 | 3.37 | 3.43 | 3.50 |
| 4 | 1.21 | 1.75 | 2.11 | 2.37 | 2.57 | 2.74 | 2.88 | 3.00 | 3.10 | 3.20 | 3.28 | 3.35 | 3.43 | 3.49 |
| 5 | 1.19 | 1.74 | 2.10 | 2.35 | 2.65 | 2.73 | 2.87 | 2.99 | 3.10 | 3.19 | 3.28 | 3.35 | 3.42 | 3.49 |
| 6 | 1.18 | 1.73 | 2.09 | 2.35 | 2.55 | 2.73 | 2.87 | 2.99 | 3.10 | 3.19 | 3.27 | 3.35 | 3.42 | 3.49 |
| 7 | 1.17 | 1.73 | 2.09 | 2.35 | 2.55 | 2.72 | 2.87 | 2.99 | 3.09 | 3.19 | 3.27 | 3.35 | 3.42 | 3.48 |
| 8 | 1.17 | 1.72 | 2.08 | 2.35 | 2.55 | 2.72 | 2.87 | 2.98 | 3.09 | 3.19 | 3.27 | 3.35 | 3.42 | 3.48 |
| 9 | 1.15 | 1.72 | 2.08 | 2.34 | 2.55 | 2.72 | 2.85 | 2.98 | 3.09 | 3.18 | 3.27 | 3.35 | 3.42 | 3.48 |
| 10 | 1.15 | 1.72 | 2.08 | 2.34 | 2.55 | 2.72 | 2.85 | 2.98 | 3.09 | 3.18 | 3.27 | 3.34 | 3.42 | 3.48 |
| 11 | 1.15 | 1.71 | 2.08 | 2.34 | 2.55 | 2.72 | 2.85 | 2.98 | 3.09 | 3.18 | 3.27 | 3.34 | 3.41 | 3.48 |
| 12 | 1.15 | 1.71 | 2.07 | 2.34 | 2.55 | 2.72 | 2.85 | 2.98 | 3.09 | 3.18 | 3.27 | 3.34 | 3.41 | 3.48 |
| 13 | 1.15 | 1.71 | 2.07 | 2.34 | 2.55 | 2.71 | 2.85 | 2.98 | 3.09 | 3.18 | 3.27 | 3.34 | 3.41 | 3.48 |
| 14 | 1.15 | 1.71 | 2.07 | 2.34 | 2.54 | 2.71 | 2.85 | 2.98 | 3.08 | 3.18 | 3.27 | 3.34 | 3.41 | 3.48 |
| 15 | 1.15 | 1.71 | 2.07 | 2.34 | 2.54 | 2.71 | 2.85 | 2.98 | 3.08 | 3.18 | 3.25 | 3.34 | 3.41 | 3.48 |
| >15 | 1.128 | 1.593 | 2.059 | 2.325 | 2.534 | 2.704 | 2.847 | 2.907 | 3.078 | 3.173 | 3.258 | 3.335 | 3.407 | 3.472 |

表 16.2 第 $i$ 名操作者的测量数据

| 零件号 / 重复号 | 1 | 2 | | $n$ | |
|---|---|---|---|---|---|
| 1 | $x_{11}$ | $x_{21}$ | … | $x_{n1}$ | |
| 2 | $x_{12}$ | $x_{22}$ | … | $x_{n2}$ | |
| ⋮ | ⋮ | ⋮ | | ⋮ | |
| $m$ | $x_{1n}$ | $x_{2n}$ | … | $x_{nm}$ | |
| 均值 | $x_1$ | $x_2$ | | $x_n$ | 总平均 $x^{(i)}$ |

(2) 计算操作者之间的极差 $R_0$ 与标准差

$$R_0 = \bar{\bar{x}}_{\max} - \bar{\bar{x}}_{\min} \tag{16-9}$$

$$\hat{\sigma}_0 = \frac{R_0}{d_2^*} \tag{16-10}$$

式中,$d_2^*$ 可查表16.1的 $d_2^* = d_2^*(m,g)$。因为只有一个极差 $R_0$ 参与计算,故 $g=1, m=k$。

(3) 由于上述标准差 $\hat{\sigma}_0$ 还包含着每名操作者重复测量引起的波动,故需要对标准差 $\hat{\sigma}_0$ 做出修正。若记重复性中的方差为 $\hat{\sigma}_e^2$,如今每个操作者各测量 $nm$ 次,故方差要缩小 $nm$ 倍,即实际重复性的方差为 $\hat{\sigma}_0^2/nm$。从上述方差中扣除这个重复性方差,即得再现性的方差校正值为:

$$\hat{\sigma}_0'^2 = \hat{\sigma}_0^2 - \hat{\sigma}_e^2/nm \tag{16-11}$$

$$\hat{\sigma}_0' = (\hat{\sigma}_0^2 - \hat{\sigma}_e^2/nm)^{1/2} \tag{16-12}$$

(4) 最后计算其再现性为:$AV = 5.15\hat{\sigma}_0'$。

**3. 测量对象间的波动**

对测量对象来说，总是存在差异的。如果测量 $n$ 个不同的对象，就可得到 $n$ 个测量值 $x_1,x_2,\cdots,x_n$。测量对象间的波动亦可用重复测试的数据计算。如果有 $n$ 个测量对象，$k$ 个测量者，每个测量者对每个测量对象均重复测量 $m$ 次，那么，对这些测量对象可计算得到 $n$ 个均值，即 $\bar{x}_1,\bar{x}_2,\cdots,\bar{x}_n$，然后计算其极差

$$R_{\mathrm{p}} = \bar{x}_{\max} - \bar{x}_{\min} \tag{16-13}$$

则测量对象间的标准差为

$$\hat{\sigma}_{\mathrm{p}} = R_p / d_2^*(m,g) \tag{16-14}$$

测量对象间的波动 $PV$ 为

$$PV = 5.15\hat{\sigma}_{\mathrm{p}} \tag{16-15}$$

式中，$d_2^*$ 可查表 16.1 的 $d_2^* = d_2^*(m,g)$。因为只有一个极差 $R_p$ 参与计算，故 $g=1,m=n$。

以上在计算重复测量之间的标准差、操作者之间的标准差和测量对象之间的标准差时，使用了“均值极差法”。这种方法只能在操作员与零件之间没有交互作用时有效。一旦操作员与零件之间有交互作用，可以在计算机中采用 ANOVA 方法进行计算。

**4. 定量 Guage R&R**

在测量系统分析的研究中，测量数据的总方差 $\sigma_{\mathrm{T}}^2$ 由测量对象的方差 $\sigma_{\mathrm{p}}^2$ 与测量系统的方差 $\sigma_{\mathrm{ms}}^2$ 组成，而测量系统的方差又由测量者的方差和量具的方差构成，即

$$\sigma_{\mathrm{T}}^2 = \sigma_{\mathrm{p}}^2 + \sigma_{\mathrm{ms}}^2 \tag{16-16}$$

$$\sigma_{\mathrm{ms}}^2 = \sigma_0^2 + \sigma_{\mathrm{op}}^2 + \sigma_{\mathrm{e}}^2 \tag{16-17}$$

式中，$\sigma_{\mathrm{op}}^2$ 是操作员与零件的交互作用方差，所以

$$\sigma_{\mathrm{T}}^2 = \sigma_{\mathrm{p}}^2 + \sigma_{\mathrm{ms}}^2 = \sigma_{\mathrm{p}}^2 + \sigma_0^2 + \sigma_{\mathrm{op}}^2 + \sigma_{\mathrm{e}}^2 \tag{16-18}$$

对式(16-18)两端各乘以 $(5.15)^2$，则

$$(TV)^2 = (PV)^2 + (AV)^2 + (EV)^2 \tag{16-19}$$

式中，$TV$ 称为总波动，$PV$ 为测量对象间的波动，$(AV)^2+(EV)^2$ 称为量具重复性和再现性波动的平方，有时也直观地记为 $(R\&R)^2$，因此有下列公式

$$R\&R = \sqrt{(AV)^2 + (EV)^2} \tag{16-20}$$

测量过程是否有能力准确可靠地反映被测对象的波动，是测量系统系统分析所关注的主要问题。因此，需要对测量系统的能力做出评价。评价测量系统能力的方法通常有两种：

(1) 用测量系统的波动 $R\&R$ 与总波动之比来衡量，通常记为 $P/TV$，即

$$P/TV = \frac{R\&R}{TV} \times 100\% \tag{16-21}$$

(2) 用测量系统的波动 $R\&R$ 与被测对象质量特性的容差之比来度量，通常记为 $P/T$，即

$$P/TV = \frac{R\&R}{USL - LSL} \times 100\% = \frac{5.15\hat{\sigma}_{\mathrm{ms}}}{USL - LSL} \times 100\% \tag{16-22}$$

在评价测量系统的性能时，通常采用的标准如下所示：

(1) $(P/TV$ 或 $P/T) \leqslant 10\%$，测量系统能力很好。

(2) $10\% < (P/TV$ 或 $P/T) \leqslant 30\%$，测量系统能力处于临界状态。

(3) $(P/TV$ 或 $P/T) > 30\%$，测量系统能力不足，必须进行改进。

### 16.1.6　量值的溯源、校准和检定

**1. 量值溯源体系**

通过一条具有规定不确定度的不间断的比较链，使测量结果或测量标准的值能够与规定的参考标准（通常是国家计量基准或国际计量基准）联系起来的特性，称为量值溯源性。

实现量值溯源的最主要的技术手段是校准和检定。

**2. 校准**

在规定条件下，为确定测量仪器（或测量系统）所指示的量值，或实物量具（或参考物质）所代表的量值，与对应的由其测量标准所复现的量值之间关系的一组操作，称为校准。它包括两个主要含义：

(1) 在规定的条件下，用参考测量标准给包括实物量具（或参考物质）在内的测量仪器的特性赋值，并确定其示值误差。

(2) 将测量仪器所指示或代表的量值，按照比较链或标准链，将其溯源到测量标准所复现的量值上。

**3. 检定**

测量仪器的检定，是指查明和确认测量仪器是否符合法定要求的程序，它包括检查、加标记和（或）出具检定证书。

检定具有法制性，其对象是法制管理范围内的测量仪器。根据检定的必要程度和我国对其依法管理的形式，可将检定分为强制检定和非强制检定两类。

(1) 强制检定是指由政府计量行政主管部门所属的法定计量检定机构或授权的计量检定机构，对某些测量仪器实行的一种定点定期的检定。

(2) 非强制检定是指由使用单位自己或委托具有社会公用计量标准或授权的计量检定机构，对强检以外的其他测量仪器依法进行的一种定期检定。其特点是使用单位依法自主管理，自由送检，自求溯源，自行确定检定周期。

## 16.2　原子力显微镜

原子力显微镜（Atomic Force Microscopy，AFM）是扫描探针显微镜（Scanning Probe Microscope，SPM）的一种，它利用非常细小的探针，非常缓慢地在材料表面移动，以接触或非接触的方式，根据探针和材料表面的相互作用，来探知材料表面的细微结构，如原子的规则排列、表面形貌（topography）等。

### 16.2.1　仪器结构

原子力显微镜主要的构成组件有探针、探针定位与扫描装置、作用力检测部分、反馈控制单元等。

**1. 探针**

探针可能经常与样品表面接触，为避免针尖弯折或断裂，探针材料需选择较硬的金属，钨丝是最常用的材料。钨丝经过电化学腐蚀，形成尖端半径为数十纳米的探针，再经由聚焦

离子束切削加工后，可获得尖端半径更小的探针。探针的尖端大小和探针形状直接影响AFM的平面分辨率，通常，探针越尖，图像的平面分辨率越高。

**2. 探针扫描装置**

探针的定位与扫描需要非常高的尺寸精度，因此扫描部件一般都使用压电陶瓷元件，在空间的 *XYZ* 方向上各使用一个元件，可以实现探针的精确的移动控制。

**3. 作用力检测部分**

在原子力显微镜(AFM)的系统中，所要检测的力是原子与原子之间的范德华力。所以在本系统中是使用微小悬臂(cantilever)来检测原子之间力的变化量。微悬臂通常由一个一般 100～500$\mu$m 长和 500nm～5$\mu$m 厚的硅片或氮化硅片制成。微悬臂顶端有一个尖锐针尖，用来检测样品与针尖间的相互作用力。这微小悬臂有一定的规格，例如长度、宽度、弹性系数以及针尖的形状，而这些规格的选择是依照样品的特性以及操作模式的不同，而选择不同类型的探针。

在原子力显微镜的系统中，二极管激光器(laser diode)发出的激光束经过光学系统聚焦在微悬臂(cantilever)背面，并从微悬臂背面反射到由光电二极管构成的光斑位置检测器(detector)，如图 16.4 所示。因而，通过光电二极管检测光斑位置的变化，就能获得被测样品表面形貌的信息。在样品扫描时，由于样品表面的原子与微悬臂探针尖端的原子间的相互作用力，微悬臂将随样品表面形貌而弯曲起伏，反射光束也将随之偏移，在整个系统中是依靠激光光斑位置检测器将偏移量记录下并转换成电的信号，以供 SPM 控制器做信号处理。

图 16.4　激光检测原子力显微镜探针工作示意图

在 AFM 中要得到样品垂直方向约 0.01Å 的精确度，探针和样品间距的稳定度需维持在 0.001Å，环境的震动振幅远远超过这个量级百万倍，因此必须隔离环境的震动。AFM 的防震设计包括两方面，一是设备与周围环境震动的隔离，二是成像装置部分本身具有较大的刚度。组合使用黏弹性的高分子橡胶和金属弹簧，以尽量过滤各种频率的振动，实现与周围环境震动的隔离。

**4. 反馈系统**

在系统检测成像全过程中，探针和被测样品间的距离始终保持在纳米量级，距离太大不能获得样品表面的信息，距离太小会损伤探针和被测样品，反馈回路(feedback)的作用就是在工作过程中，由探针得到探针与样品相互作用的强度，来改变加在样品扫描器垂直方向的电压，从而使样品伸缩，调节探针和被测样品间的距离，反过来控制探针与样品相互作用的强度，实现反馈控制。

## 16.2.2　工作模式

原子力显微镜的工作模式是以针尖与样品之间的作用力的形式来分类的，主要有以下3种操作模式：接触模式(contact mode)、非接触模式(non-contact mode)和敲击模式(tapping mode)。

**1. 接触模式**

从概念上来理解,接触模式是AFM最直接的成像模式。正如名字所描述的那样,AFM在整个扫描成像过程中,探针针尖始终与样品表面保持亲密的接触,而相互作用力是排斥力。扫描时,悬臂施加在针尖上的力有可能破坏试样的表面结构,因此力的大小范围在$10^{-10}\sim10^{-6}$N。若样品表面柔嫩而不能承受这样的力,便不宜选用接触模式对样品表面进行成像。

**2. 非接触模式**

非接触模式探测试样表面时悬臂在距离试样表面上方5～10nm的距离处振荡。这时,样品与针尖之间的相互作用由范德华力控制,通常为$10^{-12}$N,样品不会被破坏,而且针尖也不会被污染,特别适合于研究柔嫩物体的表面。这种操作模式的不利之处在于要在室温大气环境下实现这种模式十分困难,因为样品表面不可避免地会积聚薄薄的一层水,它会在样品与针尖之间搭起一小小的毛细桥,将针尖与表面吸在一起,从而增加尖端对表面的压力。

**3. 敲击模式**

敲击模式介于接触模式和非接触模式之间,是一个杂化的概念。悬臂在试样表面上方以其共振频率振荡,针尖仅仅是周期性地短暂地接触敲击样品表面。这就意味着针尖接触样品时所产生的侧向力被明显地减小了。因此当检测柔嫩的样品时,AFM的敲击模式是最好的选择之一。一旦AFM开始对样品进行成像扫描,装置随即将有关数据输入系统,如表面粗糙度、平均高度、峰谷峰顶之间的最大距离等,用于物体表面分析。同时,AFM还可以完成力的测量工作,测量悬臂的弯曲程度来确定针尖与样品之间的作用力大小。

AFM在集成电路生产过程中主要用于测量STI的深度、STI Oxide的step height以及其他沟槽的深度和栅极、互连线的剖面轮廓等。

## 16.3 扫描电子显微镜

**1. 电子束与固体的相互作用**

高能电子射入固体样品,与原子核和核外电子发生弹性和非弹性散射过程,激发固体样品产生各种物理信号,这些物理信号有背散射电子、二次电子、吸收电子、透射电子(如果样品很薄,电子可以穿透的话)、特征X射线、俄歇电子、阴极荧光、电子束感生电效应等。用不同的方式接收和处理这些物理信号,构成了电子显微分析的基础。扫描电子显微镜(Scanning Electron Microscope, SEM)就是通过侦测二次电子或背散射电子,实现高分辨率、高放大倍数和大景深的观测,非常适合于微小尺寸的测量。二次电子是被入射电子轰击出来的核外电子,通常能力只有几个电子伏特,来自于固体表面十几到几十埃范围内,在这样浅的表层里,入射电子与样品原子只发生次数很有限的散射,基本未向侧向扩展,因此可以认为在样品上方检测到的二次电子主要来自于扫描束斑相当、深度为几十埃的样品体积内,二次电子信号源于被观测样品的表面,可以提供更高的空间分辨率,在CD-SEM(critical dimension)中广泛应用。

**2. SEM工作原理**

电子枪发射电子,经过聚焦后轰击在样品表面,激发出二次电子,二次电子的信号强度随样品表面特征而变，扫描系统在控制电子束扫描样品表面的同时，控制显示器的阴极射线管电子束在荧光屏上作同步扫描。二次电子的信号经检测放大后作为调制信号，同步调制阴极射线管的电子束强度，在荧光屏上获得能反映样品表面特征的扫描图像。

**3. SEM 构造**

扫描电子显微镜由电子光学系统，扫描系统，信号检测放大系统，图像显示和记录系统，电源系统和真空系统等部分组成。

(1) 电子光学系统：由电子枪，电磁聚光镜，光阑，样品室等部件组成。它的功能是获得扫描电子束，作为使样品产生各种物理信号的激发源。为了获得较高的信号强度和扫描像(尤其是二次电子像)分辨率，扫描电子束应具有较高的亮度和尽可能小的束斑直径。场发射电子枪可提供最小的电子源直径(约 5nm)和最高的亮度($108\sim109\mathrm{A/cm^2\cdot sr}$)，是高分辨率扫描电镜的理想电子源。用二次电子成像时，扫描电镜所能达到的分辨率极限就是样品表面束斑的直径。电磁聚光镜把电子枪发射的电子束进一步缩小，可以实现更高的分辨率，已经可以达到 4Å。

(2) 扫描系统：其作用是提供入射电子束在样品表面以及阴极射线管电子束在荧光屏上的同步扫描信号。改变入射电子束在样品表面的扫描振幅，以获得所需放大倍数的扫描像。它由扫描信号发生器、放大控制器等电子学线路和相应的扫描线圈组成。

(3) 信号检测放大系统：其作用是检测样品在入射电子作用下产生的物理信号，然后经视频放大，作为显像系统的调制信号。通常用闪烁计数器来检测二次点子、背散射电子等信号，它由闪烁体、光导管、光电倍增器等组成。当信号电子撞击并进入闪烁体时引起电离，当离子与自由电子复合时，产生可见光信号沿光导管送到光电倍增器进行放大，输出电信号经视频放大器放大后作为调制信号。这种监测系统在很宽的信号范围内具有正比于原始信号的输出，具有很宽的频带和高的增益，而且噪音很小。

(4) 图像显示和记录系统：把信号监测系统输出的调制信号，转换为在阴极射线管荧光屏上显示的样品表面某种特征的扫描图像。目前电子计算机在此领域的应用非常深入广泛，扫描图像保存在电脑磁盘中，还可以利用各种专业软件对图像进行所需的分析处理。

(5) 真空系统：其作用是建立起确保电子光学系统正常工作、防止样品污染所必需的真空度，安装了冷场发射电子枪的扫描电镜其灯丝部分已达到 $10^{-8}$Pa 的真空度。

(6) 电源系统：由稳压、稳流及相应的安全保护电路组成，提供扫描电镜各部分所需要的电源。

**4. 扫描电镜的分辨率**

分辨率是扫描电子显微镜的主要性能指标，它是指在图像上能分辨出的两个亮点之间的最小间距。影响扫描电镜分辨率的主要因素一是扫描电子束斑直径，一般认为扫描电镜能分辨的最小间距不可能小于扫描电子束斑直径，它主要取决于电子光学系统，尤其是电子枪的类型和性能、束流大小、末级聚光镜光阑孔径大小及其污染程度等，高分辨率的扫描电子显微镜都采用场发射电子枪，因其束斑直径小，束流密度高；另一个因素是入射电子束在样品中的扩展效应，高能入射电子在样品内经过多次散射后，整体上失去了方向性，在固体内部形成漫散射，漫散射作用区的形状取决于原子序数，漫散射作用区的体积大小取决于入射电子的能量。要得到高的分辨率，入射束在样品内部的扩展要小，探头所收集到的二次电子所来自的面积要小。当以二次电子为调制信号时,二次电子主要来自两个方面,即由入射电子直接激发的二次电子(成像信号)和由背散射电子、X射线光子射出表面过程中间接激发的二次电子(本底噪音)。为减少本底噪音,通常采用较低的入射能量,减少背散射电子和X射线光子的激发所产生的二次电子。理想情况下,二次电子成像的分辨率约等于束斑直径。背散射电子的能量比较大,来自于样品内较大的区域,通常背散射电子成像的分辨率要比二次电子低。

**5. 扫描电子显微镜像衬度**

扫描电子显微镜像衬度主要是利用样品表面微区特征(如形貌,原子序数或化学成分,晶体结构或晶体取向等)的差异,在电子束作用下产生不同强度的二次电子信号,从而导致成像荧光屏上不同的区域出现不同的亮度,获得具有一定衬度的图像。表面形貌衬度是利用对样品表面形貌变化敏感的物理信号作为调制信号得到的一种像衬度。二次电子信号主要来自样品浅表层,它的强度与原子序数没有明确的关系,但对微区刻面相对于入射电子束的位向十分敏感,而且二次电子像分辨率高,非常适用于显示形貌衬度。表面尖棱、小粒子、坑穴边缘等结构因二次电子的产额高,在扫描像上这些位置亮度高,CD-SEM主要利用形貌衬度,利用所观察目标的表面形状的起伏产生衬度,再配以自动测量的软件,实现快速、高分辨率的CD测量。在集成电路生产过程中,沟槽的宽度、通孔的直径、栅极的宽度、互连线的宽度等都可以用CD-SEM进行高精度的测量。

## 16.4 椭圆偏振光谱仪

椭圆偏振光是最常见的偏振光,当两个方向上的电场分量具有可变相位差和不同的振幅时,光矢量末端在垂直于传播方向的平面上描绘出的轨迹为一椭圆,故称为椭圆偏振光。椭圆偏光法是一种非接触式、非破坏性的薄膜厚度、光学特性检测技术。椭偏法测量的是电磁光波斜射入表面或两种介质的界面时偏振态的变化。椭偏法只测量电磁光波的电场分量来确定偏振态,因为光与材料相互作用时,电场对电子的作用远远大于磁场的作用。

折射率和消光系数是表征材料光学特性的物理量,折射率是真空中的光速与材料中光的传播速度的比值 $N=C/V$;消光系数表征材料对光的吸收,对于透明的介电材料如二氧化硅,光完全不吸收,消光系数为0。$N$ 和 $K$ 都是波长的函数,但与入射角度无关。

椭偏法通过测量偏振态的变化,结合一系列的方程和材料薄膜模型,可以计算出薄膜的厚度 $T$、折射率 $N$ 和吸收率(消光系数)$K$。椭偏法测量具有如下优点:

(1) 能测量很薄的膜(1nm),且精度很高,比干涉法高1~2个数量级。

(2) 是一种无损测量,不必特别制备样品,也不损坏样品,比其他精密方法如称重法、定量化学分析法简便。

(3) 可同时测量膜的厚度、折射率以及吸收率。因此可以作为分析工具使用。

(4) 对一些表面结构、表面过程和表面反应相当敏感,是研究表面物理的一种方法。

**1. 椭圆偏光法的基本原理**

椭圆偏光法涉及椭圆偏振光在材料表面的反射。为表征反射光的特性,可分成两个分量:$P$ 和 $S$ 偏振态,$P$ 分量是指平行于入射面的线性偏振光,$S$ 分量是指垂直于入射面的线性偏振光。菲涅耳反射系数 $r$ 描述了在一个界面入射光线的反射。$P$ 和 $S$ 偏振态分量各自的菲涅耳反射系数 $r$ 是各自的反射波振幅与入射波振幅的比值。大多情况下会有多个界面，回到最初入射媒介的光经过了多次反射和透射。总的反射系数 $R_p$ 和 $R_s$ 由每个界面的菲涅耳反射系数决定。$R_p$ 和 $R_s$ 定义为最终的反射波振幅与入射波振幅的比值。

图 16.5 给出了椭偏仪的基本光学物理结构。已知入射光的偏振态，偏振光在样品表面被反射，测量得到反射光偏振态（幅度和相位），计算或拟合出材料的属性。

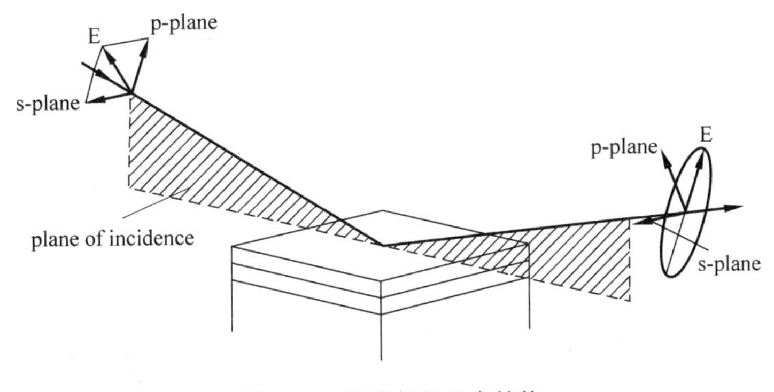


图 16.5　椭偏仪的基本结构

入射光束（线偏振光）的电场可以在两个垂直平面上分解为矢量元。$P$ 平面包含入射光和出射光，$s$ 平面则是与这个平面垂直。类似地，反射光或透射光是典型的椭圆偏振光，因此仪器被称为椭偏仪。在物理学上，偏振态的变化可以用复数 $\rho$ 来表示

$$\rho = \tan(\psi)\mathrm{e}^{\mathrm{j}\Delta} = \frac{r_p}{r_s}$$

其中，$\Delta$ 是反射束和入射束的偏振态的相位差，$\psi$ 表征反射时振幅的变化，取值在 0°～90°之间。$P$ 平面和 $S$ 平面上的 Fresnel 反射系数分别用复函数 $r_p$ 和 $r_s$ 来表示。椭圆偏光法最基本的方程式就是 $\Delta,\psi,r_p,r_s$ 的关系。根据这个方程，可以推出样品的厚度和折射率等信息。

$r_p$ 和 $r_s$ 的数学表达式可以用 Maxwell 方程在不同材料边界上的电磁辐射推导得到，有

$$r_s = \left(\frac{E_{0r}}{E_{0i}}\right)_s = \frac{N_0\cos\phi_0 - N_1\cos\phi_1}{N_0\cos\phi_0 + N_1\cos\phi_1} \tag{16-23}$$

$$r_p = \left(\frac{E_{0r}}{E_{0i}}\right)_s = \frac{N_1\cos\phi_0 - N_0\cos\phi_1}{N_1\cos\phi_0 + N_0\cos\phi_1} \tag{16-24}$$

其中，$\phi_0$ 是入射角，$\phi_1$ 是折射角。入射角为入射光束和待研究表面法线的夹角。通常椭偏仪的入射角范围是 45°～90°。这样在探测材料属性时可以提供最佳的灵敏度。每层介质的折射率可以用下面的复函数表示，即

$$N = n + \mathrm{j}k \tag{16-25}$$

通常称 $n$ 为折射率，称 $k$ 为消光系数。这两个系数用来描述入射光如何与材料相互作用，它们被称为光学常数。实际上，尽管这个值是随着波长、温度等参数变化而变化的。当待测样品周围介质是空气或真空的时候，$N_0$ 的值通常取 1。

如果已知薄膜的厚度、折射率和消光系数以及基底的折射率和消光系数，固定波长和入射角，可以计算出相应的 $\Delta$ 和 $\psi$。改变厚度，可以得到不同的 $\Delta$ 和 $\psi$，根据这些数据作出 $\Delta$ 和 $\psi$ 迹线，如图 16.6 所示。

对于消光系数为 0 的电介质薄膜，迹线在一定厚度时闭合，这个厚度称为周期厚度 $T_c$，$T_c$ 代表迹线完整一周的路径。膜厚继续增大，迹线会沿着同样的路径再循环一周。这样，就会出现在相同的波长和入射角时厚度不同，而且厚度的差值是 $T_c$ 的整数倍。当近似厚度

未知,只用单一波长、单一入射角测量时,不能决定这些不同的厚度值中哪一个是正确的结果。

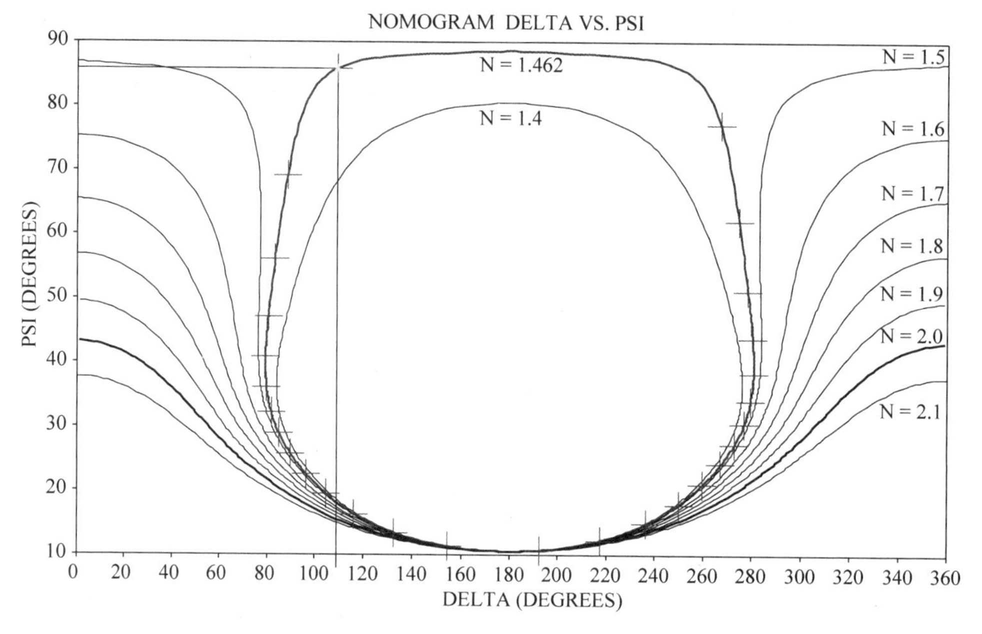


图 16.6　不同 $N$ 对应的 $\Delta$ 和 $\psi$ 的迹线

改变波长或入射角度,会得到另外一组厚度值,而两组测量所得的厚度可能值中只有一个是相同的,这就是正确的厚度。对于折射率相近的材料,在接近周期厚度时难以区分其迹线。通过测量不同入射角下的 $\Delta$ 和 $\psi$,能更准确地计算出反射率。

通常椭偏仪测量作为波长和入射角函数 $\rho$ 的值(经常以 $\psi$ 和 $\Delta$ 或相关的量表示)。一次测量完成以后,所得的数据用来分析得到光学常数、膜层厚度以及其他感兴趣的参数值。如图 16.7 所示,分析的过程包含很多步骤。

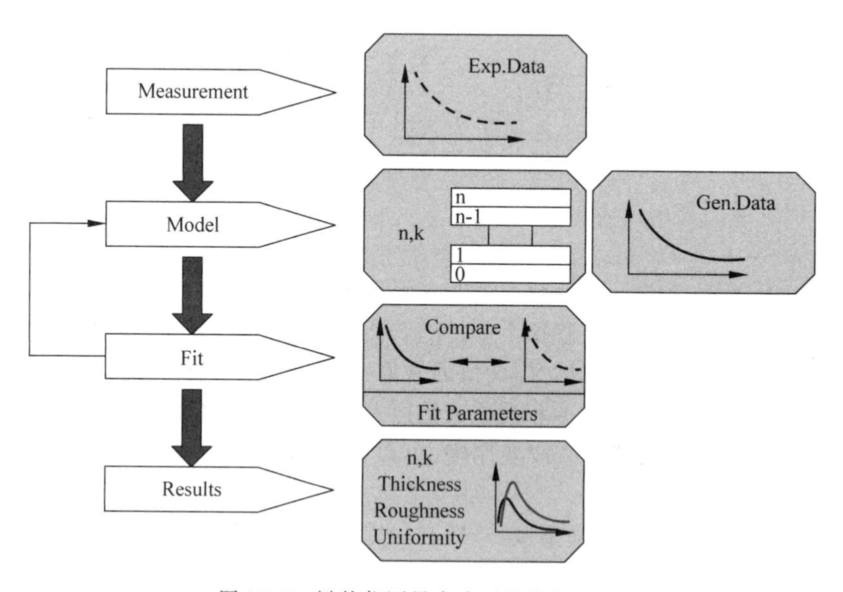


图 16.7　椭偏仪测量完成后的分析过程

可以用一个模型来描述测量的样品，这个模型包含了每个材料的多个平面，包括基底。在测量的光谱范围内，用厚度和光学常数($n$ 和 $k$)来描述每一个层，对未知的参数先做一个初始假定。最简单的模型是一个均匀的大块固体，表面没有粗糙和氧化。这种情况下，折射率的复函数直接表示为

$$N_1 = N_0 \tan\phi_0 \left(1 - \frac{4\rho}{(1+p)^2}\sin^2\phi_0\right) \tag{16-26}$$

但实际应用中大多数材料都是粗糙或有氧化的表面，因此上述函数式常常不能应用。

图 16.7 中的下一步，利用模型来生成 Gen. Data，由模型确定的参数生成 Psi 和 Detla 数据，并与测量得到的数据进行比较，不断修正模型中的参数使得生成的数据与测量得到的数据尽量一致。即使在一个大的基底上只有一层薄膜，理论上对这个模型的代数方程描述也是非常复杂的。因此通常不能对光学常数、厚度等给出类似上面方程一样的数学描述，这样的问题，通常被称作反演问题。

最通常的解决椭偏仪反演问题的方法就是在回归分析中，应用 Levenberg-Marquardt 算法。利用比较方程，将实验所得到的数据和模型生成的数据比较。通常，定义均方误差(Mean Square Error，MSE)为

$$MSE = \frac{1}{2N-M}\sum_{i=1}^{N}\left[\left(\frac{\psi_i^{\text{mod}} - \psi_i^{\text{exp}}}{\sigma_{\psi,i}^{\text{exp}}}\right)^2 + \left(\frac{\Delta_i^{\text{mod}} - \Delta_i^{\text{exp}}}{\sigma_{\Delta,i}^{\text{exp}}}\right)^2\right] = \frac{1}{2N-M}\chi^2 \tag{16-27}$$

在有些情况下，最小的 MSE 可能产生非物理或非唯一的结果。但是加入符合物理定律的限制或判断后，还是可以得到很好的结果。回归分析已经在椭偏仪分析中收到成功的应用，结果是可信的、符合物理定律的、精确可靠。

**2. 椭偏仪**

偏振光椭圆率测量仪所需的组件包括：①把非偏振光转化为线性偏振光的光学系统；②把线性偏振光转化为椭圆偏振光的光学系统；③样品反射；④测量反射光偏振特性的光学系统；⑤测量光强度的探测器；⑥根据假设模型计算结果的计算机，如图 16.8 所示。

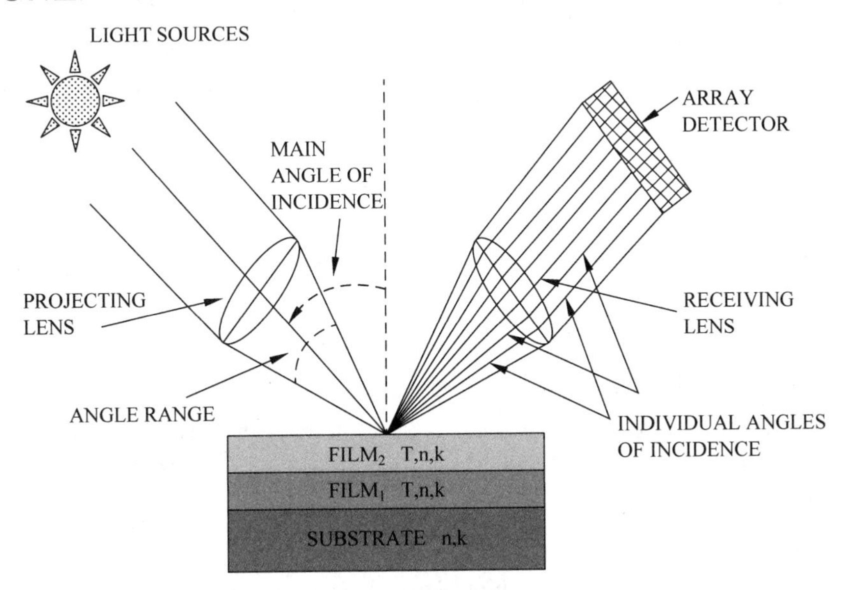


图 16.8　偏振差椭圆率测量仪的组件

汇聚束技术：汇聚束技术实现一个锥形光束，入射角最小到40°，最大到70°。探测器有多个像素可以同时处理测量角度范围内的光线。从最大或最小角度反射来的光靠近束斑的边缘，所得的结果可能无意义，因此可以裁减掉相应的像素。而且汇聚束技术的最小束斑可以到5×10μm，可用于测量非常小的图形。

在光谱椭偏仪的测量中使用不同的硬件配置，但每种配置都必须能产生已知偏振态的光束，测量由被测样品反射后光的偏振态，这要求仪器能够量化偏振态的变化量$\rho$。

有些仪器测量$\rho$是通过旋转确定初始偏振光状态的偏振片(称为起偏器)，再利用第二个固定位置的偏振片(称为检偏器)来测得输出光束的偏振态。另外一些仪器是固定起偏器和检偏器，而在中间部分调制偏振光的状态，如利用声光晶体等，最终得到输出光束的偏振态。这些不同配置的最终结果都是测量作为波长和入射角复函数$\rho$，如图16.9所示。

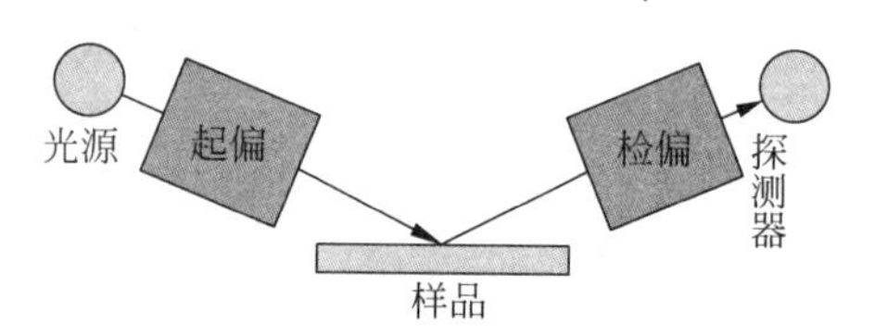


图16.9　光谱椭偏仪的测量示意图

在选择合适的椭偏仪的时候，光谱范围和测量速度通常也是一个需要考虑的重要因素。可选的光谱范围从深紫外到红外，光谱范围的选择通常由应用决定，不同的光谱范围能够提供关于材料的不同信息，合适的仪器必须和所要测量的光谱范围匹配。

测量速度通常由所选择的分光仪器(用来分开波长)来决定，单色仪用来选择单一的、窄带的波长，通过移动单色仪内的光学设备(一般由计算机控制)，单色仪可以选择感兴趣的波长。这种方式波长比较准确，但速度比较慢，因为每次只能测试一个波长。如果单色仪放置在样品前，有一个优点是明显减少了到达样品的入射光的量(避免了感光材料的改变)。另外一种测量的方式是同时测量整个光谱范围，将复合光束的波长展开，利用探测器阵列来检测各个不同的波长信号。在需要快速测量时，通常是用这种方式。傅里叶变换分光计也能同时测量整个光谱，但通常只需一个探测器，而不用阵列，这种方法在红外光谱范围应用最为广泛。

在集成电路生产过程中，椭偏仪广泛用于测量介电薄膜的厚度和光学性质，这些薄膜有二氧化硅、氮化硅以及低$k$材料等，可测量的薄膜厚度从十几埃到数千埃不等，既可以测量单层薄膜，也可以测量多层薄膜的厚度，成为介电薄膜生长工艺监控的重要手段。

## 16.5　统计过程控制

随着科技的发展，产品的制造过程日益复杂，对产品的质量要求日益提高，电子产品的不合格品率由过去的百分之一、千分之一降低到百万分之一(ppm)，乃至十亿分之一(ppb)，仅靠产品检验剔除不合格品，无法达到这样高的质量水平，经济上也不可行，必须对产品的制造过程加以控制，在生产的每一步骤实施控制。

为了实现对产品的制造过程加以控制，早在20世纪20年代休哈特就提出了过程控制理论以及控制过程的具体工具——控制图(control chart)。1931年休哈特出版了他的代表作《加工产品质量的经济控制，Economical Control of Quality of Manufactured Products》，这标志着统计过程控制时代的开始。

统计过程控制就是应用统计学技术对过程中的各个阶段进行评估和监控，建立并保持过程处于可接受的稳定水平，从而保证产品与服务符合规定的要求的一种技术。它包含两方面的内容：一是利用控制图分析过程的稳定性，对过程存在的异常因素进行预警；二是计算过程能力指数分析稳定的过程能力满足技术要求的程度，对过程质量进行评价。

## 16.5.1 统计控制图

### 1. 控制图原理

导致质量特性波动的因素根据来源不同可分为人员(man)、设备(machine)、原材料(material)、工艺方法(method)、测量(measurement)和环境(environment)六个方面，简称5M1E。根据对产品质量的影响大小来分，可分为偶然因素(简称偶因，common cause)与异常因素(简称异因，在国际标准和我国国家标准中称为可查明原因，special cause，assignable cause)两类。偶因是过程固有的，始终存在，对质量的影响微小，但难以除去，如机器振动，环境温湿度的细微变化等。异因则非过程固有，有时存在，有时不存在，对质量影响大，但不难除去，例如配件磨损等。

偶因引起质量的偶然波动，异因引起质量的异常波动。偶然波动是不可避免的，但对质量的影响一般不大。异常波动则不然，它对质量的影响大，且可以通过采取恰当的措施加以消除，故在过程中异常波动及造成异常波动的异因是我们注意的对象。一旦发生异常波动，就应该尽快找出原因，采取措施加以消除。将质量波动区分为偶然波动与异常波动两类并分别采取不同的对待策略，这是休哈特的贡献。

偶然波动与异常波动都是产品质量的波动，如何能发现异常波动的存在呢？我们可以这样设想：假定在过程中，异常波动已经消除，只剩下偶然波动，这当然是正常波动。根据这种正常波动，应用统计学原理设计出控制图相应的控制界限，而当异常波动发生时，点子的排列就呈现不随机的状态，甚至落在界外。点子频频出界表明一定存在异常波动，控制图上的控制界限就是区分偶然波动与异常波动的科学界限。

根据上述，可以说休哈特控制图即常规控制图的实质是区分偶然因素与异常因素两类因素。

### 2. 控制图的结构

控制图(control chart)是对过程质量特性值进行测定、记录、评估，从而监察过程是否处于控制状态的一种用统计方法设计的图。图上有中心线(Central Line，CL)、上控制限(Upper Control Limit，UCL)和下控制限(Lower Control Limit，LCL)，并有按时间顺序抽取的样本统计量数值的描点序列，参见图 16.10。UCL 与 LCL 统称为控制线(control lines)。若控制图中的描点落在 UCL 与 LCL 之外或描点在 UCL 与 LCL 之间的排列不随机，则表明过程异常。世界上第一张控制图是美国休哈特(W. A. Shewhart)在 1924 年 5 月 16 日提出的不合格品率 $p$ 控制图。控制图有一个很大的优点，即在图中将所描绘的点子与控制界限或规范界限相比较，从而能够直观地看到产品或服务质量的变化。

基于正态分布(normal distribution)假设的控制图是最常用的控制图。如果数据呈正态分布，则测量结果落在±3sigma 内的概率为 99.73%。如薄膜沉积过程中只有偶然波动，则膜厚成正态分布。如果除了偶然波动还有异常波动，则此异常波动将叠加在偶然波动形成的典型分布上，质量特性值的分布必将偏离原来的典型分布。因此，根据典型分布是否偏

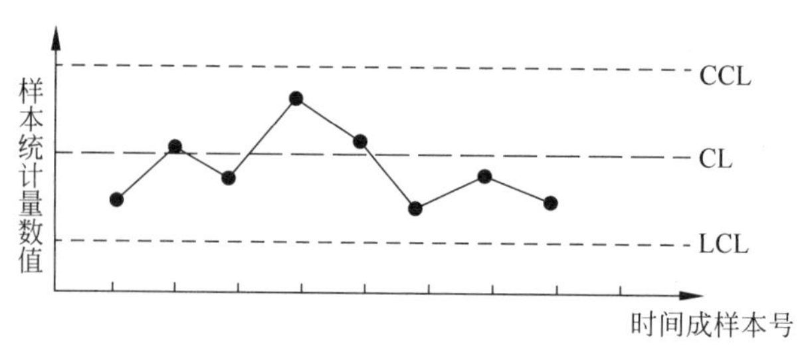


图16.10　控制图示例

离就能判断异常波动是否发生,是否出现了异常因素,典型分布的偏离可由控制图检出。在薄膜沉积的例子中,如果反应室的压力发生异常,导致薄膜的厚度分布偏离了原先的正态分布而向上移动,于是点子超出上控制界的概率大为增加,导致点子频频出界,表明过程存在异常波动。控制图的控制界限就是区分偶然波动与异常波动的科学界限。

只有偶然因素没有异常因素的状态,称为统计控制状态(state in statistical control),简称稳态,是控制阶段实施过程控制所追求的目标。

**3. 两类错误风险**

使用控制图要面对两类错误:

(1) 第一类错误:虚发警报(false alarm)。过程正常,由于点子偶然超出界外,根据点出界就判异,于是就犯了第一类错误。通常犯第一类错误的概率记为 $\alpha$。第一类错误将造成寻找根本不存在的异因的损失。鉴于生产过程的复杂性,查找不存在的原因耗费巨大而没有成果,所以通常控制图的虚发警报概率 $\alpha$ 取得很小,经验证明,$\alpha=0.27\%$在通常情况下是很好的选择。

(2) 第二类错误:漏发警报(alarm missing)。过程异常,但仍会有部分产品,其质量特性值的数值大小仍位于控制界限内。如果抽取到这样的产品,点子就会落在界内,不能判断过程出现异常,从而犯了第二类错误,即漏发警报。通常犯第二类错误的概率记为 $\beta$。第二类错误将造成可能发生不合格或不合格品增加的损失。

当 $\alpha_0=0.27\%$时,对应的 $\beta$ 就很大,这就需要增加判异准则,即使点子不出界,但当界内点排列不随机也表示存在异常因素。

**4. 判异准则**

判异准则(WECO rule)有点出界和界内点排列不随机两类。由于对点子的数目未加限制,故后者的模式原则上可以有很多种,但在实际中经常使用的只有具有明显物理意义的若干种。在控制图的判断中要注意对这些模式加以识别。所有的判异准则都是针对过程处于统计受控状态时的变异。

国标GB/T4091—2001《常规控制图》中规定了8种判异准则,为了应用这些准则,将控制图等分为6个区域,每个区宽 $1\sigma$。这6个区的标号分别为A、B、C、C、B、A。其中两个A区、B区及C区都关于中心线CL对称。需要指明的是这些判异准则主要适用于均值图和单值 $X$ 图,且假定质量特性 $X$ 服从正态分布。

准则1:一点落在A区以外,见图16.11(a)。在许多应用中,准则1甚至是唯一的判异准则。准则1可对参数 $\mu$ 的变化或参数 $\sigma$ 的变化给出信号,变化越大,则给出信号越快。准则1还可对过程中的单个失控做出反应,如计算错误、测量误差、原材料不合格、设备故障等。

当过程处于统计控制状态时，点子落在控制线内的概率为 99.73%，落在控制线外的概率为 1－99.73%＝0.27%，虚发警报的概率为 0.27%。

准则 2：连续 9 点落在中心线同一侧，见图 16.11(b)。此准则是为了补充准则 1 而设计的，以改进控制图的灵敏度。出现图 16.11(a)准则 2 的现象，主要是过程平均值 $\mu$ 减小的缘故。选择 9 点是为了使其犯第一类错误的概率 $\alpha$ 与准则 1 的 $\alpha0=0.0027$ 大体相仿。$P$(连续 9 点落在中心线同一侧)＝2＊(0.5)9＝0.3906%。虚发警报的概率为 0.3906%。

准则 3：连续 6 点递增或递减，见图 16.11(c)。此准则是针对过程平均值的趋势进行设计的，它判定过程平均值的较小趋势要比准则 2 更为灵敏。产生趋势的原因可能是工具逐渐磨损、维修逐渐变坏、操作人员技能的逐渐提高等，从而使得参数 $\alpha$ 随着时间而变化。该准则虚发警报的概率为 $P$(连续 6 点递增或递减)＝2/6! ＊(0.9973)6＝0.2733%。

准则 4：连续 14 点相邻点上下交替，见图 16.11(d)。本准则是针对由于轮流使用两台设备或由两位操作人员轮流进行操作而引起的系统效应。实际上，这就是一个数据分层不够的问题。选择 14 点是通过统计模拟试验而得出的，也是为使其 $\alpha$ 大体与准则 1 的 $\alpha0=0.0027$ 相当。虚发警报的概率大约为 0.004。

准则 5：连续 3 点中有 2 点落在中心线同一侧的 B 区以外，见图 16.11(e)。过程平均值的变化通常可由本准则判定，它对于变异的增加也较灵敏。这里需要说明的是：3 点中的 2 点可以是任何 2 点，至于第 3 点可以在任何处，甚至可以根本不存在。出现准则 5 的现象是由于过程参数 $\mu$ 发生了变化。虚发警报的概率为 0.3048%。

准则 6：连续 5 点中有 4 点落在中心线同一侧的 C 区以外，见图 16.11(f)。与准则 5 类似，这第 5 点可在任何处。本准则对于过程平均值的偏移也是较灵敏的，出现本准则的现象也是由于参数 $\mu$ 发生了变化。虚发警报的概率为 0.5331%。

准则 7：连续 15 点在 C 区中心线上下，见图 16.11(g)。出现本准则的现象是由于参数 $\sigma$ 变小。对于这种现象不要被它的良好"外貌"所迷惑，而应该注意到它的非随机性。造成这种现象的原因可能有数据虚假或数据分层不够等。虚发警报的概率为 0.326%。

准则 8：连续 8 点在中心线两侧，但无一在 C 区中，见图 16.11(h)。造成这种现象的主要原因也是因为数据分层不够。该准则虚发警报的概率为 0.0103%。

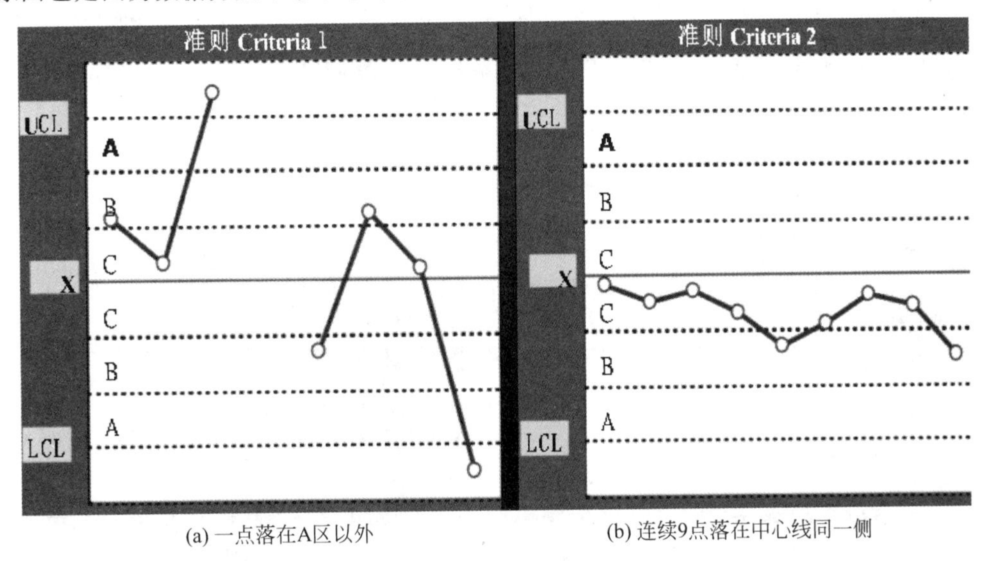


(a) 一点落在A区以外　　(b) 连续9点落在中心线同一侧

图 16.11 国标规定的 8 种判异规则

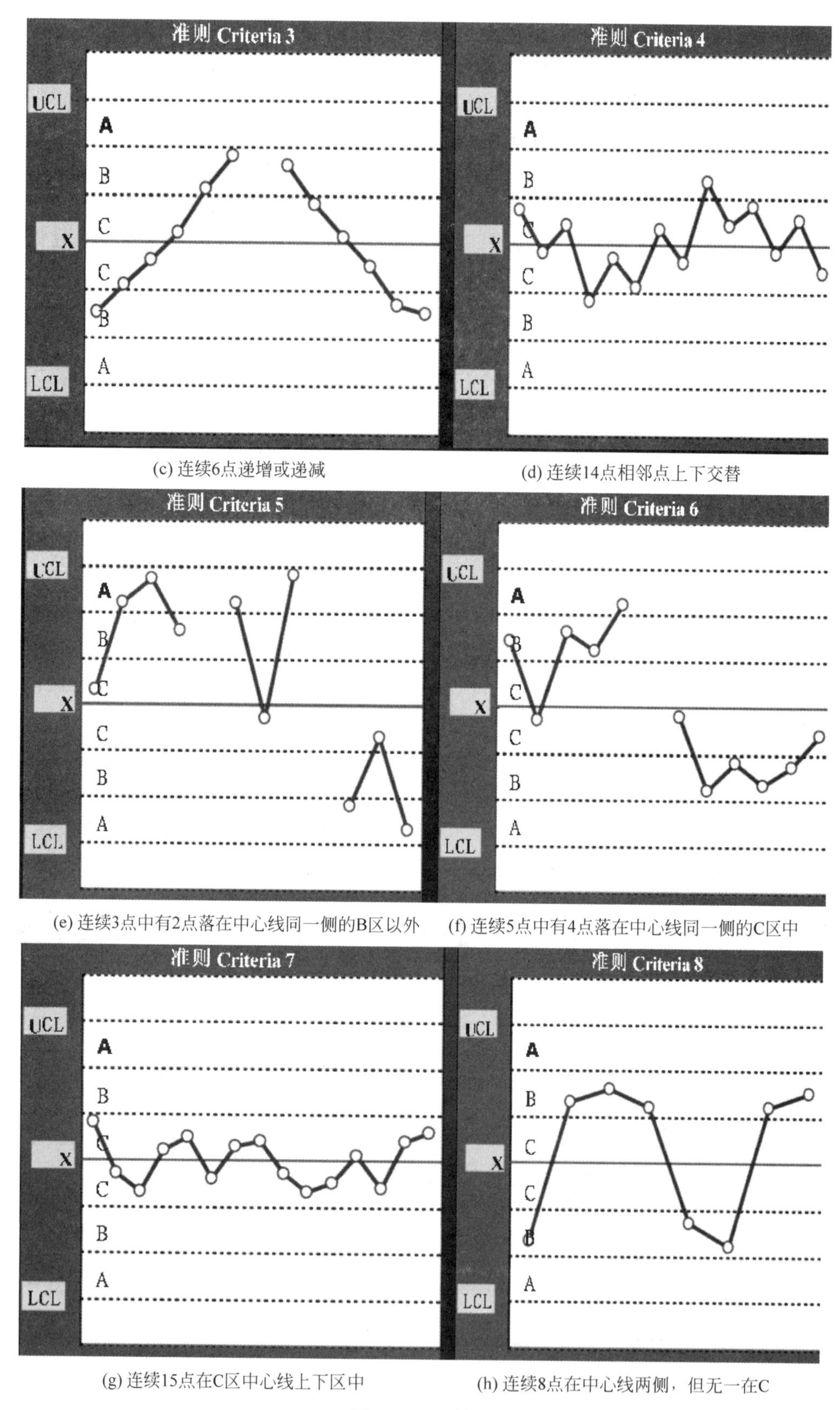


(c) 连续6点递增或递减

(d) 连续14点相邻点上下交替

(e) 连续3点中有2点落在中心线同一侧的B区以外

(f) 连续5点中有4点落在中心线同一侧的C区中

(g) 连续15点在C区中心线上下区中

(h) 连续8点在中心线两侧，但无一在C

图 16.11 (续)

**5. 常用控制图的分类**

根据控制参数的不同可以分为八大类常规控制图，如表 16.3 所示(国标 GB/T 4091)。

表 16.3　常规控制图

| 分　布 | 控制图代号 | 控制图名称 |
|---|---|---|
| 正态分布(计量值) | X-R | 均值-极差控制图 |
| | X-S | 均值-标准差控制图 |
| | Me-R | 中位数-极差控制图 |
| | X-Rs | 单值-移动极差控制图 |
| 二项分布(计件值) | P | 不合格品率控制图 |
| | Np | 不合格品数控制图 |
| 泊松分布(计数值) | U | 单位不合格数控制图 |
| | C | 不合格数控制图 |

根据使用过程中工序是否处于稳态，又可以分为分析用控制图和控制用控制图。

一道工序开始应用控制图时，几乎总不会恰巧处于稳态，也即总存在异因。如果就以这种非稳态状态下的参数来建立控制图，控制图界限之间的间隔一定较宽，以这样的控制图来控制未来，将会导致错误的结论。因此，一开始，总需要将非稳态的过程调整到稳态，这就是分析用控制图的阶段。等到过程调整到稳态后，才能延长控制图的控制线作为控制用控制图，这就是控制用控制图的阶段。

分析用控制图阶段主要解决两个问题：①所分析的过程是否处于统计控制状态；②该过程的过程能力指数 $C_p$ 是否满足要求。当上述问题解决之后，即进入控制用控制图阶段，出现点子出界或非随机排列时需要查找原因，改正之后才能继续生产。

## 16.5.2　过程能力指数

当过程处于稳态时，产品的计量质量特性值有 99.73%落在 $\mu\pm3\sigma$ 的范围内，其中 $\mu$ 为质量特性值的总体均值，$\sigma$ 为质量特性值的总体标准差，也即有 99.73%的产品落在上述 $6\sigma$ 范围内，这几乎包括了全部产品。故通常将 6 倍标准差($6\sigma$)范围视为过程的自然波动。把过程的自然输出能力与要求的容差比较，著名质量专家朱兰引入能力比的概念，即过程能力指数 $C_p$。

**1. 双侧公差情况的过程能力指数**

对于双侧公差情况，过程能力指数 $C_p$ 的定义如下

$$T = T_U - T_L \tag{16-28}$$

$$C_P = \frac{T}{6\sigma} = \frac{T_U - T_L}{6\sigma} \tag{16-29}$$

式中，$T$ 为技术公差的幅度，$T_U$、$T_L$ 分别为上、下公差界限，$\sigma$ 为质量特性值分布的总体标准差。

**2. 单侧公差情况的过程能力指数**

若只有上限要求，而对下限没有要求，则过程能力指数计算如下

$$T = T_U - \mu\ (\mu < T_U) \tag{16-30}$$

$$C_{PU}=\frac{T}{6\sigma}=\frac{T_U-\mu}{6\sigma} \tag{16-31}$$

式中,$C_{PU}$为上单侧过程能力指数。当$\mu \geqslant T_U$时,记$C_{PU}=0$。

若只有下限要求,而对上限没有要求,则过程能力指数计算如下

$$T=\mu-T_L(\mu>T_L) \tag{16-32}$$

$$C_{PL}=\frac{T}{6\sigma}=\frac{\mu-T_L}{6\sigma} \tag{16-33}$$

式中,$C_{PL}$为下单侧过程能力指数。当$\mu \leqslant T_L$时,记$C_{PL}=0$。

式(16-32)和式(16-33)中的$\mu$与$\sigma$未知时,可用样本估计,例如用$X$估计$\mu$,用$s$估计$\sigma$。

**3. 有偏移情况的过程能力指数**

当产品质量特性值分布的均值$\mu$与公差中心$M$不重合,即有偏移时(见图16.12),不合格品率必增大,$C_p$值降低,故上面的式子所计算的过程能力指数不能反映有偏移的实际情况,需要加以修正。记修正后的过程能力指数为$C_{pK}$,则公式为

$$C_{pK}=\min(C_{pU},C_{pL}) \tag{16-34}$$

记分布中心$\mu$与公差中心$M$的偏移为$\varepsilon=|M-\mu|$,定义$\mu$与$M$的偏移(偏移度)$K$为

$$K=\frac{2\varepsilon}{T} \tag{16-35}$$

则过程能力指数修正为

$$C_{pK}=(1-K)C_p=(1-K)\frac{T}{6\sigma} \tag{16-36}$$

这样,当$\mu=M$(即分布中心与公差中心重合无偏移)时,$K=0$,$C_{pK}=C_p$。注意,$C_{pK}$也必须在稳态下求得。

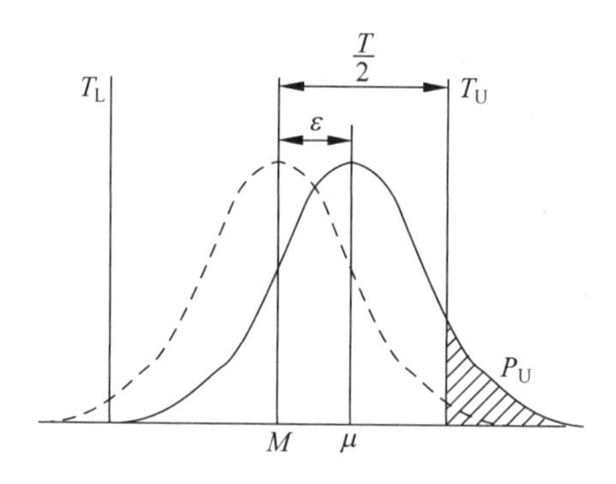


图16.12　产品质量分布的均值$\mu$与公差中心$M$不重合的情况

### 16.5.3　统计过程控制在集成电路生产中的应用

在集成电路制造生产过程中,每一个主要的生产步骤之后都会进行一些测量或监控,例如所沉积的薄膜的厚度,化学机械抛光之后金属或绝缘体薄膜的厚度,刻蚀之后沟槽、通孔、有源区、栅极的宽度等,以确保该工艺步骤是合格的,避免不合格品流落到下一道工序继续生产。把这些测量值以适当的方式放入到SPC Chart中,并开启设定的判异准则,则可以提

前发现产线的异常，在异常还未对产品产生不可接受的影响之前，就把问题显现出来，SPC 的执行系统会产生一个 OCAP(out of control action plan)，由生产或工程人员按照 OCAP 的流程对异常进行处理，从而有效避免不合格品的发生。考虑到所测量参数的固有物理性质、对产品的影响程度以及判异发生时故障排查的难易程度，通常只选择 8 个判异准则中的一个或几个，避免虚发警报的概率过高，如果只选一个，通常选择 WECO rule 1，即单点超出控制限。

不断提高过程能力指数($C_{pk}$)是统计过程控制在集成电路生产中应用的重要环节。在同样的条件下，过程能力指数越大，测量参数落在公差界限之外的概率越小，通常 $C_{pk}$ 达到 1.67 已经是比较理想的状态，继续提高 $C_{pk}$ 可能意味着巨大的投入但收益很小。如果把 $C_{pk} \geqslant 1.67$ 作为改进的目标，公差界限设置合理是重要的前提条件。

# 参考文献

[1] 马林，何桢. 六西格玛管理(第二版). 北京：中国人民大学出版社，2009.
[2] 陈世朴，王永瑞. 金属电子显微分析. 北京：机械工业出版社，1982.

# 第17章　良率改善

## 17.1　良率改善介绍

### 17.1.1　关于良率的基础知识

**1. yield的基本定义及扩展**

在半导体生产制造的各个环节,都可能会引起最终产品的失效。yield(良率,合格率)是一个量化失效的指标,通常也是工艺改善最重要的指标。图17.1所示为半导体生产环节中的各种yield。

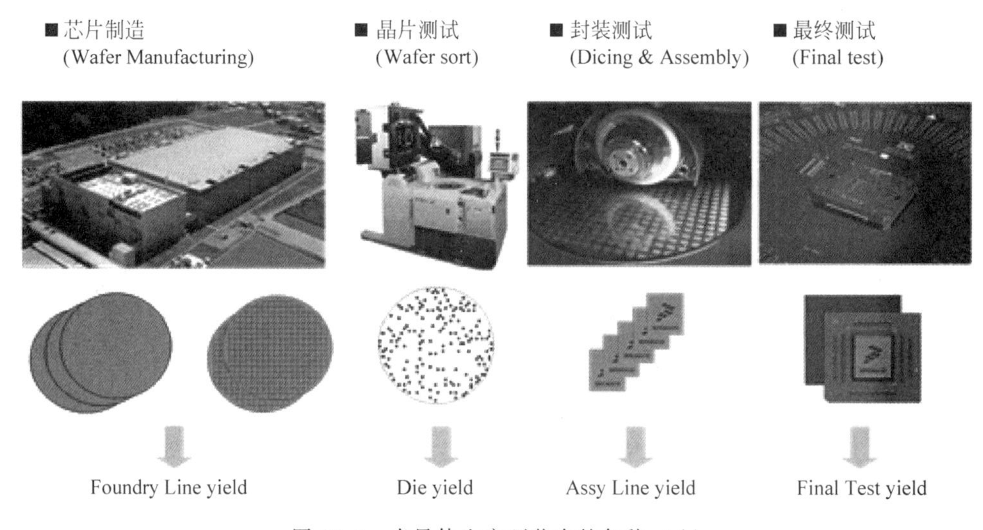


图17.1　半导体生产环节中的各种yield

在半导体生产制造中,yield的定义为

$$\text{yield} = \frac{\text{pass}}{\text{total}} \tag{17-1}$$

yield可以基于晶粒(die)或者晶片(wafer)或者批次(lot)定义。

定义在wafer或者lot上的yield,一般反映生产工艺中的控制问题,如操作人员的误操作,设备故障等,通常也称为生产线良率(line yield)。例如,生产线下线1000片wafer,最后由于各种原因报废(scrap)20片wafer,那么line yield就等于98%。

定义在die上的yield,一般反映的是生产工艺中的物理缺陷,或者工艺参数飘移超出规格,在产品上引起的电学性能失效。例如,一片wafer上有1000个die,最终有800个能通过所有的电性测试,那么die yield就是80%。在本章中,除非特别说明,良率都是指die yield。

yield定义的扩展:对于MPW(multiple product wafer)的wafer而言,在同一套光罩

(mask)上，可以摆放不同的产品。如图 17.2 所示，一套光罩上有 a、b、c 三种不同的产品。浅色代表测试通过，深色代表测试未通过，那么以产品划分计算 yield 时 a、b、c 的 yield 分别是 50%、75%、75%。

如果把它们作为一个整体，那么 reticle yield 就是 25%(在一个 reticle 中，任何一个 die 失效都将定义为整个 reticle 的失效)。

对于非产品的 test chip，在一个 chip 内往往有多个测试结构(Device Under Test，DUT)。由于设计和分析上的考虑，往往需要根据 DUT 的特征分组计算 yield。

如图 17.3 所示，在一个 die 里有四组 DUT，每组是两个同类型的设计且相邻。

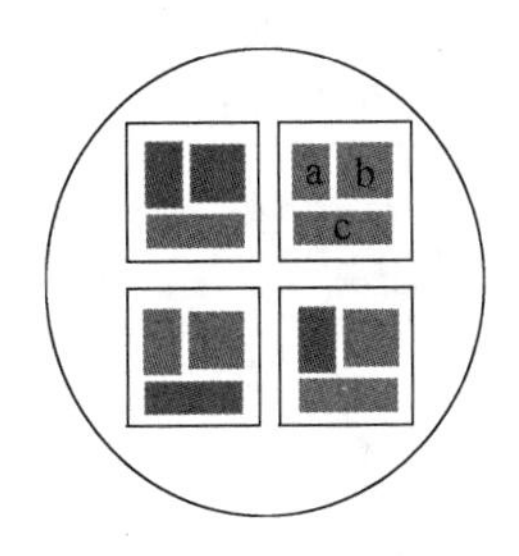


图 17.2　MPW 示意图

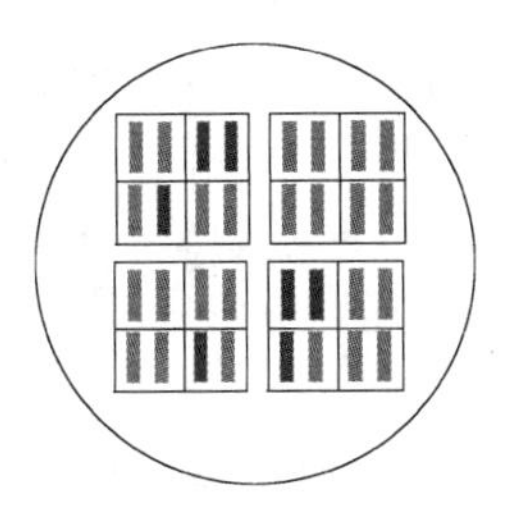

图 17.3　多测试结构的 Wafer 示意图

若不对这些 DUT 做任何的区分，可以得到 structure yield 为 78.1%(32 个 DUT 中有 7 个失效)，而 die yield 为 25%(1/4，仅右上 die 没有失效)。

若仅考察每个 die 左下的一组 DUT，那么，structure yield 为 75%(每个 die 有两个 structure，共 8 个，其中 2 个失效)，die yield 为 50%(2/4，左上，右下的两个 die 失效)。

**2. 缺陷密度与良率模型**

yield 是一个直观的工艺成熟度的表征指标，不过在半导体生产制造中，很多时候直接用 yield 来评价工艺的好坏有很大的局限性。

如图 17.4 所示，同样的工艺缺陷，在不同的产品上可能引起不同的 yield loss。面积大的产品，所受影响会较大，这样，用 yield 来衡量不同产品的工艺成熟度就不够客观。为此，缺陷密度(defect density，D0)的概念被引入。每单位面积上的缺陷个数，这就是 D0 的定义，它只和工艺相关，与产品面积无关。注意，这里的缺陷，指的是反映在产品最终电性测试上的失效，并非特指工艺中的物理缺陷(掉落的微粒，wafer 表面的刮伤等)。

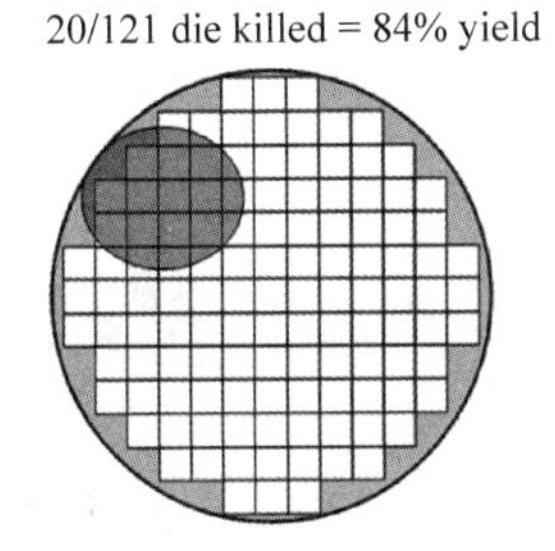


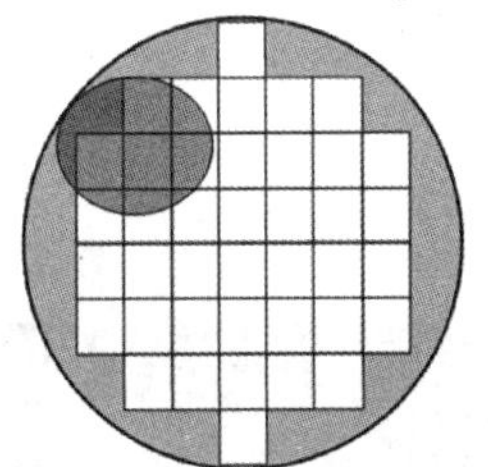


图 17.4　同样的工艺缺陷引起不同的 yield loss

D0 可以用于不同产品，不同工艺甚至不同生产线之间的比较，一般单位是个/$in^2$ 或者个/$cm^2$。

有了D0,还必须能和产品的yield联系起来,这样对于产品能作出合理的yield预测,对工艺改善进行指导。

一种应用较为广泛的yield model是bose-einstein model

$$\text{yield} = \frac{1}{(1 + A * D0)^n} \tag{17-2}$$

这里$A$为产品的面积(chip area),单位是$\text{in}^2$。D0单位是个/$\text{cm}^2$。$n$是制程复杂度的指标。$n$数值上等于各工艺层的复杂度的和(下面每层的取值,对应不同的公司/生产线/工艺可能不同):

(1) 关键层,缺陷敏感度高,复杂度为1(AA,Poly,Contact,M1等)。

(2) 普通层,缺陷敏感度中,复杂度为0.5(后段工艺的Metal,Via层)。

(3) 非关键层,缺陷敏感度低,复杂度为0.25(离子注入层等)。

(4) 其他非关键层,缺陷敏感度极低,复杂度为0(钝化层等)。

另一种被广泛应用的yield model是poisson model

$$\text{yield} = e^{-A * D0} \tag{17-3}$$

这里$A$是产品面积,单位是$\text{cm}^2$。D0单位是个/$\text{cm}^2$。

通常情况下,B-E model的$n$在12～14之间,而由于$1\text{in}^2$约为$6.5\text{cm}^2$,很多时候poisson model的D0数值上大约是B-E model的两倍。在用D0作比较时,注意理解使用的模型,以免混淆。

以上两种模型都隐含了假设,缺陷是随机分布的。两模型都表明,在同样的缺陷密度情况下,面积大的产品,yield会更低。

不论是B-E model还是poisson model,一个明显的不足是对于设计的因素未加考虑。如图17.5所示,同样的缺陷,在不同的设计上,引起的失效可能性不一样。因此,需要更科学的良率模型来指导工艺改善。

### 3. 关键区域(critical area)简介

传统的yield model一个隐含的重要假设,是所有缺陷都是致命缺陷(killer defect)。现实中显然并非如此。

如图17.6所示,当特定大小的缺陷掉落在wafer上时,不是在任何区域都会引起失效。为简化问题,假设缺陷是圆形,仅考察缺陷中心所在会引起线路短路的区域,可以发现,当缺陷中心掉落图中的阴影区域,将引起短路。

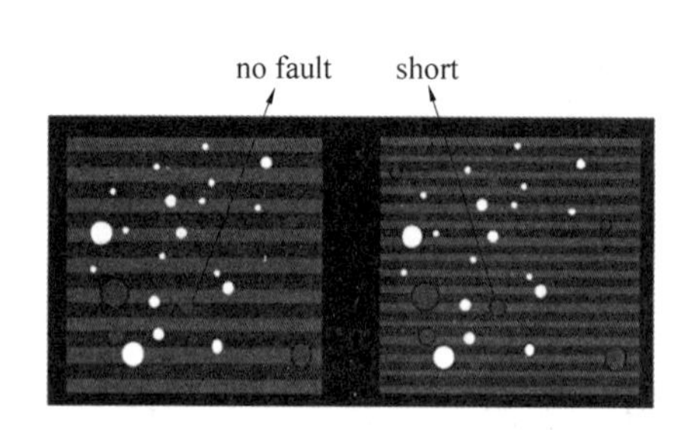


图17.5　同样的工艺缺陷在不同设计上导致的后果不同

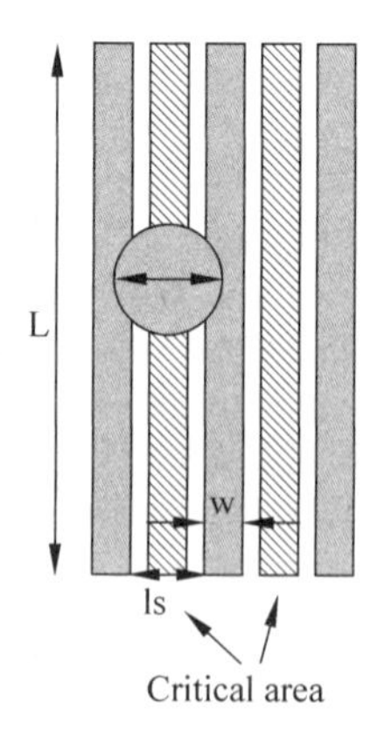


图17.6　Critical Area for line short

由此可以定义，物理缺陷的中心，所在会引起电性失效(开路或者短路)的区域为关键区域(critical area)。实际产品的 critical area 如图 17.7 所示。

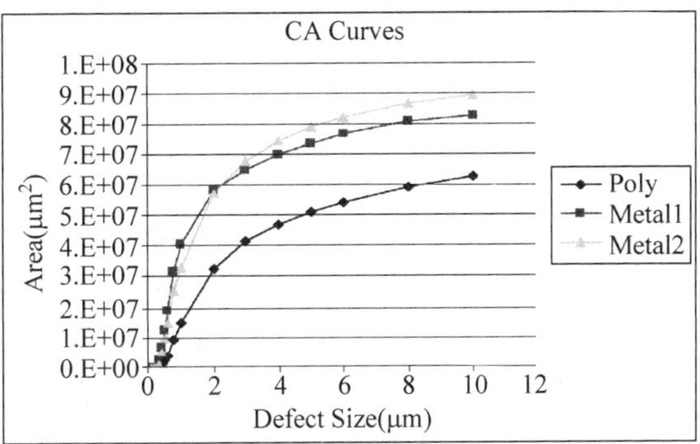


图 17.7 实际产品的 critical Area

分析产品各工艺层的关键区域曲线，结合工艺的缺陷大小分布(Defect Size Distribution，DSD)，可以基于 critical area 进行建模。这种 yield model 考虑了设计/工艺的交互影响，可以有效地指导工艺的改善/设计的完善。

**4. 良率学习(yield learning)速度的评价**

从产品研发到实现量产，主要 yield learning 的阶段见图 17.8。

产品设计和工艺研发阶段，重点是在器件/工艺流程的建立和优化以及各种在线和离线(inline/offline)的 yield 观测手段。

良率提升阶段，重点是找出并解决工艺中的系统性失效问题，并降低随机缺陷密度。

量产阶段，工艺线的管控和新产品导入是重点。前者要求减少各种异常(excursion)事件(如设备故障，操作失误等)，快速的问题诊断(trouble shooting)，降低关键制程的变异(variation)等，后者要求确定工艺的最优条件，设计和工艺的交叉弱点的检测和改善等。

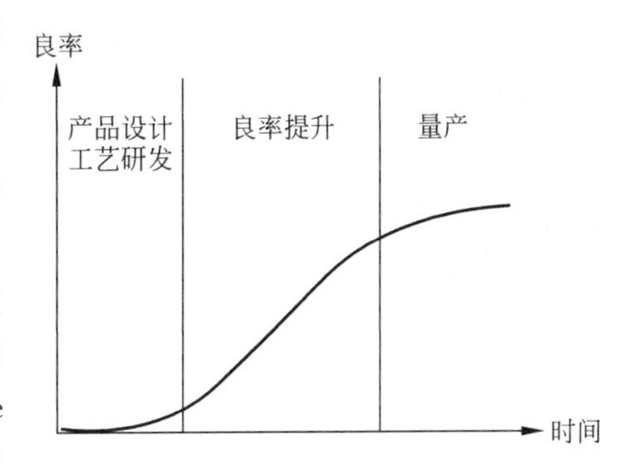


图 17.8 yield learning 的各阶段

先进半导体工艺，从一开始研发阶段到实现量产的时间跨度可能达数个季度，甚至更长。差的 yield，并不仅仅是单位晶粒成本的上升，产品价格竞争力的下降，往往也意味着工艺线的不成熟，产品可靠性方面的潜在风险，导致产品不能推出市场。由于 yield 低，市场导入时间(time to market)的延长，可能导致商业机会的流失。对于大的半导体公司而言，一个季度的时间差，可能是数十亿美元的销售额差异。

不同企业的良率提升曲线的差异，并非简单的学习能力快慢的区别，它综合反应了企业了解问题和解决问题的系统、方法、理念，实际上有着深刻的企业文化烙印。

客观评价生产线良率提升的速度、yield learning 的效率，对企业的发展有着战略指导意义。

由于 yield 受产品面积等因素的影响，不能客观评价工艺成熟度，利用 D0 来进行衡量是较为科学的方法。D0 的时间序列回归的 ARIMA 模型,是一个较为有效的模型。

D0 随时间呈下降趋势,如图 17.9 所示,最后收敛于某个固定的 Df 附近(Df>0)。

一般地,有

$$D_{0[n+1]} = \alpha \times (D_{0[n]} - D_f) + D_f \qquad (17\text{-}4)$$

其中,$D_{0[n]}$ 表示第 $n$ 个月的 $D_0$,$D_f$ 表示成熟工艺的缺陷密度。通常 $D_f$ 取决于 yield learning 体系的缺陷观测能力。$\alpha$ 就是 learning rate,一般学习速率在 0.8~1 之间,典型的如 0.9,即意味着每个月缺陷密度下降约为 10%。

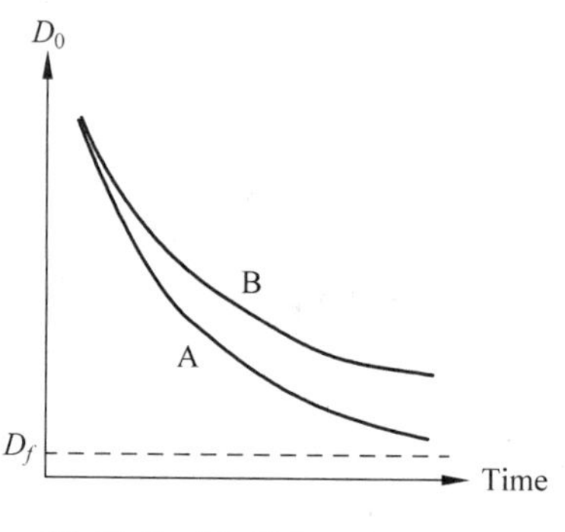


图 17.9 D0 的 learning curve

## 17.1.2 失效机制

### 1. 失效机制分类

对于工艺引起的 yield loss,按照失效的特征分为两大类:参数性(parametric)和功能性(functional)失效。一般的理解,功能性失效,往往由于物理缺陷引起,习惯上也被称为 hard fail 或者缺陷性失效,而参数性失效,往往由于器件电参数的不优化或者漂移超出规格引起,习惯上也被称为 soft fail。

对于功能性失效,根据在 wafer 表面的空间分布特征(spatial distribution),又可分为随机性(random)和系统性(systematic)失效。

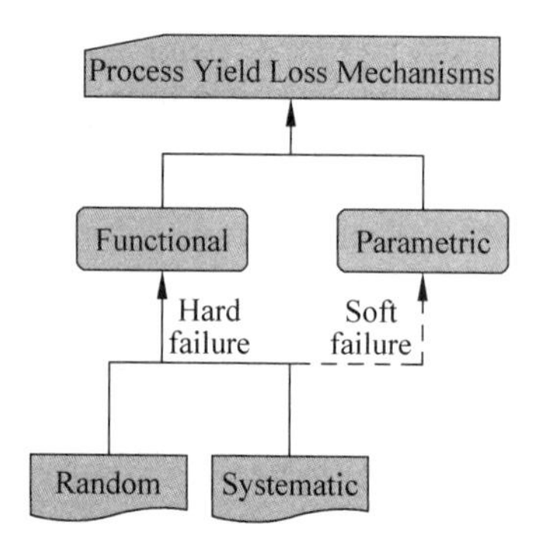


图 17.10 失效机制的分类

如果认为 parametric,random,systematic 失效的机制是相互独立的,那么,yield 可以分解为三部分的乘积

$$\text{yield} = Y_{\text{random}} \times Y_{\text{systematic}} \times Y_{\text{parametric}} \qquad (17\text{-}5)$$

由于 parametric 失效从空间分布特征也可以分为 random 和 systematic 失效,有时候也可能出现分类之间的交叉,如图 17.10 所示。在本章中,为方便计算和理解失效机制,除非特别指明,random 失效特指随机性缺陷失效,而 systematic 失效特指系统性缺陷失效。

### 2. 参数性失效

一般指未通过参数性测试引起的失效,例如:额定操作电压 $V_{dd}$ 下芯片工作频率过低,静态(stand-by)时功耗超出额定范围,等等。

parametric 失效,在空间分布上常有连续、渐进的图形特征(pattern)。同时,往往也对于某些器件参数非常敏感。

如图 17.11 所示,从右往左看,当 $V_t$ 增加时,parametric 失效增加,从 binmap 上可以很清晰地看过这种渐进过程。

parametric 的失效通常通过 parametric 的 bin yield(或 wafer sort 的原始数据)和器件参数(transistor 的 idsat,Vt,Ioff,Metal/Poly 的 Rs 等)做相关性分析,可以找出原因,如图 17.12 所示。

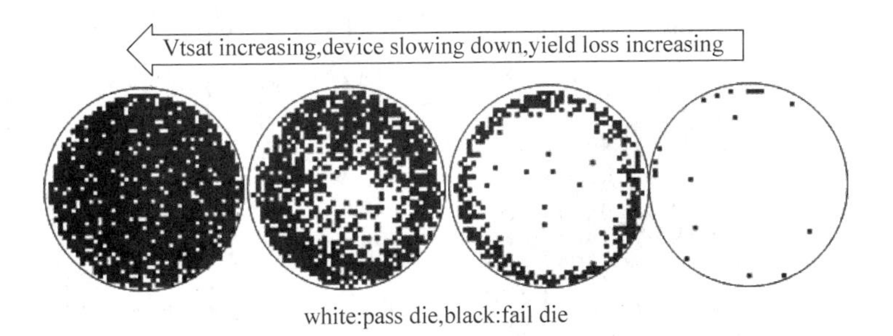


图 17.11 parametric 失效的案例

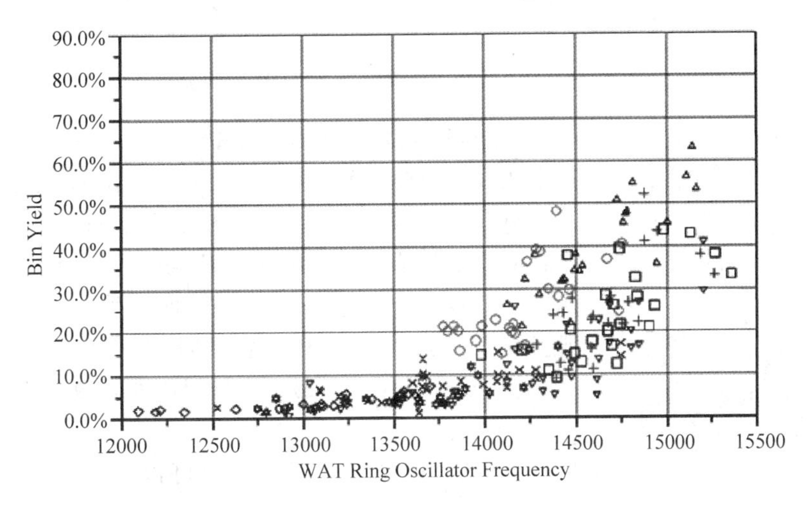


图 17.12 parametric 和器件参数相关性案例

**3. 缺陷——随机性和系统性缺陷**

缺陷一般会导致功能性测试失败，例如存储器的读、写异常，逻辑电路的运算结果错误，等等。引起失效的缺陷，从来源上讲可能是可见的，也有可能是不可见的(如清洗工艺产生的静电)，见图 17.13。

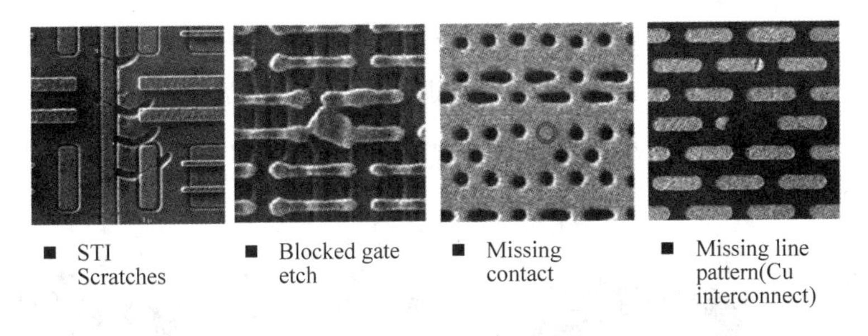


图 17.13 工艺中的缺陷

从空间分布特征上看，可能是随机性分布，或者具有某种系统性特征。Systematic 缺陷，在 wafer 上经常表现出 Cluster fail，或者很强的 spatial pattern。而随机性缺陷一般不表现出聚集效应。

图17.14是典型的random和systematic失效的wafer map。

系统性失效表现出特殊分布

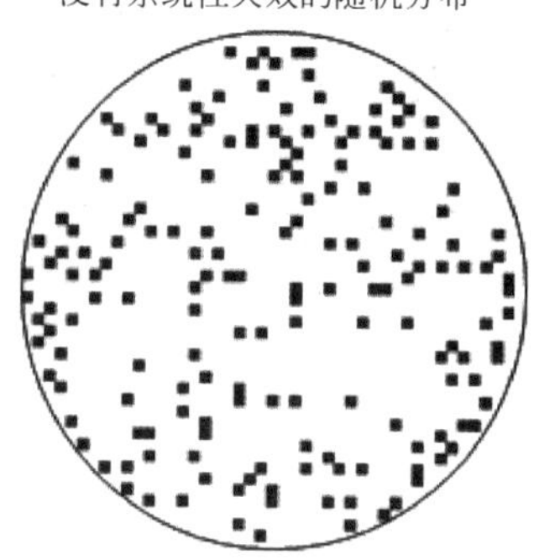

图17.14　Systematic和Random失效的空间分布

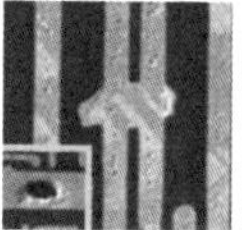




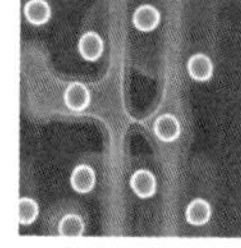


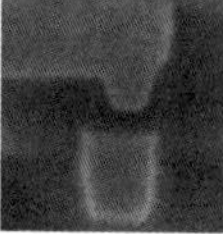


图17.15　制程不成熟导致的系统性失效

Random缺陷往往和设备相关,一般对成熟工艺其D0在一个比较稳定的程度,产品之间的差异相对较小。

Systematic缺陷往往发生在制程结构发生变化的时候,或者旧的制程结构已经接近极限,或者新的制程结构还不成熟。其失效有很强的条件相关性,即在某种条件下一定发生或者高概率发生,常有很强的版图特征相关性,可能出现产品关联性(product specific)。制程不成熟导致的系统性失效如图17.15所示。

对于缺陷的来源分析,一般可以通过生产线缺陷检验(Inline defect inspection)或机台共通性(tool commonality)分析查找。

如图17.16所示,通过binmap和inline defect map的比较,可以找出缺陷在工艺上的来源。而tool commonality分析可以找出问题设备(trouble tool),进而加以改善。

**4. 异常**

半导体生产制造中,偶发事件(设备故障,或者误操作等)导致的芯片失效,称为异常(excursion)。例如,离子注入剂量控制不稳,退火工艺的温度漂移等。

Excursion通常可以透过检查tool process log,defect inspection,inline metrology或者WAT数据发现和追溯原因。

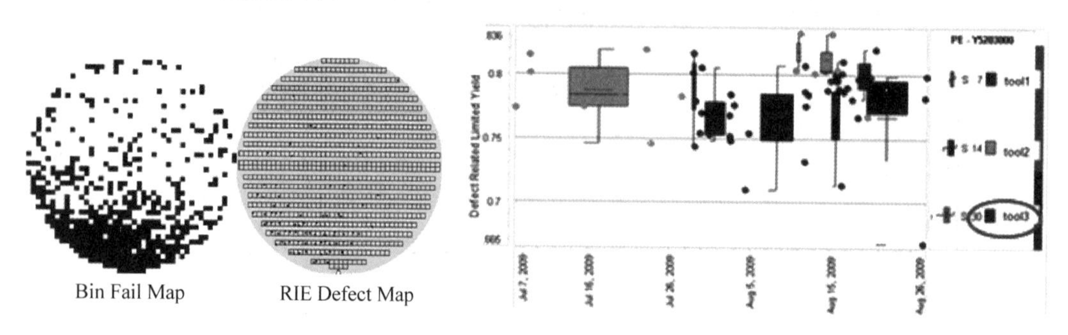


图17.16　缺陷失效的来源分析案例

对于反复出现的 excursion,可以通过 tool commonality 等分析方法追溯原因。

如图 17.17 所示,当发现 bin yield 异常时,通过查找相关 wafer 的异常的 WAT 数据,可以对于异常来源范围做出推断,进行逐步排查可以找到问题的根源。

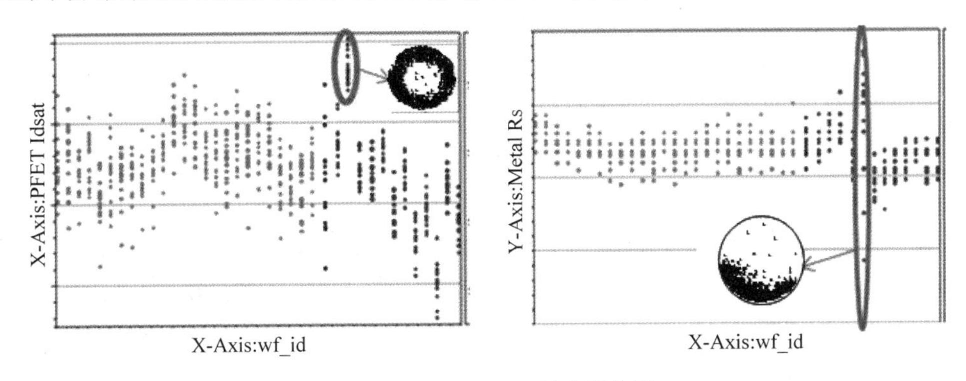


图 17.17　Excursion 的追溯案例

## 17.1.3　良率学习体系

**1. 学习周期(learning cycle)**

集成电路的高速发展,市场激烈的竞争,对于先进制程的良率提升提出了很高的要求。

yield 的提升,实质上是一个 yield learning 的过程。图 17.18 表示学习周期(learning cycle)中的主要环节。

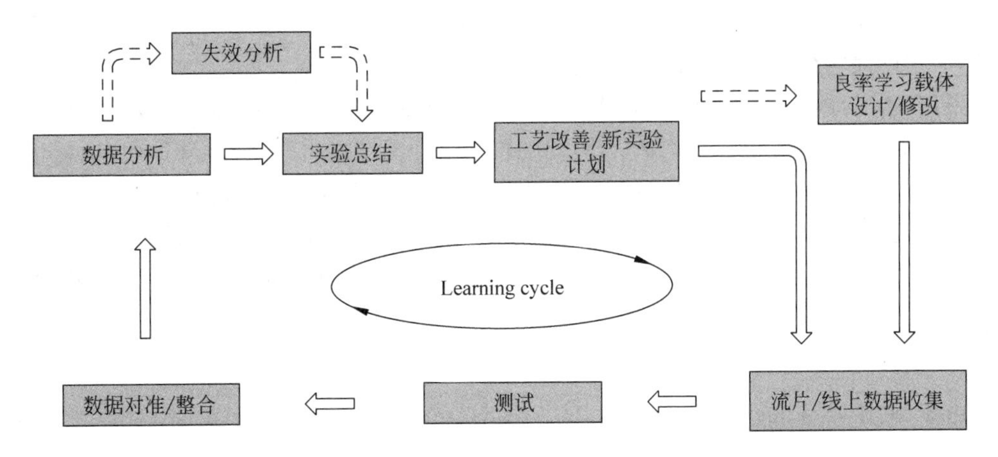


图 17.18　Learning Cycle

yield learning 的目的就是尽快地把试验结果中的有效信息反馈到工艺线上,用以工艺改善。

yield learning 有三个方面的要求:

第一,速度快,learning cycle 短,这要求在 learning cycle 各个环节都尽量缩短时间,并且各环节之间有机结合,环节间的延迟少。由于 wafer 流片的时间需求,一般的 learning cycle 为数周。

第二,数据完备,可以全方位检验试验的结果,避免试验信息的遗漏。

第三,信息准确,试验结果的有效信息的提取。

**2. 良率学习载体**

在良率提升阶段,使用的光罩,包含一种或者多种产品,或者包含各种特殊设计的测试结构,通常称为良率学习载体(yield learning vehicle)。

采用逻辑或者 Memory 产品的光罩,通常采用 full flow 的流片,wafer 会经历所有的工艺步骤,典型的流片时间在 1~2 个月。这样做的优点是试验结果可以直接反映在产品的 yield 上,缺点是 learning cycle 太长,而且问题的诊断和追溯原因比较困难。

如果已经知道工艺改善的大概环节,可以采用 short loop 流片的方式。例如,已经了解问题出在 M1 相关的工艺步骤,仅在 M1 相关的工艺流片。这样 Short loop 的试验往往能在一两周甚至数天之内完成,learning cycle 大大缩短。图 17.19 给出了工艺线上常见的 short loop 试验的流程。

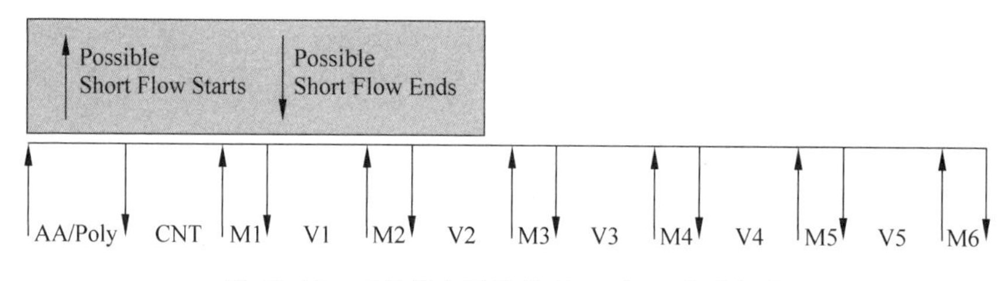


图 17.19　工艺线上可能的 Short loop 流片方式

由于在先进制程,光罩费用昂贵,一套光罩成本可能高达数百万美元,所以每个 short process loop 都使用单独一套光罩是不经济的,通常对 yield learning vehicle 的要求是一套光罩,必须能兼容各工艺段 short loop 试验的设计。

采用 Memory(SRAM 或者 DRAM)产品作为 yield learning vehicle 的好处,是较一般的逻辑产品而言,Memory 的密度高,对于随机缺陷的捕获能力强,另外阵列化/地址化的布局,失效可实现晶体管级的定位,易于失效分析(EFA、PFA),快速找到失效机制。

但是进入纳米时代后,Memory 作为 yield learning vehicle 的缺点也日益凸现。首先是对于设计和工艺交互的(版图相关性的)systematic 失效,难以捕捉;其次对于 parametric 失效,缺乏有效追溯手段;最后,必须完成所有工艺,流片时间太长。

**3. yield learning 的关键因素**

由于现在产品的设计复杂度高,yield learning 第一个要素是缺陷观测能力(observability)。

参考表 17.1,典型的 45nm 产品 single Via1 的数目在 $10^8$ 的量级。对于工艺而言,缺陷密度的要求很高,ppm(百万分之一)量级的失效率是不可接受的,即使到了 ppb(十亿分之一)的量级,也无法实现量产(一个 Via1 已经有 10% 的 yield loss,所有的 AA,Poly,Contact,Metal,Via 加起来,产品 yield 将非常低)。量产要求失效率在 0.1ppb 的量级。

而对于 Test Vehicle1 而言,基本只能用于检测 Via Rc 正常与否,几乎没有缺陷捕获能力(yield 几乎总是 100%)。而通常认为测试结构比较复杂的 Test Vehicle2,也仅在极端情况下(对于产品是 excursion)才能观测到失效。对于随机缺陷观测能力较强的 Test Vehicle3,复杂度已经超过产品,Via1 个数达到了 $5\times10^8$。图 17.20 给出了 Test vehicle2

和 Test vehicle3 的 Observability curve。

**表 17.1　不同 yield learning vehicle 的 V1 Observability（Poisson model）**

| | Product | Text Vehicle1 | Text Vehicle2 | Text Vehicle3 |
|---|---|---|---|---|
| Y1 数目 | ～100M | ～0.01M | ～10M | ～500M |
| yield@0.01ppm | 36.8% | 99.99% | 90.5% | 0.7% |
| yield@1ppb | 90.5% | 99.99% | 99.0% | 60.7% |
| yield@0.1ppb | 99.0% | 99.99% | 99.9% | 95.1% |

同样的概念不仅是 Via1，也适用于其余的 AA，Poly，Contact，Metal 等其余工艺层。对于 yield learning vehicle 的要求是，在一套光罩的情况下，各工艺层的微结构数都要达到甚至超过实际产品，同时还必须兼容 short loop 试验。

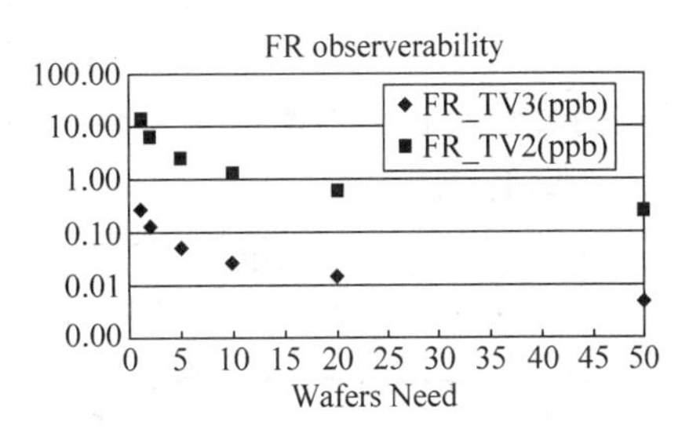


图 17.20　Observability Curve for test vehicle

由于 systematic 失效往往在不同的产品上有不同的表现，靠单一逻辑或者 Memory 产品很难完全覆盖各种不同的版图设计，yield learning 第二个要素是对于设计和工艺交互的 systematic 失效有全面的表征能力。

图 17.21 所示是一个典型的设计和工艺交互的问题，传统的用一两种逻辑或者 Memory 产品作为 yield learning vehicle，可能无法捕捉到这样的问题。

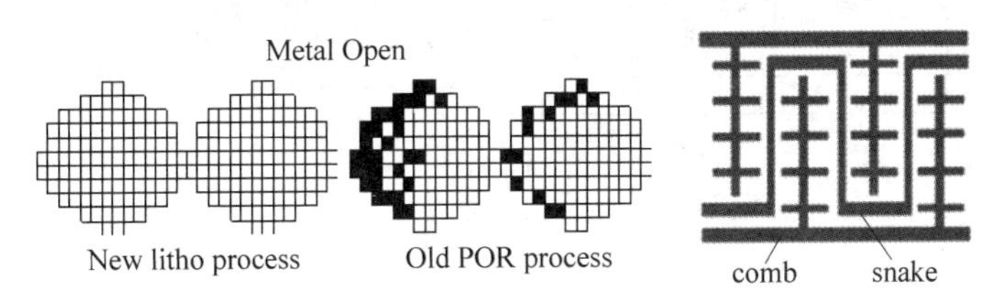


图 17.21　典型的版图相关的 litho printing issue

yield learning vehicle 与普通产品不同的地方在于，产品是 design for function，而 yield learning vehicle 是 design for (capture) fail。它必须能模拟实际各种版图特征，可能有数千种版图设计组合。这对 yield learning vehicle 的设计带来极大的挑战。

表 17.2 列举了部分常见的设计和工艺交互的 systematic 失效。

**表 17.2　常见的设计和工艺交互的 systematic 失效**

| |
|---|
| Litho printability |
| Layer/hole density |
| Contact/Via line end style |
| Under layer impact |
| SRAM/Rectangle contact |
| Contact to Poly short |
| Contact/Via misalignment |
| Stack Contact/Via |

yield learning 的第三个要素是测试。测试有三个主要方面的考虑：测试时间，测试质量和可靠性。

如前所述，先进制程的 yield learning vehicle 由于缺陷观测能力的要求，复杂度需要和实际产品相当或更有甚之，每 wafer 的总 DUT 数在百万量级。若采用常规的串行测试，即便每 DUT 测试时间在0.1s,每wafer也需要几天,一个lot需要几周甚至几个月,这对于yield learning是无法接受的。快速,多通道的并行测试成为必要条件。

用于测试的探阵卡(probe card)通常有数十甚至数百个针头(pin),一次接触(touch down)可以同时测试多个DUT。但即使这样,每wafer测试需要探阵卡和wafer表面接触次数也可能高达数万次。对于ppb量级的实际工艺失效率,99%的touch down yield仍然误报率过高,必须有可靠且实时的错误检测手段、简单快速的错误修复手段、可行的错误过滤手段,来保证测试的最终质量。

由于short loop试验,对于在不同材质(NiSi,Al,Cu等)上的probing是很大的挑战,特别是后段的Ultra low *k* film的易碎性,导致测试难度大大上升,种种因素要求测试必须有足够的灵活性和工艺兼容性。此外,测试必须能适应产品周期的各个环节,要求设备可靠性好故障率低,能适应每月万片量级的测试,同时维护简单,维护成本低。

图17.22表示在大量接触之后,常规测试方法probing yield的急剧下降,而先进制程的yield learning要求在百万次接触后probing yield仍然大于99.95%。

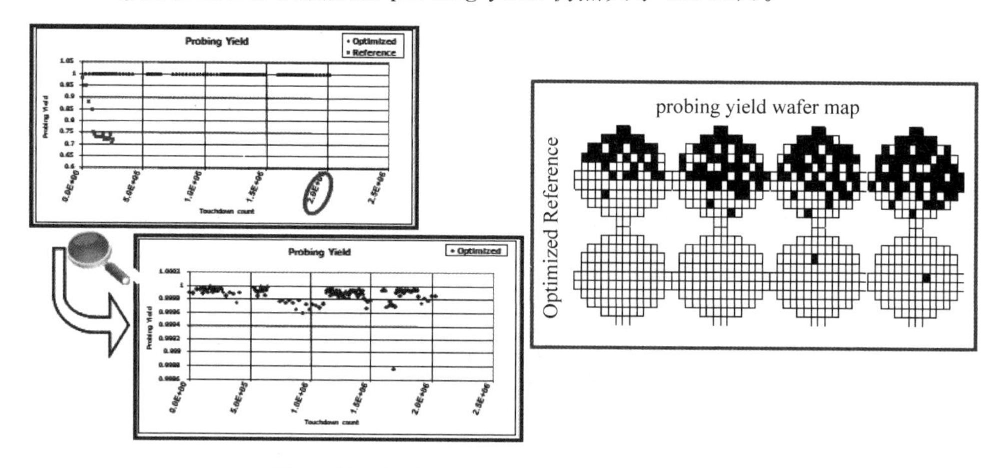


图17.22 Probing yield vs. touch down count

yield learning的第四个要素是数据整合能力。

由于半导体生产制造工艺复杂(数百上千道工艺步骤),引起yield loss的原因很多,需要做各种各样的分析,来追溯问题的源头。这些分析要求收集的数据种类繁多,数据量庞大,数据整合(data integration)能力常常是yield learning的瓶颈之一。

图17.23表示部分生产制造中要求的数据及要求做的分析类型。

数据往往来自不同的设备和系统,由于供应商的不同,格式不一致,数据格式的规范、转化和对准是一个庞大的系统工程。在缺乏有效系统支持的情况下,工程分析人员超过80%的时间都用于数据收集、对准、整合上面,真正有效分析的时间很少,很多分析甚至因此无法实施。

而进入纳米时代后,由于制程管控的需求,FDC(fault detection classification)等新型分析的引入,tool、sensor级别的实时海量数据的收集、处理,不同系统、不同接口、不同数据类型的整合,对于YMS(yield management system)系统提出了极大的挑战。

yield learning的第五个要素是实验设计和数据分析能力。数据不等于信息,从海量数据中及时找到有效的信息,是yield learning中往往容易被忽视却又极具意义的一个环节。数据的分析,有效信息的提取依赖于强大、灵活的系统平台。以下几点是系统的基本要求:

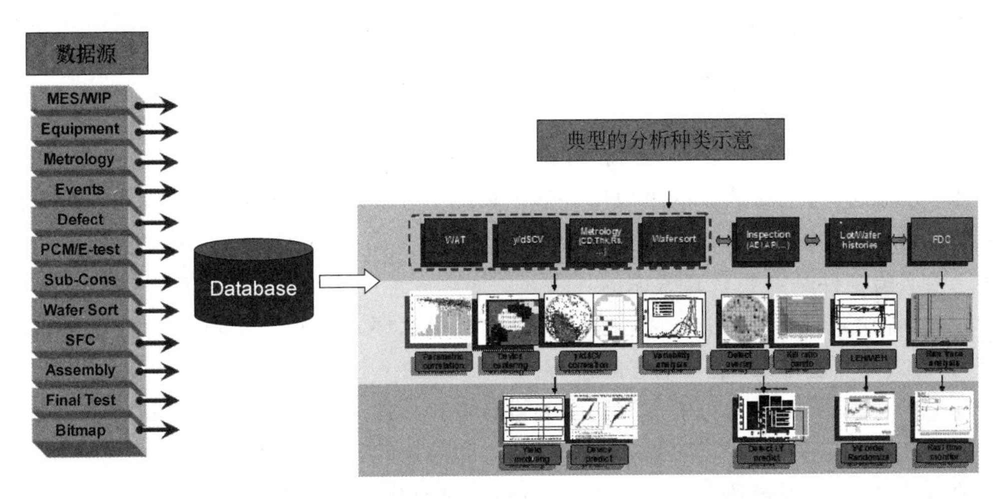


图 17.23　半导体生产制造中的数据及分析种类示意图

①强大的数据处理能力，能处理以 G 为单位的数据量；②预定义的 auto-report，在数据到达时可以自动运行，产生各种图表，缩短分析时间，提高分析效率；③各种统计方法、技术的软件实现，减少对于分析人员的经验依赖；④直观的图表，可视化的数据分析结果，降低分析人员的专业知识门槛。

除了软件分析平台以外，工程研究人员相关的实验设计、数据分析能力也非常重要。好的实验设计不仅节省时间、人力、成本，更是取得可信的实验结果的重要保证。

图 17.24 表示两因素交互作用对 yield 的影响。单个工艺不论 A、B 作优化，都能显著提升 yield，但是同时进行时反而有害，是一个局部优化不等于整体优化的实例。这实际是

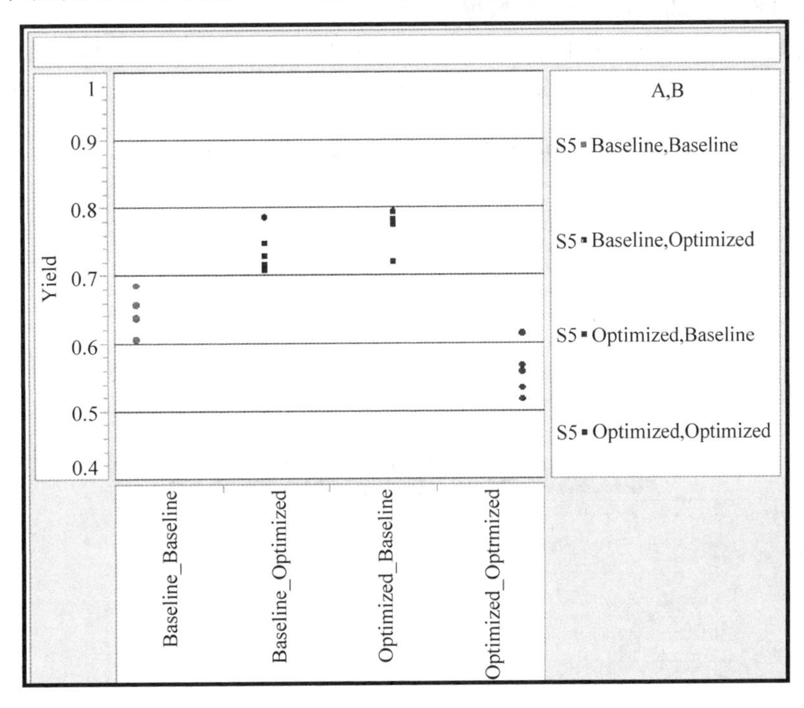


图 17.24　两因素交互作用案例

由于A、B的交互效应(interaction effect)影响所致。此类“隐”式效应常在工程实验和分析中被忽略，导致结果的不正确。

但是，如果要考虑所有的交互效应，代价巨大。以六因素，每因素两水平(即六步工艺，每工艺只有两个对照条件)为例，需要64个实验条件，这对于常规的工艺线已经难以承受。如果进一步分析，通常单因素的主效应和双因素的交互效应是重要的，其余高阶交互效应往往可以忽略，那么共有 $C_6^1+C_6^2=6+15=21$ 个效应需要研究，只需要22个实验条件。如何定义这些实验条件是需要认真考虑的。

先进制程的 yield learning 对实验设计提出了很高要求，用尽量少的资源，尽量短的时间，得到有效的实验结果，指导工艺的改善。

表17.3所示为一个常见的不好的实验设计方案。A步工艺的效应，容易被制程中某些工艺的wafer、时间累积效应混淆；而B步工艺的效应，容易被某些工艺的奇偶效应混淆。这样的实验设计，可能导致得到的结果不正确，甚至对后续工艺改善产生误导。

**表17.3　不好的实验设计方案**

| Step \ Wf_num | | 1 | 2 | 3 | 4 | 5 | 6 | 7 | 8 |
|---|---|---|---|---|---|---|---|---|---|
| A | A1 | ○ | ○ | ○ | ○ | | | | |
| | A2 | | | | | ○ | ○ | ○ | ○ |
| B | B1 | ○ | | ○ | | ○ | | ○ | |
| | B2 | | ○ | | ○ | | ○ | | ○ |

分析数据时，从不同角度去理解，得到的结论可能会有很大的差异。这要求工程分析人员具备相应的知识和技能，对于实验数据进行深入的挖掘。

图17.25给出了一个典型的案例。单从 wafer Rs 的均值而言，右边两 wafer 间的差距更明显，不过当用 boxplot 比较整片 wafer 的 Rs 分布时，左边两 wafer 间的差异更为显著。

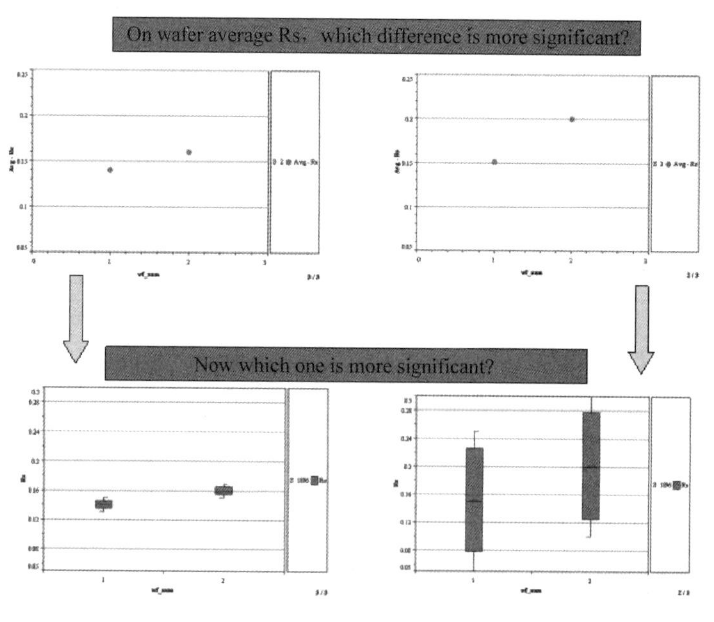


图17.25　数据的不同理解案例

yield learning 的第六个要素是失效定位(failure isolation)、失效分析(failure analysis)能力。失效定位和失效分析有时候也被统称为失效分析(FA)。

典型的 FA 方法,有 EFA(electrical failure analysis)和 PFA(process failure analysis)。前者包含一些常用的工具、方法如:Memory 的测试,VC(voltage contrast),LCD(liquid crystal detection),OBRICH(optical beam induced resistance change),EMMI(emission microscopy)等。后者包含 SEM,TEM,EDS,FIB,SRP 等。

有效的 FA,可以对失效样品深入挖掘,直观地观察失效电学、物理特征,找出失效的物理机制。良好的 FA 结果,能切中要害,直指问题发生的根源。

图 17.26 展示了一个典型的 FA 案例。这片 wafer 从 binmap 上看遭遇了严重的工艺异常(excursion),不过从 bin 测试的信息不能得知该异常的工艺来源。通过 FA,最终定位到了 Via,剖面图非常清晰展示了失效的 Via 的结构。

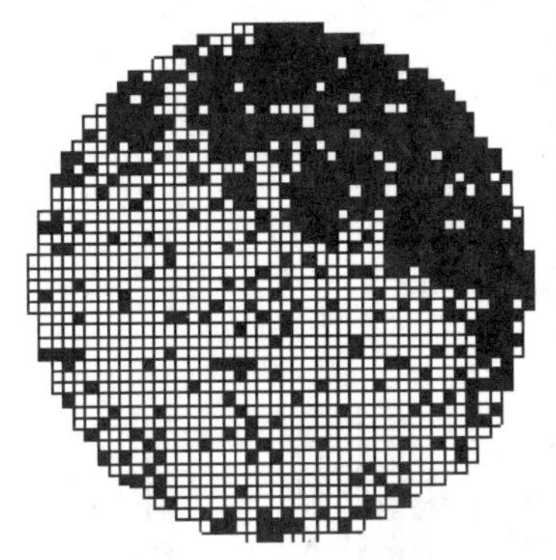

图 17.26　FA 的案例

需要注意的是,EFA/PFA 是一种有效的诊断手段,却不应作为问题产生时的第一考虑,这主要是由于 FA 的周期较长(通常 FA 本身所需工程时间不长,但是排队时间往往很长,FA 的设备、资源成本很高),过于依赖 FA 会使 learning cycle 变得很长,学习效率低下。

# 17.2　用于良率提高的分析方法

## 17.2.1　基本图表在良率分析中的应用

一张直观的图表,胜过千言万语。下面介绍一些常见的图表方法应用。

**1. Pareto 和 stack bar chart**

Pareto 是把问题按照严重性(yield lost,或者故障的频率、影响等)排序,并用 Bar Chart 从大到小排列的图示方法。

图 17.27 是一个 Pareto 的应用案例,由图可以非常直观地看到,72/71/131 三个 bin 的 yield loss 远远高于其余 bin,所以首先要解决这三个 bin 的问题。

Stack bar chart 和 Pareto 相似,不同的地方在于,用颜色把同一个 Bar 内不同的部分标注出来,便于发现异常。如果横轴按时间排序,可以观测问题的变化趋势。图 17.28 是一个 stack bar chart 应用的案例。

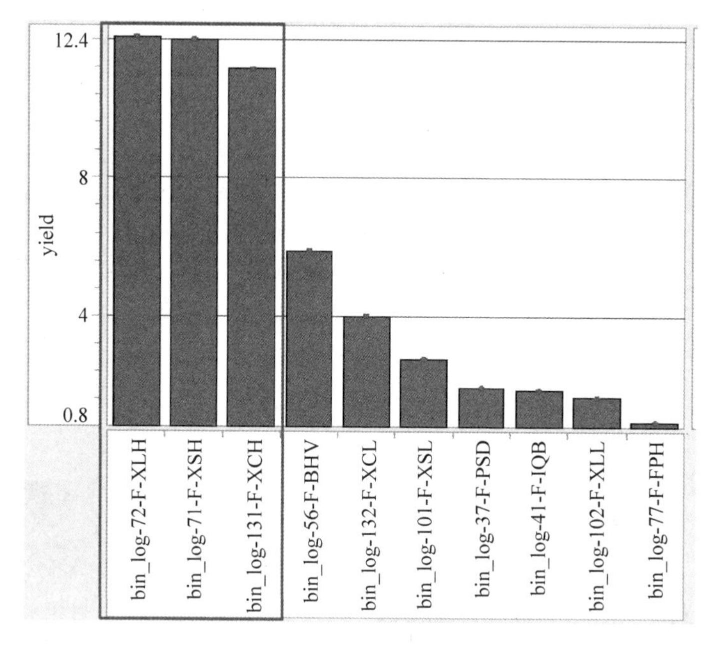


图 17.27　Pareto 应用案例

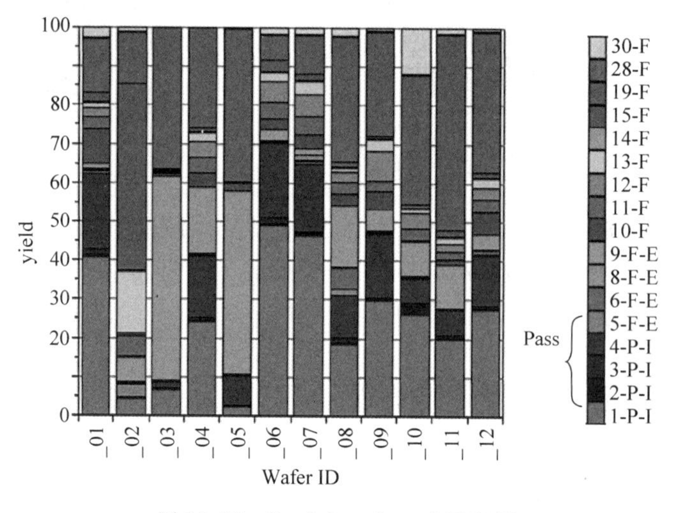


图 17.28　Stack bar chart 应用案例

**2. Wafer map gallery 和 stack map**

把一组 wafer 的数据按 wafer,用成行、列的 wafer map 表示出来,这种方法就是 wafer map gallery。利用 wafer map 的颜色可以直观地表现所描述属性的大小、类别。透过 wafer map gallery 可以快速定位异常 wafer 以及了解所观测属性在 wafer 上的主要空间分布特征。

Stack map (composite map)是把 wafer map 进行叠图,在叠图之后,一些较弱、较不明显的空间分布特征往往得到强化。

图 17.29 左图是一个 lot 的 binmap gallery,由此很容易发现 #9 有明显的异常。当对

binmap 进行叠图之后，可以非常清晰地看到这个 lot 有明显的 reticle corner fail，这意味着需要对 mask 及 litho 的相关工艺进行检查，查找问题根源。如果只对 wafer map gallery 或者 single wafer 进行检查，很难发现类似问题。

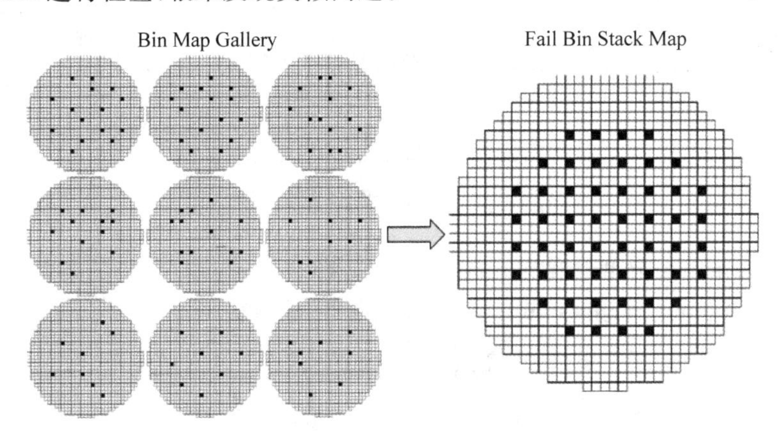


图 17.29　wafer map gallery 和 stack map 案例

**3. Boxplot(箱线图)和 Trend chart(趋势图)**

Boxplot 常常用于同时比较位置(平均数、中位数)和离散程度。

如图 17.30 所示，boxplot 中间常有中位数(Q2)和均值线(AVG)。注意 AVG 有时受异常点(outlier)的影响，可能不在 box 中间。Q1、Q3(25%、75%分位值)形成了 box 的中间框体，此外如 Max、Min 值也能表示在图上。右图是一个成功应用 boxplot 的案例，有一片 wafer 的 binmap 异常，用 boxplot 检查此 wafer WAT 某参数，发现异常。

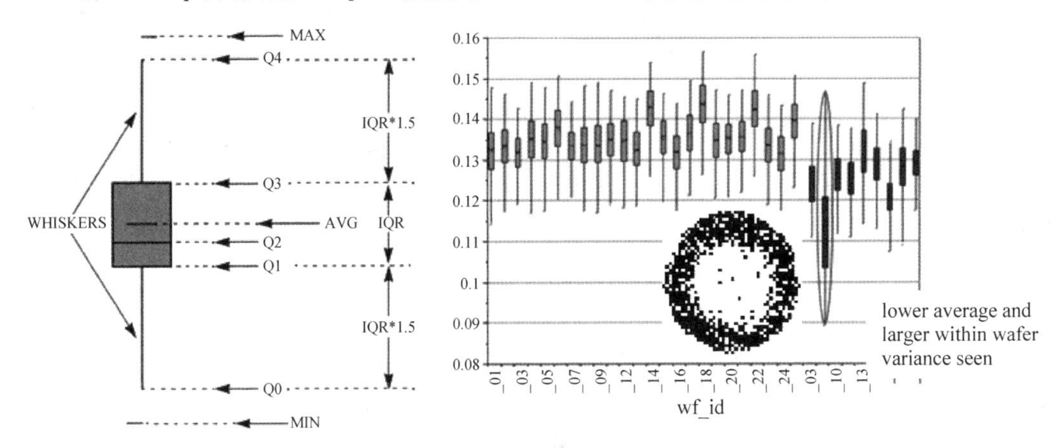


图 17.30　Boxplot 示意和应用案例

Trend chart(趋势图)用于监测工艺的异常、漂移。图 17.31 利用 trend chart 非常清晰地表示出随时间的推移，工艺上的异常行为。

**4. Scatter plot(散点图)和 CDF plot(累积概率图)**

在考查变量之间的关系时，常常利用 scatter plot。此外，利用 symbol 或者 color 对数据点进行区分，可以非常有效地把数据的自然分组可视化。

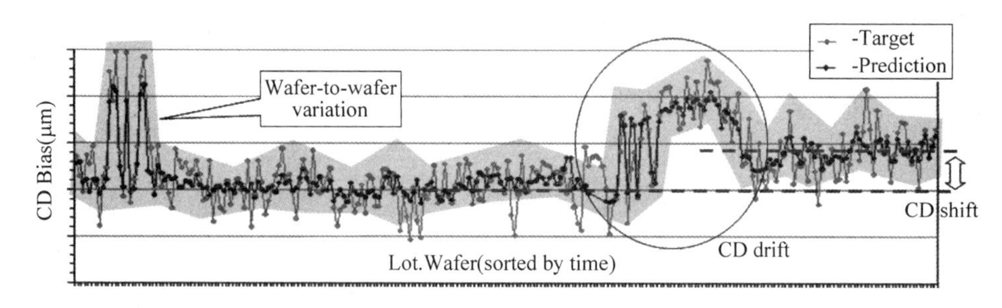


图 17.31　Trend Chart 应用案例

图 17.32 表示一个典型的利用 scatter plot 进行 device split 分析的案例。由图可以发现，相比 baseline 的 wafer，某些 split 在 Idoff 方面明显变差。

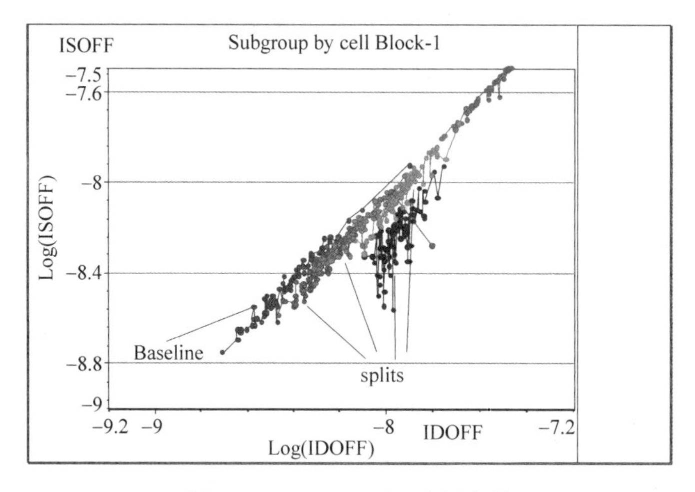


图 17.32　Scatter plot 应用案例

CDF plot 通常用于观测数据是否正态分布，或者用于发现异常点、异常分布。

图 17.33 表示利用 CDF plot 发现某 split 存在严重的 leakage 问题。通常，类似图中标出的 tail 部分严重偏离主体分布，往往意味着和主体不一样的物理机制在起作用。

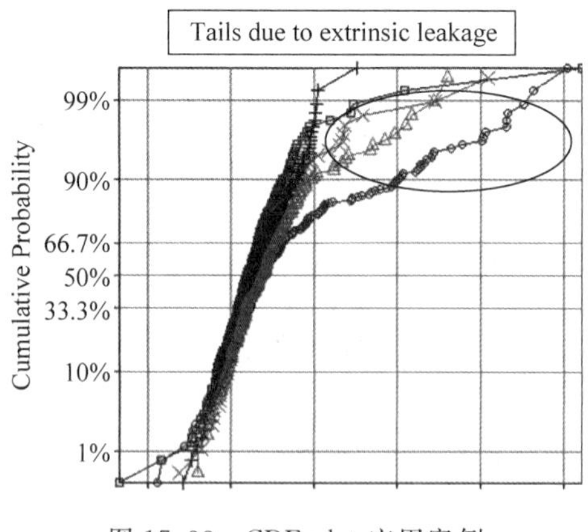


图 17.33　CDF plot 应用案例

### 17.2.2 常用的分析方法

相关性(correlation)分析被广泛应用于查找各种问题的根源。一般利用 Scatter plot 显示响应变量(response)和因素(factor)之间可能存在的相关关系。

图 17.34 表示两个 correlation 分析的案例。左图显示 Vccmin 的 yield 和 NMOS Vt 有明显的关联性,当 Vt 过高时,很容易发生 Vccmin 的失效。右图显示某产品 bin71 和 bin72 yield 存在明显的关联性,暗示这两者的失效机制可能相同。

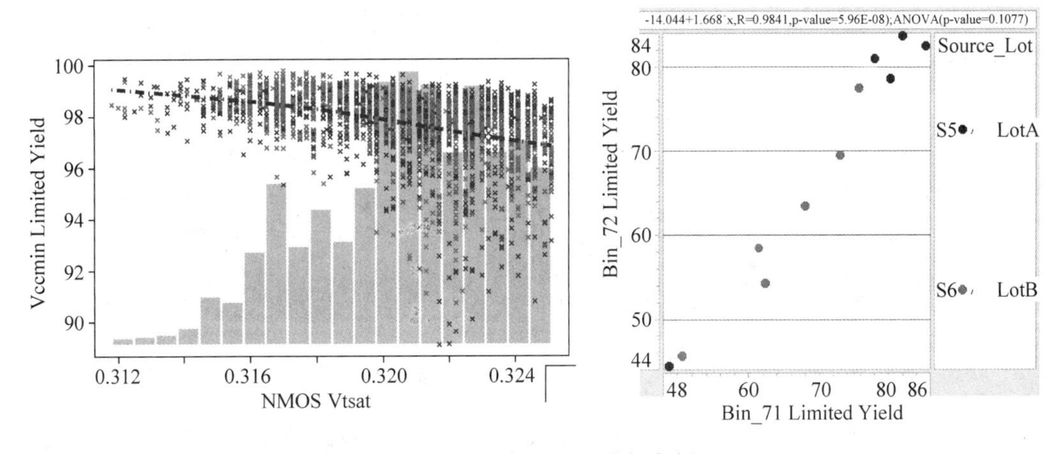


图 17.34　Correlation 分析案例

做 correlation 分析时,有时候对数据进行适当的变换能得到更好的结果。例如,Ioff 等数据常常需要取对数之后再做 correlation。一个简单的经验原则是检查 response 和 factor 是否分布相近,例如 response 是正态分布时,factor 严重偏离正态分布,那么对 factor 进行适当的数据变换可能是必要的。对于更进一步的分析,何时应该、如何进行数据变换本书不做深入讨论,有兴趣的读者请参阅 *Design and Analysis of Experiments* 等参考文献。

另外需要注意的是,找到和 response 强相关的 factor,不一定能得出该 factor 就是失效原因的结论。一个简单的例子,每次火灾引起的直接财产损失和参与救火的消防队员人数强相关,但是并不意味着为了减少火灾引起的财产损失,就应该解雇消防队员。

Classification(聚类)分析是另外一种常用的分析手段。根据 response(通常是 Bin yield,或者 Wafer sort 数据,或者 WAT 的数据等)在空间分布上(这里,既可以是实际 wafer 上的平面空间,也可以是数据本身分布的高维空间)的相似性,把 wafer 合理的分类是非常重要的分析手段。

通常,不同的类别,背后的物理机制不同。对于单个类别再进行更进一步的细化分析(correlation,commonality 等)会更加有效。

Classification 需要有专业的软件平台支持,利用数据在统计上的相似性,而非工程人员的主观判断来决定类别的划分。优秀的 classification 软件能极大地提高分析的效率,降低对于工程人员经验和专业知识的依赖。

通常在工艺线上,excursion 的根源追溯往往比较困难,主要原因是大多 excursion 是低概率事件,样本量很小时有效信息不足,但是 excursion 累积足够多时,各种不同机理的

excursion 混杂在一起,难以甄别。图 17.35 是一个典型的 classfication 分析案例。当积累的 wafer 数量很多时,找出典型的 excursion group,有针对性地逐一分析、解决。

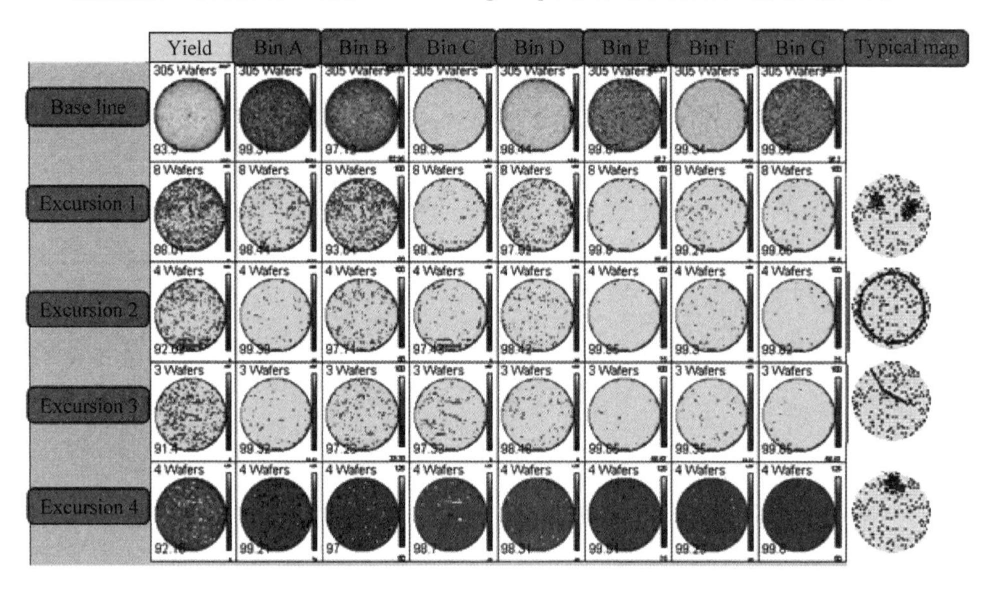


图 17.35 Classification 分析案例

Regression(回归分析)是常用的研究 response 和 factor 之间数量关系的方法。很多时候,仅有定性的了解(相关性的强弱)对于具体问题的解决是不够的,量化的研究分析是必要的。

如图 17.36 所示,产品上观察到有明显的 leakage 问题,从 WAT 数据可以看到 NMOS 和 PMOS 的 leakage wafer map 有较强的相似性。由于 WAT 可以在 inline 测试(例如 M1),比产品的测试结果提前几周,如果能在产品的 leakage 和 WAT 的 N/P leakage 上建立量化的模型,那么能提前数周就发现产品的 leakage 问题,并采取相应的工艺改善措施。图下方是一个简单的线性关系模型,其中 $a$,$b$,$c$ 是三个待定常数。

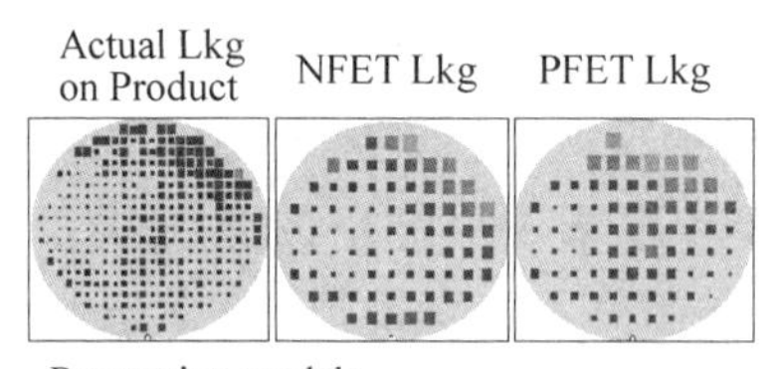


Regression model:
Lkg_Product=$a$ × Lkg_N+$b$ × Lkg_P+$c$

图 17.36 Regression 应用案例

利用历史数据对产品的 leakage 和 N/P MOS leakage 进行建模后,采用一批新的数据进行模型准确度的比较。图 17.37 演示了对于图 17.36 做 regression 之后建立的模型对于实际数据的预测能力,从图上看预测是比较准确的。于是可以利用 M1 的 WAT 数据,提前预测产品的 leakage 性能表现,对于工艺改善的速度有很大提高。

T-test 是常见的两组数据均值的比较方法,可以用于检验工艺、设备、量测等的匹配是否在统计上有着显著差别。

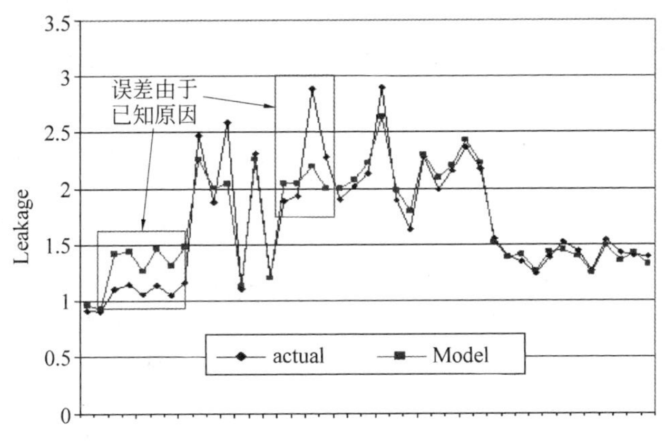


图 17.37　Regression 建模分析案例

一般工艺线上采用 trend chart，boxplot 等方式对于两组样本数据进行直观的比较。不过，由于异常点等噪声干扰工程人员的判断，有时直接从图表上看不出明显的区别。此时，借助 T-test 这种简单的统计方法，可以帮助工程人员进行判断。

如图 17.38 所示，直接从 trend chart 上，很难看出 wafer 的 center 和 edge 的 Rs 区别是否显著。不过从 T-test 结果，$p=0.01<0.05$（在很多工程领域 $p<0.05$ 作为显著性的标志），意味着从统计上讲，它们的差别是显著的。

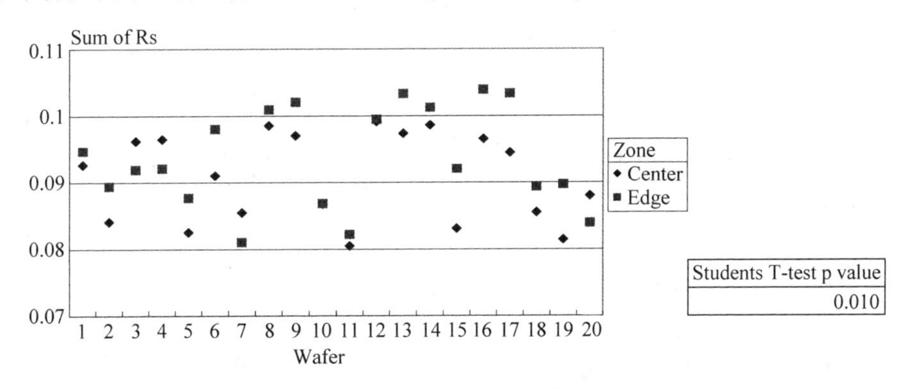


图 17.38　T-test 分析案例

在 T-test 分析时，需要验证一些假设，如数据样本之间的独立性和数据分布的正态性等。这里不进行深入讨论，关于 T-test 分析的原理有兴趣的读者请参阅相关统计书籍，使用请参阅 excel 帮助文档 T-test 函数部分。

需要注意的是，统计意义的显著性和工程意义的显著性的区别。例如，工程分析人员发现，花费额外 1000 美元/wafer 的制程改善，确实能改善 0.01%的 yield。这 0.01%的改善也许从统计意义上是显著的，不过从工程意义上讲完全不值得为此做这么昂贵的投入。

## 17.2.3　系统化的良率分析方法

**1. limited yield**

半导体生产制造中时常用 yield 作为指标来进行分析。在很多时候，由于测试顺序等原因,yield 对于失效机制的反映存在一定的偏差,所以需要引入 limited yield 这个概念。

表 17.4 是一个 Bin 测试的案例。共有 A～G 七个测试项目,测试顺序从 A 到 G,有 100 个样品用于这项测试。采用 SOF(stop on fail)测试,即某样品任一项目测试失效,停止余下项目测试,转到下一样品。SOF 测试是在半导体生产制造中常用的 wafer yield 测试方法,和与之对应的 COF(continue on fail)测试比较而言,它能节约测试时间,而测试时间和测试成本成正比。

**表 17.4　Bin 测试的案例**

| Bin | Fail Count | Remaining Die | 1-Limited Yield |
|---|---|---|---|
| Start | 0 | 100 | |
| A | 40 | 60 | 40% |
| B | 30 | 30 | 50% |
| C | 2 | 28 | 7% |
| D | 5 | 23 | 18% |
| E | 7 | 16 | 30% |
| F | 4 | 12 | 25% |
| G | 2 | 10 | 17% |

Testing Order

图 17.39 左边的 Bar chart 直接利用 bin count(相当于计算 yield loss)来比较各测试项目的影响,结论是 A 项是最严重的(Bar 最高,失效最多),B 项次之。

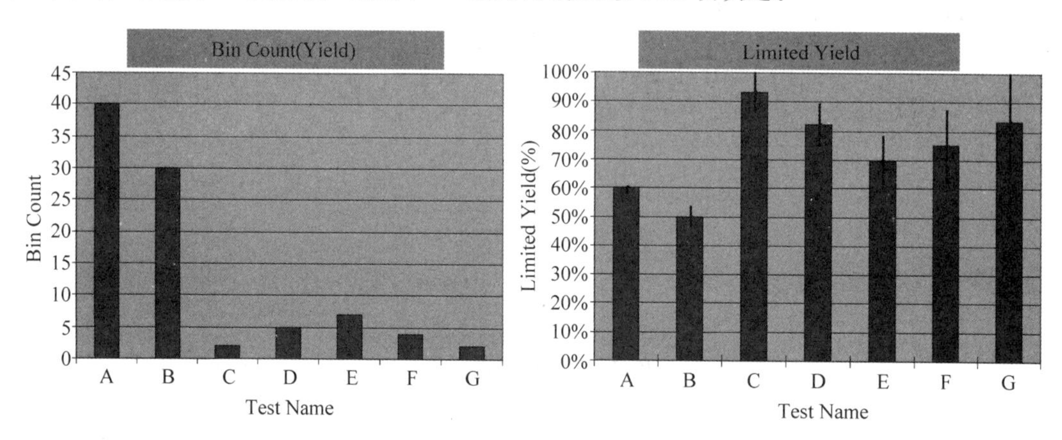


图 17.39　Bin count (yield)和 Limited yield 的区别

当考虑由于 SOF 测试的限制,测完 A 项目后,只有 60 个样品参与 B 项目的测试,B 的实际影响应该是 50%(60 个中 30 个失效),这就是 B 项目的 limited yield。计算各项目的 limited yield 之后,发现 B 项目是影响最大的,和上面结论矛盾。

由此,需要定义新的方法来计算对产品的影响。limited yield 的定义是,在一种失效机制单独作用时(即只有它影响 yield),产品所能达到的最高 yield。

limited yield 假设了各种失效机制的独立性(这在生产制造中往往是成立的),等价的表述是,在一种机制独立作用时产品存活的概率。很容易理解,当多种独立机制共同作用时，它们的综合影响应该等于各 limited yield 之乘积。

图 17.40 是一个应用 limited yield 分析后段工艺对产品影响的案例，使用的是 limited yield 的扩展定义，不仅仅局限在 wafer 的 SOF 测试结果分析上。

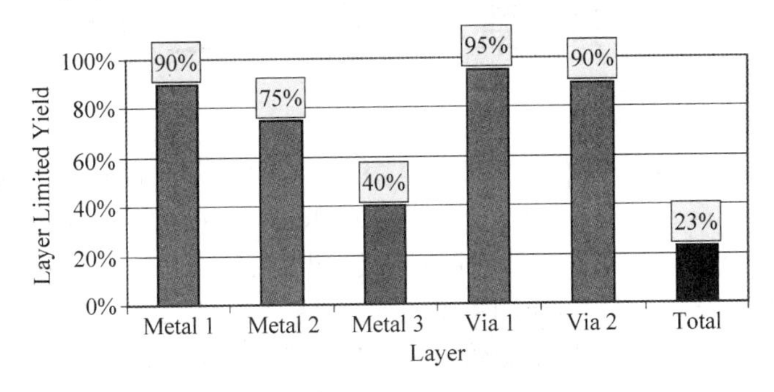


图 17.40　Limited yield 应用案例

**2. 良率分解方法（yield break down method）**

limited yield 的概念引入，对于产品失效机制的分析、排序提供了一种客观的量化方法。对于实际工艺线上的产品，有必要利用这种方法，把 yield loss 分解为独立的组成部分，对 yield learning 进行系统化的指导。

图 17.41 是一个产品 yield break down 分析的案例。很容易从左表认识到，wafer center 的 defect limited yield (DLY)是对 yield 影响最大的组成部分。再对 DLY 进行分析，可以发现 Via 的 open 是影响最大的组成部分。在对 yield 进行合理的 break down 之后，可以根据失效机制的 limited yield 进行排序，指导工艺改善的资源、人力分配。

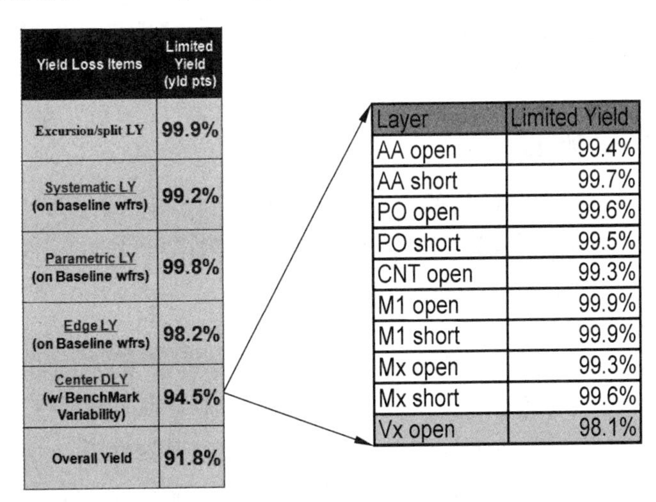

| Yield Loss Items | Limited Yield (yld pts) |
|---|---|
| Excursion/split LY | 99.9% |
| Systematic LY (on baseline wfrs) | 99.2% |
| Parametric LY (on Baseline wfrs) | 99.8% |
| Edge LY (on Baseline wfrs) | 98.2% |
| Center DLY (w/ BenchMark Variability) | 94.5% |
| Overall Yield | 91.8% |

| Layer | Limited Yield |
|---|---|
| AA open | 99.4% |
| AA short | 99.7% |
| PO open | 99.6% |
| PO short | 99.5% |
| CNT open | 99.3% |
| M1 open | 99.9% |
| M1 short | 99.9% |
| Mx open | 99.3% |
| Mx short | 99.6% |
| Vx open | 98.1% |

图 17.41　产品 yield break down 案例

上述 yield break down 分析的关键，是计算出各失效机制的 limited yield。限于篇幅，这里不做深入的讨论，只强调计算的基本原则，是建立在失效机制的独立性上的。

# 第18章 测试工程

集成电路测试工程包含硬件设备和软件程序两大部分。硬件指的是自动测试设备(Automatic Test Equipment, ATE),分类机(handler),圆片针测机(wafer prober);软件指的是测试程序(test program)。在半导体生产流程中,测试通常是指圆片测试(Wafer Sort, W/S)以及成品终测(Final Test, F/T),但是如果将范围扩大,也可以包含圆片接收测试(Wafer Acceptance Test, WAT)、失效分析测试(failure analysis test)、特性分析测试(characterization analysis test),等等。以半导体产品种类来划分,有逻辑(logic)、模拟(analog)、混合信号(mixed signal),储存器(memory),单芯片系统(System on Chip, SoC),等等。

现今测试工程离不开电脑的辅助。除了自动测试设备是以电脑为核心外,自动测试图形生成(Automatic Test Patten Generation, ATPG)、可测性设计(Design For Testability, DFT)、扫描测试(scan test)、内建自测试(Build-in Self Test, BIST),都需要依赖电脑辅助设计(Computer Aid Design, CAD)。

测试成本大约占芯片生产总成本组成的10%上下。与其他的芯片生产技术一样,随着技术的进步,芯片测试的成本、复杂度和速度的要求也越来越高,各种 DFT 技术也正迅速发展。

## 18.1 测试硬件和程序

### 18.1.1 测试硬件

自动测试设备可以根据测试软件的规划对待测元件(Device Under Test, DUT)做电性测试。一套自动测试设备主要包含主机(mainframe),测试头(test head),分类机或针测机(handler or prober)以及电脑服务器(computer server)。此外,还有各芯片专用的负载板(load board)和针测板(probe card)。

半导体元件的速度越来越快,功能越来越复杂,意味着需要更先进的自动测试设备,更长的测试时间,测试成本也越来越贵。一套数 GHz,数千管脚的测试设备价值数百万美元。为减低测试成本,因此发展了各种可测性设计技术。透过可测性设计,可以降低测试频率、减少管脚、降低机台性能的要求,同时也降低测试复杂度,减短测试时间。

分类机(handler)和圆片针测机(wafer prober)有两大主要功能,第一是提供芯片与测试机台接触的接口,第二是作为芯片测试结果好坏、优劣分类的机器设备。分类机处理封装后的芯片,针测机处理封装前的圆片。

### 18.1.2 测试程序

测试程序对待测元件做电性测试规划,包含:

（1）定义测试项目，项目顺序流程、频率、电压、电流、波形、矢量（vector）、图形（pattern）、测试标准（test specification），等等，最后对测试结果评判好坏（pass/fail）与等级（grade），并做分类（binning）。

（2）测试项目包含有开短路测试，漏电流测试，电源电流测试，参数测试，基本功能测试，串扰测试，扫描测试，$I_{DDQ}$测试，自动测试图形生成（ATPG）测试，等等。

（3）测试数据管理与分析，包括电性参数数据，批次良率，圆片图，冗余修复数据，等等。

理想的测试程序追求有最高的覆盖率，最短的测试时间，最佳的良率，最好的质量。

**1. 特性分析测试**

特性分析测试（characterization analysis test）用来验证芯片的功能以及性能与设计目标的差异，包含时序、操作电源电压/电流、输入/出电压和电流、操作速度、上升/下降时间（rise/fall time）、设立/维持时间（setup/hold time），等等。

**2. 生产测试**

在芯片的生产流程中，一般需要经过多道测试，如圆片测试、老化测试、封装后测试、质检测试等。生产测试（production test）侧重好坏分类、性能分级、成本控制、质量提升，依照芯片实际好坏以及测试好坏，可以有以下四种结果：

（1）芯片好，测试好：测试结果正确，此即产品良率。

（2）芯片坏，测试坏：测试结果正确，称不良率。

（3）芯片好，测试坏：测试结果不正确，此即产品的良率损失，称为误杀（over kill）。

（4）芯片坏，测试好：测试结果不正确，此即产品质量损失，称为误放（under kill）。

**3. 失效分析测试**

对于被测试判定失效、客户退返或可靠性不良的芯片，必须进行失效分析测试（failure analysis test），以归类失效原因是性能退化、缺陷、电过载（Electrical Over Stress, EOS）、静电损伤（Electrostatic Damage, ESD）或其他，失效分析测试的电性结果将会提供给物理失效分析作参考和依据。

**4. 电参数测试（parametric test）**

分为直流参数（DC parameters）和交流参数（AC parameters）。直流参数测试有开/短路测试，漏电流测试，电源电压/电流测试；交流参数包括频率，上升/下降时间（rise/fall time），设定/维持时间（setup/hold time）等。

## 18.1.3 缺陷、失效和故障

芯片制造或使用上的物理缺陷（defect），会使电路功能形成故障（fault），造成芯片失效（failure）。测试的目的就是要找出造成失效的故障，再由失效分析找出物理缺陷。物理缺陷有：材料残留或缺失；栅氧化层击穿，针孔；电迁移造成的互连线开路或短路；P-N 结漏电；封装时造成的开路或短路。

故障有固定 0（stuck-at-0，s-a-0）、固定 1（stuck-at-1，s-a-1）、传递延迟、信号串扰等。电路失效可以区分为软失效（soft failure）和硬失效（hard failure）。软失效的原因有高能射线，电源不稳，输入驱动不足等外界原因；软失效不是物理缺陷造成的，经过电源重启，失效会消失，芯片功能可恢复。硬失效是指包含物损坏，参数变坏。硬失效是不可恢复的。

## 18.2 储存器测试

半导体器件构成的储存器有动态随机储存器(DRAM),静态随机储存器(SRAM),闪存(Flash)等。储存器测试的流程通常有圆片测试(wafer sort, W/S),激光修复(laser repair,L/R),老化(burn-in,B/I),终测(final test, F/T)等。圆片测试有时又称为芯片针测(chip probing)。储存器构造的特点是电路单元规律重复,管脚少,生产量很大。因为储存器的功能是数据储存,所以测试的目的就是测试它的数据储存功能。测试方法简单地说就是把数据写入,再读出与原数据做比对;如果相同则功能通过,否则即失效。储存器的每一储存晶胞单元(cell)是由两个地址作定位,分别是 $X$,和 $Y$。习惯上我们用棋盘方格来表示。现今的储存器测试要求大量平行测试(parallel test),一次测试256颗芯片,甚至512颗。测试频率可以达到数GHz。这需要昂贵的测试设备。

### 18.2.1 储存器测试流程

储存器的封装测试流程如下。

(1) 第一道圆片测试(wafer sort 1,W/S 1):做基本的参数测试,功能测试。最特别的是测试芯片是否可以修复;如果可以,修复地址会被记录。

(2) 激光修复(laser repair):根据W/S 1的修复地址来修复失效单元。

(3) 第二道圆片测试(wafer sort 1,W/S 2):确认激光修复的良率,通常只做抽样测试,有的时候可以省略。

(4) 封装(assembly)。

(5) 第一道终测(final test,F/T 1):做基本的参数测试,功能测试。这道测试可以确认封装生产的良率,找出封装的问题。

(6) 老化(Burn-In,B/I):老化用来提高可靠度和质量水平。

(7) 第二道终测(final test 2, F/T 2):第二道终测通常是完整的测试,包括参数、速度、功能、串扰等项目。

### 18.2.2 测试图形

储存器的数据储存模式和失效模型是相关的。包含地址行进方式,数据写入和读出方式,0或1数据在储存器内构成的图形,组合成测试图形(test pattern)。用以下记法来简单说明储存器测试图形。

x:表示行地址。x↑表示是行地址由0递增到最大行地址;x↓表示是行地址由最大行地址递减到0。

y:表示列地址。y↑表示是列地址由0递增到最大列地址;y↓表示是列地址由最大列地址递减到0。

w0/w1:表示写入储存器的数据,分别为写入0或1。

r0/r1:表示读出储存器的数据,分别为读出0或1。

(1) 扫描图形(scan pattern)

全部单元写0→全部单元读0→全部单元写1→全部单元读1。即

(↑,y↑,w0)→(x↑,y↑,r0)→(x↑,y↑,w1)→(x↑,y↑,r1)

(2) 行进图形(marching pattern)

全部单元写 0→全部单元逐一(读 0,写 1,读 1)→全部单元逐一(读 1,写 0,读 0)→全部单元读 0。即

(x↑,y↑,w0)→(x↑,y↑,r0,w1,r1)→(x↑,y↑,r1,w0,r0)→(x↑,y↑,r1)

(3) 步行图形(walking pattern)

全部单元写 0→全部单元逐一(写 1,(其余全部单元(读 0),读 1)→全部单元逐一(写 0,(其余全部单元(读 1),读 0)→全部单元读 0。即

(x↑,y↑,w0)→(x↑,y↑,(w1(x′↑,y′↑,r0)))→(x↑,y↑,(w0(x′↑,y′↑,r1)))→(x↑,y↑,r0)

(4) 背景图形(background pattern)

所谓背景图形是指实际上写入储存阵列的数据组合图形。当我们说对全部单元写入 1 时,如果背景图形是棋盘格图形,则单元(x,y)的周围单元(x+1,y),(x,y+1),(x−1,y),(x,y−1)将实际上写入 0。常用的背景图形有棋盘格图(checkerboard),行柱状图(X−bar),列柱状图(Y−bar)等,如图 18.1 所示。

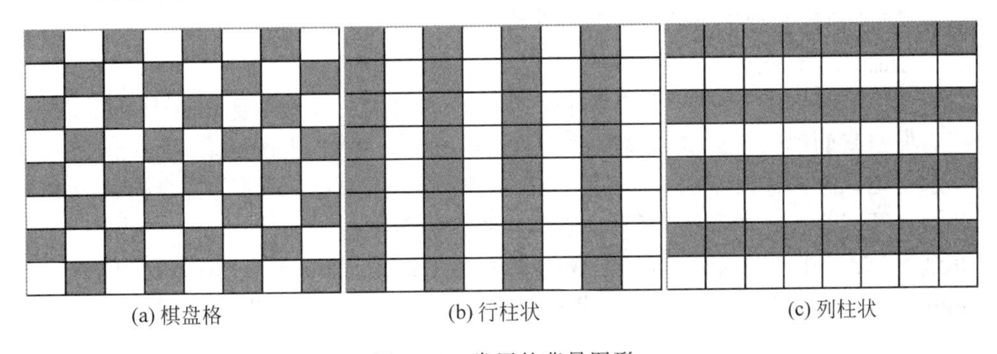


图 18.1　常用的背景图形

### 18.2.3　故障模型

做储存器故障分析时会将失效位元标记在储存阵列上,称为位元图(Bit Map)。

储存器故障模型以及故障原因包含以下数种,如图 18.2 所示。

单位元(single bit, SB):位元接触点不良,晶体管漏电,介电层击穿等。

双位元(twin bits,TB):两相邻位元有短路或漏电串扰。

从位元(cluster bits):由大的 particle,光刻缺陷造成。

单行/单列(single row/column):字元线/位元线 (word/bit line)有漏电性的缺陷。

双行/双列(two row/column):两相邻字元线/位元线短路或金属字元线接触点不良。

### 18.2.4　冗余设计与激光修复

冗余设计(redundancy),为了提升生产良率,储存器设计有冗余单元(redundant cells),可以替换部分失效的单元。当测试程序发现有失效的单元时,会记录所有失效的单元地址。在测试结束时,冗余分析子程序会判断此芯片是不是可以修复成为无缺陷的芯片。如果可

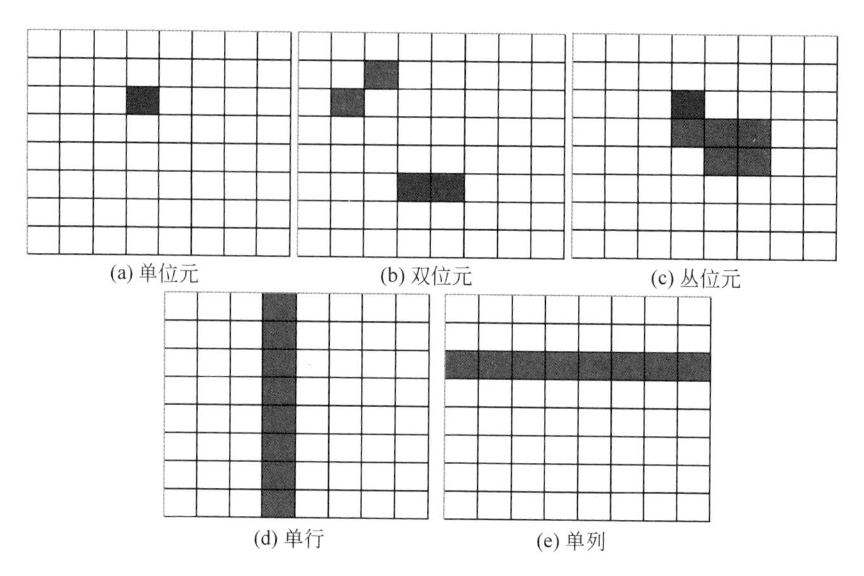


图 18.2　储存器故障模型

以修复,修复的地址会被记录,并输出给修复设备。对于缺陷太多而无法完全修复的芯片,即判定为废品。

芯片的冗余设计由冗余单元行/列和地址解码器组成。激光修复(laser repair, L/R)机台会把需要修复的解码器设定为被测试到的缺陷地址。例如,假设缺陷地址是X=511行,就将冗余行地址解码器设定成X=511。所以,当外部读写输入地址与冗余解码器相同时,芯片就会读写冗余单元的数据,而不是主储存阵列的数据。

冗余解码器是由多晶硅或铝线构成的保险丝阵列(poly/al fuse array)组成的,由激光熔断相对应地址的保险丝组合,完成解码设定。新的保险丝设计已采用电流保险丝(e-fuse),熔断的方法是利用电迁移效应。

## 18.2.5　储存器可测性设计

随着单一芯片储存器容量成长到G-Byte,测试时间也随着增加。如暂时不考虑芯片操作频率的变化,当容量增加4倍,理论测试时间也增加为4倍;产能也就降为1/4。若考虑操作频率加快,则测试时间可能只增加2～3倍。但相对的测试设备也需要较高频率,较昂贵的机台。采取地址/数据压缩的可测性设计可以部分地解决容量增加带来的测试成本增加的问题。

假设将储存器阵列看成镜像的两个小阵列组合,一个地址可以读写两个小数据阵列各相同地址的一笔数据,这样一来储存器需要测试的容量就变为原来的1/2,这就是地址压缩。例如,一个8乘8的阵列,经由地址压缩设计,就成了两个8乘4的小阵列。原先8×8=64的测试深度就压缩为8×4=32。

此外,随着工艺线改良,芯片的操作频率已经达到GHz,如何活化低频率的旧测试设备一直是节约测试成本需考虑的一个问题。在芯片加入可测性设计,减低测试操作频率,可以将部分测试项目,如基本功能测试、漏电测试、串扰测试、保持测试,用低频率的机台来测试。

### 18.2.6　老化与测试

依照可靠性的浴缸曲线，芯片在使用早期会有较高的失效比率，即早夭期。老化用来筛选出使用寿命短的芯片，使失效率降低。老化在高温 125℃，1.2～1.4 倍 $V_{dd}$ 高电压下进行，依照产品的可靠性水平，老化的时间在数小时到数十小时。老化的操作模式有静态老化(Static Burn-in，SBI)，动态老化(Dynamic Burn-in，DBI)，老化加测试(Test During Burn-in，TDBI)，圆片老化(Wafer Level Burn-in，WLBI)。其中，静态老化只加入 $V_{dd}$ 电源和高温，不输入信号驱动芯片。动态老化加入 $V_{dd}$ 电源和高温，并输入信号驱动芯片做读和写动作，但不控制输入的地址，读出的数据并不做好坏判断。老化加测试(TDBI)，由于老化的操作时间长，所以 TDBI 将部分长时序的测试图形转移到老化的环节执行，可以降低昂贵的测试机台时间，TDBI 是一种动态老化的操作模式，TDBI 的机台需要加入图形产生器和数据比较器，机台也较为复杂，昂贵，但是省下的测试机台时间还是有较好的经济效益的。圆片老化(WLBI)，一般的老化操作是在封装好的芯片上进行，现在先进的老化可以在圆片时执行，储存器在圆片时执行老化需要有特别的可测性设计，称为老化模式(burn-in Mode)，启动储存器的老化模式之后，全部的储存单元都会同时被拉高电压，圆片老化只需要在进入老化模式的时候输入信号，基本上这是一种静态老化操作。圆片老化是在圆片测试之前或内建在测试程序之中。假若圆片老化产生的失效单元是在冗余修复范围内，那么良率就可以提升，这是它的优点之一。但是圆片老化并不能取代封装后老化。

## 18.3　$I_{DDQ}$测试

CMOS 电路的特性在静态时的电流消耗非常低，但是如果电路存在缺陷，那就可能引起异常的漏电流，这就是 $I_{DDQ}$ 测试(quiescent $I_{DD}$)的基本原理。对于一组电路正常的芯片来说，它们的静态电流会呈现正态分布(见图 18.3)，因此，从这组分布，可以定下静态电源电流的测试标准。对于超出电流标准的芯片，即使芯片的功能测试是正常的，也判定为失效。相对于其他的测试项目，$I_{DDQ}$测试的优点有测试时间短、可以提升可靠度、提高可测试度、降低功耗等。

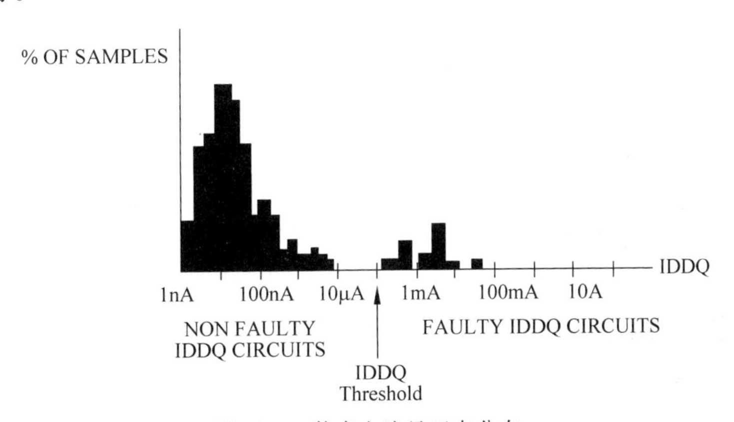


图 18.3　静态电流呈正态分布

$I_{DDQ}$测试可以侦测到的缺陷有开/短路、桥接、栅氧层击穿等物理缺陷，这些缺陷都会引发明显的$I_{DDQ}$电流增大。内部连接线的短路与桥接如果存在电位差，即引起升高的电源电流。开路造成下级电路浮接，CMOS闸门无法完全紧闭，也形成漏电。

$I_{DDQ}$测试的概念比较直观，容易了解，也容易实现。但要达到高覆盖率的$I_{DDQ}$测试，关键是如何在缺陷处形成电位差，引发异常漏电流。这就需要引进测试矢量来配合。许多设计模拟工具可以提供$I_{DDQ}$测试矢量生成。此外，$I_{DDQ}$测试标准也必须跟着定期检查，以避免不正确的$I_{DDQ}$测试标准(specification)设定造成的误杀(over kill)或误放(under kill)。而制造工艺的工程变更，也会造成电流分布的变化。

$I_{DDQ}$测试电路如图18.4所示。

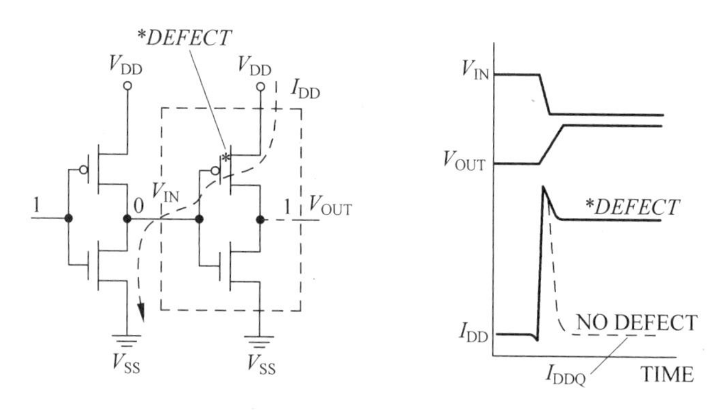


图18.4　$I_{DDQ}$测试的电路

### 18.3.1　$I_{DDQ}$测试和失效分析

理论上，$I_{DDQ}$测试的失效现象是存在不正常的大漏电流路径，在时效分析手法用EMMI或OBRICH最有效。因为大漏电流引起的热点、红外线以及复合产生的光子等，由此对缺陷点做定位。一旦失效位置确定后，再借助相关工具就可以判断失效机理，进而提供解决方案，提升良率。

### 18.3.2　$I_{DDQ}$测试与可靠性

$I_{DDQ}$测试方法对于芯片的可靠性提升是很有帮助的。有两种可能的漏电流来源，一个是缺陷造成的，一个是晶体管过大的漏电流。如果芯片可以通过扫描和功能测试，但$I_{DDQ}$电流过大，统计表明，这类芯片会有较大的可靠性隐患。

## 18.4　数字逻辑测试

### 数字逻辑与自动测试矢量生成(ATPG)

#### 1. 通路敏化法以及相关的自动测试生成算法

对一条通路中所有逻辑门电路的一切输入设定适当的值，然后追踪信号线上的这个逻辑变化传播到输出端的结果，其输出端的逻辑变化能反映该信号线的逻辑变化，就称这样的通路为一条敏化通路。这样，根据输出端的逻辑变化就能确定出敏化通路上的逻辑故障，从而找出检测该故障的一个测试矢量。

如果要让故障能传播到输出端，那么通道内一切与门(AND)和与非门(NAND)的其余输入端都应该要设定为 1 值；一切或门(OR)和或非门(NOR)的其余输入端都应该设定为 0 值。这就是故障传播和通路敏化的条件。

通路敏化法的主要步骤如下：

(1) 故障敏化。对一个固定型故障(stuck-at fault)通过使驱动信号和故障相反的逻辑值来激活。这对于确保无故障电路和有故障电路之间的行为的不同是必须的。

(2) 故障传播。将故障相应通过一条或多条路径传播到电路的输出。

(3) 一致性检查。就是从敏化通路的输出端返回到输入端，检查输入门的各个输入逻辑是否一致。如果相同，那么这一个故障的敏化就是成功的，否则就要寻找另外一条路径，并重复上面各步骤。

在通路敏化法的基础上，有一些效益更高的组合电路自动测试矢量生成方法，较著名的有 D 算法、PODEM 算法和 FAN 算法。

D 算法是由 Roth 等人提出，它克服了一维算法的局限，采用多维敏化的思想，同时敏化从故障位置到电路的所有输出端的全部通路。他用(0,1,$x$,D,D)五个状态来描述电路中各个信号线的状态。只要所考虑的故障是可测的，D 算法就能够求得该故障的测试矢量。D 算法是第一个建立在严格的理论基础上的组合电路自动测试矢量生成算法，而且便于在计算机上实现。D 算法的不足之处是在进行测试生成时将大量的时间用在许多不同的路径测试上；如果电路的规模大，往往计算很复杂，效率不高。

PODEM 算法是由 Goel 等人提出的。PODEM 算法吸收了穷举法的优点，将原始输入逐一设定值，对预定的故障生成测试矢量，所以避免了许多盲目试探，减少了 D 算法中回溯和判决的次数，测试矢量的产生速度快了许多，而且有较高的故障覆盖率。PODEM 算法首先是激活故障，再将激活条件反向回溯，待满足激活条件的原始输入赋值以后，再进行正向驱赶。每驱赶一个门，就对满足驱赶条件和赋值逐个反向回溯，直到驱赶到原始输出为止。

FAN 算法是由 Fujiwara 和 Shimono 提出的。FAN 算法更加减少回溯和判决的次数。特点是：唯一确定信号的直接分配，唯一敏化，在头线(主导线)停止回溯以及多路回溯。FAN 算法在激活故障之后，首先进行 D 驱赶，然后再进行反向跟踪，但 FAN 算法有特别的 D 驱赶和反向跟踪算法。

**2. 自动测试矢量生成的其他应用**

自动测矢量生成除了能够侦测固定式故障，对于不断发展的半导体技术，还能够测试其他的障碍，比如传播延迟故障，电源噪音，串扰失效。延迟故障的检测需要在电路所设计工作速度下测试，所以也就需要昂贵的高速测试机台，如何在低速测试机台完成测试，也是研究的主题。

电源噪声主要会降低芯片的性能，造成单元之间互连的传播延迟和可靠性的下降，自动生成的测试矢量必须能够产生最差情况下的电源噪声。

此外，ATPG 算法的技术也在芯片自动化设计的领域当中，包括逻辑优化、冗余检测、时序分析等方面都有所帮助。

# 18.5 可测性设计

可测性设计(design for testability,DFT)是在微电子芯片产品设计中加入了先进的测试设计,使得所涉及芯片的制造测试、开发和应用变得更为容易和便宜。

扫描设计是与组合逻辑设计相关的最常见 DFT 方法。基本观念就是它可以透过触发器构成的电路来控制和观测电路内部状态。触发器就是电路内部的观察点。

## 18.5.1 扫描测试

### 1. 扫描设计与测试

扫描设计是通过对电路增加一个有触发器的测试模式(test mode)设计。在设计上,都采用 D 触发器(见图 18.5)。当电路处于测试模式的时候,所有触发器在功能上串成一个或多个移位暂存器。触发器的输入时对适当的插入在组合电路的观察点上,信号在电路内传输的结果可以经由观察点的移位暂存器读出,从而判断信号在电路内部逻辑传播错误的产生点。

这些移位暂存器(也称扫描暂存器)的输入输出也可以变成原始的输入输出,通过将逻辑状态设定到移位暂存器中的方法,可以设定触发器的初始值,作为一个输入值;同样地,也可以通过将移位暂存器内容读出来,而观察移位暂存器的状态,作为一个输出值。

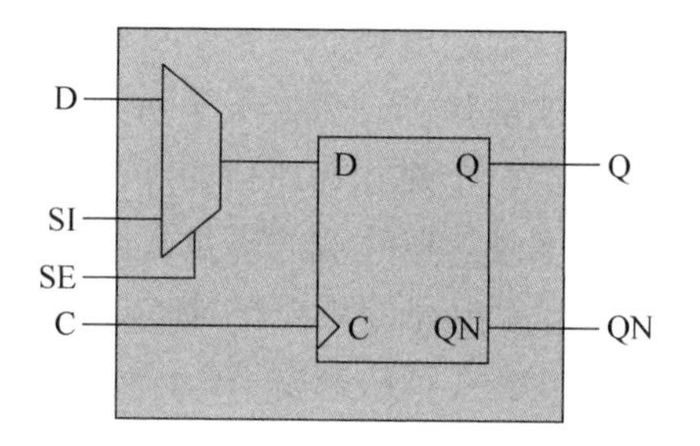

图 18.5 移位暂存器单元-D 触发器

扫描测试是在两个阶段中完成的,第一个阶段是测试扫描暂存器,通过设置 SE=1 使电路设置成扫描模式,这使所有的触发器在 SI(scan-in)与 Q(scan-out)之间串成了一组移位暂存器,或称为扫描链。一个(触发器总数+4)的序列信号加入到暂存器 SI 序列中,经由时钟信号 C 控制,序列信号被移位到可以观察的 Scan-Out 输出上,再将 Scan-Out 输出与输入序列做比较。如此一来,测试了移位暂存器是否可以正确操作。

测试的第二阶段是对组合逻辑电路的固定故障做测试,一个扫描测试输入矢量包含两个部分,即组合电路的原始输入部分和移位暂存器的状态变量部分。每一个扫描测试输出矢量也同样包含两个部分,即组合电路的原始输出部分和移位暂存器的输出部分。扫描测试在每一个系统时钟周期输入一个扫描测试矢量,也就是使用 ATPG 生成的测试矢量,作为组合电路的原始输入矢量以及作为移位暂存器设定初始值的矢量。当扫描测试矢量输入之后,可以读出原始输出矢量和移位暂存器的输出矢量,与期望值作比较。如果不符合,所有的影响原始输出的故障此时都可以通过判断触发器状态变量而被检测出来。

图 18.6 所示为组合逻辑电路与扫描链。

### 2. 扫描设计的开销

使用扫描测试有两种类型的不利影响,即扫描硬件增加的芯片尺寸以及降低了信号速度。触发器的存在和布线增加了信号的电容负载,时钟速度可能会有 5%到 10%的损失,应该经由良好的布局和布线来控制这两个开销。根据成本的控制,产生的开销控制在 10%以下是可能的。

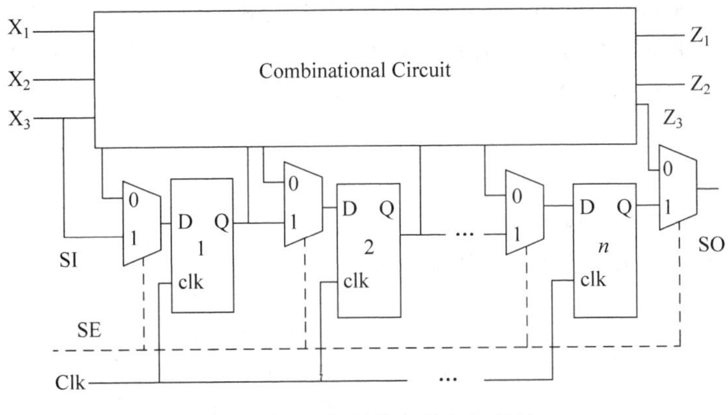


图 18.6 组合逻辑电路与扫描链

## 18.5.2 内建自测试

内建自测试(build-in self test,BIST)字面的意义来说就是将测试的矢量生成(test pattern generator)和输出响应分析(output response analyzer)的结果判断电路设计内建在芯片之中。芯片内建自测试的好处有减小测试和维护代价,较低的测试生成代价,减小测试矢量的存储维护,使用较简单和便宜的 ATE,可并行测试许多单元,缩短测试应用时间,可在功能系统速度下测试,等等。如图 18.7 所示为内建自测试与测试系统结构图。

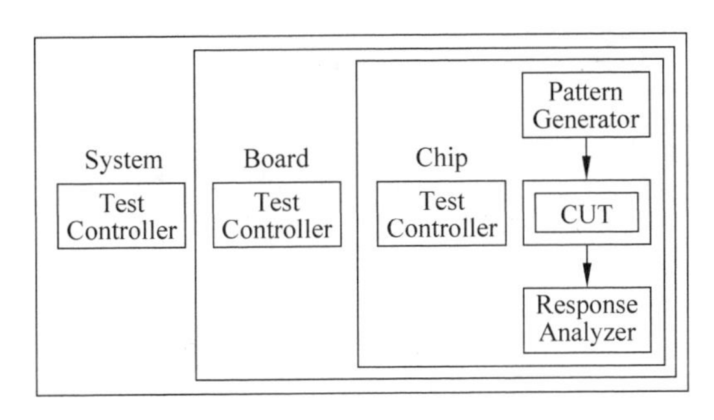


图 18.7 内建自测试与测试系统结构图

内建自测试测试矢量生成的方式有以下几种:

(1) 第一种方法是将 ATPG 产生的测试矢量即刻储存在芯片内部的 ROM 中。定位测试矢量的数量相当大,会占用很大的芯片面积。

(2) 第二种方法使用线性反馈的移位寄存器(linear feedback shift register,LFSR)产生伪随机(pseudo-random)测试矢量,这种方法产生的设计需求最少,是很好的解决方案。

(3) 第三种方法是使用计数器产生一个穷举测试矢量序列,但是这会耗费太多的测试时间。

(4) 第四种方法是 LFSR+ROM 结合,是最有效的方法之一。首先采用 LFSR 作为原始测试模式,然后采用 ATPG 程序生成 LFSR 漏失故障的附加测试矢量,附加测试矢量存储于芯片内 ROM 中,或嵌入到 LFSR 的输出或扫描链中。

在储存器的测试中,BIST 设计测试是比较容易达成的。例如,储存器的扫描图形(scan

pattern)、行进图形(march pattern)的地址信号产生是规则而且重复的,从0逐一累加到最大地址,或从最大地址逐一递减到0,在电路的设计上可以用计数器简单达成。内建储存器的SoC芯片的测试都会采用这种测试设计(memory BIST,MBIST)。

# 参考文献

[1] 蒋安平,冯建华,王新安,译.超大规模集成电路测试——数字、储存器和混合信号系统.北京:电子工业出版社,2005.
[2] 雷绍充,绍志标,梁峰.超大规模集成电路测试.北京:电子工业出版社,2008.
[3] 潘中良.系统芯片的设计与测试.北京:科学出版社,2009.
[4] 陈力颖,王猛,译.最新集成电路系统设计、验证与测试.北京:电子工业出版社,2008.
[5] 高成,张栋,王香芬.最新集成电路测试技术.北京:国防工业出版社,2009.

# 第19章 芯片封装

## 19.1 传统的芯片封装制造工艺

芯片由晶圆切割成单独的颗粒后，再经过芯片封装过程即可单独应用。

本章介绍基本传统的芯片封装制造工艺流程。

### 19.1.1 减薄(Back Grind)

芯片依工艺要求，需有一定之厚度。应用研磨的方法，达到减薄的目标。研磨的第一步为粗磨，目的为减薄芯片厚度到目标值(一般研磨后的厚度为250～300$\mu$m，随着芯片应用及封装方式的不同会不一样)。第二步为细磨，目的为消减芯片粗磨中生成的应力破坏层(一般厚度为1～2$\mu$m左右)。研磨时需有洁净水(纯水)冲洗，以便带走研磨时产生的硅粉。若有硅粉残留，容易造成芯片研磨时的破片或产生微裂纹，在后序的工艺中造成芯片破碎的良品率问题及质量问题。同时需要注意研磨轮及研磨平台的平整度，可能会增加芯片破片的机率(因为平整度不好会造成芯片破片)。研磨机内部示意图如图19.1所示。

### 19.1.2 贴膜(Wafer Mount)

减薄之后，要在芯片背面贴上配合划片使用的蓝膜，才可开始划片。蓝膜需要装在固定的金属框架上(见图19.2)。为了增强膜对芯片的黏度，有时贴膜后须要加热烘焙。

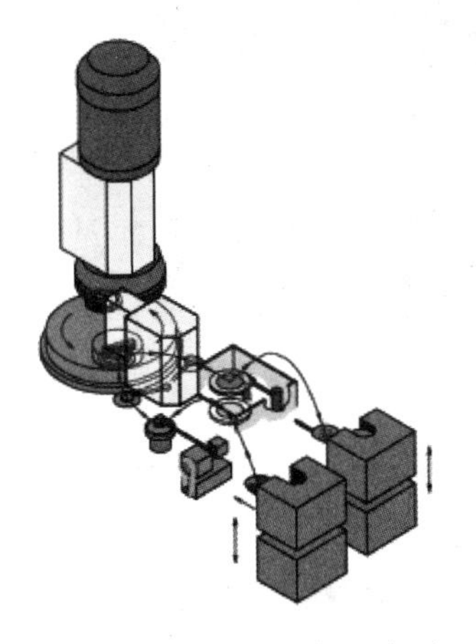

图19.1 研磨机内部示意图

图19.2 芯片贴膜后装在金属外框中的照片

### 19.1.3 划片(Wafer Saw)

芯片依照单颗大小、需要种类等，要在蓝膜上切割成颗粒状，以便于单个取出分开。划片时需控制移动划片刀的速度及划片刀的转速。不同芯片的厚度及蓝膜的黏性都需要有不同的配合的划片参数，以减少划片时在芯片上产生的崩碎现象。划片时需要用洁净水冲洗，以便移除硅渣。切割中残留的硅渣会破坏划片刀具及芯片，造成良品率损失。喷水的角度及水量，都需要控制。划片工艺如图19.3所示。

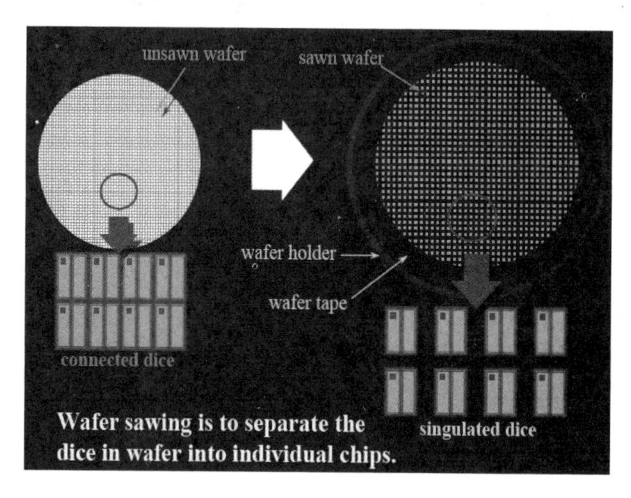


图19.3　划片工艺示意图

一般切割刀片可以达到最小的切割宽度为40μm左右。若用雷射光取代切割刀片可将切割宽度减小到20μm。所以使用窄小的切割道的特殊芯片必须用雷射光切割。对于厚芯片或堆叠多层芯片的切割方式，也建议使用雷射光切割。因为用一般切割刀片切割，在使用特别的刀片下，勉强可以切割三层堆叠的芯片。所以雷射光切割比较好。刀片划片工作时的照片如图19.4所示。

图19.4　刀片划片工作时的照片

有些芯片在划片时为了达到特殊的芯片表面保护效果，同一切割道要切割两次。此时第一次切割时用的刀片比较宽，第二次切割时用的刀片比较窄。

切割时要特别注意，不可切穿芯片背面的蓝膜。若切穿蓝膜会造成芯片颗粒散落，后序的贴片工艺无法进行。

划片时洁净水的电阻值要控制在1MΩ之下，以保护芯片颗粒不会有静电(ESD)破坏的问题。

一般划片时移动的速度为50mm/s。

一般划片时的刀片旋转的速率为38 000r/min。

划片完成后，还需要用洁净水冲洗芯片表面，保证芯片上打线键合区不会有硅粉等残留物，如此才能保证后序打线键合工艺的成功良品率。有时在洁净水中还要加入清洁用的化学药剂及二氧化碳气泡，以便提高清洁的效果及芯片表面清洁度。

### 19.1.4　贴片(Die Attach)

将芯片颗粒由划片后的蓝膜上分别取下，用胶水(epoxy)与支架(leadframe，引线筐架)贴合在一起，以便于下一个打线键合的工艺。胶水中加入银的颗粒，以增加导电度，所以也称为银胶。贴片前后支架照片，以及贴片工艺分别如图 19.5～图 19.7 所示。

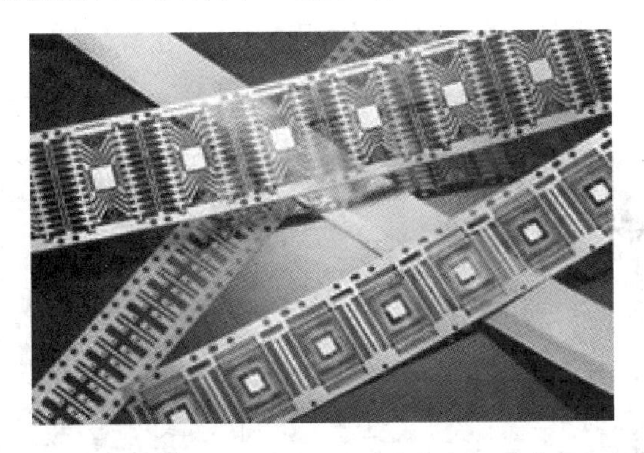

图 19.5　未粘贴芯片颗粒的支架照片

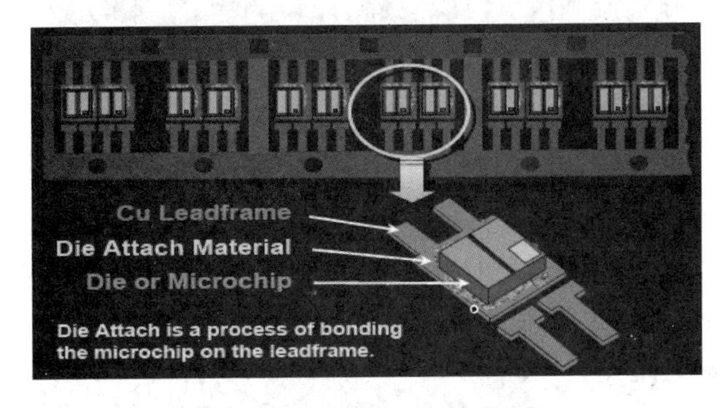


图 19.6　银胶贴片工艺示意图

图 19.7　贴片工艺完成后芯片颗粒在支架上的照片

一般芯片颗粒背后银胶层厚度为 5μm。同时芯片颗粒周边需要看到银胶溢出痕迹,保证要有 90% 的周边溢出痕迹(见图 19.8)。

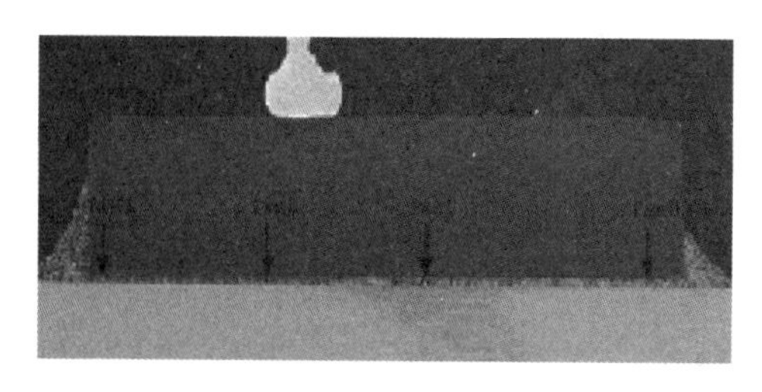

图 19.8　贴片及打线工艺完成后的截面照片，芯片颗粒外围可见溢出现象

其他的常用贴片模式之一，主要是使用共金熔焊模式取代银胶(见图 19.9)。

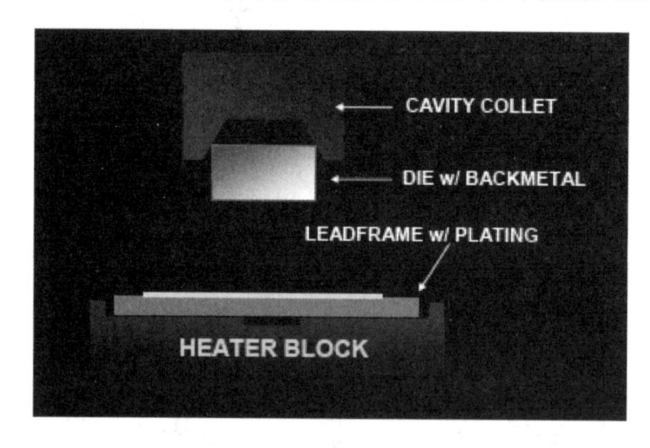


图 19.9　使用共金贴片工艺的示意图

其他的常用贴片模式之二，主要是使用焊锡丝熔焊模式取代银胶芯片颗粒小的产品(见图 19.10),贴片的速度可以提高。但是对于芯片颗粒超大的产品,贴片时需保证误差度在 50μm 以内,所以速度要放慢。针对超薄的芯片颗粒,必须用慢速及特殊的芯片颗粒吸取吸头,以保证芯片颗粒不会被破坏或出现微裂纹。

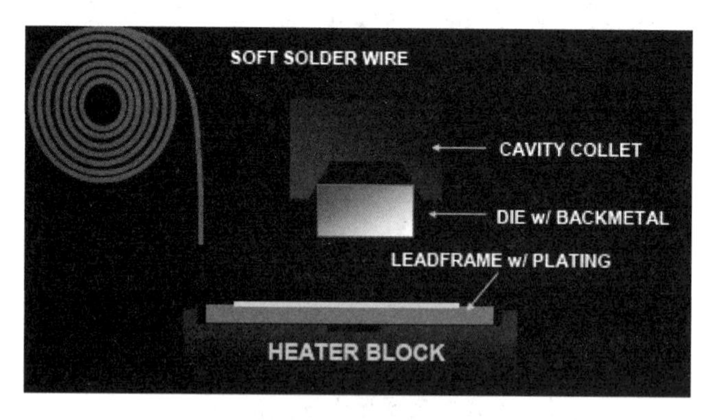


图 19.10　使用焊锡贴片工艺的示意图

### 19.1.5　银胶烘焙(Epoxy Curing)

贴片工艺后需要用高温将银胶烤干固化,温度为 175℃,时间为 1 小时。烘焙的同时,

需要在烤箱中通氮气，防止芯片及支架表面氧化，造成后序工艺无法完成打线键合。

银胶烘焙固化后，需要测量芯片颗粒与支架间的接合力，一般要大于2.0kg的推力需求。

### 19.1.6　打线键合(Wire Bond)

将芯片颗粒的金属焊接垫(bond pad)与支架，用金属引线焊接联通在一起。打线机的工艺主要参数为4项：键合时温度、打线劈刀的压力、超音输出能量、超音作用时间。

现在将其过程分步完成：

第一步：金线在打线机的劈刀口下露出线尾。

第二步：打线机的打火杆放电，将线尾熔成球形(叫做自由空气球，free air ball)。

第三步：劈刀移动到芯片颗粒的键合区，向下将自由空气球压到芯片颗粒键合区上。

第四步：劈刀加压力，超音输出能量，作用时间完成后停止超音输出。

第五步：提起劈刀，在芯片键合区上形成金球，接着带着金线由芯片颗粒键合区移往支架上的键合区。

第六步：劈刀移动到支架的键合区上，向下金线压到支架键合区上。

第七步：劈刀加压力，超音输出能量，作用时间完成后停止超音输出。

第八步：移动提起劈刀切断金线，在支架键合区上形成鱼尾，同时保留线尾在打线机的劈刀口下端。

第九步：回到第一步，开始焊接下一根线。

打线键合过程中的示意图和照片如图19.11～图19.18所示。

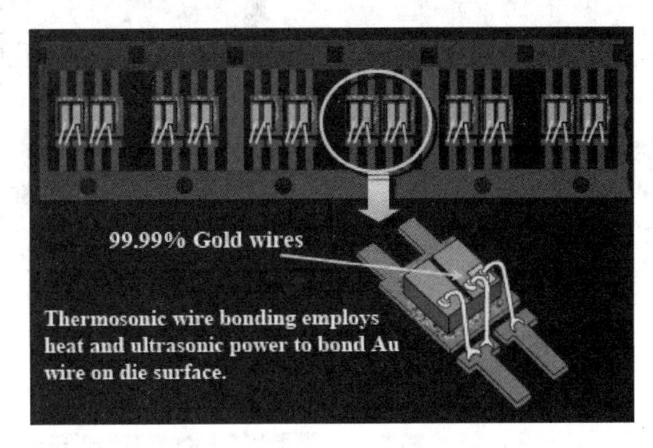


图19.11　打线键合工艺示意图

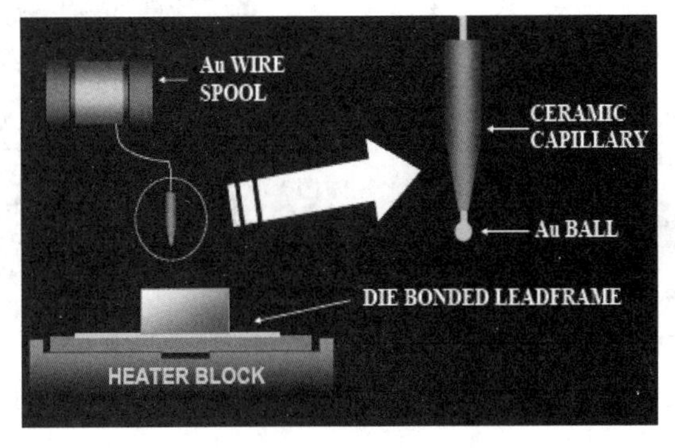


图19.12　劈刀口自由空气球示意图

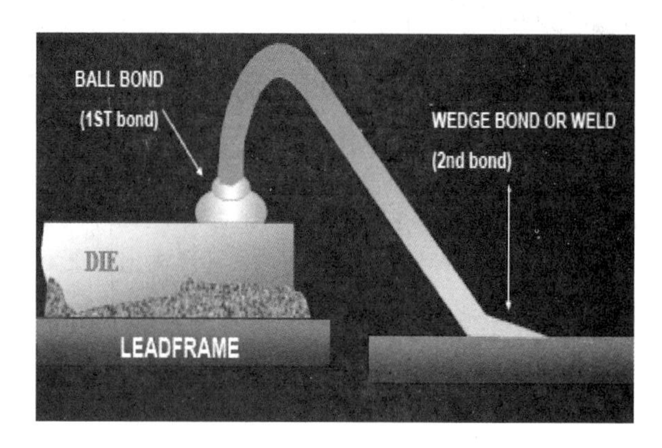


图 19.13　第一焊点金球及第二焊点鱼尾的示意图

打线中需要测量金球的直径大小及厚度，一般芯片键合区上的金球直径为 60μm，厚度为 20μm。打线中需要测量金球的拉力及剪力(推力)的大小，一般芯片键合区上的金球推力值要大于 20g，拉力值为大于 10g。

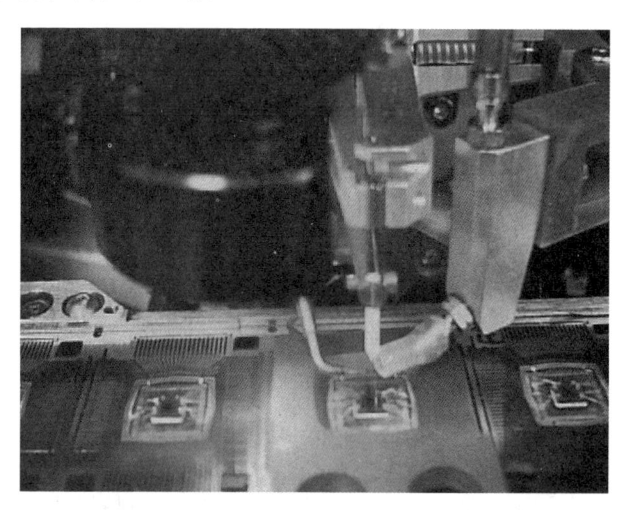

图 19.14　打线键合工作时照片

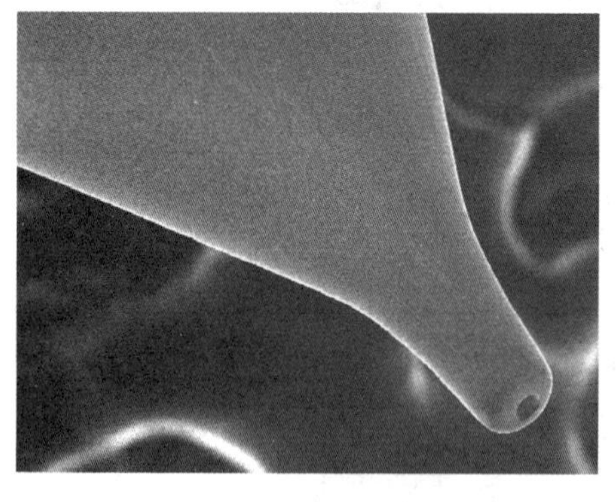

图 19.15　打线键合用的劈刀照片

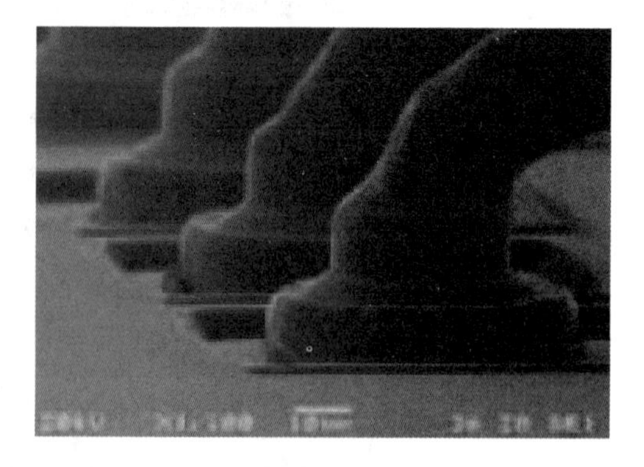

图 19.16　芯片键合区上金球的侧面照片

图 19.17　芯片键合区上金球的顶视照片

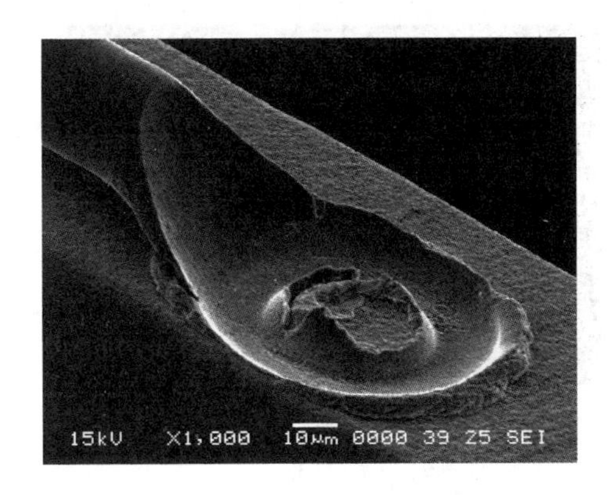


图 19.18　支架键合区上的鱼尾照片

若在打线键合时的等候时间超过 72 小时，需做烘焙，以除去胶水固化后再吸水的湿气，不然在后序工艺塑封成型时，会产生湿气释出造成塑封料与芯片及支架接合面脱离的品质问题。

若芯片键合区或支架键合区有污染或氧化现象时，打线键合会出现键合不良，甚至金球或鱼尾脱落的问题。此时要把此支架连同芯片放入等离子清洗机中清洗，再进行打线键合工艺。

## 19.1.7　塑封成型(压模成型，Mold)

将引线键合完成的支架放入塑封模中，用塑封料把芯片、金属引线及支架包裹保护起来，同时达到塑封料外观成型的目标。

需要控制压模温度，塑封料在模具中的转换固化时间，塑封料在模具中的流动速度，一般压模时温度为 175℃。

塑封料在模具中的流动速度，不可太快或太慢，太快会冲歪或冲断键合好的金线造成品质问题或成品良率问题，太慢则无法在塑封料固化前充分充满整个模具，会造成品质问题或成品外观良率问题。

塑封料在模具中的转换固化时间应配合塑封料特性，在模具中完成 80%，然后到后序塑封后烘焙工艺中完成剩余的 20%。在模具中超过转换时间，会完全固化在模具中，使得模具粘合死而无法正常打开，需要人工拆卸清理才能使模具回复正常，芯片颗粒产品也只能够报废。

图 19.19～图 19.27 为塑封成型的工艺细节步骤及图示。

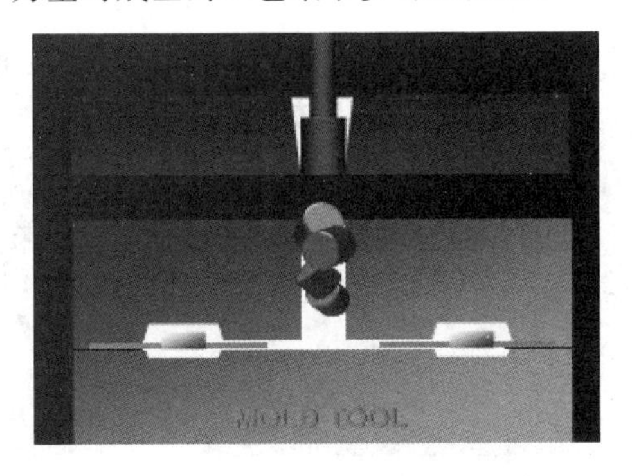


图 19.19　第一步，塑封料颗粒加入模具中

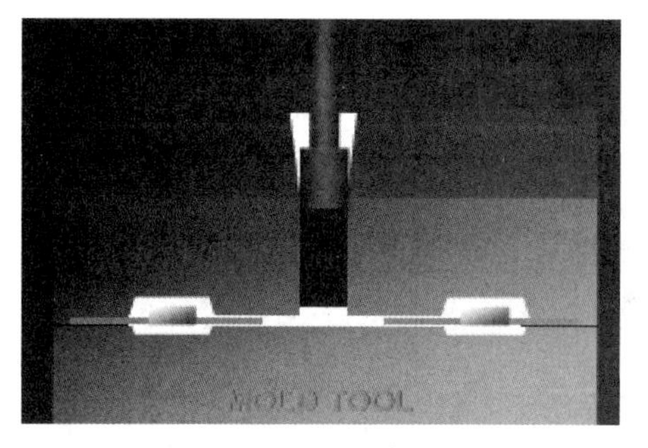


图 19.20　第二步，压模冲杆向下推挤塑封料

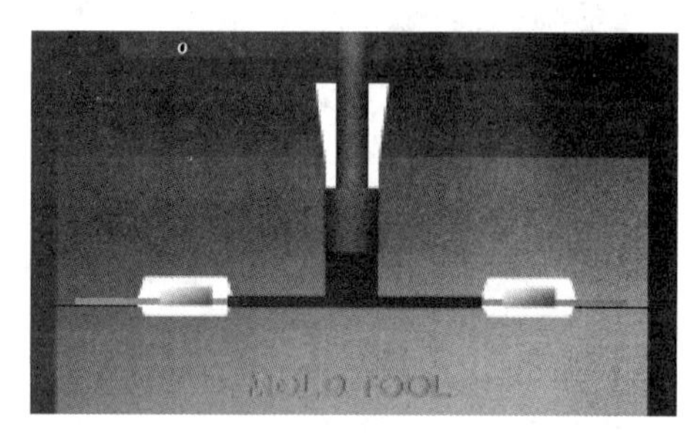


图 19.21　第三步，塑封料受热及受压软化，沿着通道被推挤流动向前

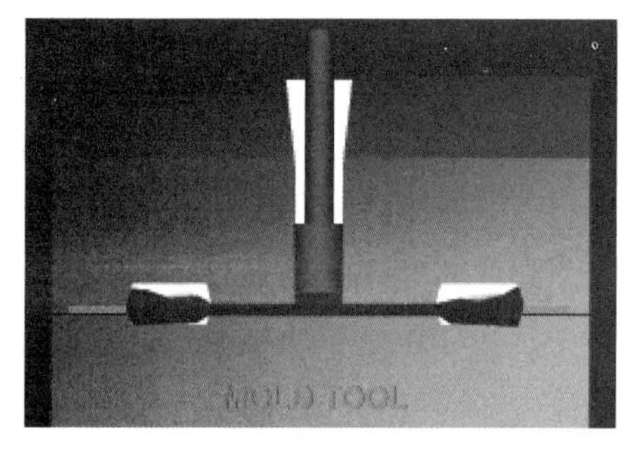


图 19.22　第四步，塑封料被推挤进入模腔中

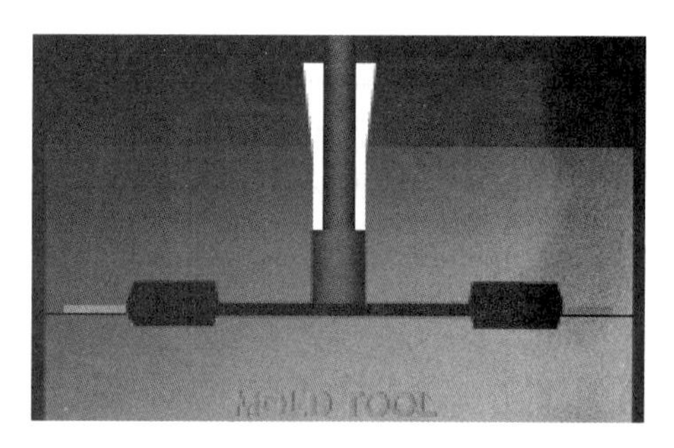


图 19.23　第五步，塑封料填满整个模腔，开始固化，完成压模成型工艺

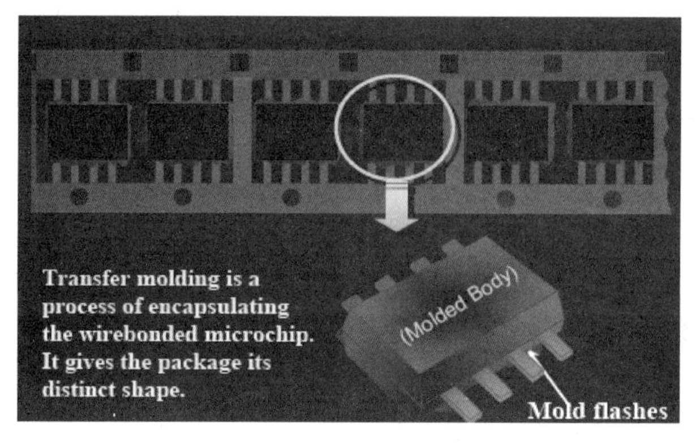


图 19.24　塑封压模成型示意图

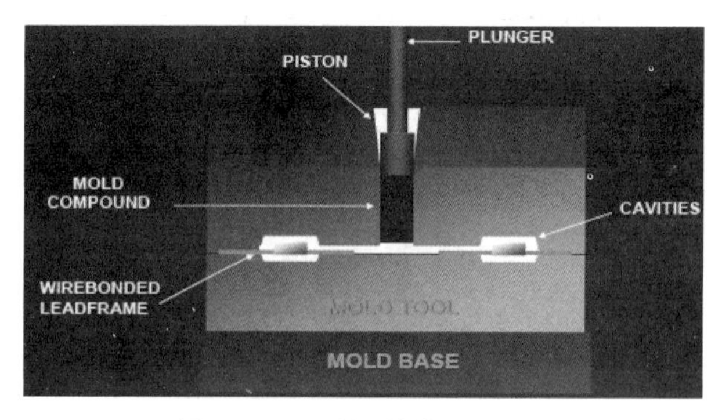


图 19.25　塑封压模模具示意图

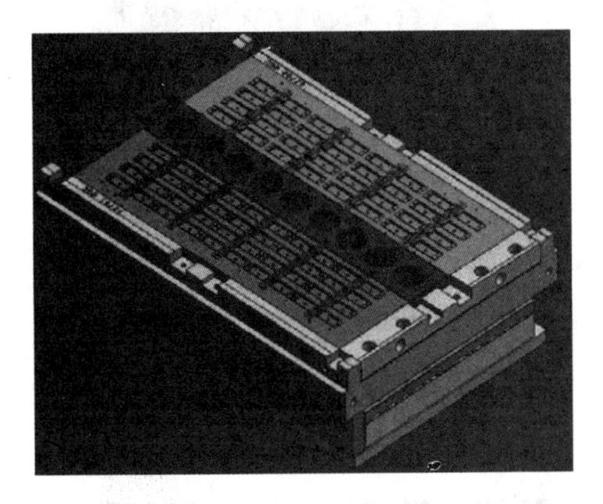

图 19.26　压模模具下层顶视图

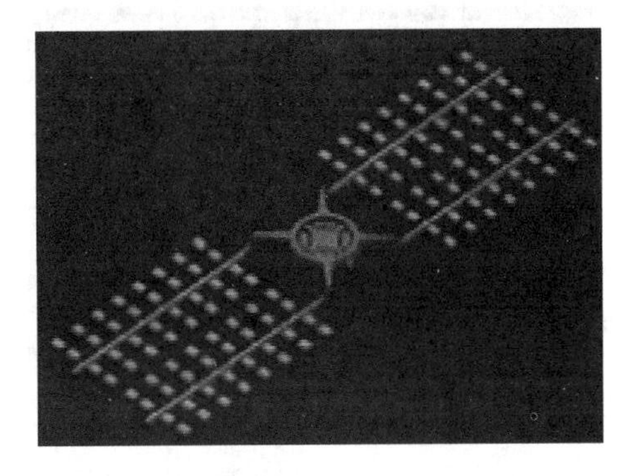

图 19.27　由压模模具中取出的压模完成品

为了达到世界环保的要求，塑封料为环保塑封料。

## 19.1.8　塑封后烘焙(Post Mold Curing)

塑封料的转换固化在模具中完成 80%，然后到塑封后烘焙工艺中完成剩余的 20%固化工作。此时在芯片塑封成品上面要加上金属重槌，目的是消除塑封成品的跷曲现象。塑封后烘焙的温度为 175℃，时间为 2 小时，跷曲现象要控制在 50μm。

## 19.1.9　除渣及电镀(Deflash and Plating)

将塑封成型后的残渣除去后，将引线支架电镀上一层锡，将来可使用表面贴芯片的技术制作电路系统。

除渣工艺是使用高压水注，冲刷整个塑封完成的支架。水注压力为 $250kg/cm^2$。

电镀工艺是用化学药品清洗支架表面，再用化学药品当媒介，用锡球及通电电解的方式完成电镀。镀层的厚度要控制在 10μm。

为了达到世界环保的要求，电镀为纯锡电镀的无铅制程。

图 19.28～图 19.33 为除渣及电镀过程的示意图和照片。

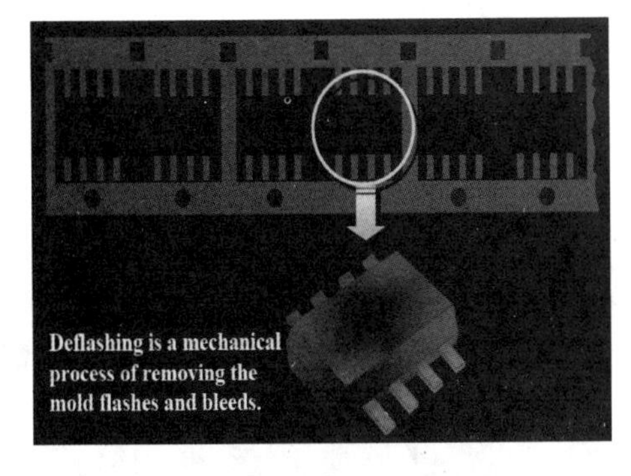


图 19.28　除去塑封料残渣后示意图

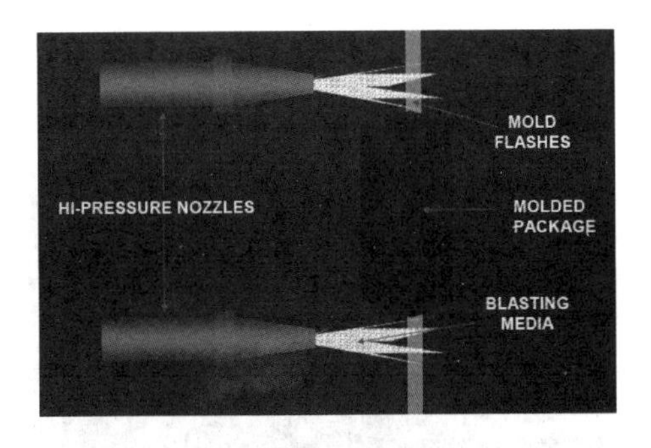


图 19.29　高压水注除渣工艺示意图

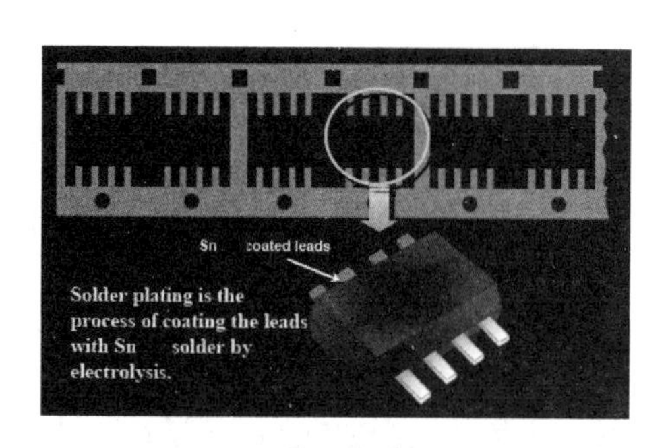


图 19.30 电镀工艺示意图

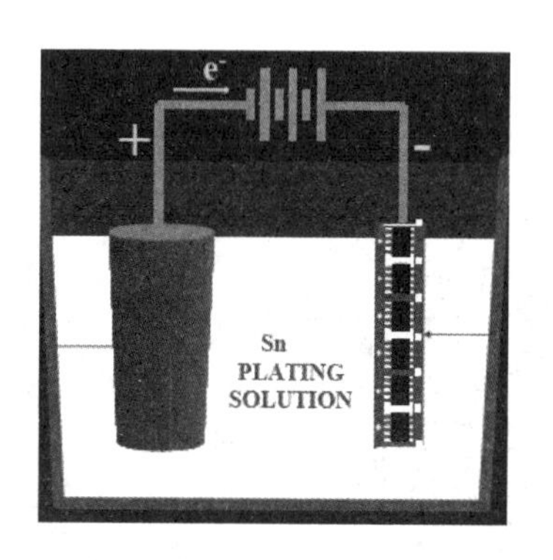


图 19.31 芯片支架电镀作业时示意图

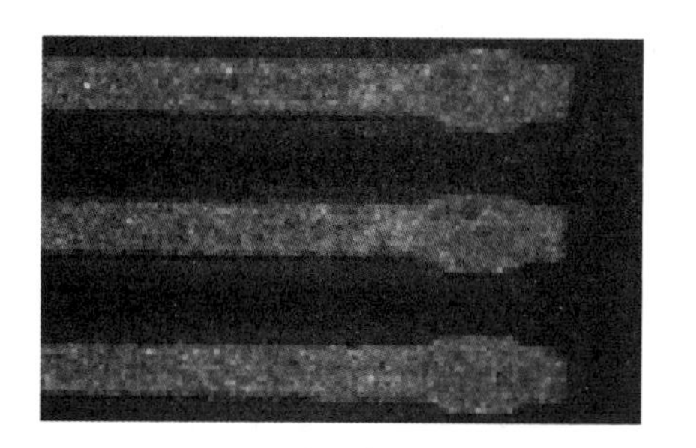

图 19.32 电镀后引线支架的照片

图 19.33 电镀后引线支架剖面的照片，可以见到支架表面的电镀层

## 19.1.10 电镀后烘焙(Post Plating Baking)

这一步的目的是减少及延缓锡胡须的产生，因为锡胡须会造成芯片封装后成品的引脚短路,使电路系统无法正常工作。锡胡须要控制小于 50μm。烘焙温度为 150℃,时间为 1 小时。

## 19.1.11 切筋整脚成型(Trim/From)

塑封完成后,要对整个支架做切筋及整脚成型的动作,使单个 IC 从整条支架上一个一个完整的分离出来，如此整个外观才算完成。

图 19.34~图 19.39 为切筋整脚成型过程中的示意图和照片。

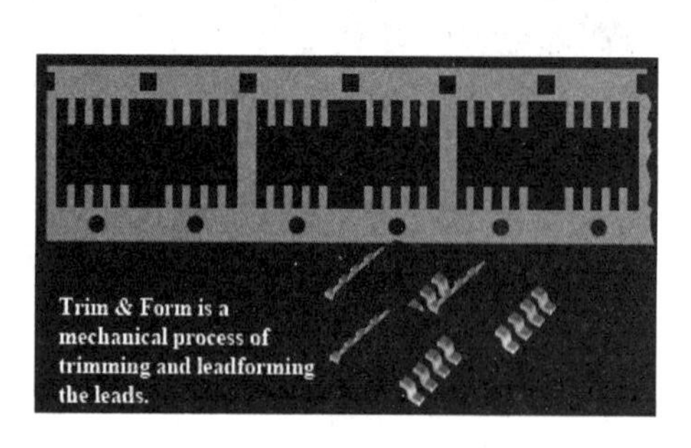


图 19.34 切筋整脚成型示意图

图 19.35 切筋整脚成型用的模具照片

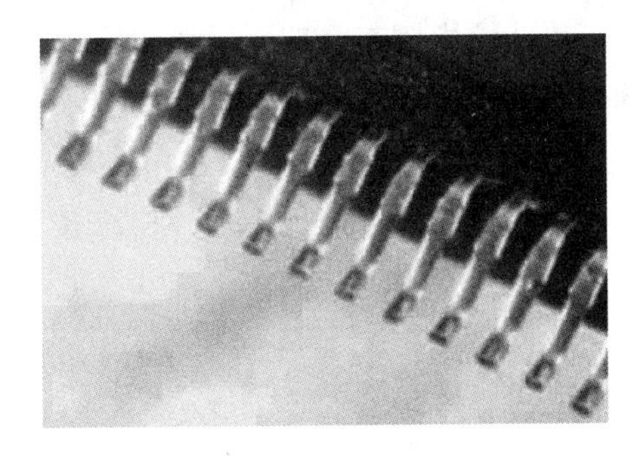

图 19.36　切筋整脚成型后芯片单颗引脚的照片

图 19.37　未做切筋整脚成型前的整条支架的照片

图 19.38　完成切筋整脚成型后单粒 IC 的照片

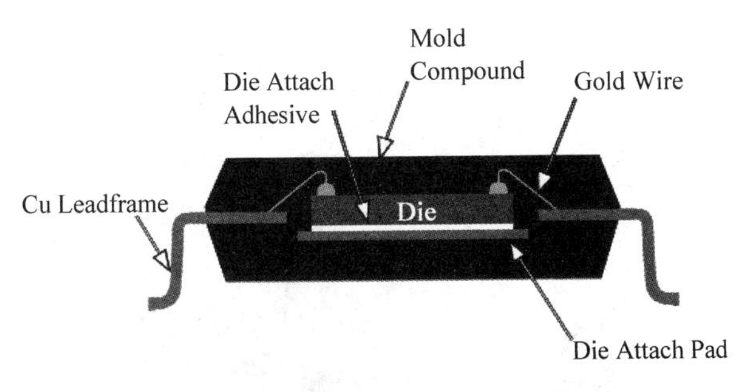


图 19.39　单颗 IC 成品颗粒的剖面图

单颗IC在切筋整脚时需要注意引脚本身的宽度及长度，引脚间的间距，所有引脚间的共平面性。图19.40为一种单颗IC的外观尺寸图例子。

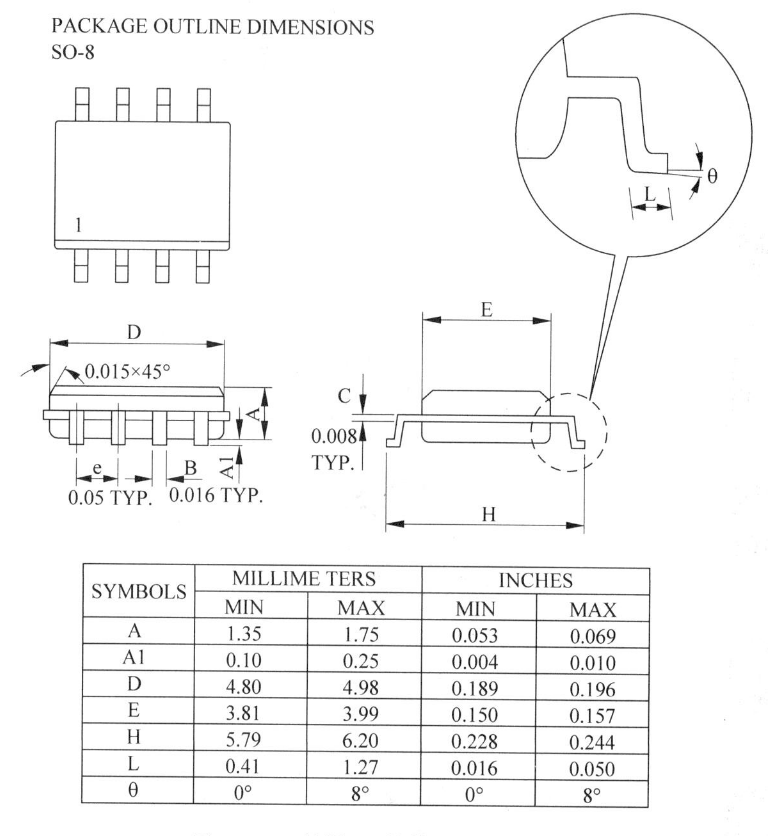


| SYMBOLS | MILLIME TERS | | INCHES | |
|---|---|---|---|---|
| | MIN | MAX | MIN | MAX |
| A | 1.35 | 1.75 | 0.053 | 0.069 |
| A1 | 0.10 | 0.25 | 0.004 | 0.010 |
| D | 4.80 | 4.98 | 0.189 | 0.196 |
| E | 3.81 | 3.99 | 0.150 | 0.157 |
| H | 5.79 | 6.20 | 0.228 | 0.244 |
| L | 0.41 | 1.27 | 0.016 | 0.050 |
| θ | 0° | 8° | 0° | 8° |

图19.40　单颗IC的外观尺寸图例子

## 19.2　大电流的功率器件需用铝线键合工艺取代金线键合工艺

铝线键合工艺的目标是可提供超过40A以上的大电流器件。铝线键合工艺为室温作业，由于线径粗(500μm)，所以需用比较大的超声能量，打线劈刀的形状也不同于金线或铜线，但工艺操作步骤与金线相似(见图19.41～图19.43)。

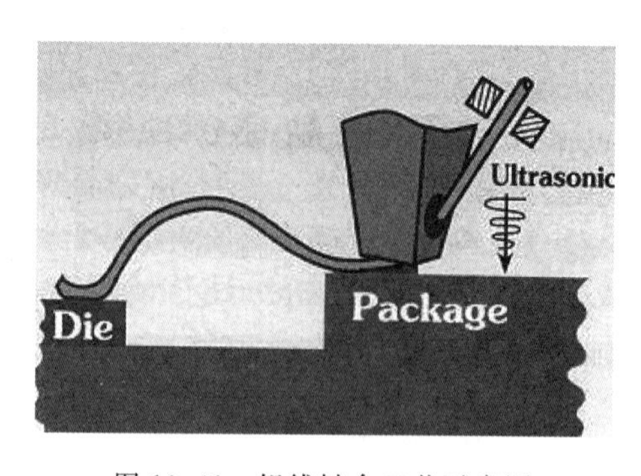


图19.41　铝线键合工艺示意图

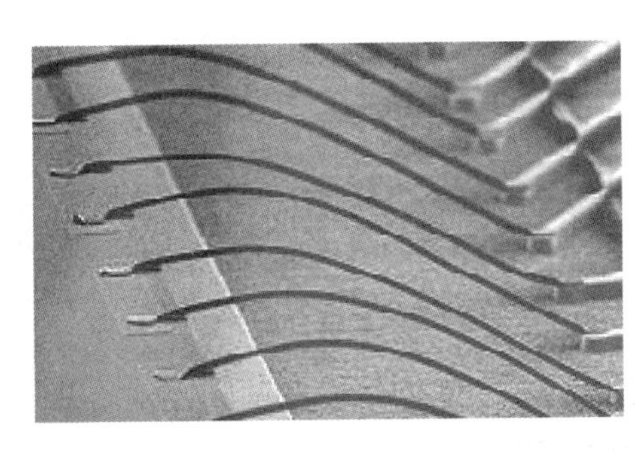

图 19.42　铝线键合工艺焊点的照片

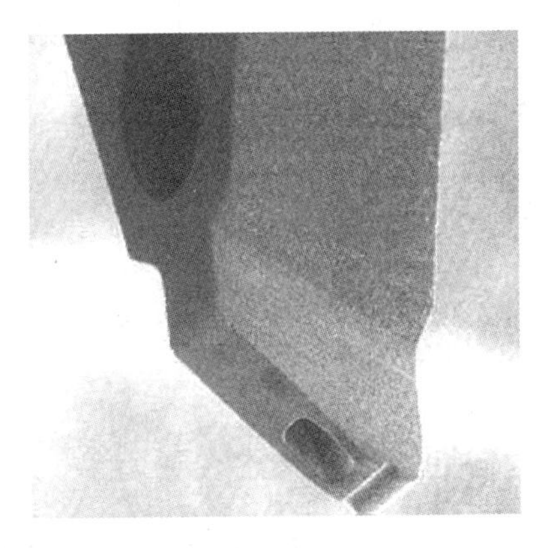

图 19.43　铝线键合工艺劈刀的照片

相对于金线或铜线键合工艺，铝线键合工艺的差异对比见图 19.44 和图 19.45。

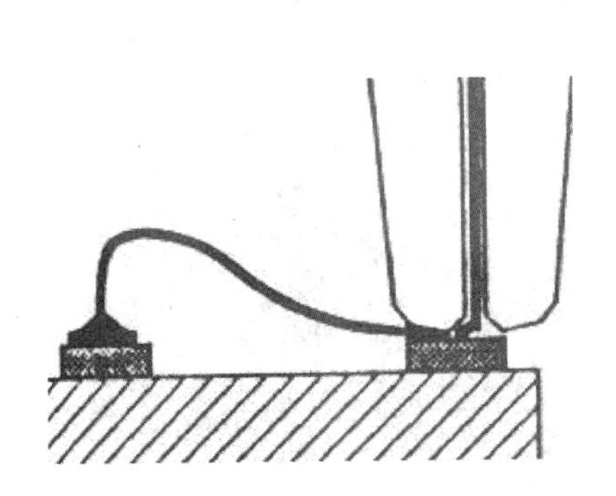

图 19.44　金线或铜线键合工艺的示意图

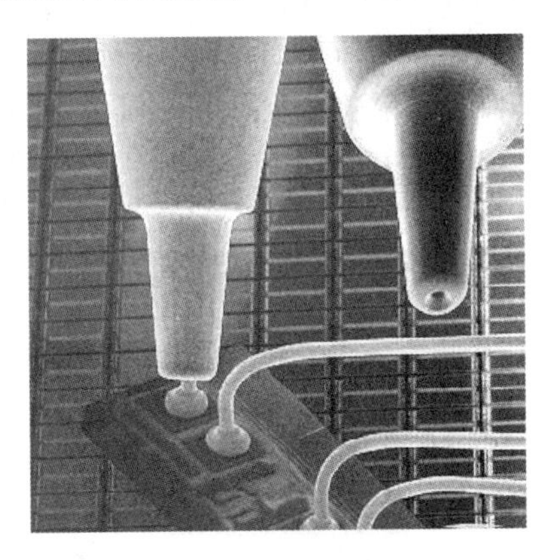

图 19.45　金线或铜线键合工艺劈刀及焊点照片

## 19.3　QFN 的封装与传统封装的不同点

用切割分离的方法取代传统的芯片封装制造工艺中的切筋整脚成型，所以单颗 IC 器件的分离方式不同。QFN 的封装如图 19.46～图 19.49 所示。

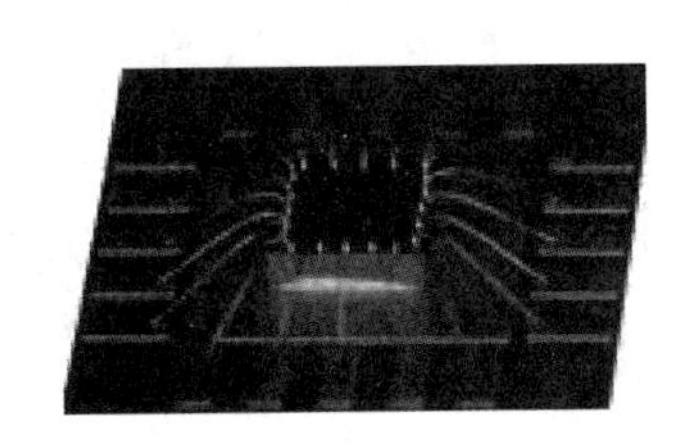

图 19.46　QFN 内部的引线键合后照片，与传统封装相似

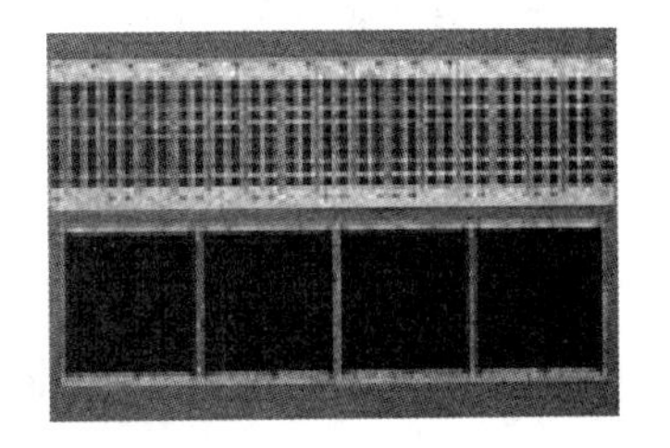

图 19.47　QFN 塑封成形前及后的芯片支架整体照片

图 19.48　QFN芯片支架在切割机中做切割分离工艺的照片

图 19.49　QFN 单颗 IC 成品切割分离后的样品照片

## 19.4　铜线键合工艺取代金线工艺

用铜线键合工艺取代金线工艺以达成降低成本的目标。

铜线键合工艺需要通入还原气体(氮氢混合气体),以保持铜线及铜球的自由空气球在高温中不会快速氧化变硬。其他键合步骤与金线打线键合相似铜线键合定成后的铜球推力为 85g,铜线拉力为 25g。图 19.50～图 19.53 为铜线键合工艺的一些照片。

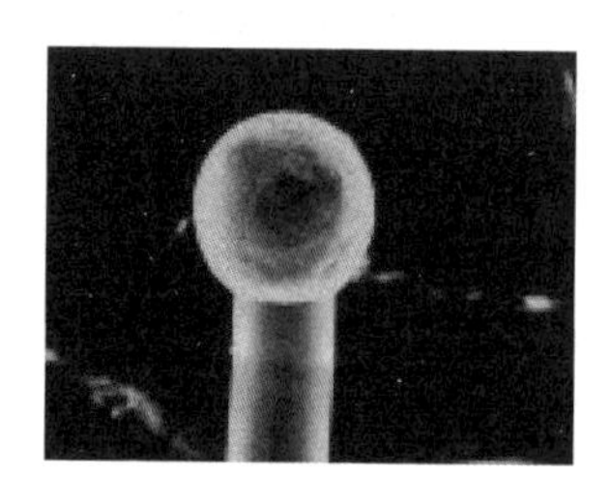

图 19.50　铜线自由空气球的照片,与金线工艺相似

图 19.51　铜球在键合区的照片,与金线工艺相似

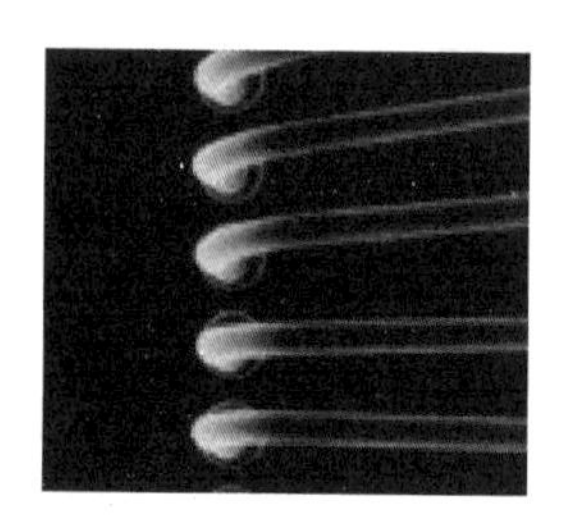

图 19.52　铜线工艺的第一焊点照片,与金线工艺相似

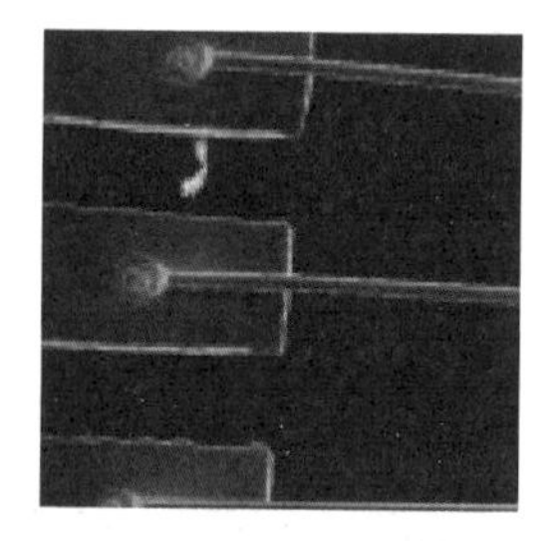

图 19.53　铜线工艺的第二焊点照片,与金线工艺相似

## 19.5　立体封装(3D Package)形式简介

立体封装的目的是提高芯片的效能,减少面积及体积上材料的消耗。

### 19.5.1　覆晶式封装(Flip-Chip BGA)

主要利用植上锡球,取代传统封装中的引线支架,见图 19.54 和图 19.55。

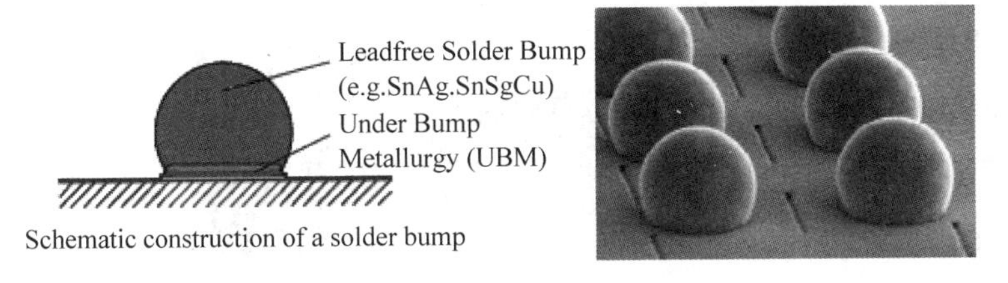


图 19.54　覆晶式封装，锡球的照片

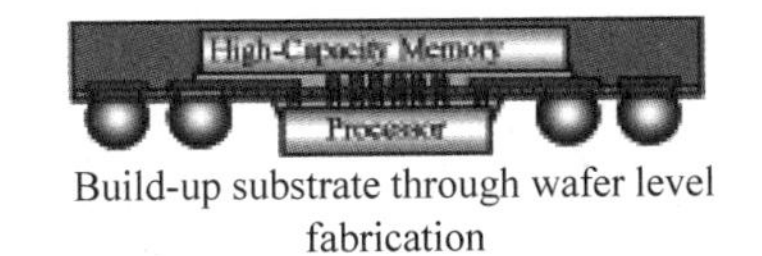


图 19.55　覆晶式封装的成品示意图

## 19.5.2　堆叠式封装(Stack Multi-chip package)

堆叠式封装的目的是将数枚芯片颗粒，封入一个 IC 成品单体中，见图 19.56～图 19.58。

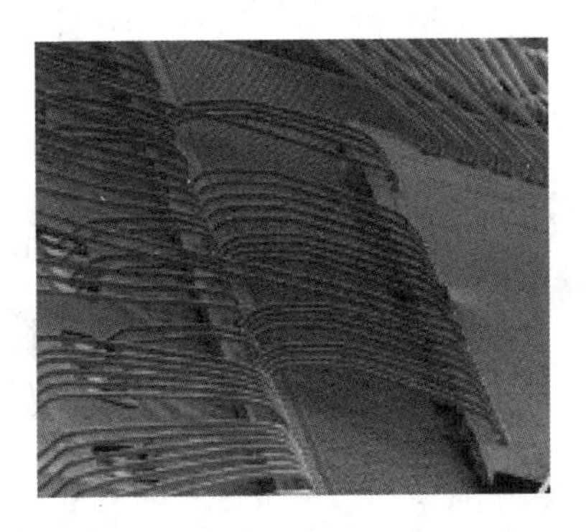

图 19.56　堆叠式封装的打线键合后照片

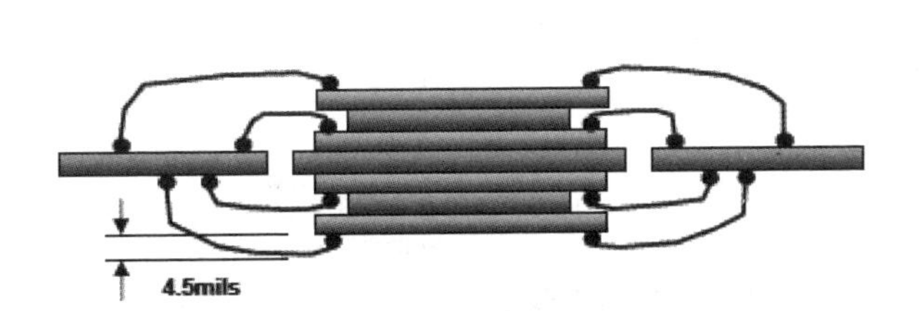


图 19.57　堆叠式封装的打线键合示意图

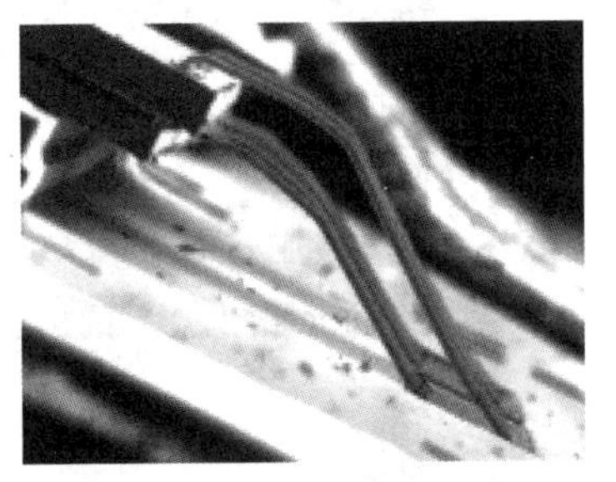

图 19.58　另一种堆叠式封装的打线键合后照片

## 19.5.3　芯片覆晶式级封装(WLCSP)

WLCSP 主要利用在芯片上直接植上锡球，取代传统封装中的引线支架，见图 19.59～

图 19.61。

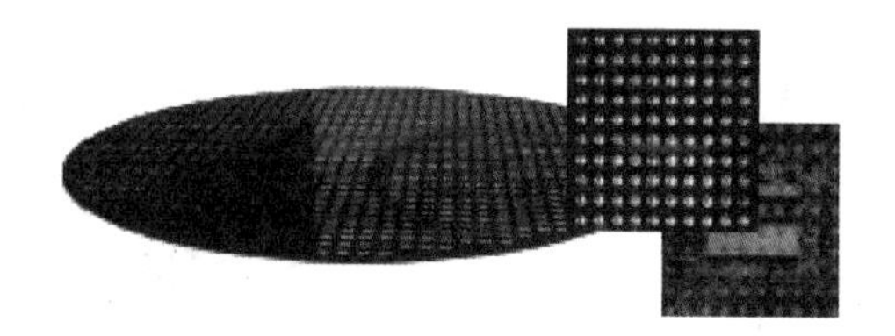

图 19.59　芯片级覆晶式封装，成品颗粒及锡球的照片

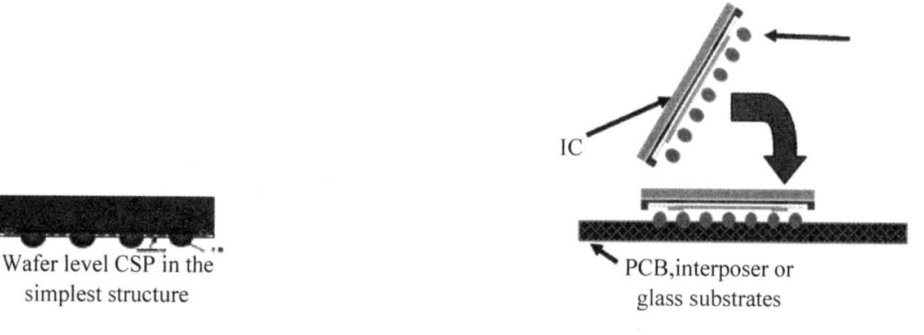


图 19.60　芯片级覆晶式封装的成品示意图

图 19.61　芯片级覆晶式封装的系统应用示意图

## 19.5.4　芯片级堆叠式封装(TSV package)

TSV 封装过程如图 19.62 和图 19.63 所示。

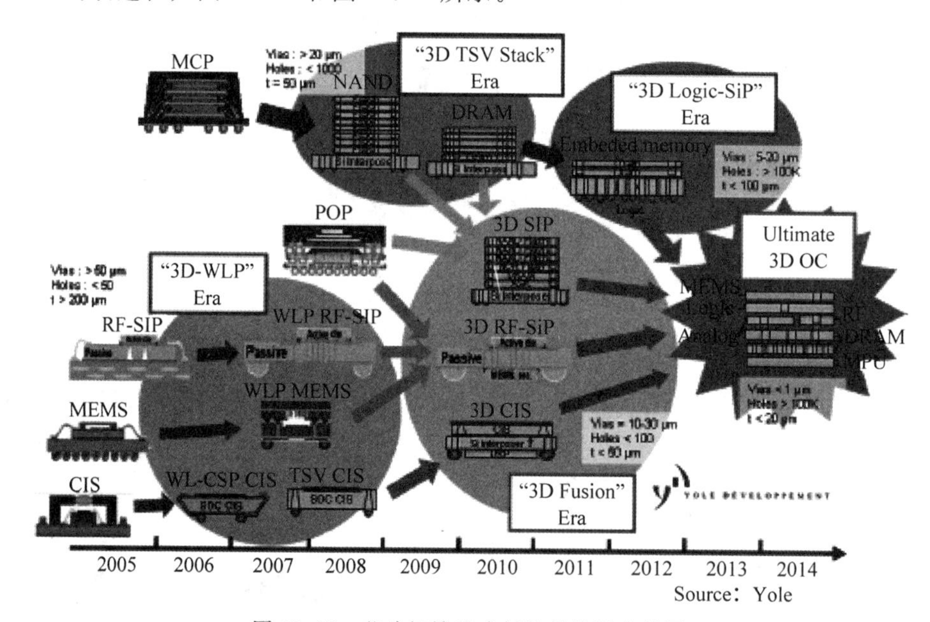


图 19.62　芯片级堆叠式封装的发展走势图

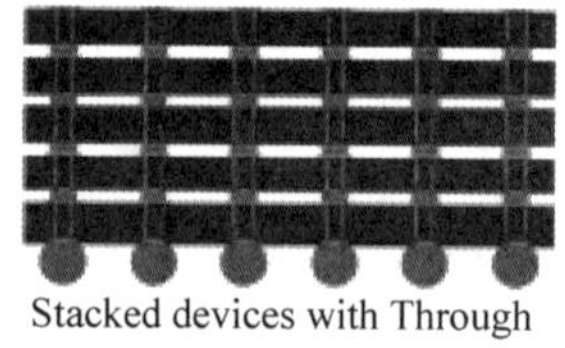


图 19.63　芯片级堆叠式封装的成品示意图

# 参考文献

[1] Semiconductor Assembly Process from Manufacturing Technology.
[2] Wafer Grinder MPS T500 Specification Sheet.
[3] Promotion of ESD-CDM Immunity in Dicing Saw Process by M. C. Wang.
[4] Introduction to Semiconductor Processing and Equipment by Jay Hwang.
[5] The QFN：smaller，faster and less expensive by David Comley.
[6] An Automated Mold Design System for Transfer Molding Process by M. R. Alam.
[7] The Qualification of a Pure Tim Plating Process as a Lead Free Finish for IC Packaging by Joseph Gauci.
[8] A-QFN from Mirror Semiconductor.
[9] International Technology Roadmap for Semiconductor Assembly and Packaging.
[10] Semiconductor Packaging Assembly Technology from National Semiconductor.
[11] Wire Bond Techniques from Assembly Process Chapter A.
[12] Copper Wire Bonding from SPT Group.
[13] Fine Pitch Copper Wire Bonding process and Materials Study by L. A. Lim.
[14] Trim-and-Form Quality and Lead Frame Materials by William Lee.
[15] Datasheet of SSM6N20 Device from SSS Group.
[16] Datasheet of SOIC/SOJ Packages from AMKOR Group.
[17] Introduction of Wafer Solder Bumping Process.

# 本书部分作者简介

张汝京(Richard Chang),1948年出生于江苏南京,毕业于台湾大学机械工程学系,在布法罗纽约州立大学获得工程科学硕士学位,在南方卫理公会大学获得电子工程博士学位。曾在美国德州仪器工作20年。他成功地在美国、日本、新加坡、意大利及中国台湾地区创建并管理10个集成电路工厂的技术开发及运营。1997年加入世大集成电路(WSMC)并出任总裁。2000年4月创办中芯国际集成电路制造(上海)有限公司并担任总裁。2012年创立昇瑞光电科技(上海)有限公司并出任总裁,主要经营LED及其配套产品的开发、设计、制造、测试与封装等。2014年6月创办上海新昇半导体科技有限公司并出任总裁,主持承担国家科技重大专项(简称"02专项")的核心工程——"40～28nm集成电路制造用300mm硅片"项目,从事300mm高端大硅片的研发、制造与行销。拥有超过30年的半导体芯片研发和制造经验。2005年4月,荣获中华人民共和国国务院颁发的国际科学技术合作奖。2006年获颁中国半导体业领军人物称号。2008年3月,被半导体国际杂志评为2007年度人物并荣获SEMI中国产业卓越贡献奖。2012年成为上海市千人计划专家。

季明华,拥有电子电机学士(国立台湾大学,1974)、硕士(美国罗德岛大学,1977)和博士(美国加州伯克利大学,1982)学位。他在VLSI半导体业界研发部门服务多年,先后任职于美国Intel(1982—1988)、美国KFI技术(1988—1994)和美国国家半导体公司(1994—1997)。研发领域包含非挥发性闪存储器、CMOS图像传感器、CMOS器件、模组工艺研发。1997—2005年,在TSMC担任资深研发处长,负责DRAM和CMOS逻辑工艺集成技术研发。自2006年起,加入中芯国际公司担任资深研发副总。目前已拥有154项美国专利,并发表90多篇技术论文。

卢炯平(Jiong-Ping Lu),荣获北京大学学士学位和美国普林斯顿大学博士学位,在美国康乃尔大学及美国麻省理工学院从事博士后研究,并指导了多位博士研究生的毕业论文。在美国德州仪器公司(TI)及中芯国际集成电路制造(上海)有限公司(SMIC)从事集成电路工艺的研究开发。为TI公司的0.18μm、0.13μm、90nm、45nm及32nm技术研发做出了杰出贡献,先后被选为科技专员和资深科技专员。从事的研发领域包括铜互连、硅化物、双工涵金属栅和电容电极。被TI选派到IMEC从事32nm工艺研发,负责超浅结及应力工程等工艺技术的攻关。在SMIC,领导固体薄膜、化学机械研磨、扩散和湿法清洗等领域的集成电路工艺开发,并担任SMIC专利技术委员会主席。已获得66项美国专利,在国际权威学术刊物和国际会议上发表了70多篇学术论文。曾多次应邀在国际学术会议上作报告。IEEE的资深会员和CIE的终身会员。

肖德元,于1984年在南昌大学获半导体物理专业理学学士学位并留校任助教,于1987年考取中国科学院研究生院硕博连读研究生,于1990年获半导体器件专业理学硕士学位和所长奖学金一等奖。1990年起,任中国科学院上海微系统与信息技术研究所助理研究员、副研究员,国家科技重大专项(02专项)课题组长兼首席科学家。赴美国麻省理工学院和贝尔实验室短期工作访问。1996年加入美国诺发系统有限公司任高级工程师。1998年加入特许半导体(现格罗方德)公司担任高级工程师。2001年加入中芯国际集成电路制造(上海)有限公司任主任工程师、技术研发中心副主任技术专家、专利技术委员会联合主席。2015年加入上海新昇半导体科技有限公司任助理副总裁。1995年,他与合作者在国际上首次采用离子束铣技术研制成功双焦距微透镜阵列,现被用于图形化蓝宝石衬底制造,广泛应用于氮化物基半导体产业。2005年他发明纳米线全包围栅无结场效应晶体管。2009年首次发表该器件基于沟道全耗尽的紧凑型模型并推导出该器件的电流-电压方程表达式。参与撰写两本半导体专业书籍,在国际会议及出版刊物上发表超过30篇技术论文,多数为SCI或EI收集。获得50项美国/欧洲和126项中国授权专利,另有超过100项待批准专利。主要研究领域包括新颖半导体及超导器件、先进CMOS技术、SOI材料和器件。国际IEEE和ECS的会员,国际《微电子》杂志和《中国物理快报(英文版)》的审稿员,中国专利审查技术专家库专家。

吴启熙,任职于中芯国际可靠性工程处。毕业于台湾中原大学应用物理研究所,获硕士学位。曾先后在台湾汉光科技担任LED研发工程师,在世界先进积体电路公司担任可靠性工程师,于2001年加入中芯国际。目前在中国和美国拥有5项半导体可靠性相关的专利。

伍强,1971年5月出生于上海,1993年毕业于复旦大学物理系,随后留学美国,1999年底获得美国耶鲁大学物理学博士学位。博士毕业后任职于美国国际商业机器公司,从事极大规模集成电路光刻工艺的研发。2004年回国,先后任职于上海华虹NEC电子有限公司、荷兰阿斯麦光刻设备(中国)有限公司,于2010年9月加入中芯国际集成电路制造(上海)有限公司,担任光刻工艺研发部门经理。于2016年6月转入中芯国际集成电路新技术研发(上海)有限公司任总监职位,负责光刻、刻蚀、测量、光学邻近效应修正等图形工艺技术的研发。在2007—2009年担任中国国际半导体技术大会(ISTC)光刻分会主席。截至2015年底,自己独立和领导团队发表光刻相关技术论文共49篇(其中第一作者12篇),专利申请58项(已授权35项专利,其中32项发明专利,3项实用新型专利,包括6项美国发明专利)。

张海洋,2002年夏在美国休斯敦大学化工系获博士学位,研究方向为等离子体蚀刻先进过程控制。现任中芯国际集成电路制造(上海)有限公司技术研发中心蚀刻部门主管。在过去追赶摩尔定律的十几年中,专注于先进集成电路制造中成套等离子体蚀刻工艺研发以及国产蚀刻机台在高端逻辑工艺中的验证。获得半导体制造领域中国专利百余项,另有美国专利20余项,指导发表国际会议文章60篇。主持的"基于国产设备的28纳米刻蚀工艺技术项目"在2014年获得第八届(2013年度)中国半导体创新产品和技术奖。2015年初入选上海市先进技术带头人计划。2016年5月荣获"2015年度科技部中青年科技创新领军人才"称号。

郭强,在南京大学先后获得学士和硕士学位,在国立新加坡大学获得博士学位。曾在新加坡特许半导体制造有限公司、中芯国际集成电路制造(上海)有限公司从事可靠性工程、品质工程、失效分析方面的工作,也曾在新加坡微电子研究院从事铜互联工艺集成方面的工作。目前在武汉新芯集成电路制造有限公司负责品质及可靠性工程,产品及测试工程方面的工作。

郭志蓉,任职于中芯国际可靠性工程处失效分析部门。毕业于上海科技大学和新加坡国立大学,获电子工程硕士学位。曾先后在上海半导体研究所可靠性中心、新加坡格罗方德集成电路制造有限公司从事可靠性及失效分析工作。2001 年 8 月加入中芯国际,专攻可靠性及客户失效分析。

陈枫,于 1985、1987 和 1996 年分别在北京大学、上海科技大学和新加坡国立大学获学士、硕士和博士学位。她在芯片制造公司技术研发部门工作超过 20 年。1996 年加入新加坡特许半导体制造有限公司(现为 Global Foundry),参与 0.35μm～45nm 逻辑芯片的研发工作 11 年。她曾多年担任研发部门的 CMP 经理,是以上技术中化学机械平坦化(CMP)工艺研发和建立的主要贡献者之一。2008 年,加入中芯国际集成电路制造有限公司,负责领导研发中心的 CMP 部门,建立了 40/32/28nm 逻辑芯片和其他 SoC 芯片的 CMP 工艺。她拥有 18 项美国专利和 33 项中国专利,有 20 篇技术论文在国际半导体会议上发表。

向阳辉,获中南工业大学材料科学学士学位和上海交通大学材料科学博士学位。2001 年博士毕业后加入中芯国际集成电路制造(上海)有限公司,在技术研发中心从事薄膜工艺的研发,参与了公司多个世代的逻辑、存储、模拟、微机电等器件的工艺开发,获得中国专利 10 多项。

蒋莉,现任中芯国际研发部化学机械研磨部门资深经理,负责先进逻辑化学机械研磨工艺的开发。自 2001 年加入中芯国际以来,曾参与 45nm、28nm 以及 14nm 先进逻辑化学机械研磨工艺的开发。她于 2001 年自北京航空航天大学获得硕士学位后,一直从事半导体行业化学机械研磨工艺的开发,积累了丰富的半导体技术开发和生产经验,目前专注于先进半导体工艺和技术的研发和生产,对于铝栅极、钨栅极、多晶硅栅极及相变材料的化学机械研磨的开发起到重要作用。申请 126 项发明专利,其中国外专利 15 项,发表 3 篇技术论文。

荆学珍(Xuezhen Jing),荣获太原理工大学学士学位和中科院硅酸盐研究所博士学位。2004 年 9 月加入中芯国际,一直从事介电质薄膜的研发,包括浅沟槽隔离(Shallow trench isolation)的填充、金属间介电质薄膜的填充(Inter-metal isolation)以及应力薄膜的研发等。2010 年开始从事 Logic 产品金属薄膜的研发,领导 28nm/14nm 金属薄膜(包括金属栅级(Metal gate)薄膜、金属通孔接触薄膜以及后段的铜金属薄膜)工艺的研发。

周鸣,于 1988 年在南方冶金学院获分析化学学士学位,于 1997 年在南京化工大学获材料物理化学硕士学位,于 2000 年在上海交通大学获材料加工博士学位。2003 年博士毕业后,加入上海宏力半导体制造有限公司,从事半导体芯片的研发工作,重点开发等离子干刻蚀芯片工艺。2006 年在中芯国际集成电路制造(上海)有限公司工作,在研究发展部门主要从事技术开发工作,重点开发 PECVD 工艺。

何有丰，2001 年加入中芯国际，在技术研发部的扩散部门工作，主要从事炉管、退火、外延工艺，经历了中芯国际 90/65nm，45/40nm& 32/28nm 逻辑工艺的研发，以及 90/65nm、38nm 闪存工艺的开发。

林山本，毕业于台湾逢甲大学电子工程学系。曾先后在台湾茂硅电子科技担任测试工程师，在美国 Mosys Inc. 台湾分公司担任测试课长，在台湾南亚科技公司担任测试部经理，在新加坡 United Test and Assembly Center Ltd. 台湾分公司担任测试部资深经理，在上海中芯国际可靠性工程部担任经理，在北京中芯国际品管部担任助理处长。

高强，博士，现任 TESCAN 中国半导体部门总监，TESCAN 是总部位于捷克布尔诺市的国际领先的电镜设备制造商，主要产品有 SEM、FIB、TEM、OM 等。2002 毕业于上海交通大学，获材料学博士学位，毕业后在中芯国际和武汉新芯从事失效分析和质量管理工作十几年，后转入 TESCAN 中国半导体部。

梅绍宁，博士，武汉新芯集成电路制造有限公司战略技术资深副总裁、技术长。拥有 30 多年的半导体工作经验，曾在华虹 NEC 担任 CTO，并先后在 IBM、Philips、NXP 担任要职。拥有多项美国和欧洲的半导体工艺的专利。梅绍宁博士在美国伦斯勒理工学院获得物理学专业博士学位。

陈俊，湖北武汉人，于 2007 年获得华中科技大学物理系硕士学位后，加入武汉新芯集成电路制造有限公司，现任该公司 3D-IC 研发部经理。主要研发领域为 CMOS 图像传感器及三维集成工艺；目前拥有专利 25 项，包括 4 项美国专利。

霍宗亮，博士，拥有北京大学的学士(1998)、硕士(2000)和博士学位(2003)。2003 年加入韩国三星电子三星半导体研发中心从事闪存存储器的研发工作，2010 年加入中国科学院微电子研究所，从事新型闪存技术的研发。研究方向包括新型闪存器件制备、表征、可靠性及闪存芯片的设计工作。目前已拥有 20 余项美国专利，80 余项韩国和中国专利，发表 60 余篇技术论文。

杨瑞鹏，2001 年毕业于上海交通大学，获材料学博士学位，同年加入中芯国际晶圆一厂，从事 0.18～0.13$\mu$m 逻辑芯片制造工作，2006 年转入研发中心，担任薄膜工艺部经理，参与 90～32nm 逻辑芯片工艺研发。2011 年进入光伏领域，先后担任赛昂电力技术总监，科林电子材料有限公司电池事业部总经理和祥昇新能源总经理，负责异质结等高效电池量产技术开发及制造，2013 年获得国家能源局国家级新能源科技成果奖。拥有半导体和光伏领域的 62 项专利。